U0224758

云南省自然科学基金重点项目

云南作物种质资源

Yunnan Crop Germplasm Resources

云南省农业科学院　黄兴奇　戴陆园　主编

豆类篇　野生花卉篇　栽培花卉篇

YNK 云南科技出版社

·昆 明·

图书在版编目（CIP）数据

云南作物种质资源 . 豆类篇、野生花卉篇、栽培花卉篇 / 黄兴奇，戴陆园主编 . -- 昆明 : 云南科技出版社，2024.5

ISBN 978-7-5587-5220-9

Ⅰ . ①云… Ⅱ . ①黄… ②戴… Ⅲ . ①作物—种质资源—研究—云南 Ⅳ . ① S329.274

中国国家版本馆 CIP 数据核字 (2023) 第 233569 号

云南作物种质资源（豆类篇 野生花卉篇 栽培花卉篇）

YUNNAN ZUOWU ZHONGZHI ZIYUAN（DOULEI PIAN YESHENG HUAHUI PIAN ZAIPEI HUAHUI PIAN）

黄兴奇　戴陆园　主编

出 版 人：温　翔
策　　划：高　亢
责任编辑：叶佳林
整体设计：长策文化
责任校对：秦永红
责任印制：蒋丽芬

书　　号：ISBN 978-7-5587-5220-9
印　　刷：昆明理煋印务有限公司
开　　本：889mm × 1194mm　1/16
印　　张：52.5
字　　数：1291 千字
版　　次：2024 年 5 月第 1 版
印　　次：2024 年 5 月第 1 次印刷
定　　价：208.00 元

出版发行：云南科技出版社
地　　址：昆明市环城西路 609 号
电　　话：0871-64192752

《云南作物种质资源》委员会

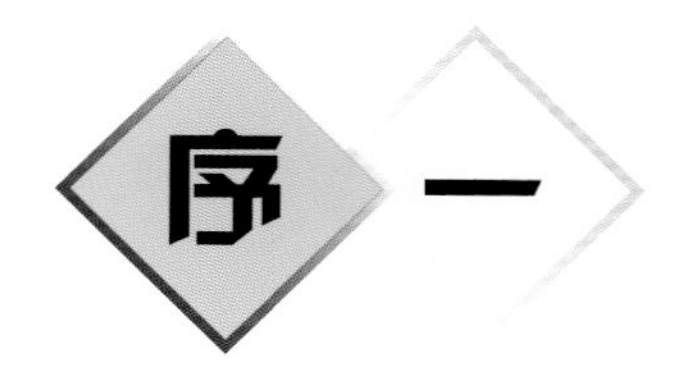

序 一

在农业生产中，作物生产是根本。因为作物生产不仅为人类生命活动提供能量和其他物质基础，而且也为以植物为食的动物和微生物的生命活动提供能量，所以作物生产是第一性的，畜牧生产是第二性的。作物生产能为人类提供多种生活必需品，如食品、燃料、调味品、药品及工业原料等。在作物生产中，粮食生产又是最重要的。自有农业以来，粮食生产就占首要地位。粮食安全是保证人类生活、社会安定的头等大事。粮食生产是任何生产所不能取代的。现代社会中，因地制宜发展多种作物，才能繁荣经济，保护环境，造福人类。

中国的作物生产发展很快，以粮食作物为例，1949年全国粮食作物单产1030kg/hm^2，至2000年提高到4261kg/hm^2，这50年间增长了3倍。其中，在改进生产条件的同时，不断选育和使用优良品种起了很大作用。50年来，中国大宗作物经历了5~6次品种更换，每次都使产量显著提高。今后若想进一步提高产量，首先仍要依靠选育更加高产和适应各种不同条件的品种，作物育种的作用可见一斑，而作物育种就离不开种质资源。

作物种质资源是作物育种的物质基础，是一切基因的源泉。它是在一定自然和农业生态条件下经千百万年自然选择和人工选择的产物，所以说它是自然和人类的一项重要遗产。有人说，一个基因可以改变一个国家的经济命脉。20世纪70年代，中国成功地利用矮秆基因育成了半矮秆水稻和小麦品种，这些品种在一些发展中国家推广后诱发了“绿色革命”，由此可见一斑。目前，人们还不能创造基因。一个基因一旦从地球上消失，便永不能再生。因此，全世界日益重视种质资源，正在积极地应用先进科学技术对它加以保护、研究和利用。中国同样非常重视这项工作，近50年来，进行了30多次全国性或地区性作物种质资源考察收集，建成了以长期种质库为中心，复份库、中期库、种质圃相配套的国家种质资源保存体系，长期保存着各种作物的种质资源37万份，并对保存的部分材料进行了初步的特性鉴定，建立了种质资源信息系统，正开始利用分子生物技术及其他技术，对种质资源深入研究，从中发掘新基因，供生产实践利用。

云南地处祖国西南边陲，地形、地貌、气候条件十分复杂。境内海拔高低差大，高山、深谷与山间盆地交错分布，形成了千差万别的气候条件。复杂的自然生态环境使云南以植物种类丰富著称于世，被誉为“植物王国”。云南的农业环境同样复杂，有“立体农业”之称。加之民族众多，喜好各异，长期的自然选择和人工选择造就了云南极其丰富和独特的作物种质资源，引起了世人的瞩目。以水稻而论，云南不仅有全国各种类型的籼、粳、糯稻栽培品种，而且中国仅有的三种野生稻（普通野生稻、疣粒野生稻、药用野生稻）都曾在这里生长。云南起源的铁壳麦是小麦的独特亚种。就连引种到中国不足500年的玉米，也在云南演化出特有的蜡质种（糯玉米）。在云南大茶树种类之多可居世界之冠。在其他粮食作物、经济作物、园艺作物方面的特有种、亚种、变种、变型不胜枚举。正因如此，科技部资助的第一次作物种质资源综合考察收集（1979—1980年），选定在云南进行；首届国际花卉博览会在昆明召开。50年来，云南省在作物种质资源的收集、保存、研究、利用等方面开展了大量富有成效的工作；先后建立了茶树、甘蔗、温带果树砧木国家种质圃和野生稻、猕猴桃等省级种质圃；建成了作物种质资源低温保存库，保存种质资源28000余份；对部分材料进行了农艺性状、抗逆性、抗病性、品质等研究，发掘出一批优异种质资源，并针对其优异特性开展了分子水平的遗传多样性研究，积累了大量宝贵的科学资料，有近百万数据输入电脑，建立种质信息管理系统。这些对进一步深入研究和利用种质资源成果打下了良好基础。

欣闻《云南作物种质资源》专著即将出版，这是我国作物种质资源学界的一件大事。我愿意为本专著作序，以表达我的祝贺。本专著由5卷15篇组成，包括云南作物种质资源总论，以及云南的稻种、麦类、玉米、豆类、薯类、油料、蔬菜、花卉、食用菌、烟草、蚕桑和小宗作物篇，系统地介绍这些种质资源的分布、收集、保存、评价、利用情况，还介绍了云南作物种质资源研究的历史、现状和成果，展望了作物种质资源利用的美好前景。本专著内容丰富，既展示了云南作物种质资源的绚丽多彩，又表明云南省已基本查清了本省作物种质资源的种类和分布，取得了丰硕的科研成果。本专著的出版，不仅是云南省作物种质资源研究的一个里程碑，还为各省树立了良好的典范。本专著由一百多名直接从事作物种质资源研究，具有丰富经验，掌握大量资料的老专家和在研究上崭露头角的年轻科学工作者共同编写，文字流畅，图文并茂，是一部兼备科学性、知识性、实用性的巨著。我相信本专著的出版对推动中国作物种质资源研究工作的发展定能产生重要作用。

中国工程院院士
中国农业科学院研究员　**董玉琛**

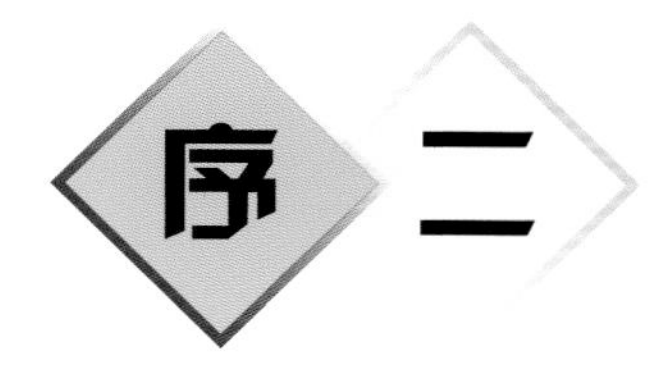

序二

世界正面临人口、资源、环境、食物和能源五大危机，解决这些危机同保护和可持续利用生物多样性有莫大的关系。1992年6月在巴西的里约热内卢（Rio de Janeiro）召开的联合国环境与发展大会上，153个国家的首脑签署了《生物多样性公约》。农作物遗传多样性是生物多样性的重要组成部分，是人类赖以生存的前提。约1万年前的新石器时代，人类开始驯养动物和栽种植物，于是农业诞生了，农作物的遗传多样性也同时出现了。在长期的自然选择和人工选择的共同作用下，农作物的遗传变异比自然界的生物种来得更丰富和更深刻。

农作物的遗传多样性就是农作物种质资源，又称作物种质资源或作物遗传资源。“农作物种质资源不仅为人类的衣食住行提供了原料，为人类提供营养品和药品，而且为人类生存提供良好的生态环境，并为选育人类所需要的各种作物新品种、开展生物技术研究提供取之不尽的基因来源”（刘旭，2004）。中国幅员广阔，农业历史悠久，生态环境复杂，耕作制度多样，栽培的植物种类繁多，品种类型极其丰富，是世界主要栽培植物的八大起源中心之一。可以说，我国是作物种质资源的古国、大国和富国。

云南是中国的西南边陲省份，由于地形、地貌和气候条件十分复杂，低纬度和高海拔相交错，形成了由热带到寒温带立体分布的各种气候类型，加上有众多的民族（26个）聚居，在长期自然选择和人工选择的共同作用下，栽培植物的种类和形成的品种类型特别丰富，为国内外所瞩目。云南又是栽培植物起源的次生中心（secondary center of origin）。玉米原产墨西哥和中南美，但世界蜡质型玉米却起源于云南。原产于西亚和近东的普通小麦（*Triticum aestivum*）。其云南小麦亚种（*T. aestivum* ssp. *yunnanense*）也起源于云南（当地称“铁壳麦”）。食用菌达300余种，占世界食用菌种数的一半。全省共收集、整理、保存各类作物种质资源28000余份，约占全国总数的10%。云南省可以说是“中国作物种质资源的王国”。

1949年以来，国家和云南省对云南地区的作物种质资源十分重视，进行过多次的调查、收集和大量的鉴定、整理工作。1996年，云南省农业科学院提出总结40年的研究成果，编写《云南作物种质资源》专著的设想。1998年启动，2002年正式列为云南省自然科学基金重点项目，斥资200万元，组织上百位老中青专家参与编写。历时7年，现已基本完成，全书分5卷共15篇陆续出版。以一个经济不算富裕的西部省份，能投放这样多的人力、物力、财力是极其难能可贵的，真不愧为作物种质资源建设的“大手笔”，足见该省有关领导的远见卓识。我看，这部专著有几点特色。

（1）丰富性：包括了粮食作物、经济作物、小宗作物、果树作物、花卉作物和食用菌等，充分反映出云南作物种类和品种类型的丰富。

（2）一定的理论性：除设“总论”对作物种质资源作理论性的一般阐述外，在每个作物中又尽可能对其起源、地理分布和分类演化做出分析。

（3）实用性：本专著无疑是一部作物种质资源的“百科全书”，是作物种质资源工作者必备的工具书。

在这里，我很自然地缅怀起“忘年交”程侃声研究员，我们是1962年参加丁颖院士主持的中国水稻品种光温生态研究时认识的。自1949年以来，他一直在云南从事作物种质资源研究，毕生献给云南省的农业科学事业。他对栽培稻的起源演化和生态分类提出过不少创新性的学术观点，受到国内外同行的关注。参加本书编写的人员中，不少是他过去的同事和学生。本专著的出版也是对程老的最好纪念。本书的公开问世，对云南以至全国作物种质资源工作将起到推动作用，特为之序。

中国科学院院士
华南农业大学教授　**卢永根**

前言

在远古时期，云南这块古老、神奇的土地大部分还沉睡在大洋之下。后经地质构造运动——吕梁运动，海陆分野，出现了滇康古陆。印度洋板块与欧亚大陆碰撞引发迄今300万年前（上新世至更新世）的喜马拉雅造山运动。青藏高原隆起，云南高原抬升。新构造运动伴随着强烈的地块断裂活动，在滇西、滇西北、藏东南形成了典型的“褶皱带”和著称于世的横断山系；在云南省境内形成了“三大山系”“六大水系”和“九大高原湖泊”，使一个仅有39万km^2国土的云南，具备了南自海南岛北至黑龙江的诸多气候类型；造成了若干“地理隔离”“生态隔离”生境，带来了“生殖隔离”，避免了“基因交流”，赋予这块土地丰富多彩的生物物种和诸多极其珍贵的生物特有属、种。由于北有高大的青藏高原，所以云南受第四纪冰川影响甚微，这块土地成为“生物避难所”，而使各个地质时期的不少生物物种得以保存下来。在云南这块仅占中国国土面积1/25的土地上，拥有的动植物资源种类却占到全国的一半以上。因此，“动植物王国”的美称享誉全球。

在云南生物资源宝库中，作物种质资源占有十分突出的地位。作物种质资源属、种之多，类型之复杂，珍稀之最，为国内外科学工作者所瞩目。但是，在人类加速现代化进程中，其赖以生存和发展的自然资源遭到空前的破坏；直接为人类提供食物、衣物、用品的作物种质资源，有的逐渐消失，有的濒临灭绝。保护自然资源，维系人类可持续发展，成为当今国际社会的共识。

近70年来，党和国家对农作物种质资源十分重视，先后3次从国家层面上全面推进作物种质资源的调查、收集与保护，使之成为农业科技的常态化基础工作。中国农业科学院、中国农业大学、云南省农业科学院等单位的农学家、科技人员及云南省有关州市县科技工作者，先后三代人，历经数十年艰辛，踏遍云岭山水、沟壑丛林，长年累月，风餐露宿，先后进行了多次云南省大规模作物种质资源的调查、考察、搜集，获得了大量的实物、种子、标本、图片等资料，收集、整理、保存了农作物种质资源近5万份。1980年以来，国内外科技人员开展云南作物种质资源鉴定、评价、利用和保护等研究，取得了一大批重大研究成果，先后获得国家和省级奖励；20多年来，利用云南作物种质资源，先后培育600多个良种和大批的育种中间材料；在作物物种起源、演化和分类研究方面也取得了令人瞩目的成就。在这里，我们要缅怀已故的程侃声等老一辈科学家及科研人员为此所付出的心血、作出的巨大贡献。

为进一步系统总结、继承和发扬作物资源科学研究的经验，更好地保护和利用云南作物种质资源，我们从1998年开始筹划编著《云南作物种质资源》专著，2002年获云南省自然科学基金重点项目立项支持，及时组织了云南省100多名专家进行本专著的编写，几经周折，终于成书。本专著共15篇500多万字，归并成5卷出版。第一卷（稻作篇、玉米篇、麦作篇、薯类篇）、第二卷（食用菌篇、桑树篇、烟草篇、茶叶篇）、第三卷（果树篇、油料篇、小宗作物篇、蔬菜篇）、《云南作物种质资源》（总论）均已出版；本卷（豆类篇、野生花卉篇、栽培花卉篇）已完稿，即将付梓。

本专著的编研得到了云南省科学技术厅和云南省农业科学院的大力支持。除了组织承担单位云南省农业科学院外，云南农业大学稻作所、云南省烟草科学研究院、中国科学院昆明植物研究所和中国科学院西双版纳植物园等单位，也都积极热忱地参与了编著。知名学者董玉琛院士、卢永根院士为本专著作序；刘旭院士、傅廷栋院士和吴明珠院士等对本专著相关专业篇进行了认真审核，陈书坤研究员、龙春林研究员对本专著拉丁文进行了审校，对保证本专著的质量发挥了重大作用。在此，一并表示深深的感谢。

本专著可作为国内外广大农业科技工作者的工具书和参考书，也可作为农业大专院校师生的教学工具书和重要参考书。

鉴于本专著编著专业面广，工作量大，编著者水平有限，错误遗漏之处难免，敬请读者批评指正。

编 者

本卷总目

云南作物种质资源

YUNNAN CROP GERMPLASM RESOURCES

主　编：何玉华　王铁军　包世英

Chief editor: He Yuhua　Wang Tiejun　Bao Shiying

副主编：王玉兰　刘镇绪

Deputy editor: Wang Yulan　Liu Zhenxu

编写单位：云南省农业科学院粮食作物研究所

云南省农业科学院生物技术与种质资源研究所

编写人员：（按姓氏笔画排序）

于海天　王玉兰　王玉宝　王丽萍　王铁军
代正明　包世英　吕梅媛　刘镇绪　李　琼
杨　峰　杨　新　何玉华　张　亮　郑爱清
赵玉珍　赵银月　胡朝芹

审稿人员：

宗绪晓　黄兴奇

蚕豆 *Vicia faba* L.

楚雄蚕豆　　　　祥云蚕豆

开远大庄蚕豆　　　　双柏马龙河蚕豆

云南省优异地方蚕豆资源

澜沧大蚕豆　　易门大蚕豆

新平大蚕豆　　蒙自大白豆

云南省优异地方蚕豆资源

金平蚕豆

泸水大蚕豆

云南省优异地方蚕豆资源

黄荚软壳蚕豆资源（龙陵棉花豆）

高始荚节位资源（澜沧大蚕豆）

云南省优异地方蚕豆资源（植株、籽粒）

云南省地方绿子叶蚕豆

豌豆 *Pisum sativum* L.

云南省优异地方豌豆资源

● 大豆 *Glycine max* (L.) Marr.

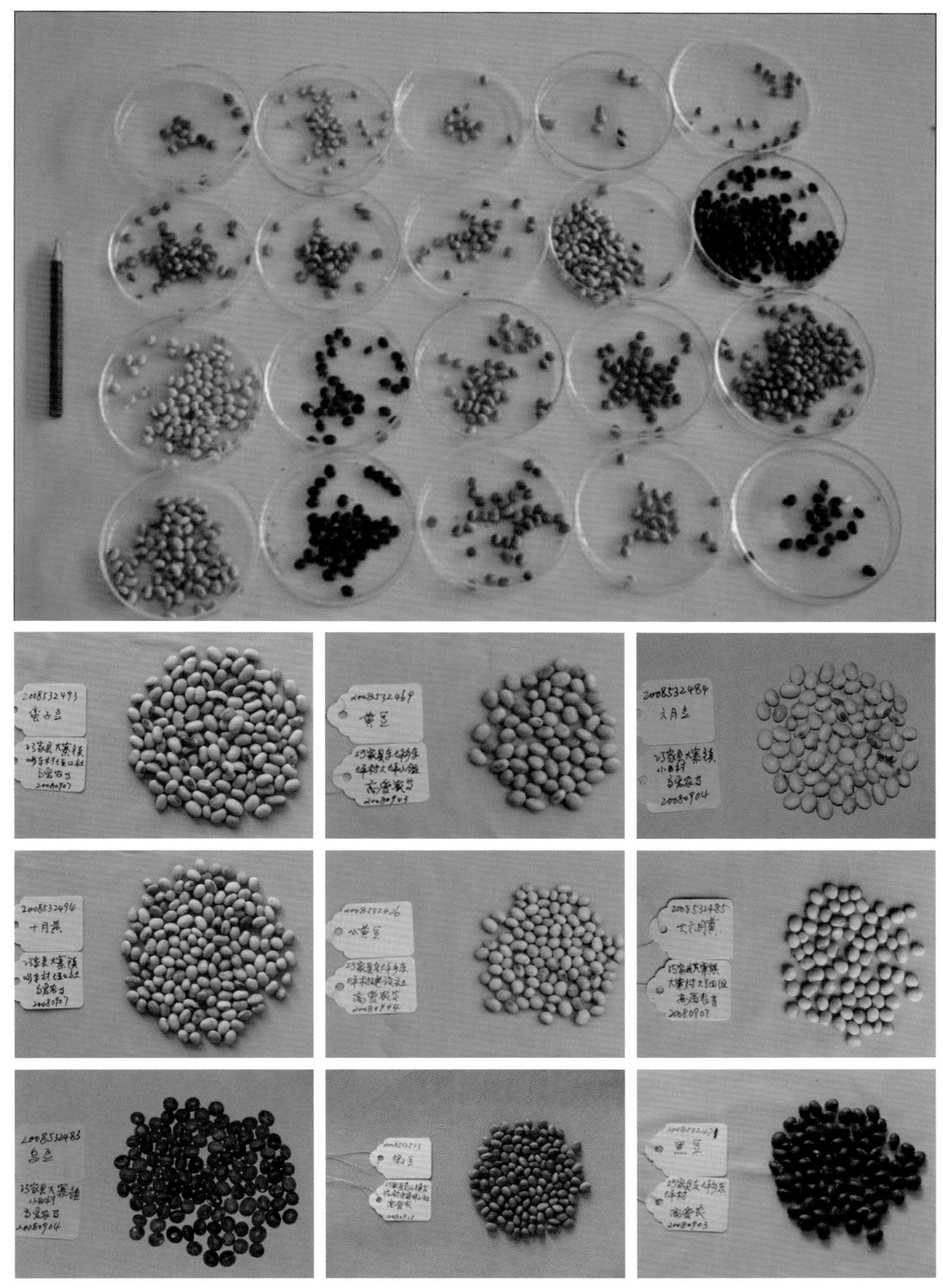

云南省优异地方大豆资源

云南省优异地方大豆资源

云南省优异地方大豆资源

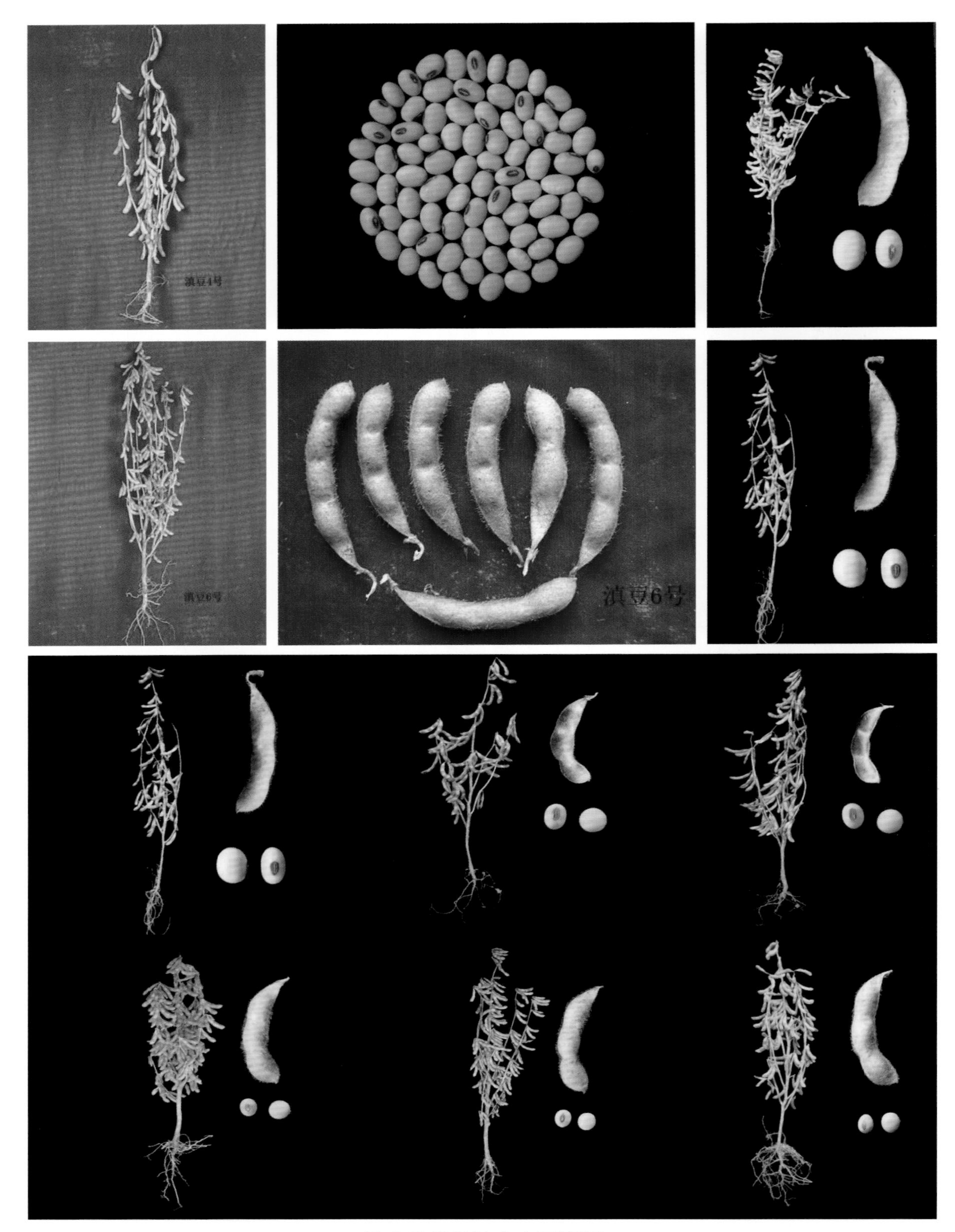

云南省优异地方大豆资源

菜豆属 *Phaseolus*

云南省优异地方普通菜豆资源

云南省优异地方普通菜豆资源

云南省优异地方多花菜豆资源

云南省优异地方利马豆资源

豇豆属 *Vigna*

云南省优异地方豇豆资源

云南省优异地方豇豆资源

扁豆属 *Lablab*

云南省优异地方扁豆资源

木豆属 *Cajanus*

云南省外引木豆资源

前 言

豆类是指以收获籽粒或其他组织部位供食用的豆类作物的统称，均属豆科、蝶形花亚科，多为一年生或越年生，少数为多年生作物。豆类是人类三大食用作物（谷类、豆类、薯类）之一。云南豆类作物种类繁多，栽培历史悠久，是云南除禾谷类作物外栽培面积最大的作物类群，近10年的栽培面积保持在55万hm^2左右。云南是世界生物多样性中心之一，其境内自然生态类型复杂多样，在长期的农事作业选择下，形成了极其丰富多样的豆类作物种质资源。目前收集鉴定的豆类作物种质资源材料包括了12个属21个种的栽培种和野生种类型。

豆类的蛋白质含量（20%～40%）比禾谷类约高1～3倍，比薯类高5～15倍，是人类所需蛋白质的主要来源之一。豆类按其种子内营养成分的含量，可分为两大类：一是高碳水化合物豆类，淀粉含量高（55%～70%）、蛋白质含量中等（20%～30%）、脂肪含量低（＜5%），是豆类作物中种类最多的大类，主要包括蚕豆、豌豆、小扁豆、菜豆、小豆、饭豆、豇豆、多花菜豆、利马豆、扁豆、木豆、藜豆等；二是高蛋白质豆类，粗蛋白含量高（35%～40%）、脂肪含量中等（15%～20%）、碳水化合物含量较低（35%～40%），如大豆、四棱豆等。

豆类可作为蔬菜、粮食及各种加工产品原料，长期以来是我国出口创汇的特色商品，如民间俗称的大白（花）芸豆、小白芸豆、腰子豆、大粒蚕豆、竹豆、大豆等干籽粒产品；蚕豆、豌豆、绿豆粉丝加工产品；豆腐、豆腐皮、豆腐干等加工产品；青蚕豆、鲜食豌豆、青刀豆等鲜销产品。豆类是家畜家禽饲料的主要蛋白营养源，混合饲料和青饲料中都要加入相应比例的豆类饲料和豆科牧草。

豆类具有较强固氮能力，使其成为养地培肥的最好作物，在耕作轮作制中占有重要地位。同时，豆类作物适应性强，在肥力较差的土地上也能生长，常作开荒的先锋作物，并能利用田间地角埂边种植。有的豆类种茎蔓繁茂又能作覆盖植物，用于保持水土；生育期短的豆类作物，如丛生型菜豆、绿豆、小豆等既能作为填闲救荒作物，又能与高秆作物间、套、混作，改少熟制为多熟制，增加农民的收入。

总之，豆类作物在农业生产和国民经济发展中占有重要地位，在改善人们的饮食结构、出口创汇、增加农民收入等方面的重要性愈来愈为人们所认识。大力发展豆类作物生产，深入研究、开发、利用品种资源更是一项重要而迫切的任务。

云南豆类作物资源的考察、收集、鉴定评价工作始于20世纪50年代。1979年全国农作物品种资源科研工作会议以来，在国家及云南省相关部门和国际研究机构的资助下，经过项目组人员的艰苦努力，较为系统地展开了种质资源收集、评价及利用，推进了云南豆类种质资源研究进程，取得了可喜的成果。本篇述及了云南省主要栽培豆种的起源、分类、植物学性状、生物学特性、化学成分等，以及各种属在云南境内的分布、栽培史和利用研究现状，可供有关科研和教学参考。

《云南作物种质资源·豆类篇》主要引用了云南省豆类作物研究项目组完成的相关资料及其他参考资料和书刊，蚕豆、豌豆、菜豆等豆类由何玉华、刘镇绪统稿编写；大豆由王铁军、王玉兰统稿编写；大理州、保山市、楚雄州、曲靖市农科所分别提供了“凤豆、保豆、彝豆、靖豆”等系列品种选育资料，初稿完成后由宗绪晓、黄兴奇等学者审阅，他们提出了许多宝贵意见和修改建议及参考资料，在此一并表示衷心的感谢。

由于历史跨度大，资料信息收集考证难，编写水平有限，编写过程中出现遗漏和错误在所难免，敬请读者予以指正。

目 录

第一章　云南豆类资源概况

云南省位于21°8′N～29°15′N和97°31′E～108°11′E，是青藏高原南延部分的高原山区省份。从位置上，云南省北倚广袤的亚洲大陆，南临辽阔的印度洋及太平洋，处在东南季风和西南季风控制下，并受到西藏高原区影响，从而形成了复杂多样的自然地理环境。云南东与贵州、广西为邻，北同四川相连，西北部紧挨西藏，西部同缅甸接壤，南部与老挝、越南毗连，与泰国、柬埔寨、孟加拉国和印度等国相距不远，是2000多年前的“西南丝绸之路”和公元1世纪初“马援古道”的主要通道，自古以来就是中国陆上通向印度、东南亚等地的重要门户。

云南以元江谷地和云岭山脉南段的宽谷为界，分为东西两大地形区。云南东部为云南高原，地形波状起伏，平均海拔2000m左右。云南西部为横断山脉纵谷区，高山深谷相间，相对高差较大，地势险峻，南部海拔在1500～2200m，北部在3000～4000m，西南边境地区地势渐趋缓和，海拔在800～1000m。全省海拔最高点是滇藏交界的德钦县怒山山脉的梅里雪山主峰卡瓦格博峰，海拔6740m；最低点在与越南交界的河口县境内南溪河与元江汇合处，海拔76.4m。海拔最高点和最低点两地直线距离900km的区域内，高低相差达6000多米。

云南特殊的地理位置和复杂多样的自然地理环境对豆类资源的演化、驯化和传入起到了十分重要的作用。云南豆类种质资源研究，起始于20世纪50年代，但直到进入80年代，在各级政府和相关部门重视下，通过系列项目的实施，其研究和开发利用才得到了较为全面而系统的展开。

第一节　云南豆类作物种质资源的考察、收集

一、豆类作物种质资源的收集方式

豆类籽粒既是豆类主要产品，也是其种子，因此，豆类种质资源材料的收集和引进以籽粒为主，可以多渠道、多方式、跨区域进行，主要包括3种方式：

（一）征集收集

即通过行政管理部门发文，责令当地农业技术部门进行区域性地方品种资源的征集。这种方式便

捷，收集覆盖面大，能反映地方区域资源的总体情况和特色，属于普查性收集。由于收集工作的面广量大，开展作业的人员大多不够专业，虽获资源材料多，但相关信息量相对较小，不够完整、准确。

（二）考察收集

即通过执行专业项目，在对已收集资源材料信息分析的基础上，制定考察收集线路和取样方法，按豆类资源收集规程及标准进行系统样本和信息的采集。投入该项作业的人员大多为从事资源研究的专业技术工作者，操作规范，获得的信息准确而全面。由于采集样本的系统性较强，能为资源地理信息分析提供可靠的数据。

（三）商贸采购

豆类产品就是种子，可以通过农贸市场、商店、超市、贸易商的仓库、农户家等场所进行购买而获得收集样本。这类样本类型多样，但资源收集相关的信息量小且不够准确。

二、豆类种质资源样本的整理和初步鉴定

收集的豆类种质资源材料登记后，按属、种分别归类。部分收集的材料样品，同一来源的种子，其籽粒大小、形状、种皮颜色、花纹和脐色不同，多以混杂的群体出现。所以，需按种子的颜色、大小、形状整理，分类编号。所收集材料的名称，一般按民间俗名登记，由于各地对同一种的称呼比较混乱，常常出现同名异种及同种异名的现象，需要根据植物学性状来加以区分。

（一）同名异种

例如，多花菜豆与利马豆同属菜豆属，但是不同的两个种，多数地方普遍地将其混称为“荷包豆”，除种籽粒色、大小、形状明显不同外，可根据出苗时多花菜豆子叶不出土，利马豆子叶出土；多花菜豆种皮色没有纹路，利马豆的种皮色有纹路等性状来加以区分。同样，多花菜豆和普通菜豆是菜豆属的两个不同的种，多数收集样都被统称为“腰子豆”“京豆”等，按多花菜豆子叶不出土，普通菜豆子叶出土来区分归类。小豆与饭豆外形相近似，收集样往往将这两个种的名称混在一起，以致名实不符，这两个种同属豇豆属，血缘很近，籽粒基本形态上的差异是在不同环境条件下发育形成的。Hector氏指出：“饭豆脐凹，小豆脐不凹。”编者经试验研究发现，小豆的脐与种子一样平，饭豆的种脐边缘凸出，中间凹陷成一条纵沟；同时初生叶的形状不同，小豆为心脏形，饭豆为披针形，以此类性状进行区分归类。

（二）同种异名

例如，多花菜豆的俗名很多，有大白芸豆、大黑芸豆、大花豆等等，因其有开鲜红色花的品种，亦有开白花的品种，显然用已往的学名“*Phaseolus cocciness* L.”，不能准确概括（按：Coccin来自希腊语，意思是胭脂红的色泽）。由于其植株开花多，后来的学名定为“*Phaseolus malliflarus* Willd”，既包括了红花种，也包括了白花种，名实相符，本书论及多花菜豆时即采用这个学名。多花菜豆品种资源通常是根据种皮色泽、种子厚薄的差异及来源地的不同进行区分。

三、云南豆类作物种质资源的收集考察

20世纪50年代中后期，云南曾组织过豆类作物种质资源的全省性征集，并对所收集的地方品种资

源进行过基本农艺性状的评价，但因缺乏后续项目支撑而中断。所收集到的资源材料种子，由于保存不善，丧失发芽能力而全部损失。因此，1979年以前，云南豆类资源的保存基本上处于空白状态。1979年，农业部（现改为农业农村部，下同）召开会议，要求在全国开展农作物品种资源补充征集。云南省在中国农科院品种资源所的领导和牵头下，组织了由中国农科院品种资源所、云南省农业科学院粮食作物研究所、云南省农业厅（现改为云南省农业农村厅，下同）、云南大学生物系、云南省农展馆，及浙江、湖南、四川、上海等地高校和科研院所参加的“云南省稻豆品种资源考察团”分赴滇西、滇西北、滇东南进行考察收集。同时，云南省农业厅、云南省农科院于1979年8月在昆明召开了有各地（州）、县（市）农业部门参加的云南省农作物品种资源补充征集会议，责成各县（市）农业部门负责广泛收集各种农作物品种资源，送交云南省农业科学院进行整理研究。由此，云南豆类资源收集研究工作得以全面展开。云南省农业科学院粮食作物研究所豆类研究中心在各类项目支持下，持续开展了云南豆类种质资源的考察、系统收集和评价，并通过国际合作项目的实施，以交换、合作评价等形式向国际相关机构引进资源材料，丰富了云南省的豆类种质资源。其间，较大规模的考察、补充调查和收集有2次。一是1996～2009年，执行澳大利亚国际农业研究中心资助的项目：中国与澳大利亚食用豆种质资源评价与应用（ACIAR Project 9434 “Improvement of Faba Bean in China and Australia Through Germplasm Evaluation, Exchange and Utilization”）和雨养农业系统下冷季豆类增产研究（PHASE Ⅱ PROPOSAL CS1/2000/035 “Increased Productivity of Cool Season Pulses in Rain-Fed Agricultural Systems of China and Australia”）期间的考察和收集。二是2006～2010年，执行科技部科技基础专项“云南及周边地区农业生物资源调查”期间的考察和收集。

四、云南豆类种质资源考察收集的主要结果

1979年，云南豆类种质资源的考察收集，初步确定了云南分布有菜豆属、豇豆属、豌豆属、木豆属、蚕豆属、鹰嘴豆属、扁豆属和黧豆属的地方品种和野生资源。但收集样本仅获得了豇豆、小豆和木豆的野生种类型籽粒。表1-1-1列出了1979年云南大学植物系标本室记录的资源收集汇总信息。

表1-1-1　云南豆类种质资源考察收集汇总表（1979年9～10月）

收集号	收集地	收集地海拔（m）	科	亚科	属	学名	当地名称	株型	花色
甲1039	耿马县团结公社班团结小队	1300	豆科	蝶形花亚科				蔓生藤本	
79219	耿马县贺派公社团结大队团结小队	1120	豆科	蝶形花亚科			野豇豆	蔓生藤本	
79219	耿马县贺派公社团结大队团结小队	1120	豆科	蝶形花亚科			野豇豆	蔓生藤本	

续表1-1-1

收集号	收集地	收集地海拔（m）	科名	亚科	属	学名	当地名称	株型	花色
79220	耿马县河外公社芒片大队芒片小队	920	豆科	蝶形花亚科			野生饭豆	蔓生藤本	
79220	耿马县河外公社芒河外大队芒片小队	920	豆科	蝶形花亚科			野生饭豆	蔓生藤本	
79221	耿马县河外公社	920	豆科	蝶形花亚科			羊角豆	蔓生藤本	金黄
79221	耿马县河外公社	920	豆科	蝶形花亚科			羊角豆	蔓生藤本	金黄
79222	耿马县河外公社	1200	豆科	蝶形花亚科				蔓生藤本	
79222	耿马县河外公社	1200	豆科	蝶形花亚科				蔓生藤本	
79224	耿马县贺派公社团结大队	1120	豆科	蝶形花亚科			野生饭豆	蔓生藤本	
79226	沧源县勐角公社翁丁大队	1420	豆科	蝶形花亚科			野豆	蔓生藤本	
79227	耿马县贺派公社团结大队	1120	豆科	蝶形花亚科			小饭豆	蔓生藤本	
79227	耿马县贺派公社团结大队	1120	豆科	蝶形花亚科			小饭豆	蔓生藤本	
79228	耿马县红土公社团结大队	1200	豆科	蝶形花亚科				蔓生藤本	
79229	华坪县茶树公社和菱大队	1270	豆科	蝶形花亚科	黧豆属	*Stizolobium* sp.		蔓生	紫黄
79229	耿马县高荣公社芒艾大队芒艾一队	1270	豆科	蝶形花亚科			小狗豆	缠绕性藤本	白
79231	鹤庆县黄坪公社新泉大队	1586	豆科	蝶形花亚科	虫豆属	*Atylosia* sp.	野黄豆	蔓生缠绕	
79232	丽江县（今丽江市，下同）	1380	豆科	蝶形花亚科	灰叶属	*Tephrosia* sp.		蔓生	
79233	丽江县金山公社新团结大队三队星火生产队	2430	豆科	蝶形花亚科	野扁豆属	*Dunbaria* sp.	野扁豆	蔓生	紫色
79234	丽江县白沙公社白沙大队新都生产队	2480	豆科	蝶形花亚科	豌豆属	*Pisum* sp.	豌豆	蔓生	紫色
79235	永胜县团街麻乖洞	2250	豆科	蝶形花亚科				蔓生	
79236	丽江县金山公社新团结大队星火生产队	2430	豆科	蝶形花亚科	蚕豆属	*Vicia* sp.		蔓生	紫色
79237	永胜县城关灵源中和少大队	2200	豆科	蝶形花亚科			山豆根	蔓生	

续表1-1-1

收集号	收集地	收集地海拔（m）	科名	亚科	属	学名	当地名称	株型	花色
79238	宁蒗县永宁公社温泉大队白拉生产队	2650	豆科	蝶形花亚科	野扁豆属	*Dunbaria* sp.	野豌豆	蔓生	
79238	宁蒗县永宁公社温泉大队温泉生产队	2670	豆科	蝶形花亚科	野扁豆属	*Dunbaria* sp.		蔓生	
79239	永胜县团街公社迪公大队	2137	豆科	蝶形花亚科	豇豆属	*Vigna vexillata*（L.）Benth	根豆	蔓生草质藤本	紫色
79241	宁蒗县	2625	豆科	蝶形花亚科	豇豆属	*Vigna* sp.	野饭豆	蔓生草质藤本	
79242	丽江县七河公社兴和大队太平生产队	2235	豆科	蝶形花亚科	蚕豆属	*Vicia* sp.		蔓生	紫色
79243	永胜县团街麻乖洞	2100	豆科	蝶形花亚科	鹰咀豆属	*Cicer* sp.	野花生	蔓生	
79244	丽江县树底	1360					胡枝子	蔓生	
79245	永胜县团街麻乖洞	2100	豆科	蝶形花亚科				蔓生	
79246	永胜县城关公社×源大队	2200	豆科	蝶形花亚科			树豆、山胡豆	木质藤本	淡紫
79252	永胜县城关公社胜利大队	2200	豆科	蝶形花亚科	菜豆属	*Phaseolus* sp.	爬山豆	蔓生	黄色
79253	丽江县树低	1380~2000	豆科	蝶形花亚科	菜豆属	*Phaseolus* sp.	山绿豆	蔓生	
79253	丽江县树低	1380~2000	豆科	蝶形花亚科	菜豆属	*Phaseolus* sp.	山绿豆	蔓生	
79254	鹤庆县黄坪公社新泉大队	1580	豆科	蝶形花亚科	菜豆属	*Phaseolus* sp.		蔓生	黄色
79255	永胜县团街麻麻乖洞	2100	豆科	蝶形花亚科				直立	
79256	永胜县城关公社胜利大队	2200	豆科	蝶形花亚科	菜豆属	*Phaseolus* sp.		蔓生	花色
79257	永胜县城关公社胜利大队	2080~2300	豆科	蝶形花亚科	菜豆属	*Phaseolus* sp.		蔓生	黄色
79258	永胜县×街公社	2137	豆科	蝶形花亚科	菜豆属	*Phaseolus* sp.		蔓生草本	黄色
79259	永胜县团街公社团结大队	2240	豆科	蝶形花亚科	菜豆属	*Phaseolus* sp.	小白豆	蔓生草本	黄色
79260	永胜县城关公社胜利大队	2240	豆科	蝶形花亚科	菜豆属	*Phaseolus* sp.			浅紫色
79262	镇康县南伞公社	1120	豆科	蝶形花亚科			小饭豆	半蔓生	花色
7900410	镇康县	1500	豆科	蝶形花亚科				藤本	黄色

此后，省农科院豆类研究人员先后完成了云南省99.2%的县区豆类种质资源收集和考察，但按乡镇统计的覆盖率仅达到63.1%，不同豆类种间的地域覆盖率差异较大。所以，本文对收集样的评价分析在一定

程度上还不能完整描述云南省豆类资源的生存状况。

表1–1–2列出了已收集豆类种质资源在云南地区间的分布，总计调查收集的地方品种资源为3001份。收集数量最多的是普通菜豆，为1224份；其次是蚕豆，为665份；最少的是鹰嘴豆和藜豆，分别在保山市的潞江坝和红河州的河口县，仅收集到各1份。不同豆类种的区域分布有明显的生态选择，体现出了丰富的生态遗传多样性。

表1–1–2 云南省豆类地方品种资源收集样本在各地区间的分布统计

区域	饭豆	豇豆	绿豆	刀豆	普通菜豆	多花菜豆	利马豆	小豆	扁豆	小扁豆	蚕豆	豌豆	大豆	其他豆类
保山	6	5		1	53	4	4	4	4		29	22	32	1
楚雄			1		25	4		6		2	32	17	20	2
大理	4	2			156	42	3	15	7	6	72	28	47	1
德宏	18	7	1	1	18						17	22	46	
迪庆	4		1		38	3		5	1	6	19	25	3	
红河	18	16	4	1	92		3	14			62	37	73	2
昆明					39	14	1	4	3		89	31	30	
丽江	3		1	1	86	24		6		1	42	29	32	
临沧	41	30	4	1	92	4	2	12	4		40	41	53	
怒江	4				103	28		13			20	34	30	2
曲靖	3	2			23			2			44	5	44	
思茅（现普洱，下同）	17	11	2		72	1	1	13		3	51	56	68	7
文山	14	26	1		214	8					46	42	44	
西双版纳	7	6			7						9	8	4	1
玉溪	13	3	1		74	3	1	13	2	3	47	51	35	
昭通	2	4	1	2	132	7		7	1	3	46	41	109	
合计收集份数	154	112	17	7	1224	142	15	114	22	24	665	489	671	16
收集县占云南129个县（市、区）的比率（%）	41.1	27.0	11.0	5.43	70.5	29.0	8.53	31.0	10.9	11.6	94.6	76.7	81.4	6.2

第二节 云南豆类资源的类型、分类及分布

一、云南省豆类资源的类型组成

1991年，由中国农业百科全书农作物卷编委会主编、农业出版社出版的《中国农业百科全书》列出豆类专门条目。豆类指以收获籽粒供粮用、油用、蔬菜用的豆类作物的统称。云南省豆类资源极其丰

富，从已经完成收集的信息分析可见，中国有栽培记录的豆类种在云南都有种植。云南豆类作物的栽培种属蝶形花亚科，已收集研究的共有12个属21个种（其属别、种名、学名见1-1-3）。按在云南省栽培面积的大小及其商品经济地位依次为：蚕豆、豌豆、大豆、普通菜豆、多花菜豆、小豆、饭豆、绿豆、豇豆、小扁豆、利马豆、藊豆、木豆、翼豆（四棱豆）和黧豆。

表1-1-3　有收集记录的云南省豆类作物栽培种目录

属别	种名	学名	收集材料代号
巢菜属	① 蚕豆	*Vicia faba* L.	K
豌豆属	② 豌豆	*Pisum sativum* L.	L
大豆属	③ 烟豆	*Glycine tabacina* Benth.	
	④多毛豆	*G. tomaentella* Hayata	
	⑤野生大豆	*G. soja* Sieb. et Zucc.	
	⑥大豆	*G. max*（L.）Marr.	
	⑦ 短绒野大豆	*G. tomentella* Hayata	
小扁豆属	⑧小扁豆	*Lens arielinum* Medic	U
菜豆属	⑨ 普通菜豆	*Phaseklus valgaus* L.	A
	⑩ 多花菜豆	*P. multiflorus* Willd	F
	⑪ 利马豆	*P. limensis* Macf	N
豇豆属	⑫ 小豆	*Vigna angularis*（Willd）Ohwi & Ohashi	B
	⑬ 饭豆	*V. umbellata*（thunb）Ohwi & Ohashi	C
	⑭ 绿豆	*V. radiatas*（L.）Wilczek	D
	⑮ 豇豆	*V. unguiculata*（L.）Walp	M、G
藊豆属	⑯ 藊豆	*Lablab purpures*（L.）Sweet	J
翼豆属	⑰ 翼豆	*Psopho carpureus tetragonelobus*（L.）DC.	H
木豆属	⑱ 木豆	*Cajanus cajan*（L.）Millsp	T
鹰嘴豆属	⑲ 鹰嘴豆	*Cicer arietinum* L.	Y
四棱豆属	⑳ 四棱豆	*Psophocarpus tetragonolobus*（L.）DC.	
黧豆属	㉑黧豆	*Stizolobium cocbinchinensis*（Lour）Tang et Wang	

注：收集材料代号为编目入库时所用的代表各个不同种序号首位的英文字母

二、云南豆类作物种质资源的分类

云南豆类资源分类依照国际、国家的分类标准，分别采用植物学、作物习性和光周期反应进行分类。按以下列出的植物学分类检索表及其他分类的标准参数，云南豆类资源的收集材料包括了表中所涵盖的所有豆类种及类型。

（一）植物学分类

豆类均属豆科蝶形花亚科，多为一年生或多年生。表1-1-4、表1-1-5、表1-1-6分别列出按植物形态学分类的检索。

表1-1-4 豆类植物学分属检索表

1.雄蕊分离，叶有3小叶，多年生草本 ……野决明属 *Thermopsis*
1.雄蕊联合成管
  2.叶轴顶端多有卷须，或退化卷须，羽状复叶
    3.翼瓣与龙骨瓣分离 ……山黧豆属 *Lathyrus*
    3.翼瓣与龙骨瓣一部分联合
      4.花柱在顶端有一簇或者一圈毛 ……蚕豆属 *Vicia*
      4.花柱在一侧有须毛
        5.花萼叶状，荚果有多粒种子 ……豌豆属 *Pisum*
        5.萼片长钻状，荚果有1~2粒种子 ……小扁豆属 *Lens*
  2.叶轴顶端无卷须，叶为奇数羽状复叶，或有3小叶，或为掌状复叶
    3.小叶5裂或更多
      4.叶为掌状或指状复叶 ……羽扇豆属 *Lupinus*
      4.叶为羽状复叶
        5.小叶有锯齿 ……鹰嘴豆属 *Cicer*
    3.小叶3片
      4.叶为羽状复叶
        5.花柱向内弯，或在顶端有毛
          6.龙骨瓣向内弯成直角，有嘴 ……藊豆属 *Dolichos*
          6.龙骨瓣不向内弯成直角
            7.龙骨瓣螺旋状卷曲 ……菜豆属 *Phaseolus*
            7.龙骨瓣弯曲但不卷曲
              8.柱头很斜或内向，根不成块状 ……豇豆属 *Vigna*
              8.柱头几近球形，顶生或在内面，有块根
                9.柱头顶生，荚果有四棱 ……四棱豆属 *Psophocarpus*
        5.花柱在柱头上无毛
          6.匍匐或缠绕草本
            7.花萼的下唇有与上唇相等的齿，荚果有毛
              8.花冠较花萼长2～3倍，有刺毛 ……黧豆属 *Mucunua*
            7.花萼的下唇比上唇小，荚果无毛 ……刀豆属 *Canavalia*
          6.茎直立或铺张，不缠绕
            7.小叶有小锯齿
              8.花序头状，或密生卵圆形总状花序
                9.有强烈香气，荚果直或微弯 ……葫芦巴属 *Trigonella*
            7.小叶全缘
              8.花紫色或非紫色，果长，无节
                9.小叶长5cm以上，披针矩圆形，花黄色或橙黄色 ……木豆属 *Cajanus*

表1-1-5 菜豆属及豇豆属豆类检索表

1.花白色、乳白色、青莲紫色或红色
　2.小叶顶端凹缺成钝，有肉质多年生根，花红紫色 ………………………………………… 麦特卡夫豆 *Phaseolus metcatfei*
　2.小叶裂成3～5窄裂片，直至基部 ……………………………………………………………… 乌头叶菜豆 *P. aconitifolius*
　2.小叶顶端尖，一年生草本
　　3.种子小，矩圆形或球形，长约1.5cm
　　　4.萼下苞片小而不显著，远较下苞片短 …………………………………………………… 尖叶菜豆 *P. acutifolius*
　　　4.萼下苞片大而显著，与花萼等长或较长 ………………………………………………… 普通菜豆 *P. vulgaris*
　　3.种子大而扁，长与宽近等
　　　4.花大而美，长1.2cm以上，白色或红色 ………………………………………………… 多花菜豆 *P. multiflorus*
　　　4.花小，长1cm以下，白色或乳白色
　　　　5.萼下苞片长圆形或线形，有脉，荚果有尖或钝喙 …………………………………… 利马豆 *P. lunatus*
1.花黄或鲜黄色，小叶全缘，有时2~3裂
　2.植株与荚果多毛，种子不发亮
　　3.种脐约凹陷，荚果有长毛 …………………………………………………………………… 黑吉豆 *Vigna mungo*
　　3.种脐约凸出，荚果有短毛 …………………………………………………………………… 绿豆 *V. radiata*
　2.植株与荚果无毛或仅有疏毛，种子发亮
　　3.荚果在种子间收缩，种脐不凹陷 ………………………………………………………… 小豆 *V. angularis*
　　3.荚果在种子间不收缩，种脐直线下凹 …………………………………………………… 饭豆 *V. umbellata*
　　3.荚果长30～90cm或以上，下垂，有不同程度的膨胀而软 ……………… 长豇豆 *V. unguiculata* spp. *sesquipedalis*
　　3.荚果长6～30cm，坚硬，不膨胀
　　　4.荚果长20～30cm，下垂，种子长于0.6cm ……………………… 普通豇豆 *V. unguiculata* spp. *unguiculata*
　　　4.荚果长6～12.5cm，向上直立，种子长不到0.6cm ………………… 短荚豇豆 *V. unguiculata* spp. *cylindrica*

表1-1-6 大豆属豆类检索表

1.总状花序长于叶，长4～8cm ………………………………………………………… 澎湖大豆 *Glycine clandestina* Wendl.
1.总状花序短于叶，通常长1～3cm
　2.一年生草本，根草质，侧根密生于根的上部，呈钟罩状
　　3.茎直立；栽培植物 ………………………………………………………………………… 大豆 *G. max* (Linn.) Merr.
　　　4.茎纤细，缠绕；荚果长17～23mm，宽4～5mm；种子小，长2.5～4mm，宽1.8～2.5mm，褐黑色　野大豆 *G. soja*
　　　4.茎粗壮，缠绕或匍匐；荚果长20～30（～40）mm，宽5～7mm；种子较大，长5～6mm，宽4～4.5mm，褐色、黑色或黑黄相间的双色，少有其他颜色 …………………………………………………… 宽叶蔓豆 *G. gracilis* Skv.
　　　　5.茎下部的小叶倒卵形、卵圆形至长圆形，上部的小叶卵状披针形，长椭圆形或长圆形，小叶两面被白色短柔毛；总状花序的花稀疏；荚果长圆形而直，于种子间不缢缩；种子长圆形，具颗粒状小瘤点，呈星状凸起 …………………………………………………………………………… 烟豆 *G. tabacina* Benth.
　　　　5.茎下部和上部的小叶均为卵圆形，小叶两面均密被黄褐色绒毛，总状花序的花密集于顶端；荚果扁而直，于种子间缢缩；种子扁方圆形，具密小瘤点或蜂窝状小孔 …………………… 短绒野大豆 *G. tomentella* Hayata

（二）作物习性分类

1. 根据子叶是否出土可分为两类

豆类作物种子发芽出苗时，种子的子叶有伸出土壤表面和留于土壤中两种类型，可作为区分豆类作

物不同种的重要特征。

（1）子叶出土类。发芽时，下胚轴伸长、子叶露出土面的豆类，主要包括大豆、绿豆、普通菜豆、豇豆、利马豆、藊豆、刀豆等。

（2）子叶留土类。发芽时，下胚轴不伸长、子叶留于土中的豆类，主要包括蚕豆、豌豆、小豆、小扁豆、鹰嘴豆、饭豆、多花菜豆、木豆、四棱豆和黧豆等。

2. 根据生长季节，豆类作物生长期间对气温的要求可分为三类

（1）冷季豆类。在南方秋播、北方春播的豆类，一般抗冻力较强，耐热性较弱，主要包括蚕豆、豌豆、鹰嘴豆、小扁豆等。

（2）暖季豆类。在南北方春秋播种收获的豆类，抗冻性、耐热性属中等，主要包括大豆、普通菜豆、多花菜豆、利马豆、小豆和藊豆等。

（3）热季豆类。南北方均为夏播的豆类，一般抗冻性弱，耐热性强，主要包括绿豆、豇豆、饭豆、木豆、四棱豆和黧豆等。

3. 根据原产地所在纬度不同而形成的光周期反应可分为两类

（1）长日照型豆类。冷季豆类均为长日照型豆类。

（2）短日照型豆类。热季豆类和暖季豆类多为短日照型豆类。

三、云南豆类作物种质资源的地理分布

云南特有的立体气候及一年多熟制的耕作条件，导致了云南豆类资源种类的地域分布极其复杂。不同种的资源在水平和立体层次上的分布都有较大区域面积的交叉现象，且主要随纬度、海拔和降水量而变化。

（一）纬度

云南暖季豆类和热季豆类，随纬度的增加分布区域明显减少。以豇豆属和木豆属为例，在较高纬度的昭通、丽江和迪庆一带就很少种植分布。

（二）海拔

与经纬度区域分布比较，云南豆类作物资源种的分布随海拔高低而明显变化。在海拔1000m以下的区域，冬季豆类的分布较少，海拔低于300m的区域里几乎没有冷季豆类的种植分布。相反，随着海拔高度的增加，热季豆类和暖季豆类的分布区域明显减少，海拔高于1500m的区域，热季豆类的种植分布区域很少。85%的豆类作物种质资源分布在海拔1000～2500m的区域内。

（三）降水量

云南豆类作物资源种的分布随区域降水量大小而变化，这与豆类资源不同种的地理起源和种性相关。在年降水量超过1600mm的区域，蚕豆属、豌豆属、木豆属和小扁豆属的分布量不到10%；在降雨量低于800mm的区域，菜豆属、豇豆属和蚕豆属的分布量不到15%；木豆属和干籽粒豌豆则多分布于降雨量低于1000mm的区域。

云南豆类种质资源分布没有明显的土壤类型区划，但有大田种植和园艺栽培两种分布形式，部分豆类种仅以园艺栽培的形式分布于房前屋后的私家菜园子里。此外，近20年来，随着经济社会发展和对外贸易增加，外引种大量增加，同一个区域内，原生种群快速减少，外引种大量种植，这在一定程度上使豆类资源种的分布处于随时间进程而变化的一种动态状况。

四、豆类资源的类型分布

根据生长季节，云南省豆类作物种质资源的类型分布为：

（一）冷季豆类分布

云南冷季豆类资源主要包括蚕豆、豌豆、小扁豆和鹰嘴豆。由于是冬春季节栽培，分布区域的气候温度覆盖范围较大，在云南除了河口县的部分区域外所有县区都有种植，但随海拔高度的变化，种的类型、生育属性、分布密度有明显的不同。蚕豆的3个变种，大粒种（干籽粒百粒重大于120g）和小粒种（干籽粒百粒重小于70g）多分布在海拔低于1500m的区域，分别占85%和73%；中粒种（干籽粒百粒重70～120g）的覆盖面较为广泛，在380～2830m的海拔范围内都有分布，但近80%的中粒种分布在海拔1600～2400m的区域内。豌豆的红花变种和白花变种的分布随海拔的变化而不同，红花变种多分布在高海拔区域，相反，白花变种多分布在中低海拔。软荚豌豆组群分布海拔较低，硬荚豌豆组群分布的海拔较高，但其分布没有明显的海拔界限，只有数量多少的差异。云南80%的小扁豆都分布在海拔高于1800m的区域，是典型的冷凉区域作物。鹰嘴豆在云南的收集样本仅发现在保山的潞江坝（海拔640～1400m）。

（二）暖季豆类分布

云南分布的暖季豆类主要包括大豆、普通菜豆、多花菜豆、利马豆、小豆和藊豆。大豆和普通菜豆的分布最为广泛，在云南省70%的县都有收集样，其资源收集样本覆盖了280～3100m的海拔范围。多花菜豆、利马豆、小豆和藊豆的收集样本的分布面较小，收集县仅有8%～31%的覆盖比率。

（三）热季豆类分布

云南分布的热季豆类主要包括绿豆、豇豆、饭豆、木豆、四棱豆和黧豆。收集信息显示，热季豆在云南的分布面较窄，80%的收集样分布在海拔1500m以下的区域，收集县的覆盖率为0.7%～41%。饭豆的覆盖面较大，达41.1%，豇豆为27%，而黧豆的覆盖率仅为0.7%。

第三节　云南豆类资源整理鉴定、编目和保存

一、资源整理鉴定

云南豆类品种资源鉴定依据1980年在北京召开的豆类资源项目工作会议统一拟定的试验设计、记载测量标准进行。包括：

（一）田间初级鉴定

由资源材料收集保存单位完成基本农艺性状鉴定，采用间比法排列的田间试验，设1～2次重复，对照种选用当地主栽品种，按资源材料的来源生态区特点和种类进行分类鉴定和异地多点鉴定。昆明属温热地区，多数种在昆明种植鉴定，热带豆类资源分别先后在开远、宾川、元谋等地种植鉴定，所有收集资源材料均须完成该项试验，获得初级鉴定信息。

（二）特异性鉴定

指对非生物逆境（耐寒、耐旱、耐盐、耐碱）、生物因素（病、虫）胁迫和主要品质成分分析等品质和抗性的鉴定评价。根据试验条件分别由资源材料收集单位和项目主持单位指派的特定单位完成鉴定试验，鉴定按项目认可的标准程式进行。受试验研究投入经费的限制，仅部分豆种10%～50%的收集样材料能够进入试验获得资源评价鉴定信息。

二、资源编目

完成初级鉴定后进入登记入库的资源材料必须纳入编目，以建立资源信息数据库。编目项目及数据处理格式按中国农业科学院品种资源研究所制定的统一标准进行。编目分两个层次：

（一）国家目录

入国家种质资源库的材料，要求具有豆类国家种质资源定位的统一代码（英文的一个大写字母）冠以数字编号组成的全国统一编号。例如G0000841，G代表豌豆，随后的数字为第841号编目保存的豌豆资源材料的代号。接下来必须填入的编目项目为：保存单位、保存单位编号、材料名称、原产地或来源、生长习性（蔓生、半蔓生、丛生；匍匐、半匍匐、直立）、播种期、成熟期、全生育日数、花色、株高（蔓生型材料不测量株高）、分枝数、单株荚数、单荚粒数、单株产量、结荚习性（有限、无限）、荚色、荚长、粒色、粒形、百粒重等。同一种内各份材料的入目顺序，首先按种皮色排列，二级排列按材料原产地来源的省、县（市）行政区划顺序。

（二）地方目录

包括了所有有鉴定信息的收集样本材料，编目项目含有除全国统编号外的其他所有国家编目项目，第一列为保存单位编号，是以保存单位定位于每一个种的代码（英文的一个大写字母，该代码与国家统编号的代码不一致）加一组数字构成。例如A0069，A代表普通菜豆，69代表编目保存的第69号材料。根据已经完成的鉴定项目的不同，还有部分增加内容的项目，如抗性鉴定、品质分析信息以及其他特异性状信息等。

1980年，赵玉珍等完成《中国豆类品种资源目录》第一集云南资源材料的编制，编入材料包括88份蚕豆、462份普通菜豆、67份小豆、66份饭豆。

1986年，赵玉珍等完成《中国豆类品种资源目录》第二集云南资源材料的编制，编入材料包括38份蚕豆、61份豌豆、4份豇豆、3份藊豆。

1996年，王丽萍等完成《中国豆类品种资源目录》第三集云南资源材料的编制，编入材料包括104份蚕豆。

所有收集、引进并完成初级鉴定的材料均编入《云南豆类地方品种资源目录》。

三、种质资源的保存

云南豆类品种资源保存均以种子籽粒的形式，分两个级别进行保存。

（一）国家长期库（30 ~ 50 年）

同时备份中期库（15 ~ 20年，用于满足育种单位申请种质材料的供种）保存。国家库保存的种质资源对入库籽粒的质量要求较高，发芽率不能低于95%，籽粒均匀度和饱满度好，种皮不能带任何病斑，入库重量达到根据百粒重大小计算的籽粒重量要求。

（二）地方收集保存单位中期库（10 ~ 15 年）

同时备份干燥短期库（5 ~ 8年）保存。地方资源中期库保存的种质材料发芽率要求略低（90%），入中期库的量按籽粒百粒重计算的重量确定（受保存设施的限制，每份材料按150 ~ 300粒的数量入库，按不同种种子发芽率衰变快慢计算入库籽粒数）。短期保存种质材料的质和量标准主要根据资源材料近期需求状况确定，采用铝箔/玻璃种子筒独立干燥密封包装保存。

国家长期库保存，根据国家项目实施计划进行，有明显的三个完成阶段：①1980 ~ 1986年；②1990 ~ 1996年；③2001 ~ 2005年。随后按列项资助计划，对第①、②阶段提交入中期库的资源材料进行保存性更新繁殖入库。

云南地方种质库保存，没有明显的时间历程，每年都有不同数量的种质资源材料入库保存，但从保存方式来看，经历了两个不同质的阶段：第一阶段是2000年以前，完全采用干燥包装短期保存的形式，保存的资源材料每5 ~ 8年进行一次更新繁殖，资源保存工作十分繁重；第二阶段进入中期库保存，采用低温种子柜保存，在柜内存放的种子用锡箔袋进行真空包装，保存的种子可以有15年的保存期，有效延长了资源材料繁殖更新的时间。

第四节　云南豆类作物种质资源的生物多样性

云南豆类作物种质资源多样性是建立在其特殊的地理位置和生态条件基础上的。首先，地理地貌环境的复杂导致了气候环境类型多样，有适于寒、温、热带的栽培类型存在；作为世界公认的“植物王国”，复杂的生境中隐含着类型多样的变异体，及部分种群的野生型、近缘野生型。已有的研究显示，云南可能是豇豆属、木豆属植物的“次生中心”或“多样性中心”。其次，云南所处的区域位置与中南半岛、印度半岛相接壤，便于种质材料的交流。

一、云南豆类作物种质资源的多样性

（一）种、属和亚种、变种的多样性

到2015年，云南豆类作物种质资源的收集样本，包含了12个属、21个种及其亚种、变种、种群和类

群，种属多样且十分丰富。例如，蚕豆的两个亚种及3个变种（大粒变种、中粒变种和小粒变种）；同属于一个亚种的栽培豌豆，包括了两个变种：白花豌豆变种和紫/红花豌豆变种；软荚豌豆组群和硬荚豌豆组群、光滑种子类型和皱粒种子类型等；绿豆和小豆的栽培种及野生种；豇豆的普通豇豆、短角豇豆、长角豇豆；普通菜豆的直立矮生型、半直立型和蔓生型；多花菜豆的红花亚种和白花亚种；利马豆中的大利马豆和小利马豆；小扁豆中的大粒亚种和小粒亚种；藊豆中的孟加拉藊豆亚种和具钩藊豆亚种；木豆的黄花变种和紫纹花变种等。

（二）生态类型多样性

1. 种间生态型多样性

云南不同区域交错分布着：①热带豆类。代表种包括绿豆、豇豆、饭豆、木豆、四棱豆和黧豆。②温带豆类。代表种包括大豆、普通菜豆、多花菜豆、利马豆、藊豆及豇豆属的小豆。③冷季豆类。代表种包括蚕豆、豌豆、小扁豆、鹰嘴豆等。豆类栽培种的种间生态类型，体现了云南豆类资源对气候类型多样的地域包容性、适应性。

2. 种内生态型多样性

在云南，同一豆类种资源分布于不同的生态区域，同一个生态区域分布着不同的生态类型。例如，蚕豆多属于秋播类型，但高海拔的香格里拉一带却有少数地方分布着春播型的栽培种；豌豆有早秋播型和晚秋播型，小豆和豇豆有春播型和夏播型，普通菜豆有早熟和晚熟类型。这些情况反映了豆类种内对极其多变的气候条件和栽培耕作制度的适应性。

（三）形态类型多样性

形态类型主要包括株型（生长习性）、粒形、粒色、花色、叶型、荚质、开花习性等形态性状。在云南豆类作物种质资源的收集样本中，几乎每一个种都有着形态类型极其多样的丰富度，为生产产品的类型和栽培响应需求提供了多种类型的选择。以蚕豆、普通菜豆和豌豆为例：蚕豆幼苗生长习性包括匍匐、半匍匐和直立型。蚕豆花色以旗瓣颜色的不同，包括了全白色、白色、紫色、淡紫色等，以翼瓣颜色的不同，包括红色、黑色、黄色、白色等。粒色分为白色、绿色、红色、紫色、黑色和黄色（极少）。粒形为扁圆形（阔薄型、阔厚型、中厚型、窄厚型）、近球形。粒重包括了百粒重36～207g，大小极差达171g/100粒。开花习性分为无限开花习性和有限开花习性（一种突变体）。普通菜豆粒形包括肾形、球形、椭圆形、长圆形。粒重包括百粒重17～68g，大小极差达51g/100粒。粒色包括红、紫红、黄、白、蓝、灰、黑、褐、棕，加上不同底色和不同斑、纹的颜色，构成了几十种粒色粒型。株型则有直立矮生、半蔓生、蔓生等，株高28～312cm，极差达284cm。豌豆分为白色花型、紫色花型和粉红色花型等变种。株型有蔓生、半蔓生、直立矮生。粒形包括圆形、柱形、椭圆形、扁圆形、方形。种皮色分为白色、灰色、红色、绿色等不同色差的类型。子叶颜色包括黄色、橘红色、绿色等。形态类型多样性十分丰富。

二、云南豆类作物种质资源地理分布多样性

云南的地理气候类型分布复杂，90%以上的耕地是山地，温度气候带在随平面纬度而变化的同时，更多地受海拔高度的影响而呈高低层次带变化，导致了豆类种及其类型分布的地理区划多样性。同一个县，甚至同一个乡包含着几个生态地理气候带，表现在同一个地理区域内包含了多个不同的豆种；同一个豆种分布在不同的地理区域内，同一个季节栽培种植着几个不同的豆类种，很难用平面区划严格归类豆类种的地理分布，体现出云南多样的气候类型对豆类各个种生态驯化栽培的影响。

云南的气候带包括了北热带、南亚热带、中亚热带、北亚热带、温带、寒带等不同温度类型的气候带。云南南部纬度低、海拔低、气温高；向北部推移，纬度和海拔增高，为中亚热带和北亚热带；再往北，即滇东北、滇西北纬度海拔更高的区域为温带、寒温带；在海拔5300m以上山峰为寒带；同一纬度，海拔1500m以下为中亚热带气候，1500～2300m为北亚热带和南亚热带气候；海拔2300m以上为温带。因此，同一个地区存在不同的气候带。除了没有栽培植物生长的寒带外，其他每一类气候带都同时有几个豆类种的栽培。同一类型地理生态区包含了豆类的不同种、变种及其组群。云南北亚热带和南亚热带区域分布着除冷季豆外的11个豆种（在北热带和南亚热带区域没有冷季豆类栽培，例如河口峡谷区和元江盆地坝区内，没有蚕豆、小扁豆种植）；温带区域分布着除热季豆外的9个豆类种（温带区域内没有热季豆类栽培，在云南海拔高于1700m的中西部区域很少有绿豆、四棱豆和木豆等热季豆类栽培）；中亚热带和北亚热带分布了云南豆类作物种质资源的15个豆类种。

同一个豆类种分布于不同的地理生态区，暖季豆类的5个种分布的地理生态区域最广，几乎涵盖了除寒带外的所有生态地理区域。其次是冷季豆类，从南亚热带到温带的所有地理生态区都有种植。其中，豌豆的种植栽培面最广，冬季栽培覆盖的海拔区域为430～2800m。由于对积温的需求量较高，热季豆类分布的地理生态区域相对较窄，在北热带和南亚热带区域多有种植，少部分在中亚热带和北亚热带栽培。

第二章 蚕豆

据FAO生产年鉴统计，蚕豆是目前世界上第七大豆类作物，全世界有60多个国家生产蚕豆，中国是世界上蚕豆栽培面积最大、总产量最高的国家，蚕豆生产面积和总产量分别占世界蚕豆生产比重的34.4%和36.7%左右。除中国之外，埃塞俄比亚、埃及、澳大利亚、加拿大、意大利、俄罗斯等也是蚕豆的主要生产国。蚕豆是除大豆和花生之外，我国目前面积最大、总产最多的豆类作物。除山东、海南和东北三省较少种植蚕豆外，其他省区均有较大面积的分布。秋播蚕豆以云南、四川、湖北、浙江和江苏的种植面积和产量较多，春播蚕豆以青海、甘肃、河北、内蒙古较多。云南是中国栽培种植蚕豆规模最大的区域，通常生产收获面积在26万～34.7万hm^2，占全国生产面积的40%左右。蚕豆适应冷凉气候、多种土地条件和较干旱环境，有生物固氮之王的美誉。蚕豆具有高蛋白质含量，易消化吸收，粮、菜、饲兼用，以及深加工附加值高等诸多优点，是种植业结构调整中重要的间、套、轮作和养地作物，也是我国南方主要的冬季作物以及北方主要的早春作物。

第一节 蚕豆种质资源概述

一、蚕豆的起源与分类

蚕豆（*Vicia faba* L.）为一年生（春播）或越年生（秋播）的草本植物，别名胡豆、佛豆、罗汉豆、大豆等，英文名broad bean、faba bean。蚕豆的起源至今没有形成定论，1931年，Muratovr 提出大粒蚕豆（*V. faba* var. *major*）原产于北非，小粒蚕豆（*V. faba* var. *minor*）原产于里海南部。H.И.瓦维洛夫根据在中亚的喜马拉雅山脉和兴都库什山的交会地区发现有小荚小粒原始类型的蚕豆，提出中亚的中心地区是蚕豆的最初起源地，并自中亚沿纬度线向西延伸至伊朗、土耳其、地中海区域到西班牙，蚕豆籽粒逐渐变大；又根据西西里岛和西班牙的蚕豆比阿富汗喀布尔地区的蚕豆大7～8倍的事实，认为地中海沿岸及埃塞俄比亚是大粒蚕豆的次生起源地。在死海北面的杰里科（Jericho）发现有新石器时代蚕豆残留的种子，被确认为公元前6250年的遗物。在西班牙和东欧的新石器时代及瑞士和意大利等地青铜器时代遗址中也发现蚕豆残留物。有些学者认为蚕豆起源地为西南亚洲到地中海地区。近期的许多研究证明蚕豆可能起源于亚洲的西部和中部，其祖先和起源地区仍未确定。1974年，Cubero推测蚕豆起源中心在近东地区，并由此向北传到欧洲，沿北非海岸传到西班牙，沿尼罗河传到埃塞俄比亚，从美索不达米亚平原传到印度，从印度传到中国，而后，阿富汗和埃塞俄比亚成为次生多样性中心。

蚕豆是人类栽培的最古老的豆类作物之一，在瑞士“湖滨居地”新石器时代遗址中曾发现炭化的蚕豆籽粒，粒形很小，属于现已灭绝的变种。据《旧约》中有关蚕豆的记载，大概在公元前1000年前古希伯来人已经种植蚕豆。在公元前2400年古埃及第五王朝丧葬的寺院里和公元前2140～公元前1850年间罗马十二王朝的坟墓中均发现有蚕豆种子。据我国考古资料，1956年和1958年在浙江吴兴新石器时代晚期的钱山漾文化遗址中出土了蚕豆半炭化种子，说明距今4000～5000年前我国已经栽培这种作物。三国时期张揖撰写的《广雅》中有胡豆一词。北宋《益都方物略记》中记载：“佛胡，豆粒甚大而坚，农夫不甚种，唯圃中以为利，以盐渍食之，小儿所嗜。”明朝《本草纲目》（1578）中说：“太平御览云，张骞使外国得胡豆种归，令蜀人呼此为蚕豆。”综合上述说法，蚕豆在中国的栽培历史十分悠久。在我国云南丽江一带有一种拉市青皮豆，栽培历史很久，据说是当地土生土长的原产品种。因此，我国是否蚕豆原产国，以及栽培历史有多长，均需进一步的研究。

蚕豆是豆科蝶形花亚科蚕豆属下唯一的栽培种。蚕豆属内常见的种有21个，蚕豆种是其中生殖隔离最好的一个种，至今尚无与属内野生种杂交成功的先例，而其他种之间的杂交已有成功例。在形态学特征上，蚕豆种与其他种的不同之处是没有卷须，以及种脐在种子长度的一端，与蚕豆种形态最为近似的野生种为*Vicia narbonensis* L.，但是同工酶检测结果表明，这两个种之间的亲缘关系比形态学显示的要远得多。与其他种相比，蚕豆种染色体较大，DNA的量也最大，但染色体数较少，$2n=12$，而蚕豆属内其他种的染色体$2n=14$。

蚕豆为常异花授粉植物，因种内的分类比较困难而存在不同的分类体系。1931年，Muratova 根据种子的大小作为主要的分类依据形成的分类体系得到较为广泛的认可和使用，见图1–2–1。

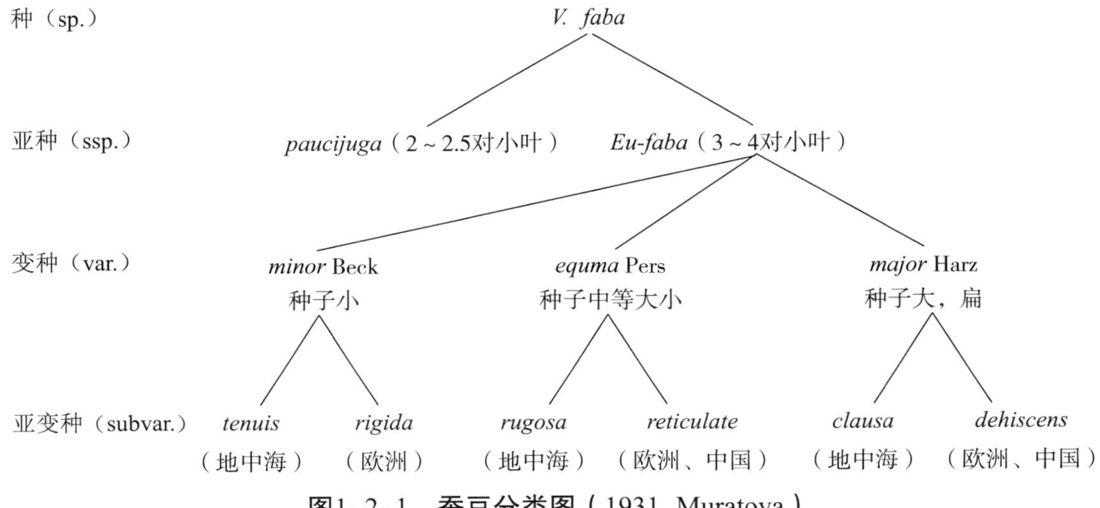

图1–2–1　蚕豆分类图（1931, Muratova）

1972年，Hanelt把*pauijuga*归为亚种*minor*的一个地理型，提出如图1–2–2的分类。

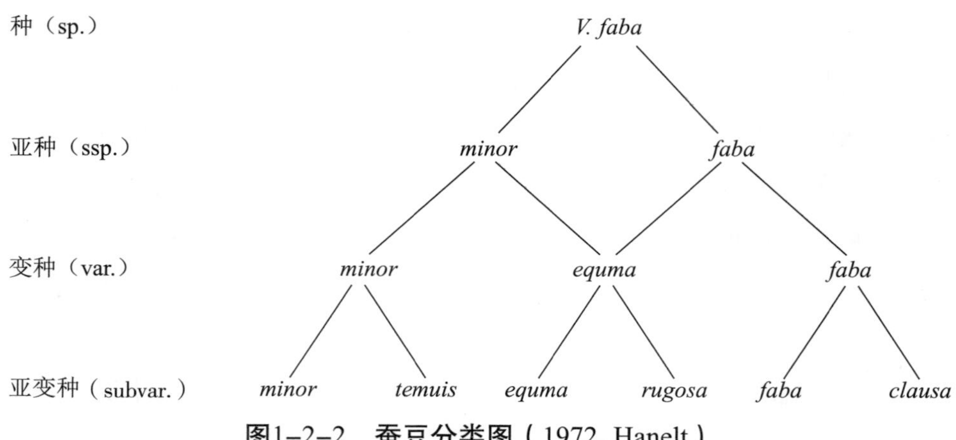

图1–2–2 蚕豆分类图（1972, Hanelt）

1974年，Cubero 提出的分类认为蚕豆有4个变种：*faba, equine, minor, paucijuga*。其中，var. *paucijuga*的原产地仅限于印度北部和阿富汗，与其他变种相比较具有自花受精，每片复叶的小叶少，每花序的小花少，茎短和不裂荚等性状组合等特性。学术界普遍认为小粒变种是最原始的类型，考古学上所发现的和希腊、罗马古典文献中所记载的均是小粒变种，所讨论的蚕豆起源问题也基于小粒变种。中粒变种和大粒变种是在长期演化进程中逐渐形成起来的（大粒变种到公元500年后才出现）。3个植物学变种之间相互杂交均有亲合力，无生殖障碍。

小粒、中粒和大粒变种（亚种）主要按种子的大小、重量和长度来划定，所定的标准，科学家间也不都一样，见表1–2–1。

表1–2–1 相关科学家对蚕豆的3个植物学变种按粒型大小的划分标准

科学家	小 粒		中 粒		大 粒	
	千粒重（g）	粒长（mm）	千粒重（g）	粒长（mm）	千粒重（g）	粒长（mm）
Harz（1885）	462 ~ 650	10 ~ 13	650 ~ 1600	15 ~ 20	1300 ~ 3400	25 ~ 35
Backin Reichenbach（1903）		10 ~ 13				25 ~ 30
Gamsin Hegi（1924）		55 ~ 13		15 ~ 20		25 ~ 35
Muratova（1931）	150 ~ 750	6.5 ~ 12.5	450 ~ 1100	12.5 ~ 16.5	1000 ~ 2550	19 ~ 31
Kiffmann（1952）	350 ~ 550	8 ~ 12	700 ~ 800	12 ~ 14	900 ~ 2000	20 ~ 22
Rothmaler（1963）		5 ~ 15		15 ~ 20		25 ~ 35
Hanelt（1972）	200 ~ 900	7 ~ 15	900 ~ 1300	15 ~ 21	1300 ~ 2500	20 ~ 28
Karsali（1974）		8 ~ 10		12 ~ 14		20 ~ 24
NIAB	560		560 ~ 840		840	
Higgins, Evan and Reed（1981）	330 ~ 620		530 ~ 920		840 ~ 2130	

1980年，中国在全国农作物品种资源会上制定了以百粒重划分的依据，一般百粒重小于70g为小粒变种，中粒变种为70～120g，大粒变种的百粒重大于120g。至今，全国的所有研究机构均采用这一分类标准。云南蚕豆种质资源研究采用1931年Muratova的分类体系。

变种内的栽培品种在植物学上的差别以不连续性状来区分。如按播种期和春冬性不同分为冬蚕豆和春蚕豆；以种皮颜色分为白皮蚕豆、绿皮蚕豆、黑皮蚕豆和红皮蚕豆；以花色分为紫花、白花、全白花（花器翼瓣上没有黑斑）；按脐色分为白脐、黑脐、绿脐；按开花习性分为无限型、有限型等。对栽培品种，同时又以容易辨别的连续性状来进行区分，如生育期、株高、叶色、叶片大小、茎秆上的花青素分布量大小等差别。

二、蚕豆栽培史

蚕豆是一个古老的作物，公元前5000年已开始家种，公元前3000年已普遍扩散，铁器时代向北移到中欧和北欧。哥伦布时代以前，美洲还没有蚕豆，美洲的蚕豆估计是在16世纪由葡萄牙和西班牙人带去的。

中国种植的蚕豆，传说是张骞从西域带回来的，但据《古今事物考》“张骞使外国得胡豆，今胡豆有青有黄者，不似蚕豆”，《广雅疏证》“（胡豆）为小豆之属”，表明胡豆为蚕豆之说不足信。

有文字记载的，中国栽培蚕豆最早的时期见之《益都方物略记》一书，“佛豆，丰粒茂密，豆别一类，秋种春钦，农不常莳”。《图经本草》记载较为详细，“蚕豆方茎中空。叶状如匙……一枝五叶……三月开花，如蝶，紫白色。结角连缀，类似蚕形，荚青，老则荚黄。……荚状，若老蚕形，故名蚕豆”，实为今天栽培的蚕豆。其后，历朝都有文字记载。由是观之，中国栽培的蚕豆已有1000多年的历史。

云南省最早栽培蚕豆的时间，据《滇南本草》所载称：“蚕豆味甘，性温，开胃健脾，强精益智，多服则下气，眼热。”与李潘（1984）的考证“阿拉伯人曾在我国元代将蚕豆传到云南和四川”，大约是在13世纪是相吻合的，已有七八百年的历史，到了明清之际已遍及全省。

1950年前，云南省蚕豆的种植面积没有完整的统计数据，仅有记载的是1935年时有99个县种植，面积为20.77万hm^2，总产0.99亿kg，单产955.5kg/hm^2。1950年后逐年有所发展，以10年为一阶段，分段统计的结果如表1–2–2所示。

表1–2–2 云南省蚕豆种植生产收获面积、产量分段统计结果

年代（或年份）	面积（万hm^2）	单产（kg/hm^2）	总产（t）
20世纪50年代	19.65	1075.50	211385.9
20世纪60年代	21.20	1237.50	262308.7
20世纪70年代	20.78	1488.00	309295.7
20世纪80年代	23.11	1465.55	335326.7
20世纪90年代	23.46	1858.35	436707.6
2001～2010	32.56	1697.55	494000.0

20世纪80年代之前，蚕豆大田生产多属农民随意种植，投入的技术十分有限，种植品种多为地方传统农家品种；80年代后期，在研发及示范推广项目的资助下，育成品种及其配套研究的技术开始大面积应用。从表1–2–2可见，云南省蚕豆生产不论面积、单产、总产均呈上升趋势，进入21世纪，蚕豆种植生产面积显著增长，但受极端气候的影响，单产有所下降。

三、云南蚕豆种质资源多样性

云南气候类型多样，生态环境条件复杂，使蚕豆种质资源的多样性十分丰富，包括了形态类型多样性、生态类型多样性及地理分布多样性等。

（一）变种类型的多样性

云南蚕豆资源的收集样本包括了蚕豆所有的三个变种：大粒变种、小粒变种和中粒变种，其粒型多样性的描述是以收集的原始样本称重测量的数值来描述的，根据对已收集到的631份样本的测定，粒重变幅为28～210g/100粒。其中：

小粒变种，收集样本52份，占8.2%。这类资源一般多为中矮秆株型，茎秆细，分枝较多，小叶的叶片小。代表品种资源为：产自元阳县的“小粒蚕豆”，百粒重28g；产自孟连县的“等嘎拉小蚕豆”，百粒重30g；产自弥渡县的“细白蚕豆”，百粒重41.8g；产自镇雄县的“小蚕豆”，百粒重65g；产自元江县的“安定小蚕豆”，百粒重67g。产自元阳县的“小粒蚕豆”是云南蚕豆资源中粒型（重）最小的材料。

大粒变种，收集样本148份，占23.5%。与小粒种相反，这类资源一般为高秆株型，茎秆较粗，小叶的叶片大，特别在现蕾期间，生长势强，多表现为苗肥叶大。其代表品种资源为：产自龙陵县的“龙陵蚕豆”，百粒重142g；产自建水县的“搓柯粒”，百粒重151g；产自澄江县（今澄江市，下同）的“澄江大粒豆”，百粒重165g；产自潞西县（今芒市，下同）的“芒市山区棉花豆”，百粒重166g；产自禄丰县（今禄丰市，下同）的“黑井蚕豆”，百粒重168g；产自瑞丽县（今瑞丽市，下同）的“瑞丽蚕豆”，百粒重178g；产自新平县的“甸中大白豆”，百粒重185g；产自元江县的“撮科蚕豆”，百粒重205g；产自新平县的“新平大白豆”，百粒重210g，是云南蚕豆品种资源收集样本粒型（重）最大的材料。

中粒变种，收集样本431份，占68.3%，是云南蚕豆品种资源的主要类型，百粒重70.0～120.0g，平均百粒重95.9g，分布海拔范围800～2885m。这类资源株高适中，平均株高65.5cm，最高株高94.5cm，茎秆粗壮，分枝多，平均有效枝3.04个/株。生育期表现中晚熟特性，现蕾期11月下旬至12月下旬。苗期生长势较小粒变种强。相对于小粒变种和大粒变种，中粒变种类型资源现蕾期耐冻性好，花荚期耐冻性弱，受冻率较大粒变种高7%。其代表品种资源为：产自双江县的“软壳蚕豆”，百粒重118.0g；产自姚安县的“姚安绿皮豆”，百粒重107.6g；产自大姚县的“金碧大白豆”，百粒重112.5g，荚长9.2cm；产自沾益县（现沾益区）的“沾益白皮豆”，百粒重82.1g；产自剑川县的“龙营豆”，百粒重77.0g，花荚期受冻率仅17.6%；产自元江县的“浪台蚕豆”，百粒重70.5g，单荚粒数2.4粒/荚，是所有中粒变种中单荚粒数较高的资源。

（二）形态类型的多样性

云南蚕豆种质资源的种皮、种脐和子叶颜色多样性丰富，几乎涵盖了世界蚕豆种质库资源材料的所有类型。种皮颜色包括白色、绿色（浅绿色、绿色、深绿色）、红色（紫红色、粉红色、浅紫色）、黑褐色、黑紫色等；种脐颜色有白色、黑色、褐色、浅褐色、绿色、浅绿色、红色、浅红色；多数地方资源收集样本的种脐颜色是混杂的，通常一份资源材料包括了不同种皮颜色及其深浅脐色的籽粒。子叶颜色有黄色和绿色两种，子叶绿色的蚕豆资源是世界范围内云南独有的特异资源，目前属于严格禁止对外交换的资源类型。

典型的代表品种为：产自腾冲的“大白蚕豆”、产自澄江的“吉花大蚕豆”和产自昆明官渡的“白皮小粒蚕豆”，种皮、种脐均为白色；产自曲靖的“四甲蚕豆”，种皮白色，种脐绿色；产自玉溪的“玉溪大蚕豆”，种皮白色，种脐黑色；产自曲靖沾益的“沾益大蚕豆”，种皮绿色，种脐黑色；产自昆明官渡的“昆明绿皮蚕豆”，种皮、种脐均为绿色；产自会泽的“会泽红皮蚕豆”，有种皮、种脐均为紫红色和种皮紫红色、种脐黑色两种类型；产自新平的“大红蚕豆”和产自元江的“撮科蚕豆”，种皮粉红色，种脐黑色。云南蚕豆资源有色种皮占25.67%。种脐以黑色居多，大部分材料黑白混杂，包含有色种脐的资源材料超过了80%。云南蚕豆资源的收集样本中，只有4份为绿色子叶，分别为白色种皮浅绿色种脐和白色种皮黑色种脐，浅绿色种皮黑色种脐和浅绿色种皮浅绿色种脐。代表品种资源为产自保山的“透心绿蚕豆”。

（三）粒形的多样性

蚕豆的粒形按籽粒的长宽厚测量值分为阔薄形、阔厚形、中厚形、窄厚形、近圆形等。测量干籽粒的腰部，最宽处测量值大于2cm为阔，1~2cm的为中，小于1cm的为窄；厚度大于1cm的为厚，小于1cm的为薄。云南蚕豆资源收集样本主要为阔厚形和中厚形，占87%。阔厚形的资源均为大粒变种，最典型的资源为“撮科蚕豆”和“新平大白蚕豆”。近圆形的资源多为小粒变种，占收集样的3.9%，最典型的资源为“元阳小粒蚕豆”和“金平小绿豆”。阔薄形的资源占3.2%，代表性的资源为来自玉溪华宁的“龙潭营蚕豆”和来自玉溪新平古城的“大白蚕豆”。

（四）花器结构和颜色的多样性

蚕豆花色主要以旗瓣颜色来划分，主色调为白色和紫红色两种，其中紫色有深浅差别。云南蚕豆资源的花色以白色居多，占收集资源总数的85%；其次为浅紫色，大约有10%左右；深紫色仅占5%。白色花又根据其旗瓣上花纹颜色深浅分为白花和纯白花。白色花的资源中，仅有5%左右的材料为纯白花，而且一般群体都不整齐，通常一份材料包括两种花色类型，分类鉴定按花色比率来划分，以超过60%的比率来确定资源材料的花色。从地方品种资源的天然变异型材料中，获得了旗瓣黑色的花器。蚕豆花色中翼瓣的部分多以白色或浅紫色底上衬有占翼瓣面积2/3大小的黑色斑块，但从地方品种资源的天然变异型材料中，出现翼瓣斑点为黄色的花器，其中的部分变异型材料出现翼瓣超过90%面积均为黄色的花器。花器结构中，变异类型包括了翼瓣卷曲和翼瓣缩小等特异类型。

（五）生态类型多样性

蚕豆的生态类型通常按冬性的强弱及生育特性来划分，分为春播型和秋播型及早熟型、中熟型和晚熟型。云南的蚕豆资源多为秋播型，春播型的比率仅占1.7%，主要来自迪庆。通常秋播型按弱冬性、强冬性及中性划分，在观察记载上按幼苗生长习性来加以区别，匍匐型为强冬性，一般为晚熟型；直立型为弱冬性，多为早熟型；半直立型为中性。云南蚕豆资源收集样本中，强冬性匍匐型占12.05%，弱冬性直立型占8.43%，接近80%的资源为中性半直立型，是云南蚕豆种质资源的主要类型。

（六）生育特性的多样性

蚕豆资源的生育特性描述包括的性状有现蕾期、开花期、末花期、花期（开花至末花的天数）及成熟期，采用通过田间试验记载的数值来描述。但是，由于云南冬季栽培蚕豆在现蕾期后频繁遭遇霜冻的危害，开花期的早晚受霜冻危害程度大小的影响会发生较大幅度的变化，冻害严重的年份开花期会很晚，反之则较早。类似的问题在末花期到成熟期之间也存在，由于这时期频繁出现高温逼熟天气，不同现蕾开花期的材料会在短时间内一起成熟。因此，在云南生境下冬季种植栽培试验鉴定评价蚕豆资源材料生育期早晚，开花期和成熟期记载的数值不能准确反映资源的生育特性，因此通常采用现蕾期的记载，统计播种至现蕾的天数来描述蚕豆资源材料生育期早晚（一般情况下，播种到现蕾期间，没有明显影响现蕾早晚的冻害发生）。开花期、成熟期及全生育天数用于辅助描述。根据586份收集材料样本试验的统计分析：播种至现蕾天数变幅为30～103d，极差达73d。播种至现蕾天数小于45d为早熟类型，有21份，占收集评价材料总数的3.58%。最早熟的材料为来自红河石屏县的“石屏大白蚕豆”，播种至现蕾天数仅为30d，其次是来自临沧永德县的“细蚕豆”，播种至现蕾天数为34d。播种至现蕾天数在45～55d的为中早熟类型，有138份，占收集评价材料总数的23.55%。播种至现蕾天数在56～75d的为中熟类型，有344份，占收集评价材料总数的58.70%。播种至现蕾天数在76～85d的为中晚熟类型，有77份，占收集评价材料总数的13.14%。播种至现蕾天数大于85d为晚熟类型，有6份，占收集评价材料总数的1.02%。全生育期最短的155d，最长的217d，极差达到62d。

（七）地理分布的多样性

云南蚕豆资源地理气候带分布的多样性体现在蚕豆种质资源不同类型，包括变种、生态型、粒色及生育特性和产品类型随地理气候不同而变化的状况。云南蚕豆资源的地理分布很难在平面上严格划分，主要体现在海拔高度的立体层面上，云南蚕豆资源收集样的海拔覆盖范围为336～2885m。云南蚕豆种植生产的主要耕种方式是与水稻轮作，进行免耕坂田按豆栽培，80%的水稻种植区都有蚕豆作物分布。由于蚕豆作物对水肥的需求量较高，冬春季节在山地上很少种植蚕豆。按云南气候地理信息可以基本划分为以下3种区域类型：

1．滇西及滇东北冷凉蚕豆产区

该区主要包括丽江、怒江、迪庆、昭通及曲靖等州（市）海拔高于2000m的秋播蚕豆产区，占云南省蚕豆种植生产面积的10%～15%。年平均气温低于12℃。该区域的蚕豆全生育期较长，一般超过200d，成熟收获期在5月中下旬，以分布中小粒变种为主，品种资源的冬性较强，幼苗生长习性多为匍匐型。蚕豆资源的种皮颜色多为白色，脐色以黑色居多。主要作为饲料和食品加工原料用的干籽粒产品生产区。

2. 滇西及滇中温凉蚕豆产区

该区主要包括保山、大理、楚雄、昆明、曲靖及玉溪等州（市）海拔1600～2000m的秋播蚕豆产区，大约占云南蚕豆栽培生产面积的75%。年平均气温在12～14℃。该区域是云南蚕豆的主要产区，以中大粒变种分布为主，蚕豆生长发育的全生育期在180～200d，收获干籽粒在4月下旬完成，主要与水稻轮作，收获期与该区域大量种植生产的中稻接茬良好。幼苗生长习性多为半直立型，属于冬性中等的生态型资源。种皮颜色的分布丰富，包括了紫红、浅绿、绿色和白色。脐色有黑色、白色、绿色和红色。主要进行饲料和食品加工原料用的干籽粒及鲜销荚粒产品的生产，是蚕豆加工产品生产的主要聚集地。

3. 滇中及滇南热温蚕豆区

该区主要包括楚雄的元谋、双柏，玉溪的元江，红河，普洱及滇西和滇东北的部分低热河谷地带海拔低于1600m的区域。分布面积占云南蚕豆种植生产面积的5%～10%。年平均气温高于13℃。该区域分布的变种类型丰富，大粒、中粒及小粒各变种的分布比率均较高，是小粒变种和大粒变种主要分布区域，同时也是蚕豆资源粒形大小极端类型收集样本的产区。蚕豆种皮为粉红的资源仅出现在该区域，绿色种皮的资源很少，主要为白色种皮黑脐类型。蚕豆生长发育的全生育期一般不超过160d。该区域属于早秋播种蚕豆的产地，主要进行鲜销荚粒产品的生产。8～9月播种，鲜销荚粒产品可在春节前上市而标以较高销售单价。

四、云南蚕豆种质区划

云南的栽培蚕豆，分类学上的3个亚种（变种）都有，以中粒种最多，面积最大。但由于云南地处高原，境内崇山峻岭，河谷纵横，受纬度及海拔高差的影响，全省有北热带、亚热带、南温带等各种气候。即使在同一县域内，也是“一山分四季，十里不同天”。由于气候的复杂性，栽培作物种类繁多，就蚕豆而言，不少县区除种中粒种外，也有大、小粒种的分布，按考察收集到的3个亚种的海拔、气候、生产状况、主要栽培品种的主要性状，云南蚕豆种植区划可分为：中粒种（百粒重大于70g，小于120g）、大粒种（百粒重大于120g）和小粒种（百粒重小于70g）3个主要产区。

（一）中粒种产区

全省各县区都有中粒种的栽培，在全省的蚕豆生产中，中粒种面积最大，总产最多。根据1998年的统计（以下同），中粒种种植面积为19.4万hm^2，占全省总面积的86.6%，总产40360万kg，占全省总产的94.5%。中粒种大多数种于坝区或半山区，生产条件好，冬春有水浇灌，土壤肥力中等或中上等，管理水平高，总体又可分为4个亚区。

1. 滇西北及滇东冷凉区

滇西北及滇东冷凉区包括：丽江市的丽江、宁蒗、永胜的城关；迪庆州的维西；大理州的剑川、鹤庆；昭通市的昭阳、镇雄、彝良；曲靖市的会泽。海拔1916～2393m（平均2140m），年均气温11.3～13.5℃（平均12.5℃），蚕豆生长期月均气温7.7～11.1℃（平均9.7℃），年积温1641～2271℃（平均1959℃）。年降水量882.5mm，蚕豆生长期间降水量84.2～261.3mm（平均132.9mm），占全年雨量的15.1%。

此区冬季气温低，播期偏晚，一般10月下旬至11月上旬播种，次年5月上中旬收获。中粒蚕豆面积有约1.97万hm^2，占全省面积的8.7%，总产3500万kg，占全省总产的8.2%，平均单产1800kg/ hm^2，略低于全省平均产值1905.75 kg/ hm^2的水平。

此区栽培品种，冬性强，分枝多，苗期多为匍匐或半匍匐型。多数开白花，少数开紫或浅紫花，株高平均为90cm（变幅79.9～93.5cm），有效枝3.4个（变幅2.4～4.2个），荚粒数1.8粒（变幅1.5～2.2粒），花色有白、浅紫、紫等，种皮色以乳白最多，也有红皮的，百粒重平均86.1g（变幅70～110.9g）。主要的品种有丽江白皮豆、永胜小粒豆、昭通大白豆、会泽红皮豆等。

2. 滇西及滇中温凉区

滇西及滇中温凉区包括大理州的洱源、大理、祥云；曲靖市的马龙、麒麟、沾益、师宗、富源；昆明市的寻甸、嵩明等地的大部分地方。海拔1814～2069m（平均1934m），年均气温13.6～14.8℃（平均14.4℃）。蚕豆生长期月均气温10.4～11.7℃（平均10.9℃），年积温2204～2480℃（平均2319℃）；年降水量797～1240mm（平均997mm），蚕豆生长期间降水量137.2～268.7mm（平均211.4mm），占全年降水的21.2%。

此区蚕豆栽培密植水平高，管理精细，多数地方是省内的蚕豆高产区。生产面积约3.93万hm^2，占全省面积的17%，总产约12395万kg，占全省总产的29%，平均单产3150kg/hm^2，比全省平均水平高65.2%。

主要栽培品种有大理中粒豆、祥云蚕豆、洱源豆、曲靖蚕豆、嵩明绿皮蚕豆等。一般株高79.6cm（变幅65～109.2cm），有效枝3.0个（变幅1.9～4.9个），花色以白色居多，也有紫色花，种皮颜色有乳白、绿，以乳白最多，荚粒数1.8粒（变幅1.3～2.1粒），百粒重89.5g（变幅76.1～110.0g）。

3. 滇中温暖区

滇中温暖区主要包括昆明市的西山、官渡、安宁、晋宁、呈贡、石林、宜良；楚雄州的大姚、姚安、南华、楚雄、禄丰、双柏、永仁、牟定的大部；曲靖市的陆良、罗平；玉溪市的江川、通海、红塔、易门、华宁及元江；大理州的巍山、弥渡、永平、漾濞；保山市的昌宁、施甸及隆阳；红河州的泸西等地的大部分地方。海拔1527～1878m（平均1647m），年均气温14.6～16.2℃（平均15.4℃）。蚕豆生长期月平均气温11.4～12.9℃（平均12.1℃），积温2416～2737℃（平均2568℃），年降水量771.3～1006mm（平均953.7mm），蚕豆生长期降水量159.3～409.7mm（平均205.2mm），占全年雨量的21.5%。

此区蚕豆栽培水平较高，水肥条件较好，种植密度一般，是省内蚕豆的主要产区。生产面积约为8.6万hm^2，占全省面积的38%，总产18364万kg，占全省总产的43%，平均单产2151kg/ hm^2，高于全省平均水平12.8%。

此区栽培的蚕豆品种一般株高90cm（变幅70.2～104.1cm），有效枝3.1个（变幅2.2～4.8个），荚粒数1.7粒（变幅1.5～2.0粒），多数为白花种，也有浅紫花，种皮多为乳白色，也有绿色。百粒重97g（变幅71～117.3g）。主要的品种有昆明白皮豆、宜良绿叶豆、宜良粉叶豆、保山透心绿、大姚伍姓豆、晋宁宝峰豆等，尤以昆明白皮豆、宜良粉叶豆、宜良绿叶豆较著名，过去曾被许多地方引种。

4. 滇南、滇西南、滇东南温热及金沙江燥热区

滇南、滇西南、滇东南温热及金沙江燥热区含红河州的弥勒、蒙自、个旧、屏边、金平；文山州的丘北、砚山、西畴、文山、马关、广南；临沧市的凤庆、永德、云县、双江、临翔；普洱市的镇沅、思茅、墨江、景东；西双版纳州的勐海；德宏州的梁河、芒市；保山市的施甸、龙陵；金沙江中游的宾川、元谋、巧家的大部分地方。海拔840.7～1695m（平均1289m），年均气温12.7～21.7℃（平均17.9℃），蚕豆生长期月均气温12.7～17.5℃（平均14.4℃），年积温2689～3719℃（平均3061℃）。年降水量568.3～2292mm（平均1209.4mm），蚕豆生长期降水量108.9～561.3mm（平均287.1mm），占全年降水量的23.7%。

此区生产条件好坏不一，管理水平不高，但不少地区冬春气温较高，除种植秋蚕豆外，近几年发展了夏秋种植的早蚕豆，以青荚供应市场。种植面积约4.67万hm^2，占全省总面积的21%，总产6038万kg，占全省总产的14%，平均单产1230kg/ hm^2，低于全省平均水平，为全省平均单产的64.0%。

此区的栽培品种为春性强的品种，一般株高86.6cm（变幅62.9～109.3cm），有效枝3.3个（变幅2.7～5.5个），荚粒数1.6粒（变幅1.5～2.0粒），多为白花，少数紫花，种皮乳白色。百粒重90.7g（变幅78.3～114.5g）。主要的品种有蒙自大红豆、双江软壳豆、普洱龙潭豆、文山中粒豆等。

（二）大粒种产区

大粒种产区主要分散在开花成熟期温度较高、灌溉条件好的平坝及江河流域的台地、谷地、土质肥沃的区域，含玉溪市的新平、峨山、澄江、易门、华宁；红河州的建水、元阳、开远、屏边；普洱市的江城、澜沧、景谷、镇沅；临沧市的耿马、双江；文山州的文山；保山市的隆阳；楚雄双柏的妥甸、禄丰的黑井、永仁的永定；丽江市玉龙的金庄、永胜的清邑及昆明市的晋宁夕阳等部分地区。海拔1010～1870m（平均1415m），年均气温14.8～20.3℃（平均17.3℃），蚕豆生长期月均气温11.6～17.1℃（平均14.4℃），年积温2450～3625℃（平均3049℃）。年降水量794.2～1652.6mm（平均1085.8mm），蚕豆生长期降水量129.8～497.8mm（平均256.5mm），占全年雨量的23.6%。

大粒种的栽种面积估计约1.4万hm^2，占全省蚕豆面积的6.3%，总产220万kg，占全省总产的0.05%，平均单产1605kg / hm^2，低于全省平均水平，为全省平均单产的84.3%。

此区栽培的大粒种，株高81.6cm（变幅42.5～111.3cm），有效枝3.1个（变幅1.8～5.0个），荚粒数1.7粒（变幅1.2～1.9粒），多为白花，少数浅紫花，粒色乳白及绿色。百粒重136.0g（变幅120.1～169.0g）。主要的品种有峨山大白豆、新平大白豆、保山大白豆、禄丰黑井豆、澄江大蚕豆、石屏大蚕豆等。其中，峨山大白豆在通海、陆良种植较多，澄江大白豆在昆明近郊广为引种。

（三）小粒种产区

小粒种零散分布在土壤质地差、缺水浇灌的旱地或旱田，管理较粗放。它的分布不受气温的影响，热地冷地均有。主要在临沧市的镇康、永德、沧源、双江；红河州的金平、绿春、红河；大理州的鹤庆、剑川，弥渡的东山脚、德苴；迪庆州的维西；丽江市的古城、永胜的城关；昆明市的晋宁等地区的

部分地方。海拔974～2130m（平均1659m），年均气温13.5～19.6℃（平均16.3℃），蚕豆生长期月均气温11.7～16.7℃（平均14.9℃），年积温2059～4324℃（平均2946℃），年降雨量960.7～2292.2mm（平均1380mm），蚕豆生长期间降水量104.9～561.3mm（平均298.7mm），占全年雨量的21.6%。

小粒种栽培面积估计约1.8万hm^2，占全省总面积的8.1%，总产2147万kg，占全省总产的5%，平均单产1170kg/ hm^2，比全省平均单产低39%。

小粒种一般株高65.1cm（变幅47.9～90.3cm），有效枝3.4个（变幅1.9～6.3个），荚粒数2.0粒（变幅1.5～2.4粒），花色有白、紫、浅紫等，粒色乳白、绿等。百粒重65.1g（变幅47.0～68.5g）。主要的品种有鹤庆红花豆、弥渡细白豆、丽江青皮豆、镇康马料豆、维西蚕豆、绿春小粒豆等。

第二节　云南蚕豆种质资源考察收集和整理保存

一、地方品种资源征集

1979～2014年，在云南省农业厅、云南省农业科学院、中国农业科学院的组织下，由地方农业局、农科所具体实施，云南省完成了对部分地区县（市）地方传统品种资源的征集，主要包括了当时、当地栽培种植面积较大、熟悉度较高的品种资源，并记录收集样本的名称、详细产地位置、品种资源俗称、取样时间、取样的方法等，共获得蚕豆种质资源样本112份，覆盖了云南省14个州（市）的63个县，收集县占云南省129个行政县的48%。收集样本包括：大粒变种15份，占收集样本的13.39%；小粒变种27份，占收集样本的24.1%；中粒变种70份，占收集样本的62.5%。详见表1-2-3。

表1-2-3　云南蚕豆种质资源征集分区域、变种的结果汇总

征集区域	保山	楚雄	大理	德宏	迪庆	红河	昆明	丽江	临沧	怒江	曲靖	思茅	玉溪	昭通	合计/平均
收集县数	4	5	10	4	2	6	4	2	7	1	6	3	5	4	63
收集县占地区所有县的比率（%）	80.0	50.0	83.3	80.0	66.7	46.2	28.6	40.0	87.5	25.0	66.7	30.0	55.6	36.4	55.4
合计征集份数	5	5	23	6	2	7	12	4	15	1	7	5	14	6	112
大粒变种份数	2	1	1			3	1				2		5		15
中粒变种份数	3	4	14	6	1	2	9	1	9		5	3	9	4	70
小粒变种份数			8		1	2	2	3	6	1		2		2	27

由表1-2-3可见，云南多属于中粒变种产区，大粒变种分布较多的区域是玉溪市、红河州，小粒变种分布较多的区域是大理州和临沧市。

二、地方品种资源系统考察

20世纪90年代以来，云南省农科院豆类研究中心，通过执行相关研究项目，尤其是云南省科技厅

国际合作项目、澳大利亚国际农业研究中心资助项目及科技部“云南及周边事物资源调查”项目，对全省蚕豆种质资源开展了系统调查（考察）。调查方法是在对之前完成的征集信息分析的基础上设计考察线路，按直线距离每取样点间隔20km以上的距离设计取样点进行连续取样，取样点为种植地、农户家、乡村集市等。采用GPS记录地理位置，按统一设计的调查表通过询问、观察、测量记录取样点信息。共系统收集蚕豆种质资源材料541份（见表1-2-4），收集地覆盖了云南63%的县，取样点距离昆明23～1552km，包括了海拔高度336～2885m，经度22°07.22'N～28°38.07'N，97°88.55'E～105°36.28'E的区域范围。收集样本包含了蚕豆所有的3个变种（大粒变种、小粒变种、中粒变种），采集样干籽粒百粒重的变幅在28～205g之间。

表1-2-4　云南蚕豆种质资源考察覆盖的地理、地形、土壤、来源及变种结构汇总表

地理信息	22°07.22'N～28°38.07'N	97°88.55'E～105°36.28'E	海拔 336～2885m	取样地距昆明的距离 23～1552km			
收集地地形	河谷地比率 24.5%	平坝地比率 32.0%	山坡台地比率 43.0%				
土壤信息	pH范围 4.5～9.0	碱性土 44.8%	酸性土 36.6%	中性土 18.7%	黏泥土 87%	沙质土 8%	填土型 5%
收集样来源	农户收集样比率 53.2%	市场收集样比率 17.4%	田地收集样比率 29.7%	收集样总数（份） 541			
收集样变种结构	取样百粒重范围 28～205g	大粒变种比例 13.0%	中粒变种比率 58.0%	小粒变种比率 29.0%			

三、整理登记、编目和保存

（一）整理和登记

收集资源材料的整理登记工作十分最重要，由于收集时间长、工作量大，加上参加收集工作的人员结构比较复杂。导致收集信息有一定的误差和记录错误，需要在登记过程中，通过对采集样本及其信息进行及时的核对和整理来校正。整理工作对应登记表格进行，包括取样时间、地点（县、乡、村）、GPS信息数据、生产地地形、土壤、作物结构，以及样本特性（粒形、种皮颜色、种脐颜色、百粒重）所属种及其名称、农家俗称及相关农艺特性、用途等进行一一核对修正，整理完成后按收集时间先后编订保存单位编号（云南省农科院保存编号，蚕豆收集资源的代号为英文大写字母K，编号按千位数编制：K0001），并登记入册。

（二）资源编目

编目信息包括收集登记信息和完成初级评价的信息。编目分两个级别，即云南目和国家目编制。按国家统一制定的编目项目和数据标准进行，编目排列顺序首先按国家行政区划顺序，再按粒色由浅到深排序编制。编制项目包括：统一编号（H0000001）、保存单位、保存单位编号（K000）、品种资源名称、原产地或来源地、熟性（早、中、晚）、播种日期（m/d）、出苗日期（m/d）、成熟日期（m/d）、全生育日数（d）、花色、株高（cm）、有效茎枝数（枝/株）、单株荚数（荚/株）、单荚粒数（粒/荚）、单株产量（g）、荚长（cm）、荚宽（cm）、粒形（长、宽、厚）、均匀度（均匀、中等、差）、粒色（种皮颜色）、粒型（大、中、小）、百粒重（g）、蛋白含量（%）、淀粉含量（%）、主要抗性（高抗、抗、中抗、感、高感）。完成出版目录编制的蚕豆资源共372份，占收集资源近50%（后续编目工作采用电子数据库的形式正在持续进行），分别编入1、2、3集国家豆类资源目录和云南省豆类资源目录。

（二）资源繁殖保存

蚕豆是常异花授粉作物，资源保存依赖种子繁殖开花期对授粉的严格控制，以保证每一份资源材料群体遗传结构的完整性，达到最大限度为资源研究和育种家改良利用提供更多遗传信息的目的。

1. 种子繁殖

蚕豆资源种子繁殖技术基于两种形式：①纯系繁殖，对采集样在完全隔离授粉的条件下进行超过5个世代的单株选择，构成遗传性状特异的单粒传近交系资源材料。②混合群体繁殖，在隔离授粉的条件下种植，收集采集样所有单株的个体混合保存。云南蚕豆地方资源主要采用混合群体繁殖保存的形式，隔离方法采用网室隔离、地形隔离和繁殖地周围种植开花期相近的十字花科作物（油菜等冬季作物）隔离等技术。根据繁种材料份数的多少选择隔离方式。

2. 资源保存

云南蚕豆资源保存分为两个级别：①设在北京、青海的国家种质库保存。完成国家目编制的种质资源进入该级别的保存，按国家库种质资源要求的种子质量标准（种子净度100%、粒色一致，发芽率高于95%），每份材料500～750g（根据粒形大小），供种国家种质资源长期库、中期库入库保存。②云南省农业科学院蚕豆种质资源保存的方式有两种：一种是-18℃的低温冷柜保存，采用真空锡箔袋包装，一般保存时间10～15年，按国家库种质资源要求的种子质量标准，每份材料保存100粒；第二种是常温下仓储保存，采用密封瓶加干燥剂的包装方式，放置于冷凉通风的仓库种子架/柜中，一般可保存5～7年，每份种子保存500～750g。国家库保存的资源样均属于混合群体样保存。云南省农业科学院保存样还同时包括了小部分纯系种质，并保存了所有能完成足量繁殖收获的收集样。

3. 保存资源的更新

每7～12年，分别对低温冷藏库和常温库资源进行一次更新繁殖。取样发芽率低于50%的保存样本批次进入更新繁殖。更新繁殖完全采用隔离条件下收获材料混合群体的繁殖方式进行，以保持资源材料原样群体遗传结构。

第三节　云南蚕豆资源的鉴定与评价

蚕豆种质资源鉴定评价分两个层次进行：① 初级评价鉴定，采用田间试验对蚕豆主要农艺性状，包括形态性状、生育性状和产量性状进行系统鉴定评价。②深入评价鉴定，依赖人工控制试验条件和仪器设备对部分特异性状，主要对抗病性和品质性状进行鉴定、评价。云南蚕豆资源收集样本665份全部进行了初级评价。限于试验条件和资金投入量，其中仅有15%～50%的收集样本进行了不同试验项目的深入鉴定评价。鉴定评价按1980年由中国农科院品资所组织召开的全国豆类资源项目执行技术讨论会确定的豆类作物资源农艺性状评价鉴定的调查方法和标准进行。

一、主要农艺性状鉴定

（一）试验方法

试验设计：采用间比法排列，设置1～2次重复，每间隔20～30份材料设一个对照，对照种选用试验当地的主要栽培品种，每份材料播种2～4行，种植规格按密度1.5万株/亩（1亩≈666.7m^2，下同）。

试点选择：根据材料来源地的生境类型特点，田间试验分别在昆明、玉溪、楚雄的元谋进行，尽可能避开低温冻害对资源评价鉴定的影响。

隔离方式：主要采用地块隔离、网室隔离两种方式。调查方法和评价标准包括生育性状、形态性状、产量性状等。

1. 生育性状

播种期：播种的日期，以月/日表示（下同）。

出苗期：70%以上出苗的日期。

现蕾期：50%的植株顶部出现能够目辨的花蕾的日期。

见花期：小区内见到第一朵花的日期。

开花期：50%以上植株第一朵花开的日期。

终花期：70%的植株花器全部凋萎的日期。

成熟期：70%以上的豆荚变黑、籽粒变硬的日期。

收获期：实际收获的日期。

生育日数：出苗到成熟的天数，以d表示。

2. 形态学性状

花色（旗瓣）：白色、紫色、紫褐色、纯白色、紫红色等。

荚姿：成熟期，荚果纵轴与其着生茎纵轴之间的上方夹角（直立、水平、下垂）。

粒色：乳白、绿色、紫色、紫红色、褐色花纹等。

粒形：近球形、窄厚、中厚、窄薄、阔厚、阔薄等。

脐色：白色、黑色、灰色、红褐色、绿色等。

种皮平滑度：平滑、凹坑、褶皱。

3. 经济性状

出苗数：分枝期后分别调查小区总的出苗数。

株高：主茎基部至顶端生长点的长度，以cm表示。

分枝数：主茎一级分枝的数目，以枝表示。

有效枝数：植株达到成熟期后，主茎一级分枝结有荚果的分枝数，以枝表示。

单株荚数：样本荚数/取样株数。

荚长：荚基部至顶端的长度，以cm表示。

荚宽：成熟期，测量干熟荚果最宽处的直线距离，以cm表示。

荚粒数：样本粒数/样本荚数。

单株粒重：小区产量/小区株数，以g表示。

百粒重：取100粒称重，重复3次，误差不超过0.5g，以g表示。

小区产量：小区种子重量，以kg表示。

（二）鉴定评价结果

云南省农业科学院粮食作物研究所采用国家统一的试验方法和鉴定标准，对收集自云南省区域的地方品种资源667份采集样进行了系统鉴定评价。鉴定评价地点设置于昆明北郊云南省农业科学院试验基地内。试验地海拔1929m，位于102°45′46″E，25°07′32″N，年平均气温12.6℃，年累计降水量1100mm左右。

1．生育特性

蚕豆的播种至现蕾天数和全生育天数是生育特性的两大重要性状。在云南中部鉴定评价蚕豆资源的生育期，由于通常在植株现蕾后受霜冻发生的时间和严重程度的影响，开花期早晚在年度间会有很大的变化，但蚕豆植株在现蕾时，生长点的顶部有密集的叶层包被，现蕾期的早晚一般不受霜冻的影响而发生变化。所以，用播种至现蕾天数能够准确地描述蚕豆资源生育期早晚。通用的标准是：播种至现蕾天数<35d为生育期特早类型，35～50d为早类型，50～65d为中类型，65～80d为晚类型，>80d为特晚类型。

根据对533份资源材料的鉴定，云南蚕豆种质资源播种至现蕾天数的变幅在28～103d，平均值为63.57d，变异系数为18.10%。相关资源材料播种至现蕾天数的分布见图1-2-3。

如图1-2-3所示：生育期特早的有7份，其中3份播种至现蕾的天数不到30d，占鉴定资源533份的1.31%；生育期早的类型有80份，占15.01%，播种至现蕾天数在40～50d；生育期居中的有279份，占52.34%；生育期晚的类型有141份，占26.45%；特晚的类型有26份，占4.88%，其中有2份资源播种至现蕾天数超过了100d。

蚕豆品种资源播种至现蕾天数与材料收集地海拔高度的相关性不显著（$r=0.1120$），与粒色、花色、粒形、茎枝数没有明显的相关性；但与幼苗习性（分枝形态）、粒型（百粒重）有明显的相关性。早生育特性的资源幼苗形态多为直立型，占61.53%，晚生育特性的资源幼苗分枝形态多为匍匐型，占63.5%。早熟生育特性的资源中大粒型变种占24.62%、小粒型变种占15.39%；晚熟生育特性的资源小粒型变种占19.05%。分析表明，生育特性晚熟的小粒型变种居多，生育特性早熟的大粒型变种居多。

云南蚕豆品种资源生育特性早晚的分布区域性很强。生育特性早的类型多来自滇西南，生育期特早类型的资源来自滇南的红河、玉溪、普洱等地区的比率为100%。早生育特性的资源，来自滇西南的比率为64.28%。特晚生育特性的资源，85.36%的材料来自滇西的大理、丽江、保山、迪庆及滇东北的昭通一带。

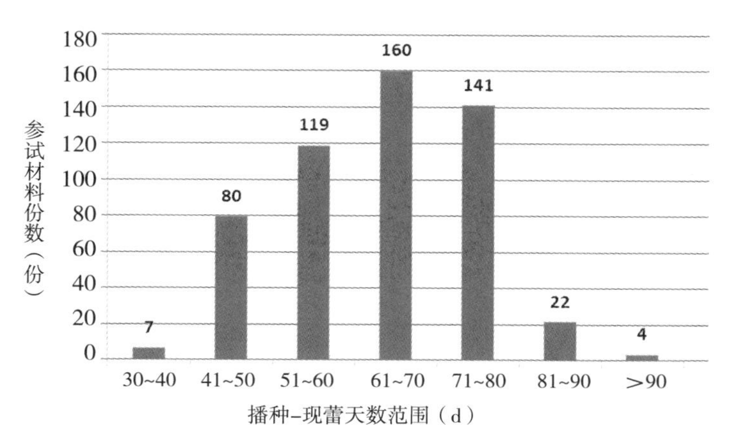

图1–2–3　云南蚕豆品种资源播种至现蕾天数的分布

蚕豆的全生育天数是指蚕豆播种至成熟所用的生育日数。由于昆明试验点种植蚕豆的冬春季节干旱严重，进入4月，蚕豆处于生育中后期时，频繁出现高温逼熟天气，不同生育进程的资源材料会在短时间内进入成熟收获的时期。这在很大程度上掩盖了资源材料间生育特性差异长短的表现。另一方面，现蕾早的材料，通常在生育中期受霜冻的胁迫，主茎早衰后依赖后发分枝生长，相应地导致生育期延后。所以，蚕豆全生育天数仅用于辅助描述云南蚕豆资源生育期的早晚。

根据对381份有完整鉴定记录的资源材料的分析，云南蚕豆资源全生育天数在161～205d，平均值为190.8d，标准差3.78，变异系数为 1.98%，其分布见图1–2–4。

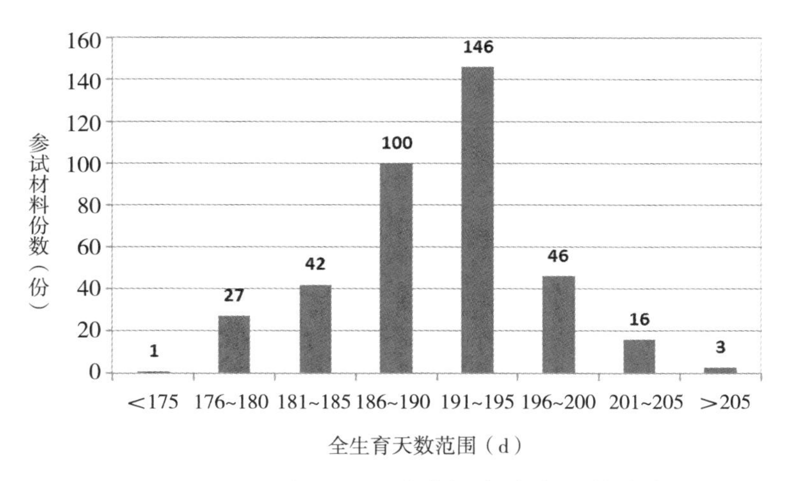

图1–2–4　云南蚕豆品种资源全生育天数分布

如图1–2–4所示：381份资源材料中全生育天数<175d的极早熟材料仅有1份，全生育天数为160d；全生育天数176～185d为早熟资源，有69份，占18.11%，全生育天数186～190d为中熟，有100份，占26.25%；全生育天数191～200d为晚熟，有192份，占50.39%；全生育天数>200d为特晚熟，有19份，占4.99%。与用播种至现蕾天数描述的蚕豆生育期早晚不尽相同，总体说来云南省地方资源以晚熟品种为主，相对于我国北方春播区域的蚕豆品种110～150d的全生育期而言，云南省地方资源生育期因普遍采用秋播越冬收获，导致其表现极为晚熟。

云南生育期特异的品种资源包括：K0286、K0010、K1773、K0050、K0132、K0069、K0031、K0044、K0052、K0025、K1224、K0023、K1400、K0448、K1726、K0027、K1805等17份。

2. 株高

株高是描述资源特性的重要性状，它与变种类型密切相关，一般大粒变种的植株较高，小粒变种的植株较矮。株高决定了品种资源栽培响应力的高低。一般株高＜40cm为超矮秆材料，40～70cm为矮秆材料，70～100cm为中等株高材料，100～130cm为高秆材料，＞130cm为超高秆材料。

但是，株高的鉴定受栽培条件的影响较大，通常用比较相对值进行评价。根据对589份资源材料的鉴定（鉴定当年受气候条件偏干的影响，供试资源株高数值较正常值偏低，比共同CK的矫正值低20～30cm）。经矫正，参试589份材料株高在21～117.5cm之间，平均值为71.43cm，标准差18.79，变异系数26.30%。其中，株高属于超矮秆类型的有25份，占参试材料的4.24%；矮秆类型的有256份，占参试材料的43.46%；266份属于中秆类型，占参试材料的45.16%；高秆类型的材料有42份，占参试材料的7.13%；未发现超高秆类型的材料。详见图1–2–5。

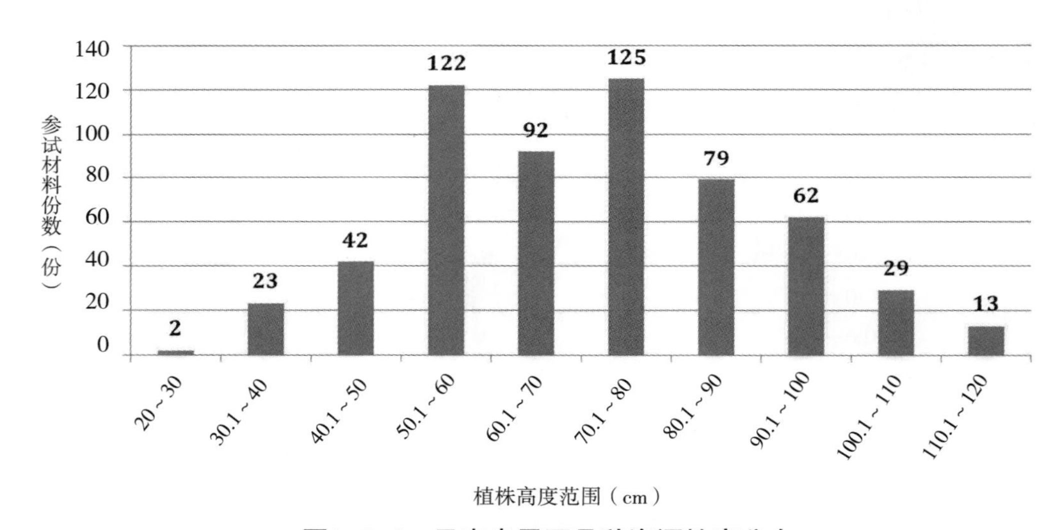

图1–2–5 云南省蚕豆品种资源株高分布

云南蚕豆资源株高与收集地海拔高度的相关不显著（r=0.070）；与收集来源地没有明显的区域分布趋势；株高与单株茎枝数、单荚粒数、粒色、脐色、花色等性状没有明显的相关性；但与粒型和单株产量的相关性明显，超矮秆株型资源小粒型变种占60.87%，高秆资源大粒变种的比率占39.39%；超矮秆资源的平均单株干籽粒产量为7.1g，高秆资源的平均单株干籽粒产量26.52g。显然，株高与单株干籽粒产量密切相关。

在所鉴定的材料中，株型特异的蚕豆资源包括：K1387、K1794、K1748、K1747、K1727、K1395、

K0459、K0450、K0622、K0678等10份。

3. 单株茎枝数

单株茎枝数是指蚕豆植株主茎和分枝的总和，通常用于描述资源分枝能力的强弱，是影响品种栽培响应力及产量构成的重要性状。茎枝数与资源冬性的强弱相关密切，一般冬性强的资源分枝力强，春性强的品种分枝力较弱。评价标准为：平均单株茎枝数≤3为弱，单株茎枝数3～5为中等，单株茎枝数>5为强。

根据对514份资源材料鉴定，其单株茎枝数在1～10之间，平均值为4.87枝/株，标准差1.18，变异系数为24.14%。其中，平均单株茎枝数≤3，分枝力弱的资源有22份，占参试材料的4.28%；单株茎枝数在3～5之间，分枝力中等的资源有294份，占参试材料的57.20%；单株茎枝数>5，分枝强的资源有198份，占参试材料的38.52%。8份资源的单株茎枝数>8，属于分枝力超强的类型。详见图1-2-6。

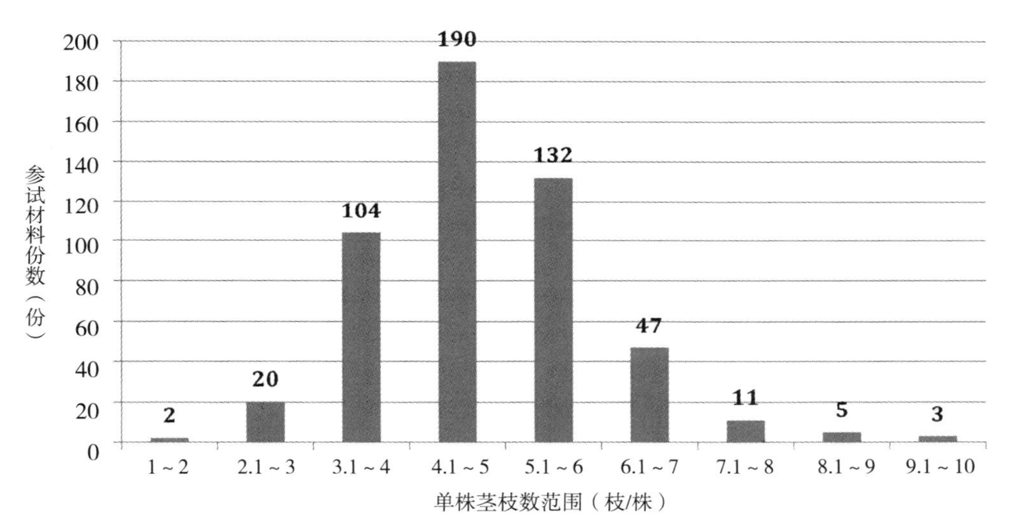

图1-2-6　云南省蚕豆品种资源单株茎枝数分布

云南蚕豆单株茎枝数与材料收集地海拔高度的相关性不显著（r=-0.047），但收集地海拔高度与资源单株茎枝数呈负相关，随海拔增高分枝力变强。资源材料分枝力与收集地区域有明显的趋向性，并且与粒型的相关性显著。单株茎枝数≤3，分枝力低的材料，62.5%来自滇南、滇西的热区，50%的材料属于小粒变种，37.5%属于大粒变种，分枝力弱的材料多为大粒、小粒变种，且多分布在热区。单株茎枝数与单株荚数的相关性明显（r=0.323），单株茎枝数≤3的弱分枝力材料平均单株荚数为7.52荚/株，单株茎枝数>5的强分枝力材料平均单株荚数为9.89荚/株。

茎枝数特异的蚕豆资源：K1394、K1818、K0036、K0660、K0961、K0642、K1395、K1735、K0665、K1010、K0670、K1781等12份。

4. 花色

蚕豆的花色主要指旗瓣的颜色，翼瓣斑点的颜色和带色斑点的有无用于辅助说明，是描述蚕豆种性的重要性状。蚕豆旗瓣的颜色一般有白色、紫色、红色、棕色、黑色等，翼瓣斑点的颜色主要有黑色、黄色、红色和白色。如果旗瓣白色且不带有色条纹，翼瓣斑点呈净白色，这样的花朵称为全白色花；通常称为白色的花，是指旗瓣白色并带有颜色深浅不同的纹路，翼瓣斑点黑色的花；紫色花是指旗瓣紫色并带有颜色深浅不同的纹路，翼瓣斑点黑色的花。这两种颜色是蚕豆花色的主要类型。通常会根据颜色的深浅不同，将花色描述为白色、纯（全）白色、紫色、浅紫色、褐色、浅褐色、红色、粉红色及黑色等。

根据对478份花色鉴定记录完整的云南资源材料的分析，白色花是云南蚕豆资源的主要类型，有338份，占参试鉴定资源的70.71%；其次是淡紫色花，有30份，占6.28%；紫色花有21份，占4.39%；纯白色花有13份，占2.72%；收集资源部分为花色混合的群体，花色混杂的有76份，占资源份数的15.90%；到目前为止，云南地方资源材料中未见黑色花器的类型。不同花色资源材料分布状况见图1–2–7。

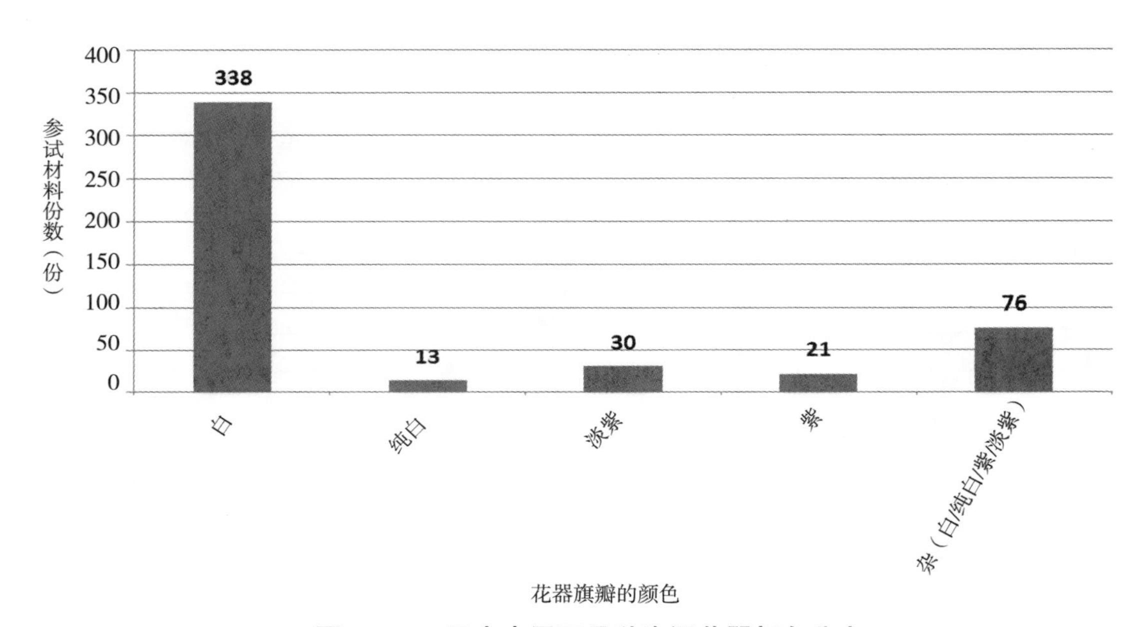

图1–2–7　云南省蚕豆品种资源花器颜色分布

花色与资源收集地海拔高度没有明显的相关性，但与收集地区域有明显的趋向性，紫色花资源98%来自迪庆、大理和昭通等滇西、滇东北冷凉区域。紫色花器与粒型的相关性明显，紫色花资源中，小粒变种占67%；花色与种皮颜色、种脐颜色有相关性，紫色花资源材料98%为黑脐，78%的紫色花资源种皮颜色为淡绿色，或为淡绿色、绿色、白色混杂的群体。

5. 种皮颜色/脐色

种皮颜色和种脐颜色是描述种性的重要性状。不同的种皮、种脐颜色外观物理形态感官不同，对籽粒产品的商用有一定的影响。同时，粒色与种皮的厚薄相关，通常深颜色籽粒的种皮较厚。粒色还与籽粒单宁含量有关，一般绿色、红色种皮的籽粒单宁含量较高。所以，种皮颜色在一定程度上与籽粒的商用品质关系密切。蚕豆种皮颜色的主色调包括白色、绿色、红色、紫黑色、黑色，由其颜色深浅程度不同分别用浅、淡、粉等修饰。种脐颜色主要色调为白色、黑色、红色、绿色，种脐颜色与种皮颜色有相对固定的搭配。一般种皮白色，种脐为白色和黑色；种皮绿色，种脐多为绿色、黑色；种皮红色，种脐为红色和黑色。通常种皮白色，种脐不会有红色、绿色；黑色种脐会和所有种皮颜色的籽粒搭配。

根据对有种皮颜色完整记录的818份资源材料的鉴定，除未收集到紫黑色种皮的资源，其他所有颜色的资源材料都有。且部分地方品种资源种皮种脐颜色均为多种颜色的混杂，鉴定资源中异色籽粒比率高于10%的材料高达46.38%。本文种皮颜色的鉴定分析按主色调区分。详见图1–2–8。

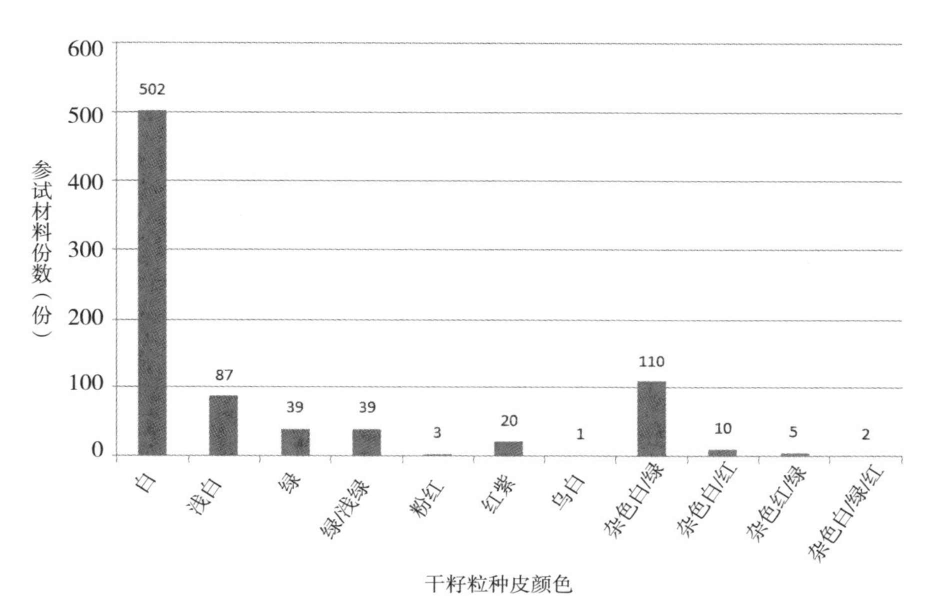

图1–2–8　云南省蚕豆品种资源种皮颜色分布

如图1–2–8所示：云南蚕豆种质资源的种皮颜色以白色为主，有502份，占鉴定资源总数的61.37%；浅白色种皮的蚕豆资源有87份，占10.64%；绿色和浅绿色种皮的有78份，占9.54%；红紫色种皮的有20份，占2.44%；杂色白/绿种皮的有110份，占13.45%；收集鉴定样本中，仅发现1份种皮颜色为乌白色的材料。

云南蚕豆种质资源的种脐色多为黑、白及其他杂色的混合。以主色调（所占比率高于80%）为主分析的结果显示：白色种脐资源占40.49%；黑色种脐资源占54.10%；绿色种脐资源占2.27%；浅绿色种脐资源占2.79%；红色种脐资源占0.35%。

图1–2–9显示云南蚕豆品种资源不同粒色、脐色搭配的分布。

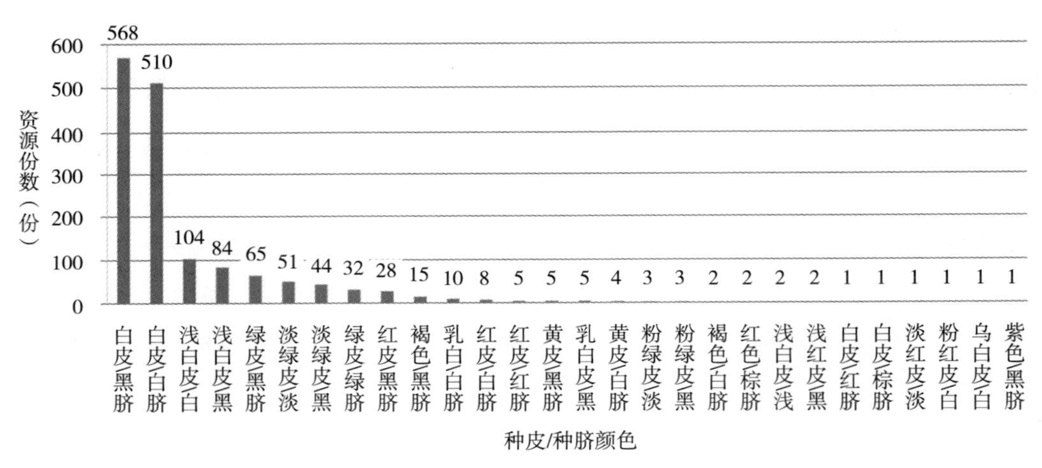

图1-2-9　云南省蚕豆品种资源种皮/种脐颜色搭配分布

由图1-2-9可见，白色种皮和黑色种脐、白色种皮和白色种脐为最主要的粒色脐色搭配类型。

云南蚕豆资源种皮颜色和种脐颜色没有明显的区域来源分布趋势。但紫红色种皮的蚕豆资源仅在云南曲靖的会泽县一带有收集样本，粉红色种皮的蚕豆资源仅在玉溪的元江、红河的元阳一带有收集样本。种皮颜色与花器上花萼颜色的深浅有明显的相关性。绿色和红色种皮的材料花萼的颜色明显较深。

种皮、种脐颜色特异的品种资源包括：K0041、K1229、K0060、K1702、K0020、K0639、K0630、K1781、K0642、K0045、K0256、K1373、K1376、K0285、K0787、K0056、K0738、K0036、K0005、K0288、K0628等21份。

6. 子叶颜色

子叶的颜色是指蚕豆干籽粒种子胚乳（豆瓣）的颜色，通常有黄色、绿色两种。蚕豆绿色子叶的资源是云南蚕豆独有的遗传资源，受国家植物资源的保护，属于严格禁止进入国际交换的国家植物遗传资源。

在云南蚕豆种质资源收集的样本中，子叶绿色的材料有4份，分别为中粒型和小粒型两个不同的变种，种皮颜色均为淡绿色，种脐分别为淡绿色和黑色，粒型为窄厚和中厚两类，属于中早熟生育类型。其代表性材料为：K0439、K0605等2份。

7. 单株荚数

单株荚数是最重要的产量性状，用于描述蚕豆资源产量水平的高低，用单株平均实荚数（可以收获籽粒的荚数）表示。该性状受环境与遗传互作的影响，在试点间、试验年份间有较大幅度的变化。一般单株荚数<5为低，5～15 为中，>15为高。蚕豆单株荚数与变种类型有一定相关性，大粒型变种的单株荚数低，小粒型变种的单株荚数相对偏高。

根据对有单株荚数完整记录的500份资源材料的鉴定分析：其单株荚数分布在1.8～37.3荚/株之间，平均值为12.71荚/株，标准差为5.24，变异系数为42.03%。详见图1-2-10。

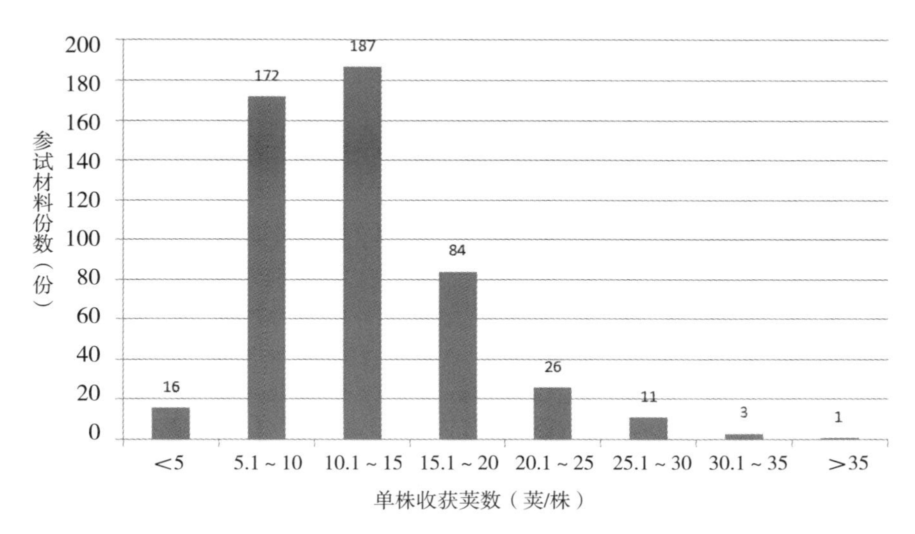

图1-2-10　云南蚕豆品种资源单株收获荚数分布

如图1-2-10所示：低单株荚数（单株荚数<5荚/株）资源16份，占鉴定资源总数的3.20%；中等单株荚数（5 ~ 15荚/株）资源有359份，占71.80%；高单株荚数（15 ~ 25荚/株）资源110份，占22.00%；有15份资源材料单株荚数超高（单株荚数>25，在25 ~ 40荚/株之间），占鉴定资源总数的3.00%。

云南蚕豆资源单株荚数鉴定结果的分析显示，单株荚数与材料收集地海拔高度的相关性不显著（r=-0.096）；但与株高、单株有效茎枝数和单株产量相关，相关系数分别为0.373、0.575、0.635；单株荚数高低与资源收集地生态区域的分布没有明显的趋向性。

单株荚数优异的品种资源包括：K0062、K0008、K0054、K1497、K0013、K0686、K0606、K1492、K0619、K0004、K0067、K0630、K1481、K0073、K0624、K0046、K0085、K0021等18份。

8. 单荚粒数

单荚粒数是描述蚕豆遗传资源种性的主要性状。用平均每荚所有的可收获籽粒数量表示。单荚粒数是蚕豆的高遗传力性状，一般不受种植试验环境的改变而产生较大幅度的变化。蚕豆单荚粒数与变种类型的相关性明显，通常小粒变种的单荚粒数较高，中粒型变种的单荚粒数较低，大粒型变种的单荚粒数则有较大幅度的变化。一般单荚粒数<1.5为低，1.5 ~ 2.0为中等，>2为高，平均单荚粒数>3为超高。

根据对完成鉴定的548份蚕豆资源鉴定结果的分析：云南蚕豆种质资源单荚粒数在1 ~ 5.33粒/荚之间，平均值为1.75粒/荚，标准差0.3，变异系数为16.53%。详见图1-2-11。

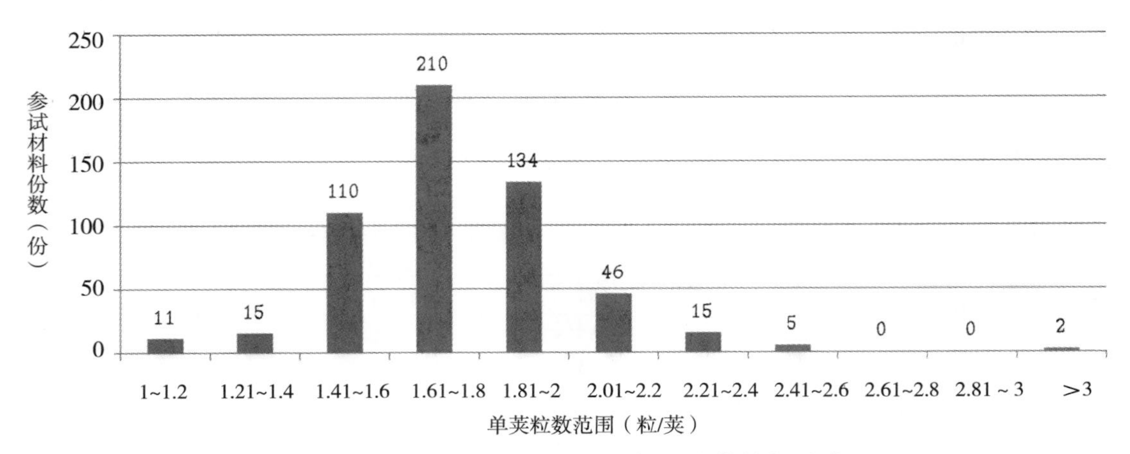

图1-2-11　云南蚕豆品种资源单荚粒数分布

如图1-2-11所示：低单荚粒数（1～1.5粒/荚）的资源份数为33份，占鉴定资源的有6.02%；单荚粒数为中等（1.5～2粒/荚）的资源有447份，占81.57%；高单荚粒数（2.1～2.5粒/荚）的资源有66份，占12.04%；单荚粒数超高的材料有2份，单荚粒数分别为3.76粒/荚和5.33粒/荚。

单荚粒数与材料收集地海报高度的相关性不显著（r=0.013）；与籽粒长度、百粒重和籽粒粗蛋白含量存在一定相关性，其相关系数分别为：r=-0.245、0.360、-0.249。高单荚粒数资源中，小粒型变种占46.88%，大粒型变种占20%。云南蚕豆资源的单荚粒数高低没有明显的地域趋向，未显现出明显的生态区域效应。

单荚粒数优异的蚕豆资源有：K0458、K1805、K0460、K0021、K0034、K0051、K0391、K0642、K0644、K0814、K0060、K0130、K1771、K0025、K1757、K1748等16份。

9. 百粒重

蚕豆百粒重是描述其种性的重要性状，用于鉴定籽粒大小，划分变种类型。蚕豆百粒重与其产品的产量和品质性状密切相关。我国蚕豆粒型大小的鉴定标准为：百粒重<70g 为小粒型，归类为小粒变种；百粒重70～120g为中粒型，归类为中粒变种；百粒重>120g为大粒型，归类为大粒变种，百粒重>160g为超大粒型，在云南生境条件下较为稀少。粒型大小在一定范围内受栽培环境条件的影响而产生变化，是蚕豆产量构成因素中的主要成分。

根据对745份完成百粒重准确鉴定的资源收集样本的分析：云南蚕豆种质资源百粒重的变幅在28～210g之间，平均值为105.22g，标准差28.87，变异系数27.34%。其中，小粒类型有72份，占鉴定资源总数的9.66%；中粒类型有465份，占62.42%；大粒类型有208份，占27.92%。其中，超大粒型的材料有33份，占鉴定资源总数的4.43%，占大粒类型资源的15.87%。如图1-2-12所示。

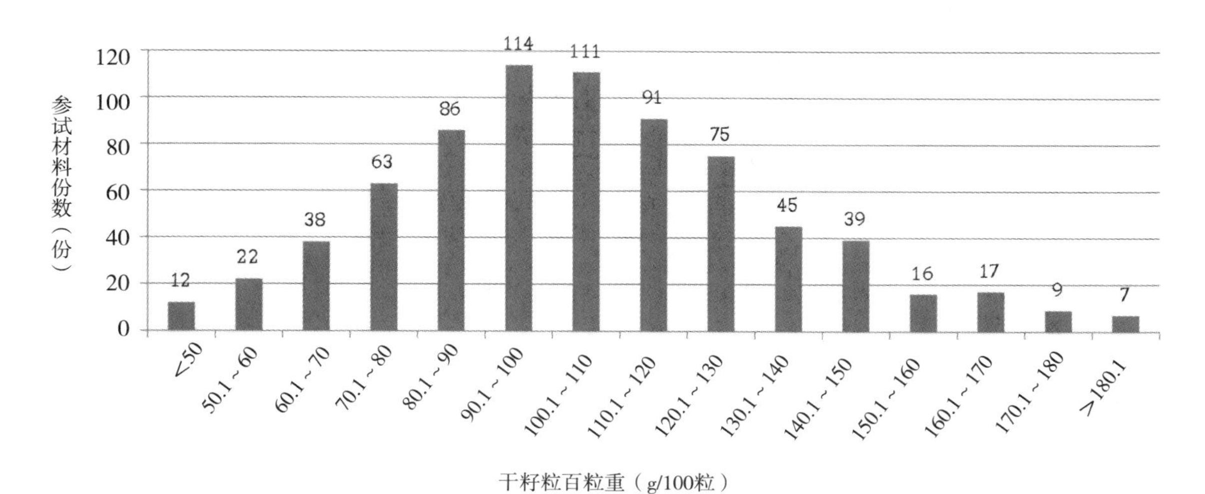

图1-2-12　云南蚕豆品种资源百粒重分布

研究表明：粒型大小与收集地海拔高度存在一定相关性（r=0.088），云南蚕豆资源粒型大小变种的来源有明显的区域性趋势，57.69%的小粒变种及66.67%的超大粒资源来自云南南部的红河、思茅、文山、玉溪等区域。蚕豆资源粒型大小与其生育特性没有明显的相关性；但与株高、单荚粒数、荚长、种子长度、单株干籽粒产量和籽粒粗蛋白含量的相关抗性较高，其相关系数分别为：r=0.346、r=-0.203、r=0.210、r=0.626、r=0.278、r=0.200。以上数据显示，蚕豆粒型不仅是变种遗传分类的重要性状，还与荚粒产量和粒型形态及内含物品质密切相关。

粒型特异的蚕豆资源有：K1775、K1747、K1802、K1727、K1396、K1393、K1745、K1484、K1755、K1796、K1478、K1380、K1704、K1771、K0698、K0167、K0064、K0629、K0730、K0393、K0617、K0166、K0448、K0061、K0156等25份。

10. 单株干籽粒产量

蚕豆单株干籽粒产量是描述资源产量水平的主要性状，它是单株荚数、单荚粒数和百粒重的综合体现。由于蚕豆资源鉴定材料间的小区面积不完全一致，加上小区面积较小，通常用单株干籽粒产量来表示资源的产量水平。一般单株干籽粒产量低于10g为低；10～20g为中等，高于20g为高，高于30g为超高水平。

根据对584份云南蚕豆资源单株干籽粒产量鉴定，其单株干籽粒产量的变幅为1.46～49.1g/株，平均值为19.43，标准差8.54，变异系数43.93%。图1-2-13显示550份云南蚕豆资源株干籽粒产量高低的分布。

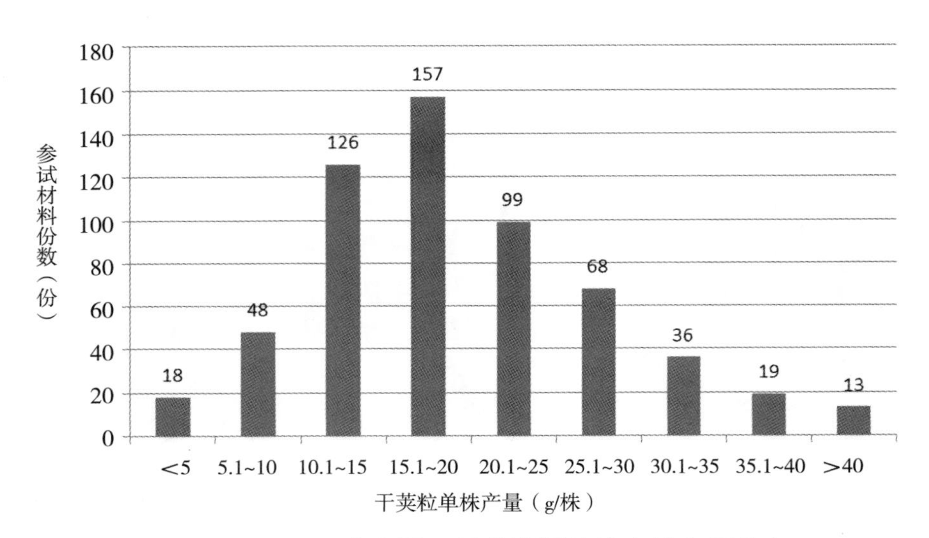

图1-2-13 云南省蚕豆品种资源单株产量变幅分布

如图1-2-13所示：低单株产量（单株干籽粒产量<10g）的资源有66份，占鉴定资源份数的11.30%；单株干籽粒产量中等（单株产量10～20g）的资源有283份，占48.46%；高单株产量（单株干籽粒产量>20g）的资源有235份，占40.24%，其中单株干籽粒产量在超高产量水平（单株产量>30g）的资源有68份，占鉴定资源的11.64%，占高单株产量资源的28.94%。以上数据显示云南蚕豆资源有较高的单株产量水平。

单株产量高的资源材料有：K0622、K0395、K0625、K0949、K1221、K0621、K0628、K0617、K1211、K1477、K0288、K0960、K0446、K0618、K0008、K0666、K1223、K0620、K0629、K1299、K0781、K0627、K0062、K0689、K0675、K0630、K0619、K0624等28份。

二、抗性评价

云南蚕豆种质资源抗性鉴定分为两个部分进行：一是由中国农业科学院品种资源研究所统一安排指定研究机构，按项目计划进行的鉴定，如蚕豆赤癍病、褐斑病、抗蚜虫、抗盐、抗涝等；另外一部分是由资源收集单位自行申请项目进行的鉴定，包括蚕豆锈病、抗旱、抗冻等。以下介绍鉴定采用的方法、标准及结果。

（一）病虫害抗性评价

1．蚕豆锈病抗性鉴定

蚕豆锈病抗性鉴定工作是由资源收集保存单位云南省农业科学院粮食作物研究所自行申请项目完成，分别由吕梅媛、骆平西、赵振铃等负责承担。

鉴定方法：鉴定试验主要在温室内，于人工控制温度、湿度的条件下进行。播种期在11月至12月初。采用盆栽和病圃直播试验，每份鉴定材料播种1行（15～20粒），每20行/盆设置抗病对照和感病对照各1行。感病对照采用云豆315，抗病对照采用启豆2号和K0772；重复2～4次。致病菌株采用混合菌株，包括了分别来自楚雄、大理、保山等采集距离相间>200km的发病大田的菌源。接种用的孢子悬浮液浓度配制约4×10^5孢子/mL，加入0.01%的吐温，采用喷雾法接种，当幼苗长至5～6苔叶时喷雾接种，接种后室内空气湿度处于饱和状态48h，室内气温保持在20～25℃；接种3周以后待感病对照充分发病时进行调查记载，每株上调查测量记载发病最重的一个叶片。

锈病调查采用设在叙利亚的国际干旱半干旱农业研究中心（ICARDA）制定的评价标准，参见表1–2–5。

表1–2–5　蚕豆锈病抗性评价分级标准

病害级别	病害症状描述	抗性
1	叶片上无可见侵染或叶片上只有小而不产孢的斑点	HR
3	叶片上孢子堆少，占叶面积（相对面积）<1%，茎上无孢子堆	R
5	叶片上孢子堆占叶面积1%～4%，茎上孢子堆较少	MR
7	叶片上孢子堆占叶面积4%～8%，茎上孢子堆少	S
9	叶片上孢子堆占叶面积8%～10%，茎、叶孢子堆多并突破表皮	HS

鉴定结果：根据对261份供试样本的鉴定分析，锈病病情指数变幅为1.6～100，平均值为64.93，标准差为19.69，变异系数为30.23%；图1–2–14显示鉴定材料锈病抗性的分布。

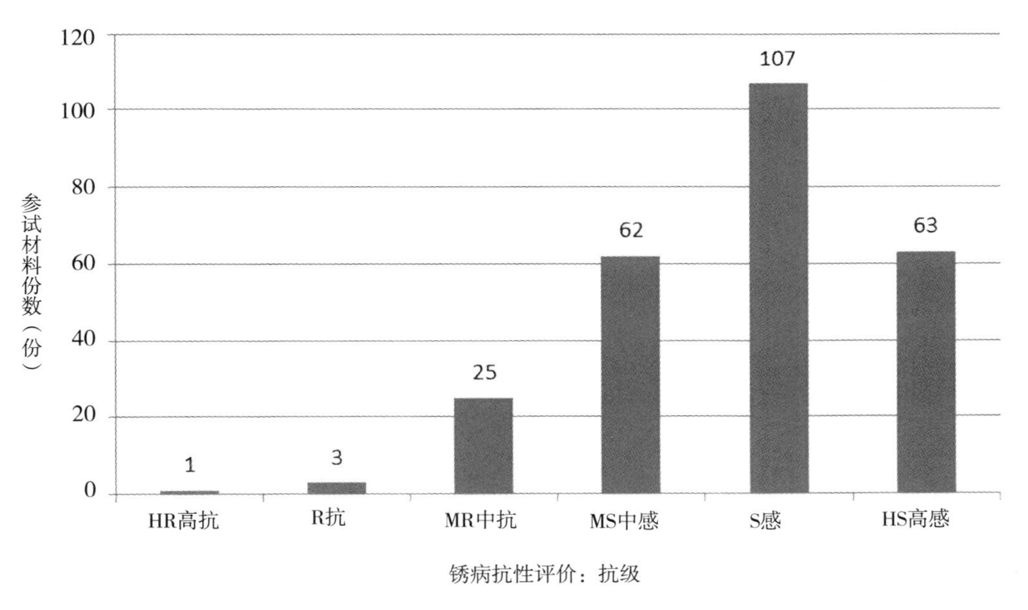

图1–2–14　云南蚕豆品种资源锈病抗性分布

如图1–2–14所示：作为材料群体鉴定的结果，供试材料锈病抗级达到抗以上的材料仅4份，占1.53%，可用作抗原材料进入深入研究利用；达到中抗的材料25份，占9.58%；鉴定为中感的材料62份，占23.75%；感病的材料105份，占40.23%；达高感的材料63份，占24.14%。蚕豆锈病发病级与材料来源地海拔的相关系数为r=0.2630；锈病发病级与现蕾期高度相关，与花色、粒重的相关性不显著。达中抗及其以上抗级的材料，31.7%为绿色种皮，68.3%为白色种皮；66.7%为黑色种脐。抗原的区域分布趋势明显，55.6%的中抗以上抗级材料来自滇西的大理、楚雄、保山等地区；滇东北和滇南分别各占18.5%。这与蚕豆种植栽培区域锈病发生量的高低相一致。

锈病抗性优异的资源包括：K0642、K0088、K0728、K0452、K0724、K0093、K0454、K0013、K0046、K0258、K0038、K0058、K0439等13份。

2. 蚕豆赤斑病及褐斑病抗性鉴定

蚕豆资源赤斑病、褐斑病抗性鉴定由中国农业科学院品种资源研究所指定的单位进行，主要完成单位是浙江省农业科学院植保所，云南省农业科学院粮食作物研究所骆平西等完成了部分工作。

鉴定方法：蚕豆赤斑病是由葡萄孢菌引发的一种真菌病害，主要危害叶片，也可侵染茎、花和荚；蚕豆褐斑病是由真菌蚕豆壳二孢所引起，有性阶段为蚕豆亚隔孢壳所引起，主要发生在成株期。云南蚕豆资源抗赤斑病、褐斑病鉴定采用大田病圃自然发病鉴定，病圃设在常年高发病的农田，设计间比法排列，设置感染行的田间布局，每份材料播种1～2行，每行播种10～25粒，重复1～3次。发病始期如田间无充分的降雨即充分灌溉，使接种鉴定田保持较高的大气湿度，保证病菌的入侵、扩展和植株能够正常发病。感病对照种充分发病后进行调查。

赤斑病抗性调查记载标准及抗性评价：调查时需记载每份鉴定材料群体的发病级别，依据发病级别进行各鉴定材料抗性水平的评价，评价分级标准见表1-2-6。

表1-2-6　蚕豆赤斑病抗性评价分级标准

病害级别	病害症状描述	抗性
1	叶片上无病斑或仅有稀少针尖状病斑，占叶面积≤5%	HR
3	叶片上病斑散生，直径小于2mm，占叶面积6%～25%	R
5	叶片上病斑多散生，直径介于3～5mm，少数连结，占叶面积26%～50%，有少量落叶	MR
7	叶片和荚果上病斑多且大，病斑相连，产生分生孢子器，占叶面积51%～75%，有半数叶片枯死或脱落	S
9	叶片和荚果上病斑相连，大量产生分生孢子器，占叶面积>75%，叶片大量脱落，植株发黑死亡	HS

褐斑病抗性调查记载标准及抗性评价：调查时需记载每份鉴定材料群体的发病级别，依据发病级别进行各鉴定材料抗性水平的评价，评价分级标准见表1-2-7。

表1-2-7　蚕豆褐斑病抗性评价分级标准

病害级别	病害症状描述	抗性
1	叶片上无病斑或只有不产孢的、直径小于0.5mm的小斑点	HR
3	叶片上病斑小（直径1～2mm），分散，不产孢	R
5	叶片和荚果上病斑较多，分散，有轮纹并可见分生孢子器	MR
7	叶片和荚果上病斑多且大，病斑相连，大量产生分生孢子器	S
9	叶片和荚果上病斑极多且大，病斑相连，大量产生分生孢子器，叶片枯死并脱落	HS

鉴定结果：根据对244份资源（占收集材料的40%，但区域代表性占材料收集区域的近70%）蚕豆赤斑病抗性的鉴定分析：供试材料发病病情指数为21.48～98.7，平均为77.19，标准差13.47，变异系数17.45%。图1-2-15显示244份云南蚕豆资源赤斑病鉴定结果。

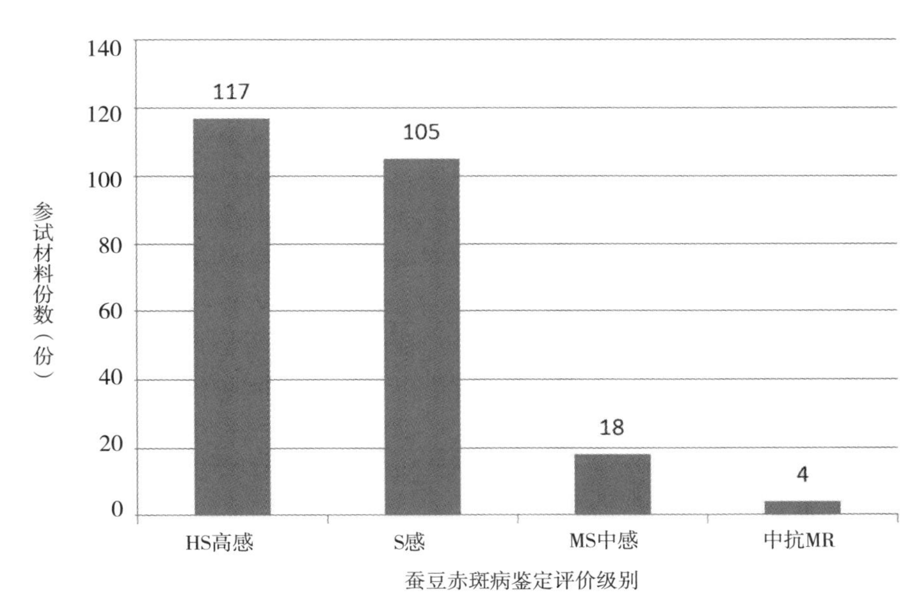

图1–2–15　云南蚕豆品种资源赤斑病抗性分布

如图所示：244份材料中，仅有4份表现中抗，占参试材料的1.64%；鉴定为感和高感的材料有222份，占参试材料的90.98%。

褐斑病鉴定的结果：有15份材料中抗褐斑病。

蚕豆赤瘢病、褐斑病抗性鉴定结果显示：云南蚕豆资源总体对赤斑病、褐斑病抗性较差，抗性好的资源十分匮乏。

对赤斑病抗性较好的资源材料包括：K0001、K0009、K0050、K0128等4份。

对褐斑病抗性较好的资源材料包括：K0001、K0112、K0256等3份。

3. 蚜虫抗性评价

在我国危害蚕豆的主要蚜虫为豆蚜，可以发生在蚕豆的各生育阶段。根据豆蚜在蚕豆植株上的分布程度和繁殖、存活能力划分蚕豆对蚜虫的抗性。

鉴定方法：田间抗性鉴定采用自然感虫法。鉴定圃设在蚕豆蚜虫重发区。适期播种，每份鉴定材料播种1行，行长1.5～2m，每行留苗20～25株。全生育期间田间不喷施杀蚜药剂。在蚜虫盛发期进行调查。

调查记载标准及抗性评价：调查时需记载每份鉴定材料群体的蚜害级别，依据蚜害级别进行各鉴定材料抗性水平评价。蚕豆蚜害抗性评价分级标准见表1–2–8。

表1–2–8　蚕豆蚜害抗性评价分级标准

病害级别	病害症状描述	抗性
1	无蚜虫	HR
3	植株上仅有少量有翅蚜	R
5	植株上有少量有翅蚜，同时有一些分散的若蚜群落	MR
7	植株上有许多分散的若蚜群落	S
9	植株上有大量的若蚜群落，群落间相互联合不易区分	HS

鉴定实验由农业部资源评价项目豆类作物主持单位中国农业科学院作物品种资源研究所指定安排的单位——湖北省农业科学院资源所进行，云南省农业科学院粮食作物研究所提交120份材料鉴定的结果，仅获得2份抗性较好的材料，占1.67%。

抗蚜虫危害较强的材料：K0049、K0088等2份。

（二）非生物逆境评价

1. 抗旱性评价

云南蚕豆资源的抗旱鉴定分别由项目主持单位中国农科院作物品种资源研究所（现为中国农科院作物科学研究所，下同）指定单位湖北农科院种质资源研究所承担；云南省农业科学院粮食作物研究所执行申请项目。以下主要介绍云南省农业科学院粮食作物研究所的试验结果。

试验选用成株期耐旱性鉴定，采用田间自然干旱鉴定法造成生育期间干旱胁迫，调查对干旱敏感性状的表现，测定耐旱系数，依据平均耐旱系数划定高耐、耐、中耐、弱耐及不耐5个等级。试验点在云南元谋县黄瓜营小柄岭云南省农业科学院元谋热作圃示范基地进行，该区域蚕豆种植生产期间的自然降水量通常低于50mm。

田间设置干旱与灌水两个处理区。播前两区均浇足底墒水（保证两个处理均能正常出苗）。按正常播种，顺序排列，双行区，行长2m，行宽0.33m，每行25株，2次重复。干旱处理区出苗后至成熟不进行浇水，造成全生育期干旱胁迫。灌水处理区依鉴定所在地灌水（本试验采用滴灌）方式进行给水，保证正常生长。试验连续进行了2年，第一年为初步鉴定，第二年对初鉴结果进行复鉴，以复鉴结果定抗性等级。

在生育期间和成熟后调查株高、单株荚数和产量3个性状，按以下公式计算每个性状的耐旱系数：

$$DI = \frac{Xd}{Xw} \times 100$$

式中：DI——耐旱系数

Xd——旱地性状值

Xw——水地性状值

评价标准依据平均耐旱系数将蚕豆生育期（熟期）耐旱性划分为5个耐旱级别，见表1-2-9。

表1-2-9 蚕豆耐旱性评价分级标准

耐旱级别	耐旱系数（DI）	耐旱性
1	$DI \geq 90$	高耐（HT）
3	$80 \leq DI < 90$	耐（T）
5	$60 \leq DI < 80$	中耐（MT）
7	$40 \leq DI < 60$	弱耐（S）
9	$DI < 40$	不耐（HS）

鉴定结果：参试材料共230份，抗旱性对照为云豆100（云南省农业科学院粮食作物研究所育成品种），第一年初鉴的结果有7份材料达到弱耐抗旱级别，抗旱对照云豆100达到中耐抗旱级别。第二年复鉴结果没有获得弱耐及其以上抗旱级别的材料，抗性对照云豆100为弱耐。抗旱鉴定试验没有获得抗旱性

超过对照云豆100的材料，结果显示云南蚕豆资源抗旱性水平普遍低于改良品种云豆100。当然，这仅是初步鉴定，评价技术体系也需要进一步完善。

2. 耐涝评价

云南蚕豆资源的耐涝性鉴定主要由项目主持单位中国农科院作物品种资源研究所指定单位湖北农科院种质资源研究所承担完成。

鉴定试验方法：蚕豆植株耐涝性较差，水分过多，尤其是在低温下，容易发生烂种；幼苗期，水分过大，在低温下容易发生烂根；花荚期水分过多，容易发生病害和落花落荚；蚕豆耐涝性鉴定可参照苗期鉴定方法。用消毒的草碳和蛭石以3：1混合作为基质育苗，每份种质设3个重复，每重复保证10株苗。设耐涝性强、中、弱三品种为对照。在植株3片叶前正常管理。保持土壤湿润。4叶期后土面保持水层1～2cm，持续5d，然后进行正常管理。7d后调查所有供试种质植株的恢复情况，恢复级别根据植株的恢复和死亡状况分为5级，见表1-2-10。

表1-2-10　蚕豆资源的耐涝性鉴定恢复级别及症状描述

级别	恢复情况
1	展开叶基本恢复，或仅叶片尖端稍枯黄，植株生长正常
3	无枯死叶，发黄叶不超过3片
5	植株基本恢复生长，枯死叶不超过2片
7	展开叶枯死3～4片，有新叶长出
9	植株基本死亡

根据恢复级别计算恢复指数，计算公式为：

$$RI = \frac{\sum (N_i \times L_i)}{5N} \times 100$$

式中：RI——恢复指数

N_i——各级涝害植株数

L_i——各级涝害级数值

N——调查总株数

苗期耐涝性根据苗期恢复指数分为5级，见表1-2-11。

表1-2-11　蚕豆耐涝性评价分级标准

耐涝级别	恢复系数（RI）	耐涝性
1	$RI<20$	高耐（HT）
3	$20\leq RI<40$	耐（T）
5	$40\leq RI<60$	中耐（MT）
7	$60\leq RI<80$	弱耐（S）
9	$RI\geq 80$	不耐（HS）

鉴定结果：耐涝性较好的资源材料包括：K0056、K0003、K0004、K0253、K0029等5份。

3. 抗冻性评价

云南蚕豆资源抗冻鉴定研究由澳大利亚农业研究中心资助的项目“Improvement of Faba Bean in China and Australia through Germplasm Evaluation, Exchange and Utilization”资助，由云南省农业科学院粮食作物研究所完成。

鉴定试验方法：秋播区蚕豆花荚期，田间设置气温自动探测记录装置。以田间气温降到-2℃并持续30min后为低温冻害处理标准。在鉴定品种的试验小区内随机选取5株生长发育正常的单株，调查受冻害（呈水渍状或水烫状）的花和幼荚数目占其上花和幼荚总数的百分率，求平均数并保留1位小数，即得到“花荚期冻害率”。按照“花荚期冻害率”确定花荚期耐冻性。花荚期耐冻性分为3级，见表1-2-12。

表1-2-12　蚕豆耐冻性评价分级标准

耐冻级别	花荚期冻害率	耐冻性
1	花荚期冻害率＜10	高耐（HT）
2	10≤花荚期冻害率＜30	耐（T）
3	花荚期冻害率≥30	不耐（HS）

鉴定试验设在海拔2300m的丽江古城金山镇，为保持不同生育特性的蚕豆资源材料的花荚期能够较好地与低温冻害处理的标准相遇，试验设计两个播期处理，调查数据选择鉴定资源受低温冻害处理最适宜播期的数据。

鉴定试验结果：图1-2-16显示2005年11月至2006年4月，蚕豆抗冻害试验期间试验点丽江市古城区金山镇试验地记录的气温极端最低值的变化曲线。由图可见，从2005年11月上旬就连续出现最低气温低于-2℃的试验处理标准值，不同生育进程的参试材料均可在花荚期与标准处理温度相遇，试验条件满足了设计要求。据调查，参试的62份材料，花荚受冻率在13.3%～74.1%，平均值为43.75%，变异系数为30.06%。没有获得花荚期耐冻达到高耐（平均受冻率＜10%）的材料。有4份材料的平均受冻率＜30%，达到中耐，占参试材料的6.45%。

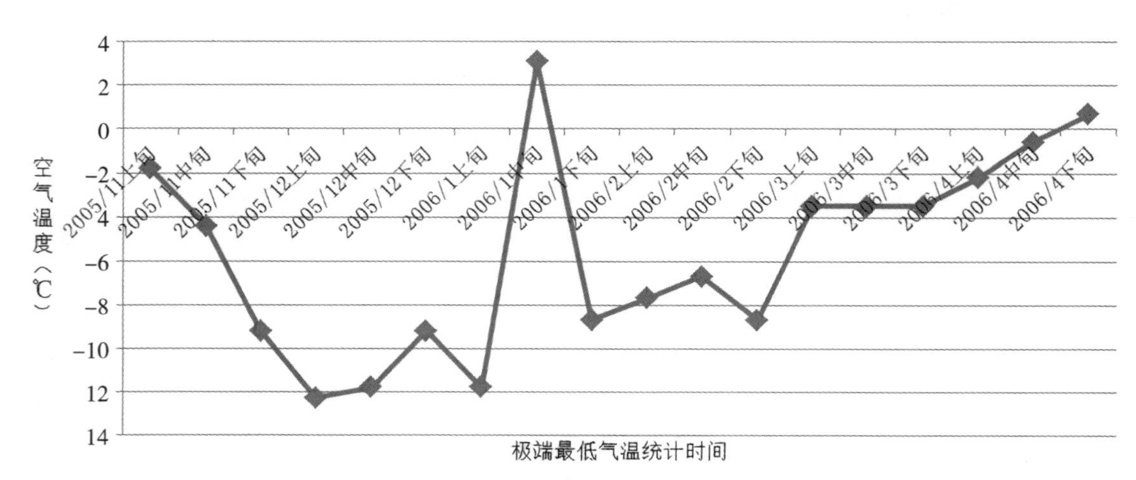

图1-2-16　云南省蚕豆品种资源抗冻鉴定试点气温曲线

耐冻性较好的资源材料有：K1379、K1396、K1385等。

三、品质分析

品质分析评价由项目主持单位中国农业科学院作物种质资源研究所指定单位湖北省农业科学院作物品质分析测试中心完成，测试分析了干籽粒粗蛋白含量、淀粉含量、直链淀粉含量等3个分析项目；同时，云南省农业科学院粮食作物研究所测试中心自行申请项目，完成了干籽粒蛋白质主要氨基酸的含量分析。具体测量方法依据GB 2905《谷类、豆类作物种子粗蛋白质、粗淀粉测定法》，以“%”表示，精确到0.01%。将成熟干籽粒挑拣干净，按四分法随机缩减取样，取样量不得少于20g。

（一）干籽粒粗蛋白含量

云南蚕豆资源完成粗蛋白含量测试分析的材料共137份，粗蛋白含量的变幅在17.20%～32.01%，平均值为22.88%，标准差为2.09，变异系数为9.15%。根据国家豆类优异资源评价的标准，干籽粒粗蛋白含量＞30%的为一级，30%～28%的为二级，28%～26%为三级。蚕豆干籽粒粗蛋白含量高于28%为高蛋白优异种质资源。测定结果显示：云南蚕豆资源干籽粒粗蛋白含量高低与收集来源地区域没有明显的趋向性；但与粒型大小呈正相关，r=0.198；与单荚粒数呈负相关，r=−0.254。

干籽粒氨基酸（单位：g/100g样本）含量测定：由于投入的资金有限，云南蚕豆资源完成18种氨基酸含量分析的资源仅为9份，见表1−2−13。参试材料氨基酸总量的分析值变幅为14.95%～20.05%，平均值为17.71%；18种氨基酸中，含量最高的是谷氨酸，其次是天门冬氨酸，第三是亮氨酸和赖氨酸。参试材料中，最优异的材料是K0256，总氨基酸含量最高达20.05%，其18种氨基酸中有16种氨基酸的含量位于参试材料的最高值。

表1−2−13　蚕豆种质资源干籽粒氨基酸分析结果汇总表

氨基酸名称	门冬氨酸	苏氨酸	丝氨酸	谷氨酸	脯氨酸	甘氨酸	丙氨酸	缬氨酸	甲硫氨酸	异亮氨酸	亮氨酸	酪氨酸	苯丙氨酸	赖氨酸	胱氨酸	色氨酸/组氨酸	精氨酸	总量（%）
K0009	1.76	0.61	0.77	2.49	0.37	0.70	0.66	0.83	0.15	0.73	1.24	0.50	0.77	1.14	0.37	0.38	1.47	14.95
K0027	2.05	0.69	0.97	3.23	0.66	0.80	0.71	0.99	0.19	0.85	1.53	0.58	0.91	1.26	0.38	0.45	1.83	18.06
K0030	1.93	0.65	0.86	2.91	0.55	0.75	0.71	0.93	0.20	0.81	1.40	0.56	0.86	1.22	0.35	0.43	2.00	17.10
K0060	1.88	0.68	0.87	2.94	0.52	0.79	0.75	0.94	0.17	0.82	1.41	0.57	0.88	1.23	0.36	0.44	1.84	17.11
K0288	2.01	0.69	0.92	3.02	0.61	0.79	0.72	0.97	0.17	0.85	1.45	0.58	0.89	1.27	0.32	0.55	0.45	17.69
K0090	1.93	0.67	0.88	2.92	0.30	0.79	0.69	0.90	0.17	0.78	1.43	0.58	0.85	1.25	0.44	0.45	0.45	16.76
8010	2.10	0.71	0.95	3.27	0.60	0.80	0.73	0.97	0.17	0.85	1.55	0.60	0.91	1.27	0.27	0.47	0.47	18.31
8015	2.22	0.75	0.98	3.32	0.63	0.85	0.76	1.04	0.17	0.92	1.59	0.63	0.95	1.35	0.39	0.48	0.48	19.36
K0256	2.30	0.76	1.03	3.46	0.65	0.89	0.81	1.08	0.17	0.95	1.66	0.65	0.98	1.39	0.44	0.51	0.51	20.05
平均	2.02	0.69	0.91	3.06	0.54	0.79	0.73	0.96	0.17	0.84	1.47	0.58	0.89	1.26	0.37	0.46	1.06	17.71

干籽粒粗蛋白质含量优异的材料：K0037、K0131、K0256、K0392、K0458、K0465、K0637、K0643、K0645、K0646、K0684、K0686等12份。

（二）干籽粒淀粉含量

根据48份云南蚕豆资源总淀粉含量、直链淀粉含量测定的数据，总淀粉含量的变幅在41.77%～51.12%，平均值为44.48%，标准差6.13，变异系数为14.06%；直链淀粉含量的变幅为10.76%～15.23%，平均值为12.57%，标准差0.83，变异系数为6.63%。按国家豆类优异资源评价的标准，干籽粒淀粉含量>50%为一级，48%～50%为二级，略低于48%的为三级，达二级标准的有12份，三级标准的25份。云南蚕豆资源测试材料达到高淀粉优异资源的材料有15份，直链淀粉含量高于15%的有1份，分别占测试材料的31.25%、2.01%。

干籽粒淀粉含量较高的材料包括：K0074、K0002、K0398、K0044、K0091、K0391、K0643、K0649、K0660、K0621、K0660、K0073等12份。

四、分子生物学鉴定

利用AFLP标记对我国及世界范围内的种质资源及部分育成品种进行遗传多样性分析，结果表明，云南大部分蚕豆种质在主坐标上与冬性蚕豆密集区距离较远，且较为分散，是明显不同的冬性蚕豆资源类型。云南种质与我国其他来源地冬性蚕豆种质之间有较大的遗传差异，可能是因为地理的关系和生态特性上的差异，与其他种质间的基因交流较少。

利用ISSR 标记对我国18个省（区）的527 份春播区和秋播区蚕豆资源的遗传多样性与亲缘关系进行分析，结果表明，不同地理来源蚕豆资源群间的基因多样性指数在0.1267～0.2509 之间，平均为0.1716；Shannon 指数范围为0.1932～0.3767，平均为0.2608。云南蚕豆种质资源的两指数为国内第二高群体，仅次于内蒙古资源。非加权组平均法（UPGMA）的聚类分析和二维主成分分析（PCA）结果表明，云南蚕豆种质起源与中国春播区资源明显不同，云南和广西的资源形成独立的一个组群，明显不同于其他省区，遗传背景独特，有待进一步研究。

利用AFLP标记对云南省范围内的种质资源的10个主要性状进行遗传多样性分析，结果表明，10个性状的多样性指数中，株高的多样性指数最高，为0.84，平均多样性指数为0.78。利用SPSS软件进行的聚类分析，结果表明，云南蚕豆地方资源分为3个大组群，以株高为主要聚类依据，综合聚类和Simpson指数结果可以知道株高是衡量云南地方蚕豆种质资源多样性的重要性状。聚类的结果同时表明，云南地方蚕豆种质资源的株高、生育期、百粒重有一定内在联系性，生育期（158.59d）长的群体则株高较高（81.13cm），但是百粒重偏低（95g），反之亦然。

202份云南地方蚕豆资源遗传多样性的分析结果，见图1-2-17。主坐标分析将所有资源细化分为8个不同群体类型，通过结合种质资源的地理来源地和在主坐标中的分布情况，把分布较为集中的2、3、6组群，5、7组群，1、4、8组群分别进行组合作为3个独立的群体。结果表明，滇西北以丽江、迪庆地区为代表是中等株高（74.82cm）、小粒种（101g）、晚熟种质资源富集地；以滇中的楚雄以及滇东北的曲靖周边为代表是大粒种（105g）种质资源富集区域；矮株高（70.8cm）、中粒种（102.7g）早熟资源分布区域则以滇南的红河和普洱为代表。

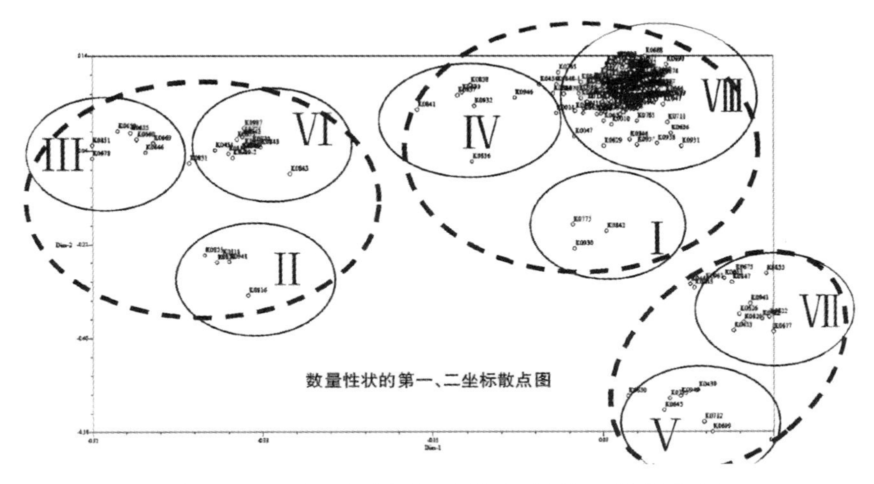

图1-2-17　云南蚕豆地方资源遗传多样性分析

五、部分优异种质资源名录

经鉴定评价，共获在农艺形状、抗性、品质等方面具有优异性状的种质资源共157份。其中，同时具有2个优异性状的资源36份，占22.9%；同时具有3个优异性状的资源3份，占1.9%，它们是K0256、K0630、K0660；同时具有4个优异性状的资源1份，为K0642。各具有优异性状的种质资源包括：

（1）K0001

当地俗称：大白胡豆。保存编号：K0001。学名：*Vicia faba* L. var. *minor* Beck。

来源：昭通市大关县地方品种资源。收集地海拔：800~1200m。

生物和农艺学特性：在昆明10月上旬播种，播种至现蕾天数为72d，播种至成熟全生育期193d，中晚熟型；株高53.9cm，有效分枝数4.9个，单株荚数9.0荚，单荚粒数2.0粒，单株干籽粒产量25.8g；花色淡紫色，种皮白色、绿色，种脐黑色、绿色、白色，荚长5.8cm，荚宽1.5cm；粒型中厚，百粒重77.7g；干籽粒粗蛋白含量23.5%；锈病病情指数85.2%，锈病抗性鉴定评价为高感（HS）；赤斑病病情指数21.5%，赤斑病抗性鉴定评价为中抗（MR）；褐斑病把指数28.1%，褐斑病抗性鉴定评价为中抗（MR）。

（2）K0002

当地俗称：小白胡豆。保存编号：K0002。学名：*Vicia faba* L. var. *equma* Pers。

来源：昭通市大关县地方品种资源。

生物和农艺学特性：在昆明10月上旬播种，播种至现蕾天数为70d，播种至成熟全生育期195d，中熟型；株高52.6cm，有效分枝数3.2个，单株荚数9.1荚，单荚粒数2.0粒，单株干籽粒产量26.8g；花色白色，种皮白色，种脐黑色、白色，荚长4.9cm，荚宽1.3cm，粒型窄厚，百粒重62.3g；干籽粒粗蛋白含量21.2%，淀粉含量50.11%，高淀粉含量型；锈病病情指数40.5%，锈病抗性鉴定评价为中感（MS）；赤斑病病情指数71.1%，赤斑病抗性鉴定评价为感（S）。

（3）K0003

当地俗称：施甸蚕豆。保存编号：K0003。学名：*Vicia faba* L. var. *equma* Pers。

来源：保山市施甸县地方品种资源。

生物和农艺学特性：在昆明10月10日左右播种，播种至现蕾79d，播种至成熟全育期天数191d，中熟型；株高68.0cm，有效分枝数3.40个，单株荚数16.7荚，单荚粒数1.8粒，单株干籽粒产量28.8g；花色白色，种皮白色、浅绿色，种脐白色、黑色，荚长6.6cm，荚宽1.6cm；百粒重93.0g；干籽粒粗蛋白含量21.46%；锈病病情指数91.1%，锈病抗性鉴定评价为高感（HS）；赤斑病病情指数37.78%，赤斑病抗性鉴定评价为中抗（MR）；抗涝鉴定为2级，耐涝评价为耐（T）。

（4）K0004

当地俗称：怒江泸水蚕豆。保存编号：K0004。学名：*Vicia faba* L. var. *minor* Beck。

来源：怒江州泸水县（今泸水市，下同）地方品种资源。收集地海拔：1860m。

生物和农艺学特性：在昆明10月上旬播种，播种至现蕾天数为69d，播种至成熟全生育期198d，中熟型；株高71.9cm，有效分枝数5.9个，单株荚数27.5荚，高结荚型，单荚粒数1.98粒，单株干籽粒产量32.2g；花色白色，种皮淡绿色，种脐黑色、白色，荚长7.0cm，荚宽1.5cm；粒型中厚，百粒重73.3g；干籽粒粗蛋白含量21.4%；锈病病情指数92.6%，锈病抗性鉴定评价为高感（HS）；赤斑病病情指数52.6%，赤斑病抗性鉴定评价为感（S）；抗涝鉴定为2级，耐涝评价为耐（T）。

（5）K0005

当地俗称：迪庆本地蚕豆。保存编号：K0005。学名：*Vicia faba* L. var. *minor* Beck。

来源：迪庆州维西县地方品种资源。

生物和农艺学特性：在昆明10月上旬播种，播种至现蕾天数为68d，播种至成熟全生育期180d，中熟型；株高77.0cm，有效分枝数4.2个，单株荚数18.0荚，单荚粒数1.9粒，单株干籽粒产量20.0g；花色白色、淡紫色，种皮绿色，种脐黑色，属绿皮黑脐型，荚长6.4cm，荚宽1.3cm；粒型中厚，百粒重59.5g；干籽粒粗蛋白含量21.1%；锈病病情指数100.0%，锈病抗性鉴定评价为高感（HS）；赤斑病病情指数73.6%，赤斑病抗性鉴定评价为感（S）。

（6）K0008

当地俗称：石房蚕豆。保存编号：K0008。学名：*Vicia faba* L. var. *equma* Pers。

来源：临沧市耿马县地方品种资源。

生物和农艺学特性：在昆明10月上旬播种，播种至现蕾天数为50d，播种至成熟全生育期193d（受冻害影响），中早熟型；株高64.4cm，有效分枝数5.8个，单株荚数22.6荚，高结荚型，单荚粒数1.9粒，单株干籽粒产量26.9g；花色白色，种皮白色，种脐黑色、白色，荚长5.4cm，荚宽1.5cm；粒型中厚，百粒重101.2g；干籽粒粗蛋白含量22.87%；锈病病情指数71.9%，锈病抗性鉴定评价为感（S），赤斑病病情指数35.6%，赤斑病抗性鉴定评价为中抗（MR）。

（7）K0009

当地俗称：双江软壳蚕豆。保存编号：K0009。学名：*Vicia faba* L. var. *equma* Pers。

来源：临沧市双江县地方品种资源。

生物和农艺学特性：在昆明10月上旬播种，播种至现蕾天数为50d，播种至成熟全生育期193d，中早熟型；株高62.9cm，有效分枝数5.1个，单株荚数18.6荚，单荚粒数1.9粒，单株干籽粒产量32.9g；花色白色，种皮白色，种脐白色、黑色，荚长5.6cm，荚宽1.5cm；粒型中厚，百粒重118g；干籽粒粗蛋白含量22.2%；锈病病情指数89.6%，锈病抗性鉴定评价为高感（HS）；赤斑病病情指数27.4%，赤斑病抗性鉴定评价为中抗（MR）。

（8）K0010

当地俗称：细蚕豆。保存编号：K0010。学名：*Vicia faba* L. var. *minor* Beck。

来源：临沧市永德县地方品种资源。

生物和农艺学特性：在昆明10月上旬播种，播种至现蕾天数为34d，播种至成熟全生育期190d（受低温冻害影响），属特早熟型；株高64.4cm，有效分枝数6.0个，单株荚数14.8荚，单荚粒数1.9粒，单株干籽粒产量14.4g；花色白色，种皮白色，种脐为白色、黑色，荚长5.7cm，荚宽1.3cm；粒型窄厚，百粒重73.1g；干籽粒粗蛋白含量17.2%；锈病病情指数74.8%，锈病抗性鉴定评价为感（S）；赤斑病病情指数24.0%，赤斑病抗性鉴定评价为中抗（MR）。

（9）K0013

当地俗称：沧源中粒。保存编号：K0013。学名：*Vicia faba* L. var. *equma* Pers。

来源：临沧市沧源县地方品种资源。

生物和农艺学特性：在昆明10月上旬播种，播种至现蕾天数为55d，播种至成熟全生育期195d，中早熟型；株高56.0cm，有效分枝数3.5个，单株荚数23.4荚，单荚粒数1.7粒，单株干籽粒产量34.7g；花色白色，种皮白色，种脐黑色、白色，荚长5.5cm，荚宽1.4cm；粒型中厚，百粒重95g；干籽粒粗蛋白含量21.37%；锈病病情指数34.8%，锈病抗性鉴定评价为中抗（MR）；赤斑病病情指数84.3%，赤斑病抗性鉴定评价为高感（HS）。

（10）K0020

当地俗称：昆明白皮豆。保存编号：K0020。学名：*Vicia faba* L. var. *equma* Pers。

来源：昆明市地方品种资源。

生物和农艺学特性：在昆明10月上旬播种，播种至现蕾天数为75d，播种至成熟全生育期193d，中熟型；株高86.6cm，有效分枝数4.4个，单株荚数12.2荚，单荚粒数1.8粒，单株干籽粒产量19.3g；花色淡紫红色，种皮白色，种脐白色，白皮白脐型，荚长5.65cm，荚宽1.56cm；粒型中厚，百粒重114.8g；干籽粒粗蛋白含量21.1%；锈病病情指数63.0%，锈病抗性鉴定评价为感（S）；赤斑病病情指数86.3%，赤斑病抗性鉴定评价为高感（HS）。

（11）K0021

当地俗称：维西法国蚕豆。保存编号：K0021。学名：*Vicia faba* L. var. *major* Harz。

来源：迪庆维西县地方品种资源。收集地海拔：2480m。

生物和农艺学特性：在昆明10月上旬播种，播种至现蕾天数为77d，播种至成熟全生育期196d，晚熟型；株高88.4cm，有效分枝数8.5个，单株荚数37.3荚，属超高结荚型，单荚粒数2.3粒，单株干籽粒产量16.4g；花色白色，种皮白色，种脐黑色、白色，荚长8.5cm，荚宽1.7cm；粒型中厚，百粒重138.0g；干籽粒粗蛋白含量24.56%，淀粉含量45.73%，直链淀粉含量12.3%；锈病病情指数82.1%，锈病抗性鉴定评价为高感（HS）；赤斑病病情指数71.1%，赤斑病抗性鉴定评价为感（S）。

（12）K0023

当地俗称：头生豆。保存编号：K0023。学名：*Vicia faba* L. var. *equma* Pers。

来源：保山市地方品种资源。

生物和农艺学特性：在昆明10月上旬播种，播种至现蕾天数为83d，播种至成熟全生育期192d，特晚熟型；株高62.4cm，有效分枝数4.9个，单株荚数20.7荚，单荚粒数2.17粒，单株干籽粒产量29.2g；花色白色，种皮乳白色，种脐白色，荚长6.8cm，荚宽1.5cm；粒型中厚，百粒重100.0g；干籽粒粗蛋白含量23.59%，淀粉含量45.44%，直链淀粉13.32%；锈病病情指数73.7%，锈病抗性鉴定评价为感（S）；赤斑病病情指数91.8%，赤斑病抗性鉴定评价为高感（HS）。

（13）K0025

当地俗称：青皮蚕豆。保存编号：K0025。学名：*Vicia faba* L. var. *minor* Beck。

来源：丽江市地方品种资源。

生物和农艺学特性：在昆明10月上旬播种，播种至现蕾天数为82d，播种至成熟全生育期193d，特晚熟型；株高67.4cm，有效分枝数4.1个，单株荚数13.7荚，单荚粒数2.5粒，单株干籽粒产量20.4g；花色纯白色，种皮淡绿色，种脐淡绿色，荚长6.6cm，荚宽1.3cm；粒型窄厚，百粒重76.0g；干籽粒粗蛋白含量22.7%；锈病病情指数79.8%，锈病抗性鉴定评价为感（S）；赤斑病病情指数83.8%，赤斑病抗性鉴定评价为高感（HS）。

（14）K0027

当地俗称：青皮蚕豆。保存编号：K0027。学名：*Vicia faba* L. var. *minor* Beck。

来源：丽江县地方品种资源。收集地海拔：2480m。

生物和农艺学特性：在昆明10月上旬播种，播种至现蕾天数为96d，播种至成熟全生育期198d，特晚熟型；株高96.5cm，有效分枝数5.0个，单株荚数14.3荚，单荚粒数2.0粒，单株干籽粒产量18.8g；花色白色，种皮淡绿色、绿色、白色，种脐黑色、淡绿色、绿色，荚长7.3cm，荚宽1.4cm；粒型窄厚，百粒重76.0g；干籽粒粗蛋白含量22.69%；锈病病情指数68.9%，锈病抗性鉴定评价为感（S）；赤斑病病情指数72.9%，赤斑病抗性鉴定评价为感（S）。

（15）K0029

当地俗称：昆明绿皮豆。保存编号：K0029。学名：*Vicia faba* L. var. *equma* Pers。

来源：昆明市官渡区地方品种资源。收集地海拔：1930m。

生物和农艺学特性：在昆明10月10日左右播种，播种至现蕾66d，播种至成熟全育期天数193d，中熟型；株高92.60cm，有效个3.1个，单株荚数10.1荚，荚粒数1.7粒，单株干籽粒产量18.3g，荚长5.5cm，荚宽1.6cm；花色白色，种皮绿色，种脐绿色；百粒重105.7g；干籽粒粗蛋白含量21.7%；锈病病情指数79.3%，锈病抗性鉴定评价为感（S）；赤斑病病情指数40.7%，赤斑病抗性鉴定评价为高感（MS）；抗涝鉴定为2级，耐涝评价为耐（T）。

（16）K0031

当地俗称：拉米蚕豆。保存编号：K0031。学名：*Vicia faba* L. var. *equma* Pers。

来源：玉溪市新平县地方品种资源。收集地海拔：1600m。

生物学和农艺特性：在昆明10月上旬播种，播种至现蕾天数为43d，播种至成熟全生育期185d，早熟型；株高67.6cm，有效分枝数4.9个，单株荚数7.5荚，单荚粒数1.9粒，单株干籽粒产量12.5g；花色白色，种皮白色，种脐白色、黑色，荚长7.1cm，荚宽1.6cm；粒型中厚，百粒重115.0g；干籽粒粗蛋白含量21.7%；锈病病情指数64.4%，锈病抗性鉴定评价为感（S）；赤斑病病情指数76.9%，赤斑病抗性鉴定评价为感（S）。

（17）K0034

当地俗称：马料豆。保存编号：K0034。学名：*Vicia faba* L. var. *minor* Beck。

来源：临沧市镇康县地方品种资源。收集地海拔：1500m。

生物和农艺学特性：在昆明10月上旬播种，播种至现蕾天数为67d，播种至成熟全生育期190d，中熟型；株高56.8cm，有效分枝数3.6个，单株荚数12.9荚，单株干籽粒产量14.4g，单荚粒数2.3粒，属多粒荚型；花色白色，种皮淡绿色，种脐黑色、白色，荚长5.6cm，荚宽1.3cm；粒型窄厚，百粒重54.6g；干籽粒粗蛋白含量19.4%；锈病病情指数58.5%，锈病抗性鉴定评价为中感（MS）；赤斑病病情指数79.6%，赤斑病抗性鉴定评价为感（S）。

（18）K0036

当地俗称：绿皮豆。保存编号：K0036。学名：*Vicia faba* L. var. *major* Harz。

来源：大理市漾濞县地方品种资源。

生物和农艺学特性：在昆明10月上旬播种，播种至现蕾天数为85d，播种至成熟全生育期185d，中晚熟型；株高70.0cm，有效分枝数2.2个，单株荚数12.3荚，单荚粒数1.85粒，单株干籽粒产量15.8g；花色白色、淡紫色，种皮绿色，种脐绿色，绿皮绿脐型，荚长5.7cm，荚宽1.54cm；粒型中厚，百粒重130.1g；干籽粒粗蛋白含量18.4%；锈病病情指数53.1%，锈病抗性鉴定评价为感（S）；赤斑病病情指数74.4%，赤斑病抗性鉴定评价为感（S）。

（19）K0037

当地俗称：中粒蚕豆。保存编号：K0037。学名：*Vicia faba* L. var. *equma* Pers。

来源：大理州漾濞县地方品种资源。收集地海拔：1580m。

生物学特性：在昆明10月上旬播种，播种至现蕾天数为43d，播种至成熟全生育期181d，早熟型；株高82.8cm，有效分枝数4.0个，单株荚数13.6荚，单荚粒数1.8粒，单株干籽粒产量16.7g；花色白色，种皮白色，种脐白色、黑色，荚长5.7cm，荚宽1.5cm；粒型中厚，百粒重101.4g；干籽粒粗蛋白含量26.1%，高蛋白型；锈病病情指数74.8%，锈病抗性鉴定评价为感（S）。

（20）K0038

当地俗称：小粒蚕豆。保存编号：K0038。学名：*Vicia faba* L. var. *minor* Beck。

来源：红河州绿春县地方品种资源。收集地海拔：1580m。

生物和农艺学特性：在昆明10月上旬播种，播种至现蕾天数为50d，播种至成熟全生育期183d，早熟型；株高57.5cm，有效分枝数5.5个，单株荚数18.2荚，单荚粒数1.8粒，单株干籽粒产量15.8g；花色白色，种皮白色，种脐白色、黑色，荚长5.0cm，荚宽1.3cm；粒型窄厚，百粒重67.8g；干籽粒粗蛋白含量21.3%；锈病病情指数38.9%，锈病抗性鉴定评价为中抗（MR）；赤斑病病情指数90.6%，赤斑病抗性鉴定评价为高感（HS）。

（21）K0041

当地俗称：细白豆。保存编号：K0041。学名：*Vicia faba* L. var. *minor* Beck。

来源：大理州弥渡县地方品种资源。

生物和农艺学特性：在昆明10月上旬播种，播种至现蕾天数为61d，播种至成熟全生育期195d，中熟型；株高67.2cm，有效分枝数2.7个，单株荚数18.6荚，单荚粒数2.2粒，单株干籽粒产量17.9g；花色白色，种皮白色，种脐白色，白皮白脐型，荚长5.5cm，荚宽1.1cm；小粒型，粒型窄厚，百粒重44.8g；干籽粒粗蛋白含量22.6%；锈病病情指数63.0%，锈病抗性鉴定评价为感（S）；赤斑病病情指数40.7%，赤斑病抗性鉴定评价为中感（MS）。

（22）K0044

当地俗称：蚕豆、地豆。保存编号：K0044。学名：*Vicia faba* L. var. *equma* Pers。

来源：临沧市云县地方品种资源。

生物和农艺学特性：在昆明10月上旬播种，播种至现蕾天数为43d，播种至成熟全生育期194d（受冻害影响），早熟型；株高62.5cm，有效分枝数5.7个，单株荚数16.0荚，单荚粒数2.0粒，单株干籽粒产量20.0g；花色白色，种皮白色，种脐为白色、黑色，荚长6.0cm，荚宽1.5cm；粒型中厚，百粒重83.7g；干籽粒淀粉含量50.55%，高淀粉含量型，粗蛋白含量21.4%；锈病病情指数63.0%，锈病抗性鉴定评价为感（S）；赤斑病病情指数89.4%，赤斑病抗性鉴定评价为高感（HS）。

（23）K0045

当地俗称：芹菜塘蚕豆。保存编号：K0045。学名：*Vicia faba* L. var. *major* Harz。

来源：大理州永平县地方品种资源。

生物和农艺学特性：在昆明10月上旬播种，播种至现蕾天数为61d，播种至成熟全生育期196d，中熟型；株高100.2cm，有效分枝数4.9个，单株荚数13.8荚，单荚粒数1.9粒，单株干籽粒产量25.5g；花色白色，种皮粉绿色，种脐黑色，绿皮黑脐型，荚长6.7cm，荚宽1.5cm；大粒型，粒型中薄，百粒重143.6g；锈病病情指数100%，锈病抗性鉴定评价为高感（HS）；赤斑病病情指数75.4%，赤斑病抗性鉴定评价为感（S）。

（24）K0046

当地俗称：蚕豆。保存编号：K0046。学名：*Vicia faba* L. var. *equma* Pers。

来源：临沧市双江县地方品种资源。收集地海拔：2120m。

生物和农艺学特性：在昆明10月上旬播种，播种至现蕾天数为44d，播种至成熟全生育期190d，早熟品种；株高70.7cm，有效分枝数5.2个，单株荚数31.1荚，单荚粒数2.0粒，单株干籽粒产量27.7g；花色白色，种皮白色，种脐白色、黑色，荚长6.6cm，荚宽1.3cm；粒型窄厚，百粒重86.8g；干籽粒蛋白含量19.2%；锈病病情指数37.4%，锈病抗性鉴定评价为中抗（MR）；赤斑病病情指数94.6%，赤斑病抗性鉴定评价为高感（HS）。

（25）K0049

当地俗称：蚕豆。保存编号：K0049。学名：*Vicia faba* L. var. *equma* Pers。

来源：普洱市墨江县地方品种资源。

生物和农艺学特性：播种至成熟全生育天数194d，中熟型；株高89.3cm，有效个3.4个，单株荚数19.9荚，荚粒数1.7粒，单株干籽粒产量24.4g/株；花色白色，荚长4.7cm，荚宽1.0cm；粒色乳白，百粒重86.5g；发虫指数25.0，抗蚜虫鉴定评价为中抗（MR）。

（26）K0050

当地俗称：大蚕豆。保存编号：K0050学名：*Vicia faba* L. var. *equma* Pers。

来源：普洱市墨江县地方品种资源。

生物和农艺学特性：在昆明10月上旬播种，播种至现蕾天数为39d，播种至成熟全生育期194d（受冻害影响），早熟型；株高67.7cm，有效分枝数3.6个，单株荚数7.3荚，单荚粒数1.5粒，单株干籽粒产量14.4g；花色白色，种皮白色，种脐黑色、白色，荚长5.7cm，荚宽1.6cm；粒型中厚，百粒重112.0g；干籽粒粗蛋白含量20.91%；锈病病情指数68.9%，锈病抗性鉴定评价为感（S）；赤斑病病情指数35.6%，赤斑病抗性鉴定评价为中抗（MR）。

（27）K0051

当地俗称：蚕豆。保存编号：K0051。学名*Vicia faba* L. var. *equma* Pers。

来源：普洱市墨江县地方品种资源。

生物学特性：在昆明10月上旬播种，播种至现蕾天数为39d，播种至成熟全生育期194d（受冻害影响），早熟型；株高53.4cm，有效分枝数3.0个，单株荚数8.8荚，单荚粒数2.3粒，多粒荚型，单株干籽粒产量12.0g；花色白色，种皮白色，种脐黑色、白色，荚长5.8cm，荚宽1.5cm；粒型窄厚，百粒重100.2g；干籽粒粗蛋白含量20.73%；锈病病情指数48.9%，锈病抗性鉴定评价为中感（MS）；赤斑病病情指数90.8%，赤斑病抗性鉴定评价为高感（HS）。

（28）K0052

当地俗称：蚕豆。保存编号：K0052。学名：*Vicia faba* L. var. *equma* Pers。

来源：昭通市永善县地方品种资源。

生物和农艺学特性：在昆明10月上旬播种，播种至现蕾天数为43d，播种至成熟全生育期193d，早熟型；株高96.7cm，有效分枝数5.3个，单株荚数10.4荚，单荚粒数2.1粒，单株干籽粒产量24.7g；花色紫色，种皮白色，种脐为黑色、白色，荚长7.3cm，荚宽1.6cm；粒型中厚，百粒重115.9g；干籽粒粗蛋白含量22.6%；锈病病情指数61.5%，锈病抗性鉴定评价为感（S）；赤斑病病情指数85.2%，赤斑病抗性鉴定评价为高感（HS）。

（29）K0054

当地俗称：蚕豆。保存编号：K0054。学名：*Vicia faba* L. var. *minor* Beck。

来源：昭通市永善县地方品种资源。

生物和农艺学特性：在昆明10月上旬播种，播种至现蕾天数为65d，播种至成熟全生育期195d，中晚熟型；株高82.5cm，有效分枝数5.2个，单株荚数22.8荚，属高结荚型，单荚粒数1.8粒，单株干籽粒产量34.8g；花色淡紫色，种皮白色，种脐黑色、白色，荚长5.8cm，荚宽1.4cm；粒型中厚，百粒重78.4g；干籽粒粗蛋白含量22.4%；锈病病情指数70.4%，锈病抗性鉴定评价为感（S）；赤斑病病情指数67.2%，赤斑病抗性鉴定评价为感（S）。

（30）K0056

当地俗称：镇雄小青豆。保存编号：K0056。学名：*Vicia faba* L. var. *minor* Beck。

来源：昭通市镇雄县品种资源。

生物和农艺学特性：在昆明10月上旬播种，播种至现蕾天数为50d，播种至成熟全生育期195d（受冻害影响），中早熟型；株高51.8cm，有效分枝数5.0个，单株荚数9.8荚，单荚粒数2.1粒，单株干籽粒产量21.3g；花色紫色，种皮粉绿色，种脐淡绿色，绿皮绿脐型，荚长7.1cm，荚宽1.2cm；粒型窄厚，百粒重67.8g；干籽粒粗蛋白含量21.46%；锈病病情指数88.1%，锈病抗性鉴定评价为高感（HS）；赤斑病病情指数88.3%，赤斑病抗性鉴定评价为高感（HS）；抗涝鉴定为2级，耐涝评价为耐（T）。

（31）K0058

当地俗称：华宁蚕豆。保存编号：K0058。学名：*Vicia faba* L. var. *major* Harz。

来源：玉溪市华宁县地方品种资源。

生物和农艺学特性：在昆明10月上旬播种，播种至现蕾天数为55d，播种至成熟全生育期190d，中早熟型；株高92.8cm，有效分枝数3.0个，单株荚数13.0荚，单荚粒数1.6粒，单株干籽粒产量25.5g；花色白色，种皮白色，种脐白色、黑色，荚长6.5cm，荚宽1.7cm；粒型阔厚，百粒重135.8g；干籽粒粗蛋白含量

21.09%；锈病病情指数39.1%，锈病抗性鉴定评价为中抗（MR）；赤斑病病情指数82.2%，赤斑病抗性鉴定评价为高感（HS）。

（32）K0060

当地俗称：棉花豆。保存编号：K0060。学名：*Vicia faba* L. var. *equma* Pers。

来源：德宏州龙陵县地方品种资源。

生物和农艺学特性：在昆明10月上旬播种，播种至现蕾天数为50d，播种至成熟全生育期190d，中早熟型；株高57.4cm，有效分枝数2.4个，单株荚数4.0荚，单荚粒数2.4粒，多粒荚型，单株干籽粒产量9.1g；花色白色，种皮白色，种脐黑色、白色，白皮黑脐型，荚长7.6cm，荚宽1.6cm；粒型中薄，百粒重112.1g；干籽粒粗蛋白含量21.7%；锈病病情指数76.3%，锈病抗性鉴定评价为感（S）；赤斑病病情指数74.1%，赤斑病抗性鉴定评价为感（S）。

（33）K0061

当地俗称：夕阳大蚕豆。保存编号：K0061。学名：*Vicia faba* L. var. *major* Harz。

来源：昆明市晋宁县（今晋宁区，下同）地方品种资源。

生物和农艺学特性：在昆明10月上旬播种，播种至现蕾天数为55d，播种至成熟全生育期195d，中早熟型；株高73.5cm，有效分枝数3.8个，单株荚数12.8荚，单荚粒数1.4粒，单株干籽粒产量17.8g；花色白色，种皮白色，种脐黑色、白色，荚长6.9cm，荚宽2.0cm；粒型阔厚，大粒型，百粒重194.4g；干籽粒粗蛋白质含量23.5%；锈病病情指数67.4%，锈病抗性鉴定评价为感（S）；赤斑病病情指数68.9%，赤斑病抗性鉴定评价为感（S）。

（34）K0062

当地俗称：蚕豆。保存编号：K0062。学名：*Vicia faba* L. var. *equma* Pers。

来源：昆明市晋宁县地方品种资源。

生物和农艺学特性：在昆明10月上旬播种，播种至现蕾天数为57d，播种至成熟全生育期191d，中早熟型；株高78.4cm，有效分枝数2.96个，单株荚数22.5荚，高结荚型，单荚粒数1.9粒，单株干籽粒产量43.2g，超高产型；花色白色，种皮白色，种脐白色、黑色，荚长6.2cm，荚宽1.6cm；粒型中厚，百粒重106.5g；干籽粒粗蛋白含量22.25%；锈病病情指数61.5%，锈病抗性鉴定评价为感（S）；赤斑病病情指数80.3%，赤斑病抗性鉴定评价为高感（HS）。

（35）K0064

当地俗称：蚕豆。保存编号：K0064。学名：*Vicia faba* L. var. *major* Harz。

来源：红河州开远市地方品种资源。

生物和农艺学特性：在昆明10月上旬播种，播种至现蕾天数为40d，播种至成熟全生育期188d，早熟型；株高88.9cm，有效分枝数2.9个，单株荚数9.0荚，单荚粒数1.6粒，单株干籽粒产量20.1g；花色白色，种皮白色，种脐黑色、白色，荚长7.4cm，荚宽1.9cm；粒型阔厚，大粒型，百粒重162.5g；干籽粒粗蛋白含量23.5%；锈病病情指数88.1%，锈病抗性鉴定评价为高感（HS）。

（36）K0067

当地俗称：西山豆。保存编号：K0067。学名：*Vicia faba* L. var. *equma* Pers。

来源：昆明市宜良县地方品种资源。

生物和农艺学特性：在昆明10月上旬播种，播种至现蕾天数为71d，播种至成熟全生育期191d，中熟型；株高72.5cm，有效分枝数5.9个，单株荚数27.5荚，高结荚型，单荚粒数1.9粒，单株干籽粒产量27.1g；花色白色，种皮乳白色，种脐黑色、白色，荚长6.3cm，荚宽1.7cm；粒型中厚，百粒重97.0g；干籽粒粗蛋白含量24.05%，淀粉含量43.7%，直链淀粉含量13.19%。

（37）K0069

当地俗称：龙潭营蚕豆。保存编号：K0069。学名：*Vicia faba* L. var. *major* Harz。

来源：玉溪市华宁县地方品种资源。

生物和农艺学特性：在昆明10月上旬播种，播种至现蕾天数为42d，播种至成熟全生育期193d（受冻害影响），早熟型；株高91.5cm，有效分枝数5.4个，单株荚数10.3荚，单荚粒数1.7粒，单株干籽粒产量13.6g；花色白色，种皮白色，种脐黑色、白色，荚长6.2cm，荚宽1.7cm；粒型中厚，百粒重144.0g；干籽粒粗蛋白含量22.8%；锈病病情指数83.7%，锈病抗性鉴定评价为高感（HS）；赤斑病病情指数80.0%，赤斑病抗性鉴定评价为感（S）。

（38）K0073

当地俗称：尖叶蚕豆。保存编号：K0073。学名：*Vicia faba* L. var. *equma* Pers。

来源：昆明市宜良县地方品种资源。

生物和农艺学特性：在昆明10月上旬播种，播种至现蕾天数为77d，播种至成熟全生育期191d，中熟型；株高79.8cm，有效分枝数5.7个，单株荚数29.2荚，高结荚型，单荚粒数1.7粒，单株干籽粒产量30.8g；花色白色，种皮乳白色，种脐黑色、白色，荚长6.6cm，荚宽1.8cm；粒型中厚，百粒重102.6g；干籽粒直链淀粉含量15.23%，淀粉含量44.7%，高淀粉含量型，粗蛋白含量24.81%；锈病病情指数83.9%，锈病抗性鉴定评价为高感（HS）；赤斑病病情指数67.0%，赤斑病抗性鉴定评价为感（S）。

（39）K0074

当地俗称：高寨蚕豆。保存编号：K0074。学名：*Vicia faba* L. var. *equma* Pers。

来源：玉溪市华宁县地方品种资源。

生物和农艺学特性：在昆明10月上旬播种，播种至现蕾天数为55d，播种至成熟全生育期195d，中熟型；株高99.4cm，有效分枝数3.4个，单株荚数14.8荚，单荚粒数1.8粒，单株干籽粒产量24.4g；花色白色，种皮白色，种脐黑色、白色，荚长5.9cm，荚宽1.6cm；粒型中厚，百粒重110.5g；干籽粒淀粉含量51.12%，高淀粉含量型，粗蛋白含量22.0%；锈病病情指数56.3%，锈病抗性鉴定评价为中感（MS）；赤斑病病情指数86.2%，赤斑病抗性鉴定评价为高感（HS）。

（40）K0085

当地俗称：宾川豆。保存编号：K0085。学名：*Vicia faba* L. var. *equma* Pers。

来源：大理州宾川县地方品种资源。

生物和农艺学特性：在昆明10月上旬播种，播种至现蕾天数为55d，播种至成熟全生育期196d，中熟型；株高72.2cm，有效分枝数4.7个，单株荚数32.7荚，超高结荚型，单荚粒数2.0粒，单株干籽粒产量21.2g；花色白色，种皮粉绿色，种脐黑色、白色，荚长5.5cm，荚宽1.6cm；粒型中厚，百粒重105.1g；干籽粒粗蛋白含量22.69%；锈病病情指数21.8%，锈病抗性鉴定评价为中抗（MR）；赤斑病病情指数82.2%，赤斑病抗性鉴定评价为高感（HS）。

（41）K0088

当地俗称：透心绿。保存编号：K0088。学名：*Vicia faba* L. var. *equma* Pers。

来源：保山市地方品种资源。

生物和农艺学特性：在昆明10月上旬播种，播种至现蕾天数为73d，播种至成熟全生育期193d，中熟型；株高70.2cm，有效分枝数2.7个，单株荚数10.0荚，单荚粒数1.9粒，单株干籽粒产量14.1g；花色白色，种皮白色，种脐淡绿色，子叶为绿色，荚长6.1cm，荚宽1.5cm；粒型中厚，百粒重101.0g；干籽粒粗蛋白含量22.2%；锈病病情指数5.0%，锈病抗性鉴定评价为抗（R），蚕豆锈病抗原材料；蚜虫发生指数25.0，抗蚜虫鉴定评价为中抗（MR）。

（42）K0091

当地俗称：白蚕豆。保存编号：K0091。学名：*Vicia faba* L. var. *equma* Pers。

来源：迪庆州中甸县（今香格里拉市，下同）地方品种资源。

生物和农艺学特性：在昆明10月上旬播种，播种至现蕾天数为55d，播种至成熟全生育期195d，中熟型；株高69.9cm，有效分枝数4.1个，单株荚数17.0荚，单荚粒数2.0粒，单株干籽粒产量30.0g；花色白色，种皮白色，种脐黑色、白色，荚长6.7cm，荚宽1.5cm；粒型中厚，百粒重88.2g；干籽粒淀粉含量50.78%，超高淀粉含量型，粗蛋白含量20.0%；锈病病情指数56.6%，锈病抗性鉴定评价为感（S）。

（43）K0093

当地俗称：蜡古蚕豆。保存编号：K0093。学名：*Vicia faba* L. var. *equma* Pers。

来源：大理州南涧县地方品种资源。

生物和农艺学特性：在昆明10月上旬播种，播种至现蕾天数为75d，播种至成熟全生育期195d，中熟型；株高85.0cm，有效分枝数3.4个，单株荚数10.5荚，单荚粒数2.1粒，单株干籽粒产量18.6g；花色白色，种皮白色，种脐白色、绿色、黑色，荚长6.8cm，荚宽1.7cm；粒型中厚，百粒重88.5g；锈病病情指数28.6%，锈病抗性鉴定评价为中抗（MR）；赤斑病病情指数77.8%，赤斑病抗性鉴定评价为感（S）。

（44）K0112

当地俗称：蚕豆。保存编号：K0112。学名：*Vicia faba* L. var. *equma* Pers。

来源：大理州祥云县地方品种资源。

生物和农艺学特性：在昆明10月上旬播种，播种至现蕾天数为60d，播种至成熟全生育期190d，中熟型；株高73.8cm，有效分枝数4.7个，单株荚数14.1荚，单荚粒数1.64粒，单株干籽粒产量15.1g；花色白色，种皮白色、绿色，种脐黑色、白色，荚长5.66cm，荚宽1.54cm；粒型窄厚，百粒重85.0g；干籽粒粗蛋白含量24.4%；锈病病情指数70.4%，锈病抗性鉴定评价为（S）；赤斑病病情指数96.1%，赤斑病抗性鉴定评价为高感（HS）；褐斑病病情指数25.0%，褐斑病抗性鉴定评价为中抗（MR）。

（45）K0128

当地俗称：小红皮蚕豆。保存编号：K0128。学名：*Vicia faba* L. var. *minor* Beck。

来源：昆明市晋宁县地方品种资源。

生物和农艺学特性：在昆明10月上旬播种，播种至现蕾天数为53d，播种至成熟全生育期194d，中熟型；株高84.3cm，有效分枝数4.6个，单株荚数8.2荚，单荚粒数1.9粒，单株干籽粒产量18.2g；花色白色，种皮淡绿色，种脐黑色、淡绿色，荚长6.0cm，荚宽1.4cm；粒型窄厚，百粒重73.9g；锈病病情指数58.2%，抗锈病鉴定评价为中感（MS）；赤斑病病情指数39.5%，赤斑病抗性鉴定评价为中抗（MR）。

（46）K0130

当地俗称：蚕豆。保存编号：K0130。学名：*Vicia faba* L. var. *minor* Beck。

来源：保山市腾冲县（今腾冲市，下同）地方品种资源。

生物和农艺学特性：在昆明10月上旬播种，播种至现蕾天数为58d，播种至成熟全生育期203d（受冻害影响），中早熟型；株高83.6cm，有效分枝数5.2个，单株荚数17.6荚，单荚粒数2.5粒，多荚多粒型，单株干籽粒产量25.8g；花色淡紫色，种皮绿色、白色，种脐黑色，荚长9.7cm，荚宽1.7cm；粒型中厚，百粒重79.1g；干籽粒粗蛋白含量22.23%。

（47）K0131

当地俗称：蚕豆。保存编号：K0131。学名：*Vicia faba* L. var. *minor* Beck。

来源：楚雄州双柏县地方品种资源。

生物和农艺学特性：在昆明10月上旬播种，播种至现蕾天数为48d，播种至成熟全生育期194d，中早熟型；株高66.9cm，有效分枝数4.5个，单株荚数10.2荚，单荚粒数1.8粒，单株干籽粒产量16.3g；花色白色，种皮白色，种脐黑色、白色，荚长7.6cm，荚宽1.69cm；粒型中厚，百粒重90.0g；干籽粒粗蛋白质含量33.58%，高蛋白型；锈病病情指数23.7%，锈病抗性鉴定评价为中抗（MR）。

（48）K0132

当地俗称：大白豆。保存编号：K0132。学名：*Vicia faba* L. var. *major* Harz。

来源：玉溪市新平县地方品种资源。

生物和农艺学特性：在昆明10月上旬播种，播种至现蕾天数为41d，播种至成熟全生育期194d（受低温冻害影响），早熟型；株高71.3cm，有效分枝数4.6个，单株荚数6.3荚，单荚粒数1.42粒，单株干籽粒产量16.9g；花色白色，种皮白色，种脐为黑色、白色，荚长6.48cm，荚宽1.99cm；粒型阔厚，百粒重180.0g；锈病病情指数64.8%，锈病抗性鉴定评价为感（S）；赤斑病病情指数75.8%，赤斑病抗性鉴定评价为感（S）。

（49）K0156

当地俗称：撮科蚕豆。保存编号：K0156。学名：*Vicia faba* L. var. *major* Harz。

来源：玉溪市元江县地方品种资源。

生物和农艺学特性：在昆明10月上旬播种，播种至现蕾天数为38d，播种至成熟全生育期194d（受冻害影响），超早熟型；株高81.3cm，有效分枝数4.3个，单株荚数4.0荚，单荚粒数1.5粒，单株干籽粒产量14.3g；花色白色，种皮白色，种脐黑色、白色，荚长7.9cm，荚宽2.3cm；粒型阔厚，大粒型，百粒重205.5g；锈病病情指数75.7%，锈病抗性鉴定评价为感（S）；赤斑病病情指数92.1%，赤斑病抗性鉴定评价为高感（HS）。

（50）K0166

当地俗称：瑞丽蚕豆。保存编号：K0166学名：*Vicia faba* L. var. *major* Harz。

来源：德宏州瑞丽县地方品种资源。

生物和农艺学特性：在昆明10月上旬播种，播种至现蕾天数为66d，播种至成熟全生育期195d，中熟型；株高58.3cm，有效分枝数3.3个，单株荚数9.7荚，单荚粒数1.8粒，单株干籽粒产量16.3g；花色白色，种皮白色，种脐白色、黑色，荚长7.9cm，荚宽1.6cm；粒型阔厚，大粒型，百粒重178.0g；锈病病情指数58.5%，锈病抗性鉴定评价为中感（MS）；赤斑病病情指数59.0%，赤斑病抗性鉴定评价为中感（MS）。

（51）K0167

当地俗称：盈江蚕豆。保存编号：K0167。学名：*Vicia faba* L. var. *major* Harz。

来源：德宏州盈江县地方品种资源。

生物和农艺学特性：在昆明10月上旬播种，播种至现蕾天数为58d，播种至成熟全生育期193d，早熟型；株高62.8cm，有效分枝数4.8个，单株荚数19.6荚，单荚粒数2.0粒，单株干籽粒产量14.0g；花色白色，种皮白色，种脐白色、黑色，荚长8.0cm，荚宽1.9cm；粒型中薄，大粒型，百粒重156.5g；锈病病情指数68.9%，锈病抗性鉴定评价为感（S）；赤斑病病情指数85.2%，赤斑病抗性鉴定评价为高感（HS）。

（52）K0253

当地俗称：鹤庆豆。保存编号：K0253。学名：*Vicia faba* L. var. *minor* Beck。

来源：大理州鹤庆县地方品种资源。

生物和农艺学特性：在昆明10月10日左右播种，播种至现蕾80d，播种至成熟全育期天数194d，早熟型；株高58.0cm，有效分枝数2.3个，单株荚数4.9荚，荚粒数1.8粒，单株干籽粒产量6.1g；花色白色，种皮淡绿色，种脐淡绿色，荚长6.1cm，荚宽1.4cm；百粒重61.0g；干籽粒粗蛋白含量21.4%；锈病病情指数68.9%，锈病抗性鉴定评价为感（S）；赤斑病病情指数80.8%，赤斑病抗性鉴定评价为高感（HS）；抗涝鉴定为2级，耐涝评价为耐（T）。

（53）K0256

当地俗称：祥云豆。保存编号：K0256。学名：*Vicia faba* L. var. *equma* Pers。

来源：大理州祥云县地方品种资源。

生物和农艺学特性：在昆明10月上旬播种，播种至现蕾天数为49d，播种至成熟全生育期194d（受冻害影响），早熟型；株高72.5cm，有效分枝数4.0个，单株荚数12.6荚，单荚粒数1.7粒，单株干籽粒产量13.7g；花色白色，种皮粉绿色，种脐粉绿色，绿皮绿脐型，荚长6.5cm，荚宽1.6cm；粒型窄厚，百粒重88.2g；干籽粒总氨基酸含量最高达20.05%，其18种氨基酸中有16种氨基酸的含量位于参试材料的最高值，优质蛋白型；锈病病情指数54.1%，锈病抗性鉴定评价为感（S）；褐斑病病指28.8%，抗褐斑病评价为中抗（MR）。

（54）K0258

当地俗称：洱源豆。保存编号：K0258。学名：*Vicia faba* L. var. *equma* Pers。

来源：大理州洱源县地方品种资源。

生物和农艺学特性：在昆明10月上旬播种，播种至现蕾天数为49d，播种至成熟全生育期194d（受冻害影响），早熟型；株高75.6cm，有效分枝数4.1个，单株荚数8.1荚，单荚粒数2.0粒，单株干籽粒产量20.0g；花色淡紫色，种皮白色，种脐黑色、白色，荚长6.1cm，荚宽1.5cm；粒型中厚，百粒重90.5g；锈病病情指数38.5%，锈病抗性鉴定评价为中抗（MR）；赤斑病病情指数81.5%，赤斑病抗性鉴定评价为高感（HS）。

（55）K0285

当地俗称：会泽红皮豆。保存编号：K0285。学名：*Vicia faba* L. var. *equma* Pers。

来源：曲靖市会泽县地方品种资源。

生物和农艺学特性：在昆明10月上旬播种，播种至现蕾天数为64d，播种至成熟全生育期216d（受冻害影响），中晚熟型；株高89.5cm，有效分枝数4.2个，单株荚数14.9荚，单荚粒数2.0粒，单株干籽粒产量20.0g；花色白色，种皮红色，种脐红色，红皮红脐型，荚长8.0cm，荚宽1.7cm；粒型中厚，百粒重93.6g；锈病病情指数80.7%，锈病抗性鉴定评价为高感（HS）。

（56）K0286

当地俗称：石屏豆。保存编号：K0286。学名：*Vicia faba* L. var. *major* Harz。

来源：红河州石屏县地方品种资源。

生物和农艺学特性：在昆明10月上旬播种，播种至现蕾天数为30d，播种至成熟全生育期191d（受冻害影响），特早熟型；株高76.6cm，有效分枝数5.0个，单株荚数11.6荚，单荚粒数1.8粒，单株干籽粒产量15.3g；花色白色，种皮白色，种脐黑色、白色，荚长7.9cm，荚宽2.0cm；粒型阔厚，百粒重122.5g；锈病病情指数70.4%，锈病抗性鉴定评价为感（S）；赤斑病抗性鉴定评价为高感（HS）。

（57）K0288

当地俗称：沾益绿皮豆。保存编号：K0288。学名：*Vicia faba* L. var. *equma* Pers。

来源：曲靖市沾益县（现沾益区，下同）地方品种资源。

生物和农艺学特性：在昆明10月上旬播种，播种至现蕾天数为66d，播种至成熟全生育期195d，中晚熟型；株高76.0cm，有效分枝数4.8个，单株荚数17.3荚，单荚粒数1.8粒，单株干籽粒产量37.4g，高产型；花色白色，种皮绿色，种脐绿色，绿皮绿脐型，荚长7.6cm，荚宽1.8cm；粒型中厚，百粒重116.0g；锈病病情指数44.8%，锈病抗性鉴定评价为中感（MS）；赤斑病病情指数98.0%，赤斑病抗性鉴定评价为高感（HS）。

（58）K0391

当地俗称：富源豆。保存编号：K0391。学名：*Vicia faba* L. var. *equma* Pers。

来源：曲靖市富源县地方品种资源。

生物和农艺学特性：在昆明10月上旬播种，播种至现蕾天数为60d，播种至成熟全生育期195d，中熟型；株高66.7cm，有效分枝数2.3个，单株荚数13.0荚，单荚粒数2.3粒，单株干籽粒产量26.0g；花色白色，种皮白色，种脐黑色、白色，荚长8.3cm，荚宽1.7cm；粒型中薄，百粒重109.7g；干籽粒淀粉含量50.22%，高淀粉含量型；锈病病情指数28.4%，锈病抗性鉴定评价为中抗（MR）；赤斑病病情指数88.3%，赤斑病抗性鉴定评价为高感（HS）。

（59）K0392

当地俗称：五粒豆。保存编号：K0392。学名：*Vicia faba* L. var. *major* Harz。

来源：曲靖市地方品种资源。

生物和农艺学特性：在昆明10月上旬播种，播种至现蕾天数为70d，播种至成熟全生育期192d，中熟型；株高88.8cm，有效分枝数4.7个，单株荚数13.1荚，单荚粒数2.1粒，单株干籽粒产量18.4g；花色白色，种皮白色，种脐白色、黑色，荚长8.3cm，荚宽1.9cm；粒型阔厚，百粒重125.0g；干籽粒淀粉含量43.31%，直链淀粉含量12.54%，粗蛋白含量26.99%，高蛋白型；锈病病情指数100.0%，锈病抗性鉴定评价为高感（HS）；赤斑病病情指数88.6%，赤斑病抗性鉴定评价为高感（HS）。

（60）K0393

当地俗称：黑井豆。保存编号：K0393。学名：*Vicia faba* L. var. *major* Harz。

品种来源：楚雄州禄丰县地方品种资源。

生物和农艺学特性：在昆明10月上旬播种，播种至现蕾天数为54d，播种至成熟全生育期195d，中早熟型；株高71.3cm，有效分枝数2.8个，单株荚数15.4荚，单荚粒数2.15粒，单株干籽粒产量33.7g；花色白色，种皮白色、绿色，种脐白色、黑色，荚长6.71cm，荚宽1.62cm；粒型阔厚，大粒型，百粒重168.0g；锈病病情指数57.1%，锈病抗性鉴定评价为感（S）；赤斑病病情指数74.9%，赤斑病抗性鉴定评价为感（S）。

（61）K0395

当地俗称：红皮豆。保存编号：K0395。学名：*Vicia faba* L. var. *equma* Pers。

来源：大理州巍山县地方品种资源。

生物和农艺学特性：在昆明10月上旬播种，播种至现蕾天数为73d，播种至成熟全生育期190d，中熟型；株高94.3cm，有效分枝数3.4个，单株荚数23.9荚，单荚粒数1.8粒，单株干籽粒产量35.4g，高产型；花色浅紫色，种皮乳白色，种脐绿色、黑色，荚长6.1cm，荚宽1.8cm；粒型中厚，百粒重90.0g；赤瘢病发病指数91%，赤斑病抗性鉴定评价为高感（HS）。

（62）K0398

当地俗称：路居豆。保存编号：K0398。学名：*Vicia faba* L. var. *equma* Pers。

来源：玉溪市江川县（今江川区，下同）地方品种资源。

生物和农艺学特性：在昆明10月上旬播种，播种至现蕾天数为72d，播种至成熟全生育期217d，晚熟型；株高61.6cm，有效分枝数3.8个，单株荚数15.2荚，单荚粒数2.1粒，单株干籽粒产量23.6g；花色白色，种皮白色，种脐黑色、白色，荚长6.5cm，荚宽1.6cm；粒型窄厚，百粒重77.5g；干籽粒淀粉含量51.0%，高淀粉含量型；锈病病情指数40.0%，锈病抗性鉴定评价为中感（MS）。

（63）K0439

当地俗称：沙羊豆。保存编号：K0439。学名：*Vicia faba* L. var. *minor* Beck。

来源：保山市地方品种资源。

生物和农艺学特性：在昆明10月上旬播种，播种至现蕾天数为83d，播种至成熟全生育期196d，中晚熟型；株高93.7cm，有效分枝数5.9个，单株荚数16.3荚，单荚粒数1.89粒，单株干籽粒产量33.3g；花色白色，种皮绿色，种脐黑色，子叶绿色，绿皮绿心型，荚长6.6cm，荚宽1.5cm；粒型窄厚，百粒重74.5g；锈病病情指数25.8%，锈病抗性鉴定评价为中抗（MR）；赤斑病病情指数79.1%，赤斑病抗性鉴定评价为感（S）。

（64）K0446

当地俗称：龙陵中粒豆。保存编号：K0446。学名：*Vicia faba* L. var. *major* Harz。

来源：保山市龙陵县地方品种资源。

生物和农艺学特性：在昆明10月上旬播种，播种至现蕾天数为58d，播种至成熟全生育期181d，中早熟型；株高72.9cm，有效分枝数3.6个，单株荚数17.0荚，单荚粒数1.7粒，单株干籽粒产量37.8g，高产型；花色白色，种皮白色，种脐白色、黑色，荚长7.5cm，荚宽1.9cm；粒型中厚，百粒重142.0g；干籽粒粗蛋白含量23.91%，淀粉含量43.44%，直链淀粉含量12.2%；锈病病情指数85.9%，锈病抗性鉴定评价为高感（HS）；赤斑病病情指数83.3%，赤斑病抗性鉴定评价为高感（HS）。

（65）K0448

当地俗称：甸中大白豆。保存编号：K0448。学名：*Vicia faba* L. var. *major* Harz。

来源：玉溪市新平县地方品种资源。

生物和农艺学特性：在昆明10月上旬播种，播种至现蕾天数为89d，播种至成熟全生育期187d，中晚熟型；株高106.3cm，有效分枝数3.4个，单株荚数12.9荚，单荚粒数1.7粒，单株干籽粒产量27.2g；花色白色，种皮白色，种脐黑色、白色，荚长7.9cm，荚宽1.9cm；粒型中厚，大粒型，百粒重185.0g；锈病病情指数68.9%，锈病抗性鉴定评价为感（S）；赤斑病病情指数69.6%，赤斑病抗性鉴定评价为感（S）。

（66）K0450

当地俗称：马料豆。保存编号：K0450。学名：*Vicia faba* L. var. *equma* Pers。

来源：迪庆州中甸县地方品种资源。收集地海拔：1800~2400m。

生物和农艺学特性：在昆明10月上旬播种，播种至成熟全生育期192d，中熟型；株高113.3cm，高秆型品种，有效分枝数3.0个，单株荚数15.3荚，单荚粒数1.6粒，单株干籽粒产量22.3g；花色白色，种皮白色，种脐黑色、白色，荚长6.5cm，荚宽1.8cm；粒型中厚，百粒重86.5g；干籽粒粗蛋白含量24.13%，淀粉含量45.59%，直链淀粉含量12.2%；锈病病情指数100%，锈病抗性鉴定评价为高感（HS）；赤斑病病情指数83.1%，赤斑病抗性鉴定评价为高感（HS）。

（67）K0452

当地俗称：石岩头豆。保存编号：K0452。学名：*Vicia faba* L. var. *equma* Pers。

来源：大理州洱源县地方品种资源。

生物和农艺学特性：在昆明10月上旬播种，播种至现蕾天数为56d，播种至成熟全生育期207d（受冻害影响），中熟型；株高94.5cm，有效分枝数3.6个，单株荚数6.3荚，单荚粒数1.6粒，单株干籽粒产量8.5g；花色白色、浅紫色，种皮白色，种脐黑色，荚长6.2cm，荚宽1.7cm；粒型中厚，百粒重103.3g；锈病病情指数21.7%，锈病抗性鉴定评价为中抗（MR）。

（68）K0454

当地俗称：寻甸四甲。保存编号：K0454。学名：*Vicia faba* L. var. *major* Harz。

来源：昆明市寻甸县地方品种资源。

生物和农艺学特性：在昆明10月上旬播种，播种至现蕾天数为52d，播种至成熟全生育期181d，早熟型；株高64.2cm，有效分枝数3.2个，单株荚数9.7荚，单荚粒数1.7粒，单株干籽粒产量19.0g；花色淡紫色，种皮白色，种脐白色、黑色，荚长6.96cm，荚宽1.87cm；粒型中厚，百粒重122.5g；锈病病情指数32.0%，锈病抗性鉴定评价为中抗（MR）；赤斑病病情指数75.3%，赤斑病抗性鉴定评价为感（S）。

（69）K0458

当地俗称：凉水蚕豆。保存编号：K0458。学名：*Vicia faba* L. var. *equma* Pers。

来源：丽江市永胜县地方品种资源。收集地海拔：2480m。

生物和农艺学特性：在昆明10月上旬播种，播种至现蕾天数为83d，播种至成熟全生育期203d，晚熟型；株高99.4cm，有效分枝数3.1个，单株荚数19.6荚，单荚粒数1.1粒，单粒荚型，单株干籽粒产量14.7g；花色白色，种皮乳白色，种脐白色，荚长6.6cm，荚宽1.9cm；粒型中厚，百粒重83.0g；干籽粒粗蛋白质含量29.13%，高蛋白型；锈病病情指数83.7%，锈病抗性鉴定评价为高感（HS）；赤斑病病情指数91.5%，赤斑病抗性鉴定评价为高感（HS）。

（70）K0459

当地俗称：研和蚕豆，保存单位编号：K0459。学名：*Vicia faba* L. var. *major* Harz。

来源：玉溪市红塔区地方品种资源。

生物和农艺学特性：在昆明10月上旬播种，播种至现蕾天数为71d，播种至成熟全生育期182d，中熟型；株高111.3cm，高秆品种，有效分枝数3.3个，单株荚数15.0荚，单荚粒数1.4粒，单株干籽粒产量27.2g；花色白色，种皮白色，种脐白色、黑色，荚长6.5cm，荚宽1.7cm；粒型阔厚，百粒重136.7g；锈病病情指数52.6%，锈病抗性鉴定评价为中感（MS）；赤斑病病情指数85.6%，赤斑病抗性鉴定评价为高感（HS）。

（71）K0460

当地俗称：清河蚕豆。保存编号：K0460。学名：*Vicia faba* L. var. *major* Harz。

来源：曲靖市陆良县地方品种资源。

生物和农艺学特性：在昆明10月上旬播种，播种至现蕾天数为81d，播种至成熟全生育期191d，中熟型；株高49.2cm，有效分枝数5.0个，单株荚数8.9荚，单荚粒数1.2粒，单粒荚型，单株干籽粒产量16.8g；花色白色，种皮白色，种脐白色、黑色，荚长7.9cm，荚宽2.0cm；粒型阔厚，百粒重130.2g；锈病病情指数42.9%，锈病抗性鉴定评价为中感（MS）；赤斑病病情指数55.6%，赤斑病抗性鉴定评价为中感（MS）。

（72）K0465

当地俗称：大绿豆。保存编号：K0465。学名：*Vicia faba* L. var. *major* Harz。

来源：迪庆州中甸县地方品种资源。

生物和农艺学特性：在昆明10月上旬播种，播种至现蕾天数为79d，播种至成熟全生育期192d，晚熟型；株高103.0cm，有效分枝数2.4个，单株荚数11.2荚，单荚粒数1.6粒，单株干籽粒产量12.4g；花色白色，种皮浅绿色，种脐黑色，荚长7.5cm，荚宽1.7cm；粒型中厚，百粒重131.0g；干籽粒粗蛋白含量26.11%，高蛋白型，粗淀粉含量42.31%，直链淀粉含量11.69%；锈病病情指数71.9%，抗锈病鉴定评价为感（S）；赤斑病病情指数87.5%，赤斑病抗性鉴定评价为高感（HS）。

（73）K0605

当地俗称：绿皮绿心豆。保存编号：K0605。学名：*Vicia faba* L. var. *equma* Pers。

来源：玉溪市新平县地方品种资源。

生物和农艺学特性：在昆明10月上旬播种，播种至现蕾天数67d，播种至成熟全生育期191d，中熟型；株高88.2cm，有效分枝数2.0个，单株荚数7.8荚，单荚粒数1.6粒，单株干籽粒产量13.4g；花色白色，种皮绿色，种脐绿色，子叶绿色，绿皮绿心型，荚长7.0cm，荚宽1.9cm；粒型中厚，百粒重116.0g；锈病病情指数70.4%，锈病抗性鉴定评价为感（S）。

（74）K0606

当地俗称：建水大蚕豆。保存编号：K0606。学名：*Vicia faba* L. var. *equma* Pers。

来源：红河州建水县地方品种资源。

生物和农艺学特性：在昆明10月上旬播种，播种至现蕾天数为57d，播种至成熟全生育期199d，中熟型；株高82.4cm，有效分枝数5.2个，单株荚数25.1荚，高结荚型，单荚粒数1.5粒，单株干籽粒产量32.3g；花色白色，种皮白色，种脐黑色、白色，荚长7.8cm，荚宽1.8cm；粒型阔厚，百粒重114.0g；锈病病情指数51.6%，锈病抗性鉴定评价为感（S）；赤斑病病情指数60.5%，赤斑病抗性鉴定评价为感（S）。

（75）K0617

当地俗称：大蚕豆。保存编号：K0617。学名：*Vicia faba* L. var. *major* Harz。

来源：昆明市富民县地方品种资源。

生物和农艺学特性：在昆明10月上旬播种，播种至现蕾天数为78d，播种至成熟全生育期189d，中熟型；株高109.3cm，有效分枝数4.6个，单株荚数16.5荚，单荚粒数1.8粒，单株干籽粒产量37.0g，高产型；花色白色，种皮白色，种脐白色、黑色，荚长7.2cm，荚宽2.0cm；粒型阔厚，大粒型，百粒重169.0g；锈病病情指数57.1%，锈病抗性鉴定评价为感（S）；赤斑病病情指数74.9%，赤斑病抗性鉴定评价为感（S）。

（76）K0618

当地俗称：中粒豆。保存编号：K0618。学名：*Vicia faba* L. var. *major* Harz。

来源：昆明市富民县地方品种资源。

生物和农艺学特性：在昆明10月上旬播种，播种至现蕾天数为66d，播种至成熟全生育期188d，中熟型；株高110.8cm，有效分枝数2.5个，单株荚数19.3荚，单荚粒数1.5粒，单株干籽粒产量38.3g，高产型；花色纯白色，种皮白色，种脐白色、黑色，荚长7.2cm，荚宽1.9cm；粒型中厚，百粒重131.0g；赤斑病病情指数71.6%，赤斑病抗性鉴定评价为感（S）。

（77）K0619

当地俗称：蚕豆。保存编号：K0619。学名：*Vicia faba* L. var. *minor* Beck。

来源：昆明市富民县地方品种资源。

生物和农艺学特性：在昆明10月上旬播种，播种至现蕾天数为78d，播种至成熟全生育期193d，中熟型；株高97.0cm，有效分枝数4.6个，单株荚数27.1荚，高结荚型，单荚粒数1.7粒，单株干籽粒产量48.1g，超高产型；花色白色，种皮白色，种脐黑色、白色，荚长6.4cm，荚宽1.8cm；粒型中厚，百粒重70.0g。

（78）K0620

当地俗称：大蚕豆。保存编号：K0620。学名：*Vicia faba* L. var. *equma* Pers。

来源：昆明市富民县地方品种资源。

生物和农艺学特性：在昆明10月上旬播种，播种至现蕾天数为102d，播种至成熟全生育期194d，晚熟型；株高107.1cm，有效分枝数2.35个，单株荚数20.3荚，单荚粒数1.7粒，单株干籽粒产量41.0g，超高产型；花色白色，种皮白色，种脐白色，荚长7.7cm，荚宽2.0cm；粒型中厚，百粒重101.0g。

（79）K0621

当地俗称：中粒豆。保存编号：K0621。学名：*Vicia faba* L. var. *equma* Pers。

来源：昆明市富民县地方品种资源。

生物和农艺学特性：在昆明10月上旬播种，播种至现蕾天数为83d，播种至成熟全生育期191d，中熟型；株高72.9cm，有效分枝数2.6个，单株荚数18.8荚，单荚粒数1.7粒，单株干籽粒产量36.1g，高产型；花色白色，种皮白色，种脐黑色、白色，荚长6.7cm，荚宽1.76cm；粒型中厚，百粒重115.6g；干籽粒粗蛋白含量22.61%，淀粉含量46.53%，直链淀粉含量13.33%，高淀粉型；锈病病情指数81.5%，锈病抗性鉴定评价为高感（HS）；赤斑病病情指数53.4%，赤斑病抗性鉴定评价为中感（MS）。

（80）K0622

当地俗称：者北豆。保存编号：K0622。学名：*Vicia faba* L. var. *equma* Pers。

来源：昆明市富民县地方品种资源。

生物和农艺学特性：在昆明10月上旬播种，播种至现蕾天数为78d，播种至成熟全生育期183d，中早熟型；株高116.2cm，属高秆型；有效分枝数4.5个，单株荚数20.3荚，单荚粒数1.7粒，单株干籽粒产量35.1g，高产型；花色白色，种皮白色，种脐黑色，荚长6.6cm，荚宽1.9cm；粒型中厚，百粒重114.5g。

（81）K0624

当地俗称：中粒豆。保存编号：K0624。学名：*Vicia faba* L. var. *equma* Pers。

来源：玉溪市澄江县地方品种资源。

生物和农艺学特性：在昆明10月上旬播种，播种至现蕾天数为82d，播种至成熟全生育期191d，中熟型；株高112.5cm，有效分枝数5.6个，单荚粒数1.9粒，单株荚数31.0荚，超高结荚型，单株干籽粒产量49.1g，超高产型；花色白色，种皮白色，种脐黑色、白色，荚长7.8cm，荚宽1.9cm；粒型中厚，百粒重115.0g。

（82）K0625

当地俗称：吉花大粒。保存编号：K0625。学名：*Vicia faba* L. var. *major* Harz。

来源：玉溪市澄江县地方品种资源。

生物和农艺学特性：在昆明10月上旬播种，播种至现蕾天数为83d，播种至成熟全生育期191d，中熟型；株高104.2cm，有效分枝数3.2个，单株荚数18.3荚，单荚粒数1.5粒，单株干籽粒产量35.5g，高产型；花色白色，种皮白色，种脐白色、黑色，荚长7.0cm，荚宽2.0cm；粒型阔厚，百粒重133.5g。

（83）K0627

当地俗称：中粒豆。保存编号：K0627。学名：*Vicia faba* L. var. *equma* Pers。

来源：玉溪市澄江县地方品种资源。

生物和农艺学特性：在昆明10月上旬播种，播种至现蕾天数为68d，播种至成熟全生育期189d，中熟型；株高79.1cm，有效分枝数2.2个，单株荚数22.2荚，单荚粒数1.7粒，单株干籽粒产量43.0g，超高产型；花色白色，种皮白色，种脐白色，荚长6.9cm，荚宽1.7cm；粒型中厚，百粒重121.6g。

（84）K0628

当地俗称：澄江绿皮。保存编号：K0628。学名：*Vicia faba* L. var. *equma* Pers。

来源：玉溪市澄江县地方品种资源。

生物和农艺学特性：在昆明10月上旬播种，播种至现蕾天数为79d，播种至成熟全生育期192d，中晚熟型；株高70.3cm，有效分枝数6.1个，单株荚数18.6荚，单荚粒数1.7粒，单株干籽粒产量36.8g，高产型；花色白色，种皮绿色，种脐黑色，绿皮黑脐型，荚长6.9cm，荚宽1.9cm；粒型中厚，百粒重112.5g；锈病病情指数67.4%，锈病抗性鉴定评价为感（S）。

（85）K0629

当地俗称：澄江大粒豆。保存编号：K0629。学名：*Vicia faba* L. var. *major* Harz。

来源：玉溪市澄江县地方品种资源。

生物和农艺学特性：在昆明10月上旬播种，播种至现蕾天数为80d，播种至成熟全生育期191d，中熟型；株高107.5cm，有效分枝数4.4个，单株荚数20.1荚，单荚粒数1.6粒，单株干籽粒产量41.2g，超高产型；花色白色，种皮白色，种脐黑色、白色，荚长8.3cm，荚宽1.9cm；粒型中厚，大粒型，百粒重165.5g；干籽粒粗蛋白含量23.5%；锈病病情指数70.4%，锈病抗性鉴定评价为感（S）；赤斑病病情指数90.1%，赤斑病抗性鉴定评价为高感（HS）。

（86）K0630

当地俗称：澄江白皮豆。保存编号：K0630。学名：*Vicia faba* L. var. *major* Harz。

来源：玉溪市澄江县地方品种资源。

生物和农艺学特性：在昆明10月上旬播种，播种至现蕾天数为78d，播种至成熟全生育期194d，中熟型；株高104.2cm，有效分枝数5.3个，单株荚数27.8荚，高结荚型，单荚粒数1.6粒，单株干籽粒产量47.4g，超高产型；花色白色，种皮白色，种脐白色、黑色，白皮黑脐型，荚长7.4cm，荚宽2.0cm；粒型阔厚，百粒重133.2g；干籽粒粗蛋白含量25.21%，淀粉含量43.01%，直链淀粉含量13.39%；锈病病情指数80.7%，锈病抗性鉴定评价为高感（HS）；赤斑病病情指数69.9%，赤斑病抗性鉴定评价为感（S）。

（87）K0637

当地俗称：搓柯豆。保存编号：K0637。学名：*Vicia faba* L. var. *equma* Pers。

来源：红河州建水县地方品种资源。

生物和农艺学特性：在昆明10月上旬播种，播种至现蕾天数为56d，播种至成熟全生育期191d，中熟型；株高92.3cm，有效分枝数3.6个，单株荚数10.9荚，单荚粒数1.9粒，单株干籽粒产量24.4g；花色白色，种皮白色，种脐黑色、白色，荚长6.6cm，荚宽1.8cm；粒型中厚，百粒重111.0g；干籽粒粗蛋白含量27.46%，淀粉含量43.43%，直链淀粉含量11.5%；锈病病情指数54.2%，锈病抗性鉴定评价为中感（MS）；赤斑病病情指数87.0%，赤斑病抗性鉴定评价为高感（HS）。

（88）K0639

当地俗称：大红寨蚕豆。保存编号：K0639。学名：*Vicia faba* L. var. *major* Harz。

来源：红河州蒙自县（现蒙自市，下同）地方品种资源。

生物和农艺学特性：在昆明10月上旬播种，播种至现蕾天数为55d，播种至成熟全生育期182d，早熟型；株高90.2cm，有效分枝数4.7个，单株荚数13.5荚，单荚粒数1.9粒，单株干籽粒产量22.5g；花色白色，种皮白色，种脐黑色，白皮黑脐型，荚长7.6cm，荚宽2.09cm；粒型阔厚，百粒重122.9g；干籽粒粗蛋白含量25.64%，淀粉含量44.96%，直链淀粉含量12.4%；锈病病情指数66.4%，锈病抗性鉴定评价为感（S）；赤斑病病情指数80.2%，赤斑病抗性鉴定评价为高感（HS）。

（89）K0642

当地俗称：大白豆。保存编号：K0642。学名：*Vicia faba* L. var. *major* Harz。

来源：红河州蒙自县地方品种资源。

生物和农艺学特性：在昆明10月上旬播种，播种至现蕾天数为72d，播种至成熟全生育期179d，中早熟型；株高94.5cm，有效分枝数6.2个，分枝力强的型，单株荚数7.0荚，单荚粒数2.3粒，多粒荚型，单株干籽粒产量30.0g；花色白色，种皮白色，种脐黑色、白色，白皮黑脐型，荚长8.6cm，荚宽1.8cm；粒型中厚，百粒重154.1g；锈病病情指数7.8%，锈病抗性鉴定评价为抗（R）；赤斑病病情指数84.1%，赤斑病抗性鉴定评价为高感（HS）。

（90）K0643

当地俗称：中棵豆。保存编号：K0643。学名：*Vicia faba* L. var. *equma* Pers。

来源：红河州蒙自县地方品种资源。

生物和农艺学特性：在昆明10月上旬播种，播种至现蕾天数为74d，播种至成熟全生育期187d，中熟型；株高102.5cm，有效分枝数3.5个，单株荚数14.1荚，单荚粒数1.7粒，单株干籽粒产量25.0g；花色白色，种皮白色，种脐白色、黑色，荚长7.8cm，荚宽2.1cm；粒型阔厚，百粒重115.5g；干籽粒淀粉含量46.12%，直链淀粉含量12.86%，高淀粉型，粗蛋白含量28.97%，高蛋白型；锈病病情指数74.4%，锈病抗性鉴定评价为感（S）；赤斑病病情指数66.1%，赤斑病抗性鉴定评价为感（S）。

（91）K0644

当地俗称：五米豆。保存编号：K0644。学名：*Vicia faba* L. var. *equma* Pers。

来源：红河州蒙自县地方品种资源。

生物和农艺学特性：在昆明10月上旬播种，播种至现蕾天数为64d，播种至成熟全生育期179d，中早熟型；株高97.5cm，有效分枝数4.2个，单株荚数5.4荚，单荚粒数2.3粒，多粒荚型，单株干籽粒产量28.6g；花色白色，种皮白色，种脐黑色、白色，荚长10.5cm，荚宽2.1cm；粒型阔厚，百粒重98.0g；锈病病情指数71.9%，锈病抗性鉴定评价为感（S）；赤斑病病情指数67.4%，赤斑病抗性鉴定评价为感（S）。

（92）K0645

当地俗称：蚕豆。保存编号：K0645。学名：*Vicia faba* L. var. *major* Harz。

来源：文山州广南县地方品种资源。

生物和农艺学特性：在昆明10月上旬播种，播种至现蕾天数为75d，播种至成熟全生育期196d，中熟型；株高91.5cm，有效分枝数5.5个，单株荚数13.2荚，单荚粒数1.6粒，单株干籽粒产量24.5g；花色白色，种皮白色，种脐黑色，荚长7.8cm，荚宽1.8cm；粒型中厚，百粒重130.0g；干籽粒粗蛋白含量26.89%，高蛋白型，淀粉含量43.46%，直链淀粉含量12.18%；锈病病情指数51.3%，锈病抗性鉴定评价为中感（MS）；赤斑病病情指数89.4%，赤斑病抗性鉴定评价为高感（HS）。

（93）K0646

当地俗称：莲城蚕豆。保存编号：K0646。学名：*Vicia faba* L. var. *equma* Pers。

来源：文山州广南县地方品种资源。

生物和农艺学特性：在昆明10月上旬播种，播种至现蕾天数为77d，播种至成熟全生育期196d，中熟型；株高93.5cm，有效分枝数4.8个，单株荚数12.2荚，单荚粒数1.7粒，单株干籽粒产量22.5g；花色白色，种皮白色，种脐黑色、白色，荚长7.5cm，荚宽1.9cm；粒型中厚，百粒重102.1g；干籽粒粗淀粉含量42.67%，直链淀粉含量11.54%，粗蛋白含量26.61%，高蛋白型；锈病病情指数73.9%，锈病抗性鉴定评价为感（S）；赤斑病病情指数71.2%，赤斑病抗性鉴定评价为感（S）。

（94）K0649

当地俗称：二菜角白皮豆。保存编号：K0649。学名：*Vicia faba* L. var. *equma* Pers。

来源：丽江市宁蒗县地方品种资源。

生物和农艺学特性：在昆明10月上旬播种，播种至现蕾天数为72d，播种至成熟全生育期201d，晚熟型；株高90.3cm，有效分枝数3.8个，单株荚数15.8荚，单荚粒数1.7粒，单株干籽粒产量21.5g；花色白色，种皮白色、淡绿，种脐白色、淡绿色、黑色，荚长7.2cm，荚宽1.6cm；粒型中厚，百粒重107.6g；干籽粒淀粉含量46.23%，直链淀粉含量13.48%，高淀粉型，粗蛋白含量24.31%；锈病病情指数52.1%，锈病抗性鉴定评价为中感（MS）；赤斑病病情指数77.8%，赤斑病抗性鉴定评价为感（S）。

（95）K0660

当地俗称：通海蚕豆。保存编号：K0660。学名：*Vicia faba* L. var. *major* Harz。

来源：玉溪市通海县地方品种资源。

生物和农艺学特性：在昆明10月上旬播种，播种至现蕾天数为72d，播种至成熟全生育期199d，晚熟型；株高99.8cm，有效分枝数5.7个，分枝力强的型，单株荚数14.5荚，单荚粒数1.7粒，单株干籽粒产量24.0g；花色白色，种皮白色，种脐黑色、白色，荚长6.6cm，荚宽1.6cm；粒型中厚，百粒重134.1g；干籽粒淀粉含量46.44%，直链淀粉含量14.24%，高淀粉型，粗蛋白含量22.35%；锈病病情指数77.8%，锈病抗性鉴定评价为感（S）；赤斑病病情指数83.8%，赤斑病抗性鉴定评价为高感（HS）。

（96）K0665

当地俗称：砚山大粒豆。保存编号：K0665。学名：*Vicia faba* L. var. *major* Harz。

来源：文山州砚山县地方品种资源。

生物和农艺学特性：在昆明10月上旬播种，播种至现蕾天数为66d，播种至成熟全生育期197d，中熟型；株高100.8cm，有效分枝数7.7个，分枝力强的型，单株荚数17.6荚，单荚粒数1.7粒，单株干籽粒产量28.4g；花色白色，种皮白色，种脐白色、黑色，荚长8.2cm，荚宽1.8cm；粒型中厚，百粒重144.4g；干籽粒粗蛋白含量25.07%，淀粉含量44.64%，直链淀粉含量13.02%；锈病病情指数79.6%，锈病抗性鉴定评价为感（S）；赤斑病病情指数77.8%，赤斑病抗性鉴定评价为感（S）。

（97）K0666

当地俗称：蚕豆。保存编号：K0666。学名：*Vicia faba* L. var. *major* Harz。

来源：文山州西畴县地方品种资源。

生物和农艺学特性：在昆明10月上旬播种，播种至现蕾天数为55d，播种至成熟全生育期200d（受冻害影响），中早熟型；株高94.6cm，有效分枝数3.6个，单株荚数17.9荚，单荚粒数1.9粒，单株干籽粒产量38.8g，高产型；花色白色，种皮白色，种脐白色、黑色，荚长7.5cm，荚宽1.7cm；粒型中厚，百粒重141.0g；锈病病情指数62.5%，锈病抗性鉴定评价为感（S）；赤斑病病情指数74.4%，赤斑病抗性鉴定评价为感（S）。

（98）K0670

当地俗称：马关蚕豆。保存编号：K0670。学名：*Vicia faba* L. var. *equma* Pers。

来源：文山州马关县地方品种资源。

生物和农艺学特性：在昆明10月上旬播种，播种至现蕾天数为63d，播种至成熟全生育期198d，中熟型；株高83.4cm，有效分枝数9.0个，分枝力超强的型，单株荚数6.4荚，单荚粒数1.6粒，单株干籽粒产量28.0g；花色白色，种皮白色，种脐黑色、白色，荚长6.7cm，荚宽1.8cm；粒型中厚，百粒重90.6g；锈病病情指数76.3%，锈病抗性鉴定评价为感（S）；赤斑病病情指数76.9%，赤斑病抗性鉴定评价为感（S）。

（99）K0675

当地俗称：蚕豆。保存编号：K0675。学名：*Vicia faba* L. var. *equma* Pers。

来源：曲靖市师宗县地方品种资源。

生物和农艺学特性：在昆明10月上旬播种，播种至现蕾天数为67d，播种至成熟全生育期201d（受冻害影响），中熟型；株高109.2cm，有效分枝数2.8个，单株荚数22.3荚，单荚粒数1.8粒，单株干籽粒产量44.0g，超高产型；花色白色，种皮白色，种脐黑色、白色，荚长8.1cm，荚宽1.7cm；粒型中厚，百粒重110.7g；干籽粒粗蛋白含量24.92%，淀粉含量44.69%，直链淀粉含量13.01%；锈病病情指数73.3%，锈病抗性鉴定评价为感（S）；赤斑病病情指数64.4%，赤斑病抗性鉴定评价为感（S）。

（100）K0678

当地俗称：蚕豆。保存编号：K0678。学名：*Vicia faba* L. var. *equma* Pers。

来源：昆明市路南县（现石林县，下同）地方品种资源。

生物和农艺学特性：在昆明10月上旬播种，播种至现蕾天数为73d，播种至成熟全生育期201d，晚熟型；株高117.5cm，高秆型，有效分枝数4.9个，单株荚数12.5荚，单荚粒数1.5粒，单株干籽粒产量21.0g；花色白色，种皮白色，种脐黑色、白色，荚长7.0cm，荚宽1.5cm；粒型中厚，百粒重110.2g；锈病病情指数70.2%，锈病抗性鉴定评价为感（S）；赤斑病病情指数68.3%，赤斑病抗性鉴定评价为感（S）。

（101）K0684

当地俗称：大庄蚕豆。保存编号：K0684。学名：*Vicia faba* L. var. *major* Harz。

来源：楚雄州双柏县种子公司。

生物和农艺学特性：在昆明10月上旬播种，播种至现蕾天数为52d，播种至成熟全生育期183d，早熟型；株高63.1cm，有效分枝数4.1个，单株荚数7.8荚，单荚粒数1.65粒，单株干籽粒产量20.1g；花色白色、浅紫色，种皮白色，种脐白色、黑色，荚长5.59cm，荚宽1.82cm；粒型中厚，百粒重121.0g；干籽粒粗蛋白含量26.64%，高蛋白型，淀粉含量44.76%，直链淀粉含量12.48%；锈病病情指数59.0%，锈病抗性鉴定评价为中感（MS）；赤斑病病情指数69.0%，赤斑病抗性鉴定评价为感（S）。

（102）K0686

当地俗称：打洛蚕豆。保存编号：K0686。学名：*Vicia faba* L. var. *equma* Pers。

来源：西双版纳州勐海县地方品种资源。

生物和农艺学特性：在昆明10月上旬播种，播种至现蕾天数为72d，播种至成熟全生育期199d，中晚熟型；株高70.4cm，有效分枝数5.3个，单株荚数24.3荚，高结荚型，单荚粒数1.8粒，单株干籽粒产量35.0g；花色白色，种皮白色，种脐黑色、白色，荚长7.4cm，荚宽1.8cm；粒型中厚，百粒重119.6g；干籽粒淀粉含量44.7%，直链淀粉含量11.28%，粗蛋白含量26.3%，高蛋白型；锈病病情指数80.2%，锈病抗性鉴定评价为高感（HS）；赤斑病病情指数85.4%，赤斑病抗性鉴定评价为高感（HS）。

（103）K0689

当地俗称：大蚕豆。保存编号：K0689学名：*Vicia faba* L. var. *equma* Pers。

来源：昆明市路南县地方品种资源。

生物和农艺学特性：在昆明10月上旬播种，播种至现蕾天数为69d，播种至成熟全生育期199d，中熟型；株高110.7cm，有效分枝数3.7个，单株荚数21.0荚，单荚粒数1.7粒，单株干籽粒产量43.5g，超高产型；花色白色，种皮白色，种脐黑色、白色，荚长7.1cm，荚宽2.0cm；粒型中厚，百粒重117.9g；锈病病情指数77.8%，锈病抗性鉴定评价为感（S）；赤斑病病情指数74.4%，赤斑病抗性鉴定评价为感（S）。

（104）K0698

当地俗称：梁河蚕豆。保存编号：K0698。学名：*Vicia faba* L. var. *major* Harz。

来源：德宏州梁河县地方品种资源。

生物和农艺学特性：在昆明10月上旬播种，播种至现蕾天数为71d，播种至成熟全生育期192d，中熟型；株高77.9cm，有效分枝数3.8个，单株荚数13.5荚，单荚粒数1.8粒，单株干籽粒产量27.1g；花色浅紫色，种皮白色，种脐白色，荚长7.9cm，荚宽1.7cm；粒型中厚，大粒型，百粒重153.8g；锈病病情指数65.9%，锈病抗性鉴定评价为感（S）；赤斑病病情指数95.6%，赤斑病抗性鉴定评价为高感（HS）。

（105）K0724

当地俗称：蚕豆。保存编号：K0724。学名：*Vicia faba* L. var. *minor* Beck。

来源：昭通市威信县地方品种资源。

生物和农艺学特性：在昆明10月上旬播种，播种至现蕾天数为51d，播种至成熟全生育期195d，中早熟型；株高51.2cm，有效分枝数5.0个，单株荚数13.3荚，单荚粒数1.9粒，单株干籽粒产量15.0g；花色淡紫色，种皮白色、淡绿色，种脐黑色、白色，荚长5.26cm，荚宽1.4cm；粒型中厚，百粒重60.0g；锈病病情指数26.3%，锈病抗性鉴定评价为中抗（MR）；赤斑病病情指数87.6%，赤斑病抗性鉴定评价为高感（HS）。

（106）K0728

当地俗称：大蚕豆。保存编号：K0728。学名：*Vicia faba* L. var. *equma* Pers。

来源：昭通市鲁甸县地方品种资源。收集地海拔：2160m。

生物和农艺学特性：在昆明10月上旬播种，播种至现蕾天数为79d，播种至成熟全生育期190d，中晚熟型品；单株干籽粒产量14.1g；花色白色，种皮白色，种脐黑色、白色；中小粒型，百粒重92.0g；锈病病情指数8.1%，锈病抗性鉴定评价为抗（R），蚕豆锈病抗原材料；赤斑病病情指数90.8%，赤斑病抗性鉴定评价为高感（HS）。

（107）K0730

当地俗称：潞西山区棉花豆。保存编号：K0730。学名：*Vicia faba* L. var. *major* Harz。

来源：德宏州潞西县地方品种资源。收集地海拔：1500~1950m。

生物和农艺学特性：在昆明10月上旬播种，播种至现蕾天数为54d，播种至成熟全生育期188d，中熟型；株高63.3cm，有效分枝数3.6个，单株荚数6.1荚，单荚粒数1.95粒，单株干籽粒产量16.0g；花色白色、浅紫色，种皮白色，种脐白色、黑色，荚长8.57cm，荚宽2.12cm；粒型阔厚，大粒型，百粒重166.4g；锈病病情指数79.3%，锈病抗性鉴定评价为感（S）；赤斑病病情指数96.4%，赤斑病抗性鉴定评价为高感（HS）。

（108）K0738

当地俗称：姚安绿皮豆。保存编号：K0738。学名：*Vicia faba* L. var. *equma* Pers。

来源：楚雄州姚安县地方品种资源。

生物和农艺学特性：在昆明10月上旬播种，播种至现蕾天数为66d，播种至成熟全生育期180d，中熟型；株高55.0cm，有效分枝数5.1个，单株荚数8.2荚，单荚粒数1.54粒，单株干籽粒产量14.9g；花色白色，种皮绿色，种脐绿色，绿皮绿脐型，荚长6.25cm，荚宽1.76cm；粒型中厚，百粒重100.0g。

（109）K0781

当地俗称：蚕豆。保存编号：K0781。学名：*Vicia faba* L. var. *equma* Pers。

来源：曲靖市地方品种资源。

生物和农艺学特性：在昆明10月上旬播种，播种至现蕾天数为80d，播种至成熟全生育期182d，中晚熟型；株高50.9cm，有效分枝数3.0个，单株荚数8.3荚，单荚粒数1.7粒，单株干籽粒产量42.5g，超高产型；花色白色，种皮白色，种脐黑色、白色，荚长6.3cm，荚宽1.7cm；粒型中厚，百粒重104.0g。

（110）K0787

当地俗称：蚕豆。保存编号：K0787。学名：*Vicia faba* L. var. *equma* Pers。

来源：曲靖市会泽县地方品种资源。收集地海拔：1885m。

生物和农艺学特性：在昆明10月上旬播种，播种至现蕾天数为72d，播种至成熟全生育期184d，中熟型；株高50.0cm，有效分枝数3.7个，单株荚数9.0荚，单荚粒数1.7粒，单株干籽粒产量17.3g；花色白色，种皮红色，种脐红色，红皮红脐型，荚长7.54cm，荚宽1.97cm；粒型中厚，百粒重114.0g。

（111）K0814

当地俗称：大可豆。保存编号：K0814。学名：*Vicia faba* L. var. *major* Harz。

来源：昆明市路南县地方品种资源。

生物和农艺学特性：在昆明10月上旬播种，播种至现蕾天数为54d，播种至成熟全生育期180d，早熟型；株高60.3cm，有效分枝数2.5个，单株荚数6.8荚，单荚粒数2.4粒，多粒荚型，单株干籽粒产量11.5g；花色白色，种皮白色，种脐黑色、白色；粒型阔厚，百粒重124.5g。

（112）K0949

当地俗称：蚕豆。保存编号：K0949。学名：*Vicia faba* L. var. *equma* Pers。

来源：红河州蒙自县地方品种资源。

生物和农艺学特性：在昆明10月上旬播种，播种至现蕾天数为63d，播种至成熟全生育期187d，中熟型；株高75.0cm，有效分枝数5.9个，单荚粒数1.8粒，单株干籽粒产量35.9g，高产型；花色白色，种皮乳白色，种脐白色、黑色；百粒重114.8g。

（113）K0960

当地俗称：蚕豆。保存编号：K0960。学名：*Vicia faba* L. var. *equma* Pers。

来源：普洱市江城县地方品种资源。

生物和农艺学特性：在昆明10月上旬播种，播种至现蕾天数为65d，播种至成熟全生育期183d，中熟型；株高78.9cm，有效分枝数5.9个，单荚粒数1.8粒，单株干籽粒产量37.7g，高产型；花色白色，种皮白色，种脐白色；百粒重109.8g。

（114）K0961

当地俗称：蚕豆。保存编号：K0961。学名：*Vicia faba* L. var. *equma* Pers。

来源：西双版纳州景洪县（今景洪市，下同）地方品种资源。收集地海拔：750m。

生物和农艺学特性：在昆明10月上旬播种，播种至现蕾天数为71d，晚熟型；株高79.3cm，有效分枝数5.7个，分枝力强的型，单荚粒数1.8粒，单株干籽粒产量24.2g；花白色，种皮白色，种脐黑色、白色；粒型中厚，百粒重112.9g。

（115）K1010

当地俗称：蚕豆。保存编号：K1010。学名：*Vicia faba* L. var. *equma* Pers。

来源：红河州金平县地方品种资源。收集地海拔：1730m。

生物和农艺学特性：在昆明10月上旬播种，播种至现蕾天数为71d，中熟型；株高73.1cm，有效分枝数8.3个，分枝力超强的型，单荚粒数2.0粒，单株干籽粒产量26.4g；花色白色，种皮白色，种脐白色、浅绿色、黑色；小粒型，百粒重82.7g。

（116）K1211

当地俗称：蚕豆。保存编号：K1211。学名：*Vicia faba* L. var. *minor* Beck。

来源：大理州云龙县地方品种资源。

生物和农艺学特性：在昆明10月上旬播种，播种至现蕾天数为83d，播种至成熟全生育期190d，中晚熟型；株高94.7cm，有效分枝数6.8个，单株荚数20.3荚，单荚粒数2.34粒，单株干籽粒产量37.0g，高产型；花色白色，种皮白色、绿色，种脐白色、绿色、黑色；百粒重75.7g。

（117）K1221

当地俗称：蚕豆。保存编号：K1221。学名：*Vicia faba* L. var. *major* Harz。

来源：保山市腾冲县地方品种资源。

生物和农艺学特性：在昆明10月上旬播种，播种至现蕾天数为59d，播种至成熟全生育期183d，中熟型；株高73.4cm，有效分枝数6.4个，单株荚数15.6荚，单荚粒数1.9粒，单株干籽粒产量36.0g，高产型；花色白色，种皮白色，种脐白色、褐色；百粒重139.6g。

（118）K1223

当地俗称：蚕豆。保存编号：K1223。学名：*Vicia faba* L. var. *equma* Pers。

来源：保山市腾冲县地方品种资源。

生物和农艺学特性：在昆明10月上旬播种，播种至现蕾天数为65d，播种至成熟全生育期187d，中熟型；株高68.6cm，有效分枝数5.3个，单株荚数19.4荚，单荚粒数1.74粒，单株干籽粒产量40.5g，超高产型；花色白色，种皮白色，种脐黑色；百粒重99.5g。

（119）K1224

当地俗称：蚕豆。保存编号：K1224。学名：*Vicia faba* L. var. *equma* Pers。

来源：保山市腾冲县地方品种资源。

生物和农艺学特性：在昆明10月上旬播种，播种至现蕾天数为82d，播种至成熟的全生育期超过了200d（不能正常成熟），特晚熟型；株高79.9cm，有效分枝数6.5个，单株荚数14.2荚，单荚粒数1.57粒，单株干籽粒产量35.0g；花色白色，种皮白色，种脐黑色；百粒重98.9g。

（120）K1229

当地俗称：蚕豆。保存编号：K1229。学名：*Vicia faba* L. var. *equma* Pers。

来源：保山市腾冲县地方品种资源。收集地海拔：1340m。

生物和农艺学特性：在昆明10月上旬播种，播种至现蕾天数为61d，中早熟型；株高82.4cm，有效分枝数6.4个，单株荚数23.2荚，单荚粒数1.63粒，单株干籽粒产量42.3g；花色白色，种皮白色，种脐白色，白皮白脐型；中粒型，百粒重96.0g。

（121）K1299

当地俗称：蚕豆。保存编号：K1299。学名：*Vicia faba* L. var. *equma* Pers。

来源：保山市腾冲县地方品种资源。

生物和农艺学特性：在昆明10月上旬播种，播种至现蕾天数为61d，播种至成熟全生育期187d，中熟型；株高82.4cm，有效分枝数6.4个，单株荚数23.2荚，单荚粒数1.63粒，单株干籽粒产量42.3g，超高产型；花色白色，种皮白色，种脐白色；粒型中厚，百粒重96.0g。

（122）K1373

当地俗称：蚕豆。保存编号：K1373。学名：*Vicia faba* L. var. *equma* Pers。

来源：昆明市寻甸县地方品种资源。

生物和农艺学特性：在昆明10月上旬播种，播种至现蕾天数为49d，播种至成熟全生育期183d，早熟型；株高50.4cm，有效分枝数4.2个，单株荚数8.8荚，单荚粒数1.8粒，单株干籽粒产量14.5g；花色白色，种皮红色，种脐黑色，红皮黑脐型，荚长7.47cm，荚宽1.73cm；中粒型，百粒重113.9g。

（123）K1376

当地俗称：蚕豆。保存编号：K1376。学名：*Vicia faba* L. var. *equma* Pers。

来源：昆明市东川区地方品种资源。

生物和农艺学特性：在昆明10月上旬播种，播种至现蕾天数为49d，播种至成熟全生育期186d，早熟型；株高45cm，有效分枝数3.8个，单株荚数14.5荚，单荚粒数1.3粒，单株干籽粒产量14.7g；花色白色，种皮红色，种脐黑色，红皮黑脐型，荚长7.17cm，荚宽1.7cm；中粒型，百粒重105.6g。

（124）K1379

当地俗称：蚕豆。保存编号：K1379。学名：*Vicia faba* L. var. *equma* Pers。

来源：曲靖市会泽县地方品种资源。

生物和农艺学特性：在昆明10月上旬播种，播种至现蕾天数为74d，播种至成熟全生育期177d，中熟型；株高40.2cm，有效分枝数2.6个，单株荚数7.8荚，单荚粒数1.5粒，单株干籽粒产量15.2g；花色白色，种皮白色，种脐黑色、白色，荚长7.2cm，荚宽1.8cm；粒型中厚，百粒重137.5g；平均受冻率>30%，耐冻性评价为中耐（MT）。

（125）K1380

当地俗称：蚕豆。保存编号：K1380。学名：*Vicia faba* L. var. *minor* Beck。

来源：昭通市巧家县地方品种资源。

生物和农艺学特性：在昆明10月上旬播种，播种至现蕾天数为74d，播种至成熟全生育期196d，中熟型；株高43.6cm，有效分枝数4.0个，单株荚数12.6荚，单荚粒数1.3粒，单株干籽粒产量10.2g；花色白色，种皮白色，种脐黑色、白色，荚长7.02cm，荚宽1.5cm；小粒型，百粒重65.0g。

（126）K1385

当地俗称：蚕豆。保存编号：K1385。学名：*Vicia faba* L. var. *equma* Pers。

来源：昭通市大关县地方品种资源。

生物和农艺学特性：在昆明10月上旬播种，播种至现蕾天数为80d，播种至成熟全生育期183d，中熟型；株高39.0cm，有效分枝数2.8个，单株荚数8.6荚，单荚粒数1.6粒，单株干籽粒产量16.0g；花色白色，种皮白色，种脐黑色、白色，荚长7.1cm，荚宽1.8cm；粒型中厚，百粒重139.0g；平均受冻率>30%，耐冻性评价为中耐（MT）。

（127）K1387

当地俗称：蚕豆。保存编号：K1387。学名：*Vicia faba* L. var. *minor* Beck。

来源：昭通市水富县（现水富市，下同）地方品种资源。收集地海拔：383m。

生物和农艺学特性：在昆明10月上旬播种，播种至现蕾天数为62d，播种至成熟全生育期192d，中熟型；株高28.6cm，超矮秆株型，有效分枝数4.6个，单株荚数10.2荚，单荚粒数1.6粒，单株干籽粒产量5.0g；花色紫色，种皮白色、淡绿色，种脐黑色、淡绿色，荚长6.45cm，荚宽1.4cm；小粒型，百粒重75.0g。

（128）K1393

当地俗称：蚕豆；保存编号：K1393。学名：*Vicia faba* L. var. *minor* Beck。

来源：迪庆州维西县地方品种资源。收集地海拔：1112m。

生物和农艺学特性：在昆明10月上旬播种，播种至现蕾天数为70d，播种至成熟全生育期193d，中熟型；株高39.0，有效分枝数3.2个，单株荚数10.8荚，单荚粒数1.7粒，单株干籽粒产量10.0g；花色紫色，种皮淡绿色、白色，种脐黑色、淡绿色，荚长6.02cm，荚宽1.35cm；小粒型，百粒重51.9g。

（129）K1394

当地俗称：蚕豆。保存编号：K1394。学名：*Vicia faba* L. var. *minor* Beck。

来源：迪庆州维西县地方品种资源。收集地海拔：1495m。

生物和农艺学特性：在昆明10月上旬播种，播种至现蕾天数为62d，播种至成熟全生育期192d，中熟型；株高21.0cm，有效分枝数1.0个，分枝力弱型，单株荚数5.0荚，单荚粒数1.8粒；花色紫色，种皮白色，种脐黑色，荚长4.15cm，荚宽1.3cm；小粒型，百粒重52.4g。

（130）K1395

当地俗称：蚕豆。保存编号：K1395。学名：*Vicia faba* L. var. *minor* Beck。

来源：昭通市镇雄县地方品种资源。收集地海拔：1458m。

生物和农艺学特性：在昆明10月上旬播种，播种至现蕾天数为83d，播种至成熟全生育期193d，中熟型；株高39.6cm，超矮秆型，有效分枝数7.2个，分枝力强型，单株荚数13.2荚，单荚粒数2.0粒，单株干籽粒产量5.19g；花色白色、淡紫色，种皮白色、淡绿色，种脐白色、黑色，荚长6.11cm，荚宽1.27cm；特小粒型，百粒重38.1g。

（131）K1396

当地俗称：蚕豆。保存编号：K1396。学名：*Vicia faba* L. var. *equma* Pers。

来源：昭通市镇雄县地方品种资源。收集地海拔：1604m。

生物和农艺学特性：在昆明10月上旬播种，播种至现蕾天数为74d，播种至成熟全生育期196d，中晚熟型；株高44.8，有效分枝数3.2个，单株荚数14.2荚，单荚粒数1.8粒，单株干籽粒产量14.7g；花色淡紫色，种皮绿色、白色，种脐黑色、淡绿色，荚长6.08cm，荚宽1.30cm；小粒型，百粒重48.5g；平均受冻率＞30%，耐冻性评价为中耐（MT）。

（132）K1400

当地俗称：蚕豆。保存编号：K1400。学名：*Vicia faba* L. var. *minor* Beck。

来源：昭通市镇雄县地方品种资源。收集地海拔：1389m。

生物和农艺学特性：在昆明10月上旬播种，播种至现蕾天数为83d，播种至成熟全生育期180d（高温逼熟），特晚熟型；株高46.0cm，有效分枝数4.0个，单株荚数11.8荚，单荚粒数2.1粒，单株干籽粒产量8.46g；花色淡紫色、白色，种皮淡绿色、白色，种脐黑色、淡绿色，荚长6.71cm，荚宽1.23cm；特小粒型，百粒重59.0g。

（133）K1477

当地俗称：蚕豆。保存编号：K1477。学名：*Vicia faba* L. var. *equma* Pers。

来源：曲靖市罗平县地方品种资源。

生物和农艺学特性：在昆明10月上旬播种，播种至现蕾天数为75d，播种至成熟全生育期186d，中熟型；株高70.6cm，有效分枝数5.2个，单株荚数26.6荚，单荚粒数1.87粒，单株干籽粒产量37.1g，高产型；花色白色，种皮白色、浅白色，种脐黑色、白色，荚长6.83cm，荚宽1.59cm，籽粒长1.58cm，籽粒宽1.15cm；百粒重80.3g。

（134）K1478

当地俗称：蚕豆。保存编号：K1478。学名：*Vicia faba* L. var. *minor* Beck。

来源：文山州广南县地方品种资源。收集地海拔：858m。

生物和农艺学特性：在昆明10月上旬播种，播种至现蕾天数为66d，播种至成熟全生育期183d，中熟型；株高73.4cm，有效分枝数3.2个，单株荚数13.2荚，单荚粒数1.8粒，单株干籽粒产量18.7g；花色白色，种皮白色、浅白色，种脐白色、黑色，荚长8.41cm，荚宽1.73cm；小粒型，百粒重63.3g。

（135）K1481

当地俗称：蚕豆。保存编号：K1481。学名：*Vicia faba* L. var. *equma* Pers。

来源：文山州广南县地方品种资源。收集地海拔：868m。

生物和农艺学特性：在昆明10月上旬播种，播种至现蕾天数为59d，播种至成熟全生育期186d，中熟型；株高62.0cm，有效分枝数3.6个，单株荚数27.8荚，高结荚型，单荚粒数1.0粒，单株干籽粒产量19.1g；花色白色，种皮白色、浅白色，种脐白色、黑色，荚长8.01cm，荚宽1.91cm；小粒型，百粒重95.0g；锈病病情指数80.7%，锈病抗性鉴定评价为高感（HS）；赤斑病病情指数69.9%，赤斑病抗性鉴定评价为感（S）。

（136）K1484

当地俗称：蚕豆；保存编号：K1484。学名：*Vicia faba* L. var. *minor* Beck。

来源：文山州文山县（现文山市，下同）地方品种资源。收集地海拔：667m。

生物和农艺学特性：在昆明10月上旬播种，播种至现蕾天数为59d，播种至成熟全生育期187d，中早熟型；株高53.0cm，有效分枝数4.4个，单株荚数16.2荚，单荚粒数1.51粒，单株干籽粒产量16.2g；花色白色，种皮白色、浅白色，种脐黑色、白色，荚长6.86cm，荚宽1.59cm；小粒型，百粒重54.0g。

（137）K1492

当地俗称：蚕豆。保存编号：K1492。学名：*Vicia faba* L. var. *minor* Beck。

来源：文山州麻栗坡县地方品种资源。收集地海拔：1667m。

生物和农艺学特性：在昆明10月上旬播种，播种至现蕾天数为52d，播种至成熟全生育期179d，早熟型；株高62.0cm，有效分枝数7.0个，单株荚数26.6荚，高结荚型，单荚粒数2.11粒，单株干籽粒产量25.4g；花色白色，种皮白色、浅白，种脐黑色、白色，荚长7.31cm，荚宽1.64cm；小粒型，百粒重65.0g。

（138）K1497

当地俗称：蚕豆。保存编号：K1497。学名：*Vicia faba* L. var. *minor* Beck。

来源：文山州马关县地方品种资源。收集地海拔：1409m。

生物和农艺学特性：在昆明10月上旬播种，播种至现蕾天数为47d，播种至成熟183d，早熟型；株高60.4cm，有效分枝数5.8个，单株荚数23.0荚，高结荚型，单荚粒数1.8粒，单株干籽粒产量14.9g；花色白色，种皮白色、浅白色，种脐黑色、白色，荚长5.88cm，荚宽1.66cm；小粒型，百粒重66.0g。

（139）K1702

当地俗称：金碧大白豆。保存编号：K1702。学名：*Vicia faba* L. var. *equma* Pers。

来源：楚雄州大姚县地方品种资源。收集地海拔：1853m。

生物和农艺学特性：在昆明10月上旬播种，播种至现蕾天数为78d，播种至成熟全生育期191d，中晚熟型；株高94.5cm，有效分枝数4.7个，单株荚数11.2荚，单荚粒数1.84粒，单株干籽粒产量17.9g；花色白色，种皮白色，种脐白色，白皮白脐型，荚长9.19cm，荚宽1.95cm；中粒种，百粒重112.5g；锈病病情指数76.3%，锈病抗性鉴定评价为感（S）；赤斑病病情指数74.1%，赤斑病抗性鉴定评价为感（S）。

（140）K1704

当地俗称：蚕豆。保存编号：K1704。学名：*Vicia faba* L. var. *minor* Beck。

来源：迪庆州德钦县地方品种资源。

生物和农艺学特性：在昆明10月上旬播种，播种至现蕾天数为87d，播种至成熟全生育期202d，晚熟型；株高73.5cm，有效分枝数5.3个，单株荚数11.2荚，单荚粒数1.81粒，单株干籽粒产量11.2g；花色白色、浅紫、纯白，种皮淡绿色、白色，种脐黑色、淡绿色，荚长8.47cm，荚宽1.69cm；小粒型，百粒重67.0g。

（141）K1726

当地俗称：龙营豆。保存编号：K1726。学名：*Vicia faba* L. var. *minor* Beck。

来源：大理州剑川县地方品种资源。收集地海拔：220m。

生物和农艺学特性：在昆明10月上旬播种，播种至现蕾天数为89d，播种至成熟全生育期194d，特晚熟型；株高57.2cm，有效分枝数5.3个，单株荚数6.2荚，单荚粒数1.66粒，单株干籽粒产量9.35g；花色白色、纯白色，种皮浅白色、白色，种脐黑色、白色，荚长8.18cm，荚宽1.67cm；粒型窄厚，百粒重77.0g。

（142）K1727

当地俗名：本地蚕豆。保存编号：K1727。学名：*Vicia faba* L. var. *minor* Beck。

来源：红河州金平县地方品种资源。收集地海拔：885m。

生物和农艺学特性：在昆明10月上旬播种，播种至现蕾天数为76d，播种至成熟全生育期191d，中熟型；株高38.8cm，超矮秆型，有效分枝数4.2个，单株荚数7.8荚，单荚粒数1.56粒，单株干籽粒产量4.7g；花色白色、紫色，种皮白色、浅白色，种脐白色、黑色，荚长6.17cm，荚宽1.45cm；超小粒型，百粒重44.0g。

（143）K1735

当地俗称：蚕豆。保存编号：K1735。学名：*Vicia faba* L. var. *minor* Beck。

来源：普洱市澜沧县地方品种资源。收集地海拔：1323m。

生物和农艺学特性：在昆明10月上旬播种，播种至现蕾天数为61d，播种至成熟全生育期194d，中熟型；株高54.0cm，有效分枝数7.6个，分枝力强型，单株荚数9.2荚，单荚粒数1.87粒，单株干籽粒产量13.6g；花色白色，种皮白色、浅白色，种脐白色、黑色，荚长7.49cm，荚宽1.58cm；小粒型，百粒重70.0g。

（144）K1745

当地俗称：帕迫蚕豆。保存编号：K1745。学名：*Vicia faba* L. var. *minor* Beck。

来源：西双版纳州勐海县地方品种资源。收集地海拔：1196m。

生物和农艺学特性：在昆明10月上旬播种，播种至现蕾天数为61d，播种至成熟全生育期194d，中熟型；株高68.5cm，有效分枝数4.2个，单株荚数14.6荚，单荚粒数2.07粒，单株干籽粒产量6.4g；花色白色，种皮浅白色、白色，种脐白色、黑色，荚长5.43cm，荚宽1.48cm；小粒型，百粒重53.0g。

（145）K1747

当地俗称：缅甸蚕豆。保存编号：K1747。学名：*Vicia faba* L. var. *minor* Beck。

来源：普洱市孟连县地方品种资源。收集地海拔：1600m。

生物和农艺学特性：在昆明10月上旬播种，播种至现蕾天数为61d，播种至成熟全生育期194d，中熟型；株高38.6cm，超矮秆型，有效分枝数3.6个，单株荚数3.8荚，单荚粒数1.5粒，单株干籽粒产量5.4g；花色白色、紫色，种皮淡绿色，种脐淡绿色，荚长5.52cm，荚宽1.23cm；超小粒型，百粒重35.0g。

（146）K1748

当地俗称：等嘎拉小蚕豆。保存编号：K1748。学名：*Vicia faba* L. var. *minor* Beck。

来源：普洱市孟连县地方品种资源。收集地海拔：1161m。

生物学和农艺特性：在昆明10月上旬播种，播种至现蕾天数为61d，播种至成熟全生育期194d，中熟型；株高36.2cm，超矮秆型，有效分枝数5.6个，单株荚数4.2荚，单荚粒数5.3粒，多荚多粒型，单株干籽粒产量1.97g；花色白色，种皮淡绿色，种脐淡绿色、黑色，荚长5.33cm，荚宽1.07cm；小粒型，百粒重30.0g。

（147）K1755

当地俗称：蚕豆。保存编号：K1755。学名：*Vicia faba* L. var. *minor* Beck。

来源：红河州屏边县地方品种资源。收集地海拔：1077m。

生物和农艺学特性：在昆明10月上旬播种，播种至现蕾天数为71d，播种至成熟全生育期194d，中晚熟型；株高60.0cm，有效分枝数6.0个，单株荚数15.9荚，单荚粒数1.99粒，单株干籽粒产量18.9g；花色白色，种皮白色、浅白色，种脐白色、黑色，荚长7.21cm，荚宽2.14cm；小粒型，百粒重54.5g。

（148）K1757

当地俗称：绿皮蚕豆。保存编号：K1757。学名：*Vicia faba* L. var. *major* Harz。

来源：昭通市巧家县地方品种资源。收集地海拔：1424m。

生物和农艺学特性：在昆明10月上旬播种，播种至现蕾天数为71d，播种至成熟全生育期201d，中晚熟型；株高85.5cm，有效分枝数4.7个，单株荚数12.7荚，单荚粒数3.8粒，多荚多粒型，单株干籽粒产量18.7g；花色淡紫色、白色，种皮绿色、白色，种脐绿色、白色，荚长9.22cm，荚宽1.96cm；大粒型，百粒重129.5g。

（149）K1771

当地俗称：浪台蚕豆。保存编号：K1771。学名：*Vicia faba* L. var. *minor* Beck。

来源：玉溪市元江县地方品种资源。收集地海拔：1717m。

生物和农艺学特性：在昆明10月上旬播种，播种至现蕾天数为48d，播种至成熟全生育期197d，早熟型；株高48.0cm，有效分枝数3.2个，单株荚数4.8荚，单荚粒数2.5粒，多荚多粒型，单株干籽粒产量5.1g；花色白色，种皮白色、浅白色，种脐黑色、白色，荚长7.35cm，荚宽1.7cm；小粒型，百粒重70.5g。

（150）K1773

当地俗称：撮科豆。保存编号：K1773。学名：*Vicia faba* L. var. *major* Harz。

来源：玉溪市元江县地方品种资源。

生物和农艺学特性：在昆明10月上旬播种，播种至现蕾天数为37d，播种至成熟全生185d，早熟型；株高62.5cm，有效分枝数2.7个，单株荚数5.6荚，单荚粒数1.41粒，单株干籽粒产量7.2g；花色白色、淡紫色，种皮淡红色，种脐黑色、淡红色，荚长9.82cm，荚宽2.15cm；粒型阔厚，百粒重176.5g。

（151）K1775

当地俗称：蚕豆。保存编号：K1775。学名：*Vicia faba* L. var. *minor* Beck。

来源：红河州元阳县地方品种资源。收集地海拔：1375m。

生物和农艺学特性：在昆明10月上旬播种，播种至现蕾天数为78d，播种至成熟全生育期194d，中熟型；株高41.0cm，有效分枝数5.7个，单株荚数8.7荚，单荚粒数1.73粒，单株干籽粒产量17.25g；花色白色，种皮白色，种脐黑色，荚长4.37cm，荚宽1.15cm；超小粒型，百粒重28.0g。

（152）K1781

当地俗称：蚕豆。保存编号：K1781。学名：*Vicia faba* L. var. *major* Harz。

来源：红河州元阳县地方品种资源。收集地海拔1399m。

生物和农艺学特性：在昆明10月上旬播种，播种至现蕾天数为61d，播种至成熟全生育期198d，中熟型；株高52.5cm，有效分枝数9.8个，分枝力超强型，单株荚数13.2荚，单荚粒数1.55粒，单株干籽粒产量22.9g；花色白色、淡紫色，种皮白色，种脐黑色，白皮黑脐型，荚长8.27cm，荚宽1.8cm；大粒型，百粒重143.5g。

（153）K1794

当地俗称：本地蚕豆。保存编号：K1794。学名：*Vicia faba* L. var. *minor* Beck。

来源：红河州金平县地方品种资源。收集地海拔：1370m。

生物和农艺学特性：在昆明10月上旬播种，播种至现蕾天数为61d，播种至成熟全生育期191d，中熟型；株高35.6cm，超矮秆型，有效分枝数4.0个，单株荚数5.4荚，单荚粒数1.89粒，单株干籽粒产量3.43g；

花色白色，种皮白色、浅白色，种脐黑色、白色，荚长5.42cm，荚宽1.33cm；小粒型，百粒重44.4g。

（154）K1796

当地俗称：蚕豆。保存编号：K1796。学名：*Vicia faba* L. var. *minor* Beck。

来源：普洱市澜沧县地方品种资源。收集地海拔：1598m。

生物和农艺学特性：在昆明10月上旬播种，播种至现蕾天数为53d，播种至成熟全生育期191d，中早熟型；株高41.2cm，有效分枝数3.7个，单株荚数5.3荚，单荚粒数1.72粒；花色白色、纯白色，种皮白色、浅白色，种脐白色、黑色，荚长6.02cm，荚宽1.44cm；小粒型，百粒重58g。

（155）K1802

当地俗称：蚕豆。保存编号：K1802。学名：*Vicia faba* L. var. *minor* Beck。

来源：普洱市孟连县地方品种资源。收集地海拔：1567m。

生物和农艺学特性：在昆明10月上旬播种，播种至现蕾天数为61d，播种至成熟全生育期197d，中熟型；株高63.0，有效分枝数5.0个，单株荚数11.8荚，单荚粒数1.63粒，单株干籽粒产量2.37g；花色白色，种皮白色、浅白色，种脐白色，荚长7.06cm，荚宽1.5cm；超小粒型，百粒重36.7g。

（156）K1805

当地俗称：蚕豆。保存编号：K1805。学名：*Vicia faba* L. var. *equma* Pers。

来源：大理州剑川县地方品种资源。收集地海拔：2282m。

生物和农艺学特性：在昆明10月上旬播种，播种至现蕾天数为103d，播种至成熟全生育期191d，特晚熟型；株高50.0cm，有效分枝数3.5个，单株荚数10.5荚，单荚粒数1.1粒，单粒荚型，单株干籽粒产量6.25g；花色白色，种皮白色，种脐白色，荚长6.68cm，荚宽1.75cm；粒型中厚，百粒重89.3g。

（157）K1818

当地俗称：龙塘蚕豆。保存编号：K1818。学名：*Vicia faba* L. var. *minor* Beck。

来源：德宏州盈江县地方品种。收集地海拔：1371m。

生物和农艺学特性：在昆明10月上旬播种，播种至现蕾天数为71d，播种至成熟全生育期192d，中熟型；株高44.0cm，有效分枝数1.8个，分枝力弱型，单株荚数1.8荚，单荚粒数1.39粒；花色白色，种皮白色，种脐白色，荚长7.25cm，荚宽2.18cm；小粒型，百粒重小于50g。

第四节　云南蚕豆种质资源的研究与利用

一、直接利用

云南省蚕豆栽培历史悠久，分布范围广。在复杂的环境条件下，云南地方蚕豆品种资源在生产应用上的直接贡献巨大。大约有50%的蚕豆种植产区，至今仍然以地方品种的直接利用为主要栽培生产用种。

（1）昆明白皮豆

昆明及其周边区域及滇西部分州市主要栽培的传统地方品种，大约有1.33万hm^2/年的种植分布规模。主要特性为：中秆株型，幼苗分枝习性半直立，分枝力中等；花色白色，种皮白色，种脐白色、黑色；结荚习性好，单株干籽粒产量较高，百粒重100g左右，属中粒型；干籽粒粗蛋白含量21%~22%；全生育期190d左右，中熟型。

（2）宜良绿叶豆

昆明及其周边区域及滇南部分州市主要栽培的传统地方品种，大约有0.33万hm^2/年的种植分布规模。主要特性为：中高秆株型，幼苗分枝习性半直立，茎秆粗壮；花色白色；结荚习性好，单荚粒数较高，百粒重90g左右，粒形扁大，中粒型；干籽粒粗蛋白含量22.0%；全生育期190d左右，中熟型；适宜气候：比较温暖的地方种植。

（3）峨山大白豆

玉溪、楚雄、曲靖一带主要栽培的传统地方品种，大约有0.67万hm^2/年的种植分布规模。主要特性为：中秆株型，幼苗分枝习性半直立；花色白色，种皮种脐白色；结荚习性好，单株荚数和单株干籽粒产量较高，成熟果荚较长（9cm左右），百粒重137g，粒型阔厚，属大粒种类型；全生育期190d左右，中熟型。

（4）开远大庄豆

红河州及滇中河谷区域主要栽培的传统地方品种，大约有0.67万hm^2/年的种植分布规模。主要特性为：中矮秆株型，幼苗分枝直立，分枝力较弱，主茎结荚型；单株荚数好，单荚粒数中等，百粒重118g左右，粒形宽厚；全生育期180d左右，属早熟、大粒型。

（5）丽江白皮豆

滇西高海拔区域主要栽培的传统地方品种，大约有0.33万hm^2/年的种植分布规模。主要特性为：中矮秆株型，幼苗分枝匍匐，分枝力较强，主茎早衰，属分枝结荚型；花色白色，种皮乳白色；单株荚数和单荚粒数中等，粒形中厚，均匀，百粒重75g左右；全生育期200d左右，属晚熟、小粒类型。

（6）保山大白豆

保山及其周边区域主要栽培的传统地方品种，大约有0.33万hm^2/年的种植分布规模。主要特性为：中高秆株型，分枝力中等，幼苗分枝半直立；花色白色，种皮白色、浅绿色；百粒重125g左右，属大粒型，粒型阔厚，均匀；干籽粒粗蛋白含量23.7%；全生育期190d左右，中熟型。

（7）澄江大蚕豆

玉溪、昆明及其周边区域及滇南部分州市主要栽培的传统地方品种，大约有0.67万hm^2/年的种植分布规模。主要特性为：中高秆株型，幼苗分枝习性半直立，分枝力中等；种皮乳白色；粒型中厚，均匀，百粒重145g左右，属大粒型；全生育期190d左右，中熟型。

（8）沧源小蚕豆

临沧一带及滇南部分地区主要栽培的传统地方品种，大约有0.33万hm^2/年的种植分布规模。主要特性为：矮秆株型，幼苗分枝半直立，分枝力较弱；花色白色，种皮浅绿色；百粒重45g左右，属小粒型；干籽粒粗蛋白含量22.9%；全生育期185d左右，中早熟型。

（9）昌宁棉花豆

保山地区（现保山市，下同）部分县区主要栽培的传统地方品种，大约有0.2万hm^2/年的种植分布规模。主要特性为：中高秆株型，幼苗分枝习性半直立，分枝力中等；花色白色，种皮乳白色；百粒重70g左右，粒形中厚，属小粒型；全生育期200d左右，中晚熟型。

（10）双江软壳豆

思茅部分县区主要栽培的传统地方品种，大约有0.13万hm^2/年的种植分布规模。主要特性为：矮秆株型，幼苗分枝习性半匍匐，分枝力强，植株茎极软，成熟时易倒伏；花色白色，种皮白色；结荚习性好，果荚黄白色，荚果皮薄，质地软，属软荚质类型，百粒重90g左右，中粒型；干籽粒粗蛋白含量21.2%；全生育期190d左右，中熟型。

（11）蒙自五米豆

红河州部分县区主要栽培的传统地方品种，大约有0.2万hm^2/年的种植分布规模。主要特性为：中高秆株型，幼苗分枝习性直立，分枝力较弱；单荚粒数高（平均单荚粒数2.3粒），荚形较长（平均荚长10.5cm），属长荚多粒型；花色白色，种皮乳白色；粒形中厚，百粒重100g左右，中粒型；全生育期175d左右，中早熟型。

（12）会泽红皮豆

会泽县、宣威县一带主要栽培的传统地方品种，大约有0.33万hm^2/年的种植分布规模。主要特性为：中秆株型，幼苗分枝习性半匍匐，分枝力中等；种皮红色，花色白色；结荚习性好，单株结荚率高，粒形中厚，均匀，百粒重85g左右，中粒型；全生育期200d左右，晚熟型。

（13）保山透心绿

主要栽培分布于保山地区的传统地方品种，大约有0.33万hm^2/年的种植分布规模。主要特性为：中矮秆株型，幼苗分枝习性半直立，分枝力中等；花色白色，种皮白色，子叶绿色；百粒重70g左右，属小粒型；全生育期185d左右，中熟型。

（14）洱源蚕豆

主要栽培分布于大理州洱海一带的传统地方品种，大约有0.67万hm^2/年的种植分布规模。主要特性为：中秆株型，幼苗分枝习性半直立，分枝力较弱；花色白色，种皮白色；粒形中厚，百粒重100g左右，中粒型；全生育期175d左右，中早熟型。

（15）曲靖白花豆

主要栽培分布于曲靖地区（现曲靖市，下同）传统地方品种，大约有0.53万hm^2/年的种植分布规模。主要特性为：中秆株型，幼苗分枝习性半匍匐，分枝力中等；花色白色，种皮乳白色，种脐黑色、白色；粒形中厚，百粒重100g左右，中粒型；全生育期190d左右，中晚熟型。

（16）黑井蚕豆

主要栽培分布于楚雄州禄丰县一带的传统地方品种，大约有0.33万hm^2/年的种植分布规模。主要特性为：中高秆株型，幼苗分枝习性半直立，分枝力中等；花色白色，种皮白色/绿色，种脐白色、黑色；百粒重150g左右，粒型阔厚，属大粒型；全生育期185d左右，属中早熟型。

（17）祥云小粒

主要栽培分布于大理州祥云县一带的传统地方品种，大约有0.33万hm^2/年的种植分布规模。主要特性为：中矮秆株型，幼苗分枝习性半匍匐，分枝力中等；花色白色，种皮白色，种脐黑色、白色；粒型中厚，百粒重70g左右；全生育期180d左右，中早熟型。

（18）玉溪大白豆

主要栽培分布于玉溪地区的传统地方品种，大约有0.33万hm^2/年的种植分布规模。主要特性为：中高秆株型，幼苗分枝习性半直立，分枝力中等；花色白色，种皮白色，种脐白色；粒型阔厚，百粒重130g左右；全生育期185d左右，中熟型。

二、改良育种利用

（一）熟性利用

熟性利用主要是早熟性和晚熟性的利用。晚熟性通常很容易找到直接利用的材料，通常选用晚熟加上较强的营养体生长量，用作绿肥生产及高海拔产区的耐冻害类型。早熟性的利用比较复杂，一方面选择早熟性为了让蚕豆产品早上市，赢得较高的销售价格，特别是鲜（荚、粒）销生产，另一方面选择短生育期，用于抗旱及避病虫（在锈病及蚜虫、潜叶蝇病虫等高发前完成收获）。通常早熟类型品种资源材料的群体混杂，粒型、株型及生育特性均不整齐，且栽培响应力较差，直接利用产量和产品形态品质处于较低水平，为了满足不断发展的市场需求，需要进行系统的改良研究。

蚕豆熟性更多地表现为数量性状遗传。由于早熟性的保持随着选育世代的增加而不断流失，采用有性杂交转育的改良方法难以在短时间内完全奏效。到目前为止，为有效提早成熟期而进行的熟性改良，在对蚕豆资源评价基础上，采用混合群体改良程序选育技术，即利用蚕豆早熟资源及其常异花授粉特性构建优良基因混合群体，有效地拓宽亲本遗传背景，较好地组合了优异性状的群体表现，并在一定程度上实现了熟期提早。2012年获得新品种权的品种云豆早7的选育就是一个典型的例子。

云豆早7选育是采用云南地方品种资源K0063，进行多代的单株、混系选择建立而成的混合群体。与亲本比较，播种至开花期提早5～7d，株型及粒形均明显优异于亲本，用于早秋栽培进行鲜荚生产，其鲜荚、鲜籽粒产量显著高于亲本，平均增产率达到11.9%，产值平均增加153.7元/亩，是目前云南省蚕豆生产应用中创造最高产值的品种。2013年，云豆早7选育成果获得云南省政府颁发的科技进步奖一等奖。

（二）株型改良利用

为适宜高密度栽培而进行紧凑株型的选育，高密度栽培是蚕豆获得高产最有效的途径。成功地进行株型改良最典型的例子是由大理州农科所完成的凤豆1号的选育。

凤豆1号的选育是利用来自大理凤仪的优异地方品种资源昆明白皮豆与凤仪新村蚕豆进行人工杂交配组，对组合后代进行了5个世代的系谱选择而获得的优异变异型。

凤豆1号具有株高中等（株高70～80cm），分枝力弱（平均分枝1.73枝/株），分枝角度小（<40°），籽粒灌浆速率高，百粒重70g左右，属中熟、中小粒型品种。由于具有中矮秆加上紧凑分枝的株型结构，该品种成为最适宜高密度栽培的品种。1985年在祥云县进行小面积示范，经当地农业技术同行专家测产验收，获得了亩产超过500kg干籽粒的蚕豆全国最高单产记录。以凤豆1号作为骨干亲本育成的系列凤豆蚕豆品种，均由其具有紧凑株型用于高密度栽培而保持了较高的生产性能，其中凤豆6号成为云南省年度推广应用面积最大的蚕豆品种。

（三）粒型变异利用

粒型大小是蚕豆产品形态决定品质的重要性状，通常情况下，小粒型变种的植株营养体生长量较小，适应性狭窄；大粒型变种则单荚粒数低、栽培响应力较差。进行粒型变异的遗传利用研究是期望获得株型、适应性与粒型大或者小（市场消费的不同需求）的理想组合。

改良研究主要采用人工杂交转育的技术方法，利用适应性好、栽培响应力强的地方品种资源与籽粒形态性状优异的目标种质（多利用引进种质资源）配组，通过系谱法选择获得目的变异型。粒型变种特性在很大程度上是质量遗传，转育较为容易，但后代分离变异类型多样，选择世代长。以下是选育成功的两个典型例子：

云豆825组合为K0258/8047，母本K0258是来自云南东北部的蚕豆种质资源，具有耐冻性强、产量性状结构好、单株产量高、适应性较强等优良性状。但该材料株型松散，栽培响应力低，籽粒为中粒型，种皮较厚且为紫红色（籽粒外观商品性较差）。父本8047是来自设在叙利亚的国际干旱农业研究中心蚕豆世界种质库的优异种质材料，具有大粒型、种皮种脐白色、株型紧凑（植株分枝角度小）等优点。该品种的选育用了13个世代的系谱程序，获得了粒色、粒型纯合的种皮种脐白色、大粒型、株型紧凑的目标变源材料。云豆825的选育在两个方面获得较大成功：第一，粒形厚，干籽粒百粒重142g，干籽粒总糖含量62%（加工品质好），成为蚕豆育成种中籽粒形态性状、内含物品质最好的品种；第二，育成了紧凑株型的大粒型变种类型的蚕豆品种，栽培响应力好（茎秆粗且坚硬，分枝角度小，耐肥水性能好，适宜高密度栽培），在通海肥水条件良好的栽培条件下进行生产示范，取得了大粒型品种干籽粒产量达到375.9kg/亩的高产水平。

云豆1183组合为89147（K0258/047）/0856。母本为利用来自云南东北部的蚕豆种质资源K0258育成的优异品系89-147，中大粒型（百粒重128g），株型紧凑，栽培响应力高；父本是来自法国的优异品种资源K0856，小粒型（百粒重56g），春性强，在云南生境下栽培大多不能正常开花结实（结实株率<10%），抗蚕豆锈病。配组的目的是选育株型好，栽培响应力高、抗锈病的小粒型品种。获得目的变异型材料用了11个世代。云豆1183的选育成功主要体现在：获得了适宜云南生境种植栽培的株型良好的蚕豆小粒型品种（百粒重63g），而且中抗蚕豆锈病，早熟（短生育期），鲜籽粒、干籽粒加工品质良好，成为鲜籽粒出口外销用的主打品种。

（四）抗锈病资源筛选和利用

在云南，大约有15%蚕豆产区常年发生锈病，特别在早秋蚕豆种植生产的区域，造成产量和产值的损失率高于10%。长期以来，蚕豆抗锈病改良主要依赖外引种质资源的利用，选育成功的品种主要源于对85173抗锈病育种材料的利用。85173是利用来自叙利亚国际干旱农业研究中心蚕豆世界种质库的抗原育成的育种中间材料。由于应用了远距离种质，对生境适应性的选择需要较长的分离世代，这在很大程度上增加了改良历程。

进入90年代后期，云南蚕豆资源的研究把锈病抗原筛选作为工作的重点，历经5年细致的工作，采用自然病圃和温室人工接种鉴定的筛选程序，获得了高抗蚕豆锈病的资源材料K0772。把K0772作为优异抗原核心种质应用于抗锈病育种，现已育成系列育种材料和品系。

（五）超矮秆蚕豆种质的创制

蚕豆超矮秆是指株高低于40cm，叶节间距明显缩短，通常不到正常植株叶节间距的30%，小叶叶片变厚，叶色变为深绿色的变异类型。云南蚕豆超矮秆种质材料的创制，源于采用来自云南优异地方品种资源昆明白皮蚕豆通过系统选育获得的综合性状优异的选系8019与引进种质8047、新西兰材料等杂交，后代混系选择的第3个世代群体中发现的异变分离，而形成的特异变异型材料。变源材料的编号为10847。

超矮秆特性属于质量性状遗传，采用人工杂交进行转育的技术方法十分有效。利用10847超矮秆突变体变源材料，创制了系列不同粒色、不同种脐色、不同粒形、不同熟性、不同花色等组合类型多样的超矮秆创新种质。但是，从生产应用的角度出发，具有超矮秆特性的品种，营养体生长量较小，直接净种利用，难以在大面积生产应用中获得较高产量。但在适宜蚕豆栽培群体结构调整、间套种等种植方式的遗传改良应用中具有重要价值。

（六）蚕豆资源的授粉机制研究

蚕豆属虫媒类的常异交作物，报道的异交率平均为23%，这给资源保存、品种改良、种性保持，特别是分子生物学实验研究材料备制等研究带来诸多的困难。授粉机制研究是尝试寻找一种阻碍蜂类昆虫访问采蜜的花器结构变异型，以获得在大田栽培试验中显著降低异交率的有效技术，为蚕豆种质资源和品种种性保持提供技术支撑。

对云南蚕豆资源研究进行提纯评价及其异变类型选择的试验中，采用单株选择的方式从来自云南南部区域收集的资源材料K0013群体中获得了花器结构变异的突变体单株，编号为8137。8137花器的旗瓣形状和大小正常，颜色为乳白色，旗瓣有均匀分布的浅褐色条纹；龙骨瓣较小但形状与正常花期相同；翼瓣的变异明显，其大小和形状明显萎缩退化，仅留下不到正常蚕豆花器大小1/5的体积结构，这有效地阻碍了蜂类昆虫踩吸花蜜的正常作业（通常蜜蜂是通过踩在花器的翼瓣上，用喙刺进龙骨瓣取食花蜜。龙骨瓣萎缩变小后，蜜蜂没有了踏板，操作就极不容易了），从而限制了异花传粉的发生。

采用田间试验的方法对8137材料进行系列异交率测试，结果异交率均保持接近0的水平。通过SSR标记对比分析8137亲本及其后代，实验结果显示，亲本及其子代遗传背景相同，8137材料的遗传背景高度纯合。研究结果显示，利用8137特性进行遗传转育使蚕豆有效降低异交率，实现闭花受精，从而达到在大田试验中保持蚕豆种质资源和育种材料种性，提高繁种质量的有效途径。

利用8137闭花受精特性的转育，育成了系列品种，其中云豆470于2012年获农业部新品种种权；2014年通过云南省品种审定委员会审定，在云南省区域试验中小区平均干籽粒产量居6个参试品种第一位。云豆绿心1号、云豆绿心2号是8137与子叶绿色的蚕豆地方资源保山透心绿选系杂交，成功转育实现了8137与子叶绿色组合育成的品种，达到保持子叶绿色种性，维持品种纯合度处于较高水平的目的。云豆绿心1号和云豆绿心2号两个品种，2012年获农业部新品种种权。

三、引进资源的评价利用

云南蚕豆资源引进从20世纪80年代开始，主要渠道是设在叙利亚的国际干旱农业研究中心的世界蚕豆种质库及进行国际合作的相关机构，包括法国国家农业科学院设在第戎的试验站、澳大利亚阿德莱德大学、美国农业部设在普尔曼的试验站等。另一个渠道是设在北京的国家种质库收集的中国地方品种资源和国外引进资源。多年来，云南共引进了包括原始收集种质、育种材料和育成品种等1500余份蚕豆种质资源。

相对于其他很多作物，云南蚕豆资源的收集库存数量较少，而且，在云南生境下进行大田种植研究，春性强的种质不能正常开花结实，再加上蚕豆作物的生境适应范围较为狭窄，因此，蚕豆可直接利用的种质资源材料极其有限。引进资源的利用主要是通过对引进的目的基因性材料进行评价鉴定，采用人工杂交进行特异性状转育的技术程序来实现。

（一）赤斑病抗原

赤斑病是云南蚕豆的重要病害，云南蚕豆资源中抗原材料极少。本研究属于目的基因型引进，核心抗原基因型材料分别来自澳大利亚和ICRADA（叙利亚国际干旱半干旱农业研究中心）。其杂交配组的系列后代包括$F_3 \sim F_9$，分别与江苏南通、重庆合川合作，利用自然病圃筛选，采用穿梭育种程序进行抗性转育的工作正在进行。

（二）有限花序

普通蚕豆的开花习性属于无限花序类型。引入有限花序性状对于提高花序质量，统一熟期意义重大。有限花序变源是ICARDA发掘的特异基因型材料，该性状属质量遗传，采用人工杂交的方法很容易转育成功。对该形状的利用是从株型和熟性改良的目的出发，创制了系列不同组合变异类型的新种质材料。但从抗逆境胁迫的角度出发，还有许多相关的问题有待深入研究。

（三）熟性转育

利用春性强的远距离遗传基因型材料，采用人工杂交系谱选育的转育程序进行。就目前已经完成的研究来看，虽然该技术方法的应用需要较多的选育世代，但改良进程十分显著。最成功的例子是云豆1183的选育。云豆1183较目前大面积生产用种最早熟的品种云豆早7还早近10d进入现蕾开花期。其早熟性是成功转育了来自法国的父本材料法D的强春性生育特性。

（四）株型转育

株型好坏直接影响植株受光姿态，是决定栽培响应力高低的重要性状，主要包括茎秆的硬度、分枝角度及其分枝数量、复叶着生的姿态及小叶面积大小随生育进程的变化等。理想的株型要求茎秆坚硬度强，分枝角度小于45°，分枝数量中等偏强，复叶着生的姿态上举，小叶面积在现蕾期前要保持相对较大而圆，开花期后相对较小而长。这样的结构能够保持植株受光姿态最佳，并用较小的播种量维持较大的收获群体量。成功转育的例子是云豆147选育。云豆147选育采用的母本为云南地方品种资源材料K0258，分枝力强，父本8047来自ICARDA，具有茎秆坚硬、分枝角度小等优异性状。组合后代通过13个世代选择，获得了具有理想株型结构的变异型89147，审定定名为云豆147。该品种示范创造了100亩核心样板平均干籽粒产量达到376.9kg/亩的高产纪录。

第三章　豌豆

豌豆（*Pisum sativum* L.），别名麦豆、寒豆、荷兰豆等，是世界第四大豆类作物，为世界性栽培作物，地理分布较广，是春播一年生或秋播越年生攀缘性草本植物，因其茎秆攀缘性而得名。豌豆属长日性冷季豆类，种子在田间出苗时子叶留土。据 FAO 统计资料，2021年，全世界有99个国家生产干籽粒豌豆，87个国家生产鲜食豌豆。中国是世界上豌豆总面积和总产最大的国家，分别占世界总量的34.2%和33.8%。主产国除中国外，还有加拿大、印度、美国、法国、英国、阿尔及利亚、秘鲁、哥伦比亚、巴基斯坦、匈牙利、俄罗斯等国家。全世界豌豆（包括鲜食豌豆）生产面积约1199.6万hm^2，总产3293.3万t。干籽粒生产的主产国为加拿大、俄罗斯、中国、印度、乌克兰、美国，鲜食豌豆生产主产国为中国、印度、法国、美国、埃及、阿尔及利亚等。中国干豌豆生产主要分布在云南、四川、甘肃、内蒙古、青海等省区；鲜食豌豆主产区位于云南、贵州、四川以及东部省份如广东、福建、浙江、江苏、山东、河北、辽宁等沿海地区。豌豆适应冷凉气候、多种土地条件和干旱环境，具有高蛋白质含量，易消化吸收，粮、菜、饲兼用和深加工增值等诸多特点，是种植业结构调整中重要的间、套、轮作和养地作物，也是我国南方主要的冬季作物、北方主要的早春作物之一。因而，豌豆一直在我国的可持续农业发展和我国人民的食物结构中产生着重要影响。2021年，中国干豌豆栽培面积和总产分别占全世界的13.3%和11.8%，仅次于加拿大，居世界第二位；鲜食豌豆栽培面积和总产分别占全世界的55.1%和55.8%，位居世界第一。中国现保存有5000 余份豌豆资源，其中约80%来源于全国28个省区市，20%源自世界五大洲。

第一节　豌豆资源概述

一、起源和分类

（一）起源

一般认为，豌豆的起源大致有4个区域：埃塞俄比亚、地中海沿岸（土耳其、前南斯拉夫、黎巴嫩）、近东（伊朗、高加索）和中亚（印度西北部、巴基斯坦、阿富汗）。在近东和欧洲发掘出土的新石器时代（公元前7000年）遗物就有豌豆炭化种子，表面的平滑情况与现今栽培种一样。豌豆像小麦和大麦一样是一种古老的作物。豌豆可能是在隋唐时期经西域传入中国的，而后从中国传入日本。中世纪以前，豌豆主要用其干种子，以后菜用品种逐渐发展起来。在瑞典，9~11世纪的古墓中曾挖掘出用豌豆制作的食物。1660年，英国从荷兰引入菜用豌豆。到18世纪以后，欧洲的豌豆栽培已与禾谷类作物一样普遍，现在几乎已传播到世界上所有能够种植豌豆的地区。豌豆在中国的栽培历史约有2000多年，并早已遍及全国。汉朝以后，一些主要农书对豌豆均有记载，如三国时张揖所著的《广雅》、宋朝苏颂的《图经本草》均载有豌豆植物学性状及用途；元朝《王桢农书》讲述过豌豆在中国的分布；明朝李时珍的《本草纲目》和清朝吴其浚的《植物名实图考长编》对豌豆在医药方面的用途均有明确记载。

（二）分类

豌豆主要有4种分类方法。

1. 花色分类法

按花色分两个变种：

（1）紫花豌豆，又名谷实豌豆，*Pisum. sativum* var. *arens*。

（2）白花豌豆，又名蔬菜豌豆 *P. sativum* var. *sativum*，它是由紫花豌豆演变而来。

2. 荚型和株型分类法

按荚型和株型分3个变种：

（1）软荚豌豆，又名食荚豌豆或糖荚豌豆，*P. sativum* var. *macrocarpum* Ser，荚壳内没有革质膜，花白色或紫色，成熟时荚皱或扭曲。

（2）谷实豌豆，又名大田豌豆，*P. sativum* var. *avense* Poiret，荚壳内层为一革质膜，花紫色或红色，成熟时荚平直，不皱缩或扭曲。

（3）早生矮豌豆，*P. sativum* var. *humile* Poiret，生育期短，植株矮小，荚壳内一般有角质膜，白花或紫花。

3. 荚型分类法

按荚型分为两个组群。

（1）软荚豌豆组群，荚壳内层没有或仅有非常薄的革质膜。

（2）硬荚豌豆组群，荚壳内层为发育良好的革质膜。

4. 用途分类法

按用途分为5个类型，即饲用豌豆（绿肥豌豆）、食干籽用豌豆、食嫩籽用豌豆、制罐头用豌豆、食荚用豌豆。

二、栽培史及分布

人类种植豌豆已有几千年历史，豌豆驯化栽培的历史同小麦和大麦一样久远，从位于土耳其新石器时代遗址中发掘出的大约公元前7000年的炭化豌豆种子，是考古中发现的最古老的证据。在古希腊、古罗马时代的文献中也记载有豌豆的名称，证实豌豆在古代就已被人类种植。豌豆驯化成功后，可能是经南欧向西，以后又向北逐步传播的。豌豆传入印度的时间可能是在古代亚细亚人到达印度之前，传入现美国的时间是1636年，传入澳大利亚的时间是在欧洲对这个地区殖民化的过程中。1787年英国的Knight（凯特）开始作品种间杂交，研究新品种的产量。近30年来，育种以选择蔬菜用、收干籽粒及做罐头用的品种为目标。农学家认为作为干种子及罐头用的豌豆，粒色及优良品质很重要，但是难以用生物化学项目来规定，习惯上圆粒的干种子作为干籽粒用，罐头用的豌豆不管种子是圆的或皱的在未成熟时就要收获，皱粒豌豆糖分含量高，淀粉含量低。

豌豆适应性很强，地理分布很广，地球上凡有农业种植的地方都有种植。据FAO统计，2018年全世界有99个国家生产干籽粒豌豆，87个国家生产鲜食豌豆。鲜食豌豆的总面积274.4万hm^2，每公顷产量7.74t，总产2123.86万t，其中以中国生产面积和总产最大，其次为印度、法国、美国、埃及、阿尔及利亚；世界干籽粒豌豆生产种植总面积为787.8万hm^2，每公顷产量1.72t，总产1355.02万t，主产国为加拿大、俄罗斯、中国、印度、乌克兰、美国。

中国栽培豌豆的历史，据明朝李时珍的考证，胡豆就是豌豆。《尔雅》中的戎菽豆一说，也含有豌豆在内；《本草经》中的胡豆、《辽志》中的回鹘豆、《四民月令》中的宛豆、《唐史》中的毕豆等都指的是豌豆。大概在2000年前豌豆品种已由我国西北地区输入内地栽培。

我国干豌豆主产省区市有19个，分别为河北、山西、内蒙古、江苏、浙江、安徽、江西、湖北、广西、重庆、四川、云南、贵州、西藏、陕西、甘肃、青海、宁夏、新疆；我国鲜食豌豆主产省区市有14个，分别为云南、河北、辽宁、山东、江苏、浙江、安徽、湖北、广西、重庆、四川、陕西、甘肃、新疆。

从过去57年全世界和我国干豌豆种植面积和总产变化趋势可以看出，我国干豌豆种植面积从1961年的533.3万 hm^2降到了1992年以后的133.3万hm^2以下，呈快速下降趋势。近10年来，我国干豌豆生产面积基本保持稳定，平均104.7万hm^2，我国干豌豆总产与种植面积的变化成正比，从300万t降到了152.3万t。但2004年以后，我国干豌豆产量总体呈现上升趋势，单产从4.4t/hm^2提高到了6.5t/hm^2，有了较大提升，居于世界豌豆单产水平的8.8t/ hm^2之下，较世界干豌豆最大生产国加拿大单产低44.3%。

从过去57年全世界和我国鲜食豌豆种植面积和总产变化趋势可以看出，20世纪60年代，我国鲜食豌豆种植面积仅有2.6万hm^2左右，1988年增加至5.3万hm^2，1989年开始快速直线上升，2005年达到104.0万hm^2，超过了当年我国干豌豆种植面积100万hm^2，成为我国豌豆生产的最主要部分；2013年达到了130.1万hm^2，2018年达到了161.6万hm^2，较上年度增加4.4万hm^2，鲜食豌豆种植面积为干豌豆种植面积的1.5倍，仍在持续增长中。我国鲜食豌豆总产从1961年的14.3万t，缓慢增加到1988年的43万t，1989年开始快速直线上升，2013年达到1060.5万t，2018年达到1296.5万t。造成上述结果的原因主要是随着我国居民收入增加，豌豆生产用途和消费理念改变，以及对于饮食健康和食品口味的不断追求，鲜食豌豆上市季节呈供不应求的消费趋势并蔓延到全国，提高了鲜食豌豆市场价格，使得单位面积上生产鲜食豌豆的纯收益大幅高于生产干豌豆的纯收益，种植者积极性大幅提高。

云南省豌豆种植面积占全国13.4%，是我国豌豆种植面积和总产最大的省份。但云南省栽培豌豆的历史不详。干豌豆的生产遍布全省，海拔600～2500m的地区都有种植。以旱地、坡地、丘陵地分布最多，多为秋播春收。在小春作物中种植面积仅次于小麦、蚕豆。种植面积最大的地区是大理、保山、文山、临沧、普洱、楚雄、昭通、曲靖、玉溪等州市。历史上的种植面积，据文献记载，1956年162.40万hm^2，总产6.95万t；1963年170.57万亩，总产4.69万t；1985年160.00万亩，总产量4.5万t。随着水利兴修，旱改水后，原来种豌豆的旱地已改种经济价值较高作物，全省豌豆种植面积一度减少。但是随着生活多样化的需要，蔬菜豌豆发展很快，出现多种生产方式，如秋播、春播、夏播、单作、在烟地后期套作等，品种也多样化，除有宽荚的大菜豌豆外，还有甜脆豌豆等。

三、植物学性状

（一）根和根瘤

豌豆的根为直系根，主根发达，侧根细长，分枝很多，根入土深度可达1.2m以上，侧根分布在地表20cm土层中。根瘤在主根上着生的多，侧根上着生的少。据报道，在适宜的栽培条件下每亩豌豆可从大气中固定游离氮5.25kg，相当25kg硫酸铵、1.5kg尿素肥料。

（二）茎

豌豆的茎绿色细长而中空、质脆易折，表面光滑多被蜡粉。株高因品种不同而异：高茎型，株高100～300cm，多为中晚熟种，生育期150～180d；矮茎型，株高30～60cm，多为早熟品种，生育期80～120d；两者之间多为中间型品种。根据豌豆茎秆的高矮和生育期的长短，又分为攀缘型、蔓生型和直立型。豌豆基部的节间短，各节都能发生分枝，但一般只有3～4个分枝能结荚。

（三）叶

豌豆的叶为偶数羽状复叶、互生，由2～6片小叶组成。小叶对生，复叶互生，卵形或椭圆形，全缘或下部有锯齿。叶柄的托叶卵形，少数变异类型的植株托叶变小成为退化的小叶。复叶上的小叶数以中部居多，上部和下部复叶上的小叶数少，复叶顶端的小叶退化为2～4枚分叉的攀缘卷须。半叶豌豆和无叶豌豆复叶上的小叶全部变为卷须，个别类型品种无卷须，多数品种叶片光滑无毛，外被白色蜡粉。

（四）花

豌豆的花自叶腋生出，总状花序，花柄比叶柄短，着生位置是不同品种固有的特性，也是区别品种经济性状的重要标志之一。一般说来，凡是着生在第7～10节处的为早熟品种，第11～15节处的为中熟品种，第15节以上的为晚熟品种。

豌豆每一花梗着生1～3朵小花，极少数为4～6朵，一般多为2朵，花呈白色或紫色，蝶形花，旗瓣圆形，翼瓣与龙首瓣贴生，两体雄蕊，花柱扁平，顶端扩大，内侧有茸毛。

豌豆开花顺序自下而上，先主茎后分枝，初期开的花成荚率高，后期顶端开的花常成秕荚或晚落。每天上午9时后开始开花，上午11时至下午3时为开花盛期，花期约14～16d，开花总数因品种和栽培条件而异。

豌豆为自花授精作物，但在干旱和炎热条件下偶尔也能发生杂交，天然杂交率低于10%。

（五）荚果

豌豆的荚果为长椭圆形、扁平形，长5～10cm，腹部微弯。软荚种的荚果扁平宽大，蔬食用的大荚豌鲜荚长可达12cm，宽2.8cm，质地嫩脆柔软。硬荚种的荚果圆筒形，内果皮有厚膜组织，不能食用，成熟时因厚膜组织干燥收缩使豆荚开裂。软荚种因无厚膜，虽已成熟也不开裂。一般每荚有种子2～10粒，但因品种、年份及栽培条件而不同。

（六）种子

豌豆的种子无胚乳，有两片圆形肥大的子叶，子叶基部有原始的胚根、胚茎和胚芽，出苗时子叶不出土。豌豆的种子大致呈近圆球形，形状和大小有很大差异可分为椭圆形、球形、圆形有棱、多棱、扁缩、皱缩六种。颜色有白、黄、黄绿、绿、灰褐、玫瑰以及黑色等。根据豌豆的籽粒的大小，又可分为大粒、中粒和小粒三种类型，见表1–3–1。

表1–3–1　豌豆的籽粒类型

类型	种子直径（mm）	千粒重（g）
小粒	3.5～5	100～200
中粒	5～7	200～300
大粒	＞7	＞300

四、生物学特性

（一）温度

豌豆在寒温带地区为夏播作物，在暖温带地区为冬播作物，在气候寒暖适中地区可春播也可秋播，适应地区广泛。种子在4～5℃下即可发芽，适宜温度为6～12℃。幼苗的耐寒力比蚕豆稍强。豌豆在生育期中不耐高温，开花至成熟以16～22℃之间为适宜，温度高于26℃会使籽粒早熟，降低其糖分含量，影响产量和品质。

（二）日照

豌豆是长日照作物，大多数品种延长日照时间能提早开花，缩短日照时间则延迟开花。短日照下分枝增多，节间缩短，托叶变形。南方品种引到北方，大多数品种都提早开花。

（三）水分

豌豆发芽生长需要水分较多，发芽时种子需吸收占种子重量98.5%的水分。开花结荚期需要较多的水分，生育期间有充足的水分才能繁茂生长，但在籽粒成熟期如雨量过多也会延迟成熟，影响产量。

（四）土壤

豌豆对土壤的适应能力较强，较耐瘠薄，在经过良好耕作，能使土壤保持多量水分，丘陵、山坡与河床等排水良好的土壤上都可栽培，而以黏质并含有石灰质的土壤为最好。适宜土壤的pH为5.5～6.7之间，过酸则根瘤发育受到抑制，根瘤难于形成。土壤过酸（pH为5.5），应施石灰中和。

五、营养化学成分

百克豌豆干籽粒、鲜食豌豆米，嫩荚（菜豌）及干豆粉的营养化学成分，据James A. Duke的研究见表1-3-2所示。（核定数据）

表1-3-2 豌豆干籽粒、青豆米、嫩荚及干豆粉营养化学成分

成分	干籽粒	鲜食豌豆	嫩荚	豆粉
热量［cal（1cal≈4.2J，下同）］		44.0	84.0	343.0
水分（%）	10.9	75.6	78.0	10.9
脂肪（g）	1.4	0.4	0.4	1.2
蛋白质（g）	22.9	6.2	6.3	22.8
碳水化合物（g）	60.7	16.9	14.4	62.3
纤维（g）	1.4	2.4	2.0	4.2
灰分（g）	2.7	0.9		2.8
钙（mg）		32.0		72.0
磷（mg）		102.0		338.0
铁（mg）		1.2		11.3
钠（mg）		6.0		
钾（mg）		350.0		
β-胡萝卜素（μg）		405.0		475.0
维生素B_1（mg）		0.28		0.86
维生素C（mg）		27.0		
烟酸（mg）		2.8		2.8
核黄素（mg）		0.11		0.18

云南豌豆籽粒的营养成分，据中国农科院品质所对云南111份材料的分析，籽粒粗蛋白含量为15.34～22.7g/100g，平均18.94g/100g；粗脂肪1.07～2.16g/100g，平均1.55g/100g；总淀粉47.1～58.69 g/100g，平均53.72g/100g；氨基酸成分含量见表1-3-3。

表1-3-3 云南豌豆种子氨基酸成分含量

种类	含量（g/100g）	种类	含量（g/100g）	种类	含量（g/100g）
天冬氨酸	2.42	谷氨酸	3.88	胱氨酸	0.17
亮氨酸	1.08	赖氨酸	1.47	脯氨酸	0.77
苏氨酸	0.81	甘氨酸	1.04	缬氨酸	0.91
酪氨酸	0.69	组氨酸	0.62	色氨酸	0.19
丝氨酸	1.01	丙氨酸	0.96	蛋氨酸	0.24
苯丙氨酸	1.05	精氨酸	1.66	异亮氨酸	0.79

总体看，云南豌豆籽粒营养成分呈现淀粉含量偏高，蛋白质含量偏低的趋势。所分析的111份材料中，淀粉含量50%～54.9%的有64份，占57.66%；淀粉含量高于55%的有40份，占36.04%；淀粉含量低于50%的只有7份，占6.31%。

第二节　云南豌豆资源考察收集和整理保存

一、地方品种资源征集

云南豌豆地方品种资源的征集包括：通过育种研究项目开展的自行征集和通过资源专项实施运作进行的征集。资源专项征集通常为：在前期调查的基础上，由云南省农业厅、中国农业科学院作物所和云南省农科院组织，通过行政文件的形式，下达相关地区进行征集。主要对地方传统品种资源进行收集。记录收集样本的详细产地位置名称、品种资源俗称、取样时间、取样的方法以及当地资源的利用形式等。具体实施是由地方农业局、地方农业科研推广单位完成。征集包括了当前在当地进行栽培种植，熟悉度较高的品种资源。项目自行征集主要是结合育种研究项目开展的，受投入工作的时间和经费支持力度等条件的限制，征集获得的信息较为简单，地理信息资料完整性低。

二、地方品种资源系统考察收集

云南豌豆地方品种资源的系统考察收集，主要是通过执行云南省科技厅国际合作项目、澳大利亚国际农业研究中心资助项目及中国科技部“云南及周边地区农业生物资源调查”项目而开展的系统调查工作。调查方法是在对前期完成的征集信息分析的基础上设计考察线路，按直线距离每取样点间隔20km以上的距离设计取样点进行连续取样，在种植地、农户家、乡村集市等场合取样，采用GPS记录地理位置，按统一设计的调查表通过询问、观察、测量记录取样点信息。

在上述项目支撑下，基本完成了对云南地方豌豆资源的调查收集工作，共从97个县市收集豌豆资源样本384份，收集区域占全省辖区范围的75.19%。收集样本包括了不同生态类型区域；不同粒型、株型、叶型和花色的地方豌豆种质资源；海拔范围覆盖面为110m（泸水县）至3276m（德钦县）。调查初步明确了云南地方豌豆资源的分布及类型，即云南豌豆资源分布于97个不同县市，豌豆资源粒型、粒色丰富多样，复叶叶型均为普通型。

三、整理登记、编目和保存

（一）整理和登记

收集资源材料的整理登记是一项重要的基础性工作，由于收集工作量大、时间长，加上参加收集工作的人员结构比较复杂。收集信息难免有一定的误差和记录错误，在登记过程中需要通过对采集样及其信息进行及时的核对和整理来校正。整理工作对应登记表格进行，包括取样时间、地点（县、乡、村）、GPS信息数据、生产地地形、土壤、作物结构，以及样本特性（粒形、种皮颜色、种脐颜色、百粒重）、所属种及其名称、农家俗称及相关农艺特性、用途等进行一一核对修正。整理完成后，按收集时间先后编订保存单位编号（云南省农科院保存编号，豌豆收集资源的代号为英文大写字母L，编号按千位数编制：L0001），登记入册。

（二）资源编目

编目信息包括收集登记信息和完成初级评价的信息。编目分两个级别，即云南目录和国家目录。编目按国家统一制定的项目和数据标准进行，编目排列顺序首先按国家行政区划顺序，再按粒色由浅到深排序编制。编制项目包括：统一编号（G0000001）、保存单位、保存单位编号（L000）、品种资源名称、原产地或来源地、熟性（早、中、晚）、播种日期（月/日）、出苗日期（月/日）、成熟日期（月/日）、全生育日数（天）、花色、株高（cm）、有效茎枝数（枝/株）、单株荚数（荚/株）、单荚粒数（粒/荚）、单株产量（g）、荚长（cm）、荚宽（cm）、均匀度（均匀、中等、差）、粒色（种皮颜色）、粒型（圆、椭、方、皱）、百粒重（g）、蛋白含量（%）、淀粉含量（%）、主要抗性（高抗、抗、中抗、感、高感）。完成出版目录编制的豌豆资源共158份，其中包括育成的品种6份，入库量占云南豌豆收集资源近41%（后续编目工作采用电子数据库的形式正在持续进行），分别编入1、2、3集国家豆类资源目录和云南省豆类资源目录。

（三）资源繁殖保存

豌豆是自花授粉作物，但是遇高温或干燥等不良条件时，也可异交。豌豆资源保存依赖种子繁殖开花期对授粉的严格控制，以保证每一份资源材料群体遗传结构的完整性，达到最大限度地为资源研究和育种加改良利用提供良好基础材料的目的。

1．资源种子繁殖

豌豆资源种子繁殖技术基于两种基本形式：①纯合繁殖，对收集到的资源在完全隔离授粉的条件下进行超过5个世代的单株选择，形成遗传性状特异的单粒遗传近交系资源材料。②混合群体繁殖，在隔离授粉的条件下种植，收集采集样所有单株的个体混合保存。云南豌豆地方资源主要采用混合群体繁殖保存的形式，隔离方法采用网室隔离、地形隔离和繁殖地周围种植开花期一致的十字花科作物（油菜等冬季作物）隔离等技术。根据繁种材料份数的多少选择隔离方式。

2. 资源保存

云南豌豆资源保存分为两个级别：①国家种质库保存。完成国家目编制的种质资源进入该级别的保存，按国家库种质资源要求的种子质量标准（种子净度100%、粒色一致，发芽率高于95%），每份材料500g，供国家种质资源长期库、中期库入库保存。②云南省农业科学院保存。院级豌豆种质资源保存的方式有两种：一种是-18℃的低温保存，采用真空锡箔袋包装，一般保存时间10～15年，按国家库种质资源要求的种子质量标准，每份材料保存100粒；第二种是常温下仓储保存，采用密封瓶加干燥剂的包装方式，放置于冷凉通风的仓库种子架/柜中，一般可保存5～7年，每份种子保存500～750g。国家库保存的资源样均属于混合群体样。云南省农业科学院保存的种质同时包括了部分纯系种质，并保存了所有能完成足量繁殖收获的收集样，目前完成保存的收集样本为300多份，其余样品的保存将在近年内完成。

3. 保存资源的更新

资源的更新：每7～12年，分别对低温冷库和常温库豌豆保存资源进行一次更新繁殖，发芽率低于50%的保存样本，批次进入更新繁殖。更新完全采用隔离条件下收获材料混合群体的繁殖方式进行，以保持资源材料原样群体遗传结构。

第三节　云南豌豆资源的鉴定与评价

豌豆资源鉴定评价分为：①初级评价鉴定。采用田间试验对豌豆资源的主要农艺性状，包括形态性状、生育性状和产量性状进行系统鉴定评价。②深入评价鉴定。采用人工控制试验条件和仪器设备对部分特异性状，主要对白粉病抗病性和品质性状等进行鉴定、评价。云南豌豆资源收集样384份全部进入初级评价，限于试验条件和资金投入量，其中仅有15%~50%的收集样进入不同试验项目的深入鉴定评价。1980年，中国农科院品资所组织召开全国豆类资源项目执行技术讨论会，确定了豆类作物资源农艺性状评价鉴定的调查方法和标准，同时拟定了进行深入评价鉴定的实施单位和时间计划，云南豌豆种质资源鉴定评价工作由此展开。

一、农艺性状鉴定

（一）试验方法

根据材料来源地的生境类型特点，田间试验分别在昆明、玉溪、楚雄的元谋进行，尽可能避开低温冻害对资源评价鉴定的影响。采用间比法排列，设置1~2次重复，每间隔20~30份材料设一个对照，对照种选用试验当地的主要栽培品种，每份材料播种2~4行，种植规格按密度30~45株/m^2，各材料间采用地块隔离、网室隔离两种隔离方式。

1. 生育性状

日期记录方式：月/日。

出苗期：80%的植株叶芽伸出土面，其顶部生长点距离地面2cm的高度，第一片幼叶完全伸展的时期。

分枝期：50%的植株第一分枝伸出距离主茎2cm的时期。

现蕾期：50%的植株主茎或分枝顶部现出能目辨的花蕾的时期。

开花期：50%的植株有旗瓣完全展开的花朵开放的时期。

末花期：80%的植株花朵完全凋落的时期。

成熟期：80%的植株中下部荚果颜色呈现褐黄色的时期。

2. 形态性状

植株：株高、分枝角度、分枝数量、叶形、叶色、叶片着生角度、花色（旗瓣颜色、翼瓣斑点颜色）、花形（花器结构）、荚色、荚形、着荚角度。

籽粒：种皮颜色、种脐颜色、粒形（籽粒长、宽、厚）、子叶颜色。

3. 产量性状

单株荚数、单荚粒数、百粒重、单株产量、小区产量。

（二）鉴定评价结果

云南省农业科学院粮食作物研究所采用国家统一的试验方法和鉴定标准，对收集自云南省区域的地方品种资源384份采集样进行了系统鉴定评价。本文介绍种植于昆明北郊云南省农业科学院试验基地（海拔：1929m，东经：102°45′45.8″，北纬：25°07′31.7″，年平均气温12.6℃，年累计降水量1100mm左右）的豌豆资源主要农艺性状鉴定评价结果。

1. 生育特性

（1）播种至现蕾天数

播种至现蕾天数是能够准确描述冷季豆类作物生育期早晚的重要性状。在云南中部鉴定评价豌豆资源的生育期，通常在植株现蕾后受霜冻发生的时间和严重程度的影响，开花期早晚在年度间会有很大的变化。但豌豆植株在现蕾时，首先是生长点的顶部有密集的叶层包被，现蕾期的早晚一般不受霜冻的影响而发生变化，其次豌豆资源鉴定评价的地点现蕾的月份（12月）霜冻发生频率及强度较低。所以，用播种至现蕾天数能够准确地描述豌豆资源生育期早晚。以我国南北方豌豆主产区均有应用的豌豆品种中豌6号在鉴定区域的现蕾天数（68d）作为参照，播种至现蕾天数＜70d为生育期特早熟类型的资源，71～80d为早熟，81～90d为中熟，91～100d为晚熟，＞101d为特晚熟。

云南353份豌豆资源播种至现蕾天数的分布见图1-3-1。结果表明：所鉴定资源播种至现蕾天数的平均值为99d，变异系数为14.7%，所有资源的生育期总体偏晚熟。无特早熟资源材料；播种至现蕾天数低于80d的早熟资源材料3份，占鉴定资源的0.85%；播种至现蕾天数为81～90d的中熟材料有131份，占37.11%；播种至现蕾天数91～100d的晚熟材料有81份，占22.95%；其余均为特别晚熟材料，占39.09%。其中，105份资源材料播种至现蕾的天数超过110d。

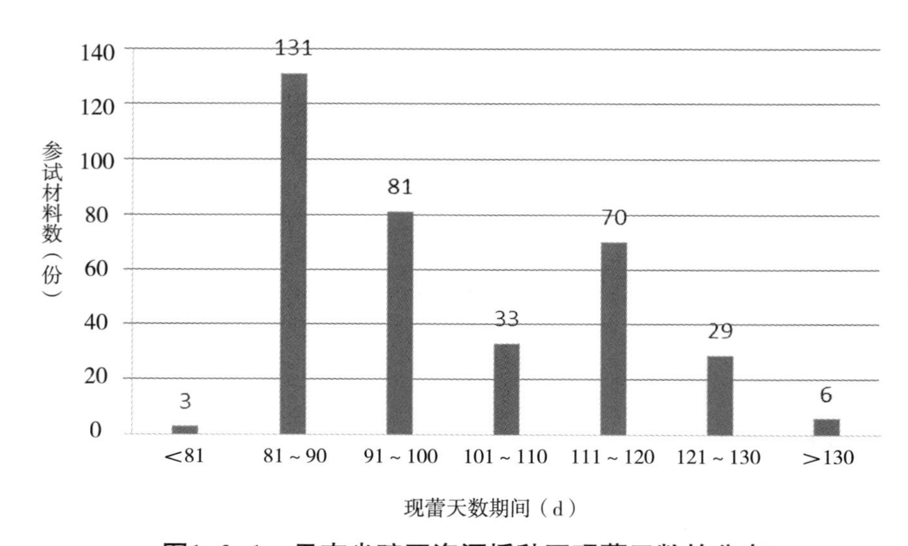

图1-3-1　云南省豌豆资源播种至现蕾天数的分布

（2）全生育天数

豌豆全生育天数是指豌豆播种至成熟所占的生育日数。由于昆明鉴定评价点种植豌豆的冬春季节干旱严重，进入4月，豌豆处于生育中后期时，频繁出现高温逼熟天气，不同生育进程的资源材料会在短时间内进入成熟收获的时期。这在很大程度上掩盖了资源材料间生育特性差异长短的表现。另一方面，现蕾早的材料，通常在生育中期受霜冻的胁迫，主茎早衰后，依赖后发分枝生长，相应地导致生育期延后。所以，豌豆全生育天数用于辅助描述云南豌豆资源生育期的早晚。昆明鉴定评价点云南豌豆资源全生育天数的分布见图1–3–2。

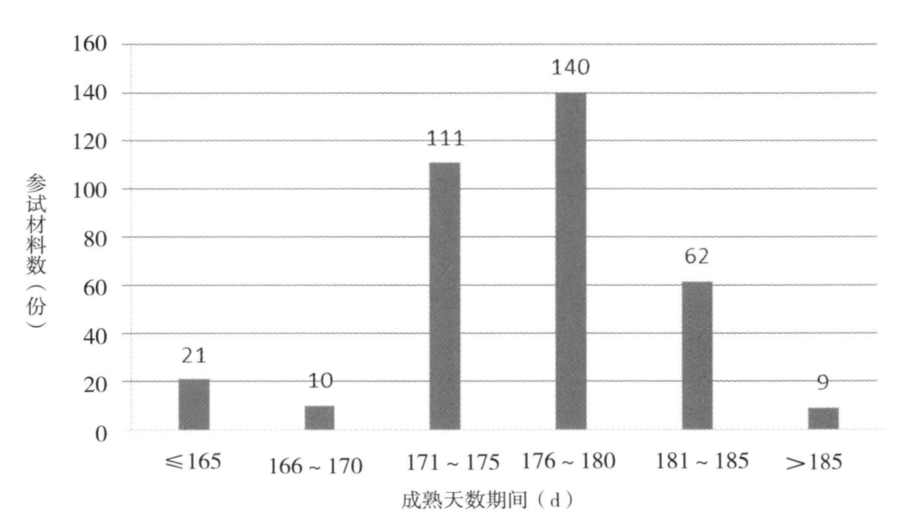

图1–3–2　云南省豌豆品种资源全生育天数的分布

根据对鉴定完整记录的353份云南豌豆资源全生育天数的分析，云南豌豆资源全生育天数在165～189d，平均值为177.2d，标准差4.74，变异系数为2%。同样，以中豌6号全生育期为标准，全生育天数≤170d的早熟材料有31份，占鉴定资源份数的8.78%；中熟材料（全生育期171～180d）的有251份，占鉴定资源份数的71.10%；晚熟材料（全生育期＞180d）的有71份，占鉴定资源份数的20.11%。

二、豌豆白粉病抗性鉴定

（一）鉴定方法

采取2种表型鉴定方法以及分子生物学技术对收集的384份豌豆种质资源分别进行白粉病抗性鉴定和抗性种质的分子鉴定。首先在温室可控湿度环境自然发病情况下进行鉴定，之后在实验室采取人工抖落法再次进行白粉病抗性筛选，最后将抗白粉病的豌豆种质资源通过分子生物学技术进行抗性基因型标记。

温室可控湿度环境自然条件下发病具有操作简单、可规模性鉴定等优势。试验在同一生态环境的2个不同地点（嵩明县下墩村、白邑村）进行，采用间比法试验设计，每份材料种植2行，每行40粒种子，每

2份材料设置一个感病对照（中豌4号）。

在温室自然接种筛选的基础上，通过实验室人为可控制条件下，抖落法在苗期接种来源于我国南方和北方2个豌豆白粉病菌分离物，感病对照为坝豌6号。采用0～4级的病害严重度分级标准，感病对照在接种10d后表现感病，病害严重度为4级。

抗性种质资源的基因型鉴定则是使用自主开发的2个与*er*1抗病基因连锁的SCAR标记ScOPD10-650 和ScOPE16-1600，以及2 个与*er*1 感病基因连锁的SCAR 标记ScOPX04-880 和ScOPO18-1200。对表型鉴定得到的8份对豌豆白粉病具有抗性的资源材料进行分子标记鉴定，明晰了抗性基因的类型，并对其抗性基因进行了发掘。

（二）鉴定结果

温室自然发病鉴定了384份云南省豌豆资源材料，设置的感病对照白粉病发病等级均评价为高感（HS）。按照《豌豆种质资源描述规范和数据标准》一书中“豌豆白粉病病害评价标准”对上述资源材料在花期至结荚期进行抗病性评价，最终获得了对由豌豆白粉病菌（*Erysiphe pisi* DC.）引起的白粉病抗性表现高抗和中抗的种质共8份。在温室自然发病筛选的基础上，在实验室人工可控制条件下采用抖落法苗期接种两种不同地理来源的豌豆白粉病菌重复鉴定，结果获得10份中抗及以上的材料。其中，8份材料的白粉病抗性与在温室自然发病条件下筛选出的抗性表现相一致。云南豌豆抗白粉病资源及相关农艺性状见表1-3-4（标注*的资源材料为在温室自然发病条件下筛选出的材料）。

表1-3-4　云南抗白粉病资源及相关农艺性状

序号	国库编号/资源自编号	单株荚数（荚）	单荚粒数（粒）	单株产量（g）	百粒重（g）	荚长（cm）	荚宽（cm）	粒色	粒型	抗性	备注
1	CK1云豌8号	28.0	7.4	30.5	17.5	8.31	1.32	绿黄、白、灰白	圆椭	R	
2	CK2中豌4号	13.2	5.6	13.4	20.5	6.84	1.02	淡绿	圆椭	HS	
3	G0001734	75.0	5.1	54.8	18.0	6.52	1.04	黄绿纹	圆	MR	
4	G0001747	53.0	55.0	19.9	11.5	5.91	1.04	绿黄	圆	MR	晚熟
5*	G0001752	99.3	4.7	46.5	17.0	5.19	0.94	绿黄、白	圆	MR	
6*	G0001763	61.3	5.0	43.7	16.5	5.35	1.05	白、黄绿	圆	HR	
7*	G0001764	169.4	6.2	102.2	12.5	5.64	1.05	绿黄、白	圆	HR	晚熟
8*	G0001767	127.5	5.6	84.3	13.5	5.24	1.04	黄绿、白	圆	HR	晚熟
9*	G0001768	114.2	5.3	23.5	11.5	5.55	0.87	白绿黄、淡绿	圆	HR	软荚
10*	G0001773	102.0	5.9	62.1	17.0	6.34	1.03	绿黄、白	圆	HR	
11*	G0001776	39.3	4.5	15.5	14.5	5.70	1.03	绿黄	圆	MR	
12*	G0001780	71.5	4.1	56.9	24.0	6.46	1.25	白、黄绿	圆椭	MR	

对8份复检抗性材料提取RNA样本，合成cDNA序列后进行扩增，获得了所有材料全长度的豌豆感白粉病同源序列目标基因PsMLO1。将相关序列与来自抗、感白粉病材料以及野生近缘种cDNA序列的PsMLO1基因进行比对，结果显示抗性资源材料在PsMLO1序列上发生了碱基突变和插入。8份复检抗性材

料被标记为7种与*er*1抗性基因连锁的不同基因型，最终在云南豌豆白粉病抗性资源中发现了*er*1–1、*er*1–2和*er*1–6共计3个与豌豆白粉病抗性相关的新*er*1等位基因，表明云南省是我国豌豆白粉病抗性资源遗传多样性最为丰富的省份。

第四节　云南豌豆种质资源的研究与利用

一、栽培品种

云南栽培的豌豆地方品种，花色为白花及紫花两种，以收干籽粒的硬荚种居多，荚长5～9cm，软荚型的蔬食品种较少，荚长4～4.5cm；粒型有圆、凹圆、皱；粒色有白、浅绿、浅红、褐、麻，以白色及麻色的居多；百粒重7.8～28g，平均15.43g。香格里拉大菜豌L0012最重为28g，维西大白豌L0013为23g。

蔬食用的软荚种现在保存的种质有L0002（大荚菜豌豆）、L0012（香格里拉大菜豌）、L0011（德钦大圆花豌豆）、L0097（贡山色乌诺）、L0033（永胜豌豆）、L0062（香格里拉菜豌豆）等。其中，L0012（香格里拉大菜豌）为长荚大荚型。

栽培品种的生长习性均为蔓生无限型，大多数为高秆，株高100～174cm，少数为中秆型株高小于100cm，如L0022（云县白豌豆）91.6cm，L0070（镇康大白豌豆）90.6cm，L0065（南涧白豌豆）94.8cm，L0037（瑞丽突达闷豌豆）99.6cm，L0005（思茅红早豌豆）91.8cm，L0058（香格里拉麻豌豆）94.6cm。

地方栽培豌豆品种的生育期可分为早、中、晚三种。在常见的61份栽培品种中，全生育期166～176d（播种至第一批成熟果荚收获时间）的早熟品种有11份，占总数的18.03%，代表品种有维西大白豌豆、临沧红早豌豆、镇康麻豌豆等。全生育期177～186d的有29份，占资源总数的47.54%。生育期大于186d的有21份，占资源总数的34.43%，如华宁豌豆、新平大白豌豆、香格里拉大菜豌等。

豌豆地方品种的生产性能以单株种子的产量表示。产量较高的有L0070（镇康大白豌豆）29.6g，L0035（宁蒗大白豌豆）28.8g，L0096（昆明白豌豆）28.5g，L0022（云县白豌豆）26.6g及L0043（绿春豌豆）22g。单株产量较低（低于10g以下）的地方种如宜良豌豆、云县白豌豆、镇康白豌豆、维西大白豌豆、思茅红早豌豆等。

二、优异种质

作为鉴定的项目有3个：①种子粗蛋白含量；②种子总淀粉含量；③抗病性。粗蛋白含量及总淀粉含量测定由中国农科院作物品种资源研究所委托有关单位分析；抗病性鉴定主要是对白粉病的抗性鉴定，由云南省农科院粮食作物研究所豆类中心完成。

（一）粗蛋白含量

按中国农科院作物品种资源研究所规定的种子粗蛋白含量达30%及以上的为优质的标准，云南省豌豆种子的粗蛋白含量，没有一份达到此标准，均低于30%。种子粗蛋白含量介于25%～20%的有L0048（福贡麻豌豆）22.66%、L0064（宜良豌豆）22.7%、L0044（金平豌豆）21.46%、L0043（绿春豌豆）21.07%、L0011（德钦大圆花豌豆）20.43%、L0012（香格里拉大菜豌豆）20.42%、L0031（河口豌豆）20.12%。其他资源的粗蛋白含量均低于20%。

（二）总淀粉含量

中国农科院作物品种资源研究所规定的豌豆种子总淀粉含量大于50%的属于优质的标准。云南豌豆品种资源总淀粉含量大于55%的有19份，占分析资源总数的31.3%。品种名称分别是：L0029（镇康豌豆）58.69%，L0039（新平大白豌豆）57.31%，L0046（云县白豌豆）56.98%，L0036（保山大白豌豆）56.98%，L0026（云县白豌豆）56.46%，L0037（瑞丽突达闷豌豆）55.89%，L0017（贡山色马诺）55.89%，L0096（昆明白豌豆）55.84%，L0055(华宁豌豆)55.84%，L0054(通海豌豆)55.73%，L0067（元江白豌豆）55.73%，L0022（云县白豌豆）55.73%，L0032（永胜饭豌豆）55.50%，L0043（绿春豌豆）55.39%，L0040（镇康豌豆）55.16%，L0059（中甸大白豌豆）55.16%，L0051（永善麻豌豆）55.16%，L0003(沧源红早豌豆)55.04%。

部分淀粉含量高的品种，经1997年及1998年两年的鉴定，其主要性状及生产性能结果的平均值如下：

（1）L0026

原产云县，产量2199.0kg/hm^2，为对照的85.5%；蔓生，无限结荚型；播种至出苗天数15d，出苗至开花107d，开花至成熟67.5d，全生育期189.5d；株高79.1cm，主茎节数13.3节，分枝数5.3个，单株荚数11.8个，单荚粒数4.2粒，百粒重18.5g，单株产量5.2g；硬荚型，成熟时荚长6.0cm，荚宽1.2cm，紫花，粒色绿，种子凹圆形，脐色绿，种子均匀度中；种子粗蛋白含量15.34%，总淀粉含量58.46%，粗脂肪含量1.92%。

（2）L0059

原产中甸，产量3285kg/hm^2，为对照的130.3%；蔓生，无限结荚型；播种至出苗16d，出苗至开花102d，开化至成熟56.5d，全生育期174.5d；株高98.3cm，主茎节数15.1节，分枝数4.6个，单株荚数28.4个，单荚粒数4.2粒，百粒重14.4g，单株产量7.3g；硬荚型，成熟时荚长5.1cm，荚宽1.1cm，白花，粒色白，粒型圆，脐色黄，种子均匀度中；种子粗蛋白含量18.17%，总淀粉含量55.16%，粗脂肪含量1.66%。

（3）L0054

原产通海，蔓生，无限结荚型；生育期188d，迟熟；株高131.2cm，有效分枝3.4个，单株荚数31.8个，单荚粒数3.7粒，单株产量16.4g；白花，荚色黄，荚长5.1cm，粒色白，圆形，百粒重14.5g，硬荚型。

（4）L0039

原产新平，蔓生，无限结荚型；生育期186d，中晚熟；株高145cm，有效枝2.6个；单株荚数30.0个，荚粒数4.2粒，单株产量17.00g；白花，荚色黄，荚长5.4cm，粒色白，圆形，百粒重17.5g，硬荚型。

（5）L0067

原产元江，蔓生，无限结荚型；生育期186d，中晚熟；株高102.6cm，有效枝2.6个，单株结荚数22.0个，单荚粒数14.0粒，单株产量13.0g；荚长5.0cm，荚色黄，粒色白，圆形，百粒重14.0g，硬荚型。

（6）L0022

原产云县，白豌豆，蔓生，无限结荚型；生育期180d，早熟；株高91.6cm，有效枝3.0个，单株荚数37.4个，荚粒数4.9粒，单株产量26.6g；白花，荚长5.6cm，荚色黄，粒色白，圆形，百粒重18.5g，硬荚型。

（7）L0026

原产云县，蔓生，无限结荚型；生育期180d，早熟；株高83.0cm，有效枝3.8个，单株荚数12.8个，荚粒数3.8粒，单株产量9.9g；荚色黄，荚长4.9cm，粒色白，圆形，百粒重14.5g，硬荚型。

（8）L0040

原产镇康，蔓生，无限结荚型；生育期181d，早熟；株高117.8cm，有效枝3.8个，单株荚数47.2个，荚粒数3.3粒，单株产量24.2g；白花，荚色黄，荚长5.0cm，粒色白，粒形圆，百粒重15.0g，硬荚型。

（9）L0036

原产保山，蔓生，无限结荚型；生育期180d，早熟；株高128.4cm，有效枝4.2个，单株荚数36.6，荚粒数3.5粒，单株产量23.1g；白花，荚长5.0cm，荚色黄，粒色白，圆形，百粒重18.5g，硬荚型。

（10）L0032

原产永胜，蔓生，无限结荚型；生育期186d，中熟；株高128.4cm，有效枝4.2个，单株荚数36.6粒，荚粒数3.5粒，单株产量23.1g；白花，荚色黄，荚长5.4cm，粒色白，圆形，百粒重18.5g，硬荚型。

（11）L0043

原产绿春，蔓生，无限结荚型；生育期188d，晚熟；株高141.4cm，有效枝3.0个，单株荚数29.6个，荚粒数4.3粒，单株产量22.0g；白花，荚色黄，荚长5.4cm。粒色白，圆形，百粒重19.0g，硬荚型。

（12）L0037

原产瑞丽，蔓生，无限结荚型；生育期180d，早熟；株高99.6cm，有效枝4.8个，单株荚数31.6个，荚粒数4.2粒，单株产量19.3g；白花，荚色黄，荚长4.7cm，粒色白，圆形，百粒重16.0g，硬荚型。

（13）L0017

原产贡山，蔓生，无限结荚型；生育期180d，早熟；株高124.6cm，有效枝3.4个，单株荚数19.8个，荚粒数3.6粒，单株产量10.2g；白花，荚色黄，荚长4.9cm，粒色白，圆形，百粒重15.0g，硬荚型。

（14）L0059

原产中甸，蔓生，无限结荚型；生育期186d，中熟；株高140cm，有效枝6.0个，单株荚数36.6个，荚粒数5.1粒，单株产量20.1g；荚色黄，荚长5.5cm，粒色白，圆形，百粒重14.5g，硬荚型。

（15）L0003

原产沧源，蔓生，无限结荚型；生育期181d，早熟；株高116.4cm，有效枝2.4个，单株荚数14.2个，单荚粒数4.1粒，单株产量8.2g；紫花，荚色黄，荚长5.8cm，粒色麻，皱形，百粒重21.5g，硬荚型。

（16）L0051

原产永善，蔓生，无限结荚型；生育期176d，早熟；株高115.8cm，有效枝3.4个，单株荚数13.4个，荚粒数4.8粒，单株产量7.0g；紫花，荚色黄，荚长5.3cm，粒色麻，粒形圆，百粒重10.5g，硬荚型。

（三）白粉病抗性

经鉴定的384份云南省豌豆资源中，有8份种质表现出较高的白粉病抗性，分别为：G0001752中抗、G0001763高抗、G0001764高抗、G0001767高抗、G0001768高抗、G0001773高抗、G0001776中抗、G0001780中抗。其中L0039（新平大白豌豆）在实际生产应用中白粉病抗性表现突出。

三、育成品种

截至2015年，云南育成品种主要有两个：

（1）云豌17号，云南地方资源L0368系统选育品种。中晚熟类型，全生育期190d；生长习性蔓生型，开花习性无限型；株高约182cm，单株茎枝数5.3枝，单株荚数20.4荚，荚长6.76cm，单荚4.9粒，属大粒型，百粒重26.1g，单株粒重20.4g。

（2）云豌38号，云南地方资源L0148作为父本与澳大利亚资源L1478杂交选育品种。早熟类型，全生育期164d左右；生长习性半蔓生型；株高89.4cm，单株茎枝数3.6枝、单株有效枝2.7枝，单株荚数19.2荚，单荚粒数4.3粒，荚长6.1cm、荚宽1.1cm，籽粒整齐、大粒，百粒重27.2g，单株产量13.8g。

第四章　大豆

大豆学名*Glycine max*（L.）Merrill，原产于中国，在公元前已传布至邻国及东亚，18世纪开始在欧洲种植，19世纪引入美国，以后又扩展到中美洲及拉丁美洲，20世纪70年代在非洲及印度种植。历史上中国的大豆生产一直居世界首位，至1953年美国跃居世界首位，由此美国大豆生产一直处于国际领先地位。

目前世界上大豆主产国主要有美国、巴西、阿根廷、中国和印度。中国大豆产量由原来的世界第一退居世界第四位，这与我国大豆种植面积逐年下降和单产水平偏低有关。同时，随着我国人口的不断增长，国产大豆难以满足内需，因此进口大豆也在逐年增加，尤其是进入21世纪以来，中国进口大豆迅猛增长。根据官方公布的数据，2010年我国进口大豆5480万t，2012年进口大豆5838万t，2013年进口大豆6338万t，到2017年全年我国进口大豆达9554万t，同比增加13.9%，创历史最高纪录，我国的大豆进口依赖度已经超过80%。半个多世纪的时间，中国由大豆出口国变为世界最大的大豆进口国。

大豆籽粒约含油脂20%，蛋白质40%，碳水化合物35%，为世界提供了30%脂肪及60%的植物蛋白来源。大豆在中国及东方的传统利用和加工包括：直接食用；豆腐类制品；酱和酱油类制品；榨油、油脂食用、豆饼作饲料或肥料；药用；生物和工业能源等。此外，大豆在土壤改良和肥力保持中也发挥着重要作用。

在大豆种质资源保护方面，我国保存着30000余份大豆种质资源，是当今世界上大豆种质资源保存数量最多的国家。其中栽培大豆资源23000余份，一年生野生大豆资源7000余份，还有部分多年生的野生大豆资源。

第一节　大豆资源概述

一、大豆的起源与分类

（一）起源

栽培大豆染色体2*n*=40，又称菽（《诗经》）、黄豆、黑豆、豆子，起源于中国，已有5000多年的栽培历史。这一事实早已为国内外学者公认。

（1）《美国大百科全书》中曾指出："中国古文献认为，在有文献记载以前，大豆便因营养价值高而被广泛地栽培。"在《苏联大百科全书》中更明确地指出："栽培大豆原产于中国，中国在5000年前就开始栽培这种作物，并由中国向南部及东南各国传播，于16世纪传入欧洲。"Vavilov也认为："大豆原产于中国，是中国起源中心的栽培植物。"

（2）从大豆的基本染色体数目、染色体大小、生长地理分布、杂交后代的分离状况以及种子蛋白电泳带谱等方面证实，栽培大豆由我国野生大豆进化而来，而野生大豆的分布区域仅限于东亚的中国、朝鲜、日本和俄罗斯远东地区，以中国分布最广泛、类型最丰富。

（3）我国是世界上最早有大豆文字记载的国家。据于省吾先生考证，商代甲骨文的"尗"字即为菽豆的初文。周朝以后借"菽"为"尗"，秦朝以后才改称豆子。汉初司马迁的《史记》中有黄帝种五谷（稻、黍、稷、麦、菽）的记载，菽即今日大豆。我国最早的诗书《诗经》中也写道："中原有菽。庶民采之""七月烹葵及菽"。这些描述说明大豆在当时已被广大群众作为食用作物种植。

（4）考古发掘中有大豆出土。1953年在河南洛阳烧沟汉墓中出土的陶仓上（距今2000多年）用朱砂写着"大豆万石"的字样。1975年湖北江陵风山拨掘的距今（出土年）2142年的168号汉墓中，有大豆出土。其他很多地点也有大豆出土的记载。

（5）世界各地栽培大豆都是从中国引入的。许多国家大豆名字的发音与菽相似，如拉丁文为Soja、英国称Soya、美国称Soy、意大利称Soia，朝鲜、印度等也用"豆子""黄豆""豆"的发音作为该国的大豆的名称。

以上这些都证明大豆起源于中国。

我国地域辽阔，大豆究竟在哪一地区最先开始被人类从野生大豆驯化为栽培大豆，有众多说法：日本学者Fukuda（1933）认为大豆起源于东北。王金陵（1975）认为我国长江流域及江南地区是大豆起源中心，然后向北驯化迁移。吕世霖（1976）提出大豆起源多中心见解。瓦维洛夫认为黄河中下游是栽培大豆的起源地。李潘（1979）认为西南地区，特别是云贵高原为栽培大豆发源地。王振堂（1980）认为陕西中部的泾河、渭河平原是我国栽培大豆起源地。徐豹、庄炳昌（1993）对大豆现代生物学、生态学、品质化学和生物多样性研究，为黄河流域是栽培大豆起源地之一的可能性提供了重要的实验依据。常汝镇（1994）通过中国的农业与大豆起源、古文字和大豆起源、古籍中关于大豆的记载和论述、考古发掘、从野生大豆分布看大豆起源、从大豆性状演化看大豆起源等6个方面的系统研究，认为我国栽培大豆最主要起源地应为黄河中下游地区。周新安（1998）认为中国栽培大豆起源中心是由西南向东偏北方向延伸的带状区域。众多学者支持栽培大豆起源于黄河中下游地区的说法，但究竟起源于何时何地，还有待进一步研究考证。

（二）分类

大豆属豆科（Leguminosae）蝶形花亚科（Papilionoideae）。进一步的分类学地位从1751年Dale起200多年中曾有10多次变更，后定为大豆属（*Glycine*），经Verdcourt、Hymowitz等多人的研究整理，直至1917

年Merrill建议用*Glycine max*（L.），经国际植物学会议命名组正式定为大豆的学名，才为大家所普遍接受。1970年，Verdcoult提出用*Glycine soja* Sieb. et Zucc. 命名一年生野生大豆。植物分类学家对大豆属包括的内容与范围，有不同看法，长期以来十分混乱，该属内最多时包含的种多达286个。经过反复研究，不断整理，Hymowitz和Singh（1992）把大豆属分为2个亚属17个种（见表1-4-1）。

表1-4-1　大豆属亚属与种的分类及其地理分布

种名	代号	染色体数	染色体组	地理分布
*Glycine*亚属（x=10）				
G. albicans Tind. And Craven	ALB	40		澳大利亚
G. arenaria Tind.	ARE	40		澳大利亚
G. asgysea Tind.	ARG	40	A_2A_2	澳大利亚
G. canescens F.J. Herm.	CAN	40	AA	澳大利亚
G. clandestina Wendl	CLA	40	A_1A_1	澳大利亚
G. curvata Tind.	CUR	40	C_1C_1	澳大利亚
G. cyrtoloba Tind.	CYR	40	CC	澳大利亚
G. falcata Benth	FAL	40	FF	澳大利亚
G. histicaulis Tind. and Craven	HIR	80		澳大利亚
G. lactovirens Tind. and Craven	LAC	40		澳大利亚
G. latifolia（Benth.）Newell and Hymowitz	LAT	40	B_1B_1	澳大利亚
G. latrobeana（Meissn.）Benth.	LTR	40	A_3A_3	澳大利亚
G. microphylla（Benth.）Tind.	MIC	40	BB	澳大利亚
G. tabacina（Labill）Benth.	TBA	40	B_2B_2	澳大利亚
		80	AAB_2B_2、BBB_2B_2	澳大利亚、中国（福建、台湾）、南太平洋岛
G. tomentella Hayata	MOT	38	EE	澳大利亚
		40	DD	澳大利亚、巴布亚新几内亚
		78	DDEE、AAEE	澳大利亚、巴布亚新几内亚
		80	AADD	澳大利亚、巴布亚新几内亚、印度尼西亚、中国（台湾）
Soja（Moench）F. J. Herm亚属（x=10）				
G. soja Sieb. and Zucc.	SOJ	40	GG	中国、日本、朝鲜半岛、俄罗斯远东地区
G. max（L.）Merr.	MAX	40	GG	栽培种

大豆品种分类研究已有百余年历史，但是大部分工作是近40～50年间进行的。Etheridge Helm及King（1929）曾把117个大豆样本，依据种皮色（分黄、青、褐、黑、双色）、花色（紫、白两种）、茸毛色（分棕、灰两色）等3个性状，分为20组，然后再根据子叶色、结荚习性及脐色等细分。他们用种皮色、花色、茸毛色作为分类依据，性状差异明显稳定，并有实用性，是可取之处。

孙醒东、耿庆双（1953）把我国南北地区的79个品种，先按种皮色，再依幼苗下胚轴色、花色、茸毛色、结荚习性、种粒大小、子叶色、脐色、籽粒光暗度等进行分类，制定了78个品种的分类检索表。但这种分类方式，无法表达大豆的生态适应情况，常把生态特点与生态适应完全不同的品种在检索表上列到一起。现在已舍弃这种烦琐的分类方法。

苏联专家因肯（EHKeH），在搜集世界各地大豆品种资源的基础上，主张把栽培大豆分为6个亚种：① 半栽培种，细茎蔓生，百粒重4～7g，分布于中国东北地区；②南斯拉夫亚种，百粒重10～13g，秆细、矮生、早熟，分布于亚洲南部及巴尔干半岛；③印度亚种，百粒重4.5～9g，细茎、蔓生、晚熟，分布于印度一带；④中国亚种，百粒重6～14g，有缠绕性，分布于中国北部、东北部及美国；⑤中国东北亚种，百粒重15～20g，茎秆粗细中等，分布于中国东北、美国、俄罗斯、加拿大；⑥朝鲜亚种，百粒重21～24g，茎粗，分布于朝鲜、日本及中国个别地区。因肯依据生长姿态、种粒大小、成熟期所作的概括性分类，指出了世界大豆的主要生态型及其分布，所述的各种生态型各地区均可出现，并把每种类型定为亚种，附有学名，这是受传统植物分类的影响，但这种分类及定名限制了类型的拓展。

美国大豆科学工作者，非常倾向分类研究要有助于品种的实际应用，Pipet和Morse（1923）最先把美国所搜集到的大豆分为极早熟、早熟、中熟、中晚熟、较晚熟、晚熟、极晚熟7个成熟期类型，极早熟品种80～90d，极晚熟品种为140～150d，每类差10d。在此基础上，补充修正为12个成熟期（MG），从00，0，1……到X，近来又增加了000组，并依各组所适应地带，从加拿大的00成熟组适应带，到北纬0°～10°X熟期组适应的委内瑞拉等地，将其间地区划分为12个成熟期地带。在美国、加拿大，提到大豆品种资源，必先说明它是属于哪一个生育期组。这个大豆生育期组分类，是美国最常用的大豆分类方法，目前已为各国普遍采用，在这个基础上，可灵活地标明它们的抗病性、结荚习性、花色等项目。

我国大豆科技工作者经过多年研究，最早采用的大豆品种分类方法是：首先划分大豆栽培区，分类按大豆栽培区为单元。同一栽培区内，按品种的播期类型及对光周期的不同反应划分不同的“型”，“型”下按种皮色、生育日数和粒大小划分“群”，“群”下按结荚习性、茸毛色和花色划分“类型”。王国勋（1987a，1987b）在此基础上提出了系统的大豆品种分类。本文所介绍的即为这一分类研究结果。

二、云南大豆种植区划及种植制度

20世纪80年代，全国大豆种植区划分为：北方春大豆区，黄淮海流域夏大豆区，长江流域春、夏大豆区，东南春、夏、秋大豆区，华南四季大豆区，共5个大区10个亚区，云南处在长江流域春、夏大豆区和华南四季大豆区。2001年，盖钧镒等重新把全国大豆生态区域划分为6个大豆品种生态区及相应10个亚区，云南属于西南高原二熟制春夏作大豆品种生态区及华南热带多熟制四季大豆品种生态区。

根据温度、雨量、播种季节，1985年刘镇绪将云南省大豆产区分为3个区：中部及北部间、套作夏大豆区，南部、西南部、西部间、套作夏大豆区和南部及西南部低热坝子单作冬大豆区及间套作晚秋大豆区。

（一）中部及北部间、套作夏大豆区

该区包括保山市的腾冲、隆阳；大理州的大理、祥云；楚雄州的南华、牟定、绿丰；昆明市的安宁、晋宁、石林；红河州的泸西；曲靖市的陆良、罗平以北。包括丽江市、迪庆州、怒江州、昭通市等，25°～28°N，海拔1650~2500m之间的地区。大豆面积1.92万hm^2，占全省28.8%，总产5956.5万kg，占全省的59.6%。平均单产3102.2kg/hm^2。土壤为山地红壤及山地棕壤、黄壤，酸性反应、缺磷。

气候属于北亚热带及温带（见表1-4-2），≥10℃的积温介于3000～4900℃之间，最热月的平均气温18～20℃，无霜期200～250d；年降雨量700～1400mm，多数地区800～1000mm，大豆生长期中（5～9月）的降雨量多数地方600～800mm，透雨开始期在5月下旬至6月上旬，北部地区5月中旬，有的年份透雨迟，夏旱突出，8、9月份有间歇性干旱，对大豆的适时播种和坐荚有影响。耕作制度多数地区为一年两熟，但小麦迟熟不利大豆、玉米及时播种，节令矛盾突出。大豆普遍与玉米间作，品种为夏大豆类型，生育期110～140d，多毛、紫白花品种均有，多为有限结荚习性，粒色有褐、黄、黑等，百粒重10～16g。

表1-4-2　云南中部及北部间、套作夏大豆区主要气候概况

地点	海拔（m）	年均温（℃）	最热月均温（℃）	≥10℃积温（℃）	无霜期（d）	雨量（mm）		雨季（月份/天数）
						全年	5～9月	
保山	1653.5	15.5	21.1	4903.9	234	975.3	687.5	6/4
大理	1990.5	15.1	20.1	4681.8	230	1079.3	863.2	6/2
楚雄	1772.0	15.6	20.8	4953.3	230	831.7	662.8	5/30
昆明	1891.5	14.7	19.8	4484.7	227	1012.5	822.4	5/23
泸西	1693.0	15.2	20.5	4615.3	266	979.4	—	—
陆良	1840.2	14.7	20.2	4470.2	248	982.1	795.9	5/17
丽江	2393.2	12.7	18.0	3531.0	213	925.2	836.2	5/29
永胜	2130.0	13.4	19.1	3987.0	200	921.0	832.6	6/2
昭通	1949.5	11.7	19.9	3226.0	220	729.2	597.3	5/14
镇雄	1666.7	11.4	20.6	3201.4	214	925.6	700.42	5/17
宣威	1983.5	13.3	19.4	3851.7	217	1003.3	793.6	5/14
会泽	2109.5	12.7	19.0	3537.5	216	827.1	644.9	5/22
马龙	2036.8	13.6	18.8	3855.8	247	1032.1	802.7	5/18
兰萍	2344.9	11.3	17.9	3220.6	198	1016.3	798.3	6/4
维西	2325.6	11.4	18.4	3079.0	197	955.0	568.4	6/7

（二）南部、西南部、西部间、套作夏大豆区

该区包括玉溪、红河、文山、思茅、西双版纳、临沧、德宏等地州及昆明市的宜良，昭通地区（现昭通市，下同）的盐津、大关、永善、绥江、水富，楚雄州的双柏、永仁、元谋，大理州的宾川、弥渡、南涧，保山地区的施甸、昌宁、龙陵；文山州的文山、西畴、麻栗坡、马关、富宁，25°N以南至21°N，海拔750m~1650m的地区。间套作的夏大豆面积3.93万hm^2，占全省总面积的59.0%，总产3479万kg，占全省总产的34.8%。平均单产885.2kg/hm^2。土壤为砖红壤及砖红壤性红壤，酸性至强酸性反应。

气候属北热带至中亚热带（见表1-4-3），≥10℃积温介于5500～8500℃，最热月平均气温22～28℃，无霜期240～365d；年降水量600～1500mm，多数地区1000mm左右，大豆生长期中（5～9月）的降雨量600～1000mm，透雨开始期多数地区在5月中下旬，少数地区在4月下旬（河口、勐腊）或6月上旬（金沙河谷区）。耕作制度复杂，有一年两熟，两年五熟，或一年三熟，与玉米间作的作物种类多，除大豆外主要有花生、红薯、菜豆、小豆等。大豆品种为夏大豆类型，多数地方品种的生育期在130～160d，种皮色黄、绿、黑、褐都有，百粒重5～15g。

表1-4-3 云南南部、西部、西南部间套作夏大豆区主要气候概况

地点	海拔（m）	年均温（℃）	最热月均温（℃）	≥10℃积温（℃）	无霜期（d）	雨量（mm）		雨季（月份/天数）
						全年	5～9月	
元江	396.4	23.8	28.5	8687.0	365	800.5	573.0	5/24
景洪	552.7	21.7	25.5	7948.0	365	1217.1	918.6	5/16
勐腊	631.9	20.9	24.6	7631.0	365	1525.6	1162.1	4/24
孟定	511.4	21.5	25.9	7865.0	365	1507.7	1175.3	5/17
河口	136.7	22.6	27.5	8249.0	365	1805.1	1411.0	4/15
景谷	913.2	20.2	24.6	2377.0	365	1256.6	953.6	5/24
孟连	950.0	19.6	23.7	7144.0	364	1368.6	1067.7	5/17
双江	1044.1	19.5	24.1	7112.0	331	1007.4	762.3	5/24
云县	1108.6	19.4	24.01	7109.0	—	914.2	669.8	5/28
盈江	826.7	19.3	24.0	6976.4	321	1484.5	1180.8	5/15
勐海	1176.3	18.0	22.1	6504.0	332	1352.8	1036.4	5/10
景东	1162.3	18.3	23.2	6444.3	332	1112.9	819.3	5/27
普洱	1302.1	17.7	21.7	6253.5	317	1542.4	1165.5	5/16
蒙自	1300.7	18.6	22.7	6308.2	326	829.5	525.3	5/27
开远	1050.9	19.8	24.2	6918.5	341	809.1	616.8	6/2
富宁	685.8	19.3	25.2	6443.7	335	1192.9	922.7	5/13
元谋	1120.2	22.0	27.1	8030.0	356	614.8	521.1	6/3
巧家	840.7	21.2	27.4	7286.0	344	787.0	627.6	5/23
新村	1254.1	20.3	25.2	6821.3	315	685.4	545.2	5/22
施甸	1468.2	17.2	22.0	5804.3	266	906.3	687.6	5/25
凤庆	1587.8	16.6	20.7	5627.2	305	1331.8	992.9	5/22
弥渡	1659.6	16.2	21.8	5191.6	242	751.0	579.5	—
玉溪	1636.9	16.2	20.9	5142.3	249	882.0	700.3	5/25
新平	1497.2	17.3	21.7	5746.2	311	976.8	750.4	5/24
弥勒	1415.2	17.4	22.2	5669.3	301	989.8	779.4	5/20
文山	1271.6	17.8	22.4	5822.3	329	1011.2	790.2	5/13
宾川	1438.4	17.8	24.0	5922.9	240	593.2	501.6	6/7
永仁	1531.1	17.8	23.4	5952.2	274	840.0	710.2	6/5

（三）南部及西南部低热坝子单作冬大豆区及间套作晚秋大豆区

该区主要分布在盈江、镇康、双江、景东、墨江、弥勒、开远、文山、砚山、西畴、广南一线以南，海拔1200m及其以下地区，根据耕作制又分两个亚区。

1. 冬大豆区

西双版纳州的景洪、勐海、勐腊，临沧地区（现临沧市，下同）的镇康、耿马，德宏州的芒市、梁河、盈江、陇川、瑞丽，保山地区的保山、龙陵，普洱市的景东，红河州的个旧、开远、蒙自、屏边、石屏、弥勒、元阳、红河、河口，文山州的文山、砚山、西畴、富宁。其中大豆种植面积在666.67hm^{2}以上的为芒市、盈江、瑞丽、耿马。全区种植面积6232hm^2，占全省的9.3%，总产495.4万kg，占全省的5.0%。平均单产794.9kg/hm^2。

此区大豆比较耐寒，6～7℃即可发芽，苗期可暂时忍受-1.1～12.0℃的低温1～2h，花荚期所需的最低温度为18℃，全生育阶段所需≥10℃积温1700～2900℃。冬大豆区气候属北热带及南亚热带（见表1-4-4），北热带区的孟定、景洪12月至1月播种，5月成熟，全年无霜，最冷月均温14.4～15.5℃，≥10℃积温（12月至5月）1678～1841℃。南亚热带区的瑞丽、芒市、开远、文山、元谋，1～2月播种，5~6月成熟，有霜日数2～5.8d，终霜期1月中下旬，最低气温0.1～2.9℃，最冷月均温10.6～14.5℃，≥10℃积温（1~6月）1383～2216℃，基本上能满足大豆所需的最低气温。但冬季干旱，雨量只有20～105mm，生长期中需灌水2～3次，一般与水稻或其他大春作物轮作，种植品种的生长势较强，早熟的类型，如竹圆黄豆、建水黄豆、小黄豆、花脸豆、瑞士黄豆、托秕毫（傣语）等。

表1-4-4　云南冬大豆区主要气候概况

地点	海拔（m）	≥10℃积温（℃）	最冷月月均温（℃）	极端最低气温（℃）	有霜日数（d）	终霜期（月份/天数）	1～4月降雨量（mm）
孟定	511.4	1678.7	14.3	2.2	0	—	83.9
景洪	552.7	1841.7	15.7	2.7	0	—	101.2
瑞丽	775.6	1722.1	12.6	1.2	3.1	—	85.8
芒市	913.8	1589.9	12.1	-0.6	24.2	2/17	105.1
开远	1050.9	1732.4	12.8	-2.1	3.7	1/19	90.1
文山	1271.6	1383.6	10.6	-2.9	5.8	1/23	101.9
元谋	1120.0	2216.6	14.5	0.1	2.0	—	20.6

2. 晚秋大豆区

文山州的砚山、西畴、麻傈坡、广南、富宁，思茅地区（现普洱市，下同）的景东，临沧地区的沧源，面积1926hm^2，占全省2.9%，总产63万kg，占全省的0.6%。单产327kg/hm^2。以景东、沧源、富宁、砚山、西畴种植较多（400～666.7hm^2）。

晚秋大豆多在早熟的水稻或其他大春作物（如玉米）后期（7、8月）套种，霜前收获，生长期中的气温由高至低，播种时21～24℃，花荚期虽在18℃以上，能达所需最低温度，但生长量很差，有效积温不足，种植品种多为小粒种，种植管理粗放，单产很低。云南晚秋大豆生长期主要气候概况见表1-4-5。

表1-4-5 云南晚秋大豆生长期中主要气候概况

地点	海拔（m）	各月平均气温（℃）					≥10℃积温（℃）	初霜期（月份/天数）	降雨量（mm）
		8月	9月	10月	11月	12月			
景东	1162.3	22.8	21.7	19.1	15.1	11.5	1220.3	2/1	566.3
富宁	685.8	24.4	22.7	19.6	15.4	12.3	1376.3	4/12	584.6
广南	1473.5	21.6	20.0	17.0	12.6	9.8	948.3	7/12	434.3
沧源	1278.3	21.3	20.7	18.5	15.0	11.7	1002.5	1/16	833.8

三、云南大豆的种植历史

大豆是云南省古老作物之一，数千年来对云南省各族人民繁衍生息、营养保健起到了重要作用。大豆籽粒含蛋白质40%左右，脂肪20%左右，碳水化合物约35%，含有人体必需的8种氨基酸，并且含有丰富的钙、磷、铁等元素和维生素A、E、D等。每千克热量4120kcal，比大米、面粉、玉米分别高出17%、16%、14%。云南省贫困山区面积大，人口多，食用大豆在补充蛋白质和油脂的不足、保证山区人民健康中具有重要作用。随着畜牧、水产养殖业的发展，高蛋白饲料的需求与日俱增，豆粕是牲畜、家禽、鱼虾的理想饲料。大豆蛋白容易消化，易吸收，比玉米、高粱、燕麦消化率高26%～28%。

大豆也是云南省粮食、油料、饲料、蔬菜、副食兼用作物，是新兴的食品工业、医药、轻工业、饲料工业的主要原料。除了制油和各种传统食品和饲料外，大豆还可以加工成大豆粉、组织蛋白、浓缩蛋白、分离蛋白，这些产品已广泛应用于肉制品、烘烤制品和奶烙制品中。大豆可提取荷尔蒙、维生素、鞣酸、蛋白、卵磷脂等。最新研究报道，常食用大豆制品可预防乳腺癌、老年性痴呆、糖尿病等，大豆皂苷可预防艾滋病。所以，以大豆为原料的高蛋白食品、老年食品、婴儿食品风靡世界。全世界含有大豆蛋白的食品有1.2万种以上。1992～1999年间，全球大豆食品销售额年平均增长20%以上，尤其以欧美国家为盛。

大豆根瘤菌能固定空气中游离氮素。轮作制中有计划地种植大豆，可以把用地养地结合起来，维持地力，促进连年各季均衡增产。大豆的残枝落叶，又可回归土壤，增加土壤有机质，有利于培肥地力。云南省山区、半山区红土壤旱地面积较大，在这些旱地上发展大豆生产，对保持生态平衡，促进社会与自然协调发展具有积极作用。

云南种植大豆的历史，自1949～2017年有统计数据以来的68年中，从播种面积上看，呈现高—低—高的峰值波动。目前正处于高峰发展阶段，年均播种面积达到了历史最高，为13.5万hm^2。随着大豆育种进程的推进，大豆育种技术水平的不断提高和新品种的推广应用，云南大豆平均单产也在不断上升，从20世纪50年代的平均633.3kg/hm^2增加至目前的2092.6kg/hm^2，全省平均单产增长率达230.43%。全省大豆年均总产也随着种植面积和单产的增加而成倍增加。单产及总产成倍增长的另一个主要原因是，随着我国经济和科技的发展，农民的种植技术、管理水平和思想意识在不断提高。原来大豆属于“懒庄家”，农民只知道“种”和“收”，不知道也不想“管”。加上早前生产上用的大多为地方老品种，这些老品种不仅存在种性退化问题，而且生育期偏长、倒伏严重，因此，大豆单产水平较低。随着大豆育种工作的发展，大豆新品种及相应的高产配套技术的研究及应用得到了推广，因此，大豆的平均单产在迅速提高。1949～2017年云南大豆种植面积、总产及单产情况见表1–4–6。

表1–4–6　1949～2017年云南省大豆种植面积、总产及单产

年份	播种面积（万hm^2）	平均单产（kg/hm^2）	总产（万t）
1949～1959	11.7	633.3	7.4
1960～1968	8.4	945.0	7.9
1969～1983	5.0	1632.0	8.2
1984～1992	6.7	1375.1	9.2
1993～2002	10.0	1252.2	12.5
2003～2017	13.5	2092.6	28.2

随着作物种植结构的调整，大豆在旱地作物种植结构中的地位越来越重要。尤其近年来，在我国大豆需求日益增加，进口大豆逐年上升，而大豆生产徘徊不前的整体背景下，南方地区大豆生产呈现明显上升趋势。在南方地区，大豆品种类型和种植方式多样，除少量净种外，多与其他作物间作套种。间套种不仅可以充分利用温、肥、水和土地等资源，还能提高光能利用率，从而提高单位面积的产出率，与净作相比，合理的间作系统能提高作物的总产量，保持产量的稳定性。云南大豆多与玉米、幼果林、油葵、葡萄、甘蔗等间作、套种。这些种植方式，是在保证主粮产量和经济作物正常生长的条件下，每公顷多收约1500～2250kg大豆，每公顷多增收益7500～12400元。这对于稳定粮食总产，增加农民收入，繁荣城乡市场，促进云南经济全面发展，具有重要意义。

第二节　云南大豆种质资源收集和鉴定评价

一、大豆种质资源收集与保护

大豆在云南种植历史悠久，但大豆品种资源的系统收集保护工作却起步较晚。20世纪80年代以前，第一次全国农作物资源普查征集和相关课题收集的资源材料，因历史原因保存不善，基本流失。因此，云南大豆品种资源的系统收集保护研究工作起始于1979年第二次全国农作物资源普查。云南大豆种质资源的调查收集，主要包括综合性征集、考察收集和课题组结合科研项目实施所进行的专业性收集、引进。

（一）征集收集

1979年8月，按照第二次全国农作物资源普查的部署，云南省农业厅、云南省农科院在昆明召开各州、市、县农业部门会议，部署各地农业局负责广泛收集各种作物品种资源送交云南省农科院进行整理鉴定。

（二）考察收集

云南大豆品种资源的考察收集主要为综合性考察收集，主要包括：

（1）1979年9～11月，在中国农科院领导下，由中国农科院品资所、云南省农科院粮作所、云南省农业厅、云南大学生物系、云南省农展馆、浙江、湖南、四川、上海等院校参加的“云南省稻豆品种资源考察”所进行的考察收集。考察团分赴临沧、保山、丽江、德宏、迪庆、怒江、大理等7个州市，20个县，89个自然村，进行考察收集。其范围为23°~28°N，98°~101°E，海拔在420~3330m之间。考察收集了一批大豆品种资源。

（2）1985年8月由中国农科院品种资源所牵头，吉林省农科院大豆所、云南省农科院粮作所组成“云南野生大豆考察小组”分别到滇西北、滇东北和滇南，丽江、迪庆、大理、临沧、保山、思茅、楚雄、昭通、曲靖、红河、文山等12个州市、26个县、36个点，进行野生大豆和栽培大豆资源的考察和补充收集。

（3）2007~2008年，由中国农科院主持，云南省农科院等单位执行的科技部“云南及周边地区农业生物资源调查”项目。在普查基础上，综合考虑全省生态类型、民族类型、农业生物资源丰度等因素，选择了31个重点县进行系统的考察收集。本次系统调查，采用了拍照、摄像、GPS定位等现代技术，并将资源原生地生态地理信息、民族信息、经济社会信息纳入了调查范围。共在23个县收集了大豆资源75份。

（三）课题组结合科研项目实施所进行的收集、引进

20世纪80年代以来，云南省农科院粮食作物研究所豆类中心课题组结合科研项目考察、引进收集了大量本省、外省和国外大豆品种资源，极大地丰富了云南大豆品种资源的宝库。

截至2017年12月底，在全省16个州市、101个县，共收集保存云南大豆地方品种资源743份，见表1-4-7；野生大豆2份；外省品种资源777份，见表1-4-8；国外品种资源497份，见表1-4-9，共计2019份。其中，584份云南大豆地方品种资源进入国家作物种质资源长期库保存，其余保存于云南省农科院种质库和课题组。

表1-4-7 云南大豆地方品种资源统计表

地区	县数	品种总数	所占比例（%）
临沧	7	53	7.1
普洱	6	81	10.9
大理	10	58	7.8
红河	12	73	9.8
昭通	9	109	14.7
丽江	5	34	4.6
德宏	3	57	7.7
保山	5	32	4.3
曲靖	7	51	6.9
楚雄	6	27	3.6
玉溪	7	36	4.8
怒江	5	33	4.4
昆明	8	43	5.8
文山	6	44	5.9
迪庆	3	8	1.1
西双版纳	2	4	0.5
合计	101	743	100

表1-4-8 云南引进的省外大豆品种资源统计表

来源	吉林	辽宁	黑龙江	河南	河北	江苏	湖南	四川	贵州	新疆	山西	广西	合计
数目	87	45	48	36	71	84	18	23	24	1	25	4	466
来源	安徽	北京	湖北	陕西	福建	江西	上海	台湾	山东	广东	浙江	内蒙古	合计
数目	44	81	71	2	14	2	15	5	36	9	30	2	311
合计	—	—	—	—	—	—	—	—	—	—	—	—	777

表1-4-9 云南引进的国外大豆品种资源统计表

来源	日本	泰国	美国	巴西	英国	韩国	加拿大	尼泊尔	合计
数目	30	25	421	8	1	7	1	4	497

二、云南大豆种质资源基本性状评价、鉴定、编目研究

结合云南大豆品种资源的收集和资源编目，1986年以来，先后对所搜集到的云南大豆品种资源开展了田间评价、鉴定、整理和编目。田间评价、鉴定通常进行2～3年，第一年以植株形态性状为重点，第2～3年以农艺性状为重点。同时，充分利用有利条件对病虫害、抗逆性等抗性进行自然鉴定。整理主要通过对原始样本记录、标本、种子形态的汇总分析和田间观察，特性鉴定，更正错误，理清“异名同种”或“同种异名”，归并重复品种。编目主要按照中国农科院品资所规定要求，如：总编号、品种名称、原产地或来源、保存单位编号、类型、生育期、粒色、子叶色、脐色、百粒重、粒型、生长习性、结荚习性、茸毛色、花色、株高、叶形、脂肪含量、蛋白质含量等，汇总相关信息进行编目。目前，已有662份云南地方品种资源编入国家大豆品种资源目录（续编一、二、三）；18份地方品种资源编入国家大豆品种志。同时，结合评价、鉴定开展了相关的综合研究。

（一）生态类型的多样性

根据盖钧镒对全国大豆生态类型的划分，云南应属于西南高原二熟制春夏作大豆品种生态区及华南热带多熟制四季大豆品种生态区。云南省一年四季均可播种大豆，既有春大豆、夏大豆，有秋大豆和冬大豆。以夏大豆面积最大，约占全省大豆播种面积的70%。

夏大豆：主要分布在滇东北、滇西北和滇南，海拔1600～2300m之间的地区。通常与玉米、果树、马铃薯等作物间种、套种。播种面积约是全省大豆面积的70%，产量约是全省的90%。一般是5月中旬至6月上旬播种，10月中旬收获，生育期110～130d，一年两熟制。

秋大豆：分布在海拔1200～1300m的亚热带地区，多在红河、文山、普洱、临沧、西双版纳等地。秋大豆是在早稻、早玉米收获后，烤烟底叶采摘后的7月初至8月中旬播种，11月（霜期前）收获。

冬大豆：主要分布在海拔1200m以下的西双版纳、德宏、临沧、保山、思茅、红河、文山等地的低热河谷地区。冬大豆的前作多数是水稻。播种期在11月底至12月中旬，翌年5月初收获，生育期较长。

春大豆：主要是在倒茬、轮作间隙零星种植，分布在南部边缘低热地区。一般是2月初播种，7月初收获。有收干豆的，也有收青毛豆的。西双版纳、思茅、红河、文山等地都有种植。但春大豆的种植面积较小。

（二）植物学特性的多样性

云南省农业科学院粮食作物研究所按照国家统一的试验方法和鉴定标准，对编入《中国大豆品种资源目录》的云南地方品种资源进行了系统的鉴定及评价。鉴定地点设在云南省农业科学院试验基地，海拔1929m，102°45′45.8″E，25°07′31.7″N，年平均气温12.6℃，年降水量1100mm左右。鉴定时间为每年的5月中下旬至10月中下旬。完成的主要农艺性状鉴定评价及各性状多样性指数结果如下：

1. 生育期

大豆全生育日数是指从大豆播种至成熟所占的生育日数。根据对入编《中国大豆品种资源目录》（续编一、续编二）的582份云南大豆品种资源全生育日数的观测，其全生育日数变异范围在100～190d，平均全生育期日数133d，标准差15.8，变异系数为 11.9%。全生育日数≤120d的有139份，占总数的23.9%，在南方夏大豆种植中属于早熟品种；全生育日数在121～130d的品种有108份，占总数的18.6%，在南方夏大豆种植中属于中熟品种；全生育日数在131～140d的品种有224份，占总数的38.5%，在南方夏大豆种植中属于晚熟品种；全生育日数≥141d的品种为极晚熟品种有111份，占总数的19.1%。中晚熟品种占总数的57.1%，可见云南大豆地方品种资源在南方夏大豆种植中多为中晚熟品种，这是云南大豆地方品种资源的一大特色，其平均生育日数比东北、河北、黄淮等主产区长。

2. 株高

大豆株高是指成熟时从子叶节到植株生长点的高度。根据对572份记载完整的云南省大豆资源株高的数据分析：其株高变异幅度在12.8～176cm之间，平均株高75.2cm，标准差22.4，变异系数29.8%。株高50cm以下的资源有4份，占总数的0.7%；100cm以上的有9份，占总数的1.6%；其余绝大多数大豆资源的株高集中在50～100cm之间。比东北大豆平均株高矮。

3. 花色和茸毛色

大豆的花色有紫花和白花两种，云南大豆品种资源中紫花占74.4%。茸毛色有棕毛和灰毛两种，云南大豆品种资源中棕色茸毛占81.4%。因此，云南大豆地方资源以紫花、棕毛为主，与东北大豆品种资源白花占61.0%，灰毛占71.5%有较大区别。

4. 结荚习性和生长习性

大豆的结荚习性有有限、无限和亚有限3种。生长习性有直立、半直立、半蔓生和蔓生等4种。云南大豆以直立型和有限结荚习性为主，分别占88.8%和72.8%。长江中下游地区与云南近似，直立型和有限结荚习性各占74.8%和78.7%；东北地区以直立型和无限结荚习性为主；黄淮地区半蔓生和蔓生占53.4%，略多于直立型。

5. 籽粒性状

籽粒性状包括大豆种子的子叶色、种皮色、脐色和粒型4个性状。

子叶色：大豆子叶有黄、绿两种类型。云南582份地方品种资源的子叶色全为黄色。

种皮色：大豆种皮有黄（浓黄、黄、淡黄、白黄、暗黄）、青（淡绿、绿、暗绿）、黑（黑、乌黑）、褐（深褐、淡褐、茶、紫红）、双色（虎斑、鞍挂）等。原来的分类很细，但后来为了记录规范和方便，将大豆种皮颜总体上概括为黄、青、黑、褐和双色5种颜色。582份云南大豆地方品种资源中，黄色种皮品种资源有285份，占总数48.97%；青色种皮资源有108份，占总数18.56%；褐色种皮资源有103份，占总数17.70%；黑色种皮资源有69份，占总数11.86%；双色种皮资源有17份，占总数2.92%。云南大豆地方品种资源种皮颜色多样性十分丰富。总体上云南大豆地方品种资源黄色种皮和深色种皮各占半数；东北地区的大豆以黄色种皮为主，占总数的72.6%；黄淮地区大豆黄色种皮占42.3%，黑色种皮高于其他主产区，占32.9%；长江流域地区大豆绿色种皮的比例高于全国各产区。

脐色：大豆种脐色有黄（无）、淡褐、褐、深褐、蓝、黑6种类型。云南大豆地方品种资源中种脐色除了没有蓝色的种脐外，其余均有。其中，黑色种脐资源有224份，占总数的38.5%；褐色种脐资源有288份，占总数的49.5%；深褐色种脐资源有59份，占总数的10.1%；淡褐色种脐资源有10份，占总数的1.7%；黄色种脐资源有1份。云南大豆地方品种资源种脐色以黑色和褐色为主，占总数的88.0%。

粒型：大豆的粒型有圆、扁圆、椭圆、扁椭（圆）、长椭（圆）、肾形等类型。582份云南大豆地方品种资源中，粒型为扁椭（圆）的有309份，占总数的53.09%；椭圆的有228份，占总数的39.18%；长椭（圆）的有26份，占总数的4.48%；扁圆的有11份，占总数的1.89%；圆形的有8份，占总数的1.38%。云南大豆地方品种资源粒型以椭圆和扁椭（圆）为主，占总数的92.27%；东北大豆粒型圆形占48.70%；长江中下游地区主要是椭圆形，占74.40%。

6. 百粒重

百粒重是大豆分组的重要性状。按照邱丽娟等关于大豆种质资源描述规范和数据标准，百粒重＜5.0g的为极小粒种；5.0g≤百粒重＜12.0g为小粒种；12.0g≤百粒重＜20.0g为中粒种；20.0g≤百粒重＜30.0g为大粒种；百粒重≥30.0g的为特大粒种。582份云南大豆地方品种资源百粒重的变异幅度在4.1～31.5g之间，平均百粒重15.6g，标准差4.9，变异系数31.4%。其中，极小粒种12份，占总数的2.1%；小粒种116份，占总数的19.9%；中粒种311份，占总数的53.4%；大粒种115份，占总数的19.8%；特大粒种有2份。以中小粒种居多，占总数的73.3%。而东北和长江流域产区，则以中大粒种为主，分别占各自总数的85.2%和66.9%。

7. 品质性状

547份云南大豆地方资源的蛋白质和脂肪含量测定，由中国农科院品质所指定吉林省农科院大豆所完成。主要结果如下：

（1）蛋白质含量。云南547份大豆地方资源的蛋白质含量变异范围在39.3%～50.8%，平均44.36%，变异系数为4.60%。蛋白质含量在42.0%～45.9%之间的资源有368份，占总数的67.28%，其中蛋白质含量在42.0%～42.9%之间的资源有76份，占总数的13.89%，蛋白质含量在43.0%～43.9%之间的资源有99份，占总数的18.1%，蛋白质含量在44.0%～44.9%的资源有123份，占总数的22.49%，蛋白质含量在45.0%～45.9%之间的资源有70份，占总数的12.8%；蛋白质含量在46.0%～46.9%的资源有60份，占总数的11%；蛋白质含量在47%及以上的资源有60份，占总数的11%（见图1-4-1）。

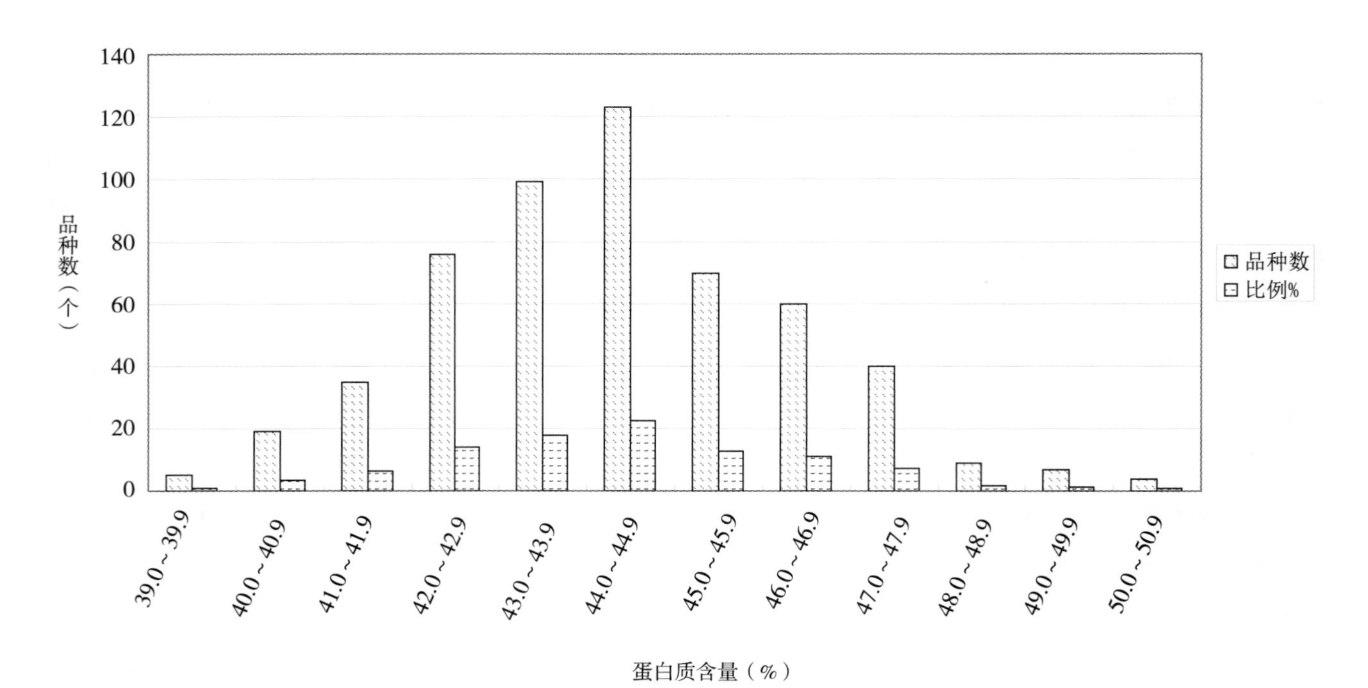

图1-4-1　547份云南大豆种质的蛋白质含量分布

可见，云南大豆地方品种资源的蛋白质含量主要集中在42.0% ~ 45.9%之间的区域。虽然平均蛋白质含量（44.36%）低于四川（46.52%）和贵州（46.17%），而与广西（44.99%）和广东（44.36%）相接近，但蛋白质含量≥43%（国标1级）的品种资源达412份，占总数的75.32%。其中，蛋白质含量≥45%（国标特级）的品种资源达190份，占总数的34.74%。总体看，高蛋白质优异资源丰富是云南大豆地方品种资源的一大特色。

（2）脂肪含量。云南547份大豆地方资源脂肪含量变异范围在13.3% ~ 20.5%，平均17.41%，变异系数为7.24%。脂肪含量在16.0% ~ 18.9%之间的资源有420份，占总数的76.78%，其中脂肪含量在16.0% ~ 16.9%之间的资源有109份，占总数的19.93%，脂肪含量在17.0% ~ 17.9%之间的资源有170份，占总数的31.08%，脂肪含量在18.0% ~ 18.9%的资源有141份，占总数的25.78%；脂肪含量在19.0% ~ 19.9%之间的资源有46份，占总数的8.41%；脂肪含量在20.0%及以上的资源有6份，占总数的1.1%（见图1-4-2）。

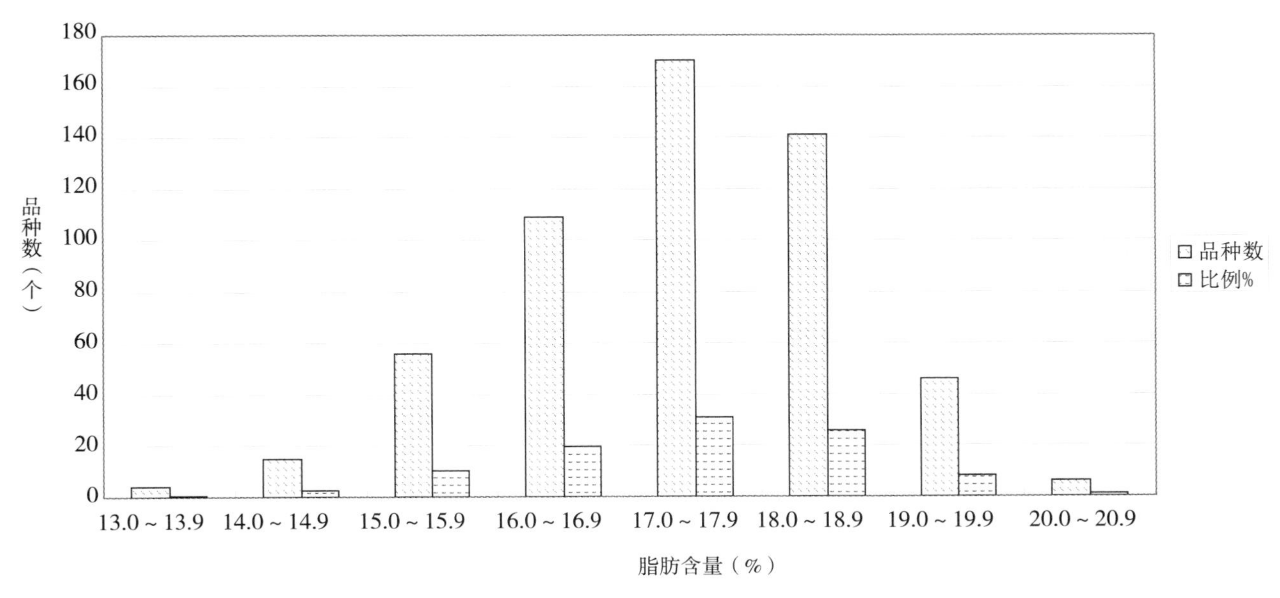

图1-4-2　547份云南大豆种质的脂肪含量分布

可见，云南大豆地方品种资源的脂肪含量主要集中在16.0%～18.9%之间的区域，脂肪含量≥20%的品种资源仅有6份。云南大豆地方品种资源脂肪含量总体偏低，达到国标1级（20.5%～21.9%）的品种资源仅5份。

（3）云南各地大豆种质资源蛋白质和脂肪分布。云南15个州（市）大豆地方品种资源蛋白质和脂肪含量的分布情况见表1-4-10。

表1-4-10　云南各地大豆种质资源蛋白质和脂肪含量分布表

地区	品种（个）	蛋白质（%）			脂肪（%）		
		变异范围	平均值	变异系数	变异范围	平均值	变异系数
文山	27	42.7～49.1	45.10	3.99	15.1 ～18.1	16.86	5.46
临沧	36	40.7～50.1	45.01	5.22	14.1 ～18.9	16.87	7.47
昭通	73	40.3～50.8	44.89	4.17	14.4 ～20.5	17.77	6.58
红河	41	40.4 ～49.3	44.84	4.06	15.0 ～19.5	17.34	7.5
昆明	28	42.2 ～49.2	44.83	4.04	15.7 ～19.4	17.83	5.94
大理	51	41.2 ～50.0	44.81	3.86	14.0 ～20.0	17.11	7.77
玉溪	21	41.8 ～48.0	44.69	4.01	15.8 ～19.2	17.62	5.62
保山	19	41.7 ～49.9	44.62	4.71	14.3 ～19.0	17.53	6.56
普洱	64	40.1 ～50.8	44.41	4.86	13.8 ～19.2	16.91	7.21
怒江	17	39.8 ～47.2	44.41	4.77	15.6 ～19.8	17.49	8.4
楚雄	23	40.0 ～47.5	44.22	3.96	13.6 ～19.9	17.51	8.74
迪庆	2	44.0 ～44.4	44.20	0.63	15.7 ～17.2	16.45	6.44
曲靖	59	40.1 ～48.0	43.68	3.73	14.2 ～19.5	18.03	5.38
丽江	30	39.5 ～49.6	43.65	5.41	13.4 ～20.2	17.60	8.58
德宏	56	39.3 ～47.0	42.74	2.85	13.3 ～20.4	17.33	7.04
合计	547	39.3 ～50.8	44.36	4.60	13.3 ～20.5	17.41	7.24

可见，各地大豆地方品种资源中平均蛋白质含量在45.0%以上的地区主要是文山州和临沧市，而德宏州、曲靖市和丽江市平均蛋白质含量较低；蛋白质含量变异系数以丽江（5.41%）和临沧（5.22%）的较大。平均脂肪含量较高的地区为曲靖和昆明，迪庆最低；脂肪含量变异系数以楚雄（8.74%）、丽江（8.58%）和怒江（8.40%）的较大。各地都有部分高蛋白优异资源。

8. 遗传多样性指数

利用遗传多样性指数（genetic diversity index）计算公式：

$$I=(-\sum_{i}\sum_{j}P_{ij}\lg P_{ij})/N$$

计算以上大豆种质资源各主要性状的遗传多样性指数。其中P_{ij}为第i个性状第j个表现型的频率，N为计算过程中所涉及的性状总数。见表1-4-11。

表1-4-11 云南省大豆地方资源的12个主要性状的遗传多样性指数表

性　状	品种总数	多样性指数
全生育期	582	1.8568
株高	572	2.1629
生长习性	580	0.3622
花色	579	0.7151
结荚习性	580	0.7423
茸毛色	575	0.5412
种皮色	582	1.3239
脐色	582	1.0434
粒型	582	0.9760
百粒重	582	2.0787
粗蛋白	547	2.0832
粗脂肪	547	2.0386

可见，12个主要性状的多样性以株高（2.1629）、蛋白质含量（2.0832）、百粒重（2.0787）、脂肪含量（2.0386）4个数量性状的多样性指数较大，生长习性（0.3622）、茸毛色（0.5412）和花色（0.7151）等性状的多样性指数较小。

（三）地理分布的多样性

来自15个州（市）87个县（市、区）的582份云南省大豆地方种质资源在地区间的分布和多样性指数见表1-4-12。

表1-4-12 云南省大豆地方种质资源的地区多样性指数表

地区	县数	品种总数	多样性指数
临沧	6	40	1.3302
思茅	6	70	1.3264
大理	10	53	1.2992
红河	10	45	1.2631
昭通	7	80	1.1809

续表1-4-12

地区	县数	品种总数	多样性指数
丽江	3	32	1.1568
德宏	3	56	1.1553
保山	4	23	1.1458
曲靖	7	46	1.1431
楚雄	6	23	1.1284
玉溪	7	22	1.1165
怒江	5	20	1.0644
昆明	8	43	1.0457
文山	4	27	1.0415
迪庆	1	2	0.4043
合计	87	582	

可知，在数量上的地区分布依次是昭通＞思茅 ＞曲靖 ＞德宏 ＞大理 ＞红河 ＞临沧 ＞丽江 ＞昆明 ＞文山 ＞保山=楚雄 ＞玉溪 ＞怒江 ＞迪庆。即以滇东北、滇西南、滇西北居多。多样性最丰富的州市是滇西南的临沧、思茅，滇西的大理和滇南的红河，多样性指数范围在1.2631～1.3302之间；其次是昭通、丽江、德宏、保山、曲靖、楚雄和玉溪，多样性指数范围在1.1165～1.1809之间；而怒江、昆明、文山多样性相对较低，多样性指数范围在1.0415～1.0644之间。迪庆地区样本数太少，不纳入比较。

云南省大豆地方种质资源的县域多样性差异也十分明显，多样性指数范围在0.0000～1.2884之间。29个县的多样性指数为0.7～0.9；18个县的多样性指数为0.5～0.7；10个县的多样性指数为0.3～0.5；21个县的多样性指数为0～0.3。多样性指数在0.9以上的有9个县（区），即镇康、古城、新平、昭阳、大关、镇雄、墨江、麒麟、盈江。而通海、个旧和丘北等县市的多样性指数最低。

由以上分析结果可知，云南大豆地方种质资源的多样性不仅在州市间及县市区间存在较大差异，而且性状间的多样性差异也十分明显，表明云南省大豆地方种质资源的变异较大，遗传差异较为丰富。

三、特异优异大豆种质资源

多年来，云南农科院豆类研究中心结合科研（育种）需求，对收集保存的大豆种质资源特异优异性状开展了一系列的鉴定和筛选，明晰了一大批特异优异性状种质，并加以利用，取得了丰硕的成果。

（一）云南野生大豆种质资源

野生大豆抗逆性强，特异性状丰富，是大豆资源基因库的重要组成部分，对大豆起源、演化和遗传改良研究具有特殊的重要意义。云南仅收集2份野生大豆种质资源，均来自丽江市宁蒗县海拔2600～2700m区域。

编号：24-1，原产地：丽江宁蒗县拉罗湾，海拔2670m，生育期135～140d，株高107cm，主茎明显，节数20节，分枝有11个，茎粗平均0.3cm，紫花，棕毛，尖卵叶型，种皮黑色，有泥膜，脐色黑色，百粒重1.6g，蛋白质含量40.27%，脂肪含量12.03%。

编号：24-2，原产地：丽江宁蒗县新营盘，海拔2630m，生育期160d，株高120cm，主茎不明显，紫花，棕毛，种皮、脐色为黑色，子叶黄色，有泥膜，百粒重1.4g，蛋白质含量44.26%，脂肪11.95%。

（二）云南地方品种优异种质资源

1. 特异优异农艺性状资源

（1）极小粒种质。极小粒种质指百粒重小于5.0g的大豆种质。云南大豆的极小粒品种，多属于半蔓生生长习性，种皮颜色较深，生育期较长。极小粒种质具有较强的适应性，凡是生长环境不良，大粒种不能适应的地区，小粒种广为分布，尤为耐旱耐瘠。且其蛋白含量通常较高。代表品种见表1–4–13。

表1–4–13 云南极小粒种质代表品种

序号	单位编号	品种名称	来源与产地	种皮色	百粒重（g）
1	E0163	弥渡过小黑豆	弥渡	黑色	3.5
2	E0208	小黑豆	曲靖	黑色	3.9
3	E0567	普洱小绿豆	普洱	绿色	3.8
4	E0008	镇康小黄豆	镇康	淡绿色	3.9
5	E0118	漾濞黑豆	漾濞	黑色	3.5

（2）极大粒种质。极大粒种质指百粒重大于30.0g的大豆种质。极大粒种质是菜用毛豆的首选条件，但云南省地方资源中特大粒种质较少，其代表品种见表1–4–14。

表1–4–14 云南极大粒种质代表品种

序号	单位编号	品种名称	来源与产地	种皮色	百粒重（g）
1	E0485	元谋大豆	元谋	绿色	31.5
2	E0790	红河大黄豆	红河	黄色	30.1
3	E0796	永仁大黄豆	永仁	黄色	31.5

（3）多荚多粒种质。多荚多粒是大豆丰产的前提，也是选育高产品种的重要亲本。经多年鉴定筛选，云南地方资源中单株结荚在70个以上，而且单株粒数在150粒以上的品种资源有13份（见表1–4–15）。

表1–4–15 云南大豆品种资源中多荚多粒的种质

序号	单位编号	品种名称	来源	单株结荚（个）	单株粒数（粒）
1	E0169	福贡大白豆	福贡	100.2	190.4
2	E0173	昭通白日黄豆	昭通	73.6	154.6
3	E0191	墨江大白豆	墨江	74.2	199.2
4	E0275	昌宁黄豆	昌宁	71.5	166.6
5	E0250	元阳黄豆	元阳	84.9	197.8
6	E0257	元阳黄豆	元阳	78.2	172.7
7	E0140	镇雄巫脸巴白豆	镇雄	82.6	165.0
8	E0033	永胜黄豆	永胜	72.7	181.8
9	E0316	福贡怒毕力马高	福贡	81.1	191.9
10	E0025	耿马黑黄豆	耿马	77.4	182.7

续表1-4-15

序号	单位编号	品种名称	来源	单株结荚（个）	单株粒数（粒）
11	E0326	镇康黑黄豆	镇康	85.0	209.9
12	E0208	曲靖小黑豆	曲靖	84.6	233.5
13	E0181	墨江大白豆	墨江	97.2	195.0

（4）多分枝种质。大豆分枝特性是大豆重要的产量性状之一。大豆分枝的多少因品种特性而异，但不同的栽培条件对分枝有很大影响，同一品种稀植，水肥充足，分枝就多；而密植，水肥条件差，分枝就少。但在南方地区，大豆要获得较好的产量，分枝数应在3个以上。经多年鉴定筛选，从云南地方资源中筛选出分枝数在6个以上的种质9份，可供利用（见表1-4-16）。

表1-4-16　云南大豆种资源多分枝品种

序号	单位编号	品种名称	来源	株高（cm）	分枝数（个）
1	E0274	保山细黄豆	保山	98.7	9.4
2	E0053	思茅大白豆	思茅	87.5	8.3
3	E0085	大关黄皮豆	大关	61.4	7.8
4	E0204	墨江虎皮豆	墨江	76.2	7.8
5	E0202	墨江本地豆	墨江	70.9	7.1
6	E0025	耿马黑黄豆	耿马	78.6	7.3
7	E0041	芒市茶黄豆	芒市	82.7	7.1
8	E0203	墨江黑豆	墨江	79.5	7.7
9	E00160	镇康乌眼豆	镇康	86.5	7.8

（5）中长花序种质。大豆花序的长短也是大豆重要的产量性状之一。长花序种质的特点是植株顶端的花序较一般种质长。测量方法是在大豆结荚始期，取20个单株，用直尺测量花序着生点到花序顶端的长度，取平均值。按照花序长短分为3级，即短（花序<3cm）；中（花序在3～10cm之间）；长（花序>10cm）。按照标准，经多年筛选，在云南大豆地方品种资源中筛选到5份花序长度在5～7cm之间的中长花序种质，未筛到长花序种质。云南大豆地方品种资源中的中长花序种质见表1-4-17

表1-4-17　云南大豆种资源中的中长花序种质

序号	单位编号	品种名称	来源与产地	花轴长（cm）
1	E0962C	本地黄豆	寻甸	5～7
2	E0913	早茶豆	昭通	5～7
3	E0488	松子黄豆	昭通	5～7
4	E0265	镇雄大绿豆	昭通	5～7
5	E0243	镇沅棕色豆	镇沅	5～7

（6）多节种质。大豆茎上有节，节是叶柄在茎上的着生处，也是花荚或分枝在茎上的着生处。因此，节数的多少是一个直接影响籽粒产量高低的形态特征。主茎节数的多少因品种不同而异，但同一品种在不同的气候和栽培条件下，主茎节数变化也较大。云南地方品种主茎节数多在10～15个节之间，经

多年筛选，也筛到了部分主茎节数多于15个的优异种质。云南大豆资源中多节种质资源见表1–4–18。

表1–4–18 云南大豆种资源中的多节种质

序号	单位编号	品种名称	来源与产地	株高（cm）	主茎节数
1	E0327	白黄豆	镇康	61.1	16
2	E0191	大白豆	墨江	121.9	19.3
3	E0231	黄豆	瑞丽	64.8	16.9
4	E0078	杂黄豆	新平	90.3	16.1
5	E0053	大白豆	普洱	87.5	16.6
6	E0033	黄豆	永胜	83.0	16.2
7	E0301	选18	德宏	69.7	17.0
8	E0035	青皮黄豆	永胜	70.5	16.1
9	E0122	大白豆	金平	122.2	18.5
10	E0222	松子豆	华宁	90.2	17.1
11	E0326	黑黄豆	镇康	80.7	18.0
12	E0047	青皮黄豆	腾冲	64.2	17.8
13	E0181	大白豆	墨江	97.5	18.2

2. 抗性优异资源

（1）大豆花叶病毒病抗性种质。大豆花叶病毒病是大豆生产中的一个重要病害。鉴定方式有田间自然发病鉴定和人工接种鉴定两种。田间自然发病调查方法采用五级分级标准，根据发病级别调查病情指数，确定其抗病性。“七五”至“八五”期间，共对451份云南大豆资源进行了田间自然发病鉴定，其中有效数据406份。结果显示：0级（免疫）有6份，占参试总数的1.48%；1级（抗）有69份，占17.00%；2级（中抗）321份，占79.06%；3级（中感）有10份，占2.46%。可见，云南大豆地方品种资源对大豆花叶病毒的抗性总体较强，中抗以上的材料，占参试总数的97.54%。其抗性代表品种见表1–4–19。

表1–4–19 云南大豆品种资源中抗大豆花叶病毒病的代表品种

序号	单位编号	品种名称	来源与产地	抗 性
1	E0083	小白豆	新平	抗
2	E0087	白豆子	大关	抗
3	E0096	一窝蜂	镇康	抗
4	E0112	绿皮黄豆	漾濞	抗
5	E0205	玉米豆	墨江	抗
6	E0212	紫黄豆	宣威	抗
7	E0216	茶黄豆	永善	抗
8	E0770	绿豆	会泽	抗
9	E0816	虎皮豆	泸西	抗
10	E0818	大黄豆	大姚	抗
11	E0700	绿豆	兰坪	抗
12	E0720	绿皮豆	保山	抗
13	E0729	绿豆	临沧	抗

在田间自然发病鉴定基础上，与南京农业大学合作，对12个地方品种材料进行了人工接种鉴定，其对大豆花叶病毒病的抗性均在中抗及以上，其中以云大豆12号作为高抗代表品种。

（2）抗食叶性害虫优异种质。鉴定方法采用田间自然鉴定和温室人工接虫鉴定两种方法同时进行，标准参考盖钧镒等的《大豆抗食叶性害虫育种的鉴定方法与标准》和朱成松等的《大豆对食叶性害虫抗性的自然试验中的相关调查标准》。虫情分级采用目测抗虫指数调查法，计算平均抗虫指数和综合抗虫指数分5个级别。通过鉴定，以滇豆6 号和滇豆7号为代表的3个品种对鳞翅目害虫抗性为抗（R）；而以滇豆4号和滇豆5号为代表的6个品种对鳞翅目害虫抗性为中抗（ MR）。

（3）抗蚜虫优异种质。鉴定方法按国家统一规定，以田间自然感虫采用目测法，按六级分级标准调查每植株蚜害危害程度。抗性评价标准分为：免疫、高抗、抗、中抗、感、高感。经过2 ~ 3年的鉴定，共鉴评出抗蚜品种资源68份。其中，18份综合性状优良。云南大豆资源中的抗大豆蚜虫代表性种质见表1–4–20。

表1–4–20　云南大豆资源中的抗大豆蚜虫代表性种质

序号	单位编号	品种名称	来源与产地	抗虫性
1	E0484	宣杂	宣威	抗
2	E0469	绿皮豆	保山	抗
3	E0613	黑黄豆	嵩明	抗
4	E0174	黑料豆	昭通	抗
5	E0218	黑黄豆	永善	抗
6	E0374	大绿豆	南涧	抗
7	E0005	羊眼豆	永德	抗
8	E0019	黄豆	永德	抗
9	E0689	黑早豆	普洱	抗
10	E0153	母享黑豆	镇康	抗
11	E0638	细黑豆	江城	抗
12	E0006	羊眼豆	永德	抗
13	E0325	黑黄豆	镇康	抗
14	E0328	黑黄豆	镇康	抗
15	E0598	松子豆	呈贡	抗
16	E0622	松子豆	安宁	抗
17	E0103	羊眼豆	镇康	抗
18	E0261	早黄豆	镇雄	抗

（4）耐阴性优异种质。为了充分利用南方地区的温、光、土等资源，云南大豆种植多与玉米、甘蔗、马铃薯等作物间作套种，然而大豆是喜温喜光作物，与其他作物间作套种，尤其与高秆作物（玉米、甘蔗）间套种时，荫蔽胁迫致使大豆植株旺长、倒伏严重、产量低下。因此，在南方地区筛选耐阴种质是非常必要的。耐阴种质鉴定的方式采用田间与玉米间套作或者利用遮阴80%以上的遮阳网进行鉴定，经过多年的鉴定。从200多份云南省自育及外引的种质中筛选出了耐阴性强的大豆品种5个，即E1485、E1808、E1809、E1821、E1840；中等耐阴种质17份，以E1488、E1597、E1828等为代表。

强耐阴品种的主要特征表现为：株高65.46cm ± 10.97cm，主茎节数11.97节 ± 1.37节、有效分枝数2.10枝 ± 0.79枝、每荚粒数2.25粒 ± 0.18粒，单株荚数23.74荚 ± 4.45荚、单株粒数54.40粒 ± 12.65粒、单株产量11.66g ± 1.80g。

（5）抗倒伏性优异种质。抗倒伏性是大豆重要的农艺性状。抗倒性鉴定在田间进行，根据大豆成熟后期植株倒伏程度分四级。1级：不倒伏，植株绝大部分直立；2级：轻度倒伏，植株倾斜不超过15°；3级：重度倒伏，大部分植株倾斜，但倾斜不超过45°；4级：严重倒伏，植株倒伏超过45°。通过2～3年的连续田间鉴定，筛选出了31份抗倒性较强的大豆种质。云南大豆资源中抗倒伏性强的优异种质见表1-4-21。

表1-4-21　云南大豆品种资源抗倒伏品种

序号	单位编号	品种名称	来源与产地	株高（cm）	抗倒性
1	E0484	宣杂	宣威	40.26	不倒
2	E0908	塞豆	昭通	20.3	不倒
3	E0503	马兰早茶豆	昭通	39.9	不倒
4	E0962b	本地黄豆	寻甸	54.0	不倒
5	E0507	七月黄	昭通	42.7	不倒
6	E0147	矮大粒	昌宁	32.9	不倒
7	E0153	母享黑豆	镇雄	61.7	不倒
8	E0072a	大黄豆	鹤庆	53.7	不倒
9	E0218	黑黄豆	永善	55.0	不倒
10	E0504	大绿豆	镇雄	65.9	不倒
11	E0732	大豆	巧家	62.1	不倒
12	E0762	黄豆	曲靖	42.1	不倒
13	E0113	六月黄	漾濞	57.2	不倒
14	E0779	黄良豆	会泽	46.2	不倒
15	E0780	旱地褐豆	红河	61.2	不倒
16	E0796	大黄豆	永仁	76.4	不倒
17	E0798	白毛豆	大理	49.3	不倒
18	E0071	绿黄豆	鹤庆	66.6	不倒
19	E0554	早白豆	昭通	67.4	不倒
20	E0555	白花豆	巍山	61.6	不倒
21	E0733	栗色豆	昭通	29.4	不倒
22	E0738	黄豆	宁蒗	103.0	不倒
23	E0257	黄大豆	镇雄	48.6	不倒
24	E0505	大绿豆	昭通	57.4	不倒
25	E0716	黄豆	腾冲	44.8	不倒
26	E0722	早黑豆	巍山	52.3	不倒
27	E0058b	绿黄豆	普洱	176.0	不倒
28	E0095	早白豆子	大关	62.4	不倒
29	E0103	羊眼豆	镇康	44.6	不倒
30	E0173	白日豆	昭通	83.1	不倒
31	E0138	大白黄豆	晋宁	57.4	不倒

（6）抗旱性。大豆为旱地作物，抗旱性一直是大豆研究的重点抗逆性之一。抗旱性的鉴定及评价方法采用在大棚内人工控制水分的方法进行鉴定，试验分处理和对照，每份材料种1行，行长2.0m，2次重复。对照在田间自然状况下正常生长，干旱处理播种时浇水1次，以保苗全，出苗后至成熟不浇水。采用抗旱系数法对大豆的抗旱性进行评价，初步鉴定出以E0147、E0113、E1486、E1598等为代表的抗旱性较好的36份大豆种质。

3. 优异品质资源

（1）高蛋白种质。全国大豆从北向南大豆蛋白质含量逐渐增加，而脂肪含量逐渐降低。因此南方是全国大豆高蛋白品种种植区域。云南省大豆种质的蛋白质比四川和贵州的低2个百分点左右，而与广东和广西的蛋白质含量相当。从现有云南地方资源中筛选出粗蛋白质含量超过45%（包括45%）的大豆种质66份，代表品种为E0003、E0005、E0156、E0183、E0908等；粗蛋白质含量超过49%的有9份种质。其代表性品种见表1-4-22。

表1-4-22　云南大豆品种资源中的高蛋白质代表性品种

序号	单位编号	品种名称	来源与产地	粗蛋白质含量（%）
1	E0156	清华大豆	昆明	48.7
2	E0003	细白黄豆	永德	48.0
3	E0577a	白豆	文山	48.1
4	E0589	细黄豆	文山	49.1
5	E0005	羊眼豆	永德	50.1
6	E0096a	一窝蜂	镇康	49.5
7	E0166	绿皮早豆	龙陵	49.9
8	E0458	绿皮黄豆	丽江	49.6
9	E0374	大绿豆	南涧	50.0
10	E0223	黄豆	华宁	48.0
11	E0057	小黑豆	景东	48.1
12	E0325	黑黄豆	镇康	48.2
13	E0444	大黑豆	蒙自	49.3
14	E0183	撒豆	墨江	50.8
15	E0908	塞豆	昭通	50.8

（2）高脂肪种质。云南大豆种质资源的平均脂肪含量为17.41%，在南方地区大豆粗脂肪含量达到或超过20.0%的种质极少，在已作品质鉴定的547份地方种质中仅有6份，粗脂肪含量超过20.0%。详见表1-4-23。

（3）双高种质。按国家标准，粗蛋白质含量和粗脂肪含量总和超过65%的种质即为双高种质。在已作品质鉴定的547份地方种质中仅有6份达到国家双高种质标准。云南大豆种质资源中的优异品质种质见表1-4-23。

表1-4-23 云南大豆种质资源中的优异品质种质

特性	全国统一编号	品种名称	百粒重（g）	粗脂肪含量（%）	粗蛋白质含量（%）	蛋+脂（%）
高蛋白	ZDD17381	细黄豆	14.0	15.6	49.1	64.7
	ZDD17286	小黄豆	9.3	15.8	49.2	65.0
	ZDD17538	大黑豆	14.4	15.0	49.3	64.3
	ZDD17466	一窝蜂	5.9	14.1	49.5	63.6
	ZDD17452	细黄豆	6.4	13.8	49.6	63.4
	ZDD17474	绿皮黄豆	11.7	14.6	49.6	64.2
	ZDD17472	绿皮早豆	15.7	14.3	49.9	64.2
	ZDD17488	大绿豆	14.8	14.0	50.0	64.0
	ZDD17457	羊眼豆	14.1	14.3	50.1	64.4
	ZDD17448	撒豆	6.0	14.0	50.8	64.8
	ZDD22375	塞豆	15.5	14.4	50.8	65.2
高脂肪	ZDD17412	白毛子七月黄	20.0	20.0	41.2	61.2
	ZDD22424	格子黄皮豆	23.1	20.2	39.5	59.7
	ZDD22372	马桩豆	16.2	20.3	41.9	62.2
	ZDD22467	马桩豆	19.3	20.3	41.5	61.8
	ZDD22469	马桩豆	19.0	20.4	40.4	60.8
	ZDD22373	马桩豆	16.3	20.5	42.5	63.0
双高	ZDD17287	黄豆	20.6	17.2	47.8	65.0
	ZDD17286	小黄豆	9.3	15.8	49.2	65.0
	ZDD22375	塞豆	15.5	14.4	50.8	65.2
	ZDD22453	本地黄豆	12.0	17.2	48.1	65.3
	ZDD17292	黄豆	21.0	17.6	47.7	65.3
	ZDD17283	清化大豆	23.6	16.8	48.7	65.5
极大粒	ZDD17604	大黄豆	30.1	19.1	42.8	61.9
	ZDD17394	大黄豆	31.5	17.6	45.4	63.0
极小粒	ZDD17503	小黑豆	4.4	14.2	47.3	61.5
	ZDD22557	黑皮大豆	4.5	17.4	45.4	62.8
	ZDD17480	细绿豆	4.5	15.2	47.3	62.5
	ZDD22555	小黑豆	4.8	13.6	46.3	59.9
	ZDD17424	怒毕力马比	5.0	15.6	45.3	60.9

（三）外引品种优异资源

从20世纪80年代中期开始，云南省农业科学院粮食作物研究所按照边收集、边评价筛选、边应用的原则，先后在昆明试验点，对引自东北、黄淮、长江中下游三大产区24个省区市的777份外省大豆品种资源，引自美国、日本、巴西、泰国等8国的497份资源，开展了评价筛选试验，筛选出了一大批适宜云南种植，优异性状突出的种质在云南利用。

1. 总体概况

东北地区大豆品种全生育期89～122d，多数为100～118d，株高13.1～69cm，多数为30～40cm，单株结荚12.6～80个，一般是20～30个荚。引至昆明种植后，多数生育期变短，提早16～25d成熟；植株变矮，株高降低30～40cm，单株结荚减少。但该区品种秆硬抗倒，株型紧凑，熟期早，籽粒商品性好，在云南省立体多熟，间、套、复种中，发挥其早熟、抗倒、耐阴和适宜密植的优势，具有一定的发展潜力。例如：吉育系列、铁丰系列、开育系列群选1号等都有一定的生产面积。

黄淮地区的春大豆和夏大豆在昆明试验全生育期与东北的春大豆相近，营养生长和生殖生长更协调，株高50～60cm，单株结荚40～50个，冀豆系列、鲁豆系列、晋豆系列品种都表现较好。

长江流域各省属于无霜期长，栽培耕作制度复杂，各种播种期类型均有，该区的春大豆中、晚熟和夏大豆的早熟品种较适合昆明种植。

美国品种（系）属于春大豆类型，在昆明种植熟期100～120d，叶片大小适中，株型紧凑，抗病毒、抗倒伏，籽粒中等。例如：阿姆索、何德松、中品661、威廉姆斯等。尤其是威廉姆斯、中品661，特别适合云南省间、套、复种，经引种鉴定，生产示范，在全省区域从南到北表现出较好的适应性、丰产性和稳产性，是目前云南省从国外引进推广面积较大的品种。

日本品种，籽粒中等偏小，抗病抗虫性较差。但个别品种籽粒特大，如丹波黑大豆，百粒重高达70g。利用较多是十胜长叶，该品种非常抗倒，披针叶形，株型较好，只是棕毛而且毛色较重，深色种脐。

泰国大豆品种，多数是大粒型的，荚宽荚大，百粒重高，单株结荚少，叶片大，茎秆短粗，病害较重。

巴西、英国、韩国的品种，引进数量较少，尚未鉴评出适合昆明种植的品种。

2. 外引品种优异性状资源

（1）特早熟品种资源。经多年引种鉴定，云南外引大豆品种资源中的特早熟资源见表1-4-24。

表1-4-24　云南外引大豆品种资源中的特早熟资源

序号	单位编号	品种名称	来源与产地	生育日数（d）
1	E1091	早熟1号	福建	99～109
2	E1092	早熟2号	福建	99～109
3	E1093	科选2号	福建	99～109
4	E1400	毛豆292	福建	99～109
5	E1099	浙春3号	浙江	99～109
6	E1101	96比3	河北	99～109
7	E1103	G135	河北	99～109
8	E1105	HB-3	河北	99～109
9	E1120	九农15	吉林	99～109
10	E1121	九农20	吉林	99～109
11	E1122	九农21	吉林	99～109
12	E1146	沧8901	河北	99～109
13	E1148	黑农37	黑龙江	99～109
14	E1317	东农42	黑龙江	99～109
15	E1318	黑农35	黑龙江	99～109
16	E1152	吉林27	吉林	99～109

（2）大粒、特大粒资源。云南外引大豆品种资源中的大粒、特大粒资源见表1–4–25。

表1–4–25 云南外引大豆品种资源中的大粒、特大粒资源

序号	单位编号	品种名称	来源与产地	百粒重（g）
1	E1345	诱处4号	北京	31.6
2	E1066	巨丰	河南	26.0
3	E1074	新六青	安徽	25.2
4	E1091	早熟1号	福建	27.0
5	E1092	早熟2号	福建	25.2
6	E1096	毛豆75	台湾	42.5
7	E1100	浙5528	浙江	27.1
8	E1339	高雄1号	台湾	28.2
9	E1212	特大粒	北京	41.0
10	E1155	山宁8号	济宁	28.0
11	E1196	丹波黑大豆	日本	70.0
12	E1057	VTB	泰国	26.0
13	E1060	VPB	泰国	28.0

（3）抗倒伏性品种资源。云南外引大豆品种资源中，抗倒伏性较强的品种较多，共有140份之多。具有代表性的资源见表1–4–26。

表1–4–26 云南外引大豆品种资源中的抗倒伏性代表品种

序号	单位编号	品种名称	来源与产地	倒伏程度
1	E0516	十胜长叶	日本	抗
2	E1318	黑农35	黑龙江	抗
3	E1320	冀豆12	河北	抗
4	E1327	中野1号	北京	抗
5	E1300	95–1	上海	抗
6	E1104	HB–2	河北	抗
7	E1250	吉黄411L31	吉林	抗
8	E1221	Flyer	美国	抗
9	E1301	鲜引1号	上海	抗
10	E1378	中作975	北京	抗
11	E1311	Hwangkenm kong	韩国	抗
12	E1314	Daewon kong	韩国	抗

（4）抗大豆花叶病毒病品种资源。国外品种和外省品种大多较抗花叶病毒病，在昆明田间自然鉴定免疫和高抗种质有83份。部分代表品种见表1–4–27。

表1-4-27 云南外引大豆品资源中的抗花叶病毒病代表品种

序号	单位编号	品种名称	来源与产地	抗病程度
1	E1324	冀nf58	河北	抗
2	E1345	诱处4号	北京	抗
3	E1303	灰荚2号	上海	抗
4	E1379	中作114	北京	抗
5	E1232	WDD1992	美国	抗
6	E1237	WDD2002	美国	抗
7	X19-1	高代株系	美国	抗
8	X24-1	高代株系	美国	抗

（5）具有特殊次生代谢产物的优异种质。大豆籽粒中含有胰蛋白酶抑制剂、脂肪氧化酶等不利于人类食用和影响食品品质的成分，使其营养价值和食品加工风味受到一定的限制。脂肪氧化酶是引起豆腥味的因子，大豆胰蛋白酶抑制剂是抑制蛋白消化的因子，生食大豆引起单胃动物的胰脏肿大，显著抑制动物生长。异黄酮是大豆生产过程中形成的一类次生代谢产物，由12种化合物组成，9种葡萄糖甙和3种相应的配糖体。过去认为大豆异黄酮是一种抗营养因子，而最近美国科学家研究结果证明大豆异黄酮具有抑制癌症作用及许多其他重要生理活性，如雌激素、抗病原菌、抗氧化、抗溶血、降低胆固醇、调节人体代谢、提高免疫力，以及抗病虫害等保护功能。因此，选育低缺胰蛋白酶抑制剂、低缺脂肪氧化酶，以及双低缺，而高异黄酮含量的大豆新品种，是大豆品质育种的重要方向。云南外引大豆品种资源中，具有特殊次生代谢产物的优异种质资源见表1-4-28。

表1-4-28 云南外引大豆资源具有特殊次生代谢产物的优异种质

序号	单位编号	品种名称	来源与产地	功能
1	E1364	中黄18	北京	低豆腥味
2	E1325	五星1号	河北	低豆腥味
3	E1362	中豆27	北京	高异黄酮
4	E1363	中豆28	北京	低胰蛋白酶抑制剂

第三节 云南大豆种质资源的改良利用

一、直接利用

（一）地方品种

云南省大豆栽培历史悠久，分布范围广，除海拔2600m以上高寒山区极少种植外，各地均有大豆种植。在复杂的生态环境条件下，云南地方大豆品种资源在生产中直接应用的贡献巨大。昭通地区的白日早黄豆、六月黄、七月黄，大理州的漾濞六月黄，昆明市的清华大豆、晋宁黄豆，临沧地区的细黑豆、细绿豆、黑黄豆、绿叶窝，腾冲县的大白豆、黑大豆、小暑豆，思茅地区的绿皮豆、小黑豆等，至今仍有相当面积的种植。地方品种一直是云南的主栽品种，1980年以后才逐渐开始推广改良的大豆新品种。以下介绍综合性状优异性突出的部分主栽品种：

1. 晋宁大黄豆（ZDD17288）

品种来源：云南省农科院1979年从晋宁县寻甸黄皮豆中，经系统选育而成，编号为E0138，1987年经云南省作物品种审定委员会审定推广，命名为晋宁大黄豆。

特征特性：南方夏大豆，早熟品种，生育日数115～120d。有限结荚习性，植株直立。株高60cm，茎秆粗壮，主茎节数15～18个，分枝3～5个，株型半张开，叶卵圆形且较大，绿色。紫花，棕毛。单株结荚40～50个，3～4粒荚多，平均每荚2.5粒，荚黄色，底荚高4cm。籽粒椭圆形，种皮黄色，有微光，脐褐色，百粒重20～26g。该品种最大特点是适应性广，耐阴性强，抗病，抗倒伏，蛋白质含量43.2%，脂肪含量18.3%。

分布和产量：分布于昆明、玉溪、曲靖、昭通、大理和保山等地。为云南的主栽品种。1982年参加全省大豆与玉米间作区试验，丰产和稳产性好。一般净种产量2100kg/hm^2，间种产量600～1350kg/hm^2，是一个既适合净种又适宜间作的优异地方品种。多作蔬菜（青毛豆）用，荚宽粒大，深受消费者欢迎。

栽培要点：对土壤条件要求不严格，一般土地均可种植。与玉米、甘蔗间种也有较好的收成。单作密度27万～37.5万株/hm^2，间种密度12万～15万株/hm^2。

2. 清华大豆（ZDD17283）

品种来源：云南省昆明市地方品种，栽培历史已久。是昆明市较老的栽培品种。1979年云南省农科院从昆明搜集，编号E0156。

特征特性：南方夏大豆，中熟品种，生育日数121d。有限结荚习性，株高57cm，分枝3.6～4.8个，主茎节数14～15个。叶卵圆形，中等大小，绿色。紫花，棕毛。每荚粒数2～2.5粒，荚黄色，底荚高6～7cm。籽粒扁椭圆形，种皮黄色，有光泽，脐深褐色，百粒重23.6g。产量较稳定，抗病性好。蛋白质含量48.7%，脂肪含量16.8%。

分布和产量：主要分布在滇中的昆明市，面积约0.27万hm^2。一般净种产量1725～2250kg/hm^2，间作产量525～675kg/hm^2。

栽培要点：适应性较广，适宜一般土地种植。净种密度22.5万～25.5万株/hm^2，间作密度10.5万～12万株/hm^2。

3. 镇雄早白豆（ZDD17312）

品种来源：云南省镇雄地方品种，栽培已久。1979年云南省农科院从镇雄县搜集，编号E0145。

特征特性：南方夏大豆，早熟品种，生育期118d。有限结荚习性，株高50～60cm，分枝4.3个，主茎节数12～13个。叶卵圆形，中等大小，绿色。白花，灰毛。每荚粒数2.2粒，荚黄色，底荚高6～7cm。籽粒扁椭圆形，种皮黄色，微光，脐褐色，百粒重18～20g。抗病，抗倒伏，不裂荚。蛋白质含量47.0%，脂肪含量17.1%。

分布和产量：主要分布在滇东北地区镇雄县一带，常年播种面积0.33万hm^2。一般净种产量1050～1650kg/hm^2，间作产量375～525kg/hm^2。

栽培要点：适宜一般土地种植，净种密度24万～27万株/hm^2，间作密度10.5万～13.5万株/hm^2。

4. 昭通六月黄（ZDD17297）

品种来源：云南省昭通市的地方品种，栽培已久。1983年云南省农科院从昭通市农科所引入，编号E0489。

特征特性：南方夏大豆，中熟品种，生育日数123d。有限结荚习性，株高54cm，分枝3～4个。叶卵圆形较大，绿色。白花，棕毛。平均单株荚数40个，每荚粒数1.8粒，荚褐色，底荚高4cm。籽粒扁椭圆形，种皮黄色，微光，脐褐色，百粒重18～22g。耐瘠薄，抗倒。蛋白质含量45.3%，脂肪含量16.3%。

分布和产量：主要分布在昭通市的昭阳区、镇雄县、鲁甸县、巧家县及曲靖市的部分县区。面积约0.27万hm^2。产量中等，净种产量1875～2250kg/hm^2，间作产量525～675kg/hm^2。

栽培要点：对土地要求不严格，适宜温凉地区种植，净种密度30万～37.5万株/hm^2，间作密度15万～18万株/hm^2。

5. 昭通七月黄

品种来源：云南省昭通市的地方品种，栽培历史较久。1985年云南省农科院从昭通市农科所引入，编号E0727。

特征特性：南方夏大豆，晚熟品种，生育日数136d。有限结荚习性，株高70cm，分枝6～7个，主茎节数13～15个。叶片大，卵圆形，绿色。白花，棕毛。每荚粒数1.6粒，荚褐色，底荚高4cm。籽粒扁椭圆形，有微光，脐褐色，百粒重18～22g。蛋白质含量43.4%，脂肪含量18.2%。

分布和产量：主要分布在云南省昭通市，种植面积约0.27万hm^2。净种产量1950～2250kg/hm^2，间作产量450～675kg/hm^2。

栽培要点：适宜较瘠薄、温凉地区种植。净种密度21万～24万株/ hm^2，间作密度12万～15万株/hm^2。

6. 漾濞六月黄（ZDD17411）

品种来源：云南省漾濞县地方品种，栽培已久。1979年云南农科院从漾濞县引入，编号E0113。

特征特性：南方夏大豆，早熟品种，生育日数115d。有限结荚习性，直立，株高60cm，分枝4～5个，主茎节数13～15个。叶中等大小，卵圆形，绿色。白花，棕毛。单株结荚20～30个，每荚粒数1.8粒，荚黄色，底荚高7.6cm。籽粒椭圆形，种皮黄色，有光泽，脐褐色，百粒重18～20g。耐瘠，抗倒伏，不裂荚。蛋白质含量44.2%，脂肪含量18.5%。

分布和产量：主要分布在大理州的大理、漾濞、云龙等地，面积约0.27万hm^2。产量中等，净种产量1050～1500kg/hm^2，间作产量375～600kg/hm^2。

栽培要点：对土壤要求不严格，适于一般或较瘠薄土地种植，净种密度24万～27万株/hm^2，间作密度10.5万～13.5万株/hm^2。

7. 漾濞七月黄（ZDD177412）

品种来源：云南省漾濞县的地方品种，栽培历史已久。1979年，云南省农科院从漾濞县征集，编号E0115。

特征特性：南方夏大豆，早熟品种，生育日数115d。有限结荚习性，直立，株高50～60cm，分枝4～6个，主茎节数10～12个。叶中等大小，卵圆形，绿色。白花，棕毛。单株荚数50～60个，每荚粒数2.2粒，荚黄色，底荚高度8cm。籽粒扁椭圆形，种皮黄色，微光，脐褐色，百粒重20g。抗倒伏，较耐瘠，不裂荚。蛋白质含量47%，脂肪含量13.6%。

分布和产量：主要分布在大理州的漾濞、大理、云龙等地。净种产量1200～1650kg/hm^2，间作产量375～600kg/hm^2。

栽培要点：适宜较瘠薄土地种植，净种密度22.5万～25.5万株/hm^2，间作密度12万～15万株/hm^2。

8. 文山细黄豆（ZDD17381）

品种来源：云南省文山州文山县地方品种，栽培历史悠久。1983年云南省农科院从文山县征集，编号E0589。

特性特征：南方夏大豆，中熟品种，生育日数129d。有限结荚习性，株型松散，株高99cm，主茎节数10～13个，分枝2.7个。叶片大，卵圆形，绿色。白花，棕毛。单株结荚57个，每荚有2.3粒，荚黄色，底荚高5cm。籽粒椭圆形，种皮黄色，有光泽，脐褐色，百粒重12g。抗病性好。蛋白质含量49.1%，脂肪含量15.6%。

分布和产量：主要分布在文山州的文山、西畴、砚山、马关等地。净作产量1050～1350kg/hm^2。

栽培要点：对土壤要求不严格，适于平坝和丘陵半山区种植，一般密度25.5万～30万株/hm^2。

9. 鲁甸大绿豆（ZDD17434）

品种来源：云南省昭通地区地方品种，栽培历史悠久。1983年云南省农科院从鲁甸县征集，编号为E0505。

特征特性：南方夏大豆，晚熟品种，生育日数137d。有限结荚习性，株高57cm，主茎节数9～13个，分枝2～3个，株型半张开。叶卵圆形而且较大，绿色。紫花，棕毛。荚大粒大，平均每荚2～3粒，荚深褐色，底荚高9cm。籽粒扁椭圆形，种皮绿色，微光泽，脐黑色，百粒重23～26g。抗病、抗倒性好，商品性好。蛋白质含量47%，脂肪含量17.2%。

分布和产量：主要分布在昭通地区的昭阳区、鲁甸县，曲靖地区的会泽县，为昭鲁坝区的主栽品种，单产1050～1425kg/hm^2。

栽培要点：适宜平坝和半山区种植，一般密度27万～30万株/hm^2。

10. 保山绿皮豆

品种来源：云南省保山地区地方品种，栽培历史较久。1985年云南省农科院从保山地区征集，编号E0718。

特征特性：南方夏大豆，极晚熟品种，生育日数153d。亚有限结荚习性，株高80～90cm，分枝

6～7个，主茎节数13.5个。卵圆形，中等大小，绿色。紫花，棕毛。每荚粒数2.3粒，荚褐色，底荚高3～4cm。籽粒长扁椭圆形，种皮绿色，脐深黑色，百粒重20～22g。适宜作蔬菜用。蛋白质含量44.5%，脂肪含量13.5%。

分布和产量：主要分布在保山地区。净作产量1350～1650kg/hm^2，间作产量375～525kg/hm^2。

栽培要点：适宜田边、地角或一般大田种植，密度为18万～22.5万株/hm^2。

11. 南涧大绿豆（ZDD17488）

品种来源：云南省大理州南涧县地方品种，栽培历史已久。1979年云南省农科院从南涧县征集，编号E0374。

特征特性：南方夏大豆，中熟品种，生育日数124d。有限结荚习性，植株繁茂，株高65cm，主茎节数13～15个，分枝3～5个。叶卵圆形，中等大小。白花，棕毛。每荚1.8～2.1粒，荚褐色，底荚高5cm。籽粒扁椭圆形，种皮绿色，脐黑色，百粒重15g。蛋白质含量50%，脂肪含量14%。

分布和产量：分布在大理州的南涧、巍山、洱源、弥渡等县。一般单产900～1200kg/hm^2。

栽培要点：适于平坝和半山区种植，对土壤要求不严格，密度27万～30万株/hm^2。

12. 永德羊眼豆（ZDD17457）

品种来源：云南省临沧地区地方品种，栽培历史已久。1979年，云南省农科院从临沧地区永德县征集，编号E0005。

特征特性：南方夏大豆，中熟品种，生育日数122d。有限结荚习性，株高72cm，主茎节数14个，分枝4.4个，株型松散。叶卵圆形，中等大小，绿色。白花，棕毛。单株荚数55个，每荚2.7粒，荚褐色，底荚高6～8cm。籽粒扁圆形，种皮暗绿色，无光泽，脐褐色，百粒重14.7g。易倒伏，但耐瘠，品质好。蛋白质含量50.1%，脂肪含量14.3%。

分布和产量：主要分布在永德、镇康、耿马、双江等地，单产750～1050kg/hm^2。

栽培要点：对土壤要求不严格，一般土地如丘陵、平原均可栽培。净种与甘蔗间作或作田埂豆均可。密度24万～27万株/hm^2。

（二）外引品种

1. 比松（E0297）

品种来源：美国春大豆早熟类型，1980年引入，1981年引种观察，1982年进行产量和耐阴鉴定，同时参加全省大豆与玉米间作区试，1985年组织生产示范，1987年通过云南省作物品种审定委员会审定。

特征特性：全生育期73～115d。无限结荚习性，株高30～77cm，分枝少，株型紧凑，秆强抗倒，尖卵叶型，紫花灰毛，粒圆形，单株荚数9.5～40个，百粒重16～26g，耐阴、早熟，蛋白质含量35.8%，脂肪含量18.8%。

产量表现：间作单产450～525kg/hm^2，净种单产1500～1875kg/hm^2。

适应地区：适应云南中部及北部地区种植，可间种，也可春播作菜用毛豆。

2. 威廉姆斯（E1142）

品种来源：美国春大豆品种，1983年引入云南省。1984～1986年进行耐阴鉴定，1988～1990年参加全省大豆区试，1991年通过昭通地区审定，1997年通过云南省品种审定。

特征特性：全生育期110d。有限结荚习性，株高50～60cm，分枝少，株型收敛，卵圆叶型，白花棕毛，椭圆粒型，单株荚数16～26个，百粒重22g，蛋白质含量36.54%，脂肪含量21.8%，抗病、抗倒，耐阴性强。

产量表现：间作单产450kg/hm^2；净种单产1500～1875kg/hm^2。

适应地区：适应云南海拔1500～2100m地区种植。

3. 中品661（E0987）

品种来源：原产美国，春大豆，由中国农科院引进后系选育成。1990年引入云南省，1992年耐阴鉴定，1993～1995年在滇南六地州进行冬大豆的品比和多点鉴定，1997～1999年全省冬大豆净种区域试验，1994～2000年组织全省生产示范。1999年通过云南省作物品种审定委员会审定。

特征特性：夏播生育期100d，与甘蔗、烤烟套种80d，冬播140～150d，作菜用毛豆60～70d，株高60～80cm，白花棕毛，黑脐，黄粒，籽粒椭圆形，百粒重18～20g，主茎有12～14个节，分枝2～3个，高抗倒伏，叶片中下部大，上部小，透光性好，耐阴性强，开花早，花期长，立直，亚有限结荚习性，最适宜冬播，高抗大豆花叶病毒病。

产量表现：间作单产600～750kg/hm^2；净种单产1800～2100kg/hm^2，最高可达4455kg/hm^2。

适应地区：夏、秋播，适宜海拔1300～2400m的昭通、曲靖、昆明、楚雄、大理、保山等地。冬播，适宜海拔250～1200m的德宏、思茅、红河、文山等地。

4. 群选1号（E0291）

品种来源：吉林省春大豆。1980年引入云南省。1981～1982年进行耐阴和产量鉴定。1982～1985年参加全省大豆与玉米间作区试。1989年通过云南省农作物品种审定委员会审定。

特征特性：全生育期97d，无限结荚习性，株高49cm，秆硬抗倒，披针叶型，灰毛白花，分枝少，株型紧凑，单株荚数11～28个，百粒重21g，耐阴、早熟，蛋白质含量35.17%，脂肪含量20.3%。可作早熟蔬菜和间作用。

产量表现：间作单产450kg/hm^2，净种单产1500～2250kg/hm^2。

种植区域：适宜海拔1500～2100m地区种植。

5. 十胜长叶（E0516）

品种来源：日本春大豆早熟品种。1983年引入云南省。

特征特性：全生育期102d，直立，有限结荚习性，株高40～50cm，主茎节数7～14个，单株结荚20～30个，紫花棕毛，披针叶型，种皮黄色，脐色深褐色，粒型椭圆，株型紧凑，特别抗倒伏，抗病性也较好，蛋白质含量46.4%，脂肪含量16.4%。

二、自然变异选择育种

自然变异选择育种，以往曾称为纯系育种法、系统育种法、选择育种法。大豆品种改良的重要方法之一，也是广大农民广泛采用简单易行的育种方法。云南各地自古以来广泛应用在大豆品种改良上。其基本步骤包括：①从原始材料圃中选择单株；②选种圃进行株行试验；③鉴定圃进行品系鉴定；④品种（系）比较试验；⑤品种区域适应性试验。如景选1号，从景东推广面积较大的秋大豆绿豆中选育；选8、选6和选10，德宏州从冬大豆托改亮中系统选育；选18，德宏州从冬大豆托美旺的地方品种选育；88-1、88-2，鲁甸县从鲁甸地方品种系统选育；元阳1号和元阳2号，从元阳地方品种中系统选育的较早熟品种。

三、杂交育种

大豆是自花授粉作物，大豆的花为雌雄同花，花器特别小，仅有3～5mm，无香味，位于叶腋间，被许多叶子遮住，在花开放之前即行授粉，杂交成功率一般为10%～15%，杂交技术难度大。而杂交育种是迄今大豆育种最主要、最通用、最有成效的一种途径。我国20世纪60年代以来育成的大豆新品种，大都由杂交育种选育而成。

云南省农科院粮作所从1982开始进行杂交育种，至今共育成杂交大豆品种8个。其中，3个通过国家农作物品种审定委员会审定；5个通过云南省农作物品种审定委员会审定。高代后备品系20多份，中间材料500余份。

1．滇丰1号

品种来源：云南省农业科学院粮食作物研究所用群选1号作母本，清华大豆为父本杂交选育而成。1989年通过云南省农作物品种审定委员会审定，编号为：滇大豆2号。

特征特性：全生育期120d。有限结荚习性，株高50～70cm，主茎节数17节，披针叶形，白花，棕毛，平均荚数106个，最多的单株结荚303个，粒椭圆形，种皮黄色，丰产性好，百粒重17～23g。高抗线虫病。

产量品质：1988～1990年参加全省大豆与玉米间种区试。1989年组织生产示范，平均单产2578.5kg/hm^2。1990年在滇南热区示范0.7hm^2，平均单产2136kg/hm^2，最高达4455kg/hm^2。蛋白质含量40.39%，脂肪含量18.95%。

适应地区：适宜云南海拔1500～2100m地区种植。

2．滇86-4

品种来源：云南省农业科学院粮食作物研究所用晋宁大黄豆作母本，比松作父本杂交选育而成。2003年通过云南省农作物审定委员会审定，审定编号：DS022-2003。

特征特性：夏大豆中熟品种，生育期122d，适于夏播。株高50cm，主茎节数13个，直立，有限结荚习性，卵圆叶形，紫花灰毛，单株荚数50～60个，百粒重19g。耐旱耐瘠。

产量品质：1994～1995年进行区试，平均单产2125.5kg/hm^2。1996～1997年参加国家南方区试，平均单产2414.94kg/hm^2，最高达3777kg/hm^2，套种单产：750～1200kg/hm^2。蛋白质含量40.55%，脂肪含量19.42%。

适应地区：夏播适应海拔1300～2400m的红河、文山、大理、曲靖、保山、昆明等地区。

3. 滇86-5

品种来源：云南省农业科学院粮食作物研究所用晋宁大黄豆作母本，比松作父本杂交选育而成，与滇86-4为姊妹系。2003年通过云南省农作物审定委员会审定，审定编号：DS023-2003。

特征特性：属于夏大豆中早熟品种，全生育期124d。直立，有限结荚习性，株高50cm，2～3个分枝，紫花，棕毛，单株结荚40～50个，百粒重24.3g，种皮黄色，有光泽。

产量品质：1994～1995年进行区试，平均单产2125.5kg/hm^2。1996～1997年参加国家南方区试，平均单产2414.94kg/hm^2，最高达3777kg/hm^2，套种单产750～1200kg/hm^2。蛋白质含量39.6%，脂肪含量20.7%。

适应地区：夏播适应海拔1300～2400m的红河、文山、大理、曲靖、保山、昆明等地区。

滇86-5在2004～2011年作为国家区域试验西南山区组的统一对照种。

4. 滇豆4号

品种来源：云南省农业科学院粮食作物研究所用滇86-5作母本，威廉姆斯作父本进行有性杂交选育而成。2006年经国家农作物品种审定委员会审定，审定编号：国审豆2006020。

特征特性：南方春大豆，中熟品种，生育日数120d。有限结荚习性，株高57.5cm，主茎节数11.8个，分枝2.9个，株型半开张，叶卵圆形，白花，棕毛，单株结荚33.3个，3～4粒荚多，荚褐色，粒椭圆形，种皮黄色，强光泽，脐褐色，百粒重18.2～26.4g。抗大豆花叶病毒病SC8、SC13株系，抗倒伏，不裂荚，落叶性好。

产量品质：2004～2005年国家西南山区春大豆品种区域试验，两年平均产量2940.0kg/hm^2，比对照增产13.6%。2005年生产试验，平均产量2422.5kg/hm^2，比对照增产17.3%。蛋白质含量42.27%，脂肪含量20.33%。

适宜地区： 适宜在贵州、云南、湖北恩施、四川西南部等地区春播种植。

5. 滇豆6号

品种来源：云南省农业科学院粮食作物研究所用（晋宁大黄豆×黑农29）作母本，威廉姆斯作父本进行杂交选育而成。2008年经国家农作物品种审定委员会审定，审定编号：国审豆2008026。

特征特性：南方春大豆，中熟品种，生育日数127d。有限结荚习性，株高68.7cm，底荚高度10.4cm，主茎节数14.6个，分枝4.3个，单株荚数57.2个，叶卵圆形，白花，棕毛，粒椭圆形，种皮黄色，脐黑色，百粒重15.8g。接种鉴定，抗大豆花叶病毒病SC3株系，感SC7株系，不倒伏，不裂荚，落叶性好。

产量品质：2006～2007年国家西南山区春大豆品种区域试验，两年平均产量2907.0kg/hm^2，比对照增产13.8%。2007年生产试验，平均产量2314.5kg/hm^2，比对照增产12.8%。蛋白质含量44.53%，脂肪含量19.59%。

适宜地区：适宜贵州省贵阳、毕节、安顺，湖北省恩施，云南省昆明、楚雄、大理、昭通、曲靖等地区推广种植。

6. 滇豆7号

品种来源：云南省农业科学院粮食作物研究所用滇82-3作母本，威廉姆斯作父本进行有性杂交选育而成。2010年经国家农作物品种审定委员会审定，审定编号：国审豆2010017。

特征特性：南方春大豆，中晚熟品种，生育日数132d。有限结荚习性，株高63.1cm，底荚高9.7cm，主茎节数13.4个，分枝3.4个，单株荚数47.3个，单株粒重19.1g，叶卵圆形，白花，棕毛，粒椭圆形，种皮黄色，脐黑色，百粒重22.1g。接种鉴定，中感花叶病毒病SC3株系和SC7株系。

产量品质：2007～2008年国家西南山区春大豆品种区域试验，两年平均产量2853.0kg/hm^2，比对照增产11.7%。2008年生产试验，平均产量2110.5kg/hm^2，比对照增产6.5%。蛋白含量44.50%，脂肪含量20.31%。

适宜地区：适宜在云南昆明、昭通和红河，湖北恩施，四川凉山，贵州贵阳和安顺等地区春播种植。

滇豆7号是继滇86-5之后作为国家区域试验西南山区组的统一对照种，直至2014年国家区域试验西南山区组试验取消。滇豆7号是农业部2016年主推的大豆品种。

7. 云大豆12号

品种来源：云南省农业科学院粮食作物研究所用晋宁大黄豆×比松为母本，美国春大豆威廉姆斯为父本配制的杂交组合。2018年通过云南省农作物品种审定委员会审定。

特征特性：全生育期113d。株高60.8cm，有效分枝数3.4个，单株有效荚数46荚，单株粒数99.1粒，单株产量19.5g，百粒重21.4g。病害鉴定结果为：大豆花叶病毒病为高抗（HR）。

产量品质：2016～2017年参加云南省农作物品种区域试验，两年平均产量2920.5kg/hm^2，比对照增产5.58%。2017年同时开展生产试验，平均产量2438.9kg/hm^2，比对照增产21.6%。粗蛋白质含量41.94%，粗脂肪含量18.7%。

适宜区域：适宜云南省海拔2044m以下区域种植。

8. 云大豆13号

品种来源：云南省农业科学院粮食作物研究所在国审大豆品种滇豆7号中筛选出的变异单株。

特征特性：全生育期121d。株高73.2cm，有效分枝数4.5个，单株有效结荚44.1荚，单株粒数94粒，单株产量22.0g，百粒重24.5g。株型收敛。叶片卵圆形，白花，灰毛。荚型丰满，荚熟色为褐色。籽粒椭圆形，黄色种皮，黑色种脐，强光泽，不裂荚。该品种适宜夏、秋播，种植方式可净种或间套种。经农业部农产品质量监督检验测试中心（昆明）检测结果为：籽粒含量：粗脂肪19.5%、粗蛋白质37.6%、干物质91.3%；折合籽粒（干基）含量：粗蛋白质41.18%。经云南省农作物品种抗性鉴定站病害鉴定结果为：大豆花叶病毒病为抗（R）。

产量品质：2016～2017年参加云南省农作物品种区域试验，两年平均产量3363.0kg/hm^2，比对照增产

21.58%。2017年同时开展生产试验，平均产量2438.9kg/hm^2，比对照增产21.6%。

适宜区域：适宜云南省海拔2044m以下区域种植。

四、群体改良与轮回选择

基于大豆育成品种亲本来源狭窄，骨干品种间缺乏遗传多样性，很难突破目前的产量水平和抵御突发性逆境危害。大豆起源于我国，我国有十分丰富的种质资源，这些资源中蕴藏有待开发利用的各种各样的有利基因。因此，河北农科院在南京农业大学建立含有核不育基因*ms*1基础群体基础上，构建了部分微核心种质与黄淮海适应性品种构成的*ms*1轮回选择群体及其用于不同育种目标的亚群群体，并选育出适应性广泛的冀豆19等4个审定品种。吉林农科院也建立了*ms*6基础群体。借助国家现代农业产业技术体系平台，大豆遗传育种改良研究室利用全国大豆产业技术体系网在全国三大产区构建24个省区级种质基因库基础群体，即东北区（C0–1）6个、黄淮海区（C0–2）8个、南方区（C0–3）区10个。云南省农科院粮作所作为南方区参加单位之一，将构建云南省大豆种质基因库基础群体（C0–3–9）与轮回选择。

基础群体构建是利用以*ms*雄性核不育互交所构建的轮回选择群体为基础，将尽可能多的有利基因汇集到一个基因库中。通过有利基因重组与聚合，创造新的遗传变异群体，选育高产优质抗逆广适应性大豆新品种，服务于不同生态区的品种需求。

2016年至今，云南省农科院粮作所已经利用云南省当地主推品种与优异地方品种100份材料作为供体亲本，与河北省农科院提供的*ms*1核不育材料进行了第三轮的种质导入，冬季进行南繁加代。采用的互交技术是与核不育材料的天然杂交、人工辅助杂交和蜂媒杂交，进行大量的单株选择和轮回选择。

第五章　菜豆

菜豆为豆科蝶形花亚科菜豆属植物。菜豆属共有55个种。菜豆属栽培种植物学分类见表1–5–1。

表1–5–1　菜豆属栽培种植物学分类检索表

1. 花白色、乳白色、青莲紫色或红色
  2.小叶顶端凹缺成钝，有肉质多年生根，花红紫色 ……………………………… 麦特卡夫豆*Phaseolus metcatfei*
  2. 小叶裂成3～5窄裂片，直至基部……………………………………………………………… 乌头叶菜豆 *P. aconitifolius*
  2.小叶顶端尖，一年生草本
    3.种子小，巨圆形或球形，长约1.5cm
      4. 萼下苞片小而不显著，远较下苞片短……………………………………………………尖叶菜豆 *P. acutifolius*
      4. 萼下苞片大而显著，与花萼等长或较长…………………………………………………普通菜豆 *P. vulgaris*
    3. 种子大而扁，长与宽近等
      4. 花大而美，长1.2cm以上，白色或红色 ……………………………………………多花菜豆 *P. multiflorus*
      4. 花小，长1cm以下，白色或乳白色
        5.萼下苞片长圆形或线形，有脉，荚果有尖或钝喙 ………………………………… 利马豆 *P. lunatus*

菜豆的栽培种在世界各国一般是根据形态特征、用途以及较易识别的特性、特征进行分类。根据形态特征分为：

（1）株型蔓生，无限生长型：节间长，攀缘性强，节数17～25节。

（2）株型半蔓生，有限生长型：节间短，节数14～30节。

（3）丛生，无限生长型：矮生，节数13～15节。

（4）丛生，有限生长型：矮生，节数5～12节。

上述各类型中，再结合荚壳质地（软荚、硬荚），荚色（绿荚、黄白荚），荚形（圆、扁平、直立、弯及长“S”形），籽粒形状（球、椭圆、长圆、尖），粒色（白、黄、黄褐、赤紫、粉红、花斑、斑纹），种子大小（百粒重，小粒25～45g，中粒46～70g，大粒70g以上），区分各栽培品种。菜豆属主要栽培种形态分类见表1–5–2。

表1-5-2 菜豆属主要栽培种形态分类表

豆类	学名	区别性状
普通菜豆	*Phaseolus vulgaris*	子叶出土；矮生直立、半蔓生、蔓生；叶面、叶背均为绿色；粒色十分丰富，有白色、黑色、黄色、灰色、褐色、花纹（斑）等；百粒重20～80g
多花菜豆	*P. multiflorus*	子叶不出土；多为蔓生类型；叶面绿色，叶背为灰绿色；粒色比较单一，主要有白色、紫花纹（斑）等；籽粒较大，百粒重100g以上
利马豆	*P. lunatus*	子叶出土；多为蔓生类型；叶面，叶背多为灰绿色，有的品种具明显的白色条纹，后逐渐消失；粒色较丰富，最大特点是从种脐向四周有明显的射线；百粒重40～140g

云南菜豆属栽培种主要是普通菜豆和多花菜豆，利马豆也有一定栽培面积。

第一节 普通菜豆

普通菜豆，学名*Phaseolus vulgaris* L.。别名四季豆、南京豆、京豆、芸豆、腰子豆、刀豆、稳元豆等，英文名bean、common bean、field bean、snap or string bean、french bean。

普通菜豆适应冷凉气候、多种土壤条件和干旱环境，具有高蛋白质含量，易消化吸收，粮、菜、饲兼用和适宜深加工增值等诸多特点，是种植业结构调整中重要的间、套、轮作和养地作物，也是我国主要的农产品出口商品之一。因而，普通菜豆在我国农业可持续发展、改善人民膳食结构和增加农民收入中具有重要作用。

设在哥伦比亚的国际热带农业研究中心（CIAT）是世界上菜豆种质资源收集保存最多的单位。其保存的菜豆属品种资源达3.3万份，其中菜豆品种资源2.8万余份。我国已收集保存普通菜豆种质资源4500余份，其中长期库保存4029份。我国保存的普通菜豆种质资源中95%是国内地方品种，育成品种和遗传稳定的品系以及引进品种仅占5%左右。云南普通菜豆种质资源十分丰富，经过多年的努力，共从67个县（市、区）收到普通菜豆种质资源609份，并结合科研项目，开展了相关的鉴定评价、利用研究。

一、起源分类与分布

（一）起源

普通菜豆是一年生草本植物，一般认为起源于美洲。据考古资料记载，菜豆起始在中美和南美洲种植。考古学家发现的炭化种子，在秘鲁的是公元前7680年；在墨西哥的德康各地约是公元前7000年；在巴西和阿根廷北部是公元前5000～公元前2000年。普通菜豆野生种分布范围很广，从墨西哥北部到阿根廷北部都有大量的野生种存在。海拔500～2000m、年降雨量500～1800mm的地区，都有野生种分布。据研究，普通菜豆野生种与栽培种属同一物种，说明栽培种是由野生种进化而来。16世纪初，普通菜豆由西班牙人传入欧洲，17世纪末才扩散至欧洲全境、非洲及世界其他地区。中国菜豆栽培是15世纪直接从美洲引进的，1654年归化僧隐元将普通菜豆从中国传到日本。大多数学者认为菜豆起源于墨西哥南部和中美洲，次生起源中心在南美洲等地，考古学家在墨西哥发现公元前7000年的野生菜豆化石遗迹。至今，那里还生长有许多野生型和半野生型菜豆。李藩（1984）认为，在西藏茶隅分布有野生四季豆，种类不一，这些菜豆属豆类，毫无疑问都是该地区的原生种，其栽培种类型是由当地原生野生种就地引种驯化培育而成的。所以关于菜豆类的起源，也有我国西南是原产地之一的观点。有的学者将菜豆中的软荚型列为一个变种，认为该变种起源于中国（殷醒男，1989）。

（二）栽培分类

普通菜豆染色体数$2n=22$。研究表明，普通菜豆在中南美洲是从不同的野生群体、在不同的地域独立驯化形成不同的栽培类型。小粒类型起源于中美洲，大粒类型起源于南美洲，两者在生化特性和基因组构成上存在差异，不同类型种质都或多或少地保留了其野生种的某些特征，彼此间存在一定程度的遗传不亲和。虽然小粒型和大粒型杂交能够成功获得后代，但矮化现象比较严重。

云南菜豆种质资源按形态特征、生长习性可分为：

（1）秆型蔓生，无限生长型。

（2）秆型半蔓生，无限生长型。

（3）丛生，有限生长型。

三种类型种质的生育期及经济性状比较见表1-5-3（云南省农科院粮作所豆类课题组，1982年），生育期以丛生型最短，蔓生型最长，半蔓生型居中；单株荚数及单株产量，蔓生型比丛生型的高，半蔓生型居中；百粒重以丛生型最重，半蔓生型的最轻。

表1-5-3　不同习性菜豆品种的生育期及经济性状

生长习性	生育期（d）	单株荚数（个）	单荚粒数（粒）	百粒重（g）	单株产量（g）	荚长（cm）
蔓生	115.9	17.7	6.1	32.1	26.7	12.3
半蔓	106.5	16.4	4.5	27.4	23.9	11.2
丛生	92.1	13.7	5.1	44.1	20.0	12.1

（三）分布

普通菜豆是世界上栽培面积仅次于大豆的豆类作物，种植几乎遍及世界各大洲。据联合国粮农组织统计，全世界有90多个国家和地区种植普通菜豆，主要分布在亚洲、美洲、非洲东部、欧洲西部及东南部，印度、巴西、中国、墨西哥、美国、坦桑尼亚等国家是种植普通菜豆的主要国家。

普通菜豆在我国种植极其广泛，北起黑龙江及内蒙古，南至海南，东起沿海一带及台湾，西达云南、贵州及新疆等省区都有栽培，主要产区分布在我国的东北、华北、西北和西南等高寒、冷凉地区，其中主产省区有黑龙江、内蒙古、吉林、河北、山西、陕西、甘肃、新疆、四川、云南、贵州等地。

云南栽培菜豆的历史不详，种植地区遍及全省，从低海拔的元江（400.9m）至高海拔的香格里拉（3276.1m）都有分布，是云南各族人民所喜好的传统蔬菜。蔓生型菜豆多作菜用。近些年来，随着商品生产的发展，人民生活的提高，栽培方式已从在田边、庭院种植，进入大田栽培，并利用冬春气候温暖的特点，不仅有春播而且有夏播、秋播，甚至冬播，一年四季均有鲜豆上市，真正成了名副其实的“四季豆”。丛生型菜豆以食用干籽粒为主，多为硬荚型，习惯与高秆作物间套种或净种生产干籽粒。

二、特征特性鉴定

（一）植物学性状

1. 根和根瘤

菜豆为圆锥根系，主根较短，侧根在土壤浅层横向分布。主根长出3天后，侧根迅速生长，并形成发达的根群，长度超过主根，一般种子萌发后，子叶未出土时，主根已向下伸长5～6cm，根茎处分生出8～9条粗细与主根相仿的长4～5cm的侧根，15条左右的第二级小侧根。主根最长可达10cm左右，侧根比主根发达，分布范围比较广。

菜豆可与菜豆簇和豇豆簇的根瘤共生，出苗10d后便开始形成圆形或不规则形状的根瘤。每亩固氮量约为5～6kg，折合尿素11～13kg。

2. 茎

菜豆幼茎的颜色因花色而不同，白花品种为绿色，有色花品种为浅色或紫红色，被有短绒毛。分枝多少随生长习性及品种而异。植株高度，秆型蔓生型品种高200～400cm，主茎生长势强，在有3～4节时开始抽蔓，分枝1～8个不断伸长，开花为无限结荚习性；丛生型的矮生品种，分枝1～5个，在第一对真叶的叶腋间就开始出现分枝，高30～70cm，花序封顶，为有限结荚习性；半蔓型介于秆型蔓生和丛生矮生型之间。

3. 叶

菜豆子叶出土后，先生出一对心脏形的真叶，随后生长的叶片为3片小叶组成的复叶，互生，叶柄长，基部托叶，卵状，披针形。小托叶矩形或线形。小叶片阔圆形、菱卵形。两侧小叶顶端渐尖至长尖，基部楔形、圆形或截形。叶片两面沿叶脉处有毛，叶片长5～6cm、宽3～10cm。

4. 花

菜豆花为腋生总状花序，花梗比叶柄短，着生2～3朵，苞片卵形，有隆起的脉，花有白、浅红、紫等色。

菜豆一般在播后25～50d开花，矮生型较早，秆型蔓生型较晚。矮生型的花在第4节至第5节叶片展开后，主茎和分枝上的花芽开始分化；蔓生型在第6节至第7节的叶片展开后，花芽开始分化。菜豆开花自下而上，有一定顺序，同一花序上基部的先开，渐次及于顶端。一般矮生型菜豆花期短，仅能开25～60朵花；蔓生型菜豆的花期长，能开60～100朵花。从播种至开花，矮生型的为25～30d，蔓生型的为35～50d。菜豆主要为自花授精，少数品种为异花授粉。

5. 果荚

菜豆的荚扁平或呈圆筒形，垂直，或略弯曲，长10～20cm，豆荚表面光滑无毛，鲜荚绿或黄白色，成熟后一般为黄褐色，有的品种有红花纹（如雀蛋豆），有的有橙黄色斑块（如虎皮豆），每荚结籽4～8粒，中间有薄膜隔开。云南蔓生型菜豆多为软荚种，矮生型多为硬荚种。

6. 种子

菜豆的种子有扁圆、卵圆、椭圆、肾形、长方形等。粒色有白、浅绿、黄褐、褐、紫红、蓝及各种花斑。花纹多种多样。脐白色，有些品种有各色脐环。百粒重15～70g。出苗时子叶出土。

（二）生物学特性

菜豆喜温暖的气候，不耐霜冻。耐低温能力矮生品种比蔓生种稍强，幼苗对温度反应敏感。短期在2～3℃时失绿色，0℃时受冻。花芽分化期遇上30℃以上的高温及干旱，易使花粉丧失生活力而落花。最适宜的温度，种子发芽期20℃左右，幼苗生长期18～20℃，花粉发芽期20～25℃，开花结荚期18～25℃。

1. 日照

菜豆大多数品种对日照长短属中性反应，仅有极少数品种属短日照或长日照型，一般说来各地的栽培种可以互相引种。菜豆不耐荫蔽，要求较强的光照条件，光照弱、荫蔽大易引起植株旺长，叶片数和干物质积累量均显著减少。

2. 水分

菜豆是需水较多的豆类作物，最适宜的土壤湿度为田间最大持水量的60%～70%，低于这个指标时生长发育不良。但土壤过湿或地面积水时，根系易致病害，如在生育后期，基部叶枯萎，荚果和籽粒霉烂乃至脱落。

3. 土壤

最适宜栽培菜豆的土壤为腐殖质含量高、土层深厚、排水良好的壤土，其有利于根系生长和根瘤菌的活动。砂质壤土、粉质壤土和黏土都能生长，重黏土和低湿地因透气不良和排水不好，影响根的吸收机能，造成落叶减产。适宜的土壤酸碱度以pH为6～7的最好，土壤过酸（pH低于5.2），植株矮化，叶色失绿。菜豆也不耐碱，在氯化盐含量较高的盐碱土，不能发芽和生长。

（三）营养化学成分

云南菜豆种质资源的营养成分，据中国农科院品资所对465份云南菜豆样本的分析：粗蛋白16.35%～27.39%（平均21.28%），粗脂肪0.30%～2.59%（平均1.51%），总淀粉58.34%～60.9%（平均48.71%），菜豆种子中氨基酸组成及含量见表1-5-4所示。

表1-5-4　菜豆种子中氨基酸组成及含量表

种类	含量（%）	种类	含量（%）
天冬氨酸	2.44	亮氨酸	1.64
苏氨酸	0.91	酪氨酸	0.63
丝氨酸	1.25	苯丙氨酸	1.20
谷氨酸	3.35	赖氨酸	1.41
甘氨酸	0.81	组氨酸	0.56
丙氨酸	0.87	精氨酸	0.20
胱氨酸	0.13	脯氨酸	0.56
缬氨酸	1.07	色氨酸	0.12
蛋氨酸	0.19	异亮氨酸	0.97

国外报道，每100g菜豆干种子中含：热量346cal，水分12%，蛋白质22.9g，脂肪1.3g，碳水化合物60.6g，钙260mg，磷410mg，铁5.8mg，钠43.2mg，钾1160mg，烟酸2.5mg，维生素C 2mg，维生素B_1 0.6mg，维生素B_2（核黄素）0.2mg。

每100g黄荚壳型的鲜荚中含：热量27～32cal，水分91%，蛋白质1.7～1.9g，脂肪0.2g，碳水化合物6～7.1g，纤维1g，灰分0.7g；每100g腰子豆型的鲜荚中含：热量150cal，水分60.4%，蛋白质9.8g，脂肪0.3g，碳水化合物27.8g，纤维2.3g，灰分1.7g，钙59mg，磷213mg，铁3.6mg；每100g干茎叶中含：水分10.9%，蛋白质6.1g，脂肪1.4g，碳水化合物34.1g，纤维40.1g，灰分1.7g，钙0.1mg，铁1mg。

三、常见栽培品种

云南栽培的普通菜豆有3种类型，即攀缘蔓生型、半蔓型和丛生直立型，前二种的开花习性为无限型，后者的开花习性为有限型。这3种普通菜豆以蔓生型的分布最广，其次为丛生直立型，半蔓型的较少，它们在生育期及经济性状上有明显的差别，详见表1-5-5（云南省农科院粮作所豆类课题组，1982年）。

表1-5-5　云南不同生长习性菜豆的生育期及经济性状

生长习性	研究份数	占比（%）	生育期（d）	单株荚数（个）	单荚粒数（粒）	百粒重（g）	单株产量（g）	荚长（cm）
蔓生型	344	72.3	115.9	17.7	6.1	32.1	26.7	12.3
半蔓型	51	11.0	100.5	16.4	4.5	27.4	23.9	11.2
丛生直立型	77	16.7	92.1	13.7	5.1	44.1	20.0	11.8
合计或平均	472	100	110.2	16.9	5.8	33.6	25.3	12.1

可见，蔓生型普通菜豆的生育期比半蔓生和丛生直立型的长，单株产量也高。但在生产上蔓生型普通菜豆多收鲜荚食用，丛生型多作干籽粒收获，用途不同，经济价值也各异。

（一）丛生直立型品种

丛生直立型的普通菜豆，单作的较少，栽培最多的为红（紫）色、黑色及花腰子豆；白色的较少，多与高秆作物如玉米、向日葵、高粱间作，或在旱作地埂边种植，与大田作物同时下种，但收时能在之前先收，近些年开始在玉米及烤烟地中作宽窄行间套作。玉米播种同时下种，烤烟地中后期套种（烤烟中后期脚叶烟收后，在地垄上套种）。适于间套作用的品种主要的有：

1. 祥云芸豆，编号A0005

全生育期109d，花色淡紫，出苗至开花31d，株高32.5cm，分枝数2.4个，单株荚数7.35个，单荚粒数2.83粒，百粒重54.05g，粒形肾形。在荫蔽条件下，果荚炭疽病及叶斑病较轻，病级指数分别为0.75及1。与玉米间套作干籽粒产量891～1079.25kg/hm^2，折合净作1770～2580kg/hm^2（1982～1983）；与烤烟间套作干籽粒产量960kg/hm^2，折合净作1920kg/hm^2（1998）。

2. 永胜红腰子，编号A0113

生育期109d，中熟，出苗至开花30d，花色红，株高37.1cm，分枝数2.9个，单株荚数6.93个，单荚粒数2.71粒，百粒重69.05g，粒大，肾形。在荫蔽条件下，果荚炭瘟病及叶斑病较轻，病级指数分别为1.25及1。与玉米间套作干籽粒产量850～1049kg/hm²，折合净作1699～2458kg/hm²（1982～1983）；与烤烟间套作干籽粒产量915kg/hm²，折合净作1830kg/hm²（1998）。

3. 晋宁花刀豆，编号A0242

熟期较早，全生育期99d，出苗至开花30d，株高43.2cm，分枝数2.5个，单株荚数7.25个，单荚粒数2.76粒，粒色紫底白花纹，百粒重59.4g。在荫蔽条件下，果荚角炭瘟病及叶斑病较重，病级指数分别为3.0及2.0。与玉米间套作干籽粒产量802～1086kg/hm²，折合净作1604～1804kg/hm²（1982～1983）；与烤烟间套作干籽粒产量1170kg/hm²，折合净作2340kg/hm²（1998）。

4. 镇雄红桩桩豆，编号A0259

生育期109d，出苗至开花30d，花色红，株高36cm，分枝数1.4个，单株荚数10.48个，单荚粒数2.78粒，百粒重62.8g，粒色红，粒形肾形。在荫蔽条件下，果荚角炭瘟病及叶斑病较轻，病级指数分别为0.75及0.5。与玉米间套作干籽粒产量779～1140kg/hm²，折合净作1557～2280kg/hm²（1982～1983）；与烤烟间套作干籽粒产量1373kg/hm²，折合净作2745kg/hm²（1998）。

（二）半蔓型品种

半蔓生型品种为蔓生及丛生型的中间型，食荚、食粒的，或荚粒均可食用的均有。以粒色分有5种类型。

1. 花斑色籽粒品种

生育期83～102d，花色多呈浅红色，少数紫红色，单株荚数5.7～34.2个，荚粒数3.1～5.6粒，单株产量9～30.6g，荚长8.4～13.8cm，荚色有红纹、紫纹、黄白等，籽粒椭圆形，百粒重21.3～59.5g，粗蛋白含量15.4%～19.5%。

2. 黄色籽粒品种

生育期93～99d，花色浅红，单株荚数12～18.8个，荚粒数4.2～4.6粒，单株产量25.1～44.7g，荚长12.6～14cm，荚色黄白，粒形肾形，百粒重38.6～57.1g，粗蛋白含量19.2%～22.0%。

3. 紫红色籽粒品种

生育期95～111d，花色多为浅红色，紫红色的少，单株荚数12.5～31.4个，荚粒数4.3～4.8粒，单株产量17.6～41.8g，荚长9.6～11.6cm，荚色有黄白、黄红、黄褐等，粒形椭圆形，百粒重30～39.9g，粗蛋白含量17.1%～18.9%。

4. 白色籽粒品种

一般称为小白金豆，食味甚佳。生育期104～111d，花色白，单株荚数18.1～33.5个，荚粒数4.4～4.6粒，单株产量20.1～37.6g，荚长较短，7.5～8.6cm，荚色黄白，粒形椭圆，粒重较低，百粒重21～25.5g，粗蛋白含量17.1%～19.9%。

5. 雀蛋豆品种

传说系自日本引入，分布较广，文山、大理、临沧、昆明等地均有栽培。其籽粒特大（百粒重49.8～58g），卵圆形，有红花纹，荚短而粗，长7.5～10.4cm，有条形红花纹，籽粒煮食质地软而微甜，生育期84～102d。市场上销售价比一般普通菜豆高20%～30%。

（三）蔓生型品种

蔓生型普通菜豆，种子未成熟前为嫩籽时呈白色、白绿色。按成熟后种子的颜色可分为白、紫红、黄、褐、蓝、黑、花纹、花斑等品种。

1. 白色籽粒品种

生育期109～160d，花色白，单株荚数6.4～76.2个，单荚粒数3.4～9.3粒，单株产量9.6～145.8g，荚长10.1～17.5cm，荚色有黄白、紫纹、黄褐等色，粒形椭圆、肾形，百粒重16～65.5g，粗蛋白含量17.1%～22.2%。其中，小粒白京豆，如华宁小白京豆（A0426）、墨江小白京豆（A0300）、永胜小粒白京豆（A0463）、弥渡小白京豆（A0277），百粒重只16.19g，产量比较低，但风味独特，食味良好。

2. 紫红色籽粒品种

生育期86～159d，花色浅红，少数白色，单株荚数6.4～26个，单荚粒数3～8.1粒，单株产量7.9～62.8g，荚色黄褐、黄白，及红纹，荚长10.7～15.2cm，粒形椭圆、肾形，少数扁圆，百粒重20.9～60.1g，粗蛋白含量17.5%～22.2%。

3. 黄色籽粒品种

生育期98～112d，花色浅红，单株荚数4.4～30.7个，单荚粒数4.1～7.4粒，单株产量3.9～41.2g，荚色黄白，荚长11.2～14.7cm，粒形椭圆、肾形，百粒重24.1～56.0g，粗蛋白含量18.8%～21.3%。

4. 褐色籽粒品种

生育期92～155d，花色有紫红、浅红及白等色，单株荚数4.9～45.3个，单荚粒数3.7～7.8粒，单株产量1.6～102.2g，荚色有黄白、黄褐、红纹，荚长7.8～147cm，粒形多为椭圆，少数肾形，百粒重20.5～60.1g，粗蛋白含量18.1%～23.2%。

5. 蓝色籽粒品种

生育期98～143d，花色紫红，单株荚数4.7～23.4个，单荚粒数4.8～9.7粒，单株产量0.4～40.8g，荚色有黄褐、黄红、红纹、紫纹等种，荚长10.1～15.6cm，粒形多数椭圆，少数肾形，百粒重19.6～42.1g，粗蛋白含量16.7%～20.6%。

6. 黑色籽粒品种

生育期88～164d，花色紫红，单株荚数5.9～25个，荚粒数4.5～7.5粒，单株产量11.5～49.2g，荚色黄红、黄白、紫纹、红纹等，荚长9.1～21.1cm，粒形多数椭圆，少数肾形，百粒重20～47.8g，粗蛋白含量17.2%～22.1%。

7. 花纹籽粒品种

生育期81～156d，花色紫红及浅红，个别白色，单株荚数1.3～44个，单荚粒数4.2～7.9粒，单株产量

2.4～94.9g，荚色黄白、黄褐或有紫纹，荚长8.6～17.9cm，粒形肾形或椭圆形，百粒重19～71.4g，粗蛋白含量15.4%～22.3%。

8. 花斑色籽粒品种

生育期88～164d，花色多为浅红或紫红色，单株荚数7.3～39.2个，单荚粒数3.1～8.1粒，单株产量7.7～108.4g，荚色以红纹、紫纹的最多，黄褐、黄白色的较少，荚长5.4～17.7cm，粒形椭圆的最多，卵圆的少，百粒重19～62g，粗蛋白含量16%～24.1%。

四、优异种质

（一）抗角斑病种质

经多年筛选，共发现对角斑病高抗品种2份，中抗41份。

（1）新平紫京豆，编号A0145-b，抗病指数11.1，蔓生型，无限结荚习性，生育期109d，中熟，白花，荚色黄褐，荚长8.9cm，粒色褐，椭圆形，百粒重36.0g。

（2）腾冲菜豆，编号A0083，抗病指数14.1，蔓生型，无限结荚习性，生育期112d，中熟，白花，荚色有红纹，长13.3cm，粒色褐，椭圆形，百粒重27.5g。

（二）抗炭疽病种质

（1）蒙自白腰子豆，编号A0346，抗病指数8.1，直立型，有限生长习性，生育期85d，早熟，白花，株高21.9cm，分枝数2.2个，单株荚数8.2个，荚粒数3.8粒，单株产量17.3g，荚色黄白，荚长12.4cm，粒色白，肾形，百粒重55.4g。

（2）漾濞白腰子豆，编号A0187，抗病指数13.9，蔓生型，无限结荚习性，生育期143d，晚熟，白花，荚色黄白，荚长14.5cm，粒色白，肾形，百粒重50.9g。

（三）高蛋白质种质

国家种子蛋白质含量的优异种质标准：大于29%的为一级，28%～29%为二级，略低于28%的为三级。经筛选，云南600多份普通菜豆资源中仅有1份为三级，即丘北四季豆，编号A0581，粗蛋白质含量27.39%。蔓生型，无限生长习性，生育期88d，早熟，白花，荚色有红纹，荚长14.7cm，粒色黄，椭圆形，百粒重30.6g。

（四）高淀粉含量种质

国家种子淀粉含量的优异种质的标准：大于53%为一级，50%～53%为二级，略低于50%的为三级。经筛选，云南普通菜豆种质中，粗淀粉含量达三级以上的较多，达一级标准的有16份，包括：

（1）宜良黄粒京豆，编号A0314，粗淀粉含量60.9%，半蔓型，无限生长习性，生育期95d，早熟，花色浅红，荚色黄白色，荚长12.6cm，粒形椭圆，百粒重38.6g。

（2）弥渡白京豆，编号A0236，粗淀粉含量55.15%，蔓生型，无限生长习性，生育期143d，晚熟，白花，荚色黄褐，荚长12.7cm，粒形椭圆，百粒重41.9g。

（3）丘北菜豆，编号A0586，粗淀粉含量54.13%，蔓生型，无限生长习性，生育期98d，早熟，花色紫红，荚色红纹，荚长12.6cm，粒色褐色，椭圆形，百粒重19.2g。

（4）江川花腰豆，编号A0435，粗淀粉含量54.36%，直立型，有限生长习性，生育期85d，早熟，浅红花，株高22.7cm，有效枝2.3个，单株荚数10.5个，荚粒数3.7粒，单株产量20.8g，荚色黄褐，荚长14.8cm，花斑色粒，肾形，百粒重53.6g。

（5）西畴大红花四季豆，编号A0501，粗淀粉含量53.23%，直立型，有限生长习性，生育期86d，早熟，浅红花，株高22.5cm，有效枝2.7个，单株荚数14.3个，荚粒数3.4 粒，单株产量17.5g，荚色有红纹，荚长10.8cm，粒形肾形，百粒重41.1g。

（6）漾濞小菜豆，编号A0193，粗淀粉含量54.25%，半蔓型，有限生长习性，生育期102d，中熟，浅红花，荚色黄白，荚长8.2cm，花斑色粒，椭圆形，百粒重19.2g。

（7）永善花京豆，编号A0307，粗淀粉含量53.46%，半蔓型，无限生长习性，生育期95d，中早熟，浅红花，荚色有红纹，荚长11.4cm，花斑色粒，肾形，百粒重37.4g。

（8）大关四季豆，编号A0152，粗淀粉含量53.0%，蔓生型，无限生长习性，生育期133d，晚熟，浅红花，荚色黄白，荚长12.3cm，花斑色粒，椭圆形，百粒重25.6g。

（9）镇雄花京豆，编号A0262，粗淀粉含量53.57%，直立型，有限生长习性，生育期85d，早熟，浅红花，株高21.8cm，有效枝3.2个，单株荚数8.7个，荚粒数4.4粒，单株产量18.2g，荚长13.1cm，荚色红纹，花斑色粒，椭圆形，百粒重47.8g。

（10）弥渡雀蛋豆，编号A0232，粗淀粉含量53.07%，半蔓生型，无限生长习性，生育期99d，中早熟，浅红花，红纹色荚，荚长9.1cm，花斑色粒，粒卵圆形，百粒重50.1g。

（11）福贡怒奇普，编号A0419，粗淀粉含量53.12%，蔓生型，无限生长习性，生育期95d，早熟，浅红色，荚色黄白，荚长17.8cm，粒色紫红，椭圆形，百粒重46.6g。

（12）丘北泥鳅豆，编号A0587，粗淀粉含量53.46%，蔓生型，无限生长习性，生育期98d，早熟，花色浅红，荚有红纹，荚长14.8cm，粒色褐，椭圆形，百粒重29.8g。

（13）西畴腰子豆，编号A0499，粗淀粉含量53.34%，直立型，有限生长习性，生育期86d，早熟，浅红花，株高24.8cm，有效枝2.9个，单株荚数6.4个，荚粒数3.9粒，单株产量11g，荚色黄白，荚长14.8cm，粒色紫红，肾形，百粒重54.5g。

（14）嵩明大肉豆，编号A0331，粗淀粉含量53.12%，蔓生型，有限生长习性，生育期107d，早中熟，紫红花，荚色红纹，粒色褐，肾形，百粒重43.9g。

（15）金平早京豆，编号A0149，粗淀粉含量53.01%，直立型，有限生长习性，生育期109d，早中熟，紫红花，株高41.2cm，有效枝2.7个，单株荚数16.9个，荚粒数5.0粒，单株产量15.4g，紫纹色荚，荚长10.4cm，花斑色粒，椭圆形，百粒重27.5g。

（16）砚山白鸡腰子豆，编号A0603，粗淀粉含量53.7%，蔓生型，无限生长习性，生育期98d，早熟，白花，荚色黄白，荚长14.6cm，粒色白，肾形，百粒重50.6g。

粗淀粉含量达二级标准的有139份，达三级标准的有28份，性状略。

第二节　多花菜豆

多花菜豆，别名大白芸豆、大花芸豆、大黑芸豆，群众称荷苞豆、猪腰子豆、大花豆，我国北方又叫看花豆，英文名scarlet runner bean、mutiflora bean，意思是花色鲜红有藤蔓的豆子。因为多花菜豆与普通菜豆同属，普通菜豆种子有各种颜色的，不过种子较小，多为肾形。多花菜豆的种子大，多为宽肾形，而所以群众将多花菜豆的称呼加上一个大字，将两个种区分开。

一、起源分类与分布

（一）起源

多花菜豆起源于美洲的墨西哥或中美洲，在墨西哥发现公元前7000～公元前5000年的多花菜豆种子的残遗物，并在海拔1800m以上高地有野生种；中美洲、危地马拉的冷凉温湿高原上有很多野生的多花菜豆。在2200年前墨西哥德哈康谷地已栽培着驯化的多花菜豆；中美洲是多年生类型的驯化地，至今仍有栽培。

多花菜豆引入我国的具体时间不详，在云南100多年前已有栽培，20世纪70年代前，主要在田埂、地角、房前屋后，零星种植，以鲜籽粒作蔬菜食用；20世纪70年代开始，干籽粒作为外贸物资出口以后，开始进入大田集中栽培，成为云南重要的出口农产品。

（二）分类

多花菜豆属蝶形花亚科，菜豆属。它与普通菜豆、利马豆、乌头叶菜豆同属，以多花菜豆作母本，普通菜豆为父本杂交能授精结实，但播种时多花菜豆的子叶不出土，其他几个种的子叶出土。其分类，国际上有3种分法。

1．根据生长习性、花色、种皮色分为7个类型

（1）蔓生，鲜红花，种皮浅紫有黑斑。

（2）蔓生，鲜红花，种皮浅紫有黑点。

（3）蔓生，鲜红花，种皮黑色。

（4）蔓生，白花，种皮白色。

（5）蔓生，旗瓣红色，翼瓣白色，种皮褐色有光泽，并有深棕色斑。

（6）矮生，鲜红花，种皮浅紫或紫有黑点。

（7）矮生，白花，种皮白色。

2．根据生长习性及花色分为4个类型

（1）白花，矮生。

（2）鲜红花，矮生。

（3）白花，蔓生。

（4）鲜红花，蔓生。

3. 按变种分为3个类型

（1）红花丛生变种。

（2）白花荷兰蔓生变种。

（3）白粒丛生变种。

蔓生种属无限型，丛生或矮生种一般为有限型。我国现今栽培的品种，均为蔓生的鲜红花，或白花，或旗瓣浅红，翼瓣白色的品种。丛生或矮生品种尚未发现。最近蔡克华教授在蔓生型品种中选出自封顶的植株，但云南省粮作所杂粮室研究，自封顶植株的后代又恢复无限型的性状，自封顶的性状尚未牢固。

（三）分布

多花菜豆系哥伦布发现新大陆后，才向世界各地传播的，1633年引入欧洲，后由荷兰人传入日本。分布于温带及亚热带地区的高原上，主产国家有阿根廷、英国、中国及日本，其次为墨西哥、哥伦比亚、肯尼亚、埃塞俄比亚、德国等国。许多国家种植的多花菜豆多为自己消费，主要作蔬菜食用，且以干籽粒为主，鲜籽粒很少进入国际市场，甚至当地市场。

中国种植的多花菜豆系由国外引入，栽培历史不详，全国许多省区都有种植。其中以云南、贵州、四川、山西较多，其次为湖北、陕西、内蒙古、黑龙江、青海。但真正成为商品生产出售干籽粒的只有云南、贵州、四川三省，其他省区多为零星种植，有的只作观赏植物。

多花菜豆喜欢冷凉气候，在云南主要分布在25°N以北的高原山区，以海拔1800～2500m的地带较多，个别的在海拔2800m地区亦有栽培。主要产区有滇西北的丽江、华坪、兰坪、永胜，滇西的大理、剑川、宾川、洱源、鹤庆，滇中的武定、南华、禄劝、嵩明，滇东的会泽、寻甸、东川等地，是出口的商品生产基地。此外，彝良、大关、镇雄、元江、玉溪、新平、耿马、永德、腾冲、漾濞、弥渡、宁蒗、贡山、福贡、维西、昆明、晋宁、安宁等地也有种植。一般产量1500kg/hm^{2}左右，加强管理可达3750～4500kg/hm^2。不仅比荞籽、兰花籽、燕麦等产量高，而且超过玉米产量，经济收入同比增加1倍以上，是云南高寒山区的优势作物。

二、特征特性鉴定

（一）植物学性状

多花菜豆为一年生或多年草本植物，染色体$2n=22$。

1. 根与根瘤

多花菜豆为圆锥根系，能形成细长的块根。宿根后块根粗壮，多汁，可食，主根入土较深，侧根在土壤表层水平分布向下垂直生长。根的生命力强，翻地时尚埋在土中的根部（或称宿根），次年能萌发生长，开花结荚，但植株瘦弱，较当年播种的荚少粒小，产量低。

多花菜豆与根瘤共生，根瘤比蚕豆的少很多，稀疏着生在主根和侧根上。栽培时必需施用氮素肥料，才能显著地增加产量。

2. 茎

多花菜豆的幼茎有毛，开白花的秆皮绿色，开鲜红花的秆皮紫色。茎略有棱，蔓生种攀缘习性强，株高1.5～4.0m，分枝1～5个，栽培时要搭架杆。分枝与主茎沿架杆紧密盘绕在一起。生长繁茂的还会越过架杆，牵藤出去与相邻的植株绞在一起，甚至互相缠绕成棚。

3. 叶

多花菜豆为三出复叶，即由3片小叶组成1片复叶，上面一片小叶较两侧的稍大。叶片互生。叶色绿或浅黄绿。叶片卵圆至菱形，全缘，基部楔形或截形，顶部断尖或急尖。叶片长7.5～12.5cm。复叶的叶柄长10～16cm，有凹沟，疏生茸毛。小叶的叶柄短。复叶叶柄基部两侧各有一片形似三角形的托叶，长约5mm。

4. 花

多花菜豆的花为腋生总状花序，花梗细长，有棱，着生小花的花轴比花梗长，一个花序有10对以上的小花，多的超过20对，花冠比普通菜豆的大，花瓣长1.8～2.5cm，颜色鲜红，朱红或白色，旗瓣红色翼瓣白色的很少，苞片披针形，几乎与花萼等长。由于多花菜豆的柱头光滑，不易授粉，常需蜜蜂或其他昆虫作传粉媒介。此外，它具有一对自交不育的等位基因，造成自交不育，为常异花授粉作物，良种繁育时要远距离隔离，防止与其他品种杂交。多花菜豆开花多，花期长，不耐旱，开花时若遇高温，影响花粉发芽，长时期高温则不结荚，所以一般在低海拔或夏秋炎热的地方种植，虽然开花但结荚很少或不结荚，故有“看花豆”之称。

5. 果荚

多花菜豆的果荚成熟时略弯，光滑或被毛，褐色或暗黄色，有黑色小点及斑块，荚喙粗壮，弯曲，一般荚长10～15cm，最长可达30～40cm，荚宽约2～3cm，每荚有种子2～4粒，多的可达9粒。

6. 种子

种子宽肾形或宽椭圆形，光滑，中部扁平而凸起，种子间有隔膜，粒长1.8～2.5cm，宽1.2～1.6cm。种皮色有白、乳白、黑、紫、橙黄、棕等，除白、乳白、黑的外，并着生黑点、黑斑或黑色花纹。脐长形，较大，白色。子叶肥厚，乳白色，百粒重80～140g。出苗时子叶不出土。

（二）生物学特性

1. 温度

多花菜豆比较耐寒，要求温凉湿润的气候，在无霜期120d以上的地方都可种植。夏季温度高（超过25℃），虽能开花，但易脱落，结荚很少，也不耐霜，下霜后生长停滞，叶片枯死。在云南主要分布于1800～3100m的山区，以2200～2600m地区最多。以南华县五街乡（海拔2400m）的气温为例，多花菜豆生长期中（4～10月）月均气温12.3～16.3℃，最热月的月均气温16.3℃。该地不能种植水稻，玉米生长也较差，但适合多花菜豆生长，是云南多花菜豆的主产区之一。多花菜豆适合夏季冷凉地区种植，是云南高寒山区的优势作物。

2. 光照

多花菜豆为短日照作物，但有不少品种对光周期反应不敏感，据中国农科院品资所的研究观察，由南往北引种延迟成熟，如云南引种到北京，经20d半的短日照处理，比不处理的早开花2个星期。但由于温度高不能结荚，仅提前开花，全生育期未缩短。所以在夏季温度高、日照长、雨量多的地方种植，营养生长繁茂，结荚很少。云南的地方品种均为光周期中性反应品种，早播不早开花，晚播开花期缩短，产量低。

3. 水分

多花菜豆要求全生育期间雨量均匀、充足。苗期较耐旱，如水分多，苗弱叶黄，开花时需水较多，对干旱敏感，久旱无雨又多风，生长不旺，花荚易落。但雨量过多也不适宜，土壤水分含量过高时，根系易发生病害，下部叶片发黄，后期发育不良，成熟收获时需少雨晴朗天气，雨量多，荚壳霉烂，种子污染，或在花荚内发芽，降低品质。

4. 土壤

多花菜豆对土壤的要求不严，只要土层深厚，有机质含量多，pH在6～7之间，排水良好的壤土、沙壤土，不论是在山坡、旱地、平田上均可种植。

（三）营养化学成分及经济价值

多花菜豆每100g种子内含有热量338cal，水分12.5%，蛋白质20.3g，脂肪1.8g，碳水化合物62g，纤维4.8g，灰分3.4g，钙114mg，磷354mg，维生素B_1 0.5mg，维生素B_2 0.19mg，烟酸（抗癞皮病因子）2.3mg，维生素C 2.0mg。

三、常见栽培品种

我国现今的多花菜豆资源中，尚未发现有矮生或丛生型品种，云南农业大学的蔡克华先生和云南省农科院粮作所豆类室开展了自封顶（有限型）的研究，但遗传性状不稳定，未能巩固下来，所以现今的栽培种均为蔓生型，无限生长习性品种。云南栽培的多花菜豆可分为以下3种类型：

（一）白花白皮品种

各地称呼的大白芸豆、荷包豆、大白羊角豆、白雪豆、扒扒糯等都属这一类型。植株蔓生型有攀缘习性，株高1.5～3.0m，单株分枝3～5个，生育期较短，播种至成熟116～127d，单株荚数11.7～47.5个，荚长11.3～14.6cm，单荚粒数2.8～3.7粒，种皮白及乳白色，粒形宽肾形，百粒重103.1～138.7g。从外形上看，种子比大花芸豆的略小，但白芸豆为凸、扁，心实，而花芸豆的是宽扁，心空，白花白皮种的芸豆比红花芸豆的粒重较重，种子粗蛋白含量为11.4%～16.4%。

（二）红花黑皮品种

各地称呼的大黑芸豆、黑荷包豆、黑洋豆等均属这一类。植株蔓生，有攀缘习性，株高1.5～3.0m，单株分枝2～3个，生育期较长，播种至成熟约150d，单株荚数13.6个，荚长11.5～12.9cm，单荚粒数2.5～3.2粒，粒色黑，宽肾形，百粒重88.6～114.5g，种子粗蛋白含量14.6%～18.3%。

（三）红花花皮品种

各地称呼的大花京豆、猪腰子豆，大京豆、花洋豆等属这一类。蔓生，攀缘习性强，生长势较旺，株高2～4m，单株分枝4～5个，生育期长，播种至成熟122～158d，平均154d，单株荚数11.0～23.0个，单荚粒数2.5～3.4粒，粒色有紫底黑斑，橙色底黑斑等，宽肾形，百粒重96.2～126g，种子粗蛋白含量11.6%～18.3%。

四、优良品种筛选

云南多花菜豆的系统研究不多。1982年，云南省农科院粮作所豆类室与楚雄州农科所在南华县五街乡以宾川大白豆、丽江大白豆、日本大白豆、自封顶大白豆及本地豆进行比较试验，结果显示，生育期以宾川大白豆较短，播种至成熟150d，百粒重以日本大豆最重（152g），产量以自封顶大白豆（4276.5kg/hm^2）及宾川大白豆（3997.5kg/hm^2）的最高，从早熟、粒重、丰产等综合性状来看，以宾川大白豆较好，详见表1–5–6。

表1–5–6　大白豆品种比较试验（南华县五街乡1982）

品种名称	产量（kg/hm^2）	生育期（d）	荚粒数（粒）	百粒重（g）
丽江大白豆	3356.25	156	1.96	91.0
宾川大白豆	3997.50	150	2.84	120.0
日本大白豆	3525.00	160	2.85	152.0
自封顶大白豆	4276.50	156	2.58	123.0
五街大白豆	3766.50	156	3.27	113.0

1986年，在四川省雅安地区用宾川大白豆与当地的5个地方种进行比较，结果显示，宾川大白豆的产量最高（3450kg/hm^2）、生育期最短（播种至成熟162d）、籽粒最重（百粒重147.2g），表明宾川大白豆适应性好，具有早熟、粒重高、丰产性好等优良性状，结果见表1–5–7。

表1–5–7　大白芸豆品比试验（四川雅安1986年）

品种名称	产量（kg/hm^2）	生育期（d）	单株荚数（个）	荚粒数（粒）	百粒重（g）
泸定白芸豆	2505.0	166	20.6	2.1	126.1
万县白芸豆	2070.0	166	22.4	2.0	115.4
民沾白芸豆	2197.5	167	18.7	2.4	125.3
硫碳白芸豆	2032.5	169	22.7	2.1	108.4
宾川白芸豆	3450.0	162	22.7	2.3	147.2
对照	1650.0	167	21.0	1.9	117.2

第三节　利马豆

利马豆，别名荷包豆、金甲豆、雪豆、京豆等，英文名lima bean、sievi bean、sugar bean。

一、起源分类与分布

（一）起源

利马豆起源于墨西哥南部和中美洲，秘鲁墓穴中发现了公元前6000～公元前5000年的大粒型利马豆种子的遗迹，在墨西哥也发现例如公元前500～公元前300年的小粒型利马种子的遗迹。利马豆最早从起源中心在美洲传播种植，哥伦布发现新大陆后，由西班牙商人越过太平洋带到菲律宾，后传遍亚洲；另一条路线是由巴西传到非洲，至今在许多热带地方还有野生型的利马豆。云南利马豆的栽培史不详。

（二）分类

利马豆栽培种分为5个类型：扁平利马豆、柳叶雪豆、丛生雪豆、丛生大粒利马豆、马铃薯型利马豆。

（三）分布

目前，利马豆主要分布在中、南美洲，美国；亚洲的缅甸、印度、菲律宾；非洲的尼日利亚、马达加斯加等地。我国多为零星栽培，广西、广东、云南、江西、江苏、台湾等省种植较多。

云南利马豆主要分布于南部及中部气温较高、雨量较多的地方，如蒙自、弥渡、元江、云县、镇康、保山、漾濞、禄劝等地，均为在庭院、路边零星种植。

二、特征特性鉴定

（一）植物学特征

利马豆为一年生或多年生草本植物，染色体2n=22。

1. 根

利马豆的根为须根系，主根不发达，入土浅。

2. 茎

利马豆按生长习性分为丛生型、半蔓生型和蔓生型三种。丛生型株高60cm左右，蔓生型株高可达4m，分枝性强，主茎分枝5～10个。

3. 叶

利马豆的叶为三出复叶，叶柄长8～17cm，通常有毛，托叶小，阔三角形；小叶卵圆形至披针形，尖，叶背有短绒毛；叶长5～13cm，宽3～9cm，两侧小叶倾斜，叶片大粒种厚，小粒种薄。

4. 花

利马的花为腋生总状花序。花梗长约15cm，花序上有许多小花，花梗的每个节上可着生小花2～4朵，叶灰绿色，偶尔有紫蓝色、黄白色或粉紫色；翼瓣白色，如旗叶紫有色素，翼瓣也常常是紫兰色或橙紫色；龙骨瓣长而扭曲；雄蕊10枚，缠绕在一起。利马豆为自花授粉植物，但自然杂交率达18%～20%。

5. 果荚

利马豆的荚果扁平，长方形或直扁弯曲成镰刀状，长5～12.5cm，宽1.5～2.5cm，每荚有种子2～6粒。大粒种顶端有喙，荚小荚厚；小粒种顶端的喙较尖，荚小荚薄，易裂荚。

6. 种子

利马豆的种子为扁肾形、扁圆、肾形、马铃薯形；种皮色有白、奶油、微绿、红、紫红、褐、黑和白底或淡绿底的红、紫等各色偏斑及满斑纹的花豆，脐白色，从种脐向外有明显的射线，百粒重40～200g，出苗时子叶出土。

（二）生物学特性

1. 温度

利马豆适宜于热带及亚热带地区种植，大多数热带国家从海平面至海拔2400m的地方都有种植，在非洲的热带雨林区是一种主要的豆类。生长期要求无霜，低温（13℃以下）抑制生长，气温高（21℃以上）加速成熟，发芽的最好温度为21～27℃，适宜生长的月均温为15.5～21℃，最高不要超过27℃，最低不能低于10℃，温度高于32℃时会造成花荚脱落。

2. 光照

利马豆为短日照作物，但多数栽培品种对日照长短的反应为中性。在北京种植的各省及国外的品种，在自然条件下大部分能开花结荚。

3. 水分

一般来讲，利马豆耐旱又耐湿，在生长季节雨水多时，耐湿性比菜豆好。

4. 土壤

利马豆各种土壤上都能种植，以肥沃的壤土及黏壤土最好，pH在4.5～8.5条件下均能生长，以6.0～6.5的最好。

（三）营养化学成分

利马豆每100g干种子含有热量343cal，水分10.5%，蛋白质20.5g，脂肪1.5g，碳水化合物63g，纤维2.6g，灰分3.6g。鲜荚（含嫩籽）含有水分69.2%，氮1.3g，粗纤维0.5g，灰分1.5g，钙9mg，磷97mg，铁11.3mg，β–胡萝卜素0.06μg，维生素B_1 0.03mg，维生素B_2 0.09mg，烟酸1.6mg，维生素C 30.8mg。

云南利马豆的化学成分据湖北省农科院测试中心的分析，每100g干种子含有粗蛋白17.4%，粗脂肪1.94%，总淀粉55.4%，其中，直链淀粉15.13%，支链淀粉40.27%。

三、主要栽培品种

云南栽培利马豆主要为大粒，蔓生型，无限结荚习性，种子扁圆，依种子色泽有两种，主要品种包括：

（一）弥勒京豆

弥勒京豆的生育期长，播种至成熟239d，株高300cm以上，白花，单株荚数124个，单荚粒数2.8粒，单株产量400g，成熟果荚褐色，荚长10.3cm，种子底色黄有放射状红纹，百粒重137g。

（二）巍山荷包豆

巍山荷包豆的生育期短，播种至成熟需时178d，株高300cm以上，白花，单株荚数98个，单荚粒数2.8粒，单株产量337.5g，果荚褐色，荚长8.8cm，种子扁肾形，种皮色为红底有放射性白纹，百粒重131g。

第六章　豇豆类

云南常见的豇豆属栽培种包括小豆、饭豆、绿豆和豇豆。

第一节　小豆

小豆学名*Vigna anguluris*（Willd）Owhi & Ohashi，别名赤豆、赤小豆、红小豆、红豆，英文名adzoki bean、adsuki bean。小豆过去列入菜豆属，学名为*Phaseolus angularis*（Willd）Wight，后来根据其植物学性状与豇豆属有共同之点，同时由于菜豆属系起源于中南美洲，而豇豆属起源于亚洲，20世纪60年代以来将小豆划为豇豆属，现今普遍采用。

一、起源分类与分布

（一）起源

小豆原产于我国，在古籍《种农本草》中已有关于小豆药用的记载，在《氾胜之书》和《种农本草经》中记载了小豆的栽培和药用技术。《滇南本草》中称："红豆，补中湿气，滋肾益神；蒸服，可治诸虚百损。"《植物名实图考》中称："为辟瘟良药。"《食物本草》中称："赤小豆甘酸平，微温，无毒，除烦满，通气健脾，民间在暑天用赤小豆煮粥，制汤，消暑。"据丁振麟教授1959年报道，喜马拉雅山区一带有野生种和半野生种存在；近代在湖南长沙马王堆西汉古墓中，发掘出已经炭化的小豆的籽粒。我国栽培小豆的历史至少已有2000多年。

（二）分类

小豆的农艺学分类法较多，以农艺性状可分为早熟，中熟、晚熟；按栽培荚习性可分为有限结荚、无限结荚；按生长习性可分为直立、蔓生、半蔓生；按种子大小可分为大粒种（百粒重大于12g）、中粒种（百粒重6～12g）、小粒种（百粒重小于6g）。此外，还有按成熟荚色、粒色、粒形、叶形、生态型的不同以及使用价值等分成若干栽培品种类型。

（三）分布

世界上种植小豆的国家有24个。我国是栽培小豆最早的国家之一，主要产区分布在华北、东北和黄河、长江中下游地区及台湾地区。全国种植面积及总产量居世界种植小豆国家的首位，其次为日本和朝鲜。

小豆在云南种植的历史不详，过去一直列入杂豆，无具体的统计数据。但小豆在云南分布极为广泛，从海拔420~2600m的地区都有小豆栽培，大多数集中于海拔1000～1600m的地区。根据已收到的资源分析，小豆在云南的分布几乎遍及全省，主要地区为：北部地区：金沙江、澜沧江、怒江河谷，昭通、永善、威信、镇雄、永胜、福贡、贡山、香格里拉、维西等县；中部地区：晋宁、富民、宣威、双柏、武定、漾濞、弥渡、南涧、腾冲等县；南部地区：新平、元江、元阳、墨江、景东、澜沧、凤庆、云县、永德、镇康、沧源等县。但以气温较高的亚热带和热带较多。多为净种，或用丛生直立型品种与其他高秆作物间作。

二、特征特性鉴定

（一）植物学特征

小豆为一年生草本植物，染色体2n=22。

1. 根和根瘤

小豆的根为圆锥根系，主根不发达，侧根细长，根群主要分布于地表下10～20cm土层中，在肥沃的土壤上能形成细小的块根。小豆能与豇豆族的根瘤共生，每亩小豆每年约可从空气中固定氮素5.7kg。

2. 茎

小豆按茎形态分为直立丛生型、蔓生型和半蔓生型三种。株高差异较大，直立丛生型的最矮（78.1cm），蔓生型的最高（117cm），半蔓生型的居中（97.4cm）。其他性状如生育期，相差不大，百粒重、分枝数以直立型大于半蔓生型及蔓生型。相关特性见表1-6-1。

表1-6-1　云南小豆资源的株高、生育期、百粒重及分枝数

类型	株高（cm）	生育期（d）	百粒重（g）	分枝数（个/株）
直立	78.1	125.2	8.24	3.61
半蔓生	87.5	122.8	7.55	3.41
蔓生	117.0	126.6	7.31	3.17

3. 叶

小豆的第一对真叶为心形，这是与饭豆（披针形）区分的一个标志，以后生长出的叶为互生。三出复叶，叶柄长，小叶心形，全缘，两侧小叶较大，顶端的小叶片尖端较尖，每片小叶基部都有一对小托叶。

4. 花

小豆的花为总状花序，腋生。花梗较长，着生6～12朵小花，花色黄而鲜亮，花柄短，蝶形花冠，一般午前开花，自花授精，但时有异花传粉。

5. 荚果

小豆的荚果圆筒形，无毛，长6～12.5cm，宽0.5cm，成熟的荚果色为黑色、棕色、黄白色，每荚果有种子4～12粒，种子间收缩。多数品种不易裂荚或落粒，但收获过晚，气温干燥亦会发生裂荚落粒。

6. 种子

小豆种子大体分为短圆形、长圆形和近球形三种，长5～7.5mm，宽4～5.5mm，种脐大而明显，中间有一条白色凹下与种子一样平的沟，长大于种籽粒长的一半。种皮表面有光泽，种色有红、白灰、绿、黄、黑、褐、灰花纹和花斑等色，出苗时子叶不出土。

（二）生物学特征

1. 温度

小豆为喜温作物，从温带到热带都有栽培，适应范围较广，不耐霜冻及冷凉天气。16℃时出苗，全生育期中15～30℃时生长良好。花芽分化期的最适宜温度为24℃，种子成熟期最怕低温秋霜，否则秕粒多籽粒小。

2. 日照

小豆为短日照作物，光周期敏感，中晚熟品种反应尤甚，在日本南部的早熟品种比北方的品种更敏感。出苗至开花所需时间，除温度和栽培条件外，光照是重要因素，所以苗期受光照长短的影响最大，开花、结荚期影响较小。

3. 水分

小豆耐旱不耐湿，苗期需水较少，开花期较多。故开花期是小豆需水的关键时期，土壤水分过多，通气不良，影响根瘤发生和发育，要求适当的湿润气候，湿度过大，降低小豆的品质；成熟期则要求干燥的气候。

4. 土壤

小豆对土壤要求不很严格，各类土壤都可种植。但以在排水良好、肥沃的中性黏质壤土更为适宜，对酸性土或碱性土壤也有一定的适应能力，适应pH的范围为5.0～7.5（平均6.1）。

5. 生态适应性

据中国农科院品资所1979～1980年对不同来源小豆品种的研究分析，结果发现小豆熟性随纬度的降低而延迟，粒重随纬度的增高而减少。我国可以划分为4个小豆生态区：①东北生态区，包括黑龙江、吉林、辽宁、内蒙古，以早熟中粒类型为主，早熟大粒型次之；②华北生态区，包括河北、山西等省，以晚熟中粒型为主，中熟中粒型次之；③黄河中游生态区，包括陕西、河南等省，以晚熟中粒型为主，晚熟小粒型次之；④云南生态区，属极晚熟类型。

（三）营养化学成分

据中国农科院品资所的分析，每100g小豆干种子内含蛋白质21.03%～25.06%，平均23.07%；脂肪0.46%～1.23%，平均0.89%；总淀粉48.86%～56.9%，平均53.08%；氨基酸组成及含量见表1-6-2。

表1-6-2 小豆的氨基酸组成及含量

氨基酸种类	含量（%）	氨基酸种类	含量（%）
天冬氨酸	2.58	酪氨酸	0.65
苏氨酸	0.80	苯丙氨酸	1.33
丝氨酸	1.16	赖氨酸	1.65
谷氨酸	3.84	但氨酸	0.67
甘氨酸	0.85	精氨酸	1.52
丙氨酸	0.96	脯氨酸	0.67
胱氨酸	0.20	色氨酸	0.15
颉氨酸	1.15	亮氨酸	1.75
异亮氨酸	0.31	合计	20.24

国外报道，每100g干种子内含：热量336cal，水分10.8%，蛋白质19.9g，脂肪0.6g，碳水化合物64.4g，纤维7.8g，灰分4.3g，钙136mg，磷260mg，铁98mg，烟酸2.0mg，维生素C 2.0mg，维生素B_1 0.06mg，维生素B_2 0.09mg。

三、主要栽培品种

云南省栽培的小豆品种，按粒色分有红、白、绿及花纹等类型。

（一）红色籽粒品种

红色籽粒小豆又称赤小豆，有直立型、蔓生型和半蔓生型3种，均为有限结荚习性。生育期108～140d，黄花，株高75～131cm，分枝3.3～4.7个，单株荚数20.1～53.1个，单荚粒数7.7～11.4，单株产量16.2～25.9g，荚色黑、浅褐、褐，荚长8.4～10.7cm，粒形短圆柱形，百粒重6.9～18.4g，粗蛋白含量17%～23.6%。

（二）白色籽粒品种

白色籽粒小豆有直立型和半蔓生型2种，有限结荚习性。生育期108～141d，花色黄，株高72～127cm，分枝数2.7～4.7个，单株荚数20.7～60.7个，单荚粒数9～11.9粒，单株产量18.8～36.7g，荚色黑、褐、浅褐、黄白，荚长7.8～12.3cm，粒形短圆粒形，百粒重4.9～15.2g，粗蛋白含量15.5%～23.4%。

（三）绿色籽粒品种

绿色籽粒小豆有半蔓生型和直立型2种，多为直立型，有限结荚习性。生育期120～141d，花色黄，株高59～87cm，分枝数2.9～3.8个，单株荚数20.2～56.3个，单荚粒数8.8～11.6粒，单株产量6.2～33.6g，荚长8.9～11.1cm，荚色黑、褐，粒形有短圆柱、长圆粒及球形，百粒重3.9～11.9g，粗蛋白含量17.3%～19.9%。

（四）花纹籽粒品种

花纹籽粒小豆有直立型、半蔓生型及蔓生型3种，但均为有限结荚习性。生育期126～140d，花色黄，株高64～100cm，分枝3～3.7个，单株荚数10.8～48.2个，单荚粒数10.9～12.7粒，单株产量6.6～19g，荚色黑、褐，荚长9～9.6cm，粒形短圆柱形，百粒重3.9～8.0g，粗蛋白含量19.8%～22.4%。

四、优异种质

（一）抗叶斑病种质

云南小豆资源中，经分析鉴定抗叶斑病种质仅有1份，即：福贡红小豆，编号B0024，抗叶斑病，病情指数7.7，直立型，有限生长习性，生育期140d，晚熟，黄花，株高83cm，有效分枝3.6个，单株荚数30.7个，单荚粒数9.8粒，单株产量16.2g，荚色黑，荚长9.4cm，粒色红，短圆柱形，百粒重7.2g。

（二）抗锈病种质

抗锈病资源有高抗、抗和中抗3类，高抗和抗性品种资源包括：

（1）昭通红小豆，编号B0045，高抗锈病，病情指数0，半蔓生，无限生长习性，生育期126d，中熟，黄花，株高116cm，有效分枝3.3个，单株荚数41个，单荚粒数11粒，单株产量24.1g，荚色黑，荚长10.1cm，粒色红，短圆柱形，百粒重7.5g。

（2）元江小豆，编号B0068，高抗锈病，病情指数0，蔓生，有限生长习性，生育期126d，中熟，株高103cm，有效分枝3.5个，单株荚数31.1个，单荚粒数10.1粒，单株产量19.1g，荚色褐，荚长10.6cm，粒色白，短圆柱形，百粒重8.5g。

（3）福贡红小豆，编号B0024，高抗锈病，病情指数0，性状同前（抗叶斑病）。

（4）思茅矮脚红米豆，编号B0015，抗锈病，病情指数3，直立，有限生长习性，生育期130d，中晚熟，黄花，株高75cm，有效分枝3.8个，单株荚数35.3个，单荚粒数9粒，单株产量14.2g，荚色黑，荚长8.4cm，粒色红，短圆柱形，百粒重5.9g。

（5）新平小豆，编号B0016，抗锈病，病情指数3，半蔓生，有限生长习性，生育期130d，中晚熟，黄花，株高107cm，有效分枝3.4个，单株荚数53.1个，单荚粒数9.4粒，单株产量27.8g，荚色黑，荚长9.1cm，粒色红，短圆柱形，百粒重7.9g。

（6）武定小豆，编号B0076，抗锈病，病情指数3，直立，有限生长习性，生育期113d，早熟，黄花，株高79cm，有效分枝4.7个，单株荚数28个，单荚粒数8.6粒，单株产量18.9g，荚浅褐色，荚长8.5cm，粒形短圆柱形，粒色红，百粒重10.7g。

中抗的资源材料有：B0002、B0003、B0009、B0010、B0048等5份，性状略。

（三）蛋白质含量

根据国家标准规定，小豆的粗蛋白质含量大于27%的为一级，26%～27%的为二级，小于25%的为三级，云南省已分析的小豆的粗蛋白质含量有2份达到三级，分别为：

（1）永德小米豆，编号B0001，种子粗蛋白质含量为25.06%，半蔓生，有限生长习性，生育期130d，晚热，黄花，株高96cm，有效分枝3.7个，单株荚数27.1个，单荚粒数9.8粒，单株产量13.5g，荚色黑，荚长7.6cm，粒色白，短圆柱形，百粒重7g。

（2）腾冲小褐豆，编号B0012，种子粗蛋白质含量25.53%，直立，有限生长习性，生育期140d，晚熟，黄花，株高64cm，有效分枝3.7个，单株荚数29.6个，单荚粒数11.3粒，单株产量11.8g，荚色黑，荚长9cm，粒色有花纹，短圆柱形，百粒重12.4g。

（四）淀粉含量

按照国家标准规定，小豆粗淀粉含量大于57%的为一级，56%～57%的为二级，小于55%的为三级，已分析的云南小豆资源中，粗淀粉含量没有一级的，只有二级和三级的种质，分别为：

（1）镇雄大白小豆，编号B0058，粗淀粉含量56.90%，直立型，有限生长习性，生育期126d，晚熟，黄花，株高62cm，有效分枝4.7个，单株荚数44.6个，单荚粒数9.4粒，单株荚数33.6g，荚色黑，荚长9.9cm，粒色白，短圆柱形，百粒重12.6g。

（2）弥渡红山豆，编号B0037，粗淀粉含量56.00%，直立型，有限生长习性，生育期112d，中熟，黄花，株高87cm，有效分枝3.8个，单株荚数31.1个，单荚粒数9.5粒，单株产量18.3g，荚色浅褐色，荚长9.7cm，粒色红，短圆柱形，百粒重7.4g。

（3）武定小豆，编号B0076，粗淀粉含量55.88%，直立型，有限生长习性，生育期113d，中熟，黄花，株高79cm，有效分枝4.7个，单株荚数28个，单荚粒数8.6粒，单株产量18.9g，荚色浅褐，荚长8.5cm，粒色红，短圆柱形，百粒重10.7g。

（4）景东小豆，编号B0014，粗淀粉含量55.66%，蔓生型，有限生长习性，生育期126d，中熟，黄花，株高132cm，有效分枝2.7个，单株荚数32.8个，单荚粒数10.9粒，单株产量21.2g，荚色褐，荚长9.3cm，粒色白，短圆柱形，百粒重7.6g。

（5）双柏红小豆，编号B0075，粗淀粉含量55.54%，直立型，有限生长习性，生育期108d，早熟，黄花，株高86cm，有效分枝3.6个，单株荚数32.9，单荚粒数10粒，单株产量16.9g，荚色浅褐，荚长10cm，粒色红，短圆柱形，百粒重6.9g。

第二节　饭豆

饭豆，学名*Vigna umbellata*（Thunb） Ohwi & Ohashi，别名爬山豆、精米豆、芝小豆、竹豆、绊死老牛豆，英文名rice bean、climbing mountain bean、mambi bean、oriental bean。饭豆过去跟小豆一样曾列为菜豆属，现列为豇豆属。

一、起源分类与分布

（一）起源

瓦维洛夫认为饭豆起源于“印度起源中心”；胡克（J. D. Hooteer）认为它起源于喜拉雅山到斯里兰卡的热带地区；丁振麟认为饭豆原产于中国。1980年，有学者在滇东南考察时，于耿马、镇康、双江一带收采到野生饭豆资源7份，认为这一带栽培的饭豆可能与这些野生小饭豆有共同的祖先，中国云南是饭豆起源地之一。

（二）分类

饭豆分为4个变种：

（1）大花变种*V. umbellata* var. *major*，分布印度、缅甸北部山区，花大。

（2）仑巴亚变种*V. umbellata* var. *rumbaiya*，在缅甸Khaeia山区有栽培，茎短，直立或蔓延伸开。

（3）细茎变种*V. umbellata* var. *gracilis*，野生型，茎细而光滑，小叶狭窄。

（4）茎叶光滑变种*V. umtellata* var. *glaber*。

据国外报道，饭豆与小豆亲缘关系接近，它们是在同一祖先下，在不同的生态环境下衍生出来的，这两个种仍保留染色体的同源性，可进行种质交换。饭豆与小豆的主要区别，除脐形的差异外，饭豆荚无缢痕，成熟易裂荚，种子长筒形，小豆荚有缢痕，种子矩形。同时小豆多为直立型，蔓生型的茎蔓攀缘性弱，而饭豆几乎全为蔓生性，攀缘性强，在滇西南，搭有支撑杆时，高的可达5～6m，用作覆盖植被作物，枝蔓交错严严实实地将地面覆盖，人畜不能通过，群众又叫它为“绊死老牛豆”。

（三）分布

饭豆主要分布在亚洲南部东南部的中国、日本、印度、缅甸、印度尼西亚等国，目前已传到亚、非的热带地区。中国主要产区在内蒙古、山东、河南、陕西、山西、贵州、云南等地。喜马拉雅山和中国到马来西亚一带有野生型饭豆。

云南在热带及亚热带和北部河谷低地均有种植，以临沧市的凤庆、云县、永德、镇康、双江、耿马、沧源，文山州的文山、马关、广南、富宁、麻栗坡，普洱市的景东、墨江、澜沧，红河州的蒙自、红河、金平、绿春，玉溪市的易门、新平、元江，大理州的漾濞、祥云、弥渡、南涧，保山市的隆阳、腾冲，以及德宏地区的栽培较多。此外，丽江市的永胜、怒江州的贡山、迪庆州的维西、楚雄州的南华、曲靖市的宣威、昆明市的寻甸，以及昭通市的鲁甸、大关也有零星种植。

饭豆在我国具有悠久的栽培历史，据不完全统计，1984～1985年全国栽培面积约3.4万hm^2。云南省的栽培史不详，面积没有统计。

二、特征特性鉴定

（一）植物学特性

饭豆为一年生或多年生草本植物，染色体$2n=22$。

1. 根

饭豆的根为圆锥根系，发根力强，根群主要分布于地表下10～20cm土层中，能与豇豆族的根瘤共生。

2. 茎

饭豆的茎多为紫色，亦有绿色，有沟槽，被有短白毛，缠绕性极强，高可达5～6m。

3. 叶

饭豆的初生叶为一对披针形的单叶，叶为三出复叶，叶柄长5～10cm，托叶显著，卵圆到披针形，着生点在本身的中下部，小叶卵圆，顶端断尖，长5～10cm，长2.5～6cm，全缘或浅三裂。

4. 花

饭豆的花为腋生总状花序，每个花序上着生5～20朵花，花序长7.5～20cm，一个节上着生2～3朵小花，花冠鲜黄色，具有线状到披针形的小苞叶，旗瓣直径1.5～2cm，自花授粉。

5. 果荚

饭豆的果荚细长，圆筒形，长6～12.5cm，宽0.5cm，每荚有种子6～12粒，荚尖有喙，成熟时褐黄或深褐色。

6. 种子

饭豆的种子长圆筒形，两端圆，长5～10mm，宽2～5mm，脐长2.5～4.5mm、宽0.6～1.5mm，白色，边缘凸出，中间有一条凹线，珠孔通常被脐阜隐藏。种皮光滑，有黄、白、红、绿、褐、黑色，有的有斑点，百粒重8～12g。出苗时子叶不出土。

（二）生物学特性

1. 温度

饭豆耐高温和耐旱，最适宜生长的温度为18～30℃，低于10～12℃易受冷害，不耐霜冻。

2. 光照

饭豆属短日照植物，对光周期反应敏感，日照短于12h，干物质及籽粒产量和根瘤减少。

3. 水分

饭豆能耐干旱和瘠薄，能适应700～1730mm的年雨量，在1000～1500mm的地方生长良好。

4. 土壤

种植饭豆的土壤最好是肥沃的，从轻壤土到重黏土都能茁壮生长。稻板田上也能良好生长，野生型生长在空旷的地方及路边。

（三）营养化学成分

云南饭豆的种质的营养化学成分，据湖北省农科院测试中心的鉴定，粗蛋白含量19.32%～21.54%，粗脂肪0.47%～0.76%，总淀粉53.7%～54.96%，其中直链淀粉9.92%～11.35%，支链淀粉43.61%～43.87%。

国外报道，饭豆的化学成分，每100g干种子含热量327cal，水分13.3%，蛋白质20.9g，脂肪0.9g，碳水化合物60.7g，纤维4.8g，灰分4.2g，钙200mg，磷390mg，铁10.9mg，烟酸0.24mg，维生素B_1 0.49mg，维生素B_2 0.21mg。

三、栽培品种

云南栽培饭豆有蔓生、半蔓生、直立等主要品种，以蔓生种最多，均为有限结荚习性，粒色分为红、黄、麻（底色深灰，有黑点）三种，以黄色粒种居多。

（一）红色籽粒品种

多数为蔓生种，少数直立型，生育期131～140d，花色黄，分枝数2.2～3.6个，单株荚数34.9～75.4个，单荚粒数6.8～13粒，单株产量16.4～45.4g，荚色黑、褐，荚长9.9～12.8cm，粒形长圆柱，百粒重9.2～14.5g，粗蛋白含量19.9%～22.7%。

（二）黄色籽粒品种

多数为蔓生，少数半蔓生，生育期108～141d，黄花，分枝数2～4.7个，单株荚数12.9～112.7个，单荚粒数7.5～10.3粒，单株产量8.6～57.7g，粒长圆柱形，百粒重4.5～13.5g，粗层蛋白含量17.7%～22.0%。

（三）麻色籽粒品种

蔓生，生育期131～141d，黄花，分枝数2.1～3.2个，单株荚数31.2～71.9个，单荚粒数7.8～8.6粒，单株产量27.8～49.5g，荚色黑，荚长10.8～12.3cm，粒形长圆柱，百粒重9～15.5g，粗蛋白含量19.2%～20.7%。

第三节　绿豆

绿豆，学名*Vigna radiata*（L.）Wilcezek，为豆科豇豆属植物中的一个栽培种，一年生草本植物，英文名gneen gram、golden gram、mung bean，别名菉豆、小青豆、植豆，具有粮食、蔬菜、绿肥和医药等用途。绿豆适应性较广，抗逆性强，耐旱、耐瘠、耐荫蔽，并具有根瘤固氮能力，是理想的轮作倒茬养地豆科作物。

一、起源与分布

（一）起源

绿豆是一个古老的作物，在中国已有2000年以上的栽培史，南北朝时代《齐民要术》中就有栽培经验的记载；到明朝，《本草纲目》及其他医书中，对绿豆的药理及药用价值有了较详细的介绍。德·康达尔在《栽培作物的起源》一书中认为，绿豆起源于“印度及尼罗河流域”；苏联植物育种和遗传学家尼古拉·伊万诺维奇·瓦维洛夫在《育种的理论基础》一书中认为，绿豆起源于“印度起源中心”和“中亚起源中心”；而布雷特施奈德认为绿豆起源于中国广州。1989年，中国农科院品资所组织的云南省稻豆品种资源考察时滇西北组在金沙江边及山坡海拔1300～1800m的燥热河谷发现野生绿豆，并有不同的变异类型；滇东南组在耿马县稻田埂边（海拔900～1000m）也发现野生小绿豆，在镇康县勐捧公社荷花塘大队（海拔1400m）收到藤本蔓生裂荚的野生小绿豆种子，说明中国也是绿豆起源中心之一。中国科学院汪发铣、唐通二位学者根据在云南、广西等地发现野生绿豆，定名为滇绿豆（*Phaseolus yunnanensis* Wang et Tang）。

（二）分布

绿豆以亚洲栽培最多，中国、印度、泰国及菲律宾等东南亚国家栽培最为广泛；非洲、美洲、欧洲也有少量栽培。在中国，北至黑龙江、内蒙古，南至海南岛，东起台湾，西沿云、贵、川至新疆都有栽培，主要集中在黄河、淮河流域的平原地区，以河南、山东、山西、安徽、四川最多。

云南绿豆多数分布于热带及亚热带，海拔1500m以下的沿河流域。镇康、云县、思茅、弥渡、新平、元阳、宾川、大关等地，多种于旱地、山坡。云南栽培绿豆的历史不详。

二、特征特性鉴定

（一）植物学特征

绿豆为一年生草本植物，染色体2*n*=22。

1. 根

绿豆由胚根发育成主根，其根系主要有两种类型：一种为中生植物类型，主根不发达，侧根较多，根系浅，大部分蔓生绿豆的根系均为此类型；另一种为旱生植物类型，主根发达，扎得较深，侧根则向斜下方生长，直立或者半蔓生品种多为此类型根系。绿豆根系由主根、侧根、次生根和根瘤组成。主根粗壮，侧根细长，吸收能力很强，可以利用土壤中难于溶解的元素，并从一些岩石中吸收养分，着生在根上的根瘤固氮效率较好。

2. 茎

绿豆的幼芽生长形成茎秆。绿豆的茎秆外表近似圆形，比较坚韧。绿豆茎秆的颜色成熟茎呈绿色、紫色。茎秆上覆盖有绒毛，少部分品种光滑无毛。根据绿豆主茎的高度可以将绿豆分为直立、半蔓生和蔓生类型。绿豆主茎高度27～100cm。通常栽培的是丛生直立型，茎秆直立，被有淡褐色的长硬毛，晚熟种，略有藤蔓，有的匍匐蔓生，分枝较多。

3. 叶

绿豆的叶有子叶和真叶。子叶两枚，出土7d后干枯脱落。从子叶上面第一节长出的两片对生的披针形叶是单叶，又叫初生真叶。随着幼茎生长在两片单叶上面长出三出复叶。复叶互生，叶柄长，小叶卵圆形，全缘，长5～9cm，宽2.5～7.5cm，先端渐长，基部呈圆形、楔形或截形，托叶呈阔卵形，小托叶呈线形。

4. 花

绿豆的花为腋生总状花序，花朵很小，花梗上着生密集小花10～25朵，花色全黄或黄绿色，绿豆为有限结荚习性，自花授粉。

5. 果荚

绿豆的每个花梗可以结荚1～5个，荚果细长，呈圆筒形，一般长8～14cm，宽约6.5mm，表面有绒毛，成熟时黑色，每荚内有种子2～8粒。

6. 种子

绿豆种子短矩形，长4～6mm，种子覆被蜡质，无光泽，有的无蜡质，有光泽，脐白色，位于种子上端一侧。种皮色有黄、金黄、黄绿、褐绿、纯绿等类型。黄色的多为晚熟种，叶片大，植株高，种子大；绿色的多为早熟种，籽粒中等大。百粒重一般1.5～4g。绿豆出苗时子叶出土。

（二）生物学特性

1. 温度

绿豆为喜温作物，喜温暖湿润的气候，耐高温。生长期的适宜温度为25～30℃。温度过高，茎叶生长旺盛，开花结荚数少。成熟期要求晴朗的天气。生育后期怕霜。气温降至0℃时，植株就会冻死。

2. 光照

绿豆属短日照作物，但多数栽培品种对光周期不敏感，呈中性反应。有相当多的品种，既适宜于春播，亦适宜于夏播，南方有的地区甚至1年可播种2次。

3. 水分

绿豆耐旱力强，忌淹水，土壤过湿易徒长倒伏，花期遇连阴雨天，落花落荚严重，地面积水2～3d会造成死亡。

4. 土壤

绿豆对土壤要求不很严格，在各种类型的土壤上都可种植。绿豆耐酸碱，以中性土最适合。

（三）营养化学成分

经中国农科院品资所的分析，云南绿豆种质的粗蛋白含量为20.85%～24.71%，平均23.01%；粗脂肪含量为1.20%～1.46%，平均1.35%；总淀粉含量为50.02%～52.75%，平均51.63%；氨基酸成分及含量见表1–6–3。

表1–6–3　云南绿豆种质氨基酸成分及含量表

氨基酸种类	含量（%）	氨基酸种类	含量（%）
天冬氨酸	2.49	色氨酸	0.15
苏氨酸	0.77	亮氨酸	1.68
谷氨酸	1.11	酪氨酸	0.65
甘氨酸	3.89	苯丙氨酸	1.28
丙氨酸	0.88	赖氨酸	1.57
胱氨酸	0.99	丝氨酸	0.58
缬氨酸	0.11	精氨酸	1.43
蛋氨酸	1.10	脯氨酸	0.46
异亮氨酸	0.24	总和	19.38

国外报道，绿豆每100g干种子含热量341cal，水分10.6%，蛋白质22.9g，脂肪1.2g，碳水化合物61.8g，纤维4.4g，灰分3.5g，钙105mg，磷330mg，铁7.1mg，钠6mg，钾1132mg，β–胡萝卜素55μg，维生素B_1 0.53mg，维生素B_2 0.26mg，烟酸2.5mg，维生素C 4mg。

三、常见栽培品种

云南栽培绿豆均为直立型，有限结荚习性，种子为绿色圆柱形，个别球形，开黄花，仅在成熟时的果荚色可分为黑色及褐色两种。

（一）黑色果荚品种

果荚色黑的品种，全生育期96～113d，株高64.1～83.2cm，分枝数1.9～3.1个，单株荚数12.1～35.2个，荚粒数12.3～13.8粒，单株产量3.2～16.0g，荚长7.6～8.3cm，百粒重2.5～4.0g。

（二）褐色果荚品种

果荚褐色品种，全生育期101～113d，黄色花，分枝数2.5～2.8个，株高62.0～81.6cm，单株荚数4.7～14.7个，单荚粒数11.8～12.3粒，单株产量2.0～4.4g，百粒重2.5～3.5g。

四、优异种质

（一）蛋白质含量

根据国家标准，绿豆蛋白质含量大于25%为一级，24%～25%为二级，小于23%为三级，云南绿豆蛋白质优异的种质有：

（1）镇康细绿豆，编号D0007，蛋白质含量24.84%，直立，有限生长习性，生育期113d，中熟，黄花，株高70.5cm，分枝2.8个，单株荚数12.9个，单荚粒数13.8粒，单株产量4.5g，荚色黑，荚长8cm，粒色黑，圆柱，百粒重2.5g。

（2）凤庆绿豆，编号D0012，蛋白质含量24.71%，直立，有限生长习性，生育期113d，中熟，株高85.4cm，分枝3.5个，单株荚数20.5个，单荚粒数13.6粒，单株产量6.9g，荚色黑，荚长8.1cm，粒色绿，圆柱形，百粒重2.5g。

（3）元阳小绿豆，编号D0015，蛋白质含量23.74%，直立，有限生长习性，生育期96d，早熟，株高76.9cm，分枝1.9个，单株荚数15.8个，单荚粒数13.6粒，单株产量6.7g，荚色黑，长7.8cm，粒色绿，圆柱形，百粒重3.0g。

（4）镇康绿豆，编号D0003，蛋白质含量23.35%，直立，有限生长习性，生育期113d，中熟，黄花，株高86.7cm，分枝3.7个，单株荚数18.7个，单荚粒数12.3粒，单株产量5.7g，荚色黑，长7.1cm，粒色绿，球形，百粒重2.5g。

（5）弥渡小绿豆，编号D0610，蛋白质含量23.35%，直立，有限生长习性，生育期113d，中熟，黄花，株高67cm，分枝数2.5个，单株荚数14.3个，单荚粒数12.3粒，单株产量4.4g，荚色褐，长6.9cm，粒色绿，圆柱形，百粒重2.5g。

（6）昭通绿豆，D0001，蛋白质含量23%，直立，有限生长习性，生育期113d，中熟，黄花，株高83.2cm，分枝2.2个，单株荚数20.6个，单荚粒数12.3粒，单株产量10.1g，荚色黑，长8.3cm，粒色绿，圆柱形，百粒重4g。

（二）淀粉含量

根据国家标准，绿豆淀粉含量大于55%的为一级，54%～55%的为二级，小于53%的为三级，云南绿豆淀粉的含量，介于51.15%～52.95%，接近于三级的种质有13份（品种性状略）。

第四节　豇豆

豇豆，学名*Vigna unguiculata*（L.）Walp.，别名筷子豆，英文名cow pea、black eyed pea。豇豆是世界上最古老的作物之一，我国也有很长的栽培历史，隋朝的《糖韵》、北宋的《图经本草》及明代的《本草纲目》《滇南本草》等古农书对豇豆的植物学性状、生物学特性、栽培要点及用途等都有记载。

一、起源分类与分布

（一）起源

一般认为，现今栽培的豇豆是从埃塞俄比亚及中非的野生种衍化来的，向西传入西非形成普通豇豆中心，向东传入印度形成长豇豆、普通豇豆、短荚豇豆中心，公元前3000年传入欧洲，公元1000年由印度传入中国，17世纪由欧洲及西非传入美洲。

1979年，中国农科院品资所组织的云南省稻豆品种资源考察在滇西北地区发现野生豇豆，分布很广，表明中国是豇豆次级起源或分化中心。

（二）分类

植据荚果的长短和荚果着生的特性（下垂或向上直立），栽培豇豆分成3个亚种。

1. 普通豇豆

普通豇豆，学名 *V. unguiculata*（L.）Walk或*V. sinensis*（L.）Savi，英文名cow pea。荚长10～30cm，幼荚直立向上，随籽粒灌浆向下垂。

2. 长豇豆

长豇豆，学名*V. unguiculata* ssp. *sesquipedalis*（L.）Verdc.，英文名yard long bean。荚长30～100cm，荚果皱缩下垂。

3. 短荚豇豆

短荚豇豆又叫朝天豆，学名*V. unguiculata* ssp. *cylindrica*（L.）Verdc.，英文名cating sow pea。荚长7.5～12.5cm，直立向上。

（三）分布

世界上产豇豆最多的国家是尼日利亚，其次是尼日尔、埃塞俄比亚、突尼斯、中国、印度、菲律宾、日本、澳大利亚及欧美各国。我国豇豆的主要产区在山西、河南、湖北、湖南、广西、云南、四川、辽宁、台湾等地。

豇豆在云南的分布较广，多种植在海拔较低，气候温暖的地区。3种豇豆中，普通豇豆种植最多，在新平、红河、弥勒、文山、广南、麻栗坡、马关、丘北、砚山、富宁、耿马、双江、云县、临沧、永德、腾冲、景东、弥渡、镇雄、盐津、大关等地都有栽培，普遍在园地栽培作蔬菜用；短荚豇豆在文山、云县、镇康、盈江等地的旱地上栽培，除作蔬食外，种子可像饭豆煮食，有的又称饭豆；长豇豆分布很少，在低热坝区种植，如耿马的孟定，作蔬菜用。

二、特征特性鉴定

（一）植物学特征

豇豆为一年生草本植物。染色体数：短荚豇豆及普通豇豆$2n$=22，长豇豆$2n$=22、24。

1. 根和根瘤

豇豆的根有强固的主根，入土很深，根系发达，主要分布在地表45～50cm的土层中，共生的根瘤菌不甚发达，但其固氮能力较强。

2. 茎

豇豆的茎有直立、半直立、匍匐和蔓生缠绕等类型。长豇豆的茎攀缘性很强，高可达2～4m，茎上有纵向槽纹；短荚豇豆的茎直立，高约1m。

3. 叶

豇豆的第一对真叶为对生，三出复叶，叶柄长5～15cm，小叶长圆形，叶长7～14cm，尖端小叶比两侧小叶大，叶色暗绿，叶面光滑无毛，全缘，或有浅裂，较耐阴，耐旱。

4. 花

豇豆的花为腋生总状花序，小花2～4朵聚集生长在花梗上，花梗长2.5～15cm，花冠白色、黄色或紫罗兰色，旗瓣宽2～3cm，龙骨瓣截形，不具螺旋状扭曲，花梗基部有3片苞叶，萼片上无毛，有皱纹，裂片小呈尖锐三角形。自花授粉，杂交率约为2%。

5. 荚果

豇豆的荚果为长圆筒形，稍弯曲，顶端厚而钝，直立向上或下垂，嫩荚为绿色、紫色、白色，成熟时长豇豆为灰白色。普通豇豆成熟果荚长30cm以下，长豇豆长30～100cm，短荚豇豆直立向上、长10～14cm。

6. 种子

豇豆籽粒形状大致可分为肾形、椭圆形、圆柱形与球形等，粒色有白、橙、红、紫、黑、花纹、花斑等。长豇豆种籽粒色以褐色白脐居多，短荚豇豆多为黄白色，红脐或紫红脐。百粒重10～20g。无休眠期，出苗时子叶出土。

（二）生物学特性

1. 温度

豇豆喜欢温暖湿热的气候。长豇豆比短荚豇豆及普通豇豆要求的温度高一些，在月均温20～30℃时，生长最旺盛。豇豆不耐霜冻，受霜冻时叶片枯落死亡。无霜地区长豇豆还可宿根多年生，气候适宜时又萌发生长。

2. 光照

豇豆属长日照作物，但因品种而异，有的对日长敏感，有的为中性。普通豇豆生长期中日照少于12h，干物质产量、籽粒产量及根瘤减少。从低纬度地区引种到高纬度地区种植则大都不能开花结实，或荚果不能正常成熟。长豇豆对光照周期不敏感，地区适应性较广。豇豆耐阴性强，是豆类中最耐阴的作物。

3. 水分

豇豆耐旱不耐湿，普通豇豆和短荚豇豆耐旱力强，在雨量少、干旱的条件下比菜豆或金甲豆生长好。对年降雨量的要求，短荚豇豆为700～1730mm，长豇豆为620～4100mm，普通豇豆为280～4100mm。比较而言短荚豇豆的耐湿性要差些，普通豇豆对降水的适应范围广。

4. 土壤

豇豆对土壤的适应性广，只要排水良好的红壤、黑壤、沙壤土上都能生长，以土质肥沃的土壤最好。

（三）营养化学成分

经中国农科院品资所对云南豇豆种子的营养化学成分分析，每100g缸豆干种子内，粗蛋白含量为24.83%～27.25%，平均25.95%；粗脂肪为1.50%～1.84%，平均1.58%；粗淀粉含量40.05%～52.38%，平均49.24%。氨基酸总量合计为23.06%，氨基酸成分及含量见表1–6–4。

表1–6–4　云南豇豆种质氨基酸成分及含量表

氨基酸种类	含量（%）	氨基酸种类	含量（%）
天冬氨酸	2.87	色氨酸	0.12
苏氨酸	0.94	亮氨酸	1.84
谷氨酸	4.46	酪氨酸	0.73
甘氨酸	0.96	苯丙氨酸	1.14
丙氨酸	1.07	赖氨酸	1.65
胱氨酸	0.19	丝氨酸	1.26
缬氨酸	1.18	精氨酸	1.76
蛋氨酸	0.32	脯氨酸	0.78
异光氨酸	1.04	组氨酸	0.75

国外报道，每100g成熟的干种子大约含水分11.4%，热量338cal，蛋白质22.5g，脂肪1.4g，碳水化合物61g，纤维5.4g，灰分3.7g，钙104mg，磷416mg，烟酸4mg，维生素C 2mg，维生素B_1 0.08mg，维生素B_2 0.09mg。未成熟的果荚含水分85.3%，热量47cal，蛋白质3.6g，脂肪0.3g，碳水化合物10.0g，纤维1.8g，灰分0.8g，钙45mg，铁1.2mg，维生素B_1 0.13mg，维生素B_2 0.10mg，烟酸1.0mg，维生素C 22mg。未成熟的籽实内含水分66.8%，热量127cal，蛋白质9g，脂肪0.8g，碳水化合物0.8g，纤维1.8g，灰分1.6g，钙27mg，磷175mg，铁2.3mg，钠2mg，钾541mg，维生素B_1 0.43mg，维生素B_2 0.13mg，烟酸1.6mg，维生素C 29mg。鲜荚枝含水分89%，热量30cal，蛋白质4.8g，脂肪0.3g，碳水化合物4.4g，灰分1.8g，钙73mg，磷106mg，铁2.2mg，维生素B_1 0.35mg，维生素B_2 0.18mg，烟酸1.1mg，维生素C 36mg。

三、常见栽培品种

（一）短荚豇豆

又称鸡卵豆、饭豆、朝天豆，已有种质均为半蔓生型，无限生长习性，播种至成熟100d左右，白花，株高96～126cm，分枝1.5～3.6个，单株荚数9.1～15.9个，单荚粒数10.9～12.5粒，单株产量9～19.7g，荚色褐色，荚长10.5～14.6cm，粒形椭圆，白色，百粒重6～10.0g。

（二）普通豇豆

又称筷子豆，蔓生型，无限生长习性，粒形均为肾形，脐色白，边缘有黑晕，按粒色分有：

（1）红色粒品种，百粒重10～20g，荚长20cm左右，青荚色紫黑、绿、白等。

（2）黑色粒品种，百粒重10.9～18.5g，荚长25cm左右。

（3）褐色粒品种，百粒重13～15g。

（4）白色粒品种，百粒重11.8～42g。

（三）长豇豆

长豇豆分布极少，蔓生型，无限生长习性，一般荚长50～70cm，荚色白，白花，单荚粒数18～20粒，粒色红，百粒重10g左右。

四、优异种质

根据国家标准，豇豆的蛋白质含量大于28%的为一级，26%～27%为二级，小于25%的三级；淀粉含量大于55%的为一级，53%～54%为二级，小于50%的为三级。按上述标准，云南豇豆种质中，在这两方面达于优质的豇豆品种有：

（1）文山鸡卵豆，编号M0004，蛋白质含量25.82%，淀粉含量51.36%，分别达三级的标准。半蔓生型，无限生长习性，生育期108d，白花，株高96cm，分枝3.6个，单株荚数15.5个，单荚粒数11.5粒，单株产量16.5g，荚色褐，荚长13.3cm，粒色白，椭圆形，百粒重9g。

（2）云县朝天豆，编号M0002，蛋白质含量25.07%，淀粉含量52.38%，分别达三级的要求。半蔓生型，无限生长习性，生育期96d，白花，株高126cm，分枝1.7个，单株荚数15.8个，单荚粒数12.5粒，单株产量19.7g，荚色褐，长14.6cm，粒色白，椭圆形，百粒重10g。

（3）盈江饭豆，编号M001-b，蛋白质含量27.25%，达二级标准。半蔓生型，无限生长习性，生育期96d，白花，株高99cm，分枝1.5个，单株荚数10.6个，单荚粒数12.2粒，单株产量9g，荚色褐，长10.5cm，粒色白，椭圆形，百粒重6g。

（4）镇康朝天豆，编号M0003，蛋白质含量26.78%，达二级标准。半蔓生型，无限生长习性，生育期96d，白花，株高97cm，分枝1.7个，单株荚数9.1个，单荚粒数10.9粒，单株产量9.3g，荚色褐，长13.2cm，粒色白，椭圆形，百粒重9.5g。

第七章　其他豆类

第一节　小扁豆

小扁豆，学名*Lens culinaris* Medik，别名滨豆、兵豆、鸡眼豆等，英文名lentil、masurdhal、tillseed。由于其耐旱、耐瘠薄，国际旱地农业研究中心（ICARDA）把小扁豆作为研究重点之一，收集保存了大量小扁豆种质资源。加拿大、美国、智利、印度也十分重视该作物的研究。

一、起源分类与分布

（一）起源

小扁豆起源于亚洲西南部和地中海中部地区。它的祖先野生种分布于土耳其、叙利亚、以色列、伊拉克北部及伊朗的西北部。

（二）分类

小扁豆是野豌豆族小扁豆属植物中一个栽培种，该属有5个种：*Lens. ervoides*、*L. orientalis*、*L. nigricans*、*L. montbretti*和*L. culinaris*，只有最后这个种是栽培种。

根据种子大小和性状，又分为两个亚种：

（1）大粒亚种*L. culinaris* ssp. *macrosperma*，荚和种子大而扁平，荚长15～20mm，粒直径6～8mm，千粒重40～90g；花白色，少有浅蓝色，长7～9mm，花梗上着生2～3朵花；小叶大，卵形；株高25～75cm；主要产于地中海及欧美。

（2）小粒亚种*L. culinaris* ssp. *microsperma*，粒小扁圆，直径2～6mm，千粒重10～40g，荚长6～15mm，荚小面凸；花紫或粉红色，长4～7mm，花梗上着生1～4朵花；小叶小，长条或披针形；株高15～35cm；主要产区在印度次大陆、远东、亚洲西部和东南部。

（三）分布

小扁豆是一个古老的栽培植物，栽培历史悠久，有小麦、大麦栽培的时候就有了小扁豆的栽培。在公元前9000～公元前8000年的新石器时代近东地区和土耳其南部已开始栽种，之后向西传入埃及，向北传入欧洲。青铜器时代已广泛分布于地中海地区和亚洲，后来传入西半球的美国、墨西哥、智利等国，产品以干籽粒收获为主，脱皮后用于和主食搭配食用。我国种植的小扁豆由印度传入，分布于山西、陕西、甘肃、新疆、宁夏、河北、河南、内蒙古、云南、青海、西藏等地。种植面积不大，以宁夏、甘肃、陕西、山西、内蒙古为主产区。

小扁豆何时传入云南不详，主要分布于金沙江、红河流域海拔较高的（1800m以上）丽江、剑川、鹤庆、漾濞、宾川、武定、昭通、昆明、晋宁、新平、元江、景东、墨江及保山等地。未作大面积栽培，一般用作填闲作物。在土壤质地差、已不能种豌豆的旱地上零散栽培。管理粗放，单产低，亩产25～90kg不一，多用作制豆芽、凉粉、豆浆等食物。

二、特征特性鉴定

（一）植物学性状

小扁豆为一年生（春播）或越年生（秋播）的草本植物，染色体数$2n=14$。

1. 根与根瘤

小扁豆的根有三种类型：浅根系型，根深约15cm，侧根多并有旺盛的根瘤；深根系型，主根细长，入土约35cm；中间类型，相关性状介于前两种类型之间。小扁豆与豌豆族根瘤共生，根瘤长柱形。

2. 茎

茎为浅绿色，有的基部紫色，有棱，株高一般30～50cm，下部节间短，中部节间长，向上又缩短，茎有直立、丛生、半蔓生等类型，分枝数依生态环境而异。

3. 叶

叶为互生羽状复叶，叶尖有的有卷鬚或刚毛。小叶卵形或线状形，长约1cm，对生，多为4～7对，也有少数互生的。初生的1～2片小叶为真叶，随后小叶有2片，再后便是羽状复叶。每片小叶基部有叶枕，托叶小，有两片，全缘。

4. 花

花为腋生总状花序，花梗细，通常着生1～3朵小花，每株花梗数15～150枝，因品种而异，花小，长约4～9mm，白色、淡紫蓝色或白有紫蓝色花纹及粉红色；花萼筒状，基部有5个窄而尖的裂片，与花瓣等长或长于花瓣；花柱短而弯曲，有细毛，柱头稍膨胀。小扁豆为自花授粉作物，一般上午9～10时开花，每朵花持续开放2～3d。

5. 荚果

小扁豆的果荚成熟时黄褐色，长椭圆形，两侧扁，无毛，长1～2cm，宽0.35～1cm，每荚有种子1～2粒。

6. 种子

种子圆形，两面凸出，似透镜，浅棕褐色和黑色，通常带紫和黑色斑纹或斑点。出苗时子叶不出土。

（二）生物学特性

1. 温度

小扁豆适于温带和亚热带的高原地区，种子发芽要求的最低温度为15℃，适宜温度18～21℃，一般情况下生长最适温度为24℃左右，不耐寒，严寒和霜冻对其生长有害。

2. 光照

小扁豆属长日照作物，但有的品种对光期反应不敏感，我国分为春播和秋播。云南省小扁豆采用秋播，一般在云南省10月中下旬播种，越冬后于下一年4～5月即可收获。

3. 水分

小扁豆发芽所需的水分相对较少，与其种子重量相当，播种后通常情况下仅需23～24h即可吸足种子发芽所需水分。小扁豆整个生育期需要200～300mm的降水，比较耐旱。小扁豆不耐涝，种植时灌溉补水以水刚刚穿过厢面为宜。云南省小扁豆的种植环境多在秋冬季节降雨量较低的及海拔较高山区，靠自然降雨或土壤中水分生长，收获时要求比较晴朗的天气。

4. 土壤

小扁豆对土壤质地要求不严，黏土、壤土、中积土等均可。在pH5.5～6.5的酸性土中生长良好，碱性土（pH7.5～9.0）中也能正常生长，大部分品种对土壤中硫酸镁、氯化镁表现敏感。

（三）营养成分

小扁豆每100g种子中含热量340cal，水分12.0%，蛋白质28.28g，脂肪0.6g，碳水化合物65g，纤维4g，灰分2.1g，钙68mg，磷325mg，铁7mg，钾78mg，钠29mg，烟酸 1.3mg，维生素B_1 0.46mg，维生素B_2 0.33mg。小扁豆脱粒的秸秆、荚壳以及种皮中含有脂肪1.8%，蛋白质445%，碳水化合物50%，纤维21.4%，是牲畜的优质粗饲料。在中东地区，当传统的牧草生产在旱季来临后大幅减少时，小扁豆秸秆、荚皮等的售价几乎与籽粒相同，甚至高于籽粒。

三、栽培品种

云南小扁豆种质资源均为小粒种，属丛生无限结荚习性，紫色花，粒色浅红，扁圆，透镜形，按熟期分有两个类型：

（1）中晚熟型，占收集份数的80%，如云南省农业科学院单位保存编号为U0015的宾川地方资源兵豆，全生育期均为170d，株高39.5cm，分枝数2.9个，单株荚数43.3个，单荚粒数1.8粒，荚长1.2cm，百粒重3g，单株产量2.3g；保存编号U0004的大理市漾濞县地方资源鸡眼豆，全生育期170d，株高41.1cm，分枝数2.9个，单株荚数32.8个，单荚粒数1.6粒，荚长1.3cm，百粒重3g，单株产量1.6g。

（2）中早熟型，占收集份数的20%，如编号为U0003的品种，全生育期166d，株高37.7cm，分枝数3.1个，单株荚数36.1个，单荚粒数1.9粒，荚长1.1cm，百粒重2.5g，单株产量1.7g。

中晚熟型品种比中早熟型品种，结荚数、粒重及单株产量均高。

第二节 扁豆

扁豆，学名*Lablab purpureus*（L.）Sweet，别名眉豆、架豆、鹊豆、峨眉豆、白花豆，英文名hyacinth bean、Egyptian bean。

一、起源与分布

扁豆原产于印度或东南亚，伊文（A. Eeven）和茹科夫斯基（P. N. Zhukorsky，1975）则认为原产非洲起源中心。目前，扁豆栽培已遍及世界热带和亚热带温暖区域，以印度、爪哇等国栽培最多。

我国栽培扁豆的历史，早在南北朝时代就有记载，《名医别称》（南北朝梁·陶敢景撰）中称："扁豆，人家种之于篱，其荚蒸食其美"。《唐本草注》（唐苏恭等撰）、《图经本草》（北宋·苏颂等撰）均有扁豆记述；《图经本草》还详述了植株的性状及药用、食用的方法。可见早在1500年前，我国就有扁豆的栽培。扁豆在全国南北各地都有分布，多为零星种植，栽培于庭院、路旁、埂边。

云南何时开始种植扁豆不详，但在《滇南本草》（明·兰茂撰）中已叙述了它的药用价值和煎制方法，称扁豆："治脾胃虚弱，反胃冷吐，久泻不止，食积痞块，小儿疳积，解酒毒，调五脏。"《食物本草》（清·李文培撰，1887年）称扁豆能"脯五膜，暖脾胃，解酒毒"；民间常服食，认为有健胃和胃的功效。云南扁豆的分布很广，在温带、亚热带、热带地区都有分布，但仅零星种于墙角、篱垣，多数收鲜荚作蔬菜。

二、特征特性鉴定

（一）植物学特征

扁豆为一年生或越年生草质藤本植物，南方无霜地区可为多年生。染色体数$2n$=20、22。

1. 根

扁豆根系发达，主根发育良好，入土较深，侧生根多，根系纵深可达30～50cm，横向可扩展到30cm左右，能吸收土壤中下层水分和养分，耐旱力较强。

2. 茎

扁豆为蔓生型豆类，有短蔓丛生直立及长蔓缠绕两种类型。短蔓株高约0.6～1.5m，长蔓一般长2～3m，少数长10m，有分枝相互缠绕，光滑或有茸毛，云南省栽培的扁豆多为长蔓型。

3. 叶

扁豆的第一对真叶为单叶，叶为三出翼状复叶，顶生小叶阔卵圆形，全绿，两面被疏毛，顶端断尖，基部阔楔形，两侧小叶斜卵形，叶柄长4～12cm，托叶小，披针形。

4. 花

扁豆的花为腋生总状花序，每个花轴的节上着生2～4朵小花，花色紫红、粉红及白等色。一般为自花授粉，昆虫传粉有一定杂交率。

5. 果荚

扁豆的果荚扁而饱满，长5～20cm，宽1～5cm，被短线毛或光滑，薄，直或稍有弯曲，皮色绿、白绿及紫等色，每荚含种子3～7枚。

6. 种子

扁豆种子呈扁椭圆形或扁卵圆形，长0.6～1.3cm，粒色黑、淡绿、白等，表面平滑光泽，一侧边缘有半月形白色隆起的种阜，似白眉，约占周径的1/3～1/2，剥去后可见凹陷的种脐，紧接种阜的一端有一珠孔，另端有短的种脊，百粒重30～60g。出苗时子叶出土。

（二）生物学特性

1. 温度

扁豆喜温怕寒，生长适温为20～25℃，开花结荚最适温度为25～28℃，可耐32～35℃高温，高温不影响生长发育。

2. 光照

扁豆为短日照植物，在昆明栽培4月份播种，到10月份多数品种种子不能正常成熟。但宿根栽培的开花早，4～5月即有鲜荚上市。

3. 水分

扁豆幼苗期要求水分较多，播后2～3个月内如无透雨则需浇灌，以后就非常耐旱，在秋高气爽的天气下生长快，能开花结荚数月，在年降雨量400～900mm地区均可栽培。

4. 土壤

扁豆对土壤要求不严，各种土壤均可栽培，但以排水好的沙质壤土最好，土壤pH的适应范围为5.0～7.5。

（三）营养化学成分

扁豆食用种子、鲜荚及茎叶可作饲料，其化学成分见表1–7–1。

表1–7–1　扁豆种子、鲜荚、鲜叶及鲜茎化学成分

	鲜荚	种子	鲜叶	鲜茎
热量（cal）	30	334	31	33
水分（%）	87.5	12.1	89.1	86
蛋白质（%）	3.1	21.5	2.4	2.8
脂肪（%）	0.3	1.2	0.4	0.2
碳水化合物（%）	8.2	61.4	0.1	6.8
纤维（%）	1.9	6.8	6.7	1.4
灰分（%）	0.9	3.8	1.4	0.6
钙（mg/100g）	75	98	120	116
磷（mg/100g）	50	345	57	63
铁（mg/100g）	1.2	3.9	17	7.5
钠（mg/100g）		2		
钾（mg/100g）		279		

续表1-7-1

	鲜荚	种子	鲜叶	鲜茎
β-胡萝卜素（μg/100g）	475	160	3145	
维生素B_1（mg/100g）	0.08		0.28	
维生素C（mg/100g）	16		16	
烟酸（mg/100g）	0.6			
维生素B_2（mg/100g）	0.13			

注：引自J. A. Duke“Hand book of LEGUMES of World Economic Importance”P.103

三、常见栽培品种

云南省扁豆的栽培品种按种子颜色分为了个种，即白色、褐色和黑色粒种。

（一）白色粒品种

白色粒品种的扁豆，如弥渡县的壳架豆，蔓生，无限结荚习性，播种至成熟188d，花色白，株高200cm以上，单株荚数69个，单荚粒数3.2粒，单株产量109.1g，荚色白，荚长6cm，种子卵圆形，百粒重44g。

（二）褐色粒品种

褐色粒品种的扁豆，如昆明市的白花豆，蔓生，无限结荚习性，播种至成熟166d，花色白，株高200cm以上，单株荚数88个，单荚数3.7粒，单株产量290.4g，荚色白，荚长6cm，种子卵圆形，百粒重44g。

（三）黑色粒品种

黑色粒品种的扁豆，如弥渡县的黑架豆，蔓生，无限结荚习性，播种至成熟198d，花色紫红，株高200cm以上，单株荚数54个，单荚粒数3.4粒，单株产量84.6g，荚色褐，荚长6cm，种子卵圆形，百粒重47.1g。

第三节　翼豆

翼豆，学名*Psophocarpus tetragonolobus*（L.）DC.，别名四棱豆，英文名wing bean、four angle bean。

一、起源和分布

翼豆起源尚不明确，多数学者认为起源于亚洲，但在东非发现有野生的四棱豆。现在栽培的四棱豆是由非洲传出来的，在亚洲栽培很广，分布于缅甸、印度、印度尼西亚、巴布亚新几内亚以及东南亚的其他地方。我国在广东台山、珠海，海南，广西灵山，湖南郴州等地有栽种。云南省主要在热带及亚热带地区的沧源、双江、景洪、景东、思茅、华宁、宾川等地庭院、埂边有零星栽种，主要用于食用，如鲜食嫩荚。

我国湖南省郴州地区生物研究所近年来在引种示范推广的同时进行了四棱豆加工利用研究，先后研制了四棱豆青荚籽粒、四棱豆酱菜罐头和四棱豆营养添加剂等，具有良好的效果。

二、特征特性鉴定

（一）植物学特征

翼豆为一年生或多年生缠绕草质藤本植物，染色体$2n=18$。

1. 根与根瘤

翼豆的根系由主根、侧根、须根和块根组成，根系发达，大部分根系分布在10～20cm土层内，主根、侧根可膨大成小块根，其大小重量与栽培年限有关，栽培年限愈长，则愈大愈重。侧根上的根瘤多于主根上的，随着植株的生长，根瘤互相连接形成根瘤块，固氮能力较强。

2. 茎

翼豆的茎一般长3～5m，最长可达10m以上，分枝3～7个，主茎9～11节以上，每节均有花芽，在分枝2～3节上即长花芽。攀缘缠绕性，前期较慢，后期强，需搭架支撑。

3. 叶

翼豆的叶第一对真叶为单叶，以后出现的即为三出复叶，小叶阔形或三角卵形，全缘，顶部急尖，光滑无毛，叶背灰绿色，叶长8～15cm，宽4～12cm，每个叶片有一对托叶。

4. 花

翼豆的花为腋生总状花序，长15cm，着生小花2～10朵，花冠大，浅蓝色，长2.5～4.0cm。一般为自花授粉，花期长。

5. 荚果

翼豆的荚果近于方形，一般长6～30cm或更长，宽2.5～3.5cm，翅宽约5mm，为绿色、紫色或红色，荚生四棱，具4条纵向的脊，横断面呈四棱形而有4翅，故名四棱豆。棱带皱褶，状如翼，故称翼豆。每荚含种子4～17粒，种子间有横隔。

6. 种子

翼豆的种子近于球形，长达1cm左右，有光泽，平滑，种皮色有白、褐、黄褐和黑等色，百粒重约25g。出苗时子叶不出土。

（二）生物学特性

1. 温度

翼叶耐高温，在海平面至2000m的温热地区生长繁茂，苗期温度不能低于13.4℃，开花结荚期最适温度20～24℃，对霜冻很敏感，后期受霜冻后即死亡。

2. 光照

翼豆是短日照作物，对光周期反应敏感，开花受日长与温度的相互影响，开花期的临界日长为11.25h和12.5h，所以在日照长的地方生长繁茂，但不能开花结实。

3. 水分

翼豆喜高温湿润条件，年降雨量1500mm的地区较好，2500mm或更多生长繁茂，但切忌浸水，雨量少的地方则需浇水。

4. 土壤

翼豆对土壤要求不严，但要排水良好，不耐盐碱，适应的土壤pH范围为4.3～7.5。

（三）营养化学成分及营养价值

翼豆干种子的化学成分，据J. A. Duke所著*Handbook of LEGUMEs of World Economic Importance*一书报道，每100g干种子含热量405cal，水分9.7%，蛋白质32.8g，脂肪17g，碳水化合物36.5g，灰分4.1g，钙80mg，磷200mg，铁2mg。其蛋白质含量及油分含量可以与大豆媲美，种子中富含维生素，种子蛋白质中赖氨酸含量较高，赖氨酸、亮氨酸、缬氨酸均高于大豆，见表1–7–2。

表1–7–2　翼豆蛋白质中各种氨基酸含量

氨基酸种类	含量（%）	氨基酸种类	含量（%）	氨基酸种类	含量（%）
赖氨酸	7.4～8.0	苯丙氨酸	4.8～5.8	谷氨酸	15.3～15.8
蛋氨酸	1.2	色氨酸	1.0	甘氨酸	4.3
苏氨酸	4.3～4.5	精氨酸	6.5～6.6	脯氨酸	4.9～7.6
亮氨酸	8.6～9.2	组氨酸	2.7	丝氨酸	4.9～5.2
异亮氨酸	4.9～5.1	丙氨酸	4.3	酪氨酸	3.2
缬氨酸	4.9～5.7	天冬氨酸	11.5～12.3	胱氨酸	1.6～2.6

注：引自J. A. Duke“Hand book of LEGUMES of World Economic Importance”

翼豆每100g干根含蛋白质13.4%～15.5%，脂肪1%，碳水化合物56.1%，粗纤维5.4%，灰分3.9%。蛋白质含量是马铃薯的4倍、甘薯的5倍、木薯的10倍，可供烘烤或煮食。

翼豆的鲜根、嫩荚、鲜豆、嫩叶和花的营养成分也很丰富，可作蔬菜食用。1kg的鲜豆、叶、嫩荚和块根所含的蛋白质量，分别相当于2.36kg、0.54kg、0.22kg和0.51kg的猪肉，食法多样，鲜嫩可口。其嫩荚、嫩叶化学成分见表1–7–3。

表1–7–3　翼豆嫩荚、嫩叶化学成分（每100g中含量）

营养成分	嫩荚	嫩叶	营养成分	嫩荚	嫩叶
热量（cal）	340	470	铁（mg）	0.2	6.2
水分（%）	89.5	85	钠（mg）	3	6.2
蛋白质（g）	1.9	5	钾（mg）	265	6.2
脂肪（g）	0.1	0.5	β–胡萝卜素（mg）	340	3.1
碳水化合物（g）	7.9	8.5	硫胺素（mg）	0.19	0.28
粗纤维（g）	1.6	—	维生素B_2（mg）	0.08	0.28
灰分（g）	0.6	1	烟酸（mg）	1	0.28
钙（mg）	53	134	维生素C（mg）	21	29
磷（mg）	48	81			

翼豆也可作绿肥，覆盖作物和饲料，藤蔓含氮3.3%、钾2.3%，不但收获物产量高，经济价值高，而且残留物也很多。据1982年在湖南桂东调查，每亩残留在地下的根系达10t多，根瘤125kg，对于培肥地力改良土壤作用十分巨大。

总之，翼豆全身是宝，营养极为丰富，为解决热带及亚热带地区食物缺乏蛋白质的问题，给出了光明的前景。

三、常见栽培品种

云南翼豆栽培品种主要有4种。

（一）思茅翼豆

蔓生型，无限结荚习性，株高200cm以上，全生育期297d，花色紫兰，单株荚数5.1个，单荚粒数9.4粒，单株产量9.4g，荚色褐，荚长16.8cm，粒色褐，粒形扁圆，百粒重24.8g，粗蛋白含量31.44%。

（二）景东翼豆

当地俗称景东四棱豆，蔓生型，无限结荚习性，株高200cm以上，全生育期日数271d，单株荚数11.4个，单荚粒数7.7粒，单株产量13.7g，荚色褐，荚长15.3cm，粒色褐，粒形扁圆，百粒重24g，粗蛋白含量23.25%。

（三）宾川翼豆

当地俗称宾川四棱豆，蔓生型，无限结荚习性，株高200cm以上，全生育期日数271d，花色紫兰，单株荚数45个，单荚粒数8.8粒，单株产量92.5g，荚长16.8cm，荚色褐，粒形扁圆，百粒重30g，粗蛋白含量27.76%。

（四）景洪翼豆

蔓生型，无限结荚习性，株高200cm以上，全生育期287d，花色紫兰，单株荚数43.6个，单荚粒数10.6粒，单株产量51.1g，荚色褐，荚长13.3cm，粒色褐，粒形扁圆，百粒重20.9g。

第四节　木豆

木豆，学名*Cajanus cajan*（L.）Millsp.，别名三叶豆、树豆，英文名pigeon pea、red gram、congo pea。

一、起源分类与分布

（一）起源

木豆起源长期以来都有争议。D. N. De（1974）称，直到现在还没有来自考古学的材料证明木豆起源。他引用印度北部木豆属的材料及公元前1600～公元前1400年的德康文献，认为木豆起源于印度。但是，Purseglove（1968）和Herklote（1972）评述过去Burkill所做的研究，宣称2200多前的埃及古墓内有木豆属的种子，但是就现存非洲的野生品种来看，并不能认为非洲是木豆的起源中心，因为在Caribbean地方的野生品种是在哥伦布时代以后引入的。因此争议还没有澄清，且关于埃及古墓内的种子也还需要重新做鉴定（如用现代的方法）。

（二）木豆栽培种

分为两种类型：

小粒型：粒小，植株早熟，黄花，种子色不鲜亮。

大粒型：粒大，晚熟，花色有花斑，花多，粒色暗。

此外，昆虫的大量传粉使其产生中间型变种。

（三）分布

木豆在半干旱的热带地区是一种传统的作物，栽培史已有几千年。亚洲栽培最多，其次为非洲，哥伦布时代以后带入美洲，但种植面积不大。印度是木豆生产面积最大的国家。

我国何时栽培木豆不详，现在的栽培种系由国外传入的，栽培面积较少，以海南、广东、广西较多，云南、四川、湖南、贵州、江西、浙江、台湾等地均有零星栽培。云南省种植木豆的县很少，现已发现的有景东、保山、宾川等地曾有零星栽培。

二、特征特性鉴定

（一）植物学特征

木豆为一年生或多年生小灌木，染色体数$2n$=22、44、66。

1. 根与根瘤

木豆的根为主根系，根群发达，在深厚土层内可深达2m，它的根瘤与豇豆根瘤共生。

2. 茎

木豆的茎强壮，木质化，可高达4m，一般在离地10cm处开始分枝，分枝上又可产生小分枝，枝叶繁茂，但在密植情况下，分枝很小。

3. 叶

木豆的第一对真叶为对生单叶，叶为三出复叶，互生，具长柄，托叶小，小叶长椭圆状或披针形，全绿，小叶两面有毛，叶柄短。

4. 花

木豆的花为伞房总状花序，腋生和顶生，每轴有3～10朵花不等，为无限花序，花期长，花冠黄色，或旗瓣背面带紫红色浅纹，旗瓣正面红色，基部有附属体。主要为自花授粉和自花受精，但如有昆虫大量传粉，异花授粉率达1%～65%，常异交而发生变种。

5. 果荚

木豆的果荚条形，略扁，长4～7cm，宽6～10mm，有黄色柔毛，荚壳嫩时绿色，成熟时褐色，先端有长喙，每荚有种子3～7粒，在田间不裂荚。

6. 种子

木豆的种子为扁圆或卵圆形，长约5mm，宽约4mm，种皮通常红褐色，但也有黄色、黑色、黄棕色、灰白色或有花斑，百粒种6～12g。出苗时子叶不出土。

（二）生物学特性

1. 温度

木豆特别耐热、耐旱，生育期中要求高温，最适生长温度为18～29℃，开花结荚期以20℃以上为宜，在12～18℃时虽能开花，但对受精结荚不利，低于10℃以下不利生长，在0℃以下枝梢和叶片冻死。

2. 光照

木豆对光期的长短有一定反应，短日照下缩短了播种至开花的时间，多年生后全年可以开花。木豆需要强的光照，光照不足易发生病变。

3. 水分

木豆耐旱，在年雨量260mm以下的地区也能生长，即使在成熟初期，虫害不大时，在干旱条件下也能结实良好。在湿润条件下营养体生长繁茂，开花时雨量多，影响受精，花荚易受鳞翅目幼虫危害。以年雨量600～1000mm最适宜，生长前期湿润，开花至收获时少雨的条件最适宜。

4. 土壤

木豆对土壤的适应性强，各种土都可生长，从沙土至黏壤土至石砾土都可种植，但排水不好的除外，适宜土壤的pH范围为5～7。

（三）营养化学成分

每100g干种子含热量345cal，水分9.9%，蛋白质19.5g，脂肪1.3g，碳水化合物65.5g，纤维1.3g，灰分3.8g，钙161mg，磷285mg，铁15.0mg，β-胡萝卜素5.5μg，烟酸2.9mg，维生素B_1 0.72mg，维生素B_2 0.14mg。

三、栽培品种

云南省木豆只有少数地方零散种植，自宾川、怒江等地区收来的种子，在昆明种植观察成灌木状，6月播种，10月开花，花色红、黄，未形成荚即受霜冻。

第五节　黧豆

黧豆，学名*Mucuna pruriens* var *utilisy*（Wall. ex Wight）Baker ex Burck。别名小狗豆、猫豆、龙爪豆、狗爪豆、虎豆、老鼠豆等，英文名velvet bean、yam bean。

一、起源、分布

黧豆原产地为中南半岛、亚洲南部和东亚，我国是原产地之一。李时珍在《本草纲目》（1578）的释名中称："黎，亦黑色也，此豆荚老则黑色有毛，露筋如虎狸指爪，其子亦有点，如虎狸之斑，煮之计黑，故有诸名”，并对其在中国的分布、植物学性状等有记载，说明黧豆的栽培在我国至少已有300多年的历史。

原产马来西亚的一些种和某些种的栽培品种，大约在1876年引入美国佛罗里达州，然后再引入热带和亚热带地区，现在特别是在美国（夏威夷）、澳大利亚、菲律宾和马来西亚广泛作为覆盖作物种植。

黧豆在我国主要分布在广西、广东、云南、贵州、湖南、江西、台湾等地区。云南的黧豆在1980年考察时发现，永善县至金沙江边的公路边有成片栽培，藤蔓绵延覆盖地面，耿马县孟定南汀河岸上及华坪等地区亦有零星种植。

黧豆适应性广，不论在旱地、山坡、河边、地头地尾都可种植，既是覆盖作物，又是一种高产作物，每株一般可收种子1.5～7.5kg，高的达15kg。黧豆种子含有左旋多巴，可为药厂制药提供原料，值得推广。

（二）分类

黧豆为豆科油麻藤属一年生蔓生型植物，可以作为蔬菜使用的有4个种：黄毛黧豆、茸毛黧豆、黧豆及白毛黧豆。云南省黧豆地方资源零星分布于低热河谷地带，发现的地方种有猫豆、茸毛黧豆和黑皮黧豆。

（1）猫豆，学名*Stizolobium. cochinchinsis* Tang et Wang，花青白色或深紫色，籽粒近肾形，灰白色或带黑晕，结荚多，籽粒产量高，左旋多巴含量高的品种多出现在这一类型。如云南省永善栽培的小狗豆。

（2）茸毛黧豆，学名*S. deeringianum* Bort，花深紫色，荚果较短小，成熟时褐色，密被茸毛，籽粒圆而较小，灰底褐斑，生势旺盛，生育期最长。包世英于1979年在耿马至沧源的路边通山箐口采到的鲜荚即属此类，未发现有栽培的。

（3）黑皮黧豆，学名*S. aterocarpum* Metcalf，花深紫色或者白色，籽粒近肾形，黑色而有光泽，荚内层无木质化层，熟后较软，较早熟。

二、特征特性

黧豆根系强大，一年生蔓生草本植物，分枝很多，长的可达2～10m，能迅速形成大面积覆盖面，叶片心脏形，叶柄长，叶的两面均被白色疏毛，花下垂。自花授粉，荚果长8～10cm，着生绒毛，连接在果柄上，状如小狗（猫）之爪，因而又叫小狗豆、猫爪豆之名，成熟时果荚扁呈黑色，煮汁亦黑，故称黧豆，荚果表面有隆起纵脊1～2条，内含种子6～8粒。种子扁，近肾形，种皮灰白而带有青黑色晕，也有浅褐色带白斑或乌黑色的，种阜白色呈圆领隆起状，种脐长，占种子的1/2，百粒重100～150g。出苗时子叶不出土。

黧豆为短日照作物，不耐霜冻，耐旱，不耐涝，不择土质，任何土壤都能生长。但喜深厚、排水良好、有机质较丰富的土壤，适宜的pH为5.0～6.8。

在昆明种植不能成荚，根据广西农科院林妙正等的研究结果，黧豆的经济性状见表1–7–4。

表1-7-4 三种藜豆的经济性状

	生育期（d）	单株荚数（个）	单荚粒数（粒）	百粒重（g）	单株产量（g）	荚长（cm）	左旋多巴含量（%）
猫豆	233.7	55.6	3.3	127.7	143.2	9.2	8.63
茸毛藜豆	284.1	29.6	3.2	97.4	94.0	5.7	6.79
黄毛藜豆	210.4	33.1	3.3	131.7	135.8	10.8	7.96

三、营养成分

藜豆有多种用途，作为蔬菜使用的种，其嫩荚和成熟的种子可以食用，荚壳、茎叶可以作为饲料，此外，藜豆种子中富含左旋多巴（L-Dopa），近年来研究从其种子中提取L-Dopa物质成为一个主要方向。藜豆每100g干种子含热量391cal，蛋白质21%，脂肪1.2g，碳水化合物74.1g，纤维5.7g，灰分3.2g，钙61mg，磷437mg。每100g干根含热量366cal，蛋白质10.8%，脂肪0.6%，碳水化合物86.3%，粗纤维1.1%，灰分2.3%，钙28mg，磷227mg。

参考文献

[1] 夏明忠. 蚕豆栽培生理[M]. 北京: 科学出版社, 1992.
[2] 龙静宜. 食用豆类作物[M]. 北京: 科学出版社, 1991.
[3] 佟屏亚, 李清华. 食用豆类栽培[M]. 北京: 中国农业出版社, 1982.
[4] 殷胜男. 豆类作物[M]. 北京: 科学出版社, 1989.
[5] 李长年. 中国农学遗产选集[M]. 北京: 中华书局, 1958.
[6] 李潘. 中国栽培植物发展史[M]. 北京: 科学出版社, 1984.
[7] 刘琼芳. 蚕豆栽培[M]. 昆明: 云南人民出版社, 1984.
[8] 刘琼芳. 云南种植业区划[M]. 昆明: 云南科技出版社, 1992.
[9] 甘肃省农业厅粮食生产处, 临夏回族自治州农科所. 春蚕豆, 内部资料, 1986.
[10] 王宇. 云南省农业气候资源及区划[M]. 北京: 气象出版社, 1990.
[11] 云南农业地理编写组. 云南农业地理[M]. 昆明: 云南人民出版社, 1981.
[12] 云南省地方志编纂委员会总纂. 云南省志. 卷二十二, 农业卷[M]. 昆明: 云南人民出版社, 1996.
[13] 李时珍. 本草纲目[M]. 重庆: 重庆大学出版社, 1994: 1578.
[14] 兰茂. 滇南本草[M]. 昆明: 云南人民出版社, 1977.
[15] 中国农业百科全书总委. 中国农业百科全书: 农作物卷（上、下）[M]. 北京: 中国农业出版社, 1991.
[16] 中国农业科学院作物品种资源研究所. 中国大豆品种资源目录（一、二、三集）[M]. 北京: 中国农业出版社, 1997.
[17] 林妙正, 邝伟生. 广西猫豆资源左旋多巴含量研究[J]. 作物品种资源, 1991(3): 19-20.
[18] 李月秋, 彭宏梅, 梁仙, 等. 我国蚕豆品种资源对蚕豆锈病的抗性鉴定[J]. 植物遗传资源科学, 2002(1): 45-48.
[19] 邱丽娟, 常汝镇, 孙建英, 等. 中国大豆品种资源的评价与利用前景[J]. 中国农业科技导报, 2000, 2(5): 58-61.
[20] 中国农业科学院作物科学研究所组. 中国大豆品种资源目录. 续编三: comtinuation Ⅲ[M]. 北京: 中国农业大学出版社, 2013.

[21] 吉林省农业科学院. 中国大豆育种与栽培[M]. 北京: 中国农业出版社, 1987.
[22] 庄炳昌. 中国野生大豆生物学研究[M]. 北京: 科学出版社, 1999.
[23] 中国农学会遗传资源学会. 中国作物遗传资源[M]. 北京: 中国农业出版社, 1994.
[24] 李莹. 大豆遗传资源研究论文集[M]. 太原: 山西科技出版社, 1991.
[25] 黑龙江省农业科学院. 大豆栽培技术[M]. 北京: 中国农业出版社, 1978.
[26] 王国勋. 中国栽培大豆品种分类研究——Ⅰ. 分类的原则、模式、要素及标准[J]. 中国油粮作物学报, 1987.
[27] 王书恩. 中国栽培大豆的起源及其演变的初步探讨[J]. 东北农业科学, 1986(1): 5.
[28] 李福山, 常汝镇, 舒世珍. 中国的大豆属（*Glycine* L. ）植物[J]. 大豆科学, 1983(2).
[29] 王绶, 吕世霖. 大豆[M]. 太原: 山西人民出版社, 1982.
[30] 王金陵. 大豆[M]. 哈尔滨: 黑龙江科学技术出版社, 1981.
[31] 朱秀清, 江连州, 富校铁. 国内外大豆加工利用的研究进展（一）[J]. 食品科技, 2001(6): 3.
[32] 国家统计局. 中国统计年鉴[M]. 北京: 中国统计出版社, 2001.
[33] 邵荣春, 吕景良, 吴和礼, 等. 东北地区大豆品种资源的鉴定评价[J]. 作物品种资源, 1988.
[34] 吴金安. 粮食作物种质资源抗病虫鉴定方法[M]. 北京: 中国农业出版社, 1991.
[35] Hebblethwaite PD. The Faba bean (*Vicia faba* L.): A basis for improvement[J]. Faba Bean A Basis for Improvement, 1983.
[36] 星川清亲, 段传德, 丁法元. 栽培植物的起源与传播[M]. 郑州: 河南科学技术出版社, 1981.
[37] 程须珍. 绿豆生产技术[M]. 北京: 北京教育出版社, 2017.
[38] 宗绪晓. 豌豆生产技术[M]. 北京: 北京教育出版社, 2017.
[39] 包世英. 蚕豆生产技术[M]. 北京: 北京教育出版社, 2000.

附表

附表一　豆类养分分析

种名	器官部分	热量（cal）	蛋白质（g）	脂肪（%）	碳水化合物（g）	纤维（g）	灰分（%）	钙（mg）	磷（mg）	铁（mg）	钠（mg）	钾（mg）	β-胡萝卜素（μg）	维生素B_1（mg）	维生素B_2（mg）	烟酸（mg）	维生素C（mg）
蚕豆	鲜籽	380	29.0	1.4	66.0	5.9	3.6	121	461	0.49	9	1150	75	0.52	0.22	27.8	0
豌豆	鲜籽	382	28.7	1.8	65.5	9.1	4.1	118	528	8.6	9	1437	1747	1.59	0.64	13.2	123
	种子	326	25.5	1.3	70.6	10.1	2.7	81	417	6.7			252	2.28	0.47	7.39	87
	种子	391	25.6	2.5	70.0	5.4	2.8	91	331	6.6			17	0.65	0.19	3.42	1
	种子	384	27.2	1.5	68.1	5.5	2.9	72	384	5.8	40		81	0.84	0.32	3.39	
小扁豆	种子	383	27.6	1.3	67.8	4.3	3.2	71	331	7.7			76	0.46	0.21	2.44	1
	种子	387	23.0	0.7	74.1		2.4	78	370	7.8	33	866		0.52	0.38	1.48	0
普通菜豆	种子	383	24.7	1.7	69.4	5.0	4.1	137	368	9.3			11	0.42	0.18	2.74	1
	鲜籽	417	14.2	26.7	45.8	7.5	13.3	350	300	6.7							
	果荚	318	22.1	1.7	69.9	15.9	6.2	381	425	12.4			6638	0.71	1.06	4.42	239
	叶片	273	27.3	3.0	50.0	21.2	19.7	2076	568	69.7			24559	1.36	0.45	9.85	834
多花菜豆	种子	385	23.1	2.1	70.7	5.5	3.9	130	404	10.3				0.57	0.21	2.62	3
	鲜籽			0.5		18.5	4.3	93	421	6.2				0.81	0.21	3.50	65
	果荚		17.8	2.4	71.5	4.6	3.8	120	384	6.2			82	0.81	0.45		1
利马豆	种子	384	25.0	1.6	70.3		3.9	133	445	5.6				0.38	0.18	2.42	1
	种子	388	22.2	1.5	73.2		3.4	101	269	6.3	20	330	1	0.51	0.23	1.57	0
	鲜籽	377	26.6	1.6	66.6	3.2	5.1	79	377	7.0	6	2368	285	0.50	0.50	4.75	95
	芽	306	36.1	2.2	55.6	1.7	6.1	303	1061	62.8			83	0.47	0.38	5.06	19
	叶片	286	21.4	0.0	60.7		17.9	285	1285	82.1							
饭豆	种子	390	21.5	1.2	71.6		2.3	93	444	5.8				0.35	0.24	0.28	10
绿豆	种子	381	25.6	1.3	69.2	4.9	3.9	118	370	7.9	7		62	0.59	0.29	2.80	14
	芽	303	42.4	2.0	50.5	9.1	5.0	152	717	12.1	71	2242	202	0.11	1.01	2.08	182

续表

种名	器官部分	热量（cal）	蛋白质（g）	脂肪（%）	碳水化合物	纤维（g）	灰分（mg）	钙（mg）	磷（mg）	铁（mg）	钠（mg）	钾（mg）	β-胡萝卜素（μg）	维生素B_1（mg）	维生素B_2（mg）	烟酸（mg）	维生素C（mg）
豇豆	鲜籽	382	27.1	2.4	65.6	5.4	4.8	81	518	6.9	6	1628	668	1.29	0.39	2.82	87
	种子	384	25.5	1.7	69.1	4.9	3.9	83	477	6.5	39		20	1.29	0.24	2.46	
	种子	384	25.7	1.8	78.9	4.7	3.6	124	432	7.3	7	777	11	0.67	0.25	2.60	1
	果荚	319	32.7	5.3	54.9	10.6	7.0	478	522	12.4	18	1947	4027	1.24	0.89	8.85	212
	茎杆	273	43.6	2.7	40.0		16.4	664	564	20.0				3.18	1.64	10.00	327
扁豆	鲜荚	312	25.0	2.7	65.2	16.1	7.1	509	473	8.9	18	2545	3108	0.80	0.98	8.04	179
	种子	382	25.1	1.7	68.9	7.8	4.0	82	472	5.8				0.70	0.20	2.37	
	叶片	284	22.0	3.7	55.9	61.4	12.8	600	400	9.6	16	2232	1280	0.64	1.04	4.80	128
翼豆	鲜荚	321	26.9	3.8	62.7	21.8	6.4	504	457	1.9	29	19513	237	1.81	0.76	9.52	200
	种子	450	36.4	18.8	40.5		4.4										
	叶片	313	33.4	3.3	56.7		6.7	606									
木豆	种子	383	21.6	1.4	72.7	8.1	4.2	179	316	16.6			61	0.86	0.16	3.22	
	鲜籽	383	24.1	1.9	69.6		4.5	84	435	4.2	16	1813	467	1.29	080	7.73	84
	鲜荚	320	24.4	1.7	68.8	10.1	5.1	202	489	5.6	14	1748	407	1.24	0.44	5.05	90

注：不含水分时干物质含量，引自James A. Duke “Handbook of LEGUMES of World Economic Importanle”

附表二　豆类氨基酸成分含量

种名＼成分（%）	蛋白质	脂肪	赖氨酸	蛋氨酸	胱氨酸	精氨酸	甘氨酸	组氨酸	异亮氨酸	亮氨酸	苯丙氨酸	酪氨酸	苏氨酸	色氨酸	缬氨酸	丙氨酸	天冬氨酸	谷氨酸	胱氨酸	脯氨酸	丝氨酸
蚕豆	25.0	1.2	6.1	0.6		7.9	3.8	2.4	3.8	4.9			2.6		3.3	2.9	7.3	11.1	0.2	2.7	3.1
豌豆	22.5	1.4	7.2	0.6	0.8	9.3	4.2	2.4	4.4	6.7	4.5	2.2	3.7		5.2	4.5	9.8	16.0		5.6	5.1
小扁豆	26.9	0.8	6.7	0.6		7.8	3.7	2.1	3.8	7.2	4.3		3.0	0.9	4.2	3.8	11.3	16.7		3.7	5.9
普通菜豆	20.3	1.2	8.0	1.0	0.7	6.1	3.4	4.8	6.2	7.9	5.5	2.6	4.2	1.4	6.1	2.7	9.8	17.6		3.8	5.3
刀豆	30.0	2.4	5.1	1.0		4.5	3.3	2.4	3.5	6.4	4.0	3.1	3.9	1.2	4.0	3.7	9.0	9.1	0.3	3.6	4.3
鹰咀豆	19.4	5.5	7.2	1.4		8.8	4.0	2.1	2.4	7.6	6.6	3.3	3.5		4.6	4.1	11.7	16.0	0.0	4.3	5.2
饭豆	18.5	1.0	12.3	2.5	0.7	7.4		6.1	6.2	9.7	5.2	2.6	4.0		6.8	4.0	12.8	15.8		6.6	5.3
小豆	21.1	1.0	7.3	1.3	0.9	6.3	3.4	3.3	3.9	7.2	5.4	3.4	3.4	1.4	4.4	4.0	9.8	17.2		4.7	4.3
绿豆	22.9	1.2	9.4	2.0	0.5	6.3	3.3	2.9	4.1	5.0	5.5	2.4	3.2	1.7	3.3	3.5	10.7	13.6		3.5	4.0
普通豇豆	26.0	1.4	6.4	1.2		7.3	4.1	3.2	4.0	7.2	6.0	3.4	3.6	1.9	4.7	4.4	10.6	16.9	0.5	3.4	4.5
黑豆			7.7	1.3	2.3	4.7	4.7	3.2	4.4	5.0	5.0	3.5	4.8		6.1	4.8	17.7	10.0		7.0	5.9
扁豆	23.4	1.1	6.8	0.9		6.6	4.6	3.2	4.4	5.5	3.4	2.5	3.0		3.4	3.1	8.4	14.8	0.2	3.4	3.6
木豆	21.9	1.5	6.8	1.2	1.3	5.9	3.7	3.4	3.8	7.2	10.0	3.1	3.6		4.5	4.3	9.8	20.1	0.0	4.4	4.7
大豆	35.1	17.0	6.3	1.3		6.8	4.1	2.7	4.6	7.9	5.5	2.6	4.0	1.2	4.7	4.5	11.6	19.0		5.3	4.9

注：引自James A. Duke “Handbook of LEGUMES of World Economic Importanle”（g/16g N）

云南作物种质资源

YUNNAN CROP GERMPLASM RESOURCES

野生花卉篇

Volume Wild Flowers

主　编：周浙昆

Chief editor: Zhou Zhekun

副主编：胡　虹　陈文允

Deputy editor: Hu Hong　Chen Wenyun

编写单位：中国科学院昆明植物研究所

云南省农科院生物技术与种质资源研究所

编写人员（按姓氏笔画排序）：

马长乐　邓　敏　李宏哲　李晓贤
杨青松　张石宝　陈文允　周浙昆
胡　虹

审稿人员：

张敖罗　魏蓉城

小叶六道木 *Abelia parvifolia*

黄蜀葵 *Abelmoschus manihot*

白花刺参 *Acanthocalyx alba*

青皮槭 *Acer cappadocicum*

刺萼参 *Acanthocalyx nepalensis*

青榨槭 *Acer davidii*

扇叶槭 *Acer flabellatum*

金江槭 *Acer paxii*

短柄乌头 *Aconitum brachypodum*

乌头 *Aconitum carmichaelii*

甘孜沙参 *Adenophora jasionifolia*

黄花昌都点地梅 *Androsace bisulca* var. *aurata*

海芋 *Alocasia macrorrhiza*

景天点地梅 *Androsace bulleyana*

黄花韭 *Allium chrysanthum*

九翅豆蔻 *Amomum maximum*

硬枝点地梅 *Androsace rigida*

高原点地梅 *Androsace zambalensis*

刺叶点地梅 *Androsace spinulifera*

展毛银莲花 *Anemone demissa*

草玉梅 *Anemone rivularis*

直距耧斗菜 *Aquilegia rockii*

髯毛无心菜 *Arenaria barbata*

真齿无心菜 *Arenaria euldonta*

滇藏无心菜 *Arenaria napuligera*

山生福禄草 *Arenaria oreophila*

象鼻南星 *Arisaema elephas*

长花南星 *Arisaema lobatum*

喜马拉雅紫菀 *Aster himalaicus*

一把伞南星 *Arisaema erubescens*

网檐南星 *Arisaema utile*

无茎黄芪 *Astragalus acaulis*

渐尖羊蹄甲 *Bauhinia acuminata*

白花羊蹄甲 *Bauhinia variegata*

心叶秋海棠 *Begonia labordei*

道孚小檗 *Berberis dawoensis*

川滇小檗 *Berberis jamesiana*

维西小檗 *Berberis schneideriana*

云南小檗 *Berberis stiebritziana*

察瓦龙小檗 *Berberis tsarongensis*

云南勾儿茶 *Berchemia yunnanensis*

岩匙 *Berneuxia thibetica*

川滇醉鱼草 *Buddleja forrestii*

驴蹄草 *Caltha palustris*

木果山茶 *Camellia xylocarpa*

猴子木 *Camellia yunnanensis*

小雀花 *Campylotropis polyantha*

圆叶风铃草 *Campanula rotundifolia*

云南锦鸡儿 *Caragana franchetiana*

鬼箭锦鸡儿 *Caragana jubata*

德钦锦鸡儿 *Caragana maximowicziana*

大叶碎米荠 *Cardamine macrophylla*

篦叶岩须 *Cassiope pectinata*

川楸 *Catalpa fagesii*

云南升麻 *Cimicifuga yunnanensis*

毛头蓟 *Cirsium eriophoroides*

甘川铁线莲 *Clematis akebioides*

铁线莲 *Clematis montana*

鸡蛋参 *Codonopsis convolvulacea*

秀丽火把花 *Colquhounia elegans*

喉毛花 *Comastoma pulmonarium*

头状四照花 *Cornus capitata*

美丽紫堇 *Corydalis adrienii*

曲花紫堇 *Corydalis curviflora*

云南蔓龙胆 *Crawfurdia campanulacea*

肾叶锤头菊 *Cremanthodium reniforme*

中甸蓝钟花 *Cyananthus chungdienensis*

细叶蓝钟花 *Cyananthus delavayi*

黄花杓兰 *Cypripedium flavum*

紫点杓兰 *Cypripedium guttatum*

大花杓兰 *Cypripedium macranthum*

短瓣瑞香 *Daphne feddei*

单花翠雀 *Delphinium monanthum*

滇川翠雀花 *Delphinium delavayi*

金钗石斛 *Dendrobium nobile*

下关溲疏 *Deutzia rehderiana*

宾川溲疏 *Deutzia calycosa*

红花岩梅 *Diapensia purpurea*

十萼花 *Dipentodon sinicus*

膜缘川木香 *Dolomiaea forrestii*

山菜葶苈 *Draba surculosa*

皱叶毛健草 *Dracocephalum bullatum*

川八角莲 *Dysosma ventchii*

八角莲 *Dysosma versipellis*

黄杞 *Engelhardtia roxburghiana*

灯笼树 *Enkianthus chinensis*

丽江麻黄 *Ephedra likiangensis*

大花卫矛 *Euonymus grandiflorus*

雪山大戟 *Euphorbia bulleyana*

大狼毒 *Euphorbia nematocypha*

马蹄荷 *Exbucklandia populnea*

芳香白珠 *Gaultheria fargranthissima*

宽花龙胆 *Gentiana ampla*

阿墩子龙胆 *Gentiana atuntsiensis*

头花龙胆 *Gentiana cephalantha*

粗茎秦艽 *Gentiana crassicaulis*

草甸龙胆 *Gentiana praticola*

瘦华丽龙胆 *Gentiana sino-ornata*

矮龙胆 *Gentiana wardii*

云南山枇花 *Gordonia chrysandra*

西南手参 *Gymnadenia orchidis*

棒距玉凤花 *Habenaria mairei*

凸孔坡参 *Habenaria acuifera*

大山龙眼 *Helicia grandis*

白亮独活 *Heracleum candicans*

紫玉簪 *Hosta ventricasa*

微绒绣球 *Hydrongea heteromalla*

川滇金丝桃 *Hypericum forrestii*

贡山八角 *Illicium wardii*

滇水金凤 *Impatiens uliginosa*

红波罗花 *Incarvillea forrostii*

大花角蒿 *Incarvillea mairei*

中甸角蒿 *Incarvillea zhongdianensis*

丽江木蓝 *Indigofera balfouriana*

水朝阳旋覆花 *Inula helianthus-aquatica*

西南鸢尾 *Iris bulleyana*

黄花鸢尾 *Iris wilsonii*

栾树 *Koelreuteria paniculata*

云南兔耳草 *Lagotis yunnanensis*

独一味 *Lamiophlomis rotata*

星苞火绒草 *Leontopodium jacotianum*

毛香火绒草 *Leontopodium stracheyi*

鬼吹箫 *Leycesteria formosa*

宝兴百合 *Lilium duchartrei*

卷丹 *Lilium lancifolium*

尖被百合 *Lilium lophophorum*

紫花百合 *Lilium souliei*

大理百合 *Lilium taliense*

千屈菜 *Lythrum salicaria*

中甸鹿药 *Maianthemum zhongdianense*

宽翅弯蕊芥 *Loxostemon delavayi*

丽江山荆子 *Malus rockii*

全缘叶绿绒蒿 *Meconopsis integrifolia*

丽江绿绒蒿 *Meconopsis forrestii*

高河菜 *Megacarpaea delavayi*

中甸大钟花 *Megacodon stylophorus*

多斑豹子花 *Nomocharis meleagrina*

钟花假百合 *Notholirion campanulatum*

荇菜 *Nymphoides peltatum*

大理独花报春 *Omphalogramma delavayi*

独花报春 *Omphalogramma vincaefolialg*

密花滇紫草 *Onosma confertum*

山兰 *Oreorchis patens*

假朝天罐 *Osbeckia crintia*

海菜花 *Ottelia acuminata*

滇牡丹 *Paeonia delavayi*

云南拟单性木兰 *Parakmezia yunnanensis*

拟耧斗菜 *Paraquilegia microphylla*

大理重楼 *Paris daliensis*

舟花马先蒿 *Pedicularis cymbalaria*

管花马先蒿 *Pedicularis siphonantha*

无茎荠 *Pegaeophyton scapiflorum*

云南前胡 *Peucedanum yunnanense*

商陆 *Phytolacca acinosa*

美丽马醉木 *Pieris formosa*

鸡蛋花 *Plumeria rubra*

黄花木 *Piptanthus nepalensis*

独蒜兰 *Pleione bulbocodioides*

美丽棱子芹 *Pleurospermum amabile*

荷包山桂花 *Polygala arillata*

四籽海桐 *Pittosporum tonkinensis*

滇黄精 *Polygonatum kingianum*

革叶蓼 *Polygonum coriaceum*

柔毛委陵菜 *Potentilla griffithii*

狭叶萎陵菜 *Potentilla stenophylla*

巴塘报春 *Primula bathangensis*

香花报春 *Primula aromatica*

橘红灯台报春 *Primula bulleyana*

石岩报春 *Primula dryadifolia*

裂瓣穗花报春 *Primula cernua*

灰岩皱叶报春 *Primula forrestii*

海仙报春 *Primula poissonii*

山丽报春 *Primula bella*

云南枫杨 *Pterocarya delavayi*

水黄 *Rheum alexandrae*

长鞭红景天 *Rhodiola fastigiata*

橙黄杜鹃 *Rhododendron citriniflorum*

大白花杜鹃 *Rhododendron decorum*

马缨花 *Rhododendron delavayi*

火红杜鹃 *Rhododendron neriiflorum*

血红杜鹃 *Rhododendron sanguineum*

爆仗杜鹃 *Rhododendron spinuliferum*

糙毛杜鹃 *Rhododendron trichocladum*

马尾树 *Rhoiptelea chiliantha*

糖茶藨子 *Ribes himalense*

羽叶鬼灯檠 *Rodgersia pinnata*

多花蔷薇 *Rosa multiflora*

绢毛蔷薇 *Rosa sericea*

大花象牙参 *Roscoea humeana*

雪山鼠尾草 *Salvia evansiana*

鸟足兰 *Satyrium nepalense*

毛地黄鼠尾 *Salvia digitaloides*

大理凤毛菊 *Saussurea delavayi*

羽裂雪兔子 *Saussurea leucoma*

水母雪兔子 *Saussurea medusa*

苞叶雪莲 *Saussurea obvallata*

毡毛雪莲 *Saussurea velutina*

小泡虎耳草 *Saxifraga bulleyana*

齿叶虎耳草 *Saxifraga hispidula*

美丽虎耳草 *Saxifraga pulchra*

大花玄参 *Scrophularia delavayi*

岩生蝇子草 *Silene scopulorum*

桃儿七 *Sinopodophyllum hexandrum*

丛菔 *Solmslaubachia pulcherrima*

石灰岩绣线菊 *Spiraea calciola*

偏翅唐松草 *Thalictrum delavayi*

紫花黄华 *Thermopsis barbata*

矮生黄华 *Thermopsis smithiana*

穿心莛子藨 *Triosteum himalayanum*

昆明山海棠 *Tripterygium hypoglaucum*

云南金莲花 *Trollius yunnanensis*

老鸦泡 *Vaccinium fragile*

前 言

云南是中国西南的山地省份，省内地势起伏、沟谷纵横、群山迭起。全省平均海拔2000m左右，但各地海拔悬殊，最高峰卡瓦格博峰海拔6740m，最低的东南部元江与南溪河交汇处海拔仅76.4m。云南地理位置特殊，位于21°8′N~29°15′N和97°31′E~106°11′E，是欧亚板块和印度洋板块的交汇处，北倚欧亚大陆的腹地和青藏高原，南靠中南半岛，形成独特的低纬高原季风气候。错综复杂的地形地貌，复杂多样的气候环境，为不同类型的植物提供了优渥的生长环境。因此，云南的植物种类众多、类型齐全，多样性十分丰富，热带、亚热带、温带以及寒带等各种气候带的植物在云南都有分布，各类植物区系在这里交流融汇。云南土地面积仅占我国国土面积的4.1％，但植物种类却占全国高等植物种类的一半以上，是中国植物种类最丰富的省区，根据最新编撰完成的《云南植物志》统计，全省有高等植物433科，3019属，16139种，许多种类仅在云南有分布。因此，云南植物的丰富度和特有性非常突出，是名副其实的植物王国。

在云南的16139种高等植物中，有许多重要的资源植物，它们与人类的生产和生活息息相关，野生观赏植物就是其中一种重要的植物资源。云南拥有各种气候带的花卉植物，尤其是在西北部的高海拔地区，强烈的紫外线使得生长在这一地区的植物异常美丽，花色艳丽多彩，有重要的观赏价值。云南是一个重要的花卉植物基因库，享有“世界园艺之母”的美誉，世界上许多重要的花卉如杜鹃、报春、龙胆、马先蒿等都是以滇西北为分布中心。滇西北无疑是植物王国最璀璨的一颗明珠，早在19世纪，许多产自云南的重要花卉如杜鹃、报春、山茶、百合等就被引入到西方，成为西方园林重要的成分。英国的一位园林专家指出：“在英国恐怕没有哪个花园会没有至少一种以上原产中国的花卉；欧洲和北美大体也存在类似的情况。”许多引自云南的植物被培育驯化成为园艺品种，在世界花卉产业中大放异彩。

中国是世界上较早栽培和利用花卉的国家之一，花卉在中国人民追求美好生活和表达感情方面发挥着重要的作用。随着社会经济的进步，人们对花卉的需求不断增加，花卉产业在中国发展迅速。把花卉产业培育成新兴的支柱产业是云南省委、省政府的战略目标。经过多年的培育和发展，云南花卉产业取得了长足的进步，2020年全省花卉产业综合产值达752亿元，花卉种植面积175.7万亩，鲜切花产量占全国总产量的50%以上。斗南花卉市场交易量达80亿枝、交易额达85亿元，是亚洲第一、世界第二大花卉交易中心，在全国和亚洲地区拥有产品定价权和市场话语权。花卉产业正在成为云南省一个新兴的支柱产业，在建设绿色经济强省的战略中发挥着重要的作用，为社会经济发展和农民增收致富作出了重要的贡献。然而在云南目前的花卉产业中，绝大部分的花卉品种引自国外，有自主知识产权的品种少之又少。珍贵的观赏植物资源还没有在云南的花卉产业中发挥作用，这和云南丰富的野生资源及植物王国的声誉极不相符。本篇整理和分析了代表性云南野生花卉的资源情况及应用价值，既是为了让公众了解云南省丰富的花卉植物资源，又是为开发拥有自主知识产权的花卉品种提供基础资料和重要线索，以期为花卉产业的可以持续发展提供重要的基础资料。

本篇介绍了云南野生花卉的习性、花期和资源的利用及研究等，还附有部分云南野生花卉的彩色照片，以期窥豹一斑，让读者领略云南野生花卉的魅力。鉴于本书编著水平有限，而植物种类繁多，错漏之处在所难免，敬请广大读者批评指正。

目　录

第一章　云南花卉植物概况

第一节　云南自然概况

一、概述

云南省位于中国西南边陲，西北与西藏毗邻，北与四川相连，东接贵州，东南与广西接壤，南部、西南部和西部分别与越南、老挝和缅甸交界。地理位置介于21°8′N~29°15′N和97°31′E~106°11′E，南北最大纵距为990km，东西最大横距为865km，土地面积39.4万km^2，为全国国土面积的4.1%。在地形上，云南处于中国第二级台阶与第三级台阶的过渡地区，以山地、高原为主。全省地势北高南低，其中，西北部海拔最高，东南最低。整个地形的倾斜是不均匀的，其间高山、深谷、盆地、高原相间交错，形成了极为复杂的地形地貌特征。由于纬度低，地处于热带、亚热带地区，海拔高，加之其复杂的地理条件，云南形成了从热带、亚热带、温带、寒温带至寒带的气候带谱和与之对应的丰富的植物被类型。云南没有受第四纪大冰期的影响，成为第四纪冰期时植物的避难所，也是南北植物迁移的重要通道，多个植物类群在此得到保存、演化，成为世界著名的植物多样性中心之一。

二、地形特征

云南地形以山地、高原为主，基本特征是以山脉为骨架，呈掌状分布。全省地形北高南低，其中西北部最高，一般在海拔4000m以上，最高峰为滇藏交界处的梅里雪山主峰卡瓦格博峰，海拔6740m。山地像散开的手指，顺着地势分别向东、东南、南、西南与西等方向伸展，降至边缘地带，残余高原面或破碎的低山的高度仍在海拔1000m左右；河谷底部和陷落盆地则在海拔1000m以下。

整个地势倾斜不均匀，存在着时陡时缓的多级阶梯。滇西北海拔5000m以上的山地，为地势最高的一级阶梯，它处于横断山地中上段，山势高耸，高黎贡山、怒山、云岭很多山峰都在海拔5500m以上。最低一级阶梯为大江大河南部的河谷底部与其中的河谷平原，多在海拔500m以下，不少地区海拔只有100m左右。海拔高度呈阶梯状下降的方向与纬度降低的方向基本一致，造成了低纬度与低海拔的地面相一致，高纬度与高海拔相吻合。非地带性因素又加剧了南北的地带性差异，使云南的气候带比自然带更为复杂多样。

云南地形以元江河谷、云岭山脉东侧的宽谷盆地一线为界分为两大部分，以东是一块边缘破碎、中部较为平坦的大高原；西部为山高谷深、山川并列的高、中山山地。全省海拔差异大，从局部看，第四纪喜玛拉雅抬升对本区的影响较大，导致河流侵蚀力加强，西部的高原面解体，形成了南北走向的高耸陡峭的山地与幽深窄狭的河谷并列的地貌形态，及南北走向的横断山地区。东部高原面上起伏相对较小，一般不足1000m，但边缘地带的大河干流支流附近的山地情况与西部山地相同。由于山脉与河谷间高低悬殊，直接影响了气温与降水的变化，随着高度增加，气温逐渐降低，降水逐渐增加，产生了山体的垂直性地带变化。

三、气候特征

云南地域广阔，地形复杂，海拔高低悬殊，各地气候千差万别，气候垂直分布明显，具有明显的山区“立体气候“特征。

云南位于我国西南部，北回归线从南部穿过，形成了年温差小，四季不明显的低纬气候。各地年平均气温为4.7～23.7℃，在河谷地区气温高，高山地带气温低，自南向北随纬度增加和海拔的增高，平均气温急剧下降。由于受印度洋季风的影响较大，云南除怒江外，大部分地区气候干湿季节分明，干旱常发生于11月至次年5月，湿季常为6～10月，在这一期间降水较为集中。

错综复杂、高低悬殊的地形对云南气候有着深远影响，北高南低的地势，使非地带性因素大大地加剧了因纬度而造成的气候差异，致使在全省8个纬度距离内出现了北热带到寒温带的差异；北高南低的地势又有利于夏季暖湿气流顺势深入，对降水的形成和分布有一定的影响。从局部地区来看，云南不少地区高差均在海拔1000～3000m之间，而且各种地形组合复杂，使云南的地带性因素和非地带性因素交错、重叠，导致气候的形成与分布更加复杂，形成“一山有四季，十里不同天”的复杂气候分布特点。此外，地形屏障及山脉走向的影响，也使云南的局部小气候复杂多样，为生物的繁衍和演化提供了理想的条件。

四、植被类型

云南地处低纬高原，地貌类型复杂多样，同时在热带高原气候条件下，在空间和时间分布上，气候条件差异很大，影响了全省植被的分布和发育，决定了各个地区不同的植被类型。云南的天然植被类型多种多样，极为复杂，大的植被类型主要有森林植被、灌丛植被、草地植被、沼泽和水生植被。

云南植被的特点是类型多样、镶嵌分布、种类复杂、植物水平地带类型交错镶嵌。在一个不太大的范围内，各种不同的植物群落交错分布或混杂生长。从全省植被的整体看，南北的变化十分突出，在纬度由南到北增加，海拔也相应增加的作用下，南北差异较明显。地形起伏多变，造成南北地带的不同类型常交错镶嵌。在同一纬度内，季风类型的差别，又造成东部偏南，西北偏北的趋势。此外，植被的垂直分布常随纬度变化而更替，因而在云南发育了从热带至高寒荒漠带的丰富的植被类型。

云南的植被类型，在水平地带主要包括：热带雨林、季雨林、亚热带常绿阔叶林；由于受地形因素的影响，在垂直地带上还发育了高山针叶林、高山灌丛、草甸及高寒荒漠植被类型。

第二节　云南花卉植物概况

云南素有“世界花园”之美称，全国高等植物约有3万种，云南就有约1.6万余种，其中花卉资源约4392种，如山茶113种、杜鹃184种、报春花132种、龙胆115种、兰花596种、木兰34种、绿绒篙15种。故西方有“没有云花，不成花园”的谚语。云南花卉植物资源十分丰富，是许多世界著名花卉的发源地。云南花卉植物在世界园艺史中担任着重要角色。早在一百年前西方国家已经开始引进和栽培云南观赏植物。这些引种栽培的植物对西方园艺产生了巨大的影响。云南一直享有“园艺之母”的美誉。来自法国、英国、德国、澳大利亚和美国的众多植物工作者来到云南，采集了无数的云南野生花卉植物，引种到了西方国家。大多数西方园艺栽培的杜鹃、山茶、报春花、龙胆、百合、蔷薇、铁线莲或从云南野外采集而得或来自云南野生花卉植物的引种繁育而得。

中国特有种子植物属在云南有两大生物多样性中心，即滇西北和滇东南。滇西北地区共有约2000余种野生高山花卉植物，分属62属，23科，92.63%的野生高山花卉植物出现在菊科、玄参科、杜鹃花科、毛茛科等11个科。属的构成中，马先蒿属、杜鹃属（*Rhododendron*）、报春花属等属的种类占97.12%。而且众多的种系仍然在不断地分化，形成许多新的种系。

滇西北还是许多世界园艺界著名花卉的分布中心，杜鹃、报春和玫瑰是世界园艺界的三大主要花卉，其中杜鹃和报春是以滇西北为分布中心的。全世界有杜鹃属植物850种，中国有470种，而滇西北地区就有近200种，其中有42种仅分布在滇西北地区（即滇西北特有种）。全世界有报春属植物500种左右，中国有293种，滇西北地区就有100种左右，其中的8种仅在滇西北有分布。而且滇西北也是玫瑰的原始产地。山茶、木兰、兰花、杜鹃、报春、龙胆、绿绒蒿和百合并称云南八大名花。除山茶、木兰在滇西北较少外，其余几种都是以滇西北为分布中心的。

除上述世界三大花卉和云南八大名花外，滇西北还有许多美丽的花卉。全球马先蒿属植物有600种左右，中国有352种，滇西北地区就有100余种左右。中国有紫堇属植物300种，约有90种分布在滇西北地区。中国有垂头菊属植物66种，滇西北有35种以上。和垂头菊同科的凤毛菊属是菊科中的大属，著名的雪莲花就是该属植物。全球有凤毛菊属380种，中国有其中的300余种，滇西北有100种左右。和百合非常相近的豹子花属，全球共9种，全部分布在滇西北地区。滇西北的大部分地区海拔都比较高，年均温较低，昼夜温差大，紫外线强烈，使得该区域植物植株普遍矮小，但花色却十分艳丽，大多是花卉产业中的珍品。

滇东南和滇南地区的观赏植物多为高大的常绿乔灌木，植被繁茂，是云南兰花种类分布最多的地区，例如万代兰属、贝母兰属等兰科植物常附生于高大的乔木树干上，形成“空中花园”。此外，木兰科、樟科、八角科等常绿阔叶观赏乔木也主要分布在此区。

云南野生花卉的珍奇享誉海内外，国内外对云南野生花卉植物资源的部分种类进行了引种驯化，并培育出了一些新的品种，甚至有些已经商业化，但是和云南这一天然野生资源宝库相比较，由于多种原因，人们对其开发利用的种类可以说微乎其微。云南花卉植物是培育新的园艺观赏种类的重要的基因库，对世界园艺的发展作出重大贡献。本书基于有关资料、文献和多年的野外考察工作，对潜在的具有较高观赏价值的观花、观果和观叶植物做了详细的介绍，以期云南花卉植物资源能被更深入地开发利用，为云南和世界园艺的发展作出更大的贡献。

参考文献

[1] 王宇. 云南山地气候[M]. 昆明: 云南科技出版社, 2006.
[2] 冯国楣. 云南杜鹃花[M]. 昆明: 云南人民出版社, 1983.
[3] 杨一光. 云南省综合自然区划[M]. 北京: 高等教育出版社, 1990.
[4] 胡启明. 中国植物志第59卷（第2分册）[M]. 北京: 科学出版社, 1990.
[5] 李晓贤. 滇西北野生观赏花卉植物调查[J]. 云南植物研究, 2003, 25(4): 435–446.

第二章　云南花卉植物资源分析与评价

第一节　科、属、种数统计分析

云南省目前收集的野生观赏花卉植物共4392种，隶属96科、763属。兰科、蝶形花科、毛茛科、菊科和杜鹃花科等13个科的观赏花卉植物种类，在云南的分布每科都有100种以上。其中，兰科、蝶形花科、杜鹃花科观赏植物种类最为丰富（表2-2-1）。上述13科所包含的花卉植物种类，占整个云南省的一半以上。此外，天南星科、忍冬科、苦苣苔科、葫芦科、凤仙花科、伞形花科、棕榈科等在云南分布的种类也都超过了50种，该10科所包含的花卉植物种类合计793种。

表2-2-1　云南野生花卉植物科的大小顺序排列表

科（拉丁名）	科（中文名）	种（数量）
Orchidaceae	兰科	595
Papilionaceae	蝶形花科	190
Ranunculaceae	毛茛科	174
Ericaceae	杜鹃花科	172
Rosaceae	蔷薇科	159
Scrophulariaceae	玄参科	152
Euphorbiaceae	大戟科	145
Primulaceae	报春花科	132
Liliaceae	百合科	131
Asteraceae	菊科	125
Zingiberaceae	姜科	116
Gentianaceae	龙胆科	115
Theaceae	山茶科	113

第二节　云南野生观赏花卉植物分布

从水平分布上看，绝大多数云南野生观赏花卉植物分布于云南两大生物多样性中心——滇西北和滇东南，其次是滇南，其他地区较少。滇西北的贡山县分布最丰富，约2100余种。其次是福贡、丽江、香格里拉、维西，均有1900余种，德钦、洱源等地的野生观赏花卉植物资源较上述几个县略次之。

滇西北是许多世界著名的花卉如杜鹃、报春、龙胆、垂头菊等植物类群的分布中心。云南八大名花除山茶、木兰滇西北较少外，其余均在滇西北广为分布。

从垂直分布上看，海拔500～3000m之间的野生花卉植物种类分布最为广泛。该垂直地段的主要植被类型为热带雨林、亚热带常绿阔叶林、亚高山草甸、高山草甸、高山流石滩。

高山流石滩是一种奇特的植被类型，流石滩植物大多生长于石缝中，形体娇小、花色艳丽，是装饰岩石植物园极好的材料。许多是培育高山观赏花卉植物的珍稀资源，具有极高园艺开发价值。滇西北高山流石滩约有300种花卉植物，如乌头属、翠雀属等。高山流石滩蕴藏着极为珍贵的高山花卉植物资源，如雪莲、川贝母和红景天等，形成特殊的高山流石滩景观。

第三节　观赏类型的分析

野生植物是构成自然景观的主体，各种植物都具有其观赏价值。野生观赏植物是现有栽培观赏植物的祖先和未来新品种的源泉，也是观赏树和花卉育种重要的种质资源和原始材料。观赏植物根据其观赏部位不同，可以分为观花、观果、观叶等类型。

一、观花类

观花植物具有丰富的色彩，姹紫嫣红的视觉，景观令人激赏，花色迷人，四季变化。

以观花为主的云南野生花卉植物超过4000种，约占观赏植物总数的近90%，主要是兰科、木兰科、杜鹃花科、菊科、百合科、山茶科、蔷薇科和凤仙花科等的种类。仅兰科植物就有595余种。山茶花、杜鹃花、报春花、龙胆花、百合花、玉兰花、兰花、绿绒蒿被誉为云南八大名花。山茶花名列云南八大名花之首，为昆明市市花。据统计，全世界的山茶花有120余种，云南有39种。全世界有杜鹃花850多种，中国就有470余种，而仅云南省就有227种。云南以滇西高山地区分布的种类最为丰富，尤其是多分布在海拔2400～4000m的高山冷湿地带。多种常绿杜鹃如黄杯杜鹃、美蓉杜鹃等各色杜鹃花，常成密集的杜鹃花灌木丛，甚至有连绵10多千米的杜鹃花“花海”奇观。木兰科是一种最古老的高等植物，中国产11属108种，而云南就占了11属58多种。全世界拥有报春花500余种，中国产300余种，云南占158多种。百合全世界有115多种，我国产55种，云南占27多种。百合花花期长、花色多，既可盆栽观赏，又可植于庭园、花坛，还可做切花。世界的兰科植物有450属17000多种，中国的兰科植物有148属1000多种，仅云南就占全国一半以上。龙胆在云南共有9属110余种，以滇西北、高山和亚山地带最为集中，多数种类生长在海拔2000～4800m的高山温带地区和高山寒带地区。绿绒蒿全世界共有45种，云南就占15种，多集中分布于滇西北海拔3000～5000m的高山灌丛草甸和流石滩。在云南八大名花中，杜鹃、报春、龙胆是举世闻名的三大高山野生花卉。此外，马先蒿、紫堇、凤仙花等的种类也很多。

云南野生观花植物有多种生活型。乔木观花植物有杜鹃花科、木兰科等种类。群落中下木层的木本花卉种类较多，如多种花楸等。草本花卉有大、中型的兰科若干种类，报春花属种类，天南星、姜科花卉等。此外，还有多种藤本和附生花卉，如多花素馨、滇北素馨、蔓龙胆、树萝卜和石斛等。

由于云南野生观花植物种类繁多，不能一一列举，现将几个主要色系的花卉植物作分别介绍。

（一）蓝紫色系花

花的主要底色为蓝色或紫色，主要是龙胆属、报春花属、风毛菊属、乌头属、翠雀花属、紫菀属、杜鹃花属、马先蒿属、紫堇属、绿绒蒿属、蓝钟花属等类群，共500余种。如微籽龙胆、钟花龙胆等；穗花报春、偏花报春等；三角叶风毛菊、显梗风毛菊等；哈巴乌头、美丽乌头等；角萼翠雀花、滇川翠雀花等；云南紫菀、石生紫菀等；易混杜鹃、密枝杜鹃等；短盔马先蒿、长柄马先蒿等；囊距紫堇等；总状绿绒蒿、美丽绿绒蒿等；长花蓝钟花、蓝钟花等。

（二）橙黄色系花

花的底色为橙黄色，主要有橐吾属、杜鹃属、萎陵菜属、马先蒿属、垂头菊属、报春花属等属，共250余种。如密花橐吾、宽舌橐吾等；乳黄杜鹃、纯黄杜鹃等；如萎陵菜、大花萎陵菜等；岩居黄花马先蒿、灌丛马先蒿等；大理垂头菊、向日垂头菊等；如巴塘报春、灰岩皱叶报春等。此外，多种景天属和金丝桃属的花也是橙黄色。

（三）红色系花

花的主要底色为红色，主要集中在马先蒿属、杜鹃属、点地梅属等属，共约300余种左右。如西南马先蒿等；腺房杜鹃、蜡叶杜鹃等；刺叶点地梅等。其他各属如红景天属、黄精属、树萝卜属（*Agapetes*）、豹子花属的花也是红色的，具有较高的园艺观赏价值。

（四）白色系花

花的底色为白色，常素洁典雅，主要集中在杜鹃属、银莲花属、蔷薇属、绣线菊属、火绒草属、珍珠菜属等，共有200余种。如大白花杜鹃、夺目杜鹃等；西南银莲花、岩生银莲花等；毛叶蔷薇等；粉叶锈线菊、川滇绣线菊等；艾叶火绒草、银叶火绒草等；长蕊珍珠菜等。

（五）黑色系花

花色为黑色的极为稀少，云南拥有培育花色为黑色的珍稀园艺品种的宝贵种质资源。该类花卉植物大多生长在滇西北的高山灌丛草甸、高山流石滩上等高海拔地段，生境非常特殊，共6种，即茄参、绒背凤毛菊、粗齿凤毛菊、雪山鼠尾、紫花黄华、紫花百合。花以“黑”为贵的一个重要原因是黑色花瓣能够吸收全部的太阳光，很容易被灼伤，经过长期的自然选择，黑色花的品种便屈指可数了。

二、观果类

主要观赏果实的花卉植物大多是木本植物，果实成熟期多在秋季，有350余种，分属于200余属，46科。现将云南省的主要观果植物资源按照其成熟果实的颜色分述如下。

（一）果实呈红色者

主要有蔷薇科栒子属、花楸属、蔷薇属、樱桃属、石楠属、山楂属等共约100种。五味子科、小檗科、樟科、冬青科、天南星科、棕榈科、忍冬科、桑科等的果实也具有较高的观赏价值。花后果由黄转红，秋后红果累累，十分可爱。很多树种的叶厚而密，湖边或开阔地种植此树，能形成荫蔽的环境，又能产生多层次丰富景色的效果，是理想的园林观赏树种。

（二）果实呈黄色者

主要有槭树科槭属、海桐科海桐属、蝶形花科黧豆属、卫矛科南蛇藤属等若干种类。如多果槭（、五裂槭、小叶青皮槭等；圆锥海桐；间序油麻藤等。

（三）果实呈蓝紫色者

果实色彩为蓝紫色，其观赏价值仅次于红色。主要有槭属的俅江槭、七裂槭、独龙槭、滇藏槭等；蔷薇科悬钩子属的红花悬钩子等；葡萄科的毛蓝果蛇葡萄；桑科的爬藤榕。果为蓝色的还有的忍冬科的淡红忍冬、蓝果忍冬，小檗科的平滑小檗、红毛七等。此外还有生于热带低山沟谷林的常绿乔木木奶果，蒴果幼时黄红色，5～8月成熟后紫蓝色，被傣族庭院栽培观赏和药用，是极佳的园林树种。

（四）果实呈黑褐色者

主要以壳斗科的栎属、青冈属、石栎属、锥栎属，榛科的鹅耳栎属、榛属，和桦木科桦木属为主。

（五）果实呈白色者

果实的颜色为白色的野生花卉植物较为少见，观赏价值也比较高。主要有花楸属和小檗属若干种类。如西康花楸、铺地花楸等；道孚小檗等。此外，大戟科白饭树属的白饭树成熟果实的果皮淡白色，果期在7～12月，是良好的冬季观果植物。

由上述可见，果色为红色的植物种类较多，黑褐色、黄色、蓝紫色和白色较为次之。

三、观叶类

以观赏叶色、叶形为主，大部分分布在热带和亚热带地区。常绿观叶植物广泛应用于城市绿化、道路绿化等园林实践中，是园林植物的重要组成部分。其中乔木类代表种主要有：槭树科的丽江槭等约21种，叶形奇妙或叶色秋季时绚丽；木兰科的贡山木莲、独龙含笑等约13种；金缕梅科的滇西红花柯，花叶均有较高的观赏价值。草本类代表种主要有：兰科植物大多数为既可观花亦可观叶的良好花卉植物资源，约有133种；秋海棠属的大王秋海棠、长果秋海棠、变色秋海棠等100余种；天南星科的天南星属、芋属等属的若干种类；鸢尾科10余种；石莲属叶质地厚，基生叶莲座状，宛如一朵莲花，是盆栽花卉良好资源等，约3种。

参考文献

[1] 陈封怀, 胡启明, 方云亿, 等. 中国植物志第59卷（第1分册）[M]. 北京: 科学出版社, 1989.
[2] 冯国楣. 云南杜鹃花[M]. 昆明: 云南人民出版社, 1983.
[3] 胡启明. 中国植物志第59卷（第2分册）[M]. 北京: 科学出版社, 1990.
[4] 石铸, 靳淑英. 中国植物志第78卷（第2分册）[M]. 北京: 科学出版社, 1999.
[5] 吴征镒, 陈介, 陈书坤. 云南植物志第4卷: 冬青科, 杜鹃花科[M]. 北京: 科学出版社, 1986: 206–227, 336–602.
[6] 吴征镒, 陈书坤. 云南植物志第11卷: 毛茛科, 龙胆科, 蓼科[M]. 北京: 科学出版社, 2000: 29–290, 538–695, 301–390.
[7] 吴征镒, 陈书坤, 陈介. 云南植物志第7卷: 小檗科, 百合科, 伞形花科 [M]. 北京: 科学出版社, 1997: 1–90, 640–824, 357–640.

第三章　云南花卉植物的开发与利用

云南素有“植物王国”和“世界花园”的美誉，这得益于云南复杂多样的地质地貌和气候条件，野生观赏植物资源十分丰富，为云南培育自主知识产权的特色花卉品种和花卉大产业的建成奠定了良好的物质基础。

第一节　云南的野生观赏植物资源

云南地处青藏高原东南缘至南亚大陆与东南亚交汇处，具有独特的生物地理演变历史，生物资源丰富纷繁，生态地理环境复杂多样，物种分化激烈。据有关资料统计，云南现有种子植物299科，2136属，近14000种（包括亚种、变种和变型）。因认识和标准不同，不同资料统计的野生观赏植物种类数量有所不同，但对云南具有重要观赏价值的数量超过2500种的看法是一致的。并以山茶、杜鹃、龙胆、报春、百合、兰花、绿绒蒿、木兰“云南八大名花”闻名于世。

在云南野生观赏植物中，一些种类在国际上具有重要地位。如兰科植物，中国有161属1100多种，而云南有133属684种，其中石斛属54种，玉凤花属30种，虾脊兰属29种，贝母兰属25种，兰属24种，杓兰属17种，兜兰属15种，万代兰属10种。杜鹃属全世界850种，云南有227种；报春全球约有500种，云南有158种。其他重要具有重要观赏价值的类群包括龙胆、百合、豹子花、山茶、马先蒿、绿绒蒿、乌头、秋海棠、木兰、角蒿等。观赏种类超过50种的科有木兰科、毛茛科、秋海棠科、山茶科、菊科、槭树科、报春花科、百合科、罂粟科、龙胆科等。

云南是许多花卉和园艺植物的主要起源中心，特别是滇西北和滇东南两大生物多样性中心更为集中。滇西北地区主要包括丽江、香格里拉、贡山、德钦、维西、福贡、洱源、大理、兰坪、鹤庆等地。这一区域因海拔高，太阳和紫外辐射强，花色艳丽，以绿绒蒿、报春、龙胆等草本宿根花卉为主。据李晓贤等人（2003年）统计，滇西北野生花卉有83科324属2206种。其中草本花卉1463种，木本花卉743种；滇西北特有野生花卉751种，珍稀濒危花卉35种。滇西北横断山区的植物具有2个主要的特点：首先是特化现象明显，本区基本属于温带性质，许多北温带植物的大属在这里获得高度特化，如杜鹃属、报春花属、龙胆属、马先蒿属、紫堇属、翠雀属、杓兰属等常形成分布和分化中心，都有其适应高山寒冷和旱化条件的多种多样类型；其次是特有现象明显，特有种达751种之多。滇东南地区主要包括文山、红河、金平、麻栗坡、马关、河口等县。这一区域海拔较低，气温高，潮湿，以热带兰、秋海棠、观赏树木等观叶观花植物为主。如木兰、兜兰、万代兰、石斛、秋海棠、姜科、苦苣苔、凤仙花、樟科等，这些种类属于亚热带，种类上虽不及滇西北多，但也非常有特色。

第二节　云南野生观赏植物的栽培利用历史

通常认为，云南地处边陲，交通、文化闭塞，因而云南奇异的野生花卉是长在深山人未识，被利用者甚少。其实云南的野生花卉被栽培利用的历史却非常悠久。

云南茶花在古代被称作“曼陀罗花”“橙花”等，因花娇艳妩媚，备受人们喜爱。早在南诏第一代王细奴罗开国立诏之前，在这位蒙舍诏王的花坛中就已栽培着两株高数丈、干粗40余厘米、盛开着大朵红色鲜花的古茶树。据此推测，在南北朝时期云南的白族先民就首开了云南山茶花人工栽培的先河，距今已有1500年的历史。明代山茶花的栽培进入鼎盛时期，冯时可在《滇南茶花记》中记述：“滇中茶花甲海内，种类七十有二，冬末春初盛开，大于牡丹，一望若火。”徐霞客在《滇中花木记》中说：“滇中花木皆奇，而山茶、山鹃为最。”据《大理府志》记载：大理高僧法天师徒于1383年带着一匹大理白马、一盆云南山茶历时半年抵京献给明太祖。于1384年2月29日上御殿时发生了“马嘶花放”的吉祥胜景。可见云南山茶早在600多年前就已进入中土。1954年上海植物园从云南引进一批云南山茶，栽培获得成功，之后云南山茶的许多品种在东南沿海安家落户。

云南的许多地方都有栽花赏花的历史，如保山、大理、石屏、建水等地栽培驯化云南野生花卉的历史非常悠久。兰花为中国传统名花，云南的野生兰花种类和资源丰富，在云南民间的栽培广泛，并选出许多名品，如“大雪素”“通海春剑”等。但总的来说，云南野生花卉资源的栽培利用历史悠久，而开发利用程度低。

国外对云南野生观赏植物的关注始于1840年之后。云南山茶“松子鳞”于1857年首次被引入英国。最早深入云南采集植物者是法国神父叔里欧（Soulie），他于1880～1890年在德钦与贡山交界一带进行采集活动。威尔逊被称为打开“中国西部花园”的人，“中国——园林之母”的著名概括也是这位学者提出的，他曾5次来华，并因山体滑坡导致一腿残废。第一次来华时，他成功地将珙桐、山木（玉）兰、青窄槭等野生植物引入西方。珙桐引入西方后深受人们喜爱，在欧美被广泛栽培，被称为“鸽子花”，已经成为世界著名的观赏树木。自1899年开始，威尔逊在长达18年的时间内，共从中国西部引走观赏植物1200余种，其中大部分种类原产云南，包括绿绒蒿属、杜鹃属、报春属、木兰属、百合属、杓兰属、紫堇属、金莲花属等。经他引种的杜鹃就有60多种，也正是这位博物学家使西方园艺界认识了云南奇异的野生观赏植物。19世纪末在云南从事观赏植物采集的还有赖神甫（J. M. Delavay）、弗雷斯特（G.

Forrest）、瓦尔德（C. Kingdon-Ward）、包尔弗（B. Balfour）、戴尔斯（L. Diels）、韩马迪（H. Handel-Mzzetti）等人。引种的观赏植物非常广泛，如角蒿属、山茶属、龙胆属、豹子花属等。据一位曾在中国进行花卉引种的英国人估计，西方在云南引种的野生花卉种类比中国其他地方的总和还要多，来自中国的园艺植物给英国的园林带来了革命性的影响。目前仅英国爱丁堡植物园就有中国原产活植物1527种，其中杜鹃306种，栒子56种，报春46种，花楸、龙胆、百合等每一类都在10种以上，这些植物大多来自云南。国外利用大卡果培育出许多具有香味的月季品种；用怒江山茶培育出多花而耐寒的茶花品种；用映山红与日本原产的帛月杜鹃杂交，培育出圣诞节开花的西洋杜鹃等。可以说，云南的野生观赏植物极大地改变了西方的园林景观。

第三节　云南野生花卉利用的方式

野生花卉资源的开发利用大体可分为4种形式：一是直接从原生地采集利用。这种形式对于一些观赏性状无需太多改良的种类是可行的，如角蒿、杓兰、百合、兜兰、独蒜兰等，其优点在于见效快，但必须解决其栽培和种苗繁殖上的问题，否则难以持久。因为野生花卉的资源量有限，难以满足市场化的需求，事实上现在许多野生花卉种类的濒危是由于过度采挖造成的。二是利用人工或自然突变选择突变品种，当前的许多商业品种都是通过这种形式获得的。从云南山茶中筛选出不少变异品种，如“双飞燕”“大花玛瑙”等，都能较快地利用组培和扦插等方法大量繁殖，但其遗传性较为单一。三是通过育种创造出新的品种，品种改良可用野生花卉改良现有的栽培品种，也可以用栽培品种改良野生种。传统育种往往周期较长，且效率低，分子生物技术将加快这一过程。四是结合云南建设旅游强省的要求，通过人工繁育，在原产地附近集中体现野生观赏植物园林景观，集中展示云南奇异的野生花卉资源，满足人们欣赏需求。

第四节　云南野生花卉资源的研发

纵观世界农业的发展与飞跃，无不是以品种改良为重要基础的。作物品种的改良需要从扩大作物品种的基因库入手才能取得成功。育种的突破性进展关键在于遗传资源的发掘和利用，而这些遗传资源的来源已不是一般的品种，而是那些亲缘关系较远的品种，特别是野生种及其近缘种。掌握的作物野生种及其野生近缘种的种质资源越多，培育出新品种的潜力就越大，花卉遗传育种也不例外。云南野生花卉资源的保护与合理利用是云南花卉业持续发展和现代化的重要保障。

云南虽然有丰富独特的野生花卉资源吸引着世界园艺界的关注，然而绝大多数野生花卉观赏植物仍然处于野生状态，许多种类数量少、分布范围狭窄。加之生境的复杂多样，使得野生花卉的保护和开发难度较大，亟待进行深入的相关基础理论和产业技术研究。

云南野生观赏植物资源家底的清查整理工作始于20世纪60年代，在许多老一辈植物学家和园艺工作者的艰辛努力下，目前这项已基本完成。完成出版了《云南植物志》（20卷）、《横断山区维管植物》、《云南种子植物名录》等综合性著作，也完成了一批观赏植物专著，如冯国楣等主编的《云南茶花》、冯国楣《中国杜鹃花》（中英文版）、张启泰《兰花》（中英文版）、管开云等《云南高山花卉》、方震东《中国云南横断山野生花卉》、武全安《中国云南野生花卉》、夏丽芳《山茶花》、张长芹《杜鹃花》、张启泰《云南野生观果植物》等，这些著作为进一步野生花卉开发奠定了良好的基础。

近年来，为满足云南花卉产业发展的需求，云南加大了野生花卉开发的科研投入。国家自然科学基金计划和云南省应用基础研究计划联合资助了“云南野生百合花遗传资源利用与研究”和“云南野生兰花遗传资源研究与利用”两项重点项目；云南省应用基础研究计划“云南野生花卉、野生蔬菜资源品评价及可持续利用”重点项目和报春、木兰、秋海棠、杜鹃、杓兰、绿绒蒿等应用基础研究项目。另外，云南省科技攻关项目已立项开展“高山花卉杓兰属和角蒿属植物的引种选育及栽培示范”“云南城市绿化树种选择、培育技术研究及示范”等项目。这些项目围绕云南野生花卉利用进行了研究，已获得一些阶段性成果，如中国科学院院昆明植物所在云南野生花卉资源秋海棠、杜鹃、木兰、杓兰和角蒿等植物的引种驯化和新品种选育研究方面，取得了重大进展，已选育出拥有自主知识产权的新品种20多个，居国内领先水平。云南省林科院在云南特色园林绿化树种选择与开发利用研究方面，还进行了更深入层次的研发，尤其是品种选育和产业化栽培技术方面。

花卉遗传育种是一项周期长、投资大、基础性、战略性的研究工作。云南尚没有大批具有自主知识产权的品种和名牌产品占据国内市场，打入国际市场。过去十几年主要依赖于国外进口花卉品种，其品种生产的产品由于市场的滞后性，重返国际市场非常困难，主要是因为利用国外品种芽变选育出的品种仅能获得部分知识产权，这样云南花卉业的发展很大程度上受制于人。今后，云南花卉业一方面还应继续加强引进国外优良品种，进行遗传改良，选育出适应云南高原气候条件的特色品种。另一方面更要重视利用云南丰富独特的野生花卉资源优势，将现代生物技术与常规育种技术结合，缩短育种周期，尽快选育出具有云南特色的完全自主知识产权的名优花卉品种，创造出云南自己的花卉品牌。

针对云南野生花卉资源的分布特点，滇西北地区野生花卉有90%以上是草本宿根花卉，而且以观花为主。从开发思路上可以巧借球根花卉的生产模式，在原产地栽培，通过开花调控技术研究，在市场地开花销售。根据此思路，应在该区域内针对绿绒蒿、龙胆、乌头、杜鹃、角蒿、杓兰、报春等重要花卉类群进行种质资源的收集评价、生理生态适应性、选育种等方面的研究；建立相应的高山花卉繁育、栽培基地，解决高山花卉的成花调控技术，完善高山花卉产业链中的相关技术环节，让云南的野生花卉真正地进入国际及国内市场。同时结合“三江并流”地区的保护和景观建设，大量开发乡土品种，满足旅游发展的需要。滇东南地区为云南另一大生物多样性中心，该地区为喀斯特地貌类型，生态景观更为破碎和脆弱，在保护野生花卉资源的同时，一是针对兜兰等热带兰花进行新品种选育；二是发展苏铁、蕨类植物等切花配材生产基地；三是针对园林景观、小区绿化等发掘当地的木兰等乡土树种，并建立相应的生产基地。

野生花卉的保护开发涉及众多的基础理论和应用研究，政府应加强对基础研究工作的投入，进行相关的花卉种质资源的收集整理、遗传背景、特色性状的筛选、生理生态适应性等方面的研究，而企业首先应根据市场加强基地建设，开展野生花卉开发中的应用基础研究，包括选育种、繁育、成花调控技术、成熟的产业化栽培技术等。在应用研究方面和基地建设应以企业为主，政府给予适当政策优惠和资金扶持。

第五节　云南野生花卉开发中的技术问题

野生花卉引种驯化和人工栽培的技术难度通常较大，主要是因为其原生地环境特殊，与栽培地差异较大，许多花卉引种后难以适应新的环境，另一方面野生花卉也存在某些不符合市场需求的性状。总的说来，野生花卉的开发利用还存在以下技术问题。

一、品种改良

品种和种苗是生产者成功经营的基本条件。有了高品位、高质量的花卉种苗，才可栽培出受消费者青睐的花卉商品，获得较高的市场占有率和经营利润率。中国虽有丰富的花卉资源，但是目前所用之品种几乎全为“舶来品”，往往受制于人。这与我国丰富的野生花卉资源和花卉发展极不相符，也影响到中国花卉产品的出口。因此保护和开发中国的野生花卉资源、培育具有自主知识产权的新品种，推动云南乃至全国花卉业的升级换代势在必行。

一些野生花卉种类花大色艳，花型奇特，可以直接用作商业品种，而大多种类则或多或少存在一些不符合市场需求的性状，需要加以改良。另一方面，野生花卉拥有许多珍贵的基因资源，对现有品种的性状改良也是非常重要的，如龙胆属植物的蓝色基因以及抗逆抗病基因。传统育种仍是目前花卉育种的主要手段，但其局限性也是明显的，分子生物技术虽已在一些性状的改良上取得突破，但商业化仍有一定的距离，尤其是香味、花型育种方面。但无论怎样，首先应对野生花卉的遗传背景进行分析，传统育种和分子育种并举，力争尽快选育出符合市场需求的野生花卉品种。

二、种苗繁育技术

种苗繁育不但是野生观赏植物开发利用的前提，而且对于保护其种质资源具有重要的意义。许多种类自然状态下更新能力差，人为过度采挖，导致一些种类濒于绝种，现代生物技术在野生花卉的扩繁方面具有很强的优势。如昆明植物研究所利用种子无菌萌发技术在国内首次成功获得了黄花杓兰、紫点杓兰的实生苗，利用组培技术解决了地涌金莲、滇丁香的无性繁殖问题，建立了角蒿制种基地。

三、栽培技术

由于野生花卉对生态环境要求的特殊性，以及缺乏对其生理生态适应性的深入认识，有些野生花卉特别是高山地区分布的种类，其人工栽培一直是较难克服的问题。近年来，昆明植物研究所在生理生态和开花生理研究的基础上，利用杓兰、角蒿、绿绒蒿具有休眠根的特性，提出一种新的开发思路，降低了开发的技术难度，即在原生地（香格里拉）完成开花前的生育过程，获得块根，再经开花处理，在异地（消费地）实现开花。目前这种方式效果较好。

四、野生花卉与菌根的问题

菌根是陆地生态系统中的重要组成部分，一些高山花卉的生长发育与此有极大的关系，如在对黄花杓兰、大花杓兰的根研究解剖时，发现有大量菌丝存在。加强菌根与高山花卉共生关系的研究，将有助于对菌根的分离和接种，制成专用基质，加快高山花卉的园艺化进程，这方面的工作才刚开始，还应加强。

第六节　云南野生花卉开发保障体系

一、重视野生花卉科研工作

加大野生资源开发的科研投入，云南花卉科技必须从速、超前和全面发展，确保野生花卉资源安全，充分利用国内外资源，使云南的花卉科研水平显著提高。重点开展：①云南主要野生花卉资源的收集整理、遗传背景研究及特异性状筛选；②关键地区野生花卉的生理生态特性研究；③特色野生花卉的引种驯化及选育；④主要野生花卉生产模式及栽培示范；⑤草本宿根花卉的成花调控技术；⑥野生花卉在栽培条件下病虫害研究；⑦利用现代生物技术和常规手段进行新品种选育，创造出云南特色的花卉品牌；⑧支持并做好野生资源的收集、保育与繁育工作，特别是对濒临灭绝的野生花卉物种资源，通过收集，在人工环境中驯化、养护，通过生物技术扩大繁殖加以保护，再栽植到大自然中去，这对保护濒临灭绝的野生花卉物种资源是一项有效的措施。

二、处理好品种引进和研发自主知识产权品种的关系

引进国外的优良品种对发展云南现阶段花卉产业发展具有重要的作用，但是一味依赖进口将不利于长远发展和水平提高，也使本国的野生花卉资源白白浪费，更辜负了“植物王国”这一美名。

三、要加大执法力度，打击走私、非法倒卖花卉物种资源的不法行为

野生花卉资源虽然是可再生资源，但破坏后短时间内很难恢复。目前，一些人为了迎合消费者追求

新、奇、特的需求，大量挖掘野生花卉资源。而采挖的这些野生花卉资源，对于花商而言，可能商业价值不大，但却造成了野生资源的破坏和浪费。同时，由于森林资源被大面积砍伐、毁坏，与之伴生的野生花卉资源也濒临灭绝。更有甚者，有些花草贩子通过走私或其他手段将珍贵的花卉物种资源偷卖给外国人，使云南不少宝贵的花卉物种资源大量流失。在云南野生花卉资源中，以兰花的破坏最为严重，许多种类已经灭绝或濒临灭绝。如果不注意对种质资源进行保护，而进行掠夺性的开发将影响花卉业的可持续发展。

切实做好云南花卉物种资源的利用与保护，相信在不远的将来，云南野生观赏植物的资源优势一定会转变为经济优势。

第四章　花卉种质资源的利用

云南是我国花卉资源最丰富的省份，种类不少于4392种，仅滇西北就有2206种，其中尤以杜鹃、报春、龙胆、山茶等最为著名。本章挑选部分云南已经利用且重要的花卉种类对其种质资源进行叙述。

第一节　山茶

山茶花是世界名花，也是中国的传统名花之一，位列云南八大名花之首。由于栽培利用历史久远，人们赋予它的人性化文化内涵很丰富，因此它不仅花色鲜艳，树形优美，其斗霜傲雪的品格更受人喜爱。山茶花作为一种文化已经深深地融入了中国传统民族文化之中。

一、山茶的资源和地理分布

山茶属于山茶科山茶属。山茶科全世界约30属750种，主要分布亚洲的亚热带和热带，中国有15属500种。山茶属是山茶科中种类较多、系统上较原始的一个属，全球共约120种，全部产于亚洲，有80%以上的种产于中国，其中特有种85种（含亚种和变种）。从种的分布区类型来看，亚洲热带地区分布38种，占32%，东亚分布81种，占68%，其中中国—日本分布66种，中国—喜马拉雅16种。我国华中、华南和西南的亚热带地区拥有该属14个类群（组）中的11个，达79种，这一地区是本属的现代分布中心。云南有39种，占全国种类的41%。中国是名副其实的世界山茶分布中心。

山茶属分布于亚洲东部和东南部，大致是在南纬7°到北纬35°，东经80°到140°之间，自热带东南亚跨越到东亚的大部分范围内。北起秦岭至淮河流域，南至苏门答腊、爪哇、加里曼丹和菲律宾的巴拉望岛、班乃岛、吕宋岛，即华莱士线以西的西马来西亚地区，东自朝鲜半岛南部、日本本州以南、琉球群岛和中国华东沿海，西达东喜马拉雅地区的孟加拉国、印度东北部、不丹、斯里兰卡、尼泊尔东部和中国西藏东南部。

山茶属植物具有很高的经济价值。除了具有极高的观赏价值外，茶叶是国际性的饮料，山茶的种子含油，榨出的茶油供食用及工业用。

在山茶属植物中，以山茶组的红山茶、云南山茶，油茶组的茶梅，古茶组的金花茶以及其他一些野生山茶的观赏性最高。这些种类长期以来经过自然杂交或通过人工杂交组合、分化变异后，形成了世界范围丰富多彩的山茶花品种系列，成为观赏茶花的主体。从地理分布、栽培习性和观赏性状观赏茶花可以分为云南山茶、山茶（华东茶）、茶梅和金花茶四大类。在四类山茶中，产于云南的云南山茶花大、颜色鲜艳、树形优美，最具观赏价值。

云南山茶为云南特产，除云南湿热河谷如西双版纳州、红河州、德宏州以及滇西北的迪庆州外，云南的绝大部分地区，在海拔1700～2300m之间，均有野生云南山茶的分布，其中尤以腾冲最多。云南山茶为常绿大花乔木，高可达5～10m，树皮灰褐色，单叶互生，叶面深绿色，叶背浅绿。花两性，常1～3朵生于小枝顶或叶腋间，花期从12月至第二年4月。云南山茶不是一个自然种，是怒江山茶和西南山茶杂交而成，目前已知的品种有100多个。

云南省除云南山茶外，茶属植物资源丰富，约有30余种，如怒江山茶、猴子木、云南连蕊茶、西南山茶、窄叶连蕊茶、粗梗连蕊茶、毛果山茶等都是育种的珍贵材料。

二、山茶的栽培历史

红山茶在我国有悠久的栽培历史。古人称“海榴”或“海石榴”，最早记载山茶是三国蜀汉时期张翊的《花经》，以九品九命的等级品评当时的花卉，将山茶列为“七品三命”，可见中国茶花由野生发展到人工栽培的观赏花卉至少已有近1800年的历史。而红山茶何时引种到云南，至今已无确切证据。但据一些古籍资料说有七十二品种，但其中只有一部分是属云南山茶，另一部分属红山茶（川茶）如小玛瑙、鲜杨妃、十样锦 、朱顶红、千叶白（白秧茶）等。从目前调查发现的现存红山茶古树，以白秧茶和朱顶红（金盘托荔枝）两个品种最多，树龄均在300年左右，说明在明代红山茶品种就引种到云南。

云南山茶自有一种不加雕琢的美，而爱美的云南人更善于去培育更多的美。早在隋代，人们就开始驯化栽培云南山茶，唐、宋渐多。据史料记载，南召时期，当地就开始种植山茶，当时称为“瑞花”，元、明之际更加繁多。见于文字记载最早的是明《景泰图景》，载：“有山茶一株产于州南天王庙前……”大理国时，大理成为培植山茶的中心之一，白族人民把它称为“橙花”，精心培育出许多优良品种。如叶阔枝壮，花朵大如碗，色艳无比的“大理茶”；分心卷瓣，造型优雅的“九蕊十八瓣”，这种花因为看上去酷似雄狮昂首长啸，又被称作“狮子头”。

《云南通志》载：“云南茶花奇甲天下。”方树梅先生根据文献收集了七十二个名称并作了简单说明（见《滇南茶花小志》卷二）。但根据昆明和大理等地花园和花市调查，其中只有一部分名称属于云南山茶，如“九心十八瓣（狮子头）”“牡丹茶”“菊瓣”“紫袍”“恨天高”等流传至今，并保留有数百年古树。另一部分则属于红山茶，有些则是同名异物或异名同物，一些品种已经失传。

云南山茶翻山涉水、漂洋过海，成为联结云南与内地、与世界各国的一条彩带。早在17世纪，中国茶花就去到日本安家，以后英、葡、美、法、澳等国也都引种了云南山茶花。在国内，杭州、上海是最早引种云南山茶的城市。现在大江南北的许多地区都可以见到云南山茶花的倩影。

17世纪末期，茶花传到西方。18世纪初，在英、法等国，茶花是种在少数贵族花园温室的珍贵花卉。英国从云南引入云南山茶的野生种和怒江山茶后，进行了一系列的杂交育种工作，培育出很多杂交种。这些杂交种比红山茶和云南山茶更耐寒、花多、花期长，更适应当地气候条件，受到普遍欢迎，迅速在欧美各国推广。

美、日、澳、新等国的茶花爱好者对中国山茶属中的园艺品种和物种产生浓厚的兴趣，纷纷引种栽培，杂交育种，在短短的200多年时间内培育出数千个优良品种。现经登记的全世界品种已有3万多个，这些品种多数是从自然杂交的种子实生苗中选育出来的，一些优良品种具有云南山茶花大、色艳的优良特性，如"情人节""红色中国""帕克斯先生""北斗星""大比尔"等。

1962年，国际茶花协会成立，许多国家也相继成立了协会。1987年，中国花卉协会茶花分会在杭州成立。国际茶花协会成立以来，每两年举行一次大会，2003年的茶花大会是在浙江省金华市举行。这是国际茶花大会第一次在中国举办，参加大会的国内外来宾有3000多人，其中外宾有300多人，来自30多个国家和地区。举办国际茶花大会，有助于大力弘扬中国茶花文化，加强国际交流与合作，进一步推动茶花研究与开发。

据调查，云南省是云南山茶古树保存最多、分布最集中的省份，现仍保存有164株，楚雄州有82株、大理州有22株、昆明市有20株、保山市17株、临沧市12株，其他州市只有零星分布。楚雄紫溪山历史上曾有"六十六"座林、"七十七"座庵、"八十八"座寺的传说，清代末年，寺庙被毁，但在庙的遗址上仍保留着30余株古茶花，"童子面"茶花品种就是其中之一。

云南人爱山茶花，常把野山茶摘回家，插在瓶中，使屋里增加许多喜庆，把山茶种在院里，使春花常伴身边。许多少数民族把山茶绘在墙上，绣在衣服上，山茶花成了爱情的信物、忠诚的象征。茶花被当作美丽姑娘的名字，茶花被用作土特名产的商标。可以说，茶花已成为云南人生活中不可或缺的一部分，汇聚了古往今来多少名人文士赞美的诗章。这些诗本身也像山茶一样争奇斗艳，形成一道独特的人文景观。

三、云南山茶花的园艺品种

云南山茶花系原产云南高原的特有种，特点是乔木型，叶背、子房被毛，花大，花期早。目前云南山茶的品种已有180多个。云南山茶花品种一般按花瓣颜色、花期早晚、花型不同来分类，目前较为通用的是花型分类方法。花型分类方法是以花瓣数量、花瓣形状、花瓣排列及雌雄蕊发育情况为依据，具体方案如下。

（1）单瓣组：花瓣5～7片、花瓣排列1～2轮，雌雄蕊发育良好，雄蕊基部连合成筒状。

喇叭型：花瓣平整，瓣片较短，花开时形若喇叭状，如二乔、红碗茶。

玉兰形：花瓣长而直立，瓣基连合成筒状，开放时像玉兰花，如俏玉兰。

（2）半重瓣组：花瓣8～30片，3～5轮排列，雌雄蕊多数发育良好，雄蕊基部连合成筒状或分束夹于曲折花瓣中。

荷花型：花瓣平整，花开时形若荷花，如金蕊芙蓉、卵叶银红、大云片。

半曲瓣型：花瓣尖端微波状或内曲，雌雄蕊发育良好或少数瓣化，如赛菊瓣、麻叶银红、平瓣大理茶、大桂叶。

蝶翅型：外轮花瓣大而平伸，内轮花瓣曲折起伏且成蝶翅状，如淡大红、早桃红、厚叶蝶翅、送春归等。

（3）重瓣组：花瓣多达30～60片，5～10轮，雌蕊发育良好或全部瓣化。

蔷薇型：花瓣呈规则的覆瓦状排列，5～10轮，雄蕊高度瓣化或仅留少数几枚，雌蕊变成扁平状，如松子鳞、紫袍、童子面、凤山茶、恨天高等。

放射型：花瓣平伸或内曲，呈规则的重叠排列，整个花冠形成放射状，如六角恨天高、一品红、锦袍红。

牡丹型：花瓣呈不规则排列，曲折、层叠耸起，形成饱满的圆球形花冠，如牡丹茶、早牡丹、九心紫袍、靖安茶、大理茶、宝珠茶。

传统品种包括宝珠茶、大理茶、大银红、鹤顶红、大玛瑙、恨天高、菊瓣、麻叶银红、紫袍、松子鳞、牡丹茶、牡丹魁、雪娇、麻叶桃红、赛菊瓣、童子面、通草片、厚叶蝶翅、靖安茶、国楣茶、狮子头、早桃红、宝珠茶、凤山茶、蒲门茶、粉通草、鹿城春、楚雄茶、楚蝶等。

国内新选育出的品种有大红袍、昆明春、亮叶银红、桃红袍、红霞、银粉牡丹、赛桃红、晚春红、红霞迎春、滇池明珠、彩云、咪依噜等。

国外育成的云南山茶新品种有里德利、皮尔斯、威斯通、巴甫洛娃、比尔大齿轮等。

四、山茶的育种

山茶属全部为异花传粉植物，染色体基数为x=15，绝大多数野生种类为二倍体，2n=30，栽培种有六倍体，2n=90，偶有三倍体、四倍体和五倍体，稀有七倍体。由于染色体数目不平衡，常常引起高度不育，仅五倍体尚能结实。种间杂交和属间杂交可以形成非整倍体。山茶属植物遗传性复杂，几乎现在栽培的所有种间，只要亲本选择得当，都能产生杂种后代，但是杂种花粉的能育性低。有些品种高度瓣化，很少产生杂交育种需要的花粉。从对腾冲野生红花油茶林的调查看，花主要有3种类型：①单瓣类型，花小瓣单，结实率高，此类约占总数的99%。②半重瓣类型，花较大，雌雄蕊发育好，花瓣较多，约8～18枚，能结果，该类只占总数的1%左右。③重瓣类型，雄蕊全部瓣化，不能结实，此类在整个油茶林中只有少数单株。

云南山茶的育种周期长，从播种到开花通常需要5～6年时间，并且由于亲本的遗传基础不同，通过自然杂交或人工授粉，可提高结实率，所获得的种子后代分离大，个体间性状差异明显，多样性突出。无论是在野外自然群体中还是在栽培群体中，花瓣的数量、花型、花色、花径大小，叶片形状、大小，树形等均有较大的差别。因此，从现有自然群体和栽培群体中选育新品种，仍然是茶花育种的重要手段。选择的重点主要在半重瓣类型中。如最珍贵的茶花品种“雪娇”便是经多年的观察筛选选育出来的。

（一）云南山茶的育种目标

1.培育芳香茶花

云南山茶以花大色艳著称，但却无香味。美国早在20世纪60年代初就开始进行香味茶花品种的培育，选用山茶花和具芳香味的琉球连蕊茶进行种间杂交，至今已选育成9个具香味的茶花品种，如香粉玉、辛迪玉桂等。云南省有多种具芳香味的茶属植物，如蒙自连蕊茶、五柱滇山茶、落瓣短柱茶等，用这些茶属植物和云南山茶花进行杂交，就完全可以培育出芳香、美艳的云南山茶花。

2.抗逆性品种的培育

云南山茶花对温度的反映较为敏感，只能在-5℃以上正常生长，而温度超过32℃，生长就受到抑制，这使得云南山茶的栽培范围受到限制。美国已用茶科耐寒落叶树种富兰克林茶和山茶花进行远缘杂交，育出耐寒品种。而云南省有同为茶属的多个耐寒种，如高海拔地区的怒江山茶、五柱滇山茶、窄叶西南红山茶、蒙自连蕊茶，都可以考虑作为培育耐寒茶花品种亲本。英国山茶×怒江山茶的杂交后代也表现出了明显的抗寒性。

3.花色的选育

云南山茶花的花色基本为红色系，如银红、桃红、粉红、大红、紫红或红白相间，茶花的花色较为单调。因而20世纪60年代中国在广西发现蜡黄的金花茶，轰动了国际花坛，多年来梦寐以求的黄色种质基因竟然在中国出现了。目前，日本已用华东山茶与金花茶杂交育出黄色大花重瓣品种。中国现有金花茶20多个种，可与云南山茶花进行种间杂交，培育开黄色、橙色花的茶花，这是育种的一条新途径。

4.延长云南山茶的开花时间

云南山茶的早花品种花期为12月至第二年1月，如柳叶银红、早桃红、菊瓣等；中花品种花期1～3月，如大桂叶、紫袍、松子鳞等；晚花品种花期2～5月，如牡丹茶、恨天高等。但是每一品种的花期只有1～2个月，增长云南山茶的花期将提高云南山茶在观赏园艺上的优越性。

5.矮生型品种

云南山茶大部分为高大乔木，只有“恨天高”为矮生品种，因此大部分山茶只适合庭院栽培，难于在阳台和室内观赏。培育矮生型山茶应是今后山茶育种的重点目标。

（二）云南山茶的育种方法

云南山茶的育种方法现行的主要有杂交育种、变异筛选，而辐射育种和生物技术育种是今后的发展方向，将来有可能通过新的育种方法培育出更新奇的云南山茶新品种。

1.杂交育种

茶花是两性花，经过杂交后，种子后代性状分离较大，无论是花瓣的形态、数量还是颜色，都会发生很大的变化。从自然杂交种子实生苗后代中也可选育新品种，因此大量采集播种自然杂交种子，从中选择具有特殊变异的植株进行培育是育成新品种一条重要途径。如昆明植物所每年从茶花园中选择一些花大、色艳、能结果的品种如大理茶、狮子头、早桃红等的种子进行播种育苗。经过多年的培育，开花后从中选择具有优良性状的植株再进行培育，性状稳定后进行繁殖。经多年的播种选择，从中选育出30

余个品种，如早牡丹、赛桃红、大红袍、玉带红等。人工杂交则有更强目的性，能较多地考虑亲本染色体的倍性、目标性状等，但是人工杂交的花粉来源、杂种败育及发育停滞是需要重点考虑的问题。

2.变异筛选

该方法是当前云南山茶育种的主要方法。在自然界和人工栽培过程中，云南山茶往往会产生许多变异。如花色的突变、花型变化（萼片的瓣化、雌蕊瓣化或退化、雄蕊瓣化、花瓣增加）、植株矮化等。这为选育新品种提供了来源，变异材料可以通过嫁接等方式扩繁保留，不断观察，如突变性状能遗传给无性后代，则形成了一个新品种，如狮子头的芽变产生了大玛瑙，紫袍的芽变产生了玛瑙紫袍等。

五、云南山茶的繁殖

园林园艺植物的营养繁殖方法多，对云南山茶来说，播种和嫁接是主要方式。但不管采用哪种繁殖方式，山茶在国内外都公认是繁殖较困难的树种，繁殖技术的落后是直接影响云南山茶产业化的重要因素。

（一）播种繁殖

由于播种繁殖从种子到开花所需时间较长，且种子繁殖实生苗变异大，所以该方法主要用于品种选育、繁殖砧木和单瓣或半重瓣品种。种子10月中旬成熟，应随采随播，否则会失去发芽力，若秋季不能及时播种，应该用湿沙贮藏至翌年2月间播种。一般秋播比春播发芽率高，以浅播为好，用蛭石作基质，覆盖6mm，室温21℃，每天照光10h，能促进种子萌发。播后15d开始萌发，30d内苗高达到8cm，幼苗具2～3片叶时移栽。

（二）嫁接繁殖

嫁接包括靠接、芽接和枝接等方式。该方法对于云南山茶的繁殖生产尤为重要，因为云南山茶目前尚未取得应用扦插生产种苗的成功经验。

（1）靠接法：是云南山茶传统使用的主要繁殖方式，其特点是成活率高，成苗较快。 但靠接法在很大程度上制约了山茶繁殖系数的提高，一株成年大树，一年内通过“靠接”能获得新植株的数量很有限，且损伤母树，嫁接操作和接后管理都较困难。靠接所用砧木为白洋茶和红花油茶，砧木可以通过扦插和播种繁殖方法获得。靠接一般是4～7月份进行，选取1～2年生的接穗，接穗粗细与砧木相当。接口长度4～6cm，接口深度在砧木、接穗横断面的各1/4～1/3比较好。接好后用塑料薄膜包扎接口，70～100d可以剪砧下树。

（2）枝接法：枝接首先是要考虑接穗和砧木的亲和性，对云南山茶而言，传统靠接法，使用砧木为白洋茶。腾冲红花油茶是云南山茶的原生种，亲缘关系接近。实践证明，云南红花野生山茶，亦是理想砧木。接穗应选取充实健壮、年龄轻的枝条，嫁接时接穗保留二片完全或留叶剪去1/3对成活有利。嫁接成活的第一步为砧、穗愈合组织的形成，切口愈合组织形成过程需要6～7周，而愈合组织之形成受环境条件中温度、相对湿度所支配。温度是影响愈合组织形成的最重要因子，山茶在30～35℃的环境中生成愈合组织最充分。但是，在31～35℃温度下容易受杂菌感染，降低成活率，因此山茶在嫁接后的3～6周内，必须保持温度为25～30℃。

（3）芽接：嫩枝单芽嫁接的优点是能减少母树的损失，提高了繁殖系数，但对技术和管理的要求较高。单芽嫁接时间以5～6月份为好，昆明市应提前半月或20d。砧木用二年生川茶花插苗，接穗选用当年生健壮、无病虫的春梢，用一叶一芽作一接穗，长1～1.5cm。枝条不宜过老或过嫩，过老过嫩都不利于成活。砧木和接穗选好后，先将砧木当年生长出的春梢留1～2叶，以上平顶，从砧木髓心向下劈一刀，深0.7～1cm，然后将接穗削伐45°的斜口，插入砧木的接口内，用绳捆好，栽于备好的薄膜棚畦内，浇足第一次水，再将薄膜盖上，四周封密，内部保持温度25～30℃之间。20d后揭开薄膜棚，见生长中接口过紧的剪掉，除砧芽、浇水。40～60d有部分植株抽芽生长。

（三）扦插繁殖

主要用于繁殖砧木，以6月中旬和8月底最为适宜。选树冠外部组织充实、叶片完整、叶芽饱满的当年生半熟枝为插条，长8～10cm，先端留2片叶。剪取时，基部尽可能带一点老枝，插后易形成愈伤组织，发根快。插条清晨剪下，要随剪随插，插入基质3cm左右，扦插时要求叶片互相交差，插后用手指按实。以浅插为好，这样透气，愈合生根快。插床需遮阴，每天喷水雾于叶面，保持湿润，温度维持在20～25℃，插后约3周开始愈合，6周后生根。当根长3～4cm时，移栽上盆。扦插时使用0.4%～0.5%吲哚丁酸溶液浸蘸插条基部2～5s，有明显促进生根的效果。近年来，云南省农科院花卉研究所联合中国科学院昆明植物研究所在含有云南山茶血缘的茶花品种的扦插繁殖研究方面取得了重要突破，通过对光、温、水、肥等栽培条件的精确控制，集成了一套茶花幼苗规模化量产及花期调控的标准化管理体系，使幼苗生长健壮、快速，花芽分化顺利，株型丰满，实现了从扦插到开花仅24～30个月，幼苗童期比原有技术缩短了1年以上。

（四）组培繁殖

云南山茶组织培养比较困难。外植体常用实生苗，经常规消毒后切成1cm长接种在添加激动素1mg/L，6-苄氨基腺嘌呤1mg/L和吲哚乙酸0.1mg/L的MS培养基上，经4周培养，只形成愈伤组织，而不形成芽。再转移到新的培养基后，开始形成4cm的单个枝条，然后在吲哚丁酸0.5mg/L溶液中浸泡20min，再转移到1/2MS培养基上，4周后长根。在长根培养基上生长8周后，将苗移栽到装有珍珠岩和泥炭的盆中。昆明植物研究所郑若仙等人利用组织培养法成功繁育了金花茶。

六、云南山茶的栽培

（一）栽培方式

云南山茶的栽培分盆栽和地栽两种方式。

1.盆栽

盆栽应根据幼苗不同长势配不同的花盆。上盆时，先用瓦片2～3片，置于盆底排水孔上，上面铺垫一层粗烂土或陶粒等，再加上羊角、牛角碎片等骨料基肥，基肥层一般不超过盆高1/3。在基肥层上面加入有机肥如腐熟猪粪。最后加入细红土覆盖。植株栽植避免根系直接接触有机肥。在根系四周放入混有腐叶及骨料的中粒土，并将土捣实，再盖上混有腐叶土的细土，最上层铺碎瓦片作保护土层。盆栽需每隔2～3年换盆1次，换盆时间以新枝木质化并略转褐色时为宜。过迟换盆会影响花芽的分化，过早则会影响新枝的生长发育。换盆前1～3d停止浇水，使盆土干燥，便于“脱盆”。脱盆时，尽量保证土球完整性，并清除底部的害虫及烂根、病根。盆土的pH以 5～5.5较好。

2.地栽

露地栽植要选择在适合其生态要求的地段种植。种植时间，秋植较春植好。施肥要掌握好三个关键时期，2～3月施肥，有促进春梢和起花后补肥的作用；6月间施肥，以促进二次枝生长，提高抗旱力；10～11月施肥，使新根慢慢吸收肥分，提高植株抗寒力，为明年春梢生长打下良好基础。山茶不宜强修剪，只要去除病虫枝、过密枝和弱枝即可。为防止因开花消耗营养过大和使花朵大而鲜艳，故需及时疏蕾，保持每枝l～2个花蕾为宜。

（二）栽培技术

云南山茶花最适宜的生长发育温度为18～24℃，超过32℃生长受抑制，在5℃以下则发生冻害。不同品种的云南山茶花对低温的抵抗力有差别，如麻叶桃红、牡丹茶、恨天高、童子面等就特别不耐寒，0℃时花蕾就会脱落，在栽培过程中要注意采取相应的防冻措施。夏季要给予充足的阳光，否则枝条生长细弱，易引起病虫危害。山茶室内栽培时，遇通风不好，易受红蜘蛛、蚧壳虫危害，可定期喷波尔多液或25%多菌灵预防。

第二节　杜鹃花

一、杜鹃属地理分布及资源状况

杜鹃花是世界名花，也是中国十大名花和云南八大名花之一。在植物分类上，杜鹃属隶属于杜鹃花科。杜鹃属植物约有850种，分为常绿杜鹃亚属、杜鹃亚属、马银花亚属、映山红亚属、羊踯躅亚属、云间杜鹃亚属、纯白杜鹃亚属、异蕊杜鹃亚属8个亚属。中国约有470种，除新疆外均有分布。巴布亚新几内亚、马来西亚约有280种，几乎全为附生型。此外，北美洲分布有24种，欧洲分布有9种，大洋洲分布1种。在中国，云南产杜鹃227种，占全世界杜鹃属植物的27%，其中特有种61种，其次西藏产173种，四川产152种。中国是世界杜鹃花的起源和现代分布中心，而云南省又是其核心。

杜鹃属植物广泛分布于欧洲、亚洲、北美洲，大洋洲仅见1种，非洲和南美洲不产。有2种进入北极区，形成属分布区的北缘，约北纬65°或更北一些地方。属分布的南界因有杜鹃亚属的*Rhododendron lochiae*越过赤道达南半球的昆士兰，约南纬20°。在垂直分布方面范围也很广泛，可见于从低海拔至高海拔的各个植被带内，大部分种类出现在海拔1000～4000m的亚热带山地常绿阔叶林、针阔叶混交林、针叶林或海拔更高一些的暗针叶林，上达树线附近，往往形成杜鹃苔藓矮曲林。树线以上，某些高山种自成群落，形成种类单一的杜鹃矮灌丛。现知分布得最高的杜鹃为雪层杜鹃，海拔5500m。在东南亚各岛屿，杜鹃大多生于热带山地季风常绿阔叶林或亚高山苔藓林或灌丛草地，附生种类很多，极少数种还出现于接近海平面的低地、海岸岩石上或附生海岸红树林间。

杜鹃花多产于高海拔地区，喜凉爽、湿润气候，忌酷热干燥。要求富含腐殖质、疏松、湿润、pH5.5～6.5之间的酸性土壤。部分种及园艺品种的适应性较强，耐干旱、瘠薄，土壤pH7～8也能生长。杜鹃花对光有一定要求，但不耐暴晒，夏、秋季应有林木或荫棚遮挡烈日。一般于春、秋二季抽梢，以春梢为主。最适宜的生长温度为15～25℃。气温超过30℃或低于5℃则生长趋于停滞。冬季有短暂的休眠期。

杜鹃属种类多，差异很大，有常绿大乔木、小乔木、常绿灌木和落叶灌木。习性差异也很大，但因生态环境不同，有各自的生活习性和形状。最小的植株只有几厘米高，呈垫状，贴地面生。最大的高达数丈，巍然挺立，蔚为壮观。杜鹃花分落叶和常绿两大类。落叶类叶小，常绿类叶片硕大。花的颜色有红、紫、黄、白、粉、蓝色等。除作观赏，有的叶花可入药或提取芳香油，有的花可食用，树皮和叶可提制烤胶，木材可做工艺品等。高山杜鹃花根系发达，是很好的水土保持植物。

根据形态，杜鹃花可以分为以下几种类型：

高山垫状灌木型：呈匍匐状矮小灌木，高度10～70cm。如匍匐杜鹃、大理杜鹃、环绕杜鹃等就属于这种类型。分布在海拔3000m以上的高山流石滩及岩石风化带下部，这些地方土壤贫瘠、多砾石，气候终年寒冷，积雪时间长、风速大、日照强，生长环境相当恶劣。

高山湿生灌丛型：呈灌丛型，有的成了小乔木，如栎叶杜鹃、滇藏杜鹃、淡黄杜鹃等。生长在潮湿、积水的高山沼泽地带，地面由枯枝落叶、各种苔藓所覆盖，终年积水成沼泽状。

旱生灌木型：分布在各海拔高度的向阳缓坡、陡坡上。土壤贫瘠干燥，有较强的耐旱力，如大白杜鹃、马缨杜鹃、碎米花等。

亚热带山地常绿乔木型：植株呈各个高度的灌木或小乔木，基本上在1～3m之间。这里气候终年温暖湿润，土壤深厚肥沃，长在这里的杜鹃都比较高大，如光柱杜鹃在10m以上。世界上最高大的大树杜鹃就生长在这类地区。

附生灌木型：如泡泡叶杜鹃、密叶杜鹃、附生杜鹃等，分布在热带、亚热带雨林中，与苔藓和附生植物一起依附在树干或枝杈上。它们发达的根系紧爬在树皮或岩石上，靠吸取枯枝落叶腐败后的养分生长。

二、杜鹃的引种栽培历史

中国人民对杜鹃花的认识有着悠久的历史。最初认识和利用的是杜鹃花的药用价值，在汉代的《神农本草经》中，将羊踯躅列为有毒的药物。南朝的《本草经集注》中也有羊踯躅的记载："羊踯躅，羊食其叶，踯躅而死。"到了唐代，有人开始栽种杜鹃花作观赏。诗人白居易对杜鹃花情有独钟，曾多次从山上挖掘杜鹃移植到庭院。诗句"忠州州里今日花，庐山山头去年树。已怜根损斩新栽，还喜花开依旧数”所描绘的是移栽杜鹃成活的情景。明朝开始，中国有了野生杜鹃种类的区分，李之阳的《大理府志》中记载杜鹃花有47品，并且开始了杜鹃盆景的造型。清代，对杜鹃花的生态习性、土壤要求、浇水施肥、嫁接技术等都有了整套经验。随着近代植物学研究的兴起，中国从20世纪30年代开始杜鹃花的分类研究；中华人民共和国成立后，开始我国杜鹃花资源的系统调查。冯国楣先生的《中国杜鹃花》出版，标志着我国已基本摸清了中国野生杜鹃花资源的分布和种类，也显示了中国杜鹃花资源的丰富程度及杜鹃花分类研究的水平。

中国栽培杜鹃花的历史悠久，但对杜鹃花的开发利用却长期处于落后状态。正如Peter Valder在《中国的园林植物》中所描述：“中国的杜鹃花比任何国家要多，但其很少应用于传统园林中。”由此可见，中国对杜鹃植物资源的开发利用水平。国外栽培杜鹃花的历史比我国要短得多，但发展迅速。日本栽培杜鹃始于中国的影响，遣唐使从我国引回杜鹃并开始在寺庙栽培。日本原产杜鹃31种，现在栽培品种已达2000余个，不仅寺庙、庭院广为栽种，在城市绿地中也种植得非常普遍，并在造型、修剪等方面达到很高的园艺水平。英国人乔治·福雷斯特被认为是在中国采集杜鹃花最多、对西方园艺界影响最大的人。他从1904年起7次来华，主要活动在中国西南横断山地区，不仅采集了约3万多份干制标本，而且为爱丁堡植物园引回1000多种活植物，其中有250多种杜鹃花新种。他在中国的杜鹃花采集使爱丁堡植物园成了世界杜鹃花研究的中心，其采集影响和改变了英国园林界，使得培育杜鹃新品种成为西方园艺界发展的一个方向，同时促使了杜鹃花产业的形成，带来巨大的商业利益。亨利·威尔逊为西方引种了100多种杜鹃花，其中包括问客杜鹃、紫花杜鹃、秀雅杜鹃、皱皮杜鹃等。洛克采集了250多种杜鹃花，大卫在四川西部发现和采集了大量杜鹃花新种。美容杜鹃、大白杜鹃、宝兴杜鹃和芒刺杜鹃就是他发现并引种到西方园林中的。英国人亨利在中国发现了具有罕见蓝色花朵的备受园艺爱好者喜爱的毛肋杜鹃。据调查，英国爱丁堡植物园石山园中有杜鹃属植物47个分类群，其中高山杜鹃亚组21种，火红杜鹃亚组6种，怒江杜鹃亚组5种，大理杜鹃亚组2种，其他各亚组1种。在这47个分类群中，来自中国的就有41个。

目前，全世界注册的杜鹃花园艺品种约有1万个。美国栽培的杜鹃花杂交品种已超过5000个；欧洲则远远超过这个数目。如今，杜鹃花已经成为世界最著名的观赏花卉之一，在世界花卉市场上占有极大的份额，比利时年产杜鹃花近7.5亿株，丹麦近7亿株，德国近4亿株。国外育成杜鹃新品种大量返回中国。

三、杜鹃的育种

杜鹃花最早的杂交品种产生于英国。1656年，杜鹃花由欧洲的阿尔卑斯山引入英国，当时被称作高山月季的杜鹃花为欧洲高山杜鹃，后来随着极大杜鹃、高山玫瑰杜鹃、耐寒种类椭圆叶杜鹃，以及大树杜鹃和高加索杜鹃的发现，奠定了杜鹃花育种的基石。第一个杜鹃花杂交种为‘Azaleodendron’，是黄焰杜鹃花和黑海杜鹃的随意杂交种。有意识的杂交开始于北美常绿种极大杜鹃和椭圆叶杜鹃，欧洲的高加索杜鹃和黑海杜鹃，稍后使用来自东方的大树杜鹃。原产中国的大树杜鹃被引用成为杜鹃花新时代的标志，对西方园艺产生了深远的影响。它是红色杜鹃花品种的祖先。1834～1835年，在英国耐普山苗圃，瓦特（Anthony Waterer）用大树杜鹃和高加索杜鹃杂交产生了一个令世界振奋的品种‘Nobleanum’，耐寒并能在圣诞节开花。随后该苗圃还培育出第一个深红色花、抗寒、株型小、适合小花园应用杂交品种‘Doncaster’。20世纪杜鹃花育种中，最著名的亲本之一是来自中国的云锦杜鹃。云锦杜鹃抗性强、花大且有香味、结实率高。云锦杜鹃被作为杂交亲本培育出劳德瑞杂交群。该杂交群生长旺盛、花大、有香味、花朵喇叭形，白色至乳黄色、粉色。如著名的乔治帝、粉宝石和维纳斯，获得了无数的奖章。后来，云锦杜鹃被带到美国，查里斯·戴克斯特（Charles Dexter）在他的育种项目中广泛使用云锦杜鹃作亲本，培育出许多品种。这些品种以抗性强、花朵美丽、易于栽培而闻名。不丹杜鹃是另一个来自东方喜马拉雅的著名杂交亲本。英国的爱默德·劳德（Edmund Loder）在杂交育种中，使用不丹杜鹃与当时几乎所有的杜鹃花杂交，培育了许多优秀的品种，使不丹杜鹃成为英国杜鹃花丰花香花杂交品种组群的种源基础。著名的杂交品种“惊艳”就是以不丹杜鹃为亲本育成的。威尔逊1908年引入英国的圆叶杜鹃，因树形完美、新叶棕红色和铃形的花朵而令西方的杜鹃花育种者欣喜，带来了又一次杜鹃花育种高潮。

目前国内栽培的杜鹃大多数是从国外引进的杂交种，这些品种大都是羊踯躅、映山红、印度杜鹃的杂交后代。杜鹃花品种至今没有一套科学系统分类方案，按照英国杜鹃花栽培专家Peter Cox的杜鹃花育种及品种分类方法，杜鹃花品种划分为高山常绿杜鹃与半常绿及落叶类杜鹃。

1.高山常绿杜鹃花品种

耐寒品种：该类品种可耐-20℃低温，如英国的“快乐圣诞”。

耐旱品种：昆明植物研究所已培育耐旱品种4个。

早花品种：如红马银花。

2.半常绿及落叶类杜鹃花品种

春鹃（毛鹃）：春天开花，花朵较大而且繁茂，适应性强，生长快、体型大，蓬径可达3m，包括锦绣杜鹃、白花杜鹃及其杂交种。

东鹃：属于岩石类杜鹃，花色多，花型较小，叶较小，生长旺盛，萌发力强，耐修剪，且枝条细软易于造型，是理想的盆景材料。

夏鹃：5～6月开花，花色丰富，花期长，比毛鹃体型小，发枝力强，枝叶丰满，冠型整齐美观，是杜鹃盆景的主要材料。亲本为原产印度和日本的五月杜鹃。

西鹃：体型小，生长较缓慢，叶片厚实，花多为重瓣，花色鲜艳，花大，一年四季可以开花，易于促成栽培，是栽培杜鹃中最漂亮的类型。该类杜鹃最早在荷兰、比利时育成，主要亲本为中国的映山红和原产印度的*R. indicum*。

在遗传方面，杜鹃的染色体有二倍体、四倍体、六倍体、八倍体和十二倍体。9种杜鹃属植物的遗传分化研究表明，杜鹃花在种内个体间的遗传变异水平较高，多态位点比率P=28.6%～57.1%，等位基因平均数A=1.3～1.9，种间的多态位点比率非常高，P=100%，说明杜鹃属种间的遗传分化较高，具有丰富的遗传多样性。杂合性基因多样化比率Fst=0.683，表明各种间存在明显的遗传分化现象。对杜鹃花的二倍体与四倍体品种的抗寒性比较，发现二倍体品种更加耐寒。杜鹃叶片中的类黄酮的含量与抗冻性相关，可以作为品种筛选的一个标准。

杜鹃花的育种目标除继续关注株型（矮生品种）、花色、耐寒性、花期、花型（重瓣大花）、香味等外，更加致力于解决栽培中的难点，如杜鹃花的耐碱性、耐热性、抗病性等。在育种技术上，除了传统杂交育种外，开始结合使用组织培养技术、分子标记技术、转基因方法等，育种进程更加快捷,但是杂交育种仍是当前的主要方式。

在国内杜鹃花杂交育种方面，昆明植物所张长芹研究员课题组，多年来一直从事高山杜鹃花的引种驯化和杜鹃花新品种的选育研究工作。通过对杜鹃属59对杂交组合的实验发现，二倍体与二倍体的杜鹃花种间杂交亲和力强，坐果率为37.5%～100%；二倍体与多倍体的杜鹃花杂交无亲和力，坐果率为0；同亚属不同亚组之间二倍体种的杜鹃花杂交亲和力强；不同亚属之间的杜鹃花种间杂交不育。杂交方法是选择即将开花的花朵，于早上10点前将花瓣剥开然后将雄蕊去掉，进行授粉、套袋。套袋后7～10d，将袋子去掉，待10月底，采集果实，于当年11月份进行播种。播种前先将播种土浸透，待幼苗长至3～4cm时进行第一次分苗，苗期每隔10d施0.5%的氮肥，待幼苗长至8～10cm时，再将小苗移植到盆内。通过杂交育种昆明植物所选育了4个高山常绿杜鹃耐旱品种。同时在杂交育种的基础上开展了芽变品种的选育研究，选育出的6个杜鹃花新品种“红晕”“雪美人”“金踯躅”“紫艳”“娇艳”和“喜临门”，通过了国家林业局（现改为国家林业与草原局，下同）新品种办公室组织的同行专家进行的实质性审查。

常规杂交育种与组织培养技术相结合能够提高育种效率。如喜酸怕碱是限制杜鹃花在中性或碱性土中应用的一个重要因子，因此耐碱品种的选育是现代杜鹃花育种的目标之一。一些杜鹃野生种类对含有碳酸钙的栽培介质不敏感，能耐一定的高pH土壤，如欧洲高山杜鹃、云锦杜鹃等，但使用常规育种方法一直没有选育出较好的耐碱品种。使用常规杂交育种与组织培养技术相结合，筛选出耐碱能力明显优于其他种类的品种系列，使大叶常绿杜鹃能够适应的土壤由pH6.2～6.5达到pH6.9～7.0。

四、杜鹃的繁殖

杜鹃花繁殖方法包括种子繁殖、扦插繁殖、嫁接繁殖和组织培养。

1.播种繁殖

杜鹃花种子发芽率的高低及幼苗的生长与播种时间、播种基质及温度相关。杜鹃花的播种时间以3～5月份为宜，比6～8月播种的种子发芽率高20%～30%。播种基质以腐叶土：腐叶土加山土1：1为佳。播种的适宜气温为9～28℃，空气湿度为60%～75%，基质温度为6.7～25℃，基质含水量为30%～40%。杜鹃种子极小，且都撒播在基质表面，播种期应采用喷雾器喷水补湿，喷嘴高度离基质30cm为宜，切忌把喷头对准基质，以免将种子冲到盆边造成分布不均而影响育苗效果。种子萌动过程中必须经常喷水保湿，确保种子湿润和活力。出苗后幼苗生长缓慢、娇弱，且根系多生于基质表面，抗逆性差，浇水不足会失水死亡，浇水过多过勤，尤其是高温高湿的6～7月，易引发猝倒病。夏季忌阳光直晒（灼伤），应及时遮阳，透光度以50%为佳。杜鹃幼苗生长慢，抗逆性较弱，冬季应注意保温，确保地温气温不低于0℃。播种苗可于第2年春季带土移栽（若幼苗较稀，可在第3年分栽），并应遮阳保湿（80%），以提高移栽成活率。

2.扦插繁殖

种子繁殖的幼苗生长极其缓慢，从播种到开花，少则3～4年，多则需8年以上，而扦插繁殖仅需1年时间即可开花。扦插繁殖是落叶杜鹃类繁殖的主要手段，但是常绿杜鹃的扦插繁殖较为困难。落叶杜鹃和常绿杜鹃扦插繁殖方法有所不同。常绿杜鹃的扦插方法是：将插条剪成7～10cm长，插条上部留叶2～3片，嫩枝比老枝生根快，成活率高。若叶片较大，再将叶片剪去半片，然后将插条分别浸泡于IAA、IBA溶液中3min。将浸泡后的插条插入珍珠岩加水苔（3：1）的基质中，插条的扦插深度为插条长度的1/3。苗床透光率为60%，基质温度19～21℃，床内湿度80%～90%。插后一般3个月可生根。

3.嫁接法

繁殖名贵杜鹃时，可采用野生杜鹃做砧木进行嫁接。嫁接与扦插相比，不受时间限制，生长快、长势强，且可将几个品种同时嫁接在同一砧木的不同枝条上。一株砧木开多种花，增强了观赏性。以西鹃为例，一般采用嫩枝顶端劈接的方法嫁接。从优良品种的中上部选择发育良好、叶芽饱满、生长势强、无病虫危害的枝条作穗条。为提高嫁接成活率，要随剪随接。砧木选用2年生的独干杜鹃，用枝剪在砧木的顶部将枝条剪断，再用嫁接刀将枝条从中间一劈两半，劈的长度与削穗的长度配套。接穗的粗细与砧木枝条相仿，用嫁接刀将其基部削成马耳形，穗条上只保留2～3片叶。接穗削好后，插入砧木切口，使双方的形成层对准，再用塑料带包扎接口，包扎要紧，使接穗与砧木密接。包扎时不要包住或碰伤接芽，同时要防止接穗移动错位。然后在接口处用塑料袋连同接穗一同套住，扎紧袋口。嫁接后要将植株置于荫棚下，防止阳光直射，并注意保持袋内适当的湿度，以利接穗成活。如果袋内没有水珠，则要解开袋口喷湿接穗，再重新扎紧。接后一周接穗不萎，则表明嫁接成功。嫁接成活后，将砧木上的萌芽全部除去，以促新梢生长。接后2个月将保湿袋解除。第2年春天要解除绑扎带，以利接芽生长。

4.组织培养

应用组织培养技术进行杜鹃的繁殖，具有繁殖速度快、不受季节影响等特点。以高山杜鹃为例，采用茎段和茎尖进行外植体培养。外植体诱导的适宜培养基是1/4MS+MS铁盐+维生素B_5 0.2mg/L+KT 1.0mg/L+水解乳蛋白300mg/L+蔗糖30g/L；丛生芽增殖的适宜培养基是1/2MS+KT 0.5mg/L+水解乳蛋白300mg/L+蔗糖30g/L；生根培养基则以1/2Ms+NAA5mg/L+蔗糖20g/L+活性炭0.5%为宜。活性炭有利于根的正常生长与发育，无琼脂的液体培养基生根明显快于固体培养基；培养基的pH以5.0～5.5最适合杜鹃生根；蔗糖浓度对生根率无影响，但影响小苗根的生长速率。试管苗经假植炼苗培育成穴盘苗再移栽定植，可确保种苗质量，经穴盘培育的高山杜鹃试管苗，上盆移栽存活率达100%。

五、杜鹃的栽培

1.栽培需求

从栽培管理来看，杜鹃花要求肥沃、疏松透气的酸性土壤，忌含石灰质的碱土和排水不良的黏性土。杜鹃花对环境的要求有“七喜七怕”：

（1）喜酸怕碱。杜鹃花喜酸性土壤，在碱性或偏碱性土壤中生长不好，甚至死亡。土壤酸度以

pH5.3为适宜。杜鹃花的营养土为腐叶土、青苔和河沙的混合基质（配比6：1：3）。其次浇水也需浇酸性水。

（2）喜湿怕涝。杜鹃花性喜湿润的土壤。浇水的原则是要见湿见干，土表不干不浇，一次浇透，忌涝积。

（3）喜凉怕热。杜鹃花的适宜生长温度为15～25℃，温度高于25℃时，要及时降温。将植株移到阴凉处，叶面、地面都要喷水，加强通风。

（4）喜半阴怕强光。杜鹃花平时在半阴下生长良好，遇到强光则易烧伤。强光首先易使叶片干尖，进而整个叶片干枯、脱落，枝条也易出现萎蔫、干枯。

（5）喜小风怕大风。杜鹃花喜通小风，通风不良容易出现病虫害，但是也怕大风，尤其是干燥大风和干热风，对它影响很大。

（6）喜潮湿怕干燥。保持湿度为70%～90%。

（7）喜肥沃怕大肥。杜鹃花喜肥沃土壤，施肥宜用腐熟的大豆饼肥、芝麻酱渣、臭鸡蛋等，选其一种作为主肥，混合后加土50%，搅拌均匀，发酵后作为固体肥使用，亦可作液肥使用。以有机肥为主，化肥为辅。全元素花肥可在生长旺期使用。用肥以薄肥勤施为原则，浓肥极易造成肥害。

杜鹃花可以盆栽，也可地栽，栽培管理都可依照生长习性要求进行。对2～4年生苗，为加速植株成型，常通过摘心、摘蕾来促发新枝；植株成型后，主要是剪除病枝、弱枝及重叠紊乱的枝条，均以疏剪为主。

2.病虫害防治

杜鹃花的病害主要有根腐病、茎腐病、褐斑病、叶肿病、白粉病等，病害防治以预防为主，冬季和春季新梢萌发前，用托布津600～800倍液或等量式波尔多液喷洒花盆、盆土和植株2～3次。新芽萌发后，用50%可湿性多菌灵600倍液喷洒，每星期1次，连喷3次。虫害有红蜘蛛、杜鹃粉虱、介壳虫等，特别是盛夏时节，易发生红蜘蛛，可用50%敌敌畏乳剂2000倍液喷杀。

第三节　木兰

木兰为云南八大名花之一，既是我国亚热带地区珍贵的用材树种，也是重要的庭园观赏树种。它具有树形多姿、色艳香浓、栽培容易和抗污能力强等优点，十分适合应用于现代园林绿化及景观生态建设。

一、木兰的资源和地理分布

木兰科（Magnoliaceae）为双子叶植物，全球约15属，250余种，分布于北美东南部大小安第列斯群岛至巴西东部和亚洲东南部和南部的热带和亚热带至温带地区，是古热带植物区系的重要成分之一和原始的被子植物类群。中国有11属，约108种。木兰科植物主要产于西南部，云南及广西、广东、湖南交界的南岭山系是木兰科植物的现代分布中心。云南分布有木兰科植物11属58种，种类约占中国的50%。

云南的木兰科植物常零星生长在原始森林内，尤以海拔1300～1700m的山地常绿阔叶林和山地沟谷雨林中分布最多。集中分布在三个片区。

滇东南分布区：包括北纬22°～24°、东经102°～106°的西畴、马关、麻栗坡、广南、金平、绿春和屏边等县。海拔600～2250m，年均气温为12～23℃，极端最高气温为33～38℃，极端最低气温为–0.7～–0.4℃，年降雨量在1007～1318mm之间，年蒸发量为1438～1500mm，年平均相对湿度约80%，为南亚热带东南季风湿润气候。土壤有暗棕壤、黄壤、黄棕壤和红壤四个类型。该分布区有木兰科植物9属90余种，是该科植物在云南分布最集中的地区，约占全省种数的60%。常见的有华盖木、云南拟单性木兰、香木莲和鹅掌楸。

滇西南分布区：指北纬21°～24°、东经99°～102°的临沧、沧源、镇康、景洪、勐海和勐腊等地。海拔300～2400m，年均气温为21～23℃，年降雨量在1800～2400mm，年均相对湿度为80%，属热带湿润气候。土壤为砖红壤和赤红壤。该区木兰科植物有6属30余种。常见的有大叶玉兰、香子含笑和合果木。

滇西北分布区：包括北纬25°～29°、东经98°～100°的腾冲、云龙、泸水、福贡、贡山和维西等县。海拔为1750～3500m，年均温为10～15℃，最高气温为30～37℃，最低温为–12～–4℃，年降雨量为1185～1439 mm，年均相对湿度为76%～82%，属亚热带高山温凉气候。土壤为黄棕壤、黄红壤。这里的木兰科植物有5属40余种，常见的有滇藏木兰、长喙厚朴、西康玉兰和绒叶含笑。

木兰科植物为灌木至乔木；叶互生，通常全缘，很少分裂；托叶大，包围着叶芽，早落；花大，单生，顶生或腋生，两性，很少单性；萼片和花瓣很相似，数列；雄蕊多数，分离；心皮多数至少数；离生，螺旋排列于一延长的花托（中轴）上，很少于成果时结合成一体；胚珠2～14；果干燥或肉质，背缝或腹缝开裂，稀周裂或不裂。云南主要的属有长蕊木兰属、单性木兰属、鹅掌楸属、木兰属、木莲属、华盖木属、含笑属、拟单性木兰属、观光木属等。木兰科中的主要观赏种类集中于木兰属、含笑属、木莲属中，有常绿和落叶两类。落叶种类又分先花后叶（如白玉兰、紫玉兰）和先叶后花（如天女木兰、西康玉兰）两类。常绿者如山玉兰、荷花玉兰、白缅桂等。云南木兰科植物大多为常绿树种，其中有很多为云南主产或特产。不论乔木和灌木，它们的花都着一身缟素，含一苞芬芳，理所当然地成为中国传统名花以及云南八大名花之一。木兰科的许多种类还是重要的药材，如厚朴的树皮可治胸腹胀痛、呕吐、腹泻等症，种子有明目益气功效；辛夷花苞有降压作用等。

二、木兰的栽培历史

我国栽培木兰科植物已有2500多年的历史，远在春秋时期即有栽培木兰者。古籍曾载："唐宋以前，但赏木兰。"自古以来，具亭亭独立的身姿，晶莹如雪的花朵，既赋性高雅又落落大方的木兰，深得人们的喜爱和赞赏，是文人墨客经常描述的花卉。楚国大诗人屈原《离骚》："朝饮木兰之坠露兮，夕餐秋菊之落英。"唐代诗人白居易诗曰："紫粉笔含尖火焰，红胭脂染小莲花。芳情乡思知多少？恼得山僧悔出家！”诗中的“紫粉笔含尖火焰”是指紫玉兰。这些诗词反映了人们对玉兰的喜爱。至于名闻遐迩的颐和园谐趣园中的白玉兰是清乾隆时期的遗物，至今已有200多年，更是北京春天脚步的象征。

中华人民共和国成立后，国内研究机构大力开展木兰科植物的引种栽培研究。如中国科学院华南植物研究所从1981年开始，收集国内外的木兰科植物11属100多种，建立占地10多公顷的木兰园。北京植物园引种山东、东北、华南等地区的木兰科植物25种。云南省林业科学院历经20余年，在昆明、西畴等地引种栽培木兰科植物101种。这些研究工作为木兰的开发提供了科学基础。

（1）山玉兰，云南特产，全省多数地方都有，为常绿大花乔木，花期4～8个月，花直径达20cm。《植物名实图考》记云：“优昙花生云南，大树苍郁，干如木犀，叶似枇杷，光泽无毛，附干四面错生。春开花似莲，有十二瓣，闰月则增一瓣；色白，亦有红者，一开即敛。”因其花“青白无俗艳”，被尊为“佛家花”，有“见花如见我佛”之说，又因其昼开夜合的开花习性似昙花，其树大花大叶大耐风霜，则优于草本的昙花，故又名“优昙花”。昆明昙华寺、筇竹寺、丽江玉峰寺等名寺古刹中多有栽培，至今尚存有数百年之古树。名声最大的当数安宁曹溪寺一株300年的古树，至今仍然郁郁葱葱，亭亭如盖。《徐霞客游记》中曾记载清代总督范承勋为此树建过“护花山房”，并撰《护花山房记碑》，可见对此花木之推崇。山玉兰现已广为引种栽培，昆明许多路段已作行道树栽培。

（2）云南含笑，又名皮袋香、十里香，分布于滇中、滇西、滇南各地。常绿小乔木，在丽江农家作棚架式栽培。《滇海虞衡志》载：“含笑花，土名羊皮袋，花如山栀子，开时满树，香满一院，耐二月之久。”丽江玉峰寺内的两株云南含笑植于清朝乾隆年间，经人工整修，将其枝条编织成南北长8.5m，高6m的花墙，成了当地著名的景点。现在云南各地已广为栽培。

（3）滇藏木兰，为落叶大乔木，花大，白色或粉红色，具香味。在大理、永平等地人们又称“木莲花”。它广泛分布于滇中、滇西和滇西北温凉地带。永平县金光寺木莲花山有高35m的古树，山也因此得名。360年前，徐霞客曾在洱海边的三家村实地考察过“高临深岸，而南干半空，矗然挺立”，“香闻甚远”的“上关花”奇树。后经有关专家学者考证，著名的“上关花”为滇西北广泛分布的滇藏木兰，即当时徐霞客所推测的“木莲花”。

（4）龙女花，又名西康玉兰，落叶乔木或灌木，分布于滇西、滇中至滇东北。据载：古时大理曾将其同优昙树、皮袋香一同进贡中原王朝。因其花香色美，古时相传为龙女所变。据《滇海虞衡志》载：龙女花，天下止一株，在大理之感通寺……昔赵迦罗修道于此，龙女化美人以相试。赵以剑掷之，美人入地，生此花以供奉空王。

云南木兰科的古树是现今云南所有古树名木中最多的一类，其数量仅次于云南山茶。有些古树在当地还被群众封为“神树”，是当地的图腾崇拜植物，受到较好的保护。可见木兰在云南栽培历史悠久。

玉兰和紫玉兰在唐代传至日本。玉兰由Sir Joseph Banks于1780年引到英国，紫玉兰由Colonl Stephenson于1790年从日本引到英国。后来，光叶木兰、武当木兰、凹叶木兰、厚朴、西康玉兰、滇藏木兰、长喙木兰、圆叶木兰等植物相继传到欧美，成为欧美人士喜爱的早春名花以及远缘杂交的种质资源。美国成立了木兰学会，开展当地木兰与亚洲种类的杂交研究。如翻白木兰×西康玉兰、白玉兰×滇藏木兰、弗吉尼亚木兰×三瓣木兰等，培育出丰富多彩的园艺杂交种。

三、木兰的育种

木兰科植物以含笑、木莲和木兰三属为大宗，每属都含有30种以上，单种属的观光木和华盖木为中国特有。木兰科植物包括有常绿和落叶两类，有乔、灌木型之分。花色有红、黄、白、紫诸色。有种类先花后叶，另一些种类先叶后花，存在众多的变异类型供品种选育。

木兰科植物有几个主要育种目标：①丰富花色、花型，如较大的花，提高花的香气，延长花的开放时间，以及理想的花色和花型；②植株形态，培育矮化品种；③抗逆品种，耐寒性是影响引种木兰栽培的主要限制因子，增加耐寒性可以扩大木兰的种植区域。

杂交育种是培育木兰新品种的主要方式。木兰科植物的染色体基数为x=10，多数种类（11个属）为二倍体，2n=38，且染色体形态较为一致。仅在个别属内发生了一些次生多倍体化，这在木本植物中是比较少见的。杂交育种大体上分为花粉采集、杂交和子代培育几个步骤。木兰采集花粉的理想时间大约是花开放前一天，采集时间最好是中午。花粉要进行干燥处理，一般干燥的花粉在冰箱中可以保存几个月，在-18℃条件下可以保存1年。花粉生活力的测定采用染色法，染色液按照体积比10%乙醇、25%丙三醇、2%冰醋酸、0.1%孔雀绿、5%酚、5%水合氯醛、0.5%酸性品红配制。测定时在载玻片上滴1～2滴染色液，撒入少量花粉，混匀后加盖玻片，经12～16h后镜检的花粉变色情况，可育花粉的细胞质被染成红色，壁呈绿色；败育花粉空瘪，壁被染成绿色。

含笑属和木兰属植物都属于雌蕊先成熟，多数种类在开花前1～2d，雌蕊表现出较强的生理活性，是授粉的最佳时机；开花后，雌蕊活力下降或完全丧失。外观表现为：有活性的柱头向外向下弯曲，表面有明显分泌物；失活的柱头紧贴雌蕊群柱，并有褐化现象。在花被片尚未张开之前，即已进入可授粉期，而在花被片张开后已过最佳授粉期，因此在初开期授粉无需提早套袋去雄，可即时拨开花瓣露出雌蕊，然后用毛笔尖蘸取准备好的花粉轻涂于柱头上，再用透明硫酸纸套袋以免其他花粉污染，待花瓣萎谢，柱头干枯即可去袋。操作时应尽量保留花被片，以保证雌蕊发育的适宜环境。

在木兰科属内和属间进行了62个杂交试验发现，除木兰属的木兰亚属和玉兰亚属之间没有杂交亲和性外，木兰科其他属内都有杂交亲和性，这表明属内不存在生殖隔离；除拟单性木兰属与木兰属的木兰亚属之间有杂交亲和性外，其他属间都没有杂交亲和性，这表明属间存在着生殖隔离。红花山玉兰去掉全部花被片，施以人工异花授粉，其结果率可高达100%，自然条件下红花山玉兰只开花而不结实的原因可能是其开花生物学特性所要求的携带花粉进入花内传粉的甲壳虫无法进入花内传粉或者缺乏。通过细胞学方法可以对木兰科植物杂交种进行早期检测，如杂交组合红花山玉兰×广玉兰的杂交后代染色体数目为76条，正好是二倍体红花山玉兰（2n=2x=38）和六倍体广玉兰（2n=6x=114）的半数之和，且在F1代的分裂中期染色体具大小两种类型，可以明显看出来自红花山玉兰的染色体较大，而来自广玉兰的染色体较短小，这证明该F1为两者的杂交种。二乔玉兰“红元宝”（2n=4x=76）与云南含笑（2n=2x=38）的杂交后代的染色体为2n=3x=57，也为其亲本染色体半数之和。中国科学院昆明植物研究所通过杂交选育获得了郁金含笑、沁芳含笑、丹芯含笑、雏菊含笑、春月含笑和荷花含笑6个新品种，并登记为云南省园艺新品种。随后又培育出晚春含笑、云霞和云星等7个国家林业局植物新品种。

另外木兰科植物也可以通过秋水仙素处理诱导多倍体，多倍体植株的花更大，花被片质地更厚，因此开放时间更长。迄今为止，已经培育出的多倍体品种有日本玉兰及变种的多倍体品种“两块石头”；天女木兰的多倍体品种“创世纪”；渐尖木兰、弗吉尼亚木兰、佛拉氏木兰和武当木兰的杂交种“迪瓦”“阳光舞”和其他几个品种。

四、木兰的繁殖栽培

木兰科植物大多采用种子繁殖或嫁接、扦插、高枝压条方法繁殖。播种育苗的主要目的是培育实生苗和为嫁接提供砧木。采集种子，是育苗成败的关键。木兰花期一般为5～6月，9～10月果实成熟。果实为蓇葖果，成熟时为红褐色，出种率22%～33%（带假种皮），千粒重0.12～0.15kg，种籽粒大，有假种皮，胚极小，胚乳含油质。种子采收后，要及时用洗衣粉水浸泡6～8h，把假种皮清洗干净，并预先做好播种地的整理工作，即时播种。如因条件限制不能及时播种，也要把洗净的种子用沙子分层贮藏，贮藏温度为0～10℃，慎防鼠害。种子一经贮藏后播种，发芽率就会降低，贮藏时间越长，发芽率越低，甚至不发芽。天女木兰种子秋季采收后其种胚尚未发育完全，是导致天女木兰种子深度休眠的主要原因，但其种皮透性良好；种子不同部位存在不同程度的发芽抑制物质，主要存在于假种皮和胚乳中；种子成熟时胚乳中高浓度的ABA、IAA及低浓度的GA是导致种子休眠的又一原因。

单性木兰生长的林地比较湿润，土壤肥沃疏松。因此，苗圃地应选择水源近、排水良好的壤土。要细致整地。起畦后，畦面每平方米用火烧土5～10kg与表面土拌匀作基肥，畦面要求土壤细致平整，每亩播种量25kg，用细表土与火烧土各一半混合后作盖土，盖土以不见种子为宜，然后畦面盖草，注意淋水保湿，慎防鼠害。当种子发芽20%～30%时可揭草，并用透光度为50%～70%的遮阳网设棚遮阴。一般种子萌发成幼苗需要35～50d。种子的发芽率差异较大，如单性木兰种子的发芽率最低为2.5%，武当木兰、深山含笑、醉香含笑、观光木、球果木莲的种子发芽率在60%以上。绒叶含笑和云南含笑种子的发芽时间最早，金叶含笑种子发芽出土的持续天数最短，云南含笑种子发芽出土的整齐度最好。从总的趋势看，木莲属植物的种子发芽出土时间比含笑属植物迟，而单性木兰属植物更迟，其原因在于含笑属植物的种子种皮较薄，木莲属的次之，单性木兰属的最厚。8种木兰科植物种子的成苗保存率为31.1%～85.8%，一般存在物种的种子发芽率高，其成苗的保存率亦高的规律。

为了使苗木能有一定的空间和营养面积，提高苗木保存率，当幼苗长出4～6片真叶时，要对幼苗进行移杯培育。营养杯基质要求表土、腐殖土和细沙各1/3，复合肥和钙镁磷肥各占总量的20%。把各料混合均匀后作营养基质，小苗移植前15d装杯。选择阴天或晴天早晚移苗，移苗后淋透定根水，加盖遮阳网荫棚。 金叶含笑、野含笑、木莲、毛桃木莲、观光木的苗木高生长高峰出现在6月下旬到10月中旬，在此期间需加强水肥管理，促进苗木生长。

嫁接是生产上常用的无性繁殖手段，一方面可以保持品种的优良性状，另一方面可以快速增加个体数量，并提早开花。对一些不是本地原生、适应性差的种类，用当地适生种做砧木进行嫁接，可以极大地提高其适应能力，有利于珍稀濒危植物的保存和利用。嫁接砧木主要采用2～3年生的白玉兰、香子含笑、云南苦梓、毛果含笑、马关木莲、云南拟单性木兰、海南木莲等小苗。接穗选用成年母树上部生长健壮、无病虫害的一年生枝条，剪去叶片（保留叶柄）做接穗，随剪随接。或保湿室温保存并尽快嫁接。采用芽接、枝接、腹接、靠接等嫁接方法。嫁接后将接穗套袋保湿。嫁接的时间，不同种类应根据各地的气候条件以及嫁接的方法选择合适的嫁接时间。一般应在植物萌动前，汁液尚未流动时进行。嫁接成活率不同种间差别较大，落叶种类如玉兰亚属植物为预生分枝，第一年形成的芽到下一年才萌发，采用芽接成活率较高。同生分枝的木兰亚属、木莲属植物芽接的成活率较低，只有山玉兰、广玉兰以白玉兰为砧木，海南木莲以黄兰为砧木的芽接获得成功，成活率达到50%～90%。

木兰科植物的扦插繁殖很困难。国外多采用先进自动喷雾装置，进行扦插，但种类局限在广玉兰、紫玉兰等少数种类。国内乐东拟单性木兰、峨嵋含笑、黄山木兰、西康玉兰、杂种马褂木、绢毛木兰、金叶含笑亦有扦插成功的报道，但成活率只有2%～10%。扦插时间最好选在6～8月开始为好，此时一年生枝条已经成熟。插条基部选在节处，上部留2～3片健康叶片，对于大叶的种类，如荷花玉兰，可将叶剪掉一半，以控制蒸腾量。插穗长度10～20cm。用0.3%～1%的萘乙酸处理插条。细沙：石英砂（1：1）的混合基质透气性好，生根快，成活率高。扦插的深度5～7cm为宜。扦插后沙床温度宜在25℃左右，低于20℃，不宜进行扦插，容易腐烂。湿度保持在60%～80%。高温高湿容易使枝条产生霉变，注意定期喷洒灭菌药剂。插穗在10d到半个月长出愈伤组织。含笑属植物扦插较易成活，扦插成活率可达50%～60%，而乐东拟单性木兰有10%～20%的成活率。

木兰科植物的组织培养采用茎尖、带腋芽的茎段和种子萌发苗为外植体。在以休眠芽为外植体时，选取主枝或分枝的茎尖带腋芽的切段，用自来水冲洗30min后，切成1cm左右的切段，每个切段带一个休眠芽，先用75%的乙醇浸泡5s后，再用10%的次氯酸钠消毒10min，无菌水冲洗5～6次后在无菌条件下接种到附加各种激素的MS培养基上。在以种子萌发苗为外植体时，将种子进行表面消毒，然后在无激素的MS培养基上播种，1个月左右种子萌发长到2～3cm高时，取0.5cm左右长的上胚轴或下胚轴为外植体接种到培养基上。诱导分化培养基MS+6BA 0.25～2mg/L+NAA或IBA 0.1～0.2mg/L；生根培养基1/2MS+NAA或IAA 0.05～0.2mg/L。pH为5.7，实验的培养温度为23℃，光照强度1000～1500lx，光照时间10h/d。当分化培养的试管苗嫩梢长至3～4cm时，剪下并转入生根培养基上。10～15d，长出不定根，生根率可达80%以上。15～20d后，将苗移至室外，在自然光下封口炼苗10～15d，然后将根部的琼脂洗净，移栽到经过0.2%的高锰酸钾消毒的蛭石中，用塑料膜保湿，放于23～30℃的温室中生长，成活率达80%以上。

木兰喜温暖湿润、土壤肥沃的环境，因此，水肥管理尤为重要。4～5月旱季，要注意观察苗床土壤水分状况，适时喷水以保持土壤湿润；进入雨季，要及时排出积水，以利于苗木生长。生长旺季（7～9月）用浓度为0.5%～1%的磷酸二氢钾对苗木进行叶面喷施，每次喷肥间隔期为7～10d，连续3次，或喷施浓度为50～100mL/L的ABT生根粉等植物激素，促使苗木健壮成长。

为提高大苗移栽成活率，从一年生幼苗开始就应采取相应的技术措施。从促使苗木根系发达、缩短培养周期、降低成本等方面综合考虑，第1～3年的容器中培养，第4年后下地培养是比较好的培养方式。经过3年培育的袋苗，生长速度明显加快，移栽到地里培养，以促进生长，尽快达到出圃规格。

定植时间宜选早春，最好是在春芽萌动之前定植，施适量的有机肥作为基肥。定植后2个月，对一些弱苗和树干弯曲的苗木，用枝剪在离地面25cm左右处剪断，让它重新萌发。有些木兰顶端优势强，萌发速度快，萌发枝生长速度甚至超过原生枝，且剪后萌发的苗木树形优美、粗壮。云南拟单性木兰1年抽3次新梢，第一次在3月，第二次在6月，第三次在9月。应在3次抽梢之前，进行适当的合理施肥，合理排灌。肥料以农家肥、复合肥为主。再经过3年培育，树高可达5m以上，胸径达6～8cm，即可出圃供园林绿化栽植。

木兰抗病性强。本着预防为主的方针，幼苗出齐后，每月用0.5%的波尔多液或1%的多菌灵喷施苗木基部，连续3次，以防治苗木猝倒病和立枯病；每一个半月喷洒40%的乐果乳剂1000倍液或50%敌敌畏1000倍液防治虫害，效果较佳。

第四节 蔷薇

一、蔷薇的资源和地理分布

蔷薇隶属于蔷薇科，蔷薇科植物广泛分布于北半球温带到亚热带，南半球为数很少。全世界共有126属3300余种，中国有53属1000余种。该科植物具有重要的经济价值，如苹果、沙果、海棠、梨、桃、李、杏、梅、樱桃、枇杷、榅桲、山楂、草莓和树莓等是著名的水果；扁桃仁和杏仁是著名的干果；桃仁、杏仁和扁桃仁可榨油；地榆、龙芽草、翻白草、郁李仁、金瑛子和木瓜等可以入药；悬钩子、野蔷薇和地榆的根皮可以提取单宁，为工业原料；玫瑰、野蔷薇、香水月季等的花瓣可以提取芳香油，供制高级香水及饮料；绣线菊、绣线梅、珍珠梅、蔷薇、月季、海棠、梅花、樱花、碧桃、花楸和白鹃梅等在世界各地的庭园绿化中占重要的位置。

蔷薇是世界著名的观赏植物，全世界约有200种，我国有82种。该属植物广泛分布于北半球，在北纬20°～70°之间，从北极圈到北非都有蔷薇分布，遍及欧、亚大陆及北美、北非各处，但南半球尚未发现原产的野生蔷薇属植物。中国产82种蔷薇属植物的分布，由东北至西南逐渐增多，正如许多其他属的植物一样，蔷薇最大的物种多样性中心在中国西部，云南、四川为中国的分布中心。蔷薇属7个不同组的代表都在中国西部分布，并且其中2个组有大量的种分布，桂味组有26个种，其最知名的种是华西蔷薇；合柱组有18个种分布，其最知名的种是野蔷薇和光叶蔷薇。

云南是蔷薇科植物的现代分布和进化中心之一，野生资源十分丰富，有野生蔷薇42属456种，分别占中国蔷薇科植物总数的74.5%和52.2%。另外，蔷薇科植物中原始类群、中间过渡类群和进化类群在云南均有分布。滇西、滇西北分布的种类群最为丰富，占种类群总数的65.7%，并保留有多花蔷薇、大花香水月季、长尖叶、古老玫瑰等古老蔷薇品种近百个。其中一个典型代表是中甸刺玫，它是蔷薇科蔷薇属灌木植物，高2～3m，枝粗壮，弓形，紫褐色，散生粗壮弯曲皮刺。小叶7～13，连叶柄长5～13（～20）cm。花单生，基部有叶状苞片；花梗短粗。长3～6cm，密被绒毛和散生腺毛。果实扁球形，绿褐色，外面散生针刺，萼直立；宿存。花期6～7月。中甸刺玫主要分布于中国云南香格里拉等地，多生于海拔2700～3000m的向阳山坡丛林中。中甸刺玫是珍贵的高山花卉资源，是高海拔地区的园林绿化园艺物种，也是蔷薇杂交育种的重要亲本材料。

欧洲有一些蔷薇原种。法国有32种，但包含了一些重要的先期栽培的种类，其中最著名的是法国蔷薇。英格兰有14种原生种。中亚也有大量的种类，芹叶组是最好的代表，桂味组就分布着26种。在北美的美国和加拿大发现许多种蔷薇，而在墨西哥只发现*Rosa montezumae*一个种。印度北部发现一种热带蔷薇*R. clinophylla*。非洲只是在北端的阿尔及利亚、摩洛哥、突尼斯和埃塞俄比亚发现野生蔷薇。

自18世纪末到19世纪，先后由中国传入欧洲许多优秀的蔷薇种质，对欧洲及全世界现代蔷薇开发利用起着重要的作用。四季开花的月季花、香水月季与西亚传入欧洲的山蔷薇、突蕨蔷薇和欧洲原产的法国蔷薇杂交、回交形成长春月季品种群，经过100多年的努力才形成现在的杂种香水蔷薇、丰花蔷薇等品种系。欧洲庭园花架上常见的攀缘蔷薇，其亲本也是来自中国：一种是多花攀缘蔷薇，来源于中国的野蔷薇；另一种是维琪攀缘蔷薇，来源于中国和日本的光叶蔷薇。

亚洲有8个种对现代蔷薇作出了重要贡献。它们是月季花、山蔷薇、野蔷薇、光叶蔷薇、突厥蔷薇、香水月季、玫瑰、异味蔷薇。除山蔷薇、突蕨蔷薇和异味蔷薇出自西亚之外，其余的都出自中国。在此值得一提的是，生长在云南香格里拉海拔2700～3200m的中甸刺玫属于小叶组，但从小叶形状，毛被、萼筒形状与花朵颜色、大小等特征看，本种与桂味组的玫瑰有若干相似之处，被认为可作为小叶组与桂味组的中间联系，可能是育种的极好材料。

现代蔷薇园艺品种为若干种蔷薇属植物多年反复杂交、回交的后代，其品种约有2万种。其色彩艳丽，花姿优雅，反复开花，芳香馥郁，有极好的美化、绿化效果，且具广泛的适应性，易栽培，易繁殖。园艺品种的栽培遍及全世界，可以这么说，凡有植物园就有现代蔷薇品种的栽培。

二、月季的品种分类

由于现代月季的种类和品种极多，因此对现代月季的分类也比较复杂，但一般都从株型和花型方面对现代月季进行分类。

1.杂种香水月季

又称为杂种茶香月季，是现代月季的主要种类。属于多年生灌木，花枝长而挺直，花瓣数多（30枚以上），花心高出四周花瓣，花形优雅，色彩丰富，四季开花，芳香，适于瓶插。这一类型包括许多的切花栽培。还有一类为大花月季或壮花月季，与杂种香水月季相近，通常也把大花月季归入HT系列。

2.聚花月季

由美国尼古拉（J. H. Nicholas）1930年命名，参与杂交的亲本是杂种香水月季和原产于中国的小花月季及野蔷薇。特点是株高中等，花期不断，开花时形成大而密集的花束状伞房花序，花朵比较小，不具备杂种香水月季那种高耸的花心，花色较多，多用于园林，代表品种如“红帽子”（Red Hat）。从聚花月季中又选育出一个新类型，每株产生6个以上30mm左右的直立枝条，每枝上端有一朵花，高心，花型与杂种香水月季类似。

3.微型月季

亲本来源于中国的小花月季，也有人认为是中国月季花的变种或品种。特点是植株低矮（30cm以下），枝条细而密，花多而小，花形与杂种香水月季类似，花色丰富，主要用于盆栽。品种有“红婴”“小古铜”等。

4.藤本月季

来自杂种香水月季和丰花月季的突变，或由蔷薇及其品种与杂种香水月季杂交育成。特点是枝呈蔓性，具有攀缘性或匍匐性，四季开花，花小而繁密，聚伞花序。主要用于园林，品种有“藤和平”（Climbing Peace）。

三、月季的育种

蔷薇属植物多为异花授粉植物，其中不少种都能相互杂交结实。其染色体基数为$x=7$，数量为$2n=14$、28、42、56，但多数种是二倍体或四倍体。商业栽培的月季品种通常是三倍体或四倍体。现代月季多为10多种蔷薇植物的后代，遗传差异较小，选择亲缘关系远的蔷薇进行远缘杂交，获得新型月季的可能性才能提高。

蔷薇属植物选育的主要标准是花型优美、有香味、花瓣质地硬、耐贮藏、产量高、抗病（主要为黑斑病和白粉病）、花色新奇（如蓝色月季）和专用品种（如提炼香精和药用成分）。采用的方法主要有杂交育种、突变和诱变育种、生物技术育种，但目前已获得的大部分品种的育成几乎都是通过杂交、突变等传统手段完成的，而且现在和将来传统育种仍将是蔷薇属植物品种改良的重要手段。

杂交在月季育种中发挥了巨大的作用，创造了庞大的现代月季杂交品种群，已知的月季栽培品种有80%是通过品种间杂交得到的。杂交育种时首先遇到的是月季花粉的可育性问题。月季花两性，单朵花期多为3d，花药比胚囊和卵细胞成熟早，但多数野生蔷薇的花粉萌发率较低，平均为22%。月季花粉一般在授粉24h后开始萌发，适宜温度为23～30℃，湿度为55%～70%，柱头分泌液的pH低，腐胺处理都利于花粉萌发。月季自交比异交结实率低，双亲染色体倍性相同时杂交易成功。

月季远缘杂交育种中还存在很多问题有待克服，其中最为重要的两个问题是杂交不亲和与杂种的高度不育。国内外的研究证明，重复授粉是非常有益的，可能是由于同一时间内母本柱头的成熟度和生理状况存在差异，在不同的时间内重复授粉可增加最有利于受精过程进行的机会，促进受精率的提高。重复授粉的次数以2～3次为好，过多地重复反而会损伤柱头，降低受精率。混合授粉则是用两种以上的花粉授于母本柱头。这是由于花粉的萌发具有剂量效应，在月季育种中有一定的作用。双亲有一个是原种或某一亲本具有标记性状时可采用蒙导法授粉，即母本不去雄，直接授以父母本混合花粉，这种方法不仅免去了去雄的麻烦，而且授粉率高。在现代月季作母本的杂交中，采用常规授粉即可，无需进行蕾期授粉、涂抹培养基等，剪短柱头和蕾期授粉试验因柱头手术所造成的伤口反而影响受精；柱头对远缘花粉的不亲和性反应不显著；雌蕊发育不成熟，过早的蕾期授粉会造成杂交失败。杂交过程中，赤霉素可以提高月季品种间杂交结实率，加速果实膨大，同时对克服月季种间杂交不亲和性也有明显作用。

近年来，胚培养在粮食作物和果树远缘杂交育种中得到了广泛的应用，有人在月季中尝试初步取得了成功。Gudin等最先通过月季幼胚培养成功地得到了1个变种间和1个种间的杂交后代，并提出月季的幼胚必须长到成熟胚的大小才能萌发；培养基中加入分裂素对胚的萌发没有促进作用；低温处理也可促进幼胚的萌发，在4℃低温下储藏1个月的幼胚生长速度提高，而且萌发时间提前3d，萌发率也有提高。胚培养尤其是幼胚挽救可能是克服远缘杂交不亲和的一个有效措施，而确定胚培养的最佳时期是试验成功的关键因素。

月季的杂交育种在中国已拉开了帷幕，陈俊愉、马燕利用中国古老月季和国产野生蔷薇种与现代月季进行远缘杂交得到了多个观赏性和抗逆性均表现优良的品种。如“雪山娇霞”“一片冰心”“春芙蓉”等；黄善武等用抗寒种质弯刺蔷薇与现代月季杂交育出了耐低温、抗病性强、生长健壮的优良品种“天山之光”“天山之星”“天香”等。远缘杂交将是未来很长一段时间内月季育种产生突破性进展的重要途径。

育种学家对月季的突变体诱导表现出相当大的兴趣，自发突变经常发生并且增大了遗传背景。通常月季发生突变的频率较高，但不同的种群发生的几率有较大差异，如中国月季芽变比例相对较少，而杂种茶香月季由芽变产生的新品种达到品种总数的10%，小花矮灌由芽变所产生的新品种达到品种总数的30%。如“藤和平”“藤乐园”“藤伊丽莎白女皇”等都是由芽变产生的。据统计在1937～1976年期间培育出了5819个月季品种，有865个品种是通过自发突变育成的，其中289个是攀缘的。种类和品种间的突变频率差异很大，要注意突变调节基因的转移。离体技术在突变育种和有益突变体的繁殖方面发挥了重要的作用，突变体通过快繁和稳定性筛选得到新品种。

诱变育种就是人为用各种物理、化学和生物等因素诱导植物遗传性变异。随着核技术和现代化学诱变剂的发展，月季的诱变育种有较快的发展，突变品种数量迅速增加，日本、法国、加拿大近年来都用辐射诱变培育出了一些月季新品种。如来自“伊丽莎白皇后”的“保拉”和来自*Rosa floribunda*的“粉红帽”两个月季品种都是通过活性生长端芽的γ辐射获得的。研究发现，剂量40～50Gy的γ射线照射单芽插条易获得突变株。

生物技术育种是现代月季品种选育的一个新趋势。生物技术育种又包括体细胞杂交、基因育种等。最引人注目的是基因育种，因为与传统的育种技术相比，基因育种可有目的地改良花卉的某个性状而不改变其原有的特性，且大大缩短了育种周期，提高育种效率，最重要的是可以打破生物物种隔离，克服杂交育种无法解决的障碍。基因工程应用在花卉育种上起始于20世纪80年代末，而且很快就被用于月季的基因育种研究。蓝色月季是人们百年来梦寐以求的目标，要育成蓝色花需同时具备3个条件，翠雀素、黄酮醇共染剂和较高的pH。蔷薇属植物中不具有编码合成翠雀素的关键酶二氢黄酮醇3’，5’-羟化酶基因，所以在自然界无蓝色的蔷薇。利用传统的育种技术也不可能获得蓝色的月季。基因技术的发展为人们带来了希望。许多国家争相进行蓝月季的研究，如英国泰福特的国际生物工艺公司用翠雀属植物的蓝色色素基因导入月季来培育蓝月季。澳大利亚的Calgene Pacific公司成功地克隆到F3’，5’H基因，并与日本Suntory合作把CHS的启动子调控的F3’，5’H基因转入了玫瑰，还在抗月季黑斑病方面进行了应用基因技术的研究，并取得初步成果。

试管育苗与育种相结合，在培养基中加适量的理化诱变剂促使体细胞无性系变异和嵌合体产生，或用花药、花粉培养，诱导出单倍体植株等。已报道用0.25%的磺酸乙酯和钴60处理月季，可产生各种不同花色的月季，其花瓣数有的多达100多瓣。

四、月季的繁殖

月季的种苗繁殖方式主要有扦插、嫁接和组织培养等。种子繁殖主要用于育种，而花卉生产中很少应用。扦插既用于繁殖嫁接用的砧木，也用于繁殖优良的生产用苗。用扦插法生产月季苗相对比较省事省时，成本低，不受亲和力的限制，且能较好地保持原有的品种性状，是国内生产上采用最多的繁殖方式。

1.扦插

扦插繁殖常用的方法有嫩枝扦插、硬枝扦插。嫩枝扦插在4～5月或9～10月其生长最好的季节进行，温度在2～5℃时最易生根成活。为了促进生根，可将切口蘸上吲哚丁酸粉剂。插穗选当年生的健壮花枝，待花谢后，除去其残花及花下枯叶，等数天后，枝条养分得到补充，生长充实，叶节膨大后，于早晨剪取长约10cm带有3～4个叶芽的枝条作插穗，仅留上部两片复叶，其余叶片连叶柄一同剪除，留下的两片复叶最好也只留下基部两片小叶，以减少蒸腾作用。土壤要求排水通气良好，整地作畦时，要细致，插条间距离以互不遮阴为原则。深度为扦插条的2/3，地面上保留1～3个芽。插后，浇透水，并使插条与土壤结合紧密。插后管理要遮阴，并用塑料薄膜保湿，晚上揭开以便通风换气，土壤保持湿润，但不宜过湿，以利于土壤有足够的空气，防止伤口霉烂。半月左右逐渐增加阳光照射时间，以增加光合作用，并利生根。当新芽长出，老叶不脱落时，说明插条已生根成活，即可移栽。硬枝扦插的土壤及整地与嫩枝扦插相同，从月季落叶进入休眠期直到来年春天发芽前都可进行扦插。基本上健壮的枝条都可作插条，剪取10cm长，带有3～4叶芽的枝条不留叶子，插后浇透水。用树枝或其他枝条、钢筋等做弓架，罩上塑料薄膜。繁殖地应向阳、背风，以利保湿，并注意防旱等。到第二年春天插穗发芽时，揭去塑料薄膜，当幼叶长大并转绿时，下部根系长好后即可移栽。

2.嫁接

良种月季主要采用嫁接法。嫁接苗一般比扦插苗生长快，当年就可育成粗壮的大株，开花特别快，但寿命短。嫁接砧木常用野蔷薇和十姊妹等。常用的方法是芽接法。首先要选枝条壮、根系发达的植株作砧木。每年5～10月就可进行，接前3d施1次液肥，芽接当天要浇适量水，在离地面3～5cm处选择光滑无节的茎段用T字形方法做“T”形切割，然后用芽接刀挑开皮层。接穗应选取优良品种的长开枝，选其饱满的芽，保留叶柄，作盾形切下，剔除木质部，然后插入砧木的“T”形切口内，用塑料带绑扎好，留出叶柄和芽，然后进行遮阴，避免阳光直射。一周后，如果芽是绿色，叶柄发黄，并用手轻触叶柄即全脱落，表示嫁接成功，如果芽呈黑色，叶柄干枯则表明死亡。接活后的植株可以去掉遮阴物进行阳光照射，并把砧木上发出的幼芽剥除，但砧木上的老叶要保留，使其进行正常的光合作用，给接穗芽提供养分，当新芽长到15～20cm时，最好立柱防止新枝被风吹断，等其木质化并发第二次新芽时，可将砧木上的枝叶全部剪除，并解除绑扎带。

3.组织培养

月季组培苗具有短时间可以生产大量的优良品种、产量高、生产性能好等优点，而且基因转化的苗必须通过组培技术扩大。离体快繁首先是无菌培养体系的建立，许多外植体用5%～10%清洁剂洗20min，或用无菌蒸馏水冲洗2～5次后可用0.1%氯化汞消毒，然后培养在MS基本培养基，或者木本植物培养基，或者B5培养基上。这些基本培养基，补充有为达到所要求反应的不同浓度的生长调节剂。由外植体切口表面渗出的多酚氧化酶导致的变褐，可以通过增加PVP、柠檬酸或维生素之类的物质防止氧化而克服。变褐问题也能通过在接种后1d或2d内，在黑暗中培养而克服，因为多酚氧化酶是由光诱导的。在许多情况下，开始几周内每隔6～7d，外植体要转到新鲜培养基上，随着继代培养变褐将不再是一个问题。

五、月季的栽培

（一）栽培需求

1.温度需求

蔷薇属植物大多原产温带，耐寒力通常比较强，其适宜的夜温为12～15℃，昼温20～25℃，但是不同的品种对温度的要求不太一致。夜温是影响月季生长发育最重要的因子之一，有研究表明索尼亚、撒曼萨、万岁等高温品种在较高的夜温下，切花数增多，到开花的时间缩短，对切花长度影响不大；而巨星、卡丽娜、玛丽娜等品种在较高的夜温下，虽然到开花的时间缩短，但切花长度明显缩短，花瓣数也减少，降低了切花质量，在较低的夜温下则可得到高品质的切花。生育温度与月季花芽分化有密切关系，研究表明气温在17～20℃时，花芽分化较早，发育正常；低于12℃时，不但休眠芽比例增多，盲花率也直线上升；高于25℃以上时，花瓣数减少且形成露心花。虽然叶发生速率随温度的增高而增加，但从抑制状态恢复时，芽上的叶和叶原基的数量随温度增高而稍微有些减少，开花前总叶片数随温度增高而降低，而在原位芽产生的枝条和分离芽产生的枝条间没有差异。收获时茎的粗度随预处理温度的增高略有下降，但对分离芽的影响要大于附着在母枝上的芽。髓与枝的直径比不受温度影响，但横切面髓细胞的数目随温度的降低稍微有所降低。

2.光照需求

月季属于四季开花植物，日照长与花芽分化的关系不明显，但在生长发育过程中，长日照能够促进月季的生长和开花。有关研究表明，光照因素决定24%～50%的月季产量，所以研究人员从日照时间、光强、光质、补光和遮光处理等方面对月季进行了大量的研究。研究显示，月季品种“玛丽蒂宝亚”16h日长处理时，开花率80.9%，到开花的时间61d，切花长64.3cm，休眠芽4.8%；自然日长下的开花率为66.6%，到开花的时间72d，切花长51.1cm，盲花率33.4%。品种“超级明星”也得到类似结果，通常认为冬季增加日照时间能够促进开花，降低盲花率，缩短到开花的日数，促进切花伸长。光照强度也与月季的生长和花芽分化有关，月季的光合作用光饱和点一般为3.5万～5.0万lx，光补偿点为1.0万lx，光照强度低于1.0万lx时，生长发育受阻（制造的光合产物少），易发生花芽败育现象，开花比例大幅度下降。研究发现，光强是影响月季生长和开花最主要的因子，季节变化或遮阴使光强和光照时间减少，导致月季产量的降低，诸如芽的萌发、败育花率、新枝形成、到收获的时间、茎杆长度、重量、直径、叶面积和花瓣色素等构成月季产量质量的因素都受光的影响。相对高水平辐照量的补光，尤其是在低太阳辐照期间补光导致花数增多。在太阳辐照高于750μmol·m^{-2}·s^{-1}时，光合速率最大，在饱和光照下，*Rosa bracteata*的净光合速率为18.7μmol·m^{-2}·s^{-1}，高于*R. rugosa*的16.8μmol·m^{-2}·s^{-1}，而在低光照下，*R. rugosa*的净光合速率高于*R. bracteata*。从晚秋到春季，增加温室中CO_2浓度，可以增加月季切花的产量、鲜重、干重、茎长和叶片数。在温室中，早上开始向前延长2.5h光期，晚上延长4或5h（未间断18～18.5h），可以明显提高月季切花产量和质量。

3.保鲜要求

月季切花是鲜活的产品，其采收前和采后的内部生理状况都会影响采后的瓶插寿命，国内外研究者和生产者针对影响采后寿命的各种因素，采用各种措施来延长货架期。对月季花来说，尚无十分有效的保鲜剂。研究成果显示，采后的月季花在加入柠檬酸将pH调至3～3.5，于41～43℃的温水中吸水，然后运到冷藏室冷藏，可有效防止月季切花的萎蔫。空气相对湿度和光照时间对瓶插寿命有很大影响。空气相对湿度在18小时光照时由75%增加到91%，瓶插寿命减少30%，在24h光照下则减少44%。在75%和91%的相对湿度下，光照增加分别使瓶插寿命降低23%和38%。当贮藏时间增加时，呼吸速率变得非常低，无论乙烯是自由态或是结合态，ACC水平随衰老增加，而且前期冷藏过的月季更高，另一方面，当冷藏时间增加时，EFE活性变得更低，随后随衰老进一步降低。目前，有些研究者正试图通过转基因降低ACC合成酶和ACC氧化酶的活性来延长切花月季的货架期。

（二）种植方式

月季种植方式主要有盆栽、地栽和切花栽培。

1.盆栽

盆栽常用于室内小景。盆栽营养土应该注意排水、通风及各种养分的搭配。其比例是园土：腐叶土：砻糠灰=5：3：2。每年越冬前后适合翻盆、修根、换土，逐年加大盆径，以泥瓦盆为佳。月季浇水因季节而异，冬季休眠期保持土壤湿润，不干透就行。开春枝条萌发，枝叶生长，适当增加水量，每天早或晚浇1次水。在生长旺季及花期需增加浇水量，夏季高温，水的蒸发量加大，植物处于虚弱半休眠状态，最忌干燥脱水，每天早晚各浇1次水，避免阳光暴晒、高温时浇水。每次浇水应有少量水从盆底渗出，说明已浇透。浇水时不要将水溅在叶上，防止病害。月季喜肥，基肥以迟效性的有机肥为主，如牛粪、鸡粪、豆饼、油渣等。每半月加液肥水1次，能常保叶片肥厚，深绿有光泽。早春发芽前，可施1次较浓的液肥，在花期注意不施肥，6月花谢后可再施1次液肥，9月间第四次或第五次腋芽将发时再施1次中等液肥，12月休眠期施腐熟的有机肥越冬。每季开完一期花后必须进行全面修剪。一般宜轻度修剪，及时剪去开放的残花和细弱、交叉、重叠的枝条，留粗壮、年轻枝条从基部起只留3～6cm，留外侧芽，修剪成自然开心形，使株形美观，延长花期。另外，盆栽月季要选矮生多花且香气浓郁的品种。

2.地栽

地栽的株距为50～100cm，根据苗的大小和需要而定。地栽月季主要注意夏季干旱时要浇足水，尤其是孕蕾期和开花期一定保证供足水，同时也要注意雨季不要积水。冬耕可施人粪尿或撒上腐熟有机肥，然后翻入土中，生长期要勤施肥，花谢后施追肥1～2次速效肥。高温干旱应施薄肥，入冬前施最后一次肥，在施肥前还应注意及时清除杂草。夏季修剪主要是剪除嫁接砧木的萌蘖枝花，花后带叶剪除残花和疏去多余的花蕾，减少养料消耗，为下期开花创造好的条件。为使株型美观，对长枝可剪去1/3或1/2，中枝剪去1/3，在叶片上方1cm处斜剪，若修剪过轻，植株会越长越高，枝条越长越细，花也越开越小。冬季修剪随品种和栽培目的而定，修时要留枝条，并要注意植株整体形态，大花品种宜留4～6枝，长30～45cm选一侧生壮芽，剪去其上部枝条，蔓生或藤本品种则以疏去老枝，剪除弱枝、病枝和培育主干为主。

（三）病虫害防治

月季病虫害主要有白粉病、黑斑病、蚜虫、刺蛾、天牛等，必须注意防治。另外切花月季生产大多在温室中生产，温室中的高温高湿使月季感病严重，尤其是月季白粉病和黑斑病。不同品种和不同栽培条件下，月季的感病情况不同，目前除了喷施农药来防病外，主要倾向于改变栽培条件、管理方式，以及选育抗病的品种。如生产技术方面通过避免高温高湿，加大温室中的气体交换，采用滴灌技术等。品种选育上，除了传统手段外，有大量的研究人员试图从野生蔷薇中寻找抗病的基因，导入栽培品种提高其自身的抗病性。这方面的研究现在主要是针对白粉病和黑斑病。

第五节　报春花

报春花被视为春天的使者。它株丛雅致，花色丰富，色彩艳丽，花期正值元旦和春节，增添喜庆节日气氛。适应性强，宜盆栽装点客厅、居室及书房，还可露地植于花坛、假山、岩石园、野趣园、水榭旁。是我国的传统花卉和云南八大名花之一。

一、报春花的资源和地理分布

报春隶属于报春花科。该科为双子叶植物，约22属，800种，广布于全世界，但主产地为北温带。中国有11属，约498种，全国皆产，但大部产西南部，其中很多有观赏价值，少数入药。一年生或多年生草本，稀为亚灌木；叶对生、互生或轮生，有时全部基生，单叶或分裂，无托叶；花两性，辐射对称，单生或伞形花序式排列于花葶上，或为顶生或腋生的总状花序、圆锥花序或穗状花序；萼常5裂而宿存；花冠合瓣，稀无，管长或短，5裂；雄蕊5，与花冠裂片对生，有时有退化雄蕊；子房上位，稀半下位，1室；胚珠极多数，生于特立中央胎座上；果为蒴果。中国的主要属有：琉璃繁缕属、点地梅属、长果报春属、假报春属、仙客来属、海乳草属、珍珠菜属、独花报春属、羽叶点地梅属、报春花属、水茴草属、假婆婆纳属、七瓣莲属。观赏性较高的有点地梅属、仙客来属、独花报春属和报春花属。其中报春属种类最多，观赏性最高。

报春花属植物是中国著名的三大高山花卉类群之一，是草本花卉中的重要一族，主要分布于北半球温带高山地区，只有极少数种分布在南半球。喜马拉雅山两侧至中国云南、四川西部和藏南地区是该属植物的现代分布中心。中国有着丰富的报春花种质资源，据《中国植物志》统计，报春花种质资源中，报春花属植物约有500多种，中国有293种、21亚种和18变种，主产于云南、四川、西藏、陕西和贵州，云南有158种。但目前对报春花属植物的研究和栽培主要集中在鄂报春、藏报春、报春花、四季报春、云南报春等为数极少的几个种上，与中国占优势的报春花丰富资源很不相称。

中国西南的高山地区，气候条件十分适合报春花生长，因此种类繁多。特别是云南西北部、四川西南部和西藏南部的高山高原地区，是报春花属植物的“乐土”，不少品种鲜为人知。一些特有和珍稀的报春花属植物种类如松潘报春（稀有种）、密裂报春（中国特有）、二郎山报春（中国特有）、圆瓣黄报春（中国特有）、高穗报春（中国特有）、粉被灯台报春（中国特有）、名脉报春（中国特有）等种类，观赏价值很高。滇西北玉龙雪山就分布有报春花40种（包括亚种与变种），占我国产报春花属植物总数的12%，及云南产报春花属植物总数的25%。

对云南无量山的调查表明，该地区分布有报春花资源20种，分布于海拔1500～3000m的地带。在海拔1500～1800m为季风常绿阔叶林，林下为赤红壤，并杂有紫色土，分布有糙叶铁梗报春、细辛叶报春、海报春仙花、莓叶报春3个种和1个变种。在海拔1900～2700m为半湿润常绿阔叶林和中山湿性常绿阔叶林，林下为红壤、黄棕壤，也间杂有紫色土，分布有波缘报春、莓叶报春、饰岩报春、无毛饰岩报春、滇海水仙花、早花脆蒴报春、无葶脆蒴报春、报春花、景东报春、光叶景东报春、曲柄报春、叉梗报春、滇北球花报春、细辛叶报春和石面报春等种类。在海拔2800～3000m为近山顶杜鹃灌木林，土壤为棕壤，分布有细辛叶报春、薄叶粉报春、鄂报春、莓叶报春和云南报春等种类。从生境类型可分为岩生型和林缘旷野型两大类。岩生型主要生长于半湿润常绿阔叶林和中山湿润常绿阔叶林中的石灰岩石面上或石缝中，如曲柄报春、糙叶铁梗报春、云南报春、薄叶粉报春、早花脆蒴报春和无葶脆蒴报春等。林缘旷野型主要生长于林缘、山坡草地或潮湿的旷野中。生长于此环境中的种类有滇北球花报春、滇海水仙花、海仙花、细辛叶报春、鄂报春和波缘报春等。

在云南大理点苍山发现报春属植物16种（包括亚种和变种）。苍山野生报春花的生境主要分为岩生型、林缘旷野型、高山冷湿型3种类型。生长在岩石上的报春种类有山丽报春、薄叶粉报春、蓝花大叶报春。此种类型的报春花生长环境比较特殊，对土壤要求不太严格，伴生植物的种类较少，园林中可应用于岩石园或栽植于假山上。林缘旷野型种类较多，如滇北球花报春、滇海水仙花、美花报春、大理报春、地黄叶报春、毛叶鄂报春。这些种类的报春一般生长在土壤较肥沃而湿润，光照充足的环境条件。高山冷湿型的报春一般生长在海拔较高的地方，喜欢冷凉而空气湿度较大的环境条件，有紫晶报春、香海仙报春、苣叶报春、齿叶灯台报春、七指报春，有的种类能迎雪开放，如苣叶报春。

二、报春花的栽培历史

报春花属植物在世界上栽培很广，历史亦较久远，近年来发展很快，已成为当前一类重要的园林花卉。中文名报春和学名*Primula*，均含有早花的意思。

报春花是中国的传统花卉，明清以前就广泛栽植。根据地方志的记载和云南民间将报春花盆栽供春节欣赏的传统习惯，一般认为在唐代就已经有人工栽培。中国的藏报春于1820年前后输入英国，据说此花采自广州私人庭园。可见中国栽培报春花属植物，至少始于明、清两代。

国外的栽植历史也有数百年。在欧洲，当地种类如黄花九轮草及欧报春等均为黄花野生种，直至17世纪初高加索欧报春传入后，始有红、紫色等，初栽于园林。1596年耳叶报春从阿尔卑斯山输入英国后，迅即成为英人所喜爱的花卉。19世纪末至20世纪初，英美等国派人来中国采集报春花标本及种苗。1820年前后，英国的传教士把中国的藏报春从广州引入英国。引入的藏报春于次年开花，引起极大轰动。从此以后，欧美等国不断派人来我国采集报春花属植物的种子和标本，致使中国大量的报春花种质资源流入欧美等国。英国人Joseph是第一个向世人描绘喜马拉雅山地区至中国西南高山丰富的报春花资源的植物学家。他搜集了许多新品种，成功驯化了目前仍在英国栽培的钟花报春和头序报春。法国植物采集家Delavay 1867年来到中国采集引种植物。他在云南大理东部山区住了10年，收集了4000余种植物。他引种的报春花属植物，有垂花报春和海仙报春。英国的Forrest从1904~1932年7次来到中国，共将30000多份标本和1000多种植物运回欧洲，其中报春花属植物有橘红灯台报春、霞红灯台报春、橙红灯台报春、高穗花报春、玉葶报春、垂花报春、报春花、丽江报春（福氏报春）和偏花报春等。英国人Ward是来华次数最多、时间最长的植物采集家，植物采集生涯持续40年。他于1911 ~ 1938年间5次来中国，在云南的大理、普洱、丽江及西藏等地采集植物，引种报春花种类有杂色钟报春、巨伞钟报春、缅甸灯台报春、香格里拉灯台报春、短筒穗花报春、条裂垂花报春。

19世纪20年代，英国爱丁堡植物园将藏报春引种到植物园，培育出许多新品种。其中一个品种在温室中栽培，花色能随室内温度不同而发生变异：当室温在20℃以下，开的是红花；把它放在3℃的暗室里，开的却是白花。于是，这一品种变成了遗传学上的著名例子“在不同的环境（如温度）中，植物会发生种种变异（如色素），使花的颜色产生相应的变化”。

多花报春在丹麦和荷兰已形成产业化生产，栽培品种十分丰富。在亚洲，日本报春花栽培也比较普遍，每年生产大约1630万盆，产值2800万美元。中国20世纪30 ~ 40年代在上海和南京等地，仅有少量报春花栽培。80年代，四川和云南等地开始有小批量生产。进入90年代以后，不少企业进口国外的杂种一代种子，开始盆花的生产，但终究没有成为畅销市场的主流花卉，与规模化生产仍有很大的距离。

三、报春花的育种

1997年，报春花属植物有56%的种类有过细胞染色体数目的报道。已有的研究指出，报春花属植物的染色体基数为$x=11$。但在云南无量山的波缘报春、无葶脆蒴报春、滇北球花报春和光叶景东报春中，脆蒴报春组和球花报春组染色体基数为$x=11$，报春花组染色体基数为$x=9$。中甸海水仙的染色体数目为$2n=16$，核型公式为$2n=16=12m+4sm$，核型不对称性属2A。高穗花报春的染色体数为$2n=20$，核型公式为$2n=20=16m+2sm+2st$，核型不对称性属2A。以上说明报春花植物的染色体存在一定的变异。对安徽羽叶报春和毛茛叶报春的10个居群进行了DNA基因组多态性分析发现，两者都具有很高的遗传多样性，其中安徽羽叶报春的遗传多样性要高于毛茛叶报春，推测遗传多样性与生境多样性密切相关。

报春花的育种方向主要表现在几个方面：①新花色。报春花属植物多花色丰富绚丽，白色、粉红、深红、橘红、黄色和蓝色均有，但某一具体种则一般花色比较单一。如报春花野生种为单一的粉红色，而育种学家通过各种育种途径选育出来的报春花现代栽培品种的花色有白色、粉红色、红色、淡紫色等。②大花和重瓣。野生的报春花除了少数几个种有重瓣、双筒类，大多数的为单瓣类型。2001年，日本成功培育多花报春重瓣品种，并有不同花色。而通过多倍体育种选育出来的大花和巨花报春花品种花朵直径可达5cm。③不含报春碱的品种。100多年以前，人们就发现报春花属的一些植物能引起皮肤过敏。后来研究发现，在四季报春的植物体，特别是表皮毛中，含有一种能使人的皮肤过敏的物质，后来这种物质被命名为报春碱。目前已经报道的体内含有报春碱的报春花种类，有耳报春、粉报春、球花报春、藏报春、报春花、四季报春等。目前美国培育出完全不含报春碱的Libre系列四季报春，荷兰也推出完全不含报春碱的四季报春Twilly Touch Me系列，包含8个单色花系和4个复色花系。④矮生盆栽品种。有些报春花种类植株较高，株型不紧凑。日本报春种内杂交优选出来的杂种一代品种，花大，株形优美，矮生，适宜盆栽。

杂交育种是常规培育新品种的重要途径。报春花是典型的异花授粉植物，确切地说是不同植株可互为母本或父本进行相互授粉的典型二柱形长短柱花植物。其中，长柱花的花柱很长，雄蕊着生在花筒中部，散发出的花粉落不到柱头上；短柱花的柱头虽着生于雄蕊之下，但它的花粉粒特别大，柱头乳头状突起的凹却比长柱花的小，所以花粉粒虽可落在柱头上，却无法嵌进凹痕而完成授精，花粉粒只能从柱头上坏落而枯死。这是植物为适应异花授粉而形成的特殊结构。这种巧妙的结构，避免了植物的自花授粉。因为它的花冠筒是长而且狭的，除了具有长缘的蜜蜂和蝴蝶外，其他的昆虫无法在其上采蜜。在这种情况下，当长喙的昆虫采蜜时无形中就把长雄蕊的花粉传于长花柱的柱头上，短雄蕊的花粉传于短花柱的柱头上，这种正配授粉才能产生充分发育的种子。研究发现，报春花属植物种间杂交存在着严重的生殖隔离，因此报春花属的杂交育种仍以种内杂交和优选为主，通过种内杂交产生的新类型、新品种占报春花属栽培新品种的绝大多数。当然也不排除某些种或组间存在着一定程度上的亲和性，杂交能够产生杂种后代。多花报春就是从欧报春、黄花九轮草和高报春的自然杂种后代中选育出来的，其特点是花色丰富，花型各异，有记载的品种多达120种，并有巨花、双筒等类型。人工授粉前要备好授粉所需的镊子、毛笔和裹有脱脂棉的小竹棍，用酒精消毒，手也同时消毒。再把需要授粉的长柱花和短柱花分开摆放，授粉的植株要选择生长健壮、花期一致，具有各种优良性状的长、短柱花健壮植株各半。授粉的花以开放3～5d时最外一轮花最佳。授粉时间宜安排在晴天上午10点以后。授粉的方法是：①长柱花的授粉，用左手拇指和食指轻轻捏住长柱花的花萼，稳定花冠，右手用毛笔或裹有脱脂棉的小竹棍蘸取短柱花冠筒上的花粉，轻轻刷或点在长柱花的柱头上，即完成1次授粉。②短柱花的授粉，短柱花的柱头和长柱花的花粉均深藏在花冠筒的中下部，可用手或镊子轻轻拉破长、短柱花的花冠筒，使长柱花的花粉和短柱花的柱头露出，再用同样方法把长柱花的花粉授于短柱花的柱头上。为确保成功，长短柱花第一次授粉后2～3d，应再重复授粉1～2次。授粉成功后8个月左右种子成熟。采种后立即播种效果最好。

报春花属植物花色丰富绚丽，但多数野生种的花朵冠檐直径小于2cm，因此培育大花品种的报春花是报春花属植物育种的一个重要目标。多倍体在自然界分布比较普遍，通常多倍体花形较大，有较高的观赏价值。目前报春花属多倍体品种的产生主要通过两个途径：①自然加倍。报春花属植物的染色体基数为x=8、9、10、11、12、14，基数少，倍性低，某些种可以自然产生多倍体。在对野生报春花资源的考察中，已经发现众多四倍体、六倍体的报春花，可将这些自然加倍的种类选育繁殖为新品种。②人工利用秋水仙素等化学药剂诱导或者辐射诱变。报春花属许多观赏价值较高的巨花和大花品种或变种是通过这种方式培育成的。如用秋水仙素处理小报春，通过形态学、细胞学鉴定，获得3株根尖染色体加倍、株型、花色、花茎明显变异的四倍体小报春。

四、报春花的返繁殖栽培

（一）报春花的繁殖

报春花繁殖一般采用播种法和组织培养法。

1.播种法

报春花的蒴果球状，种子细小，褐色，果实成熟时开裂弹出。种子寿命一般较短，最好采后即播，或在干燥低温条件下贮藏。采用播种箱或浅盆播种。播种基质用筛过的红土、腐殖土各半混合而成。因种子细小，播后可不覆土。种子发芽需光，喜湿润，故需加盖玻璃并遮以报纸，或放半阴处。10～28d发芽完毕。适温15～20℃，超过25℃发芽率明显下降，故应避开盛夏季节。播种时期根据所需开花期而定，如为冷温室冬季开花，可在晚春播种；如为早春开花，可在早秋播种。春季露地花坛用花，亦可在早秋播种。如对中国特有种小报春的研究表明，小报春的种子细小，种子千粒重0.116g，种子吸水约需要6h就能达到水分饱和状态。最佳的储存条件为4℃、遮光保存，1年后萌芽率下降小于5%。小报春经赤霉素处理后，发芽整齐，但对种子的萌芽率影响不显著。在25℃和照光条件下萌发率最高。

2.组织培养法

组织培养是现代植物技术的重要方法与手段。它在细胞学、遗传学、育种学以及生物化学等科学领域应用极为广泛，不仅可以作为一些优良植物品种的快速繁殖方法，而且还用于单倍体育种、杂种胚培养、突变体筛选及原生质体融合等，是培育优良植物品种的新途径。报春花的组织培养可以用叶片、叶柄及花蕾为外植体。研究表明，在NAA、IAA浓度一定时，6-BA 2.0mg/L时对叶的诱导率较高；6-BA

1.0mg/L对花蕾的诱导率较高；6-BA 2.0mg/L和NAA 0.2mg/L时对报春花幼叶愈伤组织诱导率较高；叶柄在6-BA 0.5mg/L时增殖系数为3～5倍。四季报春的叶片、花葶、花萼、花瓣、花芽和花序原基均可以作为外植体进行组织培养。接种2个月后，在附加植物生长调节剂BPA和NAA皆为1.0mg/L 的MS培养基上，花序原基能分化出大量的不定芽。利用高山种高穗花报春种子萌发的无菌苗上胚轴为外植体培养出了试管苗，不定芽诱导和增殖培养基为MS+NAA 0.2mg/L+IBA 0.5mg/L+6-BA 0.5mg/L；生根培养基是1/2MS+IBA 1.0mg/L。培养基中均附加3%蔗糖、0.8% 琼脂，pH为5.8，培养温度为25℃±2℃，光照时间为12h/d，光强为4000lx。将外植体转接到培养基上培养4周后，外植体开始膨大；2周后形成含3～5个芽的芽丛。丛生芽在每个周期可繁殖不定芽5倍左右。将丛生芽切成单株后转入生根培养基上，约20d后开始生根，生根率达83%。移栽成活率可达90%左右。

（二）报春花的栽培

报春花园艺品种的栽培管理相对容易，作温室盆花用的种类，自播种至上12cm盆上市，约需160d。如在7月播种，可在年初开花。为避开炎热天气，在8月播种，也可在1月开花。第一次在浅盆或木箱移植，株距约2cm，或直接上8cm小盆，盆土绝不可带酸性，然后直接上12cm盆。栽植深度要适中，太深易烂根，太浅易倒伏。须经常施肥。叶片失绿的原因除盆土酸性外，可能太湿或排水不良。不仅夏季要遮阳，在冬季阳光强烈时，也要遮阴，以保证花色鲜艳。

高山报春栽培难度要大一些，一是从种子开花的时间长，二是低海拔地区夏季的高温会影响植株的生长。在昆明对高穗报春栽培实验表明，生长适宜的土壤pH是5.7，以腐殖质土、红壤、猪粪（3：0.5：1）的混合土作为高穗报春成苗的栽培土壤。苗期的管理要求勤松土，常除草，每周追施1次以氮素营养为主的尿素或15%的腐熟油枯水。尿素的施用掌握薄肥勤施的原则，单株追肥量不宜超过3g，否则灼根至死。高穗报春具有休眠特性，在昆明的休眠期是11月底至次年3月初。冬季的低温对于高穗报春的春化和花芽分化有利。经过一年营养生长和冬季休眠的植株，次年3～4月开花，也就是说高穗报春的开花需要两年时间。

第六节　百合

一、百合的资源和地理分布

百合为云南八大名花之一，隶属于百合目百合科。百合科约230属，3500种，全球分布，但以温带和亚热带最丰富。中国有60属，560种，遍布全国。百合科中既有名花，又有良药（如重楼、黄精、贝母、天门冬等）和食用植物（如葱、蒜、韭、洋葱等）。观赏性较高的属包括蜘蛛抱蛋属、大百合属、吊兰属、萱草属、百合属、豹子花属、郁金香属、开口箭属等，通常意义上的百合主要是指百合属植物。

全世界百合属植物约有115种，广泛分布于亚洲、北美洲及欧洲温带地区及亚热带高山地区。云南是世界百合遗传资源重要的产地之一，在起源于中国的55个种和18个变种中，云南有27个种和10个变种。在云南百合属植物的分布几乎遍及全省，大多数百合分布在高海拔地区，海拔分布范围很广，分布的最高海拔和最低海拔之差，在1000m以下的有13个种（含变种）；在1000～1500m的有12个种（含变种）；在1500～2000m的有6个种（含变种）；在2000～3000m的有3个种（含变种）。其中紫花百合（*L. souliei*）的海拔分布范围最广，分布的最低海拔和最高海拔相差2800m。其中玫红百合、紫红花滇百合、哈巴百合、匍茎百合、丽江百合、线叶百合、松叶百合、文山百合8个种为云南特有种。

二、报春花的生物学性状

多年生单子叶植物，高大草本，有些种株高可达180cm。鳞茎球型，直径3～6cm，鳞片肉质，倒披针形；茎具叶，不分枝；叶散生,长披针形；有些种类上部叶腋具有珠芽，能够繁殖成新的植株。花大，单生或排成总状花序，花瓣红色、黄色、白色或其他杂色系，部分种类具有香味。花被漏斗状，6裂，裂片基部有蜜槽；雄蕊6，花药“丁”字着生；子房每室有胚珠多颗，柱头头状或3裂；果为蒴果，革质，室裂，每个蒴果种子可达700粒。种子扁平，近椭圆形。

中国原产百合依据形态特性可以分为四组：①百合组，叶散生，花喇叭形，花被先端外弯，雄蕊向上弯。如宜昌百合、通江百合、王百合、野百合和淡黄百合。②钟花组，叶散生，花钟形，花被先端不外弯或微弯，雄蕊向中心靠拢。如尖被百合、墨江百合、小百合、滇百合、渥丹百合、紫花百合、毛百合、玫红百合及蒜头百合。③卷瓣组，叶散生，花不为喇叭形或钟形，花被片反卷或不反卷，雄蕊上端常向外张开。如紫斑百合、卓巴百合、艳红百合、山丹、川百合、湖北百合、大理百合、垂花百合及柠檬色百合。④轮叶组，叶轮生，花不为喇叭形或钟形，花被片反卷或不反卷，有斑点。如藏百合、东北百合、青岛百合及僧帽百合。

物候期是植物生长发育的重要特性，又是作物的一种重要的经济生物学性状。许多园艺品种已经可以进行周年切花生产，因而其物候特性另当别论。不同生长地不同种类的野生百合物候期存在较大的差异。大多数萌芽期为2月下旬至4月上旬。如淡黄百合和泸定百合在昆明的萌芽期为4月，开花期在夏季高温时期，盛花期在7月下旬至8月上旬。据观察，淡黄百合与泸定百合单花寿命均为8～11d，单株开花时间分别为8～20d与11～22d，花期随单株花朵数的增加而增加。

不同种类的野生百合生长曲线差异显著。细叶百合、川百合、野百合、卷丹和宜昌百合的生长曲线接近“S”形。而湖北百合从3月进入快速生长期，到4月中旬以后生长缓慢，从5月底到现蕾前，植株又快速生长，直到开花时才停止。同种内不同生态型的植株生长发育和生长量上也会存在差异，如宜昌百合柞水生态型生长量最小，平均株高只有70cm左右，而汉中生态型为115cm左右。安康生态型的萌芽最早，重庆生态型的萌芽最晚，前后相差1个月。

三、百合的栽培历史

百合栽培历史悠久，自古西方人就把百合花作为圣洁的象征。据《圣经》记载，以色列国王所罗门（公元前1033～公元前975年）的寺庙柱顶上就有百合花的装饰，说明百合花用于宗教礼仪活动已经有两千多年的历史。百合在中国的栽培历史也至少在1000年以上，但起始皆以食用和药用为主。中国有关古籍及诗文中记载颇多。早在东汉张仲景的《金匮要略》中就有关于百合药用价值的记述；唐代段成式的《酉阳杂葅》中具有观赏百合的栽培记述；南宋陈景沂的《全芳备祖》中有对百合形态的具体描述；明代李时珍的《本草纲目》和徐光启的《农政全书》均有对百合名称、形态、种类及用途的记述；明代甘肃《平凉县志》中载有“蔬则百合，山药甚佳”的记述，说明兰州百合在500年就已栽作菜蔬食用。清代吴其濬的《植物名实图考》记载百合6种，其中3种为云南所产。

17世纪初，美洲的百合开始引入欧洲。18世纪，中国的百合通过丝绸之路引入欧洲，百合开始在欧美庭院中成为重要的观赏花卉。20世纪初，欧洲人发现并引种了中国的岷江百合，用作育种材料，培育出许多适应性强的新品种。之后欧美各国大力进行百合的杂交育种，培育出了许多花形更好、色彩丰富的现代百合杂交种及新品种。目前百合已经在世界花卉产业中占据重要的地位，荷兰是世界百合生产中心，不但栽培面积大，而且向世界各地输出大量新品种和种球。日本、中国是百合栽培的后起之秀，百合花在云南产业中所占份额也不断增加。

四、百合的育种

（一）百合育种概况

百合的品种改良最早始于18世纪，日本人进行改良并育成了许多百合品种。欧美的育种始于19世纪，由日本引入*Lilium* × *maculatum*与欧洲原产的橙花百合或*L. bulbiferum* var. *croceum*杂交得到*Lilium* × *hollandicum*。其后许多原产亚洲的百合原生种，如卷丹、渥丹、铁炮百合、鹿子百合等被引入西方国家，开创了百合栽培及育种的新纪元，至今在英国皇家园艺学会登记的百合品种及品系已超过3500种。

百合属植物的染色体组以n=12为主，包括2对较大的近中节染色体及10对较小的近末端染色体。在天香百合、青岛百合、通江百合及山丹则出现有超额染色体的植株。

在园艺学上，英国皇家园艺学会根据百合生长习性、育种起源等将百合分为以下群系：亚洲型百合、僧帽型百合、圣母型百合、美洲型百合、铁炮型百合、喇叭型百合、东方型百合、杂项杂种、种、变种、品种及型。目前商业生产上使用较多的为铁炮型百合、东方型百合及亚洲型百合。每个群系的遗传来源不同。

铁炮型百合之亲本是铁炮百合、台湾百合和菲律宾百合。这三种百合中，台湾百合较铁炮百合具有更细长的叶片，外花被脊部有紫红色条斑，蜜腺纵沟内有乳头状细毛，茎较粗糙，而菲律宾百合有较长的花筒，较小的花及花脊红线较少。新铁炮百合是1928年日本人用铁炮百合与台湾百合杂交选育而成。铁炮百合的特点是花色纯白，多花，芳香，花呈喇叭形，早熟，耐热性强，栽培性良好，抗耐病性中等。今后的育种方向是大花型，花型朝外，单芽性和提高抗病性。

亚洲型百合的育种历史已有200年之久，曾为20世纪70年代荷兰的主要栽培品种。亚洲型百合的亲本为可爱百合、川百合、珠芽百合、山丹、渥丹、天香百合、垂花百合、宝兴百合和毛百合。亚洲型百合的特点是花多，色彩丰富，早生，少有香味，切花品种改良的目标是直立性、花梗坚实、抗叶烧、耐低光、易促成栽培、抗基腐等病害。

东方型百合的亲本是山百合、鹿子百合、日本百合等。东方百合是目前的主要栽培品系，优点是花大花多，香味浓郁，花型变化多，缺点是缺少黄色系，生育慢，抗病性差。

根据百合栽培种和原始种的分类意见，在人工育成的8类栽培杂种系统中有4类是利用原产中国的遗传资源育成的。估计在百合杂交育种历史中已经用过的中国百合资源种不足一半，中国和云南的百合资源利用潜力还很大，但是国内的百合育种工作还处于起步阶段。1980年以后，上海园林科研所等单位培育出了10多个种间杂种，如*Lilium regale* × *L. amoenum*（*L. regalamoe*）花玫瑰色，芳香；*L. longiflorum* × *L. davidii*（*Lilium* × *longidavii*）花淡橙色，适应性强；*L. regale* × *L. davidii* （*Lilium* × *regadavii*）花橙红，花瓣朝外；*L. regale* × *L. sulphureum*（*Lilium* × *regasulphur*）喇叭花型，紫被；*L. longiflorum* × *L. dauricum*花型大、向上，鲜红色。

云南具有许多优秀的百合种质资源，可以作为改良现代百合或育成新品种的材料，如野百合、文山百合、淡黄花百合、小百合、紫花百合、怒江百合、滇百合、蒜头百合、哈巴百合等。尤其是紫花百合植株矮小，花紫红色，是培育盆栽百合的珍贵资源，国内外尚未见利用的报道。

（二）百合的育种方法

1.杂交育种

杂交育种是当前百合新品种育成的主要手段。百合自交或杂交常会遇到受精前或授粉后的生殖障碍。克服受精前生殖障碍可使用生长调节剂处理，授粉后生殖障碍可使用热处理花柱、切柱授粉、混合花粉授粉等处理方法。而种间杂交或远缘杂交不亲和，除了有花柱抑制作用外，还有受精后的生殖障碍，需要依靠体外培养技术来挽救杂交胚，如胚培养、子房培养、子房轮切培养、试管内授粉等方式可供利用。

百合为双核型花粉。在种内杂交，铁炮百合呈现配子体型自交不亲和性。配子体型的不亲和性一般认为是由于免疫系统的反应，在柱头及花粉上存有特定的蛋白质发生识别作用。铁炮百合栽培种‘Hinomoto’在自交授粉后20h，花粉管伸长被抑制在柱头腔内。授粉后3～4d，花粉管伸长仍被抑制在花柱或子房上端，但实验证实这种抑制可能与蛋白质无关。在授粉前及授粉24h内利用X射线照射花柱可以打破铁炮百合自交不亲和性，因此铁炮百合自交不亲和性仍然可能是由花柱的分泌物造成的。

铁炮百合自交不亲和性受温度影响大，在18℃时易发生自交不亲和，但在20～26℃时则不易发生。由此在授以不亲和花粉后，2h内以45℃温水处理5min可以促使花粉管正常伸长。在授粉后8h处理却发生不亲和性，因此打破不亲和性可以用温水处理。

种间杂交不亲和也普遍存在于百合的种间杂交，不亲和性的大小因物种亲缘性而异，例如台湾百合与铁炮百合易种间杂交。在百合种间杂交，切柱授粉有利于亚洲百合‘Enhantment’自交不亲和性打破，但铁炮百合种间杂交无用。百合属植物胚囊为贝母型，具有单倍体及三倍体的极核。胚、胚乳及母体组织的染色体数比为2∶5∶2。在百合种间杂交除了花柱—花粉间不亲和外，种间不稔与胚乳不正常发育及自发性的染色体损坏也存在，利用胚培养或子房轮切培养可挽救因胚乳不正常而导致的杂交胚早期死亡。

在铁炮百合与透百合杂交时，授粉后3d花粉管生长迟滞停留在距柱头约7cm处，即使以柱头嫁接也不能改善，显示在种间杂交除了柱头分泌物外，花柱内腔组织也扮演抑制花粉管伸长的角色。利用切柱授粉可使铁炮型百合与亚洲型百合杂交呈单向亲和，以亚洲型百合为母本花粉管不易进入子房腔内，反之则可，但花粉管仅有约2%穿入胚珠进行受精，同时杂交胚常发育不完全，需要借助胚培养等技术来解决。以胎座授粉方式也可克服种间杂交不亲和，将亚洲型百合‘Whilito’花粉授在铁炮型百合‘Gelria’胚珠附近，约有0.8%的花粉管穿入胚珠。

百合育种时经常可能碰到花期不遇的情况，花粉贮藏是必不可少的技术。一般而言，百合是在花朵即将开放而花药未裂开时收集花粉。花粉以灯泡照明加热1～4h，应注意温度不能过高，并放置通风地方，有助于花粉干燥开裂。花药开裂后将花粉收集在蜡光纸上，其后收藏在含无水氯化钙或硅胶干燥剂的容器内，在0℃条件下贮藏。百合的花粉寿命长，铁炮百合的花粉不经任何处理，在室温下放置60d仍有大约1%的活性。在低温低湿下则可长期贮藏，在0～5℃下干燥的百合花粉可以贮藏1年供杂交育种使用。

进行杂交前应制定明确的育种目标。根据研究结果，一般百合杂交倾向于母性，所以所选的母本应具有目标性状中的多数父本中不具备的特性。

杂交方法是将父母本分别种植在花盆内，待开花前1d，将母本的花粉去除，将花被合拢，用透明胶带粘上，再套上纸袋，当第二天母本的柱头产生黏液时用毛笔把父本的花粉黏于母本的柱头上，随后把花瓣合拢，用透明胶带粘上，再套上纸袋，以免其他的花粉落在柱头上。昆明植物园用此法杂交，筛选出光线百合×川百合的F_1夏蝶百合，以及光线百合×兰州百合的F_1朝阳百合。F_1性状稳定，兼有父母本的特征，但更多的是遗传了母本的性状。

2.其他育种方法

百合育种其他方法主要有辐射育种、诱变育种、花药培养、基因工程育种等。

（1）辐射育种：一般采用钴元素辐射使百合发生变异。这种方法育成的百合新品种具有抗热抗寒、抗病等性状。

（2）诱变育种：可以采用高温和秋水仙素处理。秋水仙素处理最简单，选用细胞分裂旺盛的材料用秋水仙素处理。秋水仙素能在细胞分裂中期破坏纺锤丝的形成，使已经一分为二的染色体停留在赤道极上，不向细胞两极移动，细胞中间也不形成核酸，使原来应分为两个细胞的染色体停留在一个细胞核中，最后形成染色体加倍的细胞，产生多倍体植株。诱导的材料一般是百合鳞片和试管苗，秋水仙素为0.05%～0.2%。诱导材料经过繁殖筛选获得新品种。

（3）花药培养：在百合育种上可以克服不亲和性及自交弱势。以花药和胚培养可以获得单倍体，经过加倍获得纯二倍体。百合的花药培养至今报道不多。以铁炮百合花药培养为例，在含有110μM 2,4-D和3%糖浓度的培养基上有利于愈伤组织诱导。但是并不是每一种百合经此方式都可以获得再生植株。

（4）基因工程育种：是百合育种未来的发展趋势，但百合的转基因育种研究较少、成效缓慢。自2001年利用RT-PCR的方法从麝香百合的花芽中分离克隆了一系列花发育相关基因以来，百合ABCDE功能基因都已经得到，并在模式植物上得到表达。目前已经建立了东方百合的农杆菌介导的受体系统，龙牙百合遗传转化的快速高频再生系统，以及东方系百合杂种‘Acapulco’的转基因体系，并用农杆菌与胞质丝衍生愈伤组织共培养，获得东方百合转基因植株。转化方法上，基因枪法可能更适合于龙牙百合的遗传转化，但转基因植株与具有商品价值的新品种尚存较大距离。

利用分子标记技术构建遗传图谱，进行QTL定位，是分子标记辅助育种的较为深入的探索。所用标记技术有AFLPTM、RAPD，分别有报道百合抗Fusarium与TBV的分子标记辅助育种研究，构建了亚洲百合品种的抗Fusarium性连锁图谱，发现3个标记与抗性显著连锁。分析亚洲系百合花青苷色素、花瓣的花青苷与斑点的形成性状的遗传背景，认为单基因控制花瓣花青苷色素形成。百合为球根花卉的鳞茎类花卉，从种子到鳞茎膨大再到营养积累足够多至成花，除麝香系外均需要3～4年的时间，因此百合花的重要性状如花色、花开方向等性状的QTL定位对新品种选育尤为重要。

五、百合的繁殖栽培

（一）种球繁育

百合鳞茎繁殖根据繁殖体特性及再生途径，大体上可以分为播种繁殖、小鳞茎繁殖、珠芽繁殖、叶插繁殖、鳞片扦插繁殖和组织培养。

1.播种繁殖

播种繁殖是利用百合成熟的种子播种，可在短期内获得大量的百合子球，供鳞茎生产和鲜切花培育用。适于播种繁殖的百合种类，有野百合、麝香百合、二倍体卷丹、渥丹、王百合、台百合、川百合、毛百合、青岛百合、湖北百合、药百合等。百合种子发芽有子叶出土和子叶留土两种类型，前者播种后15～30d，子叶顶端露出土表，如王百合、川百合、麝香百合等；后者种子在土中形成越冬小鳞茎，至次年春天才由小鳞茎内长出第一片地上部的真叶，如毛百合、青岛百合、药百合等。播种用土可用2份园土、2份粗沙和1份泥炭配制，同时加入少量的磷肥。子叶出土类百合播种时间以3～4月为好，覆土厚度为1～2cm，部分品种6个月后即可开花，王百合、湖北百合等要到次年才能开花；子叶留土发芽的种类，如药百合等，以秋播为好，至11月即可抽出胚根，次年2～3月便可出土第一片真叶，3～4年后方能开花。百合幼苗移栽宜在子叶刚出土表至子叶伸直时进行。杂交种子需要通过种子育苗繁殖，并且种子育苗繁殖能够获得健壮的无病植株，但是某些种类从播种到开花周期很长。

2.小鳞茎繁殖

小鳞茎繁殖是针对不易获得种子的百合种类，可用其茎生小鳞茎繁殖。即利用植株地上茎基部及埋于土中茎节处长出的鳞茎进行繁殖。先适当深埋母球，待地上茎端出现花蕾时，及早除蕾，促进小鳞茎增多变大；也可在植株开花后，将地上茎切成小段，平埋于湿沙中，露出叶片，约经月余，在叶腋处也能长出小鳞茎。一般10月份收取小鳞茎栽种，行距25cm、株距6～7cm，覆盖火烧土4～5cm，覆草保湿，次年即可生长重约40～50g的商品种球，通常$1hm^2$地生产的小鳞茎繁殖可供2～$3hm^2$大田栽种。

3.珠芽繁殖

珠芽繁殖有些百合种类叶腋能产生珠芽，如卷丹等。这些珠芽可以形成性的植株。株芽的大小与品种及母株的营养状况有关，大的珠芽直径只有0.2～0.3cm。待珠芽在茎上生长成熟，略显紫色，采收珠芽。将其播种于沙土中，覆土以刚能淹没珠芽为准，搭棚遮阴，保持湿润，只喷水不浇水，1～2周即可生根，20～30d出苗。出苗1周后即可将其移栽于苗床上，日常注意遮阴，冬季保持床土不结冰为准，次年即可长成能开花的商品种球。对不能形成珠芽的品种，可切取其带单节或双节的茎段，带叶扦插，也能诱导叶腋处长出珠芽。

4.叶插繁殖

叶插繁殖有些百合种类，如麝香百合等，还可用植株的茎生叶片扦插来获得小鳞茎。其方法是将叶片自茎上揭下，插入适度湿润的基质中，保持20℃左右，每日给予16～17h的光照，约经3～4周后，即可在其基部产生愈合组织，并形成小鳞茎，一个半月后，小鳞茎生发新根，就成为新的植株。

5.鳞片扦插繁殖

鳞片扦插繁殖母球的鳞片扦插繁殖是生产切花商品球的重要方式。方法是在秋季选用无病虫害的大鳞茎摘取鳞片，创口面朝下扦插于沙土苗床上，但必须注意不要直接与基肥接触，以防腐烂。行距为15cm、株距为3～4cm，注意保湿和防寒，翌春2～3月，鳞片即可形成愈合组织并分化出小鳞茎。鳞片扦插繁殖的系数相当高，可达母球的100倍左右。百合鳞片繁殖大体可分为4种再生植株类型，即无抽叶型小鳞茎、地上型植株、地下型植株和地上地下型植株。鳞片植株的再生模式受百合母球生理状况、繁殖条件及环境的影响。尤其是抽茎与温度有密切的关系，繁殖期如果温度一直高于21℃，则会呈无叶短缩型或簇生叶短缩型。在4种再生植株类型中，地上型植株和地上地下型植株能够形成直立茎，产生更大的光合叶面积，积累更多的营养物质，产生大球。如用0.1%HgCl处理东方百合'Siberia''Sorbonne'两个品种的鳞片可有效防止扦插鳞片的腐烂，黑暗处理虽然使鳞茎增大，但明显降低了繁殖系数，用300mg/kg的NAA处理能显著提高百合小鳞茎发生的数目。

6.组织培养

组织培养应用于新品种加速繁殖、种球复壮、变异选择和改良品种等。组织培养可以采用鳞片、叶片、茎轴或花梗作为外植体，培养基采用MS培养基。如以兰州百合和野百合鳞茎及叶片为外植体获得再生植株。兰州百合鳞茎的最佳诱导培养基为MS+0.6～1.0mg/L BA+0.2mg/L NAA；芽增殖培养基选MS+0.5～0.6mg/L BA+0.1mg/L NAA；生根培养基为1/2 MS+0.2mg/L IAA+0.1%活性炭。野百合鳞茎及叶的最佳诱导培养基分别为MS+0.1～0.5mg/L BA+0.1～0.2mg/L NAA或0.5mg/L IAA和MS+0.7mg/L BA+0.07mg/L NAA；鳞茎诱导的芽增殖培养基为MS+0.2～0.4mg/L BA+0.1mg/L NAA；生根培养基为1/2 MS+0.15mg/L NAA+0.1%活性炭。

（二）百合的栽培

1.栽培的种类

百合的原种、杂种和园艺品种很多，目前用于观赏栽培的主要是3个杂种系，即铁炮百合、亚洲百合和东方百合。

（1）铁炮百合原产于台湾和琉球群岛，其花色洁白，花朵喇叭形，平伸或稍下垂，属高温性百合，性喜温暖而较湿润的环境，忌干冷与强烈阳光，生长适宜温度为白天25～28℃，夜间18～20℃，12℃以下生长差，盲花率高。闽南地区栽培自然花期为4～5月，促成栽培可周年开花。

（2）亚洲百合栽培品种由卷丹、垂花、朝鲜百合等多个亚洲原种的杂交或实生选种选育而来。花色丰富，有黄、橙黄、玫瑰红、白色以及双色或混合多色带斑点等，花朵较小，多向上开放。生长期较短，种植后2～3个月可开花。性喜冷凉湿润气候、半阴环境，以自然日照的70%～80%为好。生长适温为白天20～25℃，夜间10～15℃，5℃以下或28℃以上生长几乎停止。

（3）东方百合栽培品种主要来源于中国、日本、印度的原种杂交后代。花大，向侧面开放，叶片宽短，有光泽，具有特殊香味，生长期比亚洲百合稍长，植后3～4月开花，栽培品种较少，有桃红、红、紫红及白色等。生长习性类似亚洲百合。

2.种植管理

百合要选择土质肥沃、腐殖质丰富、排水性良好、pH6～7的沙质壤土地种植。百合种球的大小与切花质量有关，一般采用周径15～20cm的鳞茎种植，生产出的切花品质佳。种植密度依百合的种系、种球大小及生产季节而定。种球小，开花时温度高及光线充足的月份，适当密植。周径12～16cm的亚洲百合种球，种植密度一般为45～90个/m^2。周径14～22cm的麝香百合种球，密度为25～60个/m^2。

肥水管理植前以农家肥混合适量过磷酸钙作基肥，花芽形成前的营养生长期每周施1次腐熟的人粪尿或尿素。现蕾至开花的生殖生长期，每10d适施1次氮、磷、钾复合肥，采花后追施1次含磷、钾丰富的速效肥料，以促进鳞茎的增大充实。种球种植后15d内应多浇水，以利迅速长根发芽。苗期及采花后应适当控水。现蕾后至开花前应保持水分充足，促使花朵充分发育。

病虫害防治：百合的主要病害有根腐病、基腐病、鳞茎及鳞片腐烂病、立枯病等。防治措施是在发病初期立即挖除病株，并用50%的多菌灵1.5g/m^{2}进行灌根或同50%代森铵100倍液混合使用。栽培措施，一是选用无病健康种球及抗病品种，并在植前对土壤及种球进行消毒。二是实行轮作，同一地块避免球根类花卉连作。

百合鲜切花在消费习惯上多作为喜庆用花，因而节日期间需求量大，价格也较高。生产上如能合理安排，保证节日期间用花及平时均衡供花，则可提高种花经济效益。一般采取早、中、晚花品种搭配、分批播种、补光促花、切花冷藏保鲜等措施对花期进行调节。

百合种球（鳞茎）一般在切花采收后4～6周从土中挖出，经过去泥、消毒后阴晾。若拟留待较长时间后播种，应置冷库低温贮藏，以免发芽。

第七节　兰花

兰花是风靡世界的名贵花卉。兰花的许多种类花大而花形奇特、花色艳丽，开花期长达数月，且具有富于观赏性的叶和素雅的香味，深受世界各国人民的喜爱。兰花贸易特别是热带兰花的贸易在整个花卉贸易中具有举足轻重的地位。目前国内的市场主要以地生兰（国兰）为主，近年来从国外引进的蝴蝶兰、大花蕙兰、卡德利亚兰也出现了一片繁荣的景象。但是除了热带兰花和传统的中国兰花，中国尚有许多有待开发利用的野生兰花资源，这些种类具有极高观赏价值和开发前景。云南拥有丰富的资源，如杓兰属、兜兰属和独蒜兰属等。这里将以杓兰和兜兰为代表对兰花应用情况进行说明。

一、杓兰的资源和地理分布

杓兰属是兰科植物中较原始的一个属，全球约50个种或变种，广布于东亚、北美、欧洲等北半球的温带地区和亚热带山地，仅有5个种和变种生长于亚热带地区，包括暖地杓兰、墨西哥杓兰、麻栗坡杓兰、长瓣杓兰和大围山杓兰。杓兰属植物的地理分布非常广泛，但在中国—东喜马拉雅地区（中国35种）和北美地区（14种）的分布更为集中，欧洲仅有4种。杓兰属植物广泛的地理分布，或多或少是有联系的，仅有紫点杓兰一种分布于北美、亚洲和欧洲三地，涵盖新旧世界。有几个种是连接新旧世界的纽带，黄花杓兰对应皇后杓兰和富兰克林杓兰；离萼杓兰对应；杓兰对应*Cypripedium parviflorum*，说明亚洲和北美的杓兰起源于共同的祖先，因地理隔离趋异演化成成对种。云南有杓兰属植物20种左右，占杓兰属植物全部的40%左右。在云南，杓兰属植物主要生长于滇西北的高山地区，而云南东南部只有麻栗坡杓兰、大围山杓兰与长瓣杓兰三个种或变种。在滇西北以香格里拉、丽江及贡山分布杓兰属植物最为丰富，其中香格里拉有12种，包括离萼杓兰、黄花杓兰、紫点杓兰、西藏杓兰、绿花杓兰、丽江杓兰、雅致杓兰等。从海拔来说，滇西北的绿花杓兰分布最广，从海拔1800～3000m均有分布，玉龙杓兰、雅致杓兰等仅分布于海拔3500m以上的地方。

杓兰属植物大多生长在气候温凉，土壤腐殖层深厚，土壤排水良好的疏林下，喜通风良好的向阳坡地。生长的小生境，一类生长在林分稀疏、透光性好的疏林或灌木丛中，另一类生长在林分较密、透光性差的针阔混交林或针叶林中，地表一般布满苔藓，土壤肥沃，无水流，极少数生长在比较裸露的高山草甸。滇西北地区杓兰属资源相当丰富，100多年前Wilson曾经这样描述：“在那些沼泽低地，西藏杓兰是那般丛生密集，以致不踏那些高仅数寸的大红花，就别想迈步。”但是目前这种情况已经发生了很大改变，过度采集以及伐木筑路等人类活动所造成的栖息地的破坏，使杓兰种群量急剧下降。许多种类已很难寻觅其踪迹，杓兰的保护迫在眉睫。

二、杓兰的育种

杓兰属植物在欧美庭院已有100多年的栽培历史，中国的杓兰种类也在100多年前就被引种到欧美。国外目前已经培育出几十个新品种，有些品种利用了中国的亲本材料，如新品种*Cypripedium*‘Sunny’是欧洲的*Cypripedium calceolus*和中国的*C. fasciolatum*的杂交种。杓兰在中国的研究栽培历史不长，中国科学院昆明植物研究所对分布于云南的野生杓兰进行了种苗繁育、人工栽培研究，并通过自然变异筛选出了“星夜”和“日尼”两个杓兰新品种。

杓兰属植物花色艳丽，花型奇特，花期长，其唇瓣呈拖鞋状，故有“拖鞋兰”之称。从株高大体可分为3类：小型杓兰，株高5～10cm，如丽江杓兰、雅致杓兰等；中型杓兰，高10～30cm，如褐花杓兰等；大型杓兰，高30～60cm，如黄花杓兰等。花色丰富，除有淡绿色、黄色、白色、紫红色等不同颜色外，还有唇瓣与花瓣、萼片色彩不一的离萼杓兰、无苞杓兰等。花朵有小如口唇的紫点杓兰，亦有花朵硕大，直径大于10cm的斑叶杓兰等。种间差异明显，是遗传育种的好材料。

杓兰的新品种选育还处于比较初级的阶段，选育的目标主要是新花色，而杓兰从种子到开花的时间，通常需要6～13年，有人工栽培10年仍未开花的记录。今后一个主要的方向应该是缩短杓兰的营养生长周期。选育方法主要是种间杂交。杓兰属植物的染色体基本都是$2n=20$，其细胞学比较稳定。目前已经在*C. accule*、*C. formosanum*、*C. candidum*、*C. yatabeanum*、*C. reginae* 和*C. lichiangense*间进行了广泛杂交，并已获得成功。杓兰第一个人工杂交种是由美国的Carson Whitlow 1987年登记注册的。此后，他和德国的Werner Frosch又培育和注册了几个新品种。通过人工无菌萌发技术将杂交种子繁殖成幼苗，Frosch在无菌条件下3年内成功地从种子培养出开花植株。

三、杓兰的繁殖

相对于常见的热带兰来说，杓兰是人工繁殖非常困难的地生兰种类。杓兰幼苗直至现今还没形成大规模的商业化生产，主要原因之一便是种子人工繁育幼苗和组织培养的技术难题还没有得到很好解决。

早期杓兰的人工繁殖是利用分株方法进行的，分株繁殖方法简单易行，每个兰花爱好者都可以操作，但不方便大批量生产。1949年，杓兰种子无菌萌发的先驱者Curtis在自己配制的培养基中，首先成功获得了杓兰幼苗，为杓兰的种子无菌繁殖研究开辟了道路。20世纪90年代末，美国的Steele总结前人的研究成果，简化了种苗快繁方法，小批量繁殖生产10多种杓兰幼苗获得成功。从此杓兰的种子无菌繁殖技术逐渐地应用到了商业化生产中。相对来说，杓兰的组织培养难度更大，目前还很少有从茎尖等外植体获得幼苗的成功报道，可以说杓兰的组织培养难题还有待于攻克。在中国，对杓兰属植物的人工繁育以及相关开发研究一直是空白，直至中国科学院昆明植物研究所近年来通过生物技术成功繁殖了黄花杓兰等3种野生杓兰，目前黄花杓兰幼苗已能进行规模化生产。特别值得一提的是，来自德国的生态学家

Holger Perner博士一生热爱兰花，他自2001年来到四川黄龙后便被当地的杓兰深深吸引，从此更是扎根在这里开展兰科植物的保育工作，历时8年成功研发了杓兰属、兜兰属等兰科代表植物的种子无菌繁育技术，在杓兰的种子资源收集和种苗繁育等方面作出了尤为重要的贡献。

（一）种子无菌萌发

要进行杓兰种子的无菌萌发，第一步要获得种子，并了解种子的特性。以黄花杓兰来说，蒴果具三心皮，果实略呈三棱形。一个蒴果具有约1万～2万颗种子。当种子成熟时，蒴果开裂，种子释放出来。黄花杓兰的种子是典型的兰花种子，种子非常微小，长约0.5mm，宽约0.1mm。种子通常呈纺锤形，种皮是一种膜质的壳，上有网状纹络。膜质的种皮使得种子不易透水，并能漂浮于水面。种子的底部有开口，这可能是共生真菌侵入种子与种子形成共生关系，并促使种子萌发的通道。成熟种子的胚是由十几到几十个形态不分化的细胞构成。黄花杓兰的种子毫无疑问是靠风力传播的，种子胚很小，种子的体积和胚的体积比可达90多倍。因此，种子内有很大体积的空气，利于种子在空气中传播。种子在未成熟的时候是白色的，成熟的种子一般呈黄褐色。

一般来说，黄花杓兰种子在受精后4个月成熟。由于种子非常细小且内有较大体积的空气，种子成熟蒴果开裂时，种子散落出来随风飘散。当种子落到一个适宜的生存环境时，一个新的黄花杓兰个体将产生。种子的萌发通常发生于春天和初夏。在适宜的温度和水分条件下，在土下2～5cm的杓兰种子胚开始吸水膨胀，并最终萌发形成原球茎。原球茎是淡绿色的，并逐渐产生长长的假根，假根是共生真菌感染的地方。种子萌发的第一个夏天，第一条根开始从芽尖的下方伸出，整个夏天和秋天根都在生长。相对来说，芽生长缓慢，几乎没有变化。当寒冷的冬天来临时，原球茎停止生长，在土层和苔藓层下越冬。第二年春天原球茎继续生长，第一片叶出现在第二年的夏天。

由于黄花杓兰种子十分细小，以及幼苗生长发育期时间相对较长，目前还没有针对在自然界中黄花杓兰从萌发到成年开花植株所需要的生长发育时间的研究工作。从人工繁殖所得的实生苗生长发育过程来看，黄花杓兰从种子萌发到成年开花植株所需要的时间一般在4年左右。黄花杓兰的生长发育均有明显的季节性，在春天3～4月开始萌芽生长，5～7月开花，秋天结实，在严冬来临之前地上部分逐渐死亡。在开花结实的同时，根状茎的顶端逐渐形成新的芽，它是第二年地上部分的来源。

在规模化繁育黄花杓兰种子无菌实生苗过程中，种子的质量是至关重要的因素。有胚率和胚活力是衡量种子质量的关键性指标，一般来说，种子有胚率达到80%以上，胚活力70%以上才可以作为规模化种子繁育实生苗的材料。在人工授粉条件下，黄花杓兰的结实率可达100%，但并不是这些蒴果的种子都能达到种子繁育的要求。实际生产中能达到要求的黄花杓兰蒴果约20%左右。这就需要一套完备的优质种子制备和筛选的技术，作为成功繁育黄花杓兰实生苗的基础。

授粉后120d左右，黄花杓兰蒴果完全成熟，此时种子内部休眠物质已经形成。成熟种子可以储存相对长的一段时间，通过物理及化学方法处理后进行人工无菌播种，种子可以正常萌发。因此，规模化幼苗生产一般采用成熟种子。

用刀片将蒴果采切下，并将顶端花部残留物小心切除。蒴果置于自来水下冲洗15min后，在无菌条件下将蒴果浸泡在75%的酒精中30min，取出后用无菌滤纸吸干水分。将蒴果剖开后把种子装入无菌小玻璃瓶中，密封后置于4℃冰箱中保存。

成熟种子内部的休眠物质已经形成，需要对其进行预处理，解除休眠状态，种子才能正常萌发。将种子置于4℃的冰箱中冷存处理3～4个月，则可以达到解除种子休眠的效果。种子无菌播种一般在每年的1～2月份，将冷处理后的种子从冰箱中取出，浸泡在0.5%的次氯酸钠溶液中15min，无菌水冲洗5次。无菌状态下将种子用接种针接种于CYP-m培养基表面（500mL兰花瓶，50mL培养基/瓶）。培养物在温度23℃±2℃、暗培养条件下培养。

播种后35d左右，可见种子胚膨大并突破种皮，种子开始萌发，形成尚未分化的白色原球茎。当原球茎生长至直径0.5mm时，则需要用接种针将其从CYP-m培养基上挑出，转接于CYP-y培养基上培养。原球茎之间约0.6cm的距离，每瓶接种量为80粒原球茎，在温度23℃±2℃、暗培养条件下培养。

当原球茎生长至直径1.0mm时，原球茎开始分化出芽，同时第一条根也开始分化。种子萌发后2个月左右，原球茎已经形成幼苗，芽已生长至0.5～1.0cm长，同时分化出幼叶，并具有1～2条根。此时将幼苗转接于新的CYP-y培养基上培养。幼苗之间约1.0cm的距离，每瓶接种量为50个幼苗，在温度23℃±2℃、光培养条件下培养（光照2000lx，12h/d）。一周后，幼苗叶片转绿，进入快速生长时期。光照培养约1个月后，幼苗约有5cm高，已具有2～3片叶，2～3条根，可以进行幼苗冷藏处理或移栽。

（二）组织培养

杓兰的试管繁殖目前还很困难，虽有少量利用种子萌发的原球茎诱导愈伤组织并再生植株获得了成功的报道，但尚未见适用于规模化快繁的组织培养技术。这里以黄花杓兰为例来说明根杓兰属植物组织培养技术。

每年4月份将根茎上尚未萌动的休眠芽用刀片完整切下，放入肥皂水中浸泡半个小时，然后用软毛刷刷洗干净，于流水下冲洗10min，蒸馏水浸泡10min，后放入75%酒精中表面消毒1min，再以0.1%的HgCl溶液灭菌8～10min，用无菌水冲洗4～5次。在无菌条件下用滤纸吸干水分，接种于培养基上。

以改良Harvais培养基为基本培养基，添加1mg/L的6-BA。蔗糖浓度为3%，培养基添加马铃薯提取液（即将20g马铃薯切片于200mL沸水中煮15min后所得的提取液），培养基pH为5.6，121℃下灭菌17min。黄花杓兰暗培养条件为23℃±2℃；光培养条件为每天连续光照12h，光照强度2000lx，培养温度为23℃±2℃。接种4d后就有休眠芽开始萌动，萌动20d左右可看见基部有小白点形成，1个半月左右休眠芽周边的小白点生长分化为侧芽。

无菌条件下将丛芽分切，接种于继代培养基中，每一兰花瓶接种20个丛芽。继代培养基为改良Harvais培养基，添加1mg/L的6-BA。培养基中添加5%马铃薯提取液。培养条件为每天连续光照12h，光照强度2000lx，温度为23℃±2℃。60d后丛芽增殖明显，继代培养的繁殖系数约为2.69。

无菌条件下将丛芽分切，接种于生根培养基中，每一兰花瓶接种40个丛芽。生根培养基为改良Harvais培养基，添加0.5mg/L的6-BA和0.5%活性炭。培养条件为每天连续光照12h，光照强度2000lx，温度为23℃±2℃。60d后，黄花杓兰幼苗生根率达到83.33%，且每一幼苗上生成2～4条根，每条根的直径约为0.8mm，长度约为3cm。此时，黄花杓兰幼苗即可进行冷藏处理或出瓶移栽。

四、杓兰的栽培

杓兰的栽培一直比较困难，大多数研究人员通常得出的结论是，这类植物必定需要某种特殊的共生菌根真菌以支撑它，而且离了共生的菌根真菌，简直就不能活。试验表明，尽管菌根对于自然繁殖是必需的，但是一旦试管培育的苗进入光合阶段，这种共生关系就不再必需了。

在杓兰的自然环境里，所有杓兰属植物的种子必须接触合适的微真菌共生体，以有利于这种兰花的种子成长，并经过开始的发芽阶段。真菌侵入兰花种子细小的胚乳，而且，实际上是形成给开始生长的原球茎供给少量碳水化合物的一种替代根系统。如果土壤营养水平和pH适宜的话，那么这些真菌仍是一个共生体，会缓慢地给原球茎提供营养直到其成熟形成很细的幼苗，并且最终形成其第一个休眠生长芽（称为芽眼）。在第一片绿色的叶子出现以前，这个过程可能要花好几年，或者更长。一旦第一片绿色的叶子出现，植株就能利用太阳作为其主要的能量来源，并且开始把菌根抛在一边，直到成年植株，实际上不需要依赖这种真菌共生体。

成功栽培杓兰就是要理解它已经进化到生长在具极酸（pH3.5～4.5）且营养匮乏基质的生态环境里。处于很低的pH水平，周围基质中的微有机体的活性水平相当低。如果生长基质里的pH开始上升的话，那么对这种植物的最大威胁就是极易受到微有机体的攻击。反过来，pH的这种升高又增强了攻击植物的微有机体的活性，而植物对这种冲击几乎没有自然防御。尽管土壤pH显著影响植物吸取土壤营养物质，但是这似乎并不是导致高pH条件下杓兰衰弱的机理。在pH水平为5.5～6的无菌条件下，植株的繁盛进一步暗示了微有机体攻击是可能的。

杓兰可以被成功地栽培，如果其生长基质维持在非常酸性的水平且保持营养贫瘠。最易生长的基质简单地就是由切碎的、酸性的、腐烂的木屑和泥炭以50：50混合组成的。尽管木材类型是不重要的，但是这些碎屑在使用之前应任其降解一段时间。在具有很高的夏季平均温度和湿度的那些地区，不含石灰的以石英为基底的沙也可以最小量地被加入以保持有机形式。在此使用了30%的泥炭，50%的沙和20%的腐木屑。

生长基质混有固定醋酸的雨水。醋酸给基质提供有机酸，使其接近最适pH4。使用这种加有醋的水溶液是最终让这些栽培的植株开花结果的一个关键的发现。这种加了醋的水不会伤害植株叶片。低pH值对于杀死企图在兰花周围生长的杂草也有额外的裨益。

应当注意的是不要使植株太潮湿，最好有点偏干。如果生长基质的最上层似乎被浸透，那么它们就太湿了。表土层应该呈现微干，尽管基质下面1/4～1/2英寸（1英寸=2.54厘米）的地方似乎应该微湿，但决不能是潮湿。基质应该完全透气而且疏松。只有塑料容器该被使用。黏土盆不应被使用，因为它们含有会提高盆内生长基质pH的可溶性氢氧离子。

成年杓兰植株具有主要在水平方向上可以长到基质表面下3～6cm的浅根系。休眠芽特有的以轻微伸出这种水平的芽眼尖端的形式出现。这得归因于它的典型的自然生境，5～8cm厚的落叶层或苔藓层，在其休眠期间可以积累在地上，而且植株得维持平衡以便容易地在春季成长。因此，这些植物应当被栽得较浅，否则，可能是叶片基部腐烂的结果，那些叶片附着在根状茎上。

虽然杓兰通常生长于林下或灌木林下，但它不是一类喜好非常荫蔽环境的植物。在自然条件下，生长在林地和空旷地区之间的交错区域，或者于清晨或午后阳光可以直射植物好几小时，并且其余时间保持具斑点光的荫蔽的地方。这些植株产生比那些位于较深阴处的植物上的茎较多的个头略小的茎。从光合作用对光照强度的响应来看，杓兰的光补偿点在30μmol · m^{-2} · s^{-1}以下，饱和点在500 ~ 800μmol · m^{-2} · s^{-1}。较低的光补偿点说明其能够适应林下的低光环境，可以较好利用林下弱光。较高的光饱和点表明对光有较高的需求，但是光照强度超过1400μmol · m^{-2} · s^{-1}将导致光合速率下降和生长不良。实际上，在40% ~ 50%的全光照下光合速率和生长都比较好。

杓兰属植物的地理分布比较宽，但具体到某一种则并不宽。在横断山区主要分布在海拔2700 ~ 3700m，分布区的年均温度为3 ~ 12℃，夏季最高温也很少超过25℃。从研究得到最适温度为18 ~ 23℃，大体来说在15 ~ 25℃间可以正常生长。昆明市夏季高温对杓兰的光合作用是不利的。

杓兰对肥料的要求比较低，这些植株最好缓慢地生长在营养贫瘠的基质上。在野外主要通过枯枝落叶缓慢地给它们提供在整个生长季节内所需要的有机氮。

实验室繁殖的杓兰的根系比其野生同类的大，而且，似乎颜色上更白，也具有许多肉眼可见的根毛。也许，幼苗在试管中没有与真菌共生体一块培养的事实可以解释这种适应性。这种适应性最可能让栽培的植株有能力更容易地获取土壤营养。可能是实验室繁殖杓兰健康地生长是由于别的原因，就是它们整个生活周期都在没有任何依赖菌根的栽培条件下培养的。

概括说来，成功栽培杓兰的三个最关键因素就是：①维持表层3 ~ 6cm的富含有机质的覆盖物。②保持基质pH中性。③在整个季节期间，苗圃必须一直保持微湿，但决不能淋透以致潮湿。④适宜的光温条件。

总之，杓兰对低海拔环境的适应能力较弱，虽然它可以在低海拔地区栽培，但需要提供合理的农艺措施使黄花杓兰能够更好生长。最适生长条件是1/3 ~ 1/2的全光照、气温15 ~ 25℃。如果移植到低海拔地区（例如昆明）需要好的生长设施，而在香格里拉，黄花杓兰在遮光网下的生长和光合速率与原生境相似。因此，最好的栽培方案是在香格里拉完成营养生长，然后移植到低海拔地区开花。

黄花杓兰花芽发育的研究发现，黄花杓兰在第一年的10月份就已经形成了充分发育的混合芽。此芽度过一个漫长的冬季，一旦此年温度合适，就迅速生长，完成开花。经低温处理后开花率有显著提高，且休眠芽从开始生长到植株开花所需的时间较为一致，也就是说提高了开花的整齐度，表明休眠芽在花芽分化完成后，给予一定时间和强度的低温休眠状态，对植物的正常生长发育是有利的。

五、兜兰的资源和地理分布

兜兰是兰科兜兰属的多年生草本植物，全世界共约80种，我国有27种。目前分类学家根据花、叶和植株形态把兜兰属分为6个亚属，即小萼亚属、宽瓣亚属、多花亚属、续花亚属、兜兰亚属和斑叶亚属。

就种类而言，中国是世界上兜兰属植物最丰富的国家，其中杏黄兜兰和白花兜兰为我国特有种。

兜兰属植物主要分布在热带亚洲地区，从中国西南部往南一直到南半球的所罗门群岛都有分布。不同的地理分布和生态环境造就了兜兰属植物在花和叶的性状上突出的多样性。在植株大小上，最大的兜兰株高将近1m（如杰克兜兰）；最小的种类植株高度仅有5～6cm（如巧花兜兰）。在叶片形态上，有的叶片呈椭圆形，有的叶片呈带状，有的叶片有斑纹，有的叶片全绿。花的形态更加丰富多彩，花色有白、黄、绿、红、褐等多种颜色，辅以各种斑点和条纹的式样变化，开花习性也复杂多样。

兜兰喜温暖、湿润和半阴的环境。茎甚短；叶片带形或长圆状披针形，绿色或带有红褐色斑纹。花十分奇特，唇瓣呈口袋形；背萼极发达，有各种艳丽的花纹；两片侧萼合生在一起；花瓣较厚，花寿命长，有的可开放6周以上，并且四季都有开花的种类。因为其奇特的外表和美丽的花姿又被人们称作“女士拖鞋兰”或者“仙履兰”，这一称呼在它的拉丁文学名中表现得尤为浪漫，兜兰属的拉丁文学名为*Paphiopedilum*，这一单词是由拉丁语中的美人（Paphio）和鞋子（Pedilon）组合而成，潜在意思便是“爱神之靴”。之所以会将之比喻成鞋子，是因为兜兰的花朵十分奇特，唇瓣仿佛一个小兜一般，与旧时欧洲淑女的拖鞋十分相似。

六、兜兰的育种

兜兰属植物的杂交育种已有150多年的历史。第一个兜兰人工杂交种*Paphiopedilum*‘Harrisianum’于1854年育成，它的父本是原产于中国的紫毛兜兰，母本是原产于马来西亚的黑色兜兰，并于1869年由伦敦Veitch苗圃在RHS正式注册登记。1876 年，伦敦Veitch苗圃又利用*Paphiopedilum*‘Harrisianum’为母本，与波瓣兜兰杂交获得了具有上述3 种兜兰血统的复合杂交种*Paphiopedilum* ‘Oenanthum’。紫毛兜兰和波瓣兜兰是早期著名的两个杂交亲本，1877年Veitch苗圃利用波瓣兜兰为母本，与紫毛兜兰杂交于又育成了杂交种*Paphiopedilum*‘Nitens’。*Paphiopedilum*‘Nitens’在随后的兜兰杂交育种中起到重要的作用，以它为亲本已有181个杂交组合在RHS上登录。兜兰的杂交育种呈现飞跃式发展，1870～1880年只有14个兜兰杂交种在RHS登录，至1890年有45个，1900年增加到414个，20世纪后兜兰杂交种的数量迅速增加，至今RHS上登录的兜兰属杂交种已超过27000个。而根据国际兰花品种登录规则，同一集体杂交种（grex）之下还包括正反交,在同一组合后代中还可以选育出多个品种，因此兜兰属植物的杂交种应该远远超过在RHS登录的数量。

育种者通常希望把多个优良性状集中到一个品种中，使其符合人们的审美需求和市场需求。培育出集花型圆整、颜色艳丽、生长快和抗逆性强等性状于一身的品种是兜兰育种者的目标。兜兰杂交育种的重点在不同时期也在不断发生变化。19世纪至20世纪初大多选育花色艳丽、花瓣和萼片大而圆整的标准型杂交种（肉饼型兜兰）。随后具有斑点的褐红色摩帝型兜兰成为育种的热点。两个不同性状的父母本杂交得到的子一代通常表现出父母本性状的中间形态，往往分不出哪一个亲本的基因遗传更有优势，如绿肉饼和黄肉饼杂交后代的花色多表现为黄绿色。但也有一些性状有强烈的主控基因表达，如雪白兜兰的白色花色遗传，只要有雪白兜兰参与，其后代的花色都表现出白色，因此雪白兜兰在白色花的杂交育种中起重要作用。目前已知的能育成白色兜兰的初代亲本除了雪白兜兰，还有白花兜兰和古德兜兰等；能育成黄色或黄绿色杂交兜兰的主要初代亲本有波瓣兜兰、同色兜兰、杏黄兜兰等；能育成红色或红褐色兜兰杂交种的主要亲本有髯毛兜兰、巨瓣兜兰、红旗兜兰、缘毛兜兰、紫纹兜兰、紫毛兜兰等；能育成绿色杂交兜兰的主要初代亲本有硬皮兜兰、麻栗坡兜兰和劳伦斯兜兰等。但现代绿色杂交品种中多是由波瓣兜兰的白变种杂交而来，因花朵不能合成花青素而呈现为绿色；能育成中萼片带斑点品种的主要初代亲本有波瓣兜兰、边远兜兰、白旗兜兰、亨利兜兰、紫毛兜兰、巨瓣兜兰等；能育成粉红色品种的主要初代亲本有德氏兜兰、费氏兜兰等。尽管花瓣长的多花型杂种也曾是兜兰育种的热点，但由于此类杂交种从播种至开花需要的时间长，登录的杂交种数量并不多。另外，利用白变种兜兰（albinistic forms）往往能育出绿色花的杂交后代或显性地遗传另一亲本的花色，常被育种工作者采用。

我国的兜兰杂交育种工作起步较晚，但目前已由中国科学院昆明植物研究所、中国科学院华南植物园、贵州林业科学院、华南农业大学、广西农业科学院等几家科研机构及个别生产企业或兰花爱好者选育并获得登记新品种100余个。

七、兜兰的繁育

无菌播种是目前兰科植物繁育的常规方法。兜兰种子的萌发和发育受到种类（遗传特性）、种子质量、种子成熟度、种子预处理、培养方法、培养条件等多种因素的影响。无菌播种的第一步是要获得高质量的种子。一般选择无病虫害、生长健壮、花色和花型好的个体建立制种圃，然后在开花时进行人工授粉。授粉时间为花朵展开后1周。刚开花时，由于花朵发育未成熟，柱头光滑，难以黏住花粉块。当花朵快凋谢时，许多花粉已经失去活力，柱头的活性较差，授粉后产生的种子数量少。授粉一般在晴天上午10～11点进行，授粉后做好标记，做好授粉植株的水肥和光照管理，保证种子的正常发育。

种子成熟度是影响兜兰种子萌发的关键因素之一。研究发现随着种子的不断发育和成熟，种子萌发率均呈现出先升高后降低的趋势，普遍存在成熟种子萌发困难的现象。由圆球形胚纵向延伸形成椭球形胚之时，兜兰种子的萌发率最高。种皮完全皱缩后，种子基本不能萌发。在不同种类的种子成熟期有所差异，例如授粉后90d的杏黄兜兰萌发最佳，卷萼兜兰、带叶兜兰为授粉后130d，彩云兜兰、汉氏兜兰、波瓣兜兰为授粉后180d，小叶兜兰为授粉后255d。同色兜兰授粉后小于60d的种子不萌发，150d的种子萌发率最高，超过150d的种子萌发率下降。波瓣兜兰小于120d的种子不萌发，大于210d的种子萌发率低甚至不萌发。

兜兰种子萌发常用的培养基约有以下10种：R、RE、MS、GD、Heller、花宝（Hyponex，H）、KC、Thomale GD、VW、Harvais。基本培养基中所含的矿物质对种子萌发和原球茎发育都有较大影响。彩云兜兰在1/2 MS或Hyponex N026 培养基上萌发率较高，原球茎能正常发育成苗；而在VW上，种子萌发率高但原球茎发育不良，仅有14%的原球茎发育成苗，在RE上，种子启动萌发时间较长，二者均不适合彩云兜兰种子的萌发。低盐分的培养基更适合兜兰种子萌发，高盐分的培养基会降低萌发率。MS培养基更适合兜兰的种子无菌萌发，根据不同种类设定从1/10 MS到MS不等。小叶兜兰在低盐浓度的MS改良培养基，即1/4 MS和1/2 MS上萌发率最高，两者无显著差异，授粉后255d的种子萌发率分别能达到86.67%和90.71%。白旗兜兰在1/4 MS培养基上萌发率（79 %）高于在1/2 MS培养基上的萌发率，在RE培养基上，萌发率虽然最高，但后期原球茎不能分化成苗。综合来看，1/4 MS基本培养基最适合多种兜兰种子的萌发。

在培养基中添加合适的有机物会促进种子的萌发。有机添加物的种类有多种，如椰乳、香蕉泥、土豆泥、蛋白胨、水解酪蛋白等。在培养基中添加香蕉对带叶兜兰的种子萌发具有显著的促进作用，种子萌发率达95%，生长状况较好，且在添加香蕉和土豆的培养基中，原球茎的褐化率都较低。但苹果汁和香蕉汁不利于同色兜兰种子萌发，椰乳（100mL/L）和蛋白胨（1g/L）对其萌发有促进作用。在各种有机添加物中，椰乳的效果最好，这可能与椰乳中富含玉米素等植物生长调节剂有关。

培养基中添加适量的活性炭有助于种子萌发。一般添加0.5～2.0g/L的活性炭为宜，过高浓度的活性炭会吸收培养基中的营养物质，抑制种子萌发。杏黄兜兰在添加2g/L活性炭的1/5MS培养基上萌发率显著高于不含活性炭的培养基。与之类似，白旗兜兰在添加0.2%活性炭的改良BM和KC培养基上，萌发率显著高于未添加活性炭的处理。活性炭的有无对杏黄兜兰胚的萌发起重要作用，对幼苗生长也有明显的促进作用。未添加活性炭的植株基部容易褐化。兜兰胚培养过程中会分泌较多的酚类物质，除了添加活性炭外，还可添加一些抗氧化的物质，如抗坏血酸、PVP等，可减轻褐化程度。

兜兰种子的无菌萌发一般不需要添加植物生长调节剂。但添加适宜的激素有利于种子萌发后原球茎的生长发育。同色兜兰、彩云兜兰等在添加0.5mg/L NAA的培养基上能正常萌发，且发育较好，高浓度的BA和NAA则会降低兜兰种子的萌发率或使种子推迟萌发。

在兜兰原球茎增殖分化过程中，细胞分裂素（如BA）对增殖倍数有重要影响，生长素（如NAA）对芽的生长起促进作用，二者浓度的合理组合才能达到最佳的促进效果。不同种兜兰原球茎增殖分化所需的激素配比不同。魔帝兜兰、同色兜兰等在6-BA与NAA浓度比为10：1时原球茎增殖分化最好。白花兜兰在6-BA与NAA浓度比为20：1时，长瓣兜兰6-BA与NAA浓度比为5：1时，原球茎增殖分化较好。一般来说，添加的植物生长调节剂浓度不宜过高，低浓度的生长素和细胞分裂素下，植株生长更为健康，高浓度的植物生长调节剂和长时间的培养可能导致植物体外培养的变异。

兜兰属植物的无性克隆是国内外公认的技术难点，也是制约其商业推广的重要因素。无性克隆困难的原因主要是外植体易受细菌和真菌污染、自身生长缓慢、培养中容易褐化等，但杂交种的组织培养比原生种相对容易。

八、兜兰的栽培

兜兰对栽培条件的要求较为严格，基于已有的生理适应性研究基础，目前制定了兜兰种苗生产栽培各阶段的优化方案。

栽培基质：兜兰对基质要求是吸湿、易干、透气、不容易腐烂、轻巧并能支撑固定植株。虽然腐叶土、泥炭土、苔藓、蕨根和树皮等都可作为栽培材料，但以树皮最理想。树皮的pH为5.02，EC值为70μS·cm^{-1}，符合兜兰生长的要求。不同苗龄用不同尺寸的栽培盆，使用不同大小颗粒的树皮。刚出瓶苗和2.8寸（1寸=3.333cm，全书同）苗用直径0.5cm的树皮，3.5寸苗用1cm的树皮。

温度需求：兜兰属植物虽然产于热带与亚热带地区，但其性喜凉爽，太高太低的温度均不利于其生长。理论上最适宜温度为15～28℃。只要温度不低于5℃就能安全越冬，低于5℃则会使叶片慢慢枯萎变褐、脱落。若温度长期维持在5℃时，植株叶片虽为绿色，但颜色暗淡、无光泽；花芽生长缓慢，花期推迟。温度高于30℃仍可成活，但生长处于停滞。每年3～6月间（花芽分化期）温度不要超过23℃，否则不易开花。

光照需求：兜兰属植物在野外生长在潮湿阴暗的林下，因此在栽培中需要避免阳光直射，否则会叶片焦黄、褪色、起泡。遮阴过度时虽然叶片生长好，但会减少开花。一般在春夏秋三季，应遮去70%的阳光，冬季遮去50%。在光照管理方面，因上午的温度低，光照可以强一些。夏、秋季上午9点半以前不需要遮阳，冬、春季12点以前不用遮阳。若只满足兜兰的生长温度而没有一定的光照，植株容易出现徒长，叶片长、软脆、容易破，植株生长不壮。

水分需求：春秋季节室内每隔 3 ～ 4 d浇水1次。外界气温低时，当苔藓表皮和植材干燥后应在中午前及时浇水，浇水时应以盆底渗出小量水为宜。适当的叶面喷水，可促进新芽的生长。夏季要在早上浇1次透水，并在叶面喷雾，保持盆土潮湿，增加室内湿度、降低温度，但盆内忌积水，水多易烂根。兜兰对水质的要求严格，水所含可溶性盐分越低越好，以EC值为50 ～ 100μS·cm^{-1}为宜。

养分需求：适当施肥能促进兜兰生长，提高花的品质。兜兰不喜肥，施肥以根部液体肥为主，并适当喷施叶面肥。一般刚出瓶苗阶段使用氮磷钾配比为20：20：20的3000倍液肥，10d施1次。中苗阶段使用氮磷钾配比为20：20：20的3000倍液肥，7d施1次。开花的前半段使用氮磷钾配比为20：20：20的2000倍液肥，7d施1次。开花前的后半段（花芽形成后）使用氮磷钾配比为10：30：20 的3000倍液肥，10～15d施1次。

病虫害防治：某些管理和气候的原因会导致一些病虫害的发生。兜兰属植物的病害主要是由真菌、细菌及病毒引起的。在温室栽培条件下，因温度湿度太高、水分过多等原因，经常会发生茎腐病及叶斑病，此时应清除病株，用多菌灵和百菌清进行叶面喷施，每周1次，平时加强通风和透光。虫害主要有介壳虫、蚜虫、红蜘蛛、叶螨等，害虫往往藏于叶背、新苗、苞片和基质中，温室地面如有苔藓、藻类等，也会招引蜗牛等害虫，用乐斯本、氧化乐果、敌敌畏等可有效防治，也可在栽培盆中加入呋喃丹3～6g，可常年免受虫害。

第八节　角蒿

一、角蒿的资源和地理分布

紫葳科角蒿属全部约15种，分布于中亚经印度、喜马拉雅山区至亚洲东部，主要生于海拔2400～4200m的高山、亚高山地带，其生长环境为阳光充足的草坡、高山流石滩或者灌丛。中国产11种3变种，主要产于云南西北部、四川西部、西藏及青海等地高山或高原上。分布海拔最高可达5000m以上如藏波罗花。高波罗花、单叶波罗花、黄波罗花、鸡肉参、多小叶鸡肉参、红波罗花、密生波罗花等均为中国的特有种。本属植物大多花大颜色鲜艳（主要为紫红色、红色和粉红色），观赏价值很高，适宜于盆栽和花坛种植。部分种类可以药用，如密生波罗花在青海、西藏等地，以其花、种子、根等入药，用于治疗胃病、黄疸、消化不良、耳流脓、月经不调、高血压、肺出血等症。鸡肉参的根可治骨折肿痛，还可治疗产后少乳、体虚、久病虚弱、头晕、贫血等症。云南产8种1变种和1变型，占全属植物的67%。

角蒿属植物为一年生或多年生草本，大多数具有宿根，叶互生，单叶或二至三回羽状复叶，裂片狭；花大，黄色或红色，组成顶生的花束；萼钟形，5裂；花冠长，2唇形，裂片5；雄蕊4，2长2短，内藏；花盘环状，子房2室，胚珠在每一胎座上1～2列；果为蒴果，种子有翅。

角蒿属植物的花色丰富，有粉红、鲜红、黄色等，可以满足选育丰富花色的花卉新品种。株高有的超过1m，如高波罗花。角蒿属植物为总状花序，单支花序的花朵数可达15朵以上，且花序紧凑，如黄波罗花。花期在1年内除冬季3个月外可连续开花，如温度条件适宜可周年开花，如两头毛。

红波罗花和密生波罗花早在100多年前就引起了欧美植物学界的关注，并被一些园艺学家引种在植物园及私家花园里，此后一些园艺花卉公司亦对一些花朵大而艳丽的高山角蒿产生了兴趣。荷兰和比利时等国培育出部分园艺品种，如白花的‘Snowtop’。中国近年来才开始对它进行较为系统的研究。

二、角蒿的育种

云南分布的两头毛、鸡肉参、红波罗花、单叶波罗花、中甸角蒿、黄波罗花6种角蒿的染色体数目均为$2n=22$，染色体基数$x=11$。它们的间期核和分裂前期染色体的构型都为同一类型，即分别为简单染色中心型和中间型，表明该属在属内具有较一致的细胞学特征，但6种角蒿属植物的中期染色体核形态特征也存在着一些差异，与亚属的划分没有明显的相关性。两头毛有红花和白花2个类型，在外部形态上非常一致，仅花色有区别，但二者在核型结构上却有所不同。两头毛红花类型的核型不对称性，为2A型，相对较为原始，其臂指数为44，在3条染色体上可以清楚地看到随体。而白花类型的核型不对称性属于3A型，属于特化类型，其臂指数为38，仅在第21条亚中部着丝点染色体上有随体出现。可见，两种类型尽管外部形态相似，却发生了较大的遗传变异。

角蒿属植物为虫媒花植物，雌雄同花，花朵喇叭状。其雄蕊花丝较短位于花冠底部，而雌蕊较长，位于花冠前端上部。雄蕊的着生位置低于雌蕊，个体较小的昆虫进入花朵不能接触到柱头。另外雌蕊柱头只要受到外力碰撞便合拢（无论授粉已否），这样大型昆虫（蜂类）进入花朵时先碰到柱头将其关闭，出来时既是带有该花的花粉也不能授于柱头上。这种特殊的机制避免角蒿自花传粉。从初步授粉观察来看，无论自交还是异交，都能结实。目前尚无详细的资料来阐述角蒿的杂交育种，因此主要介绍变异筛选法。

在野外观察中甸角蒿和红波罗花的多个居群发现：两个种各自在野生状态下存在居群内、居群间，以及不同的性状之间多样类型的变异。其中一些性状，如株高差异可达50cm；花朵颜色由浅粉红到紫红色过渡；花序数目大多为1～2个，但出现少数4～5个的单株；单个花序花朵数2～6朵不等。可以从这些变异中选出了具有花序数多、花大而鲜艳、单花序花朵数多、株型紧凑等优良园艺性状的单株。

具体方法是从野生居群中选取中甸角蒿、红波罗花的优良单株并挂牌，把植株隔离栽培，次年开花时淘汰性状差的植株，剩下性状好的植株为育种原始材料。在隔离条件下开放授粉，种子成熟后分株收种。

然后将种子分别播种栽培至开花，第二次淘汰性状差的植株，剩下性状好的植株为进一步试验材料。在隔离条件下开放授粉，种子成熟后分株收种。在选育过程中还结合地下部分块根的重量、长度、形状一系列相关性状进行选择，提高了植株整齐度。

通过此方法，中国科学院昆明植物研究所分别从中甸角蒿和红波罗花中选育出两个新品种——“梅朵”和“格桑”。新品种表现出多花、植株紧凑等优良性状，株高、株型、花期、花序、花朵数等多个性状上已较为整齐稳定和一致。

三、角蒿的育种

（一）制种

角蒿的开花期通常是5月底至7月初，集中开花时间为6月中旬。在野外角蒿的开花率为64%，但由于传粉媒介的限制，坐果率只有35%。人工栽培条件下，三年生植株的开花率可达90%以上，坐果率82%。角蒿单朵花期为7～10d，但花粉在花朵开放之前就已经成熟，柱头最佳的授粉时间为花朵开放的第2～3d。授粉时应选择植株紧凑，单株开6个以上花葶的植株作为授粉母株，授粉后要套袋、挂牌。

从授粉到种子成熟需要70d左右的时间，8月为角蒿种子的采收期。当蒴果外皮发黄，果尖变黑微张时，种子变黑成熟，可以采收。采收最好在晴天进行，采收后及时晾晒，防止蒴果发霉，待果皮变软（全干时果皮太硬，不易剥开）将种子剥出。红波罗花每个蒴果产生种子52～142粒，平均94粒。大花鸡肉参每个蒴果产生种子84～155粒，平均113粒。中甸角蒿每个蒴果产生种子69～289粒，平均134粒。

种子晾干时放入冰箱冷藏待用。冷藏温度2～4℃，冷藏2年的种子萌发率仍可保持在75%～80%。角蒿种子的千粒重为4.5g。

（二）播种

种子量少时，采用盆播。种子量多时用床播，但必须在温棚内进行，遮光40%～50%。土壤配比为3园土+2草煤土+2山基土+2河沙（体积比）。将土壤用粗筛过筛，按配比要求混匀，理成1m宽的高墒，沟宽50cm，用木板将墒面尽量整平。播种前2d将沟里灌满水（不要淹过墒面），浸24h后将沟里的水排出，排水后24h播种。

香格里拉（温带）采用春播（3月）播种，昆明（亚热带地区）采用冬播（11月）。播种以每平方米400～500粒为宜（约10g/m^2）。播种时将种子均匀地撒于墒面上，然后在上面盖1.5cm左右的山基土（需要过筛），最后再用地膜覆盖于墒面上，四周用土压严。播种后不用立即浇水，一般来说7～10d后再浇水，仍然是从沟里漫灌，但只能淹到墒面的一半高，补充一次水后可以等到揭膜后再浇。经低温处理的种子春播的出苗率极高，可达90%以上。

在香格里拉春播15～20d出苗，昆明冬播7～10d出苗，待苗出齐后将地膜揭去。虽然二年生以上非常喜光，但当年生幼苗需要遮光40%～50%，适于的生长温度是19～23℃，并且注意不要淋雨，否则幼苗容易感病腐烂。揭膜后立即用500～800倍的百菌清+800～1000倍的乐果喷洒，以后每15d左右喷洒1次。

揭膜后的幼苗浇水用喷壶喷洒，根据天气和土壤情况，3～5d浇水1次。注意土壤不要太湿，一般保持30%左右的土壤持水量。一年生幼苗对肥料的要求不多，一般施用15：15：15（N：P：K）复合肥，15d施用1次，每次每平方米8～10g，兑成100～200倍的溶液喷洒。平时注意除草，并间出部分小苗，保持每平方米300株左右，太密由于通风不良，易腐烂。

虽然中甸角蒿、红波罗花、黄花角蒿均为复叶，但第一年全部为单叶，要第二年才变成复叶。一般出苗时为2片叶，大约在出苗后15～20d内发展到3～4片叶，基本在第一年内不再增加。

在香格里拉一般幼苗在10月初枯萎苗，昆明冬播幼苗4月初枯萎苗，枯萎苗后应将小块根挖出冷藏（2～4℃）。在香格里拉也可以留在土壤里不取出，在地里越冬，待次年3月取出后直接移栽。

与2～3年生植株相比，一年生幼苗由于叶面积较小，干物质累积较慢（二年生植株光合速率为18～20μmol·m^{-2}·s^{-1}，块根鲜重增长率可达600%～800%）。一年角蒿块根平均大小为2.3cm×0.9cm，鲜重1.04g。

第二年3月将小块根移到大田栽培。

四、角蒿的栽培

角蒿属植物主要分布于中亚至喜马拉雅山和中国西南地区，生长在林间空地、山坡灌丛或流石滩，喜光，喜欢肥沃、排水透气好的沙质土壤。通过对原生地、栽培地上角蒿光合作用的温度、光照、CO_2、水分、养分的响应和需求研究，发现角蒿光合作用对温度适应范围比较宽，在12～28℃内光合速率变化不大。光合作用光补偿点及光饱和点较高，对光的需求更高。角蒿适宜栽培条件是温度15～25℃，无需遮光，尤其是成年植株要求适当干燥环境，切忌土壤太湿。另外，角蒿有较高的光合速率，角蒿通常第一年块根鲜重为1.0～1.2g/粒，第二年达15g/个，第三年超过100g/个。角蒿种子到开花3年，物质生产能力相当强。

角蒿对土壤的适应性较强，为获健壮植株，宜选择肥沃土壤。栽植前施入充分腐熟的有机肥作基肥，翻地整平，畦高20cm，畦宽120cm，株行距为（20～30）cm×（30～40）cm，每亩种植5000株左右。定植后及时浇定根水，促进成活。

角蒿属深根性植物，根系吸收能力较强，生长期间应加强肥水供应，才能获得健壮植株。干旱时需要早晚淋水，雨季注意排水防涝。一般每隔半个月追肥1次，每亩施7～10kg磷酸二氢钾，以促进发棵。角蒿根肉质，耐干旱，喜欢肥沃、排水透气好的沙质土壤（氮过多易导致病害发生）。

花前期为5～6月。此段时间内，温度逐渐升高，经过一个冬天的休眠，角蒿渐渐进入旺盛生长状态。新叶生长，花蕾发育。此期，可谓是开花前的冲刺阶段，工作一定要做细。追施花前肥：此期花茎的迅速延伸，叶片的迅速扩大，花蕾的迅速膨大，都需有充足的养分供应，因此，此次追肥应以速效肥为主，配合施用磷肥，氮、磷、钾比例为2：2：1或2：1：1，促使花大色艳。施肥应在6月上旬进行，每亩15kg左右。施肥要结合浇水，任何肥料中的养分只有在溶于水后，才能被植物吸收利用，以后每次施肥都要结合浇水。

7～9月，正值夏季，是角蒿生长发育、生殖的关键时期，也是病虫、杂草及旱涝危害期。切实加强田间管理，有利于角蒿健壮生长和良好发育，使角蒿花多、花大、色艳，同时结实率高。管理措施主要是少施氮肥，多施磷、钾肥。

9～11月，正值秋季，是角蒿生长发育的营养积累、结实的关键时期。角蒿花大花多，开花时消耗养分多，因此，花后施肥一定要及时，最迟不能到9月中旬，以保证在倒苗前存储充足的养分。以农家肥或腐熟的饼肥为主，每亩施100kg左右，施后要及时浇水，有条件的可同时采用根外追肥，如喷0.2%～0.5%的磷酸二氢钾、喷施宝或其他微肥。

角蒿一般9月底至10月初地上部分枯萎苗。枯萎苗后即可采挖，也可以留在地里自然越冬，待第二年3月份采收。角蒿由于块根肉质、皮薄、多侧根，采收时非常容易弄断和损伤，需要特别注意。

采后适当晾干，再进行分拣处理、剔除有伤口者。有伤口者用百菌清拌草煤土涂抹，防止伤口感染。

植株开花质量与块根大小存在明显的相关性，因此按重量对块根进行分级处理。对不同重量块根、开花质量比较试验确定了块根的分类标准。块根分级标准，优：鲜重300g以上；良：鲜重150～300g；中：鲜重80～150g，鲜重80g以下者不宜作为商品块根。

角蒿是一种野生花卉。过去，处于零星野生分布状态，其感病及危害程度未见报道。近年来，随着规模化大面积引种栽培，其病害的发生也有了相应的条件。人工栽培的中甸角蒿零星植株叶片出现褐色病斑并有蔓延的趋势。经病原菌的分离鉴定确定为梓壳二孢。应在发病初期着手进行药剂防治，具体药剂可采用多菌灵1000倍加农用链霉素200万单位兑水60kg/亩进行喷雾，百菌清600倍加农用链霉素200万单位兑水60kg/亩进行喷雾。每隔10～20d防治1次，连防5次以上。上述几种药剂配方可交替使用。

五、角蒿的成花调控技术

温度是影响植物开花的重要环境因子之一，低温可以诱导和加速许多植物的开花，即春化作用。而激素特别是赤霉素的运用可以打破植物在低温环境下的休眠，快速地进入生长发育状态。角蒿多生长于气候寒冷的海拔3000～4000m的高山地区，一般由块根越冬，需要经历4个月的冬天，是典型的需要低温春化作用才能开花的宿根高山花卉。

角蒿块根的低温需求量至少是在0℃下处理24d，开花率受到低温处理时间的显著影响，但萌发到开花的天数除0℃处理12d所需的时间较长外，其余都为50d左右。花朵的大小没有显著的差异，第一朵花的花茎高度虽然有显著差异，但这种差异显然与低温处理的温度和时间并不相关。

赤霉素有利于打破中甸角蒿的冬季休眠。实验表明，不同的赤霉素浓度和时间对中甸角蒿从定植到萌动的时间约为50d，且浓度为20mg/L和40mg/L赤霉素处理的芽眼萌发比例达到了50%以上。这就说明赤霉素处理的时间一定要合适，处理时间为5min的有利于萌发较多的芽。

低温处理和激素处理都能调控角蒿的开花，但其对开花的影响却有显著的差异。利用赤霉素处理与低温处理相比，缩短了中甸角蒿从休眠到萌发的时间，同时也缩短了萌发到开花的时间，证明赤霉素既有利于打破中甸角蒿的休眠，也有利于中甸角蒿的提前开花。同时赤霉素也促进了芽眼的萌发比例。此外赤霉素具有促进节间细胞伸长的生理作用，这种作用在完整植株上也很明显，因此利用赤霉素处理的中甸角蒿花茎长度显著比低温处理的要长。

第九节 鸢尾

一、鸢尾的资源和地理分布

鸢尾隶属于鸢尾科，为单子叶植物纲百合亚纲的一科。多年生或一年生草本。有根状茎、球茎或鳞茎；皆为须根。叶条形、剑形或丝状，叶脉平行，基部鞘状，两侧压扁，嵌叠排列。花单生或为总状花序、穗状花序、聚伞花序或圆锥花序；花两性，色泽鲜艳，辐射对称或两侧对称；花被片6，两轮排列，基部联合成花被管；雄蕊3；花柱1，上部多分为3枝，圆柱状或扁平成花瓣状，柱头3～6，子房绝大多数为下位，3室。胚珠多数。蒴果。该科约60属800种，分布于热带、亚热带及温带地区，分布中心在非洲南部及美洲热带。中国产4属58种，主要分布于西南、西北及东北各省区，其中以鸢尾属占绝大多数。另外引进栽培的约有8属20余种。该科植物以花大、鲜艳及花型奇异而著称，常见的观赏植物有唐菖蒲属、虎皮花属、观音兰属、香雪兰属、鸢尾属等；供药用的有射干属、番红花属。如番红花的花柱及柱头供药用，即藏红花，有活血、化瘀、生新、镇痛、健胃、通经之效，还可提取番红，为食用色素，又可作显微镜切片的着色剂。唐菖蒲属及鸢尾属的某些种对氟化物较敏感，可作为监测环境污染的指示植物。

鸢尾属植物的花大多为蓝紫色，花形似翩翩起舞的蝴蝶。全世界鸢尾属植物约300种，分布于北温带。中国有58种，广布于全国，西北和北部最盛，南部极少。云南有野生鸢尾属植物19种，占全国的1/3。很多种类供庭园观赏用，少数入药。多年生草本，有块茎或匍匐状根茎；叶剑形，嵌叠状；花美丽，花色有蓝、紫、黄、白等色，由2个苞片组成的佛焰苞内抽出，次第开放，但有时仅有花1朵，亦有些种类排成总状花序或圆锥花序；花被花瓣状，有一长或短的管，外面3枚花被裂片大，外弯，内面3枚常较小，直立而常作拱形；雄蕊3；花柱分支3，扩大，花瓣状而有颜色，外展而覆盖着雄蕊；子房下位，3室；胚珠多数；果为一蒴果，有棱3～6。常见种类有矮鸢尾、白花西南鸢尾、扁竹兰、长尾鸢尾、大锐果鸢尾、德国鸢尾、高原鸢尾、蝴蝶花、金脉鸢尾、卷鞘鸢尾等。

鸢尾分为根茎鸢尾及球茎鸢尾两大类。在切花市场上常见的切花鸢尾是球茎鸢尾，它的地下茎为球形，有很多栽培品种。由于切花鸢尾控制花期容易，花色又是切花中较少的蓝色，所以在切花市场上有着不可替代的作用。根茎类鸢尾大体根据垂瓣上是否有附属物及附属物的形状分为有髯鸢尾、饰冠鸢尾、无髯鸢尾等几大类。在园艺上通常可以分为：①德国鸢尾类，以德国鸢尾为主，1895年前多是2倍体品种，近年来育出大量的4倍体品种。花形特大，花色丰富，观赏价值很高。②路易斯安娜鸢尾类，属于无须毛鸢尾，颜色多样，主要有美国路易斯安那州、密西西比河流域原产的种、变种及天然杂种。园艺品种较多，花色丰富。③西伯利亚鸢尾类，为无须毛鸢尾，品种繁多，花色丰富，抗性强，喜湿润。④海滨鸢尾类，属无须毛鸢尾，由海滨鸢尾的种及其杂交种构成，共12种左右，植株高可达180cm，适应性广，花色丰富，喜光照，耐半阴。⑤ 有髯鸢尾类，又分为长毛鸢尾、中髯毛鸢尾、矮型鸢尾，主要种有矮鸢尾、矮菖蒲等，品种极多，花色齐全。目前全世界的鸢尾园艺品种已经超过2万个。

云南鸢尾属植物多分布于西北部和中部，范围为海拔1200～4200m，其生活环境主要在山坡草地、水旁湿地、沟谷、林缘、疏林下。多数种类对水分比较敏感，要求土壤水分充足或适度湿润。因此，依不同种类对土壤水分的要求，大体上可以分为以下两类：①在排水良好、适度湿润的土壤上生长较好，包括金脉鸢尾、高原鸢尾、尼泊尔鸢尾、锐果鸢尾、库门鸢尾、红花鸢尾、矮紫苞鸢尾、中甸鸢尾、鸢尾、扇形鸢尾等。②喜水湿，在湿润土壤、沼泽或浅水中生长较好，包括西南鸢尾、西藏鸢尾、扁竹兰、长葶鸢尾、云南鸢尾、蝴蝶花、燕子花、多斑鸢尾、黄花鸢尾等。

鸢尾和多种鸢尾属植物具有大而艳丽的花朵，且花茎直而长，是作切花的极好材料。如燕子花，早已是重要的商品切花，西藏鸢尾、长葶鸢尾等都可作切花引种栽培。另一方面鸢尾适应能力和抗污染的能力比较强，能在浅水、沼泽及潮湿的土壤中生长，可以用作水面绿化、水景园和专类园配置或作地被、花坛应用，如西南鸢尾、扁竹兰、云南鸢尾、燕子花、黄花鸢尾等。

二、鸢尾的栽培

在法国，鸢尾是光明和自由的象征。法国人视鸢尾花为国花，相传法兰西王国第一个王朝的国王克洛维在受洗礼时，上帝送给他一件礼物，就是鸢尾。鸢尾的名字是由上帝的信使连接地球和其他世界的彩虹而来的。还有一种传说就是彩虹曾经拯救了6世纪法兰克国王的性命，当他看到彩虹从莱茵河上升起的时候就知道这时的河水已足够的浅，于是过了河逃脱了敌人的追击。

鸢尾花因花瓣形如鸢鸟尾巴而得名，其属名*Iris*为希腊语“彩虹”之意，喻指花色丰富。一般花卉业者及插花人士，即以其属名的音译，俗称为“爱丽丝”。爱丽丝在希腊神话中是彩虹女神，她是众神与凡间的使者，主要任务在于将善良人死后的灵魂，经由天地间的彩虹桥携回天国。至今，希腊人常在墓地种植此花，就是希望人死后的灵魂能托付爱丽丝带回天国，这也是花语“爱的使者”的由来。鸢尾在古埃及代表了“力量”与“雄辩”。远在古埃及时代，鸢尾花就和莲花、百合花、棕榈叶一起组成“生命之树”的图案。所以鸢尾花的第一个含义是“复活，生命”。基督教兴起之后，认为它是伊甸园之花，同时又因其三片花瓣的形象，被认为是三位一体的象征。更多的说法，比如它是圣母玛丽，甚至夏娃的眼泪生成的，是上天给法兰西国王克洛维受洗礼时的礼物等。

以色列人则普遍认为黄色鸢尾是“黄金”的象征，故有在墓地种植鸢尾的风俗，即盼望能为来世带来财富。莫奈在吉维尼的花园中也植有鸢尾，并以它为主题，在画布上留下充满自然生机律动的鸢尾花景象。

19世纪的意大利城市佛罗伦萨,以生产经过干燥处理过的鸢尾根作为它的主要工业。三年生的鸢尾根经过去皮晾晒等处理后即可收获。这些鸢尾根主要用于香料工业，大部分在佛罗伦萨当地被蒸馏提炼成半成品。1876年，意大利出口1万吨半成品到世界各地。

欧洲自公元1600年左右就开始了对鸢尾属植物的选育工作。德国鸢尾就是从欧洲选育出来的，约有10个亲本以上的杂交种。英国和法国从事现代鸢尾育种工作最早，19世纪30～40年代，法国就已经有苗圃出售鸢尾品种了。欧美的品种绝大多数为德国鸢尾系列。日本培育的鸢尾园艺品种以花菖蒲为主，主要亲本是燕子花和花菖蒲。花菖蒲原产中国东北，9世纪传到日本，日本于1681年开始对其选育，现在已形成园艺品种1000多个。荷兰鸢尾属于球根鸢尾类，是西班牙鸢尾的一个变种，由荷兰育成，具备不同的花色和花型，花大而美丽。

中国鸢尾栽培的历史久远。宋代嘉祐年间，政府下令全国各地进献药物标本。由天文学家、药理学家苏颂主编的《本草图经》中写道："鸢尾布地而生，叶扁，阔于射干，今在处有，大类蛮姜也。"从花色、花期到药用价值进行了详细描述。可见，中国在很早以前就开始人工种植鸢尾。

中国园林植物资源丰富，过去对鸢尾类植物重视不够，没有进行系统研究，很多植物资源仍处于野生状态。现今对鸢尾属植物的研究多是对国外品种的引种、试种。中国鸢尾属植物杂交育种是从20世纪90年代开始。如黄苏珍做了21个种内和种间的6个杂交组合，其中种内杂交较易成功，但种间杂交的成功率很低，利用种间杂交培养出一些优良的新品种。

三、鸢尾的育种

国外鸢尾属植物的杂交育种起步非常早，除了传统杂交育种外，胚培养、体细胞杂交选育及农杆菌介导的转基因育种也获得了成功，并且育出许多新品种。

鸢尾的花部形态主要分为：内外花瓣大小（长短）一致型；内花瓣明显短于外花瓣，约占外花瓣1/4～1/5型；外花瓣下垂，内花瓣直立型；内外花瓣均下垂型等四种类型。不同种类之间的花期不一致，同朵花雌雄蕊成熟期不一致，雌蕊比雄蕊成熟迟1～2d，雄蕊成熟后很快散落，这也是鸢尾属植物一般不能自花授粉的主要原因之一。而鸢尾花期的差异，也为某些物种种间杂交带来了生殖隔离的障碍。另外花粉管在柱头上的异常行为、柱头乳突细胞和花粉管的胼胝质反应以及胚囊的解体等也会造成鸢尾种间的杂交障碍。

鸢尾的新品种选育主要包括以下几个方面：①切花品种选育。切花类主要是球根鸢尾（荷兰鸢尾）类的系列栽培品种。切花鸢尾在国外特别是欧美占有一定的市场，品种很多，花色主要有紫色、蓝色、白色和黄色，但缺少红色花系列品种。②抗病品种。鸢尾属植物中，外花被中肋上具棕毛类附属物种类为高观赏价值的种类。德国鸢尾系列品种属此类，并已应用于庭园绿化、盆栽及切花。该类鸢尾的根茎肉质粗大，在长江以南地区栽培，夏季和梅雨季其根茎易感染病害，严重者整株死亡。因此，选育适合长江以南地区或更大区域栽培应用的抗病性品种是中国鸢尾花卉育种研究的重要课题，并有广阔的市场前景。③矮生品种选育。近年来，鸢尾花卉矮生盆栽品种的选育也是一个研究热点，主要是要满足盆栽需要。

四、鸢尾的繁殖与栽培

在自然状态下，鸢尾属植物通过种子或分株来繁殖。鸢尾属植物种子的种皮对种子萌发有很大的影响，而分株繁殖的速度又很慢。研究发现，去除种皮与不去种皮的鸢尾种子之间的萌发效果具有显著差异，表现为开始萌发的时间，前者较后者明显提早，萌发百分率前者也显著高于后者，说明鸢尾种皮对鸢尾种子的萌发具有强烈的抑制作用。许多鸢尾种子具有休眠特性，如燕子花、玉蝉花、黄菖蒲中抑制种子萌发的主要因素是胚乳。利用4℃低温冷层积能明显促进长葶鸢尾、西南鸢尾、金脉鸢尾的种子萌发，而高原鸢尾的种子在室温和冷层积两种贮藏条件下，萌发率能达到100%和98.33%，没有区别。去除种皮后，长葶鸢尾、金脉鸢尾的种子萌发率提高，但是种皮对高原鸢尾、西南鸢尾的种子萌发没有抑制作用。从播种基质来看，混合土（红土：腐殖土=1：2）、腐殖土比较适宜鸢尾种子的萌发。

种子繁殖在8～9月，种子成熟后及时采种，春播或秋播均可。春天播种于4月上旬，在育苗盘或育苗床上进行。播种前，种子用水浸泡24h，微干后，散播、条播均可，然后覆土2cm，镇压。经常保持土壤湿润，大约20d出苗。也可在种子成熟后即播，实生苗2～3年开花。

分株繁殖通常2～4年进行1次，秋季苗枯后或春季未萌发前均可进行。秋季优于春季（秋季分株不影响第二年开花）。分割根茎，每块应有2～3个芽，并将老弱根茎减掉，有利新根生长。需大量繁殖时，可分割根茎，插于湿沙中，在温度20℃左右，2周后即可形成新芽。

组织培养可以克服无性自然繁殖慢，加快特定鸢尾种（品种）的繁育。另外，组织培养还可以进行种球的脱毒复壮。国内对球根鸢尾的组培快繁技术研究已经成熟，部分也已达到产业化生产的程度。利用荷兰鸢尾鳞茎片不同部位外植体，在MS+BA 1mg/L +NAA 0.2mg/L培养基上的不定芽诱导率为最高（70%）。最理想的增殖培养基为MS+BA 2mg/L+NAA 0.2mg/L。培养基为MS+BA 0.2mg/L+NAA 0.5mg/L有利于不定根的发生，诱导生根率达83.3%，试管苗不经炼苗可直接出瓶。对球根鸢尾来说，利用球根鸢尾的离体培养，可以在试管内成球。一般球根和根状茎较为肥大的种类易感病害，当球茎连续种植几年后，病毒积累到一定程度，就会引起种球的退化，失去商品价值。利用试管脱毒成球技术，以小于1mm的茎尖诱导的幼苗，脱除了球根鸢尾普遍存在的鸢尾重花叶病毒、鸢尾轻花叶病毒、水仙潜隐病毒。

在鸢尾类中除宿根类外，均具有根茎，粗细依种类而异。一般较耐寒，地上茎叶多在冬季枯死，春或初夏开花。这一类鸢尾，花芽分化多在秋季完成，春季根茎先端之顶芽生长开花，其顶芽两侧常发生数个侧芽。侧芽在春季生长后，形成新的根茎，并在秋季重新分化花芽。

宿根鸢尾，栽培比较粗放，但应根据对水分的不同要求，选择不同的立地条件和环境。湿生者要有充足的水分，而陆生者则对水分要适度控制。球根鸢尾除温暖地区露地栽培外，多作促成栽培。促成栽培前，将鳞茎放在1～3℃下冷藏60d左右。如要12月开花，则需要在开花前70d左右种植。准备2月开花的，在花前50～60d栽植。前期置于8～12℃条件下，待花莲渐抽出时，温度可渐升高至20～24℃，浇水量也增加，并保持光照充足，通风良好。切花时至少留叶2枚，以利鳞茎继续生长，茎叶枯萎后，及时挖起，贮藏温度以27～29℃为宜。

第十节　秋海棠

一、秋海棠的资源和地理分布

秋海棠属植物全球约有1800余种，广布热带和亚热带地区，温带也有分布。中国是秋海棠属植物种类自然分布较为丰富的国家之一，现已知并发表的种类224种，其中197种为中国特有的分布种类，约占中国分布种类的87.9%。云南地处中国的西南边陲，植物种类极为丰富，秋海棠属植物尤其突出，已知并发表的种类110种，约占中国自然分布种类的49.1%，其中74种为云南特有种。

秋海棠属植物花朵艳丽，叶形千差万别，几乎包含了植物界所有的叶形，叶片斑纹丰富多样、色彩华丽，具有很高的观赏价值，是一种极为优良的草本观赏花卉。秋海棠作为室内观叶植物，具有很高的开发利用价值和潜力。秋海棠属植物盆花近年已备受青睐，而且评价越来越高，在日本被称为“盆花之王”。无论是植物园、公园、公共绿地，还是私家庭园，只要有条件建温室就有秋海棠属植物的收集和展览，仅日本就有22个可以参观展览秋海棠的植物公园。许多国家一直很重视对秋海棠属植物的保育研究，英国格拉斯哥植物园引种栽培的秋海棠属植物达500多种，荷兰、美国、日本和澳大利亚等也收集保存了较多的野生种。

二、秋海棠的育种

在育种和种质创新方面，自1857年玻利维亚秋海棠被发现以来，国外学者以此为中心，采用原产南美安第斯山的皮尔斯秋海棠等7个野生种进行错综复杂的杂交育种研究，大约160年间培育出众多丰富多彩的世界名花——球根海棠系列品种。目前，以观赏花为主的球根海棠、四季海棠和冬花秋海棠系列品种，以及观赏叶片为主的*Begonia rex*系列品种等已风靡全球。据日本秋海棠协会2001年发行的育成品种录，全世界迄今已培育出17000多个秋海棠园艺品种。

目前国内收集秋海棠属植物种类最多的种质资源保存和研究基地是中国科学院昆明植物研究所。自1995年以来，该所对中国秋海棠属植物的分布和资源状况进行了野外调查和引种收集工作，已收集保存的秋海棠种类450余种（品种），是世界上收集保存秋海棠属植物种类最多的保存基地之一。该所也进行了大量的栽培繁殖和育种研究工作，基本掌握了常规的栽培繁殖技术，已培育出31个新品种。

三、秋海棠的繁殖

（一）播种繁殖

播种繁殖在室内或温室内均可进行，播种常规引种以春季4～5月或秋季9～10月为宜，主要优点是繁殖系数高和可培育新品种。因种子特别细小，播种时需谨慎操作。通常用浅瓦盆或播种箱，以高温消毒的腐叶土、培养土和细沙均匀拌和的土壤最好。播种容器要求干净清洁，常用新盆。先以瓦片把盆地垫好，均匀装上疏松、肥沃的播种土，再用木板轻轻压平后，将种子均匀撒上。播种后不必覆土，用木板再轻压一下即可或撒上一层石英砂。浇水会冲散种子，常从盆地浸水，湿润后取出。同时盆口盖上半透明玻璃，以保持盆内较高湿度，并放置于室温18～22℃的半阴处，早晚喷雾。一般播后7～30d发芽。

（二）扦插繁殖

茎插：茎插繁殖在室温条件下，全年皆可进行，但以4～5月效果最好，生根快，成活率高。常选取健壮的茎部顶端做插穗，长10～15cm，带2～3个芽。如插穗上生有花芽，对生根不利，往往插后容易开花，反而延迟生根，最好不用带花芽的顶茎做插穗。插壤用疏松、排水好的细河沙、珍珠岩或糠灰，扦插时，插穗不宜埋得太深，以插穗的一半为宜，并保持较高的空气湿度和20～22℃室温。插后一般在9～27d愈合生根。

叶插：叶插繁殖以夏、秋季节效果最好。室温栽培，冬季也可进行，但生根缓慢。叶插材料应选择充分发育的成熟叶片，太嫩或老化的叶片，愈合生根慢，成苗率也低。叶片比较大的种类可采用平插法，将叶片平放在沙床上，在叶中央主脉处用刀片划1cm切口，每片叶可划4～5个切口，然后用"n"形铁丝把叶片扣紧于沙面上，也可用直径1.5～2cm的卵石压在叶片切口周围，即能从叶脉切口长出小植物体。如扦插过程，插壤温度低于15℃，生根则要延迟，低于10℃时，就难于生根。

根茎插：适用于根茎密集的秋海棠，春、秋季将根茎剪成3～5cm一节，斜插或平放于沙床，保持室温20～22℃和较高的室内湿度，使之产生不定根和不定芽。一般插后15～20d长出不定根，30～40d萌发出不定芽，待形成几片小叶时，即可移入小盆养护。

四、秋海棠的栽培与应用

秋海棠应于温室中栽培，适当遮阴。因为温室环境可以使植物得到更好的保护。例如雨水落在植株上，若秋海棠叶片过湿的话很容易传染细菌性斑点病，该病是一种严重病害。正确的生长空间布置也是生产出健康植株的关键因素，空间过密会导致叶柄过长、株形松散，抗病性减弱，叶片也更容易传染细菌性斑点病；而摆放过稀的话，植物浇水后很容易失水，在通风较好时尤其如此。

秋海棠的茎叶柔嫩、多汁、含有丰富的水分。提供一个湿润的生态环境对秋海棠的生长极为有利，特别是盆栽秋海棠，需要充足的水分和较高的空气湿度。如温度高，水分供应不足，茎叶易凋萎倒伏，直接影响生长，严重时茎叶皱缩死亡。相反，供水过量，盆内出现积水，其根部易腐烂。观叶类秋海棠夏季正值茎叶生长旺盛期，除供给足量水分外，每天喷雾数次，模拟相对湿度较高的林下生态环境，相对湿度保持在56%～60%。这样，茎叶生长繁茂，色泽鲜艳，娇嫩。冬季，秋海棠生长缓慢，供水相应减少。

盆栽秋海棠的常用堆肥土、腐叶土和炭土。碱性或黏重、易板结的土壤作为盆栽使用，不利于新根生长，导致茎叶矮小，色彩暗淡，易引起萎黄病。适合生长在pH 6.5～7.5的中性土壤。以泥炭为主的商业基质由于透气性和持水性都比较好，很适合秋海棠的生长，生产者一定要采用洁净的基质进行秋海棠的生产。肥料的比例以N：P：K为3：1：2或2：1：2为好，再补充微量元素即可。

园林造景中常需要利用具有特殊形态和色彩的植物组成不同色块作为装饰。秋海棠叶形千差万别，几乎包含了植物界所有的叶形，叶片斑纹丰富、色彩斑斓，是优良的观叶植物，在园艺中已被广泛用作地被或植物幕墙。随着欧洲各国、美国、日本等发达国家对秋海棠属植物盆花的栽培展示及观赏消费热潮，许多品种已商业化生产，并获得了很高的经济效益。

参考文献

[1] Arene L, Pellegrino C, Gudin S. A comparison of somaclonal variation level of *Rosa hybrida* cv. Meirutral plants regenerated from callus or direct induction from different vegetative and embryonic tissues[J]. Euphytica, 1993, 71: 83–92.

[2] Arnold NP, Binns MR, Cloutier CD. Auxins, salt concentrations and their interactions during in vitro rooting of winter–hardy and hybrid tea roses[J]. Hortiscience, 1995, 30: 1436–1440.

[3] Begin–Sallanon H, Coudret A, Gendraud M. Relations between intracellular pH, water relations and morphogenesis in rose plants in vitro[J]. Biology Plantarum, 1990, 32(1): 58–63.

[4] Bressan PH, Kim YJ, Hyndman SE. Factors affecting in vitro propagation of rose[J]. Journal of American Society Horticultural Science, 1982, 107: 979–990.

[5] Cribb P. The Genus Cypripedium [M]. Timber Press, 1997.

[6] Gudin S. Rose improvement, a breeder's experience[J]. Acta Horticulturae, 1995, 420: 125–127.

[7] Kunitake H, Imamizo H, Mii H. Somatic embryogenesis and plant regeneration from immature seed–derived calli of rugosa rose (*Rosa rugosa* Thurb.)[J]. Plant Science, 1993, 90: 187–194.

[8] Mattson RH, Widmer RE. Effects of solar radiation, carbon dioxide, and soil fertilization on *Rosa hybrid*[J]. Journal of American Society Horticultural Science, 1971, 96(4): 484–486.

[9] Mattson RH, Widmer RE. Year round effects of carbon dioxide supplemented atmospheres on greenhouse rose(*Rosa hybrida*) production[J]. Journal of American Society Horticultural Science, 1971, 96(4): 487–488.

[10] Tamimi YN, Matsuyama DT. Distribution of nutrients in cut–flower roses and the quantities of biomass and nutrients removed during harvest[J]. Hortiscience, 1999, 34(2): 251–253.

[11] Wilson EH. A naturalist in Western China[M]. London: Methuen & CO. Ltd, 1911.

[12] Yan N, Huang JL, Hu H. Micropropagation of *Cypripedium flavum* through multiple shoots of seedlings derived from mature seeds[J]. Plant Cell, Tissue & Organ Culture, 2006, 84: 113–117.

[13] Zhang FP, Zhang JJ, Yan N, et al. Variations in seed micromorphology of *Paphiopedilum* and *Cypripedium* (Cypripedioideae, Orchidaceae)[J]. Seed Science Research, 2015, 25: 395–401.

[14] Zhang SB, Hu H, Xu K, et al. Photosynthetic performances of five *Cypripedium* species after transplanting[J]. Photosynthetica, 2006, 44: 425–432.

[15] Zhang SB, Guan ZJ, Chang W, et al. Slow photosynthetic induction and low photosynthesis in *Paphiopedilum armeniacum* are related to its lack of guard cell chloroplast and peculiar stomatal anatomy[J]. Physiologia Plantarum, 2011, 142: 118–127.

[16] Zhang SB, Guan ZJ, Sun M, et al. Evolutionary association of stomatal traits with leaf vein density in *Paphiopedilum*, Orchidaceae[J]. PLoS ONE, 2012, 7(6): e40080.

[17] Zhang SB, Hu H, Zhou ZK, et al. Photosynthesis in relation to reproductive success of *Cypripedium flavum*[J]. Annals of Botany, 2005, 96: 43–49.

[18] Zhang SB, Yang YJ, Li JW, et al. Physiological diversity of orchids[J]. Plant Diversity, 2018, 40: 196–208.

[19] Zieslin N, Mor Y. Light on roses: A review[J]. Scientia Horticulturae, 1990, 43: 1–14.
[20] 陈景沂(宋). 全芳备祖[M]. 北京: 中国农业出版社, 1982.
[21] 陈俊愉. 中国花经[M]. 上海: 上海文化出版社, 1990.
[22] 陈心启, 吉占和, 罗毅波. 中国野生兰科植物彩色图鉴[M]. 北京: 科学出版社, 1999.
[23] 陈心启, 吉占和. 中国兰花全书[M]. 北京: 中国林业出版社, 1997.
[24] 陈训, 巫华美. 英国爱丁堡皇家植物园石山园中杜鹃调查报告[J]. 贵州科学, 2000, 18(3): 204–208.
[25] 刁晓华, 高亦珂. 四种鸢尾属植物种子休眠和萌发研究[J]. 种子, 2006, 25(4): 41–44.
[26] 方瑞征, 闵天禄. 杜鹃属植物区系的研究[M]. 云南植物研究, 1995, 17(4): 359–379.
[27] 冯国楣. 丰富多彩的云南花卉资源[J]. 园艺学报, 1981(1): 59–63.
[28] 冯国楣. 中国杜鹃花[M]. 北京: 科学出版社, 1988.
[29] 冯志舟. 漫谈云南木兰科植物[J]. 云南林业, 2006, 27(1): 24–26.
[30] 高俊平. 中国花卉科技二十年[M]. 北京: 科学出版社, 2000.
[31] 高连明, 张长芹, 王中仁. 九种杜鹃属植物的遗传分化研究[J]. 广西植物, 2000, 20(4): 377–382.
[32] 管开云, 景秀, 卫华, 等. 秋海棠属植物纵览[M]. 北京: 北京出版社, 2020.
[33] 龚洵, 潘跃芝, 杨志云. 木兰科植物的杂交亲和性[J]. 云南植物研究, 2001, 23(3): 339–344.
[34] 龚洵, 武全安, 鲁元学, 等. 栽培红花山玉兰的传粉生物学[J]. 云南植物研究, 1998, 20(1): 89–93.
[35] 郭翎. 鸢尾[M]. 上海: 上海科学技术出版社, 2000.
[36] 郭志刚, 张伟. 玫瑰[M]. 北京: 清华大学出版社, 1998.
[37] 黄济明, 赵晓艺. 玫红百合为亲本育成百合种间杂种[J]. 园艺学报, 1990, 17(2): 153–157.
[38] 黄家林, 胡虹. 黄花杓兰种子无菌萌发的培养条件研究[J]. 云南植物研究, 2001, 23(1): 105–108.
[39] 黄善武, 葛红. 弯刺蔷薇在月季抗寒育种上的研究利用初报[J]. 园艺学报, 1989, 16(3): 237–241.
[40] 黄苏珍, 顾姻, 贺善安. 鸢尾属(*Iris* L.)植物的杂交育种及其同工酶分析[J]. 植物资源与环境, 1996, 5(4): 38–41.
[41] 黄苏珍, 韩玉林, 谢明云, 等. 中国鸢尾属观赏植物资源的研究与利用[J]. 中国野生植物资源, 2003(1): 3–7.
[42] 黄苏珍, 谢明云, 佟海英, 等. 荷兰鸢尾(*Iris xiphium* L. var. *hybridum*)的组织培养[J]. 植物资源与环境, 1999(3): 48–52.
[43] 黄章智. 切花栽培[M]. 北京: 中国林业出版社, 1986.
[44] 姜景民, 李霞, 盛能荣. 木兰科木兰属, 含笑属植物杂交授粉技术的初步研究[J]. 林业科学研究, 1999, 12(2): 214–217.
[45] 解玮佳, 李兆光, 李燕, 等. 三江并流区域野生杓兰属植物资源初报[J]. 中国野生植物资源, 2005, 24(2): 28–30.
[46] 金晓霞, 张启翔. 报春花属植物的育种研究进展[J]. 植物学报, 2005, 22(6): 738–745.
[47] 柯立明, 杨秀莲. 鸢尾种间杂交不亲和性原因的研究[J]. 林业工程学报, 2003, 17(1): 21–23.
[48] 李爱荣, 李景秀, 崔卫华. 中国迁地栽培植物志. 秋海棠科[M]. 北京: 中国林业出版社, 2020.
[49] 李达孝, 杨绍诚, 税希特. 云南木兰科植物物种资源及其种质库的研究[J]. 生物多样性, 1995(4): 195–200.
[50] 李景秀, 孔繁才. 高穗报春的引种栽培[J]. 云南农业科技, 2000(3): 28–29.
[51] 李鹏, 唐思远, 董立, 等. 四川黄龙沟兰科植物的多样性及其保护[J]. 生物多样性, 2005(3): 255–261.
[52] 李守丽, 石雷, 张金政, 等. 百合育种研究进展[J]. 园艺学报, 2006, 33(1): 203–210.
[53] 李溯. 云南山茶花的园艺品种及育种探讨[J]. 园林科技, 2006(2): 11–12.
[54] 李晓贤, 陈文允, 管开云. 滇西北野生观赏花卉调查[J]. 植物多样性, 2003, 25(4): 435–446.

[55] 李燕, 解玮佳, 和文佳, 等. 高穗花报春的组织培养和快速繁殖[J]. 植物生理学通讯, 2005, 41(6): 796.
[56] 李燕, 李兆光, 解玮佳. 西南高山的角蒿属奇葩[J]. 植物杂志, 2003(1): 1.
[57] 李志坚, 管开云, 李景秀. 角蒿和铁线莲的矮化试验[J]. 广西植物, 2003, 23(3): 264–266.
[58] 梁宁, 石雷, 杨杨. 8种木兰科植物种子的发芽、成苗试验[J]. 西部林业科学, 2006, 35(3): 72–75.
[59] 梁树乐, 张启翔. 大理苍山报春花资源调查[J]. 莱阳农学院学报, 2004(1): 63–65.
[60] 林萍, 田昆, 汪元超. 云南野生鸢尾属植物种质资源及观赏应用[J]. 中国野生植物资源, 2003, 22(4): 33–35.
[61] 刘春, 穆鼎, 明军, 等. 百合种间杂交受精前障碍的研究[J]. 园艺学报, 2006, 33(3): 653–656.
[62] 刘玉壶. 木兰科(Magnoliaceae)的起源, 进化和地理分布[J]. 热带亚热带植物学报, 1995, 3(4): 1–12.
[63] 龙雅宜, 张金政. 百合属植物资源的保护与利用[J]. 植物资源与环境, 1998, 7(1): 40–44.
[64] 龙雅宜. 切花生产技术[M]. 北京: 金盾出版社, 1994.
[65] 陆秀君, 李天来, 倪伟东. 天女木兰种子休眠特性的研究[J]. 沈阳农业大学学报, 2006, 37(5): 703–706.
[66] 罗桂环. 近代西方人在华的植物学考察和收集[J]. 中国科技史料, 1994, 15(2): 17–31.
[67] 罗桂环. 西方对"中国——园林之母"的认识[J]. 自然科学史研究, 2000, 19(1): 72–78.
[68] 罗桂环, 徐克学. 从"中央花园"到"园林之母"西方学者的中国感叹[J]. 生命世界, 2004(3): 20–31.
[69] 罗毅波, 贾建生, 王春玲. 初论中国兜兰属植物的保护策略及其潜在资源优势[J]. 生物多样性, 2003, 11(6): 491–498.
[70] 马燕, 陈俊愉. 培育刺玫月季新品种的初步研究(Ⅰ)——月季远缘杂交不亲和性与不育性的探讨[J]. 北京林业大学学报, 1990, 12(3): 18–25.
[71] 闵天禄. 世界山茶属植物研究[M]. 昆明: 云南科技出版社, 1999.
[72] 庞博, 潘远智, 孙振元, 等. 我国报春花属植物研究进展[J]. 安徽农业科学, 2006(16): 3957–3959.
[73] 彭隆金. 百合资源与栽培[M]. 昆明: 云南民族出版社, 2002.
[74] 沈云光, 管开云, 王仲朗, 等. 四种国产鸢尾属植物种子萌发特性研究[J]. 种子, 2005, 24(12): 21–25.
[75] 孙宪芝, 夏立群. 现代月季育种动向分析[J]. 江苏林业科技, 2004, 31(3): 13–16.
[76] 孙宪芝, 赵惠恩. 月季育种研究现状分析[J]. 西南林学院学报, 2003(4): 65–69.
[77] 汤桂钧, 张建安, 蒋建平, 等. 高山杜鹃的组织培养快速繁殖技术研究[J]. 上海农业学报, 2004, 20(3): 15–18.
[78] 王碧琴, 余发新, 刘腾云. 木兰科7种植物的组织培养技术研究[J]. 江西农业大学学报, 2006, 28(2): 268–273.
[79] 王关林, 方宏筠. 植物基因工程原理与技术[M]. 北京: 科学出版社, 1998.
[80] 王瑞苓, 胡虹, 李树云. 黄花杓兰与菌根真菌共生关系研究[J]. 植物多样性, 2004, 26(4): 445–450.
[81] 王象晋. 群芳谱诠释[M]. 北京: 农业出版社, 1985.
[82] 王亚玲, 张寿洲, 巫锡良, 等. 木兰科植物的无性繁殖[J]. 中国野生植物资源, 2004, 23(3): 56–58.
[83] 王亚玲, 李勇, 张寿洲, 等. 木兰科植物的人工杂交[J]. 植物科学学报, 2003, 21(6): 508–514.
[84] 王亚玲, 张寿洲, 李勇, 等. 木兰科13个分类群和12个杂交组合的染色体数目[J]. 植物分类学报, 2005, 43(6): 545–551.
[85] 王英强. 中国兜兰属植物生态地理分布[J]. 广西植物, 2000, 20(4): 289–294.
[86] 翁恩生, 胡虹, 李树云, 等. 黄花杓兰的花芽发育[J]. 云南植物研究, 2002(2): 222–228.
[87] 吴学尉, 李树发, 熊丽, 等. 云南野生百合资源分布现状及保护利用[J]. 植物遗传资源学报, 2006(3): 327–330.
[88] 中国科学院昆明植物研究所. 云南植物志. 第七卷[M]. 北京: 科学出版社, 1997.
[89] 吴之坤, 张长芹. 滇西北玉龙雪山报春花种质资源的调查[J]. 广西植物, 2006, 26(1): 49–55.
[90] 吴祝华, 施季森, 池坚, 等. 观赏百合资源与育种研究进展[J]. 南京林业大学学报: 自然科学版, 2006, 30(2): 113–118.
[91] 夏丽芳. 云南山茶花的生物学特性[J]. 云南植物研究, 1978.

[92] 夏丽芳. 茶属植物及云南山茶花资源的保护与发展[J]. 云南植物研究, 1987.
[93] 夏泉生. 山茶花[M]. 上海: 上海科学技术出版社, 2001.
[94] 夏宜平, 黄春辉, 郑慧俊, 等. 百合鳞茎形成与发育生理研究进展[J]. 园艺学报, 2005, 32(5): 947–953.
[95] 肖华, 周其兴, 顾志建, 等. 角蒿属6个种的核形态学研究[J]. 云南植物研究, 2002, 24(1): 87–93.
[96] 许玉凤, 王文元, 孙晓梅, 等. 鸢尾属植物的研究概况[J]. 安徽农业科学, 2006, 34(24): 6478–6479.
[97] 许圳涂, 金石文, 阮明淑. 百合[M]. 台北: 台湾花卉发展协会, 2002.
[98] 薛大伟, 张长芹, 黄媛, 等. 云南无量山报春花种质资源的调查[J]. 园艺学报, 2003, 30(4): 476–478.
[99] 杨百荔, 陈棣. 月季花事[M]. 北京: 中国建筑工业出版社, 1989.
[100] 杨静全, 李兆光, 李燕, 等. 云南丽江地区角蒿属植物资源的初步调查[J]. 西南农业学报, 2003 , 16(4): 53–55.
[101] 杨耀海. 云南拟单性木兰大苗培育及移栽技术[J]. 林业调查规划, 2006, 31(3): 142–144.
[102] 杨志成. 白玉兰[M]. 上海: 上海科学技术出版社, 2000.
[103] 叶超汉. 云南山茶花栽培[M]. 昆明: 云南人民出版社, 1985.
[104] 余树勋. 杜鹃花[M]. 北京: 金盾出版社, 1992.
[105] 余树勋. 月季[M]. 北京: 金盾出版社, 1992.
[106] 俞德浚. 蔷薇科植物的起源于进化[J]. 植物分类学报, 1984, 22(6): 431–444.
[107] 俞德浚. 云南山茶花栽培历史和今后发展方向[J]. 园艺学报, 1985, 12(2).
[108] 袁梅芳. 球根鸢尾的病毒鉴定及试管脱毒成球技术[J]. 园艺学报, 1998, 25(2): 175–178.
[109] 张本. 月季[M]. 上海: 上海科学技术出版社, 1998.
[110] 张长芹, 冯宝钧, 吕元林. 杜鹃花属的杂交育种研究[J]. 云南植物研究, 1998(1): 94–96.
[111] 张长芹, 冯宝钧, 刘昌礼, 等. 几种高山常绿杜鹃的扦插繁殖试验[J]. 园艺学报, 1994, 21(3): 307–308.
[112] 张长芹, 冯宝钧, 赵革英, 等. 杜鹃花的种子繁殖[J]. 植物分类与资源学报, 1992, 14(1): 87–89.
[113] 张长芹. 杜鹃花[M]. 北京: 中国建筑出版社, 2003.
[114] 张春英. 杜鹃花的育种发展及现代育种[J]. 山东林业科技, 2005(3): 77–79.
[115] 张国莉, 龚洵, 岳中枢. 细胞学方法在木兰科杂交育种早期鉴定中的应用[J]. 云南植物研究, 2002, 24(5): 659–662.
[116] 张晓曼, 孙晓光, 张启翔. 小报春种子萌芽生物学特性研究[J]. 河北农业大学学报, 2005, 28(4): 58–61.

第五章 特色花卉种质资源研究

云南野生观赏植物非常丰富，但对其的认识、研究还不够。这里仅能将收集研究的4392种野生花卉植物，按哈钦松系统顺序排列，以表格方式记述特色花卉种质资源。

一、木兰科

常绿或落叶，乔木或灌木。单叶互生，全缘，稀分裂，有叶柄。花大，通常两性，单生枝顶或腋生，花被片二至多轮，每轮3（4）片，分离，覆瓦状排列，有时外轮较小，呈萼片状，雄蕊多数，分离，螺旋状排列在隆起花托的下部。聚合果多由蓇葖组成，种子大，一至数枚，伸出蓇葖之外，稀为翅状小坚果，熟时脱落。胚极小，胚乳丰富，富含油质。

本科约有15属，250余种，产于亚洲东部和南部。北美洲东南部、大小安的列斯群岛至巴西东部。中国约有12属，约120余种，主产东南部至西南部。云南有12属，约65种，以滇东南和滇西南较多。本书收录10属，34种。

表2-5-1 本书收录木兰科34种信息表

序号	拉丁名	中文名	习性	花色	花/果期	分布地区
1	*Alcimandra cathcartii*	长蕊木兰	常绿乔木	白色	5月；9~10月	镇雄、彝良、贡山、福贡、大理、南涧、峨山、双柏、楚雄、思茅、龙陵、双江、景东、澜沧、金平、屏边、西畴、广南
2	*Magnolia delavayi*	山玉兰	常绿乔木	淡绿色	4~6月；9~10月	丽江、永仁、腾冲、洱源、宾川、牟定、武定、禄丰、昆明、师宗、罗平、双柏、易门、元江、石屏、蒙自、屏边、文山
3	*M. globosa*	毛叶玉兰	落叶小乔木	白色或乳黄色	5~7月；8~9月	贡山、德钦、维西、景东
4	*M. grandiflora*	荷花玉兰	常绿乔木	白色	5~7月；10~11月	全省各地
5	*M. henryi*	大叶玉兰	常绿乔木	绿色至白色	5月；8~9月	镇沅、思茅、澜沧、孟连、勐海、景洪、勐腊
6	*M. officinalis*	厚朴	落叶乔木	—	5~6月；9~10月	镇雄、彝良、昭阳、鲁甸、宣威、富源
7	*M. rostrata*	长喙厚朴	落叶大乔木	白色	4~5月；9~10月	贡山

续表2-5-1

序号	拉丁名	中文名	习性	花色	花/果期	分布地区
8	*M. wilsonii*	西康玉花	落叶小乔木	白色	5～6月；8～9月	丽江、剑川、鹤庆、大理、宾川、景东、大姚、禄劝、巧家、会泽、东川
9	*Manglietia aromatica*	香木莲	乔木	白色或黄绿色	5～6月	广南、西畴、麻栗坡、富宁
10	*M. conifera*	桂南木莲	乔木	紫色或红色	5～6月；9～10月	富宁
11	*M. duclouxii*	川滇木莲	常绿乔木	紫色或红色	5～6月	大关、文山、金平、河口
12	*M. fordiana*	木莲	常绿乔木	白色	5月；10月	广南、富宁
13	*M. forrestii*	滇桂木莲	常绿乔木	白色	6月；9～10月	腾冲、思茅、勐腊、绿春、金平、河口、马关、西畴
14	*M. hookeri*	中缅木莲	常绿乔木	白色	4～5月；9～10月	腾冲、盈江、凤庆、景东、镇康、沧源
15	*M. insignis*	红花木莲	常绿乔木	红色	5～6月；9～10月	腾冲、龙陵、沧源、景东、新平、石屏、金平、屏边、文山、麻栗坡
16	*M. szechuanica*	四川木莲	乔木	—	—	绥江、大关
17	*Manglietiastrum sinicum*	华盖木	常绿乔木	绿色	—	西畴
18	*Michelia alba*	白兰	常绿乔木	白色	4～9月	全省大部分地区
19	*M. cavaleriei*	平伐含笑	常绿乔木	—	3月；9～10月	滇东南
20	*M. champaca*	黄缅桂	常绿乔木	橙黄色	6～7月；9～10月	思茅、景洪、勐腊、勐海、盈江、瑞丽、腾冲、芒市
21	*M. doltsopa*	南亚含笑	常绿乔木	白色	—	镇康、耿马、龙陵、腾冲、泸水、福贡
22	*M. floribunda*	多花含笑	常绿乔木	白色	2～4月；9～10月	保山、思茅、文山及滇中
23	*M. foveolata*	金叶含笑	常绿乔木	淡黄绿色	3～5月；9～10月	金平、屏边、西畴、麻栗坡
24	*M. macclurei*	醉香含笑	常绿乔木	白色	3～6月；9～11月	昆明
25	*M. velutina*	绒叶含笑	常绿乔木	淡黄色	5～6月；8～9月	楚雄、曲靖、福贡、龙陵、麻栗坡
26	*M. yunnanensis*	云南含笑	常绿乔木	白色	3～4月；8～9月	大理、蒙自、保山、腾冲、文山、楚雄、曲靖、昆明、丽江
27	*Parakmeria yunnanensis*	云南拟单性木兰	常绿乔木	白色	6月；9～10月	西畴、麻栗坡、金平、屏边
28	*Paramichelia baillonii*	合果木	常绿乔木	黄白色	2～3月；8～9月	景洪、勐腊、勐海、思茅、澜沧、普洱、临翔、耿马、金平、绿春
29	*Tsoongiodendron odorum*	观光木	常绿乔木	淡红色	3～4月；9～10月	富宁
30	*Yulania campbellii*	滇藏木兰	落叶乔木	深红色、淡红色或白色	3～5月；9～10月	德钦、贡山、维西、丽江、福贡、腾冲、陇川
31	*Y. denudata*	玉兰	落叶乔木	白色	2～3月；8～9月	全省各地
32	*Y. liliflora*	紫玉兰	落叶灌木	—	3～4月	昆明、贡山
33	*Y. sargentiana*	凹叶玉兰	落叶乔木	淡绿色或淡紫红色	4～5月；9月	盐津、绥江、大关、彝良、镇雄
34	*Y. soulangeana*	二乔玉兰	落叶小乔木	淡红或紫色	2～3月；9～10月	昆明

二、八角科

为常绿乔木或灌木，全株无毛，有芳香气味。花被片7～55枚，覆瓦状排列成数轮。蓇葖果木质，腹面有一突起的纵棱。

本科1属，35种，分布于亚洲东部至东南部和北美洲东南部。中国有25种，产于西南、华南、华中、华东和西北地区东南部，生于海拔500～4000m的山地沟谷或山坡常绿阔叶林中，少数种生于沿海岛屿或针阔混交林中。云南12种。本书收录1属，11种。

表2-5-2　本书收录八角科11种信息表

序号	拉丁名	中文名	习性	花色	花/果期	分布地区
1	*Illicium difengpi*	地枫皮	灌木	红色或紫红色	4～5月；8～10月	富宁、西畴、麻栗坡、河口
2	*I. fargesii*	华中八角	乔木	淡黄色	3～4月；8～9月	大关、彝良、镇雄
3	*I. burmanicum*	中缅八角	乔木	白色或淡红色	2～4月；9～11月、6～8月	贡山、福贡、泸水、云龙、永平、马关、麻栗坡、屏边、金平、绿春、景东、普洱、凤庆、双江、腾冲、龙陵
4	*I. majus*	大八角	乔木	红色	4～6月；8～10月	新平、元阳、广南、富宁、西畴、蒙自、绿春、金平、河口、耿马、龙陵、瑞丽
5	*I. merrillianum*	滇西八角	灌木或小乔木	红色	3～4月；8～9月	勐海、双江、腾冲
6	*I. micranthum*	小花八角	灌木或小乔木	红色	4～6月；7～9月	镇康、会泽、双柏、新平、元江、文山、广南、马关、西畴、麻栗坡、蒙自、绿春、金平、景东、镇康、思茅、勐海、景洪、孟连、澜沧、临翔、耿马、双江
7	*I. petelotii*	少果八角	灌木或小乔木	红色	3～4月；8～9月	西畴、屏边、河口
8	*I. simonsii*	野八角	灌木或小乔木	黄色	2～4月、10～11月；8～10月、6～8月	全省各地
9	*I. spathulatum*	匙叶八角	乔木或灌木	红色	4～5月、10月；10～11月、4～5月	屏边、马关、富宁
10	*I. tsaii*	文山八角	灌木	白色	2～3月；8～9月	广南、文山、麻栗坡、马关、金平
11	*I. verum*	八角	乔木	红色	3～5月、8～10月；3～4月、9～10月	昆明、玉溪、丘北、广南、富宁、文山、西畴、麻栗坡、金平、河口

三、五味子科

木质藤本，单叶互生，常有透明的腺点。花单性，通常单生叶腋，有时数朵聚生于叶腋或短枝上。

本科2属，约50种，分布于亚洲东南部和北美洲东南部。中国有2属，约29种，产于中南部和西南部，北部及东北部较少见。云南有2属，18种。本书收录2属，16种。

表2-5-3　本书收录五味子科16种信息表

序号	拉丁名	中文名	习性	花色	花/果期	分布地区
1	*Kadsura ananosma*	中泰南五味子	木质藤本	黄绿色	4月	景洪
2	*K. angustifolia*	狭叶南五味子	木质藤本	—	—	屏边、文山、西畴、马关、麻栗坡
3	*K. coccinea*	黑老虎	木质藤本	红色	4～7月；7～11月	屏边、河口、金平、思茅、蒙自、文山、景东
4	*K. heteroclita*	异形南五味子	木质藤本	白色或浅黄色	5～8月；8～12月	屏边、文山、蒙自、思茅、勐海、勐腊
5	*K. induta*	毛南五味子	木质藤本	—	7月；9～10月	屏边
6	*K. interior*	顺宁鸡血藤	木质藤本	乳黄色	5～6月；9月	保山、澜沧、凤庆、耿马
7	*K. longipedunculata*	南五味子	木质藤本	白或淡黄色	6～9月；9～12月	昆明
8	*Schisandra grandiflora*	大花五味子	木质藤本	白色	4～6月；8～9月	滇西南
9	*S. henryi*	翼梗五味子	木质藤本	黄色	5～7月；8～9月	昆明、蒙自、金平、河口、红河
10	*S. micrantha*	大伸筋	木质藤本	黄色	5～7月；8～9月	昆明、会泽、玉溪、蒙自、文山、屏边
11	*S. neglecta*	滇藏五味子	落叶木质藤本	黄色	5～6月；9～10月	昆明、玉溪、大理、丽江、腾冲、维西、凤庆、建水、勐海
12	*S. plena*	复瓣黄龙藤	木质藤本	淡黄色	4～5月；8～9月	思茅、耿马、景洪
13	*S. propinqua*	合蕊五味子	落叶木质藤本	橙黄色	6～9月	昆明、大姚、维西、腾冲、思茅、蒙自、凤庆
14	*S. rubriflora*	红花五味子	落叶木质藤本	红色	5～6月；7～10月	贡山、福贡、德钦、维西、香格里拉、大理、洱源
15	*S. sphenanthera*	华中五味子	木质藤本	橙黄色	4～7月；7～9月	昆明、昭通
16	*S. viridis*	绿叶五味子	木质藤本	黄绿或绿色	4～6月；7～9月	文山

四、番荔枝科

本科植物多为乔木，灌木或攀缘灌木，木质部常有香气。叶为单叶，互生，全缘。花通常两性，单生或是几朵组成团伞花序、圆锥花序、聚伞花序或簇生，顶生，与叶对生。

本科约120属，2100种，广布于热带和亚热带地区，尤其以东半球为多。中国有24属105种，6变种，分布于西南、华南至台港等地，少数种分布到华东、湖南及西藏。云南有17属，71种。本书收录2属，9种。

表2-5-4　本书收录番荔枝科9种信息表

序号	拉丁名	中文名	习性	花色	花/果期	分布地区
1	*Desmos chinensis*	假鹰爪	直立或攀缘状灌木	绿色变黄色	3～4月；6月至次年春季	河口、金平、麻栗坡、富宁
2	*D. dumosus*	毛叶假鹰爪	直立或攀缘状灌木	黄绿色至黄色	4～5月；8～12月	勐腊、勐海、河口、屏边、西畴
3	*D. grandifolius*	大叶假鹰爪	直立或攀缘状灌木	黄色	3～4月；8月	河口
4	*D. yunnanensis*	云南假鹰爪	灌木	—	10月；8月	景洪
5	*Uvaria kurzii*	黄花紫玉盘	攀缘状灌木	黄色	5～6月；9月	金平、河口、景东

续表2-5-4

序号	拉丁名	中文名	习性	花色	花/果期	分布地区
6	*U. macclurei*	石山紫玉盘	攀缘状灌木	暗红色	5～6月	西畴、文山
7	*U. microcarpa*	紫玉盘	直立灌木	暗紫红色	3～8月；7月至次年3月	勐腊
8	*U. rufa*	小花紫玉盘	攀缘状灌木	紫红色	4月	景洪、金平、河口
9	*U. tokinensis*	扣匹	攀缘状灌木	紫红色	2～9月；8～12月	勐腊

五、毛茛科

多年生草本或一年生草本，少有灌木或木质藤本。叶通常互生或基生，少数对生，单叶或复叶，通常掌状分裂。花两性，少有单性，单生或组成各种聚伞花序或总状花序。蓇葖果或瘦果。

本科约59属，2500种，在世界各洲广布，主要分布于北温带。中国有39属，约800种，在全国广布。云南有28属，约300种。本书收录23属，170种。

表2-5-5 本书收录毛茛科170种信息表

序号	拉丁名	中文名	习性	花色	花/果期	分布地区
1	*Aconitum acutiuscutum*	尖萼乌头	多年生草本	紫蓝色	8月	德钦
2	*A. alboflavidum*	淡黄乌头	多年生草本	淡黄色	8～9月	德钦（云岭乡、明永，模式标本产地）
3	*A. austroyunnanense*	滇南草乌	多年生草本	蓝紫色	10月	景东、新平
4	*A. brachypodum*	短柄乌头	多年生草本	紫蓝色	9～10月	香格里拉、丽江
5	*A. bracteolosum*	细茎乌头	多年生具块根直立草本	蓝紫色	7月	香格里拉
6	*A. brevicalcaratum*	短距乌头	多年生草本	蓝色	8～10月	鹤庆、洱源、大理、剑川、丽江、维西、香格里拉
7	*A. bulleyanum*	滇西乌头	多年生草本	紫色	7～9月	大理、丽江、维西
8	*A. chuianum*	拟哈巴乌头	多年生草本	深蓝色	8月	香格里拉
9	*A. contortum*	苍山乌头	多年生草本	蓝紫色	9～10月	大理、云龙
10	*A. coriophyllum*	厚叶乌头	多年生草本	黄绿色	10月	香格里拉
11	*A. crassiflorum*	粗花乌头	多年生草本	蓝紫色	7～8月	丽江、维西、香格里拉
12	*A. delavayi*	马耳山乌头	多年生草本	蓝紫色	8～10月	洱源与鹤庆之间的马耳山
13	*A. diqingense*	迪庆乌头	多年生草本	蓝紫色	9月	德钦
14	*A. dolichorhynchum*	长柱乌头	多年生草本	蓝色	8月	迪庆、香格里拉、维西、德钦（模式标本产地）
15	*A. duclouxii*	宾川乌头	多年生草本	蓝色	9月	宾川、剑川、福贡
16	*A. forrestii*	丽江乌头	多年生草本	紫蓝色	9月	丽江
17	*A. georgei*	长喙乌头	多年生草本	蓝紫色	7～9月	香格里拉
18	*A. habaense*	哈巴乌头	多年生草本	蓝紫色	8月	香格里拉（哈巴，模式标本产地）
19	*A. handelianum*	剑川乌头	多年生草本	深紫色	9月	剑川
20	*A. incisofidum*	缺刻乌头	多年生块根草本	堇蓝色	8～9月	丽江、香格里拉
21	*A. iochanicum*	滇北乌头	多年生草本	黄色	8～10月	贡山、巧家

续表2-5-5

序号	拉丁名	中文名	习性	花色	花/果期	分布地区
22	*A. kagerpuense*	卡卡波乌头	多年生草本	深蓝色	8月	德钦
23	*A. kungshanense*	贡山乌头	多年生直立草本	蓝紫色	8~9月	贡山、福贡
24	*A. laevicaule*	光茎乌头	多年生草本	紫色	8~9月	香格里拉
25	*A. ouvrardianum*	德钦乌头	多年生草本	蓝紫色	7~8月	贡山、香格里拉、德钦
26	*A. pendulum*	垂果乌头	多年生草本	黄色	7~9月	香格里拉
27	*A. piepunense*	中甸乌头	多年生草本	蓝色	7~8月	香格里拉
28	*A. pseudobrunneum*	小花乌头	多年生草本	蓝色	8月	香格里拉
29	*A. pulchellum*	美丽乌头	多年生草本	蓝色	8~9月	德钦
30	*A. racemulosum*	岩乌头	多年生草本	蓝色	9~11月	镇雄
31	*A. ramulosum*	多枝乌头	多年生草本	蓝紫色	7~8月	香格里拉
32	*A. souliei*	茨开乌头	多年生直立草本	黄色	8月	贡山、德钦
33	*A. stramineiflorum*	草黄乌头	多年生草本	草黄色	8月	维西
34	*A. stylosum*	显柱乌头	多年生草本	蓝紫色或白色	8~10月	德钦、贡山
35	*A. taronense*	独龙乌头	多年生直立草本	紫色	8~9月	贡山
36	*A. tenuicaule*	长序乌头	多年生草本	深蓝紫色	8月	德钦
37	*A. transsectum*	直缘乌头	多年生草本	浅蓝色	8~9月	丽江
38	*A. weixiense*	维西乌头	多年生草本	白色	8~9月	维西
39	*A. yangii*	竞生乌头	多年生草本	蓝色	8月	香格里拉
40	*Adonis brevistyla*	短柱侧金盏花	多年生草本	白色	4~8月	贡山、香格里拉、维西、丽江、洱源、鹤庆、镇康
41	*Anemoclema glaucifolium*	罂粟莲花	多年生草本	白色	7~9月	香格里拉、丽江、洱源
42	*Anemone begoniifolia*	卵叶银莲花	多年生草本	白色	2~4月	富宁、文山、麻栗坡
43	*A. davidii*	西南银莲花	多年生斜升草本	白色	5~6月	大关、彝良、腾冲、维西、香格里拉、丽江、大理
44	*A. delavayi*	滇川银莲花	多年生纤细草本	白色	4~5月	巧家、德钦
45	*A. demissa*	展毛银莲花	多年生草本	蓝色或白色	7~9月	香格里拉、德钦
46	*A. filisecta*	细裂银莲花	多年生草本	白色	10~11月	景洪、勐腊（勐仑）
47	*A. flaccida*	鹅掌草	多年生草本	白色	6~8月	大理、维西、兰坪、鹤庆、丽江
48	*A. hokouensis*	河口银莲花	多年生草本	紫色	5~6月	河口
49	*A. howellii*	拟卵叶银莲花	多年生草本	白色	3~8月	西畴、文山、马关、屏边、腾冲
50	*A. hupehensis*	打破碗花花	多年生草本	紫红或粉红色	7~10月	西畴
51	*A. multifida*	多裂银莲花	多年生草本	黄色	7月	福贡
52	*A. rupicola*	岩生银莲花	多年生草本	白色	7~8月	丽江、德钦、香格里拉
53	*A. scabriuscula*	糙叶银莲花	多年生草本	白色	9月	丽江
54	*A. trullifolia*	匙叶银莲花	多年生草本	白色或蓝色或黄色	7~9月	洱源、剑川、丽江、香格里拉
55	*Aquilegia rockii*	直距耧斗菜	多年生草本	紫红色或蓝紫色	5~8月；8~11月	贡山、兰坪、维西、香格里拉、德钦

续表2-5-5

序号	拉丁名	中文名	习性	花色	花/果期	分布地区
56	*Asteropyrum cavaleriei*	裂叶星果草	多年生草本	黄色	5～6月；6～7月	文山
57	*A. peltatum*	星果草	多年生小草本	—	4～6月；6～7月	德钦、贡山、维西、景东、昭阳、大关、彝良、绥江
58	*Batrachium bungei*	水毛茛	多年生沉水草本	白色	5～10月	贡山、维西、香格里拉、德钦、福贡
59	*Beesia calthifolia*	铁破锣	多年生草本	白色	6～8月；9～10月	贡山、泸水、维西、德钦、漾濞、昭阳、大关、彝良
60	*Calathodes oxycarpa*	鸡爪草	多年生草本	白色	5～6月；7～8月	大理
61	*C. unciformis*	多果鸡爪草	多年生草本	黄色	5～6月；7～8月	镇雄
62	*Callianthemum pimpinelloides*	美花草	多年生草本	白色或淡紫色	4月	鹤庆、丽江、香格里拉、德钦
63	*Caltha palustris*	驴蹄草	多年生草本	黄色	5～9月；6～10月	贡山、福贡、泸水、漾濞、鹤庆、大理、丽江、香格里拉、维西、德钦
64	*C. scaposa*	花葶驴蹄草	多年生低矮草本	黄色	6～9月	滇西北
65	*C. sinogracilis*	细茎驴蹄草	多年生直立小草本	黄色	5～6月；7月	泸水、贡山、德钦
66	*Clematis akebioides*	甘川铁线莲	本质藤本	淡绿色	7～9月	丽江、香格里拉、德钦
67	*C. chinensis*	威灵仙	木质藤本	白色	2～4月	景洪（勐罕）
68	*C. chingii*	两广铁线莲	木质藤本	白色	7～9月	巧家、麻栗坡
69	*C. chiupehensis*	丘北铁线莲	木质藤本	绿色	12月	双柏、丘北
70	*C. chrysocoma*	金毛铁线莲	木质藤本	白色或粉红色	4～7月	沾益、昆明、祥云（普朋）、宾川、大理、漾濞、洱源、兰坪、剑川、鹤庆、丽江、香格里拉、广南
71	*C. fasciculiflora*	滑叶藤	木质藤本	白色	12～3月	巧家、镇雄、会泽、嵩明、昆明、禄丰、宾川、洱源、大理、保山、泸水（片马）、剑川、鹤庆、丽江、香格里拉、西畴、屏边、蒙自、建水、元江、思茅、镇康、芒市
72	*C. fulvicoma*	滇南铁线莲	木质藤本	白色	10～12月	西畴、麻栗坡、蒙自、泸西
73	*C. gouriana*	小蓑衣藤	木质藤本	白色	7～9月	昆明、蒙自、思茅、砚山、弥勒、盈江
74	*C. gracilifolia*	薄叶铁线莲	木质藤本	白色或外面带淡红色	4～6月	兰坪、丽江、德钦
75	*C. jingdungensis*	多花铁线莲	木质藤本	白色	—	思茅、景东、凤庆、腾冲、瑞丽
76	*C. kweichowensis*	贵州铁线莲	木质藤本	淡黄绿色	9月	大关、镇雄
77	*C. lancifolia*	披针叶铁线莲	木质藤本	淡红色	7～8月	元谋
78	*C. menglaensis*	勐腊铁线莲	木质藤本	白色	10～11月	勐腊、屏边
79	*C. meyeniana*	毛柱铁线莲	木质藤本	白色	8月至次年1月	思茅、富宁、蒙自、金平、双江、镇康

续表2-5-5

序号	拉丁名	中文名	习性	花色	花/果期	分布地区
80	*C. montana*	绣球藤	木质藤本	白色或外面带淡红色	4～7月	大关、镇雄、昭阳、巧家、会泽、昆明、大姚、大理、漾濞、鹤庆、剑川、丽江、兰坪、福贡、维西、香格里拉、贡山、德钦、蒙自
81	*C. napaulensis*	合苞铁线莲	木质藤本	绿白色	11～12月	广南、景东、漾濞、腾冲
82	*C. parviloba*	裂叶铁线莲	多年生木质藤本	白色	9～10月	昆明、楚雄、宾川、漾濞、丽江、福贡、维西、香格里拉、贡山、景东、砚山、文山、西畴、麻栗坡、蒙自、双江
83	*C. potaninii*	美花铁线莲	木质藤本	白色	6～8月	香格里拉
84	*C. quinquefoliolata*	五叶铁线莲	木质藤本	白色	6～8月；10月	嵩明
85	*C. repens*	曲柄铁线莲	木质藤本	黄色	7～8月	巧家
86	*C. rubifolia*	莓叶铁线莲	木质藤本	白色	11月至次年1月	西畴、砚山、屏边、蒙自、永平、漾濞
87	*C. sikkimensis*	锡金铁线莲	木质藤本	白色	12月	景东、镇康
88	*C. smilacifolia*	菝葜叶铁线莲	木质藤本	蓝紫色	11～12月	屏边、思茅、宁洱、云县、景东
89	*C. subumbellata*	细木通	木质藤本	白色	11月至次年1月	元江、普洱、勐腊、思茅、景东、芒市
90	*C. tenuipes*	细梗铁线莲	木质藤本	白色	5月	富宁
91	*C. uncinata*	柱果铁线莲	木质藤本	白色	6～7月	富宁、广南、西畴、文山、蒙自
92	*C. urophylla*	尾叶铁线莲	木质藤本	白色	11月	镇雄
93	*C. vaniotii*	云贵铁线莲	木质藤本	淡黄色	4月	广南、富宁
94	*C. grandidentata*	丽江铁线莲	木质藤本	白色	5月	维西、丽江
95	*C. wissmanniana*	厚萼铁线莲	木质藤本	白色	9～10月	元江、蒙自
96	*C. yunnanensis*	云南铁线莲	木质藤本	淡绿色	2月	开远、武定、禄劝、宾川
97	*Coptis omeiensis*	峨眉黄连	多年生草本	黄绿色	5月	绥江
98	*C. quinquesecta*	五裂黄连	多年生草本	黄绿色	5～6月	金平
99	*Delphinium autumnale*	秋翠雀花	多年生草本	蓝色	9月	宁蒗
100	*D. baoshanense*	保山翠雀花	多年生草本	蓝色	8～9月	保山
101	*D. batangense*	巴塘翠雀花	多年生草本	蓝紫色	8～9月	德钦
102	*D. beesianum*	宽距翠雀花	多年生草本	蓝色	9～11月	丽江、香格里拉、德钦
103	*D. brevisepalum*	短萼翠雀花	多年生草本	蓝色	10月	丽江（玉龙雪山）
104	*D. bulleyanum*	拟螺距翠雀花	多年生草本	蓝色	8～9月	丽江、香格里拉、德钦
105	*D. caeruleum*	蓝翠雀花	多年生草本	紫蓝色	7月	香格里拉（东旺）
106	*D. ceratophorum*	角萼翠雀花	多年生草本	蓝紫色	8～10月	洱源、鹤庆、兰坪、丽江、贡山、德钦
107	*D. chenii*	白缘翠雀花	多年生草本	淡蓝色	8月	香格里拉
108	*D. delavayi*	滇川翠雀花	多年生草本	蓝紫色	7～11月	永善、会泽、江川、嵩明、大理、保山、洱源、剑川、兰坪、维西、丽江、香格里拉、鹤庆、文山

续表2-5-5

序号	拉丁名	中文名	习性	花色	花/果期	分布地区
109	*D. forrestii*	短距翠雀花	多年生草本	灰蓝色	8～10月	丽江、香格里拉、德钦
110	*D. hamatum*	钩距翠雀花	多年生草本	蓝紫色	9～10月	洱源、鹤庆、丽江
111	*D. handelianum*	淡紫翠雀花	多年生草本	淡紫色或紫色	7～8月	大姚、永胜
112	*D. latirhombicum*	宽菱形翠雀花	多年生草本	蓝色	7月	洱源
113	*D. likiangense*	丽江翠雀花	多年生草本	蓝色	8～9月	丽江、香格里拉
114	*D. micropetalum*	小瓣翠雀花	多年生草本	蓝紫色	8～10月	福贡、贡山、德钦、维西
115	*D. pseudoyunnanense*	拟云南翠雀花	多年生草本	紫色	8～9月	腾冲、龙陵
116	*D. pycnocentrum*	密距翠雀花	多年生草本	蓝色	9～10月	大理、漾濞
117	*D. spirocentrum*	螺距翠雀花	多年生草本	蓝紫色	7～10月	维西、香格里拉、贡山、德钦
118	*D. tenii*	长距翠雀花	多年生草本	蓝色	7～10月	兰坪、维西、香格里拉、德钦、洱源
119	*D. thibeticum*	澜沧翠雀花	多年生草本	蓝紫色	8～9月	丽江、香格里拉
120	*D. tongolense*	川西翠雀花	多年生草本	蓝紫色	7～8月	嵩明
121	*D. umbrosum*	阴地翠雀花	多年生草本	蓝紫色	8月	香格里拉、德钦、福贡
122	*D. yangii*	竞生翠雀花	多年生草本	蓝色	7～8月	香格里拉
123	*D. yulungshanicum*	玉龙山翠雀花	多年生草本	紫蓝色	9～10月	丽江（玉龙雪山）
124	*D. yunnanum*	中甸翠雀花	多年生草本	深蓝色	7月	香格里拉
125	*Dichocarpum auriculatum*	耳状人字果	多年生草本	金黄色	4～5月；6月	彝良、大关、绥江
126	*D. dalzielii*	蕨叶人字果	多年生草本	金黄色	4～5月；5～6月	绥江
127	*D. hypoglaucum*	粉背叶人字果	多年生草本	—	5月	西畴
128	*D. malipoenense*	麻栗坡人字果	多年生草本	白色	6月	麻栗坡
129	*Metanemone ranunculoides*	毛茛莲花	多年生草本	蓝白色	—	维西
130	*Oxygraphis delavayi*	脱萼鸦跖花	多年生草本	黄色	5～8月	泸水、大理、维西、贡山、德钦
131	*O. glacialis*	鸦跖花	多年生草本	橙黄色	5～8月；5～8月	丽江、维西、香格里拉、德钦
132	*O. tenuifolia*	小鸦跖花	多年生草本	黄色	7月	香格里拉
133	*Paeonia delavayi*	滇牡丹	亚灌木	红色、紫红色或黄色	4～6月；6～9月	大理、鹤庆、剑川、丽江、香格里拉、德钦、贡山
134	*Paraquilegia microphylla*	拟耧斗菜	多年生草本	蓝紫色、粉红色或白色	6～8月；8月	德钦、贡山、维西、香格里拉、丽江、禄劝、巧家
135	*Pulsatilla millefolium*	西南白头翁	多年生草本	淡黄绿色	5～7月	巧家
136	*Ranunculus cantoniensis*	禺毛茛	多年生草本	—	3～6月	盐津、漾濞

续表2-5-5

序号	拉丁名	中文名	习性	花色	花/果期	分布地区
137	*R. dielsianus*	康定毛茛	多年生小草本	—	8月	巧家、宁蒗（永宁）
138	*R. ficariifolius*	西南毛茛	多年生草本	黄色	3～6月	绥江、彝良、镇雄、嵩明、大理、丽江、贡山、维西、兰坪、金平
139	*R. glacialiformis*	宿萼毛茛	多年生草本	黄色	7～8月	香格里拉（东旺）
140	*R. laetus*	黄毛茛	多年生草本	黄色	6～10月	贡山、德钦、福贡、维西、香格里拉、丽江、洱源、大理
141	*R. meilixueshanicus*	梅里山毛茛	多年生草本	黄色	9～10月	德钦
142	*R. nematolobus*	丝叶毛茛	多年生草本	黄色	7～9月	洱源、鹤庆、丽江
143	*R. pegaeus*	爬地毛茛	多年生草本	黄色	6～8月	巧家、禄劝、大理、丽江、香格里拉、维西、德钦、贡山
144	*R. platypetalus*	大瓣毛茛	多年生草本	黄色	6～8月	香格里拉
145	*R. sieboldii*	扬子毛茛	多年生草本	—	3～6月	盐津、镇雄、昆明、富宁、西畴、麻栗坡
146	*R. tanguticus*	高原毛茛	多年生草本	黄色	6～7月	巧家、禄劝、丽江、香格里拉、维西、德钦
147	*R. yanshanensis*	砚山毛茛	多年生草本	—	10月	砚山
148	*Thalictrum brevisericeum*	绢毛唐松草	多年生草本	淡紫色	6月	维西
149	*T. cirrhosum*	星毛唐松草	多年生或一年生草本	淡黄色	6～7月	大理、昆明
150	*T. cultratum*	高原唐松草	多年生草本	绿白色	6～7月	洱源、丽江、香格里拉、维西、福贡、德钦
151	*T. delavayi*	偏翅唐松草	多年生草本	淡紫色	6～9月	贡山、兰坪、丽江、香格里拉、德钦、洱源、大理、景东、镇康、昆明、楚雄、屏边
152	*T. elegans*	小叶唐松草	多年生草本	—	7月	德钦、香格里拉
153	*T. finetii*	滇川唐松草	多年生草本	白色或淡黄色	7～8月	镇康、大理、维西、福贡、香格里拉、德钦、贡山
154	*T. glandulosissimum*	金丝马尾连	多年生草本	黄白色	6～8月	大理、宾川、洱源
155	*T. ichangense*	盾叶唐松草	多年生草本	白色	8～9月	屏边、砚山
156	*T. lancangense*	澜沧唐松草	多年生草本	白色	7月	澜沧
157	*T. leve*	鹤庆唐松草	多年生草本	白色	7～8月	鹤庆
158	*T. microgynum*	小果唐松草	多年生草本	白色	7月	福贡
159	*T. pumilum*	矮唐松草	多年生草本	白色或粉红色	—	东川
160	*T. rostellatum*	小喙唐松草	多年生草本	白色	5～8月	维西、香格里拉、丽江、鹤庆
161	*T. saniculiforme*	叉枝唐松草	多年生草本	白色	7月	凤庆
162	*T. scabrifolium*	糙叶唐松草	多年生草本	白色	8～9月	鹤庆
163	*T. tenuisubulatum*	钻柱唐松草	多年生草本	白色	6月	腾冲（狼牙山）
164	*T. uncatum*	钩柱唐松草	多年生草本	淡紫色	5～7月	香格里拉、德钦
165	*T. uncinulatum*	弯柱唐松草	多年生草本	白色	7月	大关
166	*Trollius farreri*	矮金莲花	多年生草本	黄色	5～7月	香格里拉、维西、德钦

续表2-5-5

序号	拉丁名	中文名	习性	花色	花/果期	分布地区
167	*T. micranthus*	小花金莲花	多年生草本	黄色	7月；8月	德钦
168	*T. ranunculoides*	毛茛状金莲花	多年生草本	黄色	5~6月；7~8月	维西、香格里拉、德钦、东川
169	*T. vaginatus*	鞘柄金莲花	多年生草本	黄色	6月；6~7月	香格里拉
170	*T. yunnanensis*	云南金莲花	多年生草本	黄色	6~8月；8~10月	巧家、兰坪、丽江、维西、香格里拉、德钦、洱源、鹤庆、镇康

六、睡莲科

为浮叶植物或挺水植物，多年生，稀为一年生，具根状茎。叶大都有长柄和托叶，叶盾状或心形，浮于水面或挺出水上。花两性，单生，大而美丽，浮于水面或高于水面。果为坚果或浆果。

该科有8属，约100种，产热带和温带地区。中国有6属，16种，分布于南北各地。云南有5属，9种，其中4种系栽培。本书收录4属，5种。

表2-5-6　本书收录睡莲科5种信息表

序号	拉丁名	中文名	习性	花色	花/果期	分布地区
1	*Brasenia schreberi*	莼菜	浮叶水生草本	暗紫色	5~6月	思茅
2	*Nelumbo nucifera*	莲	多年生水生草本	粉红色或白色	8~9月	云南各地（特别是湖区）
3	*Nuphar pumila*	萍蓬草	多年生水生草本	淡黄色或带红色	5~7月	昆明
4	*Nymphaea alba*	白睡莲	多年生浮生草本植物	白色	5~7月	昆明
5	*N. stellata*	蓝睡莲	多年生浮叶水生植物	蓝紫带白色	9~10月	西双版纳

七、小檗科

灌木，小乔木或多年草本。叶互生，单叶或羽状复叶。花两性，萼片与花瓣同数。浆果、蒴果。

广义小檗科有17属，约650余种，主产北温带、亚热带高山地区。中国有11属，200余种，全国各地均有分布。云南有8属，108种，28变种。本书收录6属，46种。

表2-5-7　本书收录小檗科46种信息表

序号	拉丁名	中文名	习性	花色	花/果期	分布地区
1	*Berberis acuminata*	渐尖小檗	灌木	黄色	5~6月；7~9月	彝良、大关、绥江
2	*B. amoena*	美丽小檗	灌木	黄色	11~12月；6~8月	大理、洱源、丽江、香格里拉、昭通
3	*B. arguta*	锐齿小檗	灌木	黄色	5~6月；9~10月	彝良、大关、镇雄
4	*B. atrocarpa*	黑果小檗	灌木	黄色	4~8月	昭阳
5	*B. cavaleriei*	贵州小檗	灌木	黄色	5月；11月	昆明、昭通
6	*B. concolor*	同色小檗	灌木	黄色	5~6月；7~8月	德钦

续表2-5-7

序号	拉丁名	中文名	习性	花色	花/果期	分布地区
7	*B. crassilimba*	厚檐小檗	灌木	红色	3～6月	丽江、香格里拉
8	*B. davidii*	密叶小檗	灌木	黄色	5～6月；7～9月	大理、剑川、维西、贡山
9	*B. dictyophylla*	刺红珠	灌木	红色	6～9月	大理、漾濞、宾川、鹤庆、丽江、香格里拉、德钦
10	*B. fallax*	假小檗	常绿灌木	黄色	4月；11月	凤庆、漾濞、福贡、鹤庆、维西、丽江
11	*B. gagnepainii*	湖北小檗	灌木	淡黄色	5～6月；6～10月	滇北
12	*B. hsuyunensis*	叙永小檗	灌木	黄色	5～7月	威信
13	*B. hypoxantha*	黄背小檗	灌木	—	5月	西畴
14	*B. insolita*	西昌小檗	灌木	—	5～10月	绥江
15	*B. iteophylla*	柳叶小檗	灌木	黄色	4～8月	双柏
16	*B. jamesiama*	川滇小檗	落叶灌木	黄色	4月；9月	昆明、剑川、维西、丽江、香格里拉、贡山、德钦
17	*B. kunmingensis*	昆明小檗	灌木	黄色	—	昆明
18	*B. levis*	平滑小檗	灌木	黄色	4～5月；9～11月	大理、宾川、洱源、剑川、丽江、香格里拉、福贡
19	*B. ludlowi*	木里小檗	落叶灌木	黄色	6月；10月	贡山、香格里拉、德钦
20	*B. malipoensis*	麻栗坡小檗	灌木	—	11月	麻栗坡
21	*B. pallens*	淡色小檗	灌木	黄色	5～8月	香格里拉、丽江、洱源
22	*B. pectinocraspedon*	疏齿小檗	灌木	黄色	4～8月	文山、广南、砚山、富宁、麻栗坡、西畴
23	*B. phanera*	显脉小檗	灌木	黄色	6～9月	大姚、兰坪、大理、剑川
24	*B. pingbienensis*	屏边小檗	灌木	—	4月	屏边
25	*B. pruinosa*	粉叶小檗	常绿灌木	黄色	3～4月；6～8月	昆明、彝良、元谋、洱源、剑川、丽江、香格里拉、德钦
26	*B. replicata*	卷叶小檗	灌木	—	4～6月	腾冲
27	*B. subacuminata*	亚尖叶小檗	灌木	—	5～11月	景东、宁蒗、云县、文山、屏边、福贡
28	*B. subholophylla*	近缘叶小檗	灌木	—	6月	凤庆
29	*B. sublevis*	近光滑小檗	灌木	—	5～11月	龙陵、腾冲
30	*B. tomentulosa*	微毛小檗	灌木	苍黄色	5月	贡山
31	*B. wangii*	西山小檗	灌木	黄色	3月；8～11月	昆明、新平、易门、双柏
32	*B. weixinensis*	威信小檗	灌木	—	6～8月	威信
33	*B. wilsonae*	金花小檗	半常绿灌木	黄色	7～9月；1～2月	昆明、巧家、洱源、维西、香格里拉、德钦、丽江
34	*B. wulianshanensis*	无量山小檗	灌木	黄色	5月；10～11月	景东
35	*B. yunnanensis*	云南小檗	灌木	—	5～6月；8～10月	丽江、德钦、贡山
36	*Caulophyllum robustum*	红毛七	多年生草本	淡黄色	5月；9月	兰坪、维西、丽江
37	*Dysosma aurantiocaulis*	云南八角莲	多年生草本	暗红色	5～6月	凤庆、盐津、维西
38	*D. versipellis*	八角莲	多年生草本	深红色	3～5月	富宁、麻栗坡、西畴

续表2-5-7

序号	拉丁名	中文名	习性	花色	花/果期	分布地区
39	*Epimedium acuminatum*	粗毛淫羊藿	多年生草本	淡青色	4～7月	彝良、昭阳、威信、维西
40	*Mahonia bracteolata*	鹤庆十大功劳	常绿灌木	黄色	9～11日	贡山、香格里拉、丽江、鹤庆
41	*M. conferta*	密叶十大功劳	灌木	黄色	8～12月	金平、龙陵、新平、元阳
42	*M. gracilipes*	细柄十大功劳	灌木	苍黄色	5～6月；8～11月	大关
43	*M. hancockiana*	滇南十大功劳	灌木	深黄色	2月	蒙自、麻栗坡
44	*M. paucijuga*	景东十大功劳	灌木	黄色	4～5月；5～7月	景东、腾冲
45	*M. polyodonta*	峨眉十大功劳	灌木	黄色	4～5月；7月	禄劝、绥江、腾冲、砚山
46	*Sinopodophyllum hexandrum*	桃儿七	多年生草本	粉红色	5～6月，7～9月	呈贡、腾冲、香格里拉、德钦、维西

八、木通科

本科为藤本、攀缘灌木。叶互生，指状复叶，无托叶，叶柄基部和小叶柄的两端常膨大为节状。花整齐，三基数，两性。果为肉质蓇葖果，开裂或不开裂。

本科7属，40多种，分布于喜马拉雅山脉地区，经缅甸、中南半岛、中国至日本；南美洲智利至秘鲁亦有2属。中国有5属，自华北到江南各省均有。云南有5属，14种。本书收录2属，3种。

表2-5-8　本书收录木通科3种信息表

序号	拉丁名	中文名	习性	花色	花/果期	分布地区
1	*Decaisnea insignis*	猫儿屎	落叶灌木	淡绿黄色	4～6月；7～9月	云南各地
2	*Holboellia fargesii*	五月瓜藤	常绿攀缘藤本	淡绿黄色	4～5月；7～9月	滇中、滇东北、滇西北
3	*H. latifolia*	五风藤	常绿攀缘灌木	绿白色	4～5月；10月	云南大部分地区

九、马兜铃科

马兜铃科以草质或木质藤本、灌木或多年生草本为主。

本科主要分布于热带和亚热带地区。中国产4属，70余种。云南产2属，32种。其中马兜铃属和细辛属是花卉植物。本书收录2属，19种。

表2-5-9　本书收录马兜铃科19种信息表

序号	拉丁名	中文名	习性	花色	花/果期	分布地区
1	*Aristolochia gentilis*	优贵马兜铃	草质藤本	淡黄绿色	4～5月；6～8月	鹤庆、洱源、香格里拉、蒙自、大姚
2	*A. griffithii*	西藏马兜铃	木质大藤本	暗紫色	3～5月；8～12月	丽江、鹤庆、维西、剑川、洱源（邓川）、宾川
3	*A. kunmingensis*	昆明马兜铃	多年生木质藤本	深紫红色	4月；8～9月	昆明、武定、景东、宾川、洱源、剑川、漾濞、腾冲、福贡、盈江、文山

续表2-5-9

序号	拉丁名	中文名	习性	花色	花/果期	分布地区
4	*A. moupinensis*	宝兴马兜铃	木质藤本	黄色	5～6月；8～11月	宜良、安宁、禄劝、大理、鹤庆、丽江、香格里拉、维西、德钦
5	*A. oblinqua*	偏花马兜铃	草质藤本	淡黄色	4～6月；7～9月	剑川、贡山、福贡、怒江河谷
6	*A. ovatifolia*	卵叶马兜铃	木质藤本	紫红色	4～5月；8～9月	嵩明、宣威、大关
7	*A. petelotii*	滇南马兜铃	多年生木质藤本	—	5～8月	马关、金平、屏边、元阳、思茅
8	*A. tagala*	耳叶马兜铃	木质藤本	绿色至暗紫色	4～6月；7～9月	临翔、耿马、双江、孟连、凤庆、景东、勐海、景洪、沧源
9	*A. thibetica*	川西马兜铃	草质藤本	黄绿色	4～5月；6～8月	富民、东川
10	*A. transsecta*	粉质马兜铃	木质藤本	紫色	5～6月；7～11月	剑川、福贡、临沧
11	*A. delavayi*	贯叶马兜铃	蔓性草本	淡黄色	4～6月；7～9月	丽江、香格里拉
12	*A. utriformis*	囊花马兜铃	草质藤本	淡黄绿色	4～6月；10～11月	文山
13	*A. versicolor*	变色马兜铃	高大木质藤本	紫红色	4～6月；8～11月	西双版纳（模式产地）、麻栗坡、西畴、临沧、陇川、盈江、昭通、曲靖、玉溪
14	*Asarum caudigerellum*	短尾细辛	多年生草本	紫褐色	4～5月	彝良、昭阳
15	*A. caudigerum*	尾花细辛	多年生草本	绿色	4～5月	元阳、绿春、文山、西畴、麻栗坡、广南、富宁
16	*A. delavayi*	川滇细辛	多年生草本	紫绿色	4～6月	绥江、大关
17	*A. petelotii*	红金耳环	多年生草本	紫绿色	2～5月	麻栗坡、屏边
18	*A. pulchellum*	长毛细辛	多年生草本	紫色	4～5月	彝良、昭阳
19	*A. splendens*	青城细辛	多年生草本	绿紫色	4～5月	昭阳、彝良、大关

十、大花草科

本科植物为肉质寄生植物，具鳞片状叶，寄生于多种乔、灌木或藤本的根、茎和枝上。花通常大形，单生。花被片4～10，稀离生，大多在下部合生成一花被筒，有时呈花瓣状，呈覆瓦状或极少有呈镊合状排列。

本科约9属，55种，大都分布于热带地区，少数种延伸分布至亚热带地区。中国有2属，4种。云南产2属，2种。本书收录1属，1种。

表2-5-10　本书收录大草科1种信息表

序号	拉丁名	中文名	习性	花色	花/果期	分布地区
1	*Sapria himalayana*	寄生花	寄生草本	粉红色或血红色	8～9月	景洪、勐腊

十一、金粟兰科

草本、灌木状小乔木，木本者常有香味。单叶对生，边缘有锯齿。花单性或两性，且成顶生或腋生的穗状花序，头状花序。

本科有4属，约35种，2属，产东南亚至东亚，1属产于玻利尼亚至新西兰，1属为热带美洲及东南亚间断分布。中国有3属，约18种。云南有2属，6种。本书收录1属，4种。

本科植物通常有芳香的气味，大多数种的根茎和植株作药用，有的根茎可提芳香油。花是著名的熏香香料。

表2-5-11　本书收录金粟兰科4种信息表

序号	拉丁名	中文名	习性	花色	花/果期	分布地区
1	*Chloranthus elatior*	鱼子兰	常绿亚灌木	—	6月	滇中、滇南
2	*C. holostegius*	全缘金粟兰	直立草本	—	5～8月	滇中、滇南
3	*C. serratus*	及己	多年生草本	乳白色	3～5月	镇雄、大关
4	*C. spicatus*	金粟兰	亚灌木	黄色	3～7月	全省各地

十二、罂粟科

本科为草本或亚灌木，稀小灌木或灌木。一年生、二年生或多年生。花单生或排列成圆锥花序、总状花序或聚伞花序。花瓣通常4～8片，有时8～12片，稀无。大部分花被具有鲜艳的色彩。

该科约24属，200种左右，主产北温带，大属集中分布于地中海气候区或草原沙漠等干旱地区，少数产美洲延至热带。中国约12属，57种，南北均产。云南有7属，26种。本书收录4属，18种。

本科植物大都为观赏植物，具有较高的观赏价值。不少种类入药。

表2-5-12　本书收录罂粟科18种信息表

序号	拉丁名	中文名	习性	花色	花/果期	分布地区
1	*Argemone mexicana*	蓟罂粟	一年生草本	黄色或橙黄色	3～9月	元谋、景洪、勐腊
2	*Eomecon chionantha*	血水草	多年生无毛草本	白色	3～6月	绥江、彝良、文山
3	*Macleaya cordata*	博落回	一年生草本	黄白色	6～8月	昆明
4	*Meconopsis betonicifolia*	藿香叶绿绒蒿	一年生或多年生草本	天蓝色或紫色	5～7月；7～10月	鹤庆、洱源、丽江、德钦
5	*M. chelidoniifolia*	椭果绿绒蒿	多年生草本	黄色	5～7月；7月	大关、巧家
6	*M. concinna*	优雅绿绒蒿	一年生草本	紫色	8～9月	丽江、香格里拉
7	*M. delavayi*	长果绿绒蒿	多年生草本	深紫色	5～7月；7～10月	丽江、鹤庆
8	*M. forrestii*	丽江绿绒蒿	一年生草本	淡蓝色或淡紫蓝色	5～8月；7～10月	丽江、香格里拉
9	*M. georgei*	黄花绿绒蒿	二年生草本	黄色	—	维西
10	*M. integrifolia*	全缘叶绿绒蒿	一年生草本	金黄色	5～7月；7～10月	福贡、香格里拉、丽江、巧家
11	*M. lancifolia*	长叶绿绒蒿	一年生草本	蓝紫色	6～9月；7月以后	大理、鹤庆、洱源、丽江、维西、香格里拉、贡山
12	*M. lyrata*	琴叶绿绒蒿	一年生草本	淡蓝色	5～8月	贡山、德钦

续表2-5-12

序号	拉丁名	中文名	习性	花色	花/果期	分布地区
13	*M. napaulensis*	尼泊尔绿绒蒿	一年生草本	紫色、蓝色或红色	6~7月；7~8月	镇康、禄劝、泸水、腾冲、大姚
14	*M. pseudovenusta*	拟秀丽绿绒蒿	一年生草本	紫色	7月；8~10月	香格里拉
15	*M. smithiana*	贡山绿绒蒿	多年生草本	黄色	6~7月	贡山
16	*M. speciosa*	美丽绿绒蒿	一年生草本	蓝紫色	7~8月；7~10月	贡山、德钦、维西
17	*M. venusta*	秀丽绿绒蒿	一年生或多年生草本	淡蓝色、深紫色或淡紫色	7月；8月	丽江、香格里拉
18	*M. wumungensis*	乌蒙绿绒蒿	一年生草本	蓝色	6月	禄劝

十三、紫堇科

本科多为草本或亚灌木。主根明显，或为纤维状须根，或形成块根。单叶，通常羽状或掌状分裂，有时变成卷须。花两性，辐射对称或两侧对称，排列成总状花序、圆锥花序或聚伞花序，花大多具有鲜艳的色彩。果为蒴果。

该科共有17属，约400种，遍布北温带，少数种产于非洲。中国有6属，近300种，各地均产。云南产4属，81种，主要分布于西北部。本书收录3属，43种。

表2-5-13　本书收录紫堇科43种信息表

序号	拉丁名	中文名	习性	花色	花/果期	分布地区
1	*Corydalis adrieni*	美丽紫堇	小草本	蓝色	6~9月	维西、香格里拉、德钦、丽江
2	*C. appendiculata*	小距紫堇	多年生草本	天蓝色	6~9月	鹤庆、丽江、维西、香格里拉、德钦
3	*C. balansae*	北越黄堇	多年生草本	黄色	3~4月	富宁、河口
4	*C. balfouriana*	直梗紫堇	多年生草本	蓝色	5~8月	德钦、维西、大理
5	*C. benecincta*	囊距紫堇	多年生草本	淡紫色或紫红色	6~7月	香格里拉、德钦
6	*C. bimaculata*	双斑紫堇	多年生丛生草本	污黄色	7月	贡山
7	*C. borii*	那加山黄堇	多年生草本	黄色	7~11月	景东
8	*C. bulleyana*	齿冠紫堇	多年生草本	紫色	5~8月	丽江、大理、鹤庆
9	*C. calcicola*	灰岩紫堇	多年生草本	紫色	5~10月	丽江、维西、香格里拉、德钦
10	*C. cheirifolia*	掌叶紫堇	多年生草本	蓝色	6~9月	大理、宾川、洱源
11	*C. corymbosa*	伞花黄堇	多年生丛生草本	污黄色	7~8月	贡山、香格里拉、德钦
12	*C. davidii*	南黄堇	多年生草本	黄色	5~10月	永善、大关、彝良、镇雄、昭阳、巧家、东川、会泽、禄劝
13	*C. delavayi*	苍山黄堇	多年生草本	黄色	6~9月	丽江、永宁、香格里拉、德钦
14	*C. delphinoides*	飞燕黄堇	多年生草本	黄色	5~9月	德钦、贡山、兰坪、维西、香格里拉、丽江、大理、洱源
15	*C. densispica*	密穗黄堇	多年生草本	黄色	6~8月	维西、香格里拉、德钦
16	*C. drakeana*	短爪黄堇	多年生草本	黄色	4~5月	丽江
17	*C. duclouxii*	师宗紫堇	多年生草本	紫色	3~8月	滇东北、滇东、滇东南

续表2-5-13

序号	拉丁名	中文名	习性	花色	花/果期	分布地区
18	*C. dulongjiangensis*	独龙江紫堇	多年生草本	黄色	4～7月	贡山、福贡
19	*C. gracillima*	纤细黄堇	一年生纤细小草本	黄色	7～10月	贡山、香格里拉、福贡、德钦、维西、丽江、鹤庆、洱源、漾濞、大理、宾川、昆明、大姚、会泽、巧家
20	*C. hamata*	钩距黄堇	多年生草本	黄色	7～8月	德钦、贡山、香格里拉、维西
21	*C. kokiana*	狭距紫堇	多年生草本	蓝色	5～9月	德钦、香格里拉、丽江、维西
22	*C. latiloba*	宽裂黄堇	石生草本	黄色	5～6月	大理、洱源、香格里拉、贡山、宁蒗（永宁）
23	*C. leptocarpa*	细果紫堇	多年生铺散草本	紫色或白色	5～12月	滇东南、滇南、滇西南至滇西北
24	*C. longkiensis*	龙溪紫堇	多年生灰绿色草本	紫色	6月	盐津（龙溪）
25	*C. lopinensis*	罗平山紫堇	多年生草本	黄色	5～7月	洱源、维西
26	*C. luquanensis*	禄劝黄堇	高大无毛草本	黄色	7月	禄劝
27	*C. ophiocarpa*	蛇果黄堇	多年生草本	淡黄色至苍白色	5～7月	贡山、福贡、漾濞、维西、香格里拉、大理、丽江、彝良、镇雄
28	*C. oxypetala*	尖瓣紫堇	多年生草本	蓝色	7～9月	大理、洱源
29	*C. pachycentra*	浪穹紫堇	多年生草本	蓝色或蓝紫色	5～9月	德钦、香格里拉、丽江、维西、鹤庆、洱源
30	*C. parviflora*	贵州黄堇	多年生石生草本	黄色	3～4月	文山
31	*C. petrophila*	岩生紫堇	多年生草本	蓝紫色	4月	贡山、维西、香格里拉、德钦、丽江、洱源
32	*C. polyphylla*	多叶紫堇	多年生铺散草本	蓝紫色	8月	贡山、香格里拉、德钦
33	*C. porphyrantha*	紫花紫堇	多年生高大直立草本	暗紫色	8月	贡山
34	*C. pseudo-adoxa*	波密紫堇	多年生草本	蓝色	6～9月	贡山、维西、德钦、香格里拉、宁蒗
35	*C. pseudotongolensis*	假全冠黄堇	多年生草本	黄色	7～9月	德钦、香格里拉
36	*C. pterygopetala*	翅瓣黄堇	多年生高大直立草本	黄色	5～9月	滇西北至滇西南
37	*C. rupifraga*	石隙紫堇	多年生丛生草本	紫蓝色	6月	景东
38	*C. saxicola*	石生黄堇	多年生石生草本	金黄色	4～5月	西畴
39	*C. sheareri*	地锦苗	多年生草本	紫红色	3～6月	盐津、大关、西畴、蒙自、元阳、屏边、麻栗坡、富宁
40	*C. trifoliata*	三裂紫堇	多年生草本	蓝色	7～9月	贡山、福贡、德钦、维西、丽江
41	*C. yunnanensis*	滇黄堇	多年生草本	黄色	6～9月	德钦、香格里拉、丽江、维西、鹤庆、洱源、漾濞、大理、会泽、东川
42	*Dactylicapnos roylei*	宽果紫金龙	草质藤本	淡黄色	7～10月；9～12月	大理、洱源、香格里拉、德钦
43	*Dicentra spectabilis*	荷包牡丹	直立草本	紫红色至紫红色	4～6月	滇中

十四、山柑科

本科植物有草本、灌木或乔木，常为木质藤本，被毛存在时分枝或不分枝。如为草本常具腺毛和有特殊气味。叶互生。花两性，有时为杂性或单性，辐射对称或两侧对称，常有苞片。

该科约45属，700～1000种，主产热带与亚热带，少数至温带，10种以上的属约10个，其他都是单型属，单型约占属总数的1/2。除3属为全热带分布外，其余的属分布区大都比较局限，约15属仅见于非洲，大洋洲有3属，亚洲特产6属，主产中南半岛。大多数属与种适应于旱生生境，因而热带与亚热带的干旱地区属种特别丰富。中国产5属，约42种，分布于西南、台湾等地。云南有5属，约30种。本书收录1属，17种。

有些是常用的中草药，有的种是良好的蜜源和观赏植物，少数种的种子可榨油。

表2-5-14　本书收录山柑科17种信息表

序号	拉丁名	中文名	习性	花色	花/果期	分布地区
1	*Capparis assamica*	总序山柑	灌木	白色	3～4月；8～9月	景洪、屏边、金平、河口、西畴
2	*C. cantoniensis*	广州山柑	攀缘灌木	白色	2～3月	勐海、麻栗坡、富宁
3	*C. chingiana*	野槟榔	灌木或攀缘植物	白色	3～5月；11～12月	西畴
4	*C. fohaiensis*	勐海山柑	木质藤本	红色	6月；10～11月	勐海、勐腊
5	*C. khuamak*	屏边山柑	攀缘灌木	白色	5月	屏边
6	*C. masaikai*	马槟榔	灌木或攀缘植物	白色或粉红色	5～6月；11～12月	文山、屏边
7	*C. membranifolia*	雷公橘	藤本或灌木	白色	1～4月；5～8月	麻栗坡、西畴、富宁
8	*C. micracantha*	小刺山柑	灌木或小乔木	白色	3～5月；7～8月	金平、蒙自
9	*C. mulfiflora*	多花山柑	灌木或小乔木	白色	6月；12月	蒙自、金平、屏边
10	*C. pubifolia*	毛叶山柑	木质藤本植物	—	10月	富宁
11	*C. sabiaefolia*	黑叶山柑	直立灌木或小乔木	白色	4～5月；9～10月	金平、屏边
12	*C. tenera*	薄叶山柑	灌木或藤本植物	白色	2～3月	耿马、镇康、盈江、瑞丽
13	*C. trichocarpa*	毛果山柑	藤本植物	—	5月	勐海
14	*C. urophylla*	小绿刺	小乔木或灌木	白色	3～6月；8～12月	镇康、临沧、墨江、宁洱、思茅、景洪、勐海、勐腊、金平、富宁
15	*C. viburnifolia*	荚迷叶山柑	灌木或木质藤本	白色	2～3月	勐海、思茅
16	*C. wui*	元江山柑	灌木或攀缘植物	白色	2～3月；8～9月	元江
17	*C. yunnanensis*	苦子马槟榔	灌木或藤本植物	白色	3～4月；11～12月	德宏、临沧、思茅、金平

十五、堇菜科

多年生革质草本、半灌木或小灌木，稀为一年生小草本、攀缘灌木或小乔木。叶为单叶，通常互生。总状或圆锥花序。花两性或单性，少有杂性。花瓣下位，覆瓦状或旋转状，异形状，有距。

本科约有22属，900种，广布世界各洲，温带、亚热带及热带均产。中国有4属，约130种。本书收录1属，20种。

表2-5-15　本书收录堇菜科20种信息表

序号	拉丁名	中文名	习性	花色	花/果期	分布地区
1	*Viola angustistipulata*	狭托叶堇菜	多年生草本	淡紫色或深紫色	10～11月	勐腊
2	*V. bossei*	光叶堇菜	多年生草本	淡紫色或紫色	2～6月；9月	镇康、思茅、澜沧、勐海
3	*V. concordifolia*	心叶堇菜	多年生草本	淡紫色	5～7月	维西、香格里拉、蒙自
4	*V. cuspidifolia*	鄂西堇菜	多年生草本	淡紫色	4月	蒙自
5	*V. delavayi*	灰叶堇菜	多年生草本	黄色	6～8月；7～8月	漾濞、剑川、洱源、鹤庆、丽江、维西、贡山、香格里拉
6	*V. diffusa*	七星莲	一年生草本	淡紫色或浅黄色	3～5月；5～8月	维西、贡山
7	*V. grandisepala*	阔萼堇菜	多年生草本	白色		大关
8	*V. grypoceras*	紫花堇菜	多年生草本	淡紫色	4～5月；6～8月	盐津
9	*V. hamiltoniana*	如意草	多年生草本	淡紫色或白色	—	昆明、凤庆、思茅
10	*V. inconspicua*	长萼堇菜	多年生草本	淡紫色	3～11月	玉溪、普洱、金平、景洪、彝良
11	*V. nuda*	裸堇菜	多年生草本	白色	—	腾冲、梁河
12	*V. odorata*	香堇菜	多年生本	深紫色	—	全国各大城市
13	*V. oligoceps*	分蘖堇菜	多年生草本	—	—	镇康
14	*V. pilosa*	匍匐堇菜	多年生草本	淡紫色或白色	2～4月	西双版纳、红河、蒙自
15	*V. principis*	柔毛堇菜	多年生草本	白色	3～6月；6～9月	蒙自、文山、景东
16	*V. prionantha*	早开堇菜	多年生草本	紫堇色或淡紫色	4～9月	昆明、绥江
17	*V. schneideri*	浅圆齿堇菜	多年生草本	白色或淡紫色	4～6月	昆明、昭阳、大关
18	*V. setschwanensis*	四川堇菜	多年生草本	黄色	6～8月	贡山、香格里拉、德钦
19	*V. thomsonii*	毛堇菜	多年生草本	淡紫色或白色	4～6月；7～8月	贡山、福贡、镇康
20	*V. yunnanensis*	云南堇菜	多年生草本	淡红色或白色	3～6月；8～12月	景洪、勐海、蒙自、屏边

十六、景天科

本科植物为草本、稀亚灌木或灌木。茎常肉质。叶互生，对生或轮生，通常单叶，稀羽状复叶，全缘。花序顶生，聚伞状或伞房状，稀总状、圆锥状或穗状，有时单生。花两性，花瓣4～5，稀无。果为膏葖果或稀蒴果。种子小，种皮平滑、具细乳突或有皱纹，胚乳少或无。

本科约34属，约1500种，几乎广布全球，但主产中国西南部、非洲南部及墨西哥。中国有10属，240多种。云南产7属，75种。本书收录3属，34种。

表2-5-16　本书收录景天科34种信息表

序号	拉丁名	中文名	习性	花色	花/果期	分布地区
1	*Rhodiola bupleuroides*	柴胡红景天	多年生草本	紫红色	6～9月	贡山、香格里拉、德钦、福贡、维西、丽江、大理、会泽
2	*R. chrysanthemifolia*	菊叶红景天	多年生草本	黄绿色	7～10月	兰坪、丽江、维西、鹤庆、贡山、香格里拉、德钦、景东、大姚、禄劝、富民、巧家
3	*R. crenulata*	大花红景天	多年生草本	红色	6～9月	德钦、香格里拉、丽江

续表2-5-16

序号	拉丁名	中文名	习性	花色	花/果期	分布地区
4	*R. discolor*	异色红景天	多年生草本	红色或红褐色	6～8月	德钦、香格里拉、丽江、维西、禄劝
5	*R. fastigiata*	长鞭红景天	多年生草本	红色或紫色	5～10月	德钦、贡山、福贡、香格里拉、丽江、维西、大理、漾濞
6	*R. forrestii*	长圆红景天	多年生草本	红色	6～11月	德钦、香格里拉、丽江、维西、巧家、会泽
7	*R. liciae*	昆明红景天	多年生草本	白色	9～11月	昆明
8	*R. macrocarpa*	大果红景天	多年生草本	黄绿色	6～10月	贡山、福贡、香格里拉、德钦、维西
9	*R. purpureoviridis*	紫绿红景天	多年生草本	黄绿色	6～11月	贡山、福贡、德钦、丽江、香格里拉、维西、大理
10	*R. sacra*	圣地红景天	多年生草本	白色或淡红色	8～10月	德钦、香格里拉
11	*R. scabrida*	粗糙红景天	多年生草本	红色	5～10月	德钦、贡山、福贡、香格里拉、丽江、维西、大理、漾濞
12	*R. sinuata*	裂叶红景天	多年生草本	绿白色	7～10月	香格里拉
13	*R. venusta*	宽叶红景天	多年生草本	红色	7～9月	德钦、贡山、维西、大理
14	*R. wallichiana*	粗茎红景天	多年生草本	淡绿色或淡红色	8～10月	贡山、德钦
15	*R. yunnanensis*	云南红景天	多年生草本	黄色	5～9月	滇西、滇西北、滇中、滇东北
16	*Sedum aizoon*	费菜	多年生草本	黄色	6～9月	昆明
17	*S. balfouri*	岷江景天	多年生草本	黄色	8～10月	德钦、维西
18	*S. bergeri*	长丝景天	多年生草本	黄色	8～11月	昆明
19	*S. celiae*	镰座景天	多年生草本	黄绿色	9～11月	昆明
20	*S. elatinoides*	细叶景天	一年生草本	白色	5～9月	贡山、德钦
21	*S. emarginatum*	凹叶景天	多年生草本	黄色	4～6月	威信、镇雄、西畴、文山
22	*S. leblancae*	钝萼景天	一年生草本	黄色	9～11月	镇雄、昆明、砚山、富宁
23	*S. lineare*	佛甲草	多年生草本	黄色	4～8月	东川
24	*S. luchuanicum*	禄劝景天	一年生草本	紫红色	7～9月	禄劝（乌蒙山）
25	*S. multicaule*	多茎景天	多年生草本	黄色	5～10月	滇西北、滇西、滇中至滇东南
26	*S. oreads*	山景天	一年生草本	黄色	7～10月	德钦、贡山、香格里拉、丽江、维西、大理、临沧
27	*S. pampaninii*	秦岭景天	多年生草本	黄色	8～10月	全省各地
28	*S. platysepalum*	宽萼景天	多年生草本	黄色	8～11月	香格里拉、丽江、大理
29	*S. przewalskii*	高原景天	一年生草本	黄色	7～9月	德钦
30	*S. sarmentosum*	垂盆草	多年生草本	黄色	5～8月	滇东南、滇西北
31	*S. trullipetalum*	镘瓣景天	多年生草本	黄色	8～11月	贡山、福贡、德钦、香格里拉、丽江、大理
32	*S. wangii*	德钦景天	多年生草本	黄色	8～10月	德钦
33	*Sinocrassula indica*	石莲	二年生草本	红色	4～10月	德钦、贡山、福贡、香格里拉、丽江、剑川、鹤庆、大理、昆明
34	*S. luteorulia*	黄花石莲	多年生草本	淡黄色	7～8月	贡山

十七、虎耳草科

本科植物为草本（常为多年生）、小灌木。单叶或复叶，互生或对生。花被片基数4～5片，覆瓦状、镊合状或旋转状排列。果实为蒴果或是浆果、小蓇葖果。

本科含17亚科，80属，1200余种，分布极广，几乎遍布全球，主产温带。中国有7亚科，28属，约500种，主产西南。本书收录5属，27种。

表2-5-17　本书收录景天科27种信息表

序号	拉丁名	中文名	习性	花色	花/果期	分布地区
1	*Astillbe chinensis*	落新妇	多年生草本	淡紫色至紫红色	6～9月	贡山、香格里拉、泸水、鹤庆、丽江、大关
2	*A. rubra*	腺萼落新妇	多年生草本	粉红色至红色	6～7月	贡山、大理
3	*Bergenia purpurascens*	岩白菜	多年生草本	紫红色	5～10月	贡山、福贡、香格里拉、维西、德钦、丽江、大理
4	*Chrysosplenium forrestii*	滇西猫眼草	多年生草本	绿色	5～10月	贡山、福贡、德钦、维西、丽江
5	*C. sikangense*	西康金腰	多年生草本	绿色	7～9月	贡山
6	*Parnassia crassifolia*	鸡心梅花草	多年生草本	白色	7～8月；9月	滇西北、滇北
7	*P. delavayi*	突隔梅花草	多年生草本	白色	7～8月；9月	贡山、福贡、维西、丽江、大理、巧家
8	*P. farreri*	长爪梅花草	草本	白色	8～9月；10月	贡山
9	*P. longipetala*	长瓣梅花草	多年生草本	绿色	7月；8月	滇西北
10	*P. monochorifolia*	雨韭叶苍耳七	多年生草本	白色	—	盐津
11	*P. petitmenginii*	贵阳梅花草	多年生草本	白色	—	滇东北
12	*P. pusilla*	类三脉梅花草	矮小草本	白色	7～8月	贡山、香格里拉、德钦、昆明、大姚、大理
13	*P. venusta*	娇媚梅花草	草本	白色	8～9月	贡山、德钦
14	*P. yui*	俞氏梅花草	矮小草本	白色	8月	贡山
15	*P. pinnata*	羽叶鬼灯擎	多年生草本	白色	6～8月	贡山、福贡、维西、大理、鹤庆、洱源
16	*Saxifraga brachypoda*	短柄虎耳草	多年生草本	黄色	7～9月	贡山、福贡、维西、香格里拉、德钦、丽江
17	*S. clavistaminea*	棒蕊虎耳草	多年生草本	白色	5～7月	禄劝、大理、景东
18	*S. davidii*	双喙虎耳草	多年生草本	白色	4～5月	彝良（朝天马）
19	*S. dielsiana*	川西虎耳草	多年生草本	黄色	7～8月	贡山
20	*S. giraldiana*	秦岭虎耳草	多年生草本	黄色	7～10月	巧家（野马川）
21	*S. insolens*	贡山虎耳草	多年生草本	黄色	8～9月	贡山
22	*S. macrostigmatoides*	假大柱头虎耳草	多年生草本	黄色	7～8月	贡山、香格里拉、德钦
23	*S. montana*	山地虎耳草	多年生草本	黄色	5～10月	香格里拉、德钦
24	*S. nigroglandulifera*	垂头虎耳草	多年生草本	黄色	7～10月	贡山、德钦、香格里拉、丽江、大理
25	*S. pallida*	小花虎耳草	多年生草本	—	—	贡山、香格里拉、丽江、大理、德钦
26	*S. stellariifolia*	繁缕虎耳草	多年生草本	黄色	7～9月	贡山
27	*S. tsarongensis*	察瓦龙紫划	多年生草本	黄色	7～9月	贡山、德钦、大理

十八、石竹科

一、二年生或多年生草本。茎草质，通常节部膨大。单叶对生。花两性，花瓣4～5。果为蒴果，种子多数。

本科70属，约1800种，广布于全球，尤其以温带和寒带最多。中国有31属，约400种，全国均产，主要分布于北方和西南高山地区。云南有17属，135种。本书收录5属，20种。

表2-5-18　本书收录石竹科20种信息表

序号	拉丁名	中文名	习性	花色	花/果期	分布地区
1	*Arenaria debilis*	黄茎无心菜	草本	白色	6～9月	滇西北、滇东北
2	*A. delavayi*	大理无心菜	多年生草本	白色	7～9月	贡山、德钦、丽江、香格里拉、大理、洱源
3	*A. euldonta*	真齿无心菜	多年生草本	—	—	贡山、德钦、维西、香格里拉
4	*A. pogonantha*	须花无心菜	多年生草本	白色	7～8月	大理、维西、香格里拉、贡山、德钦
5	*A. polysperma*	多籽无心菜	多年生草本	白色	6～9月	德钦、维西、丽江
6	*A. serpyllifolia*	无心菜	一年生草本	白色	1～12月	云南各地
7	*A. trichophora*	具毛无心菜	多年生草本	白色	7～8月	贡山、香格里拉、德钦、丽江、洱源
8	*Myosoton aquaticum*	鹅肠菜	多年生或二年生草本	白色	1～12月	滇中、滇南
9	*Silene aprica*	女娄菜	一年生或二年生草本	白色	6～11月	德钦、贡山、福贡、香格里拉、丽江、维西、泸水、鹤庆、昆明、腾冲、砚山
10	*S. asclepiadea*	老鹳筋	多年生草本	粉红色	5～9月	德钦、香格里拉、维西、丽江、兰坪、鹤庆、大理、宾川、洱源、漾濞、腾冲、大姚、昆明、巧家、大关、镇雄
11	*S. conoidea*	净瓶	一年生或多年生草本	粉红色	5～8月	高原地区
12	*S. firma*	粗壮女娄菜	一年生或多年生草本	白色	7～10月	腾冲
13	*S. longicornuta*	长角蝇子草	多年生草本	紫红色	10月	临沧
14	*S. longiuscula*	长花蝇子草	多年生草本	粉红色	7～9月	元谋
15	*S. oblanceolata*	长叶蝇子草	多年生草本	红色	8～9月	贡山、丽江
16	*S. scopulorum*	岩生蝇子草	多年生草本	深紫色	7～8月	大理
17	*S. yunnanensis*	滇蝇子草	多年生草本	粉红色或淡紫红色	6～9月	德钦、香格里拉、贡山、丽江、鹤庆、洱源
18	*Stellaria omeiensis*	峨眉繁缕	一年生草本	白色	5～8月	大关
19	*S. wushanensis*	巫山繁缕	一年生草本	白色	4～7月	滇东北、滇东南
20	*Vaccaria segetalis*	王不留行	一年或二年生草本	粉红色	5～7月	师宗

十九、蓼科

草本，稀灌木或小乔木。茎直立，平卧，攀缘或缠绕，通常节部膨大。叶为单叶，互生，稀对生或轮生。花序穗状、总状、头状或圆锥状，顶生或是腋生。花小，两性。果为瘦果。

本科约50属，1150种，世界分布，但主要分布于北温带，少数分布于热带、南温带。中国有13属，268种，39变种，分布于全国各地。云南产9属，108种，24变种。本书收录1属，15种。

表2-5-19　本书收录蓼科15种信息表

序号	拉丁名	中文名	习性	花色	花/果期	分布地区
1	*Polygonum assamicum*	阿萨姆蓼	一年生草本	绿色或红色	6月；8月	河口、马关
2	*P. coriaceum*	革叶蓼	多年生草本	紫红色	6～11月；7～11月	德钦、香格里拉、维西、丽江、福贡
3	*P. forrestii*	大铜钱叶蓼	多年生匍匐草本	白色或黄色	4～11月；5～11月	德钦、香格里拉、贡山、维西、福贡、丽江、大理
4	*P. griffithii*	长梗蓼	多年生草本	紫红色	5～11月	德钦、贡山、福贡、维西、丽江、泸水
5	*P. hastatosagittatum*	长箭叶蓼	一年生草本	淡红色	3～10月；4～10月	镇雄、昆明、大理、绿春、西畴、凤庆、沧源
6	*P. humile*	矮蓼	一年生矮小草本	淡红色	8～10月；9～10月	会泽、文山、景东
7	*P. limicola*	污泥蓼	一年生草本	淡红色或白色	5月	绿春
8	*P. macrophyllum*	圆穗蓼	多年生草本	淡红色	1～11月；2～11月	德钦、香格里拉、贡山、维西、丽江、鹤庆、洱源、巧家、禄劝
9	*P. orientale*	红蓼	一年生草本	淡红色或白色	5～12月	德钦、香格里拉、贡山、维西、丽江、福贡、剑川、大理（下关）、昆明、蒙自、屏边、景东、景洪、勐海、腾冲、芒市
10	*P. palmatum*	掌叶蓼	多年生草本	淡红色	3～11月；4～11月	景东、普洱、景洪、勐腊、河口
11	*P. sinomontanum*	翅柄蓼	多年生草本	红色	5～12月；6～12月	德钦、香格里拉、维西、丽江、福贡、鹤庆、洱源、泸水、大理、宾川
12	*P. strigosum*	糙毛蓼	多年生草本	白色或淡红色	7月；7～8月	屏边
13	*P. suffultum*	支柱蓼	多年生草本	红色	5～11月；5～11月	德钦、香格里拉、贡山、维西、丽江、鹤庆、大理、澄江
14	*P. thunbergii*	戟叶水蓼	一年生草本	淡红色或白色	6～10月；7～11月	彝良、楚雄、新平、元江、绿春、麻栗坡、金平、腾冲
15	*P. viviparum*	珠芽蓼	多年生草本	白色或淡红色	4～11月；4～11月	彝良、镇雄、巧家、会泽、沾益、德钦、香格里拉、贡山、维西、丽江、福贡、兰坪、漾濞、大理、禄劝、峨山、蒙自、隆阳、腾冲、临翔、双江

二十、凤仙花科

一年生或多年生草本，稀附生或亚灌木。茎通常肉质，直立或平卧。花两性，雄蕊先熟，两侧对称。种子从开裂的裂片中弹出，无胚乳，种皮光滑或具小瘤状突起。

本科仅有水角属和凤仙花属2个属，全世界约有900余种，主要分布于亚洲热带和亚热带及非洲，少数种在欧洲，亚洲温带地区及北美洲也有分布。前者为单种属，产于印度和东南亚，而后者是本科中最大的属。中国2属均产，已知约有220余种。本书收录1属，72种。

表2-5-20 本书收录凤仙花科72种信息表

序号	拉丁名	中文名	习性	花色	花/果期	分布地区
1	*Impatiens abbatis*	神父凤仙花	一年生草本	蓝紫色	8～9月 10月	腾冲、漾濞
2	*I. angustiflora*	狭花凤仙花	一年生草本	黄色	5～8月	鹤庆
3	*I. aquatilis*	水凤仙花	一年生草本	粉紫色	8～9月；10月	蒙自、思茅、砚山、屏边、富宁、昆明、双柏、丽江
4	*I. arguta*	锐齿凤仙花	多年生草本	粉红色或紫红色	7～9月	大理、漾濞、兰坪、维西、香格里拉、贡山、鹤庆、泸水、福贡、楚雄、景东、腾冲、镇康、凤庆
5	*I. aureliana*	缅甸凤仙花	直立矮小草本	粉紫色	7～9月	陇川、盈江、镇康、沧源、西双版纳
6	*I. bahanensis*	白汉洛凤仙花	一年生草本	粉红色	7～8月	怒江与独龙江分水岭
7	*I. balansae*	大苞凤仙花	一年生草本	黄色	10月	屏边
8	*I. begonifolia*	秋海棠叶凤仙花	一年生草本	粉红色	10月；11月	盈江（铜壁关）
9	*I. blinii*	东川凤仙	一年生草本	紫色	9～10月	东川、绿春
10	*I. ceratophora*	具角凤仙	一年生草本	淡黄色	8～9月	福贡、瑞丽与怒江分水岭
11	*I. chimliliensis*	高黎贡山凤仙	一年生草本	黄色或具紫色晕	9月；10月	高黎贡山、怒江与独龙江分水岭
12	*I. chungtienensis*	香格里拉凤仙花	一年生草本	粉红色	8～9月	香格里拉
13	*I. clavicuspis*	棒尾凤仙花	一年生草本	淡黄色顶端带紫色	7～8月； 9月	隆阳、腾冲、昆明、蒙自
14	*I. claviger*	棒凤仙花	一年生草本	淡黄色	10至次年1月；1～2月	麻栗坡、砚山
15	*I. corchorifolia*	麻叶凤仙花	一年生草本	黄色	5～8月	大理、宾川、鹤庆、漾濞、永平、泸水
16	*I. cornucopia*	叶底花凤仙花	一年生草本	黄色带紫色	8月	大理、泸水、镇雄、鹤庆
17	*I. cyanantha*	兰花凤仙花	一年生草本	蓝色或紫蓝色	7～9月； 8～10月	文山、景东、西畴、凤庆（顺宁）
18	*I. cyathiflora*	金凤花	一年生草本	黄色	8～9月； 10～11月	昆明、大理
19	*I. cyclosepala*	环萼凤仙花	一年生草本	淡黄色	7～8月	大理、永胜、鹤庆
20	*I. delavayi*	耳叶凤仙花	一年生草本	淡紫红色或污黄色	7～9月	洱源、大理、丽江、香格里拉、德钦、维西、贡山、昭通
21	*I. desmantha*	束花凤仙花	高大草本	黄色	8～9月	鹤庆、丽江、香格里拉、德钦、晋宁、东川
22	*I. dichroa*	二色凤仙花	一年生草本	黄色	8月	盐津
23	*I. dimorphophylla*	异型叶凤仙花	一年生草本	橘黄色	9～10月	宾川、澜沧、镇康、禄劝、屏边、勐海
24	*I. divaricata*	叉开凤仙花	一年生草本	黄色	8月；10月	宾川、香格里拉
25	*I. drepanophora*	镰萼凤仙花	高大草本	黄色	8月	腾冲
26	*I. duclouxii*	滇南凤仙花	一年生草本	黄色	8～9月； 9～10月	大姚、思茅、蒙自、勐海、景洪、西畴
27	*I. ernstii*	川滇凤仙花	一年生草本	—	8～9月	盐津（成凤山）
28	*I. extensifolia*	展叶凤仙	高大草本	橘黄色	8～9月	盐津、大关

续表2-5-20

序号	拉丁名	中文名	习性	花色	花/果期	分布地区
29	*I. forrestii*	滇西凤仙花	一年生草本	紫红色	8月	大理、腾冲
30	*I. gongshanensis*	贡山凤仙花	一年生小草本	蓝紫色	8～9月	贡山独龙江河谷
31	*I. hachii*	马红凤仙花	一年生草本	白色	8～9月	东川、镇雄
32	*I. hancockii*	滇东南凤仙花	草本	蓝紫色	8月	蒙自
33	*I. hengduanensis*	横断山凤仙花	一年生草本	金黄色	—	贡山
34	*I. holocentra*	同距凤仙花	一年生草本	黄色	—	贡山、怒江与独龙江分水岭
35	*I. lasiophyton*	毛凤仙花	一年生草本	黄色或白色	—	东川、彝良、禄劝、镇雄
36	*I. lecomtei*	滇西北凤仙花	一年草本	粉红色	8～9月	福贡、维西、贡山、德钦
37	*I. lemeei*	荞麦地凤仙花	一年生草本	白色	8～9月	巧家、大关
38	*I. leptocaulon*	细柄凤仙花	一年生草本	红紫色	—	镇雄
39	*I. lilacina*	丁香色凤仙花	多年生草本	紫丁香色或紫堇色	8月	盐津
40	*I. loulanensis*	石林凤仙花	一年生草本	黄色	—	石林、东川
41	*I. margaritifera*	无距凤仙花	一年生草本	白色	7～9月	香格里拉、德钦、维西、贡山
42	*I. mengtzeana*	蒙自凤仙花	一年生草本	黄色	8～10月	蒙自、思茅、凤仪、景洪（易武、小勐养）、勐腊、勐海、普洱、景东、金平、马关
43	*I. meyana*	梅氏凤仙花	一年生草本	—	7～8月	澄江、永善、东川、巧家
44	*I. microcentra*	小距凤仙花	多年生草本	粉紫色	8～9月	怒江与独龙江分水岭
45	*I. minimisepala*	微萼凤仙花	一年生草本	黄色	10月	盐津
46	*I. musyana*	越南凤仙花	小草本	粉紫色	5～8月	文山、富宁
47	*I. nubigena*	高山凤仙花	一年生草本	白色	8月；9月	丽江、香格里拉、德钦
48	*I. nobilis*	高贵凤仙花	高大草本	白色	8月	盐津
49	*I. pinetorum*	松林凤仙花	一年生草本	黄白色	9月	腾冲
50	*I. polyceras*	多年凤仙花	一年生草本	橙黄色	—	鹤庆、大理、贡山、洱源
51	*I. Poculifer*	罗平凤仙花	高大草本	红色或粉白色	8～9月	洱源、德钦、贡山
52	*I. principis*	澜沧凤仙花	一年生草本	黄色	7～8月	福贡
53	*I. pseudo-kingii*	直距凤仙花	一年生草本	粉红色	8～9月；10月	贡山、澜沧江与怒江分水岭
54	*I. radiata*	辐射凤仙花	一年生草本	黄色或浅紫色	—	大理、香格里拉、鹤庆、维西、贡山、丽江、东川
55	*I. rectangula*	直角凤仙花	一年生草本	硫黄色	9～10月	贡山、维西、兰坪、福贡、怒江与独龙江分水岭
56	*I. reptans*	匍匐凤仙花	一年生草本	金黄色	9月	大理、漾濞、嵩明
57	*I. rubro-striata*	红纹凤仙花	一年生草本	白色	6～7月；7～9月	昆明、临翔、凤庆、屏边、鹤庆、景东
58	*I. ruiliensis*	瑞丽凤仙花	一年生草本	淡黄色	5月	盈江、沧源、耿马、勐海、景洪
59	*I. scutisepala*	盾萼凤仙花	一年生草本	黄色	8～9月	镇雄、福贡、兰坪、维西、贡山
60	*I. subecalcarata*	近无距凤仙花	一年生草本	紫红色	7～8月；9月	丽江、香格里拉、鹤庆

续表2-5-20

序号	拉丁名	中文名	习性	花色	花/果期	分布地区
61	*I. stenantha*	窄花凤仙花	一年生草本	黄色或有紫红色斑点	5～7月	鹤庆、大理
62	*I. taliensis*	大理凤仙花	草本	蓝紫色	8月	大理
63	*I. taronensis*	独龙凤仙花	多年生草本	紫色	8～9月；10月	贡山
64	*I. thiochroa*	硫色凤仙花	一年生草本	硫黄色	—	维西、香格里拉
65	*I. tomentella*	微绒毛凤仙花	一年生草本	橘黄色	7～8月	贡山
66	*I. tongbiguanensis*	铜壁关凤仙花	一年生草本	黄色	10月	盈江
67	*I. tsangshanensis*	苍山凤仙花	一年生草本	紫色	10月	大理
68	*I. uliginosa*	滇水金凤	一年生草本	红色	7～8月；9月	洱源、凤仪、大理、丽江、剑川、兰坪、香格里拉、昆明
69	*I. weihsiensis*	维西凤仙花	一年生草本	紫色或粉紫色	6～8月	维西、澜沧江与怒江分水岭
70	*I. xanthina*	金黄凤仙花	一年生草本	金黄色	8～9月；10月	福贡、贡山
71	*I. yingjiangensis*	盈江凤仙花	一年生草本	粉红色	5月	盈江、沧源
72	*I. yunnanensis*	云南凤仙	小草本	黄色	—	宾川

二十一、瑞香科

灌木或乔木，或具木质根的草本，稀为一年生草本，树皮柔韧。叶互生或对生，单叶，全缘，无托叶。花两性，辐射对称，组成顶生或腋生的总状花序、穗状花序或头状花序，稀单生。雄蕊与萼片同数或为其2倍，或退化为2或1。果为浆果、核果或坚果，很少为蒴果。

本科18属，约800种，多分布于热带及温带，常见于南非、地中海地区及澳大利亚，少数产南美及太平洋诸岛。中国有10属，约90余种，主产于长江以南各省区，尤以西南及华南种类最多。云南产7属，38种。本书全部收录。

本科有许多种类为很好的园艺观赏植物，美丽芳香。

表2-5-21　本书收录瑞香科38种信息表

序号	拉丁名	中文名	习性	花色	花/果期	分布地区
1	*Aquilaria yunnanensis*	云南瑞香	小乔木	淡黄色	7～9月	勐腊（悠乐山）、双江
2	*Daphne acutiloba*	尖瓣瑞香	常绿灌木	白色	4～5月	蒙自、大姚、耿马、金平、石屏
3	*D. angustiloba*	狭瓣瑞香	灌木	黄色	7～8月；9～10月	丽江
4	*D. aurantiaca*	橙黄瑞香	常绿小乔木	橙黄色	5～6月	滇西北、滇中
5	*D. bholua*	毛花瑞香	灌木	红色	4～5月	维西、丽江、德钦
6	*D. brevituba*	短管瑞香	常绿直立灌木	白色	2～3月	易门、鹤庆
7	*D. depauperata*	少花瑞香	常绿灌木	白色	8月	漾濞

续表2-5-21

序号	拉丁名	中文名	习性	花色	花/果期	分布地区
8	*D. esquirolii*	白脉瑞香	直立灌木	黄色	—	滇东北、滇西北
9	*D. holosericea*	丝毛瑞香	灌木	黄色	7~8月	丽江、香格里拉、德钦
10	*D. longilobata*	长瓣瑞香	落叶灌木	黄绿色	7~8月	德钦、贡山、维西
11	*D. papyracea*	白瑞香	常绿灌木	白色	12月	云南各地
12	*D. pedunculata*	长梗瑞香	常绿直立灌木	黄色	10~11月	元阳
13	*D. retusa*	凹叶瑞香	常绿灌木	白色	4~5月	维西、鹤庆、香格里拉
14	*D. rhynchocarpa*	喙果瑞香	常绿灌木	灰白色	4月	镇康
15	*D. rosmarinifolia*	华瑞香	灌木	黄色	7~8月	滇西北
16	*D. tangutica*	唐古特瑞香	常绿灌木	浅紫色或紫红色	4~5月	维西、香格里拉、德钦、鹤庆
17	*D. xichouensis*	西畴瑞香	直立常绿灌木	淡白色	2~3月	西畴、麻栗坡
18	*D. yunnanensis*	云南瑞香	灌木	黄褐色	—	腾冲
19	*Edgeworthia chrysantha*	结香	落叶灌木	—	2~3月	昆明、西畴、广南
20	*E. eriosolenoides*	西畴结香	灌木	—	3月	西畴（仁和）
21	*E. gardneri*	滇结香	小乔木	黄色	2~3月	滇西、滇西北
22	*Eriosolena composita*	毛管花	灌木	—	3~4月	滇东南、滇南、滇西南
23	*Rhamnoneuron rubriflorum*	红花鼠皮树	灌木	—	3月	屏边
24	*Stellera chamaejasme*	甘遂	直立亚灌木	白色	4~5月	滇西北、滇中、滇东南
25	*Wikstroemia baimashanensis*	白马山荛花	灌木	黄色	5~6月	德钦（白马雪山）
26	*W. canescens*	荛花	灌木	黄色	8~9月	滇中、滇西北
27	*W. capitato-racemosa*	短总序荛花	灌木	淡黄色	7~8月	德钦
28	*W. delavayi*	澜沧荛花	灌木	黄绿色	6~8月	洱源、丽江、维西、德钦及澜沧江流域
29	*W. dolichantha*	一把香	灌木	黄色	6~7月	元谋、鹤庆、剑川
30	*W. indica*	了哥王	灌木	黄绿色	6~7月	西畴
31	*W. lamatsoensis*	金丝桃荛花	小灌木	黄色	8~9月	丽江
32	*W. leptophylla*	细叶荛花	灌木	黄绿色	9月	丽江、香格里拉
33	*W. lichiangensis*	丽江荛花	灌木	黄绿色	7~8月	滇西北
34	*W. ligastrina*	白蜡叶荛花	灌木	黄色	6~8月	德钦
35	*W. micrantha*	小黄构	灌木	黄色	7~8月	西畴、砚山、云县、蒙自
36	*W. nutans*	细轴荛花	灌木	黄绿色	4~5月	西畴、富宁、马关、麻栗坡
37	*W. scytophylla*	革叶荛花	灌木	黄色	6~8月	禄劝、丽江、香格里拉、德钦
38	*W. techinensis*	德钦荛花	灌木	—	5~6月	德钦

二十二、海桐科

灌木或小乔木。单叶，互生或轮生叶。花两性，单花，伞房花序或圆锥花序；花瓣5，分离稀基部连合成管状，雄蕊5，分生。果为浆果（我国不产）或蒴果，蒴果2~5裂，果片革质或木质，种子2至多数，具明显的红色假种皮。

本科约9属，200种，产亚洲、大洋洲的热带或亚热带地区。中国只有1属，约39种。云南产1属，27种，2变种。本书收录1属，20种。

本科少数种类栽培供观赏，少数种类作药用。

表2-5-22　本书收录海桐科20种信息表

序号	拉丁名	中文名	习性	花色	花/果期	分布地区
1	*Pittosporum adaphniphylloides*	大叶海桐	灌木或小乔木	淡黄色	—	屏边
2	*P. angustilimbum*	窄叶海桐	灌木	淡黄色	5月	维西
3	*P. brevicalyx*	短萼海桐	灌木或小乔木	淡黄色	4～5月；6～11月	云南各地
4	*P. calciola*	灰岩海桐	灌木或小乔木	白色	12～1月；4～5月	西畴、富宁
5	*P. chatterjeeanum*	岗房海桐	灌木	—	—	腾冲
6	*P. crispulum*	皱叶海桐	灌木或小乔木	—	4～6月；9～12月	昭阳、彝良、盐津、镇雄
7	*P. johnstonianum*	贡山海桐	灌木或小乔木	黄色	4～6月；9～12月	香格里拉、贡山
8	*P. kerrii*	杨翠木	灌木或小乔木	淡黄色	4～6月；7～12月	景东、蒙自、石屏、玉溪
9	*P. merrillianum*	滇越海桐	灌木或小乔木	淡黄色	—	富宁、文山、屏边
10	*P. monanthum*	单花海桐	小灌木	淡黄色	5～6月	景东
11	*P. napaulense*	尼泊尔海桐	小乔木或灌木	淡黄色	6～8月；10～12月	德宏、耿马、腾冲、泸水、福贡
12	*P. oligophlebium*	贫脉海桐	灌木或小乔木	黄色	—	龙陵
13	*P. peniculiferum*	圆锥海桐	灌木或小乔木	淡黄色	4～5月；10～12月	金平、麻栗坡、西畴
14	*P. perryanum*	缝线海桐	灌木或小乔木	淡黄色	3～4月；6～12月	屏边、西畴、马关、砚山、麻栗玻
15	*P. podocarpum*	柄果海桐	灌木	淡黄色	4～5月；5～12月	丘北、屏边、蒙自、富宁、文山、金平、景东、宾川、漾濞、永平、鹤庆、临翔、凤庆、龙陵、腾冲、陇川、盐津、沾益、镇雄、昆明、双柏
16	*P. podocarpifolium*	罗汉松叶海桐	小灌木	淡黄色	4～5月	富宁
17	*P. reflexisepalum*	折萼海桐	灌木或小乔木	淡黄色	5～6月	广南
18	*P. tobira*	海桐	灌木或小乔木	白色	4～5月	昆明
19	*P. tonkinense*	四籽海桐	灌木或小乔木	黄色	9～10月；11～12月	文山、西畴、砚山、麻栗坡、广南、富宁
20	*P. xylocarpum*	木果海桐	灌木或小乔木	淡黄色	4～5月；10～12月	镇雄

二十三、葫芦科

一年或多年生草质或木质藤本。叶互生，通常为单叶，有时为复叶，无托叶。花单性或极稀两性，雌雄同株或异株；雄花花萼辐状、钟状或管状，5裂，裂片覆瓦状排列或开放式；雌花花被同雄花，退化雄蕊有或无；子房下位或半下位。果小到很大，常为肉质瓠果、浆果或蒴果，不开裂或瓣裂或周裂；种子多数，稀少至1枚，通常藏于果瓤内或纤维中，压扁。

本科约113属，800种，多数分布于热带和亚热带，少数种类散布到温带。中国有32属，154种，35变种，主要分布于西南和南部地区，少数种类散布到北部；云南有28属，97种，分布于全省各地，以南部和西南部最多。本书收录21属，86种。

本科植物中的一些种的果实为世界各地常用的蔬菜；一些种类的果实则为盛夏消暑的佳果，如西瓜、甜瓜等；一些种类的根、果实及种子入药具有清热消炎、镇咳、利尿、驱虫的作用。

表2-5-23 本书收录葫芦科86种信息表

序号	拉丁名	中文名	习性	花色	花/果期	分布地区
1	*Actinustemma tenerum*	盒子草	一年生草本	—	7～9月；9～11月	盈江
2	*Biswarea tonglensis*	三裂瓜	草质攀缘藤本	—	—	凤庆
3	*Bolbostemma biglandulosum*	刺儿爪	草质攀缘藤本	淡黄色或绿色	8～9月；10～11月	蒙自
4	*Coccinia grandis*	红瓜	攀缘或平卧草本	白色	6～12月	景洪、勐海、勐腊
5	*Cucumis hystrix*	野黄瓜	一年生攀缘草本	黄色	6～8月；8～10月	西双版纳、屏边
6	*Gymnopetalum cochichinense*	金瓜	多年生草质藤本	白色	6～8月；8～11月	景洪、勐腊、孟连、河口、金平、绿春、富宁
7	*G. integrifolium*	凤瓜	一年生草质藤本	白色	6～9月；9～12月	勐海
8	*Gomphogyne cissiformis*	锥形果	草质藤本	—	7～8月；10～11月	滇南、滇西南
9	*Gynostemma aggregatum*	取果绞股蓝	草质攀缘藤本	—	7～8月；8～10月	香格里拉、德钦
10	*G. burmanicum*	缅甸绞股蓝	草质攀缘藤本	绿色	7～8月；9～10月	盈江、芒市
11	*G. laxum*	光叶绞股蓝	草质藤本	黄绿色	8月；9～10月	西畴
12	*G. longipes*	长梗绞股蓝	草质攀缘藤本	白色	8～10月；10～11月	昆明、贡山、大关
13	*G. pentaphyllum*	绞股蓝	草质攀缘藤本	淡绿色或白色	4～10月；5～12月	全省各地
14	*G. pubescens*	毛绞股蓝	攀缘藤本	—	8～10月	福贡、贡山、楚雄、屏边、大理（下关）、景洪、勐海
15	*G. simplicifolium*	单叶绞股蓝	草质攀缘藤本	淡绿色至淡绿黄色	6～7月；8～9月	勐海、滇西南
16	*Hemsleya amabilis*	蛇莲	多年生攀缘草本	浅黄绿色	6～10月；7～11月	昆明、宾川、洱源、大理、鹤庆
17	*H. carnosiflora*	肉花雪胆	多年生攀缘草本	浅黄色	6～10月；8～11月	罗平
18	*H. changningensis*	赛金刚	多年生攀缘草本	浅黄色	8～10月；9～11月	昌宁
19	*H. chengyinana*	大果雪胆	多年生攀缘草本	浅黄色	7～10月；9～11月	永德、镇康、双江
20	*H. clavata*	棒果雪胆	多年生攀缘草本	黄绿色	8～10月；9～11月	镇沅
21	*H. delavayi*	短柄雪胆	多年生攀缘草本	淡黄绿色	7～8月；8～10月	东川、嵩明、大姚、宾川、大理、鹤庆、洱源
22	*H. dulungjiangensis*	独龙江雪胆	多年生草本	黄绿色	8～10月；10～12月	贡山、香格里拉
23	*H. endecaphylla*	十一叶雪胆	多年生攀缘草本	棕黄色	6月	丽江
24	*H. grandiflora*	大花雪胆	攀缘草本	深黄色	9月	福贡

续表2-5-23

序号	拉丁名	中文名	习性	花色	花/果期	分布地区
25	*H. lijiangensis*	丽江雪胆	多年生攀缘草本	浅黄绿色	7～9月；8～10月	丽江、鹤庆、香格里拉、泸水、福贡
26	*H. longivillosa*	长毛雪胆	多年生攀缘草本	浅肉红色	7～9月；8～10月	富源、禄劝、镇雄
27	*H. macrosperma*	罗锅底	多年生攀缘草本	棕红色	7～9月；9～11月	嵩明、曲靖、会泽、昭阳、镇雄
28	*H. megathyrsa*	大序雪胆	多年生攀缘草本	黄绿色	7～10月；9～11月	临沧
29	*H. mitrata*	帽果雪胆	多年生攀缘草本	浅黄绿色	7～10月；9～12月	永德
30	*H. obconica*	圆锥果雪胆	多年生攀缘草本	浅黄色	7～9月；9～11月	永德
31	*H. panacis-scandens*	藤三七雪胆	攀缘草本	浅黄色	8～10月；10～12月	个旧、马关
32	*H. turbinata*	陀罗果雪胆	多年生攀缘草本	浅黄绿色	7～9月；9～11月	永德、景东
33	*H. villosipetala*	母猪雪胆	多年生攀缘草本	浅肉红色	7～9月；8～10月	大关、彝良
34	*H. wenshanensis*	文山雪胆	多年生攀缘草本	浅黄绿色	6～10月；7～11月	文山、勐海、景东、元江
35	*Herpetospermum peduneulosum*	波棱瓜	一年生攀缘草本	黄色	6～10月	滇西北
36	*Hodgsonia macrorarpa*	油渣果	大型木质攀缘藤本	白色	6～9月；8～10月	临沧、思茅、西双版纳、红河
37	*Momordica charantia*	苦瓜	柔弱攀缘草本	黄色	6～10月；7～11月	云南各地
38	*M. cochinchinensis*	木鳖子	多年生攀缘草本	黄色	6～8月；8～10月	滇中、滇南、滇东南
39	*M. dioica*	云南木鳖	多年生攀缘草本	淡黄色	6～8月；8～12月	滇西北、滇东南
40	*M. subanqulata*	凹萼木鳖	多年生攀缘草本	黄色或淡红色	5～8月；8～10月	西双版纳及滇东南
41	*Mukia javanica*	爪哇帽儿瓜	一年生攀缘草本	黄色	5～7月；6～9月	蒙自、景洪、勐海、勐腊
42	*M. maderaspatana*	帽儿瓜	一年生平卧或攀缘草本	黄色	8月；8～12月	西双版纳
43	*Neoalsomitra integrifoliola*	棒锤瓜	攀缘草本	白色	9～11月；11～4月	滇东南
44	*Schizopepon longipes*	长梗裂瓜	草质攀缘藤本	白色	7月	泸水（片马）
45	*S. macranthus*	大花裂瓜	草质攀缘藤本	淡黄色或白色	7月	镇康、宁蒗（永宁）
46	*Siraitia borneensis*	无鳞罗汉果	草质攀缘藤本	黄色	6～8月；9～12月	西畴、砚山
47	*S. siamensis*	翅子罗汉果	草质攀缘藤本	淡黄色	4～6月；7～9月	勐海、景洪、蒙自、河口
48	*Solena amplexicaulis*	茅瓜	攀缘草本	黄色	5～8月；8～11月	泸水、鹤庆、腾冲、临翔、凤庆、景东、景洪、勐海、勐腊、双江、河口、屏边、富宁、师宗、江川、昆明
49	*S. delavayi*	滇藏茅瓜	草质藤本	黄白色	5～6月；6～8月	滇西北
50	*Thladiantha cordifolia*	大苞赤瓟	草质攀缘藤本	黄色	5～10月；7～11月	滇西北至滇东南
51	*T. dentata*	赤瓟	攀缘草本	黄色	7～11月	昭阳、镇雄、威信、绥江、彝良、大关、盐津

续表2-5-23

序号	拉丁名	中文名	习性	花色	花/果期	分布地区
52	*T. grandisepela*	大萼赤瓟	攀缘草质藤本	黄色	7～10月；9～11月	福贡、临翔、保山、陇川、双江、景东、凤庆
53	*T. hookeri*	异叶赤瓟	多年生宿根草质藤本	黄色	4～8月；5～10月	云南各地
54	*T. lijiangensis*	丽江赤瓟	攀缘藤本	黄色	5～8月；8～11月	德钦、维西、丽江、香格里拉、鹤庆
55	*T. longisepala*	长萼赤瓟	攀缘草本	黄色	6～9月	德钦、维西、鹤庆
56	*T. montana*	山地赤瓟	攀缘草本	黄色	8至次年1月	贡山、维西、洱源、鹤庆、宾川
57	*T. pustulata*	云南赤瓟	草质攀缘藤本	黄色	8～9月；10～11月	昆明、马龙
58	*T. villosula*	长毛赤瓟	草质攀缘藤本	黄色	4～9月	滇中、滇西北
59	*Trichosanthes baviensis*	短序栝楼	草质攀缘藤本	绿色	4～5月；5～9月	西畴、富宁、西双版纳
60	*T. crispisepala*	皱萼栝楼	攀缘草本	白色	4月	富宁
61	*T. cucumerina*	瓜叶栝楼	一年生攀缘藤本	白色	7～10月	镇康、元江、景洪、勐腊
62	*T. cucumeroides*	王瓜	草质攀缘藤本	白色	5～8月；8～11月	大关、西畴、广南
63	*T. danniana*	糙点栝楼	攀缘草本	淡红色	7～9月；10～11月	福贡、腾冲、漾濞、大理、宾川、永仁、楚雄、禄丰、凤庆、临翔、龙陵、墨江、景东、广南
64	*T. fissibracteata*	裂苞栝楼	攀缘草本	绿白色	8～9月；11月	屏边、金平、河口
65	*T. kerrii*	长果栝楼	草质攀缘藤本	白色或淡黄色	4～6月；6～10月	景洪、勐腊、屏边、金平、西畴、富宁
66	*T. lepiniana*	马干铃栝楼	草质藤本	白色	5～7月；8～11月	景洪、勐海、屏边、麻栗坡、富宁
67	*T. ovata*	卵叶栝楼	草质攀缘藤本	—	8月	景洪
68	*T. ovigera*	全缘栝楼	草质攀缘藤本	白色	5～9月；9～12月	昆明、双柏、大理、鹤庆、临翔、镇康、景东、景洪、勐海、屏边、西畴
69	*T. pedata*	趾叶栝楼	草质攀缘藤本	白色	6～8月；7～12月	屏边、景东
70	*T. quinquangulata*	五角栝楼	攀缘草本	白色	7～10月；10～12月	景洪、勐腊
71	*T. quinquefolia*	木基栝楼	草质藤本	绿白色	8～9月；10～11月	景洪
72	*T. rubriflos*	红花栝楼	草质攀缘藤本	粉红色至红色	5～11月；8～12月	盈江、瑞丽、芒市、沧源、耿马、双江、临翔、景东、新平、思茅、景洪、勐海、勐腊、红河、金平、屏边、西畴、富宁
73	*T. rugatisemina*	皱籽栝楼	攀缘藤本	红色	—	芒市、红河
74	*T. rosthornii*	中华栝楼	草质攀缘藤本	白色	6～8月；8～10月	昭阳、盐津、绥江
75	*T. sericeifolia*	丝毛栝楼	攀缘藤本	白色	1～6月	文山（老君山）
76	*T. smilacifolia*	菝葜叶栝楼	攀缘草本	黄色	7～10月；11～12月	麻栗坡、富宁、勐海
77	*T. subrosea*	粉花栝楼	攀缘藤本	粉红色	7～8月；8～9月	文山、镇康
78	*T. truncata*	截叶栝楼	草质攀缘藤本	白色	4～5月；7～8月	景洪、勐腊

续表2-5-23

序号	拉丁名	中文名	习性	花色	花/果期	分布地区
79	*T. villosa*	密毛栝楼	攀缘藤本	白色	12～7月；9～11月	景洪、勐腊、屏边
80	*T. wallichiana*	薄叶栝楼	攀缘草本	白色	7～9月；10～11月	福贡、景东、勐海、文山、屏边
81	*Zanonia indica*	滇南翅子瓜	木质攀缘藤本	淡黄褐色	8～10月；10～12月	勐海、勐腊
82	*Zehneria japonica*	马瓟儿	草质攀缘藤本	白色	9～11月	罗平、西畴、景洪、勐海、勐腊
83	*Z. marginata*	云南马瓟儿	一年生攀缘藤本	黄色	8～9月；10～12月	勐海、景洪
84	*Z. maysorensis*	钮子瓜	草质攀缘藤本	白色	8～11月	昆明、楚雄、鹤庆、漾濞、保山、沧源、蒙自、西双版纳
85	*Z. mucronata*	台湾马瓟儿	草质藤本	淡黄色	3～12月	景洪、勐腊
86	*Z. wallichii*	锤果马瓟儿	纤细攀缘藤本	白黄色	6～8月；8～11月	景洪

二十四、秋海棠科

秋海棠科植物是一类多年生肉质草本，稀为亚灌木，广布于热带和亚热带地区。全科共3属，1400多种。中国仅1属，150种左右。著名的观赏花卉。本书收录1属，47种。

表2-5-24　本书收录秋海棠科47种信息表

序号	拉丁名	中文名	习性	花色	花/果期	分布地区
1	*Begonia acetosella*	无翅秋海棠	多年生草本	粉红色	4～5月	龙陵、澜沧、景洪、勐海、河口、勐腊
2	*B. alveolata*	点叶秋海棠	多年生草本	粉红色	11月	屏边
3	*B. anceps*	二棱秋海棠	多年生草本	粉红色	11月	麻栗坡
4	*B. augustinei*	歪叶秋海棠	多年生草本	淡粉色	6～9月	思茅、景洪、勐海
5	*B. cathayana*	花叶秋海棠	多年生草本	粉红色	8月	屏边、西畴、麻栗坡
6	*B. cavaleriei*	昌感秋海棠	多年生草本	淡粉红色	5～7月；7月	富宁、麻栗坡、西畴
7	*B. circumlobata*	周裂秋海棠	多年生草本	玫瑰色	6月；7月	麻栗坡
8	*B. cirrosa*	卷毛秋海棠	多年生草本	粉红色	3月；4月	富宁
9	*B. clavicaulis*	腾冲秋海棠	多年生草本	白色	—	腾冲
10	*B. crassirostris*	粗喙秋海棠	多年生草本	白色	4～5月；7月	滇东南、滇南
11	*B. dryadis*	厚叶秋海棠	多年生草本	红色	11～12月；12月	滇东南、滇南
12	*B. edulis*	食用秋海棠	多年生草本	粉红色	6～9月；8月	滇东南、滇南
13	*B. forrestii*	陇川秋海棠	多年生草本	玫瑰红或粉红色	4～5月；7月	腾冲、德宏
14	*B. gagnepainiana*	昭通秋海棠	多年生草本	—	—	昭通
15	*B. gungshanensis*	贡山秋海棠	多年生草本	粉红色	8月；12月	贡山
16	*B. grandis*	秋海棠	多年生草本	粉红色	7月；8月	昆明一带及滇西北
17	*B. guishanensis*	圭山秋海棠	多年生草本	玫瑰色	8～9月；9月	石林
18	*B. gulinqingensis*	古林箐秋海棠	多年生草本	玫瑰色	6月；7月	马关
19	*B. handelii*	大香秋海棠	多年生草本	白色	1月	河口
20	*B. hemsleyana*	掌叶秋海棠	多年生草本	粉红色	12月；6月	屏边、金平、马关、蒙自
21	*B. henryi*	独牛秋海棠	多年生草本	粉红色	9～10月；10月	昆明、盐津

续表2-5-24

序号	拉丁名	中文名	习性	花色	花/果期	分布地区
22	*B. labordei*	心叶秋海棠	多年生草本	粉红色或淡玫瑰色	8月；9月	滇中、滇西北
23	*B. lacerata*	蒙自秋海棠	多年生草本	白色	7月；8月	蒙自东南部
24	*B. laminariae*	薄叶秋海棠	多年生草本	粉红色	6月；9月	滇东南
25	*B. macrotoma*	大裂秋海棠	多年生草本	粉红色或玫瑰色	8月；9月	临翔、双江
26	*B. miranda*	奇异秋海棠	多年生草本	玫瑰色	10月；11月	屏边、金平
27	*B. morifolia*	桑叶秋海棠	多年生草本	粉红色	10～11月；12月	西畴、麻栗坡
28	*B. obsolescens*	侧膜秋海棠	多年生草本	白色	6月；7月	麻栗坡、文山、西畴、金平
29	*B. paucilobata*	少裂秋海棠	多年生草本	粉红色	8月；10月	绥江
30	*B. pingbienensis*	睫托秋海棠	多年生草本	粉红色	—	麻栗坡、屏边
31	*B. polytricha*	多毛秋海棠	多年生草本	—	10月	绿春、马关
32	*B. prostrata*	铺地秋海棠	多年生草本	白色	5月；6月	滇南、滇西南
33	*B. pseudodryadis*	假厚叶秋海棠	多年生草本	绿白色	8～9月；9月	屏边
34	*B. psilophylla*	光叶秋海棠	多年生草本	粉红色或玫瑰色	2～4月（温室）	河口
35	*B. reflexi-squamosa*	倒鳞秋海棠	多年生草本	白色	7月；8月	绿春、屏边
36	*B. rotundilimba*	圆叶秋海棠	多年生草本	—	4月；7月	屏边
37	*B. ruboides*	匍地秋海棠	多年生草本	白色	4月；5月	金平、屏边
38	*B. setifolia*	刚毛秋海棠	多年生草本	粉红色	5月；5月	屏边、蒙自、绿春、金平
39	*B. summoglabra*	光叶秋海棠	多年生草本	粉红色	12月	屏边
40	*B. tsaii*	屏边秋海棠	多年生草本	—	6月	屏边
41	*B. truncatiloba*	截基秋海棠	多年生草本	—	5月；6月	蒙自、屏边、西畴、河口、麻栗坡
42	*B. versicolor*	变色秋海棠	多年生草本	粉红色	6～9月；7月	屏边、富宁、麻栗坡、马关
43	*B. villifolia*	毛叶秋海棠	多年生草本	粉白色	5～7月；7月	屏边、马关、麻栗坡
44	*B. wangii*	少瓣秋海棠	多年生草本	粉红色	5月	滇东南
45	*B. wenshanensis*	文山秋海棠	多年生草本	粉红色	7～8月；8月	富宁、文山
46	*B. yüii*	宿苞秋海棠	多年生草本	玫瑰色	8～9月；9月	临沧、镇雄
47	*B. yunnanensis*	云南秋海棠	多年生草本	粉红色	8月；9月	思茅、景洪

二十五、山茶科

乔木或灌木，常绿或半常绿。单叶，互生，羽状脉，全缘或有锯齿，具柄，无托叶。花两性或雌雄异株，单生或数花簇生叶腋；花瓣5至多枚，基部连合，稀分离，白色、红色或黄色。果为蒴果、闭果或浆果；种子圆球形、半球形或长圆形。

本科约16属，500种，广泛分布于全球的热带和亚热带地区，尤以亚洲最为集中。中国有10属，300余种；云南产9属，120种。本书收录9属，113种。

山茶科植物有重要的经济价值。山茶属和其他几个属具有大而鲜艳（红色、黄色和白色）的花朵，如华东山茶和云南山茶是国际上著名的观赏花木。

表2-5-25 本书收录山茶科113种信息表

序号	拉丁名	中文名	习性	花色	花/果期	分布地区
1	*Adinandra grandis*	大杨桐	乔木	—	—	元阳（逢春岭）
2	*A. hirta*	粗毛杨桐	乔木	白色	2～5月；10～11月	蒙自、金平、屏边、河口、文山、西畴、麻栗坡
3	*A. incornuta*	隐脉杨桐	小乔木	—	6月；11月	西畴、广南
4	*A. integerrima*	全缘叶杨桐	乔木	黄色	4～5月；11～12月	沧源、孟连、勐海、景洪、元阳
5	*A. latifolia*	阔叶杨桐	乔木	—	8月；11月	贡山
6	*A. megaphylla*	大叶杨桐	乔木	—	7月；11月	屏边、河口、麻栗坡、西畴、富宁
7	*A. nigroglandulosa*	腺叶杨桐	乔木	—	8～9月；11～12月	河口、麻栗坡、西畴
8	*A. pinbianensis*	屏边杨桐	乔木	—	4～5月；8～9月	屏边、金平
9	*Anneslea fragrans*	茶梨	乔木	乳白色	12月至次年2月；8～10月	滇东南、滇南至滇西南
10	*Camellia candida*	白毛蕊茶	灌木或小乔木	白色	2～3月；9～10月	麻栗坡
11	*C. caudata*	长尾毛蕊茶	灌木或小乔木	—	12月至次年1月；9～10月	屏边、金平、绿春
12	*C. cordifolia*	柱糙果茶	灌木或小乔木	白色	11月至次年1月；9～10月	屏边、蒙自、文山、马关、麻栗坡、西畴
13	*C. costei*	贵州连蕊茶	灌木或小乔木	白色或淡红色	1～3月；9～10月	镇雄、威信、广南、富宁、西畴
14	*C. crassicolumna*	厚轴茶	小乔木至乔木	白色	11～12月；9～10月	红河、元阳、金平、屏边、马关、麻栗坡、西畴、广南
15	*C. crassipes*	粗梗连蕊茶	灌木或小乔木	白色	2～3月	盐津、楚雄、景东、元江、峨山、金平
16	*C. cuspidata*	连蕊茶	灌木	—	2～3月；9～10月	马关、绿春
17	*C. fascicularis*	云南金花茶	灌木或小乔木	鲜黄色	12月至次年1月；9～10月	个旧、河口、马关
18	*C. forrestii*	云南连蕊茶	灌木	白色	1～3月；9～10月	云南大部分地区（除滇东北、滇西北外）
19	*C. gauchowensis*	高州油茶	灌木或小乔木	白色	11～12月；9～10月	河口
20	*C. gilberti*	中越短蕊茶	灌木	白色	—	河口
21	*C. grandibracteata*	大苞茶	乔木	白色	11月；9月	云县
22	*C. gymnogyna*	秃房茶	灌木或小乔木	白色	1～2月；10～11月	河口、屏边、西畴
23	*C. hekouensis*	河口长梗茶	灌木或小乔木	白色	11～12月	河口
24	*C. henryana*	蒙自山茶	灌木或小乔木	白色	—	景东、元江、元阳、屏边、蒙自、砚山、文山、麻栗坡、广南

续表2-5-25

序号	拉丁名	中文名	习性	花色	花/果期	分布地区
25	*C. japonica*	山茶	灌木或小乔木	红色	2~3月；9~10月	长江以南各省、区
26	*C. kissi*	落瓣油花	灌木或小乔木	白色带粉色	10月；8月	芒市、梁河、龙陵、腾冲、临翔、凤庆、景东、漾濞、福贡、勐海、勐腊、马关、文山、砚山
27	*C. kwangsiensis*	广西茶	灌木或小乔木	白色	11~12月；9~10月	文山、西畴
28	*C. mairei*	毛蕊山茶	灌木或小乔木	深红色	2~3月；9~10月	盐津、丘北、广南、富宁、砚山、文山、西畴、麻栗坡
29	*C. mileensis*	弥勒糙果茶	灌木或小乔木	白色或淡红色	3月；11月	弥勒
30	*C. oleifera*	油茶	灌木或小乔木	白色	11月至次年1月；9~10月	盈江、芒市、福贡、景洪、勐腊、元江、元阳、屏边、马关、西畴、砚山、广南、师宗、富源、大关、盐津、永善、绥江
31	*C. pachyandra*	滇南离蕊茶	乔木	白色（也见淡黄色或淡红色的变异）	4月；10~11月	临沧、耿马、沧源、勐海
32	*C. pitardii*	西南山茶	灌木或小乔木	红色或粉红色	2~3月；9~10月	元江、绿春、金平、蒙自、开远、广南、富源、镇雄、彝良、大关、永善、绥江
33	*C. pyxidiacea*	三江瘤果茶	灌木或小乔木	白色	10~11月	罗平
34	*C. reticulata*	滇山茶	灌木或乔木	红色	1~2月；9~10月	盈江、瑞丽、龙陵、腾冲、隆阳、永平、永德、临翔、凤庆、大理、漾濞、祥云、剑川、鹤庆、丽江、大姚、楚雄、武定、昆明、易门、双柏、峨山、元江
35	*C. saluenensis*	怒江山茶	多分枝小灌木	红色	2~3月；9~10月	彝良、镇雄、昭阳、会泽、富源、昆明、玉溪、双柏、禄丰、武定、大姚、祥云、宾川、大理、巍山、剑川、丽江、腾冲
36	*C. sasanqua*	茶梅	灌木或小乔木	白色至粉红色	10~11月；8月	云南各地植物园
37	*C. sinensis*	茶	灌木或小乔木	白色	10~12月；8~10月	云南各地
38	*C. stuartiana*	五室连蕊茶	灌木或小乔木	白色	1~2月；8~9月	元江、河口
39	*C. synaptica*	川滇连蕊茶	灌木或小乔木	—	2~3月；9~10月	盐津、绥江、彝良、大关、大姚
40	*C. szemaoensis*	斑叶离蕊茶	灌木	白色	2~3月；10月	思茅、景洪（普文）、双江

续表2-5-25

序号	拉丁名	中文名	习性	花色	花/果期	分布地区
41	*C. tachangensis*	大厂茶	乔木	白色	10～11月；9～10月	富源、师宗
42	*C. taliensis*	大理茶	灌木或小乔木	白色	10～11月；9～10月	瑞丽、芒市、龙陵、梁河、昌宁、镇康、永德、凤庆、景东、大理、漾濞、元江
43	*C. tsaii*	窄叶连蕊菜	灌木或小乔木	白色	2～3月；9～10月	屏边、金平、绿春、芒市、盈江、凤庆、龙陵、腾冲
44	*C. tenii*	小糙果茶	灌木	白色	10月；7～9月	大姚
45	*C. tsingpienensis*	屏边山茶	灌木或小乔木	白色	12月至次年1月；8～9月	屏边、麻栗坡、西畴、金平、蒙自
46	*C. wardii*	滇缅离蕊茶	灌木或小乔木	白色	10～11月；9月	腾冲、梁河
47	*C. yunnanensis*	猴子木	灌木或小乔木	白色	11～12月；8～9月	禄劝、武定、楚雄、南华、姚安、大姚、丽江、鹤庆、洱源、宾川、大理、巍山、永平、保山、凤庆、永德、镇康
48	*Eurya acuminata*	云南凹脉柃	灌木或小乔木	—	11～12月；6～8月	贡山、屏边、西畴
49	*E. acutisepala*	尖萼毛柃	灌木或小乔木	白色	10～11月；6～8月	元阳、景东
50	*E. bifidostyla*	双柱柃	小乔木	—	—	双江
51	*E. brevistyla*	短柱柃	灌木或小乔木	—	—	永善、大关、盐津、镇雄
52	*E. cavinervis*	云南凹脉柃	灌木或小乔木	—	11月至次年1月；7～9月	景东、凤庆、漾濞、大理、宾川、鹤庆、福贡、维西、贡山
53	*E. chuekiangensis*	大果柃	灌木	—	11～12月；7～9月	独龙江流域（贡山）
54	*E. ciliata*	华南毛柃	灌木或小乔木	—	10～11月；4～5月	蒙自、屏边、河口
55	*E. groffii*	岗柃	灌木或小乔木	—	9～11月；4～6月	贡山、福贡、丽江、大理、泸水、腾冲、梁河、盈江、陇川、芒市、龙陵、临翔、双江、耿马、沧源、孟连、澜沧、勐海、景洪、勐腊、思茅、景东、墨江、元江、新平、峨山、石屏、建水、绿春、元阳、金平、屏边、河口、蒙自、砚山、文山、马关、麻栗坡、富宁
56	*E. gungshanensis*	贡山柃	灌木或小乔木	—	10～11月；6～7月	福贡、贡山
57	*E. handelmazzettii*	丽江柃	灌木或小乔木	—	10～12月；4～6月	贡山、香格里拉、维西、福贡、丽江、鹤庆、剑川、大理、永平、保山、梁河、景东、双柏、易门、大姚、武定、禄劝、东川、寻甸、曲靖、嵩明、富民

续表2-5-25

序号	拉丁名	中文名	习性	花色	花/果期	分布地区
58	*E. henryi*	披针叶毛柃	灌木	白色	11～12月；6～8月	元江、绿春、元阳、金平、屏边、蒙自、文山
59	*E. impressinervis*	凹脉柃	灌木或小乔木	白色	11～12月；8～9月	文山、麻栗坡
60	*E. inaequalis*	偏心叶柃	灌木或小乔木	—	11～12月	文山、屏边、河口、元江、贡山
61	*E. jingtungensis*	景东柃	灌木或小乔木	白色	12月至次年1月；6～8月	盈江、梁河、芒市、龙陵、腾冲、隆阳、凤庆、景东、思茅、西双版纳、孟连、双江、耿马、沧源
62	*E. kueickouensis*	贵州毛柃	灌木或小乔木	—	9～10月；4～6月	广南、师宗、彝良、威信、盐津、绥江
63	*E. loquaiana*	细枝柃	灌木或小乔木	—	10～11月；7～8月	屏边、砚山、文山、马关、麻栗坡、西畴、富宁、广南、丘北、禄劝、盐津、绥江
64	*E. magniflora*	大花柃	小乔木	—	11～12月	马关
65	*E. marlipoensis*	麻栗坡柃	灌木或小乔木	—	11月	麻栗坡
66	*E. nitida*	细齿叶柃	灌木或小乔木	—	11～12月；7～8月	盐津、彝良、昆明、玉溪、双柏、景东、临沧、大理、漾濞、永平、麻栗坡、西畴
67	*E. obliquifolia*	斜基叶柃	灌木或小乔木	—	11～12月；7月	凤庆、双江、景东、新平、元江、屏边、蒙自、文山、马关
68	*E. oblonga*	矩圆叶柃	灌木或小乔木	—	11～12月；6～8月	绥江、盐津、大关、广南、文山、马关、屏边
69	*E. obtusifolia*	钝叶柃	灌木或小乔木	—	—	盐津、彝良、师宗
70	*E. paratetragonoclada*	滇四角柃	灌木或小乔木	—	5～7月；10月	金平、大理、漾濞、维西、福贡、贡山、德钦
71	*E. perserrsta*	尖齿叶柃	灌木	—	11月至次年1月；5～7月	独龙江流域（贡山）
72	*E. persicaefolia*	坚桃叶柃	灌木或小乔木	—	10～12月；5～6月	金平、屏边、麻栗坡
73	*E. pittosporifolia*	海桐叶柃	灌木或小乔木	—	10～12月；5～6月	景洪、勐腊
74	*E. prunifolia*	桃叶柃	灌木或小乔木	—	11～12月；8月	屏边、河口
75	*E. pseudocerasifera*	消樱叶柃	灌木或小乔木	—	10～11月；6～8月	元阳、绿春、景东、凤庆、临翔、双江、耿马、镇康、芒市、龙陵、梁河、腾冲、泸水、隆阳、漾濞、贡山
76	*E. pyracanthifolia*	火棘叶柃	灌木	—	11～12月；7～8月	马龙、双江、龙陵、盈江、腾冲、泸水
77	*E. quinquelocularis*	大叶五室柃	灌木或小乔木	淡黄色	12月；7月	绿春、金平、屏边、西畴、麻栗坡

续表2-5-25

序号	拉丁名	中文名	习性	花色	花/果期	分布地区
78	*E. semiserrulata*	半齿柃	灌木或小乔木	—	—	彝良、镇雄、大关、永善、绥江
79	*E. subcordata*	微心叶毛柃	灌木或小乔木	白色	11～12月；5～6月	马关、西畴、麻栗坡
80	*E. taronensis*	独龙柃	灌木或小乔木	—	10～12月；6～8月	独龙江流域（贡山）
81	*E. tetragonoclada*	四角柃	灌木或小乔木	—	11～12月；6～8月	金平、文山、马关、麻栗坡、西畴、广南
82	*E. trichocarpa*	毛果柃	灌木或小乔木	—	10～11月；～8月	西畴、麻栗坡、屏边、元阳、景东、盈江、贡山
83	*E. tsaii*	怒江柃	灌木或小乔木	—	10～11月；6～8月	芒市、龙陵、泸水、维西、福贡、贡山
84	*E. tsingpienensis*	屏边柃	灌木或小乔木	—	10～11月；6～7月	文山、屏边
85	*E. wenshanensis*	文山柃	灌木或小乔木	—	5月；10～11月	屏边、文山、水富
86	*E. wuliangshanensis*	无量山柃	灌木或小乔木	—	11月	景东
87	*E. yunnanensis*	云南柃	灌木或小乔木	—	10～11月；6～7月	景东、龙陵、腾冲
88	*Gordonia acuminata*	四川大头茶	常绿乔木或小乔木	白色	8月；12月	绥江、盐津、大关、蒙自、文山
89	*G. chrysandra*	黄药大头茶	常绿灌木或小乔木	白色	11～12月；8～9月	腾冲、龙陵、隆阳、漾濞、大理、宾川、南涧、凤庆、云县、景东、临翔、双江、沧源、澜翔、勐海、景洪、思茅、江城、墨江、元江、石屏、玉溪、昆明、文山、西畴、广南
90	*G. longicarpa*	长果大头茶	常绿乔木或小乔木	白色	10～11月；9～10月	泸水、腾冲、梁河、龙陵、镇康、临翔、凤庆、景东、屏边、富宁
91	*G. tonkinensis*	越南大头茶	常绿乔木或小乔木	白色	10～11月；8～9月	屏边、麻栗坡、西畴
92	*Pyrenaria diospyricarpa*	叶萼核果茶	常绿乔木	白色	5月；9～11月	景洪、勐海、澜沧、孟连、沧源
93	*P. menglaensis*	勐腊核果茶	常绿乔木	白色	5月；10～11月	勐腊
94	*P. microcarpa*	小果核果茶	常绿乔木	淡黄色	6～7月；10～11月	马关、麻栗坡
95	*P. oblongicarpa*	长果核果茶	常绿乔木	—	4月；10～11月	河口、马关
96	*P. pingpienensis*	屏边核果茶	常绿乔木	白色	6月；10～11月	屏边、西畴
97	*P. sophiae*	云南核果茶	常绿乔木	白色	5月；10月	石屏、峨山、玉溪、丘北
98	*Schima argentea*	银木荷	乔木	—	7～8月；12月至次年2月	云南省大部分地区（除滇东南外）

续表2-5-25

序号	拉丁名	中文名	习性	花色	花/果期	分布地区
99	*S. brevipedicellata*	短梗木荷	乔木	—	7月；10～12月	金平、屏边、马关、文山、丘北、广南、富宁
100	*S. khasiana*	印度木荷	乔木	白色	8月；12月	泸水、隆阳、腾冲、龙陵、永德、临翔、景东、绿春、元阳、金平、屏边、文山、西畴、富宁
101	*S. noronhae*	南洋木荷	乔木	淡红色	7月；10～11月	孟连、勐海、景东、屏边
102	*S. sericans*	贡山木荷	乔木	白色	8月	福贡、贡山、腾冲
103	*S. sinensis*	华木荷	乔木	白色	7～8月；10～12月	昭阳、彝良、大关、镇雄、盐津、永善、绥江
104	*S. villosa*	毛木荷	乔木	白色	7月	金平、屏边、河口
105	*S. wallichii*	红木荷	乔木	白色	4～5月；11～12月	滇东南、滇南至滇西南
106	*Stewartia calcicola*	石山紫茎	常绿乔木	灰色	5～6月	金平、屏边、河口、麻栗坡
107	*S. pteropetiolata*	翅柄紫茎	常绿乔木或小乔木	灰白色	4～5月；9～11月	腾冲、梁河、龙陵、隆阳、凤庆、临翔、双江、澜沧、景东、思茅、元江、新平、双柏、峨山
108	*S. sinensis*	紫茎	落叶灌木或乔木	—	4～6月；8～11月	镇雄
109	*Ternstroemia biangulipes*	角柄厚皮香	灌木或小乔木	白色至淡粉红色	7～3月；10～11月	贡山、福贡、泸水
110	*T. gymnanthera*	厚皮香	灌木或小乔木	淡黄白色	5～7月；10～11月	全省各地
111	*T. insignis*	大果厚皮香	小乔木	白色	5月；10～11月	麻栗坡、文山、广南
112	*T. luteoflora*	尖萼厚皮香	常绿小乔木	—	5～6月；10～11月	麻栗坡、西畴、富宁
113	*T. yunnanensis*	云南厚皮香	灌木或小乔木	—	5～6月；10～11月	金平、屏边、河口

二十六、野牡丹科

草本、灌木或小乔木，直立、攀缘或具匍匐茎、枝条对生，通常四棱形。单叶对生，稀轮生，全缘或具锯齿。花两性，辐射对称，4～5数，稀3或6数；伞形花序、聚伞花序或由聚伞花序组成的各式花序，稀穗状花序、单生或簇生，有苞片或无；花瓣通常具鲜丽的颜色。蒴果或浆果。

本科约240属，3000余种，分布于热带及亚热带地区，其中以美洲最多。我国约24属，160余种，分布于西藏南部至长江流域以南各省区。云南有17属，75种，以南部为最多。本书收录16属，64种。

多数种类供药用；果有的可食；有的嫩尖可作猪饲料。

表2-5-26 本书收录野牡丹科64种信息表

序号	拉丁名	中文名	习性	花色	花/果期	分布地区
1	*Allomorphia howellii*	腾冲异形木	灌木	粉红色或淡紫色	9月；11月	贡山
2	*A. setosa*	刺毛异形木	灌木	粉红色或淡紫色	11~12月；2~4月	普洱以南、西双版纳（东南部）
3	*A. urophylla*	尾叶异形木	灌木	红色、粉红色或紫红色	7~10月；11~12月	滇东南
4	*Blastus auriculatus*	耳基柏拉木	灌木	白色	6月；7月	河口
5	*B. cochinchinensis*	柏拉木	灌木	白色至粉红色	6~8月；10~12月	富宁
6	*B. squamosus*	鳞毛柏拉木	灌木	粉红色	5月	富宁
7	*B. tsaii*	云南柏拉木	灌木	玫瑰红色或浅红紫色	—	屏边、马关
8	*Bredia hispidissima*	密毛野海棠	小灌木	红色至玫瑰红色	5~6月；12月	屏边、金平、河口
9	*B. longiradiosa*	大叶野海棠	草本或小灌木	玫瑰红色	7月	麻栗坡、马关、河口
10	*B. tuberculata*	红毛野海棠	草本或小灌木	粉红色至紫红色	7~8月；10月	盐津、彝良
11	*B. velutina*	腺毛野海棠	草本或亚灌木	粉红色	5~7月；10月	蒙自、屏边、马关、麻栗坡
12	*B. yunnanensis*	云南野海棠	草本或亚灌木	粉红色	9月	滇东北
13	*Cyphotheca montana*	药囊花	灌木	白色至粉红色	5月；10月	凤庆、景东、新平、建水、元阳、金平、屏边
14	*Fordiophyton faberi*	峨眉异药花	草本或亚灌木	红色或紫红色	8~9月；6月	昭阳、盐津
15	*F. longipes*	长柄异药花	草本	白色	6月；7月	屏边
16	*F. repens*	匍匐异药花	草本	粉红色	5~6月	屏边
17	*F. strictum*	劲枝异药花	草本，有时亚灌木	红色至玫瑰色或紫色	8~9月；12月	滇东南
18	*Medinilla erythrophylla*	红叶酸脚杆	小灌木	粉红色	8月；11月	贡山
19	*M. fengii*	酸果	小灌木	淡粉红色	6月；10~11月	滇东南
20	*M. petelotii*	沙巴酸脚杆	灌木	粉红色	8~10月；5~6月	贡山及滇东南
21	*M. nana*	矮酸脚杆	小灌木	粉红色	6月；11月	屏边、麻栗坡、西畴
22	*M. radiciflora*	酸脚杆	大灌木或小乔木	—	8月；4月或10月	绿春、金平、屏边
23	*M. septentrionalis*	北酸脚杆	灌木或小乔木	浅紫色或紫红粉红色	6~9月；2~5月	滇西南至滇东南
24	*M. spirei*	顶花酸脚杆	灌木或攀缘灌木	粉红色	4~6月；10月	滇东南
25	*M. yunnanensis*	滇酸脚杆	灌木	—	4月	泸水、景东及思茅以南

续表2-5-26

序号	拉丁名	中文名	习性	花色	花/果期	分布地区
26	*Melastoma candidum*	野牡丹	灌木	玫瑰红色或粉红色	5～7月；10～12月	河口
27	*M. imbricatum*	大野牡丹	大灌木或小乔木	浅红色或红色	6～7月；12月至次年2～3月	河口、屏边
28	*M. normale*	屏毛野牡丹	灌木	紫红色	9～11月；5～6月	滇西至滇东南
29	*M. polyanthum*	多花野牡丹	灌木	粉红至红色	2～5月；8～12月	梁河、景东至西双版纳
30	*Memecylon cyanocarpum*	蓝果谷木	大灌木或小乔木	白色或黄绿色	4月	景洪（普文）、勐海
31	*M. hainanense*	海南谷木	大灌木或小乔木	白色	5月；2月	麻栗坡
32	*M. ligustrifolium*	谷木	大灌木或小乔木	白色或黄绿色	6～7月	勐海
33	*M. polyanthum*	滇谷木	大灌木或小乔木	紫红色或白浅黄绿色	8～10月；3～5月	景洪（勐养）、勐腊
34	*Osbeckia capitata*	头序金锦香	直立草本或亚灌木	紫红色或较浅	6～9月	大理
35	*O. crinita*	假朝天罐	灌木	紫红色	9～11月；10～12月	滇中以南
36	*O. mairei*	三叶金锦香	灌木	红紫色	8～9月	滇东北
37	*O. nepalensis*	蚂蚁花	直立亚灌木或灌木	红色至粉红色	8～10月；9～12月	滇东南至滇西南
38	*O. paludosa*	湿生金锦香	直立亚灌木或灌木	红色或紫色	10月	西双版纳
39	*O. pulchra*	响铃金锦香	直立灌木	紫红色	10～12月	盈江、澜沧
40	*O. rhopalotricha*	棍毛金锦香	直立灌木	红色或紫红色	8月；11月	临沧
41	*O. rostrata*	秃金锦香	小灌木	红色	9月；12月	景东、思茅
42	*O. stellata*	星毛金锦香	灌木	紫红色或粉红色	8～9月；9～10月	福贡、贡山
43	*Oxyspora paniculata*	尖子木	灌木	红色至粉红色	7～9月；1～3月	福贡、腾冲、景东、临翔、双江、双柏、思茅、勐海、文山、西畴、富宁
44	*O. vagans*	刚毛尖子木	灌木	红色或粉红色	10月；3月	景洪、西盟
45	*O. yunnanensis*	滇尖子木	灌木	玫瑰红色	8月；10～11月	滇西北
46	*Phyllagathis hispida*	刚毛锦香草	灌木	粉红色	9月；11月	西畴、屏边
47	*P. longipes*	长柄熊巴掌	草本	紫红色	7月；9～10月	景东、大关、彝良
48	*P. ovalifolia*	卵叶锦香草	草本或小灌木	红色	6～8月；12月	滇东南
49	*P. tetrandra*	四蕊熊巴掌	草本	红色或玫瑰色	3～5月；5～6月	滇东南
50	*P. wenshanensis*	猫耳朵	草本	红色或紫红色	5月；8月	文山

续表2-5-26

序号	拉丁名	中文名	习性	花色	花/果期	分布地区
51	*Plagiopetalum blinii*	刺柄偏瓣花	灌木	红色至紫色	8～9月；12月至次年2月	元江及滇东南
52	*P. esquirolii*	偏瓣花	灌木或小灌木	浅粉红色	10月；7月	泸水、富宁
53	*P. serratum*	光叶偏瓣花	灌木	粉红色	8～9月；10～12月	滇西北至滇西南
54	*Sarcopyramis bodinieri*	小肉穗草	小草本	紫红色至粉红色	5～7月；10～12月	滇东南
55	*S. napelensis*	楮头红	直立草本	粉红色	8～10月；9～12月	滇西北至滇东南以南（除西双版纳外）
56	*Sonerila cheliensis*	景洪地胆	草本	粉红色或红色	9～10月；10～11月	景洪、勐腊（易武）
57	*S. epilobioides*	柳叶地胆	小灌木或亚灌木	红色至玫瑰红色	7～9月；10～12月	滇南及滇东南
58	*S. picta*	地胆	小灌木或亚灌木	紫红色或红色	9～10月；12月	西双版纳及滇东南
59	*S. plagiocardia*	海棠叶地胆	草本	粉红色或红色	8～9月；10～11月	滇西南至滇东南
60	*S. tenera*	短药地胆	草本	粉红色、紫红色或浅蓝色	8～10月；10～12月	澜沧、西畴、景东
61	*S. yunnanensis*	毛叶地胆	草本	粉红色或红色	8～9月；10～11月	西双版纳、江城、西畴
62	*Sporoxeia latifolia*	尖叶八蕊花	灌木	银红色或朱红色	8月；10月	滇东南
63	*S. sciadophila*	八蕊花	灌木	粉红色	7～8月；5～6月	泸水
64	*Styrophyton caudatum*	长穗花	灌木	粉红色或白色	5～6月；10月至次年1月	滇东南

二十七、使君子科

乔木、灌木或木质藤本。单叶对生或互生，极少轮生，全缘或稍呈波状，具叶柄。花通常两性，有时两性花和雄花同株，辐射对称，或为左右对称；多花组成头状花序、穗状花序、总状花序或圆锥花序。果通常干燥或为核果状；种子通常一颗，无胚乳。

本科约18～19属，450余种，主产两半球热带，亚热带地区亦有分布；其中风车子属及榄仁树属为泛热带大属。中国有5属，约25种，分布于长江以南各省，主产云南及海南岛。云南有4属，19种，以西双版纳种类最多。本书收录3属，17种。

本科中有少数种类因富含单宁而成为有价位的染料，而有些种的果实则为驱虫良药（如使君子）及用于收敛性药物（如诃子）。有些坚果可食（如榄仁树），有些则可作观赏花卉、行道树和用材。

表2-5-27　本书收录野君子科17种信息表

序号	拉丁名	中文名	习性	花色	花/果期	分布地区
1	*Combretum auriculatum*	耳叶风车子	木质藤本	黄白色	4月	沧源
2	*C. griffithii*	西南风车子	木质藤本	白色	5月；9～10月	瑞丽、芒市、景东、双江、勐海、勐腊
3	*C. latifolium*	阔叶风车子	大藤本	绿白色至黄绿色	1～4月；6～11月	河口及思茅至西双版纳
4	*C. olivaeforme*	榄形风车子	攀缘灌木	白色	7月	西双版纳
5	*C. pilosum*	长毛风车子	藤本或乔木	淡红色至粉紫色	12月至次年3月	勐腊、景洪（勐养）
6	*C. punctatum*	盾鳞风车子	攀缘灌木或藤本	黄色	4月	双江、沧源、陇川
7	*C. roxburghii*	十蕊风车子	直立灌木	—	—	滇西南
8	*C. wallichii*	石风车子	藤本	—	5～8月；9～11月	漾濞、大理、怒江、景东、易门、彝良、红河、文山
9	*C. yunnanense*	云南风车子	攀缘灌木或大藤本	黄白色	4～6月；7～12月	景东、镇沅、思茅、澜沧、双江、瑞丽
10	*Quisqualis caudata*	小花使君子	攀缘灌木	深红色或淡红色	1月	西双版纳
11	*Q. indica*	使君子	攀缘灌木	白色转淡红色	5～6月	云南各地
12	*Terminalia argyrophylla*	银叶诃子	乔木	—	5月	耿马
13	*T. bellirica*	毗黎勒	落叶乔木	—	3～4月	西双版纳至金平
14	*T. chebula*	诃子	乔木	—	5月	景东、凤庆、永德、双江、耿马、镇康、龙陵、芒市、瑞丽
15	*T. franchetii*	清榄仁	小乔木	—	4月	禄劝、丽江、宁蒗
16	*T. intricata*	错枝榄仁	灌木	—	5～6月	丽江（西北部）、香格里拉、维西、德钦
17	*T. myriocarpa*	千果榄仁	常绿乔木	红色	8～9月	滇西南（西北至泸水）、滇南（北至景东、新平）、滇东南（至屏边）

二十八、杜英科

乔木或灌木。叶单叶，互生、螺旋状排列或对生，羽状脉，边缘通常有锯齿。花序为总状花序、聚伞花序或圆锥花序，腋生或顶生，有时成束或单生；花两性或杂性，辐射对称；萼片4～6；花瓣4～5，分离；雄蕊8至少数。果实为核果、蒴果；种子1至多数。

该科约9属，400～450种，分布于除非洲大陆以外的热带和亚热带地区。中国2属，50种，分布于西南、华南，少数可分布到华东、华中。云南2属，40种，5变种，主产滇东南及南部。本书收录2属，33种。

本科有的种类果实可作果品食用，个别种类还可入药；大多数种类是用材树种、木桩等，可作香菇培养材料。

表2-5-28　本书收录杜英科33种信息表

序号	拉丁名	中文名	习性	花色	花/果期	分布地区
1	*Elaeocarpus auricomus*	金毛杜英	乔木	黄色	4～5月	马关、屏边、河口
2	*E. austroyunnanensis*	滇南杜英	乔木	—	4～5月	盈江、沧源、景洪、勐海、勐腊、思茅、孟连、屏边、金平
3	*E. bachmaensis*	少花杜英	乔木	—	—	富宁
4	*E. balansae*	大叶杜英	乔木	—	4～5月	河口、金平、屏边、马关
5	*E. braceanus*	滇藏杜英	乔木	黄白色	4～5月	绿春、屏边、盈江、腾冲、龙陵、芒市、昌宁、凤庆、瑞丽、永德、双江、景东、景谷、沧源、元江、西双版纳
6	*E. decipiens*	杜英	乔木	—	—	耿马、金平、屏边、西畴、广南
7	*E. decandrus*	缘瓣杜英	乔木	—	—	河口、西畴、文山
8	*E. dubius*	显脉杜英	乔木	—	—	勐腊、麻栗坡
9	*E. duclouxii*	褐毛杜英	乔木	黄白色	4～5月	盐津（成凤山）
10	*E. glabripetalus*	秃瓣杜英	乔木	—	—	沧源、勐海、景谷
11	*E. hainanensis*	水石榕	小乔木或灌木	黄白色	4～5月	河口、金平、西畴、麻栗坡
12	*E. harmandii*	肿柄杜英	乔木	—	4～5月	贡山
13	*E. howii*	锈毛杜英	乔木	—	—	麻栗坡、屏边
14	*E. japonicus*	胆八树	乔木	黄白色	4～5月	贡山、福贡、永善、富宁
15	*E. lacunosus*	多沟杜英	乔木	—	4～5月	贡山、福贡、凤庆、临翔、腾冲、龙陵
16	*E. laoticus*	老挝杜英	乔木	—	5月	河口、金平、屏边、麻栗坡
17	*E. limitaneus*	灰毛杜英	乔木	—	5～7月	屏边、金平、河口、马关、麻栗坡
18	*E. nitentifolius*	绢毛杜英	乔木	—	—	屏边
19	*E. petiolatus*	长柄杜英	乔木	—	—	勐腊
20	*E. poilanei*	滇越杜英	乔木	—	—	景洪、屏边
21	*E. prunifolioides*	假桃叶杜英	乔木	—	—	瑞丽、龙陵、景东、沧源、思茅、澜沧、西双版纳
22	*E. rugosus*	毛果杜英	乔木	—	3月	金平、景洪、勐腊
23	*E. sikkimensis*	大果杜英	乔木	—	—	盈江、瑞丽、镇康、永德、临翔、勐海
24	*E. sphaericus*	圆果杜英	乔木	—	—	景洪（普文）
25	*E. sphaerocarpus*	阔叶圆果杜英	乔木	—	4～5月	西双版纳
26	*E. subpetiolatus*	屏边杜英	乔木	黄白色	4～5月	屏边
27	*E. sylvestris*	山杜英	乔木	—	—	澜沧、勐海、金平、屏边、河口、文山、西畴、马关、麻栗坡、富宁
28	*E. varunua*	滇印杜英	乔木	黄白色	1～12月	贡山、沧源、景洪、勐腊、蒙自、金平、屏边、河口、西畴
29	*Sloanea changii*	樟叶猴欢喜	乔木	—	—	西畴、麻栗坡
30	*S. dasycarpa*	毛果猴欢喜	乔木	—	—	腾冲、盈江、勐腊、麻栗坡
31	*S. hemsleyana*	乔木	乔木	—	7～8月	云南大部分地区（除滇南外）
32	*S. leptocarpa*	薄果猴欢喜	常绿乔木	—	—	芒市、金平、富宁、麻栗坡、西畴
33	*S. sterculiacea*	贡山猴欢喜	乔木	—	10月至次年2月	贡山、福贡、泸水、腾冲、隆阳、云龙、凤庆、景东

二十九、梧桐科

乔木或灌木，稀为草本或藤本。叶互生，单叶，稀为掌状复叶，全缘、具齿或深裂；通常有托叶。花序腋生，稀顶生，由聚伞花序排成圆锥花序、总状花序或伞房花序；花单性、两性或杂性；萼片5枚，花瓣5片或无花瓣，分离或基部与雌雄蕊柄合生，排成旋转的覆瓦状。

本科有60～68属，约700～1100种，分布在东西两半球的热带和亚热带地区，只有个别种可分布到温带地区。中国梧桐科植物连栽培的种类在内，共有19属，84种，4变种，主要分布在华南和西南各省，而以云南为最盛。云南的梧桐科植物有17属，59种。本书收录16属，54种。

表2-5-29 本书收录梧桐科54种信息表

序号	拉丁名	中文名	习性	花色	花/果期	分布地区
1	*Ambroma angustata*	昂天莲	灌木	红紫色	2～7月	云南各地
2	*Byttneria aspera*	刺果藤	木质大藤本	淡黄白色	2～8月	云南各地
3	*B. integrifolia*	全缘刺果藤	木质大藤本	—	—	西双版纳
4	*B. pilosa*	粗毛刺果藤	木质缠绕藤本	—	—	勐海、耿马
5	*Commersonia batramia*	山麻树	乔木	白色	2～10月	河口
6	*Craigia yunnanensis*	滇桐	乔木	—	7月；9～10月	滇东南
7	*Eriolaena candollei*	南火绳	乔木	黄色	3～4月	勐腊
8	*E. glabrescens*	光火绳	乔木	黄色	8～9月；11～12月	耿马、临翔、思茅
9	*E. kwangsiensis*	桂火绳	乔木或灌木	白色	6～8月	澜沧、景东、西双版纳
10	*E. spectabilis*	火绳树	落叶灌木或小乔木	白色或带淡黄色	4～7月	富宁、金平、河口、思茅、景洪
11	*Firmiana colorata*	火桐	乔木	橙红色	3～4月	河口、西双版纳
12	*F. major*	云南梧桐	乔木	紫红色	6～7月；10月	滇中、滇中南、滇西
13	*F. simplex*	梧桐	落叶乔木	淡黄绿色	6月	云南各地
14	*Helicteres angustifolia*	山芝麻	小灌木	淡红色或紫红色	1～12月	滇南、滇东南
15	*H. elongata*	长序山芝麻	灌木	黄色	6～10月	富宁、金平、屏边、思茅
16	*H. glabriuscula*	细齿山芝麻	灌木	紫色或蓝紫色	1～12月	西双版纳、双江
17	*H. isora*	火索麻	灌木	红色或紫红色	4～10月	滇南
18	*H. lanceolata*	剑叶山芝麻	灌木	—	7～11月	镇沅
19	*H. obtusa*	钝叶山芝麻	灌木或半灌木	红紫色	1～12月	滇南
20	*H. plebeja*	矮山芝麻	灌木	红紫色	—	滇南
21	*H. viscida*	粘毛山芝麻	灌木	白色	5～6月	金平、元江
22	*Heritiera angustata*	长柄银叶树	常绿乔木	红色	6～11月	西双版纳
23	*Melhania hamiltania*	梅蓝	小灌木	黄色	—	元江
24	*Melochia corchorifolia*	马松子	半灌木状草本	淡红色	—	云南各地
25	*Paradombeya sinensis*	平当树	小乔木或灌木	黄色	—	巧家、泸水
26	*Pterospermum acerifolium*	翅子树	大乔木	白色	7月	勐海
27	*P. kingtungense*	景东翅子树	乔木	白色	7月	景东

续表2-5-29

序号	拉丁名	中文名	习性	花色	花/果期	分布地区
28	*P. lanceaefolium*	窄叶半枫荷	乔木	白色	—	西双版纳
29	*P. menglungense*	勐仑翅子树	乔木	白色	—	西双版纳
30	*P. proteus*	变叶翅子树	小乔木	—	—	蒙自（模式标本产地）、西双版纳
31	*P. truncatolobatum*	截裂翅子树	乔木	白色	7月	金平、河口
32	*Reevesia orbicularifolia*	圆叶梭罗	乔木	—	—	西畴
33	*R. pubescens*	梭罗树	乔木	白色或淡红色	5～6月	维西、贡山、景东、腾冲、勐海
34	*R. rubronervia*	红脉梭罗	乔木	白色	4～5月	富宁
35	*R. thyrsoidea*	两广梭罗	常绿乔木	白色	3～4月	滇南
36	*Sterculia brevissima*	短柄苹婆	灌木或小乔木	粉红色	4月	西双版纳
37	*S. cinnamomifolia*	樟叶苹婆	灌木	浅黄色	3月	屏边
38	*S. euosma*	粉苹婆	乔木	暗红色	—	腾冲
39	*S. gengmaensis*	绿花苹婆	灌木	绿色	—	耿马
40	*S. henryi*	蒙自苹婆	灌木或小乔木	红色	3～4月	蒙自
41	*S. hymenocalyx*	膜萼苹婆	灌木	淡白色或粉红色	9月	河口
42	*S. kingtungensis*	大叶苹婆	乔木	红色	4～5月	景东
43	*S. lanceaefolia*	西蜀苹婆	灌木或乔木	红色	—	西双版纳
44	*S. lanceolata*	假苹婆	灌木或乔木	淡红色	4～5月	滇西南、滇南、滇东南
45	*S. micrantha*	小花苹婆	乔木	白色	10月	景东
46	*S. nobilis*	苹婆	乔木	乳白色至淡红色	4～5月	滇南
47	*S. pexa*	家麻树	乔木	—	10月	河口、蒙自、景东、西双版纳
48	*S. pinbienensis*	屏边苹婆	灌木	粉红色	4月	屏边
49	*S. principis*	基苹婆	灌木或乔木	—	—	金平
50	*S. scandens*	河口苹婆	灌木	淡黄色	—	河口
51	*S. tonkinensis*	北越苹婆	灌木或乔木	红色	—	河口
52	*S. villosa*	绒毛苹婆	乔木	黄色	2月；4～10月	耿马、景洪
53	*Theobroam cacao*	可可	常绿乔木	淡黄色	1～12月	滇南
54	*Waltheria americana*	蛇婆子	直立或匍匐状半灌木	淡黄色	5～9月	滇南

三十、锦葵科

草本、灌木或乔木。叶互生，单叶或分裂，通常为掌状叶脉，有托叶。花腋生或顶生；单生、簇生、聚伞花序或圆锥花序；花两性，辐射对称；花瓣5，彼此分离，但常与雄蕊管的基部合生、雄蕊多数。果为蒴果；种子肾形或倒卵形，有胚乳。

本科约有50属，约1000余种，分布于热带和温带。中国有16属，约81种，产全国各地，尤以热带和亚热带地区种类较多。云南有13属，约56种，分布于全省各地。本书收录11属，46种。

本科有许多种类是极重要的经济作物，其中如棉属各种。朱槿、木芙蓉等是著名的庭园绿化观赏植物，有些种类如秋葵、蜀葵或供食用或入药。

表2-5-30　本书收录锦葵科46种信息表

序号	拉丁名	中文名	习性	花色	花/果期	分布地区
1	*Abelmoschus crinitus*	长毛黄葵	多年生草本	黄色	5～6月	文山、红河、西双版纳、临沧
2	*A. manihot*	黄蜀葵	一年生或多年生草本	淡黄色	8～10月	云南各地
3	*A. moschatus*	黄葵	一年生或二年生草本	黄色	6～10月	红河、西双版纳、德宏
4	*A. sagittifolius*	箭叶秋葵	多年生草本	红色或黄色	5～9月	文山、西双版纳、临沧、怒江、保山
5	*Abutilon gebauerianum*	滇西苘麻	灌木	橘黄色	1～2月	怒江河谷
6	*A. hirtum*	恶味苘麻	亚灌木状草本	橘黄色	4～6月	福建
7	*A. indicum*	磨盘草	一年生或多年生亚灌木状草本	黄色	7～10月	文山、红河、西双版纳、临沧、德宏
8	*A. paniculatum*	圆锥苘麻	灌木	黄色至黄红色	6～8月	澜沧江
9	*A. roseum*	红花苘麻	一年生草本	红色		丽江
10	*A. sinense*	华苘麻	灌木	黄色	1～5月	双柏
11	*A. striatum*	金铃花	常绿灌木	橘黄色	9～10月	昆明
12	*A. theophrasti*	苘麻	一年生亚灌木状草本	黄色	7～8月	临沧、保山
13	*Althaea rosea*	蜀葵	二年生直立草本	红色、紫色、黄色或紫黑色	2～8月	昆明、楚雄、大理、丽江、玉溪、保山、临沧
14	*Cenocentrum tonkinense*	大萼葵	落叶灌木	黄色	9～11月	西双版纳、红河
15	*Hibiscus aridicola*	旱地木槿	落叶灌木	白色	10～11月	丽江
16	*H. austro-yunnanensis*	滇南芙蓉	攀缘状灌木	白色	12月	勐海、耿马
17	*H. indicus*	美丽芙蓉	落叶灌木	粉红色至白色	7～12月	昆明、楚雄、大理、保山、临沧、玉溪、思茅、红河、西双版纳、文山
18	*H. macrophyllus*	大叶木槿	乔木	黄色	3～5月；7月	西双版纳
19	*H. moscheutos*	芙蓉葵	多年生直立草本	白色、淡红色或红色	7～9月	昆明
20	*H. mutabilis*	木芙蓉	落叶灌木或小乔木	白色或淡红色	8～10月	昆明、玉溪、楚雄、大理、丽江、保山、临沧、普洱、文山
21	*H. rosa-sinensis*	朱槿	常绿灌木	玫瑰色或淡红色	1～12月	文山、红河、西双版纳、临沧、普洱、德宏、保山
22	*H. schizopetalus*	吊灯花	直立灌木	红色	1～12月	滇南
23	*H. surattensis*	刺芙蓉	一年生草本	黄色	9月至次年3月	河口、勐腊、景洪
24	*H. syriacus*	木槿	落叶灌木	淡紫色	7～10月	昆明、红河、玉溪、丽江、怒江

续表2-5-30

序号	拉丁名	中文名	习性	花色	花/果期	分布地区
25	*H. trionum*	野西瓜苗	一年生直立或平卧草本	淡黄色	7～10月	昆明、曲靖、楚雄、大理、丽江、迪庆、怒江、红河
26	*H. yunnanensis*	云南芙蓉	多年生亚灌木状	黄色	7～8月	元江
27	*Kydia calycina*	翅果麻	乔木	淡红色	9～11月	红河、西双版纳、普洱、临沧、德宏
28	*K. glabrescens*	光叶翅果麻	乔木	淡紫色	8～10月	西双版纳、红河
29	*Malva rotundifolia*	圆叶锦葵	多年生草本	白色或浅粉红色	6～9月	昆明、禄劝
30	*M. sinensis*	锦葵	二年生或多年生草本	紫红色	5～10月	马关、富民、凤庆
31	*M. verticillata*	野葵	二年生草本	淡白色至淡红色	3～11月	昆明、楚雄、大理、丽江、保山、曲靖、玉溪、普洱、临沧
32	*Malvastrum coromandelianum*	赛葵	亚灌木状直立草本	黄色	1～12月	蒙自、景洪
33	*Sida acuta*	黄花稔	直立分枝亚灌木状草本	黄色	12月至次年5月	玉溪、文山、西双版纳、临沧、德宏
34	*S. alnifolia*	桤叶黄花稔	直立亚灌木或灌木	黄色	7～12月	文山、西双版纳
35	*S. chinensis*	中华黄花稔	小灌木	黄色	12～5月	元江、蒙自、凤庆、景东、勐腊、芒市
36	*S. cordata*	长梗黄花稔	披散亚灌木状草本	黄色	7～2月	会泽、建水
37	*S. cordifolia*	心叶黄花稔	直立亚灌木状草本	黄色	1～12月	峨山、元江、富宁、景东、鹤庆
38	*S. mysorensis*	粘毛黄花稔	草本或亚灌木	黄色	12月至次年5月	文山、蒙自、景洪
39	*S. orientalis*	东方黄花稔	直立亚灌木	黄花	9～3月	东川、禄劝
40	*S. rhombifolia*	白背黄花稔	直立多枝亚灌木	黄色	9～3月	河口、元江、景洪、勐海、芒市
41	*S. subcordata*	榛叶黄花稔	直立亚灌木	黄色	12月至次年5月	勐腊、景洪、富宁
42	*S. szechuensis*	拔毒散	直立亚灌木	黄色	5～10月	昆明、玉溪、楚雄、大理、丽江、保山、普洱、红河、文山、曲靖
43	*S. yunnanensis*	云南黄花稔	直立亚灌木	黄色	9月至次年3月	蒙自、砚山、西畴、景洪
44	*Thespesia lampas*	白脚桐棉	常绿灌木	黄色	9月至次年1月	勐腊、新平、耿马
45	*Urena lobata*	地桃花	直立亚灌木状草本	淡红色	7～10月	文山、红河、玉溪、楚雄、普洱、临沧、德宏、怒江、丽江
46	*U. repanda*	波叶梵天花	多年生草本	粉红色	6～11月	文山、玉溪、普洱、西双版纳、临沧

三十一、大戟科

乔木、灌木或草本，稀为木质或草质藤本。叶互生，少有对生或轮生。花单性，雌雄同株或异株，单花或组成各式花序，通常为聚伞或总状花序。果为蒴果，或为浆果状或核果状；种子常有显著种阜，胚乳丰富，肉质或油质。

本科约300属，5000种，广布于全球，主产于热带和亚热带地区。最大的属是大戟属，约2000种。中国连同引入栽培的种共有70多属，400多种，分布于全国各地，主产地为西南至台湾。本书收录36属，146种。

表2-5-31　本书收录大戟科146种信息表

序号	拉丁名	中文名	习性	花色	花/果期	分布地区
1	*Alchornea davidii*	山麻杆	落叶灌木	—	3～5月；6～7月	永善
2	*A. mollis*	毛果山麻杆	灌木或小乔木	—	1～8月	金平
3	*A. ruagosa*	羽脉山麻杆	灌木或小乔木	—	1～12月	金平
4	*A. tiliaefolia*	锻叶山麻杆	灌木或小乔木	—	4～6月；6～7月	屏边、金平、景洪、勐海、思茅
5	*Actephila excelsa*	毛喜光花	灌木	淡绿色	2～5月；7～10月	滇南
6	*A. subsessilis*	短柄喜光花	乔木	白色	—	滇南
7	*Aleurites moluccana*	石栗	常绿乔木	乳白色至乳黄色	4～10月	蒙自、文山、西畴、富宁、麻栗坡、景洪、勐腊
8	*Antidesma acidum*	西南五月茶	灌木或小乔木	—	5～7月；6～11月	云南各地
9	*A. ambiguum*	蔓五月茶	灌木	—		蒙自、屏边
10	*A. bunius*	五月茶	乔木	—	3～5月；6～11月	屏边、富宁、麻栗坡、勐腊
11	*A. chonmon*	滇越五月茶	乔木	—	5～7月；9～11月	金平、勐腊
12	*A. costulatum*	小肋五月茶	小乔木	—	—	红河
13	*A. fordii*	黄毛五月茶	小乔木	—	3～7月；7～4月	思茅、蒙自、河口、金平、勐海、双江
14	*A. ghaesembilla*	方叶五月茶	乔木	黄绿色	3～5月；6～12月	云南各地
15	*A. hainanense*	海南五月茶	灌木	—	4～7月；8～11月	云南各地
16	*A. japonicum*	日本五月茶	乔木或灌木	—	4～6月；7～9月	屏边、绿春、富宁、景洪、沧源、盈江
17	*A. montanum*	山地五月茶	乔木	—	4～7月；7～11月	思茅、宁洱、景洪、勐海、勐腊、沧源、金平、麻栗坡
18	*A. sootepenee*	泰北五月茶	乔木	—	—	景洪
19	*A. venosum*	小月五月茶	灌木	—	5～6月；6～11月	红河、元阳、个旧、金平、河口、富宁、麻栗坡、景洪
20	*Aporusa planchoniana*	全缘叶银柴	灌木	—	—	富宁
21	*A. villosa*	毛银柴	灌木或小灌木	—	1～12月	瑞丽、勐腊、建水、河口、金平
22	*A. yunnanensis*	云南银柴	小乔木	—	1～10月	思茅、景洪、勐海、勐腊、耿马、河口、金平
23	*Baccaurea ramiflora*	木奶果	常绿乔木	—	3～4月；6～10月	景洪、勐腊、勐海、澜沧、金平、屏边、绿春
24	*Brideha fordii*	大叶土密树	乔木	黄绿色	4～9月；12月至次年1月	西畴、麻栗坡
25	*B. insulana*	禾串树	乔木	—	3～4月；9～11月	云南各地
26	*B. montana*	波叶土密树	乔木	—	—	滇东南
27	*B. pubescens*	膜叶土密树	乔木	白色	6～9月；9～12月	思茅、红河、勐腊

续表2-5-31

序号	拉丁名	中文名	习性	花色	花/果期	分布地区
28	*B. spinosa*	密脉土密树	乔木	—	8～10月；10～12月	滇西、滇西南
29	*B. stipularis*	土密藤	木质藤本	—	1～12月	云南各地
30	*B. tomentosa*	土密树	直立灌木或小乔木	—	1～12月	新平、景洪、勐腊
31	*Chaetocarpus castanocarpus*	刺果树	乔木	—	10～12月；1～3月	勐腊
32	*Claoxylon indicum*	白桐树	灌木或小乔木	—	3～12月	思茅、勐腊、元阳、金平
33	*C. kasianum*	喀西白桐树	灌木或小乔木	—	3～11月	河口、屏边、金平、绿春、景洪、景东、马关、富宁
34	*C. longifolium*	长叶白桐树	灌木或乔木	—	2～11月	河口、屏边、沧源
35	*Cleidiocarpon cavalenei*	蝴蝶果	乔木	—	5～11月	富宁、麻栗坡
36	*Cleidion braeteosum*	灰岩棒柄花	小乔木	—	12～2月；4～5月	富宁、西双版纳
37	*C. brevipetiolatum*	棒柄花	小乔木	—	3～10月	滇东南、滇南
38	*C. javanicum*	长棒柄花	乔木	—	4～6月；5～10月	勐腊、景洪、沧源
39	*Cleistanthus macrophyllus*	大叶闭花木	乔木	—	4月；6月	河口、金平
40	*C. sumatranus*	闭花木	常绿乔木	—	3～8月；4～10月	勐腊
41	*C. tonkinensis*	馒头果	小乔木或灌木	—	—	滇南
42	*Codiaeum variegatam*	变叶木	灌木或小乔木	淡黄色	9～10月	河口、盈江
43	*Croton caudatus*	卵叶巴豆	攀缘灌木	—	5月	景洪、孟连
44	*C. euryphyllus*	石山巴豆	灌木	—	4～5月	大姚、丽江、蒙自、芒市
45	*C. laevigatus*	光叶巴豆	灌木或乔木	—	10～12月	滇南
46	*C. yunnanensis*	云南巴豆	灌木	—	8月	金平、临沧
47	*Deutzianthus tonkinensis*	东京桐	乔木	—	4～6月；7～9月	河口、马关
48	*Drypetes arcuatinervia*	拱网核果木	直立灌木	—	4～10月；8月至次年4月	滇南
49	*D. hoaensis*	勐腊核果木	乔木	—	—	滇南
50	*D. indica*	核果木	乔木	—	11月至次年2月	云南各地
51	*D. perreticulata*	网脉核果木	乔木	—	1～3月；5～10月	云南各地
52	*Endospermum chinensis*	黄桐	乔木	—	5～8月；8～11月	屏边、河口
53	*Epiprinus silhetianus*	风轮桐	灌木或小乔木	—	1～6月；6～10月	绿春、西双版纳
54	*Euphorbia antiquorum*	火殃勒	肉质灌木状小乔木	—	—	昆明、玉溪、思茅、临沧、丽江
55	*E. bifida*	细齿大戟	一年生草本	—	4～10月	云南各地
56	*E. cyathophora*	猩猩草	一年生或多年生草本	—	5～11月	会泽、巧家
57	*E. dracunculoides*	蒿状大戟	多年生草本	—	4～7月；5～8月	元谋、宾川

续表2-5-31

序号	拉丁名	中文名	习性	花色	花/果期	分布地区
58	*E. griffithii*	圆苞大戟	多年生草本	淡红色或红黄色	6～9月	福贡、贡山、泸水、维西、香格里拉、丽江
59	*E. heterophylla*	白苞猩猩草	多年生草本	—	2～11月	云南各地
60	*E. hirta*	飞扬草	一年生草本	—	6～12月	西双版纳、禄劝、丽江
61	*E. hypericifolia*	通奶草	一年生草本	—	8～12月	巧家、元谋、丽江
62	*E. jolkinii*	大狼毒	多年生草本	—	3～7月	云南各地
63	*E. milii*	铁海棠	蔓生灌木	—	1～12月	南北方均有
64	*E. neriifolia*	金刚纂	肉质灌木状小乔木	—	6～9月	昆明、宁蒗、大理、香格里拉、腾冲、蒙自
65	*E. prolifera*	土瓜狼毒	多年生草本	—	4～8月	蒙自、会泽、东川
66	*E. prostrata*	匍匐大戟	一年生草本	—	4～10月	云南各地
67	*E. pulcherrima*	一品红	灌木	—	10月至次年1月	热带和亚热带
68	*E. royleana*	霸王鞭	肉质灌木	—	5～7月	禄劝、元谋、宾川、丽江
69	*E. sikkimensis*	黄苞大戟	多年生草本	黄色	4～7月；6～9月	云南各地
70	*E. stracheyi*	高山大戟	多年生草本	红色	5～8月	福贡、香格里拉、德钦、维西、贡山
71	*E. thymifolia*	千根草	一年生草本	—	6～11月	云南各地
72	*E. tirucalli*	绿玉树	小乔木	—	7～10月	热带和亚热带
73	*E. wallichii*	大果大戟	多年生草本	—	5～8月	云南各地
74	*E. yanjinensis*	盐津大戟	多年生草本	—	4月	盐津
75	*Flueggea acicularis*	毛白饭树	灌木	—	3～5月；6～10月	云南各地
76	*F. leucopyra*	聚花白饭树	灌木	—	4～7月；7～10月	墨江、德钦、香格里拉
77	*F. suffrutiosa*	一叶萩	灌木	—	3～8月；6～11月	全国各省、区均有（除西北外）
78	*F. virosa*	白饭树	灌木	淡黄色	3～8月；7～12月	华东、华南及西南各省区
79	*Glochidion arborescens*	白毛算盘子	乔木	金黄色	4～6月；6～10月	思茅、景东、双江、泸水、勐海、勐腊、景洪
80	*G. eriocarpum*	毛果算盘子	灌木	—	1～12月	金平、个旧、思茅
81	*G. hirsutum*	厚叶算盘子	灌木或小乔木	—	1～12月	勐腊、双柏、文山
82	*G. lutescens*	山漆茎	乔木	—	—	云南各地
83	*G. oblatum*	宽果算盘子	灌木或小乔木	—	—	蒙自、屏边、勐海、文山、马关
84	*G. puberum*	算盘子	直立灌木	—	4～8月；7～11月	罗平、镇雄、永善、威信
85	*G. triantrum*	里白算盘子	灌木或小乔木	—	3～7月；7～12月	云南各地
86	*G. velutinum*	绒毛算盘子	乔木	—	—	禄丰、双柏、麻栗坡、西畴、景东、峨山、临沧
87	*Hevea brasiliensis*	橡胶树	大乔木	—	5～6月	芒市、景洪、河口
88	*Jalropha multifida*	珊瑚花	灌木或小乔木	红色	7～12月	勐腊
89	*Leptopus clarkei*	缘腺雀舌木	直立灌木	白色	5～8月	昆明
90	*L. ehinenais*	雀儿舌木	直立灌木	白色	2～8月；6～10月	云南各地
91	*L. esquirolii*	尾叶雀舌木	直立灌木	—	4～8月；6～10月	昆明
92	*L. lolonum*	线叶雀舌木	小灌木	黄绿色	—	云南各地

续表2-5-31

序号	拉丁名	中文名	习性	花色	花/果期	分布地区
93	*L. yunnanensis*	直立灌木	直立灌木	—	8月	丽江、德钦
94	*Macaranga andamanica*	安达曼血桐	小乔木	—	—	思茅
95	*M. denticulata*	中平树	乔木	—	4～6月；5～8月	西双版纳
96	*M. hemsleyana*	山中平树	乔木	—	6～7月；7～8月	河口
97	*M. indica*	印度血桐	乔木	—	8～10月；10～11月	河口、勐海、双江、沧源
98	*M. kurzii*	尾叶血桐	灌木或小乔木	绿黄色	3～10月；5～12月	腾冲、瑞丽、双江、沧源、思茅、勐海、蒙自、绿春、麻栗坡
99	*M. pustulata*	泡腺血桐	乔木或灌木	—	10～12月；4～5月	陇川、景东、凤庆、腾冲
100	*Mallotus apelta*	白背叶	灌木或小乔木	—	6～9月；8～11月	河口、富宁
101	*M. barbatus*	毛桐	小乔木	淡绿色	4～5月；9～10月	蒙自、个旧、河口、屏边、金平、绿春、西畴、富宁、麻栗坡
102	*M. decipiens*	短柄野桐	灌木	—	3～6月；6～10月	滇南
103	*M. esquirolii*	长叶野桐	灌木或小乔木	—	7～10月；8～12月	思茅
104	*M. garrettii*	粉叶野桐	小乔木	—	6～7月；11～12月	西双版纳、麻栗坡
105	*M. metcealfianus*	褐毛野桐	小乔木	—	5～12月	蒙自、屏边、河口
106	*M. paniculatus*	白楸	灌木或乔木	—	7～10月；11～12月	思茅、景洪、勐腊、勐海、屏边、金平、西畴、富宁、麻栗坡
107	*M. philippensis*	粗糠柴	灌木或乔木	—	4～5月；5～8月	景洪、文山、宾川、瑞丽、大姚、禄丰、蒙自
108	*M. roxburghianus*	圆叶野桐	小乔木或灌木	—	5～6月；8～12月	沧源、盈江、勐海
109	*M. tetracoccus*	四果野桐	小乔木	—	6～9月；9～12月	滇南
110	*M. yunnanensis*	云南野桐	灌木	—	4～10月；10～12月	蒙自
111	*Mercurialis leiocarpa*	山靛	草本	—	12～4月；4～7月	蒙自
112	*Ostodes katharinae*	云南叶轮木	常绿乔木	白色	4～5月	大理、金平、景东、景洪、澜沧、临沧、泸水、勐腊
113	*Phyllanthodendron anthopotamicum*	珠子木	直立灌木	—	5～9月；9～12月	云南各地
114	*P. roseum*	玫花珠子木	灌木或小乔木	—	—	勐海
115	*P. yunnanense*	云南珠子木	灌木或小乔木	—	4～7月；7～10月	勐海、勐腊、耿马、孟连
116	*Phyllanthus clarkei*	滇藏叶下珠	灌木	—	—	云南各地
117	*P. cochinchinensis*	越南叶下珠	灌木	—	6～12月	云南各地
118	*P. emblica*	余甘子	乔木	—	4～6月；7～9月	禄劝、芒市、临沧、思茅、景洪、文山
119	*P. fimbricalyx*	穗萼叶下珠	灌木	紫红色	6月	滇西南
120	*P. forrestii*	刺果叶下珠	灌木	紫红色	6～8月；8～10月	大姚、宾川、鹤庆、丽江、香格里拉

续表2-5-31

序号	拉丁名	中文名	习性	花色	花/果期	分布地区
121	*P. franchetianus*	云贵叶下珠	灌木	红色	2～7月；6～9月	盐津、大关、元江、耿马、元阳
122	*P. leptoclados*	细枝叶下珠	灌木	—	—	云南各地
123	*P. niruri*	珠子草	一年生草本	—	1～10月	云南各地
124	*P. parvifolius*	水油甘	直立灌木	黄白色或白绿色	—	昆明、南华、鹤庆、丽江、维西及滇东北
125	*P. pulcher*	云桂叶下珠	灌木	—	—	云南各地
126	*P. reticulatus*	小果叶下珠	灌木	—	3～6月；6～10月	云南各地
127	*P. sootepensis*	云泰叶下珠	灌木	—	7～10月	思茅、勐海
128	*P. tsarongensis*	西南叶下珠	灌木	淡黄色	—	云南各地
129	*P. urinaria*	叶下珠	一年生草本	—	4～6月；7～11月	西双版纳及滇东北
130	*Sapium chihsinianum*	桂林乌桕	乔木	—	5～7月	云南各地
131	*S. baccatum*	浆果乌桕	乔木	淡黄色	4～5月	思茅、西双版纳
132	*S. discolor*	山乌桕	灌木或乔木	淡黄色	4～6月	麻栗坡、河口、勐腊、沧源、耿马
133	*S. rotundifolium*	圆叶乌桕	灌木或乔木	淡绿黄色	1～6月	文山、砚山、西畴、富宁、麻栗坡
134	*Sauropus delavayi*	石山守宫木	灌木	红色	5～7月；7～9月	鹤庆、宾川
135	*S. garrettii*	苍叶守宫木	灌木	—	—	思茅、蒙自
136	*S. quadrangularis*	方枝守宫木	灌木	—	—	河口、屏边
137	*S. macranthus*	长梗守宫木	灌木	—	—	思茅、西双版纳、金平
138	*S. perrei*	盈江守宫木	灌木	—	6～9月；9～11月	盈江
139	*S. repaadus*	波萼守宫木	灌木	—	9月	勐海
140	*S. yanhuianus*	多脉守宫木	灌木	—	6月	沧源
141	*Sumbaviopsis albicans*	缅桐	乔木	—	4～7月；10～12月	滇南
142	*Trewia nudiflora*	滑桃树	乔木	—	12～3月；6～12月	河口、景洪、澜沧
143	*Trigonostemon huangmosu*	黄木树	灌木	黄色	6月	滇东南
144	*T. thyrsoideus*	锥花三宝木	灌木至小乔木	黄色	4～7月	滇南
145	*Vernicia fordii*	油桐	落叶乔木	白色	3～4月；8～9月	嵩明、易门、禄丰、腾冲、开远、金平、河口、西畴、文山
146	*V. montana*	山桐	落叶乔木	白色	4～5月	西畴、河口、金平、屏边、景洪

三十二、蔷薇科

草本、灌木或乔木，落叶或常绿，有刺或无刺。冬芽常具数个鳞片，有时仅具2个。叶互生，稀对生，单叶或复叶，有显明托叶，稀无托叶。花两性，稀单性，通常整齐；雄蕊5至多数，稀1或2，花丝离生，稀合生；心皮1至多数，离生或合生，有时与花托连合，每心皮有1至数个直立的或悬垂的倒生胚珠。果实为蓇葖果、瘦果、梨果或核果，稀蒴果。

本科约有124属，3300余种，分布于全世界，北温带较多。中国约有51属，1000余种，产于全国各地。本书收录26属，159种。

本科许多种类富于经济价值，温带的果品属于本科者为多，如苹果、沙果、海棠、梨、桃、李、杏、梅、樱桃、枇杷、榅桲、山楂、草莓和树莓等，都是著名的水果，扁桃仁和杏仁等都是著名干果，各有很多优良品种，在世界各地普遍栽培。不少种类的果实富含维生素、糖和有机酸，可作果干、果脯、果酱、果酒、果糕、果汁、果丹皮等果品加工原料。桃仁、杏仁和扁核木仁等可以榨取油料。地榆、龙牙草、翻白草、郁李仁、金樱子和木瓜等可以入药。各种悬钩子、野蔷薇和地榆的根可以提取单宁。玫瑰、香水月季等的花可以提取芳香挥发油。乔木种类的木材多坚硬，具有多种用途，如梨木可作优良雕刻板材，桃木、樱桃木、枇杷木和石楠木等适宜作农具柄材。本科植物作观赏用的更多，如各种绣线菊、绣线梅、珍珠梅、蔷薇、月季、海棠、梅花、樱花、碧桃、花楸、棣棠等，或具美丽可爱的枝叶和花朵，或具鲜艳多彩的果实，在全世界各地庭园中均占重要位置。

表2-5-32　本书收录蔷薇科159种信息表

序号	拉丁名	中文名	习性	花色	花/果期	分布地区
1	*Amyadalus davidiana*	山桃	乔木	粉红色	3～4月；7～8月	昆明、景东
2	*A. triloba*	榆叶梅	灌木稀小乔木	粉红色	4～5月；5～7月	昆明
3	*A. vulgaus*	杏	落叶乔木	白色或带红色	3～4月；6～7月	滇中
4	*Aruncus gombalanus*	贡山假升麻	多年生草本	白色	6月；8～9月	香格里拉、丽江、德钦、贡山
5	*A. sylvester*	假升麻	多年生草本	白色	6月；8～9月	洱源、丽江、维西、鹤庆、贡山、香格里拉
6	*Cerasus caudata*	尖尾樱桃	乔木	白色	5月；7月	洱源、丽江、兰坪、福贡
7	*C. cerasoides*	高盆樱桃	落叶乔木	淡粉色至白色	10～12月	蒙自、弥勒、砚山
8	*C. clarofolia*	微毛樱桃	灌木或小乔木	白色	4～6月；6～7月	丽江、维西、香格里拉
9	*C. conadenia*	锥腺樱桃	乔木或灌木	白色	5月；7月	丽江、维西、贡山、香格里拉、德钦
10	*C. crataegifolia*	山楂叶樱桃	灌木	白色	6～7月；8～9月	丽江、维西、贡山、德钦
11	*C. duclouxii*	西南樱桃	乔木或灌木	白色	3月；5月	昆明
12	*C. henryi*	蒙自樱桃	乔木	白色	3月	蒙自
13	*C. mugus*	偃樱桃	偃匍灌木	白色	5～7月；7～8月	维西、贡山
14	*C. patentipila*	散毛樱桃	乔木或灌木	白色	4～5月；7月	丽江、维西、香格里拉
15	*C. pseudocerasus*	樱桃	乔木	白色	3～4月；5～6月	昆明、思茅
16	*C. pusilliflora*	细花樱	乔木或灌木	白色	2～3月；4～5月	昆明、漾濞
17	*C. rufa*	红毛樱桃	乔木	白色	5月；7～8月	福贡、贡山
18	*C. serrula*	细齿樱桃	乔木	白色	5～6月；7～9月	鹤庆、丽江、贡山、香格里拉、德钦
19	*C. tatsienensis*	康定樱桃	小乔木或灌木	白色或粉红色	4～6月	丽江、维西
20	*C. tomentosa*	毛樱桃	乔木	白色	4～5月；6～9月	丽江、维西、香格里拉

续表2-5-32

序号	拉丁名	中文名	习性	花色	花/果期	分布地区
21	*C. trichostoma*	川西樱桃	乔木	白色	5~6月；7~10月	兰坪、丽江、维西、贡山、香格里拉、德钦
22	*Cotoneaster acutifolius*	尖叶栒子	落叶直立灌木	白色	5~6月；9~10月	香格里拉、德钦、维西、贡山、丽江、鹤庆、大理
23	*C. adpressus*	匍匐栒子	落叶匍匐灌木	粉红色	5~6月；8~9月	兰坪、香格里拉、德钦
24	*C. bullatus*	泡叶栒子	落叶灌木	浅红色	5~6月；8~9月	维西、德钦
25	*C. buxifolius*	黄杨叶栒子	常绿至半常绿矮灌木	白色	4~6月；9~10月	贡山、兰坪、维西、香格里拉、丽江、洱源、剑川、大理、江川
26	*C. coriaceus*	厚叶栒子	常绿灌木	白色	5~6月；9~10月	泸水、维西、香格里拉、丽江、鹤庆、洱源
27	*C. dielsianus*	木帚栒子	落叶灌木	浅红色	6~7月；9~10月	贡山、兰坪、镇康、德钦、香格里拉、维西、丽江、洱源
28	*C. divaricatus*	散生栒子	落叶直立灌木	粉红色	4~6月；9~10月	香格里拉、德钦
29	*C. foveolatus*	麻核栒子	落叶灌木	红色	6月；9~10月	兰坪、鹤庆、丽江、维西、德钦
30	*C. franchetii*	西南栒子	半常绿灌木	粉红色	6~7月；9~10月	兰坪、德钦、维西、丽江、鹤庆、剑川
31	*C. glaucophyllus*	粉叶栒子	半常绿灌木	白色	6~7月；10月	福贡、香格里拉、维西、德钦、丽江、洱源、鹤庆、剑川
32	*C. glomerulatus*	球花栒子	落叶灌木	白色	5~6月；9~10月	兰坪、鹤庆、丽江、维西、香格里拉、德钦
33	*C. hebephyllus*	钝叶栒子	落叶灌木	白色	5~6月；8~9月	鹤庆、丽江、香格里拉、维西、德钦
34	*C. horizontalis*	平枝栒子	落叶或半常绿匍匐灌木	粉红色	5~6月；9~10月	福贡
35	*C. langei*	香格里拉栒子	落叶或半常绿灌木	粉红色	6月	洱源、鹤庆、丽江、贡山、香格里拉
36	*C. microphyllus*	小叶栒子	常绿矮生灌木	白色	5~6月；8~9月	洱源、兰坪、剑川、鹤庆、丽江、维西、香格里拉、德钦
37	*C. moupineasis*	宝兴栒子	落叶灌木	粉红色	6~7月；9~10月	腾冲、维西、丽江、德钦、贡山
38	*C. nitidus*	两列栒子	落叶或半常绿灌木	白色	6月；9~10月	福贡、贡山、德钦、香格里拉、维西、丽江、大理、剑川、洱源
39	*C. rubens*	红花栒子	直立或匍匐落叶灌木	深红色	6~7月；9~10月	福贡、香格里拉、德钦、维西、丽江、贡山
40	*C. subadpressus*	高山栒子	落叶或半常绿灌木	粉红色	5~6月；9~10月	保山、香格里拉、丽江、德钦、鹤庆、会泽
41	*C. submultiflorus*	毛叶水栒子	落叶直立灌木	白色	5~6月；9月	维西、德钦
42	*C. tenuipes*	细枝栒子	落叶灌木	白色	5月；9~10月	洱源、丽江、香格里拉
43	*C. verruculosus*	疣枝栒子	落叶或半常绿矮灌木	粉红色	5~6月；9~10月	贡山、泸水、保山、德钦、维西、大理、剑川
44	*Crataegus chungtienensis*	香格里拉山楂	灌木	白色	5月；9月	维西、宁蒗、香格里拉
45	*C. oresbia*	滇西山楂	灌木	白色	5月；8~9月	维西、香格里拉、宁蒗

续表2-5-32

序号	拉丁名	中文名	习性	花色	花/果期	分布地区
46	*Docynia delavayi*	云南移依	常绿乔木	白色	3～4月；5～6月	滇中、滇西、滇西南、滇南、滇东南、滇东
47	*D. indica*	移依	常绿乔木	白色	3～4月；8～9月	昭阳、绥江、水富、永善、盐津、大关、威信、镇雄、彝良、鲁甸、巧家、东川、会泽、宣威
48	*Eriobotrya salwinensis*	怒江枇杷	小乔木	乳黄色	4～5月；6～8月	维西、贡山
49	*E. tengyuehensis*	腾越枇杷	常绿灌木	乳黄色	4～5月；9～10月	贡山
50	*Kerria japonica*	隶棠花	落叶灌木	黄色	4～6月；6～8月	丽江、维西、贡山
51	*Laurocerasus andersonii*	云南桂樱	常绿灌木或小乔木	白色	7～8月；11～1月	滇东南
52	*L. phaeosticta*	腺叶野樱	常绿灌木或小乔木	白色	4～5月；7～10月	思茅、腾冲
53	*L. spinulosa*	刺叶桂樱	常绿乔木	白色	9～10月；11月至次年3月	玉溪
54	*Malus ombrophila*	沧江海棠	小乔木或常绿灌木	白色	6月；8月	福贡、维西、德钦、丽江、大关、剑川、巧家、贡山
55	*M. rockii*	丽江山荆子	乔木	白色	5～6月；9月	兰坪、香格里拉、维西、丽江、大理、贡山、德钦
56	*M. yunnanensis*	滇池海棠	乔木	白色	5月；8～9月	维西、香格里拉、贡山、丽江
57	*Neillia rubiflora*	粉花绣线梅	灌木	粉红色	6～7月；8～9月	贡山
58	*N. serratisepala*	云南绣线梅	灌木	白色	7～8月；9～10月	福贡、维西、香格里拉、贡山、屏边、马关
59	*Padus napaulensis*	尼泊尔稠李	落叶乔木	白色	4月；7月	思茅
60	*P. obtusata*	细齿稠李	乔木	白色	4～5月；6～10月	兰坪、鹤庆、丽江、维西、贡山、香格里拉、德钦
61	*P. perulata*	宿鳞稠李	落叶乔木	白色	4～5月；5～10月	漾濞、兰坪、剑川、丽江、维西、贡山、德钦
62	*Photinia beauverdiana*	中华石楠	落叶灌木	白色	5月；7～8月	漾濞、贡山
63	*P. integrifolia*	全缘石楠	常绿灌木	白色	5～6月；10月	福贡、泸水、腾冲、维西、香格里拉、漾濞、贡山
64	*P. lasiogyna*	倒卵叶石楠	灌木或小乔木	白色	5～6月；9～11月	香格里拉、鹤庆、丽江、禄劝、大姚、泸水
65	*P. prionophylla*	刺叶石楠	灌木或小乔木	白色	5月；9～11月	洱源、鹤庆、丽江、香格里拉
66	*P. serrulata*	石楠	常绿灌木	白色	4～5月；10月	永平、漾濞、鹤庆、丽江、维西、香格里拉、德钦
67	*Potentilla articulata*	关节萎陵菜	多年生垫状草本	黄色	6～9月	丽江、香格里拉、德钦
68	*P. chinense*	萎陵菜	多年生草本	黄色	6～8月	丽江、维西、香格里拉、德钦
69	*P. cueata*	楔叶萎陵菜	多年生草本	红色	6～10月	香格里拉、德钦、维西、贡山、丽江

续表2–5–32

序号	拉丁名	中文名	习性	花色	花/果期	分布地区
70	*P. delavayi*	滇西萎陵菜	多年生草本	黄色	7～9月	洱源、鹤庆、丽江
71	*P. eriocarpa*	毛果萎陵菜	亚灌木	黄色	7～10月	洱源、兰坪、剑川、鹤庆、丽江、维西、贡山、香格里拉
72	*P. fallens*	川滇萎陵菜	多年生草本	黄色	5～8月	鹤庆、剑川、丽江
73	*P. freyniana*	三叶萎陵菜	多年生草本	黄色	6～9月	宁蒗、贡山
74	*P. fruticosa*	金露梅	灌木	黄色	6～9月	福贡、泸水、德钦、香格里拉、维西、丽江、巧家
75	*P. fulgens*	西南萎陵菜	多年生草本	黄色	6～10月	维西、贡山、香格里拉、凤庆、丽江、大理、鹤庆
76	*P. glabra*	银露梅	灌木	白色	6～11月	贡山、香格里拉、德钦、维西、丽江
77	*P. griffithii*	柔毛萎陵菜	多年生草本	黄色	5～10月	漾濞、洱源、丽江、剑川、兰坪、维西、贡山
78	*P. hypargrea*	白背萎陵菜	多年生草本	黄色	8～9月	贡山、德钦、维西
79	*P. lancinata*	条裂萎陵菜	多年生草本	黄色	6～9月	丽江、香格里拉、德钦
80	*P. leuconota*	银叶萎陵菜	多年生草本	黄色	5～7月	泸水、福贡、腾冲、兰坪、德钦、维西、香格里拉、丽江、大理
81	*P. macrosepala*	大花萎陵菜	多年生草本	黄色	6～9月	维西、贡山、香格里拉、德钦
82	*P. polyphylla*	多叶萎陵菜	多年生草本	黄色	7～10月	贡山、德钦
83	*P. saundersianan*	钉柱萎陵菜	多年生草本	黄色	6～8月	德钦、贡山、香格里拉
84	*P. stenophylla*	狭叶萎陵菜	多年生草本	黄色	7～9月	兰坪、丽江、维西、贡山、德钦
85	*P. taliensis*	总梗萎陵菜	多年生草本	黄色	5～10月	洱源、剑川、维西、贡山、德钦
86	*P. turfosa*	簇生萎陵菜	多年生草本	黄色	8～9月	德钦、贡山
87	*Prunus salicina*	李	落叶乔木	白色	4月；7～8月	漾濞、永平及滇西北
88	*Pyracantha angustifolie*	窄叶火棘	常绿灌木或小乔木	白色	5～6月；10～12月	德钦、丽江、贡山、大理、剑川、景东
89	*P. crenulata*	细圆齿火棘	常绿灌木	白色	3～5月；9～12月	漾濞、丽江、德钦
90	*P. fortuneana*	火棘	常绿灌木	白色	3～5月；8～11月	鹤庆、剑川、丽江、维西、香格里拉
91	*Rosa banksiae*	木香花	攀缘小灌木	白色	4～5月	丽江、维西
92	*R. brunonii*	复伞房蔷薇	攀缘灌木	白色	6月；7～11月	维西
93	*R. glomerata*	绣球蔷薇	披针有刺灌木	白色	7月；8～10月	福贡、贡山、维西、丽江、大关、剑川、镇雄、彝良
94	*R. helenae*	卵果蔷薇	铺散灌木	白色	5～7月；9～10月	兰坪、剑川、丽江、维西、贡山、香格里拉、德钦
95	*R. longicuspis*	长尖叶蔷薇	攀缘灌木	白色	5～7月；7～11月	漾濞、鹤庆、剑川、丽江、维西、贡山
96	*R. macrophylla*	大叶蔷薇	灌木	深红色	6～7月	兰坪、丽江、维西、贡山、香格里拉、德钦
97	*R. mairei*	毛叶蔷薇	矮小灌木	白色	5～7月；7～10月	洱源、鹤庆、维西、德钦
98	*R. moyesii*	华西蔷薇	灌木	深红色	6～7月；8～10月	丽江、贡山、维西、香格里拉、德钦

续表2-5-32

序号	拉丁名	中文名	习性	花色	花/果期	分布地区
99	*R. multiflora*	野蔷薇	攀缘灌木	白色	4～5月	丽江
100	*R. omeiensis*	峨嵋蔷薇	直立灌木	白色	5～6月；7～9月	德钦、香格里拉、维西、贡山、景东、丽江、会泽
101	*R. praelucens*	香格里拉刺梅	灌木	红色	6～7月	香格里拉
102	*R. prattii*	铁杆蔷薇	灌木	粉红色	5～7月；8～10月	漾濞、洱源、鹤庆、丽江、维西、香格里拉、德钦
103	*R. sericea*	绢毛蔷薇	直立灌木	白色	5～6月；7～8月	鹤庆、丽江、维西、贡山
104	*R. soulieana*	川滇蔷薇	直立开展灌木	黄白色	5～7月；8～9月	丽江、香格里拉、德钦
105	*R. taronensis*	俅江蔷薇	有刺灌木	淡黄色	7～8月	德钦、贡山
106	*R. weisiensis*	维西蔷薇	攀缘小灌木	白色	4～5月	维西
107	*Rubus erythrocarpus*	红果悬钩子	灌木	粉红色	7～8月；9～10月	维西、贡山
108	*R. gongshanensis*	贡山悬钩子	灌木	—	8～10月	贡山
109	*R. inopertus*	红花悬钩子	攀缘灌木	粉红色	5～6月；7～8月	福贡
110	*R. pinfaensis*	红毛悬钩子	攀缘灌木	白色	3～4月；5～6月	泸水、维西、贡山、丽江及滇中、滇东南
111	*R. rubrisetulosus*	红刺悬钩子	多年生草本	黄色	6～7月；8～9月	泸水、维西、兰坪、贡山
112	*R. taronensis*	独龙江悬钩子	攀缘灌木	浅绿色	6～7月	贡山
113	*R. wardii*	大花悬钩子	半卧矮小灌木或半灌木	绿白色	6～7月；8～9月	贡山
114	*Sanguisorba filiformis*	矮地榆	多年生草本	白色	6～9月	丽江、维西、香格里拉、德钦
115	*S. officinalis*	地榆	多年生草本	紫红色	6～8月	洱源、丽江、维西、贡山、香格里拉、德钦
116	*Sibiraea angustata*	窄叶鲜卑花	落叶灌木	白色	6月；8～9月	丽江、维西、贡山、香格里拉、德钦
117	*S. tomentosa*	毛叶鲜卑花	落叶灌木	浅黄白色	6月；8～9月	丽江、香格里拉
118	*S. arborea*	高丛珍珠梅	灌木	白色	6～7月；9～10月	德钦、兰坪、贡山、维西
119	*Sorbus arguta*	锐齿花楸	落叶乔木或灌木	—	—	云南各地
120	*S. aronioides*	毛背花楸	附生灌木或乔木	白色	5～6月；8～10月	兰坪、维西、贡山
121	*S. astateria*	多变花楸	灌木	白色	3～5月；10月	鹤庆、丽江、贡山
122	*S. caloneura*	美脉花楸	落叶乔木或灌木	白色	4月；8～10月	云南各地
123	*S. coronata*	冠萼花楸	乔木	白色	4～5月；8～9月	福贡、兰坪、贡山、香格里拉、德钦、维西、丽江、剑川、鹤庆
124	*S. epidendron*	附生花楸	乔木或灌木	白色	5月；8～9月	福贡、贡山、香格里拉、德钦、维西、丽江、文山、鹤庆
125	*S. ferruginea*	锈色花楸	落叶乔木或灌木	白色	4月；9～10月	滇中、滇西

续表2-5-32

序号	拉丁名	中文名	习性	花色	花/果期	分布地区
126	*S. filipes*	纤细花楸	灌木	白色	6月；9月	维西、贡山、德钦
127	*S. globosa*	圆果花楸	落叶乔木或灌木	白色	4～5月；8～9月	勐嘎、腾冲、梁河
128	*S. granulosa*	疣果花楸	落叶乔木或灌木	白色	1～2月；8～9月	蒙自（东南部）、腾冲
129	*S. harrowiana*	巨叶花楸	乔木	白色	5～6月；10月	福贡、维西、德钦、贡山
130	*S. hemsleyi*	江南花楸	乔木	白色	5月；8～9月	洱源、丽江、维西、贡山、香格里拉
131	*S. hupehensis*	湖北花楸	落叶乔木或灌木	白色	5～7月	大姚、德钦、维西、香格里拉
132	*S. keissleri*	毛序花楸	落叶乔木或灌木	白色	5月；8～9月	东川、镇雄
133	*S. kiujiangensis*	俅江花楸	灌木或乔木	白色	5～6月；9～10月	维西、香格里拉、贡山
134	*S. koehneana*	陕甘花楸	灌木或小乔木	白色	6月；9月	维西、漾濞、贡山
135	*S. monbeigii*	维西花楸	乔木	白色	6～7月	福贡、泸水、维西
136	*S. ochracea*	褐毛花楸	乔木或灌木	黄白色	3～4月；7月	漾濞、洱源、鹤庆、丽江、香格里拉
137	*S. oligodonta*	少齿花楸	乔木	黄白色	5月；9月	德钦、香格里拉、维西、丽江、贡山、鹤庆、洱源
138	*S. pallescens*	灰叶花楸	落叶乔木或灌木	白色	5～6月；8月	昭阳、绥江、水富、永善、盐津、大关、威信、镇雄、彝良、鲁甸、巧家、东川、会泽、宣威、大姚
139	*S. poteriifolia*	侏儒花楸	矮小灌木	粉红色	5～6月；9～10月	维西、德钦、贡山
140	*S. prattii*	西康花楸	灌木	白色	5～6月；9月	兰坪、贡山、香格里拉、德钦、维西、丽江、剑川、鹤庆、永平
141	*S. pteridophylla*	蕨叶花楸	灌木	白色	6月；8～9月	福贡、贡山
142	*S. reducta*	铺地花楸	矮小灌木	白色	5～6月；9～10月	丽江、贡山、香格里拉、德钦
143	*S. rehderina*	西南花楸	灌木或小乔木	白色	6月；9月	保山、贡山、景东、维西、丽江、大理
144	*S. rhamnoides*	鼠李叶花楸	落叶乔木或灌木	白色	5～6月；7～9月	澜沧江与怒江分水岭、马关
145	*S. rufopilosa*	红毛花楸	灌木或小乔木	粉红色	6月；9月	福贡、贡山、德钦、丽江、鹤庆、广南
146	*S. setschwanensis*	四川花楸	落叶乔木或灌木	白色	6月；9月	镇雄
147	*S. thibetica*	康藏花楸	乔木	白色	6～7月；9～10月	福贡、贡山、德钦、维西、香格里拉、丽江、漾濞
148	*S. vilmorinii*	川滇花楸	灌木	白色	6～7月；9月	香格里拉、维西、丽江、贡山、福贡
149	*S. wilsoniana*	华西花楸	落叶小乔木	白色	5月；9月	丽江、维西、德钦
150	*Spenceria ramalana*	马蹄黄	多年生草本	黄色	7～8月；9～10月	洱源、鹤庆、丽江、贡山、香格里拉、德钦

续表2-5-32

序号	拉丁名	中文名	习性	花色	花/果期	分布地区
151	*Spiraea calcicola*	石灰岩绣线菊	灌木	白色	5～6月；9～10月	丽江、香格里拉
152	*S. compsophylla*	粉叶锈线菊	灌木	白色	7～9月；9～10月	贡山及滇中
153	*S. myrtilloides*	细枝锈线菊	灌木	白色	6～7月；8～9月	香格里拉、福贡、德钦、贡山、丽江、东川、会泽
154	*S. purpurea*	紫花绣线菊	灌木	紫色	6～7月	兰坪
155	*S. schneideriana*	川滇绣线菊	灌木	白色	5～6月；8～9月	鹤庆、丽江、维西、贡山、香格里拉、德钦
156	*S. veitchii*	鄂西锈线菊	灌木	白色	5～7月；7～10月	贡山、维西、香格里拉、丽江、德钦、大理、昆明
157	*S. wilsonii*	陕西绣线菊	灌木	白色	5～7月；8～9月	鹤庆、维西、贡山、香格里拉、德钦
158	*S. yunnanensis*	云南绣线菊	灌木	白色	4～7月；7～10月	丽江、维西、香格里拉、德钦
159	*Stranvaesia davidiana*	红果树	灌木或小乔木	白色	5～6月；9～10月	兰坪、剑川、鹤庆、丽江、维西、贡山、香格里拉、德钦

三十三、苏木科

乔木或灌木，有藤本。叶互生，一回或二回羽状复叶。总状花序或圆锥花序；花瓣常为5。荚果开裂或不裂而呈核果状或翅状；种子有时具假种皮，子叶肉质或叶状。

本科约180属，3000种，分布于热带和亚热带地区。中国连引入的共有21属，约113种，4亚种，12变种，主产南部和西南部。本书收录4属，18种。

表2-5-33 本书收录苏木科18种信息表

序号	拉丁名	中文名	习性	花色	花/果期	分布地区
1	*Bauhinia aurea*	火索藤	粗壮木质藤本	白色	4～5月；7～12月	金平、麻栗坡、富宁
2	*B. bohnina*	丽江羊蹄甲	直立灌木	粉红色	5～8月	丽江、鹤庆
3	*B. brachycarpa*	马鞍叶	直立或攀缘灌木	白色	5～7月；8～10月	昆明、丽江、大理
4	*B. chalcophylla*	多花羊蹄甲	木质藤本	乳白色或淡黄色	6～7月	元江、墨江、永善、孟连
5	*B. chmpionii*	龙须藤	藤本	白色	6～10月	禄劝、巧家、洱源、元江、新平、西畴、元阳、个旧
6	*B. claviflora*	棒花羊蹄甲	直立灌木	白色	9月	景洪
7	*B. erythropoda*	红柄羊蹄甲	木质藤本	白色	3～4月；6～7月	思茅、景洪、金平、河口、麻栗坡、富宁
8	*B. yunnanensis*	云南羊蹄甲	藤本	淡红色或白色	8月；10月	丽江、鹤庆、洱源（邓川）、香格里拉、永仁、宾川
9	*Caesalpinia cucullata*	见血飞	藤本	黄色	11～2月；3～10月	蒙自、屏边、思茅、西双版纳、景东、盈江、芒市
10	*C. decapetala*	云实	藤本	黄色	4～10月	云南各地

续表2-5-33

序号	拉丁名	中文名	习性	花色	花/果期	分布地区
11	*C. digyna*	肉荚苏木	藤本	黄色	4～11月；5月至次年3月	西双版纳
12	*C. enneaphylla*	九羽见血飞	大型藤本	黄色	9～10月；10月至次年2月	富宁、西双版纳、耿马、龙陵、云龙
13	*C. mimosoides*	含羞草云实	木质藤本	鲜黄色	11～12月；2～3月	景洪、德宏
14	*C. minax*	石莲子	有刺藤本	白色	4～5月；7月	永胜、盈江、芒市、镇康、凤庆、孟连、西双版纳、景东、元江、蒙自、文山、河口、富宁
15	*Cercis chinensis*	紫荆	丛生或单生灌木	粉红色至紫红色	3～4月；8～10月	昆明、昭通、广南
16	*C. glabra*	湖北紫荆	乔木	淡紫色或粉红色	3～4月；9～11月	昆明、丽江
17	*Pterolobium macropterum*	大翅果老虎刺	攀缘灌木	白色	6～8月	元江、富宁、西畴、建水、红河、双柏
18	*P. punctatum*	老虎刺	藤本或攀缘灌木	白色	6～8月；9月至次年1月	昆明、罗平、文山、西畴、元江、蒙自、景东、腾冲

三十四、含羞草科

常绿或落叶的乔木或灌木，有时为藤本，很少草本。叶互生，通常为二回羽状复叶，羽片常对生。花小、两性，辐射对称，组成头状花序。

本科约56属，2800种，分布于热带、亚热带地区，少数分布于温带地区，以中、南美洲为最多。常生于低海拔热带雨林，稀树干草原以及热带美洲和非洲的干旱地区。中国连引入的共有17属，约66种，主产西南部至东南部。本书收录8属，31种。

表2-5-34　本书收录苏木科31种信息表

序号	拉丁名	中文名	习性	花色	花/果期	分布地区
1	*Acacia catechu*	儿茶	灌木或小乔木	淡黄色	4～8月；9月至次年1月	西双版纳、金平
2	*A. delavayi*	光叶金合欢	常绿乔木	黄绿色	7月；9月	保山、洱源、鹤庆、丽江
3	*A. farnesiana*	金合欢	灌木或小乔木	黄色	3～6月；7～11月	金沙江、元江、澜沧江、怒江流域
4	*A. sinuata*	藤金合欢	灌木或小乔木	白色或淡黄色	4～6月；7～12月	景洪、勐腊
5	*A. teniana*	盐丰金合欢	灌木或小乔木	黄色	—	大姚（盐丰）
6	*A. yunnanensis*	云南金合欢	灌木	金黄色	5月	洱源、丽江、香格里拉
7	*Albizia bracteata*	蒙自合欢	乔木或灌木	白色	5～6月；9～11月	蒙自、禄劝、石林、漾濞
8	*A. chinensis*	楹树	乔木或灌木	淡黄色	3～5月；6～12月	西双版纳
9	*A. crassiramea*	白花合欢	乔木或灌木	白色	8月；11月	景洪
10	*A. duclouxii*	巧家合欢	乔木或灌木	—	5月	巧家、双江、绿春、昆明、丽江、宾川

续表2-5-34

序号	拉丁名	中文名	习性	花色	花/果期	分布地区
11	*A. kalkora*	山槐	乔木或灌木	白色，后变黄	5～6月；8～10月	双江、蒙自、大姚、禄劝、元谋
12	*A. lebbeck*	阔荚合欢	落叶乔木	黄绿色	5～9月；10月至次年5月	泸水、元江
13	*A. mollis*	毛叶合欢	乔木	白色	5～6月；8～12月	漾濞、鹤庆、丽江、维西、贡山、香格里拉
14	*A. odoratissima*	香合欢	乔木或灌木	淡黄色	4～7月；6～10月	普洱、西双版纳
15	*A. procera*	黄豆树	落叶乔木	黄白色	5～9月；9月至次年2月	滇西至滇南
16	*A. sherriffii*	密叶合欢	乔木	黄白色	3月；9月	贡山及滇西北
17	*A. simeonis*	盐丰合欢	乔木或灌木	—	—	大姚（盐丰）
18	*Cylindrokelupha alternifoliolata*	长叶棋子豆	无刺乔木	—	11月	滇南至滇东南（屏边）
19	*C. balansae*	锈毛棋子豆	无刺乔木	—	3～4月；7月	屏边、金平、西畴、麻栗坡
20	*C. dalatensis*	显脉棋子豆	无刺乔木	—	3月	景洪（勐养）
21	*C. glabrifolia*	光叶子棋子豆	无刺乔木	—	7月	勐海
22	*C. turgida*	大叶合欢	小乔木	白色	4～5月；7～12月	金平
23	*C. yunnanensis*	云南棋子豆	无刺乔木	白色	5月；8月	屏边、蒙自、金平、麻栗坡
24	*Entada phaseoloides*	榼藤	灌木	黄色或白色	3～6月；8～11月	景东、镇沅、景谷、江城、绿春、元阳、红河、金平、开远、建水、石屏、勐海、勐腊、景洪
25	*Mimosa pudica*	含羞草	蔓生或攀缘半灌木	红色	3～10月；5～11月	云南各地
26	*M. sepiaria*	光荚含羞草	落叶灌木	白色	—	滇南
27	*Parkia timoriana*	球花豆	直立乔木	—	2～4月	景洪
28	*Pithecellobium clypearia*	猴耳环	灌木或乔木	白色或淡黄色	2～6月；4～8月	普洱、西双版纳、瑞丽、元阳、富宁
29	*P. dulce*	牛蹄豆	灌木或乔木	白色或淡黄色	3月；7月	开远、河口
30	*P. lucidum*	亮叶牛蹄豆	乔木	白色	4～6月；7～12月	滇南至滇东南
31	*Zygia cordifolia*	心叶合欢	无刺乔木	—	5月；11月	河口

三十五、蝶形花科

本科植物具多种形态。叶互生，通常为羽状或掌状复叶。花两性；花萼钟形或筒形；花瓣5，不等大，两侧对称，作下降覆瓦状排列，构成蝶形花冠。果为荚果，呈各种形状。

本科共分32族，约440属，12000余种，遍布全世界。较原始的种类大多分布于热带、亚热带地区，常为木本植物，较进化的类型是分布于温带的草本植物。地中海区域的种属分化甚为明显。中国包括常见引进栽培的共有128属，1372种，183变型。本书收录46属，184种。

表2-5-35 本书收录蝶形花科184种信息表

序号	拉丁名	中文名	习性	花色	花/果期	分布地区
1	*Abrus precatorius*	相思子	稍木质细藤本	紫色	3～6月；9～10月	元谋
2	*A. pulchellus*	美丽相思子	稍木质细藤本	粉红色或紫色	—	云南各地
3	*Aeschynomene indica*	合萌	一年生草本或亚灌木	淡黄色	7～8月；8～10月	大理、河口、景东、景洪、勐海
4	*Alysicarpus bupleurifolius*	柴胡叶练荚豆	多年生草本	淡黄色或黄绿色	9～11月	腾冲及滇南
5	*A. rugosus*	绉缩练荚豆	多年生草本	白色	9月；9～11月	思茅、勐腊、元谋、景洪、景东
6	*A. vaginalis*	链荚豆	多年生草本	紫蓝色	9月；9～11月	勐腊、巧家、腾冲、元江、元谋及滇南
7	*Bowringia callicarpa*	藤槐	攀缘灌木	白色	4～6月；7～9月	屏边、河口、文山、马关、麻栗坡
8	*Butea monosperma*	紫矿	乔木	橙红色	3～4月	元谋、景东、景洪、耿马
9	*Campylotropis argentea*	银叶杭子梢	小灌木	紫色	—	蒙自（草山）、石屏、元江
10	*C. diversifolia*	异叶杭子梢	落叶灌木或小乔木	紫色	11～12月；1～4月	蒙自、弥勒、石屏、砚山、元江
11	*C. fulva*	暗黄杭子梢	落叶灌木	紫红色	—	蒙自（草山）
12	*C. harmsii*	思茅杭子梢	落叶灌木	紫红色	—	普洱、临沧
13	*C. henryi*	元江杭子梢	直立灌木	紫红色	—	元江、双柏、福贡
14	*C. howellii*	腾冲杭子梢	落叶半灌木小灌木	紫红色	—	腾冲
15	*C. latifolia*	阔叶杭子梢	落叶灌木	紫红色	—	弥勒、红河、元江
16	*C. macrocarpa*	杭子梢	落叶灌木	紫红色或近粉红色	5～10月	保山、曲靖（沾益）
17	*C. neglecta*	蒙自杭子梢	落叶灌木	淡红紫色	—	蒙自
18	*C. parviflora*	小花杭子梢	落叶灌木	淡红紫色或蓝紫色	11月至次年4月	墨江、思茅、西双版纳、镇沅
19	*C. prainii*	草山杭子梢	落叶灌木	红紫色或蓝紫色	9～11月；11月至次年4月	蒙自
20	*C. rockii*	滇南杭子梢	落叶灌木	—	—	景洪、勐海、勐腊
21	*C. tenuiramea*	细枝杭子梢	落叶灌木	紫色	—	禄劝
22	*C. trigonoclada*	三棱枝杭子梢	半灌木或灌木	黄色或淡黄色	7～11月；10～12月	会泽
23	*Canavalia gladiata*	刀豆	直立或缠绕草本	白色或粉红色	7～9月；10月	长江以南各省、区
24	*C. gladiolata*	尖萼刀豆	草质藤本	—	6～9月	云南各地
25	*Caragana bicolor*	二色锦鸡儿	灌木	黄色	6～7月；9～10月	鹤庆、丽江、香格里拉、德钦
26	*C. erinacea*	川西锦鸡儿	灌木	黄色	5～6月；8～9月	香格里拉、德钦
27	*C. franchetiana*	云南锦鸡儿	灌木	黄色	5～6月；7月	香格里拉、德钦、维西、丽江、鹤庆、贡山

续表2-5-35

序号	拉丁名	中文名	习性	花色	花/果期	分布地区
28	*C. jubata*	鬼箭锦鸡儿	灌木	淡紫色	6～7月；8～9月	丽江、香格里拉、德钦
29	*C. sinica*	锦鸡儿	灌木	黄带红色	4～5月；7月	会泽、昆明
30	*Chesneya nubigena*	云雾雀儿豆	垫状草本	黄色	7月；8月	洱源、丽江、香格里拉、德钦
31	*C. polystricoides*	川滇雀儿豆	垫状草本	黄色	7月；8月	鹤庆、丽江、香格里拉、德钦
32	*Christia campanulata*	台湾蝙蝠草	灌木或亚灌木	—	9～12月	思茅
33	*Clitoria mariana*	三叶蝶豆	攀缘状亚灌木	浅蓝色或紫红色	6月	思茅、蒙自、屏边、双江、腾冲、盈江、元江
34	*C. ternatea*	蝶豆	攀缘状草质藤本	蓝色、粉红色或白色	7～11月	云南各地
35	*Codariocalyx gyroides*	圆叶舞草	直立灌木	紫色	9～10月；10～11月	思茅、临沧、屏边
36	*Colutea delavayi*	膀胱豆	落叶灌木	淡黄色	8～10月；10～12月	洱源、鹤庆、丽江、香格里拉
37	*Craspedolobium schochii*	巴豆藤	木质藤本	红色	6～9月；9～10月	昆明、禄丰、楚雄、祥云、蒙自
38	*Crotalaria acicularis*	针状猪屎豆	草本	黄色	8～2月	西双版纳
39	*C. alata*	翅茎猪屎豆	草本或亚灌木	黄色	6～12月	蒙自、红河、勐腊、屏边、元江
40	*C. assamica*	大猪屎豆	高大草本	黄色	5～12月	蒙自、思茅、景东、双江、瑞丽
41	*C. bractaeata*	毛果猪屎豆	草本或亚灌木	黄色	7～8月	思茅、西双版纳
42	*C. chinensis*	中国猪屎豆	草本	淡黄色	6～12月	西双版纳、屏边
43	*C. dubia*	卵苞猪屎豆	一年生或多年生草本中	黄色	10～2月	景东、景洪、勐腊
44	*C. ferruginea*	假地蓝	草本	黄色	6～12月	蒙自、绿春
45	*C. medicaginea*	假苜蓿	直立或铺地散生草本	黄色	8～12月	开远、金沙江流域
46	*C. occulta*	紫花猪八戒屎豆	草本	紫蓝色	8月至次年2月	蒙自、双江
47	*C. pallida*	猪屎豆	多年生草本	黄色	9～12月	西双版纳、河口
48	*C. peguana*	庇古猪屎豆	灌木状直立草本	黄色	6～12月	广西
49	*C. retusa*	吊裙草	直立草本	黄色	10月至次年4月	景东、镇沅、景谷、江城、绿春、元阳、红河、金平、开远、建水、石屏、勐海、勐腊、景洪

续表2-5-35

序号	拉丁名	中文名	习性	花色	花/果期	分布地区
50	*C. sessiliflora*	野百合	直立草本	蓝色或紫蓝色	5月至次年2月	河口、景东、罗平、勐海、屏边、师宗、腾冲
51	*C. tetragona*	四棱猪屎豆	多年生高大草本	黄色	9月至次年2月	蒙自、红河、个旧（蛮耗）、瑞丽、景东
52	*C. uliginosa*	湿生猪屎豆	草本	黄色	—	砚山
53	*Dalbergia assamica*	紫花黄檀	乔木	白色	4月	思茅、西双版纳、保山、麻栗坡、文山、元江
54	*D. burmanica*	缅甸黄檀	乔木	紫色或白色	4月	思茅
55	*D. dyeriana*	大金刚藤	攀缘状灌木或乔木	黄白色	5月	蒙自（东南部）及滇东南、滇中
56	*D. fusca*	黑黄檀	高大乔木	白色	—	思茅、西双版纳
57	*D. henryana*	蒙自黄檀	大藤本	白色	3～4月	蒙自、富宁、屏边、西畴
58	*D. kingiana*	滇南黄檀	灌木	白色	—	思茅
59	*D. obtusifolia*	钝叶黄檀	乔木	淡黄色	—	墨江、宁洱、景东
60	*D. pinnata*	斜叶黄檀	乔木	白色	1～2月	元江、腾冲、思茅、西双版纳、临沧
61	*D. polyadelpha*	多体蕊黄檀	乔木	白色	—	思茅、元江、峨山、富宁、镇康
62	*D. rimosa*	多裂黄檀	藤本或有时直立灌木	白色或淡黄绿色	4月	思茅、元江、峨山、富宁、镇康
63	*D. stipulacea*	托叶黄檀	大藤本	淡蓝色或淡紫红色	4月	思茅、西双版纳、元江
64	*Dendrolobium triangulare*	假木豆	灌木	白色或淡黄色	8～10月；10～12月	思茅、景洪、勐海、弥勒、屏边、临沧
65	*Derris caudatilimba*	尾叶鱼藤	攀缘状灌木	白色	5～8月；11～12月	景洪、勐腊及滇东南
66	*D. eriocarpa*	毛果鱼藤	攀缘状灌木	红白色	6～7月；9月至次年1月	蒙自、屏边
67	*D. ferruginea*	锈毛鱼藤	攀缘状灌木	淡红色或白色	4～7月；9～12月	景洪、勐腊
68	*D. latifolia*	大叶鱼藤	乔木	白色	1月	屏边（大围山）
69	*D. marginata*	边荚鱼藤	攀缘状灌木	白色或淡红色	4～5月；11月至次年1月	绿春
70	*D. palmifolia*	掌叶鱼藤	攀缘状灌木	—	9月	巍山
71	*D. robusta*	大鱼藤树	落叶乔木	白色	—	思茅、西双版纳
72	*D. thyrsiflora*	密锥花鱼藤	攀缘状灌木或披散灌木	白色或紫红色	5～6月；8～11月	金平
73	*D. yunnanensis*	云南鱼藤	高大藤状灌木	白色	7～8月	蒙自
74	*Desmodium concinnum*	凹叶山蚂蝗	灌木	紫色至堇色	9～10月	思茅、西双版纳、腾冲至龙陵
75	*D. dichotomum*	披散山蚂蝗	亚灌木或草本	紫色至堇色	6～8月；9～10月	蒙自

续表2-5-35

序号	拉丁名	中文名	习性	花色	花/果期	分布地区
76	*D. gangeticum*	大叶山蚂蝗	直立或近直立亚灌木	绿白色	4～8月；8～9月	个旧（蛮耗）、墨江、澜沧、西双版纳
77	*D. laxiflorum*	大叶拿身草	灌木或亚灌木	紫堇色或白色	8～10月；10～11月	绿春、思茅、景洪
78	*D. microphyllum*	瓣子草	多年生草本	粉红色	5～9月；9～11月	云南各地
79	*D. oblongum*	矩叶山蚂蝗	直立灌木	紫色或堇色	8～11月	思茅、临沧
80	*D. renifolium*	肾叶山蚂蝗	亚灌木	白色至淡黄或紫色	9～11月	思茅、景洪、勐腊
81	*D. velutinum*	绒毛山蚂蝗	小灌木或亚灌木	紫色或粉红色	9～11月	保山、思茅、西双版纳
82	*D. zonatum*	单叶拿身草	直立小灌木	白色或粉红色	7～8月；8～9月	西双版纳
83	*Dolichos janghuhnianus*	滇南镰扁豆	缠绕草本	紫色	—	红河（勐板）、蒙自（窑头）
84	*Dumasia cordifolia*	心叶山黑豆	缠绕小藤本	黄色	8～9月；10～12月	蒙自、昆明、大姚、景东
85	*D. villosa*	柔毛山黑豆	缠绕质藤草本	黄色	9～10月；11～12月	晋宁、禄劝、蒙自
86	*Dunbaria circinalis*	卷圈野扁豆	木质藤本	黄色	—	思茅
87	*D. fusa*	褐野扁豆	一年生缠绕草本	紫红色	7～9月；10～12月	云南各地
88	*Eriosema chinense*	鸡头薯	多年生草本	淡黄色	5～6月；7～10月	瑞丽、西双版纳
89	*E. himalaicum*	绵三七	多年生草本	黄色	7月；9～10月	全省各地
90	*Erythrina arborescens*	鹦哥花	小乔木或乔木	红色	6～11月	维西、凤庆、景东、洱源、丽江、大理、贡山
91	*E. stricta*	劲直刺桐	乔木或灌木	鲜红色	—	思茅、景洪、个旧（蛮耗、盘溪）、禄劝
92	*E. subumbrans*	翅果刺桐	乔木	红色	—	景洪、勐腊
93	*Flemingia chappar*	墨江千斤拔	直立灌木	—	5月	墨江、景洪（勐养）
94	*F. fluminalis*	河边千斤拔	小灌木	黄色	4～5月；9月	西双版纳、个旧（蛮耗）、巧家、禄劝
95	*F. latifolia*	阔叶千斤拔	灌木	紫红色或粉红色	1～12月	腾冲、昆明、华坪
96	*F. lineata*	细叶千斤拔	直立小灌木	黄色	2～5月	勐腊
97	*F. paniculata*	锥序千斤拔	直立灌木	紫红色	6～9月	西双版纳
98	*F. procumbens*	矮千斤拔	蔓状矮小灌木	—	—	滇南、富宁、景东、腾冲、元江
99	*F. strobilifera*	球穗千斤拔	直立或近蔓延状灌木	—	3～5月	巧家、禄劝、蒙自、个旧（蛮耗）
100	*Indigofera amblyantha*	多花木兰	直立灌木	淡红色	5～7月；9～11月	德钦、贡山
101	*I. atropurpurea*	深紫木兰	灌木或小乔木	深紫色	5～9月；8～12月	蒙自、个旧（蛮耗）
102	*I. bungeana*	河北木兰	直立灌木	紫色或紫红色	5～6月；8～9月	大姚
103	*I. cassoides*	椭圆叶木兰	直立灌木	淡紫色或紫红色	1～3月；4～6月	滇西、滇西南

续表2-5-35

序号	拉丁名	中文名	习性	花色	花/果期	分布地区
104	*I. caudata*	尾叶木兰	灌木	白色	8～10月；10～12月	思茅
105	*I. esquirolii*	黔滇木兰	灌木	白色	4～8月；7～8月	禄丰（罗次、马街）
106	*I. galegoides*	假大青兰	亚灌木或灌木	淡红色	4～8月；9～10月	滇南、滇越边境区
107	*I. hirsuta*	硬毛木兰	亚灌木	红色	7～9月；10～12月	河口
108	*I. howellii*	长序木兰	灌木	紫红色	—	腾冲
109	*I. linnaei*	九叶木兰	多年生草本	—	8月；11月	云南各地
110	*I. mekongensis*	湄公木兰	灌木	淡红色	—	德钦、元江
111	*I. mengtzeana*	蒙自木兰	灌木	青莲色	4～7月；8～11月	嵩明、蒙自
112	*I. nigrescens*	黑叶木兰	灌木	红色或紫红色	6～9月；9～10月	蒙自、思茅
113	*I. pampaniniana*	昆明木兰	灌木	紫红色	3～6月；8～11月	昆明、会泽、景东
114	*I. pendula*	垂序木兰	灌木	紫红色	8月；9～10月	香格里拉、德钦、维西、丽江、大理、洱源、鹤庆、巧家
115	*I. stachyodes*	茸毛木兰	灌木	深红色或紫红色	4～7月；8～11月	怒江、景东、思茅、嵩明、罗平
116	*I. sticta*	矮木兰	亚灌木或灌木	紫红色或紫色	5月	蒙自、易门
117	*I. subverticilata*	轮花木兰	灌木	紫色或紫红色	5月	德钦、丽江、维西
118	*I. suffruticosa*	野青树	亚灌木或灌木	红色	3～5月；6～10月	西双版纳、屏边、元江
119	*I. szechuenensis*	四川木兰	灌木	红色或紫红色	5～6月；7～10月	会泽、香格里拉、德钦
120	*I. zollingeriana*	尖叶木兰	亚灌木	白色微带红色或紫色	6～9月；10～11月	云南各地
121	*Kummerowia stipulacea*	长萼鸡眼草	一年生铺地草本	暗紫色	7～8月；8～10月	昆明
122	*K. striata*	鸡眼草	一年生铺地草本	粉红色	7～9月；8～10月	昆明
123	*Mecopus nidulans*	长柄荚	直立草本	白色	9月；9～10月	西双版纳
124	*Millettia bonatiana*	滇桂崖豆藤	藤本	淡紫色	4～6月；6～10月	昆明
125	*M. cubittii*	红河崖豆	乔木	紫红色	4～6月；6月	红河（勐板）
126	*M. dorwardii*	滇缅崖豆藤	大型藤本	淡紫色至深紫色	5月；10月	腾冲、凤庆
127	*M. eurybotrya*	宽序崖豆藤	攀缘灌木	紫红色	7～8月；9～11月	勐腊、滇越边境区
128	*M. griffithii*	孟连崖豆	乔木或灌木	粉红色	5～7月；8～11月	孟连、勐海、勐腊、腾冲
129	*M. ichthyochtona*	闹鱼崖豆	乔木	白色	2～4月	河口
130	*M. leptobotrya*	思茅崖豆藤	乔木	白色	4月	思茅、西双版纳
131	*M. nitida*	亮叶崖豆藤	攀缘灌木	青紫色	5～9月；7～11月	景东
132	*M. oosperma*	皱果崖豆藤	攀缘灌木或藤本	红带微紫色	5～7月；8～11月	蒙自
133	*M. pachyloba*	海南崖豆藤	大藤本	淡紫色	4～6月；7～11月	景洪、勐腊
134	*M. pubinervis*	薄叶崖豆	乔木或灌木	淡红色	4～8月；9月	沧源、西盟、孟连、西双版纳、江城、绿春、金平、河口、屏边、马关、麻栗坡、西畴

续表2-5-35

序号	拉丁名	中文名	习性	花色	花/果期	分布地区
135	*M. pulchra*	印度崖豆	小乔木或灌木	淡红色至紫红色	4～8月；6～10月	景东、景洪、昆明、罗平、勐腊、蒙自、思茅及滇东南
136	*M. tetraptera*	四翅崖豆	乔木或灌木	淡紫色	5～6月；9月至次年1月	勐海、勐腊
137	*M. unijuga*	三叶崖豆藤	乔木或灌木	米黄色	10月	滇南
138	*M. velutina*	绒毛崖豆	乔木或灌木	白色至淡紫色	5月；7月	云南各地
139	*Mucuna bracteata*	苞花油麻藤	一年生缠绕藤本	深紫色	—	蒙自（窑头）、景东及滇东南
140	*M. hainanensis*	海南黧豆	多年生缠绕灌木	深紫色或带红色	1～3月；3～5月	西双版纳
141	*M. interrupta*	间序油麻藤	多年生缠绕藤本	白色或红色	8月；10月	西双版纳及滇西、滇西南
142	*M. macrobotrys*	大球油麻藤	多年生缠绕植物	暗紫色	—	景东
143	*M. macrocarpa*	大果油麻藤	多年生缠绕藤本	暗紫色	4～5月；6～7月	凤庆、耿马、贡山、广南、河口、景东、景洪、澜沧
144	*M. pruriens*	刺毛黧豆	一年生半木质缠绕植物	暗紫色	8～9月；11月	元江、蒙自及滇南、滇西南
145	*Ormosia fordiana*	肥荚红豆	乔木	淡紫红色	6～7月；11月	麻栗坡、勐腊
146	*O. glaberrima*	光叶红豆	常绿乔木	—	6月；10月	屏边、河口、文山、麻栗坡、西畴、马关、富宁、砚山、丘北、广南
147	*O. henryi*	花榈木	常绿乔木	淡紫色	7～8月；10～11月	西畴
148	*O. longipes*	纤柄红豆	乔木	赤褐色	7月	河口、蒙自、屏边
149	*O. olivacea*	榄绿红豆	乔木	—	4月；11～12月	勐海
150	*O. striata*	槽纹红豆	乔木	黄色	6～9月	普洱、西双版纳、屏边
151	*O. yunnanensis*	云南红豆	常绿乔木	粉红色或橙红色	3月；10月	思茅、西双版纳
152	*Phylacium majus*	苞护豆	缠绕草本	白色	9～11月	西双版纳、思茅
153	*Phyllodium elegans*	毛排钱树	灌木	白色或淡绿色	7～8月；10～11月	云南
154	*P. kurzianum*	长柱排钱树	灌木	白色或淡黄色	7～8月；10～11月	景洪
155	*P. longipes*	长叶排钱树	灌木	白色或淡黄色	8～9月；10～11月	景洪、勐腊
156	*P. pulchellum*	排钱树	灌木	白色或淡黄色	7～9月；10～11月	思茅、镇康、西双版纳、红河
157	*Podocarpium laxum*	疏花长柄山蚂蝗	直立草本	粉红色	8～10月	景洪
158	*P. repandum*	浅波叶长柄山蚂蝗	直立亚灌木	橘红色或红色	6～11月	蒙自、绿春
159	*Pueraria alopecuroides*	密花葛	攀缘灌木	—	—	蒙自、思茅、个旧（蛮耗）、景洪

续表2–5–35

序号	拉丁名	中文名	习性	花色	花/果期	分布地区
160	*P. edulis*	食用葛	藤本	紫色或粉红色	9月；10月	福贡、泸水、兰坪、香格里拉、维西、丽江、鹤庆、洱源、剑川
161	*P. stricta*	小花野	灌木	白色、粉红色、紫色、蓝色或黄色	5～6月；9～10月	元江、思茅、景洪、勐腊、勐海
162	*P. wallichii*	须弥葛	灌木状缠绕藤本	淡红色	9～10月	墨江（把边江）
163	*Rhynchosia lutea*	黄花鹿藿	攀缘状藤本	—	10月	蒙自、西畴、文山
164	*R. rufescens*	带淡红鹿藿	匍匐或攀缘状藤本	紫色至黄色	10月；2月	红河（田房）
165	*R. viscosa*	粘鹿藿	缠绕藤本	—	—	蒙自
166	*Sesbania bispinosa*	刺田菁	灌木状草本	黄色	8～12月	蒙自、元谋、华坪
167	*S. grandiflora*	大花田箐	小乔木	白粉红色至玫瑰红色	9～4月	元江、西双版纳
168	*S. hirsuta*	硬毛宿苞豆	草质缠绕藤本	淡紫色至紫色	7～12月	蒙自
169	*S. involucrata*	宿苞豆	草质缠绕藤本	红色、紫色或淡紫色	11月至次年3月；12月至次年3月	蒙自、昆明
170	*Smithia ciliata*	缘毛合叶豆	一年生草本	黄色或白色	8～9月；10～11月	普洱、昆明、大姚
171	*S. sensitiva*	坡油甘	一年生灌木状草本	黄色	8～9月；9～10月	屏边、河口、文山、马关、麻栗坡、西畴、富宁、砚山、丘北、广南、西双版纳
172	*Sophora benthamii*	尾叶槐	灌木	白色或淡黄色	4～9月	凤庆
173	*S. dunnii*	柳叶槐	小灌木	紫红色	3～6月；5～8月	双江
174	*S. prazeri*	锈毛槐	灌木	白色或淡黄色	4～9月	巧家、绥江、彝良、勐腊、蒙自
175	*S. tonkinensis*	越南槐	灌木	黄色	5～7月；8～12月	河口、西畴
176	*S. velutina*	短绒槐	灌木	紫红色	4～8月	巧家、昆明、永胜、罗平
177	*Spatholobus pulcher*	美丽密花豆	攀缘藤本	白色	1～2月；5～6月	思茅、西双版纳
178	*S. suberectus*	密花豆	攀缘藤本	白色	6月；11～12月	思茅
179	*S. varians*	云南密花豆	攀缘藤本	紫色	3～5月	思茅、景洪（勐养）
180	*Thermopsis barbata*	紫花黄华	多年生草本	紫黑色	5～7月；8～10月	维西、德钦、香格里拉
181	*Uraria clarkei*	野番豆	直立灌木	紫色或紫褐色	6～10月	大理、耿马、贡山、景东、漾濞及滇东南
182	*U. crinita*	猫尾草	亚灌木	紫色	4～9月	景洪、勐腊及滇东南
183	*Urariopsis cordifolia*	算珠豆	直立灌木	淡红色或白色	5～6月；8～9月	墨江（把边江）、西双版纳
184	*Wisteria brevidentata*	短梗紫藤	木质落叶藤本	紫色	—	滇中

三十六、旌节花科

灌木或小乔木，有的攀缘状；落叶或常绿，常具极叉开的分枝。单叶、互生，膜质至革质；托叶，早落。花序为腋生直立或下垂的总状花序或穗状花序，无柄或具短柄；花整齐，两性或杂性，具苞片1枚，小苞片2枚；萼片4枚；花瓣4枚；雄蕊8枚，2轮。果为浆果；种子小。

本科仅1属。本书收录1属，6种。

表2-5-36　本书收录蝶形花科6种信息表

序号	拉丁名	中文名	习性	花色	花/果期	分布地区
1	*Stachyurus brachystachyus*	短穗旌节花	落叶灌木	—	—	滇西北至滇南
2	*S. callosus*	椭圆叶旌节花	灌木	—	—	西畴、屏边
3	*S. chinensis*	中华旌节花	灌木	黄色	3~4月；5~6月	丽江、镇雄
4	*S. cordatulus*	滇缅旌节花	灌木	淡绿色至玫瑰红色	4~5月	贡山
5	*S. himalaicus*	西域旌节花	灌木或小乔木	黄色	3~4月；5~8月	云南各地
6	*S. retusus*	凹叶旌节花	灌木	淡黄色	9月	镇雄、彝良

三十七、金缕梅科

本科28属，约130种，有较多的单种属和寡种属（仅有3属在10种以上）。具有古代的、间断的、残遗的分布区，例如冈得瓦那大陆分布区和太平洋间断分布区。大多数属种（20属）分布于东亚，特别是中国中部至南部，少数见于北美洲至中美洲（5属，3属特有）、非洲（热带、亚热带东非及马达加斯加2属）及大洋洲（昆士兰北部2属）。太平洋诸岛、南美、欧洲及印度南部至斯里兰卡全然没有。中国产17属，约70种。云南有11属，33种，滇西北及滇东南最多，滇中极少见。本书收录11属，28种。

有些属如蕈树属、马蹄荷属、枫香树属等提供商品用材。不少属供庭园观赏。有些属的树脂如苏合香、白胶香供香料和药用。有些属的根、叶、树皮，甚至虫瘿（如蚊母树）也供药用。

表2-5-37　本书收录蝶形花科28种信息表

序号	拉丁名	中文名	习性	花色	花/果期	分布地区
1	*Altingia chinensis*	蕈树	乔木	—	4~6月；9~10月	富宁
2	*A. excelsa*	细青皮	乔木	—	2月；3月	瑞丽、腾冲、镇康、沧源、金平、屏边、河口、西双版纳至红河
3	*A. siamensis*	镰尖蕈树	乔木	—	11月	江城
4	*A. yunnanensis*	蒙自蕈树	乔木	污黄褐色	3~5月	蒙自、金平、屏边、河口、马关、麻栗坡、文山
5	*Corylopsis calcicola*	灰岩蜡瓣花	灌木至小乔木	淡黄色	10月；6~10月	镇雄、彝良、大关
6	*C. glaucescens*	怒江蜡瓣花	灌木或小乔木	—	5~11月	怒江与澜沧江分水岭（维西、贡山）
7	*C. griffithii*	紫果蜡瓣花	灌木	淡绿黄色	3~4月；5月	腾冲

续表2-5-37

序号	拉丁名	中文名	习性	花色	花/果期	分布地区
8	*C. multiflora*	瑞木	小乔木或灌木	—	12～4月；5～10月	西畴、麻栗坡
9	*C. trabeculosa*	俅江蜡瓣花	灌木或小乔木	—	11月	贡山（独龙江）
10	*C. yunnanensis*	滇蜡瓣花	灌木	黄色	4～5月；6～10月	大理、漾濞、永平、洱源、丽江、维西、贡山
11	*Distyliopsis dunnii*	假蚊母	灌木或小乔木	褐色	3～4月；6～11月	麻栗坡
12	*D. laurifolia*	樟叶假蚊母	灌木	—	—	蒙自、金平、屏边、西畴、麻栗坡、砚山、广南
13	*D. yunnanensis*	滇假蚊母	灌木或小乔木	污黄色	2月；5～6月	勐海
14	*Distylium chinense*	河边蚊母树	河岸灌木	—	3～4月；8～9月	盐津
15	*D. dunnianum*	狭叶蚊母树	河边灌木	—	4月	富宁（白洋江）、罗平（江底）
16	*D. pingpienense*	屏边蚊母树	灌木至小乔木	—	—	屏边、富宁
17	*Eustigma lenticellatum*	屏边秀柱花	乔木	—	6月	屏边
18	*E. stellatum*	星光秀柱花	乔木	—	5～6月	马关、广南
19	*Exbucklandia tonkinensis*	大果马蹄荷	乔木	—	—	屏边
20	*Liquidambar formosana*	枫香树	乔木	—	—	富宁、广南、麻栗坡
21	*Loropetaum chinense*	檵木	落叶灌木或小乔木	白色	2～5月；5～10月	丘北、广南、弥勒、易门、峨山
22	*L. subcapitatum*	大叶檵木	小乔木	—	11～12月	麻栗坡、思茅
23	*Mytilaria laosensis*	壳菜果	乔木	黄色	—	砚山、西畴、屏边
24	*Rhodoleia forrestii*	滇西红花柯	乔木	红色	10月以后	维西、贡山、福贡、腾冲
25	*R. henryi*	滇南红花柯	乔木	深红色	12月；8～9月	绿春、金平、屏边、文山
26	*R. parvipetala*	红花柯	乔木	—	12～4月；8～12月	蒙自、金平、麻栗坡、西畴、文山
27	*Sycopsis sinensis*	水丝梨	灌木或小乔木	—	11～12月	麻栗坡
28	*S. triplineria*	三脉水丝梨	小乔木至乔木	—	4月	彝良、大关

三十八、黄杨科

该科是从大戟科中分立的一个小科，有6（或4）属约100种。约有2/3的种类属于黄杨属，主要分布在北温带至热带、热带非洲及非洲南部、马达加斯加和大小安的列斯群岛。其余有1属为东亚、北美分布，1属分布于南美，1属分布于东南非洲，1属分布于墨西哥至北美加利福尼亚，1属分布于中国、印度及马来半岛。中国有3属，约35种。云南有3属，14种，2亚种，4变种。本书收录3属，8种。

有些用作木材，如黄杨属，有些供观赏，如黄杨和清香桂，有3属含生物碱供药用。

表2-5-38　本书收录黄杨科8种信息表

序号	拉丁名	中文名	习性	花色	花/果期	分布地区
1	*Buxus austro-yunnanensis*	滇南黄杨	灌木	—	9～11月；4～5月	双江、澜沧、西双版纳
2	*B. bodinieri*	雀舌黄杨	灌木	—	—	凤庆、景东、西畴、砚山、麻栗坡
3	*B. latistyla*	阔柱黄杨	灌木	—	5月	富宁
4	*B. myrica*	杨梅黄杨	灌木	—	1～2月；5～6月	彝良
5	*Pachysandra bodinieri*	毛叶板橙果	常绿半常绿仰卧亚灌木	白色	3月；10月	石林、师宗、弥勒、蒙自、文山、广南、富宁
6	*Sarcococca confertiflora*	聚花清香	常绿灌木	—	—	盐津
7	*S. pauciflora*	少花清香桂	直立灌木	—	8～11月；10～12月	景东、凤庆、云县、双江、临翔、耿马、镇康、龙陵
8	*S. vagans*	大叶清香桂	灌木	—	9～12月	西双版纳、双江

三十九、悬铃木科

本科1属，约11种，分布于北美、东南欧、西亚及越南北部，现广泛栽培。中国南北各地栽培约3种，多做行道树。云南栽培2种。本书收录1属，1种。

表2-5-39　本书收录悬铃木科1种信息表

拉丁名	中文名	习性	花色	花/果期	分布地区
Platanus orientalis	悬铃木	落叶大乔木	—	—	云南各地

四十、桦木科

本科2属，约50～100种，主要分布在北温带。桦木属的少数种类延伸至北极区，桤木属的有些种延伸到南美。中国2属均产，约30余种，全国都有分布。云南2属，14种，2变种。本书收录1属，2种。

桦木科是北温带森林组成的重要树种，木材结构细，纹理直，除供一般建筑外，为军工及制家具的良材。桤木属很多种类的根寄生固氮细菌，能固定空气中游离的氮素，有改良土壤、增强土壤肥力的效能，桦木属的很多种类能提取香桦油。

表2-5-40　本书收录桦木科2种信息表

序号	拉丁名	中文名	习性	花色	花/果期	分布地区
1	*Betula cylindrostachya*	长穗桦	落叶乔木	—	9月	贡山、福贡、维西、泸水（片马）
2	*B. delavayi*	高山桦	乔木	—	4月；6月	贡山、香格里拉、丽江、鹤庆、大理

四十一、冬青科

本科2属，400～500种，产热带至温带地区，主产中南美洲。中国有1属，约120种，产于华东、华南及西南等地区。云南有1属，82种，24变种和2变型。本书收录1属，46种。

表2-5-41　本书收录冬青科46种信息表

序号	拉丁名	中文名	习性	花色	花/果期	分布地区
1	*Ilex bidens*	双齿冬青	乔木	—	—	金平
2	*I. cauliflora*	茎花冬青	常绿灌木	—	2～3月	麻栗坡
3	*I. chamaebuxus*	矮杨梅冬青	小乔木	白色	5月	西畴、麻栗坡
4	*I. chapaensis*	沙坝冬青	落叶乔木	—	4月；10月	西畴、麻栗坡、富宁、马关
5	*I. ciliospinosa*	纤细枸骨	常绿灌木或小乔木	—	5月；8～9月	蒙自、大关
6	*I. corallina*	珊瑚冬青	常绿乔木	—	5月；9～10月	丽江、鹤庆、宾川、漾濞、福贡、维西、香格里拉、禄劝、富民、沾益、鲁甸
7	*I. cupreonitens*	铜光冬青	常绿乔木	—	8月	文山
8	*I. dasyclada*	毛枝冬青	灌木	—	9月	景东
9	*I. denticulata*	细齿冬青	常绿乔木	—	7月	勐海
10	*I. dipyrena*	双核构骨	常绿乔木	—	5～6月；10～12月	贡山、德钦、维西、福贡、香格里拉、丽江、鹤庆、大姚、景东、凤庆
11	*I. fengqingensis*	凤庆冬青	乔木	—	7～10月	凤庆、临翔、龙陵
12	*I. ferruginea*	锈毛冬青	灌木或乔木	—	4～6月；9～10月	屏边、西畴、麻栗坡及滇东北
13	*I. ficoidea*	榕叶冬青	常绿乔木	—	3～4月；10～11月	西畴、麻栗坡
14	*I. formosana*	台湾冬青	常绿灌木或小乔木	—	3～4月；5～6月	屏边、广南
15	*I. franchetiana*	康定冬青	常绿灌木或小乔木	—	5～6月；8～9月	昭阳、永善、大关、彝良、镇雄、大理
16	*I. georgei*	长叶枸骨	常绿灌木或小乔木	—	4～5月；7～8月	隆阳、腾冲、临沧、昆明、禄劝
17	*I. gintungensis*	景东冬青	常绿乔木或灌木	—	3月；5月	景东、凤庆
18	*I. godajam*	伞花冬青	常绿灌木或乔木	—	4月；8月	思茅、西双版纳、富宁
19	*I. guangnanensis*	广南冬青	乔木	—	—	广南
20	*I. hainanensis*	海南冬青	常绿乔木	淡紫红色	4～5月；7～11月	河口、金平
21	*I. hookeri*	贡山冬青	常绿乔木	白绿色	5月；10～11月	腾冲至贡山、高黎贡山西坡
22	*I. kaushue*	扣树	乔木	—	—	麻栗坡
23	*I. latifolia*	宽叶冬青	常绿大乔木	—	4月；9～10月	西畴、麻栗坡
24	*I. latifrons*	阔叶冬青	常绿乔木	紫红色	6月；8～12月	西畴、麻栗坡、马关、屏边、河口
25	*I. liana*	毛核冬青	常绿乔木	—	10～11月	景东
26	*I. ludianenusis*	鲁甸冬青	灌木	—	—	鲁甸
27	*I. machilifolia*	楠叶冬青	乔木	—	11～12月	麻栗坡
28	*I. mamillata*	乳头冬青	乔木	—	10月	砚山、广南、富民、漾濞
29	*I. marlipoensis*	麻栗坡冬青	常绿乔木	—	1月；5～6月	麻栗坡
30	*I. melanotricha*	黑毛冬青	常绿乔木	—	5月；7～10月	丽江、维西、贡山
31	*I. metabapista*	河滩冬青	乔木	白色	5～6月；7～9月	彝良
32	*I. nubicola*	云中冬青	乔木	—	—	金平
33	*I. perlata*	巨叶冬青	常绿乔木或灌木	紫红色	4～12月；5～6月	河口
34	*I. perryana*	皱叶枸骨	常绿匍匐具刺灌木	—	5～6月；8～9月	贡山、德钦、丽江、永善

续表2-5-41

序号	拉丁名	中文名	习性	花色	花/期	分布地区
35	*I. pseudomachilifolia*	假楠叶冬青	乔木	—	—	屏边
36	*I. sinica*	华冬青	灌木或小乔木	白色	5～6月；7～9月	彝良
37	*I. suaveolens*	香冬青	常绿乔木	白色	5月；8～11月	金平、西畴、麻栗坡
38	*I. sublongecaudata*	拟长尾冬青	灌木	—	8月	龙陵
39	*I. subodorata*	微香冬青	常绿乔木或大灌木	—	7月；11月	镇雄、滇西古永河一带
40	*I. trichocarpa*	毛果冬青	小乔木	—	11月	西畴
41	*I. umbellulata*	伞序冬青	常绿乔木	白色	4月；9～10月	思茅、景洪、勐海、勐腊、瑞丽、勐连、澜沧、沧源、耿马
42	*I. venosa*	细脉冬青	乔木	—	10月	新平
43	*I. venulosa*	微脉冬青	常绿乔木	—	—	临沧、耿马、芒市、梁河、腾冲、盈江、景东
44	*I. wardii*	滇缅冬青	常绿灌木	—	7月；10～11月	漾濞、龙陵、德宏
45	*I. wattii*	假香冬青	乔木	—	10月	临沧、腾冲
46	*I. wilsonii*	江南冬青	常绿乔木或小乔木	—	5月；9～10月	彝良、镇雄

四十二、卫矛科

本科约有60属，850种，主要分布于热带、亚热带及温暖地区，少数进入寒温带。中国有12属，201种，全国均产，其中引进栽培有1属，1种。本书收录3属，25种。

本科许多种类如卫矛属的大多数种类、美登木属的一些种类和*Campylostemon*属树皮中富含橡胶及硬橡胶；南蛇藤属的高级纤维，可为人造棉及其他纤维工业提供优质原料；美登木属、卫矛属、南蛇藤属、*Plenkia*属及雷公藤属在全世界范围内都是作为抗癌药的研究对象；其他种民间药用也多。

表2-5-42　本书收录卫矛科25种信息表

序号	拉丁名	中文名	习性	花色	花/果期	分布地区
1	*Celastrus gemmatus*	大芽南蛇藤	木质藤本	—	4～9月；8～10月	福贡、保山、贡山、维西、丽江
2	*C. rugosus*	皱叶南蛇藤	藤状灌木	—	5～6月；8～10月	香格里拉、维西、丽江、贡山、大关
3	*Euonymus acanthcarpus*	刺果卫矛	木质藤本或灌木	黄绿色	—	维西、香格里拉、德钦、贡山、丽江、宾川、剑川、鹤庆、大理、洱源（邓川）、昆明
4	*E. centidens*	百齿卫矛	灌木	淡黄色	6月；9～10月	滇东北
5	*E. chuii*	隐刺卫矛	藤状灌木	淡红色	5～6月；9～11月	宾川、贡山
6	*E. clivicolus*	丘生卫矛	灌木	紫色、青紫色或稀绿色	—	贡山、香格里拉、维西、德钦、丽江、鹤庆
7	*E. crenatus*	圆齿卫矛	直立或藤状灌木	紫红色	1～2月；6～7月	漾濞

续表2-5-42

序号	拉丁名	中文名	习性	花色	花/果期	分布地区
8	*E. dielsianus*	列果卫矛	灌木或小乔木	黄绿色	6~7月；10月	滇东南
9	*E. echinatus*	小叶刺果卫矛	小灌木	淡绿色	—	丽江、鹤庆、贡山
10	*E. frigidus*	冷地卫矛	灌木或小乔木	紫绿色	—	福贡、德钦、泸水、丽江、维西、贡山
11	*E. grandiflorus*	大花卫矛	灌木或乔木	黄白色	6~7月；9~10月	云南各地
12	*E. hemsleyanus*	蒙自刺果卫矛	灌木或乔木	—	8~10月	蒙自
13	*E. hystrix*	刺猬卫矛	灌木或乔木	黄白色	—	腾冲至蒙自
14	*E. japonicus*	大叶黄杨	灌木或乔木	白绿色	6~7月；9~10月	昆明
15	*E. laxiflorus*	疏花卫矛	灌木或乔木	紫色	3~6月；7~11月	滇南、滇西南
16	*E. maackii*	白杜	小乔木	淡白绿或黄绿色	5~6月；9月	云南各地
17	*E. mentzeanus*	蒙自卫矛	灌木	—	—	蒙自、屏边
18	*E. rostratus*	喙果卫矛	灌木或乔木	暗紫色	7~10月；8~11月	瑞丽
19	*E. sanguineus*	石枣子	灌木	白绿色	—	德钦、贡山、丽江、香格里拉
20	*E. tengyuehensis*	腾冲卫矛	常绿灌木	淡黄色	5~11月；7月	腾冲
21	*E. theifolius*	茶叶卫矛	灌木或乔木	淡黄白色	5月；8~10月	滇西北
22	*E. viburnoides*	荚蒾卫矛	灌木或乔木	紫棕或外棕内白色	—	蒙自
23	*E. wilsonii*	长刺卫矛	藤本灌木	白绿色	—	凤庆、景东、罗平、屏边、西畴、彝良
24	*E. yunnanensis*	云南卫矛	常绿或半常绿乔木	黄绿色	4月；6~7月	大理、昆明
25	*Tripterygium hypoglaucum*	昆明山海棠	藤本灌木	绿色	—	云南各地

四十三、蛇菰科

本科约18属，47种，多生长在热带、亚热带森林中或稀树草原上。中国产2属，约9种。云南有2属，7种。本书收录1属，3种。

本科植物大都供药用。

表2-5-43　本书收录卫矛科3种信息表

序号	拉丁名	中文名	习性	花色	花/果期	分布地区
1	*Balanophora dioica*	异株蛇菰	攀缘灌木	红色	6~8月	维西、德钦、贡山、大理
2	*B. fungosa*	印度蛇菰	寄生栎树上	红色	8~12月	西畴、金平、峨山、景东、勐腊、瑞丽
3	*B. harlandii*	蛇菰	寄生	粉红色	9~12月	大关、永善、东川、嵩明、富民、禄劝、景东、勐腊、绿春、屏边、文山、砚山、西畴

四十四、鼠李科

本科约58属，900种以上，广泛分布于温带至热带地区。中国产14属，133种，32变种和1变型，全国各省区均有分布，以西南和华南的种类最为丰富。本书收录11属，33种。

表2-5-44 本书收录鼠李科33种信息表

序号	拉丁名	中文名	习性	花色	花/果期	分布地区
1	*Berchemia annamensis*	尖叶黄鳝藤	攀缘灌木	黄绿色	7～8月；4～5月	金平、河口、西畴
2	*B. floribunda*	多花勾儿茶	直立或攀缘灌木	—	7～10月；4～7月	昆明、瑞丽、思茅
3	*B. hirtella*	毛叶黄鳝藤	藤状灌木	紫红色	5～6月；2～5月	景东
4	*B. polyphylla*	水车藤	藤状灌木	浅绿色或白色	5～9月；7～11月	罗平、蒙自、思茅、腾冲、盐津
5	*Chaydaia rubrinervis*	苞叶木	常绿灌木或小乔木	—	7～9月；8～11月	滇东南、勐腊
6	*Colubrina pubescens*	毛蛇藤	直立或藤状灌木	—	7～8月；8～10月	元江、开远
7	*Gouania javanica*	爪哇下果藤	攀缘灌木	—	7～9月；11月至次年3月	金平、绿春
8	*G. leptostachya*	下果藤	攀缘灌木	白色	8～9月；10～12月	芒市、龙陵
9	*Paliurus hemsleyanus*	铜钱树	乔木	黄绿色	4～6月；7～9月	禄劝
10	*P. ramosissimus*	马甲子	灌木	黄色	5～8月；9～10月	蒙自、盐津
11	*Rhamnella julianae*	毛枝绿柴	落叶灌木	黄绿色	5月；6～8月	镇雄
12	*R. martini*	多脉猫乳	落叶灌木或乔木	黄绿色	4～6月；7～9月	屏边、河口、文山、马关、麻栗坡、西畴、富宁、砚山、丘北、广南
13	*Rhamnus bodinieri*	陷脉鼠李	常绿灌木	—	5～7月；7～10月	蒙自、西畴、屏边、麻栗坡、文山、广南、富宁
14	*R. crenata*	长叶冻绿	落叶灌木或小乔木	—	5～8月；8～10月	滇东南、滇南
15	*R. esquirolii*	刺托鼠李	灌木	—	5～7月；8～11月	砚山
16	*R. hemsleyanus*	草叶鼠李	常绿乔木或灌木	—	4～5月；6～10月	镇雄、大关
17	*R. lamprophylla*	钩齿鼠李	灌木或小乔木	黄绿色	4～5月；6～9月	富宁、广南、砚山、西畴、文山、麻栗坡
18	*R. longipes*	黄心树	灌木或小乔木	—	6～8月	富宁
19	*R. napalensis*	锥序鼠李	藤状灌木	—	5～9月；8～11月	楚雄、大姚（盐丰）、腾冲、凤庆、漾濞、镇康
20	*R. subapetala*	紫叶鼠李	藤状灌木	绿色	6～7月；8～11月	西畴、麻栗坡、屏边
21	*R. wilsonii*	短柄鼠李	灌木	黄绿色	4～5月；6～10月	西畴
22	*Sageretia henryi*	梗花雀梅藤	藤状灌木	白色或黄白色	7～11月；3～6月	蒙自
23	*S. rugosa*	绉叶雀梅藤	藤状或直立灌木	—	7～12月；3～4月	文山
24	*S. subcaudata*	尾叶雀梅藤	藤状或直立灌木	黄白色或白色	7～11月；4～5月	滇东南

续表2-5-44

序号	拉丁名	中文名	习性	花色	花/果期	分布地区
25	*Scutia eberhardtii*	对刺藤	常绿藤状或直立灌木	黄绿色	3～5月；7～9月	景洪、盈江
26	*Ventilago calyculata*	毛果翼核藤	藤状灌木	—	10～12月；12月至次年4月	蒙自
27	*V. inaequilateralis*	斜叶翼核藤	藤状灌木	黄色	2～5月；3～6月	滇南
28	*V. leiocarpa*	光果翼核藤	藤状灌木	—	3～5月；4～7月	富宁、勐腊
29	*Ziziphus fungii*	细脉枣	攀缘灌木	黄绿色	2～4月；4～5月	滇南、滇西南
30	*Z. mairei*	大果枣	落叶或常绿乔木	黄绿色	4～6月；6～8月	昆明、德钦、开远
31	*Z. mauritiana*	缅枣	常绿乔木或灌木	绿黄色	8～11月；9～12月	禄劝、元谋、元江、西双版纳、河口
32	*Z. montana*	山枣	落叶乔木或灌木	绿色	4～6月；5～8月	宾川、丽江、香格里拉
33	*Z. oenoplia*	毛叶枣	落叶或常绿灌木	绿色	8～9月；10月	景洪（宁江）、勐腊、孟连

四十五、葡萄科

本科有16属，700余种，主要分布于热带和亚热带，少数种类分布于温带。中国有9属，150余种，南北各省均产；野生种类主要集中分布于华中、华南及西南各省区，东北、华北各省区种类较少，新疆和青海迄今未发现有野生。云南有9属，96种，18变种。本书收录8属，59种。

本科葡萄是著名的水果和酿酒原料，若干野生种类是重要的种质资源，地锦属等是重要的垂直绿化植物，其他属内有的种供药用。

表2-5-45 本书收录葡萄科59种信息表

序号	拉丁名	中文名	习性	花色	花/果期	分布地区
1	*Ampelocissus hoabinhensis*	红河酸蔹藤	木质藤本	—	—	河口
2	*A. sikkimensis*	锡金酸蔹藤	木质藤本	—	11月	勐腊
3	*Ampelopsis acutidentata*	尖齿蛇葡萄	木质藤本	紫红色	6～8月；9～10月	德钦
4	*A. bodinieri*	蓝果蛇葡萄	木质藤本	—	4～6月；7～8月	德钦
5	*A. cantoniensis*	广东蛇葡萄	木质藤本	—	4～7月；8～11月	富宁
6	*A. chaffanjoni*	羽叶蛇葡萄	木质藤本	—	5～7月；7～9月	绥江、富宁、西畴、文山、屏边
7	*A. delavayana*	三裂蛇葡萄	木质藤本	—	6～8月；9～11月	云南各地
8	*A. grossedentata*	显齿蛇葡萄	木质藤本	—	5～8月；8～12月	思茅、景洪、勐腊、蒙自、屏边、河口、富宁、文山、麻栗坡、西畴
9	*A. megalophylla*	大叶蛇葡萄	木质藤本	—	6～8月；7～10月	大关、镇雄
10	*A. rubifolia*	毛枝蛇葡萄	木质藤本	—	6～7月；9～10月	双江
11	*Cayratia cordifolia*	心叶乌蔹莓	木质藤本	—	6月；10月至次年1月	屏边、河口、金平

续表2-5-45

序号	拉丁名	中文名	习性	花色	花/果期	分布地区
12	*C. geniculata*	膝曲乌蔹莓	木质藤本	—	1～5月；5～11月	麻栗坡、屏边、勐腊
13	*C. menglaensis*	勐腊乌蔹莓	木质藤本	—	7月	勐腊
14	*C. oligocarpa*	华中乌蔹毒	草质藤本	—	5～7月；8～9月	大关、威信、镇雄
15	*C. pedata*	乌足乌蔹莓	木质藤本	—	6月；9～11月	漾濞、西畴、麻栗坡、峨山、景东、临沧
16	*Cissus adnata*	贴生白粉藤	木质藤本	—	6～7月；8～9月	景洪、勐海、勐腊、沧源
17	*C. aristata*	毛叶苦郎藤	木质藤本	—	5～11月；12月至次年1月	盈江
18	*C. assamica*	苦郎藤	木质藤本	—	5～6月；7～10月	麻栗坡、西畴、文山、屏边、河口
19	*C. elongata*	五叶白粉藤	木质藤本	—	6～7月；8～11月	勐腊
20	*C. javana*	青紫葛	草质藤本	—	6～10月；11～12月	麻栗坡、金平、河口、屏边、绿春、红河、景东、思茅、景洪、勐海、勐腊、盈江、瑞丽、临沧
21	*C. kerrii*	鸡心藤	草质藤本	—	6～8月；9～10月	景洪
22	*C. luzoniensis*	粉藤果	草质藤本	—	5～7月；7～8月	富宁
23	*C. pteroclada*	翼茎白粉藤	草质藤本	—	6～8月；8～12月	屏边、勐腊
24	*C. repanda*	大叶白粉藤	木质藤本	—	5月；6月	蒙自、金平、屏边、河口
25	*C. repens*	白粉藤	草质藤本	—	7～10月；11月至次年5月	西畴、屏边、河口、景东、景洪、孟连、勐腊、绿春、临沧
26	*C. subtetragona*	四棱白粉藤	木质藤本	—	9～10月；10～12月	麻栗坡、金平、河口、屏边、绿春、红河、景洪、勐海、勐腊
27	*C. triloba*	掌叶白粉藤	草质藤本	—	6～10月；8～11月	景洪、勐海
28	*C. wenshanensis*	文山青紫葛	木质藤本	—	8月	文山
29	*C. yunnanensis*	滇南青紫葛	木质藤本	—	7～8月	昆明、峨山、普洱、景洪、文山
30	*Leea aequata*	圆腺火筒树	直立灌木	—	4～5月；7～9月	耿马、景洪、勐腊、绿春、金平、河口
31	*L. compactiflora*	密花火筒树	直立灌木	—	5～6月；8月至次年1月	绿春、河口、金平、思茅、景洪、勐海、勐腊、陇川、瑞丽、沧源、双江
32	*L. crispa*	单羽火筒树	直立灌木或小乔木	—	4～7月；8～12月	金平、红河、绿春、孟连、景东、思茅、景洪、勐海、勐腊、梁河、镇康、耿马、沧源、临沧
33	*L. glabra*	光叶炎筒树	直立灌木	黄色	5月	景洪、绿春、金平
34	*L. indica*	火筒树	直立灌木	—	4～7月；8～12月	麻栗坡、马关、屏边、河口、景洪、勐海
35	*L. macrophylla*	大叶火筒树	直立灌木或小乔木	—	—	景洪、盈江

续表2-5-45

序号	拉丁名	中文名	习性	花色	花/果期	分布地区
36	*L. setulifera*	糙毛火筒树	直立灌木或乔木	—	6～7月；8～9月	耿马、勐海
37	*Parthenocissus feddei*	长柄地锦	木质藤本	—	6～7月	西畴
38	*Tetrastigma campylocarpum*	多花崖爬藤	木质藤本	—	10～12月；2～4月	金平、景东、墨江、普洱、景洪（勐养）、勐腊、耿马、临翔
39	*T. cauliflorum*	茎花崖爬藤	木质藤本	—	4月；6～12月	屏边、河口
40	*T. ceratopetalum*	角花崖爬藤	木质藤本	—	4～5月；9～12月	漾濞、富宁、麻栗坡、西畴、屏边
41	*T. funingense*	富宁崖爬藤	木质藤本	—	4月	富宁
42	*T. hemsleyanum*	三叶崖爬藤	草质藤本	—	4～6月；8～11月	西畴、文山
43	*T. jinghongense*	景洪崖爬藤	木质藤本	—	3月；7～11月	景洪、勐腊、龙陵、临翔、沧源
44	*T. lenticellatum*	显孔崖爬锦	木质藤本	—	5～6月；10～12月	景东、思茅、景洪、勐海、澜沧
45	*T. lincangense*	临沧崖爬藤	木质藤本	—	3月；6～9月	临沧、镇康
46	*T. lineare*	条叶崖爬藤	木质藤本	—	3月	怒江、金平、沧源
47	*T. macrocorymbum*	伞花崖爬藤	木质藤本	—	4～5月；6～10月	腾冲、瑞丽、临沧、景东、勐腊
48	*T. obovatum*	毛枝崖爬藤	木质藤本	—	6月；8～12月	金平、元江、景东、景洪、勐腊、勐海、盈江
49	*T. planicaule*	扁担藤	木质藤本	—	4～6月；8～12月	富宁、麻栗坡、西畴、马关、屏边、金平、景洪、勐腊
50	*T. tsaianum*	蔡氏崖爬藤	木质藤本	—	5月	芒市
51	*T. venulosum*	马关崖爬藤	木质藤本	—	6月	马关
52	*T. xishuangbannaense*	西双版纳崖爬藤	木质藤本	—	8月；10月至次年4月	景洪、勐腊
53	*Vitis fengqingensis*	凤庆葡萄	木质藤本	—	6月	凤庆
54	*V. hekouensis*	河口葡萄	木质藤本	—	5月；7月	河口
55	*V. menghaiensis*	勐海葡萄	木质藤本	—	5月	勐海
56	*V. mengziensis*	蒙自葡萄	木质藤本	—	—	蒙自
57	*V. vinifera*	葡萄	木质藤本	—	4～5月；8～9月	云南各地
58	*V. wilsonae*	网脉葡萄	木质藤本	—	5～7月；6月至次年1月	绥江、镇雄
59	*V. yunnanensis*	云南葡萄	木质藤本	—	8月	景洪、景东

四十六、芸香科

本科158～161属，约1700种，几乎分布于全世界，主要分布于热带及亚热带地区，个别到温带地区，尤其是南非和大洋洲最多。中国连引入栽培的共28属，约160种，南北均产，而大部分种类集中在长江流域以南各省区。云南有20属，103种，4亚种及13变种，分布于全省各地。本书收录1属，3种。

本科有着重要的经济价值。柑橘属是重要的水果资源，利用它的香气及高含量的维生素C，生产各式果汁。本科经济植物可分为四大类：①果品类，如橙、柑、橘、柚、柠檬、黄皮等；②调味品，如花椒、木苹果等；③中药类，如枳壳、吴萸、黄檗、芸香等；④香料，如柑橘属某些种类、山油柑属（降真香）、黄皮属、香肉果属等。

表2-5-46　本书收录芸香科3种信息表

序号	拉丁名	中文名	习性	花色	花/果期	分布地区
1	*Murraya euchrestifolia*	千里眼	披散灌木或小乔木	白色	7～8月；12月	滇西北、滇西、滇南、滇东南
2	*M. koenigii*	多小叶九里香	灌木或小乔木	淡黄绿至白色	3～4月；6～7月	峨山、泸西、景洪、勐腊、元阳、镇康、凤庆、富宁、镇雄
3	*M. kwangsiensis*	广西九里香	灌木	—	6～7月；10～11月	文山、富宁

四十七、伯乐树科

本科1属，1种，分布于中国和越南、老挝、泰国北部。云南也有。本书收录1属，1种。

表2-5-47　本书收录伯乐树科1种信息表

拉丁名	中文名	习性	花色	花/果期	分布地区
Bretschneidera sinensis	伯乐树	乔木	淡红色	3～9月；5月至次年4月	西畴、屏边、蒙自、思茅、勐海

四十八、槭树科

本科2属，约200种，主产亚、欧、美三洲的北温带地区，热带高山亦有，以中国和日本尤多。中国2属皆产，150余种。云南有2属，60种。本书收录1属，34种。

本科植物多系乔木，树干挺直，材质细密，木材坚硬，是优良的家具和建筑用材。种子含脂肪，可榨油供食用及工业上用。本科树木树冠冠幅较大，叶多而密集，遮阴良好，且许多树种在秋季落叶之前变为红色，翅果紫色、褐色或红色，非常美丽，是有经济价值的行道树或城市绿化美化树种之一。

表2-5-48　本书收录槭树科34种信息表

序号	拉丁名	中文名	习性	花色	花/果期	分布地区
1	*Acer caloneurum*	美脉槭	落叶乔木或灌木	—	4月	景东
2	*A. crassum*	厚叶槭	常绿乔木	淡黄色	4～5月；9月	富宁、广南、麻栗坡
3	*A. davidii*	青榨槭	落叶乔木	黄绿色	4～5月；10月	云南各地
4	*A. decandrum*	十蕊槭	落叶乔木或灌木	淡紫色	6月；10月	滇南
5	*A. erianthum*	毛花槭	落叶乔木或灌木	白色微带黄色	5月；9月	彝良
6	*A. fenzelianum*	河口槭	落叶乔木或灌木	—	9月	河口、屏边、金平
7	*A. forrestii*	丽江槭	落叶乔木	黄绿色	5月；6～9月	滇西北
8	*A. foveolatum*	路边槭	落叶乔木或灌木	—	9～10月	麻栗坡

续表2-5-48

序号	拉丁名	中文名	习性	花色	花/果期	分布地区
9	*A. henryi*	建始槭	落叶乔木或灌木	淡黄绿色	4月；9月	广南
10	*A. heptalobum*	七裂槭	落叶乔木	白色	6月；9月	澜沧江和怒江上游
11	*A. hilaense*	海拉槭	常绿乔木	—	9月	滇西南
12	*A. huianum*	勐海槭	落叶乔木或灌木	—	9月	西双版纳
13	*A. jingdongense*	景东槭	常绿乔木	—	9~10月	景东
14	*A. kiukiangense*	俅江槭	常绿乔木	紫绿色	9月	贡山
15	*A. kungshanense*	贡山槭	落叶乔木	—	9月	滇西北
16	*A. kuomeii*	密果槭	落叶乔木或灌木	绿色	5月；9~10月	西畴、麻栗坡、屏边
17	*A. kwangnanense*	广南槭	常绿乔木	—	3月；9月	广南、麻栗坡
18	*A. laxiflorum*	疏花槭	落叶乔木	—	5~6月；7~9月	永善、镇雄、香格里拉、德钦、丽江、贡山、维西、禄劝
19	*A. liquidambarifolium*	枫叶槭	落叶乔木或灌木	淡黄色	4~5月；8~9月	富宁、西畴、麻栗坡
20	*A. longicarpum*	长翅槭	常绿乔木	—	9月	西畴
21	*A. metcalfii*	南岭槭	落叶乔木或灌木	—	9月	麻栗坡
22	*A. oliverianum*	五裂槭	落叶小乔木	淡白色	5月；9月	屏边、镇雄、彝良、香格里拉、丽江、维西、兰坪、德钦、禄劝
23	*A. paihengii*	富宁槭	落叶乔木或灌木	淡绿色	4月；8月	富宁
24	*A. paxii*	金沙槭	常绿乔木	白色	3月；8月	滇西北、滇中、滇南（广南）
25	*A. pectinatum*	篦齿槭	落叶小灌木	淡黄绿色	4~5月；9月	滇西北
26	*A. prolificum*	多果槭	落叶小乔木	—	4月；9月	大关
27	*A. schneiderianum*	盐源槭	落叶乔木或灌木	淡绿色	5月；9月	凤庆
28	*A. shangszeense*	上思槭	落叶乔木或灌木	淡黄色	5月；9月	文山
29	*A. sichourense*	西畴槭	落叶乔木或灌木	—	9月	富宁、西畴、砚山、勐海
30	*A. stachyophyllum*	毛叶槭	落叶乔木	黄色	10月	维西、丽江、贡山、德钦
31	*A. sterculiaceum*	苹婆槭	落叶乔木	—	4~5月；9月	维西
32	*A. taronense*	独龙槭	落叶乔木	黄绿色	4月；9月	怒江上游流域、高黎贡山
33	*A. tetramerum*	四蕊槭	落叶乔木	黄绿色	4~5月；7~9月	维西、德钦、丽江
34	*A. wardii*	滇藏槭	落叶灌木	紫色	5月；9月	贡山

四十九、漆树科

本科约60属，600种，主产于全球热带、亚热带，有的延伸到北温带地区。中国有15属，55种。云南有15属，44种。本书收录10属，19种。

本科有重要的经济价值，其中黄栌、芒果、南酸枣等为良好的造林或庭园绿化和观赏树种。

表2-5-49　本书收录槭树19种信息表

序号	拉丁名	中文名	习性	花色	花/果期	分布地区
1	*Buchanania latifolia*	豆腐果	落叶乔木	白色	—	元阳、红河、元江
2	*B. yunnanensis*	云南山様子	落叶乔木	黄绿色	4月	景洪

续表2-5-49

序号	拉丁名	中文名	习性	花色	花/果期	分布地区
3	*Choerospondias axillaris*	南酸枣	落叶乔木或大乔木	紫红色	—	滇东南至滇西南
4	*Dracontomelon duperreanum*	人面子	常绿大乔木	白色	—	河口、金平
5	*D. macrocarpum*	大果人面子	乔木	—	—	勐腊
6	*Lannea coromandelica*	厚皮树	落叶乔木	黄色或带紫色	—	建水、峨山、元江、宁洱、思茅、景洪、澜沧、凤庆
7	*Mangifera indica*	芒果	常绿乔木	黄色或淡黄色	—	滇东至滇西南热带、亚热带
8	*M. longipes*	长梗杧果	乔木	—	—	金平、芒市、盈江
9	*M. persiciformis*	扁桃	乔木	黄绿色	—	富宁
10	*M. siamensis*	泰国芒果	乔木	—	—	景洪
11	*M. sylvatia*	林生芒果	常绿大乔木	白色	—	勐腊、景洪、澜沧、景东
12	*Pegia nitida*	藤漆	乔木	白色	—	富宁、文山、河口、屏边、蒙自、金平、双柏、勐腊、景洪、景东、耿马、芒市、龙陵、泸水
13	*Pistacia chinensis*	黄连木	落叶乔木	—	—	云南各地
14	*Rhus potaninii*	青麸杨	落叶乔木	白色	—	大姚、武定、昆明、文山
15	*R. teniana*	滇麸杨	灌木	黄白色	—	大姚、宾川
16	*R. wilsonii*	川麸杨	灌木	淡黄色	—	绥江、永善、巧家
17	*Spondios haplophylla*	单叶槟榔青	乔木	—	—	思茅
18	*S. pinnata*	槟榔青	落叶乔木	白色	—	双江、思茅、宁洱、勐海、勐腊、金平
19	*Toxicodendron grandiflorum*	大花漆	落叶小乔木	淡黄色	—	文山、砚山、石屏、通海、峨山、昆明、大关、武定、楚雄、永仁、宾川、龙陵、隆阳、宁蒗

五十、胡桃科

本科共8属，约60种，大多数分布在北半球热带到温带。中国产7属，27种，1变种，主要分布在长江以南，少数种类分布到北部。本书收录7属，14种。

表2-5-50　本书收录胡桃科14种信息表

序号	拉丁名	中文名	习性	花色	花/果期	分布地区
1	*Annamocarya sinensis*	喙核桃	落叶乔木	—	—	麻栗坡、富宁
2	*Carya tonkinensis*	山核桃	落叶乔木	—	4～5月；9月	景东、河口、怒江
3	*Cyclocarya paliurus*	青钱柳	乔木	—	4～5月；7～9月	富宁
4	*Engelhardtia aceriflora*	槭果黄杞	乔木或灌木	—	—	蒙自、思茅
5	*E. roxburghiana*	黄杞	半常绿乔木	—	5～6月；8～9月	滇东南、滇西南
6	*E. serrata*	锯齿叶黄杞	乔木或灌木	—	—	临沧、西双版纳、红河
7	*E. spicata*	云南黄杞	乔木或灌木	—	11月；1～2月	腾冲

续表2-5-50

序号	拉丁名	中文名	习性	花色	花/果期	分布地区
8	*Juglans cathayensis*	野核桃	乔木或有时呈灌木状	—	4～5月；8～10月	蒙自
9	*J. regia*	胡桃	乔木	—	5月；10月	蒙自、景东、勐腊
10	*Platycarya longipes*	圆果化香	落叶乔木	—	5月；7月	屏边、西畴、麻栗坡
11	*P. strobilacea*	化香树	落叶乔木	—	5～6月；7～8月	昆明、罗平、弥勒
12	*Pterocarya insignis*	华西枫杨	乔木	—	5月；8～9月	大关、镇雄
13	*P. stenoptera*	枫杨	乔木	—	4～5月；8～9月	昆明、禄丰（罗次）
14	*P. tonkinensis*	越南枫杨	乔木	—	3月；5～6月	西双版纳、河口、西畴、富宁、文山

五十一、马尾树科

本科是一个单型科，仅1属，1种，产于我国及越南。

表2-5-51　本书收录马尾树科1种信息表

拉丁名	中文名	习性	花色	花/果期	分布地区
Rhoiptelea chiliantha	马尾树	落叶乔木	淡黄绿色	10～12月；7～8月	屏边、西畴、文山、麻栗坡、河口

五十二、山茱萸科

本科约有14属，近130种，主要分布在热带高山至温带地区。中国有7属，60余种。云南有6属，41种，1亚种和7变种。本书收录3属，16种。

表2-5-52　本书收录山茱萸科16种信息表

序号	拉丁名	中文名	习性	花色	花/果期	分布地区
1	*Aucuba angustifolia*	狭叶桃叶珊瑚	常绿灌木	—	3月；8～11月	昭阳、镇雄
2	*A. cavinervis*	凹脉桃叶珊瑚	常绿灌木或小乔木	—	2月	麻栗坡
3	*A. confertiflora*	密花桃叶珊瑚	常绿灌木或小乔木	绿色	2～3月	广南、麻栗坡
4	*A. filicauda*	纤尾桃叶珊瑚	常绿灌木	紫红色	4月；11月	麻栗坡
5	*A. grandiflora*	大花桃叶珊瑚	常绿灌木或小乔木	紫红色	3～5月；10～12月	金平、广南
6	*A. mollifolia*	软叶桃叶珊瑚	常绿灌木	紫红色	3月	广南
7	*A. obcordata*	倒心叶桃叶珊瑚	常绿灌木或小乔木	紫红色	4～5月；11月	永善
8	*Dendrobenthamia angustata*	尖叶四照花	常绿乔木或灌木	白色	5月；10月	盐津、绥江
9	*D. capitata*	鸡嗉子	常绿小乔木	黄色	5～7月；7～10月	云南各地
10	*D. gigantea*	大型四照花	常绿小乔木	黄色	5月；9月	绥江、盐津
11	*D. hongkongensis*	香港四照花	常绿小乔木	淡黄色	5～6月；11～12月	元阳、绿春、西畴、麻栗坡、广南、威信、盐津、绥江
12	*D. melanotricha*	黑毛四昭花	常绿小乔木	黄色	6月；9月	元阳、绿春、西畴、麻栗坡、广南、威信、盐津、绥江

续表2-5-52

序号	拉丁名	中文名	习性	花色	花/果期	分布地区
13	*D. multinervosa*	多脉四照花	落叶小乔木	黄白色	5~6月；8~11月	彝良、永善、绥江
14	*D. tonkinensis*	东京四照花	常绿小乔木	—	5月；9~10月	广南、文山、西畴、金平、麻栗坡、屏边
15	*D. xanthocarpa*	黄果四照花	常绿小乔木	—	11月	石屏
16	*Helwingia japonica*	青荚叶	灌木	淡绿色	4~5月；7~9月	云南各地

五十三、八角枫科

本科仅有1属。本书收录1属，5种。

许多种均可药用，尤以根皮及须根的药效最好，有清热解毒、舒筋活血和散瘀的功效。树皮纤维良好，用作造纸和绳索的原料，木材可做家具。

表2-5-53 本书收录八角枫科5种信息表

序号	拉丁名	中文名	习性	花色	花/果期	分布地区
1	*Alangium barbatum*	髯毛八角枫	落叶小乔木或灌木	白色至黄色	5~6月；7~9月	河口、勐腊
2	*A. chinense*	八角枫	落叶乔木或小灌木	白色至黄色	9~10月；7~11月	云南各地
3	*A. faberi*	小花八角枫	落叶乔木或小灌木	—	6月；9月	马关、文山、西畴、勐腊
4	*A. kurzii*	毛八角枫	落叶乔木或小灌木	白色	5~6月；9月	勐海、勐腊、景洪、河口
5	*A. yunnanense*	滇八角枫	小乔木或灌木	—	4~5月；8~9月	双柏、龙陵

五十四、珙桐科

落叶乔木；冬芽大，有数个覆瓦状排列鳞片。单叶互生，无托叶，有细长叶柄。花杂性同株，为一顶生的圆头状花序，无柄的叶状苞片2~3枚；头状花序由一朵两性花和无数雄花组成或全由雄花组成；雄花无柄，无花被；两性花具极短柄，无花被。核果倒卵形或椭圆形，单生。

本科1属，1种，仅产于中国中部至西南部。云南亦产。

表2-5-54 本书收录珙桐科1种信息表

拉丁名	中文名	习性	花色	花/果期	分布地区
Davidia involucrata	珙桐	落叶乔木	白色	3~5月；8~10月	镇雄、彝良

五十五、五加科

本科约60属，800种，广布于热带和温带地区。中国有20属，160余种，分布于全国各地，但主产地为西南，尤以云南为多。云南有18属，111种和30变种或变型，产于全省各地。本书收录11属，56种。

本科有名贵的药材，如人参、三七、通脱木、七叶莲等。刺楸、鹅掌柴等是速生丰产的用材树种。有些种类可供园林绿化用，如幌伞枫等。

表2-5-55　本书收录五加科56种信息表

序号	拉丁名	中文名	习性	花色	花/果期	分布地区
1	*Aralia armata*	广东楤木	有刺灌木	白色	8～9月；10～11月	绿春、屏边、西畴、砚山、富宁、景洪、勐腊
2	*A. dasyphylla*	毛叶楤木	有刺灌木或小乔木	淡绿白色	9月；11月	西畴、砚山
3	*A. decaisneana*	鸟不企	有刺灌木	淡绿白色	8～9月；10～11月	西畴、金平、蒙自、思茅、勐海
4	*A. foliolosa*	小叶楤木	小乔木	—	9月；10～12月	腾冲、思茅
5	*A. gintungensis*	景东楤木	有刺灌木	绿白色	8月；10月	景东
6	*A. lantsangensis*	澜沧楤木	小乔木	绿白色	12月；次年2～3月	西双版纳（勐往）、耿马
7	*A. melanocarpa*	黑果土当归	多年生草本	—	—	昭阳、绥江、水富、永善、盐津、大关、威信、镇雄、彝良、鲁甸、巧家、东川、会泽、宣威
8	*A. searelliana*	粗毛楤木	有刺乔木		10月；次年2月	河口、绿春、景东、思茅
9	*A. tengyuehensis*	腾冲楤木	小乔木	白色	8月；10月	腾冲
10	*Brassaiopsis angustifolia*	狭叶柏那参	灌木	—	11月	元江
11	*B. ciliata*	纤齿柏那参	有刺灌木	白色	9～10月；12月至次年3月	金平、绿春、屏边、西畴、麻栗坡、文山、蒙自
12	*B. dumicola*	狭翅柏那参	有刺灌木	—	—	腾冲、芒市
13	*B. ferruginea*	锈毛柏那参	无刺灌木	绿色	11～3月；4～8月	麻栗坡、屏边、马关
14	*B. gracilis*	细梗柏那参	灌木或小乔木	黄绿色	8～10月；12月	金平、西畴、砚山、富宁
15	*B. lepidota*	鳞片柏那参	乔木	—	11～12月	麻栗坡
16	*B. pentalocula*	五室柏那参	乔木	—	8～9月；10～11月	西畴、麻栗坡、广南
17	*B. shweliensis*	瑞丽柏那参	灌木	—	—	瑞丽
18	*B. stellata*	星毛柏那参	小乔木	—	9～10月；11月	西畴、麻栗坡
19	*B. triloba*	三裂柏那参	矮小灌木	黄白色	11月	富宁
20	*B. tripteris*	三叶柏那参	有刺矮灌木	—	11月	富宁
21	*Dendropanax dentigerus*	树参	乔木或灌木	淡绿白色	6～7月；8～10月	临沧、西畴、马关、昭阳、镇雄、新平
22	*D. ficifolius*	榕叶树参	小乔木	—	10～12月	马关
23	*D. hainanensis*	海南树参	乔木	—	6～8月；8～10月	西畴
24	*D. macrocarpus*	大果树参	乔木	淡绿色	8～9月；10～11月	屏边、马关、西畴、麻栗坡
25	*Diplopanax stachyanthus*	大果五加	乔木	淡黄色	6～8月；8～10月	西畴、屏边
26	*Heteropanax chinensis*	罗汉伞	乔木	黄色	9～10月；次年4月	思茅
27	*H. nitentifolius*	亮叶幌伞枫	乔木	淡绿色	11月	河口
28	*H. yunnanensis*	云南幌伞枫	乔木	—	11月；次年5月	澜沧、景谷
29	*Macropanax chienii*	显脉大参	小乔木	绿色	11月	勐腊（易武）

续表2-5-55

序号	拉丁名	中文名	习性	花色	花/果期	分布地区
30	*M. dispermus*	大参	乔木	绿色	9～11月；10月至次年3月	勐海、景洪至景东、金平、屏边、西畴、富宁、砚山、瑞丽、龙陵、双江
31	*M. serratifolius*	粗齿大参	乔木	—	4月	金平
32	*Panax notoginseng*	三七	多年生直立草本	淡黄绿色	7～8月；8～10月	砚山、西畴、文山
33	*P. stipuleanatus*	屏边三七	多年生草本	淡绿色	5～6月；7～8月	马关、麻栗坡、屏边
34	*P. zingiberensis*	姜状三七	多年生草本	绿色	7～8月；8～10月	思茅、蒙自、马关
35	*Pentapanax racemosus*	总序五叶参	乔木	淡绿白色	6～7月	凤庆、漾濞、镇康、景东、腾冲、金平
36	*P. subcordatus*	心叶五叶参	小乔木	—	—	腾冲
37	*P. verticillatus*	轮伞五叶参	灌木或藤状灌木	紫红色	11月	西畴、麻栗坡、屏边、蒙自、镇雄、彝良
38	*Schefflera bodinieri*	短序鹅掌柴	灌木或小乔木	—	8月；10～11月	文山、蒙自
39	*S. chinpingensis*	金平鹅掌柴	灌木	紫红色	4月	金平
40	*S. diversifoliolata*	异叶鹅掌柴	乔木	—	9月；11月	屏边、金平
41	*S. fengii*	文山鹅掌柴	乔木或灌木	淡绿白色	8月；11～12月	文山、麻栗坡、马关、屏边、景东、新平、元江、双柏
42	*S. glomerulata*	球序鹅掌柴	乔木或灌木	淡绿白色	4～5月；8月	河口、屏边、金平、西畴、麻栗坡、元江、思茅、西双版纳
43	*S. hainanensis*	海南鹅掌柴	乔木	绿色	9～10月	屏边
44	*S. hypoleucoides*	拟白背叶鹅掌柴	乔木	白色	12月；次年4月	文山、金平、屏边、绿春、蒙自、元江
45	*S. khasiana*	印度鹅掌柴	乔木	—	6～7月	盈江
46	*S. macrophylla*	大叶鹅掌柴	乔木	—	9月；12月	屏边、绿春、思茅、临沧、景东、福贡
47	*S. marlipoensis*	麻栗坡鹅掌柴	乔木	—	12月	麻栗坡
48	*S. minutistellata*	星毛鹅掌柴	灌木或小乔木	绿白色	10月；12月	临沧、双江、景东、腾冲、龙陵
49	*S. octophylla*	鹅掌柴	乔木或灌木	白色	2～3月；5～6月	勐腊、景洪、勐海、思茅、景东、富宁
50	*S. parvifoliolata*	小叶鹅掌柴	灌木	—	10～11月	麻栗坡
51	*S. pentagyra*	五柱鹅掌柴	小乔木	—	—	凤庆
52	*S. polypyrena*	多核鹅掌柴	乔木或灌木	—	11～12月；次年5月	屏边、西畴、麻栗坡
53	*S. producta*	尾叶鹅掌柴	灌木	—	8月；11月	蒙自
54	*S. rubriflora*	红花鹅掌柴	乔木	淡红黄色	10月	勐腊
55	*Tetrapanax papyriferus*	通脱木	无刺灌木	白色	9～10月；11～12月	西畴、屏边
56	*Tupidanthus calyptratus*	多蕊木	常绿灌木	绿色	2～3月；4～8月	西双版纳、勐海、勐连、澜沧、沧源、耿马、芒市、瑞丽、盈江、腾冲、金平

五十六、伞形科

伞形科为一年生至多年生草本，约有270～418属，2800～3100种，广布于全球，主要在北半球温带、亚热带地区或热带高山上。中国约96属，530余种，各地有分布。云南产51属，259种，21变种，大部分种类分布于西北部高寒地区。本书收录24属，71种。

本科植物不少种类为中国重要传统药材，如当归、川芎、白芷、前胡、柴胡、独活、藁本等；也有做蔬菜用的，如芹菜、胡萝卜等；还有做香料调料用的，如茴香、莳萝等。

表2-5-56　本书收录伞形科71种信息表

序号	拉丁名	中文名	习性	花色	花/果期	分布地区
1	*Angelica duclouxii*	东川当归	多年生草本	白色	8月	东川
2	*Arcuatopterus thalictroideus*	唐松叶弓翅芹	多年生草本	白色	—	富民
3	*Bupleurum candollei*	川滇柴胡	多年生草本	淡黄色	7～8月；9～10月	德钦、贡山、福贡、香格里拉、丽江、兰坪、洱源、鹤庆、大理、巍山、镇康、昆明、元江
4	*B. commelynoideum*	紫花鸭跖柴胡	多年生草本	紫色	8～9月；9～10月	香格里拉、德钦、丽江
5	*B. kunmingense*	韭叶柴胡	多年生草本	黄色	7～9月；8～10月	昆明、泸西
6	*B. luxiense*	泸西柴胡	多年生草本	黄色	7～9月；8～10月	滇东、建水、泸西
7	*B. marginatum*	竹叶柴胡	多年生草本	浅黄色	6～9月；9～11月	鹤庆、丽江、德钦、宾川、大理、砚山、昆明
8	*B. petiolulatum*	有柄柴胡	多年生草本	黄色	7～8月；8～9月	香格里拉、维西、丽江、剑川、宾川、洱源、鹤庆、大理
9	*B. polyclonum*	多枝柴胡	多年生草本	黄色	7～8月；8～9月	会泽
10	*B. rockii*	丽江柴胡	多年生草本	黄色	7～8月；9～10月	洱源、鹤庆、丽江、香格里拉、德钦
11	*B. yunnanense*	云南柴胡	多年生草本	暗紫色或绿黄色带紫色	7～8月；8～9月	香格里拉、维西、丽江、大理、大姚、东川
12	*Centella asiatica*	积雪草	多年生草本	紫红色或黄白色	5～10月	云南各地
13	*Chamaesium delavayi*	鹤庆矮泽芹	多年生草本	白色或淡黄色	8～10月	洱源、鹤庆
14	*C. novemjugum*	九对叶矮泽芹	多年生草本	青绿色	8～9月	鹤庆
15	*C. spatuliferum*	大苞矮泽芹（原变种）	多年生草本	白色或淡绿色	6～7月	丽江、香格里拉、德钦
16	*C. viridiflorum*	绿花矮泽芹	多年生草本	草绿色	7～8月	福贡、香格里拉、维西、丽江、鹤庆、剑川
17	*Cryptotaenia japonica*	鸭儿芹	多年生草本	白色	4～5月；6～10月	盐津、大关、昭阳、镇雄、禄劝、金平、屏边、马关、文山、西畴
18	*Dickinsia hydrocotyloides*	马蹄芹	多年生草本	淡绿色	5～9月	绥江、大关、彝良、昭阳、镇雄

续表2-5-56

序号	拉丁名	中文名	习性	花色	花/果期	分布地区
19	*Eryngium foetidum*	刺芫荽	多年生草本	—	4～12月	孟连、澜沧、勐海、景洪、绿春、文山、蒙自、金平、河口
20	*Heracleum barmanicum*	香白芷	多年生草本	白色	8～11月	东川、丽江、贡山、福贡、腾冲、芒市、陇川、漾濞、楚雄、景东、西畴
21	*H. candicans*	白亮独活	多年生草本	白色	6～9月	德钦、贡山、维西、香格里拉、丽江、洱源、宾川、大理、昆明
22	*H. canescens*	灰白独活	多年生草本	白色	—	昆明
23	*H. forrestii*	香格里拉独活	多年生草本	白色	6～9月	香格里拉、丽江、维西
24	*H. franchetii*	尖叶独活	多年生草本	白色	8～10月	贡山、香格里拉、维西、兰坪、福贡、洱源、鹤庆、大理
25	*H. kingdonii*	贡山独活	多年生草本	白色	8～11月	泸水、贡山
26	*H. stenopteroides*	腾冲独活	多年生草本	白色	5月	腾冲
27	*H. stenopterum*	狭翅独活	多年生草本	白色	7～9月	丽江、香格里拉
28	*Hydrocotyle hookeri*	阿萨姆天胡荽	多年生草本	绿白色	7～8月	耿马
29	*H. pseudoconferta*	密伞天胡荽	多年生草本	淡绿色至白色	4～10月	景洪、勐海、勐腊
30	*Ligusticum acuminatum*	尖叶藁本	多年生草本	白色	7～8月；9～10月	贡山、泸水、德钦、香格里拉、维西、宾川、洱源、鹤庆、丽江、东川
31	*L. angeliecifolium*	归叶藁本	多年生草本	紫色	7～8月；9月	香格里拉、鹤庆、贡山、洱源、丽江、腾冲
32	*L. calophlebicum*	美脉藁本	多年生草本	白色	6～8月；9月	鹤庆、丽江、香格里拉、大理
33	*L. changii*	长辐藁木	多年生草本	—	6～7月；8～9月	嵩明
34	*L. dielsianum*	大海藁本	多年生草本	白色	7～8月；9～10月	会泽、东川
35	*L. involucratum*	土白芷	多年生草本	浅粉红色	8月；10～11月	德钦、香格里拉、福贡、鹤庆、洱源、丽江、宾川、大理
36	*L. kingdon-wardii*	草甸藁本	多年生草本	白色	8～10月	香格里拉、德钦、巧家
37	*L. pteridophyllum*	蕨叶藁本	多年生草本	白色	8～9月；10月	德钦、贡山、香格里拉、鹤庆、宾川、丽江、大理、嵩明、东川、宣威、屏边
38	*Melanosciadium pimpinelloideum*	紫伞芹	多年生草本	深紫色	7～9月；10月	绥江、大关
39	*Oenanthe rosthornii*	卵叶水芹	多年生草本	白色	8～11月	昭通、宾川、昆明
40	*Peucedanum pubescens*	毛前胡	多年生草本	白色	8～9月；10月	元谋、禄劝
41	*Pimpinella crispulifolia*	绉叶茴芹	多年生草本	白色	7月	弥勒
42	*P. duclouxii*	东川茴芹	多年生草本	淡黄绿色	7月	东川
43	*P. liiana*	景东茴芹	多年生草本	白色	7～10月	景东、砚山
44	*P. thyrsiflora*	锥序茴芹	多年生草本	白色	8～10月	蒙自、文山
45	*P. wolffiana*	思茅茴芹	多年生草本	白色	9～11月	巍山、思茅

续表2-5-56

序号	拉丁名	中文名	习性	花色	花/果期	分布地区
46	*Pleurospermum amabile*	美丽棱子芹	多年生草本	白色	6～8月	德钦、香格里拉
47	*P. angelicoides*	归叶棱子芹	多年生草本	白色或淡紫红色	6～9月	德钦、香格里拉、丽江、东川
48	*P. aromaticum*	香棱子芹	多年生草本	白色	7～9月	德钦、丽江
49	*P. calcareum*	灰岩棱子芹	多年生草本	白色	6月	德钦、丽江
50	*P. davidii*	宝兴棱子芹	多年生草本	白色	7～9月	德钦、贡山、香格里拉、福贡、维西、丽江、大理
51	*P. likiangense*	丽江棱子芹	多年生草本	白色	7～9月	德钦、维西、香格里拉、丽江
52	*P. rivulorum*	心叶棱子芹	多年生草本	浅绿黄色	7～9月	香格里拉、丽江、鹤庆、镇康
53	*P. yunnanensis*	云南棱子芹	多年生草本	白色	8～10月	贡山、德钦、香格里拉、维西、大理
54	*Pternopetalum affine*	圆齿囊瓣芹	多年生草本	—	6～8月	彝良
55	*P. cuneifolium*	楔叶囊瓣芹	多年生草本	白色	4～6月	彝良、东川、景东、凤庆、镇康
56	*P. davidii*	囊瓣芹	多年生草本	白色	4～6月	绥江、凤庆、屏边
57	*P. kiangsiense*	江西囊瓣芹	多年生草本	白色	5～7月	大关
58	*P. nudicaule*	裸茎囊瓣茎	多年生草本	白色	4～6月	绥江、富宁
59	*P. trachycarpum*	糙果囊瓣芹	多年生草本	白色	4～6月	景东
60	*P. trichomanifolium*	膜蕨囊芹	多年生草本	白色	3～5月	腾冲（瑞丽江、怒江分水岭）、绥江、大关、彝良
61	*P. yiliangense*	彝良囊瓣芹	多年生草本	白色	4～6月	彝良
62	*Sanicula coerulescens*	天蓝变豆菜	多年生草本	白色或淡蓝至蓝紫色	3～7月	大关、彝良、文山
63	*S. lamelligera*	薄片变豆菜	多年生草本	白色、粉红或淡蓝紫色	4～11月	绥江、彝良、昭阳、广南、麻栗坡
64	*S. orthacantha*	直刺变豆菜	多年生草本	白色、淡蓝色或紫红色	4～9月	永善、彝良、文山
65	*Selinum cryptotaenium*	亮蛇床	多年生草本	白色	—	昆明、蒙自
66	*Tetrataenium nepalense*	尼泊尔四带芹	多年生草本	白色	7～10月	德钦、贡山、福贡、镇康、维西、东川
67	*Torilis scabra*	窃衣	草本	—	4～11月	镇雄
68	*Trachydium kindon-wardii*	云南瘤果芹	多年生草本	白色或淡紫红色	7～10月	德钦、维西、香格里拉、贡山
69	*T. simplicifolium*	单叶瘤果芹	多年生小草本	白色	9～11月	香格里拉、丽江
70	*Trachyspermum involucratum*	具苞糙果芹	多年生小草本	白色	11月	勐海、景洪
71	*Vicatia bipinnata*	少裂凹乳芹	多年生小草本	白色	6～10月	弥渡、文山、屏边

五十七、桤叶树科

本科仅有桤叶树属1属，约67种，分布于亚洲东南部、东部、非洲西北部岛屿和美洲热带和亚热带地区。中国约12种，分布于中国东南至西南及中部等省区。云南有5种，4变种，生于西北部、西部和东南部山区，海拔550～4000m的林缘或丛林中。本书收录1属，1种。

本科植物大都是喜温暖、湿润、多雨气候的树种。夏秋季盛开白色或粉红色的花朵，芳香悦目，在绿化工作中有一定的作用。中国已有栽培，有的种类可供药用。

表2-5-57　本书收录桤叶树科1种信息表

序号	拉丁名	中文名	习性	花色	花/果期	分布地区
1	*Clethra delavayi*	云南桤叶树	灌木或小乔木	—	7～8月；9～10月	贡山、香格里拉、维西、丽江、剑川、兰坪、鹤庆、泸水、漾濞、大理、龙陵

五十八、杜鹃花科

常绿或落叶小灌木至大灌木，罕为大乔木，陆生或附生。

全科约有54属，1700种，广布于世界各地。中国仅有15属，约550种，其中杜鹃花属、珍珠花属、马醉木属等是花卉植物。本书收录5属，184种。

表2-5-58　本书收录杜鹃花科184种信息表

序号	拉丁名	中文名	习性	花色	花/果期	分布地区
1	*Craibiodendron stellatum*	假木荷	常绿小乔木	白色	7～10月	滇西至滇南
2	*Enkianthus quinqueflorus*	吊钟花	落叶或半常绿灌木	粉红色或红色	3～5月	石屏、文山、富宁、河口、屏边
3	*E. ruber*	越南吊钟花	灌木	白色	4月	马关、屏边、西畴
4	*E. serrulatus*	齿缘吊钟花	落叶灌木或小乔木	白绿色	4月	马关、屏边、西畴
5	*Gaultheria fragrantissima*	芳香白珠	常绿灌木至小乔木	白色	5月；8～11月	景东、麻栗坡
6	*Lyonia bracteata*	腾冲米饭花	灌木	白色或玫瑰红色	7～8月	腾冲、巍山
7	*Rhododendron aberconwayi*	蝶花杜鹃	灌木	白色或蔷薇色	5月	富民、禄丰
8	*R. achraceum*	峨马杜鹃	灌木	深红色	4～5月	镇雄、彝良、大关、永善
9	*R. adenogynum*	腺房杜鹃	灌木	白色带粉红色至粉红色	5～7月	丽江、香格里拉、德钦
10	*R. albertsenianum*	亮红杜鹃	灌木	鲜红色	5～6月	维西、德钦
11	*R. alutaceum*	棕背杜鹃	灌木	白色至粉红色	6～7月	丽江、维西、德钦
12	*R. anthosphaerum*	团花杜鹃	灌木至小乔木	深蔷薇色至深红色	4～5月	漾濞、大理、鹤庆、维西、贡山、福贡、腾冲、香格里拉、德钦、丽江

续表2-5-58

序号	拉丁名	中文名	习性	花色	花/果期	分布地区
13	*R. aperantum*	宿鳞杜鹃	矮小灌木	白色、淡黄色或粉红色至蔷薇色	5~6月	泸水、福贡
14	*R. araiophyllum*	窄叶杜鹃	灌木或小乔木	白色至粉红色	5~6月	腾冲、泸水、云龙、福贡、贡山
15	*R. argyrophyllum*	银叶杜鹃	灌木	白色或粉红色	5~6月	巧家、昭阳、大关、镇雄、彝良、永善
16	*R. arizelum*	夺目杜鹃	灌木至小乔木	白色、乳黄色或黄色带红色	5~6月	腾冲、维西、福贡、贡山、德钦
17	*R. bainbridgeanum*	毛萼杜鹃	灌木	白色或乳黄色	5~7月	维西、德钦、贡山
18	*R. basilicum*	粗枝杜鹃	灌木或小乔木	淡黄色	5~6月	景东、腾冲、泸水、福贡、丽江
19	*R. bathyphyllum*	多叶杜鹃	矮小灌木	白色	6~7月	德钦
20	*R. beesianum*	宽钟杜鹃	灌木	淡粉红色	5~6月	鹤庆、丽江、维西、香格里拉、德钦、福贡
21	*R. bureavii*	锈红毛杜鹃	灌木	粉红色	5~6月	巧家、会泽、东川、禄劝、鹤庆
22	*R. caesium*	蓝灰糙毛杜鹃	灌木	黄绿色	3~5月	滇西
23	*R. calostrotum*	美被杜鹃	直立小灌木	淡紫色	5~7月	贡山、德钦、福贡、维西、巧家
24	*R. calvescens*	变光杜鹃	灌木	白色带蔷薇色	6~7月	德钦、维西、福贡
25	*R. campylogynum*	弯柱杜鹃	矮小灌木	紫红色	6~7月	大理、禄劝、泸水、福贡、怒江与独龙江的分水岭
26	*R. catacosmum*	瓣萼杜鹃	灌木	深红色	6月	维西、贡山、德钦
27	*R. cephalanthum*	毛喉杜鹃	小灌木	白色至粉红色	5~6月	大理、鹤庆、洱源、丽江、香格里拉、德钦、福贡
28	*R. chaetomallum*	绢毛杜鹃	灌木	深红色	5~6月	腾冲、维西、贡山、德钦
29	*R. chamaethomsonii*	云雾杜鹃	矮小灌木	深红色	5~6月	德钦
30	*R. charitopes*	雅容杜鹃	小灌木	白色至粉红色	5~6月	澜沧江与怒江分水岭
31	*R. chrysodoron*	纯黄杜鹃	小灌木	鲜黄色	5月	贡山、福贡
32	*R. citriniflorum*	橙黄杜鹃	矮小灌木	橙黄色	6~7月	福贡、贡山、德钦
33	*R. clementinae*	麻点杜鹃	灌木或小乔木	白色至蔷薇色	5~6月	剑川、维西、香格里拉、德钦
34	*R. codonanthum*	腺蕊杜鹃	小灌木	鲜黄色	4~5月	维西、德钦
35	*R. comisteum*	砾石杜鹃	矮小灌木	深玫瑰红色	5~6月	德钦
36	*R. concinnum*	优雅杜鹃	常绿灌木	紫红色、淡紫色或深紫色	4~6月	巧家
37	*R. coriaceum*	革叶杜鹃	灌木或小乔木	白色	5~6月	丽江、维西、德钦、贡山、福贡
38	*R. coryanum*	光蕊杜鹃	灌木或小乔木	乳白色	5~6月	福贡、维西、贡山
39	*R. cuneatum*	楔叶杜鹃	灌木	紫色	5~6月	丽江、香格里拉、澜沧江与金沙江分水岭
40	*R. cyanocarpum*	蓝果杜鹃	灌木或小乔木	白色或粉红色	4~5月	大理、漾濞
41	*R. dasycladoides*	漏斗杜鹃	灌木或小乔木	粉红色至紫红色	5~6月	香格里拉
42	*R. dasypetalum*	毛瓣杜鹃	灌木	紫带玫瑰红色	5月	滇西北
43	*R. davidii*	腺果杜鹃	灌木或小乔木	粉红色至蔷薇色	5~6月	大关、彝良、永善
44	*R. decorum*	大白花杜鹃	灌木或小乔木	白色或边缘带淡蔷薇色	4~7月	滇中、滇西至滇西北、滇东南
45	*R. delavayi*	马缨花	灌木至小乔木	深红色	3~5月	云南各地

续表2-5-58

序号	拉丁名	中文名	习性	花色	花/果期	分布地区
46	*R. dendricola*	附生杜鹃	灌木有时附生	白色带淡红色晕	4～5月	贡山、福贡
47	*R. densifolium*	密叶杜鹃	灌木	粉红色	5～6月	麻栗坡
48	*R. denudatum*	皱叶杜鹃	灌木或小乔木	蔷薇色	4～5月	东川、巧家、大关、镇雄
49	*R. detonsum*	落毛杜鹃	灌木	粉红色	4～5月	鹤庆、丽江
50	*R. dichroanthum*	两色杜鹃	灌木	橙黄色至橙红色	5～6月	大理
51	*R. dimitrium*	苍山杜鹃	灌木	深蔷薇色至深红色	5～6月	大理
52	*R. diphrocalyx*	长萼杜鹃	灌木	红色	4～5月	腾冲
53	*R. dumicola*	灌丛杜鹃	灌木	白色或带粉红色	5～7月	维西
54	*R. eclecteum*	杂色杜鹃	灌木	白色或粉红色	5～6月	维西、贡山、德钦
55	*R. edgeworthii*	泡泡叶杜鹃	常绿灌木通常附生	乳白色带粉红	5～6月	贡山、德钦、维西、香格里拉、丽江、鹤庆
56	*R. elegantulum*	金江杜鹃	灌木	淡紫红色	5～7月	宁蒗（永宁）
57	*R. erastum*	匍匐杜鹃	匍匐状矮小灌木	蔷薇色	5～6月	德钦
58	*R. erythrocalyx*	显萼杜鹃	灌木	乳白色、白色至粉红色	6～7月	香格里拉、德钦
59	*R. esetulosum*	啄尖杜鹃	灌木	黄白色、白色或淡紫色	5～6月	香格里拉
60	*R. euchroum*	滇西杜鹃	小灌木	鲜红色	7月	福贡
61	*R. eudoxum*	华丽杜鹃	灌木	粉红色至深蔷薇色	5～7月	德钦、贡山、维西
62	*R. excellens*	大喇叭杜鹃	灌木	白色	5月	绿春、元江、蒙自、金平、屏边、文山、西畴、马关、麻栗坡、广南
63	*R. facetum*	绵毛房杜鹃	灌木或小乔木	红色	5～6月	宾川、大理、漾濞、云龙、永平、腾冲、泸水、兰坪、福贡、景东
64	*R. fastigiatum*	密枝杜鹃	灌木	淡紫蓝色或深紫色	5～6月	香格里拉、丽江、剑川、鹤庆、洱源、大理、巧家
65	*R. fictolacteum*	假乳黄杜鹃	灌木或小乔木	白色、乳白色或淡蔷薇色	4～6月	大理、漾濞、洱源、剑川、鹤庆、丽江、维西、香格里拉、德钦
66	*R. floccigerum*	绵毛杜鹃	灌木	深红色	5～6月	维西、香格里拉、德钦、贡山
67	*R. floribundum*	繁花杜鹃	灌木	粉红色	4月	巧家、鲁甸
68	*R. forrestii*	紫背杜鹃	匍匐状矮小灌木	深红色	5～7月	德钦、贡山
69	*R. fulvum*	镰果杜鹃	灌木或乔木	白色、粉红色至深蔷薇色	4～5月	腾冲、云龙、鹤庆、丽江、维西、香格里拉、德钦、贡山、福贡
70	*R. gemmiferum*	大芽杜鹃	多分枝的直立灌木	深红紫色至淡紫色	6月	德钦、维西
71	*R. genestierianum*	灰白杜鹃	灌木	紫色	4～5月	云龙、丽江、贡山
72	*R. glanduliferum*	腺花杜鹃	大灌木或小乔木	白色	—	大关、镇雄

续表2-5-58

序号	拉丁名	中文名	习性	花色	花/果期	分布地区
73	*R. glischrum*	粘毛杜鹃	灌木或小乔木	蔷薇色至紫丁香色	5~6月	丽江、维西、福贡、贡山
74	*R. gongshanense*	贡山杜鹃	灌木	红色	4~5月	贡山
75	*R. gratum*	可爱杜鹃	乔木	白色、淡黄色至蔷薇色	4月	云龙
76	*R. griersonianum*	朱红大杜鹃	灌木	深红色至朱红色	5~6月	腾冲
77	*R. guangnanense*	广南杜鹃	灌木	白色	3月	广南
78	*R. habrotrichum*	粗毛杜鹃	灌木	白色至淡蔷薇色	4~5月	腾冲
79	*R. haematodes*	似血杜鹃	灌木	深红色	6~7月	大理
80	*R. hancockii*	滇南杜鹃	常绿灌木	白色	4~6月	双柏、禄丰、昆明、丽江、易门、玉溪、建水、蒙自、屏边、文山、砚山、丘北、石林
81	*R. haofui*	光枝杜鹃	灌木或小乔木	白色带粉红色	5~6月	麻栗坡
82	*R. heliolepis*	亮鳞杜鹃	灌木	粉红色、淡紫色或偶见为白色	7~8月	贡山、德钦、香格里拉、维西、丽江、漾濞、大理、鹤庆、洱源、腾冲、福贡
83	*R. hippophaeoides*	灰背杜鹃	灌木	鲜玫瑰色或淡蓝紫色至蓝色带紫，或深紫色	5~6月	德钦、香格里拉、丽江、大理
84	*R. hirsutipetiolatum*	凸脉杜鹃	常绿灌木	淡紫红色	4月	福贡
85	*R. huianum*	凉山杜鹃	灌木或小乔木	淡红色至淡紫色	5~6月	彝良
86	*R. hylaeum*	粉果杜鹃	灌木或小乔木	绿色	6月	贡山
87	*R. impeditum*	易混杜鹃	灌木	紫色至蓝紫色	5~6月	丽江、香格里拉、德钦、大理、禄劝、巧家、会泽
88	*R. insigne*	不凡杜鹃	灌木或小乔木	白色至粉红色	6~7月	镇雄、彝良、大关、永善
89	*R. intricatum*	隐蕊杜鹃	灌木	淡紫色至暗蓝色	5~6月	丽江
90	*R. irroratum*	露珠杜鹃	灌木或小乔木	乳黄色、白色带粉红色或淡蔷薇色	3~5月	云南各地
91	*R. keleticum*	独龙杜鹃	匍匐小灌木	鲜紫色	7~9月	贡山、福贡
92	*R. kyawi*	星毛杜鹃	灌木或小乔木	深红色	5~6月	腾冲、泸水、福贡、贡山
93	*R. lacteum*	乳黄杜鹃	灌木或小乔木	乳黄色	4~5月	禄劝、大理、漾濞
94	*R. lateriflorum*	侧花杜鹃	常绿灌木	黄色	—	贡山（独龙江东岸高黎贡山）
95	*R. lepidostylum*	常绿糙毛杜鹃	常绿灌木	黄色	5~7月	腾冲
96	*R. lepidotum*	鳞腺杜鹃	常绿小灌木	粉红色、紫色或黄色	5~7月	丽江、香格里拉
97	*R. leptopeplum*	腺绒杜鹃	灌木或小乔木	深蔷薇色	4~5月	维西、德钦
98	*R. leptothrium*	薄叶马银花	常绿灌木	淡红紫色或蔷薇红色	4~6月	贡山、福贡、泸水、贡山、福贡、泸水、永平、云龙、丽江、维西
99	*R. linearilobum*	线萼杜鹃	常绿灌木	粉红色	3月	屏边、西畴
100	*R. lukiangense*	蜡叶杜鹃	灌木或小乔木	粉红色至淡蔷薇色	4~5月	丽江、兰坪、福贡、维西、香格里拉、德钦、贡山
101	*R. lutescens*	黄花杜鹃	灌木	黄色	3~4月	大关、彝良、盐津、镇雄

续表2-5-58

序号	拉丁名	中文名	习性	花色	花/果期	分布地区
102	*R. megacalyx*	大萼杜鹃	灌木或小乔木	白色	5～6月	贡山、福贡
103	*R. megeratum*	招展杜鹃	矮灌木有时附生	黄色	5～6月	维西、德钦、贡山
104	*R. mekongense*	弯月杜鹃	落叶灌木	黄色	5～6月	贡山、德钦、维西、腾冲
105	*R. mengtszense*	蒙自杜鹃	灌木或小乔木	紫红色	4～5月	金平、蒙自、麻栗坡、西畴、丘北
106	*R. microgynum*	短蕊杜鹃	灌木	淡蔷薇色	5～6月	香格里拉、德钦
107	*R. micromeres*	异鳞杜鹃	灌木常为附生	奶油黄色	7月	贡山、怒江与独龙江分水岭
108	*R. microphyton*	亮毛杜鹃	常绿灌木	淡紫红色、淡紫色或鲜紫色	3～5月	贡山、福贡、腾冲、龙陵、临沧、大理、景东
109	*R. molle*	老虎花	落叶灌木	杏黄色或鲜黄色	4月	昆明、大理（下关）
110	*R. mollicomum*	柔毛碎米花	灌木	红色	3～7月	丽江、香格里拉
111	*R. moulmainense*	毛绵杜鹃	常绿灌木或乔木	白色或带淡红色	2～4月	腾冲、龙陵、临沧、思茅
112	*R. moupinense*	宝兴杜鹃	常绿小灌木	白色	4～5月	大关、镇雄
113	*R. mucronatum*	白花杜鹃	半落叶灌木	白色	早春至初夏	昆明、丽江
114	*R. nakotiltum*	德钦杜鹃	灌木	白色至粉红色	5～6月	德钦
115	*R. neriiflorum*	火红杜鹃	灌木、稀为小乔木	深红色	4～6月	大理、兰坪、福贡、腾冲、景东
116	*R. oreotrephes*	山育杜鹃	常绿灌木	淡紫色、淡红色或深紫红色	5～7月	丽江、维西、香格里拉、福贡、镇雄
117	*R. orthocladum*	直枝杜鹃	灌木	淡至深蓝紫色或紫色	5～6月	丽江
118	*R. pachytrichum*	绒毛杜鹃	灌木	白色或蔷薇色	4～5月	彝良
119	*R. pingianum*	海绵杜鹃	灌木或小乔木	粉红色或带紫色	5～6月	永善
120	*R. platyphyllum*	阔叶杜鹃	灌木	白色	6月	大理
121	*R. pocophorum*	杯萼杜鹃	灌木	深红色	5～6月	贡山
122	*R. polycladum*	多枝杜鹃	直立灌木	淡紫色至鲜艳紫蓝色	5月	丽江、鹤庆、澜沧江至金沙江
123	*R. praestans*	魁斗杜鹃	灌木或小乔木	淡黄色、白色带粉红至粉红色	4～5月	福贡、维西、贡山、德钦
124	*R. preptum*	复毛杜鹃	灌木或小乔木	乳白色或带粉红色	5～6月	腾冲、云龙、泸水
125	*R. primulaeflorum*	樱草杜鹃	灌木	白色具黄色筒部	5～6月	丽江、香格里拉、德钦、贡山
126	*R. pronum*	平卧杜鹃	匍匐状小灌木	白色或淡黄色至粉红色	5～6月	剑川、福贡
127	*R. proteoides*	矮小灌木	灌木	白色或粉红色	6～7月	德钦、香格里拉、维西
128	*R. pseudociliipes*	褐叶杜鹃	灌木	白色外面带淡红紫色晕	4月	滇西北
129	*R. pubescens*	柔毛杜鹃	小灌木	淡红色	5～6月	永胜、宁蒗
130	*R. pubicostatum*	毛脉杜鹃	灌木	白色带粉红色	5月	禄劝
131	*R. pumilum*	矮小杜鹃	矮小而平卧灌木	淡红或玫瑰红色	5～6月	滇西北和缅甸东北部交界处

续表2-5-58

序号	拉丁名	中文名	习性	花色	花/果期	分布地区
132	*R. racemosum*	腋花杜鹃	常绿灌木	粉红色	3～5月	香格里拉、丽江、维西、洱源、剑川
133	*R. rex*	大王杜鹃	小乔木至乔木	淡粉红色	4～5月	巧家、禄劝、大姚、景东
134	*R. rhombifolium*	菱形叶杜鹃	灌木、常为附生	黄色	4～5月	贡山
135	*R. rothschildii*	宽柄杜鹃	大灌木或小乔木	淡黄色	4～5月	维西
136	*R. roxieanum*	卷叶杜鹃	灌木	白色带粉红	6～7月	丽江、维西、德钦、香格里拉
137	*R. rubiginosum*	红棕杜鹃	常绿灌木	淡紫色或紫红色	3～6月	滇西北、滇西至滇东北
138	*R. rufohirtum*	红毛杜鹃	灌木	深玫瑰红色	5月	彝良
139	*R. rupicola*	多色杜鹃	灌木	深紫色或深血红色	5～7月	丽江、剑川、香格里拉、德钦、福贡、贡山
140	*R. russatum*	紫蓝杜鹃	灌木	深紫蓝色、紫色、粉红色或玫瑰色	5～6月	丽江、香格里拉、维西、德钦
141	*R. saluenense*	怒江杜鹃	直立灌木	紫色或紫红色	6～8月	贡山、德钦、香格里拉、丽江、维西
142	*R. sanguineum*	血红杜鹃	矮小灌木	红色	6～7月	维西、贡山、德钦
143	*R. scabrifolium*	糙叶杜鹃	常绿灌木	白色或粉红色	2～4月	大姚、大理
144	*R. schistocalyx*	裂萼杜鹃	灌木	鲜红色至深红色	4～5月	腾冲
145	*R. seinghkuense*	黄花泡叶杜鹃	附生平卧或直立灌木	黄色	5～6月	贡山
146	*R. selense*	多变杜鹃	灌木	白色、粉红色至蔷薇色	5～6月	香格里拉、维西、贡山
147	*R. semnoides*	圆头杜鹃	灌木或小乔木	白色或淡蔷薇色	4～5月	丽江、德钦
148	*R. setiferum*	刚毛杜鹃	灌木	白色至粉红色	5～6月	德钦、贡山
149	*R. sidereum*	银灰杜鹃	灌木或小乔木	乳白色至淡黄色	4～5月	腾冲、云龙、泸水、贡山、福贡
150	*R. siderophyllum*	锈叶杜鹃	常绿灌木	白色、淡红色或淡紫色	3～6月	大理、昆明、巧家、镇雄、新平、砚山、绿春
151	*R. simsii*	杜鹃	半常绿或落叶灌木	鲜红色	4～5月	腾冲、大理、景东、勐海、建水、文山、麻栗坡
152	*R. sinofalconeri*	厚叶杜鹃	灌木或小乔木	淡黄色	4～5月	金平、屏边、河口、蒙自、文山、马关、麻栗坡
153	*R. sinogrande*	凸尖杜鹃	乔木	乳白色至淡黄色	4～5月	腾冲、泸水、云龙、漾濞、大理、丽江、维西、德钦、贡山
154	*R. sinonuttallii*	大果杜鹃	灌木	淡黄白色	5～6月	贡山、福贡、维西
155	*R. spanotrichum*	红花杜鹃	灌木或小乔木	深红色	3月	元阳、马关、麻栗坡、西畴、广南
156	*R. sperabile*	纯红杜鹃	灌木	红色	5月	泸水、维西、香格里拉
157	*R. sperabiloides*	糠秕杜鹃	灌木	鲜红色	5～6月	贡山、维西
158	*R. sphaeroblastum*	宽叶杜鹃	灌木	白色至淡蔷薇色	5～6月	香格里拉、巧家、禄劝
159	*R. spiciferum*	碎米花	小灌木	粉红色	2～5月	大理、昆明、玉溪、广南
160	*R. spinuliferum*	爆仗花	常绿灌木	朱红色或鲜红色	2～6月	腾冲、大理、景东、石林、富民

续表2-5-58

序号	拉丁名	中文名	习性	花色	花/果期	分布地区
161	*R. stamineum*	长蕊杜鹃	常绿灌木或小乔木	白色	5月	盐津、威信、大关、镇雄
162	*R. stenaulum*	长蒴杜鹃	常绿乔木	淡紫红色	2～4月	贡山、腾冲、福贡
163	*R. stewartianum*	多趣杜鹃	灌木	白色或淡红色	5～6月	腾冲、福贡、贡山、德钦
164	*R. sulfureum*	硫磺杜鹃	灌木常为附生	亮黄色至深硫黄色	4～6月	大理、贡山
165	*R. taggianum*	白喇叭杜鹃	灌木	白色	5月	贡山、腾冲
166	*R. tanastylum*	光柱杜鹃	灌木至小乔木	粉红色至深红色	4～5月	腾冲、泸水、福贡、维西
167	*R. tapetiforme*	单色杜鹃	矮小灌木	紫色或紫蓝色	6月	香格里拉、德钦
168	*R. tatsienense*	硬叶杜鹃	常绿灌木	淡红色	4～6月	云龙、剑川、香格里拉、丽江、鹤庆
169	*R. telmateium*	豆叶杜鹃	矮小灌木	淡紫色	5～7月	德钦、丽江、香格里拉
170	*R. temenium*	滇藏杜鹃	灌木	深红色	5～6月	贡山、德钦
171	*R. trichocladum*	糙毛杜鹃	落叶灌木	淡黄色或黄绿色	5～7月	大理、凤庆、腾冲、泸水、贡山
172	*R. trichostomum*	毛嘴杜鹃	灌木	白色或蔷薇色	5～6月	德钦
173	*R. tsaiense*	大理杜鹃	灌木	白色	5～6月	大理、漾濞
174	*R. tsaii*	昭通杜鹃	灌木	淡紫色	5月	昭阳、巧家、会泽
175	*R. uvarifolium*	紫玉盘杜鹃	灌木或小乔木	白色、粉红色至蔷薇色	4～6月	丽江、维西、香格里拉、德钦
176	*R. vaccinioides*	越桔杜鹃	常绿附生矮灌木	粉红色或白色带粉红	5～6月	贡山、泸水、独龙江与怒江的分水岭
177	*R. vernicosum*	亮叶杜鹃	灌木或小乔木	白色至蔷薇色	5～6月	丽江、香格里拉、德钦
178	*R. vesiculiferum*	泡毛杜鹃	灌木或小乔木	蔷薇紫色	5～6月	贡山
179	*R. vialii*	红马银花	常绿灌木	朱红色	2～3月	建水、广南
180	*R. williamsianum*	圆叶杜鹃	灌木	淡蔷薇色	6月	镇雄、大关
181	*R. xanthostephanum*	鲜黄杜鹃	灌木	鲜黄色	5月	贡山、福贡、大理
182	*R. yungchangense*	少鳞杜鹃	灌木	白色	5月	保山
183	*R. yungningense*	永宁杜鹃	直立灌木	深蓝紫色	5～6月	丽江、鹤庆、香格里拉
184	*R. yunnanense*	云南杜鹃	落叶半落叶或常绿灌木	白色或粉红色	4～6月	德钦、维西、丽江、香格里拉、大理

五十九、柿科

乔木或灌木，分布于热带和亚热带地区，印度尼西亚尤多，3属，约500种。中国有50余种。云南有22种，3变种，其中柿属的许多种类具有极高的观赏价值。本书收录1属，16种。

表2-5-59 本书收录柿科16种信息表

序号	拉丁名	中文名	习性	花色	花/果期	分布地区
1	*Diospyros anisocalyx*	异萼柿	小乔木	红褐色	4～5月；5～6月	富宁
2	*D. atrotricha*	黑毛柿	小乔木	—	4～5月；5月	勐腊
3	*D. caloneura*	美脉柿	小乔木	—	3～4月；4月	景东
4	*D. cathayensis*	长柄柿	小乔木	—	5～6月；7月	永善

续表2-5-59

序号	拉丁名	中文名	习性	花色	花/果期	分布地区
5	*D. fengii*	老君柿	小乔木	—	12月	麻栗坡
6	*D. forrestii*	腾冲柿	灌木	—	11月	腾冲、怒江河谷
7	*D. hexamera*	六花柿	乔木	—	12月	河口
8	*D. howii*	琼南柿	灌木	—	11月	河口
9	*D. kerrii*	傣柿	乔木	—	4～6月；7～11月	景洪、德宏
10	*D. kintungensis*	景东君迁子	小乔木	—	10月	景东（无量山）
11	*D. morrisiana*	罗浮柿	乔木或灌木	—	5～6月；10～12月	马关、西畴、富宁、金平、屏边
12	*D. nigrocortex*	黑皮柿	乔木或灌木	—	4～6月；7～10月	勐腊、景洪、金平、河口
13	*D. punctilimba*	点叶柿	乔木	—	11月	元江、元阳
14	*D. sichourensis*	西畴君迁子	乔木	—	5月；8月	西畴、屏边
15	*D. unisemina*	单籽柿	乔木	—	5～6月；6～9月	西畴、麻栗坡
16	*Diospyros yunnanensis*	云南柿	乔木	—	4～5月	思茅、西双版纳

六十、紫金牛科

灌木、乔木或攀缘灌木。分布于南北半球热带和亚热带地区和中国的长江以南各省。其中紫金牛属的植物有众多种类为园艺观赏资源。本科约32～35属，1000余种。中国有6属，128种。云南有5属，82种。本书收录1属，28种。

表2-5-60　本书收录紫金牛科28种信息表

序号	拉丁名	中文名	习性	花色	花/果期	分布地区
1	*Ardisia aberrans*	狗骨头	灌木或乔木	白色	4月	屏边
2	*A. alutacea*	显脉紫金牛	灌木或乔木	紫红色	5～6月	马关、麻栗坡
3	*A. arborescens*	石狮子	灌木或乔木	白色	2～4月	西双版纳、金平、元江、临沧
4	*A. botryosa*	束花紫金牛	灌木或乔木	白色至粉红色	5～7月	屏边、马关、麻栗坡、西畴、河口
5	*A. brevicaulis*	九管血	灌木或乔木	粉红色	6～7月	西畴、砚山
6	*A. caudata*	尾叶紫金牛	灌木或乔木	粉红色	5～6月	屏边、河口、文山、马关、麻栗坡、西畴、马关、富宁、砚山、丘北、广南
7	*A. conspersa*	散花紫金牛	灌木或乔木	粉红色	6月	蒙自、屏边
8	*A. corymbifera*	伞形紫金牛	灌木或乔木	白色、粉红至红色	4～5月	滇东南至滇西南（景东）
9	*A. crispa*	百两金	灌木或乔木	白色或粉红色	5～6月	文山、金平、景东、昭通
10	*A. curvula*	弯梗紫金牛	灌木或乔木	白色或粉红色	4月	河口
11	*A. dasyrhizomatica*	粗茎紫金牛	灌木或乔木	白色或粉红色	4～5月	河口
12	*A. depressa*	圆果罗伞	灌木或乔木	白色或粉红色	3～5月	西双版纳及滇东南
13	*A. ensifolia*	剑叶紫金牛	灌木或乔木	红色	7月	富宁
14	*A. faberii*	毛青杠	灌木或乔木	白色或粉红色	4月	绥江、广南、富宁
15	*A. gigantifolia*	走马胎	灌木或乔木	白色或粉红色	4～5月	景洪、勐海、河口
16	*A. hypargyrea*	柳叶紫金牛	灌木或乔木	粉红色或紫红色	4月	蒙自、西畴、广南
17	*A. longipedunculata*	长穗紫金牛	灌木或乔木	粉红色	5月	屏边

续表2-5-60

序号	拉丁名	中文名	习性	花色	花/果期	分布地区
18	*A. maculosa*	珍珠伞	灌木或乔木	白色至粉红至红色	4～5月	思茅及滇东南
19	*A. mamillata*	红毛毡	灌木或乔木	粉红色	6月	富宁、马关、屏边、文山、西畴
20	*A. neriifolia*	南紫金牛	灌木或乔木	粉红色或红色	3～5月	景东、凤庆、勐海、思茅
21	*A. primulaefolia*	莲座紫金牛	灌木或乔木	粉红色	6～7月	麻栗坡、西畴
22	*A. quinquegona*	罗伞树	灌木或乔木	白色	5月	富宁、金平、麻栗坡
23	*A. replicata*	卷边紫金牛	灌木或乔木	粉红色	6～7月	蒙自、屏边、富宁
24	*A. stellata*	星毛紫金牛	灌木或乔木	粉红色	5月	元江、金平
25	*A. velutina*	紫脉紫金牛	灌木或乔木	粉红色至紫红色	4～5月	麻栗坡、西畴、马关、金平
26	*A. villosa*	雪下红	灌木或乔木	淡紫色或粉红色	5～6月	西双版纳、景东
27	*A. villosoides*	长毛紫金牛	灌木或乔木	淡紫色或粉红色	5～6月	河口
28	*A. virens*	扭子果	灌木或乔木	白色、淡黄色至粉红色	5～7月；果10月至次年1月	耿马、双江、沧源、西盟、孟连、澜沧、景东、镇沅、景谷、元江、墨江、普洱、绿春、元阳、红河、金平、个旧、蒙自、开远、建水、石屏、屏边、河口、文山

六十一、马钱科

乔木、灌木、藤本或草本，产全球热带、亚热带和温带地区。

本科约35属，800余种，马钱属和醉鱼草属等是良好的观赏花卉植物。中国有9属，约64种。云南7属，39种，7变种。本书收录1属，13种。

表2-5-61 本书收录马钱科13种信息表

序号	拉丁名	中文名	习性	花色	花/果期	分布地区
1	*Buddleja albiflora*	巴东醉鱼草	直立灌木	蓝紫色	6～8月	镇雄、大关、巧家
2	*B. caryopterdifolia*	莸叶醉鱼草	灌木	淡紫色	5～7月	丽江
3	*B. davidii*	大叶醉鱼草	灌木	紫色	6～7月	盐津
4	*B. fallowiana*	紫花醉鱼草	灌木	紫色	7～8月	香格里拉、丽江
5	*B. forrestii*	瑞丽醉鱼草	直立灌木	蓝紫色	6～7月	福贡、贡山、泸水、腾冲、龙陵、瑞丽、维西、香格里拉、大理
6	*B. heliophila*	全缘叶醉鱼草	灌木	淡红色	6～7月	大理、漾濞、巍山、宾川、维西、鹤庆、瑞丽
7	*B. lindleyana*	醉鱼草	灌木	紫色	5～6月	盐津
8	*B. macrostachya*	长序醉鱼草	灌木或小乔木	淡黄色	8～10月	滇中、滇南、滇西南
9	*B. myriantha*	多花醉鱼草	灌木	紫堇色	6～7月	福贡、贡山、泸水、保山、维西、丽江、大理、文山
10	*B. nivea*	雪白醉鱼草	灌木	淡紫色	7～8月	龙陵、景东
11	*B. officinalis*	密蒙花	直立灌木	淡紫色	7～8月	云南各地
12	*B. taliensis*	大理醉鱼草	灌木	淡黄色	6月	腾冲、大理、香格里拉
13	*B. yunnanensis*	云南醉鱼草	直立灌木	紫色	8～9月	景东、思茅、西双版纳、墨江、嵩明

六十二、萝藦科

具有乳汁的多年生草本、藤本、直立或藤状灌木或木质灌木，分布于热带、亚热带，少数温带地区。中国主要分布于西南部及东南部。

本科约180属，2200种。中国产45属，250种。云南有36属，134种（中国科学院昆明植物研究所，1983）。本书收录1属，12种。

表2-5-62 本书收录萝藦科12种信息表

序号	拉丁名	中文名	习性	花色	花/果期	分布地区
1	*Hoya carnosa*	球兰	灌木或半灌木	白色	4～11月	西双版纳、金平、河口、富宁
2	*H. fungi*	护耳草	附生攀缘灌木	白色	4～9月	景洪、勐海、勐腊
3	*H. fusca*	黄花球兰	灌木或半灌木	黄白色	5～7月	滇西北、滇南、滇东南
4	*H. mengtzeensis*	薄叶球兰	半灌木	白色	5～7月	蒙自
5	*H. nervosa*	凸脉球兰	藤状半灌木	白色	8月	滇南、思茅、勐腊
6	*H. ovaligolia*	卵叶球兰	藤状半灌木	白色	8月	金平
7	*H. pandurata*	琴叶球兰	灌木或半灌木	黄色或红色	—	思茅、西双版纳、勐海、嵩明
8	*H. pottsii*	铁草鞋	灌木或半灌木	白色	4～5月	西双版纳
9	*H. revolubilis*	卷边球兰	灌木或半灌木	白色	5～7月	滇西、滇西北
10	*H. salweenica*	怒江球兰	灌木或半灌木	白色	9月	贡山、腾冲
11	*H. silvatica*	山球兰	灌木或半灌木	白色	5～7月	贡山、景东
12	*H. villosa*	毛球兰	灌木或半灌木	白色	5～7月	富宁、西双版枘

六十三、茜草科

乔木、灌木或草本，广布于地球热带和亚热带，少数分布至北温带。中国主要分布在东南部、南部和西南部。本科约500属，6000种左右。中国有98属，676种。本书收录3属，5种。

玉叶金花属和龙船花属等种类可供观赏。

表2-5-63 本书收录茜草科5种信息表

序号	拉丁名	中文名	习性	花色	花/果期	分布地区
1	*Duperrea pavettaefolia*	长柱山丹	灌木或乔木	白色	4～6月	屏边、麻栗坡、富宁、勐腊、勐海
2	*Gardenia jasminoides*	栀子	灌木	白色或乳黄色	3～7月	滇西、滇西北
3	*G. sootepensis*	黄栀子	乔木	黄色或白色	4～8月	澜沧、勐海、景洪、勐腊
4	*Luculia pinciana*	滇丁香	灌木或乔木	红色，少为白色	3～11月	全省各地
5	*L. yunnanensis*	鸡冠滇丁香	灌木或乔木	红色	3～11月	贡山、福贡、泸水、景东、镇康、芒市

六十四、忍冬科

灌木，有时为藤本，稀为小乔木或草本。叶对生，稀轮生，单叶，少有奇数羽状复叶，无或很少有托叶。花两性，辐射对称或两侧对称，通常排列为小聚伞花序，稀为轮伞花序。果为肉质浆果或核果，瘦果状核果；种子种皮骨质，胚乳丰富。

本科约18属，380余种，主要分布于北半球温带，其中尤以东亚的中国、日本至喜马拉雅地区及北美东部最为丰富。中国有12属，200余种。云南有9属，约100种。本书收录9属，94种。

木科植物中的忍冬，即金银花是有悠久历史的著名中药。忍冬属、荚迷属及接骨木属的若干种类之茎皮纤维供制绳索及造纸用。荚迷属、接骨木属的某些种类的种子可榨油，供制润滑油或肥皂用。荚迷属的少数及个别种类之果实可酿酒，树皮含鞣质又可提制栲胶。本科不少属、种都很有观赏价值，可引种作优良的园林绿化观赏树种。

表2-5-64　本书收录忍冬科94种信息表

序号	拉丁名	中文名	习性	花色	花/果期	分布地区
1	*Abelia buddleioides*	醉鱼草六道木	落叶灌木	白色至粉红色	5月；6～8月	丽江、香格里拉、贡山、德钦
2	*A. chinensis*	糯米条	落叶灌木	白色至粉红色	7～10月；10～11月	巧家、鲁甸、昭阳
3	*A. dielsii*	南方六道木	落叶灌木	白色至淡黄色	5～6月；7～10月	大姚、大理、鹤庆、丽江、香格里拉、德钦
4	*A. forrestii*	川滇六道木	落叶灌木	白色或带粉红色	7～8月；9～10月	福贡、丽江、香格里拉
5	*A. parvifolia*	小叶六道木	落叶灌木	粉红色至紫红色	4～8月；10～12月	大姚、昆明、洱源（邓川）、宾川
6	*A. umbellata*	伞花六道木	落叶灌木或小乔木	白色	5月；6～8月	丽江、香格里拉、德钦
7	*Dipelta yunnanensis*	云南双盾木	落叶灌木	白色至粉红色	5～6月；6～11月	大理、宾川、洱源、鹤庆、兰坪、丽江、香格里拉、维西、德钦、贡山、易门、屏边、巧家、彝良
8	*Leycesteria formesa*	风吹箫	半木质落叶灌木	白色或粉红色	5～10月；9～10月	云南大部分地区（除滇南外）
9	*L. gracilis*	纤细风吹箫	灌木	白色或红色	9～12月	贡山、福贡、泸水、景东、凤庆、腾冲、镇康、耿马、双江、金平
10	*L. sinensis*	中华风吹箫	落叶灌木	粉红色	5月；9月	蒙自、文山、景东
11	*L. stipulata*	贡山风吹箫	灌木	白色	10～11月	贡山
12	*Lonicera acuminata*	淡红忍冬	落叶或半常绿藤本	黄白色略带深紫色	6～7月；10～11月	大姚、洱源、丽江、大理、福贡、泸水、腾冲、镇康、凤庆、景东、盐津、永善、镇雄
13	*L. airtilia*	细绒忍冬	攀缘藤本或灌木	白色	2～3月；12月	峨山、双柏、建水、思茅、勐腊
14	*L. bournei*	西南忍冬	木质藤本或灌木	白色转黄色	2～3月	峨山、双柏、建水、思茅、勐腊
15	*L. buchananii*	滇西忍冬	攀缘灌木	白色	—	盈江
16	*L. calcarata*	长距忍冬	木质藤本或灌木	白色转黄色	4～6月；7～9月	漾濞、昆明、屏边、文山、西畴

续表2-5-64

序号	拉丁名	中文名	习性	花色	花/果期	分布地区
17	*L. codonantha*	钟花忍冬	直立灌木	粉红色	8月	镇康
18	*L. crassifolia*	匍匐忍冬	木质藤本或灌木	淡白黄色	6月	麻栗坡
19	*L. cyanocarpa*	蓝果忍冬	落叶灌木	黄色	5～7月；8～9月	剑川、丽江、维西、香格里拉、德钦、贡山
20	*L. esquirolii*	急尖忍冬	木质藤本或灌木	白色转黄色	4月	富宁、西畴
21	*L. ferrygubea*	锈毛忍冬	木质藤本或灌木	白色转黄色	4～5月；9月	腾冲、泸水、双江、景东、双柏、文山、西畴、思茅至西双版纳
22	*L. fragilis*	短柱忍冬	木质藤本或灌木	玫瑰红色	4月	滇东北（李子坪）
23	*L. fulvotomentosa*	黄褐毛忍冬	木质藤本或灌木	白色转黄色	4～5月	滇南
24	*L. hildebrandiana*	大果忍冬	木质藤本	白色转黄色	3～4月；7～8月	瑞丽、镇康、临翔、景东、屏边、金平、河口、西畴
25	*L. hypoglauca*	菰腺忍冬	木质藤本	白色有时带淡红晕	4～5月；7～10月	文山、西畴、砚山、双江、临翔、景东、双柏、思茅、西双版纳
26	*L. inconspicua*	杯萼忍冬	落叶小灌木	白色、黄色至淡红色	5～6月；7～9月	大姚、永胜、鹤庆、丽江、大理、维西、香格里拉、德钦
27	*L. japonica*	忍冬	半常绿木质藤本	红色或黄色	4～6月；10～11月	昆明、河口、漾濞、丽江
28	*L. koehneana*	须蕊忍冬	落叶灌木	淡黄色	4～5月；7～9月	盐丰、大理、丽江、香格里拉、德钦、昆明、沾益、镇雄
29	*L. lanceolata*	柳叶忍冬	直立灌木	淡紫色	6月；8～9月	贡山、德钦、维西、香格里拉、丽江、鹤庆、剑川、大理
30	*L. ligustrina*	女贞叶忍冬	常绿或半常绿灌木	白色至粉红色	5～6月；9～10月	永善、镇雄、彝良
31	*L. longiflora*	长花忍冬	木质藤本或灌木	黄色或淡黄色	6月	马关、河口、麻栗坡
32	*L. litangensis*	理塘忍冬	落叶灌木	淡黄绿色	5～6月；7～9月	丽江、香格里拉
33	*L. maackii*	金银忍冬	落叶灌木	白色后转黄色	3～5月；7～9月	丽江、维西、广南、文山、蒙自
34	*L. macrantha*	大花忍冬	半常绿木质藤本	白色至黄色	4～5月；9月	屏边
35	*L. myrtillus*	越桔忍冬	坚硬小灌木	白色或粉红色	6～8月；9～10月	贡山、德钦、香格里拉、丽江、维西、鹤庆、大理

续表2-5-64

序号	拉丁名	中文名	习性	花色	花/果期	分布地区
36	*L. pampaninii*	短柄忍冬	木质藤本或灌木	白色	5～6月；10～11月	建水
37	*L. pileata*	蕊帽忍冬	常绿或半常绿灌木	白色	4～6月；9～10月	麻栗坡
38	*L. rupicola*	岩生忍冬	直立灌木	淡红至淡紫色	5～8月；8～10月	德钦、洱源、会泽
39	*L. saccata*	袋花忍冬	落叶直立灌木	白色带粉红色	5月；8～9月	丽江、德钦
40	*L. setifera*	齿叶忍冬	落叶灌木	淡紫红色	4月；5～6月	大理、洱源、鹤庆、丽江、维西、香格里拉、德钦
41	*L. standishii*	苦糖果	半常绿灌木	白色	1～4月；4～6月	镇雄、维西
42	*L. strigosiflora*	心叶忍冬	木质藤本或灌木	—	5月	澜沧
43	*L. syringantha*	红花忍冬	直立灌木	粉红色至淡紫色	5～6月；9月	香格里拉
44	*L. szechuanica*	四川忍冬	灌木	白色或绿黄色至红色	5月；8月	大理、维西、香格里拉、德钦
45	*L. tangutica*	陇塞忍冬	落叶灌木	白色或黄白色	5～6月；7～8月	贡山、兰坪、香格里拉、德钦、维西、丽江、大理
46	*L. trichosanitha*	毛花忍冬	灌木	黄色	6～8月；9～10月	德钦
47	*L. virgultorum*	绢柳林忍冬	木质藤本或灌木	白色	5月；9月	漾濞、凤庆、腾冲、龙陵、德宏
48	*L. webbiana*	华西忍冬	落叶灌木	紫红色	5～6月；9～10月	鹤庆、洱源、香格里拉、丽江、德钦
49	*L. yunnanensis*	云南忍冬	木质藤本或攀缘灌木	黄色	6～7月；11月	禄丰、昆明、武定、宾川、洱源、大理、丽江
50	*Sambucus adnata*	血满草	直立草本	白色或淡黄色	5～8月；8～10月	滇西、滇西北、滇中至滇东北部
51	*S. chinensis*	接骨草	草本至半灌木	白色	5～8月；9～10月	云南各地
52	*S. williamsii*	接骨木	灌木或小乔木	白色至淡黄色	3～4月；4～5月	滇东南、滇中至滇西北
53	*Symphoricarpos sinensis*	毛核木	直立灌木	白色	7～9月；9～10月	兰坪、禄劝、武定、东川
54	*Triosteum himalayanum*	穿心莛子藨	多年生草本	淡绿或黄绿色	6～7月；8～9月	镇康、大理、鹤庆、丽江、兰坪、维西、香格里拉、德钦
55	*Viburnum amplifolium*	宽叶荚蒾	灌木	乳白色至黄白色	5～6月；9～10月	蒙自、屏边、西畴、马关、麻栗坡
56	*V. atrocyaneum*	蓝黑果荚蒾	常绿灌木	白色	4～6月；7～10月	泸水、香格里拉、德钦、贡山、维西、丽江、宾川、昆明
57	*V. betulifolium*	桦叶荚蒾	落叶灌木或小乔木	白色	6～7月；9～10月	丽江、维西、福贡、德钦、镇雄、彝良、大关

续表2-5-64

序号	拉丁名	中文名	习性	花色	花/果期	分布地区
58	*V. brachybotryum*	尖果荚蒾	落叶灌木至小乔木	白色	10月至次年4月；3～10月	勐海、勐腊、景洪、思茅、双江、双柏、建水、蒙自、金平、屏边、马关、西畴、广南、富宁、绥江
59	*V. carnosulum*	肉叶荚蒾	灌木至小乔木	玫瑰红色	5～6月；6～9月	瑞丽、龙陵、腾冲、凤庆、永平、隆阳、景东
60	*V. chingii*	漾濞荚蒾	灌木	白色	4～5月；6～10月	镇康、凤庆、文山、贡山、漾濞
61	*V. cinnamomifolium*	樟叶荚蒾	常绿灌木至小乔木	黄绿色	11～3月；4～10月	麻栗坡、西畴、广南
62	*V. chinshanense*	金佛山荚蒾	常绿灌木或小乔木	白色	4～5月；7月	罗平、广南、富宁、威信、盐津
63	*V. congestum*	密花荚蒾	常绿灌木	白色	3～6月；7～11月	兰坪、香格里拉、德钦、维西、丽江、禄劝、会泽、宣威、蒙自
64	*V. cordifolium*	心叶荚蒾	落叶灌木	白色	3～4月；5～9月	文山、广南、镇雄
65	*V. corymbiflorum*	伞房荚蒾	小乔木	白色	4～5月；6～7月	镇雄、广南
66	*V. cylindricum*	水红木	常绿灌木至小乔木	白色或带粉红色	6～7月；8～10月	蒙自
67	*V. foetidum*	臭荚蒾	常绿灌木	白色	5～8月；8～10月	双江、临翔、文山、麻栗坡
68	*V. fordiae*	南方荚蒾	落叶灌木	白色	4～5月；9～10月	富宁
69	*V. glomeratum*	球花荚蒾	落叶灌木或小乔木	白色	4～5月；9～10月	丽江、维西、香格里拉
70	*V. hupehense*	湖北荚蒾	落叶灌木	白色	5～6月；8～9月	镇康、大理、剑川、丽江、香格里拉、贡山、禄劝、会泽
71	*V. ichangense*	宜昌荚蒾	落叶灌木至小乔木	白色	4～5月；6～9月	威信、镇雄、盐津、大关、彝良
72	*V. inopinatum*	厚绒荚蒾	常绿灌木至小乔木	—	4～5月；6～10月	富宁至西双版纳
73	*V. kansuense*	甘肃荚蒾	落叶灌木	白色或粉红色	6～7月；8～10月	鹤庆、丽江、维西、香格里拉、德钦
74	*V. leiocarpum*	光果荚蒾	灌木或小乔木	白色	5～7月；8～10月	蒙自、屏边、马关、富宁
75	*V. longipedunculatum*	长梗荚蒾	灌木	黄绿色	4～5月；7～8月	西畴
76	*V. longiradiatum*	长伞梗荚蒾	灌木或小乔木	白色	5～6月；7～9月	永善
77	*V. luzonicum*	吕宋荚蒾	落叶灌木至小乔木	白色	5～6月；8～10月	富宁
78	*V. mullaha*	西域荚蒾	落叶灌木或小乔木	白色	6～7月；8～9月	贡山

续表2-5-64

序号	拉丁名	中文名	习性	花色	花/果期	分布地区
79	*V. nervosum*	心叶荚蒾	落叶灌木至小乔木	白色	4～6月；7～9月	景东、文山
80	*V. odoratissimum*	旱禾树	常绿灌木至小乔木	白色至黄白色	2～5月；4～6月	富宁、西双版纳
81	*V. oliganthum*	少花荚蒾	灌木至小乔木	白色或淡红色	4～6月；7～8月	永善、彝良、镇雄
82	*V. plicatum*	粉团	落叶灌木	白色	4～5月	昆明、丽江
83	*V. prattii*	紫药荚蒾	灌木或小乔木	白色至粉红色	4～5月；6～7月	东川、大姚、禄劝、贡山
84	*V. propinquum*	球核荚蒾	常绿灌木	绿白色	4～5月；9～10月	彝良
85	*V. punctatum*	鳞斑荚蒾	常绿小乔木	白色	3～4月；5～10月	漾濞、澜沧、景东、昆明、易门、蒙自、富宁、景洪（普文）
86	*V. pyramidatum*	锥序荚蒾	常绿灌木至小乔木	白色	11～12月；3～10月	蒙自、金平、河口、西畴、麻栗坡、马关
87	*V. shweliense*	瑞丽荚蒾	灌木至小乔木	—	5月	瑞丽
88	*V. subalpinum*	亚高山荚蒾	灌木	紫红色	5月	贡山、维西
89	*V. sympodiale*	合轴荚蒾	落叶灌木至小乔木	白色	4～5月；8～9月	大关
90	*V. tengynehense*	腾冲荚蒾	灌木	白色	4～6月；7～11月	南华、漾濞、福贡、腾冲、瑞丽、新平、屏边
91	*V. ternatum*	三叶荚蒾	灌木至小乔木	白色	6～7月；9月	镇雄、盐津
92	*V. wilsonii*	西南荚蒾	灌木至小乔木	白色	5～6月；8～9月	镇雄、永善、大关、彝良、盐津
93	*V. yunnanense*	云南荚蒾	灌木	白色	6月	蒙自、凤庆
94	*Weigela corseensis*	海仙花	落叶灌木	淡红色	4～5月；8～10月	昆明

六十五、川续断科

本科多为草本，稀为亚灌木。

全科约有12属，300余种，分布于亚洲、非洲和欧洲。中国有7属，30余种。云南有6属，14种。本书收录1属，2种。

本科中刺萼参属具有一定的观赏价值。

表2-5-65　本书收录川续断科2种信息表

序号	拉丁名	中文名	习性	花色	花/果期	分布地区
1	*Acanthocalyx delavayi*	大花刺萼参	多年生草本	紫红色	6～7月	东川、大理、洱源、丽江、香格里拉、维西
2	*A. nepalensis*	刺萼参	多年生草本	粉红色	6～7月	滇西北

六十六、菊科

直立或匍匐草本，或木质藤本或灌木，稀为乔木。花两性或单性。果为瘦果。

本科约1000属，25000～30000种，广布于全球，主要产温带地区。中国有230属，2300多种，各地均产，有些观赏，有些入药。本书收录5属，126种。

表2-5-66　本书收录菊科126种信息表

序号	拉丁名	中文名	习性	花色	花/果期	分布地区
1	*Aster oreophilus*	石生紫菀	多年生草本	黄色、橙黄色或淡紫色	7～10月	香格里拉、维西、丽江、鹤庆、剑川、兰坪、洱源、漾濞、大理、宾川、大姚、昆明、会泽、昭通、玉溪
2	*Cremanthodium angustifolium*	狭叶垂头菊	多年生草本	黄色	7～10月	泸水、维西、丽江
3	*C. brachychaetum*	短缨垂头菊	多年生草本	黄色	7～8月	维西、香格里拉
4	*C. bulbilliferum*	珠芽垂头菊	多年生草本	黄色	8～10月	德钦、贡山、香格里拉、维西
5	*C. bupleurifolium*	柴胡叶垂头菊	多年生草本	黄色	6～8月	德钦、贡山
6	*C. calcicola*	长鞘垂头菊	多年生草本	黄色	6～7月	德钦、香格里拉
7	*C. campanulatum*	钟花垂头菊	多年生草本	紫色	5～9月	丽江、维西、德钦、香格里拉、贡山
8	*C. chungtienense*	香格里拉垂头菊	多年生草本	黄色	7～8月	香格里拉
9	*C. cyclaminathum*	仙客来垂头菊	多年生草本	黄色	8月	宁蒗（永宁）、香格里拉、德钦
10	*C. decaisnei*	喜马拉雅垂头菊	多年生草本	黄色	7～9月	德钦、维西、丽江、大理
11	*C. delavayi*	大理垂头菊	多年生草本	黄色	7～9月	大理
12	*C. dissectum*	细裂垂头菊	多年生草本	黄色	8月	贡山
13	*C. ellisii*	车前状垂头菊	多年生草本	深黄色	7～10月	德钦
14	*C. farreri*	红花垂头菊	多年生草本	淡紫色	8～9月	滇西
15	*C. forresti*	矢叶垂头菊	多年生草本	黄色	7～10月	德钦、贡山、维西
16	*C. glaucum*	灰绿垂头菊	多年生草本	黄色	7～10月	香格里拉、维西、丽江
17	*C. helianthus*	向日垂头菊	多年生草本	黄色	7～11月	香格里拉、维西、丽江、鹤庆
18	*C. humile*	矮垂头菊	多年生草本	黄色	7～11月	德钦、维西、丽江
19	*C. nanum*	小垂头菊	多年生草本	黄色	7～8月	丽江、香格里拉、德钦
20	*C. nobile*	壮观垂头菊	多年生草本	黄色	6～8月	香格里拉、丽江、鹤庆
21	*C. pinnatisectum*	裂叶垂头菊	多年生草本	紫色	5～9月	滇西北
22	*C. pulchrum*	美丽垂头菊	多年生草本	黄色	7月	滇西北
23	*C. reniforme*	垂头菊	多年生草本	黄色	8月	丽江、贡山
24	*C. rhodocephalum*	红头垂头菊	多年生草本	紫色	7～9月	丽江、香格里拉、贡山、德钦
25	*C. smithianum*	紫茎垂头菊	多年生草本	黄色	7～9月	香格里拉、丽江
26	*C. thomsonii*	叉舌垂头菊	多年生草本	黄色	6～8月	大理
27	*C. variifolium*	变叶垂头菊	多年生草本	黄色	7～10月	德钦、贡山、香格里拉、大理
28	*Leontopodium artemisiifolium*	艾叶火绒草	木质草本	白色	8～9月	德钦、香格里拉、维西、丽江、鹤庆、东川、昭通
29	*L. souliei*	银叶火绒草	多年生草本	白色	7～9月	香格里拉、德钦
30	*Ligularia alatipes*	翅柄橐吾	多年生草本	黄色	7～8月	丽江、维西
31	*L. anoleuca*	上白橐吾	多年生草本	黄色	8月	洱源
32	*L. atroviolacea*	暗紫橐吾	多年生草本	黄色	8～12月	丽江、剑川、大理、洱源、维西

续表2–5–66

序号	拉丁名	中文名	习性	花色	花/果期	分布地区
33	*L. caloxantha*	美黄橐吾	多年生草本	黄色	7～10月	丽江
34	*L. chimiliensis*	毛叶橐吾	多年生草本	黄色	8月	维西
35	*L. confertiflora*	密花橐吾	多年生草本	黄色	8～10月	维西（立地坪）
36	*L. cremanthodioides*	垂头橐吾	多年生草本	黄色	7～8月	贡山
37	*L. curvisquama*	弯苞橐吾	多年生草本	黄色	7～11月	丽江、德钦
38	*L. cyathiceps*	杯头橐吾	多年生草本	黄色	7～8月	维西、香格里拉、德钦
39	*L. cymbulifera*	船苞橐吾	多年生草本	黄色	7～8月	丽江、香格里拉、德钦
40	*L. dentata*	齿叶橐吾	多年生草本	黄色	7～10月	嵩明、鹤庆、大理、腾冲
41	*L. duciformis*	大黄橐吾	多年生草本	黄色	7～9月	大理、丽江、香格里拉、德钦
42	*L. franchetiana*	隐舌橐吾	多年生草本	黄色	6～9月	滇西北、巧家
43	*L. hookeri*	纤细橐吾	多年生草本	黄色	5～9月	鹤庆、贡山、香格里拉、德钦
44	*L. kanaitzensis*	千崖子橐吾	多年生草本	黄色	7～10月	洱源、鹤庆、丽江、维西
45	*L. lamarum*	沼生橐吾	多年生草本	黄色	7～8月	鹤庆、大理、丽江、香格里拉、德钦
46	*L. lankongensis*	洱源橐吾	多年生草本	黄色	4～8月	洱源、大理、丽江、玉溪、曲靖、楚雄
47	*L. lapathifolia*	酸膜叶橐吾	多年生草本	黄色	7～8月	鹤庆、丽江、宾川、昆明
48	*L. latihastata*	宽戟橐吾	多年生草本	黄色	7～10月	丽江、香格里拉
49	*L. lidjiangensis*	丽江橐吾	多年生草本	黄色	7～8月	丽江及滇西北
50	*L. longihastata*	长戟橐吾	多年生草本	黄色	7～8月	德钦、澜怒分水岭
51	*L. melanocephala*	黑头橐吾	多年生草本	黄色	8～9月	洱源、大理、丽江
52	*L. microcardia*	小心叶橐吾	多年生草本	黄色	9～10月	丽江、德钦
53	*L. nelumbifolia*	莲叶橐吾	多年生草本	黄色	7～9月	香格里拉、德钦、会泽
54	*L. odontomanes*	细齿橐吾	多年生草本	黄色	7～8月	德钦
55	*L. oligonema*	疏舌橐吾	多年生草本	黄色	9～10月	丽江、维西、贡山、香格里拉
56	*L. paradoxa*	奇形橐吾	多年生草本	黄色	9～10月	剑川、大理、丽江、维西、香格里拉、德钦
57	*L. platyglossa*	宽舌橐吾	多年生草本	黄色	7～11月	洱源、大姚
58	*L. pleurocaulis*	侧茎橐吾	多年生草本	黄色	7～11月	鹤庆、丽江、维西、贡山、香格里拉、德钦
59	*L. pterodonta*	宽翅橐吾	多年生草本	黄色	9月	腾冲、丽江、维西、贡山
60	*L. retusa*	黑毛橐吾	多年生草本	黄色	7～10月	贡山、德钦
61	*L. rockiana*	维西橐吾	多年生草本	黄色	5～11月	维西
62	*L. ruficoma*	赤毛橐吾	多年生草本	黄色	7～8月	鹤庆
63	*L. stenocephala*	窄头橐吾	多年生草本	黄色	7～10月	鹤庆、丽江
64	*L. stenoglossa*	狭舌橐吾	多年生高大草本	黄色	9～11月	大理、丽江、德钦
65	*L. subspicata*	近穗花橐吾	多年生草本	黄色	7～9月	鹤庆、大理
66	*L. tenuicaulis*	细茎橐吾	多年生草本	黄色	9～10月	德钦
67	*L. tongolensis*	东俄洛橐吾	多年生草本	黄色	7～8月	会泽、丽江、香格里拉
68	*L. transversifolia*	横叶橐吾	多年生草本	黄色	6～7月	丽江、香格里拉
69	*L. tsangchanensis*	苍山橐吾	多年生草本	黄色	6～9月	洱源、鹤庆、大理、丽江、维西、香格里拉

续表2-5-66

序号	拉丁名	中文名	习性	花色	花/果期	分布地区
70	*L. veitchiana*	离舌橐吾	多年生草本	黄色	7~9月	德钦
71	*L. vellerea*	绵毛橐吾	多年生草本	黄色	6~9月	会泽、洱源、鹤庆、剑川、丽江、香格里拉
72	*L. villosa*	柔毛橐吾	多年生草本	黄色	7~8月	维西、贡山、德钦
73	*L. virgaurea*	黄帚橐吾	多年生草本	黄色	7~9月	丽江、香格里拉、德钦
74	*L. yunnanensis*	云南橐吾	多年生草本	黄色	7~8月	大理、丽江、维西、贡山
75	*Saussurea bullata*	泡叶风毛菊	多年生矮小草本	粉紫色	9月	丽江、香格里拉、德钦
76	*S. centiloba*	百裂风毛菊	多年生草本	淡紫红色	7~8月	大理、丽江、香格里拉、巧家
77	*S. chetchozensis*	大坪风毛菊	多年生草本	蓝紫色	10月	洱源、鹤庆、剑川、丽江
78	*S. columnaris*	柱茎风毛菊	多年生丛生草本	紫色	8~10月	丽江、维西、香格里拉、德钦
79	*S. deltoidea*	三角叶风毛菊	多年生草本	淡紫红色	5~11月	漾濞、丽江、昆明、蒙自
80	*S. dolichopoda*	长梗风毛菊	多年生草本	紫色	7~10月	香格里拉
81	*S. dschungdiensis*	香格里拉风毛菊	多年生草本	紫色	9月	香格里拉、德钦
82	*S. eriocephala*	绵头风毛菊	多年生草本	紫色	9月	丽江、维西、香格里拉、泸水
83	*S. euodonta*	锐齿风毛菊	多年生草本	紫色	8月	鹤庆、丽江
84	*S. forrestii*	奇形风毛菊	多年生草本	紫色	8~10月	丽江、贡山、香格里拉、德钦
85	*S. fistulosa*	管茎雪兔子	多年生多次结实簇生草	红紫色	9月	德钦
86	*S. georgei*	川滇雪兔子	多年生多次结实莲座状	紫红色	—	德钦
87	*S. globosa*	球花雪莲	多年生草本	紫色	7~9月	香格里拉
88	*S. grosseserrata*	粗齿风毛菊	多年生草本	黑紫色	8月	丽江、香格里拉
89	*S. hieracioides*	长毛风毛菊	多年生草本	紫色	6~8月	鹤庆、大理、丽江、巧家、德钦
90	*S. hypsipeta*	黑毛雪兔子	丛生多年生多次结实草	紫红色	7~9月	德钦
91	*S. laniceps*	绵头雪兔子	多年生一次结实有茎草	白色	8~10月	丽江、贡山、香格里拉
92	*S. leontodontoides*	狮牙草状风毛菊	多年生草本	紫红色	8~10月	鹤庆、丽江、香格里拉
93	*S. leucoma*	羽裂雪兔子	多年生多次结实草本	紫黑色	8~10月	丽江、香格里拉、德钦
94	*S. lingulata*	小舌风毛菊	多年生草本	黑紫色	8~10月	贡山、香格里拉、德钦
95	*S. longifolia*	长叶雪莲	多年生草本	红紫色	7~9月	大理、洱源、鹤庆、丽江、香格里拉、德钦
96	*S. loriformis*	带叶风毛菊	多年生草本	紫色	8~9月	丽江、德钦
97	*S. medusa*	水母雪兔子	多年生多次结实草本	蓝紫色	7~9月	德钦、香格里拉
98	*S. neofranchetii*	耳叶风毛菊	多年生草本	紫红色	8月	丽江、香格里拉
99	*S. nidularis*	鸟巢状雪莲	无茎莲座状草本	紫红色	7~9月	德钦
100	*S. obvallata*	苞叶雪莲	多年生草本	蓝紫色	7~9月	维西、贡山、香格里拉、德钦
101	*S. pachyneura*	羽裂风毛菊	多年生草本	紫色	8~10月	丽江、贡山、香格里拉、巧家

续表2–5–66

序号	拉丁名	中文名	习性	花色	花/果期	分布地区
102	*S. peduncularis*	显梗风毛菊	多年生草本	深蓝紫色	9～10月	丽江、香格里拉、大姚、宾川
103	*S. pinetorum*	松林风毛菊	多年生草本	紫色	7～9月	丽江
104	*S. polycolea*	多鞘雪莲	多年生草本	蓝紫色	7～9月	香格里拉、德钦
105	*S. polypodioides*	水龙骨风毛菊	多年生草本	紫色	8～9月	丽江、维西、香格里拉、德钦
106	*S. poochlamys*	革叶风毛菊	多年生无茎莲座状草本	紫红色	8～9月	丽江
107	*S. porphyroleuca*	紫白风毛菊	多年生草本	深紫色	8～9月	丽江、香格里拉
108	*S. pratensis*	草地雪莲	多年生草本	紫红色	7～9月	丽江、大理
109	*S. przewalskii*	弯齿风毛菊	多年生草本	紫色	8～9月	丽江、香格里拉、德钦
110	*S. quercifolia*	槲叶雪兔子	多年生多次结实簇生草	紫红色	7～10月	贡山、香格里拉、德钦
111	*S. rockii*	显鞘风毛菊	多年生簇生草本	紫色	9月	丽江、贡山
112	*S. romuleifolia*	鸢尾叶风毛菊	多年生草本	紫色	7～8月	丽江、香格里拉、德钦
113	*S. salwinensis*	怒江风毛菊	多年生垫状簇生草本	淡紫色	8～9月	维西、香格里拉、贡山
114	*S. semiampexicaulis*	半抱茎风毛菊	多年生草本	深紫色	9月	德钦
115	*S. semilyrata*	半琴叶风毛菊	多年生草本	紫色	7～9月	丽江、贡山、香格里拉、德钦
116	*S. stella*	星状雪兔子	无茎莲座状草本	紫色	7～9月	丽江、香格里拉、贡山、德钦
117	*S. stricta*	喜林风毛菊	多年生草本	紫色	8～10月	贡山
118	*S. sublisquama*	尖苞风毛菊	多年生草本	紫色	8～9月	德钦
119	*S. subulata*	钻叶风毛菊	多年生垫状草本	紫红色	7～8月	德钦
120	*S. uniflora*	单花雪莲	多年生草本	蓝紫色	7～9月	大理、香格里拉、维西、德钦
121	*S. velutina*	毡毛雪莲	多年生草本	紫红色	7～9月	丽江、德钦
122	*S. vestita*	绒背风毛菊	多年生草本	黑紫色	8～10月	洱源、丽江 、鹤庆
123	*S. wardii*	川滇风毛菊	多年生草本	紫色	7～8月	维西、德钦
124	*S. wernerioides*	锥叶风毛菊	多年生无茎草本	紫色	8～9月	德钦
125	*S. wettsteiniana*	垂头雪莲	多年生草本	蓝紫色	7～9月	丽江、维西、香格里拉、德钦
126	*S. yunnanensis*	云南风毛菊	多年生草本	紫色	7～9月	洱源、鹤庆、昆明、丽江、德钦

六十七、龙胆科

一年生草本或多年生草本，本科中的龙胆属（*Gentiana*）在高山“五花草甸”中占有重要的地位。

本科约有80属，700余种，广布于世界各洲。中国有22属，427种，主要分布于西南山丘地区。本书收录9属，115种。

表2-5-67 本书收录龙胆科115种信息表

序号	拉丁名	中文名	习性	花色	花/果期	分布地区
1	*Comastoma cyananthiflorum*	兰钟喉毛花	多年生草本	蓝色	6~10月	西藏东南部、四川西南部
2	*C. pulmonarium*	喉毛花	一年生草本	蓝色	7~11月	洱源、香格里拉
3	*C. stellarifolium*	纤枝喉毛花	多年生草本	蓝色	8~9月	洱源、贡山
4	*C. traillianum*	高杯喉毛花	多年生草本	蓝色	8~10月	香格里拉、丽江
5	*Crawfurdia angustata*	大花蔓龙胆	多年生草本	淡紫色	10~12月	贡山、福贡、梁河
6	*C. campanulacea*	云南蔓龙胆	多年生缠绕草本	紫色	9~11月	贡山、福贡、维西、泸水、龙陵、腾冲、景东
7	*C. delavayi*	披针叶蔓龙胆	缠绕草本	粉紫色	9~11月	贡山、德钦、丽江、大理、邓川、景东
8	*C. gracilipes*	细柄蔓龙胆	缠绕草本	淡紫红色	8~10月	贡山
9	*C. maculaticaulis*	斑茎蔓龙胆	多年生草本	紫色	9~11月	西畴、麻栗坡
10	*C. tsangshanensis*	苍山蔓龙胆	多年生草本	蓝紫色	9~10月	大理
11	*Gentiana alata*	翅萼龙胆	一年生草本	蓝紫色	6~8月	昆明、弥勒、蒙自、金平
12	*G. albomarginata*	膜边龙胆	一年生草本	淡蓝紫色	3~4月	洱源、丽江、大姚、昆明
13	*G. alsinoides*	繁缕状龙胆	一年生草本	蓝色	7~9月	鹤庆、洱源、丽江
14	*G. altigena*	椭叶龙胆	多年生草本	蓝色	8~9月	贡山、香格里拉
15	*G. anisostemon*	异药龙胆	一年生草本	蓝紫色	4~5月	丽江
16	*G. asparagoides*	天冬龙胆	一年生草本	蓝紫色	8月	贡山
17	*G. asterocalyx*	星萼龙胆	一年生草本	蓝紫色	7~8月	丽江
18	*G. atropurpurea*	紫黑龙胆	一年生草本	深紫色	8月	香格里拉、德钦
19	*G. atuntsiensis*	阿墩子龙胆	多年生草本	蓝色	6~8月	德钦、香格里拉、维西、贡山
20	*G. bella*	秀丽龙胆	多年生草本	深紫色	9月	贡山
21	*G. caelestis*	天蓝龙胆	多年生草本	淡蓝色，具蓝色条纹或斑点	7~9月	丽江、贡山、香格里拉
22	*G. caryophyllea*	石竹叶龙胆	多年生草本	深蓝色	8~9月	福贡、贡山
23	*G. cephalantha*	头花龙胆	多年生草本	蓝色	8~11月	大理、洱源、丽江、维西、香格里拉、德钦、贡山
24	*G. chinensis*	中国龙胆	多年生草本	蓝色	7~9月	大理、德钦
25	*G. chungtienensis*	香格里拉龙胆	一年生草本	淡蓝色	5~6月	香格里拉
26	*G. confertifolia*	密叶龙胆	多年生草本	淡青色	4月	宁蒗
27	*G. crassicaulis*	粗茎秦艽	多年生草本	深蓝色	6~10月	丽江、维西、香格里拉、德钦
28	*G. crassula*	景天龙胆	多年生草本	蓝紫色	7~8月	洱源、丽江、维西、香格里拉、贡山、德钦
29	*G. crassuloides*	肾叶龙胆	一年生草本	蓝色	6~9月	丽江、香格里拉、德钦
30	*G. cristata*	脊突龙胆	一年生草本	淡紫色	6月	德钦
31	*G. cuneibarba*	髯毛龙胆	一年生草本	蓝紫色	7~9月	香格里拉、德钦
32	*G. damyonensis*	深裂龙胆	多年生草本	淡绿色	8~10月	贡山
33	*G. decorata*	美龙胆	多年生矮小草本	紫色	8~10月	大理、福贡、贡山、香格里拉、德钦
34	*G. delavayi*	微籽龙胆	一年生草本	蓝紫色	8~9月	昆明、剑川、丽江、鹤庆、洱源、香格里拉
35	*G. duclouxii*	昆明龙胆	多年生草本	玫瑰色	4~6月	滇中

续表2-5-67

序号	拉丁名	中文名	习性	花色	花/果期	分布地区
36	*G. ecaudata*	无尾尖龙胆	多年生草本	淡蓝色	7～8月	贡山
37	*G. epichysantha*	齿褶龙胆	一年生草本	黄绿色	8月	香格里拉、鹤庆
38	*G. eurycolpa*	滇东龙胆	一年生草本	蓝色或蓝紫色	8～10月	富民、镇雄
39	*G. exigua*	弱小龙胆	一年生草本	蓝色	5～9月	丽江、维西
40	*G. faucipilosa*	毛喉龙胆	一年生草本	蓝色	6～8月	贡山
41	*G. filistyla*	丝柱龙胆	多年生草本	蓝色	7～9月	德钦、贡山
42	*G. formosa*	美丽龙胆	多年生小草本	淡紫色	7～9月	贡山
43	*G. forrestii*	苍白龙胆	一年生草本	淡蓝色	4～8月	贡山、福贡、兰坪、泸水、德钦、香格里拉、维西、丽江、剑川、鹤庆、洱源、宾川、漾濞、云龙、大理
44	*G. futtereri*	青藏龙胆	多年生草本	深蓝色	8～11月	贡山、福贡、兰坪、泸水、德钦、香格里拉、维西、丽江、剑川、鹤庆、洱源、宾川、漾濞、云龙、大理
45	*G. gentilis*	高贵龙胆	一年生草本	蓝紫色	8～9月	昆明
46	*G. georgei*	滇西龙胆	多年生草本	淡蓝紫色	8～9月	丽江、维西
47	*G. grata*	长流苏龙胆	多年生草本	蓝色或淡蓝色	7～8月	贡山、景东
48	*G. handeliana*	斑点龙胆	多年生草本	黄色	2～9月	禄劝、德钦、贡山
49	*G. harrowiana*	扭果龙胆	多年生草本	蓝色	8～9月	大理、贡山、福贡
50	*G. helophila*	喜湿龙胆	多年生草本	蓝紫色	6～9月	丽江、香格里拉
51	*G. infelix*	小耳褶龙胆	草本	蓝色	8～9月	滇西
52	*G. intricata*	帚枝龙胆	一年生草本	淡蓝色	5～7月	洱源、丽江、鹤庆、香格里拉
53	*G. jingdongensis*	景东龙胆	多年生小草本	蓝色	4～5月	景东
54	*G. leptoclada*	蔓枝龙胆	一年生草本	蓝色	7～8月	禄劝
55	*G. lineolata*	四数龙胆	一年生草本	紫蓝色	8～9月	洱源、鹤庆、昆明
56	*G. linoides*	亚麻状龙胆	一年生草本	蓝紫色	7～8月	洱源、鹤庆、丽江、维西、香格里拉、德钦
57	*G. loureirii*	华南龙胆	多年生草本	紫色	2～9月	景东、屏边
58	*G. macrauchena*	大颈龙胆	一年生矮小草本	淡蓝色	5～6月	西藏东南部和四川西南部
59	*G. maeulchanensis*	马耳山龙胆	一年生草本	淡蓝色	4～7月	鹤庆、丽江、福贡、维西、香格里拉
60	*G. melandriifolia*	女娄叶龙胆	多年生草本	蓝色	5～8月	大理
61	*G. microdonta*	小齿龙胆	多年生草本	深蓝色	7～8月	大理、丽江、香格里拉
62	*G. moniliformis*	念珠脊龙胆	草本	黄绿色或淡蓝色	5月	腾冲
63	*G. nannobella*	钟花龙胆	一年生矮小草本	蓝紫色	8～9月	贡山
64	*G. napulifera*	菔根龙胆	多年生草本	淡紫蓝色	4～7月	滇中、滇西北
65	*G. ninglangensis*	宁蒗龙胆	一年生草本	浅蓝色	5月	宁蒗
66	*G. oreodoxa*	山景龙胆	多年生草本	浅蓝色	7～9月	德钦
67	*G. otophora*	耳褶龙胆	多年生草本	淡黄绿色	8～10月	福贡、维西、贡山、香格里拉、大理
68	*G. otophoroides*	类耳褶龙胆	多年生草本	白色	8～9月	贡山
69	*G. panthaica*	流苏龙胆	一年生草本	淡蓝色	5～7月	东川、巧家、洱源、鹤庆、丽江、大理、弥勒

续表2-5-67

序号	拉丁名	中文名	习性	花色	花/果期	分布地区
70	*G. papillosa*	乳突龙胆	一年生草本	蓝色	4~6月	鹤庆、昆明、大姚
71	*G. pedata*	鸟足龙胆	一年生草本	蓝色	3~5月	东川
72	*G. pedicellata*	糙毛龙胆	一年生草本	蓝色至蓝紫色	6~8月	滇西
73	*G. phyllocalyx*	叶萼龙胆	多年生草本	蓝色	7~8月	大理、丽江、维西、香格里拉、德钦
74	*G. phyllopoda*	叶柄龙胆	多年生草本	淡黄色	7~8月	巧家（药山）
75	*G. picta*	着色龙胆	一年生草本	蓝色	8~9月	洱源、剑川、丽江、香格里拉、维西、漾濞、保山
76	*G. praeclara*	脊萼龙胆	一年生小草本	紫蓝色	8~10月	丽江
77	*G. praticola*	草甸龙胆	多年草本	蓝色	6~10月	昆明、思茅、蒙自、镇雄
78	*G. prattii*	黄白龙胆	一年生草本	黄绿色	6~8月	德钦
79	*G. primuliflora*	报春花龙胆	一年生草本	淡红色或蓝色	7~9月	昆明、大理、鹤庆
80	*G. pseudosquarrosa*	假鳞叶龙胆	一年生草本	深蓝色	4~7月	丽江、维西
81	*G. pterocalyx*	翼萼龙胆	一年生草本	蓝色	8~9月	洱源、鹤庆
82	*G. pubiflora*	毛花龙胆	一年生草本	蓝紫色	7~9月	滇中、滇西
83	*G. rubicunda*	深红龙胆	一年生草本	紫色	3~7月	巧家、大关、威信、盐津
84	*G. scytophylla*	革叶龙胆	一年生草本	淡蓝色	2月	禄劝
85	*G. serra*	锯齿龙胆	一年生草本	蓝色	8~9月	昆明、洱源
86	*G. sichitoensis*	短管龙胆	多年生草本	黄绿色	9~10月	贡山
87	*G. sikkimensis*	锡金龙胆	多年生草本	蓝色	9~10月	德钦、贡山、大理、福贡、丽江
88	*G. stellulata*	星状龙胆	一年生草本	紫红色	6~9月	香格里拉、贡山
89	*G. stragulata*	匙萼龙胆	多年生草本	淡蓝紫色	8~9月	德钦、福贡、维西
90	*G. subintricata*	假帚枝龙胆	一年生草本	淡紫红色	7~8月	香格里拉
91	*G. sutchuenensis*	四川龙胆	一年生草本	蓝紫色	4~6月	昆明、宾川、大关
92	*G. szechenyii*	大花龙胆	多年生草本	淡蓝色	7~9月	丽江、香格里拉、贡山、德钦
93	*G. taliensis*	大理龙胆	一年生草本	白色、蓝色或紫色	3~4月	漾濞、大理、鹤庆、丽江
94	*G. ternifolia*	三叶龙胆	多年生草本	蓝色	4~5月	洱源
95	*G. tongolensis*	东俄洛龙胆	一年生草本	淡黄色	7~8月	丽江、香格里拉
96	*G. veitchiorum*	蓝玉簪龙胆	多年生草本	深蓝色	7~9月	贡山、丽江
97	*G. wardii*	矮龙胆	多年生矮小草本	蓝色	8~10月	德钦
98	*Gentianella azurea*	黑边假龙胆	一年生草本	蓝色	7~9月	德钦
99	*G. gentianoides*	假龙胆	一年生草本	淡蓝色	10~11月	洱源、宾川、丽江
100	*Gentianopsis contorta*	回旋扁蕾	一年生草本	蓝色	7~10月	宾川、大理、香格里拉、德钦
101	*G. grandis*	大花扁蕾	二年或多年生草本	黄色	7~9月	兰坪、丽江、维西、香格里拉、永善、巧家
102	*G. lutea*	黄花扁蕾	草本	淡黄色	8~10月	滇中
103	*G. paludosa*	湿生扁蕾	一年生草本	蓝色	7~10月	大理、洱源、香格里拉、德钦、会泽、东川
104	*Lomatogonium forrestii*	云南肋柱花	一年生草本	淡蓝色	8~10月	昆明、武定、大理、丽江、漾濞、维西、德钦

续表2-5-67

序号	拉丁名	中文名	习性	花色	花/果期	分布地区
105	*L. longifolium*	长叶肋柱花	多年生草本	蓝色	8~10月	贡山、香格里拉、德钦、维西
106	*L. oreocheris*	圆叶肋柱花	多年生草本	蓝色	7~9月	丽江、维西、香格里拉、德钦
107	*Megacodon stylophorus*	大钟花	多年生草本	黄绿色	6~8月	漾濞、大理、丽江、德钦、维西、香格里拉、贡山、福贡
108	*Tripterospermum chinense*	双蝴蝶	多年生缠绕草本	蓝紫色	9~11月	芒市、腾冲
109	*T. cordatum*	峨眉双蝴蝶	多年生缠绕草本	紫色或蓝紫色	8~9月	屏边、河口、文山、马关、麻栗坡、西畴、马关、富宁、砚山、丘北、广南
110	*T. cordifolioides*	心叶双蝴蝶	多年生缠绕草本	淡蓝色	8~9月	永善
111	*T. hirticalyx*	毛萼双蝴蝶	多年生缠绕草本	淡紫色或蓝色	8~9月	文山、西畴、金平、河口、绿春
112	*T. pallidum*	白花双蝴蝶	多年生缠绕草本	白色	9~11月	盐津、彝良
113	*T. pingbianense*	屏边双蝴蝶	多年生缠绕草本	紫色	9~10月	屏边
114	*T. volubile*	尼泊尔双蝴蝶	多年生缠绕草本	淡黄绿色	9~10月	禄劝、漾濞、丽江、香格里拉、德钦、贡山、凤庆
115	*Veratrilla baillonii*	黄秦艽	多年生草本	黄绿色	7~9月	大理、丽江、维西、香格里拉、德钦、贡山、福贡

六十八、报春花科

报春花科为多年生或一年生草本植物，稀为亚灌木。

全科共22属，近1000种左右，主要分布于北半球温带。中国有13属，近500种，其中，报春花属、独花报春属、点地梅属等的植物观赏价值极高，是良好的园艺花卉植物资源。本书收录4属，132种。

表2-5-68　本书收录报春花科132种信息表

序号	拉丁名	中文名	习性	花色	花/果期	分布地区
1	*Androsace alchemilloides*	花叶点地梅	多年生草本	白色或粉红色	5~6月	丽江、香格里拉
2	*A. axillaris*	腋花点地梅	多年生草本	白色	4~5月	香格里拉、维西、丽江、洱源、景东、双柏、昆明、昭通、屏边
3	*A. bulleyana*	景天点地梅	多年生草本	紫红色	6~7月	大理、洱源、丽江、香格里拉、德钦
4	*A. delavayi*	滇西北点地梅	多年生草本	粉红色	6~7月	丽江、香格里拉、德钦、维西、福贡
5	*A. dissecta*	裂叶点地梅	多年生草本	白色或粉红色	4~5月	维西、香格里拉、丽江、洱源、鹤庆
6	*A. erecta*	直立点地梅	一年生或二年生草本	白色或粉红色	4~6月	香格里拉、丽江、德钦、贡山
7	*A. euryantha*	大花点地梅	多年生草本	深红色	6~7月	香格里拉、宁蒗
8	*A. forrestiana*	滇藏点地梅	多年生草本	粉红色	6~7月	香格里拉、德钦
9	*A. gagnepainiana*	披散点地梅	多年生草本	白色带粉红色	6~7月	贡山
10	*A. graceae*	圆叶点地梅	多年生草本	粉红色	6~7月	香格里拉、德钦、贡山
11	*A. henryi*	莲叶点地梅	多年生草本	白色	4~5月	福贡、贡山、大关、禄劝

续表2-5-68

序号	拉丁名	中文名	习性	花色	花/果期	分布地区
12	*A. mollis*	柔软点地梅	多年生草本	粉红色	6～7月	德钦、贡山、福贡、漾濞、大理
13	*A. rigida*	硬枝点地梅	多年生草本	深红色或粉红色	5～7月	丽江、香格里拉、会泽
14	*A. runcinata*	异叶点地梅	多年生草本	淡紫红色	4～5月	西畴
15	*A. spinulifera*	刺叶点地梅	多年生草本	紫红色	5～6月	丽江、香格里拉、昆明、巧家
16	*A. sublanata*	绵毛点地梅	多年生草本	粉红色	6～7月	洱源、丽江、香格里拉
17	*A. umbellata*	点地梅	多年生草本	白色	5～6月	丽江、香格里拉、广南、麻栗坡
18	*A. wardii*	粗毛点地梅	多年生草本	粉红色	6～7月	德钦（白马雪山）
19	*A. zambalensis*	高原点地梅	多年生草本	白色	6～7月	香格里拉、德钦
20	*Lysimachia biflora*	双花香草	一年生草本	乳黄色	3月	景东、思茅
21	*L. candida*	星宿菜	一年生或二年生草本	白色	3～6月	大理、福贡、凤庆、景东、景洪、勐腊、思茅、绥江
22	*L. capillipes*	线柄排草	多年生草本	黄色	6～7月	金平
23	*L. cauliflora*	茎花排草	多年生草本	黄色	6月	芒市（遮放）
24	*L. chenopodioides*	藜状珍珠菜	一年生草本	白色或粉红色	6月	德钦、香格里拉、丽江、大理、昆明
25	*L. chungdienensis*	香格里拉珍珠菜	多年生草本	白色	8月	香格里拉
26	*L. clethroides*	矮桃	多年生草本	白色	5～7月	昆明、蒙自、屏边、丘北、马关、镇雄、彝良、元阳、元江、峨山、武定、大理
27	*L. congestiflora*	聚花过路黄	多年生草本	黄色	5～6月	楚雄、大理、富宁、贡山、景东、勐腊、蒙自、屏边
28	*L. decurrens*	延脉假露珠草	多年生草本	白色或带淡紫色	4～5月	景东、西双版纳、元江、河口、富宁
29	*L. englerii*	思茅香草	直立草本	黄色	4～5月	洱源、漾濞、景东、镇康、思茅、屏边、文山
30	*L. foenum-graecum*	灵香草	多年生草本	黄色	5月	元阳、金平、屏边、河口、马关、麻栗坡、西畴、绥江
31	*L. fooningensis*	富宁排草	多年生草本	黄色	5月	富宁
32	*L. fordiana*	大叶过路黄	多年生草本	黄色	5月	富宁、绿春
33	*L. grandiflora*	大花排草	多年生草本	黄色	6～7月	大关、盐津（成凤山）
34	*L. insignis*	三叶排草	多年生草本	黄色	4～5月	蒙自、屏边、河口、西畴、麻栗坡、砚山、广南、富宁
35	*L. jingdongensis*	景东香草	多年生草本	黄色	5～6月	景东
36	*L. lancifolia*	长叶排草	一年生草本	黄色	5月	澜沧、勐海、勐腊
37	*L. laxa*	多枝香草	多年生草本	黄色	5月	贡山、腾冲、瑞丽、凤庆、景东、绿春、元阳、金平
38	*L. lobelioides*	长蕊珍珠菜	一年生草本	白色	6～7月	滇中、滇西、滇西南、滇东南
39	*L. microcarpa*	长叶排草	多年生草本	黄色	5月	腾冲、泸水、福贡、凤庆、景东
40	*L. omeiensis*	峨眉对叶黄	一年生草本	黄色	6月	镇雄、彝良
41	*L. otophora*	耳柄假獐牙菜	一年生草本	黄色	5～6月	勐海、元阳、金平、屏边、富宁
42	*Lysimachia paridiformis*	落地梅	一年生草本	黄色	6月	盐津（成凤山）
43	*Omphalogramma delavayi*	大理独报春	多年生草本	玫瑰紫色	6月	福贡、泸水、大理、漾濞

续表2-5-68

序号	拉丁名	中文名	习性	花色	花/果期	分布地区
44	*O. elegans*	丽花独报春	多年生草本	蓝紫色	6～7月	德钦、维西、贡山
45	*O. forrestii*	香格里拉独花报春	多年生草本	暗紫色	6～7月	香格里拉
46	*O. minus*	小独花报春	多年生草本	深紫蓝色至玫瑰红色	6～7月	贡山
47	*O. souliei*	澜沧独花报春	多年生草本	深红色至蓝紫色	6～7月	维西、丽江、香格里拉、德钦、贡山、福贡
48	*O. vincaeflora*	毛独花报春	多年生草本	深紫蓝色	5～6月	丽江、维西、香格里拉、德钦、洱源、福贡
49	*Primula agleniana*	乳黄雪山报春	多年生草本	淡黄色或乳白色	5～6月	贡山、德钦
50	*P. ambita*	黄花鄂报春	多年生草本	黄色	6～7月	大姚
51	*P. amethystina*	紫晶报春	多年生草本	紫水晶色或深蓝紫色	6～7月	漾濞、大理
52	*P. anisodora*	茴香灯台报春	多年生草本	深紫色	5～6月	香格里拉、剑川至澜沧江分水岭
53	*P. annulata*	单花小报春	多年生草本	蓝紫色至粉红色	7月	德钦、香格里拉
54	*P. aromatica*	香花报春	多年生草本	玫瑰红色或淡紫色	7～8月	香格里拉、宁蒗（永宁）
55	*P. asarifolia*	细辛叶报春	多年生草本	紫红色	6～7月	景东、镇康
56	*P. aurantiaca*	橙黄灯台报春	多年生草本	淡橙黄色	5～6月	剑川、丽江
57	*P. barbicalyx*	须萼报春	多年生草本	粉红色至近白色	6～7月	蒙自、广南
58	*P. bathangensis*	巴塘报春	多年生草本	黄色	5～8月	大姚、宾川、丽江、香格里拉
59	*P. bella*	山丽报春	多年生草本	紫色	6～8月	丽江、维西、香格里拉、德钦、大理、剑川、禄劝
60	*P. blattariformis*	地黄叶报春	多年生草本	淡紫色	6～8月	漾濞、洱源、宾川、大理、永胜、丽江
61	*P. blinii*	糙毛报春	多年生草本	淡紫红色	6～8月	维西、香格里拉、巧家（药山）
62	*P. boreio-calliantha*	木里报春	多年生草本	蓝紫色	5～6月	香格里拉、维西、德钦
63	*P. bracteata*	大苞报春	多年生草本	黄色	3～5月	洱源、丽江、香格里拉、德钦
64	*P. breviscapa*	葶花卵叶报春	多年生草本	蓝紫色	5月	盐津（成凤山）
65	*P. bullata*	绉叶报春	多年生草本	紫色	5～6月	洱源、鹤庆、大理
66	*P. bulleyana*	桔红灯台报春	多年生草本	橘红色	5～6月	丽江、永胜
67	*P. cernua*	垂花穗状报春	多年生草本	蓝色至深蓝紫色	7月	剑川、鹤庆、宁蒗
68	*P. chamaethauma*	异葶脆蒴报春	多年生草本	蓝紫色	7～8月	贡山
69	*P. chartacea*	革叶报春	多年生草本	淡红色或带紫色	7月	盐津、大关、大姚
70	*P. chionantha*	玉葶报春	多年生草本	紫色	4～6月	香格里拉、丽江、维西、德钦、禄劝、洱源
71	*P. chungensis*	香格里拉灯台报春	多年生草本	紫色	5～6月	香格里拉
72	*P. coerulea*	蓝花脆蒴报春	多年生草本	蓝色	3～4月	漾濞、大理
73	*P. deflexa*	裂瓣穗花报春	多年生草本	蓝紫色	7月	维西、香格里拉、德钦、贡山、禄劝
74	*P. deflexa*	穗花报春	多年生草本	紫色	6～8月	禄劝、香格里拉、维西、德钦、贡山
75	*P. diantha*	美色雪山报春	多年生草本	蓝紫色	6月	贡山、丽江、香格里拉、德钦

续表2-5-68

序号	拉丁名	中文名	习性	花色	花/果期	分布地区
76	*P. dickieana*	漏斗紫晶报春	多年生草本	紫色	7月	贡山
77	*P. dryadifolia*	石岩报春	多年生草本	紫红色	5~7月	剑川、丽江、维西、香格里拉、德钦
78	*P. dumicola*	灌丛报春	多年生草本	淡红色至紫色	5~6月	贡山（独龙江）
79	*P. euosma*	紫心脆蒴报春	多年生草本	紫红色至深紫蓝色	4~7月	维西、贡山、腾冲
80	*P. faberi*	峨眉紫晶报春	多年生草本	紫色	4~5月	禄劝、会泽
81	*P. fasciculata*	束花报春	多年生草本	紫红色	5~7月	香格里拉
82	*P. firmipes*	葶立钟报春	多年生草本	黄色或乳白色	7月	贡山
83	*P. forbesii*	小报春	多年生草本	粉红色	1~4月	洱源、鹤庆、丽江、昆明、澄江、蒙自、镇康
84	*P. forrestii*	灰岩皱叶报春	多年生草本	黄色	4~6月	鹤庆、维西、丽江、香格里拉
85	*P. geraniifolia*	滇藏掌叶报春	多年生草本	紫色	6~7月	贡山、德钦
86	*P. gracilenta*	长瓣穗花报春	多年生草本	紫色	6~7月	丽江、香格里拉
87	*P. helodoxa*	饰沼报春	多年生草本	金黄色	3~5月	腾冲
88	*P. henryi*	滇南报春	多年生草本	粉红色	5月	屏边、麻栗坡
89	*P. hookeri*	春花脆蒴报春	多年生草本	白色	6~7月	贡山、德钦
90	*P. hylobia*	亮叶报春	多年生草本	黄色	4月	永胜
91	*P. interjacens*	景东报春	多年生草本	淡红色	1月	景东
92	*P. klaveriana*	云南卵叶报春	多年生草本	蓝色或紫蓝色	4月	保山、腾冲
93	*P. limbata*	匙叶雪山报春	多年生草本	蓝色	6月	德钦、香格里拉
94	*P. malacoides*	报春花	多年生草本	粉红色	2~5月	大理、丽江、维西、景东、昆明、通海、泸西、腾冲、龙陵、沧源、景洪、文山
95	*P. malvacea*	葵叶报春	多年生草本	白色	7月	鹤庆、宾川、大姚、丽江
96	*P. melanops*	黑花心报春	多年生草本	紫色	6~7月	宁蒗
97	*P. minor*	雪山小报春	多年生草本	紫红色至紫蓝色	6~7月	香格里拉、德钦
98	*P. monticola*	香格里拉海水仙	多年生草本	淡红色至淡蓝紫色	4月	剑川、丽江、香格里拉、维西
99	*P. moschophora*	麝香美报春	多年生草本	紫红色	7~8月	腾冲
100	*P. moupinensis*	宝兴脆蒴报春	多年生草本	淡蓝色至淡玫瑰红色	4月	维西
101	*P. obconica*	鄂报春	多年生草本	淡红色至紫色	3~6月	鹤庆、丽江、维西、贡山、香格里拉、凤庆、镇康、思茅、昆明、姚安
102	*P. partschiana*	心叶报春	多年生草本	淡红色	3月	金平、红河
103	*P. pellucida*	钻齿报春	多年生草本	粉红色	6月	蒙自、大关（成凤山）
104	*P. pinnatifida*	羽叶穗花报春	多年生草本	蓝紫色	6~8月	丽江、香格里拉、维西、贡山、禄劝、东川、会泽、巧家
105	*P. poissonii*	海仙报春	多年生草本	紫色	5~11月	宾川、剑川、鹤庆、洱源、漾濞、大理、永平、维西、丽江、香格里拉、德钦、昆明、双柏
106	*P. polyneura*	多脉报春	多年生草本	粉红色	5~6月	丽江、香格里拉、维西、德钦
107	*P. prenantha*	小花灯台报春	多年生草本	黄色	7~8月	贡山

续表2-5-68

序号	拉丁名	中文名	习性	花色	花/果期	分布地区
108	*P. pseudodenticulata*	滇海水仙	多年生草本	粉红色至淡紫蓝色	12月至次年2月	洱源、剑川、丽江、香格里拉、昆明、玉溪、蒙自
109	*P. pulchella*	丽花报春	多年生草本	紫色	5~8月	鹤庆、丽江、香格里拉、德钦
110	*P. rugosa*	倒卵叶报春	多年生草本	粉红色	3~4月	屏边、马关、麻栗坡
111	*P. runcinata*	芥叶报春	多年生草本	蓝色	7月	香格里拉
112	*P. rupicola*	黄粉缺裂报春	多年生草本	淡红色至淡蓝色	6~7月	香格里拉
113	*P. russeola*	黑萼山报春	多年生草本	深紫红色至深紫蓝色	8月	宁蒗、德钦、香格里拉
114	*P. secundiflora*	偏花报春	多年生草本	紫色	4~7月	香格里拉、丽江、维西、德钦
115	*P. septemloba*	七指报春	多年生草本	紫色	7月	鹤庆、丽江、香格里拉、德钦
116	*P. serratifolia*	齿叶灯台报春	多年生草本	黄色	6月	大理、丽江、鹤庆、兰坪、香格里拉、贡山、德钦
117	*P. sikkimensis*	钟花报春	多年生草本	黄色	5~10月	鹤庆、丽江、维西、香格里拉、德钦
118	*P. silaensis*	贡山紫晶报春	多年生草本	紫色	6~8月	贡山、德钦
119	*P. sinoplantaginea*	车前草叶报春	多年生草本	深紫色	5~8月	香格里拉、德钦
120	*P. sinopurpurea*	紫花雪山报春	多年生草本	淡蓝色	5~7月	禄劝、大理、洱源、鹤庆、丽江、香格里拉、维西、德钦
121	*P. sinuata*	波缘报春	多年生草本	白色、红色或堇紫色	3~4月	景东、盐津、广南、保山
122	*P. sonchifolia*	苣叶报春	多年生草本	蓝色	3~5月	大理、漾濞、鹤庆、香格里拉、丽江、德钦
123	*P. szechuanica*	四川报春	多年生草本	淡黄色	6月	香格里拉、宁蒗（永宁）
124	*P. tongolensis*	东俄洛脆蒴报春	多年生草本	淡紫蓝色	3~5月	宁蒗（永宁）
125	*P. valentiniana*	紫红紫晶报春	多年生草本	紫色	6~7月	贡山、德钦
126	*P. veitchiana*	川西遂报春	多年生草本	淡蓝紫色	4月	文山、滇东
127	*P. viali*	高穗花报春	多年生草本	蓝紫色	7月	宾川、洱源、鹤庆、丽江、香格里拉
128	*P. vilmoriniana*	毛叶鄂报春	多年生草本	粉红色	4月	大姚、大理、宾川
129	*P. virginis*	处女报春	多年生草本	蓝紫色	5~6月	巧家、禄劝
130	*P. watsonii*	短柄穗花报春	多年生草本	深蓝紫色	5~6月	德钦
131	*P. wilsonii*	香海仙报春	多年生草本	紫红色	5~11月	昭通、昆明、永仁、大姚、香格里拉、兰坪、思茅
132	*P. yunnanensis*	云南报春	多年生草本	粉红色或白色	6月	禄劝、大理、漾濞、鹤庆、镇康、丽江、香格里拉

六十九、白花丹科

本科为直立或攀缘的灌木或一年生草本，大多数为盐碱植物。

全科约11属，300种，全球分布，多在北半球热带以外的半干旱地区，地中海沿岸及中亚地区最多。中国有6属，约20种，其中的蓝雪属和紫金标属是花卉植物。本书收录1属，1种。

表2-5-69　本书收录白花丹科1种信息表

拉丁名	中文名	习性	花色	花/果期	分布地区
Ceratostigma willmottianum	紫金标	亚灌木	蓝色	7～12月	昆明、玉溪、曲靖、楚雄、红河、永平、保山

七十、桔梗亚科

直立或缠绕草本，稀亚灌木。

全球60属，1500种，主要分布于温带及亚热带。中国有12属，约120种，全国各省均有分布，其中的沙参属、风铃草属、金钱豹属、党参属、蓝钟花属、细钟花属、袋果草属、桔梗属是花卉植物。本书收录9属，43种。

表2-5-70　本书收录桔梗亚科43种信息表

序号	拉丁名	中文名	习性	花色	花/果期	分布地区
1	*Adenophora coelestis*	天蓝沙参	多年生草本	天蓝色	7～9月	砚山、昆明、洱源（邓川）、大理、鹤庆、丽江、香格里拉
2	*A. forrestii*	甘孜沙参	多年生草本	暗蓝色	7～10月	香格里拉、德钦
3	*A. khasiana*	云南沙参	多年生草本	淡蓝色	6～10月	西畴、砚山、蒙自、屏边、峨山、双江、凤庆、昆明、鹤庆、丽江、兰坪、维西、德钦
4	*A. tetraphylla*	轮叶沙参	多年生草本	蓝色		马关、砚山
5	*Campanula aristata*	钻裂风铃草	多年生草本	蓝紫色	6～8月	德钦
6	*C. calcicola*	灰岩风铃草	矮小草本	淡蓝色	7～9月	丽江、香格里拉、大理
7	*C. chrysosplenifolia*	丝茎风铃草	多年生草本	蓝色	9月	鹤庆、维西、宾川
8	*C. crenulata*	流石风铃草	多年生草本	紫色	7～8月	鹤庆、丽江、维西、香格里拉、大理
9	*C. delavayi*	丽江风铃草	多年生草本	蓝紫色	7～9月	洱源、鹤庆、丽江
10	*C. modesta*	藏滇风铃草	多年生草本	深蓝色	7～8月	维西、香格里拉、德钦
11	*C. pallida*	西南风铃草	草本	蓝紫色	5～9月	昆明、大理、丽江、洱源（邓川）、鹤庆、香格里拉、德钦、贡山、泸水、福贡、镇康、景东、屏边、会泽
12	*Campanumoea javanica*	大花金钱豹	缠绕草本	淡黄绿色	7～10月	贡山、福贡、维西、漾濞、楚雄、昆明、临翔、镇康、耿马、景东、盈江、瑞丽、西畴、砚山、丘北、屏边、蒙自、石屏、思茅、西双版纳
13	*Codonopsis bicolor*	二色党参	多年生草本	淡紫色	7～10月	德钦
14	*C. bulleyana*	管钟党参	多年生草本	蓝色	7～10月	丽江、香格里拉、维西、德钦、鹤庆、会泽
15	*C. cordifolioidea*	心叶党参	多年生草本	深蓝色	9～10月	福贡、泸水
16	*C. deltoidea*	三角叶党参	多年生草本	蓝色	7～9月	香格里拉
17	*C. efilamentosa*	心叶珠子参	多年生缠绕草本	蓝色	7～10月	兰坪、鹤庆、丽江、大理、香格里拉
18	*C. gombalana*	贡山党参	多年生草本	黄绿色	7～10月	贡山、怒江与独龙江分水岭
19	*C. macrocalyx*	大萼党参	多年生草本	绿色	7～10月	维西、贡山、香格里拉、德钦
20	*C. meleagris*	珠鸡斑党参	多年生草本	绿黄色	7～10月	丽江
21	*C. micrantha*	小花党参	多年生草本	白色	7～9月	洱源、丽江
22	*C. pianmaensis*	片马党参	多年生草本	淡黄色	8月	泸水

续表2-5-70

序号	拉丁名	中文名	习性	花色	花/果期	分布地区
23	*C. purpurea*	紫花党参	多年生草本	紫色	8～10月	漾濞、大理、景东
24	*C. subglobosa*	球花党参	多年生草本	绿白色	7～9月	丽江、德钦
25	*C. subscaposa*	抽葶党参	多年生草本	淡紫色	7～10月	香格里拉
26	*C. tubulosa*	管花党参	多年生草本	淡绿黄色	7～10月	蒙自、晋宁、武定、禄劝、巧家、兰坪、鹤庆、丽江、香格里拉
27	*Cyananthus chungdienensis*	香格里拉蓝钟花	多年生草本	紫蓝色	8～9月	香格里拉
28	*C. delavayi*	细叶蓝钟花	多年生草本	天蓝色	8～9月	洱源、昆明、兰坪
29	*C. fasciculatus*	束花蓝钟花	多年生草本	淡蓝色	9～10月	丽江、维西、香格里拉
30	*C. flavus*	黄钟花	多年生草本	黄色	7～8月	丽江、香格里拉
31	*C. formosus*	美丽蓝钟花	多年生草本	蓝色	8～9月	鹤庆、丽江、香格里拉、德钦
32	*C. hookeri*	蓝钟花	一年生草本	紫蓝色	8～9月	会泽、巧家、大理、洱源、鹤庆、维西、香格里拉、德钦
33	*C. inflatus*	胀萼蓝钟花	一年生草本	蓝色	7～9月	贡山、福贡、保山、香格里拉、丽江、大理、洱源、文山、昆明
34	*C. lichiangensis*	丽江蓝钟花	一年生草本	黄色	8月	丽江、香格里拉、德钦
35	*C. lobatus*	裂叶蓝钟花	多年生草本	深蓝色	8～9月	维西、贡山、福贡、独龙江上游
36	*C. longiflorus*	长花蓝钟花	多年生草本	蓝色	7～9月	大理、洱源、丽江、香格里拉
37	*C. macrocalyx*	大萼蓝钟花	多年生草本	黄绿色	7～8月	洱源、兰坪、丽江、鹤庆、维西、香格里拉、贡山、德钦、会泽、巧家
38	*C. montanus*	山地蓝钟花	多年生草本	白色	7～8月	巧家
39	*Leptocodon gracilis*	细钟花	多年生缠绕草本	蓝色	8～10月	大姚、宾川、鹤庆、丽江、贡山
40	*L. hirsutus*	毛细钟花	多年生缠绕草本	蓝色	7～8月	维西、贡山
41	*Peracarpa carnosa*	袋果草	多年生小草本	白色	3～5月；果6～11月	丽江、维西、德钦及滇东南
42	*Platycodon grandiflorum*	桔梗	多年生草本	蓝紫色或稀白色	7～9月	罗平、砚山、文山、蒙自
43	*Wahlenbergia marginata*	蓝花参	多年生草本	蓝色	2～4月	云南各地

七十一、半边莲亚科

草本，亚灌木、灌木。常具有乳汁。叶互生或基生。无托叶。花单生或多朵排列成穗状花序；花冠合瓣。浆果肉质或为各式开裂的蒴果；种子小多数，胚小而胚乳丰富。

本亚科约20属，主要分布于热带及亚热带，极少数在温带。中国只有2属，云南均有。本书收录1属，10种。

表2-5-71 本书收录半边莲亚科10种信息表

序号	拉丁名	中文名	习性	花色	花/果期	分布地区
1	*Lobelia chinensis*	三角半边莲	一年生矮小草本	淡紫色或天蓝色	5～12月	思茅、景洪、勐腊
2	*L. clavata*	大将军	高大草本	白色	—	景东、云县、耿马、镇康、临翔、澜沧、思茅、西双版纳
3	*L. davidii*	江南大将军	草本或亚灌木	紫色或紫蓝色	—	滇东北至滇中、滇东南
4	*L. erectiuscula*	马波罗	草本或亚灌木	玫瑰色、紫色或污浊的天蓝色	—	滇东北至滇中部、滇西南、滇中南至滇东南
5	*L. heyneana*	三翅半边莲	一年生草本	玫瑰色或淡紫色	—	永胜、华坪、楚雄、漾濞、景东、澜沧、屏边、砚山
6	*L. hybrida*	紫燕草	草本或亚灌木	蓝紫色至紫色，花冠淡蓝色或玫瑰色	—	保山、龙陵、腾冲、陇川
7	*L. iteophylla*	柳叶大将军	草本或亚灌木	紫蓝色	—	临翔（博尚）
8	*L. seguinii*	野烟	亚灌木	淡蓝色	—	云南各地
9	*L. succulenta*	肉半边莲	匍匐草本	蓝紫色	—	思茅、景洪、勐腊
10	*L. terminalis*	顶花半边莲	一年生草本	天蓝色至紫蓝色	—	勐腊

七十二、紫草科

全球约有100属，2000种，分布于温带至热带地区，地中海地区最多。中国有48属，200多种。云南有20属，72种及2变种。其中的斑种草属、厚壳树属、天芥菜属、毛果草属、紫草属、滇紫草属、轮冠木属、盾果草属、紫丹属、附地菜属是花卉植物。本书收录10属，24种。

表2-5-72 本书收录紫草科24种信息表

序号	拉丁名	中文名	习性	花色	花/果期	分布地区
1	*Bothriospermum tenellum*	柔弱斑种草	一年生草本	蓝色	3～9月	麻栗坡、广南、河口、勐腊、沧源、景东、昆明
2	*Ehretia confinis*	滇西厚壳树	小乔木	淡黄色	4～8月	腾冲、风庆、富宁
3	*E. dunniana*	云贵厚壳树	乔木	白色	4～8月	景东、思茅、红河、屏边
4	*E. longiflora*	长花厚壳树	落叶乔木	白色或稀淡红色	4～11月	西畴、麻栗坡
5	*E. tsangii*	疏毛厚壳树	乔木	白色	—	富宁、金平、河口、西双版纳、思茅、双江、耿马、孟连
6	*Heliotropium indicum*	天芥菜	一年生草本	白色、蓝色、紫色	4～10月	西双版纳
7	*H. pseudoindicum*	拟大尾摇	一年生草本	紫色	8月	西双版纳
8	*Lasiocaryum densiflorum*	毛果草	一年生草本	蓝紫色	7月	维西
9	*L. trichocarpum*	云南毛果草	一年生草本	深红色	4～7月	丽江、香格里拉
10	*Lithospermum hancockianum*	蒙自石松	多年生直立草本	紫红色、紫色或稀蓝色	3～10月	砚山、文山、沾益、蒙自、昆明
11	*Onosma cingulatum*	昆明滇紫草	多年生草本	紫红色或粉红色	7～10月	昆明、江川、昭通
12	*O. decastichum*	易门滇紫草	多年生草本	—	—	易门

续表2-5-72

序号	拉丁名	中文名	习性	花色	花/果期	分布地区
13	*O. dumetorum*	灌丛滇紫草	多年生草本	黄色	7月	凤庆
14	*O. luquanense*	禄劝滇紫草	二年生草本	—	—	禄劝
15	*O. lycopsioides*	假狼紫草	多年生草本	蓝色或带紫色	4月	瑞丽、景东
16	*O. microstoma*	小喉滇紫草	多年生草本	紫蓝色	—	镇康、景东
17	*O. paniculatum*	滇紫草	二年生草本	暗红色	7～9月	大理、丽江、香格里拉、洱源、鹤庆
18	*Rotula aquatica*	轮冠木	灌木	粉红或带紫色	—	金平
19	*Thyrocarpus sampsonii*	盾果草	一年生草本	紫色、蓝色或白色	4～7月	河口、西双版纳
20	*Tournefortia montana*	紫丹	攀缘灌木	白色	2～4月	西双版纳、耿马、沧源
21	*Trigonotis chuxiongensis*	楚雄附地菜	多年生草本	蓝色	6～10月	楚雄、双柏、漾濞、寻甸
22	*T. heliotropifolia*	富宁附地菜	多年生草本	蓝色或白色	—	富宁、金平
23	*T. mairei*	滇东附地菜	多年生草本	紫色或白色	5月	昭阳、绥江、水富、永善、盐津、大关、威信、镇雄、彝良、鲁甸、巧家、东川、会泽、宣威
24	*T. xichouensis*	西畴附地菜	多年生草本	淡蓝色	4～5月	西畴

七十三、茄科

一年生至多年生草本，半灌木或小乔木，直立、匍匐或攀缘。

全球共80属，3000多种，广泛分布于温带及热带地区。中国产24属，108种。云南产22属，66种，集中分布于滇南及滇西南各地。本书收录3属，3种。其中的天仙子属、茄参属和欧莨菪属是花卉植物。

表2-5-73 本书收录茄科3种信息表

序号	拉丁名	中文名	习性	花色	花/果期	分布地区
1	*Hyoscyamus niger*	天仙子	二年生草本	黄绿色	6～7月	德钦、香格里拉、丽江
2	*Mandragora caulescens*	茄参	多年生草本	紫黑色	5～8月	香格里拉、德钦
3	*Scopolia carniolicoides*	赛莨菪	草本	黄色	5～6月	香格里拉、德钦

七十四、旋花科

草本、亚灌木或灌木，偶为乔木，在干旱地区有些种类变成多刺的矮灌丛。

全球约55属，1600种以上，广泛分布于热带、亚热带和温带。中国有23属，约110种。云南有19属，约74种，多数分布在南部。本书收录4属，38种。其中的银背藤属、番薯属、鱼黄草属，飞蛾藤属是花卉植物。

表2-5-74 本书收录旋花科38种信息表

序号	拉丁名	中文名	习性	花色	花/果期	分布地区
1	*Argyreia capitiformis*	头花银背藤	攀缘灌木	淡红色至紫色	6～7月	河口、芒市、屏边、景洪、勐腊、瑞丽、西畴、金平、思茅
2	*A. cheliensis*	车里银背藤	攀缘灌木	白色	6～7月	景洪
3	*A. eriocephala*	毛头银背藤	攀缘灌木	玫瑰色	6～7月	蒙自
4	*A. fulvo-cymosa*	黄伞白鹤藤	攀缘灌木	白色	6～7月	滇南
5	*A. henryi*	长叶银背藤	攀缘灌木	白色	6～7月	孟连、西双版纳、思茅
6	*A. marlipoensis*	麻栗坡银背藤	攀缘灌木	淡红色	6～7月	麻栗坡
7	*A. monosperma*	单籽银背藤	攀缘灌木	白色或淡红色	6～7月	勐海、屏边
8	*A. pierreana*	东京银背藤	攀缘灌木	紫红色或淡红色	6～7月	广南、西畴、麻栗坡、富宁
9	*A. strigillosa*	细毛银背藤	攀缘灌木	淡紫红色	6～7月	绿春、陇川
10	*A. velutina*	黄毛银背藤	攀缘灌木	—	—	屏边、勐海
11	*A. wallichii*	大叶银背藤	攀缘灌木	白色或粉红色	6～7月	滇南、滇中南、滇西南
12	*Ipomoea aquatica*	蕹菜	缠绕草本	白色、淡红色或紫红色	7～8月	滇中以南
13	*I. cairica*	五爪金龙	多年生缠绕草本	紫红或淡红色	7～8月	河口、金平
14	*I. eriocarpa*	毛果薯	一年生缠绕或平卧草本	淡红色或淡紫色	7～8月	元谋、蒙自、禄劝、丽江、鹤庆、元江
15	*I. mawritiana*	七爪龙	多年生缠绕大形草本	淡红色或紫红色	7～8月	景洪、勐腊
16	*I. obscura*	小心叶薯	缠绕草本	白色或淡黄色	7～8月	元江、元阳、芒市
17	*I. pes-tigridis*	虎掌藤	一年生缠绕草本	白色	7～8月	元阳
18	*I. pileata*	帽苞薯藤	一年生缠绕草本	淡红色	7～8月	屏边、河口、富宁、勐腊、景洪、大理、景东
19	*I. staphylina*	海南薯	攀缘亚灌木	淡紫色	7～8月	勐腊
20	*I. wangii*	大萼山土爪	无毛攀缘植物	—	7～8月	勐腊
21	*Merremia boisiana*	金钟藤	大型缠绕草本或亚灌木	黄色	5～7月	河口
22	*M. hederacea*	鱼黄草	缠绕或匍匐草本	黄色	5～7月	勐腊、元江、红河、元阳、河口、富宁
23	*M. hirta*	毛鱼黄草	缠绕或平卧草本	黄色或白色	5～7月	河口、思茅、景洪、勐腊
24	*M. hungaiensis*	山土瓜	草本	黄色	5～7月	云南大部分地区
25	*M. longipedunculata*	长梗山土瓜	草本	淡玫瑰红或白色	5～7月	耿马、勐腊
26	*M. quinata*	指叶山猪菜	缠绕草本	白色	5～7月	昆明
27	*M. sibirica*	北鱼黄草	缠绕草本	淡红色	5～7月	昆明、贡山、鹤庆、蒙自、文山、屏边
28	*M. vitifolia*	掌叶鱼黄草	缠绕或平卧草本	黄色	5～7月	文山、河口、金平、屏边、个旧、景洪、勐腊、沧源
29	*M. yunnanensis*	蓝花土瓜	多年生缠绕草本	淡蓝色	5～7月	保山、兰坪、洱源、宾川、鹤庆、丽江、香格里拉、元谋
30	*Porana decora*	白藤	攀缘灌木	玫瑰红色	6～7月	昭通、寻甸、禄劝、嵩明
31	*P. dinetoides*	蒙自飞蛾藤	攀缘灌木	白色	6～7月	蒙自、文山、马关、广南、兰坪

续表2-5-74

序号	拉丁名	中文名	习性	花色	花/果期	分布地区
32	*P. discifera*	搭棚藤	攀缘灌木	黄白色	6~7月	思茅、临沧、澜沧、景东、保山、泸水、峨山、西双版纳
33	*P. duclouxii*	三列蛾藤	攀缘灌木	白色	6~7月	文山、砚山、蒙自、楚雄
34	*P. henryi*	白花叶	攀缘灌木	白色	6~7月	蒙自、绿春、昆明
35	*P. paniculata*	圆锥飞蛾藤	木质藤本	白色	6~7月	盈江
36	*P. racemosa*	飞蛾藤	攀缘灌木	白色	6~7月	云南各地
37	*P. sinensis*	大果飞蛾藤	攀缘灌木	淡蓝色或紫色	6~7月	思茅、蒙自、富宁
38	*P. spectabilis*	美飞蛾藤	木质藤本	白色	6~7月	勐腊、河口

七十五、玄参科

草本、灌木或少有乔木。

本科约200属，3000种，广布全球各地。中国有56属。本书收录23属，153种。

本科的毛麝香属、假马齿苋属、来江藤属、黑草属、胡麻草属、虻眼属、幌菊属、肉果草属、石龙尾属、水茫草属、母草属、通泉草属、小果草属、虾子草属、沟酸浆属、马先蒿属、松蒿属、野甘草属、玄参属、独脚金属、蝴蝶草属、婆婆纳属是花卉植物。

表2-5-75　本书收录玄参科153种信息表

序号	拉丁名	中文名	习性	花色	花/果期	分布地区
1	*Adenosma glutinosum*	毛麝香	草本	蓝色	7~10月	屏边、绿春
2	*A. indianum*	球花毛麝香	草本	黄色、白色或紫红色	10~11月	景洪
3	*A. retusilobum*	凹裂毛麝香	草本	紫红色	8~11月	西双版纳
4	*Alectra avensis*	黑蒴	一年生草本	黄色	10~11月	麻栗坡、西畴、景东、绿春
5	*Bacopa monnieri*	假马齿苋	草本	蓝色或淡紫色	6月	风庆、开远、勐腊、蒙自
6	*Brandisia discolor*	异色来江藤	直立或攀缘状灌木	污黄色或带紫棕色	11月至次年2月	景东、景洪、勐腊
7	*B. glabrescens*	退毛来江藤	直立或攀缘状灌木	黄色	7~8月	蒙自、屏边、绿春
8	*B. hancei*	来江藤	直立或攀缘状灌木	橙黄色	11月至次年2月	思茅、昆明、武定、元江
9	*B. kwangsiensis*	广西来江藤	直立或攀缘状灌木	黄色或红色	9~11月	文山、富宁、麻栗坡、西畴、金平
10	*B. racemosa*	总花来江藤	直立或攀缘状灌木	红色	6~11月	金沙江、蒙自、禄劝、丘北、广南
11	*B. rosea*	红花来江藤	直立或攀缘状灌木	黄色或白色	9月	腾冲
12	*Buchnera cruciata*	黑草	一年生矮小草本	蓝色	12月	景东及滇中
13	*B. hispida*	刚毛黑草	一年生矮小草本	—	—	景东

续表2-5-75

序号	拉丁名	中文名	习性	花色	花/果期	分布地区
14	*Centranthera grandiflora*	大花胡麻草	直立粗糙草本	黄色	10月	景洪、勐腊
15	*Dopatricum junceum*	蛇眼	一年生纤细草本	蓝紫色	9月	景东、景洪、勐海、勐腊
16	*Ellisiophyllum pinnatum*	幌菊	柔弱匍匐草本	白色	7～9月	屏边、河口、文山、马关、麻栗坡、西畴、马关、富宁、砚山、丘北、广南及滇中
17	*Lancea hirsuta*	粗毛肉果草	多年生小草本	—	7月	滇西北
18	*L. tibetica*	肉草果	多年生小草本	红色或紫蓝色	7月	香格里拉、德钦
19	*Limnophila aromatica*	紫苏草	水生或沼生草本	紫蓝色或紫红色	10～11月	禄劝、勐腊、景洪
20	*L. chinensis*	中华石龙尾	水生或沼生草本	蓝色或白色	10～11月	思茅、西双版纳
21	*L. erecta*	直立石龙尾	水生或沼生草本	白色或粉红色	7～10月	景洪、西畴、勐腊、勐海
22	*L. rugosa*	大叶石龙尾	水生或沼生草本	红色或蓝色	10月	西畴、景洪、勐海、勐腊、绿春、梁河
23	*L. sessiliflora*	石龙尾	水生或沼生草本	淡紫色	6～12月	昆明、西双版纳
24	*Limosella aquatica*	水茫草	匍匐状、簇生、水生草	白色或带红色	4～9月	昆明
25	*Lindernia anagallis*	长蒴母草	一年生草本	淡紫色或淡蓝色	6～10月	屏边、思茅、西双版纳
26	*L. antipoda*	泥花草	一年生草本	黄色或蓝色	5～8月	景洪、景东、勐腊、滇东南
27	*L. ciliata*	刺齿泥花草	一年生草本	淡红色或白色	5～10月	思茅、西双版纳、盐津至大关
28	*L. crustacea*	母草	一年生草本	白色或血青色	9月	永胜、西双版纳及滇东北
29	*L. dictyophora*	网萼母草	一年生草本	白色	—	景洪
30	*L. elata*	高母草	一年生草本	蓝紫色	—	屏边、河口、文山、马关、麻栗坡、西畴、马关、富宁、砚山、丘北、广南、滇南
31	*L. mollis*	红骨草	一年生草本	白色或紫色	6～7月	思茅、西双版纳、屏边、蒙自
32	*L. nummularifolia*	宽叶母草	一年生草本	红白色或淡紫色	8～9月	昆明、漾濞、广南
33	*L. procumbens*	陌上菜	一年生草本	白绿色或淡紫色	7～10月	昆明、景洪
34	*L. pusilla*	细茎母草	一年生草本	白色或青紫色	5～9月	滇南
35	*L. ruellioides*	旱田草	一年生草本	蓝色	5～10月	镇康、西双版纳、屏边、蒙自
36	*L. viscosa*	粘毛母草	一年生草本	白黄色或淡红色	7～8月	镇康、勐海、孟连
37	*Mazus henryi*	长柄通泉草	多年生小草本	淡紫白色	1～4月	思茅（东山）
38	*M. longipes*	长蔓通泉草	矮小草本	白色或淡紫色	3～5月	东川、思茅
39	*M. pulchellus*	美丽通泉草	矮小草本	萼绿带紫色	5月	屏边、河口、文山、马关、麻栗坡、西畴、马关、富宁、砚山、丘北、广南
40	*M. surculosus*	西藏通泉草	矮小草本	浅棕色	4月	思茅

续表2-5-75

序号	拉丁名	中文名	习性	花色	花/果期	分布地区
41	*Microcarpaea minima*	小果草	一年生、矮小草本	粉红色	7～10月	景洪、西畴
42	*Mimulicalyx paludigenus*	沼生虾子草	多年生草本	—	6～9月	蒙自、砚山
43	*M. rosulatus*	虾子草	多年生草本	—	—	建水、东川及滇东南
44	*Mimulus szechuenensis*	四川沟酸浆	草本或灌木	黄色	7～9月	镇雄、绥江、彝良、保山
45	*Pedicularis alopecuros*	狐尾马先蒿	多年生草本	紫色	5～8月	贡山、福贡、兰坪、泸水、德钦、香格里拉、维西、丽江、剑川、鹤庆、洱源、宾川、漾濞、云龙、大理
46	*P. amplituba*	半管马先蒿	多年生草本	紫玫瑰色	7月	镇康
47	*P. angustilabris*	狭唇马先蒿	多年生草本	黄白色	6月	贡山、福贡、兰坪、泸水、德钦、香格里拉、维西、丽江、剑川、鹤庆、洱源、宾川、漾濞、云龙、大理
48	*P. atuntsiensis*	阿墩子马先蒿	多年生草本	紫色	7～8月	贡山、福贡、兰坪、泸水、德钦、香格里拉、维西、丽江、宁蒗、永胜、剑川、鹤庆、洱源、宾川、漾濞、云龙、大理
49	*P. brachycrania*	短盔马先蒿	多年生草本	紫色	5月	贡山、福贡、兰坪、泸水、德钦、香格里拉、维西、丽江、宁蒗、永胜、剑川、鹤庆、洱源、宾川、漾濞、云龙、大理
50	*P. cephalantha*	头花马先蒿	多年生草本	深红色	7月	贡山、福贡、兰坪、泸水、德钦、香格里拉、维西、丽江、宁蒗、永胜、剑川、鹤庆、洱源、宾川、漾濞、云龙、大理
51	*P. cernua*	俯垂马先蒿	多年生草本	红色	7～8月	贡山、福贡、兰坪、泸水、德钦、香格里拉、维西、丽江、宁蒗、永胜、剑川、鹤庆、洱源、宾川、漾濞、云龙、大理
52	*P. comptoniaefolia*	康泊东叶马先蒿	多年生草本	深红色	7～9月	贡山、福贡、兰坪、泸水、德钦、香格里拉、维西、丽江、宁蒗、永胜、剑川、鹤庆、洱源、宾川、漾濞、云龙、大理
53	*P. confertiflora*	聚花马先蒿	一年生草本	红色	7～9月	贡山、福贡、兰坪、泸水、德钦、香格里拉、维西、丽江、宁蒗、永胜、剑川、鹤庆、洱源、宾川、漾濞、云龙、大理
54	*P. corydaloides*	拟紫堇马先蒿	多年生草本	黄白色	6～7月	贡山、福贡、兰坪、泸水、德钦、香格里拉、维西、丽江、宁蒗、永胜、剑川、鹤庆、洱源、宾川、漾濞、云龙、大理

续表2-5-75

序号	拉丁名	中文名	习性	花色	花/果期	分布地区
55	*P. crenularis*	细波齿马先蒿	多年生草本	玫瑰红色	10月	贡山、福贡、兰坪、泸水、德钦、香格里拉、维西、丽江、宁蒗、永胜、剑川、鹤庆、洱源、宾川、漾濞、云龙、大理
56	*P. cyathophylla*	斗叶马先蒿	多年生草本	紫红色	7～8月	贡山、福贡、兰坪、泸水、德钦、香格里拉、维西、丽江、宁蒗、永胜、剑川、鹤庆、洱源、宾川、漾濞、云龙、大理
57	*P. cyclorhyncha*	环啄马先蒿	多年生草本	紫红色	6月	贡山、福贡、兰坪、泸水、德钦、香格里拉、维西、丽江、宁蒗、永胜、剑川、鹤庆、洱源、宾川、漾濞、云龙、大理
58	*P. cymbalaria*	舟形马先蒿	多年生草本	黄白色至玫瑰色	8月；9月	贡山、福贡、兰坪、泸水、德钦、香格里拉、维西、丽江、宁蒗、永胜、剑川、鹤庆、洱源、宾川、漾濞、云龙、大理
59	*P. debilis*	弱小马先蒿	多年生草本	紫色	7～9月	贡山、福贡、兰坪、泸水、德钦、香格里拉、维西、丽江、宁蒗、永胜、剑川、鹤庆、洱源、宾川、漾濞、云龙、大理
60	*P. deltoidea*	三角叶马先蒿	多年生草本	玫瑰红色	8～9月	贡山、福贡、兰坪、泸水、德钦、香格里拉、维西、丽江、宁蒗、永胜、剑川、鹤庆、洱源、宾川、漾濞、云龙、大理
61	*P. densispica*	密穗马先蒿	多年生草本	紫色	4～9月	贡山、福贡、兰坪、泸水、德钦、香格里拉、维西、丽江、宁蒗、永胜、剑川、鹤庆、洱源、宾川、漾濞、云龙、大理
62	*P. dichotoma*	二歧马先蒿	多年生草本	粉红色	5～7月	贡山、福贡、兰坪、泸水、德钦、香格里拉、维西、丽江、宁蒗、永胜、剑川、鹤庆、洱源、宾川、漾濞、云龙、大理
63	*P. dichrocephala*	重头马先蒿	多年生草本	紫红色	8月	贡山、福贡、兰坪、泸水、德钦、香格里拉、维西、丽江、宁蒗、永胜、剑川、鹤庆、洱源、宾川、漾濞、云龙、大理
64	*P. dissectifolia*	细裂叶马先蒿	多年生草本	紫红色	7～8月	贡山、福贡、兰坪、泸水、德钦、香格里拉、维西、丽江、宁蒗、永胜、剑川、鹤庆、洱源、宾川、漾濞、云龙、大理
65	*P. dolichoglossa*	长舌马先蒿	多年生草本	黄色	8月	滇西北
66	*P. duclouxii*	杜氏马先蒿	多年生草本	黄色	7～8月	贡山、福贡、兰坪、泸水、德钦、香格里拉、维西、丽江、宁蒗、永胜、剑川、鹤庆、洱源、宾川、漾濞、云龙、大理

续表2-5-75

序号	拉丁名	中文名	习性	花色	花/果期	分布地区
67	*P. elwesii*	哀氏马先蒿	多年生草本	紫色	7～8月	贡山、福贡、兰坪、泸水、德钦、香格里拉、维西、丽江、宁蒗、永胜、剑川、鹤庆、洱源、宾川、漾濞、云龙、大理
68	*P. fastigiata*	帚状马先蒿	多年生草本	玫瑰红色	7月	贡山、福贡、兰坪、泸水、德钦、香格里拉、维西、丽江、宁蒗、永胜、剑川、鹤庆、洱源、宾川、漾濞、云龙、大理
69	*P. fengii*	国楣马先蒿	多年生草本	玫瑰色	7～8月	贡山、福贡、兰坪、泸水、德钦、香格里拉、维西、丽江、宁蒗、永胜、剑川、鹤庆、洱源、宾川、漾濞、云龙、大理
70	*P. filicula*	拟蕨叶马先蒿	多年生草本	紫红色	5～7月	贡山、福贡、兰坪、泸水、德钦、香格里拉、维西、丽江、宁蒗、永胜、剑川、鹤庆、洱源、宾川、漾濞、云龙、大理
71	*P. forrestiana*	少叶马先蒿	多年生草本	玫瑰色	7～8月	贡山、福贡、兰坪、泸水、德钦、香格里拉、维西、丽江、宁蒗、永胜、剑川、鹤庆、洱源、宾川、漾濞、云龙、大理
72	*P. glabrescens*	退毛马先蒿	多年生草本	紫色	7月	贡山、福贡、兰坪、泸水、德钦、香格里拉、维西、丽江、宁蒗、永胜、剑川、鹤庆、洱源、宾川、漾濞、云龙、大理
73	*P. gracilicaulis*	细瘦马先蒿	多年生草本	紫红色	7～8月	贡山、福贡、兰坪、泸水、德钦、香格里拉、维西、丽江、宁蒗、永胜、剑川、鹤庆、洱源、宾川、漾濞、云龙、大理
74	*P. gruina*	鹤首马先蒿	多年生草本	紫红色	8～10月	贡山、福贡、兰坪、泸水、德钦、香格里拉、维西、丽江、宁蒗、永胜、剑川、鹤庆、洱源、宾川、漾濞、云龙、大理
75	*P. gyrorhyncha*	旋啄马先蒿	一年生草本	浅黄色	7～8月	贡山、福贡、兰坪、泸水、德钦、香格里拉、维西、丽江、宁蒗、永胜、剑川、鹤庆、洱源、宾川、漾濞、云龙、大理
76	*P. habachanensis*	哈巴山马先蒿	多年生草本	红色	7月	贡山、福贡、兰坪、泸水、德钦、香格里拉、维西、丽江、宁蒗、永胜、剑川、鹤庆、洱源、宾川、漾濞、云龙、大理
77	*P. humilis*	矮马先蒿	多年生草本	玫瑰红色	7月	贡山、福贡、兰坪、泸水、德钦、香格里拉、维西、丽江、宁蒗、永胜、剑川、鹤庆、洱源、宾川、漾濞、云龙、大理

续表2-5-75

序号	拉丁名	中文名	习性	花色	花/果期	分布地区
78	*P. inaequilobata*	不等裂马先蒿	多年生草本	黄色	8～9月	贡山、福贡、兰坪、泸水、德钦、香格里拉、维西、丽江、宁蒗、永胜、剑川、鹤庆、洱源、宾川、漾濞、云龙、大理
79	*P. insignis*	显著马先蒿	多年生草本	紫红色	6～7月	贡山、福贡、兰坪、泸水、德钦、香格里拉、维西、丽江、宁蒗、永胜、剑川、鹤庆、洱源、宾川、漾濞、云龙、大理
80	*P. kariensis*	卡里马先蒿	多年生草本	深玫瑰红色	8～9月	贡山、福贡、兰坪、泸水、德钦、香格里拉、维西、丽江、宁蒗、永胜、剑川、鹤庆、洱源、宾川、漾濞、云龙、大理
81	*P. labordei*	西南马先蒿	多年生草本	紫红色	7～9月	贡山、福贡、兰坪、泸水、德钦、香格里拉、维西、丽江、宁蒗、永胜、剑川、鹤庆、洱源、宾川、漾濞、云龙、大理
82	*P. lachnoglossa*	绒舌马先蒿	多年生草本	紫红色	6～7月	贡山、福贡、兰坪、泸水、德钦、香格里拉、维西、丽江、宁蒗、永胜、剑川、鹤庆、洱源、宾川、漾濞、云龙、大理
83	*P. lamioides*	元宝草马先蒿	多年生草本	深玫瑰红色	8～9月	滇西北
84	*P. lanpingensis*	兰坪马先蒿	多年生草本	紫红色	6～7月	贡山、福贡、兰坪、泸水、德钦、香格里拉、维西、丽江、宁蒗、永胜、剑川、鹤庆、洱源、宾川、漾濞、云龙、大理
85	*P. laxispica*	疏穗马先蒿	一年生草本	紫红色	6～7月	贡山、福贡、兰坪、泸水、德钦、香格里拉、维西、丽江、宁蒗、永胜、剑川、鹤庆、洱源、宾川、漾濞、云龙、大理
86	*P. lecomtei*	勒公氏马先蒿	多年生草本	黄色	6月	贡山、福贡、兰坪、泸水、德钦、香格里拉、维西、丽江、宁蒗、永胜、剑川、鹤庆、洱源、宾川、漾濞、云龙、大理
87	*P. limprichtiana*	会理马先蒿	多年生、稀一年生草本	浅红色	6～7月	昆明（西山）、东川
88	*P. lineata*	条纹马先蒿	多年生草本	紫红色	7月	贡山、福贡、兰坪、泸水、德钦、香格里拉、维西、丽江、宁蒗、永胜、剑川、鹤庆、洱源、宾川、漾濞、云龙、大理
89	*P. longipetiolata*	长柄马先蒿	多年生草本	紫色	6～9月	贡山、福贡、兰坪、泸水、德钦、香格里拉、维西、丽江、宁蒗、永胜、剑川、鹤庆、洱源、宾川、漾濞、云龙、大理

续表2-5-75

序号	拉丁名	中文名	习性	花色	花/果期	分布地区
90	*P. lunglingensis*	龙陵马先蒿	多年生、稀一年生草本	红色或紫色	—	思茅、龙陵
91	*P. lutescens*	浅黄马先蒿	多年生草本	浅黄色	6~8月	贡山、福贡、兰坪、泸水、德钦、香格里拉、维西、丽江、宁蒗、永胜、剑川、鹤庆、洱源、宾川、漾濞、云龙、大理
92	*P. macilenta*	瘠瘦马先蒿	多年生草本	白色	6~7月	贡山、福贡、兰坪、泸水、德钦、香格里拉、维西、丽江、宁蒗、永胜、剑川、鹤庆、洱源、宾川、漾濞、云龙、大理
93	*P. macrorhyncha*	长喙马先蒿	多年生草本	紫红色	7~9月	贡山、福贡、兰坪、泸水、德钦、香格里拉、维西、丽江、宁蒗、永胜、剑川、鹤庆、洱源、宾川、漾濞、云龙、大理
94	*P. macrosiphon*	大管马先蒿	多年生草本	紫色	5~8月	贡山、福贡、兰坪、泸水、德钦、香格里拉、维西、丽江、宁蒗、永胜、剑川、鹤庆、洱源、宾川、漾濞、云龙、大理
95	*P. mairei*	东川马先蒿	多年生、稀一年生草本	紫色	7~9月	巧家、东川、晋宁
96	*P. maxonii*	马克逊马先蒿	多年生草本	紫色	7月	贡山、福贡、兰坪、泸水、德钦、香格里拉、维西、丽江、宁蒗、永胜、剑川、鹤庆、洱源、宾川、漾濞、云龙、大理
97	*P. mayana*	铁角蕨叶马先蒿	多年生草本	紫色	5~8月	贡山、福贡、兰坪、泸水、德钦、香格里拉、维西、丽江、宁蒗、永胜、剑川、鹤庆、洱源、宾川、漾濞、云龙、大理
98	*P. melampyriflora*	山萝花马先蒿	一年生草本	紫红色	7月	贡山、福贡、兰坪、泸水、德钦、香格里拉、维西、丽江、宁蒗、永胜、剑川、鹤庆、洱源、宾川、漾濞、云龙、大理
99	*P. meteororhyncha*	翘啄马先蒿	多年生草本	紫红色	7~8月	滇西北
100	*P. micrantha*	小花马先蒿	多年生草本	玫瑰色	7月	贡山、福贡、兰坪、泸水、德钦、香格里拉、维西、丽江、宁蒗、永胜、剑川、鹤庆、洱源、宾川、漾濞、云龙、大理
101	*P. microchila*	小唇马先蒿	一年生草本	浅红色	6~8月	贡山、福贡、兰坪、泸水、德钦、香格里拉、维西、丽江、宁蒗、永胜、剑川、鹤庆、洱源、宾川、漾濞、云龙、大理

续表2-5-75

序号	拉丁名	中文名	习性	花色	花/果期	分布地区
102	*P. monbeigiana*	蒙氏马先蒿	多年生草本	白色至紫红色	6～8月	贡山、福贡、兰坪、泸水、德钦、香格里拉、维西、丽江、宁蒗、永胜、剑川、鹤庆、洱源、宾川、漾濞、云龙、大理
103	*P. muacoides*	藓状马先蒿	多年生草本	淡黄色	7～8月	贡山、福贡、兰坪、泸水、德钦、香格里拉、维西、丽江、宁蒗、永胜、华坪、剑川、鹤庆、洱源、宾川、漾濞、云龙、大理
104	*P. mussotii*	变齿马先蒿	多年生草本	红色	7～8月	贡山、福贡、兰坪、泸水、德钦、香格里拉、维西、丽江、宁蒗、永胜、剑川、鹤庆、洱源、宾川、漾濞、云龙、大理
105	*P. obscura*	暗昧马先蒿	多年生草本	黄红色	6月	贡山、福贡、兰坪、泸水、德钦、香格里拉、维西、丽江、宁蒗、永胜、剑川、鹤庆、洱源、宾川、漾濞、云龙、大理
106	*P. oligantha*	少花马先蒿	多年生 草本	黄色	7月	贡山、福贡、兰坪、泸水、德钦、香格里拉、维西、丽江、宁蒗、永胜、剑川、鹤庆、洱源、宾川、漾濞、云龙、大理
107	*P. orthocoryne*	直盔马先蒿	多年生草本	浅黄白色	6月	贡山、福贡、兰坪、泸水、德钦、香格里拉、维西、丽江、宁蒗、永胜、剑川、鹤庆、洱源、宾川、漾濞、云龙、大理
108	*P. oxycarpa*	尖果马先蒿	多年生草本	白色	5～8月	贡山、福贡、兰坪、泸水、德钦、香格里拉、维西、丽江、宁蒗、永胜、剑川、鹤庆、洱源、宾川、漾濞、云龙、大理
109	*P. pentagona*	五角马先蒿	多年生草本	粉红色	7～8月	贡山、福贡、兰坪、泸水、德钦、香格里拉、维西、丽江、宁蒗、永胜、剑川、鹤庆、洱源、宾川、漾濞、云龙、大理
110	*P. pinetorum*	松林马先蒿	多年生草本	红色	8月	贡山、福贡、兰坪、泸水、德钦、香格里拉、维西、丽江、宁蒗、永胜、剑川、鹤庆、洱源、宾川、漾濞、云龙、大理
111	*P. praeruptorum*	悬岩马先蒿	多年生草本	红色	6～8月	贡山、福贡、兰坪、泸水、德钦、香格里拉、维西、丽江、宁蒗、永胜、剑川、鹤庆、洱源、宾川、漾濞、云龙、大理
112	*P. pseudocephalantha*	假头花马先蒿	多年生草本	紫红色	7～8月	贡山、福贡、兰坪、泸水、德钦、香格里拉、维西、丽江、宁蒗、永胜、剑川、鹤庆、洱源、宾川、漾濞、云龙、大理

续表2-5-75

序号	拉丁名	中文名	习性	花色	花/果期	分布地区
113	*P.pseudomelampyriflora*	假山萝花马先蒿	一年生草本	黄色	7月	贡山、福贡、兰坪、泸水、德钦、香格里拉、维西、丽江、宁蒗、永胜、剑川、鹤庆、洱源、宾川、漾濞、云龙、大理
114	*P. pseudoversicolor*	假多色马先蒿	多年生草本	黄色	5~6月	贡山、福贡、兰坪、泸水、德钦、香格里拉、维西、丽江、宁蒗、永胜、剑川、鹤庆、洱源、宾川、漾濞、云龙、大理
115	*P. remotiloba*	疏裂马先蒿	多年生草本	玫瑰色	8月	贡山、福贡、兰坪、泸水、德钦、香格里拉、维西、丽江、宁蒗、永胜、剑川、鹤庆、洱源、宾川、漾濞、云龙、大理
116	*P. rex*	大王马先蒿	多年生草本	黄色	5~7月	贡山、福贡、兰坪、泸水、德钦、香格里拉、维西、丽江、宁蒗、永胜、剑川、鹤庆、洱源、宾川、漾濞、云龙、大理
117	*P. rhodotricha*	红毛马先蒿	多年生草本	紫红色	6~8月	贡山、福贡、兰坪、泸水、德钦、香格里拉、维西、丽江、宁蒗、永胜、剑川、鹤庆、洱源、宾川、漾濞、云龙、大理
118	*P. rigida*	坚挺马先蒿	多年生草本	紫红色	8~12月	贡山、福贡、兰坪、泸水、德钦、香格里拉、维西、丽江、宁蒗、永胜、剑川、鹤庆、洱源、宾川、漾濞、云龙、大理
119	*P. roylei*	草甸马先蒿	多年生草本	紫红色	7~8月	贡山、福贡、兰坪、泸水、德钦、香格里拉、维西、丽江、宁蒗、永胜、剑川、鹤庆、洱源、宾川、漾濞、云龙、大理
120	*P. salicifolia*	柳叶马先蒿	多年生草本	深玫瑰红色	7~9月	贡山、福贡、兰坪、泸水、德钦、香格里拉、维西、丽江、宁蒗、永胜、剑川、鹤庆、洱源、宾川、漾濞、云龙、大理
121	*P. sigmoidea*	之形喙马先蒿	多年生草本	紫红色	8月	贡山、福贡、兰坪、泸水、德钦、香格里拉、维西、丽江、宁蒗、永胜、剑川、鹤庆、洱源、宾川、漾濞、云龙、大理
122	*P. sima*	矽镁马先蒿	多年生草本	玫瑰红色	7月	贡山、福贡、兰坪、泸水、德钦、香格里拉、维西、丽江、宁蒗、永胜、剑川、鹤庆、洱源、宾川、漾濞、云龙、大理
123	*P. smithiana*	史氏马先蒿	多年生草本	淡黄色	5~8月	贡山、福贡、兰坪、泸水、德钦、香格里拉、维西、丽江、宁蒗、永胜、剑川、鹤庆、洱源、宾川、漾濞、云龙、大理

续表2-5-75

序号	拉丁名	中文名	习性	花色	花/果期	分布地区
124	*P. strobilacea*	球状马先蒿	多年生草本	紫色	8月	贡山、福贡、兰坪、泸水、德钦、香格里拉、维西、丽江、宁蒗、永胜、剑川、鹤庆、洱源、宾川、漾濞、云龙、大理
125	*P. superba*	华丽马先蒿	多年生草本	紫红色	7～8月	贡山、福贡、兰坪、泸水、德钦、香格里拉、维西、丽江、宁蒗、永胜、剑川、鹤庆、洱源、宾川、漾濞、云龙、大理
126	*P. tatsienensis*	康定马先蒿	多年生草本	紫红色	5～6月	贡山、福贡、兰坪、泸水、德钦、香格里拉、维西、丽江、宁蒗、永胜、剑川、鹤庆、洱源、宾川、漾濞、云龙、大理
127	*P. tenuisecta*	纤裂马先蒿	多年生草本	紫红色	8～9月	贡山、福贡、兰坪、泸水、德钦、香格里拉、维西、丽江、宁蒗、永胜、剑川、鹤庆、洱源、宾川、漾濞、云龙、大理
128	*P. thamnophila*	灌丛马先蒿	多年生草本	黄色	6～7月	贡山、福贡、兰坪、泸水、德钦、香格里拉、维西、丽江、宁蒗、永胜、剑川、鹤庆、洱源、宾川、漾濞、云龙、大理
129	*P. tomentosa*	绒毛马先蒿	多年生草本	黄色	8～9月	贡山、福贡、兰坪、泸水、德钦、香格里拉、维西、丽江、宁蒗、永胜、剑川、鹤庆、洱源、宾川、漾濞、云龙、大理
130	*P. tsaii*	蔡氏马先蒿	多年生草本	紫色	8月	贡山、福贡、兰坪、泸水、德钦、香格里拉、维西、丽江、宁蒗、永胜、剑川、鹤庆、洱源、宾川、漾濞、云龙、大理
131	*P. tsekouensis*	茨口马先蒿	草本	浅黄至玫瑰红色	6～9月	贡山、福贡、兰坪、泸水、德钦、香格里拉、维西、丽江、宁蒗、永胜、剑川、鹤庆、洱源、宾川、漾濞、云龙、大理
132	*P. umbelliformis*	伞花马先蒿	多年生草本	紫红色	6～8月	贡山、福贡、兰坪、泸水、德钦、香格里拉、维西、丽江、宁蒗、永胜、剑川、鹤庆、洱源、宾川、漾濞、云龙、大理
133	*P. verbenaefolia*	马鞭草叶马先蒿	多年生草本	紫色	7～9月	贡山、福贡、兰坪、泸水、德钦、香格里拉、维西、丽江、宁蒗、永胜、剑川、鹤庆、洱源、宾川、漾濞、云龙、大理
134	*P. vialii*	举啄马先蒿	草本	紫红色	5～8月	贡山、福贡、兰坪、泸水、德钦、香格里拉、维西、丽江、宁蒗、永胜、剑川、鹤庆、洱源、宾川、漾濞、云龙、大理
135	*P. weixiensis*	维西马先蒿	多年生草本	紫色	6～7月	维西

续表2-5-75

序号	拉丁名	中文名	习性	花色	花/果期	分布地区
136	*P. yui*	季川马先蒿	多年生草本	紫色	6月	贡山、福贡、兰坪、泸水、德钦、香格里拉、维西、丽江、宁蒗、永胜、剑川、鹤庆、洱源、宾川、漾濞、云龙、大理
137	*P. yunnanensis*	云南马先蒿	多年生草本	红色	6～9月	贡山、福贡、兰坪、泸水、德钦、香格里拉、维西、丽江、宁蒗、永胜、剑川、鹤庆、洱源、宾川、漾濞、云龙、大理
138	*P. zhongdianensis*	香格里拉马先蒿	多年生草本	紫红色	6～7月	香格里拉
139	*Phtheirospermum glandulosum*	具腺松蒿	一年生或多年生粘质草	淡白色或黄色	9～10月	嵩明（龙潭营）、砚山
140	*Scoparia dulcis*	野甘草	草本或亚灌木	白色	5～11月	金平、河口、勐海、勐腊、沧源、耿马、临翔、芒市、大理、景洪、澜沧
141	*Scrophularia elatior*	高玄参	多年生常有臭味的草本	绿色	7～9月	昆明、宾川、文山、景东
142	*S. macrocarpa*	大果玄参	多年生常有臭味的草本	黄绿色	5月	禄劝
143	*S. mapienensis*	马边玄参	多年生常有臭味的草本	黄白色或紫色	6～7月	巧家
144	*S. urticaefolia*	荨麻叶玄参	多年生常有臭味的草本	绿色或白色	6～7月	腾冲、滇西北
145	*Striga asiatica*	独脚金	草本	红色	8月	昆明、大姚
146	*Torenia concolor*	单色蝴蝶草	草本	紫色或蓝色	6～9月	河口、马关、西双版纳
147	*T. flava*	黄花蝴蝶草	草本	—	—	景洪、勐腊
148	*T. asiatica*	光叶蝴蝶草	草本	蓝色或紫红色	8～10月	罗平、大关（成凤山）
149	*T. violacea*	紫萼蝴蝶草	草本	蓝色、白色或紫色	9月	景东、景洪、泸水、贡山、双江、绿春
150	*Veronica polita*	婆婆纳	草本	淡紫色、蓝色、粉色或白色	3～10月	滇西、滇中
151	*V. henryi*	华中婆婆纳	草本	白色	5～7月	蒙自、西畴、马关、彝良
152	*V. laxa*	疏花婆婆纳	草本或亚灌木	蓝色或紫色	5～8月	昭阳、绥江、水富、永善、盐津、大关、威信、镇雄、彝良、鲁甸、巧家、会泽、宣威、昆明、维西、镇康
153	*V. persica*	阿拉伯婆婆纳	草本或亚灌木	蓝色	6月	昆明、镇康

七十六、苦苣苔科

多年生草本，半灌木、灌木或木质藤本。

全球约120属，2000种，主要分布于热带和亚热带。中国约有40属，200余种，分布于秦岭、山西、河北及山东以南各省区。云南产33属，189种，8变种，2变型。本书收录15属，89种。

本科植物不少种类可药用。其中的芒毛苣苔属、直瓣苣苔属、粗筒苣苔属、朱红苣苔属、唇柱苣苔属、珊瑚苣苔属、长蒴苣苔属、密序苣苔属、紫花苣苔属、吊石苣苔属、马铃苣苔属、蛛毛苣苔属、石蝴蝶属、线柱苣苔属、短檐苣苔属是花卉植物。

表2-5-76　本书收录苦苣苔科89种信息表

序号	拉丁名	中文名	习性	花色	花/果期	分布地区
1	*Aeschynanthus acuminatissimus*	长尖芒毛苣苔	附生攀缘小灌木	红色	8～9月	屏边、西畴
2	*A. acuminatus*	芒毛苣苔	附生攀缘小灌木	淡绿色	10～12月	元江、西双版纳、麻栗坡、红河、金平
3	*A. andersonii*	轮叶芒毛苣苔	附生攀缘小灌木	红色	6～12月	沧源
4	*A. angustioblongus*	狭矩叶芒毛苣苔	附生小灌木	红色	9月	贡山
5	*A. austroyunnanensis*	滇南芒毛苣苔	附生攀缘小灌木	红色	8～10月	景东、景洪、勐腊、屏边、金平、麻栗坡
6	*A. bracteatus*	显苞芒毛苣苔	林内树干上	深红色	6～9月	福贡、贡山、维西、景东、景洪、勐海、金平、绿春、屏边、西畴、马关、麻栗坡、富宁
7	*A. buxifolius*	黄杨叶芒毛苣苔	附生攀缘小灌木	红色	8～9月	景东、河口、金平、屏边、蒙自、麻栗坡、马关、文山
8	*A. chorisepalus*	离萼芒毛苣苔	附生攀缘小灌木	橙红色	8～9月	贡山、盈江、芒市、龙陵
9	*A. denticuliger*	小齿芒毛苣苔	附生攀缘小灌木	黄色	10～12月	滇东南
10	*A. garrettii*	泰北芒毛苣苔	附生攀缘小灌木	—	6～12月	勐海
11	*A. hookeri*	束花芒毛苣苔	附生攀缘小灌木	洋红色	7～9月	贡山、绿春、勐海、孟连、景东、临翔、双江、芒市
12	*A. humilis*	矮芒毛苣苔	附生攀缘小灌木	红色	9～10月	思茅、屏边、景东
13	*A. lancilimbus*	披针叶芒毛苣苔	附生攀缘小灌木	红色	10月	砚山
14	*A. lasianthus*	毛花芒毛苣苔	附生小灌木	红色	8月	贡山
15	*A. linearifolius*	条叶芒毛苣苔	附生攀缘小灌木	红色	7～9月	贡山、福贡
16	*A. lineatus*	线条芒毛苣苔	附生攀缘小灌木	红色	8～10月	绿春、镇康、临翔、双江、腾冲
17	*A. longicaulis*	长茎芒毛苣苔	附生攀缘小灌木	黄色	11月	勐腊、景洪（勐养）、绿春
18	*A. macranthus*	伞花芒毛苣苔	附生攀缘小灌木	橙红色	6月	麻栗坡、马关
19	*A. maculatus*	具斑芒毛苣苔	附生攀缘小灌木	红色	5月	贡山、腾冲
20	*A. mimetes*	大花芒毛苣苔	附生木质常绿藤本	金黄色	6～7月	腾冲、凤庆、景东、思茅
21	*A. novogracilis*	细芒毛苣苔	附生攀缘小灌木	—	12月	勐海、蒙自、屏边、西畴
22	*A. poilanei*	药用芒毛苣苔	附生攀缘小灌木	红色	9月	滇东南
23	*A. sinolongicalyx*	长萼芒毛苣苔	附生攀缘小灌木	—	9月	滇东南
24	*A. stenosepalus*	尾叶芒毛苣苔	附生攀缘小灌木	橘红色	7月	沧源、福贡、贡山
25	*A. superbus*	华丽芒毛苣苔	附生攀缘小灌木	玫瑰红色	9～10月	贡山、泸西、西双版纳、马关
26	*A. tubulosus*	筒花芒毛苣苔	附生攀缘小灌木	深红色	9～10月	临沧
27	*A. wardii*	狭花芒毛苣苔	附生攀缘小灌木	深红色	9月	贡山、福贡

续表2-5-76

序号	拉丁名	中文名	习性	花色	花/果期	分布地区
28	*Ancylostemon aureus*	凹瓣苣苔	多年生无茎草本	黄色	7～8月	镇康、宾川、鹤庆、维西、香格里拉、德钦
29	*Briggsia amabilis*	粗筒苣苔	多年生草本	黄色	6～9月	丽江、鹤庆、香格里拉
30	*B. muscicola*	藓丛佛肚苣苔	多年生草本	黄色	6～8月	维西、贡山、德钦
31	*Calcareoboca coccinea*	朱红苣苔	草本	朱红色	5月	西畴、麻栗坡、富宁
32	*Chirita anachoreta*	薄叶唇柱苣苔	一年生草本	白色	7～8月	临沧、思茅、景洪、绿春、屏边、金平、西畴、文山、砚山
33	*C. carnosifolia*	肉叶厚柱苣苔	多年生草本	—	—	麻栗坡
34	*C. dielsii*	圆叶唇柱苣苔	多年生草本	紫蓝色	6～9月	禄丰（广通）、楚雄、丽江、景东、凤庆、龙陵
35	*C. fasciculiflora*	簇花唇柱苣苔	多年生草本	蓝色	6月	芒市（勐遮）
36	*C. forrestii*	滇川唇柱苣苔	一年生草本	紫色	8～9月	香格里拉、丽江
37	*C. hamosa*	钩序唇柱苣苔	一年生草本	白色	8～9月	思茅、勐腊（易武）、芒市、文山
38	*C. macrophylla*	大叶唇柱苣苔	多年生草本	黄白色	6～8月	腾冲、凤庆、孟连、双江、临翔、镇康、景东、文山、麻栗坡
39	*C. oblongifolia*	长圆叶唇柱苣苔	木质多年生草本	白色	8～9月	贡山
40	*C. pumila*	斑叶唇柱苣苔	一年生草本	淡紫色	7～9月	屏边、砚山、文山、思茅、凤庆、景东、临翔、沧源、龙陵、腾冲、福贡、贡山
41	*C. speciosa*	美丽唇柱苣苔	多年生草本	—	5～9月	腾冲、瑞丽、沧源、澜沧、景东、大理、漾濞、思茅、蒙自、金平
42	*C. speluncae*	小唇柱苣苔	多年生草本	紫蓝色	4月	滇东北
43	*C. thibetica*	康定唇柱苣苔	一年生草本	白色	7～9月	宾川、大姚、会泽、巧家、昭通、镇雄
44	*C. umbrophila*	喜荫唇柱苣苔	多年生草本	—	—	镇雄
45	*C. urticifolia*	麻叶唇柱苣苔	多年生草本	紫红色	8～9月	龙陵、屏边、绿春
46	*Corallodiscus conchifolius*	小石花	多年生矮小草本	紫色	8月	德钦、香格里拉、维西
47	*C. flabellatus*	石花	多年生草本	淡蓝紫色	7～9月	洱源、鹤庆、大理、丽江、维西、香格里拉、德钦、昆明、大姚
48	*C. grandis*	大叶珊瑚苣苔	多年生草本	粉红色	6～7月	维西、香格里拉、宁蒗（永宁）
49	*C. luteus*	黄花石胆草	多年生草本	淡黄色	8月	德钦
50	*C. patens*	展花石胆草	多年生草本	淡蓝色	7～8月	丽江
51	*C. sericeus*	绢毛石胆草	多年生草本	淡青紫色	6～8月	宾川、丽江、维西
52	*C. taliensis*	大理珊瑚苣苔	多年生草本	深蓝色	5～7月	贡山、德钦、凤庆、漾濞、大理
53	*Didymocarpus grandidentatus*	大齿苣苔	多年生草本	白色	6月	芒市（勐遮）
54	*Hemiboeopsis longisepala*	密序苣苔	半灌木	粉红色	4月	金平、河口

续表2-5-76

序号	拉丁名	中文名	习性	花色	花/果期	分布地区
55	*Loxostigma griffithii*	紫花苣苔	多年生草本	淡绿黄色	9～10月	贡山、福贡、洱源（邓川）、临翔、凤庆、镇康、富民、金平、文山
56	*L. mekongense*	澜沧紫花苣苔	草本	白色	10月	兰坪、龙陵、维西一带至福贡
57	*Lysionotus aeschynanthoides*	桂黔吊石苣苔	附生灌木	黄色	—	麻栗坡
58	*L. angustisepalus*	狭萼吊石苣苔	附生小半灌木	淡紫色	9月	贡山
59	*L. carnosus*	蒙自吊石苣苔	灌木或半灌木	白带粉红色	7～8月	蒙自、金平、屏边、麻栗坡、文山、砚山、西畴
60	*L. chingii*	攀缘吊石苣苔	附生灌木	白色	6～9月	金平、屏边
61	*L. denticulosus*	多齿吊石苣苔	附生灌木	紫红色	—	麻栗坡
62	*L. forrestii*	滇西吊石苣苔	半灌木	紫色	8～9月	景东、凤庆、耿马、腾冲、福贡、贡山
63	*L. gracilis*	纤细吊石苣苔	附生灌木	白色或浅紫色	7～8月	腾冲、龙陵、耿马、临翔、凤庆、景东
64	*L. heterophyllus*	异叶吊石苣苔	附生灌木	黄白色	7～8月	大关
65	*L. longipedunculatus*	长梗吊石苣苔	附生灌木	乳黄色	9月	屏边
66	*L. mollifolius*	软叶吊石苣苔	附生灌木	—	6～8月	西畴
67	*L. pauciflorus*	吊石苣苔	附生灌木	白色	7～8月	永善、彝良、屏边、砚山
68	*L. petelotii*	细萼吊石苣苔	附生半灌木	紫色	10月	金平
69	*L. serratus*	齿叶吊石苣苔	附生半灌木	淡紫色	7～8月	全省各地
70	*L. sessilifolius*	短柄吊石苣苔	半灌木	粉紫色	8～9月	贡山、福贡
71	*L. sulphureus*	黄花吊石苣苔	半灌木	黄色	9月	贡山、福贡、维西
72	*L. wardii*	毛枝吊石苣苔	附生灌木	白色	8月	贡山、河口
73	*Oreocharis aurantiaca*	橙黄马铃苣苔	多年生草本	黄色	8～9月	大姚、鹤庆、宾川、维西、丽江
74	*O. cinnamomea*	肉色马铃苣苔	多年生草本	黄色	7～8月	香格里拉、维西
75	*O. cordatula*	心叶马铃苣苔	多年生草本	黄色	8月	香格里拉
76	*O. delavayi*	洱源马铃苣苔	多年生草本	淡黄色	7～8月	贡山、福贡、兰坪、泸水、德钦、香格里拉、维西、丽江、剑川、鹤庆、洱源、宾川、漾濞、云龙、大理
77	*O. elliptica*	椭圆马铃苣苔	多年生草本	黄色	8月	漾濞以北至香格里拉、德钦
78	*O. forrestii*	丽江马铃苣苔	多年生草本	淡黄色	7月	丽江
79	*O. georgei*	剑川马铃苣苔	多年生草本	淡黄色	6～7月	剑川、维西
80	*O. minor*	小马铃苣苔	多年生草本	黄色	8月	贡山、福贡、兰坪、泸水、德钦、香格里拉、维西、丽江、剑川、鹤庆、洱源、宾川、漾濞、云龙、大理
81	*Paraboea barbatipes*	髯丝蛛毛苣苔	多年生草本	紫红色	5～6月	沧源、耿马、勐腊、西畴、麻栗坡、富宁
82	*P. connata*	唇萼蛛毛苣苔	多年生草本	淡紫色		滇西南
83	*P. neurophylla*	脉叶蛛毛苣苔	多年生草本	紫红色	7～8月	昆明

续表2-5-76

序号	拉丁名	中文名	习性	花色	花/果期	分布地区
84	*P. rufescens*	淡褐毛苣苔	矮小半灌木	白色或紫色	8月	云南大部分地区（除滇西外）
85	*P. sinensis fmacrophylla*	宽萼蛛毛苣苔	矮小半灌木	淡粉红色	5～7月	临翔、孟连、镇康、景东、景洪（勐养）、勐腊、河口、砚山、麻栗坡、西畴
86	*Petrocosmea flaccida*	萎软石蝴蝶	多年生矮小草本	蓝色	8～9月	丽江
87	*P. forrestii*	大理石蝴蝶	多年生矮小草本	浅蓝色	7～9月	漾濞、大理、巧家
88	*Rhynchotechum vestitum*	毛线柱苣苔	半灌木	粉红色	6～8月	芒市、镇康、临翔、景东、西双版纳、屏边、金平、麻栗坡
89	*Tremacron forrestii*	短檐苣苔	多年生草本	黄色	8月	大姚、丽江、香格里拉、维西

七十七、紫葳科

紫葳科以木本为主。

本科主要分布在热带地区。全科共112属，725种左右。中国仅有14属，37种。本书收录6属，13种。

本科的梓属、角蒿属、火烧花属、照夜白属、泡桐属、美丽桐属等属是花卉植物。

表2-5-77　本书收录紫葳科13种科信息表

序号	拉丁名	中文名	习性	花色	花/果期	分布地区
1	*Catalpa tibetica*	藏楸	落叶乔木	淡红色	3～5月	丽江
2	*Incarrillea altissima*	高波罗花	多年生草本	黄红色	6～8月	丽江
3	*I. arguta*	两头毛	多年生草本	粉红色	3～7月	云南干热河谷
4	*I. compacta*	密生波罗花	多年生草本	红色	5～7月	维西、丽江、香格里拉、德钦
5	*I. delavayi*	红波罗花	多年生草本	红色	5～8月	洱源、大理、宾川、丽江、香格里拉、德钦
6	*I. lutea*	黄花角蒿	多年生草本	黄色	5～8月	洱源、丽江、鹤庆
7	*I. mairei*	大花角蒿	多年生草本	红色	5～7月	洱源、鹤庆、丽江、香格里拉
8	*I. zhongdianensis*	中甸角蒿	多年生草本	红色	5～7月	香格里拉、德钦
9	*Mayodendron igneum*	火烧花	小乔木	金黄色	3～4月	双柏、元江、思茅、景东、西双版纳、富宁
10	*Nyctocalos brunfelsiiflora*	照夜白	藤本	黄色	3～4月	沧源、金平、勐腊
11	*N. pinnata*	羽叶照夜白	藤本	白色	7～8月	河口、元江
12	*Pauldopia ghorta*	翅叶木	灌木或小乔木	黄色	5～6月	思茅、勐海、耿马、蒙自、金平
13	*Wightia speciosissima*	岩梧桐	小乔木	粉红色	10～12月	贡山、永平、昌宁、保山、临翔、屏边、沧源

七十八、爵床科

草本、灌木、或藤本，稀为小乔木。

爵床科是一个主要分布于热带地区的大科，全世界共约250属，3450种。中国有68属，311种。云南有58属，186种。本书收录6属，18种。

本科的鸭嘴花属、假杜鹃属、喜花草属、火焰花属、马蓝属和山牵牛属是花卉植物。

表2-5-78 本书收录爵床科18种信息表

序号	拉丁名	中文名	习性	花色	花/果期	分布地区
1	*Adhatoda vasica*	鸭嘴花	大灌木	白色	4~6月	贡山、景东、景洪、勐海、勐腊
2	*Barleria cristata*	假杜鹃	多年生草本	青紫色	8~10月	元江、蒙自、大理、丽江、宾川
3	*B. prionitis*	黄花假杜鹃	多年生草本	黄色	2~6月	景洪
4	*Eranthemum pulchellum*	喜花草	草本或亚灌木	紫红色	2~3月	思茅、西双版纳
5	*E. tapingense*	太平喜花草	草本或亚灌木	红紫色	2~3月	陇川
6	*Phlogacanthus abbreviatus*	缩序火焰花	灌木或高大草本	红黄色	3~4月	沧源、西盟、孟连、西双版纳、江城、绿春、金平、河口、屏边、马关、麻栗坡、西畴
7	*P. curviflorus*	火焰花	灌木或高大草本	红黄色	3~4月	思茅、西双版纳
8	*P. pubinervius*	毛脉火焰花	灌木或高大草本	红黄色	3~4月	大理、思茅、西双版纳、红河
9	*P. vitellinus*	糙叶火焰花	灌木或高大草本	红黄色	3~4月	金平、个旧（蛮耗）
10	*Pteracanthus calycinus*	曲序马蓝	多年生草本	—	—	蒙自、屏边、金平、绿春、贡山
11	*P. clavicalatus*	棒果马蓝	草本	—	—	武定、嵩明、弥勒、大理、漾濞、剑川、丽江、维西、香格里拉、大关
12	*P. forrestii*	腺毛马蓝	多年生草本	紫色	4~5月	丽江、香格里拉、罗平
13	*P. gongshanensis*	贡山马蓝	草本	—	—	贡山
14	*Thunbergia coccinea*	红花山牵牛	常绿木质藤本	粉红色	2~4月	滇南、滇西南
15	*T. fragrans*	碗花草	常绿木质藤本	粉红色	2~4月	大理、大姚、昆明
16	*T. grandiflora*	山牵牛	常绿木质藤本	紫蓝色	2~4月	红河、西双版纳
17	*T. lacei*	刚毛山牵牛	常绿木质藤本	—	2~4月	景洪、勐海、勐腊、思茅
18	*T. lutea*	黄花山牵牛	常绿木质藤本	黄色	2~4月	思茅、西双版纳

七十九、马鞭草科

灌木或乔木，有时为藤本，极稀草本。

全球约75属，3000种，分布于热带和亚热带地区，少数延至温带。中国有19属，主产长江以南各省区。云南有17属，104种。本书收录2属，19种。

本科的大青属和石梓属是花卉植物。

表2-5-79 本书收录马鞭草科19种信息表

序号	拉丁名	中文名	习性	花色	花/果期	分布地区
1	*Clerodendrum brachystemon*	短蕊茉莉	灌木	黄褐色	10月	景洪（普文）
2	*C. canescens*	灰毛臭茉莉	灌木	白色	4~8月	马关、富宁
3	*C. cyrtophyllum*	大青	灌木或小乔木	白色	6~11月	西双版纳、河口、马关、砚山、西畴
4	*C. ervatamioides*	假狗牙花	灌木	白色	4~5月	金平、河口

续表2–5–79

序号	拉丁名	中文名	习性	花色	花/果期	分布地区
5	*C. garrettianum*	泰国垂茉莉	灌木	绿白色、黄绿色至黄色	8～11月	景洪、勐腊
6	*C. griffithianum*	西垂茉莉	灌木	白色	11月	瑞丽、陇川、盈江、芒市
7	*C. henryi*	南垂臭茉莉	灌木	淡黄色至白色	9～12月	宁洱、思茅、西双版纳、墨江
8	*C. indicum*	长管假茉莉	灌木	白色或淡黄色	8～11月	盈江、芒市、耿马、西双版纳
9	*C. japonicum*	赪桐	灌木	朱红色	4～11月	滇西、滇西南、滇南、滇东南
10	*C. kwangtungense*	广东臭茉莉	灌木	白色	6月	屏边
11	*C. longilimbum*	长叶臭茉莉	灌木	白色或淡黄色	9月至次年2月	金平、屏边、思茅、景洪、沧源、耿马、临翔、云龙
12	*C. mandarinorum*	满大青	灌木	白色或淡紫红色	7～12月	屏边、河口、文山、马关、麻栗坡、西畴、马关、富宁、砚山、丘北、广南、镇雄
13	*C. peii*	长柄臭牡丹	灌木	—	6月	元江、金平、屏边
14	*C. philippinum*	大髻婆	灌木	红色、淡红色或白色	9月	蒙自、砚山、西畴、盈江
15	*C. serratum*	三节对	灌木	蓝紫色至白色	6～10月	滇西南、滇南、滇东南
16	*C. subscaposum*	抽葶贞桐	灌木	蓝紫色	9月	屏边、西畴、澜沧
17	*C. wallichii*	垂茉莉	灌木	白色	10～11月	瑞丽、陇川
18	*Gmelina arborea*	滇石梓	干季落叶乔木	黄色	3～4月	思茅、西双版纳
19	*G. lecomtei*	越南石梓	乔木	黄色	6～7月	河口、屏边

八十、唇形花科

多年生至一年生草本、半灌木或灌木，极稀乔木或藤本。

全球约220余属，3500余种。中国有98属，800余种。云南有67属，334种，遍布全省各地。本书收录9属，45种。

本科的肾茶属、火把花属、青兰属、香薷属、锥花属、独一味属、假糙苏属、糙苏属、鼠尾草属是花卉植物。

表2–5–80　本书收录唇形花科45种信息表

序号	拉丁名	中文名	习性	花色	花/果期	分布地区
1	*Clerodendranthus spicatus*	肾茶	多年生草本	白色至淡紫色	5～11月	西双版纳
2	*Colquhounia elegans*	秀丽火把花	灌木	黄色或红色	11～2月	芒市、腾冲、陇川
3	*C. seguinii*	藤状火把花	灌木	红色、紫色、暗橙色至黄色	11～12月	滇西北、滇西、滇中、滇东
4	*C. vestita*	白毛火把花	灌木	橙红色	7月	凤庆

续表2-5-80

序号	拉丁名	中文名	习性	花色	花/果期	分布地区
5	*Dracocephalum forrestii*	松叶青兰	多年生草本	蓝紫色	8～9月	丽江、香格里拉
6	*D. isabellae*	白萼青兰	多年生草本	蓝紫色	8～9月	香格里拉
7	*D. taliense*	大理青兰	多年生草本	蓝色	8～9月	鹤庆、大理
8	*Elsholtzia blanda*	四方蒿	直立草本	白色	6～10月	滇西南至滇东南
9	*E. ciliata*	香薷	直立草本	淡紫色	7～10月	云南各地
10	*E. communis*	吉龙草	草本	白色	10～12月	景东、镇沅、景谷、江城、绿春、元阳、红河、金平、开远、建水、石屏、勐海、勐腊、景洪
11	*Gomphostemma arbusculum*	木锥花	灌木	白色或淡紫色	5月	金平、景东、西双版纳、澜沧、临沧、瑞丽
12	*G. crinitum*	长毛锥花	草本	黄色	10月	景洪（橄榄坝）
13	*G. deltodon*	三角齿锥花	直立草本	紫红色	8月	景洪（小勐养）
14	*G. latifolium*	宽叶锥花	灌木	白色或浅黄色	7～8月	景洪、勐腊
15	*G. lucidum*	光泽锥花	草本或小灌木	白色	4～7月	河口、屏边
16	*G. microdon*	小齿锥花	直立草本	浅紫色至淡黄色	8～12月	思茅、西双版纳
17	*G. parvilorum*	小花锥花	草本	黄色	6月	龙陵
18	*G. pedunculatum*	抽葶锥花	草本	黄色	9月至次年2月	龙陵、凤庆、景东、西双版纳、屏边
19	*G. stellato-hirsutum*	硬毛锥花	草本	紫红色	6～8月	勐海、屏边
20	*G. sulcatum*	槽茎锥花	多年生草本	黄色	8月	屏边
21	*G. wallichii*	顶序锥花	草本	—	—	怒江河谷
22	*Lamiophlomis rotata*	独一味	多年生草本	紫色	7月	香格里拉、德钦
23	*Paraphlomis hirsutissima*	假糙苏属	草本	污黄色	12月	屏边、河口、文山、马关、麻栗坡、西畴、马关、富宁、砚山、丘北、广南
24	*P. hispida*	刚毛假糙苏	草本	—	10月	西畴、麻栗坡
25	*P. javanica*	假糙苏	草本	黄色	6～8月	滇西南、滇中、滇南、滇东南
26	*P. membranacea*	薄萼假糙苏	草本	紫色	7～11月	河口、金平
27	*Phlomis melanantha*	黑花糙苏	多年生草本	紫红色	8月	泸水、腾冲、德钦、香格里拉、丽江、维西、昆明
28	*P. ornata*	美观糙苏	多年生草本	暗紫色	6～9月	香格里拉
29	*Salvia atropurpurea*	暗紫鼠尾	多年生草本	暗紫色	7月	镇康
30	*S. breviconnectivata*	短隔鼠尾	多年生草本	粉红色	2月	石林
31	*S. bulleyana*	戟叶鼠尾	多年生草本	紫色	8月	兰坪、大理
32	*S. campanulata*	钟萼鼠尾	多年生草本	黄色	8月	贡山
33	*S. castanea*	栗色鼠尾	多年生草本	栗色	5～9月	丽江
34	*S. digitaloides*	毛地黄鼠尾	多年生草本	白色	4～6月	香格里拉、丽江、洱源、鹤庆、大理
35	*S. evansiana*	雪山鼠尾	多年生草本	深紫色	7～10月	丽江、香格里拉、维西、德钦、贡山
36	*S. flava*	黄花鼠尾	多年生草本	黄色	6～9月	大理、鹤庆、洱源、丽江、香格里拉、德钦
37	*S. fragarioides*	草莓状鼠尾	多年生草本	—	10月	景洪（南线河）

续表2-5-80

序号	拉丁名	中文名	习性	花色	花/果期	分布地区
38	*S. kiaometiensis*	荞麦地鼠尾	多年生草本	紫褐色	8～11月	巧家（荞麦地）、昭阳
39	*S. maximowicziana*	鄂西鼠尾	多年生草本	紫色	8～9月	大关、彝良
40	*S. mekongensis*	湄公鼠尾	多年生草本	黄色	6～9月	贡山、德钦、维西、丽江
41	*S. plebeia*	荔枝草	一年生或二年生草本	紫色	4～7月	云南各地
42	*S. przewalskii*	甘西鼠尾	多年生草本	紫色	5～8月	贡山、香格里拉、维西、德钦、丽江
43	*S. sonchifolia*	苣叶鼠尾	多年生草本	紫色	4～5月	西畴、麻栗坡
44	*S. subpalmatinervis*	近掌脉鼠尾	多年生草本	紫色	5～7月	香格里拉
45	*S. trijuga*	三叶鼠尾草	多年生草本	蓝紫色	7～9月	贡山、德钦、维西、丽江、鹤庆

八十一、花蔺科

多年生草本，水生或沼泽生。

全球约5属，10种。中国有3属，3种。云南有2属，2种。本书全部收录。

本科的黄花蔺属和拟花蔺属是花卉植物。

表2-5-81　本书收录花蔺科2种信息表

序号	拉丁名	中文名	习性	花色	花/果期	分布地区
1	*Limnocharis flava*	黄花蔺	水生草本	淡黄色	3～4月	景洪、勐腊、勐海
2	*Tenagocharis latifolia*	拟花蔺	一年生水生草本	白色	8月	勐腊

八十二、水鳖科

一年生或多年生草本。

全球约15～16属，80～100种，广布于热带和亚热带，少数种分布于温带中。中国有8属，16种。云南有5属，9种。本书收录4属，7种。

本科的水筛属、黑藻属、水车前属和苦草属是花卉植物。

表2-5-82　本书收录花蔺科7种信息表

序号	拉丁名	中文名	习性	花色	花/果期	分布地区
1	*Blyxa auberti*	无尾水筛	沉水草本	—	7～12月	孟连、澜沧、勐海、广南
2	*B. echinosperma*	岛田水筛	沉水草本	白色	7～8月	澜沧
3	*B. octandra*	八药水筛	沉水草本	淡红色	—	云南各地
4	*Hydrilla verticillata*	黑藻	多年生沉水草本	白色或粉红色	7～10月	云南各地
5	*Ottelia acuminata*	海菜花	多年生沉水草本	白色	1～2月	全省大部分地区
6	*O. alismoides*	龙舌草	多年生沉水草本	白色、淡紫色或浅蓝色	4～10月	孟连、澜沧、西双版纳、洱源、大理
7	*Vallisneria natas*	苦草	沉水草本	白色	5～11月	云南各地

八十三、泽泻科

一年生或多年生水生或湿生草本。

全球约13属，90种。中国有4属，14种，南北都有分布。云南有3属，8种。本书收录2属，3种。

本科的泽苔草属和慈姑属是花卉植物。

表2-5-83　本书收录泽泻科3种信息表

序号	拉丁名	中文名	习性	花色	花/果期	分布地区
1	*Caldesia parnassifolia*	泽苔草	多年生、沼生草本	白色	5～11月	思茅、勐海
2	*Sagittaria pygmaea*	矮慈姑	一年生沼生植物	白色	7～10月	腾冲
3	*S. tengtsungensis*	腾冲慈姑	多年生水生草本	白色	7月	腾冲

八十四、鸭跖草科

全球约40属，600种。中国有13属，53种。云南有11属，40种。本书收录9属，23种。

该科的穿鞘花属、假紫万年青属、鸭跖草属、蓝耳草属、聚花草属、水竹叶属、杜若属、孔药花属和竹叶吉祥草属是花卉植物。

表2-5-84　本书收录鸭跖草科23种信息表

序号	拉丁名	中文名	习性	花色	花/果期	分布地区
1	*Amischotolype hookeri*	尖果穿鞘花	多年生草本	淡红色	—	西双版纳、沧源、景东、勐腊（易武）、屏边、绿春
2	*Belosynapsis ciliata*	假紫万年青	匍匐草本	蓝紫色或粉红色	9月	勐腊
3	*Commelina communis*	鸭趾草	一年生草本	深蓝色	8～9月	盐津、大关
4	*C. undulata*	波缘鸭趾草	直立草本	蓝色	7～12月	东川、会泽、元阳、绿春
5	*Cyanotis arachnoidea*	露水草	多年生草本	蓝紫色	6～9月	勐海、孟连、景洪、景东、凤庆、砚山、屏边、昆明
6	*Floscopa yunnanensis*	云南聚花草	半藤本或直立草本	—	—	西双版纳
7	*Murdannia bracteata*	大苞水竹叶	多年生草本	天蓝色或紫色	5月	勐腊、勐仑、金平、绿春
8	*M. hookeri*	根茎水竹叶	多年生草本	玫瑰色	9月	富民、大关
9	*M. japonica*	竹叶参	多年生草本	白色	5～6月	勐海、孟连、勐腊（易武）、思茅、临翔、沧源、蒙自
10	*M. loriformis*	牛轭草	多年生草本	蓝色	4月	建水
11	*M. macrocarpa*	大果水竹叶	多年生草本	—	6～10月	景洪（普文）、镇康
12	*M. simplex*	细竹篙草	多年生草本	蓝色或紫色	4～7月	勐海、景洪（普文）、思茅、宁洱、富宁、文山、蒙自
13	*M. spectabilis*	腺毛水竹叶	多年生草本	蓝色或紫红色	5～7月	勐海
14	*M. spirata*	矮水竹叶	多年生草本	蓝色近红色	8月	镇康
15	*M. triquetra*	水竹叶	多年生草本	粉红色	6～9月	勐海、凤庆、大关
16	*M. undulata*	波缘水竹叶	多年生草本	—	—	河口

续表2-5-84

序号	拉丁名	中文名	习性	花色	花/果期	分布地区
17	*M. yunnanensis*	云南水竹叶	多年生草本	蓝色或淡红色	—	景洪
18	*Pollia miranda*	小杜若	多年生草本	白色	6~8月	富宁、西畴、麻栗坡、马关、西双版纳
19	*P. secundiflora*	长柄杜若	多年生草本	白色	4~6月	麻栗坡、河口、屏边、金平、勐腊
20	*P. thyrsiflora*	密花杜若	多年生草本	白色	6月	西双版纳
21	*Porandra ramosa*	孔药花	多年生草本	粉红色	3~6月	景东、镇沅、景谷、江城、绿春、元阳、红河、金平、开远、建水、石屏、勐海、勐腊、景洪、屏边、河口、文山、马关、麻栗坡、西畴、富宁、砚山、丘北、广南
22	*P. scandens*	攀缘孔药花	多年生草本	绿白色	4~6月	勐腊、景洪、马关
23	*Spatholirion elegans*	矩叶吉祥草	多年生缠绕草本	紫红色	5~6月	保山、镇康、凤庆、景东、临翔、双江、镇雄、西畴、屏边、文山、砚山、昆明、大关、鹤庆、巍山、河口、马关

八十五、芭蕉科

全球有3属，60余种。云南连栽培的共有3属，11种，接近中国此科的全部属种。本书收录3属，7种。

本科的象腿蕉属、芭蕉属和地涌金莲属是花卉植物。

表2-5-85 本书收录芭蕉科7种信息表

序号	拉丁名	中文名	习性	花色	花/果期	分布地区
1	*Ensete glaucum*	象腿蕉	草本	—	—	滇南、滇西
2	*Musa acuminata*	阿加蕉	多年生草本	白黄色	—	滇西、滇南
3	*M. balbisiana*	伦阿蕉	多年生草本	暗紫色	—	滇西
4	*M. itinerans*	野芭蕉	直立草本	—	—	滇南、滇西南
5	*M. paracoccinea*	指天蕉	多年生具根茎丛生草本	乳黄色或粉红色	—	河口、金平
6	*M. sanquinea*	血红蕉	多年生具根茎丛生草本	红色	—	瑞丽、沧源
7	*Musella lasiocarpa*	地涌金莲	多年生具根茎丛生草本	黄色	—	滇中至滇西

八十六、姜科

全球共有49属，1500种。中国有19属，150余种，5变种。云南有18属，139种，全省各地均有分布。本书收录16属，116种。

本科的山姜属、豆蔻属、凹唇姜属、距药姜属、闭鞘姜属、姜黄属、舞花姜属、姜花属、山柰属、直唇姜属、象牙参属、长果姜属、土田七属和姜属是花卉植物。

表2-5-86 本书收录姜科116种信息表

序号	拉丁名	中文名	习性	花色	花/果期	分布地区
1	*Alpinia blepharocalyx*	云南草蔻	直立草本	黄绿色	4～5月	思茅、金平、蒙自、福贡
2	*A. brevis*	小花山姜	直立草本	白微带粉红色	8月	富宁、西畴、麻栗坡、文山
3	*A. chinensis*	华山姜	直立草本	白色	5～7月	耿马、双江、沧源、西盟、孟连、澜沧、景东、元江、墨江、宁洱、思茅、江城、绿春、元阳、红河、金平、个旧、蒙自、开远、建水、石屏、屏边、河口、文山
4	*A. conchigera*	节鞭山姜	直立草本	红色	5～7月	勐腊、景东（勐养）、沧源
5	*A. emaculata*	无斑山姜	直立草本	白色	3～4月	勐腊、金平
6	*A. galanga*	红豆蔻	直立草本	绿白色	5～6月	耿马、双江、沧源、西盟、孟连、澜沧、景东、景谷、元江、墨江、宁洱、思茅、江城、绿春、元阳、红河、金平、蒙自、开远、建水、石屏、屏边、河口、文山
7	*A. globosa*	脆果山姜	直立草本	淡黄色	4～6月	金平、河口、西畴、马关
8	*A. japonica*	山姜	直立草本	白色	4～8月	富宁、文山、西畴
9	*A. kwangsiensis*	长柄山姜	直立草本	白色	3～5月	富宁至西双版纳
10	*A. maclurei*	假益智	直立草本	—	3～7月	广东、广西
11	*A. malaccensis*	毛瓣山姜	直立草本	白色	3～4月	西双版纳
12	*A. nigra*	黑果山姜	直立草本	粉红色	6～7月	澜沧、德宏、耿马
13	*A. platychilus*	宽唇山姜	直立草本	白色	4～5月	滇南（思茅）至滇西南
14	*A. pumila*	花叶山姜	直立草本	白色	4～6月	富宁、西畴
15	*A. rubro-maculata*	红斑山姜	直立草本	白色	3～4月	勐腊
16	*A. stachyodes*	箭干风	直立草本	—	4～6月	西畴、富宁、马关、麻栗坡、勐海
17	*A. strobiliformis*	球穗山姜	直立草本	白色	5～6月	金平、屏边、西畴、马关、麻栗坡
18	*A. zerumbet*	月桃	直立草本	红色	4～6月	滇东南
19	*Amomum aurantiacum*	红壳砂仁	直立草本	黄色	5～6月	西双版纳
20	*A. capsiforme*	辣椒砂仁	直立草本	—	—	盈江
21	*A. coriandriodorum*	荽味砂仁	直立草本	黄色	3～4月	普洱、孟连、畹町、瑞丽、盈江
22	*A. dealbatum*	长果砂仁	直立草本	白色	5～6月	沧源、勐腊、孟连、盈江
23	*A. fragile*	脆舌砂仁	直立草本	白色	5～6月	勐海
24	*A. glabrum*	无毛砂仁	直立草本	白色	4～6月	西双版纳
25	*A. koenigii*	野草果	直立草本	红色	5～7月	西双版纳
26	*A. longiligulare*	海南砂仁	直立草本	白色	4～6月	西双版纳
27	*A. maximum*	九翅豆蔻	直立草本	白色	6～8月	景东、镇沅、景谷、江城、绿春、元阳、红河、金平、开远、建水、石屏、勐海、勐腊、景洪
28	*A. menglaense*	勐腊砂仁	直立草本	白色	5月	勐腊
29	*A. mengtzense*	蒙自砂仁	直立草本	—	—	蒙自、河口
30	*A. muricarpum*	疣果豆蔻	直立草本	红色	5～6月	勐腊
31	*A. paratsaoko*	拟草果	直立草本	白色	5～6月	西畴、麻栗坡、屏边、金平、元阳
32	*A. petaloideum*	宽丝豆蔻	直立草本	白色	6月	勐腊、勐海

续表2-5-86

序号	拉丁名	中文名	习性	花色	花/果期	分布地区
33	*A. purpureorubrum*	紫红砂仁	直立草本	白色	6月	勐海、新平
34	*A. putrescens*	腐花豆蔻	直立草本	白色	5～6月	勐腊、景洪、富宁
35	*A. quadrolaminare*	方片砂仁	直立草本	白色	3月	勐腊
36	*A. scarlatinum*	红花砂仁	直立草本	白色	5～6月	景洪、勐海
37	*A. sericeum*	银叶砂仁	直立草本	白色	5～6月	西双版纳、沧源
38	*A. thysanochilium*	梳唇砂仁	直立草本	淡紫色	6月	勐腊
39	*A. tsaoko*	草果	直立草本	白色	4～6月	西畴、麻栗坡、金平
40	*A. verrucosum*	疣子砂仁	直立草本	白色	5～6月	河口、屏边、蒙自
41	*A. villosum*	砂仁	直立草本	白色	5～6月	西双版纳
42	*A. yingjiangense*	盈江砂仁	直立草本	—	—	盈江
43	*A. yunnanense*	云南砂仁	直立草本	白色	6～7月	盈江
44	*Boesenbergia albomaculata*	白斑凹唇姜	多年生草本	白色	8月	盈江
45	*B. fallax*	心叶凹唇姜	多年生草本	淡红色	6～7月	禄丰、西双版纳、孟连、双江
46	*B. rotunda*	凹唇姜	多年生草本	白色或粉红色	7～8月	西双版纳
47	*Caulokaempferia yunnanensis*	大苞姜	多年生草本	黄色	9～10月	漾濞、洱源、鹤庆、丽江、香格里拉
48	*Cautleya spicata*	红苞距药姜	多年生草本	黄色	7月	贡山、洱源、陇川
49	*Costus lacerus*	莴笋花	直立草本	淡红色	7～8月	耿马、双江、沧源、西盟、孟连、澜沧、景东、镇沅、景谷、宁洱、思茅、江城、绿春、元阳、红河、金平、个旧、蒙自、开远、建水、石屏、屏边、河口、文山
50	*C. oblongus*	长圆闭鞘姜	直立草本	淡红色	8月	盈江、瑞丽、腾冲、临沧、屏边
51	*C. speciosus*	闭鞘姜	直立草本	白色	7～9月	耿马、双江、沧源、西盟、孟连、澜沧、景东、镇沅、景谷、元江、墨江、宁洱、思茅、江城、绿春、元阳、红河、金平、个旧、蒙自、开远、建水、石屏、屏边、河口、文山
52	*C. tonkinensis*	光叶闭鞘姜	直立草本	黄色	7～8月	耿马、双江、沧源、西盟、孟连、澜沧、景东、镇沅、景谷、元江、墨江、宁洱、思茅、江城、绿春、元阳、红河、金平、个旧、蒙自、开远、建水、石屏、屏边、河口、文山
53	*C. viridis*	绿苞闭鞘姜	直立草本	白色	6月	畹町
54	*Curcuma amarissima*	极苦姜黄	多年生草本	白色	5月	勐腊、景洪
55	*C. aromatica*	郁金	多年生草本	白色	4～6月	屏边、河口、文山、马关、麻栗坡、西畴、富宁、砚山、丘北、广南
56	*C. elata*	大莪术	多年生草本	白色或黄色	5月	勐腊
57	*C. flaviflora*	黄花姜黄	多年生草本	白色	6月	勐海
58	*C. kwangsiensis*	广西莪术	多年生草本	紫红色	5～7月	勐海

续表2-5-86

序号	拉丁名	中文名	习性	花色	花/果期	分布地区
59	*C. longa*	姜黄	多年生草本	淡黄色	7～8月	屏边、河口、文山、马关、麻栗坡、西畴、富宁、砚山、丘北、广南
60	*C. phaeocaulis*	黑褐姜黄	多年生草本	白色	5～6月	勐腊
61	*C. sichuanensis*	川郁金	多年生草本	白色或淡黄色	7月	景洪
62	*C. yunnanensis*	顶花莪术	多年生草本	白淡红色	7月	畹町
63	*C. xanthorrhiza*	黄红姜黄	多年生草本	淡黄色	4～5月	勐腊
64	*C. zedoaria*	莪术	多年生草本	白色	5月	绿春、元阳、红河、金平、屏边、河口、文山、马关、麻栗坡、西畴
65	*Etlingera elatior*	瓷玫瑰	直立草本	红色	4～6月	西双版纳
66	*E. yunnanensis*	茴香砂仁	直立草本	鲜红色	5月	景洪、勐腊
67	*Globba barthei*	毛舞花姜	直立草本	橙黄色	7～8月	西双版纳、河口、富宁、西畴、盈江
68	*G. racemosa*	舞花姜	多年生草本	黄色	6～9月	滇西、滇西北、滇西南、滇东南及绥江
69	*G. schomburgkii*	双翅舞花姜	直立草本	黄色	8～9月	思茅
70	*Hedychium bijiangense*	碧江姜花	多年生草本	黄色	7月	福贡、贡山、芒市
71	*H. chrysoleucum*	黄白姜花	直立草本	黄色或黄白色	7～11月	马关、屏边、勐腊
72	*H. coccineum*	红姜花	多年生草本	红色	6～8月	滇东南至滇西南
73	*H. convexum*	唇凸姜花	直立草本	微黄色	8月	景洪
74	*H. coronarium*	姜花	多年生草本	白色	9月	滇东南至滇西
75	*H. flavum*	黄姜花	多年生草本	黄色	8～9月	贡山、洱源
76	*H. forrestii*	圆瓣花姜	直立草本	白色	8～10月	腾冲、大理、楚雄、禄丰（广通）、西双版纳、西畴、马关、文山、富宁
77	*H. glabrum*	无毛姜花	直立草本	白色至黄色	6月	西盟
78	*H. pauciflorum*	少花姜花	直立草本	淡绿色	7月	陇川
79	*H. sino-aureum*	小花姜花	多年生草本	黄色	7～8月	丽江、大理、贡山、德钦、沧源、陇川
80	*H. spicatum*	草果药	多年生草本	淡黄色	7～8月	滇中至滇西北
81	*H. tengchongense*	腾冲姜花	直立草本	淡黄色	7月	腾冲
82	*H. yingjiangense*	盈江姜花	直立草本	白色	7月	盈江
83	*H. yunnanense*	滇姜花	多年生草本	白色	8～9月	昆明、绿春、孟连
84	*Kaempferia candida*	白花山奈	多年生草本	白色	5月	澜沧
85	*K. pauiflora*	小花山奈	直立草本	白色	8月	西双版纳
86	*K. rotunda*	海南三七	多年生草本	白色	4月	西双版纳、屏边、富宁
87	*Pommereschea lackneri*	直唇姜	直立草本	黄色	9月	西双版纳
88	*P. spectabilis*	短柄直唇姜	直立草本	黄色	6～8月	西双版纳
89	*Roscoea cautleoides*	早花象牙参	多年生 草本	黄色	6～8月	香格里拉、丽江、剑川、洱源、鹤庆、大理
90	*R. humeana*	大花象牙参	多年生草本	淡紫红色	5～6月	香格里拉、丽江
91	*R. praecox*	先花象牙参	直立草本	紫红色	6～7月	丽江、昆明、蒙自

续表2-5-86

序号	拉丁名	中文名	习性	花色	花/果期	分布地区
92	*R. scillifolia*	绵枣象牙参	多年生草本	鲜紫红色	6~8月	丽江、大理、洱源
93	*R. tibetica*	藏象牙参	多年生草本	白色	6~7月	贡山、维西、香格里拉、德钦、丽江、嵩明
94	*Siliquamomum tonkinense*	长果姜	直立草本	绿色或红色	10月	屏边、马关、河口、勐海
95	*Stahlianthus involucratus*	土田七	直立草本	白色	5~6月	勐腊、勐海、双江
96	*Zingiber densissimum*	多毛姜	直立草本	纯白色	8月	勐海、澜沧、景东、石屏、新平、孟连
97	*Z. ellipticum*	椭圆姜	直立草本	白色	7~8月	马关
98	*Z. flavomaculatum*	黄斑姜	直立草本	淡黄色	7~8月	勐腊、景洪
99	*Z. fragile*	脆舌姜	直立草本	白色或淡红色	7月	勐腊、景洪、绿春、金平、孟连
100	*Z. integrum*	全舌姜	直立草本	白色	7月	景洪
101	*Z. laoticum*	梭穗姜	直立草本	紫红色	4月	金平
102	*Z. longiligulatum*	长舌姜	直立草本	淡黄绿色	8月	盈江
103	*Z. mioga*	襄荷	直立草本	白色	7~8月	昆明
104	*Z. nigrimaculatum*	黑斑姜	直立草本	—	—	勐腊
105	*Z. orbiculatum*	圆瓣姜	直立草本	白色	7月	勐腊、景洪
106	*Z. recurvatum*	弯管姜	直立草本	红色或白色	7月	勐腊
107	*Z. roseum*	红冠姜	直立草本	绿色或白色	9~10月	滇西南
108	*Z. stipitatum*	唇柄姜	直立草本	白色	7月	瑞丽
109	*Z. striolatum*	阳荷	直立草本	白色	7~9月	漾濞、洱源、丽江、香格里拉、梁河、龙陵、昆明、禄丰、西畴
110	*Z. teres*	柱根姜	直立草本	黄色	9月	孟连、澜沧
111	*Z. truncatum*	截形姜	直立草本	白色	7~8月	孟连、景洪、畹町、勐腊
112	*Z. wandingense*	畹町姜	直立草本	白色	7月	畹町
113	*Z. xishangbannaense*	版纳姜	直立草本	淡黄白色	7月	勐腊、景洪
114	*Z. yingjiangense*	盈江姜	直立草本	白色	8月	盈江
115	*Z. yunnanense*	滇姜	直立草本	白色	—	腾冲
116	*Z. zerumbet*	红球姜	直立草本	淡绿色至全红色	7~9月	河口、富宁

八十七、百合科

草本，多为多年生，具根状茎、球茎或鳞茎，少为块茎，地上茎直立或攀缘。广布于全球，主产于温带和亚热带。

全球有148属，约3700种。中国有47属，370种。云南有36属，180种。本书收录30属，131种。

本科具有许多有重要经济价值的植物，如贝母、黄精、玉竹等中药材，黄花菜等蔬菜及百合等观赏植物。

表2-5-87　本书收录百合科131种信息表

序号	拉丁名	中文名	习性	花色	花/果期	分布地区
1	*Aletris cinerascens*	灰鞘粉条儿菜	多年生草本	淡黄色	6月	景东
2	*Aspidistra elatior*	蜘蛛抱蛋	多年生常绿草本	紫色	7～9月	罗平、曲靖、临沧、思茅
3	*A. lurida*	九龙盘	多年生常绿草本	白色	4月	河口
4	*A. tonkinensis*	大花蜘蛛抱蛋	多年生常绿草本	—	—	屏边、文山、新平、石屏、峨山、通海、建水
5	*A. typica*	卵叶蜘蛛抱蛋	多年生常绿草本	紫色	9～10月	金平、屏边
6	*Cardiocrinum giganteum*	荞麦叶贝母	多年生草本	白色	5～7月	贡山、德钦、福贡、丽江、维西、大理、腾冲、镇康、临翔、镇雄、彝良、文山、广南
7	*Chlorophytum chinense*	狭叶吊兰	多年生草本	白色	6～9月	丽江、香格里拉
8	*C. malayense*	大叶吊兰	多年生常绿草本	白色	4～6月	沧源、勐海、景洪、勐腊、绿春、金平
9	*C. nepalense*	西南吊兰	多年生草本	白色	6～7月	香格里拉、丽江、鹤庆、洱源、漾濞、大理、宾川、元谋、大姚、楚雄、景东、保山、巧家
10	*Clintonia udensis*	七筋姑	多年生草本	白色	5～6月	兰坪、鹤庆、丽江、维西、贡山、香格里拉、德钦、大关、彝良
11	*Disporopsis aspera*	散斑竹根七	多年生草本	白色	5月	漾濞、丽江
12	*D. fuscopicta*	竹根七	多年生草本	淡绿色	5～6月	滇东南
13	*D. longifolia*	长叶竹根七	多年生草本	白色	5～6月	滇南至滇东南
14	*D. pernyi*	深裂竹根七	多年生草本	白色或淡绿色	5月	陆良、石林
15	*Disporum bodinieri*	矮蕊万寿竹	多年生草本	白色、黄绿色或紫色	4～7月	福贡、景东、香格里拉、维西、丽江、鹤庆、漾濞、大姚、禄劝、富民、师宗、西畴
16	*D. calcaratum*	距花万寿竹	多年生草本	紫色	6～10月；11月	耿马、孟连、勐海、景洪、勐腊、双柏、绿春、蒙自
17	*D. cantoniense*	万寿竹	多年生草本	紫色至淡黄色	5～6月；9～12月	云南大部分地区
18	*D. trabeculatum*	横脉万寿竹	多年生草本	白色	5月；8～12月	景东、绿春、屏边、河口、文山、西畴、马关、麻栗坡
19	*Diuranthera major*	鹭鸶草	多年生草本	白色	8～9月	丽江、洱源、昆明、绿春、蒙自、西畴
20	*Eremurus chinensis*	独尾草	多年生草本	白色	6～7月	元谋、洱源、鹤庆、香格里拉、德钦
21	*Fritillaria cirrhosa*	川贝母	多年生草本	黄色	5～7月；8～10月	德钦、香格里拉、丽江、维西、贡山 、大理、洱源、漾濞、景东、保山、腾冲
22	*F. crassicaulis*	粗茎贝母	多年生草本	黄绿色	5月；5月	丽江、香格里拉

续表2-5-87

序号	拉丁名	中文名	习性	花色	花/果期	分布地区
23	*F. delavayi*	梭沙贝母	多年生草本	暗红色	6~7月；7~8月	丽江、香格里拉、德钦
24	*Gloriosa superba*	嘉兰	草本植物	红色	7~8月	景洪、勐海
25	*Hemerocallis forrestii*	西南萱草	多年生草本	金黄色	5~6月	鹤庆、大理、丽江、维西、香格里拉
26	*H. fulva*	萱草	多年生草本	橘红色	5~6月	大理、丽江、维西
27	*H. nana*	矮萱草	多年生草本	橙黄色	6月	丽江、香格里拉、腾冲、凤庆、勐海、双江、西畴
28	*H. plicata*	折叶萱草	多年生草本	金黄色	7~8月	洱源、鹤庆、维西、德钦、香格里拉、永胜、大理、宾川、永平、永仁、楚雄、昆明、江川、蒙自
29	*Hosta plantaginea*	玉簪	多年生草本	白色	6~8月	昆明、曲靖、文山
30	*H. ventricosa*	紫萼	多年生草本	淡青色	6~7月	镇雄、彝良、绥江、腾冲、宾川
31	*Iphygenia indica*	山慈姑	多年生草本	黑紫色	6~7月	鹤庆、宾川、大理、丽江、楚雄、玉溪、曲靖、昆明
32	*Lilium amoenum*	玖红白合	多年生草本	紫红色或粉红色	5~6月；10~12月	大理、昆明、蒙自、金平、文山
33	*L. bakerianum*	滇百合	多年生草本	绿白色	4~7月；9~10月	香格里拉、丽江、鹤庆、昆明、思茅
34	*L. brownii*	百合	多年生高大草本	白色或黄白色	5~8月；10~11月	泸水、福贡、凤庆、景东、江川、昆明、镇雄、大关、屏边、马关、西畴、富宁、砚山
35	*L. davidii*	川百合	多年生草本	黄色	5~7月；9~10月	贡山、临沧、德钦、香格里拉、丽江、剑川、洱源、大理、昆明
36	*L. duchartrei*	宝兴百合	多年生草本	白色或粉红色	7~8月；9~12月	贡山、福贡、兰坪、临沧、德钦、香格里拉、丽江、维西、鹤庆、大理、昭通
37	*L. fargesii*	绿花百合	多年生草本	绿白色	7~8月；9~10月	香格里拉
38	*L. habaense*	哈巴百合	多年生草本	黄绿色	7~8月	香格里拉
39	*L. henricii*	怒江百合	多年生草本	白色	6~7月；9~10月	福贡、贡山、兰坪、维西
40	*L. lancifolium*	卷丹	多年生草本	橙红色	7~8月；9~10月	滇东北、滇中、滇西北
41	*L. longiflorum*	麝香百合	多年生草本	白色	6~7月；8~9月	昆明
42	*L. lophopholum*	尖被百合	多年生草本	黄绿色	5~7月；8~10月	贡山、德钦、香格里拉、丽江、维西、鹤庆、大理
43	*L. nanum*	小百合	多年生草本	黄色、红色或紫红色	6~7月；8~9月	德钦、贡山
44	*L. nepalense*	紫斑百合	多年生草本	黄绿色或淡绿色	7~8月；10~12月	泸水、沧源、临翔
45	*L. papilliferum*	乳头百合	多年生草本	黄色	5~7月；9月	丽江

续表2-5-87

序号	拉丁名	中文名	习性	花色	花/果期	分布地区
46	*L. pinifolium*	松叶百合	多年生草本	白色	5～6月	丽江
47	*L. regale*	岷山百合	多年生草本	白色	6～7月	昆明
48	*L. sargentiae*	通红百合	多年生草本	白色	7～8月；10月	昆明
49	*L. sempervivoideum*	蒜头百合	多年生草本	白色、粉红色或黄红色	6～8月	禄劝、昭通
50	*L. souliei*	紫花百合	多年生草本	紫红色	4～8月；8～11月	洱源、丽江、维西、福贡、贡山、香格里拉、德钦
51	*L. stewartianum*	单花百合	多年生草本	绿黄色	7～8月；10月	丽江、香格里拉
52	*L. sulphureum*	淡黄花百合	多年生草本	淡黄色	7～9月；8～10月	景东、洱源、大姚、彝良、文山
53	*L. taliense*	大理百合	多年生草本	粉红色	6～7月；9～10月	鹤庆、剑川、洱源、丽江、贡山、维西、大理、腾冲
54	*Liriope graminifolia*	禾叶山麦冬	多年生草本	白色或淡紫色	6～8月	昆明
55	*L. spicata*	山麦冬	多年生草本	淡紫色或淡蓝色	5～7月	云南各地
56	*Lloydia delavayi*	黄洼瓣花	多年生草本	黄色	5～6月	大理、漾濞、丽江、香格里拉、贡山、福贡
57	*L. ixiolirioides*	紫斑洼瓣花	多年生草本	粉红色或白色	6～7月；7～9月	丽江、维西、香格里拉、德钦
58	*L. oxycarpa*	尖果洼瓣花	多年生草本	黄色	5～7月	禄劝、洱源、大理、鹤庆、丽江、维西、兰坪、香格里拉、德钦、贡山
59	*L. serotina*	洼瓣花	多年生草本	黄色	6～7月；10月	香格里拉、德钦
60	*L. yunnanensis*	云南洼瓣花	多年生草本	淡红色	6～7月	福贡、香格里拉、维西、德钦、丽江、腾冲、洱源、漾濞、大理、大姚、禄劝、东川
61	*Maianthemum atropurpureum*	高大鹿药	多年生草本	白色、黄色或淡红色	6月；9～11月	兰坪、丽江、福贡、维西、贡山、香格里拉、德钦、鹤庆、大理、漾濞、昭阳、彝良、大关
62	*M. forrestii*	抱茎鹿药	多年生草本	紫色、淡黄色或淡紫色	6～7月	丽江、香格里拉、维西
63	*M. fuscum*	西南鹿药	多年生草本	玫瑰红色	6～7月	贡山、福贡、腾冲、景东
64	*M. henryi*	管花鹿药	多年生草本	淡黄色、白色或紫色	5～7月；8～9月	禄劝、漾濞、大理、丽江、维西、贡山、香格里拉、德钦
65	*M. purpureum*	紫花鹿药	多年生草本	白色带紫色边缘、淡紫色或紫色	5～7月	贡山、福贡、维西、香格里拉、丽江、德钦、腾冲
66	*M. tatsiense*	窄瓣鹿药	多年生草本	淡紫色或黄绿色	3～6月	贡山、福贡、维西、香格里拉、丽江、大理、洱源、景东、镇康、大姚、禄劝、昭阳、彝良、镇雄

续表2-5-87

序号	拉丁名	中文名	习性	花色	花/果期	分布地区
67	*Nomocharis aperta*	开瓣豹子花	多年生草本	白色或淡黄色	6~7月；10~11月	贡山、福贡、兰坪、洱源、大理
68	*N. bassilissa*	美丽豹子花	多年生草本	红色	—	滇西北
69	*N. farreri*	滇西豹子花	多年生草本	粉红色或白色	7月	贡山、泸水
70	*N. forrestii*	滇蜀豹子花	多年生草本	粉红色至红色	6~7月	香格里拉、丽江、维西、洱源
71	*N. meleagrina*	多斑豹子花	多年生草本	白色或稀粉红色	6~7月；9~10月	贡山、福贡、德钦、维西、丽江、鹤庆、洱源、大理
72	*N. pardanthina*	豹子花	多年生草本	红色或青紫色	5~7月；8~9月	贡山、福贡、兰坪、德钦、香格里拉、丽江、鹤庆、大理、漾濞、东川
73	*N. saluenensis*	怒江豹子花	多年生草本	红色或粉红色	5~8月；10~11月	贡山、福贡、腾冲、德钦、香格里拉、维西
74	*Notholirion bulbuliferum*	假百合	多年生草本	绿白色带青色或青紫色	7~9月；4~5月	大理、香格里拉、维西、丽江、鹤庆、福贡
75	*N. campanulatum*	钟花假百合	多年生草本	红色、暗红色或粉紫色	6~8月	福贡、贡山、香格里拉、德钦、泸水、腾冲
76	*N. macrophyllum*	少花假百合	多年生草本	暗青紫色	7~8月	福贡、贡山、香格里拉、德钦、泸水、腾冲
77	*Ophiopogon amblyphyllus*	钝叶沿阶草	多年生草本	淡紫色	6月	昭阳、镇雄、彝良
78	*O. bockianus*	连药沿阶草	多年生草本	淡紫色	6~7月	昭阳、彝良
79	*O. bodinieri*	沿阶草	多年生草本	白色至紫色	6~8月	漾濞、丽江、福贡、维西、贡山、香格里拉、德钦、鹤庆、洱源、大理、景东、镇康、凤庆、姚安、禄劝、大关、镇雄、东川、会泽
80	*O. chingii*	长茎沿阶草	多年生草本	白色或淡紫色	5~6月	西畴、麻栗坡、景东
81	*O. dracaenoides*	褐鞘沿阶草	多年生草本	白色	9月	绿春、屏边、砚山、麻栗坡、西畴、富宁
82	*O. fooningensis*	富宁沿阶草	多年生草本	粉红色至淡紫色	5月	麻栗坡、广南、富宁
83	*O. grandis*	大沿阶草	多年生草本	白色	6~7月	福贡、贡山、漾濞、泸水、腾冲
84	*O. intermedius*	间型沿阶草	多年生草本	白色或淡紫色	5~8月	云南各地
85	*O. latifolius*	大叶沿阶草	多年生草本	蓝白色或淡蓝色	8~10月	屏边、河口、麻栗坡、勐腊
86	*O. mairei*	西南沿阶草	多年生草本	白色至蓝白色	5~7月	巧家、大关
87	*O. marmoratus*	丽叶沿阶草	多年生草本	白色	8月	景东、文山
88	*O. megalanthus*	大花沿阶草	多年生草本	淡紫色	7~8月	镇康、漾濞、砚山、文山、西畴
89	*O. peliosanthoides*	长药沿阶草	多年生草本	紫色或紫红色	5~6月	屏边、马关、麻栗坡、西畴、元阳
90	*O. pingbienensis*	屏边沿阶草	多年生草本	蓝白色	5月	屏边
91	*O. revolutus*	卷瓣沿阶草	多年生草本	白色或蓝紫色	8~9月	孟连、景洪、勐腊、勐海
92	*O. sarmentosus*	匍茎沿阶草	多年生草本	紫色	8月	耿马、凤庆、临翔、景东、腾冲、绿春
93	*O. sinensis*	中华沿阶草	多年生草本	白色	—	富宁

续表2-5-87

序号	拉丁名	中文名	习性	花色	花/果期	分布地区
94	*O. stenophyllus*	狭叶沿阶草	多年生草本	白色或淡紫色	6～7月	西畴、广南、富宁、元阳、绿春、景洪
95	*O. szechuanensis*	四川沿阶草	多年生草本	白变紫红色和紫色	6～7月	绥江、昭阳、漾濞
96	*O. tienensis*	云南沿阶草	多年生草本	粉白色	5～6月	开远、蒙自、金平、文山
97	*O. tonkinensis*	多花沿阶草	多年生草本	淡紫色	9月	麻栗坡、西畴、沧源、思茅、临翔
98	*O. tsaii*	簇叶沿阶草	多年生草本	白变淡蓝色或淡紫色	7月	盈江、孟连、耿马、景洪、勐腊、绿春、屏边、文山
99	*O. xylorrhizus*	木根沿阶草	多年生草本	淡蓝色	6～7月	勐海、勐腊
100	*O. zingiberaceus*	姜状沿阶草	多年生草本	—	5～6月	绥江、大关
101	*Peliosanthes dehongensis*	滇西球子草	多年生草本	绿色	11月	德宏
102	*P. labroyana*	绿春球子草	多年生草本	暗青紫色	—	绿春
103	*P. ophiopogonoides*	长苞球子草	多年生草本	—	10月	屏边
104	*P. sessilis*	无柄球子草	多年生草本	绿白色	4月	芒市
105	*P. sinica*	匍匐球子草	多年生草本	紫色	4～5月	沧源、思茅、勐海、景洪、勐腊、金平、西畴、富宁
106	*P. teta*	簇花球子草	多年生草本	紫色	1月	思茅、个旧、蒙自
107	*Polygonatum cirrhifolium*	卷叶黄精	多年生草本	淡绿色至紫红色	5～7月	云南各地
108	*P. curvistylum*	垂叶黄精	多年生草本	淡紫色	5～7月	丽江、香格里拉、德钦、大理、剑川、泸水
109	*P. hookeri*	独花黄精	多年生草本	紫色或蓝紫色	6～7月	香格里拉、德钦
110	*P. nodosum*	节根黄精	多年生草本	淡绿色或黄绿色	5～6月	东川、巧家、大关
111	*P. prattii*	康定玉竹	多年生草本	粉红色或淡紫色	5～7月	漾濞、丽江、维西、香格里拉、德钦、大理、禄劝、东川、巧家、永善
112	*P. verticillatum*	轮叶黄精	多年生草本	淡紫色、黄绿色、淡黄色或灰白色	5～7月	丽江、维西、贡山、香格里拉、德钦
113	*Reineckia carnea*	吉祥草	多年生常绿草本	白色	7～8月	云南大部分地区（除热带外）
114	*Streptopus parviflorus*	小花扭柄花	多年生草本	白色	7月	大理、维西、香格里拉、德钦、贡山
115	*S. simplex*	腋花扭柄花	多年生草本	白色或粉红色	5～7月	兰坪、丽江、维西、贡山、香格里拉、德钦、福贡、鹤庆、大理、泸水、景东
116	*Theropogon pallidus*	夏须草	多年生草本	白色	5月	漾濞、大理、凤庆
117	*Tofieldia thibetica*	岩菖蒲	多年生草本	白色	6～7月	大关
118	*Tupistra aurantiaca*	橙花开口箭	多年生草本	橙黄色	3～4月	维西、兰坪、丽江、大理、泸水、凤庆、景东、巧家
119	*T. chinensis*	开口箭	多年生草本	药黄色	—	贡山、景东、思茅、双柏

续表2-5-87

序号	拉丁名	中文名	习性	花色	花/果期	分布地区
120	*T. delavayi*	筒花开口箭	多年生草本	绿色	3月	景东、昭阳
121	*T. fungilliformis*	伞柱开口箭	多年生草本	黄褐色或紫色	12月至次年1月	屏边、河口、马关、麻栗坡
122	*T. grandistigma*	长柱开口箭	多年生草本	黑紫色	3月	镇康、景洪、勐腊、马关、金平、屏边
123	*T. longipedunculata*	长梗开口箭	多年生草本	浅黄绿色	4～6月	澜沧、耿马、沧源、西双版纳
124	*T. urotepala*	尾萼开口箭	多年生草本	白色或淡绿色	5～6月	彝良、昭阳
125	*T. wattii*	弯蕊开口箭	多年生草本	绿色	2～5月	贡山、沧源、西盟、景东、绿春、屏边、金平、文山、西畴、麻栗坡、广南、富宁
126	*T. yunnanensis*	云南开口箭	多年生草本	乳黄色	2～3月	巧家、昭阳、鲁甸、禄劝、砚山
127	*Veratrum japonicum*	黑紫藜芦	多年生草本	黑紫色、深紫色或棕色	7～9月	景东、镇沅、景谷、江城、绿春、元阳、红河、金平、开远、建水、石屏、勐海、勐腊、景洪
128	*V. micranthum*	小花藜芦	多年生草本	黄绿色	8～9月	大关、镇雄、彝良
129	*Ypsilandra alpinia*	高山丫蕊花	多年生草本	黄色	7～10月	贡山
130	*Y. thibetica*	丫蕊花	多年生草本	白色、淡红色至紫色	3～4月	昭阳、彝良
131	*Y. yunnanensis*	云南丫蕊花	多年生草本	白色、黄红色或绿紫色	6～8月	德钦、贡山、福贡

八十八、延龄草科

草本植物，根状茎粗厚或细长而匍匐，茎直立，不分枝。叶3～4枚以至多枚，在茎顶轮生，无柄或具柄，披针形、卵形、椭圆形、圆形至倒卵形。花大，单一或多数排成伞形花序，顶生，两性，辐射对称；花被脱落或宿存；萼片和花瓣数目相等，3～10枚，叶状；花瓣常线形，丝状，少数较宽而为花瓣状；雄蕊数为萼片数的2倍或3～4倍，上位排为2～4轮或顶生；花药2室。开裂的蒴果；种子具硬的或肉质的胚乳，胚小，在种脐附近。

全球有3属，约70种，分布于欧亚大陆和北美温带地区。中国有2属，19种。云南有2属，12种。本书收录2属，8种。

表2-5-88　本书收录延龄草科8种信息表

序号	拉丁名	中文名	习性	花色	花/果期	分布地区
1	*Paris axialis*	五指莲	多年生草本	黄绿色	4月；9～10月	彝良、巧家、绥江
2	*P. fargesii*	球药隔重楼	多年生草本	黄绿色或紫黑色	3～4月；11月	昆明至广南
3	*P. forrestii*	长柱重楼	多年生草本	黄绿色	5月；10～11月	贡山、福贡、兰坪、泸水、德钦、香格里拉、维西、丽江、剑川、鹤庆、洱源、宾川、漾濞、云龙、大理

续表2-5-88

序号	拉丁名	中文名	习性	花色	花/果期	分布地区
4	*P. luquanensis*	禄劝花叶重楼	多年生草本	黄色	5～6月；9月	禄劝、屏边
5	*P. mairei*	毛重楼	多年生草本	黄绿色	4～5月；9～10月	贡山、福贡、兰坪、泸水、德钦、香格里拉、维西、丽江、剑川、鹤庆、洱源、宾川、漾濞、云龙、大理及滇东北
6	*P. marmorata*	花叶重楼	多年生草本	淡绿色	3～4月；9月	漾濞
7	*P. vietnamensis*	南重楼	多年生草本	黄绿色	5～6月；10～12月	盈江、瑞丽、双江、沧源、景东、西双版纳、绿春、蒙自、屏边、金平、西畴、麻栗坡、马关
8	*Trillium tschonoskii*	延龄草	多年生草本	白色	5～6月；7～8月	贡山、福贡、兰坪、泸水、德钦、香格里拉、维西、丽江、剑川、鹤庆、洱源、宾川、漾濞、云龙、大理

八十九、菝葜科

攀缘状灌木，有刺或无刺。叶互生或对生，有掌状脉3～7条，叶柄两侧常有卷须。花单性异株，稀两性，排成伞形花序，花被裂片6，2列而分离。果为浆果。

全球3属，375种，分布于热带和温带地区。中国2属，66种。云南2属，36种。本书收录2属，16种。

表2-5-89 本书收录菝葜科16种信息表

序号	拉丁名	中文名	习性	花色	花/果期	分布地区
1	*Heterosmilax chinensis*	华肖菝葜	攀缘状灌木	绿白色	9月	屏边、河口、文山、马关、麻栗坡、西畴、马关、富宁、砚山、丘北、广南及滇南、滇东北
2	*H. japonica*	肖菝葜	攀缘状灌木	—	5月	福贡、屏边、勐海、沧源、镇康
3	*H. yunnanensis*	短柱肖菝葜	藤本	蕾绿色	5月	开远、个旧（蛮耗）
4	*Smilax arisanensis*	尖叶菝葜	攀缘状藤木	绿白色	5～6月；7～8月	彝良、大关、绥江、罗平、大理、景东
5	*S. aspera*	穗菝葜	攀缘状灌木	淡绿色	5月；9～10月	福贡、芒市
6	*S. bracteata*	圆锥菝葜	攀缘状灌木	暗红色	11～2月；6～8月	贡山、嵩明、师宗、江川、峨山、蒙自、文山、西畴、富宁、勐腊
7	*S. chapaensis*	密疣菝葜	攀缘状灌木	绿色	11～12月；4～8月	贡山（独龙江河谷）、文山、西畴、麻栗坡、马关、河口、元阳、绿春、金平
8	*S. china*	菝葜	攀缘状灌木	淡黄色或淡绿色	4～5月；7～9月	思茅、景东、孟连、勐海、景洪、双江
9	*S. cocculoides*	银叶菝葜	攀缘状灌木	黄绿色	2～6月；9～11月	蒙自、广南、西畴、麻栗坡
10	*S. corbularia*	筐条菝葜	攀缘状灌木	绿黄色	5～7月；8～11月	勐腊、元阳
11	*S. discotis*	托柄菝葜	攀缘状灌木	淡绿色	4～5月；9～10月	镇雄、蒙自、盈江
12	*S. glabra*	土茯苓	攀缘状灌木	绿色至白色	8～9月；10～11月	云南大部分地区（除怒江、迪庆外）

续表2-5-89

序号	拉丁名	中文名	习性	花色	花/果期	分布地区
13	*S. lanceifolia*	马甲菝葜	攀缘状灌木	黄绿色	10～3月；11～12月	思茅、蒙自
14	*S. macrocarpa*	大果菝葜	攀缘状灌木	绿黄色	9～11月；5～6月	马关、西畴、河口、屏边、景洪、勐腊、勐海、盈江、沧源
15	*S. ocreata*	抱茎菝葜	攀缘状灌木	黄绿色，稍带淡红色	3～6月；7～10月	丽江、广南、麻栗坡、盈江
16	*S. riparia*	牛尾菜	攀缘状灌木	淡绿色	6～7月；8～10月	蒙自、文山、砚山

九十、天南星科

草本植物，富含苦味水分或乳汁，稀或乔木或攀缘植物。叶单1或少数，通常基生；叶片通常各式分裂，箭形或戟形，叶柄基部具膜质叶鞘。花小或微小，花两性或单性；花被片4～6，或合生为平截的杯状，有时无花被，单性花皆无花被；雄蕊2-4-8。果为浆果。

全球115属，约2000余种，分布于热带和亚热带，其中92%的属是热带的，绝大多数的属不是限于东半球，就是限于西半球。中国有35属，206种，其中5个属18种系引种栽培。云南26属，113种。本书收录25属，96种。

表2-5-90　本书收录天南星科96种信息表

序号	拉丁名	中文名	习性	花色	花/果期	分布地区
1	*Acorus calamus*	菖蒲	多年生草本	黄绿色	6～9月	云南各地
2	*A. gramineus*	金钱蒲	多年生草本	黄绿色	5～6月；7～8月	昭通
3	*A. rumphianus*	长苞菖蒲	多年生草本	白色	12月	麻栗坡
4	*A. tatarinowii*	石菖蒲	多年生草本	白色	2～4月；5～6月	云南各地
5	*Aglaonema modestum*	广东万年青	多年生常绿草本	黄绿色	4～5月；9～10月	富宁
6	*A. pierreanum*	越南万年青	多年生常绿草本	绿色	4～6月；9～10月	瑞丽、景洪、麻栗坡
7	*Alocasia cucullata*	老虎芋	直立大型草本	苍黄色	5月	芒市、元江、通海、玉溪、峨山、昭通
8	*A. longiloba*	箭叶海芋	多年生上升草本	淡绿色	8～10月	景洪、勐腊
9	*A. macrorrhiza*	海芋	直立草本	白绿色	4～7月	滇中以南、滇西至滇东南
10	*Amorphophallus bangkokensis*	天心壶	多年生草本	绿色	4月	河口、绿春
11	*A. bulbifer*	珠芽磨芋	多年生草本	粉红色	5月	西双版纳、江城、绿春
12	*A. dunnii*	南蛇棒	多年生草本	绿色	3～4月；7～8月	金平、河口、绿春
13	*A. mairei*	东川磨芋	多年生草本	紫红色	3月	昆明

续表2-5-90

序号	拉丁名	中文名	习性	花色	花/果期	分布地区
14	*A. mekongensis*	湄公磨芋	多年生草本	绿白色	9月	景东、镇沅、景谷、江城、绿春、元阳、红河、金平、开远、建水、石屏、勐海、勐腊、景洪
15	*A. rivieri*	磨芋	多年生草本	绿色	4～6月；6～8月	洱源、鹤庆、丽江、泸水、勐腊、勐海
16	*A. virosus*	疣柄磨芋	多年生草本	绿色	9月	西双版纳、红河
17	*A. yunnanensis*	滇南磨芋	多年生草本	绿色	4～5月	昆明、景东、镇康、景洪（普文）、勐海
18	*Anadendrum latifolium*	宽叶上树南星	多年生草本	—	4月	金平
19	*A. montanum*	上树南星	附生攀缘植物	粉绿色	6～7月；9～10月	峨山
20	*Anthurium pedato-radiatum*	掌叶花烛	多年生植物	淡红色	7～12月	云南各地
21	*Arisaema aridum*	旱生南星	多年生草本	绿色	6月	香格里拉（金沙江河谷）
22	*A. auriculatum*	长耳南星	多年生草本	深紫色	5月	贡山、福贡、兰坪、泸水、德钦、香格里拉、维西、丽江、剑川、鹤庆、洱源、宾川、漾濞、云龙、大理
23	*A. austro-yunnanense*	滇南星	多年生草本	绿色	5月	滇南
24	*A. bathycoleum*	银半夏	多年生草本	绿色	7月；8月	维西、贡山、香格里拉、丽江、鹤庆、剑川、宾川、漾濞
25	*A. biauriculatum*	双耳南星	多年生草本	淡褐紫色	4～5月；5～6月	维西、大理、漾濞、腾冲、景东、文山
26	*A. calcareum*	红根南星	多年生草本	黄绿色	5～6月	西畴、麻栗坡
27	*A. candidissimum*	白苞南星	多年生草本	白色	5～6月	福贡、丽江
28	*A. dahaiense*	会泽南星	多年生草本	紫色	5月	会泽
29	*A. decipiens*	奇异南星	多年生具块茎草本	杂色	9月；11月	贡山、腾冲、保山、德钦
30	*A. delavayi*	大理南星	多年生草本	紫色	7～9月	鹤庆、大理
31	*A. echinatum*	刺棒南星	多年生草本	黄绿色	6月	贡山、福贡、兰坪、泸水、德钦、香格里拉、维西、丽江、剑川、鹤庆、洱源、宾川、漾濞、云龙、大理
32	*A. elephas*	象鼻南星	多年生具块茎草本	深紫色	5～8月	腾冲、贡山、德钦、香格里拉、维西、丽江、鹤庆、大理、洱源
33	*A. erubescens*	一把伞南星	多年生具块茎草本	深紫色	5～7月	云南大部分地区
34	*A. flavum*	黄苞南星	多年生草本	黄色	6～7月；7～10月	滇西北
35	*A. franchetianum*	象头花	多年生草本	紫色	5～7月；9～10月	云南大部分地区（除滇南、滇西南外）

续表2-5-90

序号	拉丁名	中文名	习性	花色	花/果期	分布地区
36	*A. handelii*	疣序南星	多年生草本	绿色	5～6月	贡山、福贡、兰坪、泸水、德钦、香格里拉、维西、丽江、剑川、鹤庆、洱源、宾川、漾濞、云龙、大理
37	*A. heterophyllum*	天南星	多年生草本	粉绿色	4～5月；6月	滇东北
38	*A. inkiangense*	盈江南星	多年生草本	白色	10～11月	滇西至滇东南
39	*A. lichiangense*	丽江南星	多年生草本	紫色	6～7月	丽江
40	*A. lineare*	线叶南星	多年生草本	绿色	6月	洱源
41	*A. lobatum*	长花南星	多年生具块茎草本	淡紫色	6～7月；8～9月	贡山、德钦、香格里拉、维西、宁蒗、鹤庆、漾濞、云龙
42	*A. nepenthoides*	猪笼南星	多年生草本	暗红色	5～6月；7～8月	贡山、福贡、兰坪、泸水、德钦、香格里拉、维西、丽江、剑川、鹤庆、洱源、宾川、漾濞、云龙、大理
43	*A. penicillatum*	画笔南星	多年生草本	绿色	4～6月	麻栗坡
44	*A. prazeri*	河谷南星	多年生草本	绿色	5～6月	思茅、红河、元阳、个旧
45	*A. rhizomatum*	雪里见	多年生草本	黄绿色	8～11月；1～2月	贡山、凤庆、彝良、镇雄、大关、昭阳、文山、富宁、西畴、麻栗坡、金平
46	*A. saxatile*	岩生南星	多年生草本	黄色	6～7月	贡山、福贡、兰坪、泸水、德钦、香格里拉、维西、丽江、剑川、鹤庆、洱源、宾川、漾濞、云龙、大理及滇中至滇东北
47	*A. sinii*	瑶山南星	多年生草本	白色	5～6月；7～8月	富民、武定、嵩明
48	*A. speciosum*	美丽南星	多年生具根状茎草本	暗蓝色	7～9月	贡山、福贡、泸水、腾冲
49	*A. tengtsungense*	腾冲南星	多年生草本	紫色	7月	腾冲
50	*A. utile*	网檐南星	多年生具块茎草本	紫褐色	5～6月	贡山、福贡、腾冲、澜沧、漾濞
51	*A. yunnanense*	山珠半夏	多年生草本	苍白色	5～6月；8～9月	云南各地
52	*Caladium bicolor*	五彩芋	草本	绿色	4月	河口
53	*Colocasia antiquorum*	野芋	湿生草本	苍黄色	—	元江、贡山
54	*C. esculenta*	芋	多年生湿生草本	绿色	2～4月	云南各地
55	*C. fallax*	假芋	多年生草本	绿色或黄色	9月	景洪、思茅、武定

续表2-5-90

序号	拉丁名	中文名	习性	花色	花/果期	分布地区
56	*C. gigantea*	大野芋	多年生常绿草本	绿色	4～6月；9月	景东、镇沅、景谷、江城、绿春、元阳、红河、金平、开远、建水、石屏、勐海、勐腊、景洪、屏边、河口、文山、麻栗坡、西畴、马关、富宁、砚山、丘北、广南
57	*C. tonoimo*	紫芋	草本	绿色	7～9月	昆明、红河
58	*Cryptocoryne yunnanensis*	八仙过海	多年生草本	淡青色	11～12月	滇南
59	*Epipremnopsis hainanensis*	穿心藤	附生石崖或树干上	黄红色	4月或10月	西畴
60	*E. sinensis*	雷公药	石上附生	绿色	6～11月	元阳、屏边、砚山、广南
61	*Epipremnum pinnatum*	麒麟叶	附生树上	绿色	4～5月	滇南
62	*Gonatanthus ornatus*	秀丽曲苞芋	多年生附生草本	—	—	福贡、洱源（邓川）、景洪、绿春
63	*G. pumilus*	曲苞芋	草本	绿色	5～7月	香格里拉、丽江、凤庆、景东、耿马、西双版纳、绿春、屏边、西畴
64	*Hapaline ellipticifolium*	细柄芋	多年生草本	—	4月	河口
65	*Homalomena gigantea*	大千年健	多年生草本	—	—	西双版纳
66	*H. occulta*	千年健	多年生草本	—	7～9月	西双版纳、红河、屏边、河口
67	*Lasia spinosa*	刺芋	多的生有刺常绿草本	黄绿色	9月	元江、新平、西双版纳、梁河、思茅
68	*Monstera deliciosa*	龟背竹	攀缘灌木	苍白黄色	8～9月	昆明
69	*Pinellia pedatisecta*	虎掌	多年生草本	苍绿色	6～7月；9～11月	滇东北（永善）、滇南
70	*P. ternata*	半夏	多年生草本	绿色	5～7月	滇中
71	*Pistia stratiotes*	大漂	水生草本	白色	5～10月	滇中以南
72	*Pothos cathcartii*	紫苞石柑	附生攀缘亚灌木	紫褐色	4月	滇西南、滇南、滇东南
73	*P. chinensis*	石柑	附生藤本	绿色	1～12月	云南各地
74	*P. pilulifer*	地柑	草质藤本	黄绿色	12～7月	河口、麻栗坡
75	*P. repens*	百足藤	附生缠绕藤本	黄绿色	3～4月；5～7月	滇东南
76	*P. scandens*	螳螂跌打	附生藤本	淡黄色	8月至次年5月	西双版纳、河口、广南
77	*Remusatia hookeriana*	早花岩芋	草本	紫红色	5月	澜沧、金平、屏边、麻栗坡
78	*R. vivipara*	岩芋	宿根草本	浅绿色	4～9月	西双版纳、双江、凤庆、漾濞、富民、绿春、金平、屏边、富宁、马关
79	*Rhaphidophora crassicaulis*	粗茎崖角藤	附生藤本	浅白色	11～12月	金平（勐拉坝）

续表2-5-90

序号	拉丁名	中文名	习性	花色	花/果期	分布地区
80	*R. decursiva*	爬树龙	藤本	药黄色	5～8月；12月	滇西北、滇西南、滇南至滇东南
81	*R. hongkongensis*	狮子尾	附生藤本	淡黄色	4～8月	西双版纳、绿春、元阳、金平、屏边、河口、富宁
82	*R. hookeri*	毛过山龙	攀缘藤本	绿色	3～7月	滇西北、滇西南至滇东南
83	*R. laichauensis*	莱州崖角藤	攀缘藤本	黄色	5～8月	滇西南、滇南、滇东南
84	*R. lancifolia*	上树蜈蚣	附生藤本	橘红色	10～11月；11月至次年5月	腾冲、临翔、沧源、镇康、凤庆、景东、峨山、西双版纳、绿春、元阳、金平、河口
85	*R. luchunensis*	绿春崖角藤	多年生附生藤本	粉灰白色	9～12月	绿春、沧源、景东
86	*R. megaphylla*	大叶崖角藤	攀缘藤本	绿黑色	4～8月	勐海、景洪、勐腊
87	*R. peepla*	大叶南苏	附生藤本	—	9～10月	贡山、漾濞、玉溪、元阳
88	*Sauromatum venosum*	斑龙芋	草本	紫色	—	滇西北、滇中
89	*Steudnera colocasiaefolia*	泉七	多年生草本	黄色	3～4月	景东、镇沅、景谷、江城、绿春、元阳、红河、金平、开远、建水、石屏、勐海、勐腊、景洪
90	*S. griffithii*	全缘泉七	多年生草本	黄绿色	3～6月	金平、河口、元阳
91	*Typhonium calcicolum*	单籽犁头尖	多年生草本	淡绿色	6月	西畴、元阳
92	*T. divaricatum*	犁头尖	多年生草本	绿色	5～7月	腾冲、保山、楚雄、思茅、西双版纳、昭阳、绥江
93	*T. flagelliforme*	水半夏	多年生草本	白色	4月	金平
94	*T. kungmingense*	昆明犁头尖	多年生草本	粉白色	5～7月	昆明、会泽
95	*T. roxburghii*	金慈姑	多年生草本	苍白色	5～8月	腾冲、昆明
96	*T. trilobatum*	山半夏	多年生草本	绿白色	5～7月	滇西、滇南

九十一、石蒜科

多年生草本，具有一个被膜的鳞茎、球茎或极少为根状茎。叶基生，细长，有平行脉和横脉。花常美丽，两性，辐射对称，单生或数朵组成伞形花序。

全球共96属，1200种，分布于全世界温带地区。中国原产4属，120种。云南有11属，43种，其中7属，20种是引种栽培。本书收录9属，22种。

表2-5-91　本书收录石蒜科22种信息表

序号	拉丁名	中文名	习性	花色	花/果期	分布地区
1	*Allium forrestii*	梭沙韭	多年生草本	淡红色	8～9月	贡山、香格里拉、丽江、德钦
2	*A. hookeri*	宽叶韭	多年生草本	白色	7～9月	贡山、香格里拉、维西、丽江、鹤庆、洱源、宾川、大理

续表2-5-91

序号	拉丁名	中文名	习性	花色	花/果期	分布地区
3	*A. macranthum*	大花韭	多年生草本	青紫色	8~9月	德钦、香格里拉、剑川、洱源、会泽、东川
4	*A. mairei*	滇韭	多年生草本	粉红色	7~8月	贡山、福贡、兰坪、德钦、香格里拉、丽江、大理、鹤庆
5	*A. prattii*	太白韭	多年生草本	白色或粉红色	6~8月	福贡、贡山、丽江、德钦、鹤庆、维西、洱源
6	*A. przewalskianum*	青甘韭	多年生草本	淡红色	6~9月	德钦、洱源、剑川
7	*A. sikkimense*	高山韭	多年生草本	蓝色	8~9月	贡山、德钦、香格里拉
8	*A. wallichii*	多星韭	多年生草本	红色或粉红色	6~11月	贡山、福贡、剑川
9	*A. xichuanense*	西川韭	多年生草本	淡黄色	8~10月	德钦、福贡
10	*Clivia miniata*	君子兰	多年生草本	黄红色	1月	昆明
11	*C. nobilis*	垂笑君子兰	多年生草本	橘红色	7~8月	昆明
12	*Crinum asiaticum*	文殊兰	多年生草本	白色	7月	绥江
13	*C. latifolium*	西南文殊兰	多年生草本	白色	6~8月	双江、勐腊、景洪、勐海、澜沧
14	*Haemanthus multiflorus*	网球花	多年生草本	红色	6~8月	西双版纳、昆明
15	*Hippeastrum rutilum*	朱顶红	多年生草本	洋红色	5~7月	昆明、大理
16	*H. vittatum*	花朱顶红	多年生草本	红色	4~7月	昆明、西双版纳、文山、昭通
17	*Hymenocallis littoralis*	蜘蛛兰	多年生草本	白色	5~7月	昆明
18	*Leucojum aestivum*	夏雪片莲	多年生草本	白色	10月	昆明
19	*Lycoris aurea*	龙爪花	多年生草本	黄色	5~8月	昆明、洱源、剑川、贡山、福贡
20	*L. incarnata*	香石蒜	多年生草本	白色	9月	云南各地
21	*L. sanguinea*	红石蒜	多年生草本	红色	5月	昆明
22	*Nothoscordum gracile*	假韭	具鳞茎草本	白色	4~7月	昆明

九十二、鸢尾科

多年生，稀一年生草本。该科植物以花大、鲜艳、花型奇异而著称。

广泛分布于热带、亚热带及温带地区，分布中心在非洲南部及热带美洲，全科共60属，800种。中国有11属，11种。云南有9属，32种。本书收录7属，17种。

其中鸢尾属、庭菖蒲属等属是花卉植物。

表2-5-92　本书收录鸢尾科17种信息表

序号	拉丁名	中文名	习性	花色	花/果期	分布地区
1	*Belamcanda chinensis*	射干	多年生草本	橙红色	6~8月	云南各地
2	*Crocus sativus*	番红花	多年生草本	淡蓝色或红紫色	1~3月	云南各地

续表2–5–92

序号	拉丁名	中文名	习性	花色	花/果期	分布地区
3	*Eleutherine plicata*	红葱	多年生草本	白色	6月	云南各地
4	*Freesia refracta*	香雪兰	多年生草本	淡黄色或黄绿色	4～5月；6～9月	云南各地
5	*Gladiolus gandavensis*	菖蒲	多年生草本	红色、黄色、白色或粉色	7～9月；9～10月	云南各地
6	*Iris bulleyana*	西南鸢尾	多年生草本	天蓝色	6～7月；8～10月	香格里拉、维西、丽江、鹤庆、兰坪、贡山、德钦、大理、昆明、会泽
7	*I. chrysographes*	金脉鸢尾	多年生草本	蓝色	6～7月；8～10月	洱源、贡山、维西、香格里拉、大理、昆明、蒙自
8	*I. collettii*	高原鸢尾	多年生草本	紫蓝色	5～6月；7～8月	香格里拉、维西、丽江、洱源、漾濞、大理、昆明、蒙自
9	*I. confusa*	扇竹兰	多年生草本	浅蓝色或白色	4月；5～7月	昆明、景东、双柏、西畴、宾川、凤庆
10	*I. decora*	尼泊尔鸢尾	多年生草本	蓝紫色	6月；7～8月	丽江、香格里拉、维西、大理、禄劝、砚山
11	*I. delavayi*	长葶鸢尾	多年生草本	深蓝色	5～7月；8～10月	维西、丽江、大理
12	*I. forrestii*	云南鸢尾	多年生草本	黄色	5～6月；7～8月	香格里拉、丽江、鹤庆
13	*I. kemaonensis*	库门鸢尾	多年生草本	深蓝色	5～6月	香格里拉、丽江、贡山
14	*I. subdichotoma*	香格里拉鸢尾	多年生草本	蓝色	5～6月；7～8月	香格里拉、丽江、蒙自
15	*I. wattii*	扇形鸢尾	多年生草本	蓝紫色	4月；5～8月	金平、西畴、文山、屏边、景东、凤庆、龙陵、贡山、福贡、维西、兰坪
16	*I. wilsonii*	黄花鸢尾	多年生草本	黄色	5～6月；7～8月	昭阳、绥江、水富、永善、盐津、大关、威信、镇雄、彝良、鲁甸、巧家、东川、会泽、宣威
17	*Tigridia pavonia*	虎皮花	多年生草本	黄色、橙红色或紫色，具深紫色斑点	—	云南各地

九十三、薯蓣科

攀缘或缠绕植物，具肉质块茎或粗厚的木质根状茎。叶互生，稀对生或轮生，常心形，具掌状脉，全缘或掌状分裂。花小，单性、稀两性，辐射对称，排成穗状、总状或圆锥花序；花被钟状或广展，6片。果为蒴果或浆果。

全球共5属，750种，分布于热带及温带地区。中国有1属，60种。云南有1属，近37种。本书收录1属，19种。

表2-5-93 本书收录薯蓣科19种信息表

序号	拉丁名	中文名	习性	花色	花/果期	分布地区
1	*Dioscorea alata*	参薯	草质攀缘藤本	—	9～11月	贡山、景东、景洪、勐海、勐腊
2	*D. banzhuana*	板砖薯蓣	草质攀缘藤本	—	11月	蒙自
3	*D. bicolor*	二色薯蓣	草质攀缘藤本	—	8月	元谋至洱源
4	*D. bulbifera*	黄独	草质攀缘藤本	淡白色至紫色	7～10月；11～12月	云南大部分地区
5	*D. chingii*	山葛薯	草质攀缘藤本	—	10～11月	景洪
6	*D. collettii*	叉蕊薯蓣	草质攀缘藤本	黄色	5～11月	云南各地
7	*D. esquirolii*	褐毛薯蓣	草质攀缘藤本	—	4月	西双版纳至建水
8	*D. garrettii*	宽果薯蓣	草质攀缘藤本	黄绿色	8～10月	景洪、勐海
9	*D. glabra*	光叶薯蓣	草质攀缘藤本	黄绿色	8～10月	滇西、滇南至滇东南
10	*D. hemsleyi*	粘山药	草质攀缘藤本	黄绿色	7～9月；10～11月	云南各地
11	*D. hispida*	白薯	草质攀缘藤本	黄色	6～7月；11月	耿马、镇康、西双版纳、金平、屏边
12	*D. menglaensis*	石山薯蓣	草质攀缘藤本	白色	9月	勐腊
13	*D. nanlaensis*	南腊薯蓣	草质攀缘藤本	—	6月	沧源
14	*D. nitens*	光亮薯蓣	草质攀缘藤本	—	8～10月	昆明、蒙自、思茅
15	*D. persimilis*	褐苞薯蓣	草质攀缘藤本	黄绿色	8～11月；11～1月	孟连、盈江、景东、鹤庆、禄劝、勐海、景洪、勐腊、富宁、西畴、麻栗坡、河口
16	*D. pseudo-niteus*	绿春薯蓣	草质攀缘藤本	绿白色	9～10月	勐海至绿春
17	*D. pulverea*	丽叶果薯蓣	草质攀缘藤本	黄绿色	6～10月	盈江、腾冲、漾濞、江川、石屏、蒙自、砚山、广南
18	*D. tentaculigera*	垂穗薯蓣	草质攀缘藤本	黄色	8～9月	临沧
19	*D. velutipes*	毡毛薯蓣	草质攀缘藤本	—	8～11月	滇西、滇南、滇东南

九十四、龙舌兰科

植物有根茎，茎短或很发达。叶常聚生于茎的基部，通常厚或肉质，边全缘或有刺。花两性或单性，辐射对称或稍左右对称，总状花序式或圆锥花序式。果为浆果或蒴果。

全球20属，670种。中国3属（栽培1属），5种，大部分分布于热带和亚热带地区，主要是观赏和重要的纤维植物。本书全部收录。

表2-5-94 本书收录薯蓣科5种信息表

序号	拉丁名	中文名	习性	花色	花/果期	分布地区
1	*Agave americana*	龙舌兰	多年生草本	绿色	4～6月	勐海、凤庆
2	*Cordyline fruticosa*	朱蕉	灌木	淡红色至淡紫色	—	元江
3	*Dracaena angustiflora*	长花龙血树	灌木	白色	10～12月	河口、勐腊
4	*D. cambodiana*	小花龙血树	灌木或乔木	白色	10～12月	景东、镇沅、景谷、江城、绿春、元阳、红河、金平、开远、建水、石屏、勐海、勐腊、景洪
5	*D. cochinchinensis*	剑叶龙血树	灌木或乔木	白色	10～12月	孟连、普洱、镇康

九十五、棕榈科

灌木状、藤本状或乔木状，茎通常不分枝，单生或丛生。叶互生，在芽时折叠，羽状或掌状分裂，稀为全缘或近全缘。花小，单性或两性，雌雄同株或异株，有时杂性，组成分支或不分支的佛焰花序（或肉穗花序）；花序通常大型多分支，被一个或多个鞘状或管状的佛焰苞所包围；花萼和花瓣各3片，离生或合生，覆瓦状或镊合状排列。果实为核果或硬浆果。

全球约210属，2800种，分布于热带、亚热带地区，主产热带亚洲及美洲，少数产于非洲。中国约有28属，100余种。云南有27属，76种（含栽培的12属，22种）。本书收录19属，52种。

本科植物中大多数种类都有较高的经济价值，许多种类为热带亚热带的风景树种，是庭园绿化不可缺少的材料。

表2–5–95　本书收录棕榈科52种信息表

序号	拉丁名	中文名	习性	花色	花/果期	分布地区
1	*Areca catechu*	槟榔	乔木状	—	3～4月	景洪、勐腊、河口
2	*Arenga westerhoutii*	桄榔	乔木状	—	6月；2～3月	盈江、景洪、勐腊、金平、屏边、河口、富宁
3	*Calamus bonianus*	多穗白藤	藤本	—	5～6月	西双版纳
4	*C. erectus*	直立省藤	藤本	—	12月	盈江西部
5	*C. flagellum*	长鞭藤	藤本	—	5～6月；12月至次年1月	景洪、勐腊、马关
6	*C. giganteus*	巨藤	藤本	—	11月	河口（南溪）
7	*C. gracilis*	小省藤	有刺藤本	—	5～6月	盈江、勐腊、江城、绿春
8	*C. guruba*	褐鞘省藤	藤本	—	12月	盈江（那邦坝）、勐腊（尚勇）
9	*C. henryanus*	滇南省藤	有刺藤本	—	4月；11月	盈江、景洪、勐腊、思茅、江城、绿春、富宁
10	*C. obovoideus*	倒卵果省藤	藤本	—	11～12月	景洪
11	*C. palustris*	泽生藤	藤本	—	4～5月	沧源、勐腊、元阳
12	*C. platyacanthus*	宽刺藤	有刺藤本	—	4～5月	景洪、勐腊、元阳、西畴
13	*C. rhabdocladus*	杖藤	有刺藤本	—	4～6月	河口、景洪、勐腊、文山
14	*C. rugosus*	皱鞘省藤	藤本	—	—	富宁（板伦）
15	*C. wailong*	大藤	藤本	—	4月；11～12月	勐腊
16	*C. wuliangshanensis*	无量山省藤	藤本	—	3～4月	景东
17	*C. yunnanensis*	云南省藤	藤本	—	12月至次年2月	滇东南
18	*Caryota monostachya*	单穗鱼葵	乔木状	紫红色	3～5月；7～10月	景洪、勐腊、绿春、河口、麻栗坡、富宁
19	*C. ochlandra*	青棕	乔木状	黄色	5～7月；8～11月	盈江、耿马、景洪、勐腊、江城、河口、麻栗坡
20	*C. urens*	董棕	乔木状	紫红色	6～10月；5～10月	贡山、西畴、麻栗坡
21	*Cocos nucifera*	椰子	直立乔木状	—	8～10月	西双版纳、河口
22	*Corypha umbraculifera*	贝叶棕	乔木状	乳白色	2～4月；5～6月	西双版纳（目前仅零星栽植于佛寺旁和植物园内）

续表2-5-95

序号	拉丁名	中文名	习性	花色	花/果期	分布地区
23	*Elaeis guineensis*	油棕	乔木状	—	6月；9月	云南热带地区
24	*Guihaia argyrata*	石山棕	乔木状	—	5～6月；10～11月	建水
25	*Licuala dasyantha*	毛花轴榈	灌木	—	4～5月	河口、屏边
26	*Livistona saribus*	大叶蒲葵	乔木状	—	—	景洪、勐腊
27	*L. speciosa*	香蒲葵	乔木状	—	9月	西盟、景洪、勐腊
28	*Phoenix hanceana*	刺葵	乔木状	白色	4～5月；6～10月	勐海
29	*P. roebelenii*	江边刺葵	乔木状	黄色	4～5月；6～9月	双江、景洪、勐腊
30	*Pinanga chinensis*	华山竹	灌木	—	5～6月	沧源、勐腊、思茅
31	*P. discolor*	变色山槟榔	灌木	—	10月	景洪、勐腊、勐海
32	*P. hexasitcha*	六列山槟榔	灌木	—	11月至次年1月	盈江
33	*P. macroclada*	长枝山竹	灌木	—	5～7月	麻栗坡、绿春、景洪至勐海
34	*P. viridis*	绿色山槟榔	乔木状	—	10月	勐腊、麻栗坡
35	*Plectocomia assamica*	大钩叶藤	攀缘藤本	—	12月	勐腊、马关
36	*P. himalayana*	高地钩叶藤	攀缘藤本	—	12月	沧源、澜沧、西盟、孟连、勐海、景洪、勐腊
37	*P. kerrana*	钩叶藤	攀缘藤本	—	2月；5～6月	勐腊、河口、麻栗坡
38	*Rhapis excelsa*	棕竹	灌木状	—	6～7月	澄江
39	*R. humilis*	矮棕竹	灌木状	—	7～8月	富宁
40	*R. multifida*	多裂棕竹	灌木	—	5～6月；10～11月	富宁、昆明
41	*Roystonea regia*	王棕	乔木状	—	3～4月；10月	西双版纳
42	*Sabal palmetto*	菜棕	乔木状	—		西双版纳
43	*Salacca secunda*	滇西蛇皮果	—	—	9～10月	盈江
44	*Trachycarpus fortunei*	棕榈	乔木状	黄绿色	4月；12月	滇西北、滇西、滇中至滇东南
45	*T. nana*	龙棕	灌木状	—	4月；10月	永胜、华坪、永仁、宾川（鸡足山）、大姚、楚雄（紫溪山）、峨山
46	*T. princeps*	贡山棕榈	乔木状	—	6～7月	贡山（丙中洛）
47	*Wallichia caryotoides*	琴叶瓦理棕	灌木状	—	8～10月；8月	盈江、沧源、孟连、勐海、勐腊、麻栗坡
48	*W. chinensis*	瓦理棕	丛生灌木	—	6月；8月	景东、河口、西畴、麻栗坡
49	*W. densiflora*	密花瓦理棕	灌木	淡黄色	7～9月	盈江
50	*W. disticha*	二列瓦理棕	乔木状	绿色	4～7月	盈江
51	*W. mooreana*	云南瓦理棕	丛生灌木	黄色	8月；3～4月	盈江、临沧、勐腊、思茅、河口
52	*W. siamensis*	泰国瓦理棕	灌木	—	10月	盈江

九十六、仙茅科

草本植物，具块状根茎或球茎，有膜质或纤维的鞘。叶大都基生，叶脉明显。花单生或组成穗状；总状或近伞形花序，大都白色或黄色，辐射对称，花两性，花被裂片6，展开，白色。果为浆果或蒴果。

全球8属，主产热带，南非也有。中国2属，8种。云南2属，5种。本书全部收录。

表2-5-96 本书收录仙茅科5种信息表

序号	拉丁名	中文名	习性	花色	花/果期	分布地区
1	*Curculigo capitulata*	大叶仙茅	多年生草本	黄色	11～12月	楚雄、景东、墨江、西双版纳、蒙自、马关、金平、河口、贡山、泸水、腾冲、沧源、澜沧
2	*C. crassifolia*	绒叶仙茅	多年生草本	黄色	5～12月	大理、临沧、镇沅、景东、龙陵、金平、屏边、元阳、文山
3	*C. orchioides*	仙茅	多年生草本	黄色	4～9月	福贡、芒市、孟连、西双版纳、绿春、屏边、河口、文山、广南、绥江
4	*C. sinensis*	中华仙茅	多年生草本	黄色	4～12月	贡山、福贡、金平、绿春、文山
5	*Hypoxis aurea*	小金梅	多年生草本	黄色	4～7月；7～9月	云南各地

九十七、兰科

兰科是地生、附生、腐生的多年生草本，极少为攀缘藤本。地生及腐生种类常有具须根，或具肥厚的根状茎或块茎。附生种类常有由茎的一部分膨大而成的肉质假鳞茎或具有粗壮的气生根。茎直立，基部匍匐状，悬垂或攀缘、合轴或单轴，延长或缩短，常在基部或全部膨大为具一节或多节，呈多种形状的假鳞茎。

全球约有700属，20000种，分布于热带、亚热带与温带地区，尤以南美洲与亚洲的热带地区为多。中国有171属，1247种，主要分布于长江流域及以南各省区和台湾、海南。云南有135属，764种。本书收录117属，596种。

表2-5-97 本书收录兰科596种信息表

序号	拉丁名	中文名	习性	花色	花/果期	分布地区
1	*Acampe ochracea*	窄果脆兰	附生草本	黄绿色带红褐色横纹	12月；6月	勐腊、勐海
2	*A. papillosa*	短序脆兰	附生草本	黄色带红褐色横纹	11月；12月至次年1月	德宏
3	*A. rigida*	多花脆兰	附生草本	黄色带紫褐色	8～9月；次年4～5月	泸水、丽江、思茅、景东、勐腊、景洪、勐海、罗平、屏边
4	*Acanthephippium striatum*	锥囊坛花兰	附生草本	白色带红色脉纹	4～6月	勐腊、屏边
5	*A. sylhetense*	坛花兰	附生草本	白色或稻草黄色	4～7月	景洪、勐腊、元江
6	*Aerides falcata*	指甲兰	附生草本	淡白色	4月	金平
7	*A. flabellata*	扇唇指甲兰	附生草本	黄褐色带红褐色斑点	4～5月	勐腊、景洪、勐海、金平
8	*A. odorata*	香花指甲兰	附生草本	白色带粉红色	5月	盈江
9	*A. rosea*	多花指甲兰	附生草本	白色带紫色斑点	7月	勐腊、景洪、勐海、麻栗坡、屏边
10	*Amitostigma farreri*	长苞无柱兰	地生草本	粉红色	8月	维西、贡山、德钦
11	*A. monanthum*	一花无柱兰	地生草本	淡紫色、粉红色或白色	6～8月	丽江、贡山、香格里拉、德钦、维西

续表2-5-97

序号	拉丁名	中文名	习性	花色	花/果期	分布地区
12	*A. simplex*	黄花无柱兰	地生草本	黄色	7～8月	贡山
13	*A. tibeticum*	西藏无柱兰	地生草本	深玫瑰红色或紫红色	7～8月	贡山、福贡、维西、德钦、丽江、大理
14	*A. yuanum*	齿片无柱兰	地生草本	粉红色	7～8月	贡山、福贡
15	*Anoectochilus brevistylus*	短柱齿唇兰	地生草本	白色或黄色	8月	全省各地
16	*A. burmannicus*	滇南开唇兰	地生草本	黄白色或淡红色	9～12月	勐腊、绿春
17	*A. chapaensis*	滇越金线兰	地生草本	白色	7～8月	屏边
18	*A. crispus*	小齿唇兰	地生草本	绿色，唇瓣白色	8～10月	贡山
19	*A. elwesii*	西南齿唇兰	地生草本	白色	7～8月	贡山、镇康、勐腊
20	*A. gengmanensis*	耿马齿唇兰	地生草本	淡红色	8月	耿马
21	*A. lanceolatus*	齿唇兰	地生草本	黄色	6～9月	贡山、勐海、勐腊、景洪
22	*A. moulmeinensis*	艳丽齿唇兰	地生草本	白色	8～10月	贡山、玉溪、思茅
23	*A. pingbianensis*	屏边金线兰	地生草本	白色或粉红色	10月	屏边
24	*A. roxburgii*	金线兰	地生草本	白色或淡红色	8～12月	贡山、梁河、勐海、勐腊、景洪、麻栗坡、砚山
25	*A. tortus*	一柱开唇兰	地生草本	绿白色	7～9月	云南南部至西南部
26	*Anthogonium gracile*	筒瓣兰	地生草本	纯紫红色或白色而带紫红色	7～11月	贡山、腾冲、大理、镇康、凤庆、景东、宁洱、思茅、大姚、双柏、昆明、玉溪、勐海、勐腊、绿春、蒙自、屏边、马关、文山、广南、富宁
27	*Aphyllorchis caudata*	尾萼无叶兰	腐生草本	—	7～8月	思茅、景洪、勐腊
28	*A. montana*	无叶兰	腐生草本	黄色或黄褐色	7～9月	景洪、勐腊、勐海
29	*Arachnis labrosa*	窄唇蜘蛛兰	附生草本	淡黄色带红棕色斑点	8～9月	勐腊、景洪、勐海
30	*Arundina graminifolia*	竹叶兰	地生草本	粉红色或略带紫色或白色	7～11月或1～4月	贡山、福贡、腾冲、梁河、洱源、凤庆、镇康、临翔、双江、澜翔、景东、孟连、景洪、勐腊、禄劝、玉溪、绿春、屏边、河口、蒙自、文山、西畴、麻栗坡、马关、富宁
31	*Ascocentrum ampullaceum*	鸟舌兰	附生草本	黄绿色至朱红色	4～5月；4月	孟连、沧源、澜沧、景洪（普文）、勐腊、勐海
32	*Bletilla formosana*	小白芨	地生草本	淡紫色或粉红色	4～6月；10月	贡山、福贡、泸水、兰坪、景东、维西、德钦、香格里拉、丽江、鹤庆、剑川、大姚、洱源、宾川、大理、弥渡、玉溪、昆明、金平、砚山、文山、西畴、富宁、罗平、威信

续表2-5-97

序号	拉丁名	中文名	习性	花色	花/果期	分布地区
33	*B. ochracea*	黄花白芨	地生草本	黄色	6～7月；9～10月	香格里拉、大理、鹤庆、景东、景东、昆明、禄劝、安宁、昭通、绥江、西畴、屏边
34	*B. sinensis*	华白及	地生草本	淡紫色	6月	蒙自
35	*Brachycorythis galeandra*	短距苞叶兰	地生草本	粉红色、淡紫色或蓝紫色	5～7月	漾濞、华坪
36	*B. henryi*	长叶苞叶兰	地生草本	白色或淡紫色	8～9月	腾冲、思茅、景洪、勐腊、蒙自
37	*Bulbophyllum affine*	赤唇石豆兰	附生草本	淡黄色带紫色条纹	5～7月	沧源、勐腊、勐海、玉溪
38	*B. ambrosia*	芳香石豆兰	附生草本	淡黄色带紫色	2～5月	勐腊、西畴
39	*B. amplifolium*	大叶卷瓣兰	附生草本	浅黄褐色	10～11月	贡山、景东
40	*B. andersonii*	梳帽卷瓣兰	附生草本	浅白色密布紫红色斑点	2～10月	镇康、勐海、蒙自、屏边、砚山、麻栗坡、富宁、西畴
41	*B. bittnerianum*	团花石豆兰	附生草本	淡黄白色	7月	勐腊
42	*B. bomiense*	波密卷瓣兰	附生草本	深红色	7月	贡山
43	*B. brevispicatum*	短序石豆兰	附生草本	紫红色	1月	景洪
44	*B. colomaculosum*	豹斑石豆兰	附生草本	黄色密布暗紫色斑点	6月	新平、景洪、勐腊
45	*B. crassipes*	短耳石豆兰	附生草本	浅黄褐色	4月	耿马、沧源、勐腊、勐海、景洪
46	*B. cylindraceum*	大苞石豆兰	附生草本	淡紫色	11月	贡山、泸水、镇康、凤庆、景东、勐腊、麻栗坡、西畴
47	*B. delitescens*	直唇卷瓣兰	附生草本	茄紫色	4～11月	贡山、勐腊、麻栗坡
48	*B. drymoglossum*	圆叶石豆兰	附生草本	浅黄色带紫褐色脉纹	5月	景东、勐海、屏边、西畴
49	*B. elatum*	高茎卷瓣兰	附生草本	暗黄色	—	贡山
50	*B. emarginatum*	匍茎卷瓣兰	附生草本	紫红色	10月	贡山、腾冲、金平
51	*B. eublepharum*	墨脱石豆兰	附生草本	绿色	10～11月	贡山
52	*B. forrestii*	尖角卷瓣兰	附生草本	杏黄色	5～6月	腾冲、泸水、勐海
53	*B. funingense*	富宁卷瓣兰	附生草本	深黄色带红棕色脉纹	10月	富宁
54	*B. gongshanense*	贡山卷瓣兰	附生草本	红色	10月	贡山
55	*B. gymnopus*	线瓣石豆兰	附生草本	白色带黄色的唇瓣	12月	景洪
56	*B. helenae*	角萼卷瓣兰	附生草本	黄绿色带红色斑点	8月	泸水、景东、勐腊、勐海、景洪
57	*B. hirundinis*	莲花卷瓣兰	附生草本	黄色带紫红色	—	思茅
58	*B. insulsum*	瓶壶卷瓣兰	附生草本	黄绿色带棕红色条纹	5～6月	贡山、文山、西畴
59	*B. khaoyaiense*	白花卷瓣兰	附生草本	白色、唇瓣带紫红色	3月	勐海
60	*B. khasyanum*	卷苞石豆兰	附生草本	淡紫色	—	滇中西
61	*B. kwangtungense*	广东石豆兰	附生草本	黄色	5～8月	腾冲、砚山
62	*B. longibrachiatum*	长臂卷瓣兰	附生草本	浅绿色带紫色	11月	麻栗坡
63	*B. menghaiense*	勐海石豆兰	附生草本	褐色带深色条纹	7月	勐海
64	*B. monanthum*	曲萼石豆兰	附生草本	淡黄色带红色斑点	11月	思茅、勐腊
65	*B. nigrescens*	钩梗石豆兰	附生草本	紫黑色或淡黄色	4～5月	勐腊、景洪、勐海、澜沧

续表2-5-97

序号	拉丁名	中文名	习性	花色	花/果期	分布地区
66	*B. odoratissimum*	密花石豆兰	附生草本	白色	4～8月	贡山、福贡、腾冲、瑞丽、孟连、临沧、澜沧、景东、景洪、勐腊、勐海、屏边、马关、砚山、西畴
67	*B. orientale*	麦穗石豆兰	附生草本	浅黄绿色带褐色脉纹	6～12月	沧源、勐海、元江
68	*B. otoglossum*	德钦石豆兰	附生草本	紫色	10月	德钦（澜沧江边）
69	*B. pectenveneris*	斑唇卷瓣兰	附生草本	黄绿色或黄色稍带褐色	4～9月	玉溪
70	*B. pectinatum*	长足石豆兰	附生草本	黄绿色密布紫色斑点	4～5月	巍山、临翔、耿马、景东、景洪、玉溪、蒙自、屏边
71	*B. psittacoglossum*	滇南石豆兰	附生草本	黄色带紫色斑点	6月	景东、勐腊、石屏、河口、文山、西畴
72	*B. reptans*	伏生石豆兰	附生草本	淡黄色带紫红色脉纹	1～12月	贡山、福贡、泸水、镇康、临翔、景东、景洪、勐腊、勐海、屏边、河口、文山、麻栗坡、西畴
73	*B. retusiusculum*	藓叶石豆兰	附生植物、具假鳞茎	黄色带紫红色脉纹	9～12月	贡山、福贡、泸水、腾冲、丽江、凤庆、临翔、景东、屏边、西畴
74	*B. rufinum*	窄苞石豆兰	附生草本	黄色	11月	勐腊
75	*B. shanicum*	二叶石豆兰	附生草本	浅黄色	10月	临沧
76	*B. shweliense*	伞花石豆兰	附生草本	橙黄色	6月	贡山、勐海
77	*B. spathulatum*	匙萼卷瓣兰	附生草本	紫红色	10月	景洪
78	*B. sphaericum*	球茎卷瓣兰	附生草本	紫红色	11月	腾冲
79	*B. stenobulbon*	短足石豆兰	附生草本	淡蓝色	5～6月	屏边、西畴
80	*B. suavissimum*	直葶石豆兰	附生草本	浅黄色	3月	景洪
81	*B. sutepense*	聚株石豆兰	附生草本	浅黄色	5月	勐腊、勐海
82	*B. taeniophyllum*	带叶卷瓣兰	附生草本	黄褐色密布紫色斑点	6月	勐腊
83	*B. tengchongense*	腾冲石豆兰	附生草本	淡黄色	7月	腾冲
84	*B. triste*	球茎石豆兰	附生草本	浅紫红色带紫色斑点	1～2月	勐腊
85	*B. umbellatum*	伞花卷瓣兰	附生草本	暗黄绿色或暗褐色带淡紫色	4～6月	贡山、盈江、陇川、凤庆、思茅、景东、勐海
86	*B. unciniferum*	直立卷瓣兰	附生草本	淡黄色带紫色斑点	3月	勐腊、勐海
87	*B. violaceolabellum*	萼卷瓣兰	附生草本	黄色带紫色斑点	4月	勐腊
88	*B. wallichii*	双叶卷瓣兰	附生草本	浅黄褐色密布紫色斑点，后转变为橘红色	3～4月	陇川、澜沧、勐腊
89	*Bulleyia yunnanensis*	蜂腰兰	附生草本	白色	7～8月；9～5月	贡山、福贡、泸水、维西、漾濞、大理、临沧、景东、建水、屏边、麻栗坡
90	*Calanthe alismaefolia*	泽泻虾脊兰	地生植物	白色染有紫堇色	6～7月；9月至次年3月	贡山、福贡、泸水、沧源、景东、思茅、勐腊、屏边、河口、西畴
91	*C. alpina*	流苏虾脊兰	地生草本	白色带绿色	6～9月；9～11月	贡山、香格里拉、维西、丽江、漾濞、大姚、镇康

续表2-5-97

序号	拉丁名	中文名	习性	花色	花/果期	分布地区
92	*C. arcuata*	弧距虾脊兰	地生草本	黄绿色	5～9月	贡山
93	*C. argenteo-striata*	银带虾脊兰	地生草本	黄绿色	4～5月	金平、麻栗坡
94	*C. biloba*	二裂虾脊兰	地生草本	淡紫色	10月	景东、澜沧江上游
95	*C. brevicornu*	肾唇虾脊兰	地生草本	黄绿色	5～6月；9～11月	贡山、腾冲、漾濞、凤庆、景东、双柏、禄劝、蒙自、文山
96	*C. clavata*	棒距虾脊兰	地生草本	黄色	11～1月	勐腊、勐海、西畴、麻栗坡
97	*C. davidii*	剑叶虾脊兰	地生草本	黄绿色、白色或有时带紫色	5～7月；8～11月	贡山、泸水、龙陵、维西、漾濞、昆明、富源、罗平、屏边、西畴、麻栗坡
98	*C. delavayi*	少花虾脊兰	地生草本	紫红色或浅黄色	6～9月	香格里拉、丽江、大理、洱源、云县
99	*C. densiflora*	密花虾脊兰	地生草本	淡黄色，干后变黑色	8～10月；12月	贡山、福贡、维西、思茅、勐海、勐腊、屏边、西畴、麻栗坡
100	*C. graciliflora*	钩距虾脊兰	地生草本	褐色或淡黄色	3～5月	龙陵、景东、富宁
101	*C. hancockii*	大花虾脊兰	地生草本	黄褐色	4～6月	贡山、泸水、维西、香格里拉、景东、景洪、双柏、蒙自（模式标本产地）、屏边、文山、广南、富宁
102	*C. herbacea*	西南虾脊兰	地生草本	黄绿色	6～8月	景东、蒙自、屏边、西畴
103	*C. mannii*	细花虾脊兰	地生草本	暗褐色	5月	昭通、罗平
104	*C. metoensis*	墨脱虾脊兰	地生草本	粉红色	4～8月	高黎贡山
105	*C. odora*	香花虾脊兰	地生草本	白色	5～7月	瑞丽、陇川、思茅、屏边、金平、富民
106	*C. petelotiana*	圆唇虾脊兰	地生草本	白色带淡紫色	3月	屏边
107	*C. plantaginea*	车前虾脊兰	地生草本	淡紫色或白色	—	腾冲
108	*C. puberula*	镰萼虾脊兰	地生草本	粉红色	5～8月	贡山、福贡、泸水、腾冲、镇康、耿马、景东、墨江、屏边
109	*C. reflexa*	反瓣虾脊兰	地生草本	粉红色	5～6月	东川、龙陵
110	*C. simplex*	匙瓣虾脊兰	地生草本	黄绿色	10～12月	景东
111	*C. sinica*	中华虾脊兰	地生草本	紫红色	4～6月	文山（模式标本产地）
112	*C. sylvatica*	长距虾脊兰	地生草本	淡紫色	4～9月	勐腊、屏边、河口、马关
113	*C. tricarinata*	三棱虾脊兰	地生草本	浅黄色	4～6月；8～11月	德钦、香格里拉、维西、丽江、剑川、临沧、景东、彝良、蒙自
114	*C. trifida*	裂距虾脊兰	地生草本	粉红色	2～3月	龙陵
115	*C. triplicata*	三褶虾脊兰	地生草本	白色或偶见淡紫红色	4～6月；果10～12月	贡山、香格里拉、景东、勐腊、景洪、禄劝、金平、屏边、西畴、麻栗坡、马关、富宁
116	*Callostylis rigida*	美柱兰	附生草本	绿黄色	5～6月	澜沧、勐海、勐腊

续表2-5-97

序号	拉丁名	中文名	习性	花色	花/果期	分布地区
117	*Calypso bulbosa*	布袋兰	地生草本	紫色粗斑纹	4～6月	德钦（梅里雪山）
118	*Cephalanthera bijiangensis*	碧江头蕊兰	地生草本	黄色	5～7月	福贡（模式标本产地）
119	*C. calcarata*	硕距头蕊兰	腐生草本	白色	5月	漾濞（模式标本产地）
120	*C. damasonium*	大花头蕊兰	地生草本	白色	6月	丽江、昆明
121	*C. longifolia*	头蕊兰	地生草本	白色	5～6月；9～10月	贡山、福贡、维西、德钦、香格里拉、丽江、洱源、大理
122	*Cephalantheropsis calanthoides*	铃花黄兰	地生草本	白色	10～11月	贡山、勐海、屏边
123	*C. gracilis*	黄兰	地生草本	青绿色或黄绿色	9～12月；11月至次年3月	勐腊、屏边
124	*Ceratostylis himalaica*	叉柱牛角兰	附生草本	白色有紫红斑	4～6月；10月	镇康、景洪、屏边
125	*Chamaegastrodia inverta*	川滇叠鞘兰	腐生草本	橙黄色	7～8月	腾冲（模式标本产地）、香格里拉、昆明
126	*C. poilanei*	齿爪叠鞘兰	腐生草本	紫红色	8月	河口
127	*Chiloschista yunnanensis*	异型兰	附生草本	茶色或淡褐色	3～5月；次年2～3月	澜沧、思茅（模式标本产地）、景洪、勐海、勐腊、蒙自
128	*Chrysoglossum ornatum*	金唇兰	地生草本	绿色带红棕色斑点	4～6月	泸水、临沧、景东、勐海、勐腊
129	*Cleisostoma fuerstenbergianum*	长叶隔距兰	附生草本	黄色带紫褐色条纹	5～6月；次年3月	澜沧、镇康、临翔、凤庆、勐海、景洪、勐腊、墨江、思茅、新平、金平
130	*C. menghaiense*	勐海隔距兰	附生草本	淡黄色	7～10月	勐腊、勐海、景洪、河口
131	*C. paniculatum*	大序隔距兰	附生草本	黄绿色	5～7月；10月	永胜、宾川、勐海、马关、屏边、西畴、广南、罗平
132	*C. racemiferum*	大叶隔距兰	附生草本	黄色带褐色斑点	6月；9月	腾冲、盈江、思茅、勐腊、勐海、新平
133	*C. rostratum*	尖喙隔距兰	附生草本	黄绿色带紫红色	7～8月	澜沧、勐腊、勐海、屏边
134	*C. sagittiforme*	隔距兰	附生草本	白色	5～7月；次年5月	勐腊、景洪、勐海
135	*C. simondii*	毛柱隔距兰	附生草本	黄绿色带红色条纹	9月	腾冲、景洪、勐腊、勐海
136	*C. striatum*	短序隔距兰	附生草本	橘黄色带紫色条纹	6月；11～3月	镇康、麻栗坡、西畴
137	*C. williamsonii*	红花隔距兰	附生草本	粉红色	4～6月；9～5月	凤庆、勐海、景洪、新平、金平、屏边、文山、富宁
138	*Coeloglossum viride*	凹舌兰	地生草本	绿白色、黄绿色或绿棕色	6～8月；9～10月	维西、香格里拉
139	*Coelogyne barbata*	髯毛贝母兰	附生草本	白色	9～10月；12月至次年7月	贡山、福贡、洱源、镇康、耿马、勐海、绿春、屏边

续表2-5-97

序号	拉丁名	中文名	习性	花色	花/果期	分布地区
140	*C. corymbosa*	眼斑贝母兰	附生植物	白色或稍带黄绿色	5～7月；7～11月	贡山、福贡、泸水、维西、漾濞、红河
141	*C. fimbriata*	流苏贝母	附生草本	淡黄色或近白色	8～10月；4～8月	贡山、维西、砚山
142	*C. flaccida*	栗鳞贝母兰	附生草本	浅黄色至白色	3～4月	腾冲、镇康、景东、西双版纳、西畴
143	*C. fuscescens*	褐唇贝母兰	附生草本	—	6月	思茅、景洪
144	*C. gongshanensis*	贡山贝母兰	附生草本	奶油黄色	5月	贡山（模式标本产地）
145	*C. leucantha*	白花贝母兰	附生草本	白色	5～7月；9～12月	腾冲、临沧、丽江、景东、蒙自、金平、屏边、西畴
146	*C. longipes*	长柄贝母兰	附生草本	白色至浅黄色	4～6月；9～12月	贡山、瑞丽、丽江、镇康、临翔、景东、勐海、金平、屏边、西畴、富宁
147	*C. malipoensis*	麻栗坡贝母兰	附生草本	—	11～12月	麻栗坡（模式标本产地）
148	*C. nitida*	密茎贝母兰	附生草本	白色或稍带淡黄色	3～5月	漾濞、大理、勐腊
149	*C. occultata*	卵叶贝母兰	附生植物	白色	6～7月；11月	贡山、福贡、泸水、龙陵、景东
150	*C. ovalis*	长鳞贝母兰	附生草本	绿黄色	8～11月；9月	贡山、福贡、泸水、维西、宁洱、思茅、西双版纳、西畴、麻栗坡
151	*C. punctulata*	狭瓣贝母兰	附生草本	白色	11月；10月至次年4月	贡山、福贡、泸水、隆阳、龙陵、德钦、维西、大理、凤庆、镇康、耿马、澜沧、景东、金平、河口、文山、西畴、马关
152	*C. sanderae*	撕裂贝母兰	附生草本	白色	3～4月；6月至次年3月	瑞丽、芒市、凤庆、镇康、耿马、沧源、勐海、河口
153	*C. schultesii*	疣鞘贝母兰	附生草本	暗绿黄色	7月	贡山、腾冲、景洪
154	*C. suaveolens*	疏茎贝母兰	附生草本	白色	5月	勐腊
155	*C. viscosa*	禾叶贝母兰	附生草本	白色	1月；9～11月	腾冲、瑞丽、双江、镇沅、西双版纳
156	*Collabium chinense*	吻兰	地生草本	绿色	7～11月	屏边
157	*C. formosanum*	台湾吻兰	地生草本	绿色	5～9月	贡山、泸水、绿春、屏边、西畴
158	*Corybas taliensis*	大理铠兰	地生小草本	紫色	9月	福贡、大理（模式标本产地）
159	*Corymborkis veratrifolia*	管花兰	地生草本	白色	7月	勐腊
160	*Cremastra appendiculata*	杜鹃兰	地生草本	淡紫褐色	5～6月；8～12月	贡山、腾冲、鹤庆、漾濞、凤庆、玉溪、永善、昭阳、西畴

续表2-5-97

序号	拉丁名	中文名	习性	花色	花/果期	分布地区
161	*Cryptochilus luteus*	宿苞兰	附生草本	黄绿色或黄色稍带褐色	6～7月；11～12月	贡山、腾冲、绿春、金平、屏边、麻栗坡
162	*C. sanguineus*	红花宿苞兰	附生草本	鲜红色	6～8月	贡山
163	*Cymbidium aloifolium*	纹瓣兰	附生草本	淡黄至奶黄油黄色	4～5月；9月至次年5月	勐海、景洪、河口、屏边
164	*C. cyperifolium*	莎叶兰	地生或半附生草本	黄绿色或苹果绿色	10月至次年3月	蒙自、屏边、广南、砚山、西畴、麻栗坡、马关、富宁
165	*C. dayanum*	冬凤兰	附生草本	白色或奶油黄色	8～12月	勐海、勐腊
166	*C. defoliatum*	落叶兰	地生草本	白色、淡绿色、浅红色、淡黄色或淡紫色	6～8月	四川、贵州、云南（具体产地和生境不详）
167	*C. eburneum*	独占春	附生草本	白色	2～5月	贡山、福贡、泸水、大理、凤庆
168	*C. elegans*	莎草兰	附生草本	奶黄油色	9～12月	云南大部分地区
169	*C. ensifolium*	建兰	地生草本	浅黄绿色而具紫斑	6～11月；8月至次年5月	德钦、景东、勐海、勐腊、丘北、广南、富宁、屏边
170	*C. erythraeum*	长叶兰	附生草本	淡黄色至白色	10月至次年1月；10～11月	贡山、宾川、临沧、墨江、峨山、江川、元江、富民、西畴、蒙自西南、屏边
171	*C. faberi*	蕙兰	地生草本	浅黄绿色	2～5月	贡山、泸水、德钦、香格里拉、维西、丽江、兰坪、宾川
172	*C. floribundum*	多花兰	附生草本	红褐色	3～8月；7月至次年2月	贡山、福贡、维西、德钦、香格里拉、丽江、勐海、蒙自、砚山、西畴、富宁、文山、麻栗坡
173	*C. goeringii*	春兰	地生草本	绿色或淡褐黄色而有紫褐色脉纹	1～3月	腾冲、保山、维西、丽江、昆明、武定、广南
174	*C. gongshanense*	贡山凤兰	附生草本	紫色	—	贡山
175	*C. hookerianum*	虎头兰	附生草本	苹果绿或黄绿色	10月至次年1月；6～9月	贡山、福贡、腾冲、保山、龙陵、丽江、沧源、双江、景东、勐海、昆明、蒙自、河口、金平、屏边
176	*C. kanran*	寒兰	地生草本	淡黄绿色而具淡黄色唇瓣	8～12月	贡山、麻栗坡、屏边
177	*C. lancifolium*	兔耳兰	半附生草本	白色至淡绿色	5～8月	贡山、福贡、泸水、腾冲、龙陵、临沧、思茅、元阳、屏边、西畴、文山、砚山
178	*C. lowianum*	碧玉兰	附生草本	苹果绿或黄绿色	4～6月	盈江、龙陵、沧源、勐腊、勐海、景洪、思茅、绿春、文山、金平
179	*C. macrorhizon*	大根兰	腐生草本	白色带黄至淡黄色	6～8月	东川

续表2-5-97

序号	拉丁名	中文名	习性	花色	花/果期	分布地区
180	*C. mastersii*	大雪兰	附生草本	白色，外面稍带淡紫红色	10～12月	景洪
181	*C. nanulum*	珍珠矮	地生草本	黄绿色或淡紫色	6月	保山、泸水、思茅、文山
182	*C. qiubeiense*	邱北冬蕙兰	地生草本	绿色	10～12月	丘北（模式标本产地）、广南、西畴
183	*C. sinense*	墨兰	地生草本	暗紫色或紫褐色	9月至次年3月	丽江、宾川、大理、景洪（勐养）、麻栗坡、西畴、富宁
184	*C. suavissimum*	果香兰	附生草本	红褐色	7～8月	滇西
185	*C. tigrinum*	斑舌兰	附生草本	黄绿色	3～7月	滇西
186	*C. tracyanum*	西藏虎头兰	附生草本	黄绿色至橄榄色	9月至次年1月	墨江
187	*C. wenshanense*	文山红柱兰	附生草本	白色	3月	马关、文山
188	*C. wilsonii*	滇南虎头兰	附生草本	黄绿色	2～4月；11月	景东、蒙自（模式标本产地）、富宁
189	*Cypripedium bardolphianum*	无苞杓兰	地生草本	淡黄绿色带褐色条纹	6～7月；8月	滇西北
190	*C. elegans*	雅致杓兰	地生草本	淡绿色，上表面具栗色或深黄色条	5～7月	贡山、香格里拉、丽江
191	*C. farreri*	华西杓兰	地生草本	黄绿色	6月	香格里拉
192	*C. flavum*	黄花杓兰	地生草本	黄色	6～9月	贡山、维西、德钦、香格里拉、丽江、洱源
193	*C. forrestii*	玉龙杓兰	地生草本	暗黄色	6月	香格里拉、丽江
194	*C. guttatum*	紫点杓兰	地生草本	淡紫红色或淡褐红色	5～7月；8～9月	贡山、香格里拉、德钦、丽江
195	*C. henryi*	绿花杓兰	地生草本	绿色或淡黄绿色	4～5月；7～9月	贡山、德钦、维西
196	*C. lichiangense*	丽江杓兰	地生草本	暗黄色具肝红色斑点	5～7月	香格里拉、丽江（模式标本产地）、大理
197	*C. margaritaceum*	斑叶杓兰	地生草本	白色或淡黄色	5～7月	香格里拉、丽江、大理
198	*C. plectrochilum*	离萼杓兰	地生草本	淡红褐色或栗褐色	4～6月；7月	维西、德钦、香格里拉、丽江、鹤庆、宾川、洱源、昆明
199	*C. smithii*	褐花杓兰	地生草本	深紫色或紫褐色	6～7月	滇西北
200	*C. tibetium*	西藏杓兰	地生草本	紫色、紫红色或暗红色	5～8月	贡山、维西、德钦、香格里拉、丽江、漾濞、镇康
201	*C. wardii*	宽口杓兰	地生草本	略带淡黄白色	6～7月	德钦
202	*C. wumengense*	乌蒙杓兰	地生草本	—	5月	禄劝
203	*C. yunnanense*	云南杓兰	地生草本	粉红色、淡紫红色或偶见灰白色	5月	香格里拉、丽江、洱源
204	*Dendrobium acinaciforme*	剑叶石斛	附生草本	白色	3～9月；10～11月	景洪、勐腊、勐海
205	*D. aduncum*	钩状石斛	附生草本	淡粉红色	5～6月	金平、文山、西畴、马关

续表2–5–97

序号	拉丁名	中文名	习性	花色	花/果期	分布地区
206	*D. aphyllum*	兜唇石斛	附生草本	白色带淡紫红色或浅紫红色	3～4月；6～7月	泸水、龙陵、镇康、思茅、景洪、勐海、建水、金平、富宁
207	*D. bellatulum*	矮石斛	附生草本	白色	4～6月；10月	澜沧、景东、凤庆、勐海、思茅、蒙自（模式标本产地）、屏边
208	*D. brymerianum*	长苏石斛	附生草本	金黄色	6～7月	镇康、沧源、勐海、勐腊、西畴、屏边
209	*D. capillipes*	短棒石斛	附生草本	金黄色	3～5月	兰坪、思茅、勐海、景洪、勐腊
210	*D. cariniferum*	翅萼石斛	附生草本	白色	3～4月；次年3月	瑞丽江和怒江分水岭、沧源、镇康、勐海、勐腊、景洪
211	*D. chrysanthum*	束花石斛	附生草本	金黄色	9～10月	贡山、福贡、临翔、景东、镇康、澜沧、景洪、勐海、勐腊、绿春、石屏、蒙自、屏边、砚山、西畴、麻栗坡
212	*D. chrysotoxum*	鼓槌石斛	附生草本	金黄色	3～5月	耿马、镇康、沧源、景谷、思茅、勐腊、景洪、石屏、马关
213	*D. crepidatum*	玫瑰石斛	附生草本	白色	4～5月	沧源、镇康、勐海、勐腊、景洪
214	*D. crystallinum*	晶帽石斛	附生草本	乳白色	5～7月；7～8月	景洪、勐海、勐腊
215	*D. devonianum*	齿瓣石斛	附生草本	—	6～8月；8～9月	盈江、泸水、瑞丽、凤庆、大理（下关）、漾濞、镇康、澜沧、凤庆、景东、墨江、思茅、景洪、勐海、勐腊、金平、河口、屏边
216	*D. dixanthum*	黄花石斛	附生草本	黄色	3月；7月	思茅、景洪、勐腊
217	*D. ellipsophyllum*	反瓣石斛	附生草本	白色	6月	勐腊、勐海
218	*D. exile*	景洪石斛	附生草本	白色	10～11月；11～12月	景洪、勐腊
219	*D. falconeri*	串珠石斛	附生草本	白色带紫色	5～6月；9月	腾冲、龙陵、盈江、镇康、景东、景洪、绿春、石屏
220	*D. fimbriatum*	流苏石斛	附生草本	金黄色	4～6月	贡山、福贡、镇康、沧源、勐腊、勐海、景洪、思茅、石屏、蒙自、西畴、砚山、富宁
221	*D. findlayanum*	棒节石斛	附生草本	白色带玫瑰色	3月	勐腊
222	*D. gibsonii*	曲轴石斛	附生草本	橘黄色	6～7月	景洪、勐腊、思茅、蒙自、文山

续表2-5-97

序号	拉丁名	中文名	习性	花色	花/果期	分布地区
223	*D. gratiosissimum*	杯鞘石斛	附生草本	白色带淡紫色	4~5月；6~7月	澜沧、思茅、景洪、勐海、勐腊
224	*D. guangxiense*	滇桂石斛	附生草本	淡黄色或白色	4~5月	四川、贵州、广西
225	*D. hancockii*	细叶石斛	附生草本	金黄色	5~6月	蒙自、富宁
226	*D. harveyanum*	苏瓣石斛	附生草本	金黄色	3~4月	勐腊、景洪
227	*D. henryi*	疏花石斛	附生草本	金黄色	6~9月	思茅、孟连、勐海、景洪、蒙自、屏边、河口、西畴、麻栗坡
228	*D. hercoglossum*	重唇石斛	附生草本	淡粉红色	5~6月	马关、文山、金平、屏边
229	*D. heterocarpum*	尖刀唇石斛	附生草本	银白色或奶黄色	3~4月	泸水、腾冲、芒市、镇康、勐腊
230	*D. hookerianum*	金耳石斛	附生草本	金黄色	7~9月	贡山、福贡、怒江河谷、泸水、腾冲
231	*D. infundibulum*	高山石斛	附生草本	白色	8~11月	勐腊、景洪
232	*D. jenkinsii*	小黄花石斛	附生草本	橘黄色	4~5月	沧源、澜沧、思茅、景洪、勐海、石屏
233	*D. lindleyi*	聚石斛	附生草本	橘黄色	5~6月	勐海、河口、西畴
234	*D. lituiflorum*	喇叭唇石斛	附生草本	紫色	5月	泸水、镇康、澜沧、勐海、景洪
235	*D. loddigesii*	美花石斛	附生草本	白色或紫红色	4~5月	勐腊、思茅、文山、广南、富宁、金平
236	*D. lohohense*	罗河石斛	附生草本	蜡黄色、金黄色	5月；7~8月	西畴
237	*D. longicornu*	长距石斛	附生草本	白色	9~11月	贡山、大理、腾冲、龙陵、镇康、屏边、西畴
238	*D. moniliforme*	细茎石斛	附生草本	黄绿色、白色或白色带淡紫红色	3~5月；12月至次年1月	贡山、福贡、泸水、景东、耿马、丽江、漾濞、红河、元阳、金平、屏边、文山
239	*D. moschatum*	杓唇石斛	附生草本	深黄色	4~6月	瑞丽、勐海、景洪
240	*D. nobile*	金钗石斛	附生草本	淡红白色、淡粉红色或白色带淡紫	4~5月	贡山、福贡、丽江、沧源、思茅、勐海、勐腊、景洪、富民、石屏、西畴、文山
241	*D. officinale*	铁皮石斛	附生草本	黄绿色	3~6月	贡山、石屏、文山、广南、西畴、麻栗坡
242	*D. parciflorum*	少花石斛	附生草本	淡白色或淡黄色	7~8月	景洪
243	*D. pendulum*	肿节石斛	附生草本	白色	3~4月	澜沧、思茅、勐海、勐腊
244	*D. primulinum*	报春石斛	附生草本	淡玫瑰色	3~4月	龙陵、镇康、思茅、勐海、勐腊、文山
245	*D. salaccense*	竹枝石斛	附生草本	黄褐色	2~4月	勐腊
246	*D. strongylanthum*	梳唇石斛	附生草本	黄绿色	9~10月	腾冲、盈江、陇川、景东、思茅、勐海、景洪、双江、新平、绿春
247	*D. sulcatum*	具槽石斛	附生草本	奶黄色	6月	勐腊

续表2-5-97

序号	拉丁名	中文名	习性	花色	花/果期	分布地区
248	*D. thyrsiflorum*	球花石斛	附生草本	黄色或白色	4～7月；12月	耿马、澜沧、沧源、景东、思茅、墨江、勐海、勐腊、景洪、玉溪、金平、屏边、马关、麻栗坡
249	*D. trigonopus*	翅梗石斛	附生草本	蜡黄色	3～4月	勐海、思茅、墨江、石屏
250	*D. wardianum*	大苞鞘石斛	附生草本	白色带紫色	4～5月	腾冲、盈江、镇康、景东、勐腊、勐海、金平、绿春
251	*D. williamsonii*	黑毛石斛	附生草本	淡黄色或白色	4～5月	滇西、滇东南
252	*D. wilsonii*	广东石斛	附生草本	乳白色	4～5月	思茅、文山
253	*D. xichouense*	西畴石斛	附生草本	白色稍带淡粉红色	7月	西畴
254	*Diglyphosa latifolia*	密花兰	地生草本	桔红带紫色斑点	6月	屏边
255	*Diphylax contigua*	长苞尖药兰	地生草本	绿白色	9月	贡山
256	*D. uniformis*	西南尖药兰	地生草本	白色	8～9月	贡山
257	*D. urceolata*	尖药兰	地生草本	绿白色、白色或粉红色	8～10月	贡山、德钦
258	*Diplomeris pulchella*	合柱兰	地生草本	白色	7～9月；12月	贡山
259	*Diploprora championii*	蛇舌兰	附生草本	黄色	4～5月；11～12月	勐海、金平、蒙自、屏边、马关、麻栗坡
260	*Epigeneium amplum*	宽叶厚唇兰	附生草本	绿白色或黄绿色带深褐色斑点	10～11月	贡山、镇康、建水、屏边、西畴、麻栗坡
261	*E. clemensiae*	厚唇兰	附生草本	紫褐色	10～11月	屏边
262	*E. fargesii*	单叶厚唇兰	附生草本	淡粉红色	8～10月	玉溪、屏边
263	*E. fuscescens*	景东厚唇兰	附生草本	淡褐色或淡黄色	10月	腾冲、景东
264	*E. rotundatum*	双叶厚唇兰	附生草本	淡黄褐色	11～5月	贡山、福贡、腾冲、维西、泸水、大理、景东、金平
265	*E. yunnanense*	长爪厚唇兰	附生草本	淡紫红色	10～3月	贡山
266	*Epipactis helleborine*	小花火烧兰	地生草本	绿色或淡紫色	7月；9月	贡山、福贡、泸水、腾冲、兰坪、维西、德钦、香格里拉、景东、丽江、大理、鹤庆、洱源、昆明、昭通
267	*E. mairei*	大叶火烧兰	地生草本	黄绿色带紫色	6～7月；9月	贡山、泸水、镇康、维西、香格里拉、德钦、丽江、鹤庆、洱源、漾濞、昆明、镇雄
268	*Epipogium aphyllum*	裂唇虎舌兰	腐生草本	红黄色或淡黄色	8～9月	贡山、剑川至维西
269	*E. roseum*	虎舌兰	腐生草本	白色	4～6月	澜沧、勐腊、金平、屏边、西畴、富宁
270	*Eria acervata*	钝叶毛兰	附生草本	白色	8月；9月	景洪、勐腊、勐海
271	*E. amica*	粗茎毛兰	附生草本	黄色	3～4月；6月	沧源、景洪、勐海、勐腊
272	*E. bambusifolia*	竹叶毛兰	附生草本	白色或绿色	11～12月	龙陵、勐腊、绿春
273	*E. clacusa*	匍茎毛兰	附生草本	浅黄绿色或浅绿色	2～3月；4～5月	镇康、双江、沧源、澜沧、勐海、景洪、麻栗坡

续表2-5-97

序号	拉丁名	中文名	习性	花色	花/果期	分布地区
274	*E. corneri*	半柱毛兰	附生草本	白色略带淡黄色	8～10月；10～12月	镇沅、勐腊、景洪、西畴、屏边、富宁、河口、麻栗坡
275	*E. coronaria*	足茎毛兰	附生草本	白色	10～12月	贡山、福贡、景东、镇康、勐海、砚山、西畴、屏边、麻栗坡
276	*E. crassifolia*	厚叶毛兰	附生草本	浅黄褐色	4～6月	勐腊
277	*E. gagnepainii*	香港毛兰	附生草本	黄色	2～4月	思茅、腾冲
278	*E. graminifolia*	禾叶毛兰	附生草本	白色	6～7月；8月	贡山、福贡、泸水、保山
279	*E. javanica*	香花毛兰	附生草本	白色带淡红色	8～9月	景洪、勐腊、勐海
280	*E. longlingensis*	龙陵毛兰	附生草本	黄色	8月	龙陵
281	*E. marginata*	棒茎毛兰	附生草本	白色	12月至次年2月；5月	贡山、芒市、镇康、景洪、勐海
282	*E. microphylla*	小叶毛兰	附生草本	黄色	4～6月；11月	勐海
283	*E. muscicola*	网鞘毛兰	附生草本	淡绿色	7～8月；10月	临沧、景洪、勐海
284	*E. obvia*	长苞毛兰	附生草本	白色或淡黄白色	9～10月	贡山、孟连、勐腊、勐海
285	*E. paniculata*	竹枝毛兰	附生草本	—	1～4月	勐腊
286	*E. pannea*	指叶毛兰	附生草本	黄色或带红色	3～5月	福贡、丽江、楚雄、思茅、镇康、景洪、勐海、勐腊、双江、金平、文山
287	*E. pudica*	版纳毛兰	附生草本	绿白色	6～7月	勐腊、勐海
288	*E. pulvinata*	高茎毛兰	附生草本	白色	7月；3月	勐腊
289	*E. rhomboidalis*	菱唇毛兰	附生草本	紫红色至暗粉红色	5～6月	勐海、西畴
290	*E. spicata*	密花毛兰	附生草本	白色至淡粉红色	7～10月	贡山、福贡、临沧、景东、景洪、勐腊、绿春、西畴、麻栗坡、砚山、金平
291	*E. stricta*	鹅白毛兰	附生草本	白色	11月至次年2月；4～5月	龙陵、芒市、瑞丽、镇康、绿春、西畴、麻栗坡
292	*E. szetschuanica*	马齿毛兰	附生草本	白色	5～6月	维西
293	*E. tomentosa*	黄绒毛兰	附生草本	黄白色至淡黄褐绿色	3～6月	沧源、勐腊、勐海、景洪
294	*E. yanshanensis*	砚山毛兰	附生草本	—	10月；11月	砚山
295	*Eriodes barbata*	毛梗兰	附生草本	紫红色或淡黄色	10～11月	腾冲、勐海、景洪
296	*Erythrodes blumei*	钳唇兰	地生草本	红褐色	4～5月	金平、屏边、西畴
297	*Esmeralda bella*	口盖花蜘蛛兰	附生草本	黄带红棕色横纹	11月	景洪、勐海、景东
298	*E. clarkei*	花蜘蛛兰	附生草本	淡黄色带棕横纹	10～11月；12月	景东
299	*Eulophia bracteosa*	长苞美冠兰	地生草本	黄色	4～7月	屏边、河口

续表2-5-97

序号	拉丁名	中文名	习性	花色	花/果期	分布地区
300	*E. graminea*	美冠兰	地生草本	橄榄绿色	4～5月；5～6月	丽江、洱源、红河（勐板）
301	*E. monantha*	单花美冠兰	地生草本	橄榄绿色	8月	大理
302	*E. spectabilis*	紫花美冠兰	地生草本	紫红色	4～6月	澜沧、蒙自、建水、勐海、金平、屏边
303	*E. zollingeri*	无叶美冠兰	地生草本	褐黄色	4～6月	漾濞
304	*Flickingeria bicolor*	二色金石斛	附生草本	乳白色	6～7月	勐腊
305	*F. concolor*	同色金石斛	附生草本	纯乳白色	6月	景洪
306	*F. fimbriata*	流苏金石斛	附生草本	奶黄色带褐色	4～6月；11月	建水、河口、西畴、马关、麻栗坡
307	*F. tricarinata*	三脊金石斛	附生草本	淡黄色	6月	勐腊
308	*Galeola faberi*	山珊瑚	腐生草本	黄色	5～7月	贡山（独龙江）、福贡、泸水、腾冲、维西、勐腊、建水、金平
309	*G. lindleyana*	毛萼山珊瑚	腐生草本	黄色	5～8月；4月	贡山、福贡、泸水、保山、腾冲、瑞丽、景东、丽江、河口、屏边、西畴、麻栗坡、大关、镇雄
310	*Gastrochilus bellinus*	大花盆距兰	附生草本	淡黄色带棕色斑点	4月	勐腊、勐海、景洪、思茅
311	*G. calceolaris*	盆距兰	附生草本	黄色带紫褐色斑点	3～4月；9～10月	贡山、泸水、腾冲、龙陵、香格里拉、耿马、镇康、景东、凤庆、临翔、景洪、勐海、双江、绿春、马关
312	*G. distichus*	列叶盆距兰	附生草本	淡绿色带红褐色斑点	5～6月；3～4月	龙陵、镇康、景东、洱源、大理、漾濞、丽江
313	*G. guangtungensis*	广东盆距兰	附生草本	黄色	10月	澜沧
314	*G. pseudodistichus*	小唇盆距兰	附生草本	黄色带紫红色斑点	6月	腾冲、勐海、麻栗坡、屏边
315	*G. sinensis*	中华盆距兰	附生草本	黄绿色带紫红色斑点	10月	贡山
316	*G. subpapillosus*	歪头盆距兰	附生草本	黄色带紫斑点	10月	景洪、勐海
317	*G. yunnanensis*	云南盆距兰	附生草本	淡绿色带淡褐色	10月	思茅
318	*Gastrodia angusta*	原天麻	腐生草本	乳白色	3～4月	丽江、石屏
319	*G. elata*	天麻	腐生草本	红色、橙黄色、淡黄色、蓝绿色或黄白色	5～7月	贡山（独龙江）、兰坪、维西、香格里拉、丽江、大理（下关）、洱源、彝良、会泽、大关
320	*G. menghaiensis*	勐海天麻	腐生草本	白色	9～11月	勐海
321	*G. tuberculata*	疣天麻	腐生草本	白色带青灰色	3～4月	武定、昆明
322	*Geodorum attenuatum*	大花地宝兰	地生草本	白色	5～6月	景洪
323	*G. densiflorum*	地宝兰	地生草本	白色	5～7月；9月	鹤庆、元江、元阳
324	*G. pulchellum*	美丽地宝兰	地生草本	白色	4～5月	丽江、思茅、屏边
325	*G. recurvum*	多花地宝兰	地生草本	白色	4～6月	勐腊、石屏

续表2–5–97

序号	拉丁名	中文名	习性	花色	花/果期	分布地区
326	*Goodyera biflora*	大花斑叶兰	地生草本	白色或带粉红色	2～7月	贡山
327	*G. foliosa*	多叶斑叶兰	地生植物	白色带粉红色或带淡绿色	7～8月	贡山、勐腊、景洪
328	*G. fumata*	烟色斑叶兰	地生草本	黄色	3～4月	澜沧、勐腊、景洪、思茅
329	*G. henryi*	光萼斑叶兰	地生草本	白色或略带粉红色	8～9月	贡山、福贡、维西
330	*G. robusta*	滇藏斑叶兰	地生草本	白色	11～12月	腾冲、绿春
331	*G. velutina*	绒叶斑叶兰	地生草本	淡褐红色或白色	9～10月	彝良、思茅
332	*G. viridiflora*	绿花斑叶兰	地生草本	绿色	8～9月	云南各地
333	*G. vittata*	秀丽斑叶兰	地生草本	粉红色	7～8月	贡山
334	*Habenaria aitchisoni*	落地金钱兰	地生草本	粉红色、黄绿色或绿色	7～9月	香格里拉、德钦、丽江、鹤庆、漾濞、昆明
335	*H. austrosinensis*	薄叶玉凤花	地生草本	白色	7～8月	景洪、思茅
336	*H. balfouriana*	滇蜀玉凤花	地生草本	黄绿色	7～8月	香格里拉、丽江、鹤庆
337	*H. ciliolaris*	毛萼玉凤花	地生草本	淡绿色或白色	8～9月；10月	勐腊、景洪、玉溪
338	*H. commelinifolia*	斧萼玉凤花	地生草本	白色	8月	盈江
339	*H. davidii*	长距玉凤花	地生植物	绿白色或白色	6～8月	贡山、兰坪、维西、香格里拉、凤庆、丽江、洱源、昆明、江川、罗平
340	*H. delavayi*	厚瓣玉凤花	地生草本	白色	5～8月	贡山、维西、香格里拉、丽江、宾川、洱源、大理、昆明、蒙自
341	*H. dentata*	鹅毛玉凤花	地生草本	白色	8～10月	贡山、福贡、腾冲、沧源、陇川、香格里拉、景东、勐腊、勐海、丽江、鹤庆、洱源、元江、双柏、峨山、昆明、蒙自、屏边、砚山、富宁
342	*H. finetiana*	齿片玉凤花	地生草本	白色	8～10月	维西、香格里拉、丽江、鹤庆、剑川、临沧、洱源、大理、大姚、昆明
343	*H. fordii*	线瓣玉凤花	地生草本	白色	8～9月	勐腊、蒙自
344	*H. glaucifolia*	粉叶玉凤花	地生草本	白色、浅黄色或黄绿色	7～8月	维西、香格里拉、德钦、丽江、洱源、大理、蒙自
345	*H. limprichtii*	宽药隔玉凤花	地生草本	绿白色	6～8月	兰坪、香格里拉、丽江、鹤庆、大理（模式标本产地）、漾濞、勐腊、禄丰（广通）、楚雄、玉溪、昆明、昭通
346	*H. mairei*	棒距玉凤花	地生植物	绿白色	7～8月	香格里拉、会泽（大海，模式标本产地）
347	*H. malintana*	南方玉凤花	地生草本	淡黄绿色	10～11月	腾冲、勐腊、景洪、漾濞
348	*H. marginata*	滇南玉凤花	地生草本	黄色	10～11月	勐腊、景洪
349	*H. medioflexa*	版纳玉凤花	地生草本	白色	9～10月	勐腊

续表2-5-97

序号	拉丁名	中文名	习性	花色	花/果期	分布地区
350	*H. nematocerata*	细距玉凤花	地生草本	带粉白色	10月	腾冲（模式标本产地）
351	*H. pectinata*	剑叶玉凤花	地生草本	绿白色	8月	思茅、蒙自
352	*H. petilotii*	裂瓣玉凤花	地生草本	淡绿色或白色	7～9月；11月	西畴、麻栗坡
353	*H. plurifoliata*	莲座玉凤花	地生草本	黄绿色或白色	10月	景洪
354	*H. szechuanica*	四川玉凤花	地生草本	黄绿色	7～8月	丽江
355	*H. tibetica*	西藏玉凤花	地生草本	黄绿色至近白色	7～8月	滇西北
356	*H. yuana*	川滇玉凤花	地生草本	绿色	8月	景洪
357	*Hancockia uniflora*	滇兰	地生草本	粉红色	7月	蒙自、屏边、西畴
358	*Hemipilia cruciata*	舌啄兰	直立草本	浅红色或紫红色	6～8月	贡山、兰坪、维西、香格里拉、德钦、丽江、鹤庆、大理、昆明
359	*H. flabellata*	扇唇舌啄兰	直立草本	紫红色至纯白色	6～8月	贡山、兰坪、维西、香格里拉、丽江、鹤庆、漾濞、昆明
360	*H. forrestii*	长距舌喙兰	直立草本	玫瑰红色	9月	贡山、福贡
361	*H. limprichtii*	短距舌喙兰	直立草本	紫红色	8月	楚雄至大理
362	*Herminium chloranthum*	矮角盘兰	地生草本	白色或淡绿色	7～8月	迪庆、丽江
363	*H. glossophyllum*	雅致角盘兰	地生草本	黄绿色	6～8月	香格里拉、丽江
364	*H. ophioglossoides*	长瓣角盘兰	地生草本	黄绿色或黄白色	6～7月	香格里拉、丽江（模式标本产地）、大理、昆明
365	*Hetaeria rubens*	滇南翻唇兰	地生草本	白色	3～4月	勐腊、景洪、麻栗坡
366	*Holcoglossum amesianum*	大根槽舌兰	附生草本	淡粉红色	3月	沧源、镇康、景东、凤庆、思茅、石屏、勐海
367	*H. flavescens*	短距槽舌兰	附生草本	白色	5～6月；8～9月	宾川、永胜（模式标本产地）
368	*H. kimballianum*	管叶槽舌兰	附生草本	白色带淡色紫晕	10～11月	剑川、思茅、镇沅、景洪、勐海、麻栗坡
369	*H. lingulatum*	舌唇槽舌兰	附生草本	白色稍带红褐色斑点	11月；2月	麻栗坡
370	*H. quasipinifolium*	槽舌兰	附生草本	白色带粉红色	2～4月；8月	漾濞
371	*H. rupestre*	滇西槽舌兰	附生草本	白色	6月；10月	香格里拉、漾濞
372	*H. sinicum*	中华槽舌兰	附生草本	白色	5月；5～8月	漾濞
373	*Hygrochilus parlshii*	湿唇兰	附生草本	黄色带暗紫色斑点	6～7月	勐腊、景洪、勐海
374	*Kingidium braceanum*	尖囊兰	附生草本	淡棕红色	4～6月	镇康、景洪、勐海、红河
375	*K. deliciosum*	大尖囊兰	附生草本	浅白色带淡紫色斑纹	7月；9月	勐海、屏边
376	*Liparis assamica*	扁茎羊耳蒜	附生草本	橘黄色	9～11月	贡山（独龙江）、腾冲、景洪、绿春
377	*L. balansae*	圆唇羊耳蒜	附生草本	绿色	9～11月	临沧、绿春、麻栗坡、屏边、西畴

续表2-5-97

序号	拉丁名	中文名	习性	花色	花/果期	分布地区
378	*L. bautingensis*	保亭羊耳蒜	附生草本	绿色或绿白色	11月至次年2月；1～4月	麻栗坡
379	*L. bistriata*	折唇羊耳蒜	附生草本	淡绿色	6～7月；8～9月	泸水、思茅、蒙自
380	*L. bootanensis*	镰翅羊耳蒜	附生草本	黄绿色	8～12月；12月至次年5月	贡山、勐海、麻栗坡、屏边、西畴
381	*L. campylostalix*	齿唇羊耳蒜	地生草本	淡紫色	7月	凤庆
382	*L. cathcartii*	二褶羊耳蒜	地生草本	粉红色	6～7月；10月	昆明、宾川、贡山
383	*L. cespitosa*	丛生羊耳蒜	附生草本	绿色	6～10月；12月至次年1月	贡山、漾濞、孟连、景洪、勐海、屏边、西畴、富宁
384	*L. chapaensis*	平卧羊耳蒜	附生草本	—	12月；1～3月	贡山
385	*L. cordifolia*	心叶羊耳蒜	地生草本	绿色或淡绿色	10～11月；12月	屏边
386	*L. delicatula*	小巧羊耳蒜	附生草本	白色	10月；1月	泸水、腾冲、勐腊、景洪、勐海
387	*L. distans*	大花羊耳蒜	附生草本	黄绿色或橘黄色	10～2月；6～7月	贡山、福贡、维西、思茅、勐海、景洪、蒙自、绿春、屏边、西畴、富宁、麻栗坡、砚山
388	*L. elliptica*	扁球羊耳蒜	附生草本	淡黄绿色	11月至次年2月；5月	贡山（独龙江）、勐腊、勐海、景洪、金平
389	*L. fargesii*	小羊耳蒜	附生草本	淡绿色	9～10月；5～6月	昆明
390	*L. glossula*	方唇羊耳蒜	地生草本	紫红色	7月	文山
391	*L. japonica*	羊耳蒜	地生草本	淡绿色	6～8月；9月至次年3月	贡山、漾濞、临沧、景东、嵩明、镇雄
392	*L. latilabris*	阔唇羊耳蒜	附生草本	黄绿色或黄色带褐色	11月至次年2月；2月	安宁、蒙自（模式标本产地）、屏边、西畴、马关、麻栗坡、砚山、富宁
393	*L. mannii*	三裂羊耳蒜	附生草本	—	10～11月；3月	勐腊、景洪
394	*L. nervosa*	见血青	地生草本	紫色	2～7月；7月至次年1月	贡山、腾冲、凤庆、临翔、景东、峨山、勐腊、景洪、师宗、西畴、蒙自、砚山、屏边、麻栗坡
395	*L. nigra*	紫花羊耳蒜	地生草本	深紫红色	2～5月；11月	临沧、安宁、麻栗坡

续表2-5-97

序号	拉丁名	中文名	习性	花色	花/果期	分布地区
396	*L. odorata*	香花羊耳蒜	地生草本	绿黄色或淡绿褐色	4～8月	鹤庆、永胜、腾冲、大姚、昆明、景洪、屏边
397	*L. pauliana*	长唇羊耳蒜	地生草本	淡紫色	5月；10～11月	昆明
398	*L. petiolata*	柄叶羊耳蒜	地生草本	绿白色	5～8月；9～10月	临沧、孟连、勐腊（易武）、屏边
399	*L. platyrachis*	小花羊耳蒜	附生草本	—	9月	腾冲、大理
400	*L. regnieri*	翼蕊羊耳蒜	—	黄绿色	—	腾冲、永胜
401	*L. resupinata*	蕊丝羊耳蒜	附生草本	—	10～12月	贡山、临沧、景东、禄劝、绿春、麻栗坡
402	*L. siamensis*	滇南羊耳蒜	地生草本	绿色	8月	勐海、景洪
403	*L. stricklandiana*	扇唇羊耳蒜	附生草本	绿黄色	10月至次年1月；4～5月	贡山、福贡、瑞丽江与怒江分水岭、屏边、麻栗坡
404	*L. tschangii*	折苞羊耳蒜	地生草本	绿色	7～8月	贡山、永胜（模式标本产地）、景洪、勐海
405	*L. viridiflora*	长茎羊耳蒜	附生草本	绿白色或淡绿黄色	9～12月；1～4月	维西、泸水、腾冲、芒市、临沧、镇沅、景东、勐海、景洪、勐腊、玉溪、绿春、麻栗坡、西畴
406	*Listera grandiflora*	大花对叶兰	地生草本	绿黄色	6～7月	维西、贡山、香格里拉
407	*L. yunnanensis*	云南对叶兰	地生小草本	绿色	8月	文山
408	*Luisia longispica*	长穗钗子股	附生草本	黄绿色带紫红色	5月	勐腊、马关
409	*L. magniflora*	大花钗子股	附生草本	黄绿色	4～7月	勐腊、勐海、景洪、石屏
410	*L. morsei*	钗子股	附生草本	黄绿色	4～5月	沧源、师宗、石屏、马关
411	*L. teres*	叉唇钗子股	附生草本	淡黄色或浅白色	3～5月	砚山、麻栗坡
412	*L. zollingeri*	长叶钗子股	附生草本	淡粉红色	5月	勐腊、元江
413	*Malaxis acuminata*	浅裂沼兰	地生或半附生草本	紫红色	5～7月	泸水、丽江、洱源、凤庆、思茅、勐海、景洪、富宁
414	*M. bahanensis*	云南沼兰	地生草本	黄色或褐红色	7月	维西、丽江、洱源、宾川
415	*M. biaurita*	二耳沼兰	地生草本	紫红色至绿色	6月；10月	贡山、勐腊
416	*M. calophylla*	美叶沼兰	地生草本	淡黄绿色	7月；9月	勐腊、勐海
417	*M. khasiana*	细茎沼兰	地生草本	—	7月	贡山、腾冲、勐腊
418	*M. orbicularis*	齿唇沼兰	地生草本	暗紫色或黑紫色	6月	腾冲、勐海、景洪
419	*M. ovalisepala*	卵萼沼兰	地生草本	淡绿色至黄色	6月	思茅、勐腊
420	*M. purpurea*	深裂沼兰	地生草本	红色，偶见浅黄色	6～7月	腾冲、思茅、勐海
421	*Malleola dentifera*	槌柱兰	附生草本	—	7月；8～9月	勐腊
422	*Mischobulbum cordifolium*	心叶球柄兰	地生草本	褐色	5～7月	河口、西畴
423	*Monomeria barbata*	短瓣兰	附生草本	绿色、黄色并且有紫红色斑点	11月至次年1月	贡山、西畴、麻栗坡

续表2-5-97

序号	拉丁名	中文名	习性	花色	花/果期	分布地区
424	*Neogyna gardneriana*	新型兰	附生草本	白色	11月至次年1月；6月	龙陵、临沧、景东、绿春、金平、河口、屏边、麻栗坡
425	*Neottia listeroides*	高山鸟巢兰	腐生小草本	淡绿色	7～8月	贡山（独龙江）、维西、香格里拉、漾濞、剑川至维西
426	*N. megalochila*	大花鸟巢兰	腐生小草本	淡黄绿色	7～8月	丽江、香格里拉
427	*Neottianthe calcicola*	密花兜被兰	地生草本	粉红色、桃红色或紫红色	—	德钦、香格里拉、鹤庆
428	*N. cucullata*	二叶兜被兰	地生草本	紫红色或粉红色	9月	德钦、香格里拉
429	*N. gymnadenioides*	细距兜被兰	地生草本	紫红色或粉红色	8～10月	德钦
430	*N. luteola*	淡黄花兜被兰	地生草本	淡黄色或黄绿色	9～10月	贡山
431	*N. monophylla*	一叶兜被兰	地生草本	紫红色或粉红色	8～9月	宁蒗至香格里拉
432	*N. oblonga*	长圆叶兜被兰	地生草本	淡紫色	8月	香格里拉
433	*N. secundiflora*	侧花兜被兰	地生草本	淡绿色	8月	鹤庆、贡山
434	*Nervilia aragoana*	广布芋兰	地生草本	白绿色	6月	贡山、德钦、禄劝
435	*N. mackinnonii*	七角叶芋兰	地生草本	淡黄色	5月	罗平、富宁
436	*N. plicata*	毛叶芋兰	地生草本	棕黄色或淡红色	5～6月	勐海、勐腊、元江
437	*Oberonia austro-yunnanensis*	滇南鸢尾兰	附生草本	橙黄色	11月	勐腊
438	*O. caulescens*	狭叶鸢尾兰	附生草本	淡黄色或淡绿色	7～10月	贡山、泸水、芒市、德钦、凤庆、景东、勐海、峨山、蒙自、文山、红河、砚山、西畴、屏边
439	*O. ensiformis*	剑叶鸢尾兰	附生草本	绿色	9～11月；10月至次年4月	剑川、镇康、思茅、宁洱、勐腊、勐海、景洪（勐养、普文、勐仑）、金平
440	*O. falconeri*	短耳鸢尾兰	附生草本	白色绿色至绿黄色	8～11月	龙陵、西盟、景洪（勐养）、勐腊（勐仑）
441	*O. gammiei*	齿瓣鸢尾兰	附生草本	白绿色	10～12月	勐腊、景洪
442	*O. integerrima*	全唇鸢尾兰	附生草本	—	9月；4月	腾冲、耿马、景洪、勐腊
443	*O. iridifolia*	鸢尾兰	附生草本	红褐色	8～12月	盈江、勐腊、景洪
444	*O. latipetala*	阔瓣鸢尾兰	附生草本	紫色	8～10月；11月至次年5月	贡山、腾冲（模式标本产地）、景东、澜沧
445	*Orchis brevicalcarata*	短距红门兰	地生草本	紫红色	6～7月	兰坪、香格里拉、丽江、漾濞、大理
446	*O. chrysea*	黄花红门兰	地生草本	黄色	8月	贡山、德钦（模式标本产地）、香格里拉

续表2-5-97

序号	拉丁名	中文名	习性	花色	花/果期	分布地区
447	*O. chusua*	广布红门兰	地生草本	紫红色或粉红色	6～8月	贡山、福贡、兰坪、腾冲、维西、镇康、香格里拉、德钦、丽江、鹤庆、洱源、漾濞、大理、昆明、大姚（盐丰）、巧家
448	*O. crenulata*	齿缘红门兰	地生草本	淡粉红色	6月	丽江
449	*O. diantha*	二叶红门兰	地生草本	紫红色	6～8月	维西、香格里拉、德钦、丽江、鹤庆（马耳山）、洱源、漾濞
450	*O. exilis*	细茎红门兰	地生草本	紫红色	—	滇中
451	*O. latifolia*	宽叶红门兰	地生草本	蓝紫色、紫红色或玫瑰红色	6～8月	大理
452	*O. limprichtii*	华西红门兰	地生草本	紫红色或淡紫色	5～6月	丽江
453	*O. monophylla*	毛轴红门兰	地生草本	白色或紫红色	7～8月	昆明、蒙自
454	*O. tschiliensis*	河北红门兰	地生草本	紫红色	6～7月	德钦
455	*O. wardii*	斑唇红门兰	地生草本	紫红色	6～7月	香格里拉、德钦
456	*Oreorchis angustata*	西南山兰	地生草本	—	6月	丽江
457	*O. erythochrysea*	短梗山兰	地生草本	黄色	5～7月；8～12月	贡山、德钦、香格里拉、维西、丽江玉龙雪山（模式标本产地）、鹤庆、宁蒗、漾濞、大理、景东
458	*O. indica*	囊唇山兰	地生草本	紫红色	6月	滇西北
459	*O. patens*	山兰	地生草本	黄褐色至淡黄色	6～7月；9～11月	贡山、福贡（碧江）、维西、丽江、兰坪、漾濞、东川、罗平
460	*Ornithochilus difformis*	羽唇兰	附生草本	绿白色	5～8月	腾冲、沧源、勐海、勐腊、洱源、大理、双柏、玉溪
461	*Otochilus fuscus*	狭叶耳唇兰	附生草本	白色或带浅黄色	3～4月；10月至次年4月	贡山、泸水、腾冲、龙陵、芒市、镇康、耿马、景东、思茅、景洪、勐腊
462	*O. lancilabius*	宽叶耳唇兰	附生草本	白色	10～11月	凤庆、临翔、景东
463	*O. porrectus*	耳唇兰	附生草本	白色	10～12月	贡山、福贡、泸水、腾冲、龙陵、凤庆、瑞丽、临翔、景东、绿春、金平、屏边、西畴、麻栗坡
464	*Pachystoma pubescens*	粉口兰	地生草本	黄绿色带粉红色	3～9月	腾冲、保山、勐海、西畴、广南
465	*Panisea cavalerei*	平卧曲唇兰	附生草本	淡黄白色	12月至次年4月	兰坪、景东、嵩明、江川、建水、文山
466	*P. tricallosa*	曲唇兰	附生草本	白色	12月；5～6月	凤庆、景洪、勐腊、嵩明
467	*P. uniflora*	单花曲唇兰	附生草本	淡黄色	10月至次年3月	临沧、勐腊、麻栗坡、马关
468	*P. yunnanensis*	云南曲唇兰	附生草本	白色	11～12月	屏边、西畴、麻栗坡

续表2-5-97

序号	拉丁名	中文名	习性	花色	花/果期	分布地区
469	*Paphiopedilum armeniacum*	杏黄兜兰	地生或半附生草本	纯黄色	2～4月	福贡、泸水
470	*P. bellatulum*	巨瓣宽兜兰	石灰岩山草丛中或石缝中	白色或带淡黄色	4～6月	石屏
471	*P. concolor*	同色兜兰	地生或半附生植物	淡黄色或象牙白色	6～8月	滇西南至滇东南
472	*P. dianthum*	长瓣兜兰	附生草本	淡绿色或淡黄绿色	7～9月；11月	麻栗坡
473	*P. henryanum*	亨利兜兰	地生或半附生植物	玫瑰红色	7～8月	马关、麻栗坡
474	*P. hirsutissimum*	带叶兜兰	地生或半附生植物	淡绿黄色	4～5月	西畴、麻栗坡、文山、富宁
475	*P. insigne*	波瓣兜兰	地生草本	黄绿色或黄褐色	10～12月	滇西北
476	*P. malipoense*	麻栗坡兜兰	地生或半附生草本	黄绿色或淡绿色	12月至次年3月	麻栗坡、文山、马关
477	*P. tigrinum*	虎斑兜兰	地生或半附生草本	黄色	6～8月	福贡、泸水（片马至六库）
478	*P. micranthum*	硬叶兜兰	地生或半附生草本	白色或淡粉白色	3～5月	麻栗坡、西畴、文山
479	*P. parishii*	飘带兜兰	附生草本	淡黄色	6～7月	勐腊
480	*P. purpuratum*	紫纹兜兰	地生或半附生草本	紫红色或浅栗色	10月至次年1月	文山
481	*P. villosum*	紫毛兜兰	地生或附生草本	白色或黄绿色	11月至次年3月	勐腊、景洪、西畴、麻栗坡、文山
482	*P. wardii*	彩云兜兰	地生草本	绿白色或淡黄绿色	12月至次年3月	滇西南
483	*Papilionanthe biswasiana*	白花凤蝶兰	附生草本	乳白色或淡粉红色	4月	勐海、勐腊、景洪
484	*P. teres*	凤蝶兰	附生草本	紫红色	5～6月；1～5月	思茅、勐腊、景洪
485	*Parapteroceras elobe*	虾尾兰	附生草本	白色	7月	勐腊
486	*Pecteilis henryi*	滇南白蝶花	地生草本	白色	7月	思茅、勐腊、勐海、景洪
487	*P. susannae*	龙头兰	地生草本	白色	7～9月	腾冲、香格里拉、丽江、漾濞、洱源、思茅、双江、楚雄、昆明、玉溪、蒙自
488	*Pelatantheria bicuspidata*	尾丝钻柱兰	附生草本	淡白色带紫红色	6～10月	景洪、勐腊、石屏
489	*P. rivesii*	钻柱兰	附生草本	淡黄色带褐色条纹	10月	勐腊、勐海、墨江、景东、景洪
490	*Pennilabium proboscideum*	巾唇兰	附生草本	白色	9月	景洪

续表2-5-97

序号	拉丁名	中文名	习性	花色	花/果期	分布地区
491	*Peristylus constrictus*	大花阔蕊兰	地生草本	纯白色	6～7月	腾冲、瑞丽、镇康、凤庆、思茅、景洪、洱源、宾川、嵩明
492	*P. densus*	狭穗阔蕊兰	地生草本	黄绿色或红色	5～9月	腾冲、孟连、景东、思茅、大理、西畴
493	*P. fallax*	盘腺阔蕊兰	地生草本	黄绿色	7～9月	大理
494	*P. goodyeroides*	阔蕊兰	地生草本	绿色或淡绿色至白色	7～10月	香格里拉、景东、漾濞、宾川、大姚、勐腊、勐海、景洪、江城、蒙自、麻栗坡、富宁
495	*P. jinchuanicus*	金川阔蕊兰	地生草本	淡白色或淡黄色	7～9月	香格里拉、丽江
496	*P. mannii*	纤茎阔蕊兰	地生草本	绿色或淡黄色	9～10月	临沧、丽江、景东、大理、洱源、玉溪、昆明
497	*P. parishii*	滇桂阔蕊兰	地生草本	绿色	6～7月	勐海、富宁
498	*P. tentaculatus*	触须阔蕊兰	地生草本	淡黄绿色	8～9月	贡山、沧源、金平
499	*Phaius columnaris*	仙笔鹤顶兰	地生草本	乳白色带绿色	6月	勐腊
500	*P. flavus*	黄花鹤顶兰	地生草本	柠檬黄色	4～10月	贡山、福贡、维西、勐腊、景洪、广南、麻栗坡、西畴、富宁
501	*P. longicruris*	长茎鹤顶兰	地生草本	淡黄绿色	8～10月	勐腊、景洪
502	*P. magniflorus*	大花鹤顶兰	地生草本	浅黄绿色带棕红色	5～6月	勐腊、勐海
503	*P. mishmensis*	紫花鹤顶兰	地生草本	淡紫红色	10月至次年1月	镇雄、思茅、景洪、西畴、麻栗坡
504	*P. tankervilleae*	鹤顶兰	地生草本	白色、暗赤色或棕色	3～6月	福贡、泸水、腾冲、镇康、景东、双江、思茅、勐腊、景洪、金平、西畴、麻栗坡、富宁
505	*P. wenshanensis*	文山鹤顶兰	地生草本	黄色或紫红色	9月	文山
506	*Phalaenopsis mannii*	版纳蝴蝶兰	附生草本	橘红色带紫褐横斑	3～4月	勐腊
507	*P. stobariana*	滇西蝴蝶兰	附生草本	褐绿色	5～6月	盈江
508	*P. wilsonii*	华西蝴蝶兰	附生草本	白色带淡粉红色	4～7月；8～9月	丽江、楚雄、屏边、麻栗坡
509	*Pholidota articulata*	节茎石仙桃	附生草本	淡绿白或白色而略带淡红色	6～8月；10～4月	贡山、福贡、泸水、盈江、龙陵、芒市、维西、漾濞、镇康、凤庆、临翔、双江、景东、思茅、宁洱、景洪、勐腊、勐海、蒙自、屏边、西畴、麻栗坡
510	*P. bracteata*	粗脉石仙桃	附生草本	白色略带淡红色	6～7月；10月	腾冲、镇康、临翔、景东、景洪、勐海、勐腊
511	*P. chinensis*	石仙桃	附生草本	白色或带浅黄色	4～5月；9月至次年1月	贡山、澜沧、景洪、勐腊、蒙自、屏边、西畴、麻栗坡

续表2-5-97

序号	拉丁名	中文名	习性	花色	花/果期	分布地区
512	*P. imbricata*	宿苞石仙桃	附生草本	白色或略带红色	6～9月；10月至次年4月	贡山、龙陵、芒市、丽江、漾濞、凤庆、镇康、临翔、耿马、景东、思茅、景洪、勐腊、勐海
513	*P. longipes*	长足石仙桃	附生草本	白色	1月	西畴、麻栗坡
514	*P. missionariorum*	尖叶石仙桃	附生草本	白色带绿色	10～11月	屏边、砚山、麻栗坡
515	*P. protracta*	尾尖石仙桃	附生草本	浅黄色	10月至次年3月	贡山
516	*P. rupestris*	岩生石仙桃	附生草本	白色	6月；11月	贡山、德钦、香格里拉、维西、丽江、兰坪
517	*P. wenshanica*	文山石仙桃	附生草本	白色或淡黄色	11月至次年1月	文山、麻栗坡、西畴
518	*P. yunnanensis*	云南石仙桃	附生草本	白色或浅肉色	5～6月；8～10月	泸水、芒市、洱源、江川、绥江、蒙自（模式标本产地）、屏边、砚山、西畴
519	*Phreatia formosana*	馥兰	附生草本	白色或绿白色	8月；9～10月	景洪
520	*Platanthera bakeriana*	滇藏舌唇兰	地生草本	黄色	7～8月	贡山、福贡、兰坪、腾冲、隆阳、维西、德钦、香格里拉、丽江、鹤庆、大理、禄劝
521	*P. chlorantha*	二叶舌唇兰	地生植物	绿白色	6～7月	兰坪、维西、香格里拉、德钦、丽江
522	*P. exellianna*	高原舌唇兰	地生草本	淡黄绿色	8～9月	贡山、香格里拉、德钦
523	*P. hologlottis*	密花舌唇兰	地生草本	白色	6～7月	腾冲
524	*P. japonica*	舌唇兰	地生草本	白色	5～7月	泸水、丽江、大理
525	*P. latilabris*	白鹤参	地生草本	黄绿色	7～8月	贡山、腾冲、龙陵、景东、鹤庆、丽江、双柏、昆明
526	*P. leptocaulon*	条叶舌唇兰	地生草本	黄绿色	8～10月	贡山、福贡、维西
527	*P. likiangensis*	丽江舌唇兰	地生草本	黄绿色	7月	维西、丽江
528	*P. mandarinorum*	尾瓣舌唇兰	地生草本	黄绿色	4～6月	滇东北
529	*P. minor*	小舌唇兰	地生草本	黄绿色	5～7月	腾冲、大理
530	*P. oreophila*	齿瓣舌唇兰	地生草本	绿色或黄绿色	7～8月	香格里拉、腾冲
531	*P. platantheroides*	弓背舌唇兰	地生草本	黄绿色	7～8月	孟连
532	*P. roseotincta*	棒距舌唇兰	地生草本	白色	7～8月	福贡、贡山、德钦
533	*P. sikkimensis*	长瓣舌唇兰	地生草本	黄绿色	7月	贡山
534	*P. sinica*	滇西舌唇兰	地生植物	黄绿色或绿白色	6～7月	贡山、福贡
535	*P. stenantha*	条瓣舌唇兰	地生草本	黄色	8～9月	贡山、福贡
536	*Pleione albiflora*	白花独蒜兰	附生草本	白色	4～5月	大理
537	*P. autumnalis*	腾冲独蒜兰	岩生草本	白色	11月	腾冲

续表2-5-97

序号	拉丁名	中文名	习性	花色	花/果期	分布地区
538	*P. bulbocodioides*	独蒜兰	半附生草本	粉红色至淡紫色	4～7月	香格里拉、维西、丽江、剑川、大理、景东、孟连、大姚、嵩明、禄劝、东川、大关、镇雄、文山
539	*P. forrestii*	黄花独蒜兰	附生草本	黄色、淡黄色或黄白色	4～5月	漾濞、大理（模式标本产地）、大姚
540	*P. grandiflora*	大花独蒜兰	附生草本	白色	5月	腾冲、临沧、景东、蒙自
541	*P. limprichitii*	四川独蒜兰	半附生草本	紫红色至玫瑰红色	4～5月	香格里拉
542	*P. maculata*	秋花独蒜兰	附生草本	白色或略带淡红色晕	10～11月	高黎贡山
543	*P. praecox*	疣鞘独蒜兰	附生草本	淡紫红色稀白色	9～11月	耿马、临翔、澜沧、勐海、屏边
544	*P. saxicola*	岩生独蒜兰	附生草本	玫瑰红色	9月	贡山
545	*P. scopulorum*	二叶独蒜兰	地生植物	玫瑰红色	5～7月；10月	贡山、福贡、腾冲（模式标本产地）、香格里拉、德钦、维西
546	*P. × confusa*	芳香独蒜兰	地生或附生草本	淡黄色	4～5月	滇西北
547	*P. yunnanensis*	云南独蒜兰	地生或附生草本	淡紫色	4～5月；9～10月	贡山、维西、丽江、大理、漾濞、临沧、双柏、昆明、新平、峨山、富源、红河、绿春、蒙自、文山、广南
548	*Podochilus khasianus*	柄唇兰	附生草本	白色带绿色	5～9月；3月	景洪、勐海、勐腊
549	*Pogonia japonica*	朱兰	地生草本	紫红色或淡紫红色	6月；9～10月	镇雄
550	*P. yunnanensis*	云南朱兰	地生草本	紫色或淡红色	6～7月；10月	大理、贡山、兰坪
551	*Pteroceras leopardinum*	长足兰	附生草本	黄色带紫褐色斑点	5月	勐腊、景洪
552	*Renanthera coccinea*	火焰兰	附生草本	火红色	4～6月	西畴、麻栗坡
553	*R. imschootiana*	云南火焰兰	附生草本	黄色	5月	元江
554	*Rhynchostylis retusa*	钻喙兰	附生草本	粉红色或白色	5～7月；9～11月	镇康、沧源、临翔、思茅、景洪、勐海、勐腊、师宗、屏边、麻栗坡、金平
555	*Robiquetia succisa*	寄树兰	附生草本	淡黄色或黄绿色	6～9月；7～11月	盈江、勐腊、勐海、景洪、广南
556	*Sarcoglyphis smithianus*	大喙兰	附生草本	白色带紫色	4月	勐腊、景洪

续表2-5-97

序号	拉丁名	中文名	习性	花色	花/果期	分布地区
557	*Satyrium ciliatum*	缘毛鸟足兰	地生草本	粉红色或紫红色	8～10月	贡山、福贡、兰坪、临沧、景东、维西、香格里拉、丽江、鹤庆、大姚、宾川、洱源、大理、楚雄、双柏、元江、峨山、江川、昆明、昭通、会泽、砚山、文山、麻栗坡
558	*S. nepalense*	鸟足兰	地生草本	粉红色	9～10月；11～12月	贡山、保山、澜沧、景东、思茅、昆明、蒙自、砚山
559	*S. yunnanensis*	云南鸟足兰	地生草本	黄色或金黄色	8～10月	香格里拉、丽江、临翔、鹤庆、大理、昆明
560	*Schoenorchis gemmata*	匙唇兰	附生草本	紫红色	6～8月；10～12月	贡山、勐腊、景洪、勐海、西畴、金平、蒙自、屏边、麻栗坡
561	*Sedirea japonica*	萼脊兰	附生草本	白绿色	6月	盈江
562	*Smithorchis calceoliformis*	反唇兰	地生草本	黄色	8～9月	德钦、贡山
563	*Smitinandia micrantha*	盖喉兰	附生草本	白色带紫红色	4月	德宏
564	*Spathoglottis pubescens*	苞舌兰	地生草本	黄色	7～10月	鹤庆、大理、大姚、镇康、临翔、双江、孟连、景东、思茅、勐海、楚雄、昆明、蒙自、屏边、河口、砚山、马关
565	*Spiranthes sinensis*	绶草	地生草本	紫红色、粉红色或白色	7～8月	云南大部分地区
566	*Staurochilus dawsonianus*	掌唇兰	附生草本	淡黄色	5～7月；9～10月	勐腊
567	*S. loratus*	小掌唇兰	附生草本	黄绿色	1～3月；6月	勐腊、勐海
568	*Sunipia andersonii*	黄花大苞兰	附生草本	黄色、淡黄色或黄绿色	9～10月	福贡、景洪、勐腊
569	*S. bicolor*	二色大苞兰	附生草本	紫色或红色	7～11月	贡山、景东、镇康、临翔、凤庆、勐海、绿春、屏边
570	*S. candida*	白花大苞兰	附生草本	绿白色	7～8月；11月至次年3月	贡山、腾冲、龙陵、香格里拉、耿马、景东、勐海、绿春
571	*S. rimannii*	圆瓣大苞兰	附生草本	黄色	11月	贡山、怒江一带、河口
572	*S. scariosa*	大苞兰	附生草本	淡黄色	3～4月	怒江一带、勐腊
573	*S. thailandica*	光花大苞兰	附生草本	紫红色	4月	沧源、勐海
574	*Taeniophyllum obtusum*	兜唇带叶兰	小型草本植物	黄色	3月；4～5月	勐腊、勐海
575	*Tainia angustifolia*	狭叶带唇兰	地生草本	黄绿色	9～10月	景洪
576	*T. latifolia*	阔叶带唇兰	地生草本	深褐色	3～4月	泸水、思茅、勐腊、勐海、景洪
577	*T. minor*	滇南带唇兰	地生草本	淡紫褐色带暗紫色斑点	5月	福贡、腾冲、金平、文山

续表2-5-97

序号	拉丁名	中文名	习性	花色	花/果期	分布地区
578	*T. ovifolia*	卵叶带唇兰	地生草本	黄绿色	3月	勐腊
579	*T. viridifusca*	高褶带唇兰	地生草本	褐绿色或紫褐色	4～5月	东川、石屏、思茅、勐腊
580	*Thrixspermum centipeda*	白点兰	附生草本	白色或奶黄变黄色	6～7月	勐腊、景洪、勐海、西畴、富宁、河口
581	*T. trichoglottis*	同色白点兰	附生草本	黄白色	3月	勐腊
582	*Thunia alba*	笋兰	地生或附生草本	白色	5～6月；8～11月	腾冲、漾濞、大理、永平、凤庆、镇康、景东、景洪、勐海、勐腊、蒙自、西畴
583	*Trichoglottis triflora*	毛舌兰	附生草本	黄绿色	8月	勐海
584	*Tropidia angulosa*	阔叶竹茎兰	地生草本	绿白色	9月；12月至次年1月	澜沧、景洪、勐腊
585	*T. curculigiodes*	短穗竹茎兰	地生草本	绿白色	6～8月；10月	景洪、勐腊、思茅、河口
586	*Uncifera acuminata*	叉喙兰	附生草本	黄绿色	4～7月；10月	腾冲、勐腊、勐海、文山、西畴
587	*Vanda brunnea*	白柱万代兰	附生草本	黄绿色或黄褐色	3～6月；2～6月	泸水、腾冲、澜沧、镇康、墨江、思茅、勐腊、景洪、勐海、石屏、富宁
588	*V. coerulea*	大花万代兰	附生草本	天蓝色	10～12月	景洪、勐海、思茅
589	*V. coerulescens*	小蓝万代兰	附生草本	淡蓝色或白色带淡蓝色晕	3～5月	澜沧、镇康、思茅、勐海、勐腊、景洪、墨江、元江、元阳
590	*V. concolor*	琴唇万代兰	附生草本	黄褐色带黄色条纹	12月至次年5月	澜沧、勐海、蒙自、建水、西畴、麻栗坡、富宁、文山
591	*V. cristata*	叉唇万代兰	附生草本	黄绿色	5月	镇康
592	*V. pumila*	矮美万代兰	附生草本	奶黄色或白色	3～5月	沧源、镇康、思茅、墨江、勐海、景洪、勐腊、蒙自、金平
593	*V. subconcolor*	纯色万代兰	附生草本	白色或黄褐色	2～3月	德宏
594	*Vandopsis gigantea*	拟万代兰	附生草本	金黄色带红褐色	3～4月；次年4月	勐腊、勐海
595	*V. undulata*	白花拟万代兰	附生草本	白色	5～6月	贡山、腾冲、龙陵、瑞丽、景东、勐海
596	*Vanilla siamensis*	大香荚兰	草质攀缘藤本	淡黄绿色	8月	勐海、景洪

参考文献

[1] 吴征镒. 云南种子植物名录（上、下册）[M]. 昆明: 云南人民出版社, 1984.
[2] 吴征镒, 丁托亚.《中国种子植物数据库》光盘[DB/CD]. 昆明: 云南科技出版, 1998.
[3] 吴征镒. 云南植物志（1～9, 11, 14, 15卷）[M]. 北京: 科学出版社, 2003.
[4] 管开云, 周浙昆, 孙航, 等. 云南高山花卉[M]. 昆明: 云南科技出版社, 1998.
[5] 李恒, 郭辉军, 刀志灵. 高黎贡山植物[M]. 北京: 科学出版社, 2000.
[6] 徐永椿. 云南树木志（上、中、下）[M]. 昆明: 云南科技出版社, 1990.
[7] 武全安. 中国云南野生植物花卉[M]. 北京: 林业出版社, 1999.

云南作物种质资源

YUNNAN CROP GERMPLASM RESOURCES

栽培花卉篇

Volume Floriculture

主　编：唐开学

Chief editor: Tang Kaixue

副主编：王继华　张　颢　李绅崇

Deputy editor: Wang Jihua　Zhang Hao　Li Shenchong

编写单位：云南省农业科学院花卉研究所

云南省农业科学院生物技术与种质资源研究所

编写人员（按姓氏笔画排序）：

马璐琳　王继华　阮继伟　李绅崇　李树发
宋　杰　张　婷　张　颢　张　露　陆　琳
周宁宁　单芹丽　贾文杰　唐开学　曹　桦
崔光芬　蒋亚莲　解玮佳　蔡艳飞　蹇洪英

审稿人员：

张敖罗　胡　虹　黄兴奇

● 草本花卉

非洲菊 *Gerbera jamesoniii*

菊花 *Dendranthema morifolium*

香石竹 *Dianthus caryophyllus*

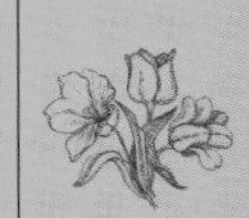

绣球花 *Hydrangea macrophylla*

大丽花 *Dahlia pinnata*

薰衣草 *Lavandula angustifolia*

鸢尾花 *Iris* ssp.

火鹤花 *Anthurium scherzerianum*

秋海棠 *Begonia grandis*

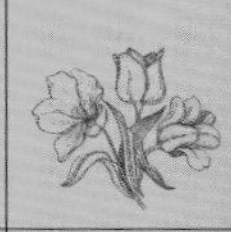

长寿花 *Kalanchoe blossfeldiana*

洋桔梗 *Eustoma grandiflorum*

观赏凤梨 *Ornativa pineapple*

多肉植物 Suceulent Plant

报春花 *Primula malacoides*

兰花 *Cymbidium* ssp.

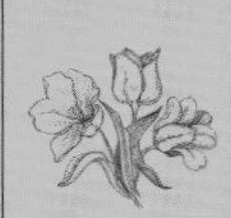

球根花卉

琉 璃

Sorbonne

Manissa

Snow queen

西伯利亚

Cona. Dor

OT−无粉金屋秘密

LA−红磨坊

百合 *Lilium brownii* var. *viridulum*

蓝色代夫　　卡拉吉

简波　　蓝星

风信子 *Hyacinthus orientalis*

郁金香 *Tulipa gesneriana*

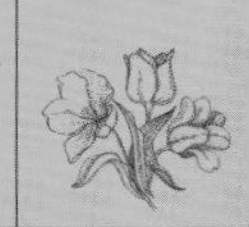

彩色马蹄莲 *Zantedeschia aethiopica*

白繁荣　　阳光丽人　　红香槟

唐菖蒲 *Gladiolus gandavensis*

百子莲 *Agapanths africanus*

虎眼万年青 *Ornithogalum caudayum*

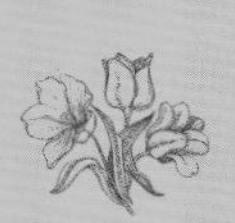

木本花卉

黑巴克

索菲亚

木瓜粉

巴比伦

奥塞娜

坦尼克

现代月季品种资源

中甸刺玫 *Rosa praelucens*

单瓣月季花 *Rosa chinensis* var. *spontanea*

大花香水月季 *Rosa odorata* var. *gigantea*

粉红香水月季 *Rosa odorata* var. *erubescens*

蔷薇野生资源

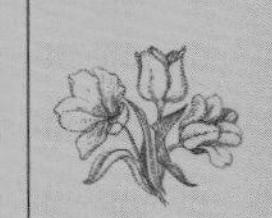

橘黄香水月季
Rosa odorata var. *pseudindica*

中甸蔷薇
Rosa zhongdianensis

黄木香花
Rosa banksiae f. *lutea*

蔷薇野生资源

月月粉 *Rosa chinensis*‘Pallida’

中国古老月季品种

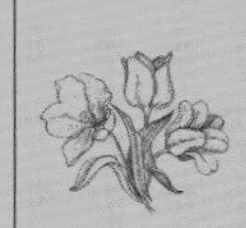

山茶 *Camellia reticulata*

杜鹃 *Rhododendron* ssp.

杜鹃 *Rhododendron* ssp.

杜鹃 *Rhododendron* ssp.

玉兰 *Magnolia officinalis*

滇丁香 *Luculia pinceana*

鸡蛋花 *Plumeria rubra*

牡丹 *Paeonia suffruticosa*

扶桑花 *Hibiscus* ssp.

龙船花 *Ixora chinensis*

悬铃花 *Malvaviscus arboreus*

吊钟花 *Enkianthus* ssp.

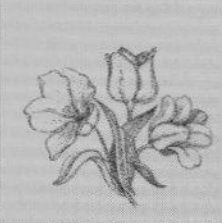

锦带花 *Weigela florida*

荚蒾 *Viburnum dilatatum*

竹叶榕 *Ficus stenophylla*

金雀花 *Parochetus* ssp.

云南花卉产业发展

花卉新品种选育

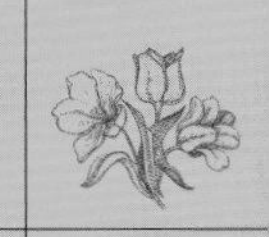

种苗生产

花卉生产设施

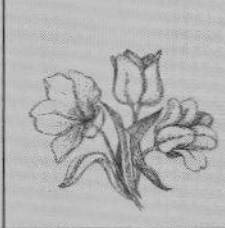

切花生产

盆花生产

加工用花卉生产

昆明斗南花卉拍卖市场

花卉交易

前　言

云南素有“世界花园”“中国花都”之称，是全世界生态气候类型最丰富的地区之一，也是世界公认的最适宜花卉生产的三大适宜区之一。自20世纪80年代昆明市呈贡区斗南村农户自发种植鲜切花至今，云南花卉已发展成为全世界瞩目的一张亮丽名片。目前“云花”在国内70多个大中城市的市场占有率已超过70%，出口亚洲、欧洲、美洲、大洋洲的35个国家和地区，国际市场占有份额逐年增长。种植区域从滇中、滇中南地区向滇西北、滇东北地区延伸，形成了全省性的花卉生产带。

花卉种质资源是花卉新品种选育不可或缺的基础。在云南省政府及相关部门的大力支持下，云南省农业科学院花卉研究所等科研单位，在花卉种质资源的调查、收集、鉴定等方面做了大量的工作，对近30年在云南引种并广泛利用和市场销售的鲜切花、盆花、庭园花卉进行了调查。考虑到很多花卉种类是既可以做鲜切花，也可做盆花，同时还可以做庭园绿化用，所以在编写本书时为了避免重复，就按照植物学特性分为了草本花卉和木本花卉。草本花卉又分为一二年生花卉、多年生花卉和兰科花卉；木本花卉分为灌木花卉和乔木花卉。每一份种质资源按形态特征、生态习性、园林用途和经济用途、在云南的开发利用4个方面来进行描述。

本书的编写组织了多年从事花卉新品种选育和种质资源调查、收集的专家，分4章编写而成。第一章由李树发、蹇洪英等撰写，第二章由李树发、张颢等撰写，第三章由贾文杰、曹桦、崔光芬、单芹丽、马璐琳、蒋亚莲、宋杰、解玮佳、张露、蔡艳飞、陆琳、阮继伟、张婷、周宁宁、张颢等撰写，第四章由蹇洪英等撰写。编写工作的组织和统稿工作由唐开学、王继华、张颢、李绅崇完成。

初稿完成后承蒙云南省植物专家张敖罗研究员和中国科学院昆明植物所胡虹研究员审阅，并提出许多宝贵意见和修改建议，在书稿付梓之前得到了云南省农业科学院前院长黄兴奇研究员的精心审阅修改，特此表示感谢！

由于编者时间和水平所限，书中缺点和错误在所难免，恳请读者予以批评指正。

目 录

第一章　云南花卉种质资源概述

第一节　云南花卉资源

云南地处我国西南边陲，东经97°31′～106°11′，北纬21°8′～29°15′之间，属北回归线内陆高原区，总面积39.3万km^2。其中，山地约占84%，高原、丘陵约占10%，盆地、河谷约占6%，耕地607.21万hm^2。全省有16个市（州）、129个县（市、区），人口为4720万人（2020年），有26个民族，是一个多民族省份。东与广西、贵州，北与四川，西北与西藏接壤，西部、西南部同缅甸相接，南与老挝、越南为邻，是我国通往东南亚和南亚的重要陆上通道，也是我国大西南开放重要的前沿。

云南位于青藏高原和长江以南的亚热带平原丘陵、山地到中南半岛平原中间的过渡地带，地势从西北向西南、东南和东北倾斜；地形、地貌及气候十分复杂。境内海拔高差大，高山、深谷与山间盆地交错分布，海拔76.4～6740m，平均海拔2000m左右（昆明师范学院史地系，1978）。受印度洋西南季风和南太平洋东南季风以及青藏高原气团的交替影响，加之北高南低的地势和错综复杂的地形，云南形成了四季不分而干湿季明显的独特的高原季风气候。云南的气候类型丰富，可分为北热带、南亚热带、中亚热带、北亚热带、暖温带、温带、寒温带、高山苔原和雪山冰漠等，几乎拥有从热带到极地的相对完整的气候带类型。此外，局部山地还有明显的垂直气候带和小气候环境，形成“一山分四季，十里不同天”的独特气候现象（云南省气象局，1982）。复杂的自然生态环境，孕育了云南丰富的花卉植物资源，使云南成为举世瞩目的“植物王国”和“世界花园”。

云南民族众多，如白族、纳西族、哈尼族、傣族、景颇族等，历史上有种花、观花、赏花、食花的习俗。千百年来，勤劳智慧的云南各民族祖先引种驯化了野生花卉植物成为栽培作物，在长期的花卉作物栽培、自然选择及人工选育中，造就了云南丰富而独特的花卉作物种类及其品种，如传统的云南山茶花和兰花等观赏花卉和食用花卉。

云南具有丰富的花卉资源和得天独厚的气候优势。发展花卉产业不仅要发展本地传统花卉种类，培育具有自主知识产权的新品种，还需要大量引进国内外优良的花卉种类和品种，不断更新产品结构，保持花卉产品的市场新颖性和竞争力。如从国际市场相继引进的现代月季、菊花、百合、香石竹、唐菖蒲、马蹄莲、风蜡花、帝王花等鲜切花，原产欧美及韩国的红掌、郁金香、凤梨、大花蕙兰、仙客来、四季海棠、一串红、蟹爪兰、仙人球、君子兰、杜鹃和产自中国台湾的蝴蝶兰等盆花，已成为云南重要的花卉作物种质资源。2016年，云南省花卉种植面积达132.5万亩，总产值463.7亿元，出口总额2.2亿美元。其中，鲜切花总产量达100.6亿支，连续23年保持全国第一，约占全国75%的市场份额（罗援，2017）。云南花卉产业的迅速发展，吸引了世界各地的花卉企业来滇投资兴业，同时也带来了大量的花卉新种类和品种，更加充实了云南的花卉作物种质资源，使云南成为我国的花卉大省和世界重要的花卉生产地。

云南花卉作物资源分为野生花卉资源和栽培花卉品种资源两部分。本章主要从栽培利用的角度，扼要概述云南野生花卉植物资源的种类及分布特点、云南花卉产业规划布局及主要花卉作物品种资源。

一、云南花卉植物种类

云南是许多花卉植物的起源中心和遗传多样性中心，在世界上享有“观赏花卉物种基因库”的美誉。统计资料显示：云南的野生观赏植物种类约2500～3000种，具较重要观赏价值的有2700种以上，涵盖了约110个科，490个属，主要集中分布在滇西北、滇东南、滇南至滇西地区（武全安，1999）。

云南的花卉植物不仅具有物种上的多样性，还具有生境和生态类型多样性、应用功能多样性等特点。在云南的花卉资源中，生于热带雨林、季雨林下的野生花卉植物共有591种，生于阔叶林下的有1621种，生于针叶林下的有345种，生于灌丛中的有830种，生长在高山草甸、高山灌丛及高山流石滩上的有399种（陈文允等，2006）。

目前，已开发利用的云南野生花卉资源主要有山茶科、木兰科、蔷薇科、杜鹃科、棕榈科、桑科、樟科、松科、豆科、紫茉莉科、苏铁科、兰科、百合科、报春花科、秋海棠科、天南星科、禾本科、姜科、菊科、木犀科，以及蕨类和多浆类植物等。大部分野生花卉种质资源有待开发利用。

二、云南花卉的分布特点

由于云南境内海拔差异大，形成了明显的垂直气候带，野生花卉植物资源也表现出明显的立体分布特点。全省在海拔3000m以上分布的花卉植物共83科，322属，1850种；生长于海拔3000m以下的花卉植物共140科，755属，3224种（陈文允等，2006），在分布上常形成多种多气候类型的花卉集中分布在某一水平地域内，或表现出同科属植物集中在某一山体的不同海拔位置立体分布。如滇中、滇西北海拔2400m以上主要集中分布有高山杜鹃、云杉、红豆杉、香格里拉山楂、石楠、丽江山定子、绣线菊、栒子、云南丁香、山梅花、滇牡丹、大钟龙胆、扁蕾龙胆、阿墩子龙胆、报春、绿绒蒿、百合、杓兰、飞燕草、紫堇、银莲花、金莲花、乌头、铁线莲、拟耧斗菜、象牙参、落新妇、鬼灯擎、鼠尾草、鸢尾、马先蒿等耐寒的亚高山及高山花卉。滇中、滇西海拔1600～2400m则主要集中分布有云南山茶、云南樱花、冬樱花、马缨花杜鹃、四照花、滇丁香、滇朴、鸽子花（珙桐）、蜡梅、小檗、十大功劳、金丝桃、厚皮香、云南含笑、马醉木、田埂报春、地涌金莲、秋海棠等温带花卉。而在滇南、滇西南及河谷地区1500m以下主要集中分布着茉莉、叶子花、含笑、榕树、木兰、鱼尾葵、假槟榔、董棕、椰子、扶桑，许多竹芋科、苦苣苔科、凤梨科、芭蕉科、旅人蕉科、仙人掌科、天南星科、姜科、兰科及蕨类植物和攀缘植物等亚热带花卉和热带花卉。从种类上说，杜鹃花主要分布在海拔800~5000m，报春花主要分布1600~4200m，云南山茶分布在1000~3200m。

三、云南花卉生产规划布局及品种资源

云南地域辽阔，地势、地貌复杂，气候类型多样，花卉作物种类及品种众多，不同种类及品种对环境条件有特定要求。按照自然规律和经济规律，从产业经济发展的角度，结合传统的生产基础、资源、区位和社会条件，从有利于发挥比较优势，有利于实现产业规模化、专业化和集约化的原则出发，突出特色农业和块状经济的特点，云南花卉生产的规划布局及相应的品种资源如下：

（一）滇中花卉片区

滇中花卉片区包括昆明、玉溪、曲靖和楚雄四个州、市及部分周边县，属亚热带低纬度高海拔季风气候，年平均气温14~16℃，年平均降雨量800~1000mm，海拔1500~2500m，兼有热带、亚热带、寒带立体气候的特点，适宜热带、亚热带、温带、寒带花卉种植。其中，海拔1700~1900m的坝区具有冬暖夏凉、气候温和、无霜期较长的气候特点，同时低纬度高海拔的地理条件带来了紫外线强、昼夜温差大等优势，有利于温带花卉作物的周年生长，产品着色鲜艳。该区主要包括昆明的呈贡、官渡、西山、晋宁、宜良、嵩明、寻甸、安宁、富民，玉溪的红塔、江川、澄江、通海、华宁、易门、峨山，楚雄的楚雄、禄丰、元谋，曲靖的麒麟、宣威、沾益、陆良、罗平等县（市、区）（云南省花卉产业联合会，2004）。

1. 滇中温带鲜切花作物资源

几乎世界上所有的温带鲜花都能在滇中片区引种栽培成功。因此，本区域的温带鲜切花（切花、切叶和切枝）品种资源非常丰富。其中切花主要有：月季、香石竹、百合、非洲菊、洋桔梗、菊花、彩色马蹄莲、鹤望兰、满天星、勿忘我、帝王花、袋鼠爪、金鱼草、紫罗兰、情人草、红掌等。切叶主要有：银叶树、龟背竹、苏铁、肾蕨、鹤望兰、天门冬、高山羊齿（大棚栽培）、青香木等。切枝主要有：银芽柳、连翘、绣线菊等。

2. 滇中温带盆花作物资源

滇中地区的盆花主要有以下几类：

一二年生及多年草本盆花：大花蕙兰、蝴蝶兰、国兰、红掌、凤梨、菊花、欧报春、三色堇、海棠、凤仙花、矮牵牛、鸡冠花、浦苞花、龟背竹、春羽、仙人球、蟹爪兰等。

球根类盆花：郁金香、风信子、百子莲、百合、石蒜、仙客来、君子兰、大丽菊、水仙花、朱顶红、大岩桐等。

藤本类盆花：炮仗花、炮仗竹、硬骨凌霄花、素馨花、金银花、迎春柳。

木本类盆花：云南山茶、华东山茶、比利时杜鹃、高山杜鹃、一品红、叶子花、多花月季、梅花、

碧桃、小叶蓉、倒挂金钟、牡丹、米兰、白兰、桂花、茉莉花、栀子花、扶桑、木槿、玉叶金花等。

3. 滇中温带绿化树种及苗木资源

滇中地区主要栽培的绿化苗木种类有：山茶花、樱花、梅花、木兰、含笑、榕树、叶子花、杜鹃、四照花、桃花、桂花、月季、滇丁香、滇朴、滇润楠、杨梅、石楠、鱼尾葵、散尾葵、池杉、水杉、马褂木、槐树、垂柳、紫叶李、碧桃、玉兰、银杏、喜树、三角枫、栾树、榆树、红叶石楠、金森女贞、红花檵木、冬青、洒金珊瑚、杜鹃、龙柏、八角金盘、栀子花、黄杨、南天竹、女贞、迎春、八仙花、火棘、海桐、黄馨、绣线菊、茶梅、六月雪、茶梅、杜鹃、栀子花、爬地柏、爬山虎、蔷薇、连翘、花叶蔓、小叶扶芳藤、十大功劳、金丝桃、大花六道木、小檗、洒金柏、紫薇、丝兰、金钟花、龙柏等。据调查，现在宜良、晋宁、安宁等地培育的乡土树种苗木如滇润楠、云南樟、粗壮润楠、长梗润楠、花楠、毛尖树、大果木莲、红花木莲、球花石楠等数十种，品质都较好。

此外，滇中地区常见的用于水体绿化的水生花卉有：芦苇、菖蒲、莎草、荷花、睡莲（温带）、德国鸢尾、美人蕉、千屈菜等。用于街道及道路的草本类地被植物有：熟地禾、麦冬草、狗牙根、三叶草、酢浆草、萱草、葱兰、美人蕉、鸢尾、常春藤、鼠尾草、薰衣草、三色堇、牵牛花等。

4. 滇中温带食用、药用及工业用花卉资源

滇中地区的工业用花卉主要是万寿菊。2016年，云南全省万寿菊种植面积已突破30万亩，主要分布在滇中的昆明、玉溪及邻近的曲靖和红河等地（张正友和杨俊，2016）。食用花卉主要是鲜食用玫瑰和茶饮用玫瑰，其中食用玫瑰主要在滇中的昆明、楚雄、玉溪，邻近的曲靖、大理和丽江等地栽培，品种主要为“墨红”和“滇红”（安宁玫瑰），茶饮用玫瑰主要为富民的“金边玫瑰”。2016年，全省食用玫瑰种植面积突破5万亩（傅淼，2017）。同时，全省精油玫瑰种植面积已超过1万亩，品种主要有千叶玫瑰和大马士革蔷薇等。此外，滇中地区还是云南药用石斛种苗的主要生产地。薰衣草、金银花等香精及药用花卉也开始在本区规模化人工栽培。

（二）滇南热带花卉及配叶植物片区

滇南热带花卉及配叶植物片区包括西双版纳州、普洱市及河口、元江、新平、峨山等县，属北热带或南亚热带气候类型，是良好的天然温室，雨量充沛，热量充足，无台风侵袭，水、热条件充分满足热带花卉周年生长，是云南省最具发展热带花卉、切叶生产的优势区域。该片区地处低纬高原，冬季日照长，紫外线强，有利于提高鲜切花品质。利用自然立体气候，冬季可生产百合、郁金香、唐菖蒲等反季花卉供应市场。近年栽培的主要花卉作物资源有：

1. 热带切花

石斛兰、卡特兰、文心兰、蝴蝶兰、红掌、姜花、垂鸟、鹤望兰、帝王花、风蜡花等种类及其品种。

2. 热带切叶

苏铁、棕榈、巴西木、变叶木、鱼尾葵、富贵竹、高山羊齿、八角金盘、蕨类及天南星科等种类及其品种。

3. 热带盆花

石斛兰、卡特兰、酒瓶兰、红掌、蝴蝶兰、大花蕙兰、一品红、叶子花、鹅掌钱、老虎须、沙漠玫瑰、鹅掌木、蒲葵、假槟榔、天南星科（龟背竹、海芋、金钱树、紫背万年青）和竹芋科（斑点竹芋、天鹅绒竹芋）等种类及品种。

4. 热带绿化树种及苗木

棕榈科的椰子、油棕、散尾葵、假槟榔、红棕、酒瓶椰、贝叶棕，以及热带榕树、变叶木、巴西木、苏铁、凤凰木、鸡蛋花、七叶树等。

5. 热带水生花卉

热带水生花卉主要有王莲和睡莲。其中睡莲花色丰富，有红、粉、橙、黄、蓝、靛、紫、白等，花大，挺出水面，芳香，花期也特别长，深受人们喜爱。

（三）滇西（东）北花卉片区

滇西（东）北花卉片区包括迪庆州的香格里拉，丽江的古城区、玉龙县，昭通市的昭阳区、鲁甸区，曲靖的会泽县、宣威县等。本区域内的高海拔冷凉山区因空气相对湿度较小、紫外线强，球根花卉的病虫害发生较轻，有利于球根花卉的生长和种球繁育。此外，由于低温可延缓种球的种性退化和诱导种球增大，该区也是百合、郁金香、彩色马蹄莲、唐菖蒲、石蒜、风信子等球根花卉的种球繁育区。该片区自然环境及气候条件有利于冷凉花卉的生长及发育，是工业用花卉万寿菊和食用玫瑰主产区之一，也是欧报春、三色堇等冷凉花卉的F_1代杂交种子生产区。

1. 球根花卉及种球繁育

香格里拉主要培育郁金香种球，会泽和维西主要培育百合种球，它们是云南球根花卉种球培育的主要基地。丽江的古城区、玉龙县，昭通市的昭阳区、鲁甸区，曲靖的会泽县、宣威县等引进试种过彩色马蹄莲、唐菖蒲、石蒜、风信子等球根花卉，相应的种类和品种资源在当地得以保存。

2. 万寿菊

曲靖市的沾益区、马龙区、会泽县等，以及昭通市的昭阳区、巧家县等地已规模化栽培万寿菊。

3. 食用玫瑰和精油玫瑰

马龙县、富源县、宣威县、大理市、鹤庆县、丽江市、维西县等地规模化种植食用玫瑰和精油玫瑰，其品种有鲜食玫瑰“墨红”和“滇红（安宁玫瑰）”、精油玫瑰“大马士革玫瑰”和“千叶玫瑰”。

4. 欧报春、三色堇等冷凉花卉

昭通和曲靖每年承接国外欧报春、三色堇、金鱼草等冷凉花卉系列品种的杂交F_1代种子生产，有许多欧报春、三色堇、金鱼草杂交亲本及F_1代品种。

5. 绿化树种及苗木资源

乔木类有柳树、杨树、雪松、云杉、红豆衫、槭树、紫叶李、卫矛、球花石楠、观叶石楠等。灌木类有小檗、蔷薇、月季、女贞、牡丹等。草本类有报春、鸢尾、欧报春、三色堇、金鱼草、马蹄莲等。

（四）滇东南观赏植物、绿化苗木生产区

滇东南包括富宁县、砚山县、河口县、泸西县、开远市、蒙自市等。本区域四季如春、雨热同季、雨量充沛、无霜期长，≥10℃积温在6100～6800℃，苗木生长快，生长量是温带气候地区的2～3倍。本区域以观赏植物和绿化苗木为主，兼顾鲜切花、药用、工业花卉发展（云南省花卉产业联合会，2004）。

1. 观赏植物和绿化苗木种类

蒙自、开远、河口、文山、西畴等地主要培育滇润楠、拟单性木兰、马蹄荷、董棕、竹柏、桫椤、剑叶龙血树、尖叶木犀、红河苏铁、金叶含笑、天竺桂、香樟、黄槐、酸角槐、叶子花、红叶乌桕、毛叶丁香、鸭掌木、清香树（木）、橡皮树、小叶榕、黄金叶、鱼尾葵、海枣、蒲葵甜棕、桂花、龙骨葵、毛果木莲、红花木莲、香木莲、马关木莲、灰木莲、红花荷、观光木、馨香木兰、山玉兰、天女木兰、金叶含笑、亮叶含笑、乐昌含笑、黄心玉荷、桫椤、高大含笑、望天树、冬樱花、七叶树种子、秃杉、红豆杉、草果和杉木等特色观赏植物和绿化苗木。此外，当地的野生芭蕉、地涌金莲、大叶榕等也可培育成观赏植物。

2. 药用、工业用花卉种类

近年来，泸西、建水、弥勒、个旧等地开始规模化种植灯盏花、除虫菊、万寿菊等药用和工业用花卉种类，种植面积共计3万余亩。

3. 鲜切花种类

随着云南花卉产业的发展，鲜切花由滇中地区逐渐向周边扩展。泸西、开远、弥勒、石屏等地栽培的鲜切花种类主要有月季、菊花、洋桔梗、非洲菊、红掌等。

4. 盆栽花卉种类

云南文山分布有虎头兰、兜兰、国兰、肾蕨、鸟巢蕨、秋海棠等盆栽花卉资源，如麻栗坡兜兰、丘北冬蕙兰和文山红柱兰等，在民间均有栽培。

（五）滇西特色花卉生产区

滇西特色花卉生产区包括大理州及保山市。本地区形成了典型的“立体气候”特征，有冷凉坝区和低热河谷坝区，是云南特色花卉品种资源的主要分布区和生产区。滇西白族、纳西等民族自古就爱花、种花、赏花，民间家家户户养花，栽培历史悠久，主要种类有中国兰、云南山茶及高山杜鹃等。

1. 兰花资源及品种

滇西为云南特色花卉的主产区，民间和当地兰花企业的种植品种涵盖了春兰、蕙兰、建兰、寒兰、墨兰、送春、春剑、莲瓣、豆瓣等9大类，以及大雪素、小雪素、奇花素、剑阳蝶、朱砂兰、白雪公主、西蜀道光、星海牡丹、黄金海岸等500余个品种。

2. 茶花资源及品种

滇西大理、保山是野生云南山茶花重要的分布区和品种花型演化地。凤庆、腾冲、大理选育的品种有蒲门茶、凤山茶、雪娇、牡丹魁、鹤顶红、朱砂紫袍等传统品种，其中腾冲选出的品种占现有云南山

茶老品种的40%以上。大理是云南山茶花集散和栽培生产中心之一。

3. 杜鹃资源及品种

在滇西园林上常见的杜鹃品种主要是毛鹃、西鹃和东鹃。近年滇西引进高山杜鹃，主要有“诺娃”等5～6个品种。滇西是云南省杜鹃资源最丰富的地区，目前开发利用的主要是马缨花杜鹃、大白花杜鹃、露珠杜鹃等高山杜鹃。

第二节　云南花卉的栽培历史

我国花卉栽培历史悠久。远在春秋时期，吴王夫差（公元前495～公元前476年）在会稽建梧桐园，已有栽植观赏植物的记载。战国时屈原在《离骚》中“余既滋兰之九畹兮，又树蕙之百亩”，则是兰科植物栽培的较早记录。唐代时，花卉业有较大发展，花农开始了花卉的培植，花卉成为商品并进入市场。宋代逐步向民间普及和向中小城镇传播，商品化生产也逐渐扩大。在明清时期，花卉栽培日益形成独立的生产事业，花卉产区遍布全国，且形成一些著名产区。云南地处边疆地区，明清时期经济开发步伐加快，云南的花卉资源也得到空前的开发，并已成为我国观赏花卉的重要产区。明清时期不但寺院、官府栽培花卉兴盛，民间种花也很流行，主要表现在花卉品种的频增、花卉繁殖方法的改进等方面。在明代时，由于外来植物的引进，云南还出现了新的花卉栽培品种。吴其濬在《植物名实图考》二十三卷中载：云南园圃栽培的花卉有金蝴蝶、滇丁香、藏报春、天蒜、鹭鸶兰、莲生桂子花等。1900年前后，云南的许多观赏花卉大量引种到国外，云南被欧美国家称为“园艺家的乐园，没有云南的花便不成为花园”（严奇岩，2003）。中华人民共和国成立后，云南的花卉产业在20世纪80年代起步，90年代后开始蓬勃发展，产品类型涉及鲜切花、盆花、庭院花卉、食用花卉及工业花卉等。1999年，昆明斗南花卉市场建成，为广大花农、花商和从事花卉产业的企业提供了一个较好的交易平台，并成为全国最大的花卉交易市场和集散地。2002年，昆明国际花卉拍卖交易中心成立，标志着云南花卉产业向专业化、规模化和国际化方向发展。云南花卉经历了寺院、官府、庭院栽培，及园林、公园、社区、街道、公路绿化美化栽培，到现代花卉产业商业性生产的历程。花卉生产技术水平也从简单定植粗放管理，到简易设施土壤栽培和人工集约化管理，向现代化温室大棚设施、无土栽培和自动化（半自动化）精准化管理发展。

一、切花

在明清时期，已经有作为插瓶以供观赏的切花出现，如“马缨花，冬春遍山，山氓折而盈抱入市，供插瓶”“山海棠，山人折以售为瓶供”“皮袋香，山人担以入市以为瓶供”（严奇岩，2003）。云南鲜切花生产自20世纪80年代初起步，凭借其得天独厚的地理气候条件迅速发展。1995年以来，月季、百合、香石竹等鲜切花种植面积、销售量和销售额等方面均位居全国前列。云南切花具有品种多、品质好、四季有花、长年不衰等显著特点，切花成为云南花卉产业的重要支柱。随着云南花卉产业的不断发展，云南花卉产品质量逐年提高，种类及品种不断丰富，得到了国内外同行的赞誉并远销海外。目前，云南鲜切花的种类主要有香石竹、月季、百合、非洲菊、菊花、唐菖蒲等。

云南种植切花香石竹的历史较短，最早的商业生产始于20世纪80年代末的昆明市呈贡良种场和官渡区子君村，90年代中后期种植面积迅速扩大。2016年，云南全省切花香石竹种植面积约2.5万亩（旷野，2017），生产区域从昆明附近的县区扩大到玉溪市的江川区、通海县和红塔区，曲靖市麒麟区，红河州的开远市。切花香石竹种苗生产早期有昆明植物所、云南省农业科学院花卉研究所（前云南省农业科学院园艺研究所花卉研究中心）、云南英茂花卉产业有限公司、昆明缤纷园艺有限公司等。香石竹切花种植者主要是以家庭为单位，部分产区有自发组织的花农专业合作社负责切花产品的采后处理包装，再通过斗南交易市场销售。早期从事切花生产的有昆明远东花卉有限公司、云南锦苑花卉产业股份有限公司、昆明满天星花卉有限公司等。云南香石竹切花产品除销售到全国各地外，还大量出口到东南亚和日本，少量出口到韩国、俄罗斯、澳大利亚和西欧，近年来通过阿拉伯联合酋长国的迪拜转销至西亚各国的产品数量增长较快。

云南种植切花月季的历史比香石竹稍晚，但发展较快，是云南鲜切花种植面积最大的种类。早期的商业生产始于20世纪90年代初的昆明兴海花卉有限公司、云大阳光花卉有限公司、昆明芊卉种苗有限公司、昆明杨月季园艺有限责任公司，以及官渡区子君村和呈贡县斗南村，90年代中后期种植面积迅速扩大。2016年，全省切花月季种植面积超过9万亩（王新悦，2017），生产区域也从昆明附近扩大到玉溪市的通海县和红塔区，曲靖市麒麟区，红河州的开远市、泸西县，楚雄州的楚雄市等。种植者主要是以公司、家庭为单位，部分产区有自发组织的花农专业合作社负责切花产品的采后处理包装，然后通过斗南国际拍卖交易市场销售。云南切花月季产品除销售到全国各地外，还大量出口到东南亚和日本，少量出口到俄罗斯、澳大利亚和西欧等。

20世纪80年代初，昆明植物所较早种植切花百合，品种主要是亚洲百合系列和铁炮百合系列。90年代初，云南省农业科学院园艺所花卉研究中心引进东方百合栽培，90年代中期，玉溪明珠生物技术开发有限公司、云南省玉溪佳卉园艺有限公司、云南隆格兰园艺股份有限公司等推动了云南切花百合的生产发展，目前主产区在昆明市和玉溪市两地，产品主要销售到全国各地。

二、盆花

古代云南盆花栽培，主要为达官贵人和文人雅士服务。有记载的种类主要集中在菊花、兰花等花卉上。以兰花为例，在唐初《王仁求碑》文中就有记载，说明兰花早已被云南人视为宝贵的财富。在云南地方政权南诏到大理国时期，各级地方官员普遍种植兰花。宋元时期，养兰花受到皇帝的重视，各地方长官于衙署内规模化种植花草。明朝时期，兰花为云南士大夫阶层、读书人阶层所喜爱。明代至清初，云南大理兰花栽培进一步兴盛，鹤庆是其代表。大理鹤庆出产的兰花，以其品种丰富、品质上乘而著称。清末至民国初年，由于当时鹤庆商业的兴盛，在活跃于茶马古道上的鹤庆商帮、马帮的运作下，各种名兰荟萃鹤庆，兰花名品“大雪素”由商帮传入鹤庆，受到鹤庆兰花爱好者的高度重视，鹤庆的“大雪素”逐渐闻名遐迩（刘清涌，2003）。山茶、杜鹃等也逐步兴起，《滇略》谈到“杜鹃花，家家种之盆盎”。中华人民共和国成立后，随着城乡经济的发展，云南盆花种植快速发展，栽培种类、人数、种植面积等方面都急剧增加。目前，盆花已成为云南花卉产业发展不可缺少的一个组成部分。盆花已从传统的菊花、兰花、杜鹃、云南山茶等地方种类，发展到与国际市场接轨的蝴蝶兰、大花蕙兰、兜兰、红掌、凤梨、欧报春、月季、比利时杜鹃、山茶花、高山杜鹃等新型盆花品种类型。云南新型盆花品种规模化商业化生产始于20世纪90年代，初期在云南京正花卉产业股份有限公司、昆明芊卉种苗有限公司、江川庆成花卉有限公司、昆明缤纷园艺有限公司等和官渡区子君村、呈贡县斗南村栽培。90年代中后期在锦湖综合花卉有限公司、昆明天下友园艺有限公司、云南世博园艺有限公司、大理兰国花业发展有限公司等企业的推动下，云南盆花产业种植面积迅速扩大，主产区在昆明、大理、玉溪等地，产品通过昆明斗南花卉市场销往全国各地。近年来，云南云科花卉有限公司开始研究开发蕨类和景天类盆花。

三、庭园花卉

庭园花卉种植，在远古时期便已流行。早在唐代，昆明已有人把茶花作为珍贵花木栽培。现在一些风景区和寺观内尚存一些古茶花树。大理是云南山茶品种培育与栽培集中的地区，早在南诏至大理国时，便已成为培植山茶的中心之一，培育出了“童子面”“大玛瑙”“恨天高”“紫袍玉带”“松子鳞”“粉牡丹”“通草片”“柳叶银红”“牡丹茶”等许多优良品种（沈荫椿，2009）。明清时期，云南庭园观赏花卉已十分普及，出现了长达数月的花会节日。“滇中气候最早，腊月茶花已盛开，初春，则柳舒桃放，烂漫山谷，雨水后，牡丹、芍药、杜鹃、梨、杏相次发花，民间自新年至二月，携壶觞赏花者无虚日，谓之‘花会’，衣冠而下至于舆吏，蜂聚蚁穿，红裙翠黛杂乎其间，迄暮春乃止。其最盛者，会城及大理也。”可见在明清时代，茶花、桃花、牡丹、芍药、杜鹃等一些花卉作物的庭园栽培已经十分普遍，且栽培的地点大都集中在寺院周围、官府内外、城镇官道路边。改革开放后，随着人民生活水平的提高和全省花卉产业的迅猛发展，云南的庭园花卉产业也得到了较大发展。1993年，香格里拉开始种植郁金香、欧洲水仙、风信子、鸢尾等球根花卉。1996年，云南格桑花卉公司成立，在全省推广栽培郁金香等花卉。随后，云南绿大地生物科技股份有限公司、云南远益园林工程有限公司、昆明汇丰花卉园艺有限公司等在全省推广应用云南山茶、木兰、滇润楠、滇朴、杜英、马缨花、冬樱花、鱼尾葵等乡土树种。近年来，市场上大量引进栽培伊拉克海枣、球花石楠、美国红叶石楠、银杏、天竺桂等观赏树木种类及品种，云南云科花卉有限公司开始研究开发一些新奇的种类如欧石楠、卫茅、红玉珠及铁线莲等。

四、食用及工业花卉

唐代，食花盛行于皇室，人们把桂花糕、菊花糕视为珍品。800多年前，北宋崇安人叶廷珏在泉州任职期间写了一首《茉莉》诗：“露华洗出通身白，沈水熏成换骨香。近说根苗移上苑，休渐系本出南荒。”明代在江南一带出现许多窨制花茶的手工作坊。清代《餐芳谱》中详细记述了20多种鲜花食品的制作方法。

云南是我国民族较多的省份之一，从古至今当地少数民族就一直有采集野生花卉用于药膳和食用的习俗。据调查，分布在云南少数民族地区的食用花卉植物有303种，分别属于74个科，178个属。菊花、牡丹、西南红山茶、姜花等药膳和食用花卉在民间与观赏栽培同期。云南传统食用花卉（蔬菜）如黄花菜、韭菜花、百合、金雀花等的生产栽培，迄今已有100余年的历史。20世纪50年代，茉莉花在云南开始零星栽培，1986年元江县开始进行规模化种植。食用玫瑰20世纪50年代中后期引入云南，60年代中期在云南昆明等地零星种植，70年代初在昆明的官渡、西山、安宁、晋宁及玉溪的通海等地小规模栽培，在开远、普洱、昭通及丽江等地也有民间栽培，产品主要用于玫瑰糖加工和做月饼，民间用于做玫瑰包子等。80年代以后，随着人民生活水平的提高，食品行业对玫瑰花的用量增多，食用玫瑰迅速发展起来。安宁八街食用玫瑰起源于70年代，为当时昆钢集团食堂生产月饼等食品所需，2005年成立了八街食用玫瑰合作社，产品主要用于鲜花饼生产和开发玫瑰糖、玫瑰酱、玫瑰含片、玫瑰饮料、玫瑰原汁、玫瑰浴盐、玫瑰花粉、玫瑰酒等。2016年，食用玫瑰在红河、曲靖、楚雄、大理、迪庆等州（市）种植面积累计已突破5万亩（傅淼，2017）。1997年，富民县开始种植刺玫瑰（金边玫瑰）以生产玫瑰花茶，经过16年的发展，种植面积已达5000亩，产品供不应求，现已扩大到楚雄、大理、曲靖等地种植。2004年，昆明西山区供销社从西安引进精油（加工型）玫瑰，并建立了种植基地。经过近10年发展，精油（加工型）玫瑰已在云南泸西、宣威、鹤庆等地栽培，种植面积达6000亩。1998年，曲靖沾益大坡乡引种万寿菊，历经10多年的发展已成为我国最大的万寿菊生产地。2016年，全省的万寿菊种植面积已突破30万亩（张正友和杨俊，2016），主要分布在曲靖、红河、玉溪、昆明等地，主要用于提取天然叶黄素，广泛运用于食品、化妆品、烟草、医药及禽类饲料中。云南曾从日本引入除虫菊种植，但一直未规模化发展。1996年，昆明植物所筛选出了四五个优良品系在泸西和沾益等地种植。2000年，成立的红河森菊生物有限责任公司在泸西等县推广种植除虫菊。经过17年的发展，除虫菊种植面积已达1.5万~2万亩，主要在泸西、沾益、玉溪和腾冲等地，产品主要用于提取除虫菊酯原料，用以配制各种生物杀虫剂。1999年，泸西县开始进行灯盏花人工栽培，2000年成立的红河千山生物工程有限公司专业从事灯盏花等药用植物资源的规范化种植研究、示范推广、提取加工和销售一体化，主要在泸西、弥渡县种植，面积2万~3万亩，产品主要用于提取灯盏花素，此是目前治疗闭塞性脑血管疾病和脑溢血后遗症最为良好的天然生物原料。灯盏花药品已被列为国家重点发展的中草药品种和中医治疗心脑血管疾病临床必备急救药品，市场前景非常广阔。1983年，云南瑞丰生物开发有限公司开始进行铁皮石斛的组培快繁和人工种植技术研究，2002年在勐腊县勐腊镇曼庄村成功培育出铁皮石斛苗10余万株，并利用独创的墙面立体仿野生技术成功进行种植。目前，全省有多个企业都在生产铁皮石斛种苗，主要在云南文山州、普洱市、保山市、德宏州等地广泛种植，面积已达4万亩。产品主要用于药材和茶饮，具有益胃生津，滋阴清热的效果。

参考文献

[1] 昆明师范学院史地系编著. 云南地理概况[M]. 昆明: 云南人民出版社, 1978.
[2] 云南省气象局. 云南气候图册[M]. 昆明: 云南人民出版社, 1982.
[3] 罗援. 2016年云南鲜切花产量破100亿枝, 花卉总产值达463.7亿元[D/OL]. 昆明: 昆明日报［2017-03-04］. http://www.yn.xinhuanet.com/2016ynnews/20170304/3671922_c.html.
[4] 武全安. 中国云南野生花卉[M]. 北京: 中国林业出版社, 1999: 1-19.
[5] 陈文允, 普春霞, 周浙昆. 云南野生花卉数据库的建立及应用[J]. 西部林业科学, 2006, 35(1): 104-108.
[6] 云南省花卉产业联合会. 云南花卉产业发展规划与研究(2003—2020)[M]. 昆明: 云南美术出版社, 2004.
[7] 张正友, 杨俊. 云南万寿菊面积突破30万亩[N]. 中国绿色时报, 2016-7-12-B4.
[8] 傅淼. 云南食用玫瑰产业实现发展新突破[D/OL]. 人民网舆情频道http://yuqing.people.com.cn/n1/2017/0517/c412557-29281885.html.
[9] 严奇岩. 浅谈明清云南观赏花卉资源的开发[J]. 农业考古, 2003(3): 230-233.
[10] 旷野. 内销成产业增长动力——2016年全国花卉统计数据分析[J]. 中国花卉园艺, 2017(15): 32-36.
[11] 王新悦. 切花月季: 云南一枝独秀[J]. 中国花卉园艺, 2017(15): 10-13.
[12] 刘清涌. 中国兰花名品珍品鉴赏图典[M]. 福州: 福建科学技术出版社, 2003.
[13] 沈荫椿. 山茶[M]. 北京: 中国林业出版社, 2009.

第二章　云南花卉种质资源收集和评价

第一节　切花

一、月季

（一）月季概况

月季为蔷薇科蔷薇属植物，全世界共有200多种，广泛分布于亚、欧、北非、北美各洲寒温带至亚热带地区（中国植物志编委会，1985；中国科学院昆明植物研究所，2006），但仅有15个种参与了现代月季的育成。其中，原产于中国的有10个，原产于云南的有6个（唐开学等，2008）。我国的蔷薇属种质资源调查主要集中于20世纪三四十年代，而云南的调查持续到60年代末期，后又有些零星补充。调查结果表明，我国是蔷薇属植物的分布中心之一，全国共有95个种（65个特有种）（Ku & Robertson，2003）。其中云南有蔷薇属植物41种和17个变种（型）。国外月季育种历史悠久，目前已育成的品种超过35000个（Yan et al.，2016）。而我国的月季育种工作还处于起步阶段，对野生蔷薇的园艺开发很少，对丰富的资源没有足够重视。部分地区经济社会的粗放发展，使蔷薇赖以生存的生境片段化，严重威胁蔷薇野生资源的生存。因此，加快研究云南蔷薇属植物的分布和现存状况，评价特有种质，挖掘其育种潜力，对加强蔷薇资源保护，提高我国月季育种的水平和培育具有自主知识产权的品种具有重要意义。

（二）云南野生蔷薇属种质资源的分布

根据植株类型，云南野生蔷薇属种质资源可分为三类，即直立灌木类型、攀缘灌木类型和开展灌木类型，分别约占云南分布种（变种和变型）的40%、38%和12%。其分布为：

1．云南野生蔷薇属种质资源垂直分布

蔷薇属植物在云南垂直分布于海拔200～5000m的山坡林缘、灌丛旁、路边疏林、林边旷地、沟边杂木林、溪畔灌木丛，尤其以滇西北海拔高度2000～3500m较为集中。其中，直立灌木类多分布在2200m海拔以上的高寒山区，如中甸刺玫、峨眉蔷薇、大叶蔷薇等。开展灌木类多分布在800～3700m海拔的高寒山区或河谷中，如绣球蔷薇、川滇蔷薇等，常与直立灌木类和攀缘灌木类混生呈交叉重叠分布。攀缘灌木类多分布在海拔1000m以下，如金樱子、悬钩子蔷薇、香水月季、大花香水月季等，多位于热带、亚热带地区。

2. 云南野生蔷薇属种质资源水平分布

蔷薇属植物在云南的水平分布遍及全省各州市，以西部及西北部、东北部、东南部、中部为主，西部和西北部为其分布中心。蔷薇属在云南的地理分布主要可分为滇南及西南区、滇东南区、滇中高原区、滇西及西北横断山区、滇东北区5个区。各区分布的蔷薇种类见表3-2-1。

表3-2-1 云南蔷薇植物的水平分布

序号	种及类型	滇南及西南	滇东南	滇中高原	滇西及西北	滇东北
1	★中甸刺玫*Rosa. praelucens* Byhouwer				▲	
2	刺梨（缫丝花）*R. roxburghii* Tratt.		▲		▲	▲
3	硕苞蔷薇*R. bracteata* Wendl.	▲				
4	金樱子*R. laevigata* Michx		▲			
5	木香花*R. banksiae* W.T.Aiton	▲	▲	▲	▲	▲
6	单瓣木香花*R. banksiae* var. *normalis* Regel			▲	▲	
7	黄木香花*R. banksiae* f. *lutea*（Lindl.）Rehd.			▲	▲	
8	单瓣黄木香*R. banksiae* f. *lutescens* Voss.			▲	▲	
9	小果蔷薇*R. cymosa* Tratt.		▲			
10	月季花*R. chinensis* Jacq.	▲	▲	▲	▲	▲
11	香水月季*R. odorata*（Andr.）Sweet	▲	▲	▲	▲	
12	大花香水月季*R. odorata* var. *gigantea*（Crépin）Rehd. et Wils.	▲	▲	▲	▲	
13	橘黄香水月季*R. odorata* var. *pseudindica*（Lind.）Rehd.				▲	
14	粉红香水月季*R. odorata* var. *erubescens* T.T.Yu & T.C.Ku		▲	▲	▲	
15	多花蔷薇*R. multiflora* Thunb.	▲	▲	▲	▲	▲
16	七姊妹*R. multiflora* Thunb. var. *carnea* Thory	▲	▲	▲	▲	▲
17	★丽江蔷薇*R. lichiangensis* T.T.Yu & T.C.Ku				▲	
18	绣球蔷薇*R. glomerata* Rehd. et Wils.				▲	▲
19	悬钩子蔷薇*R. rubus* H.Léveillé & Vaniot		▲			
20	卵果蔷薇*R. helenae* Rehd. et Wils.				▲	
21	复伞房蔷薇*R. brunonii* Lindl.		▲		▲	▲
22	长尖叶蔷薇*R. longicuspis* Bertol.	▲	▲	▲	▲	▲
23	毛萼蔷薇*R. lasiosepala* Metc.		▲			
24	软条七蔷薇*R. henryi* Bouleng.					▲
25	★维西蔷薇*R. weisiensis* T.T.Yu & T.C.Ku				▲	
26	德钦蔷薇 *R. deqenensis* T.C.Ku				▲	
27	腺梗蔷薇*R. filipes* Rehd. et Wils.				▲	
28	川滇蔷薇*R. soulieana* Crépin				▲	
29	毛叶川滇蔷薇*R. soulieana* var. *yunnanensis* Schneid.				▲	
30	小叶川滇蔷薇*R. soulieana* var. *microphylla* T.T.Yu & T.C.Ku				▲	
31	细梗蔷薇*R. graciliflora* Rehd. et Wils.				▲	
32	西康蔷薇*R. sikangensis* T.T.Yu et T.C.Ku				▲	

续表3-2-1

序号	种及类型	滇南及西南	滇东南	滇中高原	滇西及西北	滇东北
33	中甸蔷薇 *R. zhongdianensis* T.C.Ku				▲	
34	独龙江蔷薇*R. taronensis* T.T.Yu				▲	
35	峨眉蔷薇*R. omeiensis* Rolfe.			▲	▲	
36	扁刺峨眉蔷薇*R. omeiensis* f. *pteracantha* Rehd. et Wils.				▲	
37	腺叶峨眉蔷薇*R. omeiensis* Rolfe f. *glandulosa* T.T.Yu et T.C.Ku				▲	
38	少对峨眉蔷薇*R. omeiensis* f. *paucijuga* T.T.Yu et T.C.Ku				▲	
39	绢毛蔷薇*R. sericea* Lindl.				▲	
40	毛叶蔷薇*R. mairei* Lévl.		▲	▲	▲	▲
41	多腺小叶蔷薇 *R. willmottiae* var. *glandulifera* T.T.Yu & T.C.Ku				▲	
42	滇边蔷薇*R. forrestiana* Bouleng.				▲	
43	多苞蔷薇*R. multibracteata* Hemsl. & Wils.				▲	
44	粉蕾木香*R. pseudobanksiae* T.T.Yu & T.C.Ku				▲	
45	钝叶蔷薇*R. sertata* Rolfe.				▲	▲
46	多对钝叶蔷薇*R. sertata* var. *multijuga* T.T.Yu & T.C.Ku				▲	
47	西北蔷薇*R. davidii* Crépin					
48	扁刺蔷薇*R. sweginzowii* Koehne				▲	
49	华西蔷薇*R. moyesii* Hemsl. &Wils.				▲	
50	西南蔷薇*R. murielae* Rehd. et Wils.				▲	
51	全针蔷薇*R. persetosa* Rolfe.				▲	
52	大叶蔷薇*R. macrophylla* Lindl.				▲	
53	腺果大叶蔷薇 *R. macrophylla* var. *glandulifera* T.T.Yu & T.C.Ku				▲	

注："*"号表示云南特有种；"▲"号表示有分布

从表3-2-1可以看出，滇南及滇西南区分布有8个种（变种及变型）；滇东南区分布有15个种（变种及变型）；滇中高原区13个种（变种及变型）；滇西及西北横断山区46个种（变种及变型），云南特有种均分布在滇西北；滇东北区11个种（变种及变型）。

（三）云南蔷薇属种质资源的收集

云南蔷薇属种质资源的调查收集起步较晚。目前已收集的野生种质资源共53个种及类型（见表3-2-2），约占记载种（型）的93%。其中：

1. 直立灌木类型（SE）

18种6个变型。该类型资源的观赏特性较强，如中甸刺玫是世界花冠最大的野生蔷薇，花直径达12cm；花色多而艳丽，并具有香味。峨眉蔷薇、绢毛蔷薇等果实成熟时呈亮红色、红色、橘黄色等，奇特美观。扁刺峨眉蔷薇和毛叶蔷薇等扁皮刺也具有特殊观赏性，可用于高原地区城市街道、社区、庭院、公路护坡绿化及观赏，是直立、耐寒、耐湿的种质资源。

2. 攀缘类型

15种、5个变种和2个变型。该类型资源植株可攀缘6～8m高；花（或花序）大而芳香；花色、花型观赏性较强，可作庭院绿化及观赏植物，是培育大花、芳香和攀缘性新品种的种质资源，其中大花香水月是月季演化的重要种源，是创造现代杂交茶香月季的亲本之一。

3. 开展（含披散和匍匐）类型

5种、2个变种。该类型资源花以白色居多，花序大、芳香；果近球形，有红、橘红、橘黄色，具有较好的观赏性，可作庭院绿化及观赏植物，是蔓性、观花观果的种质资源。

表3-2-2　已收集到的云南蔷薇属资源及其主要观赏性状

序号	种及类型	主要分布地	海拔高度/m	植株类型	主要观赏性状	
					花色及花型	果色
1	细梗蔷薇*Rosa. graciliflora* Rehd. et Wils.	XGLL，YL	3367	SE	粉红色、单瓣	红色
2	独龙江蔷薇*R. taronensis* T.T.Yu	GSH，DQ	2300～3400	SE	淡黄色、单瓣	橘黄色或橘红色
3	峨眉蔷薇*R. omeiensis* Rolfe.	XGLL，DQ，YL，LQ	2400～4200	SE	白色、单瓣	红色
4	扁刺峨眉蔷薇*R. omeiensis* Rolfe f. *pteracantha* Rehd. et Wils.	XGLL，DQ，YL	2500～3200	SE	白色、单瓣	红色
5	腺叶峨眉蔷薇 *R. omeiensis* Rolfe f. *glandulosa* T.T.Yu et T.C.Ku	XGLL，DQ，YL	2700～3800	SE	白色、单瓣	红色
6	少对峨眉蔷薇*R. omeiensis* f. *paucijuga* T.T.Yu et T.C.Ku	DL，LSH	2300～3400	SE	白色、单瓣	红色
7	绢毛蔷薇*R. sericea* Lindl.	XGLL，DQ，YL	2100～3600	SE	白色、单瓣	红色或红褐色
8	毛叶蔷薇*R. mairei* Lévl.	DXB，DDB，LQ，QJ	1900～3200	SE	白色、单瓣	红色或橘红色
9	西康蔷薇*R. sikangensis* T.T.Yu et T.C.Ku	XGLL，DQ	2700～3700	SE	白色、单瓣	红色
10	中甸蔷薇*R. zhongdianensis* T.C.Ku	XGLL	3400～3600	SE	白色、单瓣	红色或橘红色
11	多腺小叶蔷薇*R. willmottiae* var. *glandulifera* T.T.Yu et T.C.Ku	XGLL，DQ	3200～3300	SE	粉红色、单瓣	红色
12	西北蔷薇*R. davidii* Crépin	DQ	2980	SE	粉红色、单瓣	红褐色
13	扁刺蔷薇*R. sweginzowii* Koehne	XGL，WX	3200～3650	SE	粉红色、单瓣	红色
14	华西蔷薇*R. moyesii* Hemsl. & Wils.	XGLL，DQ，WX	3000～3600	SE	深红色、单瓣	紫红色
15	全针蔷薇*R. persetosa* Rolfe.	WX	2900～3500	SE	粉红色、单瓣	红色
16	大叶蔷薇*R. macrophylla* Lindl.	XGLL，DQ，WX	2700～3600	SE	深红色、单瓣	紫红色
17	腺果大叶蔷薇*R. macrophylla* var. *glandulifera* T.T.Yu et T.C.Ku	XGLL，DQ，WX	3400～3800	SE	深红色、单瓣	紫红色
18	西南蔷薇*R. murielae* Rehd. et Wils.	DL，XGL，DQ	2920～3590	SE	粉白色或粉红色、单瓣	红色
19	滇边蔷薇*R. forrestiana* Bouleng.	DQ	1900～5000	SE	深红色、单瓣	红褐色
20	多苞蔷薇 *R. multibracteata* Hemsl. & Wils.	YL	2250～2800	SE	粉红色、单瓣	红色

续表3-2-2

序号	种及类型	主要分布地	海拔高度/m	植株类型	主要观赏性状	
					花色及花型	果色
21	钝叶蔷薇*R. ertata* Rolfe.	YL，DL，YSH	1750 ~ 3950	SE	粉红色或玫红色、单瓣	深红色
22	多对钝叶蔷薇*R. sertata* var. *multijuga* Yu & Ku	XGL，YL	3500 ~ 3740	SE	粉红色、单瓣	深红色
23	硕苞蔷薇*R. bracteata* Wendl.	LCH（ZF）	800 ~ 890	SE	白色、单瓣	褐色
24	*中甸刺玫*R. praelucens* Byhouwei	XGLL	3210 ~ 3260	SE	粉红色或粉白色、单瓣或半重瓣	黄褐色
25	粉蕾蔷薇*R. pseudobanksiae* T.T.Yu & T.C.Ku	MD（WY）	1700	SS	白色、单瓣	—
26	月季花 *R. chinensis* Jacq.	KM，YL，DL	1680 ~ 2400	SS	粉红色、单瓣	—
27	香水月季*R. odorata*（Andrews）Sweet	KM	800 ~ 2100	SS	白色、单瓣	黄绿色
28	大花香水月季*R. odorata* var. *gigantean*（Crépin）Rehd. et Wils.	DZD，SM，MZ	800 ~ 2600	SS	乳黄色至乳白色、单瓣	黄绿色
29	橘黄香水月季*R. odorata* var. *pseudindica*（Lindl.）Rehd.	YL，WX	2540	SS	橘黄色微带粉色、重瓣	—
30	粉红香水月季*R. odorata* var. *erubescens*（Focke）T.T.Yu & T.C.Ku	KM，YL，WX	1600 ~ 2500	SS	粉红色、重瓣	黄绿色
31	多花蔷薇*R. multiflora* Thunb.	DZ，DX，DXB	1650 ~ 2500	SS	白色、单瓣	橘红色
32	七姊妹*R. multiflora* Thunb. var. *carnea* Thory	YN	1650 ~ 2500	SS	粉红色、重瓣	—
33	*丽江蔷薇*R. lichiangensis* T.T.Yu & T.C.Ku	YL	2100 ~ 2500	SS	粉红色、重瓣	红色
34	复伞房蔷薇*R. brunonii* Lindl.	YL，WX，XGLL	1800 ~ 2600	SS	白色、单瓣	橘红色
35	黄木香花*R. banksiae* f. *lutea*（Lindl.）Rehd.	KM，YL	1860 ~ 2480	SS	黄色、重瓣	无色
36	单瓣黄木香*R. banksiae* var. *normalis* f. *lutescens* Voss.	KM，YL	1860 ~ 2450	SS	黄色、单瓣	无色
37	卵果蔷薇*R. helenae* Rehd. et Wils.	XCH，YL	2200 ~ 2600	SS	白色、单瓣	红色
38	长尖叶蔷薇*R. longicuspis* Bertol.	YND	500 ~ 2900	SS	白色、单瓣	红褐色
39	毛萼蔷薇*R. lasiosepala* Metc.	XCH，MLP	1400 ~ 1820	SS	白色、单瓣	红褐色
40	腺梗蔷薇*R. filipes* Rehd. et Wils.	YL	2320	SS	白色、单瓣	红色、橘红色
41	小果蔷薇*R. cymosa* Tratt.	FN，GN，XCH，ML	200 ~ 1800	SS	白色、单瓣	绿褐色
42	金樱子*R. laevigata* Michaux	FN	200 ~ 1400	SS	白色、单瓣	紫褐色
43	软条七*R. henryi* Bouleng.	HC	2460	SS	白色、单瓣	红褐色
44	*维西蔷薇*R. weisiensis* T.T.Yu & T.C.Ku	WX	1850 ~ 2300	SS	白色、单瓣	橘红色
45	木香花*R. banksiae* W.T.Aiton	KM，CX，DL，YL，MZ	1600 ~ 2500	SS	白色、重瓣	无色
46	单瓣白木香花*R. banksiae* var. *normalis* Regel	KM，CX，DL，YL	1600 ~ 2500	SS	白色、单瓣	黄绿色
47	绣球蔷薇*R. glomerata* Rehd. et Wils.	GSH，WX	1200 ~ 3200	SC	白色、单瓣	橘红色

续表3-2-2

序号	种及类型	主要分布地	海拔高度/m	植株类型	主要观赏性状	
					花色及花型	果色
48	悬钩子蔷薇*R. rubus* H.Léveillé & Vaniot	FN，GN，XCH，MLP	500 ~ 3400	SC	白色、单瓣	褐红色
49	德钦蔷薇*R. deqenensis* T.C.Ku	DQ	2020 ~ 2100	SC	白色、单瓣	橘红色
50	川滇蔷薇*R. soulieana* Crépin	LL，XGLL，DQ，YL	1800 ~ 3700	SC	白色、单瓣	橘红色
51	毛叶川滇蔷薇*R. soulieana* var. *yunnanensis* Schneid.	XGLL，DQ，YL，LQ，LL	2450 ~ 3000	SC	白色、单瓣	橘红色
52	小叶川滇蔷薇*R. soulieana* var. *microphylla* T.T.Yu & T.C.Ku	DQ	2300 ~ 3700	SC	白色、单瓣	橘红色或橘黄色
53	刺梨（缫丝花）*R. roxburghii* Tratt.	XCH，ML，YL，DL，LL，DDB，MLP	500 ~ 2500	SC	粉红色、单瓣	黄绿色

注："*"号表示云南特有种；XGLL：香格里拉；DDB：滇东北；DL：大理；YL：玉龙；ML：弥勒；XCH西畴；LCH：陇川；FN：富宁；LL：宁蒗；GN：广南；KM：昆明；WX：维西；MZ：蒙自；HC：会泽；DQ：德钦；DZ：滇中，DX滇西；DXB：滇西北；MLP：马栗坡；YND：云南大部；GSH：贡山；MD（WY）：弥渡（武邑）；LQ：禄劝；QJ：曲靖；SE：直立型；SS：攀缘型；SC：开展型

（四）云南蔷薇属种质资源的评价

1. 云南蔷薇属植物引种驯化栽培及适应性评价

云南省农业科学院花卉研究所分别在昆明、丽江、香格里拉利用露地和温棚引种栽培云南野生蔷薇，综合评价野生蔷薇的生长适应性。引种驯化栽培结果表明：云南蔷薇属植物大多数种类易于引种栽培和繁殖，引种（驯化）栽培的关键技术是保障栽培环境的湿度。在香格里拉和丽江露地引种高海拔（3500m以上）的野生种，其植株生长良好。在昆明露地或温棚内引种栽培海拔在500 ~ 2100m的野生种，植株和种子播种均能良好生长。在昆明栽培高海拔的野生种，如峨眉蔷薇、扁刺峨眉蔷薇、华西蔷薇等，其生长势较弱、栽培适应性差。多数种类在温棚内栽培易感白粉病，但金樱子、木香对白粉病抗性较强。此外，中甸刺玫在香格里拉露地栽培抗性较强，但引种到昆明露地栽培易感白粉病和受红蜘蛛危害。经过几年的引种（驯化）栽培，刺梨、金樱子、峨眉蔷薇、复伞房蔷薇、中甸刺玫、悬钩子蔷薇、川滇蔷薇、毛萼蔷薇、小果蔷薇、丽江蔷薇、多苞蔷薇等在昆明均能正常开花。

2. 云南蔷薇属植物抗病性评价

从原生地和引种栽培情况看，木香组、长尖叶蔷薇和川滇蔷薇等叶斑病较少，而月季组叶斑病较多。离体接种鉴定和田间接种鉴定评价蔷薇野生资源对白粉病的抗性结果表明，野蔷薇、长尖叶蔷薇、木香花等对白粉病表现为高抗，而大花香水月季、七姊妹等则表现为高感（张颢，2005）。

3. 云南蔷薇属植物嫁接亲和性评价

通过与现代品种进行嫁接试验，大花香水月季、长尖叶蔷薇、绣球蔷薇、来自不同地方的野蔷薇及其变种等均适合做月季砧木，嫁接后的成活率、伤口愈合完好程度等接近用引进的砧木资源如‘Indica’和‘Natal Briar’等；同时大花香水月季也是云南嫁接树状月季或老桩月季的主要砧木。

4. 蔷薇与切花月季品种的杂交亲和性评价

2004～2006年，云南省农业科学院花卉所用中甸刺玫、华西蔷薇、长尖叶蔷薇、七姊妹、峨眉蔷薇、粉花香水月季、川滇蔷薇、大花香水月季与切花月季品种进行杂交试验。试验结果表明，中甸刺玫、华西蔷薇、峨眉蔷薇的花朵在授粉后30～45天败育；粉花香水月季、川滇蔷薇、长尖叶蔷薇的花朵授粉后，胚不发育；大花香水月季与切花月季品种杂交可以收获大量的杂交种子。

（五）月季栽培品种的收集及评价

云南省农业科学院花卉所从国内外收集和引进月季品种400余个，并对51个切花月季品种从花色、花型、花瓣数、花枝长、抗病性、适应性、产量七个方面进行综合性状评价（见表3-2-3）。综合评价结果表明，性状较好的品种：①红色品种："黑魔术""卡罗拉""黑巴克""皇家巴克"；②黄色品种："金色星光""巴比伦""地平线"；③白色品种："雪山""可爱的绿""坦尼克""阿克特"；④粉色品种："影星""维西利亚""芬得拉""沃蒂""瑞普索迪""甜肯地阿""漂亮女人""艾玛""彩纸""双色粉"；⑤复色品种："蓝奇迹""雄狮""帕里欧""假日公主"（李树发等，2006）。

表3-2-3 切花月季主要品种资源综合性状评价

序号	品种名	花色	花型	花瓣数/（枚）	花枝长/（cm）	抗病性	适应性	产量
1	黑魔术	深红黑色	高心剑瓣大花型	30～35	70～90	抗白粉病，易染灰霉病	对温度适应性强	高产
2	卡罗拉	鲜红色	高心卷边大花型	40～45	70～90	强	对低温适应性差，植株高大、长势强	低产
3	莎萨九零	红色	高心卷边大花型	40～45	70～80	中等	对低温适应性差	低产
4	大丰收	深红色	高心阔瓣大花型	35	70～90	中等	耐高温，对低温适应性差	低产
5	第一红	深红色	高心阔瓣大花型	35～40	60～80	抗白粉病、霜霉病，易染灰霉病	低温期易形成畸形花	低产
6	黑巴克	黑红色	高心剑瓣中花型	35～40	50～60	强	中等	中等
7	法国红	亮红色	高心卷边大花型	45	50～70	中等	对低温适应性较差	中等
8	皇家巴克	红色	高心半剑瓣大花型	45	60～80	强	对温度适应性强	高产
9	红衣主教	亮红色	高心剑瓣中花型	30～35	50～70	中等	对低温适应性差	低产
10	红旗	鲜红色	高心卷边大花型	45	60～70	中等	对温度适应性中等	低产
11	地平线	浅黄色	高心剑瓣大花型	35	70～90	对白粉病、霜霉病抗性较差	中等	高产
12	巴比伦	深黄色	高心阔瓣大花型	35	70～90	较耐白粉病，对霜霉病抗性较差	中等	低产
13	索力多	金黄色	高心卷边大花型	35～40	60～80	强	中等	中等
14	金色星光	黄色	中花型	30～35	50～70	强	对低温适应性强	中等
15	好莱坞	绿白色至乳黄色	高心剑瓣大花型	35	60～80	差，特别易染白粉病	对温度适应性强	冬季高产
16	雪山	白色	高心卷边特大	65～70	60～80	中等	中等	高产、稳产

续表3-2-3

序号	品种名	花色	花型	花瓣数/（枚）	花枝长/（cm）	抗病性	适应性	产量
17	阿克特	纯白	高心剑瓣大花型	30～35	60～80	中等	中等	中等
18	坦尼克	纯白色	高心卷边	40	60～80	中等	对低温适应性较差	夏季高产
19	比恩卡	纯白色	高心阔瓣大花型	35	60～80	中等	中等	低产
20	绿苹果	绿白色	高心卷边大花型	35	50～60	中等	对低温适应性强，对高温适应性差	较低产
21	可爱的绿	绿白色	高心剑瓣大花型	35	50～70	强	对温度适应性强	高产
22	蓝奇迹	蓝紫色	高心卷边大花型	40～45	60～80	强	中等	中等
23	帕里欧	杏黄色	高心阔瓣大花型	30	50～70	中等	对温度适应性强，冬季产量高	中等
24	雄狮	红色，背黄色	高心阔瓣大花型	30	50～70	中等	中等	中等
25	尼可	巧克力色	高心阔瓣大花型	30～35	50～60	中等	中等	较低产
26	影星	粉红色	高心卷边大花型	35～40	60～70	中等	对温度适应性强	高产、稳产
27	木瓜粉	粉红色	高心卷边大花型	35	60～70	中等	对温度适应性强，冬季产量高	高产、稳产
28	维西利亚	橙红色	高心剑瓣大花型	35	60～80	中等	对低温适应性较差，冬季产量低	中等
29	阳光粉	粉色	高心剑瓣大花型	45	50～70	易染灰霉病	对温度适应性强，冬季产量高	中等
30	芬得拉	淡香槟色	高心剑瓣大花型	35	60～80	中等，不抗白粉病	对低温的适应性较差	中等
31	沃蒂	白底粉红	高心剑瓣大花型	30～35	70～90	中等	对低温的适应性较差	中等
32	纳欧米	粉色	高心卷边大花型	45	70～90	中等	对温度适应性强，冬季产量低	中等
33	奥塞娜	柔粉带橙色	高心剑瓣大花型	35	70～90	中等	对低温的适应性较差	中等
34	假日公主	橙黄色	高心卷边大花型	40	60～80	中等	对温度适应性强，冬季产量高	高产、稳产
35	阿Q	粉色	高心阔瓣花型	40	60～70	中等	中等	中等
36	镭射	粉色	高心阔瓣花型	35	60～80	中等	中等	中等
37	瑞普索迪	粉红色、桃红色	高心剑瓣大花型	40	60～80	中等，易染霜霉病	对低温适应性强，冬季产量高	高产、稳产
38	甜肯地阿	粉色	高心卷边大花型	45	60～80	易染白粉病	对温度适应性强，冬季产量高	高产、稳产
39	漂亮女人	浅粉色	中花型	35	50～70	强	对低温的适应性强，高温时花较小	高产、稳产
40	奶油妹	白底浅粉边	高心卷边大花型	45	60～80	易染灰霉病	对低温度适应性强	冬季高产
41	贵族	粉色	高心阔瓣大花型	40	50～70	中等	中等	中等
42	艾玛	淡粉色	高心卷边大花型	45	60～80	中等	中等	中等
43	金银岛	黄色	高心剑瓣大花型	45～50	60～80	强	中等	中等

续表3-2-3

序号	品种名	花色	花型	花瓣数/（枚）	花枝长/（cm）	抗病性	适应性	产量
44	马里兰	粉色	高心卷边大花型	35	60 ~ 80	强	中等	中等
45	夏克拉	荧光桃红色	高心剑瓣大花型	40 ~ 45	60 ~ 80	强	中等	中等
46	索非亚	深粉红色	高心卷边	35	60 ~ 80	强	对温度适应性强	高产
47	双色粉	花白底粉边	高心剑瓣大花型	35	60 ~ 80	强	对温度适应性强	中等
48	第一夫人	白色	高心剑瓣大花型	35	60 ~ 80	易染白粉病、灰霉病	中等	中等
49	烈酒	桃红色	高阔瓣大花型	40	60 ~ 80	中等	对低温适应性差	中等
50	杨基歌	橙红混色	高心阔瓣花型	40	60 ~ 70	中等	中等	中等
51	彩纸	黄带红晕边	高心剑瓣大花型	35	60 ~ 80	易染白粉病	对低温适应性差	高产

二、百合

（一）世界百合种质资源的分布

百合是百合科百合属的所有种的总称。百合属植物为多年生草本，主要分布于北半球的温带和寒带地区，热带极少分布，而南半球没有野生种分布。中国、日本及朝鲜野生百合分布甚广，中国是百合属植物的自然分布中心（中国植物志编委会，1985）。全世界百合属植物约有94个种，起源于我国的有47个种、18个变种，占世界百合属植物的一半还多，其中36个种、15个变种为我国特有种。中国产野生百合种绝大多数花大，呈喇叭形或钟形，色彩鲜艳，颇具观赏价值；鳞茎含淀粉，可供食用，有的种类可作药用；有的种类花含芳香油，可提取作香料。17世纪初，美国产百合开始传入欧洲，18世纪中国产百合通过丝绸之路传入欧洲，百合开始成为欧、美庭园中的重要鳞茎花卉。第二次世界大战后，百合育种掀起新的高潮，使百合产业得到迅速发展。随着育种方法的改进，现在每年有大量的百合新品种推向市场。

（二）云南百合种质资源的分布

根据《云南植物志》第七卷记载，云南共有野生百合资源23个原种，加上百合的1个栽培变种、尖被百合的1个变种、滇百合的4个变种、紫斑百合的2个变种，共有31个种及变种。其中玫红百合、紫红花滇百合、哈巴百合、甫金百合、丽江百合、线叶百合、松叶百合、文山百合等8个种（变种）为云南特有。麝香百合、湖北百合、岷江百合3个种系引种栽培。

云南野生百合资源分布较为广泛，尤以滇西北地区分布较多。通过调查，云南各地野生百合分布情况见表3-2-4；云南野生百合种的地域分布现状见表3-2-5。

表3-2-4　云南各地区（州、市）野生百合分布点实地考察现状

地区（州、市）	丽江市	迪庆州	怒江州	昆明市	玉溪市	楚雄州	昭通市	小计
县（市）数	1	3	3	3	2	1	1	14
现存野生百合点	21	9	5	6	2	1	1	45
新发现野生百合点数	12	5	0	1	2	1	1	22

表3-2-5　云南野生百合种的地域分布现状

种 \ 地区（州、市）	丽江市	迪庆州	怒江州	昆明市	玉溪市	楚雄州	昭通市	小计
宝兴百合*Lilium. duchartrei* Franch.	4	2	2	0	0	0	0	8
川百合*L. davidii* Duchartre ex Elwes.	1	1	0	0	1	1	0	4
大理百合*L. taliense* Franch.	4	1	0	0	0	0	0	5
淡黄花百合*L. sulphureum* Baker ex Hooker	0	0	0	1	1	0	1	3
滇百合*L. bakerianum* Coll. & Hemsl.	6	2	0	3	0	0	0	11
尖被百合*L. lophophorum*（Bureau & Franch.）Franch.	3	3	0	0	0	0	0	6
玫红百合*L. amoenum* Wils. ex Sealy	0	0	0	2	0	0	0	2
紫斑百合*L. nepalense* D. Don	2	0	1	0	0	0	0	3
紫花百合*L. souliei*（Franchet）Sealy	0	1	2	0	0	0	0	3

（三）云南野生百合资源的收集及评价

1. 大理百合

主要分布在滇西的腾冲、洱源、鹤庆、剑川、丽江、贡山、维西、香格里拉等地。生长于海拔2600～3600m的林下或灌木丛中。野外株高1m左右，花色白色，有紫色斑点，开花呈灯笼状，适宜庭院绿化。

野外集中分布，居群数量适中，但因其花高、花型独特，花朵经常被人采摘，影响了有性繁殖数量。

2. 宝兴百合

主要分布在滇西的大理、迪庆、丽江、临沧、怒江、维西等地。生长于海拔2000～3800m的林下、林缘，流石滩等地。野外株高30cm至1m不等，有浅粉到深粉不同花色，带褐色斑点，花被反卷，适宜庭院绿化和盆栽。

野外集中分布，居群数量适中，小种球即可开花，且容易长出株芽球，繁殖能力强，但流石滩附近由于植被破坏，资源数量损失较大。

3. 滇百合

主要分布在昆明、丽江、香格里拉等地。生长于海拔1700～3800m的林下、林缘、灌木丛中。野外株高50～80cm，钟形花，花色变异丰富，有白色、粉色、黄绿色和金黄色，斑点数量各异，适宜庭院绿化。

野外部分地区零星分布，部分变种居群数量较少。

4. 玫红百合

主要分布在昆明、丽江等地。生长于海拔1900～2500m的石灰岩地貌，林缘及山坡草地。野外株高20～40cm，钟形花，花色玫红色，有清香，适宜盆栽。

野外集中分布，居群数量适中，小种球即可开花。

5. 紫花百合

分布于滇西的大理、丽江、怒江、维西、香格里拉等地。生长于海拔1200 ~ 4000m的林缘。株高40 ~ 60cm，钟形花，花色紫红色，适宜盆栽。

野外零星分布，资源数量较少。

6. 尖被百合

分布于大理、丽江、怒江、维西、香格里拉等地。生长于海拔2700 ~ 4600m的林下，耐阴。野外株高30 ~ 40cm，钟形花，花瓣尖端相连，花型独特，适宜盆栽。

野外集中分布，资源数量少。

7. 川百合

分布于大理、丽江、香格里拉等地。生长于海拔850 ~ 3220m的林缘。野外株高50cm ~ 1.2m，花色橘红，花瓣反卷，花瓣上有褐色斑点。种球风味较好，是滇西主要的食用百合。

野外集中分布，农户自行繁殖用于食用，资源数量较大。

8. 紫斑百合

分布于大理、丽江、泸水、沧源、临沧。生长于海拔1500 ~ 2900m的常绿阔叶林下。茎高40 ~ 200cm，黄绿色或淡黄色，内面紫红色或沿中肋淡绿色，无斑点，花被片反卷，花期7 ~ 8月，果期10 ~ 12月。

9. 滇蜀豹子花

分布于丽江、香格里拉。生长于海拔1500 ~ 2900m的常绿阔叶林下。茎高40 ~ 200cm，黄绿色或淡黄色，花被片反卷，内面紫红色或沿中肋淡绿色，无斑点。

野外资源集中分布，居群数量适中。

10. 钟花假百合

分布于丽江、香格里拉、贡山等地。生长于海拔2800 ~ 4500m的林下。茎高40 ~ 120cm，花白色，钟形花，有少量斑点。

野外集中分布，资源数量少。

三、香石竹

（一）香石竹种质资源的收集

香石竹品种开始大量涌入云南是在20世纪90年代前期，中国科学院昆明植物所从以色列和日本引入几十个品种，经扩大繁殖后在呈贡县和官渡区推广应用。后来许多单位和个人通过商业引种或其他渠道把越来越多的国外香石竹品种引入云南，如中国科学院昆明植物所、云南省农业科学院花卉所、上海林业站良种场、上海四季青花卉、云南英茂花卉、昆明缤纷、四川明日风和香港高华种子等单位。品种主要来自荷兰、法国、西班牙、以色列、德国和意大利，数量达400余个。单头类型和多头类型各占75%和24%，少数品种为开单瓣花或半重瓣花的种间杂交种，如蝴蝶石竹和石竹梅。引入的品种直接在生产上应用，通过生产和市场不断筛选淘汰。不计新引入的品种，常年在生产上种植的品种约20～30个。其中香港高华种子公司的谢天佑博士于1995年引入的红色大花品种马斯特的种植面积最大，在生产和市场上长盛不衰。

（二）香石竹种质资源的评价

1．香石竹品种染色体倍性鉴定

云南省农科院花卉所对102个单头香石竹品种进行染色体倍性鉴定。二倍体品种占多数，为77%，三倍体品种和四倍体品种分别占6%和17%。在生产上常见的大花苞品种，如“马斯特”“达拉斯”和“卡曼”等皆属二倍体品种。17个四倍体的品种中，镶边复色类型品种有12个，占四倍体品种的71%（瞿素萍等，2004）。二倍体大花香石竹品种见表3–2–6；三倍体大花香石竹品种见表3–2–7；四倍体大花香石竹品种见表3–2–8。

表3–2–6　二倍体大花香石竹品种

序号	英文名	中文名	颜色	公司	序号	英文名	中文名	颜色	公司
1	Red Rimon	红蕾蒙	红色	Shemi	29	562–5（405）	红橘	橙色	Shemi
2	Vitorio	红达拉斯	红色	Shemi	30	—	大橘黄	橙色	—
3	Aicardi	爱卡迪	红色	Stawest	31	Maragia	—	橙色	Stawest
4	Napoleon	拿破仑	红色	Shemi	32	Orange Isac	—	橙色	Stawest
5	Desio	迪斯欧	红色	Stawest	33	Mambol	玛梅宝	橙色	Kooij
6	Master	马斯特	红色	B.B.	34	Purple Emperor	紫帝	紫色	Stawest
7	Reiko	精工	红色	Shemi	35	Prado	绿帝王	绿色	Kooij
8	Leopardy	罗帕蒂	红色	Shemi	36	Albar	阿尔巴	复色	Shemi
9	Guapo 325	—	红色	Shemi	37	Roderic	内地诺	复色	Stawest
10	Hidalgo	红大哥	红色	Kooij	38	Mabel	玛贝尔	复色	Selecta
11	Francesco	佛朗克	红色	Selecta	39	Lopazo	阿波罗	复色	Selecta
12	—	状元红	红色	Hilverda	40	Ettore	—	复色	Stawest
13	Camba	红贝壳	红色	—	41	Theo	神	复色	Shemi
14	Red Corse	红贵人	红色	Stawest	42	West Winkle	白红霞	复色	Stawest
15	Nelson	红纱	红色	Kooij	43	Yoshino	思念	粉色	Shemi
16	428–2827	红霞	红色	Shemi	44	Charmant	卡曼	粉色	Kooij
17	Indios	印度红	红色	Kooij	45	Mut. of Dallas	粉达拉斯	粉色	Shemi
18	Domingo	多明哥	红色	B.B.	46	Pink Dona	粉多娜	粉色	Kooij
19	Omaggio	奥玛	粉色	Shemi	47	Ramona	罗马娜	粉色	Kooij
20	Navajo	娜欧	粉色	Stawest	48	Momoko	—	粉色	Shemi
21	Olivia	橄榄树	粉色	Shemi	49	Alighieri	阿里伊瑞	粉色	Selecta
22	Sahara	撒哈拉	黄色	Shemi	50	—	婚礼粉	粉色	—
23	Dallas	达拉斯	桃色	Shemi	51	—	白云	白色	Shemi
24	Miledy	桃蝶	桃色	Kooij	52	Casper	凯西	白色	Shemi
25	Ceris Rimo	瑟蒙	桃色	Stawest	53	White Feathers	白鸟	白色	Stawest
26	Success	成功	桃色	Selecta	54	Condor	肯特	白色	Selecta
27	Parasol	—	桃色	Shemi	55	White Visa	白签证	白色	Shemi
28	Toffi	托妃	橙色	Shemi	56	Presto	普莱托	黄色	Shemi

续表3-2-6

序号	英文名	中文名	颜色	公司	序号	英文名	中文名	颜色	公司
57	Isac	爱斯克	黄色	Stawest	69	Isabeller	伊沙贝尔	复色	—
58	Hermes	黄梅	黄色	Selecta	70	Marcoto	马克特	复色	Kooij
59	Solar Oro	阳光	黄色	B. B.	71	Staccato	斯特	复色	Kooij
60	—	黄星	黄色	—	72	—	蒙特丽沙	复色	—
61	Eroico	伊拉克	黄色	B. B.	73	Impulse	伊普斯	复色	Kooij
62	Sunrise	旭日	黄色	Stawest	74	Atlctico	阿特来提	复色	B.B.
63	Rimo	阿玛	复色	Stawest	75	Khci	科马基	复色	B.B.
64	Serriso	大白菜	复色	Stawest	76	Kristina	克力索	复色	B.B.
65	Bright Rendez	小白菜	复色	Kooij	77	Rosalba	罗莎巴	复色	B.B.
66	Rendez-Vous	兰贵人	复色	Kooij	78	—	奥斯	复色	B.B.
67	Arevalo	紫罗兰	复色	Kooij	79	—	尼丽娜	复色	B.B.
68	West Pretty	紫丽	复色	Stawest					

表3-2-7 三倍体大花香石竹品种

序号	英文名	中文名	颜色	公司
1	Opera	奥粉	粉色	Kooij
2	White Giant	白巨人	白色	B.B.
3	Cano	佳农	黄色	B.B.
4	Forca Lavifor	橙王	橙色	Stawest
5	Liac Torres	—	复色	Stawest
6	Arizona	阿瑞娜	复色	Shemi

表3-2-8 四倍体大花香石竹品种

序号	英文名	中文名	颜色	公司	序号	英文名	中文名	颜色	公司
1	Tasman	塔斯曼	粉色	Stawest	10	Odino	欧地诺	复色	Shemi
2	Liberty	自由	黄色	Kooij	11	Y.rendez	雷登	复色	Kooij
3	Pax	黄克斯	黄色	Kooij	12	Incas	英卡	复色	Kooij
4	Mi. Brilliant	桃美	桃色	Kooij	13	Tundra	俏新娘	复色	Kooij
5	Amafly	抓破脸	复色	Shemi	14	Facon	发克	复色	Kooij
6	White Tundra	俏姑娘	复色	Kooij	15	Dark Flipper	黄冠	复色	Selecta
7	Tempo	白红云	复色	Kooij	16	Malaga	黄飞鸿	复色	Kooij
8	—	毕加索	复色	B.B.	17	Light Flipper	红冠	复色	Selecta
9	Hi-Lite	奈特	复色	Shemi					

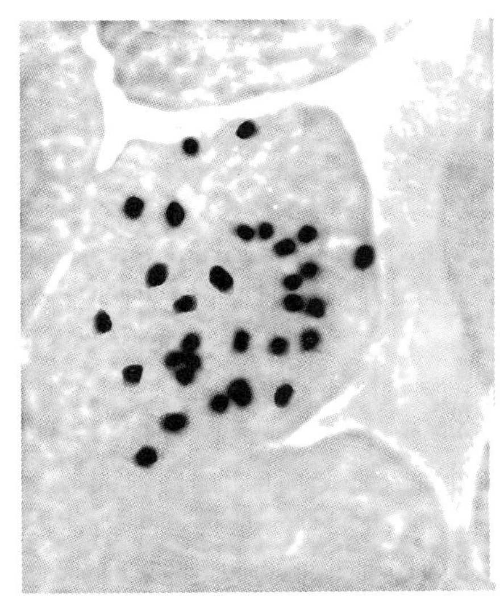

图3-2-1 二倍体（$2n=2X=30$）（品种：绿帝王）

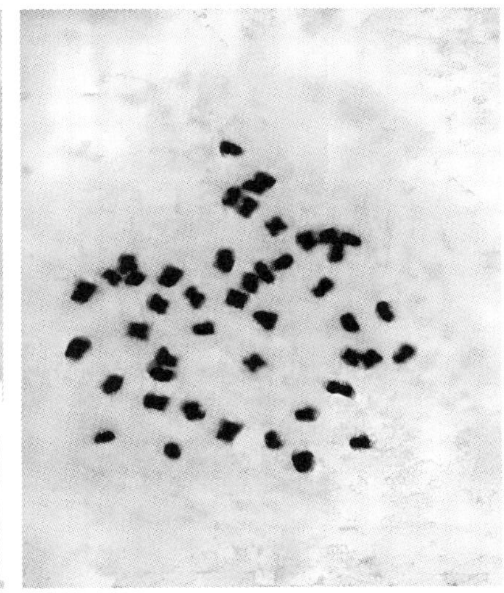

图3-2-2 三倍体（$2n=3X=45$）（品种：佳农）

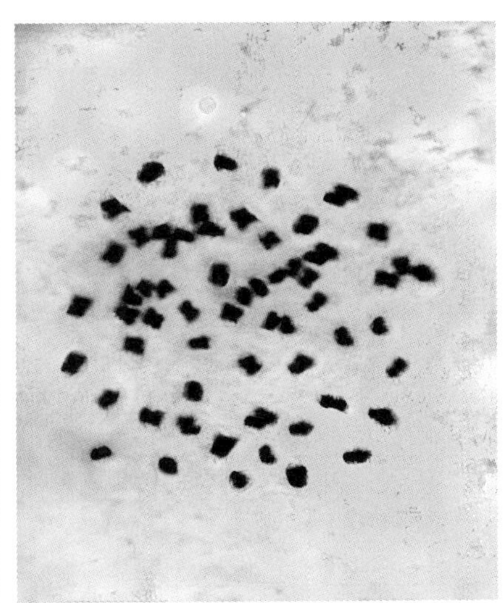

图3-2-3 四倍体（$2n=4X=60$）（品种：黄飞鸿）

2. 香石竹品种资源的抗病性评价

云南省农业科学院花卉所曾连续2年以土壤接种方法对30个香石竹品种进行田间镰刀菌枯萎病抗性鉴定。结果表明，品种间抗性存在明显差异。30个品种中没有发现免疫品种，其中高抗品种占所鉴定总数的16.7%，中抗占40.0%，中感占13.3%，高感占30.0%。在所有鉴定的品种中，红色品种抗性较低，70%属感病品种，复色品种抗性较高，89%为抗病品种（王继华，2005）。结果见表3-2-9。

表3-2-9 2000～2001年30个香石竹品种对镰刀菌枯萎病田间抗性鉴定

序号	香石竹品种	2000年			2001年			平均相对抗性指数	综合等级评价	
		病情指数	相对抗性指数	等级评价	病情指数	相对抗性指数	等级评价			
1	Dallas	2.4	0.98	HR	0.7	0.98	HR	0.95	HR	0.98
2	Incas	6.8	0.93	HR	3.5	0.89	HR	0.91	HR	0.91
3	Facon	8.1	0.92	HR	4.1	0.87	HR	0.89	HR	0.89
4	Mut. of Dallas	8.2	0.92	HR	5.6	0.82	HR	0.87	HR	0.87
5	Staccato	14.5	0.85	HR	6.4	0.8	HR	0.82	HR	0.82
6	Vittorio	18.2	0.81	HR	7.1	0.78	MR	0.79	MR	0.79
7	Westpretty	21	0.78	MR	8.9	0.72	MR	0.75	MR	0.75
8	Roderic	29.1	0.7	MR	7.7	0.76	MR	0.73	MR	0.73
9	Succuss	28.4	0.71	MR	10.8	0.66	MR	0.68	MR	0.68
10	Bright Rendez	31.8	0.67	MR	11.9	0.62	MR	0.64	MR	0.65
11	Rendez	36.3	0.63	MR	14.1	0.55	MR	0.63	MR	0.59
12	Camba	32.4	0.67	MR	13	0.59	MR	0.63	MR	0.63
13	Yellow Liberty	36.5	0.62	MR	15.2	0.52	MR	0.57	MR	0.57
14	Opera	37.7	0.61	MR	17.7	0.44	MR	0.53	MR	0.53
15	Olivia	43.1	0.56	MR	16.6	0.47	MR	0.52	MR	0.52

续表3-2-9

序号	香石竹品种	2000年			2001年			平均相对抗性指数	综合等级评价	
		病情指数	相对抗性指数	等级评价	病情指数	相对抗性指数	等级评价			
16	Sorriso	42.8	0.56	MR	17.8	0.44	MR	0.5	MR	0.5
17	Leopardi	43.2	0.56	MR	18.1	0.43	MR	0.49	MR	0.49
18	Lopazo	59.2	0.39	MS	21.7	0.31	MS	0.35	MS	0.35
19	Master	77	0.21	MS	26.1	0.17	HS	0.28	HS	0.19
20	云黄一号	70	0.28	MS	24.6	0.22	MS	0.25	MS	0.25
21	Red Corse	74.4	0.24	MS	24.2	0.23	MS	0.24	MS	0.24
22	Desio	76.7	0.21	MS	23.3	0.26	MS	0.24	MS	0.24
23	Omaggio	78.4	0.19	HS	27.4	0.13	HS	0.16	HS	0.16
24	Domigo	82.9	0.15	HS	25.9	0.18	HS	0.16	HS	0.16
25	Red Rimon	88	0.1	HS	26.7	0.16	HS	0.13	HS	0.13
26	Hidalgo	91	0.07	HS	26.4	0.16	HS	0.11	HS	0.11
27	Parasol	94.4	0.03	HS	28.3	0.1	HS	0.07	HS	0.07
28	428-2827	94.7	0.03	HS	30.8	0.03	HS	0.03	HS	0.03
29	Galli	97.3	0	HS	30.4	0.04	HS	0.02	HS	0.02
30	Momoho	95.6	0.02	HS	31.6	0	HS	0.01	HS	0.01

四、非洲菊

（一）非洲菊概况

非洲菊，别名扶郎花、灯盏花、秋英、波斯花、千日菊。属于菊科，帚菊木族，大丁草属多年生宿根草本植物（《中国植物志》编委会，1996）。非洲菊起源于南非，生长于南纬26°海拔1100～1700m的灌木丛中，在博茨瓦纳、津巴布韦、莫桑比克和纳塔尔的北部和东部草原一带也有发现。起源地带的气候，冬季温暖干燥，夏季雨量充沛，平均气温16℃，最高气温21℃（1月），最低气温12℃（7月），年均降雨量650mm。8～10月期间，因气候干燥，植株叶片枯萎，仅靠地下的根系存活。

1889年，英格兰人Robert Jameson首先发现非洲菊，当时他在南非Barbeton附近的一家金矿企业工作。后来，他把这株新植株送到剑桥植物园的管理者John Medley Wood手中，经过简单研究后，标本又被送到植物学家Harry Bolus那里，后来Harry建议把它命名为*Gerbera jamesonii* Bolus。

1890年，英国人Irwin Lynch开始尝试非洲菊杂交育种。在被引入到欧洲的20年中，其遗传改良取得了重大进展，如花梗更硬朗，花瓣变大更为紧凑，颜色更为丰富。天然野生植株的花色为橙红色，通过与*Gerbera viridifolia*进行杂交和自然突变后，发现了白色、粉色和紫色的花，同时获得了第一个重瓣品种。目前市场上大部分的商业品种都是*Gerbera jamesonii*和*Gerbera viridifolia*的杂交后代*Gerbera hybrida*。20世纪初前，非洲菊的栽培与遗传改良已扩展到了意大利、德国、法国、英国和美国。法国育种家Adnet和Diem进行大规模的遗传改良，1900～1909年间，他们利用英国和非洲经部分遗传改良的品种进行杂交，获得了3000粒杂交种子，育出了花梗长而硬朗且瓶插寿命长、花朵大、产量高的杂交后代。第一次世界大战爆发后，有关非洲菊的科学研究不得不终止。直到1928年，法国育种家Steinau培育出了第一个重瓣品种，而后德国育种家Lupke培育出花瓣厚实的重瓣品种。之后，比利时育种家Sander向市场推出了第一个大花品种。

目前，世界上主要的育种公司有Florist、Schreurs、Terra Nigra、Preesman和Selecta。荷兰育成的品种占有很大比例，每年育成非洲菊新品种100多个，并部分申请了保护，品种行销世界各地。而国内对非洲菊的遗传改良起步较晚。20世纪90年代，上海园林科研所和云南省农业科学院花卉研究所首先引进非洲菊并开始遗传改良。目前，云南省农科院花卉所在非洲菊育种上取得了显著进展，已培育了一批切花品种并申请了品种权保护，其中“红地毯”“温馨”“靓粉”等已获得新品种权证书，实现自主知识产权零的突破。随着市场需求，非洲菊的育种目标也将由原来的高产和瓶插寿命逐渐转变为新、奇、特，环保、节约、高效的绿色育种目标，如荷兰一家育种公司已培育出像菊花一样的球型品种和茎秆上长叶片的非洲菊品种。

（二）云南引进的非洲菊栽培品种

20世纪90年代以来，云南引进的非洲菊主要栽培品种见表3-2-10。

表3-2-10　云南引进的非洲菊主要栽培品种

序号	品种名称		主要观赏性状				瓶插寿命（d）	产量［支/（m^2·年）］	引进年份	专利
	英文名	中文名	花色	花心	花径（cm）	枝长（cm）				
1	Innocent	无暇	纯白色	绿心	11～13	50～70	8～10	160～180	1999年	有
2	Top Disc	流行前线	大红色	黑心	12～14	55～70	9～11	220～240	1999年	有
3	Fire Disc	热情	橙黄色	黑心	12～14	50～60	10～12	200～220	1999年	有
4	Gold Disc	大撒拉斯	黄色	黑心	11～12	50～70	10～12	170～190	1999年	有
5	Magic Disc	魔幻	橘红色	黑心	12～14	50～60	9～11	190～210	1999年	有
6	Peach Disc	红杏	米色	黑心	13～15	60～70	11～13	180～200	1999年	有
7	Royal Disc	皇冠	桃红色	黑心	13～15	60～70	11～13	200～240	1999年	有
8	Splendid Disc	极致	橘红色	黑心	12～14	50～60	11～13	180～200	1999年	有
9	Jolly Disc	快乐天使	白红色	黑心	13～14	50～60	12～14	160～180	1999年	有
10	Funny Disc	奇异	红黄色	绿心	12～13	50～55	11～13	150～170	1999年	有
11	Lovely Disc	小天使	浅黄色	黑心	12～14	50～70	14～15	180～190	1999年	有
12	True Love	爱舞	大红色	黑心	12～14	50～60	11～13	200～220	1999年	有
13	Sangria	桑格里厄	金红色	黑心	11～13	50～70	10～12	190～210	2000年	有
14	Venturi	温切利	橘红色	黑心	11～12	45～55	9～11	200～220	2000年	有
15	Fuego	太阳黑子	亮红色	黑心	10～12	45～60	11～13	200～220	2000年	有
16	Rosabella	罗莎贝尔	浅粉色	绿心	10～13	50～60	10～12	200～220	2000年	有
17	Optima	光环	金黄色	黑心	11～12	50～60	10～12	180～200	2000年	有
18	Ornella	欧瑞拉	橘黄色	黑心	11～13	50～60	11～13	180～200	2000年	有
19	Shirley	雪莉	玫瑰色	黑心	10～12	50～60	12～14	160～180	2000年	有
20	Ruy Red	红宝石	大红色	黑心	11～13	50～60	11～13	170～190	2000年	有
21	Sundance	太阳舞	橘黄色	黑心	11～12	45～55	12～14	170～190	2000年	有
22	Ansofie	昂索妃	乳白色	黑心	10～11	50～70	11～13	210～230	2000年	有
23	Testarossa	特罗莎	鲜红色	黑心	11～14	50～70	10～12	210～230	2000年	有

续表3-2-10

序号	品种名称		主要观赏性状				瓶插寿命（d）	产量［支/（m^2·年）］	引进年份	专利
	英文名	中文名	花色	花心	花径（cm）	枝长（cm）				
24	Thalassa	莎拉斯	黄色	黑心	10～12	50～60	11～13	200～220	2000年	有
25	Lyonella	莱昂娜	黄色	绿心	10～13	50～70	8～9	200～220	2000年	有
26	Savannah	热带草原	大红色	黑心	11～13	60～70	9～11	190～210	2000年	有
27	Danuta	当娜特	深粉色	黑心	10～12	60～70	11～13	160～180	2000年	有
28	Cathy	凯西	粉红色	绿心	10～12	45～55	12～14	220～240	2000年	有
29	Themba	塞姆巴	粉红色	黑心	10～11	55～65	11～13	200～220	1998年	有
30	Aruba	菜花黄	黄色	绿心	11～13	50～60	14～15	170～190	1998年	有
31	Amarou	宫人花	粉红色	黑心	10～12	50～55	11～13	190～210	1998年	有
32	Roulette	鲁勒特	大红色	绿心	10～12	50～60	10～12	180～200	2000年	有
33	Darling	爱人	粉红色	绿心	10～12	50～60	9～11	200～240	2000年	有
34	King	国王	橙黄色	黑心	10～12	50～60	11～13	180～200	2000年	有
35	Rafaella	埃拉	粉红色	绿心	10～12	45～50	10～12	160～180	1997年	有
36	Dante	但丁	大红色	绿心	10～12	50～60	10～12	150～170	1997年	有
37	Indian Summer	夏日	红黄色	黑心	10～12	45～50	11～13	180～190	1997年	有
38	Serena	色瑞拉	桃红色	黑心	10～12	50～60	12～14	200～220	1997年	有
39	Bellezza	布莱亚	大红色	黑心	10～12	50～70	11～13	190～210	1998年	有
40	Tamara	塔玛拉	橙色	黑心	11～14	50～70	12～14	200～220	1998年	有
41	Avalon	阿瓦隆	橘红色	黑心	11～14	50～70	11～13	200～220	1998年	有
42	Escalo	埃斯特罗	紫色	黑心	10～12	55～65	14～15	200～220	2001年	有
43	Futura	光点	大红色	绿心	12～13	50～55	11～13	180～200	2001年	有
44	Renata	勒娜特	米黄色	黑心	11～12	55～60	10～12	180～200	2001年	有
45	Fred	弗雷德	桃红色	绿心	10～11	55～65	9～11	160～180	2001年	有
46	Montezuma	一点红	粉白色	绿心	11～12	50～55	11～13	170～190	2001年	有
47	July Lt.10	夏日	黄色	绿心	11～12	55～60	10～12	170～190	2001年	有
48	Wendy	水粉	粉红色	绿心	11～12	55～65	10～12	210～230	2001年	有
49	Silvio	塞尔沃	浅粉色	黑心	11～12	50～55	11～13	210～230	2001年	有
50	Rambo	兰博	橘黄色	黑心	12～13	65～75	12～14	200～220	2001年	有
51	Selene	月亮女神	粉红色	绿心	11～12	55～65	11～13	200～220	2001年	有
52	Chanson	枪神	紫粉色	黑心	10～12	60～70	12～14	190～210	2001年	有
53	Sabrina	塞布丽娜	橘黄色	绿心	11～12	60～65	11～13	190～210	2001年	有
54	Samoa	萨摩亚	米黄色	绿心	11～12	55～60	10～12	180～200	2001年	有
55	Rama	罗摩	紫红色	黑心	11～13	50～55	11～13	200～240	2001年	有
56	Gispy	基斯派	大红色	绿心	11～13	45～50	8～9	180～200	2001年	有
57	Ciro	塞罗	橘红色	绿心	11～12	65～70	9～11	160～180	2001年	有
58	Nevada	内华达	纯白色	绿心	12～13	65～70	11～13	150～170	2001年	有
59	Jackline	杰克	米白色	绿心	10～11	45～50	12～14	180～190	2001年	有
60	Stardust	幻觉	橘红色	黑心	10～11	65～70	11～13	200～220	2001年	有
61	Titti	凯蒂	深黄色	绿心	11～12	60～70	14～15	190～210	2001年	有
62	Nadir	迷点	粉红色	绿心	11～12	50～55	11～13	200～220	2001年	有
63	Bora Bora	巴巴拉	粉红色	绿心	12～13	55～60	10～12	200～220	2001年	有
64	Patirot	青春	紫红色	绿心	11～12	70～75	9～11	200～220	2001年	有

续表3-2-10

序号	品种名称		主要观赏性状				瓶插寿命（d）	产量［支/（m^2·年）］	引进年份	专利
	英文名	中文名	花色	花心	花径（cm）	枝长（cm）				
65	Dandy	花花公子	浅粉色	绿心	11～12	55～65	11～13	180～200	2001年	有
66	Elena	埃琳娜	橘粉色	黑心	11～12	50～55	10～12	180～200	2001年	有
67	Antonio	安东尼	橘黄色	黑心	12～13	65～75	10～12	160～180	2004年	有
68	Loriaha	罗丽娜	桃红色	黑心	12～13	65～75	11～13	220～240	2004年	有
69	Martha Lucia	露西亚	黄色	黑心	11～12	65～70	12～14	200～220	2004年	有
70	Province	普罗文思	粉色	黑心	11～12	65～70	11～13	170～190	2004年	有
71	Sombero	红帽子	红色	黑心	11～12	65～70	12～14	190～210	2004年	有
72	Terese	特里莎	白色	黑心	13～14	65～70	11～13	180～200	2004年	有
73	Fleurance	法莱伦斯	粉色	绿心	13～13	50～55	10～12	200～240	2000年	有
74	Pink Elegance	雅粉	粉色	绿心	11～12	50～55	10～12	180～200	2000年	有
75	Rosalin	玲珑	粉红	黑心	11～13	50～60	11～13	160～180	2000年	有
76	Cabana	阳光海岸	黄色	黑心	11～12	45～55	12～14	150～170	2000年	有
77	Dalma	白马王子	白色	黑心	11～12	45～50	11～13	180～190	2000年	有
78	Thalassa	达萨拉斯	黄色	黑心	11～12	45～50	12～14	200～220	2000年	有
79	Solero	黄金时代	橙黄色	绿心	10～12	50～55	11～13	190～210	2000年	有
80	Piton	寒王	橙色	黑心	11～12	50～55	13～15	200～220	2000年	有
81	Sunway	阳光露	橘红色	黑心	11～13	45～55	11～12	200～220	2000年	有
82	Giliath	爱神	橘黄色	绿心	11～12	45～55	11～13	200～220	2000年	有
83	Testarossa	特罗莎	红色	绿心	11～13	45～55	12～14	180～200	2000年	有
84	Rako	兰博	橘黄色	黑心	11～12	45～50	12～14	160～180	2000年	有

（三）非洲菊品种资源的评价

1. 抗疫霉根腐病评价

根据田间观察发病率和病情指数对13个主栽非洲菊品种进行了抗疫霉根腐病鉴定，结果表明，“玲珑”为高抗品种，“年华”“阳光路”和“靓粉”等3个品种抗性较好，其他均易感（李越等，2008）。

2. 耐冷性评价

通过调查非洲菊品种在冬季的产量和质量对主要的非洲菊品种进行耐冷性鉴定筛选，结果表明，“白海豚’“白马王子”“Y7”“OY”“水粉”和“S8”等品种在冬季整体表现好，冬季产量可达到40～50枝/m^2，且质量稳定；而“西贡小姐”“小天使”和“P2”等冬季表现差，耐冷性低，主要表现为冬季产量不足20枝/m^2，花直径和枝长均降低。

五、菊花

（一）菊花概况

菊花起源于我国，并被列为十大名花之一。菊花栽培历史悠久，品种丰富，花型花色千变万化，观赏价值极高，是世界上深受广大民众喜爱的园艺植物之一。

菊花在我国已经有3000多年的栽培历史，自古以来在文人墨客的诗歌中多有对菊花的无限风韵及凌风傲霜的高贵品格的歌颂；此外，在学术方面，出现了宋代的《史氏菊谱》、明代的《菊谱》、清代的《菊说》《洋菊谱》等多部著作，对于当时我国的菊花品种、品种特性以及栽培技术作了详细的介绍。

菊花虽然起源于我国，但是菊花的切花生产却在欧美国家得到了普及和发展。其原因一是这些国家具有鲜切花的消费习惯，二是他们的经济发展较快，国民的生活水平较高。当然花卉生产亦会受到民族文化和消费习惯的影响，欧、美民众喜欢鲜切花，而我国民众则更喜欢盆栽艺菊。这也是菊花的鲜切花栽培技术和品种在欧、美得到发展的重要原因。当然，我国在盆栽艺菊技术及艺菊品种的培育方面就要比欧、美高出一筹。

我国的切花菊生产基本上从20世纪80年代开始，虽然起步较晚，但是发展极为迅速。而今，花卉作为特殊商品已进入千家万户；同时国门打开以后，外来文化亦为我国所吸收，鲜切花这个欧美文化的产物自然会与我国的传统文化相融合。切花菊的生产和消费已经成为我国花卉产业的主流。据报道，我国切花菊生产面积已经发展到7万hm^2以上，已发展成为我国四大切花之首。

在花卉王国的荷兰，经过多年的种植，菊花现在已成为居第二位的鲜切花品种。在种植初期，荷兰的菊花种植者几乎普遍种植‘Spide’这一品种，现在，他们已经发展了许多不同类型、不同花色且各具特色的品种。在荷兰，像菊花那样发展如此迅速的鲜切花品种极为少见。多年以来，荷兰育种工作者在菊花育种上开展了深入细致的工作，为菊花种植者提供了品种改良的机遇与多种选择的机会。其结果是，菊花对外界环境的敏感期变得越来越短，较矮的茎秆使得植株更加健壮，维管束的寿命与抗病性得到改善，每平方米的栽植密度有所增加，许多新的花色与新的花被不断引入。品种的不断变化是十分重要的，这亦是菊花的消费不断盛行的原因之一。

日本人对于菊花可以说是“情有独钟”，据1994年统计，日本精华鲜切花的生产面积已经接近6000hm^2，切花菊产量将近20亿支，生产值为1000亿日元，占切花总生产值的35%左右。日本是世界上切花菊的最大生产国与消费国。

（二）云南从国外引进的切花菊品种

20世纪80年代以来，云南从国外引进的主要切花菊品种有大花单头品种和小花多头品种，见表3-2-11和表3-2-12。

1. 大花单头品种

表3-2-11　部分切花菊大花单头主栽品种

序号	品种名称	品种特征特性
1	秀芳之力	花色纯白，花朵大，自然花期10月下旬，早花，花芽分化温度17℃，枝干粗壮，叶片直立，吸水性好。但在13～14℃短日照条件下容易发生莲座现象
2	精兴之胜	纯白匙瓣，茎秆绿色，粗壮，无中空，侧芽中等，节间短。叶鲜绿色，生长旺盛。植株直立性和开花整齐度好，花芽分化温度12～14℃，对低温反应不敏感，自然花期10月中旬，属秋季早熟品种
3	精兴新年	纯白匙瓣，茎秆紫红色，粗壮，中空，节间长。植株直立性和开花整齐度好，生长健壮。属秋季中晚熟品种，自然花期10月下旬。无生理障碍，抗病虫害强
4	神马	纯白色大花，植株直立性和开花整齐度好，生长健壮。耐低温，光敏感性弱

续表3-2-11

序号	品种名称	品种特征特性
5	岩之白扇	纯白匙瓣大花，茎秆绿色，中粗壮，节间长。叶浓绿有光泽。耐水性和抗白锈病强，侧芽少。1月中旬定植，4月下旬开花
6	精兴之诚	纯白匙瓣大花，茎秆紫褐色，粗壮，节间长。叶浓绿有光泽。生育和开花期整齐。侧芽少。暖地夏季栽培不需要遮光，自然花期10月下旬
7	精海	纯白匙瓣大花，茎秆褐色，中粗壮，节间短，侧芽多。属夏秋季早熟品种，秋植无摘心栽培，6月下旬开花，无加温大棚6月上旬开花
8	精祝	深黄色匙瓣大花，茎秆粗壮，节间长。叶浓绿有光泽。吸水性和瓶插寿命长。自然花期夏季，秋植无摘心栽培，6月下旬开花
9	精兴之秋	纯黄色匙瓣大花，茎秆绿色，粗壮，中长。叶绿直立有光泽。生长旺盛，开花期整齐。自然花期11月上旬
10	东海之黄金	鲜黄色大花，茎秆粗壮。自然花期夏季
11	精之雅	鲜红色匙瓣大花，叶绿直立中型。茎红色，中粗长杆，生育旺盛，秋植摘心栽培，6月下旬开花，无加温大棚5月下旬开花
12	精妃	浓红色平瓣中型花，茎秆褐色，粗壮，长度稍短。叶浓绿。秋植摘心栽培，6月中旬开花，夏秋季早熟品种

2. 小花多头品种

表3-2-12 部分切花菊小花多头主栽品种

序号	颜色系列	英文名称	颜色	花瓣数（单重）	花心颜色
1	白色	Euro（Speedy）	白色	单	黄色
2		Mona Lisa	白色	两层重	黄色
3		Ardilo	白色	两层重	红色
4		Noa	白色	—	—
5		Le Mans	白粉色、似棒棒糖	—	—
6		Swan	白色	单	白色
7		Borlso Becker	乒乓（白）	多层重	白色
8		Vesuvi Green	管状（白）	重	浅白黄色
9	黄色	Mona Lisa Crean	黄色	单	绿色
10		Mona Lisa Yellow	黄色	单	黄色
11		Euro Sunny	深黄色	多层重	浅黄绿色
12		Euro Cream	浅黄色	多层重	浅黄绿色
13		Panama	黄色	重	—
14		Boriso Beckr Sunny	乒乓（黄）	多层重	黄色
15		Vesuvi Yellow	管状（黄）	重	黄色
16	粉色	Dinar	粉色	单	绿色
17		Euro Pink	粉色	重	绿色
18		Il Mondo	粉色	多层重	红色
19		Hermitage	粉色	—	—
20		Wimbledon	粉色	—	—

续表3-2-12

序号	颜色系列	英文名称	颜色	花瓣数（单重）	花心颜色
21	红色	Fullham	玫瑰红色	—	—
22		Dublin	红色	—	—
23		Aliya	红色	单	黄色
24		Ardilo Royal	深桃红色	重	红色
25	紫色	Kingfisher	紫色	单	—
26		Mona Lisa Rosy	紫色	单	紫色
27	绿色	Yoko Ono	绿色	多层重	绿色
28	复色	Miletta	复色	多层重	桃红色
29		Roma	黄红复色	—	—
30		Biarritz	复色	—	—
31		Kastelli	橘红复色	—	—
32		Orinoco	复色	—	—
33		Dark Samos	粉白复色	—	—

（三）切花菊品种资源的评价

对原始材料的筛选与评价是十分重要的，鉴于这些品种大部分都引自日本，作为世界上菊花消费量最多的国家，并且销售量占国内鲜切花首位的日本，对菊花的花色、花形及保鲜性等研究都十分深入，因此对这些品种的评价应该以节能（耐寒性）、节劳（无赘芽）和节本（抗病、抗虫）为主要评价指标。在对上述育种材料的评价中，由于这些材料的选取，只是需要取用它们中的某个特性，例如生长的快慢、茎秆的粗壮程度、抗病性的强弱、开花的迟早、开花的一致性、花色的亮丽程度、对光的敏感程度、耐低温或高温的程度等，而这些性状的表述，尚缺乏具体的定量指标，所以选取了14个性状进行评价。昆明虹之华园艺公司从63个品种中，筛选了8个具有育种及商业价值的材料进行了评价并予以保存，下面是筛选出的3个品种。

"神马"：秋菊，花色纯白，花型大，生长旺盛，保鲜期长，为日本20多年来秋菊的当家品种。

"虹之无瑕"：秋菊，白色，神马的芽变品种，在高温的营养生长期无赘芽，无需打芽，省工节劳。

"虹之白露"：秋菊，白色，生长旺盛，生长整齐，花期一致，并耐低温，一般秋菊花芽分化需要18℃的温度，而此品种在14～15℃花芽即可正常分化，因此可以大幅降低加温的能耗。

六、唐菖蒲

（一）唐菖蒲概况

唐菖蒲是鸢尾科唐菖蒲属多年生球根植物，为世界著名切花之一，具有很高的观赏价值，色彩丰富、五彩缤纷，故有十样锦的雅称；其叶形似剑，花形如兰，又有剑兰之美号；花葶尤如竹节，花瓣酷似莲花，又有扁株莲之芳名；另外还有福兰、十三太保等名称。唐菖蒲品种繁多，穗状花序较长，从下至上陆续开放，具有其他插花种类起不到的独特作用，花姿极富装饰性；花期长，瓶插持久，便于运输。在我国切花生产中，唐菖蒲仅次于月季、菊花、香石竹，排名第四位。目前，唐菖蒲在全国各地均有栽培，有数百个品种，按花色可分为红、橙、黄、蓝、紫、桃红、粉红、白等色系及各式复色，包括斑块、细纹、凤眼、撒金等类型。花型有许多变化，已有花朵直径达16cm以上的巨花型及多花型品种。花茎长70～100cm及以上。

唐菖蒲为多年生植物，地下部具扁球形的球茎，外被膜质鳞片，球茎扁圆或卵圆形，具环状节。叶6～9片，剑形。蝎尾状伞形花序，着花8～24朵，花朵硕大。喜凉爽、不耐寒、畏酷热，要求疏松、肥沃、湿润、排水良好的土壤。生长最适温度白天20～25℃，夜晚10～15℃。唐菖蒲为长日照植物，以每天16h光照最为适宜。唐菖蒲的原生种主要分布在非洲、中欧、地中海沿岸地区。其中70%左右的种类原产于南非。不同种的自生地有湿地、草原、山地等各种各样的类型。虽然有些种分布在比较狭窄的地域，但是分布范围很广，其变种也很多。原产南非的唐菖蒲半数以上的种类分布在西南的开普（Cape）地区，由于该地区属于冬季温和多雨，夏季高温干燥的气候类型，所以与北半球自生的种类一样，属于冬季生长型植物。这些种在犹如地中海气候类型的环境条件下，完成自己的生育周期。原产于北半球的种，耐寒性非常强，相比之下，原产于南非的种，耐寒性较弱。此外，在夏季为降雨季节的开普东部以及热带非洲的原种，属于夏季生长类型，其发育需要高温和湿润的气候条件。唐菖蒲的起源范围比较广泛，其开花习性也不同。

唐菖蒲属植物现有野生原种约300种，其中90%左右产于南非的草原或山地，尤以南非好望角最多，被认为是世界上唐菖蒲的遗传多样性分布中心，代表种类有圆叶唐菖蒲、光滑唐菖蒲、多花唐菖蒲、鹦鹉唐菖蒲、邵氏唐菖蒲、报春唐菖蒲；另外10%左右产于地中海沿岸和西亚地区，代表种类有土耳其唐菖蒲、普通唐菖蒲、意大利唐菖蒲（刘久东等，2006）。原种的自然生态环境有湿地、草原、山地等各种类型。虽然有些种分布在比较狭窄的地域，但是在该地域其种群数量很大，变种也很多。在我国，潘瑞道等报道了在浙江省苍南县北关岛上野生分布大量花色奇异的唐菖蒲，之后又在该县的顶草屿、蒲城等地发现该种的种群，经鉴定为逸生群落。

据传唐菖蒲有文字记载是在16世纪末，当时的希腊人和罗马人从农田中或牧场上采集野生唐菖蒲用于装饰或栽培。地中海沿岸一个名叫米诺的人在乡间发现了欧亚原产的唐菖蒲，经引种栽培。一些原种如普通唐菖蒲、意大利唐菖蒲和罗马唐菖蒲已在欧洲栽培了500多年。从1937年开始，随着英国—印度贸易航线的建立，一些南非原产的唐菖蒲如绯红唐菖蒲、圆叶唐菖蒲、多花唐菖蒲等被发现，并不断引入欧洲。第一个人工杂交种是由英国曼彻斯特的教父用绯红唐菖蒲与卡奴斯唐菖蒲杂交培育而成。1823年，在英国的切尔西Colville苗圃用绯红唐菖蒲与圆叶唐菖蒲杂交，育出了早花型的柯氏唐菖蒲，这个杂种很快就成为适于温室生产春季切花的重要栽培类型。促进现代唐菖蒲品种发展的育种工作是比利时人H. Bedinghnas做的，他在1837年用鹦鹉唐菖蒲与多花唐菖蒲杂交，获得了植株高大、花序长、花红色或红黄色，于夏季开花的甘德唐菖蒲，使夏花类品种的改良产生了飞跃。之后英国、法国、德国、瑞典和美国等国的园艺学家在此基础上又经过多次反复的杂交、选择和改良，培育出很多杂交种如莱氏唐菖蒲、齐氏唐菖蒲、邵氏唐菖蒲和南氏唐菖蒲等，形成了现代唐菖蒲夏花类群。但是其中最优秀的大花型品种多是从甘德唐菖蒲系统发展而来，因此，现代唐菖蒲常以甘德唐菖蒲为代表。在唐菖蒲的发展史上，具有重大变革的是报春花唐菖蒲杂交种的出现。1889年，当一种原产南非热带雨林的黄色唐菖蒲（又称报春花唐菖蒲）被发现并引入欧洲和美国后，由于其耐寒性强，适于庭园栽培，备受各国育种者的重视。1915年，美国用小花型报春花唐菖蒲杂交，改良为大花型报春花唐菖蒲，这个杂种成为现代夏花类唐菖蒲的中心。

美国、加拿大等国为唐菖蒲切花品种的发展做了大量工作。在北美，切花唐菖蒲最初是由‘Suohcet’杂种发展而来，但是19世纪末引至北美的品种只能在温室栽培，而后美国人Burbnak育出了植株较高大，又能忍耐加利福尼亚强光和干燥空气的‘Burbank’杂种。再后来加拿大人H. Groff又将‘Burbank’‘Souehet’和‘Child’等切花品种杂交，进行性状重组，培育出了‘Groff’杂交系，此系不仅具有强健的茎秆和良好的切花性状，而且可在露地栽培，当花序下部花朵开放时采切上市。同时期印度人A. Kunderd育出了花瓣皱边的品种。1932年，当加拿大引进‘PICardy’这个品种时，北美唐菖蒲切花工业诞生了。‘PICardy’是甘德唐菖蒲与报春花唐菖蒲的杂交种，不仅能露地栽培，而且是第一个能在蕾期采切，并经远距离运输后花朵仍能开放的品种，不久唐菖蒲的温室生产就取消了。第二次世界大战结束后，加拿大人又育出了一些小花非报春花型的品种，现在商业上称其为‘Pixidoa’型唐菖蒲。

目前全世界现有唐菖蒲品种估计在8000个以上，绝大多数是由南非和热带非洲数十种原种间反复杂交培育而来的，其中圆叶唐菖蒲、绯红唐菖蒲、鹦鹉唐菖蒲、邵氏唐菖蒲为目前参与杂交的重要亲本原种。国际上常用于切花生产的唐菖蒲品种有近百个。其中，国外培育的代表种有：‘Peter Pear’‘Jester’‘Advance’‘White Goddes’‘Victor Borge’等。我国也培育出了较多的唐菖蒲品种，主要来自4个地区：武汉东湖，代表品种有“晓日红”“人面桃花”等；吉林左家，代表品种有“大红袍”“红橙娇”等；辽宁省，代表品种有“玫含宿雨”“冰罩红石”等；甘肃临洮，代表品种有“荧光眼”“粉面施”等。

（二）唐菖蒲种质资源的收集

自20世纪90年代以来，唐菖蒲便在云南种植，以后栽培生产面积逐年上升，近年来又有所下降。唐菖蒲主产区主要分布在云南中部和南部，特别是云南省元江地区更适宜唐菖蒲种球和切花的生产，有实验表明在元江坝区冬季大面积露地种植切花唐菖蒲是可行的，具有投资少、生育期短、可提前上市、花色好以及新母球发育健壮等优点。虽然近年来唐菖蒲种植面积略有下降，但它仍然是切花中不可缺少的一员，以其独特的魅力在鲜切花市场占有一席之地。目前，云南收集到的唐菖蒲品种达70余个。

七、彩色马蹄莲

（一）彩色马蹄莲概况

彩色马蹄莲属于天南星科植物，由于色彩富丽、形态高雅、用途广泛而在国际市场上占有越来越重要的地位，被誉为“21世纪的花卉之星和彩色百合”，是近几年来发展较快、最具有发展潜力的球根花卉。球根花卉王国荷兰是较早引种研究彩色马蹄莲的国家，近年来发展速度较快；新西兰是最早出口彩色马蹄莲的国家之一，每年的马蹄莲出口额约为420万美元，20世纪40～50年代，该国育种商就开始培育彩色马蹄莲品种，已选育出许多流行品种，并形成了商品化生产，国际上流行品种70%以上是新西兰选育的。目前流行的获品种保护授权品种，主要来源于新西兰、荷兰、日本和欧盟。南非、肯尼亚及我国台湾地区近期的发展较快，我国国内20世纪80年代末开始引种种植和研究，云南省是主要的品种引进试种省份之一（吴丽芳等，2006）。

彩色马蹄莲是外来花卉，品种资源收集的主要途径是通过从国外育种和种球生产公司引进。国外进行彩色马蹄莲育种和种球生产的有荷兰H.B.种球、Multiflora、Bloomz、Calla Bulbs Internationa和Green Harvest Exports等公司。国内最初引种单位主要有云南省农业科学院花卉研究所、深圳四季青公司和河南四季春公司等。云南省农科院在1997～2003年间共引进近20个品种试种，并对10余个品种进行组培快繁，生产种苗向省内外市场推广，企业在此基础上进行生产种植。深圳四季春公司2000年从荷兰引进14个品种进行试种栽培。此后，云南的拜尔泰克生物技术公司、藏健花卉公司、美兰花卉和丹辉花卉公司等相继通过北京五洲翔远公司或直接从新西兰引进彩色马蹄莲品种，但是由于引种途径相同，可引品种有限，引进的品种相同或相似，加上知识产权问题，国际上流行的新品种如‘Green Tip’‘Red sox’等无法引入（周涤等，2006）。

（二）云南引进的彩色马蹄种质资源

目前世界栽培的彩色马蹄莲大都是杂交种。多年来云南从各种途径引进品种约40多个，但由于无专门的经费和人员进行品种保存，加上细菌性软腐病的危害等原因，品种在引种试种几年后流失情况严重。目前在生产上应用的品种有10来个，主要是红色品种‘Redmajestic’‘Dominique’‘Chiant’等；黄色品种‘Best Gold’‘Black Majic’‘Florex Gold’等，粉色品种‘Pink Persuason’‘Aurora’等，橘红/黄色品种‘Mango’‘Hot Shot’‘Treasue’等。盆花品种‘Little Dream’‘Galax’‘Rose Queen’等品种在市场上已基本流失。

（三）彩色马蹄莲种质资源的评价

云南省农业科学院花卉研究所对云南引进的彩色马蹄莲进行的主要农艺性状评价见表3-2-13（吴丽芳等，2006）。

表3-2-13　彩色马蹄莲品种主要农艺性状评价

序号	品种英文名	花色	花梗长（cm）	抽花数（枝）	抗性	市场流行情况
1	Red Majestic	红色	50～60	3～5	中等	流行
2	Dominique	红色	60～70	3～5	中等	未流行
3	Carmine Red	红色	40～50	4～5	中等	未流行
4	Chianti	紫色	55～70	3～5	中等	流行
5	Aries	紫红色	50～65	3～5	中等	未流行
6	Galaxy	红色	40～50	4～6	中等	盆花未流行
7	Neroli	橙黄色	45～55	4～6	中等	流行
8	Hot Shot	橘红色	60～70	3～4	中等	流行
9	Flamingo	橘红色、黄色	60～70	3～6	中等	未流行

续表3-2-13

序号	品种英文名	花色	花梗长（cm）	抽花数（枝）	抗性	市场流行情况
10	Mango	橙红色、黄色	60 ~ 70	3 ~ 4	较差	流行
11	Treasure	橘红色	50 ~ 60	3 ~ 6	中等	流行
12	Sensation	橘红色、黄色	55 ~ 70	3 ~ 5	中等	未流行
13	Cameo	橙红色、黄色	55 ~ 70	3 ~ 5	强	未流行
14	Regal Charm	深黄色、红色	55 ~ 65	2 ~ 4	中等	未流行
15	Best Gold	金黄色	50 ~ 60	4 ~ 6	强	流行
16	Florex Gold	金黄色	60 ~ 70	2 ~ 4	强	流行
17	Super Gold	金黄色	40 ~ 50	3 ~ 5	中等	未流行
18	Pot of Gold	深黄色	60 ~ 65	4 ~ 5	中等	未流行
19	Elliotiana	黄色	50 ~ 60	3 ~ 5	中等	未流行
20	Yellow Queen	黄色	45 ~ 55	4 ~ 6	中等	未流行
21	Sunlight	纯黄色	60 ~ 70	3 ~ 5	中等	未流行
22	Black Majic	浅黄色	60 ~ 70	3 ~ 5	强	最流行
23	Lime Light	黄色	55 ~ 65	2 ~ 4	中等	未流行
24	Golden Affair	黄色	60 ~ 75	2 ~ 3	强	流行
25	Hazel Marie	杏黄色	70 ~ 80	3 ~ 5	中等	未流行
26	Golden Sun	黄色	55 ~ 70	4 ~ 6	中等	未流行
27	Gold Star	黄色	45 ~ 60	3 ~ 5	中等	盆花未流行
28	Gold Suggest	金黄色	50 ~ 60	4 ~ 6	强	流行
29	Harmong	粉白色	60 ~ 70	3 ~ 5	中等	未流行
30	Albomaculata	乳黄偏白色	60 ~ 70	3 ~ 5	中等	未流行
31	Black Eye Beauty	奶油色	55 ~ 70	3 ~ 4	中等	未流行
32	Lavender Gen	粉色、紫色	45 ~ 55	3 ~ 5	较差	未流行
33	Coral Sunset	粉色	50 ~ 60	3 ~ 5	中等	未流行
34	Aurora	淡紫色	60	4 ~ 6	中等	未流行
35	Pink Persuason	深粉色	55 ~ 70	4 ~ 6	中等	流行
36	Rose Queen	粉红色	30 ~ 40	3 ~ 5	中等	盆花未流行
37	Celestre	粉红色	40 ~ 50	2 ~ 4	中等	盆花未流行
38	Little Suzy	粉红色	40 ~ 50	3 ~ 5	中等	盆花未流行
39	Rehmanni	亮粉色	40 ~ 55	4 ~ 6	中等	盆花未流行
40	Little Dream	粉红色	40 ~ 50	6 ~ 8	中等	盆花流行
41	Little Jim	乳黄偏白色	35 ~ 45	2 ~ 4	中等	盆花未流行

八、花毛茛种质资源收集和评价

花毛茛又名波斯毛茛、芹菜花，是毛茛科毛茛属多年生宿根草本花卉。花毛茛原产于地中海沿岸，法国、以色列等国家已广泛种植，目前世界各国均有栽培。花毛茛的切花栽培在20世纪90年代末国内北方市场有过生产，但由于气候原因，未开展规模化生产，在新品种培育方面未见报道（王其刚，2006）。

2001年，云南省农业科学院花卉研究所在云南省首次引进花毛茛栽培品种23个，其中从法国SICA公司引进花毛茛切花品种8个，主要花色有玫瑰红、深黄、深粉、白色、红色、黄色、肉色和黄色黑紫边。

栽培观察结果表明，白色和粉色两个品种观赏价值最为突出，花枝长，花苞大；红色品种经3年后栽培退化严重，主要表现为花枝缩短，花苞变小；黄色品种较早熟，产量较高。切花销售的市场反馈，纯色系比较畅销，复色花不是很受欢迎。同年从新西兰引进盆花品种9个，主要花色有粉色、深黄色、黄色、玫瑰红、紫色、橘红、白底红边、白色和红色，每个品种数量较少，经栽培种植表现适应性差，死亡较多。2002年，从以色列引进AIVA系列的6个花色品种，经试种观察，AIVA系列品种适应性较强、抗病性较好，花色艳丽，花枝较长，最长的达70cm，但花苞相对较小，花茎较细，瓶插时花枝容易折断，品种退化较快。

在众多的引进品种中，通过示范栽培观察，花卉所筛选出了适应性、商品性较好的玫红爱娃、红爱娃、金橘、粉罗莎、沙门等5个综合性状优良的切花品种和菲士特系列粉色和黄色品种的2个盆花品种，进行了组培扩繁生产，并在花卉所小河球根基地进行示范栽培，累计面积达30余亩，50%以上的切花销往新加坡和中国的香港、上海、深圳等地。同时，花毛茛作为国内新型切花在本省鲜切花市场面世，带动起该花卉的种植，许多农户到花卉所求购种源，有少数企业相继从国外购种生产，均取得了较好的经济效益。

花毛茛是冬春季切花，产花量高，生长期短，栽种后3个月开花，经济价值较高，但种球经切花栽种后退化严重，导致切花质量明显下降，从国外进口种球成本高，迫切需要加大种球繁育技术的研究力度，但规模化的种球生产技术，还有待进一步试验探索（王其刚，2008）。

九、银莲花种质资源收集和评价

银莲花是毛茛科银莲花属多年生草本植物。全世界约有150多种，主要分布在北半球，多数分布于亚洲和欧洲。我国有53种，25个变种，5个亚种，除广东、海南以外，在大陆各省区和台湾地区均有分布，主要分布在西南部高山地区（中国植物志编委会，1980）。银莲花有两个截然不同的群体，一个是须根型银莲花，在夏末至秋季开花，如*Anemone. hybrida*、*A. tomentosa*和*A. vitifolia*等；另一个是块根银莲花，有块状根茎，在春季至夏初开花，如*A. blanda*、*A. canadensis*、*A. sylvetris*、*A. coronaria*和*A. pavoniana*等。

国际上银莲花新品种培育地在以色列、意大利、法国，不断有新品系育成。国内仅20世纪90年代中期西安植物园对银莲花栽培品种进行过种质资源收集和药用开发研究。

2000年及2001年，云南省农业科学院花卉研究所分别从荷兰及新西兰引进银莲花品种9个，2002年又从荷兰引进银莲花品种7个，种球1.5万余粒。这三批银莲花的栽培均未成功，表现为花枝短、花朵小，种植后的地下球茎极易腐烂，勉强采到的一些种球经贮藏处理后，二次植株长势和开花效果更差。同时连续两年开展银莲花杂交均未成功。2002年，从以色列交换来的6个银莲花品种经种植后顺利产花，并开展了部分杂交育种，但由于地老虎的危害，部分种球腐烂干枯，仅收回种球30余粒。这部分种球已于2003年9月催芽栽种后，由于退化引起开花性状变差而淘汰。2003年，再次从以色列引进银莲花栽培品种9个，数量2万粒。经过3年的栽培试验，在总结经验的基础上，该批种球生长开花正常，切花产量较高，但质量还待进一步提高（王其刚，2005）。通过野外资源调查，花卉所收集到云南当地的野生银莲花种14个进行驯化栽培，多数品种适应性较差，主要是对气候及土壤要求较严格，驯化过程中多数植株死亡，部分品种经栽培后采到种子，种子育苗取得成功。以上花卉所开展的欧洲银莲花品种较大规模切花生产和品种选育及银莲花远源杂交在国内属首次。

银莲花产花量高，生长期短，栽种后3个月开花，经济价值较高。但种球经切花栽种后退化严重，导致切花质量明显下降，从国外进口种球成本高，迫切需要加大种球繁育技术的研究力度。另外，在银莲花的切花栽培中，病害防治技术还有待加强研究。

云南省农业科学院花卉研究所累计开展了近10亩的银莲花新品种切花栽培试验，所产切花出售到新加坡、国内（香港及内陆）市场。银莲花鲜切花进入市场受到了广大同行和消费者喜爱，带来了较好的社会效益，促进人们对银莲花的认知，为云南鲜切花市场增添了一个新型花卉。

第二节　云南盆栽花卉植物的种质资源和评价

根据观赏部位的不同，云南的盆栽花卉植物可分为观花盆栽植物和观叶盆栽植物两大类。

一、观花盆栽植物

云南观花盆栽植物的种类很多，常见的有66种，涉及36个科61个属（见表3-2-14）。根据各种盆栽植物在全省的应用情况，花卉所对各种植物的应用程度做了分级评价。应用范围较广的有报春花、仙客来、矮牵牛、三色堇、翠菊、万寿菊、瓜叶菊、百日草、马蹄莲、水仙花、鸡冠花、千日红、一串红、一品红、月季、桂花、茉莉及蟹爪兰等18个种（昆明市科学技术协会，2001）。

表3-2-14　云南常见的观花盆栽植物种类及其应用评价

序号	种名	拉丁名	科名	属名	应用等级
1	报春花	*Primula malacoides* Franch.	报春花科	报春花属	☆☆☆☆☆
2	仙客来	*Cyclamen persicum* Mill.	报春花科	仙客来属	☆☆☆☆☆
3	矮牵牛	*Petunia hybrid*（Hooker）E. Vilmorin.	茄科	碧冬茄属	☆☆☆☆☆
4	三色堇	*Viola tricolor* Linn.	堇菜科	堇菜属	☆☆☆☆☆
5	石竹	*Dianthus chinensis* L.	石竹科	石竹属	☆
6	菊花	*Dendranthema morifolium* Tzavel.	菊科	菊属	☆☆☆
7	翠菊	*Callistephus chinensis* Nees.	菊科	翠菊属	☆☆☆☆☆
8	万寿菊	*Tagetes erecta* L.	菊科	万寿菊属	☆☆☆☆☆
9	金盏菊	*Calendula officinalis* L.	菊科	金盏菊属	☆☆☆☆
10	瓜叶菊	*Senecio cruentus* DC.	菊科	千里光属	☆☆☆☆☆
11	大丽花	*Dahlia pinnata* Cav.	菊科	大丽花属	☆☆
12	百日草	*Zinnia elegans* Jacq.	菊科	百日草属	☆☆☆☆☆
13	麦秆菊	*Helichrysum bracteatum* Andr.	菊科	腊菊属	☆☆☆
14	兰花	*Cymbidium* spp.	兰科	兰属	☆☆☆☆
15	卡特兰	*Cattleya×hybrida*	兰科	距药姜属	☆☆☆
16	花烛	*Anthurium andraeanum* Linden.	天南星科	花烛属	☆☆☆

续表3-2-14

序号	种名	拉丁名	科名	属名	应用等级
17	马蹄莲	*Zantedeschia aethiopica* (L.) Spreng.	天南星科	马蹄莲属	☆☆☆☆☆
18	玉簪	*Hosta plantaginea* (Lam.) Aschers.	百合科	玉簪属	☆☆
19	风信子	*Hyainthus orientalis* L. Sp. Pl.	百合科	风信子属	☆
20	君子兰	*Clivia miniata* Reg.	石蒜科	君子兰属	☆
21	水仙	*Narcissus tazeta* subsp. *chinensis* (M. Roem.)	石蒜科	水仙属	☆☆☆☆☆
22	朱顶红	*Hippeastrum rutilum* (Ker–Gawl.) Herb.	石蒜科	孤挺花属	☆
23	天竺葵	*Pelargonium hortorum* Bailey	牻牛儿苗科	天竺葵属	☆☆☆
24	鸡冠花	*Celosia cristata* L.	苋科	青葙属	☆☆☆☆☆
25	千日红	*Gomphrena globosa* L.	苋科	千日红属	☆☆☆☆☆
26	凤仙花	*Impatiens balsamina* L.	凤仙花科	凤仙花属	☆☆
27	一串红	*Salvia splendens* Ker–Gawl.	唇形科	鼠尾草属	☆☆☆☆☆
28	虎克四季秋海棠	*Begonia semperflorens* Link et Otto.	秋海棠科	秋海棠属	☆☆☆
29	银星秋海棠	*Begonia argenteo-guttata* Lemoine.	秋海棠科	秋海棠属	☆☆☆
30	睡莲	*Nymphoea tetragona* Georgi.	睡莲科	睡莲属	☆
31	郁金香	*Tulipa gesneriana* L.	百合科	郁金香属	☆☆
32	红蕉	*Musa coccinea* Andr.	芭蕉科	芭蕉属	☆
33	地涌金莲	*Musella lasiocarpum*（Franch.）E.E.Chees.	芭蕉科	地涌金莲属	☆
34	一品红	*Euphorbia pulcherrima* Willd.	大戟科	大戟属	☆☆☆☆☆
35	金橘	*Fortunella margarita* ‘Calamondin’	芸香科	柑属	☆
36	海桐	*Pittosporum tobira*（Thunb.）Ait.	海桐花科	海桐花属	☆
37	月季	*Rosa chinensis* Jacq.	蔷薇科	蔷薇属	☆☆☆☆☆
38	梅	*Armeniaca mume* Sieb.	蔷薇科	杏属	☆☆☆
39	桃	*Amygdalus persica* L.	蔷薇科	桃属	☆☆☆
40	贴梗海棠	*Chaenomeles speciosa*（Sweet）Nakai.	蔷薇科	木瓜属	☆☆☆
41	杜鹃	*Rododendron simsii* Planch.	杜鹃花科	杜鹃属	☆☆☆☆
42	倒挂金钟	*Fuchsia hybrida* Voss.	柳叶菜科	倒挂吊钟属	☆☆
43	山茶	*Camellia japonica* L.	山茶科	山茶属	☆☆☆
44	含笑	*Michelia figo*（Lour.）Spreng.	木兰科	含笑属	☆☆
45	桂花	*Osmanthus* fragrans Lour.	木犀科	木犀属	☆☆☆☆☆
46	茉莉	*Jasminum sambac*（L.）Ait.	木犀科	木犀属	☆☆☆☆☆
47	迎春花	*Jasminum nudiflorum* Lindl.	木犀科	木犀属	☆☆☆
48	金栗兰	*Chloranthus spicatus* Mak.	金粟兰科	金粟兰属	☆
49	米兰	*Aglaia odorata* Lour.	楝科	米仔兰属	☆☆
50	九里香	*Murraya paniculata*（L.）Jack.	芸香科	九里香属	☆
51	长春花	*Catharanthus roseus*（L.）G.Don.	夹竹桃科	长春花属	☆
52	石榴	*Punica granatum* L.	石榴科	石榴属	☆☆
53	绣球	*Hydrangea macrophylla*（Thunb.）Seringe.	绣球科	绣球属	☆☆
54	紫藤	*Wisteria sinensis* （Sims）DC.	蝶形花科	紫藤属	☆☆
55	铁线莲	*Clematis florida* Thunb.	毛茛科	铁线莲属	☆
56	梨果仙人掌	*Opuntia ficus-indica* Mill.	仙人掌科	仙人掌属	☆☆☆☆
57	昙花	*Epiphyllum oxypetalum* （DC.） Haw.	仙人掌科	昙花属	☆

续表3-2-14

序号	种名	拉丁名	科名	属名	应用等级
58	令箭荷花	*Nopalxochia ackermannii* Kunth.	仙人掌科	令箭荷花属	☆☆
59	蟹爪兰	*Zygocactus truncatus* K.Sch.	仙人掌科	蟹爪兰属	☆☆☆☆☆
60	量天尺	*Hylocereus undatus*（Haw.）Br. et Bose.	仙人掌科	量天尺属	☆☆☆
61	旺盛球	*Eschinopsis multiplex* Zuee.	仙人掌科	仙人球属	☆☆☆
62	六角柱	*Cereus peruvianus*	仙人掌科	天轮柱属	☆☆☆
63	虎刺梅	*Euphorbia milii* Ch. Des Moulins.	仙人掌科	虎刺属	☆☆
64	绿玉树	*Euphorbia tirucalli* L.	大戟科	大戟属	☆
65	木麒麟	*Pereskia pereskia*（L.）H.Karst.	大戟科	大戟属	☆
66	玉蝶	*Echeveria glauca* Bak.	景天科	石莲花属	☆☆

注：☆☆☆☆☆：城市极广泛种植；☆☆☆☆：私人及公共场所常见；☆☆☆：大私人家庭种植；☆☆：部分私人种植；☆：私人零星种植

二、观叶盆栽植物

云南常见的观叶盆栽植物种类略少于观花盆栽植物。从表3-2-15可知，云南常见的观叶盆栽植物种类有40种，分属于22科，38属；其中，以天南星科植物最多，涉及万年青属、广东万年青属、花叶万年青属、海芋属、花叶芋属、龟背芋属、藤芋属、喜林芋属、合果芋属，共9个属。从云南观叶盆栽植物的应用范围来看，以吊兰、剑叶龙血树、金边富贵竹、棕竹、蒲葵、散尾葵、发财树、常春藤、绿萝、红苞喜林芋、扶芳藤及文竹等12种盆栽植物的应用较广（桑林和贺颖华，2010）。

表3-2-15　云南常见的观叶盆栽植物种类及其应用评价

序号	种名	拉丁名	科名	属名	应用等级
1	肾蕨	*Nephrolepis auriculata*（L.）Trimen	肾蕨科	肾蕨属	☆☆☆
2	鸟巢蕨	*Neottopteris nidus*（L.）Sm.	铁角蕨科	巢蕨属	☆☆☆
3	龙舌兰	*Agave ameicana* L.	龙舌兰科	龙舌兰属	☆
4	吊兰	*Chlorophytum comosum*（Thunb.）Jacques.	百合科	吊兰属	☆☆☆☆☆
5	一叶兰	*Aspidistra elatior* Bl.	百合科	蜘蛛抱蛋属	☆☆☆☆
6	万年青	*Rohdea japonica*（Thumb.）Roth.	天南星科	万年青属	☆
7	广东万年青	*Aglaonema modestum* Schott ex Engler.	天南星科	广东万年青属	☆☆☆
8	花叶万年青	*Dieffenbachia picta* Lodd.	天南星科	花叶万年青属	☆☆☆
9	海芋	*Alocasia marcrorrhiza*（L.）Schott.	天南星科	海芋属	☆☆☆
10	花叶芋	*Caladium bicolor*（Ait.）Vent.	天南星科	花叶芋属	☆☆
11	羽衣甘蓝	*Brassica oleracea* var. *acephala* f. *tricolor*	十字花科	芸薹属	☆☆☆
12	彩叶凤梨	*Neoregelia carolinae*（Beer）Sm.	凤梨科	彩叶凤梨属	☆
13	肖竹芋	*Calathea ornate*（Lindl.）Koern.	竹芋科	肖竹芋属	☆
14	冷水花	*Pilea notata* Wright.	荨麻科	冷水花属	☆☆
15	苏铁	*Cycas revoluta* Thunb.	苏铁科	苏铁属	☆☆☆
16	剑叶龙血树	*Dracaena cochinchinensis*（Lour.）Chen.	龙舌兰科	龙血树属	☆☆☆☆☆
17	金边富贵竹	*Dracaena sanderiana* ‘Golden edge’	龙舌兰科	龙血树属	☆☆☆☆☆
18	铁树	*Cordyline fruticosa*（L.）A.Cheval.	龙舌兰科	朱蕉属	☆☆

续表3-2-15

序号	种名	拉丁名	科名	属名	应用等级
19	棕榈	*Trachycarpus fortunei*（Hook.）H.Wendl.	棕榈科	棕榈属	☆☆☆
20	棕竹	*Rhapis excelsa*（Thunb.）Henry ex Rehd.	棕榈科	棕竹属	☆☆☆☆☆
21	蒲葵	*Livistona chinensis*（Jacq.）R. Br.	棕榈科	蒲葵属	☆☆☆☆☆
22	鱼尾葵	*Caryota ochlandra* Hance.	棕榈科	鱼尾葵属	☆☆☆☆
23	散尾葵	*Chrysalidocarpus lutescens* Wendl.	棕榈科	散尾葵属	☆☆☆☆☆
24	袖珍椰子	*Chamaedorea elegans* Mart.	棕榈科	竹棕属	☆☆☆☆
25	异叶南洋杉	*Araucaria heterophylla*（Salisb.）Franco	南洋杉科	南洋杉属	☆☆
26	罗汉松	*Podocarpus macrophyllus*（Thunb.）Sweet	罗汉松科	罗汉松属	☆
27	垂叶榕	*Ficus benjamina* L.	桑科	榕属	☆☆☆
28	印度榕	*Ficus elastic* Roxb. ex Hornem.	桑科	榕属	☆☆☆☆
29	瓜栗	*Pachira macrocarpa*（Cham. et Schlecht.）Walp.	木棉科	中美木棉属	☆☆☆☆☆
30	鹅掌柴	*Schefflera octophylla*（Lour.）Harms.	五加科	鹅掌柴属	☆
31	常春藤	*Hedera nepalensis* var. *sinensis*（Tobl）Rehd.	五加科	常春藤属	☆☆☆☆☆
32	南天竹	*Nandina domestica* Thunb.	小檗科	南天竹属	☆☆
33	龟背竹	*Monstera deliciosa* Liebm.	天南星科	龟背竹属	☆☆☆☆
34	绿萝	*Scindapsus aurens* Engler.	天南星科	藤芋属	☆☆☆☆☆
35	红苞喜林芋	*Philodendron erubescens* C. Koch et Augustin.	天南星科	喜林芋属	☆☆☆☆☆
36	白蝶合果芋	*Syngonium podophyllum* 'White Butterfly'	天南星科	合果芋属	☆☆☆
37	扶芳藤	*Euonymus fortunei*（Turcz.）Hand.-Mazz.	卫矛科	卫矛属	☆☆☆☆☆
38	文竹	*Asparagus setaceus*（Kunth）Jessop	假叶树科	天门冬属	☆☆☆☆☆
39	芦荟	*Aloe vera* L. var. *chinensis*（Haw.）Berger.	百合科	芦荟属	☆☆☆
40	地肤	*Kochia scoparia*（L.）Schrad.	藜科	地肤属	☆☆

注：☆☆☆☆☆：私人及公共场所极为常见；☆☆☆☆：私人及公共场所常见；☆☆☆：大私人家庭种植；☆☆：部分私人种植；☆：私人零星种植

第三节　云南庭院花卉植物的种质资源和评价

云南庭院花卉植物较为常见的有78种，包括菊科、鸢尾科、石蒜科、锦葵科、蔷薇科等45个科64个属的植物。较为常见的庭院花卉植物有蔷薇、月季、梅花、桃花、贴梗海棠、杜鹃、山茶、黄槐、木兰、紫玉兰、桂花、迎春花、紫薇、雪松、圆柏、常春藤、扶芳藤及柳树等18种（王继华，2016）。云南常见庭院花卉植物种类及其应用评价见表3-2-16。

表3-2-16　云南常见庭院花卉植物种类及其应用评价

序号	种名	拉丁名	科名	属名	应用等级
1	大丽花	*Dahlia pinnata* Cav.	菊科	大丽花属	☆☆
2	鸢尾	*Iris tectorum* Maxim.	鸢尾科	鸢尾属	☆☆☆☆
3	射干	*Belamcanda chinensis*（L.）DC.	鸢尾科	射干属	☆☆
4	百合	*Lilium* spp.	百合科	百合属	☆☆

续表3-2-16

序号	种名	拉丁名	科名	属名	应用等级
5	萱草	*Hemerocallis fulva*（L.）L.	百合科	萱草属	☆☆
6	石蒜	*Lycoris radiata*（L' Her.）Herb.	石蒜科	石蒜属	☆☆☆☆
7	晚香玉	*Polianthes tuberosa* L.	石蒜科	晚香玉属	☆☆
8	美人蕉	*Canna indica* L.	美人蕉科	美人蕉属	☆
9	牵牛花	*Ipomoea hederacea* Jacq.	旋花科	番薯属	☆☆
10	紫茉莉	*Mirabilis jalapa* L.	紫茉莉科	紫茉莉属	☆☆
11	荷花	*Nelumbo nucifera* Gaertn.	睡莲科	莲属	☆☆☆
12	旱金莲	*Troparolum majus* L.	金莲花科	金莲花属	☆☆
13	紫罗兰	*Matthiola incana*（L.）R.Br.	十字花科	紫罗兰属	☆☆☆
14	醉蝶花	*Cleome spinosa* L.	白菜花科	醉蝶花属	☆
15	蜀葵	*Althaea rosea* Cav.	锦葵科	蜀葵属	☆☆☆
16	朱槿	*Hibiscus rosa-sinensis* L.	锦葵科	木槿属	☆☆☆
17	芙蓉花	*Hibiscus mutabilis* L.	锦葵科	木槿属	☆☆
18	黄槿	*Hibiscus tiliaceus* L.	锦葵科	木槿属	☆☆
19	木槿	*Hibiscus syriacus* L.	锦葵科	木槿属	☆☆☆
20	蔷薇	*Rosa multiflora* Thunb.	蔷薇科	蔷薇属	☆☆☆☆☆
21	月季	*Rosa chinensis* Jacq.	蔷薇科	蔷薇属	☆☆☆☆☆
22	梅花	*Prunus mume* Sieb. et Zucc.	蔷薇科	李属	☆☆☆☆☆
23	桃花	*Prunus persica* Batsch.	蔷薇科	李属	☆☆☆☆☆
24	杏	*Prunus armeniaca* L.	蔷薇科	李属	☆
25	樱花	*Prunus yedoensis* Matsum.	蔷薇科	李属	☆☆☆☆☆
26	梨	*Pyrus* spp.	蔷薇科	梨属	☆☆☆
27	海棠	*Malus spectabilis*（Ait.）Borkh.	蔷薇科	苹果属	☆☆☆
28	石楠	*Photinia serrulata* Lindl.	蔷薇科	石楠属	☆☆☆
29	贴梗海棠	*Chaenomeles speciosa* (Sweet)Nakai	蔷薇科	木瓜属	☆☆☆☆☆
30	杜鹃	*Rhododendron simsii* Planch.	杜鹃花科	杜鹃属	☆☆☆☆☆
31	山茶	*Camellia japonica* L.	山茶科	山茶属	☆☆☆☆☆
32	广宁红花油茶	*Camellia semiserrata* Chi.	山茶科	山茶属	☆☆☆
33	木棉	*Bombax ceiba* L.	木棉科	木棉属	☆☆☆
34	腊肠树	*Cassia fistula* L.	苏木科	铁刀木属	☆☆
35	黄槐	*Cassia suffruticosa* K.Koen. ex Roth.	苏木科	铁刀木属	☆☆☆☆☆
36	无忧花	*Saraca declinata* （Jack） Miq.	苏木科	无忧花属	☆☆☆
37	红花羊蹄甲	*Bauhinia blakeana* Dunn.	苏木科	羊蹄甲属	☆☆☆☆
38	凤凰木	*Delonix regia*（Boj.）Raf.	苏木科	凤凰木属	☆☆
39	紫荆	*Cercis chinensis* Bunge.	苏木科	紫荆属	☆
40	珍珠相思	*Acacia podalyriifolia* Cunn. ex Don.	含羞草科	金合欢属	☆
41	长蕊合欢	*Calliandra surinamensis* Benth.	含羞草科	朱缨花属	☆☆
42	合欢	*Albizia julibrissin* Durazz.	含羞草科	合欢属	☆☆☆
43	刺桐	*Erythrina orientalis*（L.）Murr.	蝶形花科	刺桐属	☆☆
44	红千层	*Callistemon rigidus* R.Br.	桃金娘科	红千层属	☆☆
45	木兰	*Magnolia denudata* Desr.	木兰科	木兰属	☆☆☆☆☆

续表3-2-16

序号	种名	拉丁名	科名	属名	应用等级
46	广玉兰	*Magnolia grandiflora* L.	木兰科	木兰属	☆☆☆☆
47	紫玉兰	*Magnolia liliflora* var. gracilis（Salisb.）Rehder	木兰科	木兰属	☆☆☆☆☆
48	含笑花	*Michelia figo*（Lour.）Spreng.	木兰科	含笑属	☆☆☆
49	白兰	*Michelia alba* DC.	木兰科	木兰属	☆☆☆☆☆
50	蜡梅	*Chimonanthus praecox*（L.）Link.	蜡梅科	蜡梅属	☆
51	桂花	*Osmanthus fragrans* Lour.	木犀科	木犀属	☆☆☆☆☆
52	迎春花	*Jasminum nudiflorum* Lindl.	木犀科	木犀属	☆☆☆☆☆
53	夜来香	*Cestrum nocturnum* L.	茄科	夜来香属	☆
54	栀子花	*Gardenia jasminoides* Ellis	茜草科	栀子花属	☆☆☆
55	夹竹桃	*Nerium indicum* Mill.	夹竹桃科	夹竹桃属	☆☆
56	鸡蛋花	*Plumeria rubra* L. cv. *acutifolia*	夹竹桃科	鸡蛋花属	☆
57	黄蝉	*Allamada neriifolia* Hook.	夹竹桃科	黄蝉属	☆☆
58	石榴	*Punica granatum* L.	石榴科	石榴属	☆☆☆
59	檵木	*Loropetalum chinensis*（R.Br.）Oliv.	金缕梅科	檵木属	☆☆☆☆
60	五色梅	*Lantana camara* L.	马鞭草科	马缨丹属	☆☆
61	紫薇	*Lagerstroemia indica* L.	千屈菜科	紫薇属	☆☆☆☆☆
62	秘鲁蓝花楹	*Jacaranda acutifolia* Bonpl.	紫葳科	蓝花楹属	☆☆☆
63	棕榈	*Trachycarpus fortunei*（Hook.）H.Wendl.	棕榈科	棕榈属	☆☆☆
64	苏铁	*Cycas revolute* Thunb.	苏铁科	苏铁属	☆☆☆
65	南洋杉	*Araucaria heterophylla*（Salisburg）Franco.	南洋杉科	南洋杉属	☆☆
66	罗汉松	*Podocarpus macrophyllus*（Thunb.）Don.	罗汉松科	罗汉松属	☆☆
67	雪松	*Cedrus deodara*（Roxb. ex D.Don）G.Don	松科	雪松属	☆☆☆☆☆
68	圆柏	*Sabina chinensis*（L.）Ant.	柏科	圆柏属	☆☆☆☆☆
69	榕树	*Ficus microcarpa* L.f.	桑科	榕属	☆☆☆☆
70	黄杨	*Buxus sinica*（Rehd. et Wils.）Cheng.	黄杨科	黄杨属	☆☆☆☆
71	海桐	*Pittosporum tobira*（Thunb.）Ait.	海桐科	海桐属	☆☆
72	金银花	*Lonicera japonica* Thunb.	忍冬科	忍冬属	☆☆☆
73	凌霄	*Campsis grandiflora*（Thunb.）Schum.	紫葳科	紫葳属	☆☆☆
74	常春藤	*Hedera nepalensis* var. *sinensis*（Tobl.）Rehd.	五加科	常春藤属	☆☆☆☆☆
75	爬山虎	*Parthenocissus tricuspidata* (Siebold & Zucc.) Planch.	葡萄科	爬山虎属	☆☆☆☆
76	扶芳藤	*Evonymus fortunei*（Turcz.）Hand.-Mazz.	卫矛科	卫矛属	☆☆☆☆☆
77	紫藤	*Wisteria sinensis* Sweest.	蝶形花科	紫藤属	☆☆☆
78	柳树	*Salix babylonica* L.	杨柳科	杨柳属	☆☆☆☆☆

注：☆☆☆☆☆：庭院极为常见；☆☆☆☆：庭院常见；☆☆☆：庭院大部分种植；☆☆：庭院部分种植；☆：庭院零星种植

参考文献

[1] 中国植物志编委会. 中国植物志(第14卷)[M]. 北京: 科学出版社, 1980: 116-121.
[2] 中国植物志编委会. 中国植物志(第28卷)[M]. 北京: 科学出版社, 1980: 1-8.
[3] 中国植物志编委会. 中国植物志(第37卷)[M]. 北京: 科学出版社, 1985: 360-454.

[4] 中国植物志编委会. 中国植物志(第79卷)[M]. 北京: 科学出版社, 1996: 73–76.
[5] 昆明市科学技术协会. 云南盆花[M]. 昆明: 云南科技出版社, 2001: 1–122.
[6] 中国科学院昆明植物研究所. 云南植物志(第12卷)[M]. 北京: 科学出版社, 2006: 570–600.
[7] 李树发, 阳玉勇, 唐开学. 云南省月季切花生产技术规程[M]. 昆明: 云南科技出版社, 2006: 1–14.
[8] 桑林, 贺颖华. 观赏宿根花卉的栽培及应用[M]. 昆明: 云南科技出版社, 2010: 2–187.
[9] 王继华, 关文灵, 李世峰. 云南木本观赏植物资源(第二册)[M]. 北京: 科学出版社, 2016: 13–33.
[10] Ku TC, Robertson KR. Rosa(Rosaceae). In: Wu ZY, Raven PH, editors. Flora of China. vol 9[M]. Beijing: Science Press; St. Louis: Missouri Botanical Garden Press, 2003: 339–381.
[11] 唐开学, 邱显钦, 张颢, 等. 云南蔷薇属部分种质资源的SSR遗传多样性研究[J]. 园艺学报, 2008, 35(8): 1227–1232.
[12] 张颢, 杨秀梅, 王继华, 等. 云南蔷薇属部分种质资源对白粉病的抗性鉴定[J]. 植物保护, 2009, 35(4): 131–133.
[13] Yan HJ, Zhang H, Wang QG, et al. The *Rosa chinensis* cv. *viridiflora* phyllody phenotype is associated with misexpression of flower organ identity genes[J]. Frontier Plant Science, 2016, 7: 996.
[14] 瞿素萍, 熊丽, 莫锡君, 等. 大花香石竹的倍性分析[J]. 西南农业学报, 2004, 17(4): 504–507.
[15] 王继华, 熊丽, 瞿素萍, 等. 香石竹不同品种对镰刀菌枯萎病的抗性评价[J]. 植物保护, 2005, 31(1): 34–37.
[16] 刘久东, 刘伟, 周厚高, 等. 唐菖蒲育种的研究进展[J]. 北方园艺, 2006(4): 74–75.
[17] 周涤, 吴丽芳. 马蹄莲研究进展[J]. 中国农学通报, 2006(9): 284–290.
[18] 吴丽芳, 杨春梅, 蒋亚莲. 中国彩色马蹄莲产业化发展分析[J]. 云南农业科技, 2006, 增刊: 96–99.
[19] 李越, 刘云龙, 李凡, 等. 非洲菊根腐病品种抗病性鉴定及病原菌的致病性分化[J]. 云南农业大学学报, 2008(1): 33–35, 41.
[20] 王其刚, 熊丽, 王祥宁. 花毛茛切花栽培技术[J]. 农村实用技术, 2006(7): 45.
[21] 王其刚, 陈贤, 赵培飞, 等. 花毛茛块根规模化繁殖生产关键技术研究[J]. 江苏农业科学, 2008(5): 148–150.
[22] 王其刚, 熊丽, 王祥宁, 等. 冠状银莲花引种试种研究[J]. 西南农业学报, 2005, 18(4): 465–468.

第三章　云南主要花卉种质资源

第一节　草本花卉

一、1～2年生花卉

1. 飞燕草

飞燕草为毛茛科飞燕草属多年生草本植物。因其花形别致，酷似一只只燕子，故名之。飞燕草为直根性植物，须根少，宜直播，移植带土团。较耐寒、喜阳光、怕暑热、忌积涝，宜在深厚肥沃的砂质土壤上生长。原产于欧洲南部，中国各省均有栽培。

（1）形态特征

茎高约达60cm，与花序均被弯曲的短柔毛，中部以上分枝。茎下部叶有长柄，在开花时多枯萎，中部以上叶具短柄；叶片长达3cm，掌状细裂，狭线形小裂片宽0.4～1mm，有短柔毛。花序生茎或分枝顶端；下部苞片叶状，上部苞片小，不分裂，线形；花梗长0.7～2.8cm；小苞片生花梗中部附近，条形；萼片紫色、粉红色或白色，宽卵形，长约1.2cm，外面中央疏被短柔毛，距钻形，长约1.6cm；花瓣瓣片三裂，中裂片长约5mm，先端二浅裂，侧裂片与中裂片成直角展出，卵形；花药长约1mm。蓇葖果，长1.8cm，密被短柔毛，网脉稍隆起，不太明显。种子长约2mm。

（2）生态习性

生于山坡、草地、固定沙丘。飞燕草对气候的适应性较强，以湿润凉爽的气候环境较为适宜。种子发芽的适温为15℃，生长期适温白天为20～25℃，夜间为3～15℃。喜光、稍能耐阴，生长期可在半阴处，花期需充分足阳光。喜肥沃、湿润、排水良好的酸性土，也能耐旱和稍耐水温，pH以5.5～6.0为佳。

（3）园林用途和经济用途

飞燕草主要用于园林绿化，也可用作切花；可丛植，栽植花坛、花境，也适用于盆栽及容器栽培；其种子与根，亦是中药药材。

（4）飞燕草在云南的开发利用

在云南栽培飞燕草引进品种主要为园林用途，少量生产切花。云南常用的飞燕草品种有：

大花飞燕草“夏日”：株高约30cm，株型紧凑低矮，分枝性好，且花色吸引人。淡紫青色、深紫青色、白色和混合色。花期早，耐热性好。不需要春化处理且可作一年生栽培。

大花飞燕草“夏日云彩”：株高约25～30cm，株型紧凑，分枝性好，开花早，花量丰富，花期长，花色独特。无需春化处理。适宜盆栽和露地栽培。

裸茎翠雀花“狐狸”：株高约25～30cm，株型紧凑且分枝性好，绿色且平滑，花亮橙红色，多花。第一年可开花。

裸茎翠雀花“红灯笼”：株高约40～45cm，株型紧凑，花红色，分枝性优，第一年可开花。

“神秘之水”系列：株高75～90cm，种子播种要求较为干燥，颜色丰富，有白心桃红、白心淡紫、白心淡溧蓝、黑心白色、纯白色。

2. 紫罗兰

紫罗兰为十字花科紫罗兰属二年或多年生草本。别称草桂花、四桃克、草紫罗兰。紫罗兰寓意美好，花语为永恒的美、质朴、美德。在云南，紫罗兰作为盆栽花卉，已经进入千家万户。该种原产地中海沿岸，目前，我国南部地区广泛栽培。云南省作为鲜切花及盆花常有引种。

（1）形态特征

叶子长圆形或倒披针形，株高30～60cm，全株被灰色星状柔毛覆盖。茎直立，基部稍木质化。叶面宽大，长椭圆形或倒披针形，先端圆钝。总状花序顶生和腋生，花多数，较大，花序轴果期伸长；花梗粗壮，斜上开展；花有紫红、淡红、淡黄、白等颜色；单瓣花能结籽，重瓣花不结籽。果实为长角果圆柱形。种子近圆形，直径约2mm，扁平，深褐色，边缘具有白色膜质的翅。花期12月至次年5月，果熟期6～7月。

（2）生态习性

紫罗兰喜冷凉的气候，忌燥热。喜通风良好的环境，冬季喜温和气候，但也能耐短暂的-5℃的低温。花芽分化的适宜温度为15℃。对土壤要求不严，但在排水良好、中性偏碱的土壤中生长较好，忌酸性土壤。紫罗兰耐寒不耐阴，怕渍水，它适生于位置较高，接触阳光，通风、排水良好的环境中。切忌闷热，在霉雨天气炎热而通风不良时易受病虫危害。要求肥沃湿润及深厚之壤土；喜阳光充足，但也稍耐半阴；施肥不宜过多，否则对开花不利；光照和通风如果不充分，易感病虫害。

（3）园林用途和经济用途

园林用途：紫罗兰主要用于盆栽及园林绿化，不同颜色有着不同的美好寓意。目前主要商品化运用的品种有：单瓣和重瓣两种品系。

单瓣品系：单瓣品系能结种，种子饱满充实，播种后大多数能产生单瓣花植株。花色有粉红、深红、浅紫、深紫、纯白、淡黄、鲜黄、蓝紫等。该品系植株长势旺盛，体态端庄，叶色鲜绿，叶端呈卵形突尖状，略下垂或平直下垂，长角果直而宽，顶端有角状突起。幼苗的子叶呈短椭圆形，本叶上锯齿较少，苗色较深。在生产中一般使用白花、粉花和紫花等品种生产切花。

重瓣品系：重瓣品系观赏价值高，但重瓣花不能结实。扁平种子播种后大多数能产生重瓣花，花色种类繁多。该品系株形较弯曲，长势偏弱，叶色暗绿，叶端圆形，呈弓状下垂，角果弯曲，果顶无角状突起，果与枝平行着生。幼苗的子叶呈宽阔的椭圆形，本叶上锯齿较多，苗色较淡。

经济用途：紫罗兰可用于精油提取，一般认为该精油有净化尿液的效果，因此有助于膀胱炎，特别是在下背部感到尖锐疼痛时。它也可以驱散体内一般性的阻塞现象，有轻泻的作用，还可催吐。可用作肝脏的解毒剂（消除充血现象），有助于清除黄疸及偏头痛。对呼吸道颇有益处，有助于过敏性的咳嗽及百日咳，尤其适用于呼吸方面的问题，如呼吸急促。可缓解喉咙发炎、声音嘶哑与胸膜炎等疾病症状，可分解黏液、化痰。

（4）紫罗兰在云南的开发利用

紫罗兰在云南昆明、维西等地有栽培。紫罗兰由于花朵茂盛，花色鲜艳，香气浓郁，花期长，花序长，加之云南气候条件适宜于紫罗兰的栽培，被广泛运用于盆栽观赏，布置花坛、台阶、花径，同时重瓣整株紫罗兰花朵也可作为切花花束。部分栽培者也提供专供精油提取的紫罗兰。两种品系在云南主要栽培品种有白色的“艾达”、淡黄的“卡门”、红色的“弗朗西斯克”、紫色的“阿贝拉”和淡紫红的“英卡纳”等。

3. 千日红

千日红为苋科千日红属一年生直立草本。又名圆仔花、百日红、火球花。热带和亚热带常见花卉。花朵紫红色，排成顶生圆球形头状花序；苞片多为紫红色。千日红作为药用植物，有止咳平喘的作用。原产美洲巴西、巴拿马和危地马拉，我国长江以南普遍种植。

（1）形态特征

高20～60cm。茎粗壮，有分枝，枝略呈四棱形，有灰色糙毛，幼时更密，节部稍膨大。叶片纸质，长椭圆形或矩圆状倒卵形，长3.5～13cm，宽1.5～5cm，顶端急尖或圆钝，凸尖，基部渐狭，边缘波状，两面有小斑点、白色长柔毛及缘毛，叶柄长1～1.5cm，有灰色长柔毛。花多数，密生，成顶生球形或矩圆形头状花序，单一或2～3个，直径2～2.5cm，常紫红色，有时淡紫色或白色；总苞为两个绿色对生叶状苞片组合而成，卵形或心形，长1～1.5cm，两面有灰色长柔毛；苞片卵形，长3～5mm，白色，顶端紫红色；小苞片三角状披针形，长1～1.2cm，紫红色，内面凹陷，顶端渐尖，背棱有细锯齿缘；花被片披针形，长5～6mm，不展开，顶端渐尖，外面密生白色绵毛，花期后不变硬；雄蕊花丝连合成管状，顶端5浅裂，花药生在裂片的内面，微伸出；花柱条形，比雄蕊管短，柱头2，叉状分枝。胞果近球形，直径2～2.5mm。种子肾形，棕色，光亮。花果期6～9月。

（2）生态习性

喜阳光，性强健，早生，耐干热、耐旱、不耐寒，宜疏松肥沃的土壤。千日红对环境要求不严，但性喜阳光、炎热干燥气候，耐修剪，花后修剪可再萌发新枝，继续开花。生长适温为20～25℃，在35～40℃范围内生长也良好，冬季温度低于10℃以下植株生长不良或受冻害。

（3）园林用途和经济用途

园林用途：千日红花期长，花色鲜艳，为优良的园林观赏花卉，是花坛、花境的常用材料，且花后不落，色泽不褪，仍保持鲜艳。中国南北各省均有栽培。供观赏，头状花序经久不变，除用作花坛及盆景外，还可作花圈、花篮等装饰品。

经济用途：千日红具有药用和食用价值。花序入药，有止咳定喘、平肝明目功效，主治支气管哮喘，急、慢性支气管炎，百日咳，肺结核咯血等症。

（4）千日红在云南的开发利用

云南省千日红主要作为鲜切花及干花材料种植。云南主要的栽培品种有：

千日红：主要颜色有紫罗兰色、浅粉色、紫色、玫红色、白色。株高约30cm，植株强健，是卓越的鲜切花和干切花装饰产品。

美洲千日红：颜色以红色为主。株高约40cm，植株强健，茎秆长。花大，花朵正面朝上，花型比千日红更长，是市场主流的鲜切花及干切花品种。

4. 翠菊

翠菊为菊科翠菊属一年生草本浅根性植物。又名五月菊（云南）、江西腊。按株型可分大型、中型、矮型，大型株高50～80cm，中型株高35～45cm，矮型株高20～35cm。按花型可分彗星型、驼羽型、管瓣型、松针型、菊花型等。翠菊宜布置花坛、花镜及作切花用，在日本是非常重要的园艺切花材料。

（1）形态特征

高30～100cm，茎直立，单生，有纵棱，被白色糙毛，基部直径6～7mm，分枝斜生或不分枝。下部茎叶花期脱落或生存；中部茎叶卵形、菱状卵形或匙形或近圆形，长2.5～6cm，宽2～4cm，顶端渐尖，基部截形、楔形或圆形，边缘有不规则的粗锯齿，两面被稀疏的短硬毛，叶柄长2～4cm，被白色短硬毛，有狭翼；上部的茎叶渐小，菱状披针形，长椭圆形或倒披针形，边缘有1～2个锯齿，或线形而全缘。头状花序单生于茎枝顶端，直径6～8cm，有长花序梗；总苞半球形，宽2～5cm；总苞片3层，近等长，外层长椭圆状披针形或匙形，叶质，长1～2.4cm，宽2～4mm，顶端钝；边缘有白色长睫毛，中层匙形，较短，质地较薄，染紫色，内层苞片长椭圆形，膜质，半透明，顶端钝；雌花1层，在园艺栽培品种中可为多层，红色、淡红色、蓝色、黄色或淡蓝紫色，舌状，长2.5～3.5cm，宽2～7mm，有长2～3mm的短管部；两性花，花冠黄色，檐部长4～7mm，管部长1～1.5mm。瘦果长椭圆状倒披针形，稍扁，长3～3.5mm，中部以上被柔毛；外层冠毛宿存，内层冠毛雪白色，不等长，长3～4.5mm，顶端渐尖，易脱落。花果期5～10月。

（2）生态习性

翠菊喜温暖、湿润和阳光充足环境，怕高温多湿和通风不良，耐寒性弱，也不喜酷热，通风而阳光充足时生长旺盛。生长适温为15～25℃，冬季温度不低于3℃。若0℃以下，茎叶易受冻害。相反，夏季温度超过30℃，开花延迟或开花不良。翠菊为浅根性植物，生长过程中要保持盆土湿润，有利茎叶生长。同时，盆土过湿对翠菊影响更大，引起徒长、倒伏，发生病害。长日照植物，对日照反应比较敏感，在每天15h长日照条件下，保持植株矮生，开花可提早。若短日照处理，植株长高，开花推迟。喜肥沃湿润和排水良好的壤土、砂壤土，积水时易烂根死亡。夏秋开花。

（3）园林用途和经济用途

翠菊为较重要的观赏植物之一。其品种多，类型丰富，花期长，色鲜艳，是较为普遍栽植的一种一、二年生花卉。可用于园林布置、盆栽和切花材料。翠菊栽培品种分为高秆和矮秆，中、高秆翠菊品种适于各种类型的园林布置，也可作为室内花卉，或作切花材料；矮秆品种主要用于盆花及花坛装饰，适合盆栽观赏，不同花色品种配置，五颜六色，颇为雅致。也宜用于布置于花坛边缘。翠菊在园林绿化中用途广泛，通常引入植物园、花园、庭院及其他公共场所栽植观赏。

切花观赏应用：高秆翠菊柱形尺度多样、花色丰富，是鲜切花中常用的观赏花卉品种，广泛应用于各类插花艺术、花束。

花坛应用：翠菊的矮生品种适宜于花坛布置和盆栽。

花境应用：翠菊是组成花境的上好材料，它与不同品种、不同尺度的应季植物组合成形式丰富的花境，应用到适合的景观空间中。

阳台及屋顶花园应用：翠菊是阳台及屋顶花园等微型空间绿化美化的优质植物，具有花色丰富、花期长、观赏效果良好等特点。

搭配造景应用：翠菊在与其他景观植物搭配造景时，常用作前景观花卉，其后以高大花卉或花灌木作背景，营造出丰富的景观层次美和不同色彩的组合美。

（4）翠菊在云南的开发利用

翠菊主要分布于我国吉林、辽宁、河北、山西、山东、云南、四川等省。云南省有部分野生资源，主要生长于山坡撂荒地、山坡草丛、水边或疏林阴处。海拔30～2700m。1728年传入法国，1731年被英国引种，以后世界各国相继引入，经过杂交选育，新品种不断上市。至今，在云南，翠菊已成为花卉市场的重要草花之一。目前，云南园林园艺所用翠菊品种大多来自国外育成的品种。高秆翠菊主要用于切花品种使用，矮秆品种主要用于盆花及花坛装饰。翠菊在云南栽培的主要品种为：

高秆品种：

明星（Astoria）：本品种颜色较为丰富，主要有深蓝色、蓝色、粉红色、白色、洋玫红色、混合色。株高70cm，茎秆强壮，花径约6～7cm，单瓣，花瓣短，花强健直立，且花期较一致，植株可整株切取作为切花，此品种是理想的温室和大棚切花品种。

影迷（Fan）：本品种色彩众多。株高约60cm，花径5～6cm，花芯亮黄色，花直立。品质极好，抗镰刀菌，收益性好，是最重要的切花商品翠菊。

赞歌（Compliment）：本品种色彩众多，以深蓝色、白色和黄色为主。株高约75cm，花朵直立朝上，花径约10～12cm，花瓣呈卷曲状，花型独特。

奇峰（Pommax）：本品种颜色以深蓝色系列和红色系列为主。株高约75cm，半球状的头状花饱满，花径约7.5cm，花直立，茎秆不分枝。植株强健且耐蔓割病，适合温室做切花栽培。

矮秆品种：

小行星系列（Asteroid）：有深蓝、鲜红、白、玫瑰红、淡蓝等色。株高25cm，菊花型，花径10cm，从播种至开花120d。

矮皇后系列（Dwarf Queen）：花色有鲜红、深蓝、玫瑰粉、浅蓝、血红等。株高20cm，重瓣，花径6cm，从播种至开花需130d。

迷你小姐系列（Mini Lady）：花色有玫瑰红、白、蓝等。株高15cm，球状型，从播种至开花约120d。

波特·佩蒂奥系列（Baud Patio）：株高10～15cm，重瓣，花径6～7cm，花色有蓝、粉、红、白等，从播种至开花只需90d。

矮沃尔德西（Dwarf Waldersee）：株高20cm，花朵紧凑，花色有深黄、纯白、中蓝、粉红等。

地毯球（Carpet Ball）：株高20cm，球状型，花色有白、红、紫、粉、紫红等。

彗星系列（Comet）：株高25cm，花大，重瓣，似万寿菊，花径10～12cm，花色有7种。

夫人（Milady）：株高20cm，为较为耐寒品种、抗枯萎病品种。

莫拉凯塔（Moraketa）：株高20cm，花米黄色，茎秆粗壮，耐风雨。

普鲁霍尼塞（Pruhonicer）：株高25cm，舌状花，稍开展，似蓬头，花径3cm。

5. 香豌豆

香豌豆为豆科山黧豆属一、二年生攀缘性草本花卉。别名花豌豆、麝香豌豆。产于地中海的西西里及南欧，分布于北温带、非洲热带及南美高山区。20世纪90年代作为切花及园林绿化植物从日本引进至云南。

（1）形态特征

高50～200cm，全株或多或少被毛。茎攀缘，多分枝，具翅。叶具1对小叶，托叶半箭形；叶轴具翅，叶轴末端具有分枝的卷须；小叶卵状长圆形或椭圆形，长2～6cm，宽0.7～3cm，全缘，具羽状脉或有时近平行脉。总状花序长于叶，具1～3朵花，长于叶；花下垂，极香，长2～3cm，通常紫色，也有白色、粉红色、红紫色、紫堇色及蓝色等各种颜色；萼钟状，萼齿近相等，长于萼筒；子房线形，花柱扭转。荚果线形，有时稍弯曲，长5～7cm，宽1～1.2cm，棕黄色，被短柔毛。种子平滑，种脐为周圆的1/4。花果期6～9月。

（2）生态习性

香豌豆性喜温暖、凉爽气候，要求阳光充足，忌酷热，稍耐寒，忌干热风吹袭和阴雨天。在长江中下游以南地区能露地过冬。

（3）园林用途和经济用途

香豌豆主要用于切花生产。切花用的栽培品种分为冬花、春花、夏花三种类型。冬花和春花类香豌豆色彩较为丰富，多以粉色和白色为主，茎秆粗壮，较适宜作为插花配花使用；夏季类型香豌豆生长期较短，花色丰富，除白色和粉色外，还有蓝色，茎秆稍纤细，多作为盆花使用。其花姿优美，色彩艳丽，轻盈别致，芳香馥郁，是云南省近年来引进的新型切花品种。其花型独特，枝条细长柔软，既可作冬春切花材料制造花篮、花圈，也可盆栽供室内陈设欣赏，春夏还可移植户外任其攀缘作垂直绿化材料，或为地被植物。

（4）香豌豆在云南的开发利用

云南省分布有麝香野豌豆，昆明有栽培历史，曾被作为园林观赏植物主要是盆花栽培种植。近年来，随着人民生活水平的提高，香豌豆由于其独特的花型，枝条柔软性，被广泛用于切花开发利用。在花篮的制作中主要作为配花使用。目前在云南昆明的斗南花卉市场随处可见以香豌豆为切花用材的花卉装饰品。

6. 鸡冠花

鸡冠花为苋科青葙属一年生草本植物。别名鸡髻花、老来红、芦花鸡冠、笔鸡冠、大头鸡冠、凤尾鸡冠，鸡公花、鸡角根、红鸡冠。夏秋季开花，花多为红色，呈鸡冠状，故称鸡冠花。原产非洲、美洲热带和印度，在我国各地广为栽培，是普通庭园植物。

（1）形态特征

株高40～100cm。茎直立粗壮。叶互生，长卵形或卵状披针形，肉穗状花序顶生，呈扇形、肾形、扁球形等。花序顶生及腋生，扁平鸡冠形；花有白、淡黄、金黄、淡红、火红、紫红、棕红、橙红等色。胞果卵形。种子黑色有光泽。

（2）生态习性

喜温暖干燥气候，怕干旱，喜阳光，不耐涝，但对土壤要求不严，一般土壤庭院都能种植。发芽温度一般为23～25℃，7～14d可以出芽，栽培基质中保持较低的盐分值，适宜pH为5.5～6.0，种子萌发需光照，播种后需覆盖一层薄薄的蛭石，保持栽培基质湿润，但不可过于潮湿。生长适宜温度为15～30℃，避免温度在15℃以下。

（3）园林用途和经济用途

鸡冠花主要用作切花材料，也可作为园林绿化品种。目前，在园艺上使用的鸡冠花根据其花外形，可以分成球状花型、羽状花型、矛状花型。

球状花型：顶生头状花序，花型属于鸡冠状或球状，少分枝，茎秆较粗。花冠部分特别紧密而呈球状的种类，多以红色和黄色为主。该类型鸡冠花在云南多作为插花配花使用。

羽状花型：腋生穗状花序，花型为羽毛状，花色多为红色、金黄色和黄色。其茎枝分生能力强，花数量较多，花穗大而饱满，花期长。云南花坛及切花栽培均很普遍。

矛状花型：花冠类似杉树形的圆锥状，花色多为红色，花穗短而紧缩。基部分枝性极佳，花数量较多。该类型鸡冠花是近年来作为新切花品种，及盆栽品种引进云南省种植的。

此外，鸡冠花也是一种小宗粮食作物，其籽粒在食品加工方面也有广泛的用途。

（4）鸡冠花在云南的开发利用

鸡冠花是近年来云南省作为观赏园艺作物引进的新型花卉。云南也有丰富的鸡冠花资源，但尚未作为花卉加以利用。目前，云南鸡冠花开发利用主要集中在三个方面：球状花型主要用于切花使用，适宜作为插花配花；羽状及矛状花型由于适应性较强，颜色较为丰富，是云南省夏季花坛绿地的重要绿化品种；其籽粒在山区、民族地区也作为食品材料加以利用。云南引种的花用鸡冠花品种有：*Celosia argentea*、*C. caracas*、*C. cristata*、*C. nitida*、*C. palmeri*、*C. plumosa*、*C. trigyna*、*C. virgata*。

7. 金鱼草

金鱼草为玄参科金鱼草属一、二年生草本。又名龙头花、狮子花、龙口花、洋彩雀。全世界约50种，分布于北温带，美洲尤多。云南省引入栽培的金鱼草仅有1种，现云南各地常见栽培作观赏，切花供插瓶用。

（1）形态特征

直立草本，高50～100cm。茎圆柱形，中心空。叶对生或上部互生，叶片披针形至条状披针形、长3～6cm，宽7～12cm，顶端钝尖，基部楔形、下延，具短柄，全体无毛。顶生总状花序或单生于叶腋内；花梗长7～10mm，密被褐色柔毛；苞片一枚，条形，长5～6mm，宽2mm；萼5深裂，裂片椭圆形，外面被糙毛，长5～6mm，宽5mm；花冠唇形，直立，深紫红色、朱红、白色，囊状或一侧肿胀，上唇劲直，2裂，下唇广展，3裂，筒部粗10～15mm，长4～5cm，基部在前面下延成兜状，在中部向上唇隆起，封闭喉部，使花冠呈假面状；雄蕊4，2强。蒴果卵形，两侧对称，长约14mm，粗7～10mm，顶端唇状孔裂。种子多数，卵形，长约1mm，黑褐色，表面布满窝穴。花果期4～7月。

（2）生态习性

金鱼草性喜凉爽气候，较耐寒，不耐炎热。生长期适宜昼温为15～18℃，夜温为10℃左右。有些品种对温度较为敏感，白天温度略超出生长适宜温度，即会出现花小、茎秆徒长变软、株形疏散、抗性较弱等症状。尤其在春化阶段，高温对金鱼草生长发育极为不利。阳光充足条件下，植株矮生，丛状紧凑，生长度一致，开花整齐，花色浓艳，但对日照长短反应并不敏感。金鱼草对水分较为敏感，不能积水，否则易叶片发黄、根系腐烂。性喜排水良好、疏松、富含有机质的偏碱性土壤。

（3）园林用途和经济用途

金鱼草主要用于切花栽培品种使用。

（4）金鱼草在云南的开发利用

金鱼草作为新型鲜切花品种，20世纪90年代从德国、意大利等国引进云南省，主要作为鲜切花在昆明、玉溪、楚雄等地种植。种源部分来自德国、意大利花卉种子公司，如班纳利花卉种子公司等。近年来，金鱼草市场较好，是云南省较有发展潜力的鲜切花新品种，但品种单一。目前在云南市场常见的流行品种有：

调皮鬼（Animation）：花色主要有混合色、玫红色、深橙红色、红色。株高100cm，茎秆长且强健，侧芽少。早花，花期一致，冬季或春季开花，可作切花生产。

先锋（Forerunner）：花色主要有混合色、猩红色、玫红色、洋红。株高100cm，茎秆直立。田间种植的切花品质与温室种植的品质接近，适合作单茎不分枝或分枝切花栽培。

8. 波斯菊

波斯菊为菊科秋英属一年生或多年生草本。别名秋英、格桑花、张大人花。其株形较高，叶形雅致，花色丰富，适于布置花境。在云南可种植于篱边、宅边、崖坡、草地边缘、树丛周围及道路两边作背景材料，盛花时期金光灿烂，一片辉煌。其适应性强，景观效果好，又能自行繁衍，所以还经常作为边坡护坡植物。

（1）形态特征

株高1～2m。根纺锤状，多须根，或近茎基部有不定根。茎无毛或稍被柔毛。叶二次羽状深裂，裂片线形或丝状线形。头状花序单生，直径3～6cm；花序梗长6～18cm；总苞片外层披针形或线状披针形，近革质，淡绿色，具深紫色条纹，上端长狭尖，与内层等长，长10～15mm，内层椭圆状卵形，膜质；托片平展，上端成丝状，与瘦果近等长；舌状花紫红色，粉红色或白色；舌片椭圆状倒卵形，长2～3cm，宽1.2～1.8cm，有3～5钝齿；管状花黄色，长6～8mm，管部短，上部圆柱形，有披针状裂片；花柱具短突尖的附器。瘦果黑紫色，长8～12mm，无毛，上端具长喙，有2～3尖刺。花期6～8月，果期9～10月。

（2）生态习性

波斯菊喜温暖，不耐寒，忌酷热。喜光，耐干旱瘠薄，喜排水良好的沙质土壤。忌大风，宜种背风处。

（3）园林用途和经济用途

园林用途：波斯菊株形高大，叶形雅致，花色丰富，有粉、白、深红等色，适于布置花镜，在草地边缘、树丛周围及路旁成片栽植美化绿化，颇有野趣。重瓣品种可作切花材料。适合作花境背景材料，也可植于篱边、山石、崖坡、树坛或宅旁。

经济用途：波斯菊也可作为药用，其性味甘，平。功能主治：清热解毒，化湿。主治急、慢性痢疾，目赤肿痛；外用治痈疮肿毒。

（4）波斯菊在云南的开发利用

波斯菊为著名的观赏植物，原产美洲墨西哥，在我国栽培甚广，在路旁、田埂、溪岸也常自生。云南、四川西部有大面积规划，海拔可达2700m。在云南，波斯菊主要用于园林栽培。波斯菊一经栽培，翌年可有大量自播苗，如稍加保护，还可逐年扩大，入秋繁花似锦，是良好的地被花卉。波斯菊也可用于花丛、花群及花境布置，或作花篱及基础栽植，并大量用于切花。云南引进的波斯菊品种有很多，常见的有白花波斯菊，花为白色；粉花波斯菊，花粉红色；纯白波斯菊，花纯白色；条斑波斯菊，舌状花深粉红色，具白色边缘；海贝波斯菊，舌状花有乳白色、粉红、深红等色，有凹槽，围绕在黄色管状花之外。还有波斯菊属的硫华菊，又称黄波斯菊，一年生，高1～2m，茎具柔毛，上部多分枝，叶2～3回羽状裂，裂片显比通常的波斯菊宽，花比波斯菊略小，舌状花金黄或橘红色，花期较波斯菊早，但观赏效果及茎叶姿态均不及波斯菊。

9. 万寿菊

万寿菊为菊科万寿菊属一年生草本。别名臭芙蓉。目前，云南省对万寿菊的需求量不断增加，品种更新快，其花朵越来越大，观赏性越来越好，栽培周期越来越短，具有较好的发展前景。

（1）形态特征

株高30～90cm。茎光滑粗壮，绿色或棕色。叶对生或互生，长12～15cm，羽状全裂；裂片具齿，披针形或长圆形，长1.5～5cm，顶端尖锐，边缘有几个大腺体；全叶有臭味。头状花序单生，黄至橙色，径5～12cm；舌状花具长爪，边缘皱曲，花序梗上部膨大。瘦果黑色，有光泽。种子千粒重2.56～3.5g。目前，常见的万寿菊观赏品种主要分为矮型、中型、高型。

矮型：太空时代系，株高30cm，花期很早，重瓣。径达8cm，有橙、黄、金黄色品种。其分枝性强，花多株密，植株低矮，生长整齐，球形花朵完全重瓣。可根据需要上盆摆放，也可移栽于花坛，拼组图形等。

中型：丰盛系，株高40～45cm，花大重瓣；印加系，株高45cm，株型紧凑。花期早，重瓣，3种颜色和复合色，其花大色艳，花期长，管理粗放，是草坪点缀花卉的主要品种之一，主要表现在群体栽植后的整齐性和一致性，也可供人们欣赏其单株艳丽的色彩和丰满的株型。

高型：金币系，株高75～90cm。花重瓣，径7～10cm。是较好的杂交品种，有橙、黄与金黄色品种。花朵硕大，色彩艳丽，花梗较长，作切花后水养时间持久，是优良的鲜切花材料，也可作带状栽植代篱垣，也可作背景材料之用。

（2）生态习性

万寿菊喜温暖、阳光，亦稍耐旱霜和半阴。在多湿、酷热下，生长不良。对土壤要求不严格。能自播繁殖。花期6～10月。繁殖以播种为主。种子发芽适温21～24℃，约1周发芽。70～80d后开花。

（3）园林用途和经济用途

园林用途：观赏万寿菊主要用于花坛，花境造景，主题公园布景，其色彩丰富，深受人们的喜爱。

经济用途：黄色万寿菊是提取纯天然黄色素的理想原料，万寿菊含有丰富的叶黄素。叶黄素是一种广泛存在于蔬菜、花卉、水果与某些藻类生物中的天然色素，它能够延缓老年人因黄斑退化而引起的视力退化和失明症，以及因机体衰老引发的心血管硬化、冠心病和肿瘤疾病。

万寿菊也可入药。其根：苦，凉，解毒消肿，用于痈疮肿毒。叶：甘，寒，用于痈、疮、疖、疔，无名肿毒。主要功效：平肝清热，祛风，化痰，治头晕目眩、风火眼痛、小儿惊风、感冒咳嗽、百日咳、乳痈、痄腮。

（4）万寿菊在云南的开发利用

由于云南特殊的气候条件，万寿菊生长适宜，花大色艳，花期长，其中矮型品种最适合作花坛布置或花丛、花境栽植，高型品种作带状栽植可代替篱笆，同时高型品种花梗长，也较适合于作切花。此外，云南省从20世纪90年代起从万寿菊中提取叶黄素，叶黄素可以应用在化妆品、饲料、医药、水产品等行业中。国际市场上，1g叶黄素的价格与1g黄金相当。

10. 洋桔梗

洋桔梗为龙胆科洋桔梗属一、二年生草本。别名草原龙胆。洋桔梗株态轻盈，花色典雅明快，花形别致可爱，一直到2013年都是国际上十分流行的盆花和切花种类之一。洋桔梗原产美国内布拉斯加州和得克萨斯州。

（1）形态特征

茎直立，株高30～100cm。叶互生或对生，灰绿色，阔椭圆形至披针形，叶基略抱茎。雌雄蕊明显，苞片狭窄披针形，花瓣覆瓦状排列；花冠钟状；花色丰富，有单色及复色；花瓣有单瓣与双瓣之分。

（2）生态习性

喜温暖、光线充足的环境，生长适温为15～25℃，较耐高温。要求疏松肥沃、排水良好的钙质土壤。生长期夜间温度不低于12℃。冬季温度在5℃以下，叶丛呈莲座状，不能开花。也能短期耐0℃低温。生长期温度超过30℃，花期明显缩短。

（3）园林用途和经济用途

洋桔梗目前在云南主要运用于切花生产，其花色丰富，深受省内外消费者的欢迎。

（4）洋桔梗在云南的开发与利用

云南省目前的洋桔梗品种主要从日本引进，作为优良的鲜切花品种，在昆明通海地区广泛种植，面积已达2000亩左右，从近几年来的发展情况看，有望成为云南继月季、百合、康乃馨和非洲菊四大切花之后的又一个大宗鲜切花品种。主要销售地区有日本、泰国、俄罗斯等国家，以及香港、北京、广州、成都等地。

切花生产的洋桔梗多为重瓣品种，主要有：

伊格尔（Deuble Eagle）：花重瓣，株高45～60cm，花径7cm，花色多样。

伊迪系列（Eeidi）：花重瓣，株高50～60cm，早花种，花径8cm，花色有深蓝、粉、玫瑰红、黄、白、蓝和双色等。

埃克奥（Echo）：株高55cm，花重瓣，花径8～9cm，花色有蓝、粉白、双色等。

玛丽艾基（Mariachi）：株高50～80cm（随季节变化），花径7～8cm，花色多样。

11. 雏菊

雏菊为菊科雏菊属一年或多年生草本。别名春菊、马兰头、灯盏窝。雏菊株型紧凑，叶色碧绿，具有很高的观赏价值和药用价值。

（1）形态特征

雏菊株高7～20cm。叶匙形，基部丛生成莲座状。头状花序单生，花径3～5cm，舌状花呈条形，有白、粉、红色等。瘦果倒卵形。种子细小，每克约5000粒，灰白色。花期3～6月。

（2）生态习性

雏菊原产欧洲，喜冷凉，较耐寒，宜冷凉气候。在炎热条件下，开花不良，易枯死。喜全日照，也耐微阴。对土壤要求不严，但以疏松肥沃、湿润、排水良好的沙质土壤为佳，不耐水湿。

（3）园林用途和经济用途

园林用途：雏菊花梗高矮适中，花朵整齐，色彩明媚素净，花期长，且生长势强，容易栽培，耐寒能力强，是优良的地被花卉。在作为街头绿化时，可与金盏菊、三色堇、杜鹃、红叶小檗等配植，色彩协调。

经济用途：雏菊又叫干菊、白菊，药用价值非常高。它含有挥发油、氨基酸和多种微量元素，其中，黄铜的含量比其他的菊花高32%～61%。锡的含量比其他的菊花高8～50倍。具有散风清热，平肝明目等功效，常用于风热感冒、头痛眩晕、目赤肿痛、眼目昏花。经常泡饮，能增强毛细血管抵抗力，抑制毛细血管的通性，起到抗炎强身作用。

（4）雏菊在云南的开发利用

云南雏菊植株矮小，花期较长，色彩丰富，优雅别致，是装饰花坛、花带、花境的重要材料。在条件适宜的情况下，可植于草地边缘，也可盆栽装饰台案、窗儿、居室。雏菊花朵整齐，叶色翠绿可爱，是元旦和春节的重要花坛花之一。

12. 凤仙花

凤仙花为凤仙花科凤仙花属一年生草本植物。别名指甲花、小桃红、急性子、透骨草。国产凤仙花，有单瓣和重瓣之分，花色多种多样。凤仙花除做家居盆栽观赏外，也可作为花坛配色花卉，广泛用于庭院花境和公共绿地绿化之中。

（1）形态特征

凤仙花株高1m左右。茎直立，肉质。叶互生，披针形，边缘具细齿，叶柄两侧具腺体。花单瓣或重瓣，花色丰富，有粉红色、白色、紫色等，单生或簇生于叶腋。蒴果为纺锤形，有白色茸毛，成熟时弹裂为5个旋卷的果瓣。种子球形，黑色。花果期6～9月。

（2）生态习性

凤仙花原产于中国南部、印度和马来西亚。喜温暖，不耐寒，对土壤适应性强，适宜于温润、肥沃、排水良好的微酸性土壤，不耐旱。

（3）园林用途和经济用途

园林用途：凤仙花如鹤顶、似彩凤，姿态优美，妩媚悦人。凤仙花因其花色、品种极为丰富，是美化花坛、花境的常用材料，可丛植、群植和盆栽，也可作切花水养。

经济用途：凤仙花是著名的中药。花入药，可活血消胀，治跌打损伤；茎有祛风湿、活血、止痛之效，用于治风湿性关节痛、屈伸不利；种子称“急性子”，有软坚、消积之效，用于治噎膈、骨鲠咽喉、腹部肿块、闭经。

凤仙花可食用。在中国，人们煮肉、炖鱼时，放入数粒凤仙花种子，肉易烂、骨易酥，别具风味。嫩叶可焯水后可加油盐凉拌食用。

此外，凤仙花本身带有天然红棕色素，可用其汁液来染发、染指甲以及身体彩绘等。

（4）凤仙花在云南的开发利用

在云南，凤仙花的园林用途主要在草地边缘、林缘或疏林下配置，或布置于路缘作为花坛、花境等镶边材料，或点缀于石隙营造岩石植物景观。此外，部分野生凤仙花，其本身的观赏价值或药用价值也有待进一步的引种栽培和推广。

13. 金盏菊

金盏菊为菊科金盏花属一、二年生草本植物。别名金盏花、长生花。金盏菊在园林中广泛栽培，应用于盆栽观赏和花坛布置，同时又具有较高的药用价值。

（1）形态特征

金盏菊株高30～60cm，全株被白色茸毛。单叶互生，椭圆形或椭圆状倒卵形，全缘，基生叶有柄，上部叶基抱茎。头状花序单生茎顶，形大，4～6cm；舌状花一轮，或多轮平展，金黄或橘黄色；筒状花，黄色或褐色。也有重瓣（实为舌状花多层）、卷瓣和绿心、深紫色花心等栽培品种。瘦果，呈船形、爪形。花期从12月至翌年6月，盛花期3～6月。

（2）生态习性

金盏菊原产地中海和中欧、加那列群岛至伊朗一带，喜冷凉，忌炎热，较耐寒，喜阳光充足。对土壤要求不高，耐贫瘠土壤，但以肥沃、疏松和排水良好的沙质壤土为宜。

（3）园林用途和经济用途

园林用途：金盏菊因色彩鲜明，金光夺目，适用于中心广场、花坛、花带布置，也可作为草坪的镶边花卉或盆栽观赏，是春季花坛的主要美化材料之一，长梗大花品种亦可作切花使用。

经济用途：金盏菊性味淡平，花、叶含类胡萝卜素、番茄烃、蝴蝶梅黄素、玉红黄质、挥发油、树脂、黏液质、苹果酸等，可食用，有消炎、抗菌作用；根含山金车二醇，能行气活血；种子含甘油酯、蜡醇和生物碱，放入洗发露里可以使头发颜色变淡。同时金盏菊的抗二氧化硫能力很强，对氰化物及硫化氢也有一定抗性。

（4）金盏菊在云南的开发利用

金盏菊栽培容易，生长迅速，植株矮生，花朵密集，花色鲜艳夺目，花期又长，是早春园林和城市中最常见的草本花卉。庭院多作花坛、花径栽植。或作盆花、切花。入冬时将一部分盆株养在低温温室内，可冬季开花。全草可入药，祛热止咳。

14. 孔雀草

孔雀草为菊科万寿菊属一年生草本。别名小万寿菊、红黄万寿菊、红黄草、小芙蓉花、藤菊。生于海拔750～1600m的山坡草地、林中，或在庭园栽培。分布于四川、贵州、云南等地。

（1）形态特征

孔雀草茎直立，通常近基部分枝，分枝斜开展。叶羽状分裂，裂片线状披针形，边缘有锯齿，齿端常有长细芒，齿的基部通常有1个腺体。头状花序单生；舌状花金黄色或橙色，带有红色斑；管状花花冠黄色，与冠毛等长，具5齿裂。瘦果线形，基部缩小，黑色，被短柔毛，冠毛鳞片状。花期7～9月。

（2）生态习性

孔雀草原产墨西哥，是一种适应性十分强的花卉。我国很多地方也可见到，尤其南方更常见之。孔雀草为阳性植物，生长、开花均要求阳光充足。光照充足还有利于防止植株徒长。高温季节需要避免直射阳光，正午前后要遮阴降温。

（3）园林用途和经济用途

园林用途：孔雀草最宜作花坛边缘材料或花丛、花境等栽植，也可盆栽和作切花。花朵色彩鲜明，花期极长且无需特殊管理，是公园、校园、机关、宾馆、会堂、大型建筑物、旅游区及居民庭院、阳台种植最相宜的花卉品种。常用在街道旁布置花坛。与四季秋海棠、一串红、一串紫、彩叶草、红苋、洒金榕等色彩鲜明的花木搭配种植或组成几何图案，可使园林景观更加优雅脱俗。

经济用途：孔雀草有药用和保健作用。孔雀草以全草入药，味苦，主治咳嗽、呼吸道感染、清热利湿，能治疗百日咳、气管炎、感冒。

（4）孔雀草在云南的开发利用

全省各地庭园常有栽培，最宜作花坛边缘材料或花丛、花境等栽植，也可盆栽和作切花，除此之外，孔雀草花叶可以入药，有清热化痰、补血通经的功效。

15. 虞美人

虞美人为罂粟科罂粟属一、二年生草本花卉。别名丽春花、舞草、百般娇。虞美人可作花坛、花境材料，也可盆栽或作切花用，全株可入药。

（1）形态特征

虞美人株高40～60cm，分枝细弱，被短硬毛。茎叶均有毛，含乳汁，叶互生，羽状深裂，裂片披针形，具粗锯齿。花单生茎顶，花蕾始下垂，有长梗，开放时直立，有单瓣或重瓣；花色有红、淡红、紫、白等色，既有单色也有复色，花瓣近圆形，花径约5～6cm，花色丰富。蒴果杯形，种子肾形，内含种子细小、多数。花期4～6月。

（2）生态习性

虞美人原产于欧洲中部及亚洲东北部。同属植物主要产于欧洲中南部及亚洲温带，我国主要分布在西北部至东北部。喜冷凉，忌高温，喜阳光充足的环境，喜排水良好、肥沃的沙壤土。不耐移栽，能自播，多作二年生栽培。昼夜温差大的兰州、西宁、华南等高海拔地区花色更为艳丽。

（3）园林用途和经济用途

园林用途：虞美人的花多彩多姿，颇为美观，适用于花坛栽植。在公园中成片栽植，景色非常宜人。因为一株上花蕾很多，可保持相当长的观赏期，可用作美化花坛、花境以及庭院，也可盆栽或作切花。

经济用途：药用价值高，入药后叫雏罂粟，无毒，有镇咳、止痛、停泻、催眠等作用，其种子可抗癌化瘤，延年益寿。

（4）虞美人在云南的开发利用

虞美人的花多彩多姿、颇为美观，兼具素雅与浓艳华丽之美，二者和谐地统一于一身。其容其姿大有中国古典艺术中美人的丰韵，堪称花草中的妙品。在云南主要用于花坛栽植。

16. 羽衣甘蓝

羽衣甘蓝为十字花科芸薹属一、二年生草本植物。别名叶牡丹、牡丹菜、花包菜、绿叶甘蓝等。其园艺品种形态多样，兼具食用、观赏价值于一身。

（1）形态特征

根系发达，茎短缩。密生叶片，叶片肥厚，倒卵形，被有蜡粉，深度波状皱褶，呈鸟羽状。花序总状，虫媒花。果实为角果，扁圆形。种子圆球形，褐色，千粒重4g左右。

（2）生态习性

羽衣甘蓝原产地中海沿岸至小亚西亚一带，现广泛栽培，主要分布于温带地区。喜冷凉温和气候，耐寒性很强，经锻炼，幼苗能耐短时间低温。对土壤适应性较强，而以腐殖质丰富肥沃沙壤土或黏质壤土最宜。在肥水充足和冷凉气候下生长迅速，栽培中经常追施薄肥，特别是氮肥，并配施少量的钙，有利于生长和提高品质。

（3）园林用途和经济用途

园林用途：羽衣甘蓝喜冷凉、耐霜冻、极耐寒，且容易栽培，观赏期长，适于花坛冬季美化和盆栽，也可作切花与其他装饰。

经济用途：羽衣甘蓝营养丰富，含有大量的维生素A、C、B_2及多种矿物质，特别是钙、铁、钾含量很高。其中维生素C含量非常高，在甘蓝中可与西蓝花媲美。

（4）羽衣甘蓝在云南的开发利用

羽衣甘蓝多为冬季花坛的重要材料。其观赏期长，叶色极为鲜艳，特别是在公园、街头、花坛常见用羽衣甘蓝镶边和组成各种美丽的图案。部分观赏羽衣甘蓝品种也可用于鲜切花销售。

17. 报春花

报春花为报春花科报春花属多年生草本植物。别名年景花、樱草、四季报春。常做一、二年生栽培。主要分布在我国四川、云南等西南部地区，与龙胆、杜鹃一起被誉为“世界三大高山花卉”。现在世界广泛栽培，历史亦较久远，已发展成为当前一类重要的园林花卉，为早春开花观赏植物。

（1）形态特征

叶基生，全株被白色绒毛；叶椭圆形至长椭圆形，叶面光滑，叶缘有浅被状裂或缺，叶背被白色腺毛。花葶由根部抽出，花通常2型，排成伞形花序或头状花序，有时单生或成总状花序；花冠漏斗状或高脚碟状；花有深红、纯白、碧蓝、紫红、浅黄等色；红、蓝、白色花有黄芯，还有紫花白芯、黄花红芯等，可谓五彩缤纷，鲜艳夺目，多数品种花还具有香气。蒴果球状。种子细小，褐色，果实成熟时开裂弹出。花期冬春两季，花期12月至次年4月。

（2）生态习性

报春花原产中国，主要分布于四川、云南和西藏南部，是一典型的暖温带植物。绝大多数种类均分布于较高纬度低海拔或低纬度高海拔地区，喜气候温凉、湿润的环境和排水良好、富含腐殖质的土壤，不耐高温和强烈的直射阳光，多数亦不耐严寒。一般用作温室盆花的报春花，如鄂报春、藏报春，宜用中性土壤栽培，不耐霜冻，花期早。而作为露地花坛布置的欧报春，则适合生长于阴坡或半阴环境，喜排水良好、富含腐殖质的土壤。

（3）园林用途和经济用途

园林用途：报春花品种丰富、种类繁多、花姿艳丽、色香诱人，且花瓣有绒光，是冬、春季节花坛、花境、室内外盆栽绿化的良好材料，一些花梗较长的品种亦可作切花、插花之用。

经济用途：在东欧和德国普遍被用来治疗神经、咳嗽、气管炎、头痛、流感等疾病，在中国主要用于清热燥湿、泻肝胆火、止血。

（4）报春花在云南的开发利用

报春花属全世界约有500种，我国约有近400种，云南有138种。云南是我国报春花属植物最主要的分布区之一，为云南省八大名花之一。云南本地栽培应用的主要有报春花、小报春、藏报春、滇海水仙花和欧报春等。一般应用于花坛、景观、地被等，也作为盆花栽培观赏。又因其具有一定的蔓性或匍匐性，也作为盆栽悬吊于街灯、广告牌，或置于阳台、窗台等处橘红灯台报春、霞红灯台报春等开花时，可切下花枝，用来制作插花、花束、花篮等，因其别具一格的野趣而深受人们喜爱。

18. 香石竹

香石竹为石竹科石竹属植物，常作一、二年生栽培。别名康乃馨。

（1）形态特征

多年生草本，高40 ~ 70cm，全株无毛，粉绿色。茎丛生，直立，基部木质化，上部稀疏分枝。叶片线状披针形，长4 ~ 14cm，宽2 ~ 4mm，顶端长渐尖，基部稍成短鞘，中脉明显，上面下凹，下面稍凸起。花常单生枝端，有时2或3朵，有香气，粉红、紫红或白色；花梗短于花萼；苞片4（ ~ 6），宽卵形，顶端短凸尖，长达花萼1/4；花萼圆筒形，长2.5 ~ 3cm，萼齿披针形，边缘膜质；瓣片倒卵形，顶缘具不整齐齿；雄蕊长达喉部；花柱伸出花外。蒴果卵球形，稍短于宿存萼。花期5 ~ 8月，果期8 ~ 9月。

（2）生态习性

康乃馨属中日照植物，喜阳光充足，喜凉爽，不耐炎热，可忍受一定程度的低温。若夏季气温高于35℃，冬季低于9℃，生长均十分缓慢，甚至停止。在夏季高温时期，应采取相应降温措施，冬季则需盖塑料薄膜或进入温室，以保持适当的温度。土壤或介质长期积水或湿度过高、叶片表面长期高温，均不利于其正常生长发育，因此提倡滴灌。另外，还应注意水质及水分含盐量的问题。适宜其生长的土壤pH是5.6 ~ 6.4。

（3）园林用途和经济用途

园林用途：这种体态玲珑、斑斓雅洁、端庄大方、芳香清幽的鲜花，随着母亲节的兴起，成为全球销量最大的花卉。香石竹是优异的切花品种，矮生品种还可用于盆栽观赏和庭园花坛种植。

经济用途：香石竹具有滋阴补肾、调养气血、润肤乌发、强壮元气、调节内分泌等功效。

（4）香石竹在云南的开发利用

香石竹是世界四大切花之一，在云南广泛栽培，根据市场要求和本地栽培的生态环境等进行品种选择，引进产量高、质量优、生长健壮、抗病性强、抗逆性好的优良品种。根据各品种特性精心抚育，再取健壮插穗，扦插生根，得优质壮苗，建采苗圃，生产商品苗。有很多园艺品种，耐瓶插，常用作切花，温室培养可四季开花。

常见的品种有两类：

大花品种：红色系列马斯特、多明戈、海伦等。桃红色系列达拉斯、多娜、成功等。粉红色系列卡曼、佳勒、鲁色娜等。黄色系列日出、莱贝特、普莱托等。紫色系列紫瑞德、紫帝、韦那热等。绿色系列普瑞杜。复色系列俏新娘、内地罗、莫瑞塔斯等。

多头品种：也称散枝品种，花朵小，主茎多分枝，花朵散生。多头香石竹以其品种多、产量高、栽培管理容易等特点，在欧洲、日本市场受欢迎，但中国市场所占份额较低。

二、多年生花卉

（一）宿根花卉

宿根花卉一般指二年以上具有一定观赏性的非木本植物，宿根花卉通常具有较发达的根系，生长期结束后，地上部分枯萎，地下部分休眠，以宿存在根部（或变态茎）的芽越过低温（或高温、干热、湿热）等不适宜其生长的季节或环境后，重新萌发、生长、开花、结实，如此循环可以多年不断生长—休眠的花卉。在园艺学上通常将球茎、块茎、鳞茎、根茎、块根也包括在内。宿根花卉比一、二年生草花有着更强的生命力，而且节水、抗旱、省工、易管理，合理搭配品种完全可以达到“三季有花”的目标，更能体现城市绿化发展与自然植物资源的合理配置。

在云南省，宿根花卉主要栽培种类有：菊花、萱草、鸢尾、蜀葵、大丽花、玉簪等等。种类繁多，花色丰富艳丽，适应性强，一次栽植，可供多年观赏。

1. 菊花

菊花为菊科菊属多年生草本植物。别名寿客、金英、黄华、秋菊、陶菊等。菊花是经长期人工选择培育的名贵观赏花卉，全世界有3万多个品种，我国有3000多个品种。我国是菊花的故乡，菊花是我国十大名花之一，在我国有3000多年的栽培历史。早在唐宋时期菊花就经朝鲜传到了日本，17世纪传到欧洲，然后再传到美洲，如今菊花已成为世界名花，也是最主要的切花种类之一。菊花品种繁多，颜色异常丰富，除蓝色系外，其他色系品种都有。菊花分类也多种多样。我国传统菊花主要作为盆栽观赏，现多作切花。菊花在云南栽培历史悠久，各地均有一定栽培，菊花原来在云南主要作盆栽观赏，现在主要用作切花，也作为盆栽、地被、景观、花坛等用。

（1）形态特征

多年生草本，株高20～200cm，通常30～90cm。茎色嫩绿或褐色，茎直立，分枝或不分枝，多为直立分枝，基部半木质化，被柔毛。单叶互生，叶卵形至披针形，长5～15cm，羽状浅裂或半裂，有短柄，叶下面被白色短柔毛覆盖，头状花序直径2.5～20cm，大小不一；总苞片多层，外层外面被柔毛；头状花序顶生或腋生，一朵或数朵簇生；舌状花为雌花，筒状花为两性花；舌状花分为下、匙管、畸四类，色彩丰富，有红、黄、白、紫、绿、橙、粉、棕、雪青、黑等色；筒状花具各种色彩，花色有红、黄、白、紫、绿、粉红、复色、间色等色系；花序大小和形状各有不同，有单瓣，有重瓣，有扁形，有球形，有长絮，有短絮，有平絮和卷絮，有空心和实心，有挺直的和下垂的，式样繁多，品种复杂。

（2）生态习性

菊花原产我国，喜凉爽、较耐寒，生长适温18～21℃，地下根茎耐旱，最忌积涝，喜地势高、土层深厚、富含腐殖质、疏松肥沃、排水良好的壤土。在微酸性至微碱性土壤中皆能生长，而以pH6.2～6.7最好。为短日照植物，每天12h以上的黑暗与10℃的夜温适于花芽发育。

（3）园林用途和经济用途

菊花是我国古老的花卉品种之一，在我国有3000多年的栽培历史，也是我国十大名花之一，中国人极爱菊花，中国古代又称菊花为节花、女华、秋菊、九华、黄花、帝女花、笑靥金等。又因其花开于晚秋和具有浓香，故有"晚艳""冷香"之雅称。菊花历来被视为孤标傲世、高雅傲霜的象征，代表着名士的斯文与友情的真诚。从宋朝起，民间就有一年一度的菊花盛会。我国菊花约在明末清初传入欧洲。如今菊花是最主要的切花花卉之一，还可以作为盆栽、地被、景观植物使用。

除观赏外，菊花还可药用，是我国一味传统中药，具有疏风、清热、明目、解毒之功效，主要治疗头痛、眩晕、目赤、心胸烦热、疔疮、肿毒等症。现代药理研究表明，菊花具有治疗冠心病、降低血压、预防高血脂、抗菌、抗病毒、抗衰老等多种药理活性。中国药用菊花在市场上有八大主流商品来源，分别为杭菊、亳菊、贡菊、滁菊、祁菊、怀菊、济菊、黄菊等。

除此之外，菊花还可食用和茶用，早在战国时期就有食用新鲜菊花的记载。唐宋时期，我国更有服用芳香植物而使身体散发香气的记载。当今在一些发达国家吃花已十分盛行，在我国的北京、天津、南京、广州、武汉等地，也日渐成为时尚。云南著名的过桥米线和特色糕点鲜花饼等已经把菊花作为其中的一味食材来用。

（4）菊花在云南的开发利用

菊花花色丰富，几乎覆盖各个色系，在云南，观赏菊花品种主要用作切花材料，除此还可作盆栽、地被等，用作公园花景、花坛等应用。

2. 非洲菊

非洲菊为菊科非洲菊属多年生草本植物。别名扶郎花、太阳花、猩猩菊、日头花等，原产南非，是著名的世界四大切花之一。非洲菊花朵硕大，花色丰富，管理省工，在温暖地区能常年供应鲜切花。主要类型可分矮生盆栽型和现代切花型，盆栽类型主要是F_1代杂交种，具花期一致、色彩变化丰富、生育期短、习性整齐、多花性强等特点。切花类品种花梗笔直，花径大的可达15cm，花期长，终年可开花，观赏时间持久，瓶插寿命长达7～15d。

（1）形态特征

多年生宿根常绿草本植物，株高30～45cm，全株具细毛。叶基生，叶柄长，叶片长圆状匙形，羽状浅裂或深裂。花序单生，出叶面20～40cm，花径10～12cm；总苞盘状，钟形；舌状花瓣1～2或多轮呈重瓣状；四季有花，春秋两季最盛。栽培品种繁多，又分切花型与矮化盆栽型，其中以切花品种为多。切花型又可分为单瓣型、半重瓣型、重瓣型等，花色有红、粉、黄、橙、白等色。

（2）生态习性

非洲菊原产南非，少数分布在亚洲。喜冬暖夏凉、空气流通、阳光充足的环境，不耐寒，忌炎热。喜肥沃疏松、排水良好、富含腐殖质的沙质壤土，忌黏重土壤，宜微酸性土壤，生长最适pH为6.0～7.0。生长适温20～25℃，冬季适温12～15℃，低于10℃时则停止生长，属半耐寒性花卉，可忍受短期的0℃低温。

（3）园林用途和经济用途

非洲菊主要供观赏用。非洲菊花朵硕大，花枝挺拔，花色艳丽，水插时间长，切花率高，瓶插时间长，栽培省工省时，为世界著名四大切花之一。其切花可用于瓶插、插花，点缀案头、橱窗、客厅。以粉红非洲菊为主花，配上石斛、丝石竹、兰花叶，色调淡雅，情趣甚浓。如用红色非洲菊为主花，配上肾蕨、棕竹叶和干枝、染色核桃，进行挂壁装饰，可产生较强的装饰效果。矮生品种盆栽常用作为厅堂、会场等装饰摆放，也可布置花坛、花径等。一些矮化品种也可作为盆花观赏，可以装饰花坛、景观及室内观赏。

（4）非洲菊在云南的开发利用

在云南栽培面积很广，主要作为鲜切花材料，也有作矮生盆栽用。非洲菊切花是云南出口及内销主要花卉种类之一。

3. 满天星

满天星别名霞草、丝石竹、锥花丝石竹等，隶属于石竹科石头花属，多年生草本，常日照植物。满天星产于新疆阿尔泰山区和塔什库尔干。生于海拔1100～1500m河滩、草地、固定沙丘、石质山坡及农田中。哈萨克斯坦、俄罗斯（西伯利亚）、蒙古国（西部）以及欧洲（西部、中部和东部）、北美也有。

种植地主要集中在亚洲和南美洲，非洲、欧洲、中东地区也有种植。满天星种植面积最大的国家是厄瓜多尔，占世界种植面积30%，其次是中国，占世界种植面积15%，日本、肯尼亚、以色列、哥伦比亚种植总面积约占38%，埃塞俄比亚、巴西、韩国、意大利等国也有种植。中国生产的满天星品种主要是20世纪90年代从以色列Danziger公司引入的“完美”“钻石”和“仙女”等系列。近年又从以色列引“火烈鸟”“红海洋”系列的红花品种，开始在生产上试种和推广。以大花为多，占80%，中花、小花和彩花只占20%。2016年开始，中花满天星种植面积增长明显，小花种植面积出现下降趋势，以色列Danziger红色满天星2015年开始进入中国，2017年种植面积已超150亩。

（1）形态特征

满天星高30～80cm，根粗壮，茎单生，稀数个丛生，直立，多分枝，无毛或下部被腺毛。叶片披针形或线状披针形，长2～5cm，宽2.5～7mm，顶端渐尖，中脉明显。圆锥状聚伞花序，多分枝，疏散，花小而多，花朵繁茂，犹如繁星；花梗纤细，长2～6mm，无毛；苞片三角形；花萼宽钟形，长1.5～2mm；花瓣白色或浅红色，匙形，长约3mm，宽约1mm；花丝扁线形，与花瓣近等长，花药圆形；子房卵球形，直径1mm，花柱细长。蒴果球形，稍长于宿存萼，4瓣裂。种子小，圆形，直径约1mm，偏褐色，具有整齐的钝疣状突起。果期8～9月。

满天星有单瓣和重瓣两类。重瓣类满天星具有较高的观赏价值，是满天星切花的主要类群，但重瓣满天星不能结出种子，不能进行播种繁殖；单瓣类满天星可以结出种子，可进行播种繁殖。重瓣类满天星的栽培品种根据单朵小花的直径大小可分为：大花型、中花型和小花型。大花型的单朵小花直径大于或等于10mm，大花型满天星品种，如“云星75”，花洁白晶莹，质量极高，保鲜能力强，但侧枝略细弱，栽培技术要求高；小花型的单朵小花直径小于或等于7mm，小花型满天星品种，如‘Million Star’，花小而多，栽培容易；中花型的单朵小花直径介于两者之间。

（2）生态习性

满天星性耐寒，忌暑热，要求阳光充足而凉爽；生长适温为白天20～25℃，夜间为15℃，生长初期温度可略低些，8～10℃即可。满天星耐瘠薄和干旱，但适宜生长于中性至微碱性土壤（pH 7.0～7.2），要求土壤疏松，通气良好，忌积水。满天星属长日照植物，花芽分化需要每天13h以上的光照，但目前现有的大多数品种对于日照长度已经不太敏感。

（3）园林用途和经济用途

满天星是世界上最流行的鲜切花配花之一。满天星花朵繁盛细致、分布匀称，叶片少，花枝纤细，无数小花犹如点点繁星，朦胧迷人，又好似满树盖雪，清丽可爱。满天星分枝繁茂，富立体感，在插花艺术中作配花使用。西方插花中，常将满天星视为百搭，因为它可以任意搭配各种不同类型的花朵，不夺人风采，而又能适时表现出清雅和可爱，不失去自己的风格，具有很好的应用前景。满天星除作盆面装饰外，还可作为观赏植物单独盆栽，美化阳台与居室。亦可作地被植物，种于草坪或露地。

（4）满天星在云南的开发利用

满天星喜欢具有充足强光的生长环境，因此在云南昆明市种植优势明显，目前中国的满天星种植90%集中在云南。种植品种主要是云南省农业科学院花卉研究所选育的“云星”系列品种和以色列Danziger品种。中国满天星种苗生产主要集中在云南，云南种苗生产商有4家，云南省农业科学院花卉研究所生产销售量为最多，占总量75%以上。种植面积主要集中在滇中地区，2017年种植面积超3000亩，主要集中在昆明宜良县、西山区白鱼口、官渡区宝丰镇，占种植面积70%，其次是晋宁区、富民县、寻甸县，玉溪市、红河州也有种植。

4. 补血草

补血草为白花丹科补血草属植物的统称，大多为多年生草本。该属有近20种可作观赏用。因其花朵细小，干膜质，色彩淡雅，观赏时间长，与满天星一样，是重要的配花材料。除作鲜切花外，还可制成自然干花，用途更为广泛。云南常见用作观赏栽培的主要为深波叶补血草和杂种补血草两种。

（1）形态特征

①深波叶补血草又叫勿忘我、星辰花、不凋花等。多年生草本，株高20～40cm。根粗壮，少分枝。叶基生，多数，排列成莲座状。花轴上部多次分枝，花集合成短而密的小穗，集生于花轴分枝顶端，小穗组成圆盾状或塔形花序；小穗通常有2～3花，萼片干膜质，白色；花瓣5，常见花色为蓝紫色。栽培品种很多，常见园艺品种有“早蓝”“金岸”“夜蓝”“冰山”等。花色丰富，有白、橙红、黄、桃红、

淡红、紫、蓝等。

②杂种补血草又称情人草。多年生草本，全株具糙毛，株高60～100cm。叶丛生于基部，呈莲座状，叶片数达20～60片，层次为3～10层。呈伞房状聚伞圆锥花序，疏松、开张，花枝长。相对于深波叶补血草，杂种补血草的花细小，小花呈宝塔形着生。常见园艺品种有“蓝海洋”“蓝雾”“白雾”“粉雾”等，花色有紫、玫红、蓝、红、黄、白色等色。

（2）生态习性

原产地中海沿岸。一般长于海拔500～2000m的海滨碱滩、荒漠草地或沙丘地带。性喜干燥凉爽气候，好强光照，好石灰质微碱地土壤，特别耐瘠薄、干旱，抗逆性强，能在沙质土、沙砾土、轻度盐碱地生长，是旱化的草甸群落中的优势植物。

（3）园林用途和经济用途

补血草属植物花期长，花色鲜艳，花枝繁茂，可用于庭院观赏，或点缀于草坪中，也可与岩石、假山、雕塑等小品结合运用。也可作为切花材料。另外，补血草属植物膜质花萼色彩丰富，花瓣不易凋落，保持时间长，是不可多得的适宜做干花的植物。

除主要作为观赏用，一些补血草品种还具有药用价值，有清热、利湿、止血、解毒等功效，可以治疗便血、脱肛、血淋、痈肿疮毒等病症。

（4）补血草在云南的开发利用

补血草具有花期长、花色鲜艳、膜质花萼不易凋落、保持时间长等特点，所以云南栽培的补血草主要做切花及干花等观赏用。

5. 鸢尾

鸢尾为鸢尾科鸢尾属多年生草本花卉。全世界约有300种，分布于北温带，我国约有60种，广布于全国，西南、西北和东北分布较多，南部极少。云南野生鸢尾属植物有20多种，占全国的1/3。其花型大而美丽，很多种类供庭园观赏用，少数入药。

（1）形态特征

多年生草本，根状茎粗壮，直径约1cm，斜伸。叶长较长，长15～50cm，宽1.5～3.5cm。花蓝紫色为主，国外园艺栽培品种花色较丰富，有白、红、黄、紫、蓝色等，直径约10cm。

（2）生态习性

喜阳光充足、气候凉爽环境。要求适度湿润、排水良好、富含腐殖质、略带碱性的黏性土壤。也生于沼泽土壤或浅水层中，耐半阴。

（3）园林用途和经济用途

园林用途：鸢尾叶片碧绿青翠，花大而奇，宛若翩翩彩蝶，是庭园中的重要花卉之一，也是盆花、切花和花坛用花。其花色丰富，花形奇特，是花坛及庭院绿化的良好材料，也可用作地被植物。有些种类为优良的鲜切花材料。

药用价值：全草有毒，以根茎和种子较毒，尤以新鲜的根茎更甚。牛和猪误食有呕吐作用，消化器及肝有炎症。鸢尾具有活血祛瘀、祛风利湿、解毒、消积的功效，可用于跌打损伤、风湿疼痛、咽喉肿痛、食积腹胀、疟疾。外用治痈疖肿毒、外伤出血。

此外，有的鸢尾品种如香根鸢尾除用于观赏外，其根状茎可提取香料，用于制造化妆品或作为药品的矫味剂和日用化工品的调香、定香剂。

（4）鸢尾在云南的开发利用

云南本地栽培的鸢尾主要有扁竹兰、燕子花、香根鸢尾、德国鸢尾等。在云南地区如昆明等地一般栽培作为湿地、水景园、沼泽园、花坛、地被、庭院等观赏用，也可做盆栽及切花用。

6. 一串红

一串红别名夕阳红、墙下红、绯衣草、撒尔维亚、洋赪桐、象牙海棠、炮仔花、串串红、象牙红、西洋红，为唇形科鼠尾草属植物，是中国城市和园林中最普遍栽培的草本花卉。我国目前推广应用的一串红品种不足30个，以红色花为主。

（1）形态特征

亚灌木状草本，高可达90cm。茎钝四棱形，具浅槽，无毛。叶卵圆形或三角状卵圆形，长2.5～7cm，宽2～4.5cm，先端渐尖，基部截形或圆形，稀钝，边缘具锯齿，上面绿色，下面较淡，两面无毛，下面具腺点；茎生叶叶柄长3～4.5cm，无毛。轮伞花序2～6花，组成顶生总状花序，花序长达20cm或以上；苞片卵圆形，红色，大，在花开前包裹着花蕾，先端尾状渐尖；花梗长4～7mm，密被染红的具腺柔毛，花序轴被微柔毛；花萼钟形，红色，开花时长约1.6cm，花后增大达2cm，外面沿脉上被染红的具腺柔毛，内面在上半部被微硬伏毛，二唇形，唇裂达花萼长1/3，上唇三角状卵圆形，长5～6mm，宽10mm，先端具小尖头，下唇比上唇略长，深2裂，裂片三角形，先端渐尖；花冠红色，长4～4.2cm，外被微柔毛，内面无毛，冠筒筒状，直伸，在喉部略增大，冠檐二唇形，上唇直伸，略内弯，长圆形，长8～9mm，宽约4mm，先端微缺，下唇比上唇短，3裂，中裂片半圆形，侧裂片长卵圆形，比中裂片长；能育雄蕊2，近外伸，花丝长约5mm，药隔长约1.3cm，近伸直，上下臂近等长，上臂药室发育，下臂药室不育，下臂粗大，不联合；退化雄蕊短小；花柱与花冠近相等，先端不相等2裂，前裂片较长；花盘等大。小坚果椭圆形，长约3.5mm，暗褐色，顶端具不规则极少数的皱褶突起，边缘或棱具狭翅，光滑。花期3～10月。

（2）生态习性

一串红常作一二年生栽培，喜阳，也耐半阴，宜疏松土壤，耐寒性差。生长适温20～25℃。一串红对温度反应比较敏感。种子发芽需21～23℃，温度低于15℃很难发芽，20℃以下发芽不整齐。幼苗期在冬季以7～13℃为宜，3～6月生长期以13～18℃最好，温度超过30℃，植株生长发育受阻，花、叶变小。因此，夏季高温期，需降温或适当遮阴，来控制一串红的正常生长。长期在5℃低温下，易受冻害。一串红是喜光性花卉，栽培场所阳光充足，对一串红的生长发育十分有利。若光照不足，植株易徒长，茎叶细长，叶色淡绿，如长时间光线差，叶片变黄脱落。如开花植株摆放在光线较差的场所，往往花朵不鲜艳、容易脱落。对光周期反应敏感，具短日照习性。一串红对用甲基溴化物处理土壤和碱性土壤反应非常敏感，要求疏松、肥沃和排水良好的沙质壤土，适宜于pH 5.5 ~ 6.0的土壤中生长。

（3）园林用途和经济用途

一串红原产巴西，在国际上栽培十分普遍，特别在欧美国家和日本，虽然未列入产值的排位，但美国的戈德史密斯种子公司、意大利法门公司、法国博德杰公司和英国弗洛拉诺瓦公司等，每年销售的一串红种子十分可观。同时，新品种不断上市，尤其是矮生的盆栽品种更新极快。我国各地庭园中广泛栽培，作观赏用。花序修长，色红，鲜艳，花期又长，适应性强，从夏末到深秋，开花不断，且不易凋谢，是布置花坛的理想花卉。

（4）一串红在云南的开发利用

花色鲜艳纯正、叶色翠绿怡人，对硫和氯的吸收能力强，又有很多药用价值。云南常作盆栽观赏，或用作花坛、花境的主体材料。常用红花品种，常用作花丛花坛的主体材料，也可植于带状花坛或自然式纯植于林缘。常与浅黄色美人蕉、矮万寿菊、浅蓝或水粉色水牡丹、翠菊、矮藿香蓟等配合布置。一串红矮生品种更宜用于花坛，白花品种与红花品种配合，观赏效果较好。

7. 薰衣草

薰衣草属唇形科薰衣草属，又叫灵香草、香草、黄香草，为多年生草本或半灌木。除观赏外，薰衣草还是全球最受欢迎的香草之一，被誉为“宁静的香水植物”“香料之王”“芳香药草之后”。

（1）形态特征

多年生草本或矮小灌木，丛生，多分枝，常见的为直立生长，株高依品种有30 ~ 40cm、45 ~ 90cm，在海拔相当高的山区，单株能长到1m。叶互生，椭圆形披尖叶，或叶面较大的针形，叶缘反卷。穗状花序顶生，长15 ~ 25cm，花冠下部筒状，上部唇形，上唇2裂，下唇3裂，花长约1.2cm，有蓝色、深紫色、粉红色、白色等，常见的为紫蓝色。花期6 ~ 8月。全株略带木头甜味的清淡香气，因花、叶和茎上的绒毛均藏有油腺，轻轻碰触油腺即破裂而释出香味。

（2）生态习性

薰衣草原产地中海地区，南至热带非洲，东至印度。耐旱、极耐寒、耐瘠薄、抗盐碱。栽培的场所需日照充足，通风良好。无法忍受炎热和潮湿，若长期受涝，根烂即死。室外栽培注意不要让雨水直接淋在植株上。5月过后需移置阳光无法直射的场所，增加通风以降低环境温度，保持凉爽，才能安然度过炎夏。

（3）园林用途和经济用途

园林用途：薰衣草花叶优美典雅，蓝紫色花序颖长秀丽，是庭院中一种新的多年生耐寒花卉，适宜花径丛植或条植，也可盆栽观赏，也可以做切花，干燥的花枝还可编成具有香气的花环。

经济用途：薰衣草中主要含有乙酸芳樟酯，乙酸芳樟醇、香叶醇、香豆素等成分，其香气清爽，芬芳宜人，因此被广泛地应用于香水、香皂、花露等多种日用化妆品中，是香料工业中重要的天然精油之一。

薰衣草精油因具有杀菌、止痛、镇静等功效，已被医药厂商用作治疗头痛、失眠、灼伤、关节痛、疤痕、呼吸系统疾病的原料药。

除此之外，薰衣草全草均具芳香，口味口感较好，还可以用在食品方面。欧美国家常将薰衣草用于保健食品、沙拉、果酱、高档饮料，深受消费者青睐。

（4）薰衣草在云南的开发利用

云南本地栽培薰衣草品种主要有狭叶薰衣草、齿叶薰衣草、甜薰衣草等几种，主要用于提取香料和观赏应用。

狭叶薰衣草较是常见的观赏植物。鲜艳的花色、香味和需水量低的存活能力，使它成为受欢迎的植物。

齿叶薰衣草除观赏外，还能驱虫且香味持久，可萃取高质量精油，制作糕点。

甜薰衣草属于比较耐热的品种，在云南可以大面积种植，除用于观赏外，因为其叶片味道香甜，还可作为食用应用。

8. 长寿花

长寿花为景天科伽蓝菜属多年生多肉植物。别名寿星花、假川莲、圣诞伽、圣诞伽蓝菜。原产非洲马达加斯加岛，性喜温暖湿润的环境，不耐寒，植株矮小，花色丰富，花期长达4个多月，长寿花之名由此而来，是元旦和春节期间馈赠亲友的理想盆花。

（1）形态特征

常绿多年生草本多浆植物。茎直立，株高10～30cm。单叶交互对生，卵圆形，长4～8cm，宽2～6cm，肉质，叶片上部叶缘具波状钝齿，下部全缘，亮绿色，有光泽，叶边略带红色。圆锥聚伞花序，挺直，花序长7～10cm；每株有花序5～7个，着花60～250朵；花小，高脚碟状，花径1.2～1.6cm，花瓣4片，也有重瓣品种，花色有白、粉、红、橙、黄、紫等。花期1～4月。

（2）生态习性

喜温暖稍湿润和阳光充足环境。不耐寒，生长适温为15～25℃，夏季高温超过30℃，则生长受阻，冬季室内温度不能低于12℃，以白天15～18℃、夜间10℃以上为好。低于5℃，叶片发红，花期推迟或不能正常开花，影响节日观赏。冬春开花期如室温超过24℃，会抑制开花，如温度在15℃左右，长寿花开花不断。长寿花耐干旱，对土壤要求不严，以肥沃的沙壤土为好。长寿花为短日照植物，对光周期反应比较敏感。生长发育好的植株，给予短日照处理3～4周即可出现花蕾开花。

（3）园林用途和经济用途

长寿花临近圣诞节开花，拥簇成团，花色丰富，是惹人喜爱的室内盆栽花卉。世界的花卉出口大国荷兰，1995年长寿花的产值已达到3330亿美元，列盆花生产的第三位。在丹麦，盆栽长寿花已成为丹麦盆栽花卉之冠，产量与产值均列第一位。长寿花成为国际花卉市场中发展最快的盆花之一。

（4）长寿花在云南的开发利用

长寿花植株小巧玲珑，株型紧凑，叶片翠绿，花朵密集，花色丰富，花期长，花期又正逢圣诞、元旦和春节，用来布置窗台、书桌、案头，十分相宜。还可用于公共场所的花槽、橱窗和大厅等，观赏效果极佳。

9. 天竺葵

天竺葵为牻牛儿苗科天竺葵属多年生的草本花卉。别名洋绣球、入蜡红、石蜡红、日烂红、洋葵等。原产南非，适宜做盆栽和花坛用花。花色有红、白、粉、紫等，花色变化丰富。花期由初冬至翌年夏初。其种类繁多，有700多种。除观赏外，天竺葵的叶子因含有丰富的精油，会散发出一种特殊味道，所以商业上一般用来提炼天竺葵精油。

（1）形态特征

天竺葵为多年生草本。基部稍木质化，茎多汁，多分枝，通体有细毛和腺毛，有鱼腥气。叶互生，圆肾形，基部心脏形，绿色，有长柄，叶缘多锯齿，叶面有较深的环状斑纹。花冠通常5瓣，花序伞状，长在挺直的花梗顶端，由于群花密集如球，故又有洋绣球之称；花色有红、白、粉、紫，变化很多。花期由初冬至翌年夏初，适宜做盆栽和花坛用花。

（2）生态习性

喜温暖、湿润和阳光充足环境。耐寒性差，怕水湿和高温。生长适温3～9月为13～19℃，冬季为10～12℃。6～7月间呈半休眠状态，应严格控制浇水。宜肥沃、疏松和排水良好的沙质壤土。天竺葵喜燥恶湿，冬季浇水不宜过多。土湿则茎质柔嫩，不利于花枝的萌生和开放；长期过湿会引起植株徒长，花枝着生部位上移，叶子渐黄而脱落。天竺葵生长期需要充足的阳光，因此冬季必须把它放在向阳处。光照不足，茎叶徒长，花梗细软，花序发育不良；弱光下的花蕾往往花开不畅，提前枯萎。天竺葵不喜大肥，肥料过多会使天竺葵生长过旺不利开花。

（3）园林用途和经济用途

园林用途：天竺葵园艺品种繁多，花色丰富，花期长，是国际著名的盆花品种之一，很适宜做盆栽和花坛用花。可点缀客厅、居室、会场及其他公共场所，露地可装饰岩石园、花坛及花境，也可用于切花生产。

除观赏外，有的天竺葵如香叶天竺葵的叶子含有丰富的精油，会散发出一种特殊味道，可用于提取精油，其成分主要有香叶草醇、香茅醇、芳樟醇等。香气种类多，包括柠檬香、玫瑰香、水果香等。因栽培管理容易且精油产量高，可作为其他精油产量低花卉的代替品，如玫瑰精油或橙花精油。可用以调制香精，作食品、香皂和牙膏等的添加剂。早在19世纪，法国就开始了天竺葵精油的商业生产。此外，天竺葵香精还具有一定的药用价值，如刺激淋巴系统和利尿的功能，可有效地排除过多的体液；可用来治疗蜂窝组织炎、体液迟滞和脚踝浮肿；可帮助肝、肾排毒；能治疗黄疸、肾结石和多种尿道感染症；还具有净化黏膜组织的功能，能减轻肠胃炎的不舒服。

（4）天竺葵在云南的开发利用

云南常见栽培的天竺葵属植物除了主要用来观赏的盾叶天竺葵、天竺葵、大花天竺葵外，还有供提取香料的香叶天竺葵等。

10. 肾蕨

肾蕨，别名蜈蚣草、篦子草、石黄皮等，为肾蕨科肾蕨属多年生草本植物。主要产于热带、亚热带地区，我国华南、西南、台湾等地均有野生分布。常地生和附生于溪边林下的石缝中和树干上。

（1）形态特征

肾蕨为中型地生或附生蕨，株高一般30～60cm。地下具根状茎，包括短而直立的茎、匍匐茎和球形块茎三种，直立茎的主轴向四周伸长形成匍匐茎，从匍匐茎的短枝上又形成许多块茎。小叶便从块茎上长出，形成小苗。肾蕨没有真正的根系，只有从主轴和根状茎上长出的不定根。一回羽状复叶，密集丛生、簇生，斜上伸或下垂生长；叶长30～70cm，宽3～7cm，羽片40～80对；边缘具细齿，交错而整齐地排布于叶轴两侧，初生幼叶顶端未完全展开时呈钩状；叶轴绿色至褐色，光滑，正面略有纵状凹槽，羽片基部以关节着生于叶轴，容易脱落。由于肾蕨叶片羽状深裂，肾形的小羽片形态别致，形似蜈蚣，故又名蜈蚣草。

（2）生态习性

肾蕨喜温暖潮湿的环境，生长适温3～9月为16～24℃，9月至翌年3月为13～16℃。冬季温度不低于8℃，但短时间能耐0℃低温。也能忍耐30℃以上高温。肾蕨喜湿润土壤和较高的空气湿度。自然萌发力强，喜半阴，忌强光直射，对土壤要求不严，以疏松、肥沃、透气、富含腐殖质的中性或微酸性沙壤土最宜，不耐寒、不耐旱。

（3）园林用途和经济用途

园林价值：肾蕨盆栽可点缀书桌、茶几、窗台和阳台，也可吊盆悬挂于客室和书房。在园林中可作阴性地被植物或布置在墙角、假山和水池边。其叶片可作切花、插瓶的陪衬材料。欧美将肾蕨加工成干叶并染色，成为新型的室内装饰材料。若以石斛为主材，配上肾蕨、棕竹、蓬莱松，简洁明快，充满时代气息。如用非洲菊为主花，壁插，配以肾蕨、棕竹，有较强的视觉装饰效果。

生态价值：肾蕨可吸附砷、铅等重金属，被誉为“土壤清洁工”。其吸收土壤中砷的能力超过普通植物20万倍。

药用价值：肾蕨是传统的中药材，以全草和块茎入药，全年均可采收，清热利湿、宁肺止咳、软坚消积，常用于治疗感冒发热、咳嗽、肺结核咯血、痢疾、急性肠炎等。

（4）肾蕨在云南的开发利用

云南主要用在园林中，除盆栽或吊盆栽培观赏以外，叶片广泛用于插花配叶。

11. 秋海棠

秋海棠为秋海棠科秋海棠属植物的通称。全世界秋海棠属植物约有2000种，多为肉质植物，有许多种的花或叶色彩鲜艳，用作室内盆栽植物或园艺植物。秋海棠的栽培品种极多，有记载的就有1万多种，让人眼花缭乱。秋海棠属植物的分类方法很多，园艺上一般以其地下部分形态归为三类，即须根类如四季海棠、丽格海棠，根茎类如毛叶秋海棠，块茎类如球根海棠和温室秋海棠等，在云南这三类秋海棠都有一定资源分布及栽培应用。

（1）形态特征

①四季秋海棠，又称四季海棠、虎耳海棠、瓜子海棠、玻璃海棠。多年生常绿草本。茎直立，稍肉质，高25～40cm，有发达的须根。叶卵圆至广卵圆形，基部斜生，绿色或紫红色。雌雄同株异花，聚伞花序腋生，花色有红、粉红和白等色，单瓣或重瓣，品种甚多。

②毛叶秋海棠又称蟆叶海棠、王秋海棠、红筋秋海棠，为多年生根茎类常绿草本观叶植物。根状茎粗壮肥大，肉质，匍匐，节极短。叶和花茎均从根状茎的部位生出，在靠近地面处长成一簇。叶斜卵圆形如象耳，长可达40cm，叶面深绿色，常具金属光泽，有不规则的银白色环带，叶背面紫红叶脉及叶柄上多毛。花淡红色，高出叶面。园艺品种甚多，如铁十字海棠、斑叶秋海棠、虎耳秋海棠、灰叶秋海棠、彩叶秋海棠等。不同品种间主要是叶片颜色、斑纹有所不同。

③球根海棠，多年生草本，地下具有肉质扁圆形的块茎，为园艺杂交品种。株高30～60cm。茎直立，肉质，绿色或暗红色，被毛。单叶互生，叶片斜卵形，先端锐尖，叶缘有齿牙。花顶生，重瓣，紫红色、黄色或粉色等，其花大如茶花，直径可逾20cm。花期9月至翌年5月。

（2）生态习性

①四季秋海棠原产巴西，喜阳光，稍耐阴，怕寒冷，喜温暖，喜稍阴湿的环境和湿润的土壤，但怕热及水涝，夏天注意遮阴，通风排水。

②毛叶秋海棠原产于印度、越南及我国的广西及云南省东南部。常生于热带温暖潮湿森林中的岩石缝隙等土层虽浅但却含较多腐殖质的地方。其性喜高温、多湿、半日阴。耐寒性较强，冬季可忍耐0℃左右低温。

③球根海棠原产于南美洲，喜温暖湿润的生活环境，夏季凉爽的气候，在富含腐殖质、排水良好的微酸沙质壤土上生长较好。

（3）园林用途和经济用途

秋海棠一般多用于观赏，如四季海棠、毛叶秋海棠和球根海棠等。

四季海棠是秋海棠植物中最常见和栽培最普遍的种类。姿态优美，叶色娇嫩光亮，花朵成簇，四季开放，且稍带清香，为室内外装饰的主要盆花之一。四季秋海棠在传统生产中是作为一种多年生的温室盆花。近年人们将其应用于花坛布置，效果极佳。随着一些相对耐热品种的出现，四季海棠在我国很有可能成为最主要的花坛花卉之一，具有株型圆整、花多而密集、极易与其他花坛植物配植、观赏期长等优点。一般为春秋两季栽培。

毛叶海棠是秋海棠中的大型美叶种，叶片有绚丽的彩虹斑纹，艳而不俗，华而不失端庄，极为美丽，是秋海棠中最具特色的栽培种，也是重要的喜阴盆栽观叶植物。其栽培较普及，深受世界各地人民的喜爱，在欧美一些国家尤为盛行。可用作中小盆栽种，也可作吊兰式种植悬挂于客厅、书房或卧室，或与其他植物搭配作景箱种植，用于室内装饰美化。

球根海棠兼有月季、牡丹、茶花等名贵花种的色、香、姿、韵，是珍贵的观赏花卉，经济价较高。

除观赏外，一些秋海棠还具有一定的药用价值。如四季海棠和竹节海棠均可全草入药，味微苦，性凉，清热利水，具有治疗感冒和消肿止痛之功效，外用可治疗跌打肿痛、疮疖。南美洲的巴西人常用秋海棠作为退热利尿药服用。紫背天葵（又称天葵秋海棠），全草入药，是我国有名的药用植物，具有清热解毒、活血止咳、消炎止痛、助消化、健胃、解酒的功效。

（4）秋海棠在云南的开发利用

云南栽培秋海棠植物主要用于观赏，常作为花坛、景观、地被花卉，也作为观花观叶盆花栽培，供室内外装饰美化观赏。

12. 宿根福禄考

宿根福禄考为花荵科天蓝绣球属多年生草本。别名天蓝绣球、锥花福禄考等。园艺品种较多，花色丰富。植株矮小的，常作为花坛、景观等地被栽培，植株较高也可用来作切花材料。云南栽培的宿根福禄考常作为切花材料，也可作地被观赏植物。

（1）形态特征

多年生宿根草本植物，株高60～100cm。茎丛生，半木质。叶对生，有时3叶轮生，矩圆状披针形至卵状披针形。圆锥花序顶生，花5瓣，宛如梅花，多花密集成塔形，有红、桃红、粉红、玫瑰红、纯白、蓝紫、紫色等，另有斑纹及复色品种。有早花、中花、晚花品种，以及高型、匍匐型与矮型等品种。花期7～9月。

（2）生态习性

宿根福禄考原产北美，性喜凉爽，喜光，耐寒，喜温和湿润，不耐酷暑、炎热，适生温度15～25℃。不耐干旱，忌涝，忌盐碱，宜于疏松的沙壤土中生长。

（3）园林用途和经济用途

福禄考植株矮小，花色丰富，可作花坛、花境及岩石园的植物材料，亦可作盆栽供室内装饰。植株较高的品种可作切花。

（4）福禄考在云南的开发利用

云南栽培的宿根福禄考常作为切花材料，也作为公园花坛、景观及路边花景植物。

13. 蜀葵

蜀葵为锦葵科蜀葵属植物。又名麻秆花、熟季花、棋盘花、一丈红等。花色鲜艳，植株高大，常作为庭院、绿篱等观赏植物。

（1）形态特征

多年生宿根大草本植物，植株高大，茎直立挺拔，丛生，不分枝，全体被星状毛和刚毛。根系发达，下部木质化，株高可达3m，全株被毛。叶互生，叶片粗糙而皱，圆心脏形，两面均被星状毛。花径6～12cm，花色艳丽，有粉红、红、紫、墨紫、白、黄、水红、乳黄、复色等，单瓣、半重瓣至重瓣。花期5～9月。

（2）生态习性

蜀葵原产我国西南地区，全国各地广泛栽培供园林观赏用。喜阳光充足，耐半阴，但忌涝。耐盐碱能力强，在含盐0.6%的土壤中仍能生长。耐寒冷，在华北地区可以安全露地越冬。在疏松肥沃、排水良好、富含有机质的沙质土壤中生长良好。

（3）园林用途和经济用途

园林用途：蜀葵花色艳丽丰富，植株高大，花期长，是园林中栽培较普遍花卉。蜀葵园艺品种较多，有千叶、五心、重台、剪绒、锯口等名贵品种，国外也培育出不少优良品种。

除观赏外，蜀葵嫩叶及花可食，皮为优质纤维，全株入药，有清热解毒、镇咳利尿之功效。从花中提取的花青素，可为食品的着色剂。

（4）蜀葵在云南的开发利用

云南栽培的蜀葵主要用作观赏，栽培在建筑物旁、假山旁或点缀花坛、草坪，成列或成丛种植。矮生品种可作盆花栽培，陈列于门前，不宜久置室内。也可剪取作切花，供瓶插或作花篮、花束等用。

14. 芍药

芍药是芍药科芍药属的著名草本花卉。别名将离、离草。全世界芍药属植物约35种，主要分布于欧、亚大陆温带地区，根据其生长习性和花盘形状分为两组。一是牡丹组，系落叶灌木或亚灌木。二是芍药组，系多年生草本，花盘不发育，包住心皮基部，不很明显。芍药组植物约30种，主要分布在欧、亚大陆温带地区。我国芍药组植物有8个种和6个变种，其中通常直称为芍药的，是近代芍药品种群的主要原种。

（1）形态特征

多年生宿根草本植物，株高40～80cm。下部茎生叶为二回三出复叶，上部茎生叶为三出复叶，小叶狭卵形、椭圆形或披针形。花数朵，生茎顶和上部叶腋，有时顶端一朵开放，花径8～11.5cm，花瓣9～13或更多，倒卵形。原种花色为白色，栽培园艺品种花色丰富，有白、粉、红、紫、黄、绿、黑和复色等，花径10～30cm，花瓣可达上百枚，有的品种甚至有880枚，花型多变。花期5～6月。

（2）生态习性

芍药是典型的温带植物，喜温耐寒，有较宽的生态适应幅度。在中国北方地区可以露地栽培，耐寒性较强，在黑龙江省北部嫩江县一带，年生长期仅120天，在极端最低温度为-46.5℃的条件下，仍能正常生长开花，露地越冬。夏天适宜凉爽气候，但也颇耐热，在夏季极端最高温度达40℃左右时，也能安全越夏。

（3）园林用途和经济用途

园林用途：我国芍药栽培历史超过4900年，芍药是中国栽培最早的一种花卉。芍药可分为草芍药、美丽芍药、多花芍药等多个品种。芍药花瓣呈倒卵形，花盘为浅杯状，花色丰富，位列草本之首，被人们誉为“花仙”和“花相”，且被列为“六大名花”之一。芍药花朵硕大、花色丰富，兼具色、香、韵的特点，所以中国古典园林布置，常以芍药成片种植于假山石畔来点缀景色。除地栽外，还可盆栽和作切花。

除观赏外，芍药自古以来就是我国的一味重要的中药，中药里的白芍指的就是芍药的根。芍药根含有芍药甙和安息香酸，具有镇痉、镇痛、通经等功效。对妇女的腹痛、胃痉挛、眩晕、痛风、利尿等病症有效。一般都用芍药栽培种的根作白芍，因其根肥大而平直，加工后的成品质量好。野生的芍药因其根瘦小，仅作赤芍出售。赤勺有散淤、活血、止痛、泻肝火之效，主治月经不调、瘀滞腹痛、关节肿痛、胸痛、肋痛等症。

此外，芍药种子可榨油供制肥皂和油漆。根和叶富有鞣质，可提制栲胶，也可用作土农药，杀大豆蚜虫和防治小麦秆锈病等。

（4）芍药在云南的开发利用

云南主要栽培的芍药有美丽芍药、赤芍、毛果芍药等，主要供观赏和药用。

云南省芍药在丽江等地多栽培，主要供药用和观赏用。

云南省毛果芍药在以维西、丽江、凤庆等地栽培，主要供药用和观赏。

15. 萱草

萱草为百合科萱草属植物的统称。别名众多，有金针、黄花菜、忘忧草、宜男草、疗愁、鹿箭等。自然种类约20种，中国有8种，为多年生草本，各地均产之，花黄色或橙红色，美丽，供观赏用，其中黄花菜的花晒干后供食用，名金针菜。由于长期栽培，在园艺上又易于杂交，萱草品种极多，许多种和品种是园庭中常见的观赏植物。

（1）形态特征

多年生宿根草本，具短根状茎和粗壮的纺锤形肉质根。叶基生、宽线形、对排成两列，宽2～3cm，长可达50cm以上，背面有龙骨突起，嫩绿色。花葶细长坚挺，高约60～100cm，着花6～10朵，呈顶生聚伞花序；初夏开花，花大，漏斗形，直径l0cm左右；花被裂片长圆形，下部合成花被筒，上部开展而反卷，边缘波状，橘红色。园艺栽培观赏品种花色丰富，有黄、橙、粉、红、紫色等，并有重瓣品种。花期6月上旬至7月中旬，每花开放1d。

（2）生态习性

萱草原产中国、日本及欧洲等国。我国南北均可种植，根状茎可在-20℃低温冻土中越冬，华北地区可露地越冬。萱草性喜气候温暖，喜阳光，耐半阴，抗旱，抗病虫能力强，适应性广，土壤要求疏松肥沃湿润。对盐碱土壤有特别的耐性。

（3）园林用途和经济用途

园林用途：萱草类花卉虽原主产中国，但长期以来改良不多。1930年以后，美国一些植物园、园艺爱好者收集中、日等国所产萱草属植物，进行杂交育种，现品种已达万种以上，成为重要的观赏及切花花卉，也是百合科花卉中品种最多的一类。观赏以大花萱草、重瓣萱草等为主，用在布置花坛、马路隔离带、疏林草坡等处，更适宜作地被植物，融观叶与观花于一体，是优良的园林绿地花卉，也可栽于庭院或居室。

除观赏外，萱草还可食用，主要为黄花菜，也叫金针菜，其待放的花蕾是著名的花菜食物。此外，萱草的叶及根还可药用，萱草性味甘凉，具有利湿热、宽胸、消食等功效。

（4）萱草在云南的开发利用

云南栽培的萱草主要有大花萱草、重瓣萱草、萱草和黄花菜等。大花萱草、重瓣萱草主要用于观赏应用，云南省丽江、维西、昆明等地栽培。

16. 蟹爪兰

蟹爪兰又名圣诞仙人掌、蟹爪莲和仙指花，为仙人掌科仙人指属植物。蟹爪兰开花正逢圣诞节、元旦节，又称之为“圣诞仙人掌”。蟹爪兰1918年被发现，并进行栽培，之后，人们通过杂交选育出的园艺品种已有200个以上，花色有淡紫、黄、红、纯白、粉红、橙和双色等。

（1）形态特征

蟹爪兰为附生性小灌木。新主茎圆，易木质化，分枝多，呈节状，茎节带红色或紫晕，刺座上有刺毛，叶状茎扁平多节，肥厚，卵圆形，鲜绿色，先端截形，边缘具粗锯齿。花着生于茎的顶端，花被开张反卷，花色有淡紫、黄、红、纯白、粉红、橙和双色等。常见栽培品种有大红、粉红、杏黄、和纯白色。蟹爪兰因节径连接形状如螃蟹的副爪，故名。

（2）生态习性

蟹爪兰原产南美巴西。属附生类仙人掌，在自然环境中，常附生于树上或潮湿山谷，因而栽培环境要求半阴、湿润。夏季避免烈日暴晒和雨淋，冬季要求温暖和光照充足。土壤需肥沃的腐叶土、泥炭、粗沙的混合土壤，pH在5.5～6.5。蟹爪兰的生长期适温为18～23℃，开花温度以10～15℃为宜，不超过25℃，以维持15℃最好，冬季温度不低于10℃。蟹爪兰是短日照植物，在短日照条件下才能孕蕾开花。

（3）园林用途和经济用途

蟹爪兰株型垂挂，花色鲜艳可爱，适合于窗台、门庭入口处和展览大厅装饰。蟹爪兰不仅花色艳丽，且花期长，自然花期在冬季，是很好的冬季观赏植物。

（4）蟹爪兰在云南的开发利用

在日本、德国、美国等国家，蟹爪兰已规模性生产，成为冬季室内的主要盆花之一。中国自20世纪80年代开始引种蟹爪兰，随后云南也开始引进作为盆栽观赏植物。蟹爪兰花朵娇柔婀娜，光艳若绸，明丽动人，特别受人们的喜爱。随着人们生活品质的提高，盆景市场得到了快速的发展，如今不仅可以在公园看到盆景，还可以在宴会中心和居民家中看到。

17. 竹芋

竹芋为竹芋科竹芋属草本观叶植物。全世界的竹芋约有31属，500余种，主要分布于美洲、亚洲的热带地区。

（1）形态特征

大多数品种具有地下根茎或块茎，根茎肉质，纺锤形。茎柔弱，2歧分枝，高0.4～1m。叶单生，较大，叶脉羽状排列，二列，全缘；叶薄，卵形或卵状披针形，长10～20cm，宽4～10cm，绿色，顶端渐尖，基部圆形，背面无毛或薄被长柔毛；叶枕长5～10mm，上面被长柔毛；无柄或具短柄；叶舌圆形。总状花序顶生，长15～20cm，疏散，有花数朵，苞片线状披针形，内卷，长3～4cm；花小，白色，小花梗长约1cm；萼片狭披针形，长1.2～1.4cm；花冠管长1.3cm，基部扩大；裂片长8～10mm；外轮的2枚退化雄蕊倒卵形，长约1cm，先端凹入，内轮的长仅及外轮的一半；子房无毛或稍被长柔毛。果长圆形，长约7mm。花期夏秋。

叶片除基部有开放的叶鞘外，在叶片与叶柄连接处，还有一显著膨大的关节，称为“叶枕”，其内有贮水细胞，有调节叶片方向的作用，即晚上水分充足时叶片直立，白天水分不足时，叶片展开，这是竹芋科植物的一个特征。此外，有些竹芋还有“睡眠运动”，即叶片白天展开，夜晚折合，非常奇特。

（2）生态习性

竹芋为热带植物，性喜高温多湿的半阴环境，畏寒冷，忌强光。若阳光直射会灼伤叶片，使叶片边缘出现局部枯焦，新叶停止生长，叶色变黄，因此栽培中要注意遮光。但生长环境也不能过于荫蔽，否则会造成植株长势弱，某些斑叶品种叶面上的花纹减退，甚至消失，最好放在光线明亮又无直射阳光处养护。竹芋对水分反应较为敏感，生长期应充分浇水，以保持盆土湿润，但土壤不宜积水，否则会导致根部腐烂，甚至植株死亡。因此室内栽培空气湿度必须保持在70%～80%。冬季温度低于15℃时植株停止生长，若长时间低于13℃，叶片就会受到冻害，因此越冬温度最好不低于13℃，并多接受光照，停止施肥，适当减少浇水，保持盆土不干燥即可，等春季长出新叶后再恢复正常管理。

（3）园林用途和经济用途

竹芋叶色丰富多彩，观赏性极强，且多为阴生植物，具有较强的耐阴性，适应性较强。由于株型美观、栽培管理较简单，多用于室内盆栽观赏，是世界上最著名的室内观叶植物之一。大型品种可用于装饰宾馆、商场的厅堂，小型品种能点缀居室的阳台、客厅、卧室等。也可种植在庭院、公园的林阴下或路旁，在华南地区已有越来越多的种类被应用于园林绿化。

根茎富含淀粉，可煮食或提取淀粉供食用或糊用；药用有清肺、利水之效。

（4）竹芋在云南的开发利用

云南常见栽培，用来布置卧室、客厅、办公室等场所，显得安静、庄重，可供较长期欣赏。在公共场所，列放走廊两侧和室内花坛，翠绿光润，青葱宜人。

18. 花叶万年青

花叶万年青又名黛粉叶，为天南星科花叶万年青属多年生常绿草本植物。原产巴西、亚马孙河等热带美洲地区，我国的台湾、福建、广东和云南引种栽培，为观叶植物。

（1）形态特征

茎干粗壮多肉质，株高可达1.5m。叶片大而光亮，着生于茎干上部，椭圆状卵圆形或宽披针形，先端渐尖，全缘，长20～50cm，宽5～15cm，宽大的叶片两面深绿色，其上镶嵌着密集、不规则的白色、乳白、淡黄色等色彩不一的斑点、斑纹或斑块；叶鞘近中部下具叶柄。花梗由叶梢中抽出，短于叶柄，花单性，佛焰花序，佛焰苞呈椭圆形，下部呈筒状。其园艺品种甚多，不同种和品种的叶片多有不同的黄色或白色斑纹，绚丽多彩。

（2）生态习性

性喜半阴、温暖、湿润、通风良好的环境，不耐旱，稍耐寒；忌阳光直射、忌积水。一般园土均可栽培，但以富含腐殖质、疏松透水性好的微酸性沙质壤土最好。最好每天有2～3h的散射阳光，避免强光直射，否则会使叶片直立，变小变黄或产生大面积灼焦、变白。春、秋季早晚宜多见阳光。生长适温20～30℃，畏寒，冬季亦应保持12～16℃，并控水停肥。低于12℃容易落叶，温度过低时容易发生冻害。4～9月生长旺盛，要浇足水，但又不能使盆土长期过湿，否则必然导致黄叶烂根。该属植物要求空气清新流通，切忌污染。但通风时又要避免穿堂风、大风、干冷风，以免叶片受损。花叶万年青一般生长粗壮迅猛，需肥较多。

（3）园林用途和经济用途

培育花叶万年青，会给居住环境缔造一个完美生活空间。花叶万年青平常一般放置在客厅或者卧室起到装饰观赏的作用。

全株有清热解毒之效。以全草入药，主治跌打损伤、筋断骨折、闪挫扭伤、疮疗、丹毒、痈疽等症。

（4）花叶万年青在云南的开发利用

花叶万年青大多叶色华丽，四季青翠，为优良的室内观叶佳品。因其名称吉利，常作为富有、吉祥、太平、长寿的象征。常年翠绿的万年青也预示着友情的长久，深受人们喜爱。在云南其作为家居及室内装饰主要盆栽观赏类植物之一。

19. 广东万年青

广东万年青为天南星科广东万年青属植物。别名亮丝草、竹节万年青、中斑亮丝草、中斑粗肋草、亮丝青、粗肋草、粤万年青、芋头叶万年青、万年青、井干草、大叶万年青、中国万年青、万年青草等。广东万年青在我国主要分布于广西各地及其邻近地区，为常绿阔叶林下较常见的阴性植物，同时，在广东等地也有较长久的栽培历史。

（1）形态特征

多年生常绿草本。茎直立或上升，高40～70cm，粗1.5cm，节间长1～2cm，上部的短缩。鳞叶草质，披针形，长7～8cm，长渐尖，基部扩大抱茎；叶柄长5～20cm，1/2以上具鞘；叶片深绿色，卵形或卵状披针形，长15～25cm，宽10～13cm，不等侧，先端有长2cm的渐尖，基部钝或宽楔形，Ⅰ级侧脉4～5对，上举，表面常下凹，背面隆起，Ⅱ级侧脉细弱，不显。花序柄纤细，长10～12.5cm；佛焰苞长6～7cm，宽1.5cm，长圆披针形，基部下延较长，先端长渐尖；肉穗花序长为佛焰苞的2/3，具长1cm的梗，圆柱形，细长，渐尖；雌花序长5～7.5mm，粗5mm；雄花序长2～3cm，粗3～4mm；雄蕊顶端常四方形；雌蕊近球形，上部收缩为短的花柱；柱头盘状。浆果绿色至黄红色，长圆形，长2cm，粗8mm，冠以宿存柱头。种子1，长圆形，长1.7cm。花期5月，果10～11月成熟。

（2）生态习性

广东万年青主要产广东、广西至云南东南部（富宁、屏边），海拔500～1700m的密林下，喜温暖、湿润的环境，耐阴，忌阳光直射，不耐寒，冬季越冬温度不得低于12℃。生长温度为25～30℃，相对湿度在70%～90%。要求疏松肥沃、排水良好的微酸性土壤。

（3）园林用途和经济用途

广东万年青在南北各省常盆栽置室内供药用和观赏。全株入药，据《岭南采药录》载：取其叶和精肉同煲，可治热血、咯血、大肠结热、小儿脱肛等症。又茎叶和片糖捣烂，可敷治狂犬咬伤。此外，还可用全草敷治蛇咬伤、咽喉肿痛、疔疮肿毒；煎水可洗痔疮。

（4）广东万年青在云南的开发利用

常年翠绿的广东万年青也预示着友情的长久，深为云南人民的喜爱，作为家居及室内装饰主要盆栽观赏类植物之一。

20. 美人蕉

美人蕉为美人蕉科美人蕉属多年生直立草本植物。又名红艳蕉、昙华、兰蕉、矮美人等。原产于美洲热带和非洲等地。美人蕉属植物约有55种，大部分布于西半球。我国原产的只有美人蕉1种，野生和栽培均有。栽培观赏美人蕉品种有近千种，我国引进栽培的约8种，大多供庭园观赏用。在云南常见用来栽培观赏的有水生美人蕉、大花美人蕉、紫叶美人蕉等几种。

（1）形态特征

为多年生球根草本花卉。株高可达100～150cm。根茎肥大，地上茎肉质，不分枝，茎叶具白粉。叶互生，宽大，长椭圆状披针形、阔椭圆形、总状花序自茎顶抽出，花径可达20cm，花瓣直伸，具4枚瓣化雄蕊；花色有乳白、鲜黄、橙黄、橘红、粉红、大红、紫红、复色斑点等。花期北方6～10月，南方全年。

（2）生态习性

美人蕉原产热带地区，性喜温暖、湿润和充足阳光，不耐寒，怕强风和霜冻。在云南大多地方冬季可露地越冬，但在香格里拉等冬季气温比较低的地区，需在霜降前将地下块茎挖起，贮藏在温度为5℃左右的环境中越冬。美人蕉对土壤要求不严，能耐瘠薄，在疏松肥沃、排水良好的沙壤土中生长最佳，也适应于肥沃黏质土壤生长。

（3）园林用途和经济用途

园林用途：美人蕉枝叶茂盛，花大色艳，花期长，开花时正值火热少花的季节，可大大丰富园林绿化中的色彩和季相变化，使园林景观轮廓清晰，美观自然。美人蕉对环境的要求不严，养护管理较为粗放，适应力强，具有较强的净化环境和抗污染能力，对氟化物、二氧化硫等有毒气体的吸收能力较强，能充分发挥园林绿地的保护、美化和改善生态环境的作用。

除观赏外，美人蕉的根状茎及花可入药，性寒，味苦涩，无毒，清热利湿，安神降压。

（4）美人蕉在云南的开发利用

美人蕉属植物在云南地区栽培主要是作为庭院、花坛、地被、湿地水边及园林植物等。云南常见用来栽培观赏的有：大花美人蕉、水生美人蕉、紫叶美人蕉等几种。

大花美人蕉叶片翠绿，花朵艳丽，花色有乳白、淡黄、橘红、粉红、大红、紫红和洒金等，宜作花境背景或在花坛中心栽植，也可成丛或成带状种植在林缘、草地边缘。矮生品种可盆栽或作阳面斜坡地被植物，美人蕉在园林绿化中被广泛用于道路绿化、小区绿化、工厂、公园等地，绿化效果明显，体现速度快。

水生美人蕉叶茂花繁，花色艳丽而丰富，花期长，适合大片的湿地河边自然栽植，也可点缀在水池中，还是庭院观花、观叶良好的花卉植物，可作切花材料。它还是净化空气的良好材料，对硫、氯、氟、汞等有害气体有一定的抗性和吸收能力。

紫叶美人蕉花色艳丽，叶片紫红特别，不仅可以作观花植物，也可以作为观叶花卉栽培应用，可作花坛、花带材料或丛植于草坪、石边、湖池岸旁，也可盆栽观赏。紫褐色的叶片也可以作为切叶材料应用于切花的配饰点缀。

21. 玉簪花

玉簪为百合科玉簪属多年生草本植物。秋季开花，花色有白、紫色等，未开时如簪头，有芳香，另有花叶品种。一般作为庭院树阴下或盆栽观赏。

（1）形态特征

多年生草本。具粗根茎。叶根生，成丛；叶片卵形至心脏卵形，绿色，也有花叶品种，叶片有光泽，主脉明显。花茎从叶丛中抽出，较叶长，顶端常有叶状的苞片1枚；花有白色、紫色等。夜间开花，芳香，花期7～8月。

（2）生态习性

玉簪原产我国及日本，为我国传统庭院花卉。喜温暖湿润环境，性强健，较耐寒，喜阴，忌阳光直射，不择土壤，但以排水良好、肥沃湿润处生长繁茂。

（3）园林用途和经济用途

玉簪叶色苍翠，夏天能开出美丽的花序，且有香味，园林中多成片种植于林下，或植于建筑物庇荫处以衬托建筑，或配植于岩石边，是良好的观叶观花地被植物。也可三两成丛点缀于花境中，因花夜间开放，芳香浓郁，是夜花园中不可缺少的花卉。还可盆栽布置室内及廊下。其叶片还可作插花作品的配叶，将花朵摘下，顶朝外圆形排列于水盘中，置室内，其色美如玉，芳香，沁人心脾。

除观赏外，嫩芽可食，全草入药，花还可提制芳香浸膏。

（4）玉簪在云南的开发利用

云南常见栽培的玉簪主要是白玉簪和紫萼等，用来观赏，种植于公园、庭院、树阴下、行道绿篱处等，也可盆栽作为室内外观花、观叶及芳香花卉。

22. 千叶蓍

千叶蓍为菊科蓍属多年生草本植物。别名欧蓍、西洋蓍草。主要作为花坛、行道边等地被栽培观赏。

（1）形态特征

茎直立，植株高40～100cm。全株被柔毛。叶互生。头状花序多数，在茎顶呈伞房状着生，总苞矩圆形或近卵形，长约0.4cm，宽0.3cm，疏生柔毛；总苞片3层，覆瓦状排列，椭圆形或矩圆形；边花5朵，舌片近圆形，长0.15～0.3cm，宽0.2～0.25cm；有白、粉、黄、红、紫等色。花期7～8月。

（2）生态习性

广泛分布欧洲、亚洲及非洲北部等地，生于湿草地、荒地。现我国各地均有栽培。性耐寒，要求日光充足，生长适合温度5～25℃。喜土层深厚、排水良好及富含腐殖质的沙质壤土。

（3）园林用途和经济用途

千叶蓍因其花期长达3个月、花色丰富、耐旱性好，在园林中多用于公园、庭院、路边地被栽培。与喜阳性、肥水要求不高的花卉搭配种植效果较好，如蓝刺头、蛇鞭菊、钓钟柳、紫松果菊等。有些矮小品种可布置岩石园，亦可群植于林缘形成花带，也可作为花坛布置材料。

（4）千叶蓍在云南的开发利用

千叶蓍因其花期长、花色多、耐旱等特点，在云南一般多用于花境布置，常用于花境、花坛、群植、路边绿化带、地被等应用，也可作为切花观赏。

23. 吊竹梅

吊竹梅，别名吊竹兰、斑叶鸭跖草、水竹草等，为鸭跖草科吊竹梅属多年生常绿草本植物。吊竹梅原产于中南美洲热带的墨西哥，传播到日本后，1909年从日本引种到中国。

（1）形态特征

吊竹梅茎蔓生，茎叶稍肉质、多汁，茎多分枝。叶椭圆状卵圆形或长圆形，先端尖，基部钝，全缘，长5～7cm、宽3～4cm；表面紫绿色，杂以银白色条纹，中部和边缘有紫色条纹，叶背紫红色。花数朵，聚生于小枝顶部的两片叶状苞片内，紫红色。花期夏季。

（2）生态习性

吊竹梅性喜温暖、湿润气候，较耐阴，不耐寒，耐水湿，适宜肥沃、疏松的腐殖土壤，也较耐瘠薄，不耐旱，对土壤pH要求不严。适应性强。生长适温10～25℃，越冬温度不能低于10℃。吊竹梅喜半阴，应避开烈日照射。但在过阴处时间较长，常会导致茎叶徒长，叶色变淡。

（3）园林用途和经济用途

吊竹梅因其叶形似竹、叶片美丽，常以盆栽悬挂室内，观赏其四散柔垂的茎叶，故名之吊竹梅。吊竹梅繁殖很快，不仅园林、校园、机关绿地、居民住宅周围随处可见，有些已蔓延生长成为野生、半野生状态。由于其性喜温暖，只要此条件得以满足，对其他条件适应能力很强，是一种很适宜用在投入不多，而地被绿化覆盖效果又快又好的草本观叶植物。可小型盆栽或置于高几架、柜顶端、窗台上方任其自然下垂，形成绿帘，也可吊盆欣赏，庭院栽培常用来作整体布置。

吊竹梅具有清热解毒、凉血止血、利尿的功能。应用于肺结核咯血、咽喉肿痛、急性结膜炎、菌痢、肾炎水肿、尿路感染、崩漏、白带异常、毒蛇咬伤等症的治疗。

此外，吊竹梅对居室内有害气体甲醛有净化效果。

（4）吊竹梅在云南的开发利用

吊竹梅在云南随处可见，多用于居民住宅周围，作园林观赏花卉种植；或以盆栽悬挂室内，作阳台或室内盆景栽培，主要用于观赏和室内空气净化。

24. 芦荟

芦荟是一种分布在热带、亚热带干燥气候区的多年生常绿肉质旱生草本植物，在植物分类为百合科芦荟属植物。芦荟原产南非、东南非和马达加斯加等地，现在世界各地都引种种植。芦荟的品种至少有300种以上，其中非洲大陆就有250种左右，马达加斯加大约有40种，其余10种分布在阿拉伯等地。芦荟各个品种性质和形状差别很大，有的像巨大的乔木，高达20m左右，有的高度却不及10cm，其叶子和花的形状也有许多种，栽培上各有特征，千姿百态，深受人们的喜爱。我国栽培的芦荟品种主要有库拉索芦荟、中华芦荟和元江芦荟，主要分布于海南、福建、云南等省，其中元江芦荟主要分布于云南省元江流域的干热河谷。

（1）形态特征

叶缘有锐锯齿；叶簇生，呈座状或生于茎顶，叶常披针形或叶短宽，边缘有尖齿状刺。花序为伞形、总状、穗状、圆锥形等，色呈红、黄或具赤色斑点，花瓣6片、雌蕊6枚；花被基部多连合成筒状。

（2）生态习性

芦荟本是热带植物，生性畏寒，长期生长在终年无霜的环境中。在5℃左右停止生长，0℃时，生命过程发生障碍，如果低于0℃，就会冻伤。生长最适宜的温度为15～35℃，湿度为45%～85%。芦荟喜欢生长在排水性能良好、不易板结的疏松土质中。一般的土壤中可掺些沙砾灰渣，如能加入腐叶草灰等更好。排水透气性不良的土质会造成根部呼吸受阻，腐烂坏死，但过多沙质的土壤往往造成水分和养分的流失，使芦荟生长不良。芦荟需要充分的阳光才能生长，但初植的芦荟还不宜晒太阳。芦荟一般都是采用幼苗分株移栽或扦插等技术进行无性繁殖的。无性繁殖速度快，可以稳定保持品种的优良特征。

（3）园林用途和经济用途

芦荟种类繁多，变异多样，我国南方许多地区有栽培。芦荟易于栽种，为花叶兼备的观赏植物，也可食用、美容或药用。据统计，目前世界上芦荟种类至少有400多种，但被人们作为资源利用的仅有几个品种。3000多年前，人类就已经认识芦荟，但对其用途的认识较为局限，直到美国、日本、韩国等对芦荟的研究不断取得进展后，人们对芦荟的价值才有了进一步的了解。目前，已探明芦荟在医学、药学、保健、化妆和饮食等方面的有效成分多达100余种。芦荟作为一种具有较大经济价值和药用价值的绿色资源植物，利用范围越来越广，经济价值引起了世界芦荟分布地区国家和政府的高度重视。

（4）芦荟在云南的开发利用

云南有着丰富的芦荟野生资源，有大面积适合芦荟生长的土地，容易形成规模种植。云南芦荟的野生资源分布于金沙江南盘江等河谷流域，云南的元江流域（红河两岸）是我国野生中华芦荟资源分布较多的原产地之一。经过研究，云南芦荟较其他品种的芦荟具有相当的种植开发研究前景，抗氧化性能良好，生产芦荟叶汁较容易，易脱色，制备化妆品具有优越性。

1996年，云南新大农业开发有限公司和云南新大科学研究所在科技部中国农村技术开发中心及云南省科委的支持下，移种了大量优质野生芦荟种苗，建立了芦荟种苗基地，并派人到美国等地考察，大量收集国内外芦荟开发信息，在芦荟应用、产品开发和研究方面取得了一系列成果。1999年8月，在云南元江举办了第2届中国国际芦荟研讨会，推动了芦荟的宣传和国内外芦荟产业的交流，促进了我国芦荟的发展。云南对芦荟的加工与利用主要在芦荟原叶、芦荟干粉、芦荟香露、芦荟糖果、芦荟香烟等，涉及行业包括食品、饮料、化妆品、保健产品、医药等。

25. 仙人掌

仙人掌别名观音掌、霸王树等，是墨西哥的国花，为仙人掌科仙人掌属植物。全世界约有70～110个属，2000余种。中国栽培的有600余种，供观赏。我国云南、贵州、四川、广东、广西、福建、海南等省（区）有归化呈野生状态的仙人掌，常用作为篱垣，可食用，具有较高的医疗保健功能。药用种主要有仙人掌、绿仙人掌、印度仙人掌，主要分布在我国南部沿海的沙滩上，其繁殖力及环境适应能力都很强。

（1）形态特征

仙人掌的花通常形大而靓丽，多为单生。均有花管（由花被片组成，花萼与花瓣有明显区别或不易区别），子房下位，一室；子房上生一花柱，花柱顶端有多个接受花粉的柱头；传粉、受精后，胚珠发育成种子（种子多枚），子房发育成果实；花粉借风力或鸟类传播，受粉后花管不久便从子房顶部脱离，留下一个明显的疤痕。仙人掌茎的内部构造与其他双子叶植物一致，在内方的木质部与外方的韧皮部之间有形成层。但茎的大部分由薄壁的贮藏细胞组成，细胞内含黏液性物质，可保护植株避免水分的流失。仙人掌的茎是主要的制造养分和贮藏养分的器官。少数仙人掌种类能在近地水平生出小植株，从而进行无性繁殖。各种仙人掌的组织颇为一致，故一种仙人掌植株的末端部分可以嫁接到另一个种植株的顶部。仙人掌类植株的大小及外形千差万别。小者如纽扣状的佩奥特掌，矮小团块状的刺梨和刺猬掌，大者如高柱状的圆桶掌和高大乔木状的巨山影掌。

（2）生态习性

仙人掌中心是空的，可有效储存水分，但仙人掌主要通过种子繁殖。仙人掌的茎通常肥厚，含叶绿素，草质或木质。多数种类的叶或消失或极度退化，从而减少水分蒸发，而光合作用由茎代行。仙人掌喜强烈光照，耐炎热、干旱、瘠薄，生命力顽强，管理粗放，很适于在家庭阳台上栽培。仙人掌生长适温为20～30℃，生长期要有昼夜温差，最好白天30～40℃，夜间15～25℃。

（3）园林用途和经济用途

观赏价值：仙人掌以花取胜还只是培养者宠爱它的一个原因，而形状、颜色各不相同的刺丛与绒毛也受到许多观赏者的喜爱。尤其是一些鲜红、金黄的刺丛与雪白的绒毛品种，更是千姿百态，被称为“有生命的工艺品”。

药用价值：仙人掌有清热解毒和增强人体免疫力的功效；在临床上广泛用于治疗胃痛、痢疾、痔血、咳嗽、糖尿病等。随着近年医学研究的发展，专家认为，常饮仙人掌汁，可促进新陈代谢，提高人体免疫力，对胃炎、结肠炎、糖尿病、高血脂、高血压、胆结石、尿路结石等均有疗效。

菜用价值：仙人掌肉含多种人体必需氨基酸、蛋白质、酒石酸、琥珀酸、槲皮素、葡萄糖苷等多种有效成分及微量元素，特别是含有可增强人体免疫力的某些珍贵成分。仙人掌历来是美洲传统的食品，是人们日常生活中不可缺少的一种特色蔬菜和水果，人们将仙人掌洗净切碎后煮在汤中，或是架在炉上烤制，或是做成饼馅。

果用价值：很多仙人掌类植物的果实，不但可以生食，还可酿酒或制成果干。

饲用价值：仙人掌与其他饲料配合喂养牛、羊、猪等牲畜，全年都可以不必另外喂水，饲养效果很好。联合国粮农组织指出，开发仙人掌饲料是干旱和半干旱地区发展饲养业和解决饲料来源的主要途径。

（4）仙人掌在云南的开发利用

仙人掌在云南早期多用作活篱笆，近年来盆栽仙人掌被迅速开发利用。云南干热河谷范围广、面积大，元江、怒江等流域的许多地方水土流失严重、干旱缺水、生存环境恶化、植被恢复困难。在这些荒山、荒地推广种植发展仙人掌，可促进该地区光照、热量和土地资源的充分利用，可绿化荒山，提高植被覆盖率，改善生态结构和植被景观，促进干热河谷区植被恢复和该区社会经济的可持续发展。

（二）球根花卉

1．百合

百合为百合科百合属植物。原产北半球温带地区，我国是世界百合分布中心，栽培百合历史已有1000多年。云南省分布有野生百合25种，变种9种，资源数量约占全国的一半。从20世纪80年代开始，国外百合切花品种开始大量进入我国，以云南滇中地区为代表的百合切花生产区开始成为我国百合切花的主要生产集散地。百合品系繁多，除了常见的“亚洲”（‘Asiatic’）、“东方”（‘Oriental’）、“铁炮”（‘Longiflorum’）杂种系之外，近年来LA型、OT型等新型百合杂种系也被引入云南栽培。

（1）形态特征

百合为多年生球根草本植物。鳞茎卵形或近球形，鳞片肉质，卵形或披针形。株高40～100cm，茎圆柱形。单叶，叶散生或互生，披针形或条形，有的种类在叶腋间生出紫色或绿色颗粒状珠芽，其珠芽可繁殖成小植株。花单生或成总状花序，碗形、喇叭形或钟形，花被片6，2轮，花冠较大，花筒较长，花朵色彩鲜艳，花色因品种不同而色彩多样，多为黄色、白色、粉红、橙红，有的具紫色或黑色斑点。

（2）生态习性

百合为温带花卉，性喜湿润、光照，要求肥沃、富含腐殖质、土层深厚、排水性极为良好的沙质土壤，最忌硬黏土。多数品种宜在微酸性至中性土壤中生长，土壤pH为5.5～6.5。忌干旱、忌酷暑，耐寒性稍差。百合生长、开花温度为16～24℃，低于5℃或高于30℃生长几乎停止，10℃以上植株才正常生长，超过25℃时生长又停滞，如果冬季夜间温度低于5℃持续5～7d，花芽分化、花蕾发育会受到严重影响，推迟开花甚至盲花、花裂。

（3）园林用途和经济用途

百合根据用途不同，一般来说，可以分为花卉百合与药食用百合两大类。

观赏价值：花卉百合又可划分为切花、盆花和庭院花卉3类，但主要用作切花，是世界四大切花之一，花色、花形种类繁多，具有极高观赏价值。

食药用价值：百合鳞片鲜食、干用均可，鳞片中除含有蛋白质、脂肪、还原糖、淀粉及钙、磷、铁、维生素等营养成分外，还含有秋水仙碱等多种生物碱，具有良好的营养滋补功效。中医认为百合具有润肺止咳、清心安神的作用，尤其是鲜百合，治疗慢性咳嗽、肺病、失眠等特别有效。

（4）百合在云南的开发利用

百合是云南省种植面积第二大的花卉种类。云南生产的百合切花除了供应国内大中城市之外，还出口到东南亚各国和日本等地。目前省内用作商品生产的百合品种都来自国外，主要为荷兰品种。近年来在云南栽培的花卉百合品系有亚洲、东方、铁炮和OT等杂种系百合。东方百合是目前所有百合杂种系中品种数量最多、种植面积最大的一类百合，花色主要为粉色和白色，花型丰富，盆栽品种花型较小，切花品种花径最大可达30cm以上，代表品种有‘Sorbonne’‘Siberia’‘Marlon’等，种植量逐渐增大。铁炮百合花色纯白，较易栽培，耐热性较好，代表品种有‘Snow Queen’‘White Fox’。OT百合进入国内时间最短，但其花朵较大，茎秆粗壮，耐热性及抗病性较好，生育期短，大部分品种生育期比东方百合少1～3周，颜色以黄色居多，代表品种有‘Conca Dor’和‘Manissa’。在滇中的昆明、楚雄、玉溪等地区，气候适宜百合切花栽培，云南省有90%以上的百合切花都产自该地区。切花百合的上市时间分夏秋和冬春两季。夏秋百合占总量的60%，主要产自嵩明、江川、会泽，上市时间集中在7～9月，冬春百合主要产自玉溪红塔区、昆明晋宁县及其周边乡镇，10月至翌年4月上市销售。另外元江等地区主要种植反季节百合，12月至翌年3月上市。此外，滇东北、滇西及滇中海拔在2100m以上的一些区域适合进行百合种球培育，云南省的国产种球都出自这些气候稍冷凉、年均温变幅不大、土壤为沙壤土、水利条件良好的地区。

2. 郁金香

郁金香为百合科郁金香属植物。郁金香原产地中海沿岸，中亚是其分布中心。我国新疆地区有野生种类分布，而栽培品种直至1979年才批量引入国内，云南省于20世纪90年代中期开始引入郁金香品种在昆明翠湖公园举办主题花展。郁金香是典型的秋植球根花卉，适合在春节期间栽培，并且由于其花色纯正鲜艳，能够营造节日氛围，较受民众喜爱。

（1）形态特征

郁金香为多年生草本植物。鳞茎扁圆锥形或扁卵圆形，长约2cm，具棕褐色皮股，外被淡黄色纤维状皮膜。茎叶光滑具白粉，叶3～5片，长椭圆状披针形或卵状披针形；基生叶2～3枚，较宽大，茎生叶1～2枚。花茎高6～10cm，花单生茎顶，大形直立，杯状，基部常黑紫色；花葶长35～55cm；花单生，直立，长5～7.5cm；花瓣6片，倒卵形，鲜黄色或紫红色，具黄色条纹和斑点；雄蕊6，离生，花药基部着生，花丝基部宽阔；花柱3裂至基部，反卷；花型有杯型、碗型、卵型、球型、钟型、漏斗型、百合花型等，有单瓣，也有重瓣；花色白、粉红、洋红、紫、褐、黄、橙等，深浅不一，单色或复色。

（2）生态习性

郁金香属长日照花卉，性喜向阳、避风，冬季温暖湿润，夏季凉爽干燥的气候。8℃以上即可正常生长，一般可耐-14℃低温。耐寒性很强，在严寒地区如有厚雪覆盖，鳞茎就可在露地越冬，但怕酷暑，如果夏天来得早，盛夏又很炎热，则鳞茎休眠后难以度夏。要求腐殖质丰富、疏松肥沃、排水良好的微酸性沙质壤土。忌碱土和连作。

（3）园林用途和经济用途

郁金香可作为切花、盆花及花坛花卉栽培，用途范围较广。其品种繁多，品种可由栽培变种、种间杂种以及芽变选育而来。根据荷兰皇家种球种植者协会1981年的郁金香品种分类法可将郁金香分为4类15群，涉及的花型有杯型、碗型、卵型、球型、百合花型、重瓣型等。所有类群中，“达尔文系”是流行范围最广的杂种系。

（4）郁金香在云南的开发利用

引入云南栽培的郁金香多为“达尔文系”的中晚花品种。近年引进的品种类型“胜利杂种型”也在逐渐增多。郁金香在云南主要用作园林花坛栽培、盆花和切花。

3. 风信子

风信子为风信子科风信子属植物。原产地中海东岸至小亚细亚一带，主要分布于亚洲西南部、土耳其南部和中部、叙利亚西北部、黎巴嫩和以色列北部，在16世纪被引种到欧洲。19世纪末，风信子引入中国并在沿海大城市有少量应用。20世纪50年代，中国各地植物园和公园开始栽培用于花坛布置。近年来，通过企业引进的品种增多，色系越来越丰富。

（1）形态特征

多年草本生球根类植物。鳞茎卵形，有膜质外皮，皮膜颜色与花色相关，开花时形如大蒜。叶4～8枚，狭披针形，肉质。花茎肉质，长15～45cm，总状花序顶生，小花10～20朵，密生上部，横向或下倾，漏斗形；花被筒形，上部四裂，反卷，有紫、玫瑰红、粉红、黄、白、蓝色等，芳香。蒴果。自然花期3～4月。园艺品种有2000多个，根据其花色，大致分为蓝色、粉红色、白色、鹅黄、紫色、黄色、绯红色、红色等8个品系。

（2）生态习性

风信子性喜阳、耐寒，适合生长在凉爽湿润的环境，忌积水。喜冬季温暖湿润、夏季凉爽稍干燥、阳光充足或半阴的环境。喜肥，宜肥沃、排水良好的沙壤土，忌过湿或黏重的土壤。风信子鳞茎有夏季休眠习性，秋冬生根，早春萌发新芽，3月开花，6月上旬植株枯萎。风信子在生长过程中，鳞茎在2～6℃低温时根系生长最好。

（3）园林用途和经济用途

风信子植株低矮整齐，花序端庄，花色丰富，是早春开花的著名球根花卉之一，也是重要的盆花种类。适于布置花坛、花境和花槽，也可作切花、盆栽或水养观赏。有滤尘作用，花香能稳定情绪，消除疲劳作用。花除供观赏外，还可提取芳香油。

（4）风信子在云南的开发利用

风信子在云南主要用于盆花和园林观赏。

4. 虎眼万年青

虎眼万年青为百合科虎眼万年青属植物。原产非洲南部和西亚。20世纪70年代，虎眼万年青作为观赏植物引进中国，并在海南、西安、长白山试栽。云南省从2000年左右开始引进该种。

（1）形态特征

虎眼万年青属常绿多年生草本植物。鳞茎呈卵状球形，绿色，有膜质外皮，栽植时鳞茎全露于土面之上。叶常绿，5～6枚，带状，端部尾状长尖，叶长30～60cm，宽3～5cm。花葶粗壮，高可达1m；总状花序边开花边延长，长20～30cm；花多而密集，常达50～60朵，花梗2cm，花被片6枚，分离，白色，中间有绿脊，花径2～2.5cm。蒴果倒卵状球形。种子小，黑色。花期冬春。

（2）生态习性

喜阳光，亦耐半阴，耐寒，夏季怕阳光直射，好湿润环境，冬季重霜后叶丛仍保苍绿。鳞茎有夏季休眠习性，鳞茎分生力强，繁殖系数高。

（3）园林用途和经济用途

虎眼万年青除了具有极高的观赏价值外，目前国内更多的是把其作为药用植物加以开发。

园林用途：虎眼万年青每生长一枚叶片，鳞茎包皮上就会长出几个小子球，形似虎眼，故而得名虎眼万年青。又因其球状鳞茎似葫芦样，所以又俗称为葫芦兰。虎眼万年青常年嫩绿，质如玛瑙，具透明质感，置于室内观赏，清心悦目。它的叶片颇具特色，基部至顶部突细如针，弯曲下垂，披在盆边四周，随风摇曳，独有神韵。虎眼万年青是布置自然式园林和岩石园和优良材料，也适用于切花和盆栽观赏。

经济用途：民间多有使用虎眼万年青抗炎消毒，治疗肝病、肝癌、胆囊炎症的经验。

（4）虎眼万年青在云南的开发利用

虎眼万年青在云南主要用于园林观赏和民间药用。

5. 马蹄莲

马蹄莲为天南星科马蹄莲属植物。原产于南非、莱索托、斯威士兰和埃及等国。本属有5个种用于园艺栽培，包括白花马蹄莲、黄花马蹄莲、红花马蹄莲、银星马蹄莲和黄金马蹄莲。荷兰和新西兰于20世纪80年代育成了多个彩色马蹄莲杂交品种，从90年代末开始零星引入我国用于繁殖及栽培技术研究。自2003年后，云南有多家企业开始引种彩色马蹄莲进行切花和盆花生产，至此，彩色马蹄莲在国内成为一种新兴的花卉种类。

（1）形态特征

多年生草本。具肥大肉质块茎，株高可达1～2.5m。叶茎生，具长柄，叶柄一般为叶长的2倍，上部具棱，下部呈鞘状折叠抱茎；叶卵状箭形，全缘，鲜绿色。花梗着生叶旁，高出叶丛，肉穗花序包藏于佛焰苞内，佛焰苞形大，开张，呈马蹄形；肉穗花序圆柱形，鲜黄色，花序上部生雄蕊，下部生雌蕊。果实肉质，包在佛焰苞内。自然花期从11月直到翌年6月。

（2）生态习性

性喜温暖气候，不耐寒，生长适温20℃左右。喜湿润环境，不耐干旱。冬季需充足的光照，光线不足，着花少，稍耐阴。喜疏松肥沃、腐殖质丰富的沙质壤土。其休眠期随地区不同而异。在我国长江流域及北方栽培，冬季宜移入温室，冬春开花，夏季因高温干旱而休眠；而在冬季不冷、夏季不干热的亚热带地区，全年不休眠。

（3）园林用途和经济用途

园林用途：马蹄莲花朵美丽，春秋两季开花，单花期特别长，是装饰客厅、书房良好的盆栽花卉，也是切花的理想材料。用作切花，经久不调，是馈赠亲友的礼品花卉，在热带亚热带地区，是花坛的好材料。马蹄莲在国际花卉市场上已成为重要的切花品种之一。

经济用途：马蹄莲有毒，禁忌内服。块茎内含大量草本钙结晶和生物碱，误食会引起昏眠等中毒症状。马蹄莲具有清热解毒的功效。治烫伤，鲜马蹄莲块茎适量，捣烂外敷。预防破伤风，在创伤处，用马蹄莲块茎捣烂外敷。

（4）马蹄莲在云南的开发利用

马蹄莲在云南主要用作切花和盆花。民间也有药用的记载。

6. 花毛茛

花毛茛为毛茛科毛茛属植物。原产土耳其、叙利亚、伊朗以及欧洲东南部。我国从20世纪90年代开始对其切花品种进行引种栽培。

（1）形态特征

花毛茛地下具纺锤状小块根，长约2cm，直径1cm。地上株丛高约30cm。茎长纤细而直立，分枝少，具刚毛。根生叶具长柄，椭圆形，多为三出叶，有粗钝锯齿；茎生叶近无柄，羽状细裂，裂片5～6枚，叶缘也有钝锯齿。单花着生枝顶，或自叶腋间抽生出花梗，花冠丰圆，花瓣平展，每轮8枚，错落叠层，花径3～4cm或更大，常数个聚生于根颈部，每一花葶有花1～4朵，有重瓣、半重瓣，花色丰富，有白、黄、红、水红、大红、橙、紫和褐色等多种颜色。

（2）生态习性

喜凉爽及半阴环境，忌炎热，适宜的生长温度白天20℃左右，夜间7～10℃，不耐湿和旱，宜种植于排水良好、肥沃疏松的中性或偏碱性土壤。6月后块根进入休眠期。在中国大部分地区夏季进入休眠状态。盆栽要求富含腐殖质、疏松肥沃、通透性能强的沙质培养土。

（3）园林用途和经济用途

花毛茛花大而美丽，常种植于树下、草坪中，以及建筑物的阴面，同时，其也适宜作切花或盆栽。通常矮生或中等高度的品种用于园林花坛、花带和家庭盆栽。切花种类宜作切花生产，室内瓶插。

（4）花毛茛在云南的开发利用

花毛茛在云南主要用作切花。2002年花毛茛作为冬春季切花开始引入云南市场，并逐步成为畅销花卉。

7. 银莲花

银莲花为毛茛科银莲花属植物。原产北半球，在温带地区广泛分布。本属植物有120多种，中国分布有52种。银莲花可以分为两大类群，一类是宿根类，夏秋季开花，包括杂交银莲花、大火草、野棉花；另一类是球根类，花期春季至初夏，这一类包括希腊银莲花、加拿大银莲花、林生银莲花、冠状银莲花等。银莲花用于观赏栽培的种类有20～30种。

（1）形态特征

植株高15～40cm。根状茎长4～6cm。叶基生，圆肾形，偶圆卵形，三全裂。花葶有疏柔毛或无毛；苞片无柄，菱形或倒卵形，三浅裂或三深裂；萼片5～6，白色或带粉红色，倒卵形或狭倒卵形，长1～1.8cm，宽5～11mm，顶端圆形或钝，无毛；雄蕊长约5mm，花药狭椭圆形。瘦果扁平。花期4～7月。

（2）生态习性

性喜凉爽、潮润、阳光充足的环境，较耐寒，忌高温多湿。喜湿润、排水良好的肥沃壤土。

（3）园林用途和经济用途

园林用途：许多银莲花属植物开花艳丽，所以广泛用于室内及庭院装饰，是花卉交易市场上的大宗产品。银莲花与其他球根花卉的不同之处在于其茎和叶的观赏价值都很高，尤其在花坛、花境的营造中可以大量使用。

经济用途：银莲花属植物有抗肿瘤、抗炎、解热镇痛、镇静、抗惊厥等作用，尤其是抗癌活性显著，开发意义重大。

（4）银莲花在云南的开发利用

在云南省适应性良好杂种系有‘Mona Lisa’‘Galilee’‘Jerusalem’‘Tomer’‘Christina’等品系，主要用作切花和园林观赏。

8. 唐菖蒲

唐菖蒲为鸢尾科唐菖蒲属植物。主要分布于地中海地区、小亚细亚和非洲南部。全世界唐菖蒲野生种约250种，大部分起源于非洲南部。我国从19世纪末开始引种，目前已有100多年的栽培史。

（1）形态特征

多年生草本。球茎扁圆球形，直径2.5～4.5cm，外包有棕色或黄棕色的膜质包被。叶基生或在花茎基部互生，剑形，长40～60cm，宽2～4cm，嵌迭状排成2列。花茎直立，高50～80cm，顶生穗状花序长25～35cm；花在苞内单生，两侧对称，有红、黄、白或粉红等色，直径6～8cm；花被管长约2.5cm，花药条形，红紫色或深紫色，花丝白色，着生在花被管上；花柱长约6cm，顶端3裂，柱头略扁宽而膨大，具短绒毛，子房椭圆形。蒴果椭圆形或倒卵形，成熟时室背开裂。种子扁而有翅。花期7～9月，果期8～10月。

（2）生态习性

唐菖蒲性喜温暖，具有一定的耐寒性，不耐高温，尤忌闷热，以冬季温暖、夏季凉爽的气候为宜。怕积水。唐菖蒲生长临界温度为3℃，但低于10℃时生长迟缓，球茎在4～5℃萌发。生长适温白天为

20～25℃，夜间为10～15℃，此温度下，唐菖蒲开花多，子球发育好。唐菖蒲喜深厚肥而排水良好的沙质壤土，不宜在黏重土壤和低洼积水处生长，土壤pH 5.6～6.5为佳。长日照促进唐菖蒲花芽分化，而短日照则促进开花，栽培地要求阳光充足。

（3）园林用途和经济用途

唐菖蒲是多年生草本花卉，是世界四大切花之一。花形美观、色彩鲜艳、瓣如薄绢，惹人喜爱，自然花期在春季或夏季。唐菖蒲球茎可入药，主治跌打肿痛及痈，茎叶可提取维生素C。

（4）唐菖蒲在云南的开发利用

云南省曾是唐菖蒲切花的主产区，元江臧健花卉科技开发有限公司是云南从事唐菖蒲种植最大的企业。近年来，由于利润降低以及作为线性花材主角的地位被取代等原因，唐菖蒲从原本的暴利阶段降至现在的低端配花位置，种植量大大减少。然而以臧健公司的唐菖蒲切花销售价格来看，高品质的唐菖蒲出口时仍处于较高价位，市场销路也供不应求，因此，唐菖蒲的品种和品质是限制唐菖蒲种植业和消费的最大因素。

9. 百子莲

百子莲为石蒜科百子莲属植物。原产南非。我国对百子莲最早的引种栽培始于2000年，引进一个亚种为*Agapanthus praecox* ssp. *orientalis*。目前，我国已有多个城市进行栽培。百子莲可分为：百子莲、铃花百子莲、具茎百子莲、蔻第百子莲、闭口百子莲、早花百子莲6个种。栽培品种是由各个种及变种杂交而成。常见的品种有‘Big Blue’（“蓝色巨人”）、‘Weaver’（“编织者”）、‘Mr. Thomas’（“托马斯先生”）。

（1）形态特征

百子莲科多年生草本。有根状茎。叶线状披针形，近革质。花茎直立，高可达60cm；伞形花序，有花10～50朵，花漏斗状，深蓝色或白色；花药最初为黄色，后变成黑色。花期7～8月。

（2）生态习性

喜温暖、湿润和阳光充足环境。要求夏季凉爽、冬季温暖，5～10月温度在20～25℃，11月至翌年4月温度在5～12℃。光照对生长与开花有一定影响，夏季避免强光长时间直射，冬季栽培需充足阳光。土壤要求疏松、肥沃的沙质壤土，pH在5.5～6.5，切忌积水。

（3）园林用途和经济用途

百子莲叶色浓绿，光亮，花蓝紫色，也有白花、紫花、大花和斑叶等品种。花形秀丽，适于盆栽室内观赏，在南方置半阴处栽培，可作岩石园和花境的点缀植物。

（4）百子莲在云南的开发利用

云南省引入百子莲属花卉时间不长，经过试种适应环节后，已有少量切花百子莲出现在昆明花卉消费市场。

10. 晚香玉

晚香玉为石蒜科晚香玉属多年生草本。地下部分具圆锥状的鳞块茎，原产南美洲。18世纪晚香玉传入我国，目前晚香玉鲜切花种植主要集中在云南的元江，夏季上海、天津也有部分生产。

（1）形态特征

晚香玉植株高80cm左右。叶基生，披针形，基部稍带红色。总状花序，具成对的花12～18朵，自下而上陆续开放，花白色，漏斗状，有芳香，夜晚更浓。蒴果。栽培品种有白花和淡紫色两种：白花种多为单瓣，香味较浓；淡紫花种多为重瓣，每花序着花可达40朵左右。花期5～11月。

（2）生态习性

喜温暖且阳光充足之环境，不耐霜冻，最适宜生长温度，白天25～30℃，夜间20～22℃。好肥喜湿而忌涝，于低湿而不积水之处生长良好。对土壤要求不严，以肥沃黏壤土为宜，对土壤湿度反应较敏感。自花授粉而雄蕊先熟，故自然结实率很低。

（3）园林用途和经济用途

晚香玉花期长，不仅是切花的重要材料，还是布置花坛的优美花卉。晚香玉除可用以观赏、驱蚊外，叶、花、果可药用，具清肝明目、拔毒生肌之功效。此外，晚香玉可作为提取香精的原料，提取香叶醇、橙花醇、乙酸橙花酯、苯甲酸甲酯、邻氨基苯甲酸甲酯、苄醇、金合欢醇、丁香酚和晚香玉酮等香料，赋予食品以独特的晚香玉气味。

（4）晚香玉在云南的开发利用

云南省元江县于2000年引入重瓣晚香玉，其切花产品主要销往香港等地，供不应求。重瓣晚香玉切花在温带及亚热带地区进行冬季生产需要加温设施，导致成本大增，因此培育耐寒性强的品种是晚香玉品种研发的重要方向。如能在冬春季大量产花，可大大提高晚香玉种球的利用率，降低生产成本并且扩大晚香玉的可推广区域。

11. 水仙

水仙为石蒜科水仙属植物。原产中欧、北非地中海沿岸。我国栽培水仙已有1300多年的历史。

（1）形态特征

水仙鳞茎卵状至广卵状球形，外被棕褐色皮膜，内有肉质、白色、抱合状球茎片数层。根为须根，由茎盘上长出，易折断，断后不能再生。叶狭长带状。伞形花序；小花呈扇形着生于花序轴顶端，外有膜质佛焰苞包裹，一般小花3～7朵（最多可达16朵）；花被基部合生，筒状，裂片6枚，开放时平展如盘，白色；副冠杯形，鹅黄或鲜黄色，芳香。花期1～3月。

（2）生态习性

水仙为秋植球根类温室花卉，喜阳光充足，能耐半阴，不耐寒。7～8月份落叶休眠，在休眠期鳞茎的生长点部分进行花芽分化。具秋冬生长、早春开花、夏季休眠的生理特性。水仙喜光、喜水、喜肥，适于温暖、湿润的气候条件，喜肥沃的沙质土壤。生长前期喜凉爽，中期稍耐寒，后期喜温暖。栽培以疏松肥沃、土层深厚的冲积沙壤土为最宜，pH在5～7.5时均宜生长。

（3）园林用途和经济用途

水仙是目前国际上常用的绿化带地被植物。我国水仙花通常用作室内观赏花卉，可吸收家庭中的噪音和废气，是一种优良的室内观赏花卉。水仙全株具药用价值，清热解毒，主治跌打损伤、痨伤，但有毒，不宜内服。水仙花的鲜花芳香油含量达0.20%～0.45%，经提炼可调制香精、香料；可配制香水、香皂及高级化妆品。水仙香精是香型配调中不可缺少的原料。

（4）水仙在云南的开发利用

目前，在云南省栽培的水仙都是引自国内的福建漳州或欧洲等地。云南省尚无企业开展水仙的栽培，市场上较少见到水仙的踪影。

12. 石蒜

石蒜为石蒜科石蒜属植物。石蒜属植物多原产于我国长江流域和西南各省。云南省有4个野生种分布。

（1）形态特征

石蒜鳞茎肥大，宽椭圆形，鳞皮膜质，黑褐色，内为乳白色，直径2～4cm，基部生多数白色须根；表面由2～3层黑棕色干枯膜质鳞片包被，内部有10多层白色富黏性的肉质鳞片，生于短缩的鳞茎盘上，中心有黄白色的芽。叶丛生，带形，花茎先叶抽出，中空，高20～40cm。伞形花序，有花4～6朵；苞片披针形，膜质；花被6裂，鲜红色或有白色边，2轮排列，狭倒披针形，长2.5～3cm，无香气，边缘皱缩，向后反卷，花被管长4～6mm，喉部有鳞片；雄蕊和雌蕊远伸出花被裂片之外；雄蕊6枚；子房下位，3室；花柱细长，柱头头状。蒴果，背裂。种子多数。花期9～10月，果期10～11月。

（2）生态习性

石蒜野生种群生长于阴森潮湿地，其着生地多为红壤，因此耐寒性强。多生长于山林中的石缝处。石蒜喜阴、潮湿环境，但能耐强光和干旱环境，生命力顽强，喜偏酸性土壤，以疏松、肥沃的腐殖质土最好。

（3）园林用途和经济用途

石蒜主要用于园林观赏。园林中可作林下地被、花境丛植或山石间自然式栽植。石蒜冬季叶色深绿，覆盖庭院，打破了冬日的枯寂气氛；夏末秋初花茎破土而出，花朵明亮，可成片种植于庭院。石蒜也可用于盆栽、水养、切花等。

石蒜鳞茎中含有多种石蒜碱以及可抑制植物生长和抗癌的成分。石蒜碱有强力催吐作用，故可用石蒜治疗食物中毒。

（4）水仙在云南的开发利用

石蒜属植物在云南省多为野生状态，仅有石蒜和黄花石蒜有少量驯化栽培。

13. 朱顶红

朱顶红为石蒜科朱顶红属植物。原产热带和亚热带美洲。朱顶红属植物种类较多，现代观赏品种都是杂交品种，大致可分为原始类型、大花类型、多花类型、细瓣类型和迷你类型。我国在21世纪初引进了多个朱顶红品种。

（1）形态特征

朱顶红鳞茎近球形，直径5～7.5cm，并有匍匐枝。叶6～8枚。花后抽出，花茎中空；花2～4朵；佛焰苞状总苞片披针形，长约3.5cm；花被管绿色，圆筒状，长约2cm，花被裂片长圆形，顶端尖，颜色丰富；雄蕊6，花丝红色，花药线状长圆形，柱头3裂。花期夏季。

（2）生态习性

朱顶红喜温暖、湿润气候，生长适温为18～25℃，忌酷热。阳光强烈时，应置荫棚下养护。怕水涝。冬季休眠期，要求冷凉的气候，以10～12℃为宜，不得低于5℃。喜富含腐殖质、排水良好的沙质壤土。

（3）园林用途和经济用途

朱顶红适于盆栽，装点居室、客厅、过道和走廊，也可于庭院栽培和可作为鲜切花使用。朱顶红花期长，栽培难度低，在国内是一种常见的室内盆栽花卉。

（4）朱顶红在云南的开发利用

朱顶红在云南主要用作盆花和切花。目前，元江县臧健花卉公司是云南省内栽培朱顶红规模最大的企业。在云南用作商品生产的朱顶红品种多为大花类和细瓣类，常见品种有‘Royal Velvet’（“黑天鹅”），‘Susan’（“苏珊”），‘Pasadena’（“萨德帕萨迪纳”），‘Lemon Lime’（“柠檬莱姆”），‘Misty’（“迷雾”），‘Benfica’（“帆船”），‘Desire’（“欲望”），‘Hercules’（“哈库大力神”），‘Jewel’（“宝石”）。

14. 姜荷花

姜荷花为姜科姜黄属多年生草本热带球根花卉。全世界大约有姜黄属植物60余种，主要分布于亚洲热带及亚热带地区。姜荷花是本属中观赏价值最高的一种，原产泰国清迈一带，目前姜荷花已育成上百个品种，引入我国栽培的常见品种有“清迈粉”“清迈白”“清迈红”“绿美人”和“红火炬”等，其中“清迈粉”的栽培量最大，最受市场欢迎。我国广东、福建、云南、台湾等地从20世纪90年代先后引种栽培姜荷花。云南省的热带气候区域（包括西双版纳、元江等地）较适宜姜荷花的生长。

（1）形态特征

姜荷花的种球由圆球状至圆锥状的球茎（或称根茎）及着生于球茎基部的贮藏根所组成，一个球茎可着生1～6个不等的贮藏根，球茎上有两排对生的芽，但春季种植后一个球茎通常仅萌发一个第一代芽。新芽萌发后，叶片开始舒展，接着抽出花序，随后花序发育，花梗抽长并开花。姜荷花的叶片为长椭圆形，中肋紫红色。姜荷花的花序为穗状花序，花梗上端有7～9片半圆状绿色苞片，接着为9～12片阔卵形粉红色苞片，苞片形状似荷花的花冠，是主要观赏的部位；姜荷花真正的小花着生在花序下半部苞片内，每片苞片着生4朵小花；小花为唇状花冠，具3片外花瓣及3片内花瓣；其中一枚内花瓣为紫色唇瓣，而且唇瓣中央漏斗状的部位为黄色。

（2）生态习性

姜荷花生长强健，对土壤适应力强，一般只要不是太黏重的土壤都可种植，但种球生长宜选择沙质壤土，土层深厚，排水良好，而且不缺水的地方。姜荷花种球的萌芽最适温度为30～35℃，若将休眠觉醒的种球放在30℃恒温下催芽，约25～30d开始萌芽，到完全萌芽约需40～50d。3月以后种植于田间，种植至萌芽出土约需35～60d不等。生长期喜温暖湿润、阳光充足的气候。

（3）园林用途和经济用途

姜荷花极具观赏价值，是东南亚一带国家礼佛必用的花卉。

（4）姜荷花在云南的开发利用

云南从20世纪90年代先后引种栽培姜荷花，目前开发规模不大。但云南省是我国面向东南亚的大通道，进行姜荷花生产出口拥有得天独厚的地理条件，应将姜荷花作为一种新兴花卉种类加大开发力度。

15. 嘉兰百合

嘉兰为秋水仙科嘉兰属植物。原产中国南部、印度、斯里兰卡和非洲。在云南南部西双版纳海拔1200m以下的林地或灌丛仅分布有嘉兰一个种。目前用作园艺生产的嘉兰品种大部分由荷兰和日本培育而成。

（1）形态特征

嘉兰为攀缘植物，有根状茎块，肉质，常分叉。茎长2～3m或更长。叶通常互生披针形，先端延伸成卷须。花单生于上部叶腋或叶腋附近，在枝的末端近伞房状排列；花梗长，常在上部弯曲，而使花俯垂；花被片条状披针形，长4.5～5cm，宽约8mm，反折，由于花俯垂而向上举，基部收狭而多少呈柄状，边缘皱波状，上半部亮红色，下半部黄色，宿存；花丝长3～4cm，花药条形，长约1cm；花柱丝状，与花丝近等长，分裂部分长约6～7mm。花期7～8月。

（2）生态习性

嘉兰喜温暖、湿润气候及富含有机质，排水、通气良好，保水力强的肥沃土壤，在密林及潮湿草丛中生长良好。忌干旱和强光，幼苗期需40%～45%郁闭度，营养生长期、花期内需10%～15%的荫蔽度，土壤湿度保持在80%左右。生育期降雨量以1000～1200mm为宜，要求空气相对湿度80%以上。嘉兰耐寒力较差，当气温低于22℃时，花发育不良，不能结实；低于15℃时，植株地上部分受冻害。生长适温为22～24℃。一般于3月萌发生长，6月中旬始花，7～8月为盛花期，9～10月为种子成熟期。

（3）园林用途和经济用途

嘉兰可广泛应用于室内外的庭院绿化和美化，或作为新型切花。此外，嘉兰也是一种重要的秋水仙碱原料植物，其种子、果壳和块茎均含秋水仙碱，含量分别为1.11%、0.63%和0.34%。

（4）嘉兰百合在云南的开发利用

云南热带植物研究所从20世纪70年代初开始对西双版纳的野生嘉兰进行引种驯化并获得成功，为秋水仙碱的药用开发利用提供了新途径。云南元江臧健花卉科技开发公司从国外引进嘉兰进行切花生产，也取得了良好的经济效益。

16. 小苍兰

小苍兰为鸢尾科小苍兰属植物。原产非洲南部。小苍兰属植物约有14种，国外育成大花小苍兰的主要亲本包括小苍兰和红花小苍兰两个种，由此育出的品种色系丰富，花型可分为重瓣、单瓣两类。我国早在20世纪30年代就引种了花型较小且花色仅有黄、白二色的小苍兰品种，小花品种目前已很少栽培。自1979年以后，我国多家科研单位从荷兰引进大花小苍兰进行试种，目前，大花小苍兰已在全国多个省市广泛种植。

（1）形态特征

小苍兰为多年生草本。球茎狭卵形或卵圆形，外包有薄膜质的包被，包被上有网纹及暗红色的斑点。叶剑形或条形，略弯曲，长15～40cm，黄绿色。花茎直立，花无梗，每朵花基部有2枚膜质苞片；花淡黄色或黄绿色，有香味；花被管喇叭形，花被裂片6，2轮排列，外轮花被裂片卵圆形或椭圆形，内轮较外轮花被裂片略短而狭；雄蕊着生于花被管上；柱头6裂，子房绿色，近球形。蒴果近卵圆形，室背开裂。花期4～5月，果期6～9月。

（2）生态习性

小苍兰性喜温暖湿润环境，要求阳光充足，但不能在强光、高温下生长。适生温度15～25℃，宜于疏松、肥沃的沙壤土中生长，通常多用2/3草炭土加入1/3细沙配制的人工培养土栽植。小苍兰生长期，要求肥水充足，每两周施用1次有机液肥，亦可适量施用复合化肥。盆土不可积水或土壤过于干燥。

（3）园林用途和经济用途

小苍兰因其丰富色彩和开花的浓香而深受园艺爱好者的欢迎，栽培种类较多。小苍兰香精油也常常用作沐浴乳、身体保养乳液之类用品的原料之一，对皮肤有很好的护理作用。

（4）小苍兰在云南的开发利用

云南农业大学是云南省内首家引种大花小苍兰的单位。目前，小苍兰在云南已有规模化种植。

17. 美人蕉

美人蕉为美人蕉科美人蕉属植物，是美人蕉科仅有的美人蕉属单属植物。原产热带美洲、热带亚洲和非洲。美人蕉种间杂交容易，能产生变异丰富的杂交后代。目前园艺栽培的美人蕉绝大多数为杂交种及混杂群体，其主要亲本有美人蕉、粉美人蕉、柔瓣美人蕉、鸢尾美人蕉、紫叶美人蕉等种类。园艺品种分类主要分为法国美人蕉杂种系和意大利美人蕉杂种系，前者植株矮生，株高60～150cm，花径大，花瓣直立而不反曲，易结实；后者植株较高大，株高1.5～2m，花径比前者大，花瓣向后反曲，不结实。美人蕉大约在公元8世纪经印度传入我国作观赏栽培，其他美人蕉属植物则直到近代才被引种到我国。根据《中国植物志》记载，我国共栽培美人蕉属植物5个种、1个变种和2个杂种，主要用于观赏。

（1）形态特征

美人蕉植株全部绿色，高可达1.5m。叶片卵状长圆形，长10～30cm，宽达10cm。总状花序疏花，略超出于叶片之上；花单生；苞片卵形，绿色；萼片披针形；花冠裂片披针形，绿色或红色；外轮退化雄蕊2～3枚，鲜红色，其中2枚倒披针形；唇瓣披针形，弯曲；花柱扁平，一半和发育雄蕊的花丝连合。蒴果绿色，长卵形，有软刺。花果期3～12月。

（2）生态习性

美人蕉属多年生球根根茎类草本植物，粗壮、肉质的根茎横卧在地下。在温暖地区无休眠期，可周年生长，在22～25℃温度下生长最适宜；5～10℃将停止生长，低于0℃时就会出现冻害。美人蕉因喜湿润，忌干燥，在炎热的夏季，如遭烈日直晒，或干热风吹袭，会出现叶缘焦枯，浇水过量也会出现同样现象。

（3）园林用途和经济用途

美人蕉在园林绿化中应用较为普遍，主要是由它的特性决定的。美人蕉枝叶茂盛，花大色艳，花期长，开花时正值火热少花的季节，可大大丰富园林绿化中的色彩和季相变化，使园林景观轮廓清晰，美观自然。与一年生草花相比，美人蕉对环境的要求不严，养护管理较为粗放，适应力强，且经济实用。在分车带中心种植美人蕉，其鲜艳的花朵和浓绿的叶片，可使街道景观显得生机勃勃。在公共绿地中大片丛植美人蕉，可展现其群体美，用来布置花径、花坛，可增加情趣。美人蕉在建筑周围栽植，可柔化刚硬的建筑线条。美人蕉能大量吸收二氧化硫、硫化氢等有害物质，抗性较好，具有净化空气、保护环境作用。由于它的叶片易受害，反应敏感，所以被人们称为监视有害气体污染环境的活的监测器。此外，美人蕉的根状茎及花可入药，其性凉，味甘、淡，具清热利湿、安神降压之功效。

（4）美人蕉在云南的开发利用

美人蕉在云南各地栽培广泛，中国科学院西双版纳热带植物园是国内保存美人蕉品种资源最丰富的单位之一。

18. 仙客来

仙客来为报春花科仙客来属植物。原产地中海东部沿海、土耳其南部、克里特岛、塞浦路斯、巴勒斯坦和叙利亚等地。仙客来园艺品种多由野生原始种的变异中筛选而来，其种间杂交极为困难，即使获得F_1代杂种，与原亲本的差异也不大。品种分类可按花径大小分为大、中、小3类，或按花瓣性状分为平瓣、波瓣、皱瓣、鸡冠瓣及单瓣、重瓣等。我国从20世纪20～30年代开始引种仙客来，在上海、天津、青岛、北京等大中城市有少量栽培。80年代后，天津园林绿化科研所从国外大量引进仙客来品种，生产种子和盆花，销往国内各地。

（1）形态特征

多年生草本。块茎扁球形，具木栓质的表皮，棕褐色，顶部稍扁平。叶和花葶同时自块茎顶部抽出；叶柄长5～18cm；叶片心状卵圆形，直径3～14cm，先端稍锐尖，边缘有细圆齿，质地稍厚，上面深绿色，常有浅色的斑纹。花葶高15～20cm，果时不卷缩；花萼通常分裂达基部，裂片三角形或长圆状三角形，全缘；花冠白色或玫瑰红色，喉部深紫色，筒部近半球形，裂片长圆状披针形，稍锐尖，基部无耳，比筒部长3.5～5倍，剧烈反折。

（2）生态习性

仙客来喜凉爽、湿润及阳光充足的环境。生长和花芽分化的适温为15～20℃，湿度70%～75%；冬季花期温度不得低于10℃，若温度过低，则花色暗淡，且易凋落；夏季温度若达到28～30℃，则植株休眠，若达到35℃以上，则块茎易于腐烂。幼苗较老株耐热性稍强。仙客来为中日照植物，要求疏松、肥沃、富含腐殖质、排水良好的微酸性沙壤土。花期10月至翌年4月。

（3）园林用途和经济用途

仙客来是室内盆栽花卉中的佼佼者，寓意迎接贵客，祈求好运降临，是著名的年宵花卉。仙客来的叶片能吸收二氧化硫，并经过氧化作用将其转化为无毒或低毒的硫酸盐等物质。

（4）仙客来在云南的开发利用

由于云南省花卉业整体以切花生产为主，仙客来作为盆花在云南本土生产较少，目前云南英茂花卉公司是云南省内生产仙客来规模最大的企业，产品销往省外，本地仅有零星盆花在花店出售，质量不高，售价较低。总体来说，仙客来是一种种球培育周期较短的球根花卉，栽培技术科技含量高，若以滇中城市群日渐成熟的消费市场为依托，高品质的仙客来盆花一定可以获得较好的发展空间。

19. 大丽花

大丽花为菊科大丽花属植物。原产南美洲墨西哥、危地马拉、哥伦比亚的热带高原地区。大丽花原种约有15个，现代栽培品种均是种间杂种。红大丽花为一部分单瓣品种之原种；卷瓣大丽花为仙人掌型之原种；光滑大丽花，为一部分矮生单瓣品种之原种；大丽花为现代园艺品种中单瓣型、小球型、圆球型等品种的原种。大丽花的栽培品种可按多种方法进行分类，如花型、花径、植株高矮、花期、花色等。按花型分类可分为以下10种：单瓣型、环领型、复瓣型、圆球型、绣球型、装饰型、睡莲型、仙人掌型、菊花型、毛毡型。我国于20世纪初开始引种，至60年代时已引种300余个品种。大丽花为春植球根花卉，国内各地均有栽培。

（1）形态特征

多年生草本，有巨大棒状块根。茎直立，多分枝，高1.5～2m，粗壮。叶1～3回羽状全裂，两面无毛。头状花序大，有长花序梗，常下垂，宽6～12cm；总苞片外层约5个，叶质，内层膜质，椭圆状披针形；舌状花1层，白色，红色，或紫色，常卵形；管状花黄色。瘦果长圆形，长9～12mm，宽3～4mm，黑色，扁平，有2个不明显的齿。花期6～12月，果期9～10月。

（2）生态习性

喜湿润，怕渍水，适时适量浇透水，注意避免积水。栽种大丽花宜选择肥沃、疏松的土壤，除施基外，还要追肥。喜阳光怕荫蔽，应将其种植在阳光充裕的地方。最适宜的生长温度在20℃左右。

（3）园林用途和经济用途用途

大丽花以长花期受人欢迎，从夏到秋，连续开花，每朵花可开放1个月，花期持续半年。大丽花的切花鲜艳、醒目，最适合制作花篮和花牌。大丽花既是优良的盆花材料，又可大片群植于园林绿地，整片开花时尤为壮观，具有强烈的视觉冲击力。大丽花在国内的品种培育、栽培研究和成花生产多集中在北方的山东、陕西等省。大丽花繁殖容易，品种丰富，适应性良好，应用范围较广。

（4）大丽花在云南的开发利用

大丽花在云南省是一种常见花卉，即使边远山区的农家也偶有栽培，城市中的花坛用其营造景观，小型的苗圃常有成苗出售，但矮生盆栽以及切花少见。

20. 酢浆草

酢浆草为酢浆草科酢浆草属植物。原产巴西和墨西哥热带及非洲好望角，目前全世界均广泛分布。该属植物种类丰富，多个种类都适于作为观赏地被，其中最著名的是红花酢浆草和紫叶酢浆草。

（1）形态特征

酢浆草株高10～35cm，全株被柔毛。根茎稍肥厚。茎细弱，多分枝，直立或匍匐，匍匐茎节上生根。叶基生或茎上互生；托叶小，长圆形或卵形；叶柄长1～13cm；小叶无柄，倒心形。花单生或数朵集为伞形花序状，腋生，总花梗淡红色，与叶近等长；萼片披针形或长圆状披针形，长3～5mm，背面和边缘被柔毛，宿存；花瓣长圆状倒卵形，长6～8mm，宽4～5mm；花丝白色半透明；子房长圆形，柱头头状。蒴果长圆柱形。种子长卵形，褐色或红棕色，具横向肋状网纹。花、果期2～9月。

（2）生态习性

酢浆草性喜荫蔽、湿润的环境，不耐寒。每年4～5月，8月下旬至10月下旬是生长高峰期，在炎热的夏季生长缓慢。在湿润的环境条件下生长良好，干旱缺水时生长不良，可耐短期积水。

（3）园林用途和经济用途用途

酢浆草具有植株低矮、整齐，花多叶繁，花期长，花色艳，覆盖地面迅速，又能抑制杂草生长等诸多优点，很适合在花坛、花径、疏林地及林缘大片种植，用酢浆草组字或组成模纹图案效果很好。酢浆草也可盆栽用来布置广场、室内阳台，同时也是庭院绿化镶边的好材料。酢浆草全草入药，有清热消肿、散瘀血、利筋骨的效用，可治痢疾、咽喉肿痛、跌打损伤等。

（4）酢浆草在云南的开发利用

酢浆草在云南分布广泛，城市绿地或乡郊野外的田间都有具块茎的黄花酢浆草，红花酢浆草和紫叶酢浆草是近年来一些小型苗圃引进的新型观赏地被植物。

21. 大岩桐

大岩桐为苦苣苔科大岩桐属植物。原产南美巴西的热带草原。我国大岩桐的引种始于20世纪30年代，由南京金陵大学和中山陵植物园从美国引进。中华人民共和国成立后，各地植物园正式引种试种，自90年代后有小批量生产。大岩桐属观赏种有细小大岩桐、优雅大岩桐、长叶大岩桐和杂交大岩桐等。栽培大岩桐可分为3个类群：野生品种群、大花品种群和现代品种群。现代品种群又可分为原叶型、大花型、重瓣型、多花型。

（1）形态特征

大岩桐块茎扁球形，地上茎极短，株高15～25cm，全株密被白色绒毛。叶对生，肥厚而大，卵圆形或长椭圆形，有锯齿；叶脉间隆起，自叶间长出花梗。花顶生或腋生，花冠钟状，先端浑圆，5～6浅裂，色彩丰富，有粉红、红、紫蓝、白、复色等色，大而美丽。蒴果，花后1个月种子成熟。种子褐色，细小而多。

（2）生态习性

生长期喜温暖、潮湿，忌阳光直射，有一定的抗炎热能力，但夏季宜保持凉爽，23℃左右有利开花，1～10月温度保持在18～23℃；10月至翌年1月（休眠期）需要10～12℃，块茎在5℃左右的温度中，也可以安全过冬。生长期要求空气湿度大，不喜大水，避免雨水侵入；冬季休眠期则需保持干燥，如湿度过大或温度过低，块茎易腐烂。喜肥沃、疏松的微酸性土壤。

（3）园林用途和经济用途

大岩桐是室内观赏花卉、花坛花卉、节日点缀的理想盆花。大岩桐花大色艳，花期又长，一株大岩桐可开花几十朵，花期持续数月之久。

（4）大岩桐在云南的开发利用

我国目前栽培的大岩桐商业品种几乎都是进口，对引进品种特性缺乏深入研究。大岩桐曾在云南规模化种植，近年来在云南市场由于花卉种类更新较快，此种花卉属于被更替花卉，在零售终端已较难找到。

（三）兰科花卉

兰科植物俗称兰花，是被子植物中多样化最丰富的家族之一。云南地域辽阔，地理条件复杂，气候多样，孕育着极为丰富的野生兰花资源，是我国兰科植物重要的分布省份。云南省共有兰科植物135属764种及16个变种，并有众多的变异类型，是我国乃至世界兰花的资源宝库。其中的兰属、兜兰属、石斛属、万代兰属、独蒜兰属、蝴蝶兰属等有重要的观赏价值。全省各地均有兰花分布，滇东南、滇南至滇西地区是兰花种类最丰富的地区。云南省农科院花卉研究所从云南各地收集野生兰花资源150多份并在温室内驯化栽培，已从中筛选出了10多个切花型的材料和一批盆花型资源。

1．兰属

兰属植物在自然界约有50个种，主产于我国及东南亚。云南省的种类最多，约有近30个种（变种），主要分布在云南南部、西南部、西部。兰属是我国栽培历史最久、最多和最普遍的花卉，也是世界著名的花卉之一，既是名贵的盆花，也是优良的切花。我国以前栽培的兰属花卉绝大多数由野生种驯化、选育、繁殖。杂交育种（种间杂交）虽然起步的时间不长，但已取得丰硕的成果。目前市场上大量销售的大花蕙兰、台湾杂交兰都属种间杂交的后代，共计约有上百个优良的杂交组合在市场上销售。

（1）春兰

主要分布于云南西南部地区。

①形态特征

有肉质根及球状的拟球茎，叶丛生而刚韧，长约20～25cm，宽0.6～1.1cm，狭长而尖，边缘粗糙。花单生，少数2朵，花葶直立，有鞘4～5片，花直径4～5cm；浅黄绿色、绿白色、黄白色，有香气；萼片长3～4cm，宽0.6～0.9cm；狭距圆形，端急尖或圆钝，紧边，中脉基部有紫褐色条纹；花瓣卵状披针形，稍弯，比萼片稍宽而短，基部中间有红褐色条唇瓣，3裂不明显，比花瓣短，先端反卷或短而下挂，色浅黄。

②生态习性

春兰的生长适温为15～25℃，其中3～10月为18～25℃，10月至翌年3月为15～18℃。在冬季甚至短时间的0℃也可正常开花，能耐-8～-5℃的低温，但最好将室温保持在3～8℃为最佳，或保持盆土不结冰为度，并将其搁放于靠近南窗的阳光充足处。冬季在家庭栽培的条件下不宜施肥，包括有机肥，否则易伤害其根系及花苞。一般情况下，在秋末冬初当气温下降至15℃以下时，就应停止施肥。其喜欢比较凉爽的环境，忌高温酷暑，夏季当气温超过30℃以上时，应停止施肥，否则易造成高温条件下的肥害伤根。

③园林用途和经济用途

园林用途：春兰独特高雅，叶色鲜绿，常年青翠。春兰盆栽室内陈列，高雅，清韵兼而有之。

经济用途：春兰的观赏价值高，药用价值也不低。春兰的根、叶、花均可入药，有清肺除热、化痰止咳、凉血止血的功效。

④春兰在云南的开发利用

春兰在云南全境均有分布，资源丰富，变异繁多，特点突出，开发选育时间早，栽培者众，佳品迭出，有广阔的发展空间。20世纪80年代至今，已开发出“姜氏荷”“汉宫碧玉”“云红荷”“龙梅”“龙女”“盛世宝鼎”“古驿仙”“石淙流韵（舞蝶）”“石淙秀荷”“黑奇蝶”“胜境奇蝶”“滇霞”“白孝荷”等一大批优秀的春兰品种，其中不乏单株市场价值过万元者，给培育者带来经济价值的同时，也为购买者带来了美的享受，活跃了云南花卉市场经济。因此，在继续保证优秀品种栽植的同时，要加大力度开发新品种，以满足市场越来越多样化的需求，保证种植者的继续增产增收。

（2）蕙兰

主要分布于云南南部地区。

①形态特征

地生草本，假鳞茎不明显。叶5～8枚，带形，直立性强，长25～80cm，宽7～12mm，基部常对折而呈“V”形，叶脉透亮，边缘常有粗锯齿。花被多枚长鞘；总状花序具5～11朵或更多的花；花苞片线状披针形，最下面的1枚长于子房，中上部的长1～2cm，约为花梗和子房长度的1/2，至少超过1/3；花梗和子房长2～2.6cm；花常为浅黄绿色，唇瓣有紫红色斑，有香气；萼片近披针状长圆形或狭倒卵形，长2.5～3.5cm，宽6～8mm；花瓣与萼片相似，常略短而宽；唇瓣长圆状卵形，长2～2.5cm，3裂；侧裂片直立，具小乳突或细毛；中裂片较长，强烈外弯，有明显、发亮的乳突，边缘常皱波状；唇盘上2条纵褶片从基部上方延伸至中裂片基部，上端向内倾斜并汇合，多少形成短管；蕊柱长1.2～1.6cm，稍向前弯曲，两侧有狭翅；花粉团4个，成2对，宽卵形。蒴果近狭椭圆形，长5～5.5cm，宽约2cm。

②生态习性

生于湿润、开阔且排水良好的地方；海拔700～3000m。蕙兰是中国兰花中栽培历史最古老的种类之一，人们从野生植株中选出许多优良品种。蕙兰也是该属中在中国分布最北的种，其耐寒能力较强。

③用途

园林用途：蕙兰具有美妙的花姿、丰富的色彩、清幽的香味和优雅的姿态，原生于深山幽谷之中，我国称之为花之君子、天香。蕙兰花形态素雅，花香袭人，是名贵花卉之一，深得人民喜爱，无论是单株或是成片种植，都具有极高的园林观赏价值。

经济用途：蕙兰自身的价值源于其极高的观赏价值、广泛的药用价值以及食用价值，这是兰花与生俱来的自然属性。除此之外，蕙兰还具有独特的香用价值和珍稀的物种价值。随着蕙兰经济价值的体现以及现代市场经济的飞速发展，蕙兰已经从单纯喜好和庭院种植观赏走向艺术品、收藏品，从而演变成为一种产业投资，走入市场经济。近几十年来，国家经济的迅猛发展，社会生活的多样化，我国的蕙兰产业出现繁荣景象，而今，蕙兰种植和经营已经成为一项收入可观的新兴产业。

④蕙兰在云南的开发利用

云南独特的自然环境为蕙兰的生长提供了优越的环境，同时，蕙兰的种植与开发也为云南经济的发展贡献了重要力量。

（3）大花蕙兰

是独占兰、黄蝉兰、碧玉兰、西藏虎头兰等原生种杂交后代的统称，主要有粉色、绿色、白色、黄色、紫红色等。大花蕙兰商品栽培品种主要来自日本和韩国，现在国内也开始有很多公司在研究品种选育、组培技术、栽培技术等。

①形态特征

常绿多年生附生草本。假鳞茎粗壮，长椭圆形，稍扁；上面生有6~8枚带形叶片，长70~110cm，宽2~3cm。叶色浅绿至深绿。花茎近直立或稍弯曲，长60~90cm，有花6~12朵或更多；花葶40~150cm不等，标准花茎每盆3~5支，每支着花6~20朵花；其中绿色品种多带香味；花型大，直径6~10cm；花色有白、黄、绿、紫红或带有紫褐色斑纹。

②生长习性

大花蕙兰喜温暖、湿润和半阴的环境。用蕨根、苔藓、树皮块等盆栽，要求根际透气和排水特别好。秋季形成花芽后需有一段冷凉时期，春季才能开花。冬季夜间温度10℃左右。

③园林用途和经济用途

园林用途：大花蕙兰以其植株雄伟、花朵硕大而为人们所喜爱。其植株挺拔，花茎直立或下垂，花大色艳，主要用作盆栽观赏。适用于室内花架、阳台、窗台摆放。大型盆栽，适合宾馆、商厦、车站和空港厅堂布置，气派非凡，惹人注目。

经济用途：我国现在年产大花蕙兰百万盆以上，还有部分大花蕙兰切花出口，经济效益非常可观。

④ 大花蕙兰在云南的开发利用

云南是我国大花蕙兰的生产中心，全国大花蕙兰产业发展看云南，这在花卉界已形成共识。据调查，2011年云南省大花蕙兰产量较去年稳中有升，全省60余家生产商总产量170万盆左右，占全国总产量的80%以上。近几年上市的大花蕙兰品种依旧以传统的黄、红、粉、绿为主，其中黄色系品种以“黄金岁月”为代表，红色系品种以“红霞（皇后）”为代表，绿色系品种以“绿帝王”“碧玉”为代表。主要的流行栽培品种有以下几类：黄色系列：“夕阳（清香）”“明月”“UFO”；粉色系列：“贵妃”“粉梦露”“楠茜”“梦幻”；绿色系列：“碧玉”“幻影（浓香）”“华尔兹（清香）”“玉禅”；白色系列：“冰川（垂吊）”“黎明”。

此外，云南河野教大公司、云南美山花卉有限公司等生产商在2011年还推出了“满堂红”“鸿运”“天之骄子”等几十个新品种。

（4）建兰

原产我国。久经人工培植，品种很多，供观赏或制香料。唇瓣和两棒白色无斑点的为上品，又称“素心兰”。建兰叶片宽厚，直立如剑，叶可入药，开胃解郁。花瓣较宽，形似竹叶般，花多葶长，花芳香馥郁。种子或分株繁殖。

① 形态特征

地生植物。假鳞茎卵球形，长1.5～2.5cm，宽1～1.5cm，包藏于叶基之内。叶2～4（～6）枚，带形，有光泽，长30～60cm，宽1～1.5（～2.5）cm，前部边缘有时有细齿，关节位于距基部2～4cm处。花葶从假鳞茎基部发出，直立，长20～35cm或更长，但一般短于叶；总状花序具3～9（～13）朵花；花苞片除最下面的1枚长可达1.5～2cm外，其余的长5～8mm，一般不及花梗和子房长度的1/3，至多不超过1/2；花梗和子房长2～2.5（～3）cm；花常有香气，色泽变化较大，通常为浅黄绿色而具紫斑；萼片近狭长圆形或狭椭圆形，长2.3～2.8cm，宽5～8mm；侧萼片常向下斜展；花瓣狭椭圆形或狭卵状椭圆形，长1.5～2.4cm，宽5～8mm，近平展；唇瓣近卵形，长1.5～2.3cm，略3裂；侧裂片直立，多少围抱蕊柱，上面有小乳突；中裂片较大，卵形，外弯，边缘波状，亦具小乳突；唇盘上2条纵褶片从基部延伸至中裂片基部，上半部向内倾斜并靠合，形成短管；蕊柱长1～1.4cm，稍向前弯曲，两侧具狭翅；花粉团4个，成2对，宽卵形。蒴果狭椭圆形，长5～6cm，宽约2cm。花期通常为6～10月。

②生长习性

建兰多生于疏林下、灌丛中、山谷旁或草丛中，海拔600～1800m。

③园林用途和经济用途

园林用途：建兰栽培历史悠久，品种繁多，在我国南方栽培十分普遍，是阳台、客厅、花架和小庭院台阶的陈设佳品，显得清新高雅。建兰植株雄健，根粗且长。适宜用五筒以上的兰盆栽植，每盆苗数稍多，置于林间、庭园或厅堂，花繁叶茂，气魄很大，也可用较大的高腰签筒盆栽植数苗。花开盛夏，凉风吹送兰香，使人倍感清幽。

经济用途：建兰可谓浑身是宝，其根可以作药，有顺气、和血、利湿、消肿之功效，治咳嗽吐血、肠风、跌打损伤、痈肿；其叶具有理气、宽中、明目之功效，治久咳、胸闷、腹泻、青盲内障等。此外，其优雅的姿态给人以赏心悦目的美感，增加生活的乐趣。

④建兰在云南的开发利用

目前在云南，建兰的栽培以滇西北的大理、保山、丽江、迪庆，滇东南的文山，滇中的昆明，滇南的红河一带最为兴盛，时有新类群、新品种迭现。其中在大理，建兰等兰花品种种植较多，有广阔的发展空间。近些年云南省加大了对建兰花卉生产，一批新政策和新市场得到实施和拓展，大大活跃了云南的花卉经济。今后，要加大优秀建兰品种的栽植，同时开发新品种，促进生产者增产增收。

（5）虎头兰

在亚热带及温带地区广泛栽培，是深受各国人民喜爱的一种兰。其中大型植株的品种常供作切花，较小型植株的品种多用作盆栽。目前在世界各国栽培的虎头兰，都是经多年杂交选育出来的优良品种，其花大，花形规整丰满，色泽鲜艳，花茎直立，花期长，栽培容易，生长健壮。我国多数地区栽培的虎头兰与世界其他国家不同，多为直接或间接采自野外的原生种类，尚未经人工杂交改良，野生性状比较强，观赏效果较差。

近几年，从国外引入许多品种的杂种虎头兰，观赏效果好。引入途径多是每年的全国兰花展览和数年一次的花卉博览会上由日本、荷兰等地的花卉经营者和兰花爱好者带入国内。也有些花商直接从国外运进成苗或试管苗。

①形态特征

常绿多年生附生草本，假鳞茎粗壮，属合轴性兰花。假鳞茎上通常有12～14节，每个节上均有隐芽。芽的大小因节位而异，1～4节的芽较大，第4节以上的芽比较小，质量差；隐芽依据植株年龄和环境条件不同可以形成花芽或叶芽。叶片2列，长披针形，叶片长度、宽度不同品种差异很大；叶色受光照强弱影响很大，可由黄绿色至深绿色。根系发达，根多为圆柱状，肉质，粗壮肥大；大都呈灰白色，无主根与侧根之分，前端有明显的根冠；内部结构为典型的单子叶植物构造，其皮层较为发达，有防止根系干燥的功能。花序较长，小花数一般大于10朵，品种之间有较大差异；花被片6，外轮3枚为萼片，花瓣状，内轮为花瓣，下方的花瓣特化为唇瓣；其中绿色品种多带香味；花大型，直径6～10cm，花色有白、黄、绿、紫红或带有紫褐色斑纹。大花蕙兰果实为蒴果，其形状、大小等常因亲本或原生种不同而有较大的差异。其种子十分细小，种子内的胚通常发育不完全，且几乎无胚乳，在自然条件下很难萌发。

② 生长习性

虎头兰喜欢生活在冬季温暖和夏季凉爽的地方。生长适温为10～25℃。夜间温度10℃左右比较好。

③园林用途和经济用途

园林用途：虎头兰植株挺拔，花茎直立，花大色艳，主要用作盆栽观赏，适用于花架、阳台、窗台摆放，凸现较高品位和韵味。

经济用途：虎头兰作为重要的观赏性花卉以其植姿雄伟、花朵硕大而为人们所喜爱。以前，春节花卉中的虎头兰多从日本、韩国进口，价格较高。中国现产虎头兰已经完全可以满足国内消费，出口创汇可观。

④虎头兰在云南的开发利用

经过近20年的发展，云南已成为我国虎头兰的生产中心，也是世界虎头兰重要的生产地。云南虎头兰种植商有约100家，形成了以中外企业为主、众多个体户共同发展的新格局。虎头兰已成为云南具有竞争优势的盆花品种，未来还将有更大的发展空间。近几年，生产者开始注重产品质量，在技术改进、设施改造、基质改良、完善管理体制等方面加大了投入，优质成品花的比例大幅提高，产品得到了市场的广泛认可。

（6）多花兰

是兰属的一种附生植物，主要分布于云南东南部地区。

① 形态特征

附生植物。假鳞茎近圆柱形，长1.5～2.5cm，宽约1cm，包藏于宿存的叶基内。叶2～4枚，近直立，矩圆状倒披针形，革质，长22～27cm，宽3.5～4.7cm，先端急尖或钝，具明显的中脉，基部明显具柄；叶柄纤细，长15～23cm，宽4～5mm，腹面有槽，关节位于近中部。花茎发自假鳞茎基部，下垂或外弯，长36～50cm，近基部具数枚鞘；花序长20～30cm，具20～40花；花苞片卵状披针形，长4～5mm；花梗和子房长1.5～2cm；花浅褐色，直径3～3.5cm；萼片与花瓣有浅紫色脉和细斑点；唇瓣有浅紫色晕，基部有浅紫色细斑点，在中部两侧有2个深紫色斑块，唇瓣3裂，约等长于花瓣，上面具乳突，侧裂片近半圆形，直立，有紫褐色条纹，边缘紫红色，中裂片近圆形，稍反折，紫红色，中部有浅黄色晕，唇盘从基部至中部具2条平行的褶片，褶片黄色；萼片近相等，狭椭圆形至卵状披针形，长20～22mm，宽6～7mm，先端渐尖，红褐色，中部略带黄绿色，边缘稍向后反卷；花瓣狭椭圆状披针形，长16～19mm，宽5.5～6.0mm，先端渐尖；唇瓣近菱形或倒卵状菱形，长13～15mm，宽约10mm，不裂或有时不明显3裂，沿先端边缘皱波状，稍下弯，近中部或中裂片基部有2枚胼胝体；蕊柱长1～1.2cm，稍弧曲，有短的蕊柱足；花粉团2个，有裂隙；花红褐色，无香气。夏季开花，花期3～4月。

② 生长习性

多花兰生于林中或林缘树上，或溪谷旁透光的岩石上或岩壁上，或石缝沉积的腐殖壤土之中，有机质含量较高，pH一般在4.5～5之间，海拔100～3300m。

③ 园林用途和经济用途

园林用途：多花兰属于大型兰，叶长可达80cm，以花多（每茎可着花达30～50朵）而得名。半垂叶，植株较粗糙，花虽多但花茎不高（20～30cm）、朵小，观赏价值较差。然而花的颜色鲜艳，呈红褐色，瓣边和唇瓣呈黄色，对比强烈，可作为切花、盆栽同其他国兰交叉使用，可放在阳台上，效果较好。

经济用途：多花兰的根可作为药用部分，夏、秋采收，除去地上部分，洗净、晒干，性味辛、平，滋阴清肺，化痰止咳，主治百日咳、肺结核咳嗽、咯血、头晕腰痛、风湿痹痛。多花兰的假鳞茎亦可作为药用部分，性味甘、淡、微涩、平，清热解毒，补肾健脑。全草辛、平，清热解毒，滋阴润肺，化痰止咳。

④ 多花兰在云南的开发利用

多花兰产于云南西北部至东南部，在云南境内分布比较广泛，主要生长于林中或林缘树上，溪谷旁透光的岩石上或岩壁上也多有生长，分布海拔于100～3300m之间。由于其花多而朵小，颜色漂亮，故多花兰在云南主要用于杂交亲本的使用，商用不多，因而其更多价值也有待开发。

（7）碧玉兰

产于云南西南部至东南部（盈江、龙陵、沧源、绿春、勐腊、勐海、景洪、金平），生于林中树上或溪谷旁岩壁上，海拔1300～1900m，是中国特有植物。

① 形态特征

附生植物。假鳞茎狭椭圆形，略压扁，长6～13cm，宽2～5cm，包藏于叶基之内。叶5～7枚，带形，长65～80cm，宽2～3.6cm，先端短渐尖或近急尖，关节位于距基部6～9cm处。花葶从假鳞茎基部穿鞘而出，近直立、平展或外弯，长60～80cm；总状花序具10～20朵或更多的花；花苞片卵状三角形，长约3mm；花梗和子房长3～4cm；花直径7～9cm，无香气；萼片和花瓣苹果绿色或黄绿色，有红褐色纵脉，唇瓣淡黄色，中裂片上有深红色的锚形斑（或"V"形斑及一条中线）；萼片狭倒卵状长圆形，长4～5cm，宽1.4～1.6cm；花瓣狭倒卵状长圆形，与萼片近等长，宽8～10mm；唇瓣近宽卵形，长3.5～4cm，3裂，基部与蕊柱合生达3～4mm；侧裂片上被毛，尤其在前部密生短毛；中裂片上在锚形斑区密生短毛，边缘啮蚀状并稍呈波状；唇盘上2条纵褶片肥厚，从距基部7～9mm处延伸到中裂片基部下方，上面生有细毛；蕊柱长2.7～3cm，向前弯曲，两侧具翅，腹面基部有乳突或短毛；花粉团2个，三角形。花期4～5月。

② 生长习性

碧玉兰生于林中树上或溪谷旁岩壁上，一般海拔1300～1900m。

③ 园林用途和经济用途

园林用途：碧玉兰整花苹果绿或淡黄色，唇瓣宽、卵形，中有深红色"V"形彩斑以及一条纵的红色中线。此外，该兰以其株型大、花朵多、花色鲜艳壮观美丽而见赏。

经济价值：碧玉兰药用价值较高，对局部活动不利、青紫疼痛有较好的疗效。此外，该兰还用于治疗骨折筋断、金创刀伤及水火烫伤等。

④ 碧玉兰在云南的开发利用

碧玉兰在云南主要分布于西南部至东南部。近年来，碧玉兰在云南种植面积和范围增加明显，受到种植者青睐。

（8）黄蝉兰

附生植物，生于林中或灌木林中的乔木上或岩石上，产云南西北部至东南部。

① 形态特征

附生植物。假鳞茎椭圆状卵形至狭卵形，长4～11cm，宽2～5cm，大部或全部包藏于叶基之内。叶4～8枚，带形，长45～70（～90）cm，宽（1.6～）2～4cm，先端急尖，关节位于距基部6～15cm处。花葶从假鳞茎基部穿鞘而出，近直立或水平伸展，长40～70cm或更长；总状花序具3～17朵花；花苞片近三角形，长2～3mm；花梗与子房长4～4.5cm；花较大，直径达10cm，有香气；萼片与花瓣黄绿色，有7～9条淡褐色或红褐色粗脉，唇瓣淡黄色并在侧裂片上具类似的脉，中裂片上有红色斑点和斑块，褶片黄色并在前部具栗色斑点；萼片狭倒卵状长圆形，长3.7～4.5cm，宽1.2～1.5cm，侧萼片稍扭转；花瓣狭卵状长圆形，长3.5～4.6cm，宽7～9mm，略镰曲；唇瓣近椭圆形，略短于花瓣，3裂，基部与蕊柱合生达4～5mm；侧裂片边缘具短缘毛，上面有短毛；中裂片强烈外弯，中央有2～3行长毛，连接于褶片顶端并延伸至中裂片上部，其余部分疏生短毛，边缘啮蚀状并呈波状；唇盘上2条纵褶片自上部延伸至中部，但向基部迅速变为狭小，顶端较肥厚，中上部生有长毛；蕊柱长2.5～2.9cm，向前弯曲，腹面基部具短毛；花粉团2个，近三角形。蒴果近椭圆形，长6～11cm，宽3～4.5cm。花期8～12月。

② 生长习性

生于林中或灌木林中的乔木上或岩石上，也见于岩壁上，海拔900～2800m。

③ 园林用途和经济用途

园林用途：黄蝉兰花、叶均供观赏，适于园林种植或盆栽观赏。

经济用途：黄蝉兰的种子、假鳞茎可以入药，用于治疗肺结核、肺炎、气管炎、支气管炎、喘咳、骨折筋伤等，有较好效果。

④ 黄蝉兰在云南的开发利用

黄蝉兰一般着花十数朵，有香气，花朵大小与虎头兰类似。该兰花在云南种植有一定面积和产量，随着市场的不断扩大，其前景看好。

（9）独占兰（春）

附生植物，产于云南西南部。

① 形态特征

附生植物。假鳞茎近梭形或卵形，长4～8cm，宽2.5～3.5cm，包藏于叶基之内，基部常有由叶鞘撕裂后残留的纤维状物。叶6～11枚，每年继续发出新叶，多者可达15～17枚，长57～65cm，宽1.4～2.1cm，带形，先端为细微的不等的2裂，基部二列套叠并有褐色膜质边缘，边缘宽1～1.5mm，关节位于距基部4～8cm处。花葶从假鳞茎下部叶腋发出，直立或近直立，长25～40cm；总状花序具1～2（3）朵花；花苞片卵状三角形，长6～7mm；花梗和子房长2.5～3.5cm；花较大，不完全开放，稍有香气；萼片与花瓣白色，有时略有粉红色晕，唇瓣亦白色，中裂片中央至基部有一黄色斑块，连接于黄色褶片末端，偶见紫粉红色斑点，蕊柱白色或稍带淡粉红色，有时基部有黄色斑块；萼片狭长圆状倒卵形，长5.5～7cm，宽1.5～2cm，先端常略钝；花瓣狭倒卵形，与萼片等长，宽1.3～1.8cm；唇瓣近宽椭圆形，略短于萼片，3裂，基部与蕊柱合生达3～5mm；侧裂片直立，有小乳突或短毛，边缘不具缘毛；中裂片稍外弯，中部至基部有密短毛区，其余部分有细毛，边缘波状；唇盘上2条纵褶片汇合为一，从基部延伸到中裂片基部，上面生有小乳突和细毛；蕊柱长3.5～4.5cm，两侧有狭翅；花粉团2个，四方形；黏盘基部两侧有丝状附属物。蒴果近椭圆形，长5～7cm，宽3～4cm。花期2～5月。

② 生长习性

独占兰（春）多附生于海拔2000m左右的溪边岩石上。

③ 园林用途和经济用途

园林用途：由于独占兰（春）叶子宽亮，花朵硕大，将独占兰（春）摆设在视线开阔、格局敞亮的厅堂尤显雅致。

经济用途：独占兰（春）有“双燕齐飞”或“双燕迎春”的美称，广州人叫“双飞燕”，它开放时的形状貌似正在双飞的燕子，颇受市场喜爱。此外，此花开放一般正值农历正月，种植者若能掌握其习性，适当加强光照，使其提前开放，收益将大幅增加。

④ 独占春在云南的开发利用

独占兰（春）在云南主要分布在西南部，尤以云南贡山、福贡、泸水、大理、凤庆等地方栽植较多。独占兰（春）优雅的外形和适当的开花季节，使其迅速成为花卉市场重要的创收品种。近年来，随着市场的不断开发，以及云南地区政府的大力扶持，独占兰（春）种植已经颇具规模，正在带动相关产业经济的快速发展。

2. 蝴蝶兰属

蝴蝶兰属是著名热带花卉，原种有40多种，主要产于热带和亚热带，分布于亚洲及大洋洲的澳大利亚等地森林，我国的台湾、云南、海南也有原生种分布。现代栽培的蝴蝶兰多为原生种的属内、属间杂交种，世界各地均有栽培。

（1）罗氏蝴蝶兰

原产于云南东南部；缅甸、越南。

① 形态特征

茎短。叶2～4枚，近基生，长5～8cm，宽3.5～4cm。花序长5～10cm，具2～4枚花；侧萼片长1～1.2cm，着生于蕊柱足上；唇瓣3裂；中裂片具活动关节，近三角形，长9～11mm，基部的一枚顶端分裂为4条丝状物的附属物；近基部还有另一枚边缘具细齿的肾形肉质附属物。花期3～5月。

② 生态习性

罗氏蝴蝶兰多生于海拔600m以下的疏林树上。

③ 园林用途和经济用途

园林用途：罗氏蝴蝶兰一般在早春开花，且枝叶繁茂，花朵硕大，颜色艳丽，形态独特，花期长久，结构精巧、奇特，故深受广大栽培者的欢迎和喜爱，是目前室内绿化、美化的新型观赏花卉，也是观赏价值和经济价值很高的著名盆栽植物。

经济用途：罗氏蝴蝶兰是著名的观赏性盆栽兰花植物，由于其独特的姿态与颜色，市场受欢迎度高，价格较其他兰花高。

④ 罗氏蝴蝶兰在云南的开发利用

目前云南虽有种植，但仍无法满足市场需求，罗氏蝴蝶在云南种植前景依然看好。

（2）麻栗坡蝴蝶兰

产于云南东南部文山、麻栗坡、马关等地至西南部。

① 形态特征

茎短，具长达50cm的气生根。叶3～5枚，长4.5～7cm，宽3～3.6cm，冬季落叶或有时存留1～2枚。

总状花序常3～4个，长8～15cm，疏生3～4花；唇瓣3裂；中裂片长4～5mm，基部具一枚胼胝体，中部有一个横鸡冠状月牙形的附属物；胼胝体叉状深2裂，裂片又2裂而成长达3mm的须。花期4～5月。

② 生态习性

麻栗坡蝴蝶兰生长海拔下限为1300m，海拔上限为1600m，适宜在石灰岩山坡林下多石处或岩壁上腐殖质丰富的地方生存。

③ 园林用途和经济用途

园林用途：麻栗坡蝴蝶兰无论是栽植在花园中还是摆放在家中，都会给人一种香气袭人的感觉。

经济用途：麻栗坡蝴蝶兰除了有良好的园林用途，其经济用途也不可小觑。花香浓郁说明其所含植物香精较多，作为提炼植物精油原材料，其经济价值较为可观。

④ 麻栗坡蝴蝶兰在云南的开发利用

麻栗坡蝴蝶兰于2005年被发现，与滇西蝴蝶兰一样属于我国特有品种，为我国一级保护植物。目前对于其开发应用程度与其他蝴蝶兰相比还有差距。云南省作为多种蝴蝶兰的产地，无论是在野生资源保护还是开发方面都占有很大优势。随着市场的成熟和扩大，生物技术的不断进步，麻栗坡蝴蝶兰将会为种植者提供更大收益。

（3）版纳蝴蝶兰

产于云南南部；印度（锡金）、缅甸、尼泊尔、越南。

① 形态特征

茎长1.5～7cm。叶4～5枚，长20～30cm，宽5～6cm。花序1～2个，侧生，有时分枝，长5.5～30cm，具少数至多数花；侧萼片长1.5～1.8cm，贴生于蕊柱足上；唇瓣长约1cm，基部有爪，3裂；侧裂片中部增厚；中裂片锚形，基部有一个附属物，先端有一枚垫状的被毛胼胝体，边缘具齿；唇盘上有一枚2裂的肉质胼胝体。花期3～4月。

② 生态习性

版纳蝴蝶兰多生于林中树干上；海拔1300～1400m。

③ 园林用途和经济用途

园林用途：版纳蝴蝶兰色彩独特，花姿漂亮。放置于花园或家中，会给人一种古朴、典雅、大气的感觉。

经济用途：版纳蝴蝶兰深受人们喜爱。目前一般兰苗市场价格为每株20元，经济价值可观。

④ 版纳蝴蝶兰在云南的开发利用

版纳蝴蝶兰因生长在云南省西双版纳而得名，具有较高的市场价值和受欢迎度，云南省内种植有一定规模，主要用于盆栽，市场价格较好。随着对其研究的深入，其应用前景被看好。

（4）华西蝴蝶兰

主产于广西、贵州、四川、西藏、云南。

① 形态特征

茎很短，具发达的根。叶4～5枚，基生，长6.5～8cm，宽2.6～3cm，在干季常脱落。总状花序1～2个，长4～8.5cm，具2～5花；侧萼片长1.5～2cm，贴生于蕊柱足上；唇瓣具长爪，3裂；中裂片肉质，宽倒卵形，长8～13mm，基部有一个叉状附属物，中央具一个纵脊；唇盘上有一枚胼胝体。花期4～7月。

② 生态习性

华西蝴蝶兰生于林中或沿山谷旁的树干上或湿润岩石上；海拔800～2200m。

③ 园林用途和经济用途

园林用途：华西蝴蝶兰长而弯曲，表面密生疣状突起，萼片和花瓣白色带淡粉红色的中肋或全体淡粉红色，花瓣匙形或椭圆状倒卵形，可作盆栽供观赏。

经济用途：华西蝴蝶兰花型和花色俱佳，因而用途广泛，市场较好，种植前景看好。

④ 华西蝴蝶兰在云南的开发利用

华西蝴蝶兰属国家二级保护植物。近年来，云南省政府加大了对野生华西蝴蝶兰的保护，同时注意对其资源的开发与应用，在获得良好经济效益的同时，加强了对野生资源的保护，收到较好效果。

（5）红梅蝴蝶兰

是以“台糖火鸟”（Dtps.‘Taisuco Firebird’）为母本，“新女孩”（Dtps. I–Hsin ‘New Girl’）为父本杂交育成的新品种。自然条件下，10月上旬抽出花芽，进入生殖生长期，1月下旬始花，2～3月为盛花期。

① 形态特征

植株匀称，生长势较强。2年龄成苗株高6.5～12.0cm，株幅31.0～37.2cm。根系粗壮，直径达4.8～5.6mm。叶片绿色，倒卵形。叶片数5～7片，倒二叶长18.8～22.8cm，叶宽7.3～8.8cm，厚2.0～2.5mm。花葶直径达3.8～5.1mm，高75.8～88.0cm，大多数没有分枝，少数有一个分枝，为圆锥花序。主枝花朵数7～8朵，总花朵数7～10朵，花朵排列整齐有序。花型圆整，花径10.0～10.5cm，花色深紫红，表现在萼片和花瓣深紫红，唇瓣深紫红。

② 生态习性

适合温室栽培。

③ 园林用途和经济用途

园林用途：红梅蝴蝶兰色泽艳丽，株型较好，作为园林植物使用或作为盆栽摆放在家里都有较好的效果。

经济用途：红梅蝴蝶兰作为杂交品种，符合了市场和培育者的要求，可作为盆栽和鲜切花使用，满足市场需求。

④ 红梅蝴蝶兰在云南的开发利用

红梅蝴蝶兰作为杂交品种，由广东省农业科学院开发和培育，适合在云南省种植。作为兰花大省，目前，云南对红梅蝴蝶兰的开发与其他兰花相比还不充足，因而，这一品种在云南还可有较大发展。

（6）天宝红蝴蝶兰

是以“超群火鸟”（Dtps. Sogo Beach ‘Super Firebird’）为母本，“宝岛玫瑰”为父本杂交选育而成。

① 形态特征

株形匀称。叶色青绿，叶长卵圆形，叶姿较挺立，倒二叶平均叶长为22.64cm ± 0.94cm，叶宽为7.65cm ± 0.21cm。花色鲜红，色泽艳丽、均衡，唇瓣深玫瑰红、均衡，花粉苞片雪白，花瓣质地厚，花序排列整齐；平均花葶高度为48.93cm ± 2.02cm，平均花横径为10.8cm ± 0.46cm，平均花纵径为8.72cm ± 0.43cm，平均花朵数为9.07个 ± 0.93个，平均花朵间距为3.86cm ± 0.45cm，平均花穗长度为35.3cm ± 1.28cm，花穗能自然弯曲，无需人工造型，花朵正面朝向，具有较高的观赏价值。

② 生态习性

适宜温室栽植。

③ 园林用途和经济用途

园林用途：天宝红蝴蝶兰植株挺拔，色泽光鲜艳丽，无论在花园中栽植还是在家中摆放，都会给人一种生机盎然的感觉。

经济用途：新品种的杂交培育必须符合市场需要和要求，因而福建省培育出的天宝红蝴蝶兰在盆栽、鲜切花方面都有重要应用，受到市场和消费者欢迎。

④ 天宝红蝴蝶兰在云南的开发利用

天宝红蝴蝶兰由福建省科研单位经过多年杂交培育而成，并不是云南省的原有品种，因而，云南省对其应该积极引进利用并加强相关研究。随着市场的扩大与交流，云南省种植和繁育天宝红蝴蝶兰将为本省经济发展增添又一重要力量。

（7）红珍珠蝴蝶兰

是以“台糖火鸟”为母本，“孙杰宝石”为父本进行人工杂交授粉选育而成的新品种，属中花多花型品种，植株生长势好。

① 形态特征

根系粗壮，灰色，根尖紫褐色。叶色深绿，宽厚，挺立，质硬有弹性，优于双亲；叶片6～7片，倒二叶叶长21.0～21.5cm，叶宽6.6～7.0cm。花葶粗壮，高63～70cm，易产生1～2个分枝；主枝花朵数9～11朵，总花朵数可多达20朵以上；花朵圆整，排列整齐，呈紫红色，花径7.8cm，介于双亲之间；萼片和花瓣紫红色，有深红脉纹和少量雪花点，与双亲不同；唇瓣深紫红色，中央呈橙黄色；萼片长3.7cm，宽2.9cm；花瓣长3.7cm，宽4.6cm；唇瓣长3.1cm，宽2.5cm。

② 生态习性

适宜全国各地温室栽培。

③ 园林用途和经济用途

园林用途：红珍珠蝴蝶兰属中花多花型红花品种。花梗粗壮，花朵圆整，排列整齐，盆栽或鲜切都有较好的效果。

经济用途：作为杂交品种，红珍珠蝴蝶兰耐热性和耐寒性较强，且花色符合大众审美，植株适应性强，市场前景看好。

④ 红珍珠蝴蝶兰在云南的开发应用

红珍珠蝴蝶兰是由广东省培育出的杂交新品种，并非云南省原产。但是，作为花卉产业大省，云南省应该在市场的要求下，积极引进和扩大新品种的种植规模，满足市场所需，活跃经济发展。

3. 兜兰属

兜兰又称拖鞋兰。该属原种70余种，主要产于东南亚的热带和亚热带地区，分布于亚洲的印度、缅甸、泰国、越南、马来西亚、印度尼西亚至大洋洲的巴布亚新几内亚。我国也是兜兰的重要原产地之一，原种约17种，分布于我国西南、华南诸省。

（1）杏黄兜兰

产于我国，是我国著名植物学家陈心启教授在1982年发表的新种。

① 形态特征

地生或半附生植物。地下具细长而横走的根状茎，根状茎直径2～3mm，有少数稍肉质而被毛的纤维根。叶基生，二列，5～7枚；叶片长圆形，坚革质，长6～12cm，宽1.8～2.3cm，先端急尖或有时具弯缺与细尖，上面有深浅绿色相间的网格斑，背面有密集的紫色斑点并具龙骨状突起，边缘有细齿，基部收狭成叶柄状并对折而套叠。花葶直立，长15～28cm，淡紫红色与绿色相间，被褐色短毛，顶端生1花；花苞片卵状披针形或卵形，长1.3～1.8cm，淡绿黄色并有紫红色斑点，稍被毛；花梗和子房长3.5～4cm，被白色短柔毛；子房有6条钝的纵棱；花大，直径7～9cm，纯黄色，仅退化雄蕊上有浅栗色纵纹；中萼片卵形或卵状披针形，长2.2～4.8cm，宽1.4～2.2cm，先端近急尖，背面近顶端与基部具长柔毛，边缘具缘毛；合萼片与中萼片相似，长2～3.5cm，宽1.2～2cm，先端钝而不裂，背面具长柔毛并有2条钝的龙骨状突起，边缘具缘毛；花瓣大，宽卵状椭圆形、宽卵形或近圆形，长2.8～5.3cm，宽2.5～4.8cm，先端急尖或近浑圆，内表面基部具白色长柔毛，边缘具缘毛；唇瓣深囊状，近椭圆状球形或宽椭圆形，长4～5cm，宽3.5～4cm，基部具短爪，囊口近圆形，整个边缘内折，但先端边缘较狭窄，囊底有白色长柔毛和紫色斑点；退化雄蕊宽卵形或卵圆形，长1～2cm，宽1～1.5cm，先端急尖，背面具钝的龙骨状突起。花期2～4月。

② 生态习性

杏黄兜兰生于海拔1400～2100m的石灰岩壁积土处或多石而排水良好的草坡上。

③ 园林用途和经济用途

园林用途：花未开时呈青绿色，开前为绿黄色，全开时为杏黄色，后期金黄色，在阳光下闪耀出一片金辉，显得富丽而华贵。花从开放到凋谢约40～50天，是世界上观赏花卉植物中花期较长的珍奇花卉。室内盆栽，用以装点书房、客厅，格外高雅。

经济用途：杏黄兜兰在香港被称作“金童”“金兜”，是中国的特有种，其花色明丽典雅，黄色绚丽夺目，是不可多得的好颜色，常被作为兜兰育种的极好亲本，经济价值极高。

④ 杏黄兜兰在云南的开发利用

杏黄兜兰原产于云南西部（碧江、泸水），是兰科植物中最具欣赏价值的品种之一，为中国特有物种，其金黄色的兜状花大而艳丽，是兜兰属植物的上品，国际上每株卖价可达8000美元。由于滥挖滥采和走私出境特别猖獗，加上生态环境破坏等原因，杏黄兜兰已到了灭绝的边缘，被国际公约列为一级保护物种，具有"兰花大熊猫"之称。云南省近年来加强了对其野生资源保护和生长环境的监管，同时加以开发利用，取得较好效果。

（2）同色兜兰

又称黄花兜兰，产于我国。

① 形态特征

地生或半附生植物。具粗短的根状茎和少数稍肉质而被毛的纤维根。叶基生，二列，4～6枚；叶片狭椭圆形至椭圆状长圆形，长7～18cm，宽3.5～4.5cm，先端钝并略有不对称，上面有深浅绿色（或有时略带灰色）相间的网格斑，背面具极密集的紫点或几乎完全紫色，中脉在背面呈龙骨状突起，基部收狭成叶柄状并对折而彼此套叠。花葶直立，长5～12cm，紫褐色，被白色短柔毛，顶端通常具1～2花，罕有3花；花苞片宽卵形，长1～2.5cm，宽1～1.5cm，先端略钝，背面被短柔毛并有龙骨状突起，边缘具缘毛；花梗和子房长3～4.5cm，被短柔毛；花直径5～6cm，淡黄色或罕有近象牙白色，具紫色细斑点；中萼片宽卵形，长2.5～3cm，宽亦相近，先端钝或急尖，两面均被微柔毛，但上面有时近无毛，边缘多少具缘毛，尤以上部为甚；合萼片与中萼片相似，长宽约2cm，亦有类似的柔毛；花瓣为斜椭圆形、宽椭圆形或菱状椭圆形，长3～4cm，宽1.8～2.5cm，先端钝或近斜截形，近无毛或略被微柔毛；唇瓣深囊状，狭椭圆形至圆锥状椭圆形，长2.5～3cm，宽约1.5cm，囊口宽阔，整个边缘内弯，但前方内弯边缘宽仅1～2mm，基部具短爪，囊底具毛；退化雄蕊宽卵形至宽卵状菱形，长1～1.2cm，宽8～10mm，先端略有3小齿，基部收狭并具耳。花期通常6～8月。

② 生态习性

同色兜兰生于海拔300～1400m的石灰岩地区多腐殖质土壤上或岩壁缝隙积土处。

③ 园林用途和经济用途

园林用途：同色兜兰为多年生常绿草本植物，是兰科中最原始的类群之一。其株形娟秀，花形奇特，花色丰富，花大色艳，很适合于盆栽观赏，是极好的高档室内盆栽观花植物。

经济用途：同色兜兰全株均可药用，其味苦、酸，性平，有清热散瘀、消肿解毒的功效，主治蛇伤、疥疮、跌打等症。

④ 同色兜兰在云南的开发利用

同色兜兰主要分布在云南的南部、东南部。目前，云南省对同色兜兰的开发有一定规模，株苗价格一般在5元左右。相对于其他高档兜兰品种，同色兜兰开发略显不足，随着其附加值的不断开发，同色兜兰前景看好。

（3）麻栗坡兜兰

产于云南，是我国著名植物学家陈心启教授在1984年发现的新种，一种具有香味的兜兰，是良好的杂交亲本，是兜兰属已知种类中最原始的代表。

① 形态特征

地生或半附生植物。具短的根状茎，根状茎粗2～3mm，有少数稍肉质而被毛的纤维根。叶基生，二列，7～8枚；叶片长圆形或狭椭圆形，革质，长10～23cm，宽2.5～4cm，先端急尖且稍具不对称的弯缺，上面有深浅绿色相间的网格斑，背面紫色或不同程度的具紫色斑点，极少紫点几乎消失，中脉在背面呈龙骨状突起，基部收狭成叶柄状并对折而套叠，边缘具缘毛。花葶直立，长（26～）30～40cm，紫色，具锈色长柔毛，中部常有1枚不育苞片，顶端生1花；花苞片狭卵状披针形，长2～4cm，绿色并具紫色斑点，背面被疏柔毛，边缘有缘毛；花梗和子房长3.5～4.5cm，具长柔毛；花直径8～9cm，黄绿色或淡绿色，花瓣上有紫褐色条纹或多少由斑点组成的条纹，唇瓣上有时有不甚明显的紫褐色斑点，退化雄蕊白色而近先端有深紫色斑块，较少斑块完全消失；中萼片椭圆状披针形，长3.5～4.5cm，宽1.8～2.5cm，先端渐尖或长渐尖，内表面疏被微柔毛，背面具长柔毛，边缘有缘毛；合萼片卵状披针形，长3.5～4.5cm，宽2～2.5cm，先端略2齿裂，内表面疏被微柔毛，背面具长柔毛并有不甚明显2条龙骨状突起，边缘亦具缘毛；花瓣倒卵形、卵形或椭圆形，长4～5cm，宽2.5～3cm，先端急尖或钝，两面被微柔毛，内表面基部有长柔毛，边缘具缘毛；唇瓣深囊状，近球形，长与宽各4～4.5cm，囊口近圆形，整个边缘内折，囊底有长柔毛；退化雄蕊长圆状卵形，长达1.3cm，宽1.1cm，先端截形，基部近无柄，基部边缘有细缘毛，背面有龙骨状突起，上表面有4个脐状隆起，其中2个近顶端，另2个近基部。花期12月至翌年3月。

②生态习性

麻栗坡兜兰生于海拔1100～1600m的石灰岩山坡林下多石处或积土岩壁上。

③ 园林用途和经济用途

园林用途：麻栗坡兜兰的奇特和美丽吸引了很多人，它跟蝴蝶兰属的小家族形式类似，全世界的兜兰也只有70种左右。共同的特征是都有一个小兜子一样的特化花瓣（唇瓣）。麻栗坡兜兰花朵的唇瓣很像窝窝拖鞋，正因为如此，兜兰属与杓兰属等具有这种特征的兰花被称作女士的“拖鞋兰”。

经济用途：麻栗坡兜兰作为一种珍稀的野生观赏植物资源，可作为特色盆栽开发利用。由于稀少，所以麻栗坡兜兰的价值相对其他品种会高很多，并且麻栗坡兜兰的形态优美，极具观赏价值，有很大的开发潜力。由于麻栗坡兜兰对生长和繁殖有极高的环境要求，因此仍需培育新的环境适应性好的品种以满足市场需求。

④ 麻栗坡兜兰在云南的开发利用

麻栗坡兜兰在云南主要分布于东南部，因为被发现于我国云南的麻栗坡地区，所以被称为麻栗坡兜兰。其形态优美，极具观赏价值。目前在云南，麻栗坡兜兰种植规模有限，种植技术要求较高，加之市场需求状况好，进一步开发麻栗坡兜兰前景可观。

（4）带叶兜兰

产于广西、贵州、云南；印度、老挝、泰国、越南。

① 形态特征

叶5～6枚，二列，长23～44cm，宽1.4～2.2cm，上面纯暗绿色。花葶长13～24cm，密被长毛；花单朵；中萼片长3.7～4.4cm，宽2.6～3.5cm；花瓣长6～8cm，宽1.5～2.5cm；唇瓣盔状，囊长2.5～3.5cm；退化雄蕊近方形，长8～10mm。花期4～5月。

② 生态习性

带叶兜兰生于石灰岩地区荫蔽岩壁上或林下与灌丛下多石之地；海拔700～1500m。

③ 园林用途和经济用途

园林用途：带叶兜兰性喜温暖湿润和半荫蔽的环境，耐寒性差，适宜在热带或亚热带的潮湿庭院中栽培，开花时可置于阳台、窗台观赏，效果佳。

经济用途：带叶兜兰作为盆栽市场前景好，经济价值高。

④ 带叶兜兰在云南的开发利用

带叶兜兰原产于云南东南部（富宁、文山、麻栗坡）地区，其植株、花型、花色较好，深受消费者喜爱。当前，云南省种植带叶兜兰有一定的规模，加大对带叶兜兰的附加值开发仍然可以有较好收益。

（5）硬叶兜兰

原产于云南，是我国特有种。

① 形态特征

地生或半附生植物。地下具细长而横走的根状茎，根状茎直径2～3mm，具少数稍肉质而被毛的纤维根。叶基生，二列，4～5枚；叶片长圆形或舌状，坚革质，长5～15cm，宽1.5～2cm，先端钝，上面有深浅绿色相间的网格斑，背面有密集的紫斑点并具龙骨状突起，基部收狭成叶柄状并对折而彼此套叠。花葶直立，长10～26cm，紫红色而有深色斑点，被长柔毛，顶端具1花；花苞片卵形或宽卵形，绿色而有紫色斑点，长1～1.4cm，背面疏被长柔毛；花梗和子房长3.5～4.5cm，被长柔毛；花大，艳丽；中萼片与花瓣通常白色而有黄色晕和淡紫红色粗脉纹，唇瓣白色至淡粉红色，退化雄蕊黄色并有淡紫红色斑点和短纹；中萼片卵形或宽卵形，长2～3cm，宽1.8～2.5cm，先端急尖，背面被长柔毛并有龙骨状突起；合萼片卵形或宽卵形，长2～2.8cm，宽1.8～2.8cm，先端钝或急尖，背面被长柔毛并具2条稍钝的龙骨状突起；花瓣宽卵形、宽椭圆形或近圆形，长2.8～3.2cm，宽2.6～3.5cm，先端钝或浑圆，内表面基部具白色长柔毛，背面多少被短柔毛；唇瓣深囊状，卵状椭圆形至近球形，长4.5～6.5cm，宽4.5～5.5cm，基部具短爪，囊口近圆形，整个边缘内折，囊底有白色长柔毛；退化雄蕊椭圆形，长1～1.5cm，宽7～8mm，先端急尖，两侧边缘尤其中部边缘近直立并多少内弯，使中央貌似具纵槽；2枚能育雄蕊由于退化雄蕊边缘的内卷而清晰可辨，甚为美观。花期3～5月。

② 生态习性

硬叶兜兰一般生长于海拔1000～1700m的石灰岩山坡草丛中或石壁缝隙积土处。

③ 园林用途和经济用途

园林用途：硬叶兜兰株形俊俏，花形奇特，是很好的室内盆栽观赏植物，宜放在室内光线明亮的窗台、几案等处观赏。

经济用途：硬叶兜兰在香港被称作“玉”，其花色粉红，明媚照人，是不可多得的好颜色，常被作为兜兰育种的极好亲本。

④ 硬叶兜兰在云南的开发利用

硬叶兜兰原产于云南东南部（麻栗坡、西畴、文山）。云南省近年来加强了对其野生资源保护和生长环境的监管，同时加以开发利用，取得较好效果。

（6）亨利兜兰

产于广西、云南；越南。

① 形态特征

叶通常3枚，二列，长12～17cm，宽1.2～1.7cm，绿色。花葶长16～22cm；花单朵，直径约6cm；中萼片近圆形，长3.2～3.5cm；花瓣长2.7～3.5cm，宽1.4～1.6cm；唇瓣盔状；囊长2.3～2.5cm；退化雄蕊倒心形至倒卵形，长6～7mm。花期7～8月。

② 生态习性

生于林下和灌木林中荫蔽岩隙或多石、排水良好之地；海拔900～1300m。

③ 园林用途和经济用途

园林用途：亨利兜兰色彩鲜嫩，观赏价值极高，可用于盆栽和鲜切花等。

经济用途：亨利兜兰市场售价在每株15元左右，经济价值较高。

④ 亨利兜兰在云南的开发利用

亨利兜兰原产于我国云南省东南部麻栗坡与马关一带，为多年生常绿草本植物，是兰科中最原始的类群之一和世界上栽培最早和最普及的洋兰之一。其株形娟秀，花形奇特，花色丰富，花大色艳，很适合于盆栽观赏，是极好的高档室内盆栽观花植物。亨利兜兰的观赏价值和商业前景毋庸置疑，云南省已经针对亨利兜兰产业化的应用基础生物学问题进行了研究，其目的就是为了能更快地推进其产业化发展。

（7）紫纹兜兰

产于福建、广东、广西、海南、香港、云南；越南。

① 形态特征

叶4～6枚，二列，长9～17cm，宽2.3～4.2cm，上面具深浅绿色相间的网格斑。花葶长9～19cm，具白色短柔毛；花单朵；中萼片长3～4cm，宽3～4.2cm；花瓣长3.5～5cm，宽1～1.4cm；唇瓣盔状；囊长2～3cm；退化雄蕊月牙形，宽1～1.1cm。花期6月至翌年1月。

② 生态习性

紫纹兜兰生于山谷旁林下或灌木林下多石之地；海拔100～1200m。

③ 园林用途和经济用途

园林用途：紫纹兜兰又名香港拖鞋兰、香港兜兰，其植株花色独特，极具观赏价值。

经济用途：紫纹兜兰因其植株花色好，稀少而价高。市场一般每株紫纹兜兰售价可达50元，深受消费者喜爱，作为盆栽或鲜切均可，价格也更高。

④ 紫纹兜兰在云南的开发利用

紫纹兜兰原产于云南东南部（文山）地区，由于其较好的花形和花色备受市场欢迎。目前云南地区企业已经对其进行了一定程度的开发利用，盆栽和鲜切花也已经在市场上销售，效果良好。继续加大对紫纹兜兰的自主开发与栽培管理研究，将有助于其更好发展。

（8）紫毛兜兰

产于云南西南部；印度、老挝、缅甸、泰国、越南。

① 形态特征

叶4～7枚，二列，长20～40cm，宽2.2～4cm，上面纯暗绿色，背面基部有紫点。花葶长10～24cm，通常被紫毛；花单朵；中萼片长4～6.5cm，宽2.4～4.5cm；花瓣长5～6.5cm，宽2.2～4.5cm，紫褐色中脉下侧的色泽明显淡于中脉上侧；唇瓣盔状；囊长2.5～4cm；退化雄蕊倒心形至倒卵形，长1～1.5cm。花期11月至翌年3月。

② 生态习性

生于疏林中树干上或分枝上或阳光充足的岩壁上；海拔1100～1800m。

③ 园林用途和经济用途

园林用途：紫毛兜兰作为重要的观赏植物，在园林用植物构成中较为重要，无论是单独盆栽还是与其他园林植物混合栽培，效果均佳。

经济用途：紫毛兜兰观赏性好，也可与其他园林植物搭配使用，广泛的用途使其具有一定的经济价值，市场紫毛兜兰瓶苗可卖到60元/瓶，利润较为可观。

④ 紫毛兜兰在云南的开发利用

紫毛兜兰原产于我国云南省南部至东南部（文山、勐腊、景洪），为多年生常绿草本植物，是兰科中最原始的类群之一和世界上栽培最早和最普及的洋兰之一。其花形独特，株形俊秀，适宜盆栽观赏，具有较好的观赏价值和商业前景。目前，云南省已经针对紫毛兜兰产业化的应用基础生物学问题进行了研究，其目的就是为了能更快地推进紫毛兜兰的产业化发展。

（9）红玛瑙兜兰

是以“巨瓣兜兰”为母本，“白旗肉饼”（白旗兜兰×“肉饼兜兰”）为父本，通过人工授粉杂交育成的F_1新品种。植株相对矮小。

① 形态特征

叶4～6枚；叶片宽线形，宽而厚，最大叶长10cm，宽3.29cm，厚1mm，先端钝圆；色浅绿，具细密纹理，具光泽，上面有深浅绿色相间的斑点，背面密布紫色斑点。花葶外弯，长4.1cm，淡绿色，被短柔毛；花序柄茎粗0.35cm；苞片宽卵形，长3.1cm；花单朵，花朵大，主萼片宽大，稍后翻；花红色，具条纹；花冠自然展开，宽9.1cm，长7.3cm；中萼片长4.3cm，宽4.9cm，厚0.1cm；合萼片长3.2cm，宽4.1cm，厚0.08cm；花瓣长5cm，宽3.5cm，厚0.1cm；唇瓣长4.3cm，宽1.83cm。属中花型。花期在3～4月，栽培条件下开花率较高。种子萌发率高。

② 生态习性

适宜各地温室栽培。

③ 园林用途和经济用途

园林用途：红玛瑙兜兰株形秀美，花形独特，花型大且色彩丰富，非常适合盆栽，有极高的观赏价值。

经济用途：红玛瑙兜兰作为杂交新品种，符合了市场的要求，并且适应性和抗性表现较好，可以大规模种植与栽培，作为盆栽或鲜切花使用，均可获得较好的市场价值。

④ 红玛瑙兜兰在云南的开发利用

红玛瑙兜兰是由广东省培育出的杂交新品种，该品种继承了亲本的优良特性，柱形和花型均较好，且适应性强。当前，云南省对于红玛瑙兜兰的开发与利用相对有限，未能有效满足市场需要，因而对红玛瑙兜兰的开发利用前景看好。

（10）南之霞兜兰

是以“神秘宝石”兜兰为母本，“瓦莱丽”兜兰为父本，通过人工授粉杂交后选育出的。植株株形、花型、花色等性状介于两个亲本之间。

① 形态特征

植株丛生。单株有叶3～5枚；叶片宽披针形，叶片长15～20cm，宽4～5cm；叶片绿色，叶面有深绿色斑点。花序长18～25cm，褐色；花单朵，直径13～15cm；萼片白色，有绿色和褐色脉纹；中萼片宽卵形，长4～5cm，宽3.5～4.5cm，白色，有绿色脉纹；合萼片宽卵形，明显小于中萼片；花瓣椭圆状披针形至卵形，黄绿色，边缘具褐色晕和条纹，长6～7cm，宽2～3cm；唇瓣兜状，顶端较尖，长4.5～5.5cm，宽约3cm，黄绿色，边缘有褐色晕；退化雄蕊绿色，有褐色晕，长约1cm，宽0.1cm。

② 生态习性

适宜各地温室栽培。

③ 园林用途和经济用途

园林用途：南之霞兜兰花型独特，花期持久，抗病性和抗逆性较好，适宜园林栽培，具有较高的观赏价值。

经济用途：其继承了亲本的优良特性，抗性较好，经济用途与价值体现在较好的适应性和观赏性。

④ 南之霞兜兰在云南的开发利用

南之霞兜兰是由华南植物园培育出的优良杂交品种，具有广泛的适应性和较好的园林观赏用途，满足了市场所需。目前云南省内对于这一品种的开发有限，利用范围也较为狭窄，因而，要加大对南之霞兜兰的研究与开发，在满足市场需求的同时，获得更大的经济效益。

4. 卡特兰属

卡特兰又称嘉德利亚兰，或卡特利亚兰。原种65种，全部产于中美洲热带，分布于危地马拉、洪都拉斯、哥斯达黎加、哥伦比亚、委内瑞拉至巴西的中美洲、南美洲的热带森林中。本属19世纪被发现并引种栽培，因花大色艳、花期长，深受人们喜爱。

（1）卡特兰

产于巴西东部，是卡特兰建属模式种，自1818年发现以来，园艺家以其作为亲本，与其他种或属杂交，产生了许多优秀杂交品种，成为现在杂种卡特兰用得最多的亲本之一。

① 形态特征

卡特兰，常绿。假鳞呈棍棒状或圆柱状，具1～3片革质厚叶，是贮存水分和养分的组织；假鳞茎呈纺锤形，株高25cm以上。一茎有叶2枚～3枚，叶片厚实呈长卵形。花单朵或数朵，着生于假鳞茎顶端，花大而美丽，色泽鲜艳而丰富；花萼与花瓣相似，唇瓣3裂，基部包围雄蕊下方，中裂片伸展而显著；花梗长20cm，有花5朵～10朵，花大，花径约10cm，有特殊的香气，每朵花能连续开放很长时间；除黑色、蓝色外，几乎各色俱全，姿色美艳，有“洋兰之王”“兰之王后”的称号。一般秋季开花1次，有的能开花2次，一年四季都有不同品种开花。

② 生态习性

卡特兰为多年生草本附生植物，多附生于大树的枝干上。喜温暖湿润环境，越冬温度，夜间15℃左右，白天20～25℃，保持大的昼夜温差至关重要，不可昼夜恒温，更不能夜温高于昼温。

③ 园林用途和经济用途

园林用途：卡特兰花型、花色千姿百态，绚丽夺目，常用于插花观赏。如用卡特兰、蝴蝶兰为主材，配以文心兰玉竹文竹瓶插，鲜艳雅致，有较强节奏感。

经济用途：卡特兰作为观赏性花卉，其大量用于园艺等相关花卉艺术行业，花型、花色漂亮，市场价值较高。

④ 卡特兰在云南的开发利用

高品质卡特兰目前在大陆市场上还不多，云南花市上更是凤毛麟角。昆明的气候非常适宜培植卡特兰，所以最近几年才开始在云南培植卡特兰，且品种较少，多为杂种卡特兰。云南的天气适合卡特兰的生长，应发挥这一特点，使更多高品质的卡特兰从云南走向全国市场。

（2）秀丽卡特兰

产于哥斯达黎加和哥伦比亚。

① 形态特征

假鳞茎纺锤状，长约20cm。顶生叶厚革质，长约20cm。花2～6朵，花大，直径可达16cm，花瓣黄色，唇瓣黄色，满布红色条纹，边缘强烈褶皱。花期夏季。

② 生态习性

秀丽卡特兰原产美洲热带与亚热带，性喜温暖湿润，生长适温20～30℃，日温比夜温高，越冬温度不低于12～13℃，绝对最低温10℃，绝对最高温35℃。

③ 园林用途和经济用途

园林用途：秀丽卡特兰花型、花色较好，常用于插花观赏。配以其他花卉，尤显鲜艳雅致，节奏感较强。

经济用途：秀丽卡特兰作为观赏性花卉，广泛用于盆栽等花卉艺术领域，在创造美的同时，实现其自身经济价值。

④ 秀丽卡特兰在云南的开发利用

云南作为国内兰花生长最多的地方，其气候非常适宜培植秀丽卡特兰，因而，在相关条件允许的情况下，应加大对其引进，使更多高品质的秀丽卡特兰从云南走向全国市场。

（3）硕花卡特兰

产于哥伦比亚。

① 形态特征

植株高大，假鳞茎纺锤状，长约25cm。叶长椭圆形，革质，长约25cm。花序有花2～3朵，花大，花瓣白色，唇瓣红色，喉部浅黄色，边缘有白色镶边。花期夏季。

② 生态习性

硕花卡特兰原产于美洲哥伦比亚，性喜温暖湿润，适宜生长在20～30℃的雨林中。

③ 园林用途和经济用途

园林用途：硕花卡特兰花开两色、花姿百态，常用于盆栽以及鲜切花，放置于室内给人以艳丽漂亮的美好感觉。

经济用途：硕花卡特兰是观赏性较佳的花卉之一，其花型、花色美丽动人，深受消费者喜爱，市场对其需求较大，经济前景较好。

④ 硕花卡特兰在云南的开发利用

硕花卡特兰原产于美洲，目前在大陆市场上还不多，云南花市上更是少之又少。由于其受市场欢迎度较高，所以云南省应该发挥自己得天独厚的优势，积极引进，培育适合我国的产品，从而创造新的经济增长点。

（4）瓦氏卡特兰

产于哥伦比亚。

① 形态特征

假鳞茎棍棒状，长约25cm。叶革质，与假鳞茎等长，椭圆形。花序有花2～5朵，花大，直径达15cm，浅紫色，唇瓣有红褐色斑块，边缘强烈皱曲。花期夏季。

② 生态习性

适于生长在海拔500～1000m的山地雨林中。

③ 园林用途和经济用途

园林用途：瓦氏卡特兰作为观赏性花卉，大量用于园林园艺，作为盆栽置于室内给人美好的享受。

经济用途：瓦氏卡特兰作为卡特兰原种，除具有较高的园艺观赏价值之外，也可以作为亲本使用，用于培养新品种，创造新的价值。

④ 瓦氏卡特兰在云南的开发利用

瓦氏卡特兰原产于美洲哥伦比亚，并非我国原有品种。鉴于其在市场上的良好表现，云南省有必要加强对其引进研究，丰富我国花卉园艺品种的同时，也可以作为亲本，培育出我国的优秀品种。

（5）中型卡特兰

产于巴西，多生于溪旁树上或石壁上，由于过量采集，已濒临绝种。

① 形态特征

属双叶种群，植株丛生。假鳞茎圆柱状，长25～40cm，稍肉质。叶两片，卵形，长7～15cm。花序有花3～5朵以上，长达25cm，花中等大，直径约10cm，淡紫色或浅红色，唇瓣舌状，深红色。花期夏秋季。

② 生态习性

中型卡特兰性喜温暖湿润，多生于溪旁树上或石壁上。

③ 园林用途和经济用途

园林用途：中型卡特兰植株开花后，形态美丽，适合作为园林用花，其观赏价值较高，园林绿化中应用广泛。

经济用途：中型卡特兰作为园林园艺盆景使用，具有较高的观赏价值，和经济价值。

④ 中型卡特兰在云南的开发利用

中型卡特兰原产于美洲的热带与亚热带地区，因其漂亮的外表而被挖掘，现已濒临灭绝，属于重点保护植物。云南省作为我国兰科植物重要聚集地，自然条件得天独厚，加强对中型卡特兰的引进与研究将有助于云南乃至我国整体兰花市场的发展，同时，对于打造兰花经济也大有裨益。

（6）大花卡特兰

为同属常见种。

① 形态特征

多年生草本花卉，具短根茎。假鳞茎扁平，有纵沟，高25cm左右。顶生叶1片，长15～20cm。花葶着花2～3朵，花径27～30cm，淡紫色；唇瓣甚大，鲜紫色，带黄色条纹。花期因种而异。

② 生长习性

大花卡特兰喜温暖，不耐寒，生长温度为18～24℃，要保持空气流通。

③ 园林用途和经济用途

园林用途：大华卡特兰花色美艳，绚丽夺目，是作为盆景、插花的理想选择，在宴会上用于插花观赏，高端雅致。

经济用途：大花卡特兰作为园林园艺用花，具有较高的观赏价值，深受市场受众所喜爱，具有不错的经济价值。

④ 大花卡特兰在云南的开发利用

大花卡特兰目前市场主要作为观赏用花，多出现在园艺盆景中，目前，在云南市场上还不多，因而应该抓住机会，积极引进和研究大花卡特兰的各种性状，为以后扩大使用作技术铺垫。

（7）橙黄卡特兰

为同属常见种。

① 形态特征

假鳞茎向下生长。顶端两片灰绿色叶，不同于其他种。花大而芳香，黄绿色，唇瓣管状，先端圆形，橙黄色边常带白色，单朵。花期长，花期4～5月。

② 生长习性

橙黄卡特兰原产美洲墨西哥，较耐寒。因属附生兰，根部需保持良好的透气，通常用蕨根、苔藓、树皮块等盆栽。生长时期需要较高的空气湿度，适当施肥和通风。冬季夜间温度要保持在15～18℃，白天还要高一些。

③ 园林用途和经济用途

园林用途：橙黄卡特兰花大而艳丽，花型、花色夺目，为高档切花和盆花材料，还可作为高雅的胸饰花。

经济用途：橙黄卡特兰在园林、花艺中的大量使用，因其观赏性强，受到消费者青睐，其经济价值较高。

④ 橙黄卡特兰在云南的开发利用

目前，橙黄卡特兰在云南种植规模较小。通过品种引进，以及与科研院所合作，云南业界已经对橙黄卡特兰有了一定技术基础，这也为今后开发利用打下基础。

（8）两色卡特兰

为同属常见种。

① 形态特征

假鳞茎细长，长58～80cm。顶生叶2片。花葶着花5～6朵，花铜绿色，唇瓣玫瑰红色。该种有白色及桃红色变种。花期9～10月。

② 生长习性

两色卡特兰适于在雨林中生长。

③ 园林用途和经济用途

园林用途：两色卡特兰是受人们喜爱的附生性兰花。花大奇特而美丽，极其富丽堂皇，而且花期长，非常适宜作园林花卉、鲜切花。

经济用途：两色卡特兰作为盆栽、鲜切观赏植物而受到人们喜爱，市场反应较好，其创造的经济价值可观。

④ 两色卡特兰在云南的开发利用

最近几年两色卡特兰开始在云南培植，但品种较少。

（9）花叶卡特兰

为同属常见种。

① 形态特征

顶生叶多为1片，长25cm，长圆形。花径15～24cm，玫瑰红色；唇瓣有紫色条纹，边缘粉红色；花筒喉部黄色或橙色。花期3～8月。

② 生长习性

花叶卡特兰性喜温，强光酷热会灼伤叶片和新芽，家庭盆栽应放在明亮室内向阳处。

③ 园林用途和经济用途

园林用途：花叶卡特兰色泽绚丽，夺目迷人，用于观赏非常合适，给人尊贵大气之感。

经济用途：花叶卡特兰主要应用于盆栽、鲜切花观赏，市场以及消费者对它的喜爱，大大提升了其经济价值。

④ 花叶卡特兰在云南的开发利用

花叶卡特兰原产于美洲，深受国外，特别是欧美国家市场欢迎。云南在兰花种植栽培方面具有先天优势，当地种植者也有经验，应该利用现有规模资源，加强对其研究应用，为今后培育更多高品质兰花做好技术储备。

5. 石斛属

石斛属是兰科植物的大属。原种1600种，分布于亚洲至大洋洲的热带、亚热带地区，不同海拔及山地均有分布。我国产70多种，分布于秦岭以南各省，云南的西双版纳地区种类尤多。

（1）鼓槌石斛

别名万丈须，为兰科多年生附生草本。生于海拔520～1620m，阳光充足的常绿阔叶林中树干上或疏林下岩石上。产于云南；印度、缅甸、泰国、老挝、越南。

① 形态特征

假鳞茎直立，肉质，纺锤形，长6～30cm，中部粗1.5～5cm，具2～5节间，具多数圆钝的条棱，干后金黄色。近顶端具2～5枚叶，叶革质，长圆形，长达19cm，宽2～3.5cm或更宽，先端急尖而钩转，基部收狭，但不下延为抱茎的鞘。总状花序近茎顶端发出，斜出或稍下垂，长达20cm；花序轴粗壮，疏生多数花，疏生花5～8朵；花序柄基部具4～5枚鞘；花苞片小，膜质，卵状披针形，长2～3mm，先端急尖；花梗和子房黄色，长达5cm；花质地厚，金黄色，稍带香气；中萼片长圆形，长1.2～2cm，中部宽5～9mm，先端稍钝，具7条脉；侧萼片与中萼片近等大；萼囊近球形，宽约4mm；花瓣倒卵形，等长于中萼片，宽约为萼片的2倍，先端近圆形，具约10条脉；唇瓣的颜色比萼片和花瓣深，近肾状圆形，长约2cm，宽2.3cm，先端浅2裂，基部两侧多少具红色条纹，边缘波状，上面密被短绒毛；唇盘通常呈“八”形隆起，有时具“U”形的栗色斑块；蕊柱长约5mm；药帽淡黄色，尖塔状。花期3～5月。

② 生长习性

鼓槌石斛喜高温、高湿的半阴环境，长于阳光充足的常绿阔叶林中树干上或疏林下岩石上。

③ 园林用途和经济用途

园林用途：鼓槌石斛因观赏性佳而较为有名。鼓槌石斛花序下垂，将植物栽植于吊盆中可显示出优美的花。

经济用途：鼓槌石斛又名金弓石斛，以鲜茎或干茎入药，是我国民间药用石斛种类之一，气微，味淡，嚼之有黏性，具有生津益胃、清热养阴等药效，传统上还用于治疗热病伤津、口干烦渴、病后虚热、阴伤目暗等。

④ 鼓槌石斛在云南的开发利用

鼓槌石斛主要分布于中国云南南部至西南部，附生在疏林中大树上或岩石上。随着鼓槌石斛的药用需求量增大，国内野生资源日趋减少，有必要采取人工栽培途径提供原料，保护野生资源，走可持续发展之路。从2003年开始，云南已经对西双版纳野生鼓槌石斛进行了引种栽培，并取得了成功。

（2）密花石斛

多年生常绿草本。产广东、广西、海南、西藏；不丹、印度（锡金）、缅甸、尼泊尔、泰国。

① 形态特征

茎粗壮，通常棒状或纺锤形，长25～40cm，粗达2cm，下部常收狭为细圆柱形，不分枝，具数个节和4个纵棱，有时棱不明显，干后淡褐色并且带光泽。叶常3～4枚，近顶生，革质，长圆状披针形，长8～17cm，宽2.6～6cm，先端急尖，基部不下延为抱茎的鞘。总状花序从去年或2年生具叶的茎上端发出，下垂，密生许多花，花序柄基部被2～4枚鞘；花苞片纸质，倒卵形，长1.2～1.5cm，宽6～10mm，先端钝，具约10条脉，干后多少席卷；花梗和子房白绿色，长2～2.5cm；花开展，萼片和花瓣淡黄色；中萼片卵形，长1.7～2.1cm，宽8～12mm，先端钝，具5条脉，全缘；侧萼片卵状披针形，近等大于中萼片，先端近急尖，具5～6条脉，全缘；萼囊近球形，宽约5mm；花瓣近圆形，长1.5～2cm，宽1.1～1.5cm，基部收狭为短爪，中部以上边缘具啮齿，具3条主脉和许多支脉；唇瓣金黄色，圆状菱形，长1.7～2.2cm，宽达2.2cm，先端圆形，基部具短爪，中部以下两侧围抱蕊柱，上面和下面的中部以上密被短绒毛；蕊柱橘黄色，长约4mm；药帽橘黄色，前后压扁的半球形或圆锥形，前端边缘截形，并且具细缺刻。花期4～5月。

② 生长习性

密花石斛喜温暖、半阴，忌阳光直射，宜排水良好、富含腐殖质的沙质微酸性土壤。

③ 园林用途和经济用途

园林用途：本物种为多年生常绿草本。花朵密集，花深黄色，花色娇艳美丽，观赏价值很高。适宜分栽或作吊挂植物，供室内装饰。

经济价值：密花石斛具有较高的药用价值，全株皆可入药，味甘、淡、微咸，寒，具有滋阴益胃、生津止渴、清热止咳的功效，用于热病伤津、口干烦渴、病后虚弱、食欲不振、肺痨。

④ 密花石斛在云南的开发利用

密花石斛是颇受欢迎的石斛兰原生种之一，栽培广泛。云南省的密花石斛资源主要分布在800～1400m的盈江县山区。经过多年的发展，盈江县人工种植的农户比较多，但形成规模的种植基地较少，全县主要种植面积为15亩，总数量大约有100多万株。另外其他地方有少量种植。

（3）美花石斛

又名万丈须。原产于我国广东、广西、贵州、云南和海南等地，越南和老挝亦有分布。

① 形态特征

茎柔弱，常下垂，细圆柱形，长10～45cm，粗约3mm，有时分枝，具多节；节间长1.5～2cm，干后金黄色。叶纸质，2列，互生于整个茎上，舌形，长圆状披针形或稍斜长圆形，通常长2～4cm，宽1～1.3cm，先端锐尖而稍勾转，基部具鞘，干后上表面的叶脉隆起呈网格状；叶鞘膜质，干后鞘口常张开。花白色或紫红色，每束1～2朵侧生于具叶的老茎上部；花序柄长2～3mm，基部被1～2枚短的、杯状膜质鞘；花苞片膜质，卵形，长约2mm，先端钝；花梗和子房淡绿色，长2～3cm；中萼片卵状长圆形，长1.7～2cm，宽约7mm，先端锐尖，具5条脉；侧萼片披针形，长1.7～2cm，宽6～7mm，先端急尖，基部歪斜，具5条脉；萼囊近球形，长约5mm；花瓣椭圆形，与中萼片等长，宽8～9mm，先端稍钝，全缘，具3～5条脉；唇瓣近圆形，直径1.7～2cm，上面中央金黄色，周边淡紫红色，稍凹的，边缘具短流苏，两面密布短柔毛；蕊柱白色，正面两侧具红色条纹，长约4mm；药帽白色，近圆锥形，密布细乳突状毛，前端边缘具不整齐的齿。花期4～5月。

② 生长习性

生于海拔400～1500m的山地林中树干上或林下岩石上。喜温暖湿润的环境，生长开花的适宜温度为10～30℃，冬季能忍耐2～3℃的低温，夏季也能忍受30℃以上的高温，但是过高或过低的温度会使植株生长受到抑制，部分叶片受害。

③ 园林用途和经济用途

园林用途：可做盆栽观赏。具有株形紧凑、花多、色艳、有香味，且管理粗放等特点，是近年来比较受欢迎的盆栽花卉之一。

经济用途：美花石斛含有石斛宁定、石斛宁、石斛酚等化学成分，是生产“石斛夜光丸”的主要原料。另外，美花石斛能益胃生津，滋阴清热，可用于阴伤津亏、口干烦渴、食少干呕、病后虚热、目暗不明。

④ 美花石斛在云南的开发利用

美花石斛的种子在自然条件下的萌发率极低，再加上长期过度采收，导致野生美花石斛种质资源急剧减少，甚至难以找到较为完整的野生居群。我国于1987年出台的《国家重点保护野生药材物种名录》中，美花石斛被列入国家三级珍稀濒危保护植物。家庭繁殖可用分株或在花后将无叶的老茎切成几段进行扦插，大规模繁殖常用组培法。近年来不少学者对美花石斛进行了无性系快速繁殖研究，在其外植体选用、愈伤组织诱导和种子萌发方面都有了很大的进展，为培育美花石斛组培苗奠定了良好的基础。而云南的种植基地在这一理论基础上，在美花石斛原球茎不同分化阶段，根据其生长和分化需要，继代培养于相应的培养基上，获得了优质的美花石斛组培苗，为美花石斛的优质、高产奠定了基础。

（4）石斛

产于我国华南、西南、西藏和台湾等地区，生于海拔450～1700m的山林，喜马拉雅地区和东南亚各国亦产。本种是现代春石斛类盆栽品种的主要亲本，几乎所有春石斛的品种均有它的血统。石斛花姿优雅，玲珑可爱，花色鲜艳，气味芳香，被喻为“四大观赏洋花”之一。

① 形态特征

茎直立，肉质状肥厚，稍扁的圆柱形，长10～60cm，粗达1.3cm，上部多少回折状弯曲，基部明显收狭，不分枝，具多节，节有时稍肿大；节间多少呈倒圆锥形，长2～4cm，干后金黄色。叶革质，长圆形，长6～11cm，宽1～3cm，先端钝并且不等侧2裂，基部具抱茎的鞘。总状花序从具叶或落了叶的老茎中部以上部分发出，长2～4cm，具1～4朵花；花序柄长5～15mm，基部被数枚筒状鞘；花苞片膜质，卵状披针形，长6～13mm，先端渐尖；花梗和子房淡紫色，长3～6mm；花大，白色带淡紫色先端，有时全体淡紫红色或除唇盘上具1个紫红色斑块外，其余均为白色；中萼片长圆形，长2.5～3.5cm，宽1～1.4cm，先端钝，具5条脉；侧萼片相似于中萼片，先端锐尖，基部歪斜，具5条脉；萼囊圆锥形，长6mm；花瓣多少斜宽卵形，长2.5～3.5cm，宽1.8～2.5cm，先端钝，基部具短爪，全缘，具3条主脉和许多支脉；唇瓣宽卵形，长2.5～3.5cm，宽2.2～3.2cm，先端钝，基部两侧具紫红色条纹并且收狭为短爪，中部以下两侧围抱蕊柱，边缘具短的睫毛，两面密布短绒毛，唇盘中央具1个紫红色大斑块；蕊柱绿色，长5mm，基部稍扩大，具绿色的蕊柱足；药帽紫红色，圆锥形，密布细乳突，前端边缘具不整齐的尖齿。花期4～5月。

② 生长习性

石斛喜在温暖、潮湿、半阴半阳的环境中生长，以年降雨量1000mm以上、空气湿度大于80%、1月平均气温高于8℃的亚热带深山老林中生长为佳，对土肥要求不甚严格，野生多在疏松且厚的树皮或树干上生长，有的也生长于石缝中。

③ 园林用途和经济用途

园林用途：从外观上看，石斛构造独特的“斛”状花形，以及斑斓多变的色彩，都给人热烈、亮丽的感觉。

经济用途：主要表现在药用价值和食用价值上。石斛药用历史悠久，药用成分既丰富又均衡，能治疗多种疾患。作为药用植物，其性味甘、淡、微咸，寒，归胃、肾、肺经，益胃生津，滋阴清热，用于阴伤津亏、口干烦渴、食少干呕、病后虚热、目暗不明，在临床上多用于治疗慢性咽炎、肠胃疾病、眼科疾病、血栓闭塞性疾病、糖尿病、关节炎、癌症等疾病。

④ 石斛在云南的开发利用

云南省瑞丽市岭瑞农业开发有限公司经过多年探索和研发，在龙眼等树种树干上进行石斛仿野生种植获得成功，并取得国家知识产权局两项发明专利。采用这种野生品质种植技术种植的石斛，经国家权威部门检测，无农残、无添加剂、无重金属，多糖含量高，品质可与野生石斛相媲美。

（5）铁皮石斛

又名黑节草、云南铁皮，多年生附生草本植物。主要分布于中国安徽、福建、广西、四川、云南、浙江。

① 形态特征

茎直立，圆柱形，长9～35cm，粗2～4mm，不分枝，具多节，节间长1.3～1.7cm，常在中部以上互生3～5枚叶。叶二列，纸质，长圆状披针形，长3～4（～7）cm，宽9～11（～15）mm，先端钝并且多少钩转，基部下延为抱茎的鞘，边缘和中肋常带淡紫色；叶鞘常具紫斑，老时其上缘与茎松离而张开，并且与节留下1个环状铁青的间隙。总状花序常从落了叶的老茎上部发出，具2～3朵花；花序柄长5～10mm，基部具2～3枚短鞘；花序轴回折状弯曲，长2～4cm；花苞片干膜质，浅白色，卵形，长5～7mm，先端稍钝；花梗和子房长2～2.5cm；萼片和花瓣黄绿色，近相似，长圆状披针形，长约1.8cm，宽4～5mm，先端锐尖，具5条脉；侧萼片基部较宽阔，宽约1cm；萼囊圆锥形，长约5mm，末端圆形；唇瓣白色，基部具1个绿色或黄色的胼胝体，卵状披针形，比萼片稍短，中部反折，先端急尖，不裂或不明显3裂，中部以下两侧具紫红色条纹，边缘多少波状；唇盘密布细乳突状的毛，并且在中部以上具1个紫红色斑块；蕊柱黄绿色，长约3mm，先端两侧各具1个紫点；蕊柱足黄绿色带紫红色条纹，疏生毛；药帽白色，长卵状三角形，长约2.3mm，顶端近锐尖并且2裂。花期3～6月。

② 生长习性

铁皮石斛适宜在凉爽、湿润、空气畅通的环境生长。生于海拔达1600m的山地半阴湿的岩石上，喜温暖湿润气候和半阴的环境，不耐寒。

③ 园林用途和经济用途

园林用途：铁皮石斛花形美丽、清新淡雅，博得不少爱花人的喜爱，石斛爱好者更是对其情有独钟。

经济用途：铁皮石斛茎入药，属补益药中的补阴药，味甘，性微寒，生津养胃，滋阴清热，润肺益肾，明目强腰。国际药用植物界称其为“药界大熊猫”，民间称其为“救命仙草”。

④ 铁皮石斛在云南的开发利用

为了有效解决铁皮石斛资源紧缺的问题，珍稀植物“铁皮石斛”高产栽培技术被列入国家“十五”科技攻关项目。“遗传型决定一切”，采集世界上遗传型最好、品质最佳、生长环境最优良的广南软脚铁皮石斛植株作为细胞培养的外植体，从源头上保证了培养的铁皮石斛最优良、最正宗。云南很多的药材种植推广中心，采用新型生态立体种植模式，以生态农业产业化为主体，建立起科研、生产、推广、销售于一体的完整的产业链，选育出铁皮石斛新品种，具有适应范围广、抗病能力强、生长快、产量高、药用价值高、品相好等优点，易管理、收益高，取得了良好的效果。

（6）大苞鞘石斛

是国家一级保护植物，分布于云南西南部，因主产腾冲，又称“腾冲石斛”。产云南；印度、缅甸、泰国、越南。

① 形态特征

茎斜立或下垂，肉质状肥厚，圆柱形，通常长16～46cm，粗7～15mm，不分枝，具多节；节间多少肿胀呈棒状，长2～4cm，干后琉黄色带污黑。叶薄革质，二列，狭长圆形，长5.5～15cm，宽1.7～2cm，先端急尖，基部具鞘；叶鞘紧抱于茎，干后鞘口常张开。总状花序从落了叶的老茎中部以上部分发出，具1～3朵花；花序柄粗短，长2～5mm，基部具3～4枚宽卵形的鞘；花苞片纸质，大型，宽卵形，长2～3cm，宽1.5cm，先端近圆形；花梗和子房白色带淡紫红色，长约5mm；花大，开展，白色带紫色先端；中萼片长圆形，长4.5cm，宽1.8cm，先端钝，具8～9条主脉和许多近横生的支脉；侧萼片与中萼片近等大，先端钝，基部稍歪斜，萼囊近球形，长约5mm；花瓣宽长圆形，与中萼片等长而较宽，达2.8cm，先端钝，基部具短爪，具5条主脉和许多支脉；唇瓣白色带紫色先端，宽卵形，长约3.5cm，宽3.2cm，中部以下两侧围抱蕊柱，先端圆形，基部金黄色并且具短爪，两面密布短毛，唇盘两侧各具1个暗紫色斑块；蕊柱长约5mm，基部扩大；药帽宽圆锥形，无毛，前端边缘具不整齐的齿。花期3～5月。

② 生长习性

大苞鞘石斛多生于海拔1350～1900m的山地疏林中树干上。

③ 园林用途和经济用途

园林用途：植株大多矮小，但花极其美丽，深受世人喜爱，在国际花卉市场上也占有重要的地位，当今世界上许多国家都有广泛栽培。

经济用途：茎民间作药用，具有滋阴养胃、清热生津、止渴及强壮的功效。现代多用于肿瘤病人的辅助治疗，也有延缓衰老的作用。

④ 大苞鞘石斛在云南的开发利用

云南的大苞鞘石斛种植主要集中在畹町。畹町通过近十年的人工种植实践，已总结出了一套集约化种植石斛的适用技术，也筛选出了几种品种好、经济价值高、产量高，且适合畹町种植的品种，采取“公司+基地+农户+科技”的经营模式，向农户提供技术、种苗、农药、肥料和服务等管理方式，对石斛进行工厂化深加工，开发石斛枫斗、茶、酒、保健冲剂、胶囊等系列产品，打造省内继天麻、三七之后又一个特色有机绿化品牌。

（7）球花石斛

为中国特有植物，以其花的形状得名。产云南耿马、澜沧、沧源、景东、思茅、墨江、勐海、勐腊、景洪、盐津、玉溪、金平、屏边、马关、麻栗坡；印度东北部、缅甸、泰国、老挝、越南。

① 形态特征

茎直立或斜立，圆柱形，粗壮，长12～46cm，粗7～16mm，基部收狭为细圆柱形，不分枝，具数节，黄褐色并且具光泽，有数条纵棱。叶3～4枚互生于茎的上端，革质，长圆形或长圆状披针形，长9～16cm，宽2.4～5cm，先端急尖，基部不下延为抱茎的鞘，但收狭为长约6mm的柄。总状花序侧生于带有叶的老茎上端，下垂，长10～16cm，密生许多花，花序柄基部被3～4枚纸质鞘；花苞片浅白色，纸质，倒卵形，长10～15mm，宽5～13mm，先端圆钝，具数条脉，干后不席卷；花梗和子房浅白色带紫色条纹，长2.5～3cm；花开展，质地薄，萼片和花瓣白色；中萼片卵形，长约1.5cm，宽8mm，先端钝，全缘，具5条脉；侧萼片稍斜卵状披针形，长1.7cm，宽7mm，先端钝，全缘，具5条脉；萼囊近球形，宽约4mm；花瓣近圆形，长14mm，宽12mm，先端圆钝，基部具长约2mm的爪，具7条脉和许多支脉，基部以上边缘具不整齐的细齿；唇瓣金黄色，半圆状三角形，长15mm，宽19mm，先端圆钝，基部具长约3mm的爪，上面密布短绒毛，背面疏被短绒毛；爪的前方具1枚倒向的舌状物；蕊柱白色，长4mm；蕊柱足淡黄色，长4mm；药帽白色，前后压扁的圆锥形。花期4～5月。

② 生长习性

球花石斛分布在海拔1100～1800m的山地林中树干上，喜半阴环境、高温高湿，但又忌过于潮湿，过湿会导致植株生长不良、烂根，甚至死亡。

③ 园林用途和经济用途

园林用途：适于假山、石缝中种植。球花石斛花姿优美，可作为装饰品用，观赏效果较好。

经济用途：球花石斛多糖可显著增加脾脏重量，增强巨噬细胞的碳廓清能力和B淋巴细胞的增殖能力，提示球花石斛多糖具有增强免疫作用，是一种良好的免疫调节剂。

④ 球花石斛在云南的开发利用

由于球花石斛在药学和园艺业的广泛使用，其野生资源的急剧减少。为了保护其野生资源、药材的道地性以及合理开发利用提供依据，很多人对球花石斛进行了大量的研究，取得了很理想的效果。球花石斛的繁殖方式主要有营养繁殖和有性生殖两种，目前，在云南的种植主要依靠种子萌发生苗。云南还没有形成大面积的种植规模，还是零星的分布，最终以盆栽的形式出售，现正在朝着规模化工业一体化发展。

（8）细茎石斛

为多年生草本植物。产陕西、甘肃、安徽、浙江、江西、福建、台湾、河南、湖南、广东、广西、贵州、四川、云南；印度东北部、朝鲜半岛南部、日本。

① 形态特征

茎直立，细圆柱形，通常长10～20cm，或更长，粗3～5mm，具多节，节间长2～4cm，干后金黄色或黄色带深灰色。叶数枚，2列，常互生于茎的中部以上，披针形或长圆形，长3～4.5cm，宽5～10mm，先端钝并且稍不等侧2裂，基部下延为抱茎的鞘。总状花序2至数个，生于茎中部以上具叶和落了叶的老茎上，通常具1～3花；花序柄长3～5mm；花苞片干膜质，浅白色带褐色斑块，卵形，长3～4（～8）mm，宽2～3mm，先端钝；花梗和子房纤细，长1～2.5cm；花黄绿色、白色或白色带淡紫红色，有时芳香；萼片和花瓣相似，卵状长圆形或卵状披针形，长（1～）1.3～1.7（～2.3）cm，宽（1.5～）3～4（～8）mm，先端锐尖或钝，具5条脉；侧萼片基部歪斜而贴生于蕊柱足；萼囊圆锥形，长4～5mm，宽约5mm，末端钝；花瓣通常比萼片稍宽；唇瓣白色、淡黄绿色或绿白色，带淡褐色或紫红色至浅黄色斑块，整体轮廓卵状披针形，比萼片稍短，基部楔形，3裂；侧裂片半圆形，直立，围抱蕊柱，边缘全缘或具不规则的齿；中裂片卵状披针形，先端锐尖或稍钝，全缘，无毛；唇盘在两侧裂片之间密布短柔毛，基部常具1个椭圆形胼胝体，近中裂片基部，有紫红色、淡褐或浅黄色的斑块；蕊柱白色，长约3mm；药帽白色或淡黄色，圆锥形，顶端不裂，有时被细乳突；蕊柱足基部常具紫红色条纹，无毛或有时具毛。花期通常3～5月。

② 生长习性

细茎石斛生于海拔500～3000m的阔叶林中树干上或山谷岩壁上。常见生长于山地附生树干上。

③ 园林用途和经济用途

园林用途：植株的大小、花的颜色，尤其唇瓣的形状和唇盘的结构常因地区不同而有变化，表现出较高的观赏价值。

经济用途：细茎石斛最主要的价值体现在其药用功效上。细茎石斛的茎益胃生津，滋阴清热，用于热病伤津、痨伤咳血、口干烦渴、病后虚热、食欲不振。

④ 细茎石斛在云南的开发利用

云南省南部和西南部地区（普洱市、西双版纳州、德宏州、保山市、文山州等）的年平均气温16～21℃，年平均降雨量1500～1900mm，年均相对湿度80%～87%，年日照1800～2000h，为典型的湿热地区，且分布有大面积的热性暖热性常绿阔叶林，十分有利于细茎石斛的人工培育，也可模拟其生长环境，进行人工栽培。这些地区为石斛产业发展提供了优越的自然条件，为细茎石斛在云南的规模化、规范化生产提供了基本的前提条件。云南多家科研机构对细茎石斛的人工栽培技术进行了研究，已经取得了阶段性的技术成果，各个栽培技术环节已经基本成熟，为规模化、规范化种植提供优良种源和技术保障。

（9）秋石斛

秋石斛是石斛属中秋天开花类群统称。因其开花时花形似纷飞的蝴蝶又称蝴蝶石斛，其原生种多分布于大洋洲的澳大利亚、新西兰、新几内亚等国，杂交种多数为新几内亚的热带原生种蝴蝶石斛作亲本育成。秋石斛为附生兰，青翠的叶片互生于芦苇状的假鳞茎两侧，持续数年不脱落，在秋天可见花序从假鳞茎顶部节上抽出，有花几朵至十几朵，鲜艳夺目，开花时间长达2个月，具有秉性刚强、祥和可亲的气质，因此又有“父亲节之花”的称呼。

① 形态特征

假球茎均呈圆筒形，丛生，高可达60～70cm，呈肉质实心，基部由灰、褐色叶鞘包被，其上茎节明显，上部的茎节处着生数对船形叶片。叶长约10～18cm。花茎则由顶部叶腋抽出，长可达60cm，每茎可着花4～18朵，花色繁多；花径一般约为5～7cm，生长在最外面的3枚是萼片，上萼片椭圆形，先端钝；下萼片2枚，较宽或与上萼片同，先端常有尖突，它的基部常向后延伸而形成一个像人类下巴的东西，在兰科术语上称为“颏”；花瓣为花中最大的部分，呈阔卵圆形，先端圆钝，有时亦有微凹的情况；唇瓣则为全缘，有不明显3裂，基部卷曲以保护蕊柱，先端则略作扩展状。

② 生长习性

喜温暖、湿润，对温度要求宽，8℃可以过冬。喜光，夏季需要遮光。有一定的耐旱能力。

③ 园林用途和经济用途

园林用途：秋石斛花期长，花姿优雅，花多，枝长，是石斛兰中最具观赏价值的种群，广泛用于插花、盆栽、胸花等，近年来在国内逐渐流行。

经济用途：目前主要以商业化切花和盆花生产为主，药用秋石斛的需求量也在逐年增加。

④ 秋石斛在云南的开发利用

目前在云南的栽培面积很小，有较大的发展空间。

（10）彩蝶石斛兰

是以“闪亮石斛兰”为母本，“久美石斛兰”为父本进行杂交育成的新品种。稳定遗传，生长势较强，开花性好，花紫色，鲜艳明亮，具淡香味，花型端正，花姿优美。

① 形态特征

植株中大型。假鳞茎黄绿色，粗壮。叶片绿色，长披针形，叶长12.4cm，宽3.4cm。花具香味，淡紫红色，基部白色，中等花型，花型端正，花朵横径6.0cm，纵径5.5cm；唇瓣眼深紫红色，具黄绿晕色；蕊柱短，黄绿色，药帽紫色，花粉块黄色；假鳞茎连续着花性好，花序排列较整齐，每梗着生花2～3朵，单株花量18～30朵。单株花期30～50d，花期在每年的3～4月。

② 生长习性

彩蝶石斛兰喜湿润、温差大、通风良好的环境，适宜光照（2.5～5.0）$\times 10^4$lx，温度5～35℃，空气相对湿度70%～85%。适宜在华南、西南及台湾等地栽培。

③ 园林用途和经济用途

园林用途：植株中大型，可以作为中型紫花系列盆花品种。

经济用途：可作为药用类石斛。花可以作为鲜切花出售。

④ 彩蝶石斛兰在云南的开发利用

目前在广东省设施栽培良好，但是在云南还未见到栽植。

（11）玉桃石斛兰

是以“蒙娜丽莎”为母本，“久美石斛兰”为父本进行杂交育成的新品种。生长势较强，株型匀称。设施栽培条件下开花率高，质量稳定，生长势、抗病性、抗逆性、适应性较强。

① 形态特征

两年生植株平均株高35.4cm，假鳞茎茎粗4.7cm。叶展幅23.4cm，叶片绿色，披针形，长11.7cm，宽

3.1cm。花淡粉紫色，基部白色，具香味，中等花型，花形端正，花朵横径6.3cm，纵径6.0cm；花无唇瓣眼，具黄绿晕，蕊柱短，黄绿色，药帽淡粉色；每梗着生3～4朵花，花朵横径6.3cm，纵径6.0cm，单株花量20～30朵。单株花期30～48d，花期在每年的3～4月。

② 生长习性

玉桃石斛兰喜湿润、温差大、通风良好的环境，适宜光照（2.5～4.5）$\times 10^4$lx，温度5～33℃，空气相对湿度70%～80%。适宜在华南、西南、华东部分地区及台湾等地栽培。

③ 园林用途和经济用途

园林用途：玉桃石斛兰花色清雅耐看，具淡香，花量大，着花性好，花期长，株型适中，观赏性强，是较易栽培的中小型盆栽品种。

经济用途：玉桃石斛兰属于培育的新品种，在其经济价值方面研究较少。

（4）玉桃石斛兰石斛在云南的开发利用

玉桃石斛兰是新培育的种，目前尚未见在云南栽培。云南的自然环境符合玉桃石斛兰生长所需的环境条件。

6. 万代兰属

万代兰属植物在东南家国家又被称梵兰，学名*Vanda*来自印度梵文。本属原种约60个，广泛分布于自亚洲的印度以东至大洋洲巴布亚新几内亚、澳大利亚的热带及亚热带林地。我国处于万带兰属的分布区域内，有原种约10个，分布于华南和西南诸省。

（1）白柱万代兰

产云南东南部至西南部、广西；缅甸、泰国。

① 形态特征

茎长约15cm，粗1～1.8cm，具多数短的节间和多数2列而披散的叶。叶带状，通常长22～25cm，宽约2.5cm，先端具2～3个不整齐的尖齿状缺刻，基部具1个关节和宿存而抱茎的鞘。花序出自叶腋，1～3个，不分枝，长13～25cm，疏生3～5朵花；花序柄长7～18cm，粗约4mm，被2～3枚宽短的鞘；花苞片宽卵形，长3～4mm，先端钝；花梗连同子房长7～9cm，白色，多少扭转，具棱；花质地厚，萼片和花瓣多少反折，背面白色，内面（正面）黄绿色或黄褐色带紫褐色网格纹，边缘多少波状；萼片近等大，倒卵形，长约2.3cm，宽1.7cm，先端近圆形，基部收狭呈爪状；花瓣相似于萼片而较小；唇瓣3裂；侧裂片白色，直立，圆耳状或半圆形，长等于宽，约9mm；中裂片除基部白色和基部两侧具2条褐红色条纹外，其余黄绿色或浅褐色，提琴形，长1.8cm，基部与先端几乎等宽，先端2圆裂；距白色，短圆锥形，长6～7mm，距口具1对白色的圆形胼胝体；蕊柱白色稍带淡紫色晕，粗壮，长5～7mm；药帽淡黄白色，宽5～6mm，在前面基部具深褐色的“V”字形，花粉团直径约2mm；黏盘扁圆形，宽4～5mm；黏盘柄近卵状三角形，长约4mm，中部以上骤然变狭。花期冬春季。

② 生长习性

白柱万代兰生于海拔800～1800m的疏林中或林缘树干上。

③ 园林用途和经济用途

园林用途：白柱万代兰的花开放时由下至上依序绽放，可连续观赏三四十天，大量用于盆栽、鲜切花，是艺术插花中的理想花材。

经济用途：白柱万代兰花色好，花期长，非常适宜于观赏种植，大量应用于盆栽、鲜切花，以及艺术插花，用途较广，经济效益好。

④ 白柱万代兰在云南的开发利用

白柱万代兰原产于云南东南部至西南部（石屏、思茅、澜沧、镇康、富宁、勐腊、景洪、勐海），由于花色好，形状独特，花期长，广泛用于花艺市场。目前，白柱万代兰在云南省种植已经达到一定规模，开发较为深入，经济前景仍然看好。

（2）垂头万代兰

原产云南南部；印度。

① 形态特征

茎直立，长约5cm。叶厚革质，带状，长10～11cm，宽约1cm，中部以下呈“V”状对折。花序短，腋生，有花1～2朵；花瓣黄绿色，质厚；唇瓣肉质，绿黄色带深紫红色条纹。花期夏季。

② 生长习性

垂头万代兰一般生活在低纬高原、南亚热带季风区，立体气候：高温、多雨、湿润、静风。平均气温17.8℃。

③ 园林用途和经济用途

园林用途：垂头万代兰花色鲜艳，柱型较好，因此，市场园林主要用于盆栽和鲜切。

经济用途：垂头万代兰常用作家庭盆栽、插花、鲜切花之用，经济价值较高。

④ 垂头万代兰在云南的开发利用

垂头万代兰原产于云南西南部，属于云南省的本土品种，目前对垂头万代兰的开发主要集中在盆栽、鲜切和插花，其他用途并不多见。云南对垂头万代兰的开发具有相当规模，未来加大对垂头万代兰的深加工是该花卉产业的必由之路。

（3）纯色万代兰

原产我国海南和云南。

① 形态特征

茎粗壮，长可达20cm。叶2列，带状，长14～20cm，宽约2cm，先端有2～3个不等长的尖齿状缺刻。花序腋生，有花3～6朵，花质厚；花瓣黄褐色，有网格状脉纹；唇瓣白色，有许多紫色斑点和条纹。花期冬春季。

② 生长习性

纯色万代兰生于海拔600～1000m的疏林中树干上。

③ 园林用途和经济用途

园林用途：纯色万代兰具有较强的抗旱能力，在热带地区非常容易栽培。其叶片和根都很有特色，叶片生长在直立的茎两旁，美丽的花序就是从叶腋中长出，极具观赏价值。

经济用途：纯色万代兰的经济用途主要是作为盆栽和鲜切花，深受亚洲市场喜爱，出口和国内销售占比均较重，经济效益良好。

④ 纯色万代兰在云南的开发利用

纯色万代兰具有重要观赏价值，在云南分布相对集中，栽培具有相当规模，产量占有全国纯色万代兰的绝大比例，不仅作切花栽培大量出口，盆花生产和园林绿地应用亦十分普遍。

（4）矮万代兰

产云南南部、广西西部、海南；印度、泰国和越南。

① 形态特征

茎直立，长约5cm。叶2列，带状，长10～11cm，宽约1cm，革质，中部对折呈“V”形。花序短，腋生，有花1～2朵；花瓣白色；唇瓣肉质，白色，有红色斑纹和斑点。花期夏季。

② 生长习性

矮万代兰适于生长在海拔900～1800m的山地林中。

③ 园林用途和经济用途

园林用途：矮万代兰姿态美丽，常用于插花观赏。

经济用途：矮万代兰市场上平均每株可卖到7～8元，市场需求好。

④ 矮万代兰在云南的开发利用

矮万代兰原产于云南南部和西南部（蒙自、勐腊、景洪、勐海、沧源、镇康、墨江至普洱）。在云南境内分布较广，人工栽培也有一定规模，随着城市绿地的增加，以及人们对生活质量的重视与提高，万代兰市场广阔。

（5）叉唇万代兰

产西藏、云南；不丹、印度（锡金）、尼泊尔。

① 形态特征

茎长约6cm。叶数枚，近对折，长11～13cm，宽1.2～1.4cm，先端有不整齐齿。总状花序2～3个，腋生，长约3cm，具1～2花；花质地厚；萼片长2.5～3cm；唇瓣有距，3裂；中裂片近提琴形，长约2cm，先端叉状2裂；小裂片顶端常2裂；距宽圆锥形，长约5mm。花期5月。

② 生长习性

叉唇万代兰生于林中树干上，海拔700～1700m。

③ 园林用途和经济用途

园林用途：叉唇万代兰花状独特，花型奇美，广泛用于园林花卉、家庭盆栽等花卉艺术领域，观赏价值较高。

经济用途：叉唇万代兰的株型、花色、花型决定其是园林花卉的重要组成部分，用途也主要集中在花卉栽培应用方面，观赏性较好，经济价值较高。

④ 叉唇万代兰在云南的开发利用

叉唇万代兰原产于云南西南部（镇康），在云南分布相对集中，种植有一定规模，具有重要观赏价值，并且可作为育种亲本的种质资源。

（6）拟万代兰

产广西、云南；老挝、马来西亚、缅甸、泰国、越南。

① 形态特征

茎粗壮，长30～40cm。叶多枚，2列，长40～50cm，宽5.5～7.5cm，先端不等的2裂。总状花序1～2个，长达33cm，密生多花；萼片长2.5～3cm，唇瓣长1.6～1.9cm，无距，3裂；中裂片长约1.3cm，稍两侧压扁，中央有1条纵脊；纵脊下半部为粗厚的三角形，上半部新月形。花期3～4月。

② 生长习性

拟万代兰生于疏林中或林缘树干上，海拔800～1700m。

③ 园林用途和经济用途

园林用途：拟万代兰植株健壮，花色独特，虽以“拟”字开头，其实一点都不逊色于万代兰。作为盆栽或插花较好。

经济用途：拟万代兰观赏性较高，因而被大量用于观赏性用途，进而创造经济价值。

④ 拟万代兰在云南的开发利用

拟万代兰原产于云南南部（勐腊、勐海），生长地相对集中。其在云南境内的人工栽培也有一定规模。其主要开发利用包括亲本种质资源及商品花卉，其切花产品大量出口东南亚，盆花生产和园林绿地应用亦十分普遍，产值较高。

7. 独蒜兰属

独蒜兰属是兰科植物中有很高观赏价值的一个属。本属约有20个原生种，我国有16个种，在我国主要分布于陕西南部、甘肃南部、安徽、湖南、湖北、广西北部、广东北部、四川、贵州、云南西北部和西藏东南部。因其花形似卡特兰，花色鲜艳，深受人们喜爱。

（1）白花独蒜兰

产云南西北部；缅甸。

① 形态特征

假鳞茎卵状圆锥形，长3～4.5cm，直径0.8～1.8cm。叶1枚，顶生，在花期尚幼嫩或未长出。花葶长7～13cm；苞片与带柄子房近等长；花单朵；萼片与花瓣长4.5～5.5cm；唇瓣宽卵形，长4.5～5.7cm，不明显3裂，顶端边缘撕裂状，基部有1～2mm的距，上半部有5行长的乳突。花期4～5月。

② 生长习性

白花独蒜兰生于树干上或荫蔽、生有苔藓的岩石或石壁上；海拔2400～3300m。

③ 园林用途和经济用途

园林用途：白花独蒜兰整株看起来素雅高贵，适作盆栽室内观赏，无论是放于室内还是大厅，均具有较高的观赏价值。

经济用途：白花独蒜兰作为一种观赏性较强的花卉，其经济价值体现在盆栽或者插花艺术的使用，与其他花卉搭配，观赏价值好，价格高。

④ 白花独蒜兰在云南的开发利用

白花独蒜兰是一种具有较高观赏价值的野生花卉。在自然状态下不易萌发，以独蒜兰的假鳞茎进行分株繁殖，但往往由于数量极为有限而难以快速繁殖。云南省农业科学院花卉研究所2005年以滇独蒜兰种子培养获得成功，不仅为滇独蒜兰的直接开发提供有效的繁殖手段，而且为进一步开展杂交种，创造和利用野生花卉新品种提供可能性。

（2）独蒜兰

产安徽、甘肃、广东、广西、贵州、湖北、湖南、四川、西藏、云南。

① 形态特征

假鳞茎卵状圆锥形，上方有明显的颈部，长1～2.5cm，直径1～2cm。叶1枚，顶生，长10～25cm，宽2～5.8cm，在花期尚幼嫩。花葶长7～20cm；苞片长于带梗子房；花单朵，罕2朵；萼片长3.5～5cm；唇瓣倒卵形，长3.5～4.5cm，不明显3裂，先端边缘撕裂状，上面有4～5条啮食状褶片。花期4～6月。

② 生长习性

独蒜兰生于林下或灌木林边缘腐殖质丰富的土壤上或苔藓覆盖的岩石上；海拔900～3600m。

③ 园林用途和经济用途

园林用途：独蒜兰花姿美丽，花型好，整株看起来高贵，适宜盆栽和悬挂栽培，具有一定的观赏价值。

经济用途：独蒜兰的假鳞茎入药，有清热解毒、消肿散结、化痰止咳之功效，用以治疮疖痈肿、毒蛇咬伤。

④ 独蒜兰在云南的开发利用

独蒜兰原产于云南西北部，属于观赏和药用俱佳的植物，实际生活中会经常碰到。目前，云南除野生独蒜兰外，人工种植也有一定的规模，其产品大量用于盆栽或者药用，经济效益较好，受到消费者和市场的欢迎。

（3）陈氏独蒜兰

产广东、广西、贵州、湖北、云南。

① 形态特征

假鳞茎通常成簇，卵形或圆锥形，上方有明显的颈部，长2～4.5cm，直径1～2cm。叶1枚，顶生，长6～10（～20）cm，宽2～2.8（～4.6）cm。花葶长5～7cm；苞片长于带梗子房；花单朵；萼片长4～5cm；唇瓣宽扇形，长约4cm，不明显3裂，先端边缘具齿或啮蚀状，上面有4～5行长毛。花期

4～5月。

② 生长习性

陈氏独蒜兰一般生于海拔1400～1800m的林下。

③ 园林用途和经济用途

园林用途：陈氏独蒜兰花色漂亮，植株挺拔，看起来高贵典雅，非常适宜盆栽、悬挂栽培或林下花坛种植，具有较高的观赏价值。

经济用途：陈氏独蒜兰外观美丽大气，给人雍容华贵的感觉，具有较高观赏价值，因而也多用于盆栽、插花等。

④ 陈氏独蒜兰在云南的开发利用

陈氏独蒜兰原产于云南西部，具有较高的观赏价值。目前，云南已有多家企业涉足该花卉的种植与培养，生产也有一定规模。除了用于观赏、盆栽之外，对其花色和花香的研究也正在进行，这些工作有利于陈氏独蒜兰今后的发展。

（4）黄花独蒜兰

产云南西北部。

① 形态特征

假鳞茎卵状圆锥形，长1.5～3cm，直径0.6～1.8cm。叶1枚，顶生，长10～15cm，宽3～7cm，在花后出现。花葶长4～9cm；苞片明显长于带梗子房；花单朵；萼片长3～4cm；唇瓣宽倒卵状椭圆形，长3.2～4cm，3裂，基部有短爪；中裂片边缘撕裂状；唇盘上有5～7条不裂的褶片。花期4～5月。

② 生长习性

黄花独蒜兰多生于海拔2200～3200m的疏林中、林缘腐殖质覆盖的岩石上或树干上。

③ 园林用途和经济用途

园林用途：黄花独蒜兰花色鲜亮，花型简洁，适合盆栽、鲜切与插花，放在室内或者大厅都能给人一种高端、时尚的感觉。

经济用途：黄花独蒜兰具有补肺，止咳，清热解毒的功效，治疗咳嗽、跌打损伤有奇效。

④ 黄花独蒜兰在云南的开发利用

黄花独蒜兰原产于云南西北部（大理、漾濞、大姚）。目前，在云南只有少部分兰花公司及兰花爱好者采取分株和组织培养手段对其进行繁育，但因花期及观赏效果等原因未能实现规模化推广。

（5）秋花独蒜兰

产云南西部；不丹、印度、缅甸、尼泊尔、泰国。

① 形态特征

假鳞茎陀螺状至梨形，长1～3cm，直径1～1.5cm，常包藏于宿存的鞘内。叶2枚，顶生，长10～20cm，宽1.5～3.5cm，在花期已脱落。花葶长5～6cm；苞片长于带梗子房；萼片长3～4cm；唇瓣卵状矩圆形，长2.5～3.5cm，不明显3裂；中裂片边缘啮蚀状；上面具5～7条有乳突状齿的褶片。花期

10～11月。

② 生长习性

秋花独蒜兰多生于海拔600～1600m的林中树干上或岩石上。

③ 园林用途和经济用途

园林用途：秋花独蒜兰花朵外形漂亮，花瓣俊俏，具有苹果香味，耐热性好，作为盆栽植物和插花用都有不错效果。

经济用途：秋花独蒜兰外形漂亮，其用途主要以园林或盆栽观赏为主，加之其开花后有苹果香味，受到消费者喜爱，这也是其经济价值的体现。

④ 秋花独蒜兰在云南的开发利用

秋花独蒜兰原产于云南西部（高黎贡山），野生品种较少见到。为满足市场所需，目前，人工种植秋花独蒜兰在云南已经有相当规模，其利用主要在盆栽以及园艺市场方面，加大对其产业链相关研究将有助于秋花独蒜兰在云南的发展。

（6）岩生独蒜兰

产云南西北部。

① 形态特征

假鳞茎陀螺状，腹背压扁，长0.7～1.1cm，直径1～2cm，顶端骤然收狭而成尖突。叶1枚，顶生，长10～18cm，宽1.7～3.7cm。花葶长7～10cm；苞片长于带梗子房；花单朵；萼片长6～6.5cm；唇瓣宽椭圆形，长5.2～5.6cm，3裂；基部具长爪；中裂片半圆形，上面具3条全缘的褶片。花期9月。

② 生长习性

岩生独蒜兰多生于海拔2400～2500m的溪边岩壁上。

③ 园林用途和经济用途

园林用途：岩生独蒜兰开紫花，伴有淡淡香气，经常用于室内盆栽、园林设计，给人一种神秘美好的感觉。

经济用途：岩生独蒜兰目前主要用于观赏，其他用途较少，作为盆栽、插花等园艺用材是其主要经济用途。

④ 岩生独蒜兰在云南的开发利用

岩生独蒜兰原产于云南西北部（贡山），其花色美丽，主要用于盆栽和其他园艺用途。目前，云南省岩生独蒜兰种植有一定规模，对其组培等研究工作进展顺利，这些工作将为其以后发展奠定重要基础。

（7）云南独蒜兰

产于贵州、四川、西藏、云南；缅甸。

① 形态特征

假鳞茎通常卵形，长1.5～3cm，直径1～2cm。叶1枚，顶生，长6.5～25cm，宽1～3.5cm。花葶长

10～20cm；苞片短于带梗子房；花单朵，罕有2朵；萼片与花瓣长3.5～4cm；唇瓣宽倒卵形，长3～4cm，3裂；中裂片边缘啮蚀状或稍撕裂；唇盘上具3～5条全缘或稍啮蚀状的褶片。花期4～5月。

② 生长习性

云南独蒜兰多生于海拔1100～3500m的林下、林缘或草坡多石而荫蔽之地。

③ 园林用途和经济用途

园林用途：云南独蒜兰适宜生长在林下多石而荫蔽之地，因而可以作为园林绿化之用，其颜色亮丽，给人舒适大气的感觉。

经济用途：云南独蒜兰的假鳞茎底部圆形似珠，入药有清热解毒、消肿散结、舒筋活血的功效，用于痈肿疔毒、淋巴结核、跌打损伤、蛇虫咬伤等效果较好。

④ 云南独蒜兰在云南的开发利用

云南独蒜兰具有重要药用价值和观赏价值，在云南分布相对集中。当前，云南省对其在自然状态下不易萌发进行研究，以假鳞茎进行分株繁殖，但往往由于数量极为有限而难以快速繁殖。云南省农业科学院花卉研究所2005年以滇独蒜兰种子培养植株获得成功，为创造和利用野生花卉新品种提供可能性。

第二节　木本花卉

一、灌木花卉

1．月季

月季又名玫瑰花、蔷薇花，为蔷薇科蔷薇属常绿或半常绿灌木，是世界上最古老的栽培花卉之一。月季在我国栽培历史悠久，公元前9世纪的南北朝时期皇室宫廷已有栽培。但近200年来，欧美国家在月季育种方面取得了辉煌的成就，特别是1867年月季品种“法兰西”的育成开创了现代月季的新篇章，但一年多次开花的现代月季均有中国月季的血统。蔷薇属植物有200余种，广泛分布在北半球寒温带至亚热带。我国有95种及许多变种，云南有41种，是世界蔷薇属资源分布中心之一。现代月季品种约有25000多个，几乎来源于蔷薇属15个原始亲本的不断杂交和回交。

（1）特征特性

常绿或半常绿灌木，直立、蔓生或攀缘，大都有皮刺。叶互生，奇数羽状复叶，叶缘有锯齿。花生于枝顶，花朵常簇生，花有微香，色泽各异，萼片与花瓣5，栽培品种多为重瓣；萼、冠的基部合生成坛状、瓶状或球状的萼冠筒，有花盘；雄蕊多数，着生于花盘周围；花柱伸出，分离或上端合生成柱。聚合果包于萼冠筒内，红色。花期4～11月，春季开花最多，大多数是完全花，或者是两性花。

（2）生态习性

适应性强，不耐严寒和高温、耐旱，对土壤要求不严格，但以富含有机质、排水良好的微带酸性沙壤土最好。喜欢阳光，但是过多的强光直射又对花蕾发育不利，花瓣容易焦枯。喜欢温暖，一般气温在22～25℃为其生长的最适宜温度，夏季高温对开花不利。有连续开花的特性。需要保持空气流通，无污染，若通气不良易发生白粉病，空气中的有害气体，如二氧化硫、氯、氟化物等均对月季花有毒害。

（3）园林用途和经济用途

月季既具有园林用途，又具有经济用途。月季在南北园林中，是使用次数最多的一种花卉，有着“花中皇后”的美誉，被评为我国的十大传统名花之一。根据其不同的生长习性和开花等特点，用途各异。攀缘月季和蔓生月季多用于棚架绿化和美化，如用于拱门、花篱、花柱、围栏或墙垣上；大花月季、壮花月季、现代灌木月季及地被月季等多用于园林绿地，可孤植、丛植、片植于路旁、草地、林缘，也是庭院美化的良好材料；聚花月季和微型月季等更适合做盆花观赏；现代月季中有许多品种花枝长且产量高，花型优美，且芳香，最适合做切花；某些特别芳香的种类，如我国的玫瑰、保加利亚的“墨红”等，专门采花供提炼昂贵的玫瑰油或糖渍食用，也有用来制作茶叶的。

（4）月季资源在云南的开发利用

云南是我国最大的月季鲜切花生产基地和出口基地，2008年云南月季种植面积达1975hm^2，占全国月季总面积的26.7%，是云南省鲜切花种植面积最大的种类。早期的商业生产始于20世纪90年代初的昆明兴海花卉有限公司、云大阳光花卉有限公司、昆明芊卉种苗有限公司、昆明杨月季园艺有限责任公司和官渡区子君村、呈贡县斗南村，90年代中后期种植面积迅速扩大。进入21世纪，切花月季常年种植面积均在4万亩左右，生产区域也从昆明附近的县区扩大到玉溪市通海县和红塔区、曲靖市麒麟区、红河州开远市和泸西县、楚雄州楚雄市等。种植者主要是以公司、家庭为单位，部分产区有自发组织的花农专业合作社负责切花产品的采后处理包装，主要通过斗南国际拍卖交易市场销售。云南月季切花产品除销售到全国各地外，还大量出口东南亚和日本，少量出口俄罗斯、澳大利亚和西欧等。

①云南主栽的切花月季品种，按颜色分主要有：

红色系

“黑巴克”（HT）：黑红色，高芯剑瓣中花型，花瓣数35～40枚，切枝长度50～60cm，刺中等偏少，叶革质暗绿色，稍细长，生长非常旺盛，年产量25枝/株，瓶插寿命8～10d，抗病性强，是目前大花品种中最接近于黑色的品种。法国Meilland公司专利品种，已在中国核准注册，国内申请号：20020010。

“黑美丽”（HT）：黑红色，高芯剑瓣大花型，花瓣数20～25枚，切枝长度60～90cm，刺中等偏多。生长非常旺盛，年产量20枝/株，瓶插寿命6～7天，黑红色主要集中在外花瓣。

“皇家巴克”（HT）：鲜艳的红色，高芯半剑瓣大花型，花瓣数40～45枚，切枝长度60～80cm，瓶插寿命8～10d，少刺、枝硬挺、大叶、革质，年产量20枝/株，抗病性强，优秀的红颜色及花瓣质感，在目前的红色品种中占有重要地位。法国Meilland公司专利品种，已在中国核准注册，并受保护，国内申请号：20020011。

“可爱的红”（HT）：深红色，高芯卷边特大花型，花瓣数55～60枚，切枝长度60～80cm，瓶插寿命10～12d，近无刺，大叶革质，年产量14枝/株，抗病性强，是目前红色品种中花蕾最大者。法国

Meilland培育。

“祝福”（HT）：红色，高芯剑瓣大花型，花瓣数40～45枚，切枝长度60～80cm，瓶插寿命8～10d，刺中等偏多，叶革质光亮，年产量14枝/株，抗病性强，色彩稳定，不易产生黑边是该品种的优点。此品种由新西兰培育。

“黑魔术”（HT）：深红色，高芯剑瓣大花型，切枝长度70～90cm，年产量20枝/株，花瓣30～35枚，瓶插寿命7～8d，叶光亮、革质，刺中等多，抗白粉病，对霜霉病的抗性中等偏强，易感染灰霉病，低温适应性强，夜温低于8℃时，生长仍旺盛但畸形花增多。该品种夏季温度高于30℃时会出现平头现象。此外，花色受温度变化影响较大。

“卡罗拉”（HT）：鲜红色，花径13～14cm，高芯卷边大花型，花瓣40～45枚，切枝长度70～90cm，年产量80枝/m^2，瓶插寿命8～10d，叶较小，革质，多刺，抗病性强，外花瓣易出现黑边，采花周期长，枝条粗壮可提高1～2叶节位剪花。

“红衣主教”（HT）：亮红色，高芯剑瓣中花型，切枝长度45～55cm，年产量20枝/株，花瓣30～35枚，瓶插寿命7～8d，小叶革质，多刺，抗病中等，低温性差，低温时节间变短，盲枝增加。

“达拉斯”（HT）：鲜红色，高芯阔瓣大花型，切枝长度60～80cm，年产量15枝/株，花瓣20～25枚，瓶插寿命7～8d，大叶革质，光亮，刺中等偏少，抗白粉病，对霜霉病的抗性较差。高温期间外花瓣易出现黑边，花瓣与花托连接不牢、易脱落，不适宜长途运输出口。

“第一红”（HT）：深红色，高芯阔瓣大花型，花径11cm，花瓣35～40枚，切枝长度60～80cm，叶革质光亮，中等大小，抗白粉病、霜霉病，易染灰霉病。年产量15～16枝，瓶插寿命7～8d。光照过强花色变深，不亮丽，低温期易形成畸形花。

“红丝绒”（HT）：鲜红绒光，花径12cm，切枝长度60～80cm，年产量140～160枝。

“法国红”：亮红色，高芯卷边大花型，切枝长度50～70cm，花瓣45枚，叶大革质光亮，刺中等，年产量20枝/株，瓶插寿命10～11d，抗病性中等，对低温的适应性较差，夜低于8℃时，生长缓慢，节间变短，盲枝增加。

“红柏林”（HT）：亮红色，高芯剑瓣大花型，切枝长度60～80cm，年产量20枝/株。花瓣数35枚，瓶插寿命7～8d，叶革质，中等大小，刺中等偏多，抗病性中等，低温适应性差。国内品种权号：19990007；品种申请号：20000016。

“大丰收”：深红色，高芯阔瓣大花型，切枝长度70～90cm，年产量20枝/株，花瓣35枚，大叶革质，无刺，抗病性中等，低温时生长缓慢，节间变短，盲枝增加。法国Meilland公司专利品种，已在中国核准注册，并受保护。国内品种权号：20000006；品种申请号：20000018。

“罗得玫瑰”（HT）：鲜红色，花径13～14cm，高芯卷边大花型，花瓣40～45枚；切枝长度70～90cm；年产量80枝/m^2，瓶插寿命8～10d，叶较小，革质，多刺，抗病性强，外花瓣易出现黑边。

B. 粉色系

“米琪”（HT）：浓月季粉色，高芯卷边大花型，花瓣数45～50枚，切枝长度60～80cm，刺中等偏多、大叶、革质，瓶插寿命12d，年产量15枝/株，抗病性强。此品种由荷兰培育。

“艾玛”（HT）：纯净的淡粉色，高芯卷边大花型，花瓣数40～45枚，切枝长度60～80cm，近无刺、大叶、革质，瓶插寿命12～14d，年产量16枝/株，抗病性强。法国Meilland公司专利品种，已在中国核准注册，并受保护，国内品种申请号：20020013。

“夏克拉”（HT）：有荧光的桃红色，高芯剑瓣大花型，花瓣数40～45枚，切枝长度60～80cm，瓶插寿命8～10d，枝直立、大叶、革质、少刺，年产量20枝/枝。此品种由法国Meilland公司培育。

“甜肯地阿”（HT）：花瓣边绿略深的粉色，高芯剑瓣大花型，花瓣数35～40枚，切枝长度60～80cm，瓶插寿命8～10d，刺中等偏多，大叶，年产量20枝/株，抗病性强、少见的长型花蕾是该品种的优点。此品种为法国Meilland公司培育。

“阿Q”（HT）：带蓝色调的粉色，高芯卷边大花型，花瓣数40枚，切枝长度50～70cm，瓶插寿命8～10d，无刺，大叶、革质、光亮，年产量16枝/株。由荷兰Schreurs公司培育。

“瑞普索迪”：桃粉色，高芯阔瓣大花型，切枝长度60～80cm，年产量140～160枝/m^2，花瓣35枚，瓶插寿命13～15d，抗病性强，对水、敌敌畏熏蒸敏感，栽培时应注意。

“影星”：深粉色，高芯卷边大花型，切枝长度60～80cm，年产量18枝/株，花瓣45枚，瓶插寿命7～8d，大叶革质、抗病性强，栽培容易，产量高，注意增施有机肥。

“马里兰”（HT）：粉色，高芯卷边大花型，切枝长度60～80cm，年产量18枝/株，花瓣30枚，瓶插寿命7～8d，大叶革质，刺中等，抗病性中等。

“维西利亚”（HT）：略带橙色调的鲑粉色，高芯剑瓣大花型，株型半扩张性，切枝长度60～80cm，年产量20枝/株，花瓣35枚，瓶插寿命7～8d，叶中等大小、革质、刺中等，抗病性中等。该品种植株易衰老，注意肥料的均衡供给和及时更换苗。

“奥塞娜”（HT）：柔粉色带橙色，高芯剑瓣大花型，切枝长度70～90cm，年产量15枝/株，花瓣35枚，瓶插寿命7～8d，大叶、革质、近无刺，抗病性中等，注意白粉病、灰霉病的预防。

“安娜”（HT）：中等粉略带橙色调，高芯卷边大花型，花型优美，切枝长度60～80cm，年产量15枝/株，花瓣45枚，瓶插寿命7～8d，大叶革质，少刺，抗病性中等，花瓣易染灰霉病，注意白粉病、灰霉病的预防。

“索非亚”（HT）：枝硬挺，茎秆绿色，刺黄色透明，叶片有蜡质光泽，嫩枝、嫩刺为红色，嫩叶边缘为红色，花径12cm，深粉红色，高芯卷边，花蕾卵形，切枝长度60～80cm，年产量160～180枝/m^2。

“纳欧米”（HT）：粉色，高芯卷边大花型，切枝长度70～90cm，年产量15枝/株，花瓣45枚，瓶插寿命7～8d，叶中等大小、革质、少刺，抗病性中等，幼龄植株期产花花型差，畸形花多注意白粉病、灰霉病的预防。

“贵族”（HT）：粉色，高芯阔瓣大花型，切枝长度50～70cm，年产量20枝/株，花瓣40枚，瓶插寿命7～8d，叶中等大小、革质、少刺，抗病性中等。

“维瓦尔第”（HT）：浅粉色，高芯剑瓣大花型，株型半扩张性，切枝长度70～90cm，年产量15枝/

株，瓶插寿命7～8d，叶中等偏小、革质、刺中等，抗病性中等。

“帕瓦罗蒂”（HT）：维瓦尔第芽变品种，花桃红色，其他同维瓦尔第。

“沃蒂”（HT）：维瓦尔第芽变品种，花白色宽桃红边，其他同维瓦尔第，注意前期营养枝的培养。

“阳光粉”（HT）：粉色，高芯半剑瓣大花型，切枝长度50～70cm，年产量15枝/株，瓶插寿命7～8d，叶中等、刺中等，抗病性中等，注意白粉病、灰霉病的预防。

“托斯卡尼”（HT）：特异粉（色暗旧），高芯阔瓣大花型，切枝长度60～70cm，年产量20枝/株，花瓣35～40枚，瓶插寿命8～10d，叶中等大小、革质、少刺，抗病性中等，注意灰霉病的预防。

“镭射”（HT）：桃红色，高芯剑瓣大花型，株型半扩张性，枝粗壮，切枝长度70～90cm，年产量15枝/株，瓶插寿命10～12d，叶中等偏小、革质、刺中等，抗病性中等。

“双色粉”（HT）：花白底粉红边，高芯剑瓣大花型，切枝长度70～90cm，年产量20枝/株，花瓣35枚，瓶插寿命7～8d，叶大、革质、刺中等，抗病性中等。

C. 黄、橙色系

“金门”（F）：深黄色，高芯剑瓣中花型，花瓣数35～40枚，切枝长度50～70cm，瓶插寿命10～12d，大叶、革质、光亮，年产量25枝/株，抗病性强，德国Kodes公司育成，已在中国核准注册，并受保护，国内品种权号：20000015；品种申请号：20000022。

“金点”（HT）：深黄色，高芯剑瓣大花型。新西兰Franko公司育成，已在中国完成注册，并受保护。

“金银岛”（HT）：黄色，高芯剑瓣大花型，花瓣数45～50枚，切枝长度60～80cm，刺中等、大叶、革质，瓶插寿命8～10d，年产量16枝/株，抗病性强，硕大的花朵和优雅的香味是黄色品种中少有的，第一年栽培畸形花多。

“金色星光”（F）：黄色，高芯剑瓣中花型，花瓣数30～35枚，瓶插寿命10～12d，切枝长度50～70cm，年产量30枝/株，少刺、叶中等大小、光亮，抗病、抗低温强。法国Meilland公司育成。

“绿苹果”（HT）：花蕾绿色，盛开黄绿色，高芯阔瓣大花型，花瓣数55～60枚，瓶插寿命10～12d，切枝长度50～70cm，大叶、革质、光亮，刺中等偏少，年产量14枝/株，抗病性强。德国Kodes公司育成，专利号：20000022。

“得克萨斯”（HT）：花金黄色，大花型，花径13～15cm，高芯卷边，芳香，枝硬挺，茎秆粗，茎上有红色下钩刺，间或有小毛刺，茎秆暗紫色，叶片亮绿色，有光泽，嫩枝、叶呈暗红色，切枝长度60～80cm，年产量160～180枝/m^2，瓶插时间8～10d。

“巴比伦”（HT）：深黄色，高芯阔瓣大花型，花径12cm，香味浓，枝硬挺，茎秆粗，上有绿色下钩刺，茎秆绿色，叶片大、亮绿色、有光泽，嫩枝、叶呈暗红色，切枝长度70～90cm，年产量140～160枝/m^2，较耐白粉病、对霜霉病抗性较差。

“地平线”（HT）：花浅黄色，高芯剑瓣大花型。切枝长度70～90cm，年产量20枝/株，花瓣35枚，瓶插寿命7～8d，叶大、革质、刺中等，对白粉病、霜霉病抗性较差，注意预防。

"假日公主"（HT）：橙黄色，高芯卷边大花型，切枝长度60～80cm，年产量20枝/株，花瓣40枚，瓶插寿命7～8d，大叶、革质，少刺，抗病性中等，对白粉病抗性较差，注意预防。

"帕里欧"（HT）：橙黄色黄背，高芯阔瓣大花型，切枝长度50～70cm，年产量20枝/株，花瓣30枚，瓶插寿命7～8d，叶大、革质、少刺，抗病性中等，对白粉病、霜霉病抗性较差，注意预防。

D. 白色系

"可爱的绿"（HT）：初放绿色，盛开绿白色，高芯剑瓣大花型，35～40枚花瓣，瓶插寿命8～10d，切枝长度60～80cm，叶光亮、中等大小，少刺，年产量20枝/株，抗病性强。法国Meilland公司育成。

"雪山"（HT）：白色，高芯卷边特大型，花瓣数65～70枚，瓶插寿命8～10d，切枝长度60～80cm，大叶、光亮、革质，刺中等偏少，年产量20枝/株；对灰霉病抗性差，注意预防，此外增施有机肥和保持充足的肥料。荷兰LEX公司育成。

"坦尼克"（HT）：纯白色，高芯阔瓣大花型，花型优美，花径12cm，花瓣40枚，叶片深绿，切枝长度60～80cm，年产量120～140枝/m^2。植株健壮，抗病性中等。夜温低于8℃时，盲枝增加，冬季无产量；夏季采花周期短，产量高。

"好莱坞"（HT）：绿白色至乳黄色，高芯剑瓣大花型，切枝长度60～80cm，年产量20枝/株，花瓣35枚，瓶插寿命7～8d，叶大、革质、刺少，抗病性差，特别易染白粉病、霜霉病，病害不易控制。国内品种申请号：20030004。

"比恩卡"：纯白色，高芯阔瓣大花型，切枝长度60～80cm，年产量20枝/株，花瓣30枚，瓶插寿命7～8d，叶大、革质、刺中等，抗病性中等。

"芬得拉"（HT）：淡香槟色，高芯剑瓣大花型，切枝长度60～80cm，年产量20枝/株，花瓣35枚，瓶插寿命9～10d，叶中等大小、革质、刺中等偏少，抗病性中等。德国Tantau公司品种。

E. 复色系

"彩纸"（HT）：黄带红晕边，高芯剑瓣大花型，切枝长度60～80cm，生长旺盛，年产量20枝/株，花瓣数35枚，瓶插寿命7～8d，叶中等大小、革质、多刺，易染白粉病和霜霉病，红晕边会随气候变化而改变，光照不足和昼夜温差小时红色会变淡，注意湿度和病害控制。

"第一夫人"（HT）：绿白色粉芯，高芯剑瓣大花型，切枝长度60～80cm，年产量15枝/株，花瓣数35枚，瓶插寿命7～8d，叶中等大小、革质、少刺，易染白粉病和霜霉病。

"阿班斯"（HT）：黄红边，高芯卷边大花型，切枝长度50～70cm，年产量15枝/株，花瓣数50枚，瓶插寿命7～8d，大叶革质、少刺，易染白粉病。

F. 蓝紫色系

"紫精灵"（HT）：蓝紫色，高芯剑瓣中花型，切枝长度60～80cm，年产量22枝/株，花瓣数30枚，瓶插寿命7～8d，叶中等大小、少刺，抗病性中等。

②按品种系列分主要有：

A. 漂亮系列

该系列是目前世界上最著名的和栽培量最大的粉色中花品种系列。系列中品种间的差别仅表现在花朵颜色上，其他性状基本相同，给种植者带来许多方便。长枝条、高产量、良好的耐低温性是其可贵的优点。法国Meilland公司育成。共同特点：高芯剑瓣中花型，花瓣数30～5枚，切枝长60～80cm，瓶插寿命10～12d，年产量28枝/株，刺中等，叶中等大小，革质，抗病性强。

“漂亮女人”（F）：柔和的中等粉色。中国已核准注册，并受保护。国内品种权号：20000023；品种申请号：20000016。

“漂亮公主”（F）：桃红色。

“漂亮小姐”（F）：鲑粉色。

“漂亮新娘”（F）：深粉色。

“漂亮女孩”（F）：乳黄色。

“好漂亮”（F）：香槟色。

B. 雄师系列（HT）

该系列是目前最畅销的奇异色彩品种系列，与“漂亮”品种系列一样，系列中品种间差别仅表现在花朵颜色上，其他性状基本相同，奇异的颜色、完美的花形是该品种系列的最大优点。法国Meilland公司育成。品种系列共同特点：高芯阔瓣大花型，花瓣数30枚，切枝长度50～70cm，瓶插寿命8～10d，年产量18枝/株，大叶，革质，光亮，抗病性中等。

“雄狮”（*R.* hybrida ‘Leonidas’）：巧克力色黄背。中国核准注册，并受保护。国内品种权号：20000012；品种申请号：20000019。

“吉普赛雄狮”：暗红色黄背，国内品种申请号：20030017。

“赤陶”：茶红色。

“阳光雄狮”：杏黄色淡黄背。

C. 其他色系

“盟友”（HT）：鲜红色白背，高芯剑瓣大花型，花瓣数30～35枚，切枝长度50～70cm，瓶插寿命10～12d，刺中等偏少，叶中等大、革质、暗绿色，年产量18枝/株，抗病性强，是花瓣表里双色品种中色彩明快、干净的优秀品种。日本京成月季园育成。

“蓝奇迹”（HT）：蓝紫色，高芯卷边大花型，花瓣数40～45枚，切枝长度60～80cm，瓶插寿命10～12d，刺中等偏少，大叶、革质、光亮，年产量18枝/株，抗病性强，是为数不多的蓝紫色品种中的佼佼者。荷兰培育成。品种申请号：200300038。

“冰青”：国内选育的第一个登记保护品种，昆明杨月季责任有限公司培育成。

2. 杜鹃花

杜鹃花为杜鹃花科杜鹃属常绿或落叶灌木，全世界有900余种，分布于欧洲、亚洲和北美洲，其中又以亚洲最多，有850种。我国有杜鹃花约562种，占世界种类的59%，而且特有现象非常突出，产于我国的特有种达400个之多。西南地区的云南、西藏、四川三省区杜鹃花种类最多，共有400多种，几乎占我国种类的近80%。云南、西藏和四川三省区的横断山脉一带，是世界杜鹃花资源最丰富的地区，是真正的“杜鹃花王国”。

（1）形态特征

云南省栽培的杜鹃花，主要有马缨花、锦绣杜鹃、比利时杜鹃、大白花杜鹃、映山红、锈叶杜鹃、亮毛、碎米花、少毛爆仗花等。

马缨花：常绿灌木至小乔木，高3～8m，最高可达12m以上。叶片长圆状披针形。花簇生于枝顶，呈伞形花序式的总状花序，有花10～20朵，具毛，大而美丽；花冠钟状，深红色。

锦绣杜鹃：常绿灌木，高达2m。叶椭圆形至椭圆状披针形或矩圆状倒披针形。花1～3朵顶生枝端；花冠宽漏斗状，蔷薇紫色，有深紫色点。

比利时杜鹃：又名西洋杜鹃，从比利时引种到我国，是世界盆栽花卉生产的主要种类之一，为园艺杂交品种。常绿灌木矮小，分枝多。叶长椭圆形，深绿色。花顶生，总状花序，花顶生，花冠阔漏斗状，花有半重瓣和重瓣；花色有红、白、花蝴蝶、粉红、大红、国旗红等。一年四季开花，花期可以控制，主要在冬、春季。

大白花杜鹃：又名大白花，为常绿灌木或小乔木，高2～7m。叶长圆形至长圆状倒卵形。花序伞房状，直径20cm，花约10朵；花冠白色或带蔷薇色，漏斗状钟形。花期4～6月。果期9～10月。

映山红：落叶或半常绿灌木，高1～2m。分枝多而密，直立。叶二型，夏叶较小，冬季通常不脱落。花鲜红、深红色或玫瑰红色，宽漏斗形，口径3～5cm，有紫红色喉点；2～6朵簇生枝顶，开花茂盛。花期3～5月，生性强健，适应性广，有很强的萌发力。

锈叶杜鹃：常绿灌木，高1.2～3cm。叶披针形或矩圆状披针形。花约3～5朵出自顶芽和上部叶的侧生叶芽（每芽出3～4花），成伞形总状花序。花期3～6月。

亮毛杜鹃：常绿直立灌木，高1～2m，稀达3～5m。叶椭圆形或卵状披针形。伞形花序顶生，有花3～7朵。花期3～6月，稀至9月。果期7～12月。

碎米花：常绿小灌木。叶通常两面或至少上面被毛和鳞片。花冠筒状或漏斗状，白色、粉红色至深红色。花期2～5月。

少毛爆仗花：灌木，高0.5～3.5m。叶片倒卵形、椭圆形、椭圆状披针形或披针形。花序腋生枝顶成假顶生；花序伞形，有2～4花，花色朱红色、鲜红色或橙红色；花药紫黑色。花期2～6月。

大树杜鹃：是杜鹃属中最高大的常绿乔木，高20～25m，小枝粗壮。叶椭圆形至长圆形或倒披针形，上面深绿色，下面淡绿色，长24～34cm，宽10～24cm。花水红色，钟形，口径6～8cm；伞形式总状花序，通常有20～25朵花顶生。花期2～3月。

美丽马醉木：为杜鹃花科马醉木属常绿灌木或小乔木，高2～4m。小枝圆柱形，无毛，枝上有叶痕；冬芽较小，卵圆形，鳞片外面无毛。叶革质披针形至长圆形，稀倒披针形。总状花序簇生于枝顶的叶腋，或有时为顶生圆锥花序。种子黄褐色，纺锤形，外种皮的细胞伸长。花期5～6月，果期7～9月。

羊踯躅：别名黄杜鹃、黄色映山红。落叶灌木，高0.5～1.5m。分枝稀疏，枝棕褐色。叶纸质，长圆形至披针形，叶面粗糙。花金黄色或橙黄色，阔钟状，口径5～6cm，有淡绿色喉点；5～9朵花簇生枝顶，先花后叶或花叶同时开放，色彩鲜艳夺目。花期3～5月。

（2）生态习性

杜鹃属种类多，习性差异大，但多数种产于高海拔地区，喜凉爽、湿润气候，恶酷热干燥。要求富含腐殖质、疏松、湿润及pH在5.5～6.5之间的酸性土壤。部分种及园艺品种的适应性较强，耐干旱、瘠薄，土壤pH在7～8之间也能生长，但在黏重或通透性差的土壤上生长不良。杜鹃花对光有一定要求，但不耐曝晒，夏秋应有落叶乔木或荫棚遮挡烈日，并经常以水喷洒地面。

（3）园林用途和经济用途

园林用途：杜鹃花栽培历史非常悠久，我国唐代就有栽培观赏杜鹃花的记载，距今已有1000多年的历史，当时杜鹃花已成为重要的观赏花卉。杜鹃花的园林应用形式丰富多彩，既可盆栽，也可地栽，更可以制作千姿百态的盆景、盆花，装饰生活环境，也可用于庭院、道路、公共绿地、公园、风景名胜区等园林绿化。

经济用途：杜鹃花用途十分广泛，可药用，有些亦可食用。如映山红、大白花杜鹃、锈叶杜鹃等的花瓣为云南白族等少数民族喜食的花卉之一。但有的也具有毒性，如羊踯躅的枝、叶、花浸泡沤制，可作杀虫农药。

（4）杜鹃花在云南的开发利用

杜鹃花为云南八大名花之一，在云南作为园林绿化观赏栽培十分普遍，历史悠久。1983年，冯国楣等编著了《云南杜鹃花》图册，较全面地介绍了云南杜鹃花240种。据《云南植物志》第四卷及近年的研究资料记载，全世界约960种，我国有562种，而云南有306个种和变种。云南杜鹃种类繁多，花色各异，有红、紫、白、黄、粉，如黄杯杜鹃等都是极为珍贵的育种和驯化材料。此外，香格里拉成功引种栽培了红棕杜鹃、血红杜鹃、亮叶杜鹃和黄杯杜鹃。近年来，该属植物的研究开发利用进一步受到重视，云南农业科学研究院花卉研究所、昆明植物研究所等纷纷展开了该属植物资源的进一步调查、收集、保护和研究开发工作，并取得了重要进展。目前云南已涌现出以云南省农业科学院花卉研究所、昆明金科艺园艺有限公司、云南大理远益园林工程有限公司、云南锦科花卉有限公司等专业化、规模化进行高山杜鹃生产的企业，初步形成了科研机构与民营企业协同共进的高山杜鹃品种研发、种苗快繁和商品生产的良好格局。如云南省农业科学院花卉研究所从国外引进一批高山杜鹃品种‘Furnivalls Daughter’‘Nova Zembla’等，长势良好，非常适合云南栽培；云南远益公司拥有“红晕”“金踯躅”两个人工培育品种，已获得国内新品种权，并进行了国际注册的高山杜鹃新品种；昆明金科艺花卉有限公司已成功引进和繁育了10余万盆高山杜鹃，有花瓣通透、呈水晶紫色的“蓝宝石”、黄底粉边的“贝茜”和红色的“红星”等，极具观赏价值。

杜鹃花中的羊踯躅除了观赏以外可作药物应用，为著名的有毒植物之一，其全株有毒，花和果毒性最大，是一种常见的中草药，在医学上常作为麻醉、镇痛剂使用，可治疗风湿性关节炎、跌打损伤；其枝、叶、花浸泡沤制，可作杀虫农药，对粮食害虫、蔬菜害虫有一定的防治效果。

3. 苏铁

苏铁为苏铁科苏铁属木本植物。苏铁属植物全世界共有17种，主要分布于亚洲东部及亚洲东南部、大洋洲及马达加斯加等热带、亚热带地区。我国有8种，云南分布的主要是云南苏铁，产于云南西南部思茅、景洪、澜沧、芒市等地区，常生于季雨林林下。

（1）形态特征

苏铁为常绿棕榈状木本植物。茎高1～8m；茎干圆柱状，不分枝；茎部宿存于的叶基和叶痕，呈鳞片状。叶从茎顶部长出，羽状复叶，羽片条形；小叶线形，初生时内卷，后向上斜展，叶背密生锈色绒毛。

（2）生态习性

喜光，稍耐半阴，喜温暖，不甚耐寒。喜肥沃湿润和微酸性的土壤，也能耐干旱。生长缓慢，10余年以上的植株可开花。寿命长达200年以上，每年自茎顶端能抽生出一轮新叶。

（3）园林用途

苏铁为世界最古老树种之一，树形古朴，茎干坚硬如铁，体型优美，四季常青。制作盆景可布置在庭院和室内，是珍贵的观叶植物。苏铁老干布满落叶痕迹，斑然如鱼鳞，别具风韵。

（4）苏铁在云南的开发利用

在云南，苏铁主要用于庭园观赏，可布置在庭园及大型会场，配置于花坛中心等。

4. 洒金千头柏

洒金千头柏为柏科侧柏属侧柏栽培变种。分布和应用都十分广泛，我国杭州等地有栽培。

（1）形态特征

洒金千头柏为丛生灌木，无明显主干（同千头柏），矮生密丛，圆形至卵圆，高1.5m。叶淡黄绿色，入冬略转褐绿。

（2）生态习性

不耐高温，基本同侧柏一致，抗寒能力略弱。

（3）园林用途

枝叶洒金，黄绿相间，十分美观，可孤植，丛植观赏。

（4）洒金千头柏在云南的开发利用

在云南作为园林观赏植物应用，种植于部分公园绿地内。

5. 铺地柏

铺地柏为柏科圆柏属植物。

（1）形态特征

铺地柏为常绿匍匐小灌木，高75cm，冠幅逾2m。枝干贴近地面伸展，小枝密生。叶均为刺形叶，叶长6～8mm。球果球形，内含种子2～3粒。

（2）生态习性

喜光，稍耐阴，适生于滨海湿润气候。对土质要求不严，耐寒力、萌生力均较强。

（3）园林用途

在园林中可配植于岩石园或草坪角隅，是缓土坡的良好地被植物，亦作盆栽观赏。有“银枝”“金枝”及“多枝”等栽培变种。地柏盆景可对称地陈放在厅室几座上，匍匐枝悬垂倒挂，是制作悬崖式盆景的良好材料。也可放在庭院台坡上或门廊两侧。生长季节不宜长时间放在室内，可移放在阳台或庭院中。铺地柏对污浊空气具有较强的耐力，在市区街心、路旁种植，生长良好，不碍视线，吸附尘埃，净化空气，配植于草坪、花坛、山石、林下，可增加绿化层次，丰富观赏美感。

（4）铺地柏在云南的开发利用

在云南作为园林观赏植物应用，种植于部分公园绿地内。

6. 含笑

含笑为木兰科含笑属常绿灌木或小乔木。含笑全球分布约有80种，主产亚洲热带、亚热带以及部分温带地区，我国约有70种，主要分布于西南部和东部地区，尤其以云南最多，共分布有40种。

（1）形态特征

含笑分枝多而紧密组成圆形树冠，树皮和叶上均密被褐色绒毛。叶革质，单叶互生，椭圆形，绿色，光亮。花小，呈圆形，花色淡黄色，边缘常带紫晕，花香袭人。果卵圆形。花期3～4个月，9月果熟。

（2）生态习性

含笑为暖地木本花灌木，喜温暖湿润气候，喜光，稍耐阴。喜湿润肥沃的微酸性土壤，中性土也能适应，不耐干燥瘠薄土壤。

（3）园林用途及经济用途

园林用途：含笑是我国著名的园林观赏花卉，叶常年青翠，花气味芳香。含笑可布置庭院，适合中型盆栽，陈设于室内或阳台、庭院等较大空间内，亦可适于在小游园、花园、公园或街道上成丛种植，或可配植于草坪边缘或稀疏林丛之下，宜室内盆栽。因其香味浓烈，不宜陈设于小空间内。

经济用途：含笑花瓣含有芳香物质，可做花茶。

（4）含笑在云南的开发利用

含笑在昆明城市公园绿地中多有栽培。

7. 云南含笑

云南含笑为木兰科含笑属植物。

（1）形态特征

又名十里香、山栀子，为常绿灌木，丛生。高可达2～4m。芽、幼枝、幼叶背面、叶柄、花梗密被深红色平伏毛；叶倒卵形，窄倒卵形或窄倒卵状椭圆形。花芳香，花瓣白色；花蕾为大型苞片包被，苞片密被棕色绢毛，微开。花期2～3月，果期8～9月。

（2）生态习性

喜光，耐半阴。喜温暖多湿气候，有一定耐寒力。喜微酸性土壤。原产云南，现分布于云南及贵州西部。在滇中大部分县、市及大理、丽江、广南、砚山等地的灌木丛中及林下生长。系云贵两省植物区系重要的锁链分子之一，属典型的中国—喜马拉雅分布式样中的云南高原区系成分。至今虽尚未发现真正野生产地，但在滇东、滇中高原的阔叶或针叶疏林中，乃至路旁、溪边都有广泛的分布。

（3）园林用途及经济用途

园林用途：云南含笑花极香，是城市绿化优良观赏树。也是优良的庭园观赏花木，可片植，亦可孤植修剪成球形与乔木配植。同时其株矮枝密、花多姿美、期长又极富变化，可观蕾观花观果，适应性较强、耐修剪，是一种比较优良的庭园绿化树种及盆景材料。

经济用途：花可制浸膏作香料使用，叶可制作皮袋香面；花蕾及幼果可入药，清热消炎，是食品、化妆、制药工业的重要原料。

（4）云南含笑在云南的开发利用

原产云南，现分布于云南及贵州西部，主要作为园林景观应用。

8. 木兰

木兰为木兰科木兰属落叶大灌木。

（1）形态特征

木兰又名紫玉兰、辛夷。春天叶前开花，高1.5～3m，常丛生，树皮灰褐色，小枝绿紫色或淡褐紫色。叶椭圆状倒卵形或倒卵形，长8～18cm，宽3～10cm，先端急尖或渐尖，基部渐狭沿叶柄下延至托叶痕，上面深绿色，幼嫩时疏生短柔毛，下面灰绿色，沿脉有短柔毛。花蕾卵圆形，被淡黄色绢毛；花叶同时开放，瓶形，直立于粗壮、被毛的花梗上，稍有香气；花被片9～12，外轮3片萼片状，紫绿色，外面紫色或紫红色，内面带白色，花瓣状。花期3～4月，果期8～9月。

（2）生态习性

喜温暖湿润和阳光充足环境，较耐寒，但不耐旱和盐碱，怕水淹，要求肥沃、排水好的沙壤土。耐修剪整形，但伤愈能力较差，剪后要涂硫粉防腐。木兰需经常整枝修剪，及时清除病、残、枯枝，否则树形会向灌木状发展，也不利于花芽的生长。

（3）园林用途及其他用途

园林用途：木兰花是著名的早春观赏花木，早春开花时，满树紫红色花朵，幽姿淑态，别具风情，适用于古典园林中厅前院后配植，也可孤植或散植于小庭院内。

经济用途：花蕾可入药，称辛夷，对鼻炎有疗效。

（4）木兰在云南的开发利用

多作为景观树种在城市绿地中栽植。

9. 醉鱼草

醉鱼草为马钱科醉鱼草属落叶灌木。

（1）形态特征

醉鱼草为落叶灌木，高1～2.5m，树皮茶褐色，多分枝。单叶对生，叶片纸质，卵圆形至长圆状披针形。穗状花序顶生，紫色，外面具有白色光亮细鳞片。种子细小，褐色。花期4～7月，果期10～11月。

（2）生态习性

醉鱼草的适应性强，耐土壤瘠薄，抗盐碱；对土壤要求不严，在土壤通透性较好的壤土、沙壤土、沙土、砾石土等生长良好。

（3）园林用途及经济用途

园林用途：在园林绿化中可用来绿化草地，也可用作坡地、墙隅绿化美化，装点山石、庭院、道路、花坛都非常优美，也可作切花用。

经济用途：花和叶含醉鱼草苷、柳穿鱼苷、刺槐素等多种黄酮类物质。花、叶及根供药用，有祛风除湿、止咳化痰、散瘀之功效。

（4）醉鱼草在云南的开发利用

云南醉鱼草属植物多分布在中低海拔地区，在生态环境相似的区域能重复出现。但部分种类的分布区则极为狭小。大叶醉鱼草仅在海拔1300～2600m的沟边和山坡灌丛分布；缘叶醉鱼草、大理醉鱼草只分布在滇西的大理一带；无柄醉鱼草分布在滇西北独龙江，海拔2800m山坡、路旁；而云南醉鱼草则主要分布在西双版纳、思茅及景东一带。

10. 大花曼陀罗

大花曼陀罗，又名木本曼陀罗，为茄科曼陀罗植物。

（1）形态特征

大花曼陀罗为常绿灌木、常绿大灌木或小乔木，株高约2m。叶卵状披针形、矩圆形或卵形，顶端渐尖或急尖，全缘、微波状或有不规则缺刻状齿，两面有微柔毛。花单生俯垂，花冠长漏斗状，花色有白，粉、黄等。

（2）生态习性

喜阳光充足、温暖、耐旱。

（3）园林用途及经济用途

园林用途：大花曼陀罗春季开花，腋生，硕大而下垂，花冠喇叭状，有如优雅的白纱裙礼服并具淡淡芳香，适合庭园陆地栽培。

经济用途：该植物全株均含生物碱，可以作为麻醉剂、止痛剂，但亦具毒性，尤其花及种子的毒性最强。

（4）大花曼陀罗在云南的开发利用

昆明庭院见习栽培白花重瓣品种，近年又引种红花和黄花品种，观赏价值高，常用于庭院丛植或配植。

11. 夜来香

夜来香为萝藦科夜来香属植物。

（1）形态特征

夜来香为藤状灌木。叶对生，叶片宽卵形、心形至矩圆状卵形。伞形状聚伞花序，腋生，有花多至30朵；花冠裂片，矩圆形，黄绿色，有清香气，夜间更甚。种子宽卵形。

（2）生态习性

喜温暖、湿润、阳光充足、通风良好、土壤疏松肥沃的环境，耐旱，耐瘠，不耐涝，不耐寒。

（3）园林用途及经济用途

园林用途：夜来香枝条细长，夏秋开花，黄绿色花朵傍晚开放，飘出阵阵扑鼻浓香，在南方多用来布置庭院、窗前、塘边和亭畔。

经济用途：夜来香又是以新鲜的花和花蕾供食用的一种半野生蔬菜。

（4）夜来香在云南的开发利用

在云南主要用作切花和庭院种植。

12. 南天竹

南天竹为小檗科南天竹属植物。

（1）形态特征

南天竹为常绿丛生灌木，株高约2m，全株无毛。直立，少分枝。老茎浅褐色，幼枝红色。叶对生，小叶椭圆状披针形。圆锥花序顶生；花小，白色。浆果球形，鲜红色，宿存至翌年2月。种子扁圆形。花期5~6月，果熟期10月至翌年1月。

（2）生态习性

南天竹性喜温暖及湿润的环境，比较耐阴，也耐寒。要求肥沃、排水良好的沙质壤土。对水分要求不甚严格，既能耐湿也能耐旱。

（3）园林用途及经济用途

园林用途：南天竹是我国南方常见的木本花卉种类。由于其植株优美，果实鲜艳，对环境的适应性强，因此近几年常常出现在园林应用中。南天竹主要用作园林内的植物配置，作为花灌木，可以观其鲜艳的花果，也可作室内盆栽，或者观果切花。

经济用途：根、茎、果均可入药。根、茎具有清热除湿、通经活络的功效，可用于感冒发热、眼结膜炎、肺热咳嗽、湿热黄疸、急性胃肠炎、尿路感染，跌打损伤。果苦，平，有小毒。用于治疗咳嗽、哮喘、百日咳。

（4）南天竹在云南的开发利用

南天竹是云南常见的园林观赏植物，常作为地被栽植。宜良等地的苗圃中均有苗木销售。

13. 阔叶十大功劳

阔叶十大功劳为小檗科十大功劳属植物。

（1）形态特征

十大功劳为常绿灌木，高达4m。根、茎断面黄色、味苦。羽状复叶互生，小叶厚革质，广卵形至卵状椭圆形。总状花序粗壮，丛生于枝顶；苞片小，密生，花瓣淡黄色。浆果卵圆形，熟时蓝黑色，有白粉。花期7～10月，果期10～11月。

（2）生态习性

喜暖温气候，不耐严寒。对土壤要求不严，以沙质壤土生长较好，但不宜碱土地栽培。生于山坡沟谷林中、灌丛中、路边或河边。海拔350～2000m。

（3）园林用途及经济用途

园林用途：阔叶十大功劳叶形奇特，典雅美观，盆栽植株可供室内陈设，因其耐阴性能良好，可长期在室内散射光条件下养殖。在庭院中亦可栽于假山旁侧或石缝中，不过最好有大树遮阴。阔叶十大功劳性强健，在南方可栽在园林中观赏树木的下面或建筑物的北侧，也可栽在风景区山坡的阴面。

经济用途：阔叶十大功劳是重要的中草药之一，根、茎、叶都含有生物碱，有消炎作用。茎和叶均对金黄色葡萄球菌、伤寒杆菌有抑制作用。根和茎有清热解毒、消肿止痛的疗效，主治急慢性肝炎、细菌性痢疾、支气管炎、目赤肿痛和疮毒等症。叶片为清凉的滋补强壮药，服后不会上火，并能治疗肺结核和感冒；外用治眼结膜炎、痈疱肿痛、烧烫伤。茎皮内含有小檗碱，可以提取黄连素。

（4）阔叶十大功劳在云南的开发利用

阔叶十大功劳是云南较常见的园林观赏植物。

14. 海桐

海桐为海桐科海桐属植物。

（1）形态特征

海桐为常绿小乔木或灌木，株高可达5m。单叶互生，有时在枝顶呈轮生状，厚革质狭倒卵形。聚伞花序顶生；夏季开花，花白色或带黄绿色，芳香。花期3～5月，果熟期9～10月。

（2）生态习性

喜肥沃湿润土壤，干旱贫瘠地生长不良。稍耐干旱，颇耐水湿。

（3）园林用途及经济用途

园林用途：海桐因株形圆整，四季常青，种子红艳，为著名的观叶、观果植物。可作绿篱栽植，也可孤植、丛植于草丛边缘、林缘或门旁，列植在路边。有抗海潮及有毒气体能力，可作为海岸防潮林、防风林及矿区绿化的树种，并宜作城市隔噪声和防火林带的下木。在气候温暖的地方，是理想的花坛造景树，或造园绿化树种，适于盆栽布置展厅、会场、主席台等处；也宜地植于花坛四周、花径两侧、建筑物基础或作园林中的绿篱、绿带；尤宜于工矿区种植。

经济用途：树皮可入药，治疗腰膝痛、风癣、牙痛等症。

（4）海桐在云南的开发利用

海桐是云南常见的园林观赏植物。

15. 八角金盘

八角金盘为五加科八角金盘属植物。

（1）形态特征

八角金盘为常绿灌木或小乔木，高可达5m。茎光滑无刺。叶柄长10～30cm，叶片大，革质，近圆形。圆锥花序顶生，长20～40cm；伞形花序直径3～5cm，花序轴被褐色绒毛；花萼近全缘，无毛；花盘凸起半圆形。果产近球形，直径5mm，熟时黑色。花期10～11月，果熟期翌年4月。

（2）生态习性

喜阴湿而暖的通风环境，排水良好而肥沃的微酸性壤土上生长茂盛，中性土亦能适应。不耐干旱，有一定的耐寒力，在南方一般年份冬季不受明显冻害。

（3）园林用途及经济用途

园林用途：八角金盘是优良的观叶植物，四季常青，叶片硕大，叶形优美，浓绿光亮，是深受欢迎的室内观叶植物。适宜配植于庭院、门旁、窗边、墙隅及建筑物背阴处，也可点缀在溪流滴水之旁，还可成片群植于草坪边缘及林地；另外还可盆栽供室内观赏，适宜室内弱光环境，为宾馆、饭店、写字楼和家庭美化，用于布置门厅、窗台、走廊、水池边，或作室内花坛的衬底。叶片又是插花的良好配材，对二氧化硫抗性较强，适于厂矿区、街坊种植。

经济用途：叶、根、皮均可入药，有化痰止咳、散风除湿、化瘀止痛的功效。

（4）八角金盘在云南的开发利用

八角金盘是云南常见的园林观赏植物。

16. 鹅掌柴

鹅掌柴为五加科鹅掌柴属植物。

（1）形态特征

鹅掌柴为常绿乔木或灌木，栽培条件下，株高30～80cm不等，在原产地可达40m。分枝多，枝条紧密。掌状复叶，小叶5～9枚，椭圆形、卵状椭圆形，长9～17cm，宽3～5cm，端有长尖，叶革质，浓绿，有光泽。花小，多数白色，有香气，花期冬春。浆果球形。果期12月至翌年1月。

云南主要相关种有：

云南鹅掌柴：附生藤状灌木，高3～10m。叶有小叶5，叶柄圆柱形，全质，倒卵状长圆形至卵形，先端渐尖，基部宽楔形或圆形，全缘。伞形花序排列成总状，每伞形花序有果2～7，果梗长7mm，被绒毛，果卵球形，花期11～12月，果期4～5月。产云南西北部贡山的怒江沿山岸、泸水等地，生于海拔1300～1700m的丛林。

短序鹅掌柴：又名川黔鸭脚木、鹅掌柴、掌叶短序鹅掌柴等，为常绿无刺灌木或小乔木，主要分布于云南、四川、贵州等省海拔1200～3000m的山谷阔叶林或混交林中。短序鹅掌柴全株无毒，云南民间采食其嫩芽、嫩茎叶，是一种风味独特的药食兼用型木本野菜；可作为园林绿化中的观叶植物。

（2）生态习性

喜温暖、湿润、半阳环境。宜生于土质深厚肥沃的酸性土中，稍耐瘠薄。

（3）园林用途

鹅掌柴四季常春，植株丰满优美，易于管理，常作地被栽植，也用于盆栽观赏。

（4）鹅掌柴在云南的开发利用

鹅掌柴是云南常见的园林观赏植物，但其耐寒性较差，滇中地区不推荐种植。

17. 牡丹

牡丹为毛茛科芍药属多年生落叶小灌木。原产于中国西部秦岭和大巴山一带山区，汉中是中国最早人工栽培牡丹的地方。全国各地均有栽培，如洛阳牡丹具有深邃内涵的牡丹文化，在国际园艺界及文化界享有崇高地位。菏泽被中国花卉协会命名为“中国牡丹之乡”，是全世界面积最大、品种最多的牡丹生产基地、科研基地、出口基地和观赏基地。湖北、四川都种植较好，云南的楚雄、大理、香格里拉等地区均有栽培。

（1）形态特征

牡丹为落叶灌木。茎高达2m，分枝短而粗。叶通常为二回三出复叶，偶尔近枝顶的叶为3小叶；顶生小叶宽卵形，裂片不裂或2～3浅裂，表面绿色，无毛，背面淡绿色，有时具白粉，沿叶脉疏生短柔毛或近无毛。花单生枝顶，直径10～17cm；花梗长4～6cm；苞片5，花瓣5，或为重瓣，玫瑰色、红紫色、粉红色至白色。花期5月。果期6月。

主要品种有：

紫牡丹：为毛茛科芍药属亚灌木，全体无毛。株高1.5m，当年生小枝草质，小枝基部具数枚鳞片。叶为二回三出复叶；叶片轮廓为宽卵形或卵形，长15～20cm，羽状分裂，裂片披针形至长圆状披针形。花瓣9（～12），红色、红紫色。花期5月。果期7～8月。紫牡丹分布于云南省西北部、四川省西南部及西藏东南部，主要生长于海拔2300～3700m之高山阳坡草丛中。云南丽江县玉龙雪山东坡（海拔3600m）有成片分布。其变种狭叶紫牡丹，分布于四川西部，海拔2800～3700m山坡丛林中。

黄牡丹：为毛茛科芍药属落叶小灌木或亚灌木。株高1～1.5m，全体无毛。茎木质，圆柱形，灰色；嫩枝绿色，基部有宿存倒卵形鳞片。叶互生，叶片羽状分裂，裂片披针形。花瓣9～12，黄色，倒卵形，有时边缘红色或基部有紫色斑块。种子数粒，黑色。是中国特有种，生于海拔2000～3500m处的石灰岩山地灌丛或疏林下。分布于云南昆明、大理、洱源、丽江、香格里拉、维西、德钦、景东，西藏东南部波密、林芝、工布江达、隆子，四川西南部木里等地区。

（2）生态习性

喜凉恶热，宜燥惧湿，可耐−30℃的低温，在年平均相对湿度45%左右的地区可正常生长。喜阳光，也耐半阴，耐寒，耐干旱，耐弱碱，忌积水，怕热，怕烈日直射。适宜在疏松、深厚、肥沃、地势高、排水良好的中性沙壤土中生长，酸性或黏重土壤中生长不良。

（3）园林用途及经济用途

园林用途：牡丹广泛应用于城市公园、街头绿地、机关、学校、庭院、寺庙、古典园林等，到处可见牡丹的芳踪。牡丹以其万紫千红的艳丽色彩、锦绣的装饰效果，成为园林中重要的观赏景观。牡丹盆栽应用更为灵活方便，可以在室内举办牡丹品种展览，也可在园林中的主要景点摆放，还可成为居民室内或阳台上的饰物。牡丹还可作切花栽培，经催延花期可以四季开放，如投放港澳及东南亚市场，经济效益极高。

经济用途：牡丹具有很高的药用价值。将牡丹的根加工制成“丹皮”，是名贵的中草药，其性微寒，味辛，无毒，入心、肝、肾三经，有散瘀血、清血、和血、止痛、通经之作用，还有降低血压、抗菌消炎之功效，久服可益身延寿。牡丹花还可供食用，中国不少地方有用牡丹鲜花瓣做牡丹羹，或配菜添色制作名菜的。牡丹花瓣还可蒸酒，制成的牡丹露酒口味香醇。此外，“凤丹”牡丹和“紫斑”牡丹两大类型是著名的油用牡丹品种，是以牡丹籽仁为原料，经压榨、脱色、脱臭等工艺制成的食用植物油，因其营养丰富而独特，又有医疗保健作用，被有关专家称为“世界上最好的油”，是植物油中的珍品，也是中国独有的健康保健食用油脂。

（4）牡丹在云南的开发利用

观赏用牡丹主要用于公园造景和盆花观赏。油用牡丹主要在云南2000m海拔地区种植开发。

18. 萼距花

萼距花为千屈菜科萼距花属植物。

（1）形态特征

萼距花，别名紫花满天星为直立小灌木，植株高30～60cm。茎具黏质柔毛或硬毛。叶对生，长卵形或椭圆形，顶端渐尖，中脉在下面凸起，有叶柄。花瓣6，紫红色，花单生叶腋，花冠筒紫色、淡紫色至白色。花期自春至秋，随枝梢的生长而不断开花。

（2）生态习性

喜高温，稍耐阴，不耐寒，在5℃以下常受冻害。耐贫瘠土壤。

（3）园林用途

萼距花枝繁叶茂，四季常青，有较强的绿化功能和观赏价值。现在我国广东、广西、云南、福建等省区已引种栽培，并广泛应用于园林绿化中。庭园石块旁作矮绿篱；适于花丛、花坛边缘种植；空间开阔的地方宜群植，小环境下宜丛植或列植。栽培在乔木下，或与常绿灌木或其他花卉配置均能形成优美景观；亦可作地被栽植，可阻挡杂草的蔓延和滋生，还可作盆栽观赏。

（4）萼距花在云南的开发利用

萼距花是云南常见的园林观赏植物，常作为地被植物应用。

19. 俏黄栌

俏黄栌为大戟科大戟属植物。

（1）形态特征

俏黄栌为半常绿灌木或小乔木，具乳汁。小枝红色。叶柄长，叶片薄，宽椭圆形至近圆形，长11cm，宽约8.5cm，红色至紫红色。顶生圆锥花序松散。

（2）生态习性

喜阳光充足、温暖、湿润的环境。要求土壤疏松、肥沃、排水良好，生长期充分浇水、施肥。

（3）园林用途

俏黄栌四季均呈暗红色，比黄栌更为灿烂，在园林中的绿色中配置，以增添色彩景观，适合在园林造景中城市大型公园、天然公园、半山坡上、山地风景区内群植成林，可以单纯成林，也可与其他红叶或黄叶树种混交成林；在造景宜表现群体景观。

（4）俏黄栌在云南的开发利用

俏黄栌多用于云南滇中以南地区的园林绿地中栽培。

20. 变叶木

变叶木为大戟科变叶木属植物。

（1）形态特征

变叶木为常绿灌木，又名洒金榕，高可达2m。枝条无毛，有明显叶痕。叶薄革质，形状大小变异很大，线形、线状披针形、长圆形、椭圆形、披针形、卵形、匙形、提琴形至倒卵形，有时由长的中脉把叶片间断成上下两片；绿色、淡绿色、紫红色、紫红与黄色相间、黄色与绿色相间或有时在绿色叶片上散生黄色或金黄色斑点或斑纹；叶柄长0.2～2.5cm。花期9～10月。原产于亚洲马来半岛至大洋洲，现广泛栽培于热带地区，我国南部各省区常见栽培。

（2）生态习性

喜高温、湿润和阳光充足的环境，不耐寒，怕干。整个生长期均需充足阳光，茎叶生长繁茂，叶色鲜丽，特别是红色斑纹，更加艳红。

（3）园林用途

变叶木因在其叶形、叶色上变化显示出色彩美、姿态美，在观叶植物中深受人们喜爱。变叶木品种多，叶色丰富，可以多品种布置拼凑图案，创造大型园林景观；可用于街道主干道两旁的花带布置和街心花园造景；在南方还适合于庭院布置，其叶还是极好的花环、花篮和插花的装饰材料，也可以剪取形态优美的顶梢，剪去下部叶片，将切口洗净插于花瓶中，每天换水，用于案桌、窗台摆设。

（4）变叶木在云南的开发利用

变叶木在云南主要作为盆栽应用，盆栽产品多来自广东等地。也常作为庭院或热带地区园林景观应用。

21. 雀舌黄杨

雀舌黄杨为黄杨科黄杨属植物。

（1）形态特征

雀舌黄杨为常绿矮小灌木，分枝多而密集，成丛。叶对生，叶形较长，叶倒披针形、长圆状倒披针或倒卵状匙形。产自云南、四川、贵州、广西等地，生长于平地或山坡林下，海拔400～2700m。

（2）生态习性

喜温暖湿润和阳光充足环境，耐干旱和半阴，要求疏松、肥沃和排水良好的沙壤土。耐修剪，较耐寒，抗污染。

（3）园林用途

雀舌黄杨枝叶繁茂，叶形别致，四季常青，常用于绿篱、花坛和盆栽，修剪成各种形状，是点缀小庭院和入口处的好材料。

（4）雀舌黄杨在云南的开发利用

雀舌黄杨是云南常见的园林观赏植物，常作绿篱应用。

22. 黄杨

黄杨为黄杨科黄杨属植物。

（1）形态特征

为黄杨科黄杨属灌木或小乔木，高1～6m。枝圆柱形，有纵棱，灰白色。叶革质，阔椭圆形、阔倒卵形、卵状椭圆形或长圆形，先端圆或钝，常有小凹口，不尖锐。花期3月，果期5～6月。

（2）生态习性

耐阴喜光，在一般室内外条件下均可保持生长良好。耐热耐寒，夏季高温潮湿时，应多通风透光。喜湿润，耐旱，只要地表土壤或盆土不至完全干透，无异常表现，对土壤要求不严，以轻松肥沃的沙质壤土为佳。

（3）园林用途及经济用途

园林用途：黄杨在园林中常作绿篱、大型花坛镶边，修剪成球形或其他整形栽培，点缀山石或制作盆景。

经济用途：黄杨木材坚硬细密，是雕刻工艺的上等材料。

（4）黄杨在云南的开发利用

黄杨是云南常见的园林观赏植物，常作绿篱应用。

23. 米兰

米兰为楝科米仔兰属植物。

（1）形态特征

米兰为常绿灌木，幼枝顶部具星状锈色鳞片，后脱落。奇数羽状复叶，互生，叶轴有窄翅，小叶3～5，对生，倒卵形至长椭圆形。花黄色，极香；花萼5裂，裂片圆形；花冠5瓣，长圆形或近圆形，比萼长。花期7～8月或四季开花。

（2）生态习性

米兰性喜温暖，向阳，好肥。米兰原产中国福建、广东、广西、云南等省，东南亚也有分布，是一种常见的芳香类观赏植物。

（3）园林用途及经济用途

园林用途：米兰为优良的芳香植物，开花季节浓香四溢，可用于布置会场、门厅、庭院及家庭装饰。落花季节又可作为常绿植物陈列于门厅外侧及建筑物前。

经济用途：米兰的枝、叶入药，用于治疗跌打、痈疮等；米兰花入药，用于治疗气郁胸闷、食滞腹胀。

（4）米兰在云南的开发利用

米兰是云南常见的园林观赏植物，常种植于小庭院中。

24. 蜡梅

蜡梅为蜡梅科蜡梅属植物。

（1）形态特征

蜡梅为落叶灌木，高达4m，幼枝四方形。叶纸质至近革质，卵圆形、椭圆形、宽椭圆形至卵状椭圆形，有时长圆状披针形。花着生于第二年生枝条叶腋内，先花后叶，芳香。花期11月至翌年3月，果期4~11月。原产我国中部，现各地都有栽培。

（2）生态习性

性喜阳光，耐阴、耐寒、耐旱，忌渍水。

（3）园林用途及经济用途

园林用途：蜡梅花开于寒月早春，花黄如蜡，清香四溢，为冬季观赏佳品，是我国特有的珍贵观赏花木。一般以孤植、对植、丛植、群植配置于园林与建筑物的入口处两侧和厅前、亭周、窗前屋后、墙隅及草坪、水畔、路旁等处。作为盆花桩景和瓶花亦具特色。我国传统上喜欢配植南天竹，冬天时红果、黄花、绿叶交相辉映，可谓色、香、形三者相得益彰。

经济用途：蜡梅根、叶可药用，理气止痛、散寒解毒，治跌打、腰痛、风湿麻木、风寒感冒、刀伤出血；花解暑生津，治心烦口渴、气郁胸闷；花蕾油治烫伤。花可提取蜡梅浸膏，化学成分有苄醇、乙酸苄酯、芳樟醇、金合欢花醇、松油醇、吲哚等。种子含蜡梅碱。

（4）蜡梅在云南的开发利用

蜡梅是云南滇中、滇西北、滇东北等地区常见的园林观赏植物。

25. 三角梅

三角梅为紫茉莉科叶子花属植物。

（1）形态特征

三角梅别名叶子花，为常绿攀缘状灌木。枝具刺，拱形下垂。单叶互生，卵形全缘或卵状披针形，被厚绒毛，顶端圆钝。花顶生，花很细，小，黄绿色；苞片有鲜红色、橙黄色、紫红色、乳白色等；苞片有单瓣、重瓣之分，苞片叶状三角形或椭状卵形。原产热带美洲，我国南方栽培较多，是云南省德宏傣族景颇族自治州州花、开远市市花、宜良市市花。

（2）生态习性

喜光，喜温暖气候，不耐寒。不择土壤，干湿都可以，但适当干些可以加深花色。原产巴西，我国南方栽植于庭院、公园，北方栽培于温室，是美丽的观赏植物。

（3）园林用途

三角梅苞片大，色彩鲜艳如花，且持续时间长，宜庭园种植或盆栽观赏，还可作盆景、绿篱及修剪造型。三角梅的茎干千姿百态，枝蔓较长，具有锐刺，柔韧性强，极耐修剪，常将其编织后用于花架、花柱、绿廊、拱门和墙面的装饰，或修剪成各种形状供观赏。老桩可培育成桩景，苍劲艳丽，观赏价值尤高，在园林绿化及艺花中，用途颇广。

（4）三角梅在云南的开发利用

是宜良苗木产业中的优势种类，由于其耐寒性较强，苗圃中的苗木保有量最大。

26. 重瓣棣棠花

重瓣棣棠花为蔷薇科棣棠花属棣棠花的变种。

（1）形态特征

重瓣棣棠花为落叶灌木，高达1.5～2m。小枝有棱、绿色无毛。叶卵形或三角状卵形，先端渐尖，基部截形或近圆形，边缘有锯齿或浅裂，表面鲜绿色，光滑。花单生于侧枝的顶端，花瓣黄色5片，重瓣，金黄色，极繁茂。4～6月开花。生长于云南等地山坡灌丛中，海拔200～3000m。

（2）生态习性

喜温暖、半阴之地，比较耐寒。

（3）园林用途

重瓣棣棠花枝叶秀丽，是枝、叶、花都美的春花植物，也是园林绿化中重要的观赏灌木。常配置于常绿树前，或与榆叶梅、连翘、红花木、樱花等混植。因其能耐阴，常配置于避阳处、院墙墙基边缘行道树下。最适于列植、群植为花篱、花境、花丛。若大片栽植于自然山林的疏林空地、坡地，开花时更是耀眼夺目。

（4）重瓣棣棠在云南的开发利用

昆明等地的园林中习见栽培。

27. 红叶石楠

红叶石楠为蔷薇科石楠属杂交种的统称。

（1）形态特征

红叶石楠为常绿灌木或小乔木，高4～6m，稀可达12m。小枝褐灰色，无毛。叶革质，叶互生，长椭圆形、长倒卵形或倒卵状椭圆形。花白色，直径6～8mm。梨果球形，直径5～6mm，红色或褐紫色。

（2）生态习性

耐低温，耐土壤瘠薄，有一定的耐盐碱性和耐干旱能力。性喜强光照，也有很强的耐阴能力。

（3）园林用途

红叶石楠生长速度快，且萌芽性强，耐修剪，可根据园林需要栽培成不同的树形，在园林绿化上用途广泛。一至二年生的红叶石楠可修剪成矮小灌木，在园林绿地中作为地被植物片植，或与其他彩叶植物组合成各种图案；也可培育成独干不明显、丛生形的小乔木，群植成大型绿篱或幕墙，置于居住区、厂区绿地、街道或公路绿化隔离带。

（4）红叶石楠在云南的开发利用

云南大部分地区的园林中习见栽培，常作为地被应用，苗圃中苗木保有量也很大。

28. 火棘

火棘为蔷薇科火棘属植物。分布于中国黄河以南及广大西南地区，全属10种，中国产7种。产自陕西、江苏、浙江、福建、湖北、湖南、广西、四川、云南、贵州等省区。其中，云南产5个种。

（1）形态特征

火棘为常绿灌木，高达4m。侧枝短，先端成刺状。叶片倒卵形至倒卵状长圆形，边缘有锯齿，近基部全缘。花两性，花瓣近圆形，白色。果实近球形，直径约5mm，橘红或深红色。花期3～5月。果期8～11月。

（2）生态习性

喜强光，耐贫瘠，抗干旱；对土壤要求不严，排水良好、湿润、疏松的中性或微酸性壤土为好。在云南分布最广的两种火棘为：火棘和窄叶火棘。生长于海拔1000～2800m的广大地区，全省除西南部外，各地均有分布。

（3）园林用途及经济用途

园林用途：火棘因其适应性强，耐修剪，喜萌发，作绿篱具有优势。火棘在较差的环境中生长较好，自然抗逆性强，病虫害也少，只要勤于修剪，当年栽植的绿篱当年便可见效。火棘也适合栽植于护坡之上，或作为风景林地配植，可以体现自然野趣。

经济用途：火棘果实含有丰富的有机酸、蛋白质、氨基酸、维生素和多种矿质元素，可鲜食，也可加工成各种饮料。其根皮、茎皮、果实含丰富的单宁，可用来提取鞣料。火棘根可入药，其性味苦涩，具有止泻、散瘀、消食等功效，果实、叶、茎皮也具类似药效。火棘树叶可制茶，具有清热解毒，生津止渴、收敛止泻的作用。

（4）火棘在云南的开发利用

火棘是云南常见的园林观赏树种和荒山绿化树种，也作盆栽和盆景观赏。

29. 贴梗海棠

贴梗海棠为蔷薇科木瓜属植物。

（1）形态特征

贴梗海棠为落叶灌木，又名皱皮木瓜、贴梗木瓜，高达2m。具枝刺，小枝圆柱形，粗壮，嫩时紫褐色，无毛，老时暗褐色。叶片卵形至椭圆形，稀长椭圆形，表面微光亮深绿色，无毛，背面淡绿色。花2～6朵簇生于二年生枝上，花瓣近圆形或倒卵形，猩红色或淡红色。梨果球形至卵形，直径3～5cm，黄色或黄绿色，有不明显的稀疏斑点，芳香。花期4月，果期10月。

（2）生态习性

喜光，较耐寒，不耐水淹。喜肥沃、深厚、排水良好的土壤。

（3）园林用途及经济用途

园林用途：贴梗海棠是园林绿化中重要的早春观花灌木，是良好的观花、观果花木，多栽培于庭园供绿化用，也供作绿篱的材料，可孤植或与迎春、连翘丛植，也常用作盆景。贴梗海棠的花色多样，有朱红、桃红、绿、复色、月白等颜色，还有些品种的颜色粉白相间，有重瓣及半重瓣品种。

经济用途：果实含苹果酸、酒石酸、枸橼酸及多种维生素等，干制后入药，有驱风、舒筋、活络、镇痛、消肿、顺气之效。

（4）贴梗海棠在云南的开发利用

贴梗海棠作为园林观花树种，在云南习见栽培。

30. 西南栒子

西南栒子为蔷薇科栒子属植物。

（1）形态特征

西南栒子为半常绿灌木植物，高1～3m。枝开张，呈弓形弯曲，暗灰褐色或灰黑色，嫩枝密被糙伏毛，老时逐渐脱落。叶片厚，椭圆形至卵形，先端急尖或渐尖，基部楔形，全缘。花瓣直立，宽倒卵形或椭圆形，粉红色。花期6～7月，果期9～10月。分布在泰国北部、缅甸北部以及中国云南、贵州、四川、西藏等地。生长在多石向阳山地灌木丛中，海拔2000～2900m。

（2）生态习性

喜光、喜排水良好的沙质壤土，耐干旱、耐瘠薄。

（3）园林用途

适宜在庭园绿地中自然式点植、丛植，也可修剪成球形与乔木配植。

（4）西南栒子在云南的开发利用

西南栒子作为园林观果树种，在云南习见栽培。

31. 麻叶绣线菊

麻叶绣线菊为蔷薇科绣线菊属植物。

（1）形态特征

麻叶绣线菊为灌木，高达1.5m。小枝细弱，呈拱形弯曲，暗红褐色。冬芽卵形，有数枚外露鳞片。叶片菱状披针形，菱状长圆形或菱状倒披针形。伞形花序，花密集，花色洁白。花期4月，果期7～9月。

（2）生态习性

性喜温暖和阳光充足的环境，稍耐寒、耐阴，较耐干旱，忌湿涝。生长适温15～24℃，冬季能耐-5℃低温。土壤以肥沃、疏松和排水良好的沙壤土为宜。

（3）园林用途及经济用途

园林用途：麻叶绣线菊花序密集，花色洁白，早春盛开如积雪。适合庭园栽培供观赏，可成片配置于草坪、路边、斜坡、池畔，也可单株或数株点缀花坛。

经济用途：根、叶、果实：清热，凉血，祛瘀，消肿止痛。用于治疗跌打损伤、疥癣。

（4）麻叶绣线菊在云南的开发利用

麻叶绣线菊在昆明等地区的园林绿地中有栽培。

32. 中甸刺玫

中甸刺玫为蔷薇科蔷薇属小叶组灌木。主要分布于云南省香格里拉的高原草甸，为特有种。

（1）形态特征

植株高2～3m。枝粗壮，紫褐色，散生粗壮弯曲皮刺。小叶先端圆钝或急尖，基部圆形或宽楔形，边缘上半部有单锯齿或不明显重锯齿，下半部全缘。花单生，花瓣红色，宽倒卵形。果实扁球形，绿褐色，外面散生针刺。花期6～7月。产自云南香格里拉，多生于向阳山坡丛林中，海拔2700～3000m。

（2）生态习性

有较强的适应能力，对生长条件的要求不太严格。耐旱、耐涝、耐寒，且在微酸或微碱土壤中均能生长。

（3）园林用途

中甸刺玫植株高大，花繁叶茂，是高海拔地区为珍贵的观花树种。

（4）中甸刺玫在云南的开发利用

中甸刺玫的花冠大、花色鲜艳，是十分重要的蔷薇属育种材料和观赏资源，具有巨大的开发应用潜力。可用于布置花坛、花境、庭院。因其攀缘生长的特性，主要用于垂直绿化。云南省农业科学院花卉研究所和云南格桑花卉有限责任公司对中甸刺玫研究较多，并选育出2个新品种“格桑红”和“格桑粉”，已通过云南省林业厅园艺植物新品种注册登记审查。

33. 红花檵木

红花檵木又名红继木、红梽木、红桎木、红檵花、红梽花、红桎花、红花继木，是金缕梅科檵木属檵木的变种。分布于印度北部及中国湖南、广西、江苏等长江中下游及以南地区。红花檵木经过近年来的开发利用，其品种变异类型渐多，已经具有多个栽培品种，且品种选育已到第五代。目前推广应用的品种有：第三代单面红、第四代透骨红及第五代双面大叶红，共3代，约含有15个类型近50个品种；常用红花檵木品种也可从叶色、春花时间上分为早花型、中花型和晚花型3类。

（1）形态特征

叶互生，革质，卵形，全缘。嫩枝淡红色，越冬老叶暗红色，嫩枝被暗红色星状毛。花4～8朵簇生于总状花梗上，呈顶生头状或短穗状花序，花瓣4枚，淡紫红色，带状线形。蒴果木质，倒卵圆形。种子长卵形，黑色，光亮。花期4～5月，果期9～10月。

（2）生态习性

野生状态的红花檵木生长在半阴环境，属中性植物，喜温暖湿润气候及疏松酸性土壤。萌发力及抗性强，较耐阴、耐旱、耐寒。野生状态的红花檵木开花与光照息息相关，在阳光充足的条件下花繁叶茂，反之则花、叶颜色暗淡且花少。红花檵木的芽为混合芽，具早熟性，一年内能多次抽梢、开花。红花檵木对光的适应性很强，光合能力和固碳能力较原种檵木小。

（3）园林用途及经济用途

园林用途：红花檵木作为彩叶观赏树种，可与其他植物种类搭配构成优美的图形，为城市绿地和庭院绿化增添亮丽色彩，是美化各类城市绿地的优良观赏树种，可广泛用于色篱、色雕、模纹花坛、灌木球、盆景、桩景等城市园林绿化美化。

经济用途：根、叶、花、果均可药用，具有清暑解热、止咳、止血、通经活络等功效。

（4）红花檵木在云南的开发利用

红花檵木是云南园林绿地中常见的观赏植物，常用作地被和造型灌木球。苗圃中苗木保有量很大。

34. 红千层

红千层为桃金娘科红千层属常绿灌木或小乔木，别名有串钱柳、瓶刷木和金宝树等。

（1）形态特征

常绿灌木或小乔木，株高2～5m，树皮呈灰褐色。叶如披针，似罗汉松叶而终年不凋，四季常青，嫩枝和叶片披白色柔毛，叶互生，长3～8cm，宽2～5mm，坚硬，无毛，有透明腺点，中脉明显，无柄。穗状花序，有多数密生的花；花红色，无梗；萼筒钟形，裂片5，脱落；花瓣5，脱落；雄蕊多数，红色；子房下位，蒴果顶端开裂；穗状花序着生枝顶，长10cm，似瓶刷状，花无柄，苞片小，花瓣5枚，雄蕊多数，长2～5cm，整朵花均呈红色，簇生于花序上，形成奇特美丽的形态。花期较长，多集中于春末夏初。

（2）生态习性

红千层属阳性树种，耐烈日酷暑，性喜温暖湿润气候，耐-5℃低温和45℃高温，生长适温为25℃左右。生长速度快，春栽苗当年可长达1～1.5m，耐旱、耐涝、耐瘠薄、耐修剪，对水分要求不严，但在湿润的条件下生长较快。

（3）园林用途及经济用途

园林用途：红千层株形飒爽美观，开花珍奇美艳，花期长（春至秋季），每年春末夏初，火树红花，满枝吐焰，盛开时千百枝雄蕊组成一支支艳红的瓶刷子，甚为奇特。花期长，花数多，且生性强健，既抗旱，也耐涝，耐盐碱，栽培容易，深受人们的喜爱，适合庭院美化，为高级庭院美化观花树、行道树、风景树，还可作防风林、切花或大型盆栽，并可修剪整枝成为高贵盆景，是庭园观花树、行道树首选树种。在抗盐碱生态植物品种中，红千层是首选的优良观花树种。

经济用途：红千层的枝叶可入药，外用可治疗湿疹及跌打肿痛，内服可祛风、化痰，治疗感冒和哮喘等症。

（4）红千层在云南的开发利用

红千层对云南大部分地区的气候极为适应，是优良的观花树种。

35. 云南黄馨

云南黄馨为木犀科素馨属常绿半蔓性灌木，又名梅氏茉莉、南迎春。原产于我国云南、长江流域以南各地。春季开黄色花，枝条细长，弯曲或作拱形，常作为城市垂直绿化植物。

（1）形态特征

常绿直立亚灌木，高0.5～5m，枝条下垂。小枝四棱形，具沟，光滑无毛。叶对生，三出复叶或小枝基部具单叶；叶柄长0.5～1.5cm，具沟；叶片和小叶片近革质，两面几无毛，中脉在下面凸起，侧脉不甚明显；小叶片长卵形或长卵状披针形，顶生小叶片长2.5～6.5cm，宽0.5～2.2cm。花冠黄色，漏斗状，花冠管长1～1.5cm，裂片6～8枚，宽倒卵形或长圆形，长1.1～1.8cm，宽0.5～1.3cm，栽培时出现重瓣。果椭圆形，两心皮基部愈合，径6～8mm。花期11月至翌年8月，果期3～5月。

（2）生态习性

产于四川西南部、贵州、云南，生峡谷、林中，海拔500～2600m。我国各地均有栽培。性耐阴，全日照或半日照均可，喜温暖植物。花期过后应修剪整枝，有利再生新枝及开花。

（3）园林用途

云南黄馨的枝条细长、拱形、柔软下垂，保持常绿，常用作绿篱，有很好的绿化效果。花蕾尖端呈红色，开黄色半重瓣小花，花期延续时间很长，适合花架绿篱或坡地高地悬垂栽培，如植于假山上，其枝条和盛开的黄色花朵，别具风格。在全国各地应用极为广泛，常作为垂直绿化植物用于屋顶、阳台的绿化及公园、厂矿、隔车带等，还可以用作盆景的制作及插花等花卉装饰，亦可制成独立的直干树形。

（4）云南黄馨在云南的开发利用

在云南，云南黄馨是城市园林绿化的重要材料，常应用于街道两旁的垂直绿化或街边绿篱。

36. 茉莉

茉莉为木犀科素馨属常绿灌木或藤本植物，原产于印度、巴基斯坦，中国早已引种，并广泛种植。茉莉的叶色翠绿，花色洁白，香气浓郁，是最常见的芳香性盆栽花木，它象征着爱情和友谊。根据花冠层数的多少，茉莉可分为单瓣茉莉、双瓣茉莉和多瓣茉莉三个品种。

（1）形态特征

常绿小灌木或藤本状灌木，高达3m。枝条细长，略呈藤本状。小枝圆柱形或稍压扁状。单叶对生，叶片纸质，圆形、椭圆形、卵状椭圆形或倒卵形，叶脉明显，叶面微皱。聚伞花序顶生或腋生，通常有花3朵，有时单花或多达5朵；花序被短柔毛；花冠白色花极芳香，有单瓣、双瓣和多瓣型，以双瓣型为主；花着生在新梢上，夜间开放。果球形，径约1cm，呈紫黑色。花期6～10月，由初夏至晚秋开花不绝，果期7～9月。

（2）生态习性

性喜温暖湿润，在通风良好、半阴环境生长最好，夏季高温潮湿，光照强，则开花最多、最香，若光照不足，则叶大节细，花小。生长适温25～33℃，生长期要有充足的水分和潮湿的气候，空气湿度在80%～90%最好，喜肥，pH 5.5～7.0。

（3）园林用途及经济用途

园林用途：茉莉花以芳香著称于世，其花朵洁白馨香，且花期较长，适合盆栽观赏或作插花之用，也作为常见的庭园及盆栽观赏的芳香花卉。

经济用途：茉莉花还可制花茶，香气清雅，在熏茶花花卉中居首位。从茉莉花中提取的茉莉浸膏，有强烈的茉莉香气，是香料工业调制茉莉型香料的主要原料，它应用于优质香皂、高级化妆护肤用品等日用化学工业，以及作为医药工业的原料。茉莉花所含的挥发油性物质，还具有行气止痛、解郁散结的作用，可缓解胸腹胀痛、下痢里急后重等病状，为止痛之食疗佳品。

（4）茉莉在云南的开发利用

在云南，茉莉花除用作观赏、闻香和花茶、提制香原料外，手工制作的茉莉花环也是我国诸多少数民族传递情谊信物。云南省元江县是茉莉的重要产区。

37. 小叶女贞

小叶女贞为木犀科女贞属小灌木，产于中国中部、东部和西南部。如陕西、山东、江苏、安徽、浙江、江西、河南、湖北、四川、贵州西北部、云南、西藏察隅。

（1）形态特征

落叶或半常绿灌木，高1～3m。叶片薄革质，形状和大小变异较大，披针形、长圆状椭圆形、椭圆形、倒卵状长圆形至倒披针形或倒卵形，先端锐尖、钝或微凹，基部狭楔形至楔形，叶缘反卷，上面深绿色，下面淡绿色，常具腺点。圆锥花序顶生，近圆柱形；花白色，香，无梗；花冠裂片卵形或椭圆形。先端钝果倒卵形、宽椭圆形或近球形，呈紫黑色。花期5～7月，果期8～11月。

（2）生态习性

小叶女贞喜阳，稍耐阴，较耐寒，华北地区可露地栽培，对二氧化硫、氟化氢、氯气等毒气有较好的抗性。耐修剪，萌发力强，适生于肥沃、排水良好的土壤。生境是沟边、路旁、河边灌丛中、山坡。海拔100～2500m。

（3）园林用途和经济用途

园林用途：小叶女贞主枝叶紧密、圆整，庭院中常栽植观赏，为园林绿化的重要绿篱材料和花坛材料。以灌木球形态的小叶女贞球，主要用于道路绿化、公园绿化、住宅区绿化等。加上抗多种有毒气体和滞尘力强的特性，是优良的抗污染树种。小叶女贞叶小、常绿，且耐修剪，生长迅速，也是制作盆景的优良树种。

经济用途：小叶女贞的叶还可入药，具清热解毒等功效，治烫伤、外伤；树皮也可入药，治烫伤。

（4）小叶女贞在云南的开发利用

在云南昆明，小叶女贞是传统且主要的城市道路地被植物，出现的频率在20%以上，多数用作绿篱、绿墙、绿屏，主要以小灌木的形式或球型的造型出现。另外也常应用在公园的造景工程中，如昆明市昙华寺公园中有小叶女贞与杜鹃等其他植物的搭配篱植；宝海公园与大观楼公园将小叶女贞和红花檵木修剪成球形或圆柱形用于篱植，或将小叶女贞分散种植于绿地中作为上层植物等应用方式。

38. 大叶黄杨

大叶黄杨为卫矛科卫矛属常绿灌木或小乔木，别名为冬青卫矛或正木。各省普遍栽培，供观赏。本种极耐修剪，是良好的绿篱材料。用插条或扦插繁殖。栽培的变种很多，常见的有银边冬青卫矛，叶边缘白色；金边冬青卫矛，叶边缘黄色；金心冬青卫矛，叶面有黄色斑点，有的枝端也为黄色；斑叶冬青卫矛，叶形大，亮绿色，叶面有黄色，均为重要观叶树种。

（1）形态特征

大叶黄杨虽为常绿灌木，但高可达3m。小枝四棱，具细微皱突。叶革质，有光泽，倒卵形或椭圆形，先端圆阔或急尖，基部楔形，边缘具有浅细钝齿。聚伞花序，花白绿色，花瓣近卵圆形，雄蕊花药长圆状，内向；子房每室2胚珠，着生中轴顶部。蒴果近球状，淡红色。种子每室1个，顶生，椭圆状，假种皮橘红色，全包种子。花期6～7月，果熟期9～10月。

（2）生态习性

为温带及亚热带树种，原产日本，现分布在日本以及中国，生长于海拔1000～1200m的地区，目前已由人工引种栽培。我国南北各省区均有栽培，野生种多在近人家处发现，是否栽培逸出，尚不详知。大叶黄杨喜温暖湿润和阳光充足的环境，耐寒性较强。耐阴，耐干旱瘠薄，宜在肥沃、疏松的沙壤土中生长。

（3）园林用途和经济用途

园林用途：大叶黄杨的枝叶茂密，四季常青，叶色亮绿，且有许多花枝、斑叶变种，是美丽的观叶树种。园林中常用作绿篱及背景种植材料，亦可丛植草地边缘或列植于园路两旁，若加以修饰成型，更适合用于规划式对称配植，主要用于花坛绿化、道路绿化；同时，亦是基础种植、街道绿化和工厂绿化的好材料。其花叶、斑叶变种更宜盆栽，用于室内绿化及会场装饰等。

经济用途：大叶黄杨树皮含硬橡胶，有利尿、强壮之效。

（4）大叶黄杨在云南的开发利用

在云南，大叶黄杨在城市街道、公园和小区的绿地中常见，一般用作造型灌木球或绿篱栽植。

39. 瑞香

瑞香为瑞香科瑞香属常绿小灌木植物，古称露甲，又名睡香、毛瑞香、千里香、山梦花等。瑞香早春开花，香味浓郁，其变种金边瑞香为瑞香中之佳品，以“色、香、姿、韵”四绝蜚声世界，是世界园艺三宝之一，故有“牡丹花国色天香，瑞香花金边最良”之说。

（1）形态特征

常绿直立灌木、高1.5～2m，丛生。茎光滑，枝粗壮，小枝近圆柱形，紫红色或紫褐色，无毛。单叶互生，多聚集顶端，全缘而有光泽，长椭圆形，全缘，浓绿光润，深绿质厚，有光泽；叶柄粗壮，散生极少的微柔毛或无毛。花簇生于枝顶端，头状花序有总梗，花被筒状，上端4裂，花外面淡紫红色，内面肉红色，无毛，数朵12朵组成顶生头状花序；花径1.5cm，白色，或紫或黄，具浓香；子房长圆形，无毛，顶端钝形，花柱短，柱头头状。果实红色。花期3～5月，果期7～8月。

（2）生态习性

瑞香原产中国，为中国传统名花。分布于长江流域以南各省区，现在日本亦有分布。自宋代起始有人工栽培，主要栽培变种有毛瑞香、蔷薇瑞香和金边瑞香等三种。金边瑞香为瑞香中的佼佼者。瑞香喜温暖，爱通风，忌多水，瑞香萌发力强，耐修剪，且病虫害很少，栽培繁殖较为容易。喜中酸性，爱松壤土，要栽浅土，忌种得深，喜散射光，爱光照长，忌强光；喜氮磷钾，爱基肥，要薄肥勤施，忌肥沾花。

（3）园林用途和经济用途

园林用途：瑞香的观赏价值很高，其花虽小，却锦簇成团，花香清馨高雅。瑞香树姿优美，树冠圆形，条柔叶厚，枝干婆娑，花繁馨香，寓意祥瑞，观赏以2月开花期为佳。

经济用途：瑞香的根、茎、叶、花均可入药。它性甘无毒，具有清热解毒、消炎祛肿、活血祛瘀之功能。民间常用鲜叶捣烂治咽喉肿痛、牙齿痛、血疗热疖，另外，瑞香的茎皮纤维为造纸的良好原料。

（4）瑞香在云南的开发利用

瑞香在云南主要应用于庭院绿化及盆栽制作，多将它修剪为球形，与其他植物搭配供点缀之用。

40. 虾衣花

虾衣花为爵床科麒麟吐珠属多年生草本或常绿亚灌木，又称虾夷花、虾衣草、狐尾木、麒麟吐珠。虾衣花的苞片重叠成串，下倾，花序长约10cm，似龙虾、狐尾，十分有趣。在我国南部的庭园和花圃中极常见，盆栽或露地栽种均生长良好。而中部地区须在温室内越冬。

（1）形态特征

多分枝的草本，高20～50cm。茎圆柱状，被短硬毛。叶卵形，顶端短渐尖，基部渐狭而成细柄，全缘，两面被短硬毛。穗状花序顶生，长6～9cm，下垂，具棕色、红色、黄绿色、黄色的宿存苞片；萼白色，长约为冠管的1/4；花冠白色，在喉凸上有红色斑点，伸出苞片之外，冠檐深裂至中部，被短柔毛；花分上下二唇形，上唇全缘或稍裂，下唇浅裂，上有3行紫斑花纹；2雄蕊。蒴果未见。

（2）生态习性

原产墨西哥，美国佛罗里达逸生。虾衣花喜温暖、湿润环境，最低温度5～10℃，喜光忌暴晒，喜湿润，有一定的耐阴、耐旱能力。生长期间，如果阳光不足，苞片色彩就浅淡不美观，开花也少。越冬温度不得低于16℃，并给予充足光照，常年开花不断。虾衣花抗性强，其病虫害少，但温室栽培中应注意防治介壳虫、红蜘蛛危害。在我国南部的庭园和花圃中极常见，盆栽或露地栽种均生长良好，而中部地区须在温室内越冬。

（3）园林用途及经济用途

虾衣花常年开花，苞片宿存，重叠成串，似龙虾，十分奇特有趣，适宜盆栽，放在室内高架上四季观赏，也可作花坛布置或制作盆景，还可植于庭院的路边、墙垣边观赏。园林中常片植于路边、花坛观赏。

经济用途：虾衣花可全株入药，有清热解毒、散瘀消肿的功效，常用于治疗疔疮疖肿、跌打肿痛。

（4）虾衣花在云南的开发利用

在云南主要用于布置花坛或者盆栽室内观赏，也常作花篱、布置花境或种植于树池，以及居家阳台布置。

41. 鸭嘴花

鸭嘴花为爵床科鸭嘴花属大灌木，别名有野靛叶、大还魂、鸭子花、大驳骨、大驳骨消、牛舌兰、龙头草、大叶驳骨兰、大接骨等。最早在印度发现，分布于亚洲东南部。

（1）形态特征

大灌木，高达1～3m。枝圆柱状，灰色，有皮孔，嫩枝密被灰白色微柔毛。叶纸质，矩圆状披针形至披针形，或卵形或椭圆状卵形，顶端渐尖，有时稍呈尾状，基部阔楔形，全缘，上面近无毛，背面被微柔毛；中脉在上面具槽，侧脉每边约12条。茎叶揉后有特殊臭气。穗状花序卵形或稍伸长；苞片卵形或阔卵形，被微柔毛；小苞片披针形，稍短于苞片，萼裂片5，矩圆状披针形；花冠白色，有紫色条纹或粉红色，被柔毛，冠管卵形。蒴果近木质，上部含4粒种子，下部实心短柄状。

（2）生态习性

原产亚洲热带，性喜温暖、湿润环境，适生温度15～30℃；不耐寒，冬室温度需5℃以上；较耐阴，在直射光下叶片易灼焦，喜疏松肥沃排水良好的微酸性砂质壤土；耐修剪，土壤要求肥沃、疏松。主要以扦插繁殖为主，也可用分株和播种法繁殖。扦插宜在5～6月份进行，分株在春季进行。生长期间放置半阴处，并注意保持土壤和空气湿度。越冬温度应在8℃以上。每半月施薄肥1次，以氮肥为主。花谢后，要及时剪除残花。

（3）园林用途及经济用途

园林用途：鸭嘴花的花形似鸭嘴，花瓣白色，内瓣着生紫红色条纹，是美丽的室内观赏花卉。一年有春夏两季的花期，一般作盆栽观赏，南方暖地可作庭园绿篱栽培。

经济用途：鸭嘴花还可作为一种珍贵的药用资源。以全株入药，全年可采，多鲜用或洗净晒干。可续筋接骨、祛风活血、散瘀止痛；用于治疗骨折、扭伤、风湿关节痛、腰痛。

（4）鸭嘴花在云南的开发利用

鸭嘴花在云南广有分布。常作盆花栽培，陈设于室内几案上及园林的亭阁水榭中，也作庭园绿篱栽培。

42. 五色梅

五色梅为马鞭草科马缨丹属直立或半藤状灌木，又名马樱丹、五彩花、臭草、如意草、七变花等。原产美洲热带地区，现在我国台湾、福建、广东、广西见有逸生。常生长于海拔80～1500m的海边沙滩和空旷地区。世界热带地区均有分布。五色梅花期长，花色丰富多变，有红、橙、黄、粉、白等色，有的花初开时为黄色或粉色，渐渐变为橘黄或橘红，最后变为红色，故有五色梅、七变花之称。

（1）形态特征

高1～2m，有时藤状，长达4m，有强烈臭气，全株被短毛。枝条生长呈藤状，呈四方形，有短柔毛，通常有短而倒钩状刺。单叶对生，卵形或卵状长圆形，先端渐尖，基部圆形，两面粗糙有毛，揉烂有强烈的气味，叶片卵形至卵状长圆形。头状花序腋生于枝梢上部，每个花序20多朵花，花冠筒细长，顶端多5裂，状似梅花；花冠颜色多变，黄色、橙黄色、粉红色、深红色；子房无毛，果为圆球形浆果，熟时紫黑色。花期5～10月，在南方露地栽植几乎一年四季有花。

（2）生态习性

五色梅为热带植物，喜高温高湿，也耐干热，耐干旱瘠薄，但抗寒力差，保持气温10℃以上，叶片不脱落。忌冰雪，对土壤适应能力较强，耐旱耐水湿，对肥力要求不严，在疏松肥沃排水良好的沙壤土中生长较好。

（3）园林用途及经济用途

园林用途：五色梅品种较多，以黄、红、橙黄、紫、白等花色较常见。有些品种在开花期间，橘红及红色等混杂色。作为地被观赏以黄花、紫花品种应用最广。五色梅具有吸引蝴蝶的诱因，每当花开时，会有许多蝴蝶翩翩而至。观花期长，绿树繁花，常年艳丽，抗尘、抗污力强，华南地区可植于公园、庭院中做花篱、花丛，也可于道路两侧、旷野形成绿化覆盖植被。

经济用途：五色梅还可以根或全株入药，全年可采，晒干或鲜用。根、叶、花作药用，有清热解毒、散结止痛、祛风止痒之效；可治疗疟疾、肺结核、颈淋巴结核、腮腺炎、胃痛、风湿骨痛等。

（4）五色梅在云南的开发利用

五色梅在云南滇中以南地区种植广泛，是优良的园林绿化植物。

43. 假连翘

假连翘为马鞭草科假连翘属灌木，原产热带美洲，我国南部常见栽培，常逸为野生。

（1）形态特征

常绿蔓性灌木，植株高约1.5～3m。枝条有皮刺，幼枝有柔毛，下垂或平卧。叶对生，少有轮生，叶片卵状椭圆形或卵状披针形，纸质，顶端短尖或钝，基部楔形，全缘或中部以上有锯齿，有柔毛；叶柄有柔毛。总状花序顶生或腋生，常排成圆锥状，通常着生在中轴一侧，花冠蓝紫色或白色；花萼管状，有毛，5裂，有5棱；花冠通常蓝紫色，稍不整齐，5裂，裂片平展，内外有微毛；花柱短于花冠管；子房无毛。核果球形，肉质，卵形，无毛，有光泽，熟时红黄色，有增大宿存花萼包围。花果期5～10月，在南方可为全年。

（2）生态习性

喜光，耐半阴，喜温暖湿润气候，耐修剪，抗寒力较低，遇5～6℃长期低温或短期霜冻，植株受寒害。华南北部以至华中、华北的广大地区，均只宜盆栽，温室或室内防寒越冬，室温不低于8℃。对土壤的适应性较强，沙质土、黏重土、酸性土或钙质土均宜。较喜肥，贫瘠地生长不良。耐水湿，不耐干旱。盆栽或地植均宜施足基肥，以后每年生长旺盛期，施复合肥1～2次。

（3）园林用途及经济用途

园林用途：树姿优美、生长旺盛，早春先叶开花，终年开放着蓝紫色或白色小花，花量多，盛开时芬芳四溢，令人赏心悦目。入秋后果实变色，总状果序悬挂在梢头，橘红色或金黄色，有光泽，如串串金粒，经久不脱落，极为艳丽，十分逗人喜爱。因此，假连翘是一种重要的观叶观果植物，适于作绿篱、绿墙、花廊，或攀附于花架上，或悬垂于石壁、砌墙上，均很美丽，是观光农业和现代园林难得的优良树种。

经济用途：果、叶富含黄酮和二萜类化合物，对昆虫有拒食、忌避和酶抑制作用。

（4）假连翘在云南的开发利用

假连翘是云南滇中以南地区重要的园林观赏植物，主要作为地被或灌木球栽培。

44. 江边刺葵

江边刺葵为棕榈科刺葵属植物，又名软叶刺葵、美丽针葵、罗比亲王海枣，分布于印度、越南、缅甸以及我国广东、广西、云南等地，生长于海拔480～900m的地区于江岸边，目前已由人工引种栽培，可作庭园观赏植物。

（1）形态特征

常绿灌木，茎丛生，栽培时常为单生，高1～3m，稀更高，直径达10cm，具宿存的三角状叶柄基部。伞形羽状复叶全裂，叶长1～1.5m，羽片线形，柔软而弯垂，长20～30cm，两面深绿色，背面沿叶脉被灰白色的糠秕状鳞秕，呈2列排列，下部羽片变成细长软刺。佛焰苞长30～50cm，仅上部裂成2瓣；雄花序与佛焰苞近等长，雌花序短于佛焰苞；分枝花序长而纤细，长达20cm；雄花花萼长约1mm，顶端具三角状齿；花瓣3，针形，长约9mm，顶端渐尖；雄蕊6；雌花近卵形，长约6mm；花萼顶端具明显的短尖头。果实长圆形，长1.4～1.8cm，直径6～8mm，顶端具短尖头，成熟时枣红色，果肉薄而有枣味。花期4～5月，果期6～9月。

（2）生态习性

属热带常绿树种，性喜温暖湿润、半阴且通风良好的环境，不耐寒，较耐阴，畏烈日。适宜生长在疏松、排水良好、富含腐殖质的土壤。越冬最低温要在10℃以上。

（3）园林用途

园林用途：江边刺葵的树姿雄健，叶丛圆浑紧密，细密的羽状复叶潇洒飘逸，颇显南国热带风光。叶片浅绿色、光亮、稍弯曲下垂，是优良的盆栽观叶植物，适合于一般家庭布置客厅、书房，雅观大方，洋溢着热带情调。大型植株常用于会场、大型建筑的门厅、前厅及露天花坛、道路的布置。在光线较暗的室内摆放的时间不宜太久，约2～3周更换1次。

（4）江边刺葵在云南的开发利用

江边刺葵在云南滇中以南地区园林中常见，适合栽植于庭院观赏。

45. 棕竹

棕竹为棕榈科棕竹属植物，产我国南部至西南部，日本亦有分布。树形优美，是庭园绿化的好材料。

（1）形态特征

丛生灌木，高2～3m，茎圆柱形，有节，直径1.5～3cm，上部被叶鞘。叶掌状深裂，裂片4～10片，长20～32cm或更长，宽1.5～5cm，宽线形或线状椭圆形，先端宽，截状而具多对稍深裂的小裂片，边缘及肋脉上具稍锐利的锯齿，横小脉多而明显。2～3个分枝花序，其上有1～2次分枝小花穗，花枝近无毛，花螺旋状着生于小花枝上。果实球状倒卵形，直径8～10mm。种子球形，胚位于种脊对面近基部。花期6～7月，果10～12月成熟。

（2）生态习性

棕竹喜温暖湿润及通风良好的半阴环境，不耐积水，极耐阴，夏季炎热光照强时，应适当遮阴，常繁生山坡、沟旁荫蔽潮湿的灌木丛中。适宜温度10～30℃，气温高于34℃时，叶片常会焦边，生长停滞，越冬温度不低于5℃。株形小，生长缓慢，要求疏松肥沃的酸性土壤，不耐瘠薄和盐碱，要求较高的土壤湿度和空气温度。栽培的有大叶、中叶和细叶棕竹之分，另外还有花叶棕竹。

（3）园林用途及经济用途

园林用途：棕竹株丛繁茂，叶片铺散开张如扇，叶色浓绿而有光泽，四季常青，有热带的韵味，观赏价值很高，是很好的观叶植物。配植于窗前、路旁、花坛、廊隅处，均极为美观，也可盆栽培装饰室内，或制作盆景。在长江流域以南，其是庭院、窗前、路旁等半阴处常绿装饰植物。如做成丛林式，再配以山石，更富诗情画意。

经济用途：棕竹根及叶鞘纤维可入药，有祛风除湿、收敛止血的功效，可治疗各种外伤疼痛、鼻衄、咯血、产后出血过多等疾病。

（4）棕竹在云南的开发利用

棕竹是云南常见的园林植物，常用于庭院栽培。

46. 凤尾丝兰

凤尾丝兰为百合科丝兰属植物，又叫千手兰、剑叶丝兰、菠萝花。凤尾丝兰于室内外栽植均可，是一种观赏性较高的花卉。

（1）形态特征

多年生常绿灌木，具短茎或高达5m的茎，常分枝。叶密集，丛生螺旋状排列于短茎上，呈放射状展开，呈莲座状；叶表面有蜡质层，质坚硬形似剑，顶端硬尖，边缘光滑。圆锥花序高1m多，花序上着生花200～400朵，从下至上逐渐开放，花大而下垂，花白色至乳黄色，顶端常带紫红色，钟形，花被6片，卵状菱形。蒴果干质，不开裂，长5~6cm，下垂，椭圆状卵形。花期7~9月。

（2）生态习性

原产北美东部及东南部，我国南方园林中常栽培观赏。有一定耐寒性，但在华北地区种植需稍加保护方能越冬。喜疏松、排水良好的沙质壤土。喜温暖湿润和阳光充足环境，耐寒，耐阴，耐旱，也较耐湿。生长势强健，栽培甚易。通常用分株和播种法繁殖。由于其叶片尖部为硬刺，易伤人，不宜家庭中种植。

（3）园林用途及经济用途

园林用途：凤尾丝兰常年浓绿，数株成丛，高低不一，开花时花茎高耸挺立，繁多的白花下垂，姿态优美，可布置在花坛中心、池畔、台坡和建筑物附近。由于其巨大的花序十分引人注目，很受人们欢迎。

经济用途：叶纤维韧性强，可制缆绳。

（4）凤尾丝兰在云南的开发利用

凤尾丝兰是云南常见的园林观赏植物，常用于道路、厂矿区绿化等。

47. 迎春花

迎春花为木犀科素馨属落叶灌木花卉植物。因其在百花之中开花最早，花后即迎来百花齐放的春天而得迎春之名。它与梅花、水仙和山茶花统称为“雪中四友”，是我国常见的花卉之一。

（1）形态特征

落叶灌木，直立或匍匐，高0.3~5m。枝条下垂，枝梢扭曲，光滑无毛，小枝四棱形，棱上多少具狭翼。叶对生，三出复叶；小叶片卵形、长卵形或椭圆形。花单生于去年生小枝的叶腋，稀生于小枝顶端；花冠黄色，花冠管长0.8~2cm，基部直径1.5~2mm，向上渐扩大，裂片5~6枚，长圆形或椭圆形。花期6月。

（2）生态习性

原产中国华南和西南的亚热带地区，生于海拔800~2000m的山坡灌丛中，在我国的甘肃、陕西、四川、云南西北部，西藏东南部均可生长。该种植物首先发现栽种于我国长江流域一带的庭园中，我国及世界各地普遍栽培。

喜光，稍耐阴，略耐寒，耐旱，不耐涝，要求温暖而湿润的气候。适宜疏松肥沃和排水良好的沙质土，在酸性土中生长旺盛，碱性土中生长不良。根部萌发力强，枝条着地部分极易生根。

（3）园林用途及经济用途

园林用途：迎春枝条披垂，冬末至早春先花后叶，花色金黄，叶丛翠绿。在园林绿化中宜配置在湖边、溪畔、桥头、墙隅，或在草坪、林缘、坡地，房屋周围也可栽植，可供早春观花。迎春的绿化效果突出，体现速度快，在各地都有广泛使用。栽植当年即有良好的绿化效果，山东、北京、天津、安徽等地都有使用迎春作为花坛观赏灌木的案例。迎春花不仅花色端庄秀丽，气质非凡，而且具有不畏寒威、不择风土、适应性强的特点，历来为人们所喜爱。

经济用途：迎春花还可全株入药，主治发热头痛、小便热痛；其叶可活血解毒、消肿止痛，主治肿毒恶疮、跌打损伤、创伤出血等。

（4）迎春花在云南的开发利用

迎春花在云南城市绿地中偶见栽培。

48. 荚蒾

荚蒾为忍冬科荚蒾属落叶灌木。为中国原产种，主产浙江、江苏、山东、河南、陕西、河北等省。

（1）形态特征

灌木，高1.5～3m。叶纸质，宽倒卵形、倒卵形或宽卵形，无托叶。复伞形式聚伞花序稠密，生于具1对叶的短枝之顶，直径4～10cm，萼和花冠外面均有簇状糙毛；花冠白色，辐状。果实红色，椭圆状卵圆形；核扁，卵形。花期5～6月，果熟期9～11月。

（2）生态习性

荚蒾为温带植物，喜光，喜温暖湿润，也耐阴，耐寒。对气候因子及土壤条件要求不严，最好是微酸性肥沃土壤，地栽、盆栽均可，管理可以粗放。

（3）园林用途及经济用途

园林用途：荚蒾枝叶稠密，入秋变为红色；开花时节，纷纷白花布满枝头；果熟时，累累红果，令人赏心悦目。集叶花果为一树，实为观赏佳木，是制作盆景的良好素材。

经济用途：荚蒾根、枝、叶可入药。枝、叶清热解毒，疏风解表，用于疔疮发热、风热感冒；外用治过敏性皮炎。根祛瘀消肿，用于淋巴结炎（丝虫病引起）、跌打损伤。

（3）荚蒾在云南的开发利用

云南保山有荚蒾原生种分布。近年来从外省引入了一些园林专用品种，在园林绿化中有一定应用。

49. 锦带花

锦带花为忍冬科锦带花属落叶灌木。在园林应用上是华北地区主要的早春花灌木。适宜庭院墙隅、湖畔群植，也可在树丛林缘作花篱、丛植配植，点缀于假山、坡地。

（1）形态特征

落叶灌木，高达1～3m。叶矩圆形、椭圆形至倒卵状椭圆形，长5～10cm，顶端渐尖，基部阔楔形至圆形。花单生或成聚伞花序生于侧生短枝的叶腋或枝顶；花冠紫红色或玫瑰红色，长3～4cm，直径2cm，外面疏生短柔毛，裂片不整齐，开展，内面浅红色。果实长1.5～2.5cm，顶有短柄状喙，疏生柔毛。种子无翅。花期4～6月。

（2）生态习性

喜光，耐阴，耐寒。对土壤要求不严，能耐瘠薄土壤，但以深厚、湿润而腐殖质丰富的土壤生长最好，怕水涝。萌芽力强，生长迅速。

（3）园林用途

锦带花的花期正值春花凋零、夏花不多之际，花色艳丽而繁多，故为东北、华北地区重要的观花灌木之一。其枝叶茂密，花色艳丽，花期可长达两个多月，在园林应用上是华北地区主要的早春花灌木。适宜庭院墙隅、湖畔群植，也可在树丛林缘作篱笆、丛植配植，点缀于假山、坡地。锦带花对氯化氢抗性强，是良好的抗污染树种。花枝可供瓶插。

（4）锦带花在云南的开发利用

锦带花在昆明市有引种栽培，常见的品种有“红王子”锦带花。

50. 枸骨

枸骨又名老虎刺、猫儿刺，为冬青科冬青属常绿小乔木或灌木。

（1）形态特征

常绿灌木或小乔木，树皮灰白色，高1～3m。叶片厚革质，二型，四角状长圆形或卵形，长4～9cm，宽2～4cm，先端具3枚尖硬刺齿，中央刺齿常反曲，基部圆形或近截形，两侧各具1～2刺齿，有时全缘（此情况常出现在卵形叶），叶面深绿色，具光泽，背淡绿色，无光泽，两面无毛；雄花：花梗长5～6mm，无毛，基部具1～2枚阔三角形的小苞片；花冠辐状，直径约7mm，花瓣长圆状卵形，长3～4mm，反折，基部合生；雌花：花梗长8～9mm，果期长达13～14mm，无毛，基部具2枚小的阔三角形苞片。果球形，直径8～10mm，成熟时鲜红色，基部具四角形宿存花萼，顶端宿存柱头盘状，明显4裂。花期4～5月，果期10～12月。

（2）生态习性

生于海拔150～1900m的山坡、丘陵等的灌丛中、疏林中以及路边、溪旁和村舍附近。耐干旱，喜肥沃的酸性土壤，不耐盐碱，较耐寒，长江流域可露地越冬，能耐-5℃的短暂低温，喜阳光，也能耐阴。

（3）园林用途及经济用途

园林用途：枸骨枝叶稠密，深绿光亮，入秋红果累累，经冬不凋，是良好的观叶、观果树种。宜作基础种植及岩石园材料，也可孤植于花坛中心、对植于前庭及路口，或丛植于草坪边缘。同时又是很好的绿篱（兼有果篱、刺篱的效果）及盆栽材料，选其老桩制作盆景亦饶有风趣。果枝可供瓶插，经久不凋。

经济用途：其根、枝叶和果可入药。根有滋补强壮、活络、清风热、祛风湿之功效。枝叶用于治肺痨咳嗽、劳伤失血、腰膝痿弱、风湿痹痛。果实用于治阴虚身热、淋浊、崩漏带下、筋骨疼痛等症。种子含油，可作肥皂原料，树皮可作染料和提取栲胶，木材软韧，可用作牛鼻栓。

（4）枸骨在云南的开发利用

枸骨在昆明等地区庭院绿化中有栽培，在传统中药以及云南民族医药中有应用。

51. 龟甲冬青

龟甲冬青为冬青科冬青属常绿小灌木钝齿冬青栽培变种。

（1）形态特征

龟甲冬青常绿灌木，高可达5m。多分枝，小枝有灰色细毛。叶小而密，叶面凸起，厚革质，椭圆形至长倒卵形。花白色，果球形，黑色。树皮灰黑色，幼枝灰色或褐色，具纵棱角，密被短柔毛，较老的枝具半月形隆起叶痕和疏的椭圆形或圆形皮孔。

（2）生态习性

龟甲冬青暖温带树种，适应性强，生态习性喜光，稍耐阴，喜温湿气候，较耐寒。阳地、阴处均能生长，但以湿润、肥沃的微酸性黄土最为适宜，中性土壤亦能正常生长。分布于长江流域至华南的地区。生于海拔700～2100m的丘陵、山地杂木林或灌木丛中。

（3）园林用途

龟甲冬青多用于园林成片栽植作为地被树，也常用于彩块及彩条基础种植，也可植于花坛、树坛及园路交叉口，观赏效果均佳。地被质地细腻，修剪后轮廓分明，保持时间长。因其有极强的生长能力和耐修剪的能力，常作为地被和绿篱使用，也可作盆栽。

（4）龟甲冬青在云南的开发利用

龟甲冬青在昆明等地区庭院绿化中有栽培。

52. 黄金榕

黄金榕为桑科榕属常绿乔木。我国台湾及华南、西南地区，东南亚及澳洲均有分布。

（1）形态特征

黄金榕树冠广阔，树干多分枝。单叶互生，叶形为椭圆形或倒卵形，叶表光滑，叶缘整齐，叶有光泽，嫩叶呈金黄色，老叶则为深绿色。球形的隐头花序，其中有雄花及雌花聚生。果实中，常有寄生蜂寄生其中。

（2）生态习性

喜半阴、温暖而湿润的气候。较耐寒，可耐短期的0℃低温，温度在25～30℃时生长较快，空气湿度在80%以上时易生出气根。喜光，但应避免强光直射。适应性强，长势旺盛，容易造型，病虫害少，一般土壤均可栽培。为热带树种，中国从南向北，随着气温的降低，树形也相应降低，在华南北部，一般高仅为20余m，胸径150cm。

（3）园林用途

黄金榕枝叶茂密，树冠扩展，是华南地区的行道树及庭荫树的良好树种。可成为草坪绿化主景，也可种植于高速公路分车带绿地，耐修剪，可以塑成各种造型的颜色景观。幼树可曲茎、提根靠接，作多种造型，制成艺术盆景。树性强健，叶色金黄亮丽，适作行道树、园景树、绿篱树或修剪造型，也可构成图案、文字。庭园、校园、公园、游乐区、庙宇等，均可单植、列植、群植或利用其来强调色彩变化。

（4）黄金榕在云南的开发利用

黄金榕是云南常见的园林观赏植物，多栽植于滇中以南地区的城市绿地中，昆明小气候较温暖的庭院也有栽培。

53. 花叶垂榕

花叶垂榕又名垂枝榕，为桑科榕属常绿灌木。花叶垂榕原产亚洲热带地区。

（1）形态特征

花叶垂榕为常绿灌木，株高1～2m，全株具乳汁。分枝较多，有下垂的枝条。叶互生，阔椭圆形，革质光亮，全缘，淡绿色，叶脉及叶缘具不规则的黄色斑块，叶柄长，托叶披针形。

（2）生态习性

喜温暖、湿润和散射光的环境。生长适温为13～30℃，越冬温度为8℃，温度低时容易引起落叶。生长旺盛期需充分浇水，并在叶面上多喷水，保持较高的空气湿度，对新叶生长十分有利。

（3）园林用途

花叶垂榕枝叶浓密，全年常绿，叶色清新，适合盆栽观赏，常用来布置宾馆和公共场所的厅堂、入口处，也适宜家庭客厅和窗台点缀。

（4）花叶垂榕在云南的开发利用

花叶垂榕是云南常见的园林观赏植物，多栽植于滇中以南地区的城市绿地中，昆明小气候较温暖的庭院也有栽培。

54. 竹叶榕

竹叶榕为桑科榕属小灌木。原产于我国广东、广西、云南、贵州、江西、湖北、浙江等地，多野生于小河边、小溪旁的向阳处。

（1）形态特征

小灌木，高1～3m。叶纸质，干后灰绿色，线状披针形，长5～13cm，先端渐尖，基部楔形至近圆形，表面无毛。雄花和瘿花同生于雄株榕果中，雄花，生内壁口部，有短柄，花被片3～4，卵状披针形，红色。榕果椭圆状球形，表面稍被柔毛，直径7～8mm，成熟时深红色，顶端脐状突起，基生苞片三角形，宿存，总梗长20～40mm。花果期5～7月。

（2）生态习性

喜光照，能耐直晒，也能耐半阴，过于荫蔽，长势不良。

（3）园林用途

竹叶榕适合盆栽观赏，常用来布置宾馆和公共场所的厅堂、入口处，也适宜家庭客厅和窗台点缀。庭园、校园、公园、游乐区等均可种植。

（4）竹叶榕在云南的开发利用

竹叶榕多栽植于滇中以南地区的城市绿地中。

55. 茶梅

茶梅为山茶科山茶属常绿灌木或小乔木，因其花型兼具茶花和梅花的特点，故称茶梅。

（1）形态特征

其树高可达12m，树冠球形或扁圆形。嫩枝有毛，叶革质，椭圆形，长3～5cm，宽2～3cm，先端短尖，基部楔形，有时略圆，上面干后深绿色，发亮，下面褐绿色，无毛，侧脉5～6对，在上面不明显，在下面能见，网脉不显著；边缘有细锯齿，叶柄长4～6mm，稍被残毛。花大小不一，直径4～7cm；苞及萼片6～7，被柔毛；花瓣6～7片，阔倒卵形，近离生，大小不一，最大的长5cm，宽6cm，红色。蒴果球形，宽1.5～2cm，1～3室。种子褐色，无毛。

（2）生态习性

喜阴湿，半阴情况最适合，夏日强光可能会灼伤叶和芽。宜生长在排水良好、富含腐殖质、湿润的微酸性土壤，pH 5.5～6为宜。

（3）园林用途

茶梅体态玲珑，叶形雅致，花色艳丽，花期长，是赏花、观叶俱佳的著名花卉。作为一种优良的花灌木，在园林绿化中有广阔的发展前景。树形优美、花叶茂盛的茶梅品种，可于庭院和草坪中孤植或对植；较低矮的茶梅可与其他花灌木配置花坛、花境，或作配景材料，植于林缘、角落、墙基等处作点缀装饰；茶梅姿态丰盈，花朵瑰丽，着花量多，适宜修剪，亦可作基础种植及常绿篱垣材料，开花时可为花篱，落花后又可为绿篱；还可利用自然丘陵地，在有一定庇荫的疏林中建立茶梅专类园，既可充分显示其特色，又能较好地保存种质资源。茶梅也可盆栽，摆放于书房、会场、厅堂、门边、窗台等处，倍添雅趣和异彩。

（4）茶梅在云南的开发利用

茶梅在昆明城市绿地中常见，苗木在宜良等地的苗圃有栽植。

56. 鸡蛋花

鸡蛋花，别名缅栀子、蛋黄花，为夹竹桃科鸡蛋花属植物。原产美洲，我国已引种栽培，我国广东、广西、海南、云南、福建等省区有栽培，在云南南部山中有逸为野生的。适合于庭院、草地中栽植，也可盆栽。可入药。

（1）形态特征

落叶小乔木，高约5m，最高可达8.2m，胸径15～20cm。枝条粗壮，带肉质，具丰富乳汁，绿色，无毛。叶厚纸质，长圆状倒披针形或长椭圆形，长20～40cm，宽7～11cm，顶端短渐尖，基部狭楔形，叶面深绿色，叶背浅绿色，两面无毛。花期5～10月，栽培极少结果，果期一般为7～12月。

（2）生态习性

鸡蛋花是阳性树种，性喜高温、湿润和阳光充足的环境。但也能在半阴的环境下生长，只是荫蔽环境下枝条徒长，开花少或长叶不开花。适宜栽植的土壤以深厚肥沃、通透良好、富含有机质的酸性沙壤土为佳。这样生长的植株健壮，花量大，花色鲜艳。耐干旱，忌涝渍，抗逆性好。耐寒性差，最适宜生长的温度为20～26℃，越冬期间长时间低于8℃易受冷害。在中国北回归线以南的广大城镇，露地栽培一般可安全越冬；华中、华北地区只宜盆栽，冬季入温室越冬。

（3）园林用途及经济用途

园林用途：鸡蛋花同时具备绿化、美化、香化等多种效果。在园林布局中可进行孤植、丛植、临水点缀等多种配置使用，深受人们喜爱，已成为中国南方绿化中不可或缺的优良树种。在广东、广西、云南等地被广泛应用于公园、庭院、绿带、草坪等的绿化、美化；而在中国的北方，鸡蛋花大都是用于盆栽观赏。

经济用途：鸡蛋花除了白色的之外，还有红、黄两种花色，都可提取香精供制造高级化妆品、香皂和食品添加剂之用，价格颇高，极具商业开发潜力；在南方地区常将白色的鸡蛋花晾干作凉茶饮料；其木材白色，质轻而软，可制乐器、餐具或家具。鸡蛋花经晾晒干后可以入药，具有清热解暑、润肺润喉咙功效，可以治疗咽喉疼痛等疾病。

（4）鸡蛋花资源的开发利用

鸡蛋花是云南南部地区著名的园林观赏植物，除用于园林绿化外，在茶饮和药材中也有应用。

57. 滇丁香

滇丁香为茜草科滇丁香属植物，常绿灌木或小乔木，别名露球花。原产中国西藏东南部，分布于云南、广西，常生长于海拔800～2400m的林下及林缘。因该属植物形态与丁香有相似之处，又以云南最多，故名“滇丁香”。

（1）形态特征

滇丁香（原变种），灌木或乔木，高2～10m。多分枝，小枝近圆柱形，有明显的皮孔。叶纸质，长圆形、长圆状披针形或广椭圆形，长5～22cm，宽2～8cm，顶端短渐尖或尾状渐尖，基部楔形或渐狭，全缘，上面无毛，下面常较苍白，无毛或被柔毛，或仅沿脉上被柔毛，常在脉腋内有簇毛。

（2）生态习性

滇丁香喜光，稍耐阴，在树阴下生长良好。喜温暖湿润的气候，分布区空气湿度在80%以上。成年植株可耐-5℃的短期低温，幼苗耐寒力弱，一般要求5℃以上的越冬温度。滇丁香对土壤要求不严，无论在酸性土还是碱性土上均能正常生长，以排水良好的疏松沙质土为好，不耐积水。

（3）园林用途及经济用途

园林用途：滇丁香株型优美，四季苍翠，伞房状的聚伞花序簇生枝顶，花期较长，花型较大且芬芳怡人。在园林中适合多种配植方式：可丛植或群植于路边、草坪边、水池边形成色彩绚丽的花带；可孤植或丛植于庭院或花坛形成美丽的造型；也可与其他树木配植于林缘营造美丽的自然景观；株型较小的还可作为盆花。

经济用途：滇丁香也可用作药材，止咳化痰，主治咳嗽、百日咳、慢性支气管炎，也可治疗肺结核、月经不调、痛经、风湿疼痛、偏头痛、尿路结石、病后头昏、心慌；外用可以治疗毒蛇咬伤。

（4）滇丁香在云南的开发利用

滇丁香是云南特有的观花树种，花色艳丽，香气浓郁，极具园林开发价值。云南绿大地生物科技股份有限公司（云投生态环境科技股份有限公司）曾规模化开发，由于其易得茎腐病，且耐寒性较差，故未实现产业化应用，有待进一步加强研发。

58. 栀子花

栀子花又名栀子、黄栀子，为茜草科栀子属的常绿灌木，原产于中国。栀子花枝叶繁茂，叶色四季常绿，花芳香素雅，为重要的庭院观赏植物。除观赏外，其花、果实、叶和根可入药，有泻火除烦、清热利尿、凉血解毒之功效。

（1）形态特征

灌木，高0.3～3m。嫩枝常被短毛，枝圆柱形，灰色。叶对生，革质，稀为纸质，少为3枚轮生，叶形多样，通常为长圆状披针形、倒卵状长圆形、倒卵形或椭圆形，长3～25cm，宽1.5～8cm，顶端渐尖、骤然长渐尖或短尖而钝，基部楔形或短尖。花期3～7月，果期5月至翌年2月。

（2）生态习性

栀子喜温暖、湿润、光照充足且通风良好的环境，但忌强光暴晒，适宜在稍蔽阴处生活，耐半阴，怕积水，较耐寒，在东北、华北、西北只能作温室盆栽花卉。

（3）园林用途及经济用途

园林用途：栀子花适用于阶前、池畔和路旁配置，也可作篱和盆栽观赏，花还可作插花和佩带装饰。栀子花、叶、果皆美，花芳香四溢。

经济用途：栀子花还可以用来熏茶和提取香料。果实可制黄色染料。根、叶、果实均可入药。木材坚实细密，可供雕刻。

（4）栀子花在云南的开发利用

栀子花是云南常见的园林观赏植物，常用于庭院绿化美化。

59. 龙船花

龙船花为茜草科船花属植物。原产中国南部地区和马来西亚，株形美观，开花密集，花色丰富，终年有花可赏，是重要的盆栽木本花卉。在中国南方露地栽植，适合庭院、宾馆、风景区布置，高低错落，花色鲜丽，景观效果极佳。在广西南部，人们习惯称它为水绣球。

（1）形态特征

常绿小灌木。老茎黑色有裂纹，嫩茎平滑无毛。叶对生，几乎无柄，薄革质或纸质，叶对生，革质，倒卵形至矩圆状披针形，长6～13cm，宽2～4cm。花冠裂片及雄蕊均4枚。果近球形，双生，中间有1沟，成熟时红黑色。种子长、宽4～4.5mm，上面凸，下面凹。龙船花花期较长，每年3～12月均可开花。

（2）生态习性

生于海拔200～800m山地灌丛中和疏林下，有时村落附近的山坡和旷野路旁亦有生长。喜温暖、湿润和阳光充足环境。不耐寒，耐半阴，不耐水湿和强光。适生于肥沃疏松的微酸性土壤。

（3）园林用途及经济用途

园林用途：龙船花在我国南部颇为普遍，现广植于热带城市作庭园观赏。龙船花株形美观，开花密集，花色丰富，终年有花可赏，是重要的盆栽木本花卉，广泛用于盆栽观赏。

经济用途：有一定药用价值。根、茎具有清热凉血、活血止痛的功效，可治疗咳嗽、咯血、风湿关节痛、胃痛、跌打损伤等。花可用于月经不调、闭经、高血压。

（4）龙船花在云南的开发利用

龙船花是云南南部热区常见的园林观赏植物，也可用于盆栽观赏。

60. 扶桑

扶桑为锦葵科木槿属灌木，别名朱槿、大红花、朱槿牡丹、妖精花等。原产中国，分布于福建、广东、广西、云南、四川诸省区。

（1）形态特征

常绿灌木，高约1～3m。小枝圆柱形，疏被星状柔毛。叶阔卵形或狭卵形，长4～9cm，宽2～5cm，先端渐尖，基部圆形或楔形，边缘具粗齿或缺刻，两面除背面沿脉上有少许疏毛外均无毛。蒴果卵形，长约2.5cm，平滑无毛，有喙。花期全年。

（2）生态习性

生在山地疏林中，生长容易，抗逆性强，病虫害很少，性喜温暖、湿润气候，不耐寒冷，要求日照充分。

（3）园林用途及经济用途

园林用途：扶桑花色鲜艳，花大形美，品种繁多，是著名的观赏花木。多用于观花绿篱。在南方多散植于池畔、亭前、道旁和墙边，盆栽用于客厅和入口处摆设。

经济用途：其叶有营养价值，在欧美，其嫩叶有时候被当成菠菜的代替品。而花可制成腌菜，以及用于染色蜜饯和其他食物。根部也可食用，但因为纤维多且带黏液，较少人食用。此外，有一定药用价值。

（4）扶桑在云南的开发利用

扶桑适合云南滇中以南地区绿地栽植，是玉溪市的市花。

61. 木槿

木槿为锦葵科木槿属灌木或小乔木。原产于亚洲东部，花艳丽，作为观赏植物广泛栽种。

（1）形态特征

高3～4m，小枝密被黄色星状绒毛。叶菱形至三角状卵形，长3～10cm，宽2～4cm，具深浅不同的3裂或不裂。花钟形，淡紫色，直径5～6cm，花瓣倒卵形，长3.5～4.5cm，外面疏被纤毛和星状长柔毛；雄蕊柱长约3cm。蒴果卵圆形，直径约12mm，密被黄色星状绒毛。种子肾形，背部被黄白色长柔毛。花期7～10月。

（2）生态习性

木槿喜光而稍耐阴，喜温暖、湿润气候，较耐寒，好水湿而又耐旱。对土壤要求不严，在重黏土中也能生长。萌蘖性强，耐修剪。对二氧化硫、氯气等有毒气体有较强抗性。

（3）园林用途及经济用途

园林用途：木槿为夏、秋季的重要观花灌木，南方多作花篱、绿篱。木槿对SO_2和Cl_2等有害气体具有很强的抗性，同时还具有很强的滞尘功能，是有污染工厂的主要绿化树种。

经济用途：木槿花的营养价值极高，含有蛋白质、脂肪、粗纤维，以及还原糖、维生素C、氨基酸、铁、钙、锌等，并含有黄酮类活性化合物。木槿花蕾，食之口感清脆，完全绽放的木槿花，食之滑爽。

利用木槿花制成的木槿花汁，具有止渴醒脑的保健作用。高血压病患者常食素木槿花汤菜因其有良好的食疗作用。木槿的花、果、根、叶和皮均可入药，具有防治病毒性疾病和降低胆固醇的作用。木槿花内服治反胃、痢疾、脱肛、吐血、下血、痄腮、白带过多等，外敷可治疗疮疖肿。

（4）木槿在云南的开发利用

木槿是昆明城市绿地常见的观花树种，景观效果较好。

62. 金雀花

金雀花又名紫雀花，为豆科紫雀花属匍匐草本植物。瓣端稍尖，旁分两瓣，势如飞雀，色金黄，故名“金雀花”。产四川、云南、西藏。印度、尼泊尔、不丹、斯里兰卡、缅甸、泰国、马来西亚和非洲东部也有分布。

（1）形态特征

匍匐草本，高10～20cm，被稀疏柔毛。根茎丝状，节上生根，有根瘤。三出复叶；托叶阔披针状卵形，长4～5mm，膜质，无毛，全缘；叶柄细柔，长达8～15cm，微被细柔毛；小叶倒心形，长8～20mm，宽10～20mm，基部狭楔形，边全缘，或有时呈波状浅圆齿，上面无毛，下面被贴伏柔毛，侧脉4～5对，达叶缘处分叉并环结，细脉网状，不明显，两面均平坦；小叶柄甚短，长约1mm。伞状花序生于叶腋，具花1～3朵；总花梗与叶柄等长；苞片2～4枚；花长约2cm；花梗长5～10mm，被柔毛；萼钟形，长6～9mm，密被褐色细毛，萼齿三角形，与萼筒等长或稍短；花冠淡蓝色至蓝紫色，偶为白色和淡红色，旗瓣阔倒卵形，先端凹陷，基部狭至瓣柄，无毛，脉纹明显，翼瓣长圆状镰形，先端钝，基部有耳，稍短于旗瓣，龙骨瓣比翼瓣稍短，三角状阔镰形，先端成直角弯曲，并具急尖，基部具长瓣柄；子房线状披针形，无毛，胚珠多数，上部渐狭至花柱，花柱向上弯曲，稍短于子房。荚果线形，无毛，长20～25mm，宽3～4mm，先端斜截尖，有种子8～12粒。种子肾形，棕色，有时具斑纹，长2mm，厚约1mm，种脐小，圆形，侧生。花果期4～11月。

（2）生态习性

生于林缘草地、山坡、路旁荒地，海拔2000～3000m。喜光，常生于山坡向阳处。根系发达，具根瘤，抗旱耐瘠，能在山石缝隙处生长，忌湿涝。萌芽力、萌蘖力均强，能自然播种繁殖。在深厚肥沃湿润的沙质壤土中生长更佳。

（3）园林用途和经济用途

园林用途：金雀花外观精致小巧，细小的复叶泛着独特的银绿色光泽。春天是金雀花的开花季节，成簇金黄色的花朵挤满枝头，热烈奔放，远远望去，只见金黄一片。花美，花期也长，如在第一次花后及时修剪，很快就能开出第二批花来。在国外，新建庭院中金雀花的使用频率非常高，因为它有着令人惊诧的生长速度，只要条件合适，在两三年生长3m左右成蓬形的植株是不成问题的。它能以最快的速度，完美地达到预期的设计效果。由于其耐贫瘠土壤、耐干旱、抗强风等特性，其能在较为恶劣的环境下生长，本身萌蘖能力强，生长势好，自然覆盖周期短，耐修剪，花朵繁多，醒目亮丽，常作为岩石、假山、高速坡地、河堤等垂直绿化的理想材料，亦可塑形作为盆栽观赏。

经济用途：金雀花含有蛋白质、脂肪、碳水化合物、多种维生素、多种矿物质等成分金雀花。野菜金雀花性味微温甜，具有滋阴、和血、健脾的功效。治劳热咳嗽、头晕腰酸、妇女气喘白带、小儿疳积、乳痈、跌打损伤等。在古文献《滇南本草》中有如下记载："主补气血痨伤，寒热捞热，咳嗽，妇人白带日久气虚下陷者效。并头晕耳鸣，腰膝酸疼，一切虚痨损伤用之良。或猪肉、笋、鸡煨食。"说明金雀花很早以前在云南已当药材开发应用。现在，金雀花在云南的城乡园林绿化中广泛应用。结合农业产业结构调整和退耕还林还草工程，金雀花还被广泛种植，发挥其生态、经济和社会效益。

（4）金雀花资源在云南的开发利用

在云南金雀花常与棣棠花搭配作为花篱十分亮丽，在昆明植物园有应用，除作为观赏材料外，金雀花也可食用，是云南菜肴中的一道美食。

63. 悬铃花

悬铃花为锦葵科悬铃花属常绿小灌木。原产墨西哥至秘鲁及巴西，现分布于世界各地热带及亚热带地区，包括中国南部。往往逸为野生，华南地区多植于庭院。悬铃花形似风铃，美丽可爱，为不可多得的盆栽佳品。

（1）形态特征

为常绿小灌木，高30～60cm。叶片互生，较为狭长浓绿，卵形或卵状矩圆形，单叶，有时浅裂，叶形变化较多，叶面具星状毛。花红色，通常单生于上部叶腋处，下垂，花冠呈漏斗形。花量多，在热带地区全年开花不断，9月至12月下旬为盛开期，几乎不结果。

（2）生态习性

全年开花，但冬季开花的数量较少。喜高温多湿和阳光充足环境，耐热、耐旱、耐瘠、耐湿，稍耐阴，不耐寒霜，忌涝，生长快速。对土壤要求不严，宜在肥沃、疏松和排水良好的微酸性土壤中生长。冬季温度不低于8℃，盛夏土壤保持湿润，多见阳光，但要防烈日曝晒。耐修剪，抗烟尘和有害气体，它可供厂矿污染区绿化使用。

（3）园林用途和经济用途

悬铃花适合于庭园、绿地、行道树的配植，也可以列植为花境、花篱或自然式种植，还可剪扎造型和盆栽观赏。最可贵的是可供厂矿污染区绿化。

（4）悬铃花资源在云南的开发利用

根据悬铃花的生长习性及栽培实验，此种不适合云南北部地区（昭通、曲靖、昆明等）种植，而在保山、普洱等温度较高的地区效果较佳。

64. 绣球

绣球又名八仙花，为虎耳草科绣球花亚科绣球属植物。本属约有73种，分布于亚洲东部至东南部、北美洲东南部至中美洲和南美洲西部，海拔230～4000m的山坡灌丛、山谷林、密林山坡疏林等环境中。我国有46种10变种，除南部海南，东北部黑龙江、吉林，西北部新疆等省区外，全国各地均有分布，尤以西南部至东南部种类最多。绣球花起源于中国，在中国栽培历史悠久，早在唐代就作为观赏植物栽培，1789年Joseph Banks把八仙花从中国引入英国，立即成为世界各国备受欢迎的观赏园艺植物。云南绣球属植物种质资源丰富，除引进的栽培品种外，还有分布于各地海拔1300～4000m的19种野生种。

（1）形态特征

绣球属植物为常绿或落叶亚灌木、灌木，稀为小乔木或木质藤本或藤状灌木。落叶种类常具冬芽，冬芽有鳞片2～3对。叶纸质，单叶对生，稀轮生，边缘具齿，稀全缘，羽状脉，无托叶。聚伞花序排成伞形状、伞房状或圆锥状，顶生；苞片早落；花二型，极少一型，不育花存在或缺，萼片大，花瓣状，2～5片，分离，偶有基部稍连合；孕性花较小，生于花序内侧，雄蕊通常10枚，有时8～25枚，子房1/3～2/3上位或完全下位，3～5室，胚珠多数。蒴果2～5室，种子多数，细小，两端或周边具翅或无翅，种皮膜质，具脉纹。

（2）生态习性

绣球属植物中，灌木类原生种喜温暖、湿润、半阴的环境，多生于杂木林内、阴湿沟谷、溪边山坡灌丛中；小乔木类较耐寒、不耐阴，多生于山坡疏林中。绣球多喜肥沃、疏松、排水良好的沙壤土。其花色与土壤酸碱度关系较大，pH对白色系品种的花萼影响不明显，开红花或蓝花的品种花色会随pH的改变而改变，主要原因是pH影响铝离子吸收，pH 6.0～6.5时，抑制铝离子吸收，萼片呈粉红色；pH 5.0～5.5时，促进铝离子吸收，萼片呈蓝色。自然花期5～8月，少数品种可持续至10月。

（3）园林用途及经济用途

园林用途：绣球属植物种类多样，耐阴的灌木类绣球可用于园林中光照较少的地方的绿化；喜光照的小乔木类绣球可用于开阔地的绿化；攀缘型的藤本类绣球可用于光照较少的墙面等的绿化美化。另外，其对二氧化硫、氯气等有毒气体抗性较强，可用于厂矿绿化。大花圆锥绣球能释放具有杀菌作用的挥发性气体，其除菌率大于80%，可大量用于医院、疗养院、制药企业、生活社区等环境的绿化。

经济用途：绣球属植物还具有多种药用价值，能治疗风湿性关节炎、多发性硬化症、湿疹、糖尿病、心脏病、疟疾等病。

（4）绣球花在云南的开发利用

近年来，云南有关企业引进绣球花在昆明、泸西、元谋等地建立绣球花的规模化生产基地。昆明杨月季公司经过多年的绣球花种植试验后，克服了花色控制、品种单一等问题，实现了优质绣球花批量生产，于2009年底制定《绣球花综合标准》通过云南省质量技术监督备案，并获得云南省企业产品标准备案证书。该标准规定了绣球鲜切花采后处理、质量分级全过程，其内容主要包含绣球扦插苗、绣球鲜切花生产技术规程和绣球鲜切花采后处理及分级规程。目前，云南绣球花的利用集中在切花生产方面，在盆花和园林绿化中利用较少。主要栽种品种有：

“和谐”：欧洲育成，适宜庭院绿化、盆花和切花。株高约70cm，叶片长12～18cm，不孕花萼瓣长1.2～2.0cm。半球形花序，直径14～18cm。

“雪球”：欧洲育成，适宜盆花和切花。株高约80cm，光滑无伏毛。叶片10～18cm，不孕花萼瓣长1.5～2.4cm。半球形花序，直径6～13cm。

“圆叶粉”：欧洲育成，适宜庭院绿化、盆花和切花。株高达100cm，光滑无伏毛。叶小而圆，叶片长8～12cm，不孕花萼瓣长0.9～1.6cm。半球形花序，直径12～16cm。

“博登湖”：欧洲育成，适宜庭院绿化、盆花和切花。株高约130cm，光滑无伏毛。叶片长11～18cm，不孕花萼瓣长1.0～2.5cm。半球形花序，直径14～18cm。

“经典红”：欧洲育成，适宜庭院绿化、盆花和切花。株高约70cm，光滑无伏毛。叶片长10～20cm，不孕花萼瓣长1.0～2.2cm。伞形花序，直径16～20cm。

“小丑”：欧洲育成，适宜庭院绿化、盆花和切花。株高约55cm，光滑无伏毛。叶近圆形，长6～15cm。花色为少见的紫色白边，不孕花萼瓣长1.2～2.2cm。半球形花序，直径12～16cm。

“爱莎”：欧洲育成，适宜庭院绿化、盆花和切花。株高约110cm，光滑无伏毛。叶大而亮，长18～24cm。不孕花萼瓣不舒展，向内卷曲，长0.5～1.2cm。伞房花序，直径22～30cm。

“知更鸟”：欧洲育成，适宜庭院绿化、盆花和切花。株高约50cm，光滑无毛。叶近圆形，长9～14cm；不孕花萼瓣长1.1～1.8cm。半球形花序，直径10～14cm。

“钻石”：欧洲育成，适宜庭院绿化、盆花和切花。株高约60cm，光滑无伏毛。叶片长10～18cm，不孕花萼瓣长1～2cm。半球形花序，直径14～20cm。

“祖母绿”：欧洲育成，适宜庭院绿化、盆花和切花。株高约65cm，光滑无伏毛。叶片长11～18cm，不孕花萼瓣长1.3～1.9cm。半球形花序，直径12～15cm。

“宝石”：欧洲育成，适宜庭院绿化、盆花和切花。株高约100cm，光滑无伏毛。叶近圆形，长10～20cm，不孕花萼瓣长1.3～2.6cm。半球形花序，直径14～21cm。

“珍珠”：欧洲育成，适宜庭院绿化、盆花和切花。株高约30cm，光滑无伏毛。叶长6～16cm，不孕花萼瓣长1.0～1.4cm。半球形花序，直径10～14cm。

“阿尔卑斯山：欧洲育成，适宜庭院绿化、盆花和切花。株高约45cm，光滑无伏毛。叶片长9～14cm，不孕花萼瓣长1.4～2.5cm。半球形花序，直径12～16cm。

“猫眼石”：欧洲育成，适宜庭院、绿化和切花。株高约60cm，光滑无伏毛。叶片长10～18cm，不孕花萼瓣长0.7～1.5cm。半球形花序，直径12～18cm。

“玉石”：欧洲育成，适宜庭院绿化、盆花和切花。株高约90cm，光滑无伏毛。叶片长9～20cm，不孕花萼瓣长1.5～2.0cm。半球形花序，直径12～15cm。

“石榴石”：欧洲育成，适宜庭院绿化、盆花和切花。株高约70cm。叶片长10～16cm，不孕花萼瓣长1.6～2.2cm。半球形花序，直径12～16cm。

“月亮石”：欧洲育成，适宜庭院绿化和切花。株高约70cm。叶片长12～14cm，不孕花萼瓣，长1.4～1.9cm。半球形花序，直径12～17cm。

“蓝宝石”：欧洲育成，适宜庭院绿化、盆花和切花。株高约60cm。叶片长10～14cm，不孕花萼瓣长1.5～1.7cm。半球形花序，直径12～16cm。

“珊瑚”：欧洲育成，适宜庭院绿化、盆花和切花。株高约70cm。叶片长10～16cm，不孕花萼瓣长

0.5 ~ 1.4cm。半球形花序，直径12 ~ 18cm。

"紫水晶"：欧洲育成，适宜庭院绿化、盆花和切花。株高约60cm。叶片长10 ~ 20cm，不孕花萼瓣长0.7 ~ 1.2cm。半球形花序，直径12 ~ 18cm。

"丹尼克"：欧洲育成，适宜庭院绿化、盆花和切花。株高约60cm。叶片长10 ~ 17cm，不孕花萼瓣长1.6 ~ 2.2cm。半球形花序，直径12 ~ 17cm。

"无尽夏"：欧洲育成，适宜庭院绿化、盆花和切花。株高约150cm。叶片长10 ~ 18cm，不孕花萼瓣长1.6 ~ 2.2cm，蓝色至粉色。半球形花序，直径15 ~ 20cm。

"银边绣球"：变种，适宜庭院绿化和盆花。株高达150cm，光滑无毛，长势强健。叶片有不规则白边，叶长6 ~ 19cm。花序边缘分布较少，不孕花萼瓣。平顶圆形花序，直径12 ~ 14cm。

"无尽夏新娘"：欧洲育成，适宜庭院绿化、盆花和切花。株高约150cm。叶片长10 ~ 18cm，不孕花萼瓣长1.6 ~ 2.2cm，纯白色至淡粉色。半球形花序，直径15 ~ 18cm。

"你我的永恒"：欧洲育成，适宜庭院绿化、盆花和切花。株高约90cm。叶片长12 ~ 16cm。不孕花重瓣，萼瓣长1 ~ 2cm，冰蓝色中间淡粉色至白色。半球形花序，直径15 ~ 20cm。

"玫红妈妈"：欧洲育成，适宜庭院绿化和盆花。株高约150cm。叶片长10 ~ 16cm，不孕花萼瓣长1 ~ 2cm，粉红至玫红。半球形花序，直径10 ~ 16cm。

"塔贝"：欧洲育成，适宜庭院绿化和盆花。株高约120cm。叶片长7 ~ 14cm，不孕花萼瓣长0.8 ~ 1.8cm，边缘为紫色不孕花。大伞形花序，直径10 ~ 16cm。

"帝沃利"：欧洲育成，适宜庭院绿化和切花。株高约120cm。叶片长10 ~ 16cm，不孕花萼瓣长1 ~ 2.1cm，蓝色镶白边或粉红色镶白边。半球形花序，直径10 ~ 16cm。

"珍贵"：欧洲育成，适宜庭院绿化。株高约120cm。叶片长10 ~ 15cm，不孕花萼瓣长0.8 ~ 1.8cm，淡粉色至洋红色。球形花序，直径10 ~ 15cm。

"含羞叶"：欧洲育成，适宜庭院绿化和切花。株高约120cm。叶片长10 ~ 16cm，不孕花萼瓣长1 ~ 2cm，边缘有锯齿，玫红色大花。球形花序，直径10 ~ 16cm。

"史欧尼"：欧洲育成，适宜庭院绿化和切花。株高约120cm。叶片长10 ~ 16cm，不孕花萼瓣长0.8 ~ 2cm，玫红色大花。球形花序，直径10 ~ 18cm。

"姑娘"：欧洲育成，适宜庭院绿化和盆花。株高约120cm，叶片长10 ~ 16cm，不孕花萼瓣长1 ~ 2cm，边缘为桃红色不孕花。伞形花序，直径10 ~ 14cm。

"银河"：日本育成，适宜庭院绿化、盆花。株高约60cm。叶片长10 ~ 16cm，萼瓣长0.3 ~ 1.5cm，萼瓣重瓣。半球形花序，直径12 ~ 18cm。

"贝拉安娜"：欧洲育成，适宜庭院绿化、干花。株高达1.5m。叶纸质，宽卵形至长卵形或椭圆形至宽椭圆形，长10 ~ 30cm。萼瓣长1 ~ 2cm，花纯白色后变绿色，伞房状聚伞花序，直径可达30cm，具清香。该品种耐重剪及低温，在欧美多当作树篱修剪种植，景观效果极好。

"魔幻月光"：欧洲育成，适宜庭院绿化、切花。株高达1.8m，枝、叶、花序上均有伏毛。叶卵形，长5～12cm。萼瓣长1～2cm，花序圆锥形顶生，长达40cm，花朵初开时淡绿色，后逐渐变为白色，顶端绿色。喜光，耐寒，喜潮湿偏酸性土壤。

“香草草莓”：欧洲育成，适宜庭院绿化、切花。株高达1.8m，枝、叶、花序上均有伏毛。叶卵形，长5～10cm。萼瓣长0.8～2cm，花序圆锥形顶生，长25cm，奶白色至草莓红，可耐–20℃低温。

“石灰灯”：欧洲育成，适宜庭院绿化、切花。株高达2.5m，枝、叶、花序上均有伏毛。叶卵形，长5～12cm。萼瓣长1～2.2cm，花序圆锥形顶生，直径达25cm，白色圆锥花序后变石灰绿。秋季，花球呈现粉色、深红和绿色的混色效果。该品种开花旺盛，喜肥沃、湿润、排水性好的土壤和全光照或半遮阴的环境。

二、乔木花卉

（一）松科木本花卉资源

1. 云南油杉

云南油杉又称滇油杉，为松科油杉属常绿乔木，为我国特有种。分布云南、贵州西部和四川西南部，垂直分布海拔700～2600m，集中分布在1400～2200m。云南油杉是滇中地区的优势树种，常混生于云南松林中或组成小片纯林，亦有人工林。

（1）形态特征

常绿乔木，高达40m，胸径可达1m。叶条形，在侧枝上排列成两列，长2～6.5cm，宽2～3.5mm，先端通常有微凸起的钝尖头。球果直立，圆柱形，种鳞卵状斜方形，上缘向外反卷。花期4～5月，果期6～10月。

（2）生态习性

喜光树种，喜温暖湿润气候，耐寒性一般，耐旱能力较强。喜疏松肥沃土壤，耐火烧。

（3）园林用途和经济用途

园林用途：云南油杉为我国特有树种，树形高大，树冠塔形，枝条开展，叶色常青，是优良的高原城乡绿化树种，可作园景树或山地风景林区景观树。

经济用途：云南油杉木材耐久用，可供建筑等使用。木材富含树脂，种子含油30%，可用于制皂工业。其根皮有消肿止痛、活血祛瘀、解毒生肌的功效，用于治皮肤疮疖痈肿、久不收口、跌打损伤、骨折、血瘀等症。

（4）云南油杉在云南的开发利用

云南油杉是云南的乡土树种，常见于滇中高原海拔1500～2200m地区，如昆明金殿、昆明西山、安宁温泉等风景区，成片的云南油杉林已成为重要的景观。但其生长较慢，现阶段如昆明的城市绿化树种规划又往往以常绿阔叶树为主，导致城市绿地内少见云南油杉的踪迹，今后应加大这一优良树种的园林推广力度。

2. 丽江云杉

丽江云杉为松科云杉属常绿乔木，是我国西南地区重要的寒温性针叶树种。其自然分布区主要在云南西北部及四川西南部，昆明公园绿地内有栽培。

（1）形态特征

常绿乔木，高可达50m。树冠圆锥形，大枝平展，小枝淡黄灰色，有密毛。叶条行，四棱状或微扁平，四面有气孔线，先端尖。球果柱形或卵状圆柱形，长4～9cm，成熟时紫红色或紫黑色。种鳞薄，斜方状，边缘有波状缺齿。球果9～10月成熟。

（2）生态习性

喜冷凉湿润气候，喜中性及微酸性土壤。

（3）园林用途及经济用途

丽江云杉树形尖塔形，苍翠壮丽，适宜作庭院观赏树。丽江云杉具有生长快、材质优良的特点，在分布区为主要的造林树种。

（4）丽江云杉在云南的开发利用

丽江云杉是滇西北地区重要的造林树种，也是滇西北城镇绿化优良的景观树种，丽江、香格里拉、德钦等地用作行道树，十分壮观。昆明宝海公园等公园绿地内有栽植，长势良好，可加大推广力度。

3. 雪松

雪松为松科雪松属常绿乔木。原产喜马拉雅山西部至阿富汗一带，我国于1920年引种，现各大城市中多有栽培。云南滇中、滇西北城市多有栽培。

（1）形态特征

常绿乔木，高达50m以上，树冠圆锥形。大枝平展，小枝略下垂。叶针状，灰绿色，长2.5～5cm，宽与厚相等。雌雄异株，少数同株，雌雄球花异枝；雄球花椭圆状卵形，雌球花卵圆形，比雄球花小。球果椭圆状卵形或近球形，顶端圆钝，熟时红褐色。花期10～11月，果期次年9～10月。

（2）生态习性

喜光，较耐阴，喜温凉湿润气候，较耐寒，喜疏松肥沃排水良好的酸性土壤。为浅根性树种，生长速度较快。

（3）园林用途和经济用途

园林用途：雪松树体高大，树形优美，与南洋杉、日本金松、金钱松、巨杉合称世界五大公园树。宜孤植、列植、丛植，可作园景树、行道树。

经济用途：雪松材质致密，坚实耐腐而有芳香，不易受潮，适宜家具、建筑、造船等使用。木材可蒸制精油，具有抗脂漏、防腐、杀菌、补虚、收敛、利尿、调经、祛痰、杀虫及镇静等医疗功效。

（4）雪松在云南的开发利用

雪松于1950年从省外引种到昆明栽培，之后引种到个旧、丽江、曲靖、保山、红河、西双版纳等地，如今已遍布全省绝大部分地区，是云南省山地造林、城市绿化的重要树种。据云南省林业科学研究院报道，昆明雪松2月初幼芽即开始萌动，到10月中旬才停止生长，生长期长达8个月，萌芽和停止生长比印度的年生长期4个月长一倍，且昆明20年左右的雪松的树高，与南京40年生大树树高相当，由此说明昆明更适宜雪松生长。如今昆明许多公园绿地和单位附属绿地均可看到高达20m以上的雪松，雪松已经是昆明城市绿化的骨干树种。近几年丽江等滇西北城市建设发展迅速，且雪松也非常适应较高海拔地区的气候和环境。雪松苗木的需求量呈供不应求的状况，但昆明大板桥、宜良等苗圃区仅有少量栽培，大量的苗木均需从南京周边苗圃调配。

4. 华山松

华山松为松科松属常绿乔木，在云南又名云南五针松。分布于我国西北、中南及西南各地，是云南省北部和中部的优势树种之一，是荒山造林和园林绿化的重要树种。

（1）形态特征

常绿乔木，高达25m，胸径1m。幼树树皮绿色或浅灰色，平滑；树冠广圆锥形或柱状塔形，枝条平展；老树树皮裂成方形厚块片固着树上。叶5针一束，长8～15cm，质柔软，叶鞘早落。球果圆锥状长卵形，成熟时种鳞张开，种子脱落。种子无翅或近无翅。花期4～5月，球果次年9～10月成熟。

（2）生态习性

阳性树，喜温和、凉爽、湿润气候，耐寒力强，不耐炎热，在高温季节长的地方生长不良。宜深厚、湿润、疏松的中性或微酸性壤土，不耐盐碱土，耐瘠薄能力一般。对二氧化硫抗性较强。

（3）园林用途和经济用途

园林用途：华山松树体高大挺拔，针叶苍翠，冠形优美，是优良的园林绿化树种，可用作园景树、庭荫树、行道树及林带树，是高山风景区优良的风景林树种。

经济用途：华山松也是优良的用材树种，华山松种籽粒大，含油量高，富含蛋白质，常作干果炒食，味美清香。

（4）华山松在云南的开发利用

华山松是云南滇中、滇西北、滇东北及滇东南部分地区的优势树种，观赏价值极高，但在云南多用于荒山造林，城市绿地中应用较少，主要栽植于少数公园内，如昆明的大观公园、宝海公园、田溪公园，弥勒市太平湖森林公园等。云南省安宁、洱源、临沧等地有培育华山松的苗圃。

5. 云南松

云南松又名飞松，为松科松属常绿乔木。分布于四川西南部、云南、西藏东南部、贵州西部、广西西部，多分布于海拔1000～3200m的广大地区，常形成大面积纯林。

（1）形态特征

常绿乔木，高达30m，胸径1m。树冠广圆锥形，树皮灰褐色，深纵裂。枝开展，稍下垂。叶3针一束，微下垂，边缘有白色丝状毛齿，树脂道4～5个。球果圆锥状卵圆形，有短梗。种子卵圆形，有翅。

（2）生态习性

为喜光性强的深根性树种，适应性能强。耐冬春干旱气候及瘠薄土壤，能生于酸性红壤、红黄壤及棕色森林土或微碱性土壤上。

（3）园林用途和经济用途

园林用途：树体高大挺拔，针叶苍翠，冠形优美，适宜营造风景林，也多用于荒山绿化。

经济用途：云南松木质轻软细密，是良好的建筑用材，也是造纸、人造板的优质原料。富含松脂，松节油含量15%～25%。树根可培养茯苓；花粉又可作药用，是美容护肤佳品。

（4）云南松在云南的开发利用

云南松在云南分布极广，从海拔700m的河谷至3200m的山地阳坡，云南松均有大面积分布，约占云南省森林面积的52%。目前云南省对云南松的研究多侧重于其经济价值的发掘，如木材、树脂、松花粉、松尖、球果等方面，园林化开发尚不足，城市绿地中栽植不多。

6. 日本五针松

日本五针松为松科松属常绿乔木。原产日本，分布在本州中部、北海道、九州、四国海拔1500m的山地。我国的长江流域各城市、青岛、北京等地引种栽培，昆明也有栽培。

（1）形态特征

常绿乔木，在原产地高10～30m，胸径0.6～1.5m。幼树树皮淡灰色，平滑，大树树皮暗灰色，裂成鳞状块片脱落。枝平展，树冠圆锥形。冬芽卵圆形，无树脂。叶5针一束，微弯曲，长3.5～5.5cm，边缘具细锯齿。球果卵圆形或卵状椭圆形，几无梗，熟时种鳞张开。种子为不规则倒卵圆形，种翅三角形。

（2）生态习性

阳性树，喜生于土壤深厚、排水良好、适当湿润之处，在阴湿之处生长不良。虽对海风有较强的抗性，但不适于沙地生长。生长速度缓慢，不耐移植，耐整形。

（3）园林用途

日本五针松姿态苍劲秀丽，是名贵的观赏树种。孤植配奇峰怪石，整形后在公园、庭院、宾馆作点景树，适宜与各种古典或现代的建筑配植。可列植作园路树，最宜与假山石配置成景。

（4）日本五针松在云南的开发利用

日本五针松树形优美，在昆明部分公园绿地和单位附属绿地中有栽植，常与石景相配，如西华园入口处即用此树点景。同时日本五针松宜做成精美盆景，斗南花市有许多日本五针松的盆景销售，但多产自江苏、浙江等省。

（二）杉科木本花卉资源

1. 北美红杉

北美红杉为杉科北美红杉属常绿大乔木。原产北美西海岸年平均温度7～18℃，降水量在1000mm以上地区。

（1）形态特征

树高100m，胸径10m，为世界第一大树。树干挺直，树皮红褐色，纵裂，树冠圆锥形，大枝平展。叶二型，主枝之叶卵状长圆形，长约6mm，侧枝之叶条形，长8～20mm。球果卵状长椭圆形，淡红褐色，当年成熟。种子淡褐色。两侧有翅。

（2）生态习性

喜温暖湿润和阳光充足的环境，不耐寒，耐半阴，不耐干旱，耐水湿。生长适温18～25℃，冬季能耐-5℃低温，短期可耐-10℃低温。土壤以土层深厚、肥沃、排水良好的壤土为宜。

（3）园林用途及经济用途

园林用途：北美红杉树姿雄伟，枝叶密生，生长迅速。适用于湖畔、水边、草坪中孤植或群植，景观秀丽，也可沿园路两边列植，气势非凡。

经济用途：北美红杉具有生长快、速生持续期长、易于培育大径级材的优良特性。其材质优良，不翘、不裂、纹理直、耐腐性强，用途广泛。

（4）北美红杉在云南的开发利用

北美红杉于20世纪80年代引种至昆明栽培，许多公园绿地和附属绿地中均可见其身影。据云南省林业科学院研究报道，北美红杉在昆明市这样与其原生环境条件相差甚远的环境下，仍保持了速生和抗旱、抗寒、抗病虫害等特性，能够正常生长发育，是值得推广的造林树种和园林绿化树种。云南省农业科学院花卉研究所开展了北美红杉的组培繁殖和种子繁殖研究，目前已形成较完善的种苗繁育体系。

2. 落羽杉

落羽杉为杉科落羽杉属落叶乔木。原产美国东南部，我国已引入栽培长达半个世纪以上，在长江流域及华南大城市的园林中常有栽培，云南省昆明等城市绿地也有栽培。

（1）形态特征

落叶乔木，高达50m，胸径达3m以上，树冠在幼年期呈圆锥形，老树则开展成伞形，基部常膨大而有屈膝状呼吸根。树皮呈长条状剥落。枝条平展。叶条形，长1.0～1.5cm，扁平，先端尖，排成预装2列，淡绿色，秋季凋落前变暗红褐色。球果圆球形或卵圆形，熟时淡黄褐色。种子褐色。

（2）生态习性

强喜光树种。喜暖热湿润气候，极耐水湿，能生长于浅沼泽中，亦能生长于排水良好的陆地上。在湿地上生长树干基部可形成板状根，自水平根系上能向地面上伸出筒状呼吸根，称为“膝根”。

（3）园林用途及经济用途

园林用途：落羽杉树形整齐美观，近羽毛状的叶丛极为秀丽，入秋叶变成古铜色，是著名的秋色叶树种，适合庭园、道路绿化和风景林营造。

经济用途：落羽杉木材纹理直，硬度适中，耐腐，可供建筑、家具、造船等用。

（4）落羽杉在云南的开发利用

落羽杉与其同属的池杉、墨西哥落羽杉、中山杉在昆明均有栽培，如昆明植物园中的落羽杉林、黑龙潭公园中的池杉林及滇池周边湿地中大片的中山杉林等，已蔚然成景。落羽杉、池杉及中山杉均较适应昆明的气候环境，墨西哥落羽杉适应性较差。

3. 水杉

水杉为杉科水杉属落叶乔木。产于四川石柱、湖北利川及湖南龙山、桑植等地海拔750～1500m，气候温和湿润，沿河酸性土沟谷中，为中国特产的孑遗珍贵树种，40年来已在我国南北各地及国外50多个国家引种栽培，云南省各地普遍栽培。

（1）形态特征

落叶乔木，高可达35m，胸径可达2.5m，干基部常膨大。幼树树冠尖塔形，老树则为广圆形。树皮剥落成薄片。大枝近轮生，小枝对生。叶交互对生，叶基扭转排列成2列，呈羽状，条形，扁平，冬季与小侧枝同时脱落。球花单性，雌雄同株；雄球花对生于分枝的节上，集生于枝端，雌球花单生于小树顶上。珠鳞通常11～14对，交互对生，盾状，顶端扩展，各有种子5～9个。种子扁平，周围有翅。

（2）生态习性

喜光，喜温暖湿润气候，具有一定的抗寒性。喜深厚肥沃的酸性土，但在微碱性土壤上亦可生长良好；喜湿润而排水良好的土壤，不耐涝。为速生树种。

（3）园林用途及经济用途

园林用途：水杉树干通直挺拔，高大秀颀，树冠呈圆锥形，姿态优美，叶色翠绿秀丽，入秋后叶色金黄，是著名的庭院观赏树。水杉可于公园、庭院、草坪、绿地中孤植、列植或群植；也可成片栽植营造风景林。

经济用途：水杉生长极为迅速，在幼龄阶段，每年可长高1m以上，是荒山造林的良好树种，可用于速生用材。其材质轻软，美观，但不耐水湿，可供建筑、板料、造纸等用。

（4）水杉在云南的开发利用

水杉在云南省大部分城市均有栽植，由于其不耐干旱，常配置于湿地、水域等边缘，如昆明滇池周边湿地即有栽植。亦有作为行道树列植于道路两旁，如滇缅大道部分路段即以水杉为行道树。云南省嵩明等苗木基地内有少量栽培，城市绿化所需的大量苗木均来自江苏、湖北等地。

（三）柏科木本花卉资源

1. 日本扁柏

日本扁柏为柏科扁柏属常绿乔木，原产日本。日本扁柏在日本园艺化程度很高，培育出众多具有极高观赏价值的品种。我国昆明、广州、青岛、南京、上海、杭州等地有引种栽培。

（1）形态特征

常绿乔木，原产地高40m，胸径1.5m。幼树树冠尖塔形，老树广圆形。树皮红褐色，裂成薄片。小枝互生，两列状；生鳞叶的小枝直展，扁平，排成一平面。鳞叶二型，交互对生，明显成节。球花单生枝顶。球果长圆形或长卵状圆柱形，红褐色。种子近圆形，翅窄。花期4月，球果10～11月成熟。

（2）生态习性

较耐阴，喜温暖湿润的气候，能耐-20℃低温。喜肥沃、排水良好的土壤。

（3）园林用途及经济用途

园林用途：日本扁柏树体高大挺拔，枝繁叶茂，树形优美，可作园景树、行道树、树丛、绿篱、基础种植材料及风景林用。

经济用途：日本扁柏木材坚韧、耐腐、芳香，可供建筑、家具、造纸等用。

（4）日本扁柏在云南的开发利用

日本扁柏仅在昆明少数公园绿地、单位附属绿地中有栽培，如官渡森林公园、云南农业大学校园内等。昆明周边少数苗圃曾试种，生长良好，但至今未形成产业化种植。昆明园林中主要栽培品种有：黄塔扁柏，树冠塔形或圆锥形，枝斜展，云片状，顶端下弯，鳞叶金黄色；金孔雀柏，矮生，圆锥形，紧密，生长较慢，枝近直展，着生鳞叶的小枝呈辐射状排成云片状，较短，枝梢鳞叶小枝四棱状，鳞叶亮金黄色。

2. 龙柏

龙柏为柏科圆柏属常绿小乔木，为圆柏的栽培变种。我国大部分地区均有分布，云南各地区城市绿地内常见。

（1）形态特征

常绿乔木，树冠呈圆锥状。小枝密，略扭曲上伸，在枝顶端成密簇状。叶全为鳞叶，密生，翠绿色。球果近球形，蓝黑色，略有白粉。

（2）生态习性

喜阳，稍耐阴，喜温暖湿润环境，抗寒，抗干旱，忌积水，排水不良时易产生落叶或生长不良。适生于干燥、肥沃、深厚的土壤，对土壤酸碱度适应性强，较耐盐碱。对二氧化硫和氯气抗性强，但对烟尘的抗性较差。

（3）园林用途

龙柏树形优美，枝叶碧绿青翠，可应用于公园、庭园、绿墙和高速公路中央隔离带。龙柏移栽成活率高，恢复速度快，是园林绿化中常用的植物。龙柏耐修剪，可将其攀揉盘扎成龙、马、狮、象等动物形象，也可修剪成圆球形、半球形，或用作色块密植。

（4）龙柏在云南的开发利用

云南省各地城市中均有栽培。由于其对二氧化硫的抗性较强，厂矿区中栽培较多，如安宁昆钢厂区等。其他公园绿地中亦较常见，但云南省苗圃很少栽植，苗木多来自山东、浙江等地。

（四）杨柳科木本花卉资源

1. 滇杨

滇杨为杨柳科杨属落叶乔木。产于云南中部、北部及滇南的开远、蒙自和文山等地，分布于海拔2600～3000m的山谷溪旁或山坡杂木林中，是我国乃至世界少有的分布于低纬度高海拔地区的杨树。

（1）形态特征

落叶乔木，高达25m，树冠卵圆形或广卵形。树皮灰色，有不规则深纵裂。幼枝有棱，无毛。长枝上叶宽卵形或三角状卵形，先端渐尖或尾尖，基部近圆形或阔圆形，深绿色，表面有光泽，背面无毛，中脉常为红色，叶柄短粗；短枝叶略小，叶脉黄色，叶柄细长。雌雄异株，雌花序长10～15cm。蒴果近无柄，熟后3～4瓣裂。花期4月。

（2）生态习性

喜光，喜温凉气候。较喜水湿，在土层较厚、湿润、肥沃的土壤生长良好。速生，根系较浅，耐移植，耐修剪。

（3）园林用途及经济用途

园林用途：在园林中植于草坪、水边、山坡等地，亦可多行种植作防护林。

经济用途：滇杨出材率高，可作家具、房屋建筑、造纸、人造丝、胶合板、纤维板、刨花板、箱板、火柴杆盒、牙签等用材。

（4）滇杨在云南的开发利用

滇杨适应性强，生长快，成材早，干形通直，易繁殖，是优良的速生用材树种。在城乡绿化方面，滇杨多作为“四旁”绿化树种，公园、庭院等绿地中较少栽植。总体来说，与杨属其他青杨派树种相比，滇杨无论是基础性研究还是应用性研究均较薄弱。

2. 垂柳

垂柳为杨柳科柳属落叶乔木，主要分布于长江流域及其以南各平原地区，华北、东北亦有栽培。垂柳在云南栽培历史也非常悠久。

（1）形态特征

落叶乔木，高达18m，胸径1m，树冠倒广卵形。小枝细长下垂，淡黄褐色。叶互生，披针形或条状披针形，长8～16cm，先端渐长尖，基部楔形，无毛或幼叶微有毛，具细锯齿，托叶披针形。雄蕊2，花丝分离，花药黄色，腺体2；雌花子房无柄，腹面具1腺体。花期3～4月，果熟期4～6月。

（2）生态习性

喜光，喜温暖湿润气候。喜潮湿深厚之酸性及中性土壤，较耐寒，特耐水湿，但亦能生于土层深厚之干燥地区。萌芽力强，根系发达，生长迅速，但寿命较短。能吸收二氧化硫。

（3）园林用途及经济用途

园林用途：垂柳枝条细长，柔软下垂，随风飘舞，姿态优美潇洒，植于河岸及湖池边最为理想，自古即为重要的庭园观赏树，亦可用作行道树、庭荫树、固岸护堤树及平原造林树种。此外，垂柳对有毒气体抗性较强，并能吸收二氧化硫，故也适用于工厂区绿化。

经济用途：垂柳木材白色，韧性大，可制作小器具等；枝条可编织篮、筐、箱等器具。

（4）垂柳在云南的开发利用

垂柳自古以来就是云南人民喜爱的树种。昆明的许多名胜中均有栽植，新建的公园内也不乏垂柳依依身影，昆明众多河道、水体绿化均种植大量垂柳，已成昆明一景。云南其他城市也常见垂柳种植。

（五）桑科木本花卉资源

1．小叶榕

小叶榕又名榕树、细叶榕，为桑科榕属常绿乔木。原产于我国南方和东南亚地区，因树姿优美和较强的适应性，亚热带地区广泛引种和栽培。小叶榕为云南的乡土树种，在滇南、滇西南地区有野生分布，昆明、玉溪、普洱、临沧、景洪等城市大量作为绿化树种栽植。

（1）形态特征

常绿乔木，高15～20m，胸径25～40cm。树皮深灰色，有皮孔；小枝粗壮，无毛。叶狭椭圆形，长5～10cm，宽1.5～4cm，全缘；叶柄短，长约1～2cm。雄花、瘿花、雌花同生于一榕果内壁；雄花极少数，生于榕果内壁近口部，花被片2，披针形，子房斜卵形，花柱侧生，柱头圆形；瘿花相似于雌花，花柱线形而短。榕果无总梗或不超过0.5mm，榕果成对腋生或3～4个簇生于无叶小枝叶腋，球形，直径4～5mm。花果期3～6月。根据栽培变种及品种不同，形态特征有一定差异。

黄金榕：常绿乔木或灌木，嫩叶呈金黄色，老叶则为深绿色。园林栽培常修剪为球状造型。

花叶榕：常绿灌木或小乔木，高达3m，小枝弯垂装，叶椭圆形，叶缘及叶脉具浅黄色斑纹。园林栽培常修剪为柱状造型。

（2）生态习性

阳性树种，有一定的耐阴能力。喜欢温暖、高湿、长日照、土壤肥沃的生长环境，不耐寒，耐瘠、耐风、抗污染、耐剪、易移植、寿命长。

（3）园林用途及经济用途

园林用途：小叶榕树是中国南方重要的园林景观树种，因其是常绿树木，而且具有发达的气生根，绿化茂密，树型美观，枝叶下垂，深受人们喜爱，是南方城乡道路、广场、公园、风景点、庭院的主要绿化树种。同时，小叶榕盆景形态自然、根盘显露、树冠秀茂、风韵独特，深受世界各地消费者喜爱。

经济用途：小叶榕入药主要用叶，叶片中含黄酮、三萜类、齐墩果酸、脂肪族化合物和甾体化合物等，制成中药，在治疗心血管疾病、抗炎抑菌等方面有显著效果。

（4）小叶榕在云南的开发利用

小叶榕具有发达的气生根，绿化茂密，树型美观，深受云南人民喜爱。在普洱、西双版纳等地区作为乡土树种广泛用于城乡绿化，并被赋予了许多美好的寓意。随着全球气候变暖加剧，昆明、大理等原本不太适宜小叶榕生长的滇中、滇西城市，小叶榕也成为绿化的主要树种，但在极端低温气候下往往有冻害发生，需要一定的防寒措施越冬。2013年12月，昆明遭受25年来罕见的低温霜冻天气，城市绿地和周边苗圃内大量的小叶榕发生冻害。至此，昆明周边宜良、安宁等地区原栽植小叶榕的苗圃基本将其淘汰，现省内小叶榕苗木主要产自开远、西双版纳等地，市场上常见的小叶榕盆景多来自福建泉州、漳州等专业制作盆景的花圃。

2．高山榕

高山榕又名鸡榕、大青树，为桑科榕属常绿大乔木，主要产于我国海南、广西、云南、四川等省海拔100～1600m山地或平原，东南亚及南亚地区也有分布，在云南省的分布情况与小叶榕相似。

（1）形态特征

常绿大乔木，高25～30m，胸径40～90cm。树皮灰色，平滑。幼枝绿色，被微柔毛。叶厚革质，广卵形至广卵状椭圆形，长10～19cm，宽8～11cm，先端钝，急尖，基部宽楔形，全缘，两面光滑，无毛；叶柄长2～5cm，粗壮；托叶厚革质，长2～3cm。榕果成对腋生，椭圆状卵圆形，直径17～28mm，成熟时红色或带黄色。雄花散生榕果内壁，花被片4，膜质，雄蕊一枚，花柱近顶生，较长。瘦果表面有瘤状凸体，花柱延长。花期3～4月，果期5～7月。

（2）生态习性

阳性树，喜高温多湿气候，不耐寒冷，耐干旱瘠薄，抗风，抗大气污染。耐贫瘠和干旱，生长迅速，移栽容易成活。

（3）园林用途及经济用途

园林用途：高山榕树冠广阔，树姿稳健壮观，叶厚革质，有光泽，是极好的城市绿化树种，非常适合用作园景树和遮阴树。高山榕适应强，较耐阴，常与水石组成盆景，适合在室内长期陈设，是近年来流行的高档盆栽花卉。

经济用途：高山榕是优良的紫胶虫寄主树。紫胶虫是一种重要的资源昆虫，生活在寄主植物上，吸取植物汁液，雌虫通过腺体分泌出一种纯天然的树脂——紫胶。紫胶是一种重要的化工原料，广泛应用于制药、染料等多种行业。

（4）高山榕在云南的开发利用

高山榕干粗枝密，冠宽浓荫，并具气根和支柱根，树姿壮美，遮阴效果好，在西双版纳的热带季雨林中，常有单株高山榕占地数亩以上，形成“独木成林”的壮观景象，成为当地旅游观光的重要景观之一。同时，当地傣族、布朗族等民族将高山榕视为“神树”而加以崇拜，多种植于村寨、寺庙周围。与小叶榕一样，近些年高山榕也成为昆明等滇中城市的绿化常用树种，多种植于公园、住宅小区和单位附属绿地等养护条件较好的环境中。高山榕在昆明周边苗圃内基本绝迹，省内苗木主要产自开远、西双版纳等地，大规格苗木一般来自广东、广西、福建等地。

3. 黄葛榕

黄葛榕又称大叶榕，为桑科榕属常落叶或半落叶乔木。

（1）形态特征

其叶薄革质或坚纸质，近披针形。叶互生，长10～15cm，宽4～7cm，托叶广卵形。花序单生或成对腋生或生于已落叶的枝上。隐花果近球形，熟时黄色或红色。

（2）生态习性

喜光，耐旱，耐瘠薄，有气生根，适应能力特别强。

（3）园林用途及经济用途

园林用途：园林应用中适宜栽植于公园湖畔、草坪、河岸边、风景区，孤植或群植造景，提供人们游憩、纳凉的场所，也可用作行道树。春天，嫩叶显黄绿色；夏天，浓密的树叶绿油油的一片，为人们提供一个极佳的荫蔽空间；进入秋天，树叶渐渐转变成黄色，大片的黄葛榕为南方提供少有的秋色叶景观；而落叶后的黄葛榕为四季不明显的南方起到冬季的标示作用，让人充分感觉到四季的气息。

经济用途：其木材暗灰色，质轻软，纹理美而粗，可作器具、农具等用材；茎皮纤维可代黄麻，编绳。

（4）黄葛榕在云南的开发利用

黄葛榕在云南主要用于园林绿化，苗木多来自四川和重庆。

4. 菩提树

菩提树为桑科榕属常绿或半常绿大乔木，原产于印度、缅甸、斯里兰卡等地，我国广东、广西、云南、海南、福建、台湾等地有引种栽培。

（1）形态特征

常绿或半常绿大乔木，高达30m，胸径30～50cm。树皮灰色，平滑或微具纵纹，冠幅广展。小枝灰褐色。叶革质，三角状卵形，长9～17cm，宽8～12cm，表面深绿色，光亮，背面绿色，先端骤尖，顶部延伸为尾状，尾尖长2～5cm，基部宽截形至浅心形，全缘或为波状；叶柄纤细，有关节，与叶片等长或长于叶片。雄花、瘿花和雌花生于同一榕果内壁。榕果球形至扁球形，直径1～1.5cm，成熟时红色，光滑；基生苞片3，卵圆形。花期3～4月，果期5～6月。

（2）生态习性

菩提树性喜温暖多湿、阳光充足和通风良好的环境，20℃时生长迅速，最低生长温度为10℃左右。不耐阴，对土壤要求不严，但以肥沃、疏松的微酸性沙壤土为好。

（3）园林用途及经济用途

园林用途：菩提树在南方可长成粗壮、雄伟的形态，在北方亦可作为温室观赏树种或制作菩提树盆景，其一直作为佛教文化树种种植于我国南方地区的寺庙园林。随着绿化树种的升级换代，现菩提树也越来越多地用于现代公园、广场、校园、风景区和道路景观绿化，并成为现代佛教文化旅游产业的重要资源。

经济用途：菩提树树皮汁液漱口可治牙痛；花入药有发汗解热、镇痛之效。菩提树一般以根、叶入药，夏秋采，晒干，或随用随采。

（4）菩提树在云南的开发利用

菩提树是小乘佛教中“五树六花”之一，深受信仰小乘佛教的傣族等民族的尊崇，在西双版纳等地傣族、布朗族等村寨、寺庙中广为种植。近年来，昆明等地的寺庙园林中也出现菩提树的身影，如昆明官渡古镇内古寺庙旁、云南民族村傣族寨内种植有胸径15cm以上的菩提树。云南省开远、元江等热区苗圃内种植有大量菩提树的绿化苗木。

（六）木兰科木本花卉资源

1. 红花木莲

红花木莲又名木莲花、小叶子厚朴（云南）、西昌厚朴（四川），为木兰科木莲属常绿大乔木。主要分布于我国西藏东南部、云南南部、广西、贵州南部、湖南西南部以及印度东北部等地海拔900～2600m常绿阔叶林或常绿落叶阔叶混交林中。其株形挺拔，叶色浓绿，花朵硕大、粉红色，是中国南方城市常用珍贵绿化树种之一。云南省昆明、玉溪、红河、文山、普洱等大部分地区都适宜红花木莲树种的生长。

（1）形态特征

常绿乔木，高达30m，胸径40～60cm。树皮灰色，平滑。小枝灰褐色，有明显的托叶环状纹和皮孔。叶革质，倒披针形或长圆状椭圆形，长10～26cm，宽3～10cm，先端渐尖或尾状渐尖，基部楔形，全缘；托叶痕为叶柄长的1/4～1/3。花清香，单生枝顶；花被片9～12，外轮3片，长约7cm，黄绿色，腹面带红色，中内轮淡红或黄白色，长5～7cm；雄蕊长1～1.8cm；雌蕊群圆柱形，花梗长1.5～2cm。聚合果卵状长圆形，长5～10cm，直径3～4cm；蓇葖成熟时深紫红色。种子有肉质红色外种皮，内种皮黑色，骨质，有光泽。花期5～6月，果期8～9月。

（2）生态习性

红花木莲喜温凉湿润、雨量充沛气候。喜光，耐半阴，喜土层深厚的微酸性土壤。

（3）园林用途及经济用途

园林用途：红花木莲树叶浓绿、树形繁茂优美，花色艳丽芳香，为名贵稀有观赏树种，可作行道树、庭荫树、独赏树。

经济用途：红花木莲生长迅速，其木材纹理通直，结构细密，有光泽、香味，心材耐腐，不翘不裂，加工容易，是优良的装饰用材和胶合板材。

（4）红花木莲在云南的开发利用

红花木莲在滇南、滇东、滇东南、滇中等地区有零星分布。在自然环境中，由于其自身和人为原因，成年植株数量逐渐减少，成为渐危种。中国科学院昆明植物研究所、西南林业大学、云南农业大学等机构对其开展了繁殖生物学、苗期光合特性、大树移栽等方面的研究，取得一系列成果。政府各级园林职能部门也加大对红花木莲的开发推广力度，在昆明等地许多新建的城市绿地均大量栽植，如今已初具规模。昆明周边宜良、安宁等地苗圃内均有大量苗木。

2. 云南拟单性木兰

云南拟单性木兰又名云南拟克林丽木、黑心绿豆，为木兰科拟单性木兰属常绿乔木。为我国特有属种，主产于云南、广西，生长于海拔1200～1500m的山谷密林中。目前云南拟单性木兰作为城市绿化树种已在云南、四川、贵州、广东、广西、湖南、湖北、浙江和上海等地广泛种植。

（1）形态特征

常绿乔木，高达40m，全株各部无毛。小枝鲜绿色，托叶环痕明显，节间短而密，呈竹节状。叶薄革质，卵状长圆形或卵状椭圆形，长6.5～15cm，宽25cm，先端短渐尖或渐尖，基部宽楔形或楔形；叶柄长1～2.5cm，无托叶痕。雄花及两性花异株，白色，芳香；雄花的花被片12，外轮3，长约4cm，内3轮肉质，长3.5～3cm；雄蕊约30枚，长约2.5cm；两性花的花被片及雄蕊与雄花相同，雌蕊群绿色，长2.5cm，具短柄，心皮10～20。聚合果长圆状卵圆形，长约6cm。种子扁，长6～7mm，宽约10mm。花期4～5月，果期9～10月。

（2）生态习性

喜温暖、湿润、多雨气候，喜光，幼树耐半阴。在土壤潮湿、肥沃、枯枝落叶腐殖质层较厚的酸性土壤上生长良好。

（3）园林用途及经济用途

园林用途：云南拟单性木兰树干通直，树形美观，花白色，大而芳香，具有吸收有毒物质的能力，抗大气污染，是城市园林绿化的优良树种。

经济用途：云南拟单性木兰材质细致，生长迅速，适应性强，其花、叶可提取香精，是营造混交用材林和香料林的优良树种。

（4）云南拟单性木兰在云南的开发利用

云南拟单性木兰是云南乡土树种，由于其天然资源量稀少，生存受到威胁，在单株散生的林分中，天然更新困难。近二十年来，以云南省林业科学院为首的云南林业科研部门加大了对这一优良树种的研究，已在地理分布、迁地保护、组织培养、育苗技术等方面取得一系列成果，为云南拟单性木兰的推广奠定了基础。现昆明等城市绿地中已大量种植云南拟单性木兰，许多已形成景观。云南本土的园林绿化公司（如云南绿大地生物科技有限公司等）也大力开发推广这一优良树种。

3. 华盖木

华盖木又名缎子绿豆树，为木兰科华盖木属常绿乔木。为我国特有属种，目前仅见7株分布于云南文山自然保护区的小桥沟，属国家I级保护的极度濒危物种。

（1）形态特征

常绿大乔木，高可达40m，胸径达1.2m，全株各部无毛。树皮灰白色。当年生枝绿色。叶革质，长圆状倒卵形，长15～26cm，宽5～8cm，先端急尖，基部楔形；无托叶痕。花芳香，花被片肉质，9～11，外轮3片，外面深红色，内面白色，长8～10cm，内2轮，白色，渐狭小，基部具爪；雄蕊约65枚；雌蕊群长卵圆形，具短柄，心皮13～16枚，每心皮具胚珠3～5枚。聚合果倒卵圆形或椭圆形。每蓇葖内种子1～3粒，外种皮红色。华盖木开花结果较少，每隔1～2年开花1次，花枝不多，结实率亦低。花期4月下旬，果期9～11月。

（2）生态习性

喜光，喜温暖、湿润、多雨气候，不耐寒。在潮湿、肥沃、枯枝落叶腐殖质层较厚的酸性土壤上生长良好。

（3）园林用途及其他用途

园林用途：华盖木花艳丽芳香，树形优美，树干笔直，冠大荫浓，是珍贵的园林观赏树种。其木材质地光滑细致，有丝绢般的光泽，耐腐、抗虫，也是理想的建筑用材。

经济用途：华盖木早在1992年就被列入了《中国植物红皮书》，在1999年就被列入国家一级重点保护野生植物。根据分布区及个体数，其受威胁状况为极度濒危（CR）。华盖木是木兰科中的原始类群，对该科植物的分类系统古植物区系等研究具有重要的学术价值。

（4）华盖木在云南的开发利用

华盖木于1979年被刘玉壶教授发现以来，受到社会各界的重视，目前已在分布区内建立了小桥沟自然保护区，加以保护。中国科学院昆明植物研究所、云南省林科院、红河州林科所等机构展开了对华盖木制危机制、引种栽培、人工繁育等方面的研究。通过多年人工繁育，华盖木幼苗和幼树估计有5000～6000株，这为华盖木的自然回归和种群重建提供了保障。云南省西畴、蒙自、屏边等地的苗圃中已培育出大量华盖木幼苗。

4. 广玉兰

广玉兰又名荷花玉兰，为木兰科木兰属常绿乔木。原产美洲，北美洲以及中国大陆的长江流域及其以南有栽培。云南昆明等滇中城市有园林栽培。

（1）形态特征

常绿乔木，在原产地高达30m。树皮淡褐色或灰色，薄鳞片状开裂。小枝、芽、叶下面、叶柄、均密被褐色或灰褐色短绒毛。叶厚革质，椭圆形、长圆状椭圆形或倒卵状椭圆形，长10～20cm，宽4～7cm，先端钝或短钝尖，基部楔形，叶面深绿色，有光泽；无托叶痕，具深沟。花白色，有芳香，直径15～20cm；花被片9～12，厚肉质，长6～10cm，宽5～7cm。聚合果圆柱状长圆形或卵圆形，长7～10cm，密被褐色或淡灰黄色绒毛；蓇葖背裂，背面圆，顶端外侧具长喙。种子近卵圆形或卵形。花期5～6月，果期9～10月。

（2）生态习性

广玉兰喜光，而幼时稍耐阴。喜温湿气候，有一定抗寒能力。适生于干燥、肥沃、湿润与排水良好微酸性或中性土壤，在碱性土种植易发生黄化。忌积水、排水不良。对烟尘及二氧化碳气体有较强抗性，病虫害少。根系深广，抗风力强。

（3）园林用途及经济用途

园林用途：广玉兰叶厚而有光泽，花大而香，树姿雄伟壮丽，为优良的观花乔木，可孤植、对植或丛植、群植配置，也可作行道树。

经济用途：广玉兰叶及花中含有挥发油、木兰花碱等多种化学成分，有扩张血管、缓慢降压的功效。

（4）广玉兰在云南的开发利用

广玉兰在20世纪引入昆明栽培，成为昆明比较重要的园林绿化树种之一。如巡津街等街道的行道树即为广玉兰，部分住宅小区和单位附属绿地内也有栽培。宜良等地苗圃内有一定的苗木保有量。

5. 山玉兰

山玉兰又名优昙花、山波萝，为木兰科木兰属常绿乔木。分布于四川西南部、贵州西南部、云南（丽江、洱源、腾冲、昆明、文山州）。喜生于海拔1500～2800m的石灰岩山地阔叶林中或沟边较潮湿的坡地。

（1）形态特征

常绿乔木，高达12m，胸径80cm。树皮灰色或灰黑色，粗糙而开裂。嫩枝榄绿色，被淡黄褐色平伏柔毛。叶厚革质，卵形，卵状长圆形，长10～20cm，宽5～10cm，先端圆钝，基部宽圆，有时微心形，边缘波状，叶面初被卷曲长毛，后无毛，叶背密被交织长绒毛及白粉；托叶痕几达叶柄全长。花芳香，杯状，直径15～20cm；花被片9～10，外轮3片，淡绿色，长圆形，长6～8cm，宽2～3cm，内两轮乳白色，内轮较狭。聚合果卵状长圆体形，长9～15cm。花期4～6月，果期8～10月。栽培品种主要为红花山玉兰，花粉红至红色。

（2）生态习性

阳性，稍耐阴，喜温暖湿润气候。喜深厚肥沃土壤，也耐干旱和石灰质土，忌水湿。生长较慢，寿命长达千年。

（3）园林用途及经济用途

园林用途：山玉兰树冠婆娑，入夏乳白而芳香的大花盛开，衬以光绿大叶，为极珍贵的庭园观赏树种，亦为其分布区的重要庭园及造林树种。山玉兰又名优昙花，是“昙花一现”的佛教圣花，今昆明温泉曹溪寺昙花古树尚存。

经济用途：山玉兰树皮、花有温中理气、止痛、健脾的功效，可用治疗于消化不良、脘痛、呕吐、腹胀、腹痛等症。

（4）山玉兰在云南的开发利用

山玉兰是云南的乡土树种，但由于其生长较为缓慢，且幼树树姿歪斜，观赏性较差，故城市绿地中难觅踪迹。昆明一些历史较久的公园及单位附属绿地中有大树栽培，如云南农业大学、西南林业大学、云南省林科院，可见到树冠达十米左右的大树，极为珍贵。昆明周边许多苗圃内有苗木种植，但缺少大规格苗木。

6. 白玉兰

白玉兰又名望春花、玉兰花，为木兰科木兰属落叶乔木，是我国特有的传统园林花木之一。玉兰花原产于长江流域，现在北京及黄河流域以南均有栽培。云南昆明、大理等滇中、滇西地区的园林中有栽培。

（1）形态特征

落叶乔木，树高可达15m，树冠卵形。大型叶为倒卵形，先端短而突尖，基部楔形，表面有光泽，全部枝条疏生开展，嫩枝及芽外被短绒毛；冬芽密被淡灰绿色长毛；叶互生。花先叶开放，顶生、朵大，直径12～15cm；花被9片，钟状。果穗圆筒形，褐色：蓇葖果，成熟后开裂。种红色。花期3月，果期6～7月。根据栽培变种及品种的不同，其形态特征有一定差异。

朱砂玉兰：又名二乔玉兰，是白玉兰与木兰的杂交种。为落叶小乔木或灌木，高7～9m，萼片3，花瓣状，长度为花瓣的一半或近等长，花瓣6，外面略呈玫瑰红色，内面白色。

玉灯玉兰：为普通白玉兰的一个芽变类型。拟花蕾卵圆体形，花纯白色，初开时灯泡状，盛开时莲花状，花大，芳香，花被片12～33。产于陕西。

飞黄玉兰：为普通白玉兰的一个自然芽变品种。叶片呈圆锥形，表面多皱。花被片9枚，淡黄色至黄色，基部宽，呈簸箕状；离生单雌蕊，被疏短柔毛。飞黄玉兰为速生树种，抗寒能力强，花期长，适合北方地区栽培。

红运玉兰（“红运”二乔玉兰）：为二乔玉兰的一个芽变品种。叶片椭圆。花顶生和腋生，花被片9，外轮花被片3，稍小，外面紫红色，内轮花被片6枚，顶部和内面为白色。在南方一年能开3次花，在北方是1年开2次花，时间分别为4月上旬和7月上旬，其中第二次的花期较长，能够持续近两个月。产于浙江。

红元宝：为二乔玉兰的一个芽变类型。其在外部形态上与紫玉兰极为相似：小灌木，叶与花部特征均与紫玉兰同，但花色较深，为紫黑色，一年三季开花，春季为集中开花期，夏秋季相对较少，花色略淡，为紫红色。

红霞玉兰（“红霞”二乔玉兰）：灌木型。叶长圆形，略带红色，背面红褐色，长12～14.5cm，宽6.5～8cm。拟花蕾圆球形；花被片长椭圆形，深紫红色。6～10月陆续开花。红霞玉兰是在红运玉兰嫁接后代中培育出花期更长、适应性更好的品种，其花型、叶型均发生变异而有别于红运玉兰。产于陕西。

丹馨玉兰：本品种花瓣状花被片9枚，艳紫红色，内面白色，微有红晕，浓香。产于浙江。

“火炬”二乔玉兰：本品种外轮花被片3枚，长度约为内轮花被片的1/2，外面紫红色，形似火炬。产于西安植物园。

（2）生态习性

喜温暖、向阳、湿润而排水良好的环境，适生于土层深厚的微酸性或中性土壤，不耐盐碱，要求土壤肥沃、不积水。有较强的耐寒能力，在-20℃的条件下可安全越冬。对二氧化硫、氯和氟化氢等有毒气体有较强的抗性。寿命长，可达千年以上。

（3）园林用途及经济用途

园林用途：白玉兰先花后叶，花洁白、美丽且清香，早春开花时犹如雪涛云海，蔚为壮观。古时常在住宅的厅前院后配置，名为“玉兰堂”。亦可在庭园路边、草坪角隅、亭台前后或漏窗内外、洞门两旁等处种植，孤植、对植、丛植或群植均可。对二氧化硫、氯等有毒气体抵抗力较强，可以在大气污染较严重的地区栽培。

经济用途：玉兰花含有挥发油，其中主要为柠檬醛、丁香油酸等，还含有木兰花碱、生物碱、望春花素、癸酸、芦丁、油酸、维生素A等成分，具有一定的药用价值。玉兰花瓣可食用。

（4）白玉兰在云南的开发利用

白玉兰与木兰科其他种类一起被称为云南八大名花之一，深受云南人民喜爱。众多公园、小区、单位绿地内均有玉兰栽植，每逢初春，玉兰与山茶同时开放，展开玉雪般的花朵，是云南庭院中不可缺少的观赏花木。但云南在对玉兰的新品种选育和规模化育苗等方面远远落后于江苏、安徽、河南、陕西等省，昆明周边的苗圃中均有玉兰苗木，但多来自浙江、江苏、安徽等地。

7. 白兰

白兰（*Michelia alba* DC.）又名黄桷兰，为木兰科含笑属常绿灌木或小乔木。原产印度尼西亚、爪哇。中国各省多有栽培，是我国著名香花树种。云南各地广为栽培，深受云南人民喜爱。

（1）形态特征

常绿乔木，高达17m，胸径40cm，树皮灰色。叶薄革质，长圆状椭圆形，长10～25cm，宽4～10cm，叶表背均无毛；托叶痕仅达叶柄中部以下。花白色，极芳香，长3～4cm，花瓣披针形，约为10枚以上，通常不结实。在热带地方果成熟时随着花托的延伸而形成疏生的穗状聚合果；蓇葖革质。

（2）生态习性

缅桂喜阳光充分、温暖湿润气候及肥沃富含腐殖质而排水良好的微酸性沙质土壤，不耐寒，根肉质，怕积水。

（3）园林用途及经济用途

园林用途：白兰为著名的香花树种，在我国南方多做庭荫树及行道树，花朵常作襟花佩戴。

经济用途：白兰材质优良，供制家具用；花瓣和叶片中含有芳香性挥发油、抗氧化剂和杀菌素等物质，可从中提取香精油与干燥香料物质，用于美容、沐浴、饮食及医疗。此外，白兰花瓣还可用于熏制花茶。

（4）白兰在云南的开发利用

白兰虽然原产地不在云南，但深受云南人们喜爱，在云南大部分地区均有栽植。多种植于居民庭院中，每逢花开，清香阵阵，别具风情。昆明周边的苗圃、花圃中也多有种植，产销量都很大。

8. 毛果含笑

毛果含笑又名球花含笑，为木兰科含笑属常绿乔木，是云南珍贵的乡土树种。毛果含笑仅分布于云南的屏边、景东、南涧等地，生长于海拔1100～2400m的林中，常与其他阔叶树零星混交于土壤肥沃、湿润的沟边。其分布范围狭窄，数量稀少。

（1）形态特征

常绿乔木，高18～25m，胸径80cm。树皮灰褐色，呈不规则的细纵裂，有显著突起的皮孔。叶厚纸质，长12～22cm，宽5～8cm，长椭圆状倒卵形或倒卵状披针形，表面深绿色微具光泽，背面灰绿色，具黄褐色短柔毛；托叶痕为其长的1/2以下。花被片12，3轮，每轮4片。聚合蓇葖果长14～31cm，成熟蓇葖果红褐色。每个蓇葖果中有4～8粒种子，具红色的肉质假种皮，硬骨质。花期4～5月，果期9～10月。根据栽培变种及品种的不同，其形态特征有一定差异。

“晚春含笑”：是以毛果含笑为母本，云南含笑为父本人工杂交选育出的新品种。为常绿小乔木，比父本云南含笑株形高大。从茎基部开始分枝，分枝多而密，呈塔形。叶革质，倒长卵形或长圆形，长6.5～16cm，宽2.5～5cm，叶面深绿色，托叶痕长度为叶柄长度的1/3。花乳白色，花被片11～12，呈三轮排列，张开呈钟形，比母本云南含笑花开张。花期4～5月。自然结实率较高。适宜于庭院绿化，亦可盆栽，作大型盆景。经强修剪后可成小乔木，适合作行道树。目前云南绿大地生物科技有限公司已对其开展规模化繁育，使其有望成为城市绿化的新优树种。

“云霞”含笑：是以毛果含笑为母本，紫花含笑为父本人工杂交选育出的新品种。常绿小乔木，分枝繁密，枝平展。叶薄革质，长圆形至倒卵状长圆形，长约11cm，宽4～4.5cm，几无托叶痕。花淡黄色，芳香；花被片6，肉质，呈两轮排列，两轮花被片的先端边缘紫红色，外轮花被片基部绿色，内轮花被片基部淡红色，不完全张开。花期3～5月，果期9～10月。冠大荫浓，树形优美，适宜作庭园观赏树。

（2）生态习性

喜阳光充分、温暖湿润气候，有一定的耐寒能力，在昆明市可以安全越冬。具有一定的抗旱能力。

（3）园林用途及经济用途

园林用途：毛果含笑树形高大雄伟，枝繁叶茂，四季常青，4～5月繁花似锦，10月又满树红果，赏心悦目，具有很高的观赏价值，可作庭荫树、行道树。

经济用途：毛果含笑木材浅黄褐色，纹理通直，是细木工及室内装修的良材。花瓣可提取芳香油。

（4）毛果含笑在云南的开发利用

毛果含笑于1983年在南涧县无量山区被重新发现以来，得到学界的高度重视，认为该种是一个具有科学意义和生产价值的珍贵稀有树种，并展开人工育苗、形态学特征、种子休眠机理等方面研究，取得一定进展。如今，毛果含笑在昆明一些园林中已有栽植，如翠湖公园、云南农业大学校园、西南林业大学校园等，其树姿优美，花似白兰，香气宜人，具有极高的观赏价值。但昆明周边苗圃仅有少量种植，其推广力度有待加大。

9. 鹅掌楸

鹅掌楸又名马褂木，因叶形似马褂而得名，为木兰科鹅掌楸属落叶乔木，中国特有的珍稀植物。通常分布于海拔800～2000m山地疏林或林缘，呈星散分布，也有组成小片纯林。产于陕西、安徽以南，西至四川、云南，南至南岭山地。云南彝良、大关、富宁、金平、麻栗坡有分布。

（1）形态特征

落叶乔木，高达40m，胸径1m以上。小枝灰色或灰褐色。叶马褂状，长12～15cm，各边1裂，向中腰部缩入，老叶背面有白色乳状突点。花杯状，花被片9，外轮3片绿色，萼片状，向外弯垂，内两轮6片、直立，花瓣状、倒卵形，长3～4cm，绿色，具黄色纵条纹。聚合果长7～9cm，具翅的小坚果长约6mm，顶端钝或钝尖，具种子1～2颗。花期5月，果期9～10月。

（2）生态习性

性喜光，喜温暖湿润气候，有一定的耐寒性，可经受-15℃低温。喜深厚肥沃、排水良好的酸性土壤，不耐旱，忌积水。生长迅速。

（3）园林用途及经济用途

园林用途：鹅掌楸树形雄伟，叶形奇特，花大而美丽，为世界珍贵树种之一，是城市中极佳的行道树、庭荫树种，无论丛植、列植或片植于草坪、公园入口处，均有独特的景观效果，对有害气体的抗性较强，也是工矿区绿化的优良树种之一。

经济用途：鹅掌楸材质淡红褐色，轻软适中，纹理清晰，结构细致，轻而强韧，硬度适中，是胶合板的理想原料，也是制作家具、室内装修的良材，但抗腐力弱。

此外，鹅掌楸为古老的孑遗植物，对研究古植物系统学有重要科研价值。

（4）鹅掌楸在云南的开发利用

鹅掌楸在云南分布范围广，适应性强，是值得大力推广的乡土树种。云南姜氏科技有限公司依托南京林业大学的杂交鹅掌楸细胞工程种苗繁育专利技术进行杂交鹅掌楸的规模化培植，在昆明宜良等基地培育杂交鹅掌楸苗木，种植面积达数百亩，并在昆明市大板桥科技园区建成面积达3000m^{2}的现代化组培中心，年生产种苗千万株以上，是中国第一个规模化杂交鹅掌楸细胞工程种苗繁育中心，有望使杂交鹅掌楸迅速成为我国城市绿化的重要景观树种和造林的主要树种。

（七）樟科木本花卉资源

1．香樟

香樟又名樟木，为樟科樟属常绿乔木。

（1）形态特征

常绿大乔木，高可达30m，树冠广卵形。树皮黄褐色。枝、叶及木材均有樟脑气味。叶互生，卵状椭圆形，长6～12cm，宽2.5～5.5cm，软骨质，具离基三出脉，中脉两面明显，侧脉上面明显隆起，下面有明显腺窝。圆锥花序腋生，花绿白或带黄色。果卵球形或近球形，直径6～8mm，紫黑色。花期4～5月，果期8～11月。

（2）生态习性

喜光，喜温暖湿润气候，耐寒性不强。较耐水湿，但不耐干旱、瘠薄和盐碱。

（3）园林用途及经济用途

园林用途：香樟树叶浓密青翠，为园林绿化中的常用种，常用作行道树、庭荫树以及营建风景林和防护林。

经济用途：木材及根、枝、叶可提取樟脑和樟油。果仁含脂肪，含油量约40%，油供工业用。根、果、枝和叶入药，有祛风散寒、强心镇痉和杀虫等功能。木材又为造船、橱箱和建筑等用材。

（4）香樟在云南的开发利用

香樟在云南利用历史悠久，大理苍山脚下无为寺门前的香樟，种于唐代南诏国时期，至今已有1200多年的历史；个旧宝华寺内的古香樟树龄过百年。作为小区绿化和街道树种，香樟在云南昆明、楚雄、曲靖、丽江及大理等地均有应用。

2. 云南樟

云南樟为樟科樟属常绿乔木。

（1）形态特征

常绿乔木，高5～15m。树皮灰褐色，具有樟脑气味。叶互生，椭圆形至卵状椭圆形或披针形，长6～15cm，宽4～6.5cm，厚革质，羽状脉或偶有近离基三出脉，侧脉脉腋在上面明显隆起，下面有明显的腺窝。圆锥花序腋生，花淡黄色。果实球形，直径达1cm，黑色。花期3～5月，果期7～9月。

（2）生态习性

喜温暖湿润气候，性喜光。在肥沃、深厚的酸性或中性沙壤土上生长良好，不耐水湿。

（3）园林用途及经济用途

园林用途：云南樟可用作行道树、庭荫树以及营建风景林和防护林。

经济用途：枝叶可提取樟油和樟脑。果仁油供工业用。木材可制家具。树皮及根可入药，有祛风、散寒之功。

（4）云南樟在云南的开发利用

云南樟是云南省特种优良用材树种之一，凤庆县诗礼乡三会村有株树龄1600多年的古云南樟。

3. 天竺桂

天竺桂别名山肉桂，为樟科樟属常绿乔木。

（1）形态特征

常绿乔木，高10～15m。枝条红色或红褐色，具香气。叶近对生，卵圆状长圆形至长圆状披针形，长7～10cm，宽3～3.5cm，革质，离基三出脉。圆锥花序腋生。果长圆形。花期4～5月，果期7～9月。

（2）生态习性

喜温暖湿润气候，性喜光；生长快、树势强。

（3）园林用途及经济用途

园林用途：天竺桂树干端直，树冠整齐，叶色亮绿，是热带、亚热带地区中城镇、乡村用以街道绿化、庭院美化的优良树种。

经济用途：枝叶及树皮可提取芳香油，为制作各种香精及香料的原料。果核含脂肪，供制肥皂及润滑油。木材坚硬而耐久，耐水湿，可供建筑、船只、桥梁、车辆及家具等用。

（4）天竺桂在云南的开发利用

近年来，云南的玉溪、红河、文山等地将天竺桂作为城镇街道绿化、庭院美化的主要树种广泛应用。由于其耐寒性较差，在昆明易受冻害，不建议作为昆明城市绿化的骨干树种。

4. 肉桂

肉桂又名桂皮，为樟科樟属常绿大乔木。我国是世界桂产品主要生产和出口大国，广西是国内的主要产地，而云南的肉桂栽培面积正逐年上升。

（1）形态特征

常绿乔木。树皮灰褐色。叶互生或近对生，长椭圆形至近披针形，长8～16cm，宽4～5.5cm，革质，边缘软骨质。圆锥花序腋生或近顶生，花白色。果椭圆形，黑紫色。花期6～8月，果期10～12月。根据栽培变种及品种的不同，其形态特征有一定差异。

白芽肉桂：又名黑油桂。春初萌发出来的新芽和嫩叶，均呈淡绿色，叶片小，下垂，老叶主脉两边的叶面向上翘起，成鸡胸状。花序总柄较短，结实较多。韧皮部易于形成油层，树皮采剥晒干后，油层呈黑色。

红芽肉桂：又名黄油桂。新芽与嫩叶呈红色，叶片较大，叶柄向上弯翘。花序总柄较长，小花较疏，结实较小。果实亦较小，韧皮部油层呈黄色。

清化肉桂：叶较大，嫩叶色较红。

锡兰肉桂：叶背灰色无毛。花序有绢状短毛。树皮厚而粗，内皮很薄，棕红色。

（2）生态习性

肉桂生长地绝对低温要求高于2.5℃，忌霜雪。喜欢温暖潮湿的气候，适应性强，耐阴，幼苗惧阳光直射。喜多雾潮湿，喜酸性土壤。

（3）园林用途及经济用途

园林用途：肉桂四季常绿，树形整齐美观，叶片繁盛，花果气味芳香，是热带、亚热带地区中城镇、乡村用以街道绿化、庭院美化的优良树种。

经济用途：其枝叶及树皮可提取芳香油，为制作各种香精及香料的原料。果核含脂肪，供制肥皂及润滑油。肉桂主要是药用，少量用于食品、饮料和日化用品的香料配剂。在国际上，则主要用于食品、饮料和日化用品的香料配剂。木材坚硬而耐久，耐水湿，可供建筑、船只、桥梁、车辆及家具等用。

（4）肉桂在云南的开发利用

肉桂在云南主要作为经济作物种植，河口为主栽区。此外，云南富宁、景洪、屏边等地也是肉桂的栽培种植区。

5. 长梗润楠

长梗润楠为樟科润楠属常绿乔木。长梗润楠是云南特有的乡土树种，自然分布于昆明、武定、禄丰、香格里拉等海拔2100～2800m常绿阔叶林中。

（1）形态特征

乔木，高3～8m。叶互生，疏离或聚生于枝顶，椭圆形、长圆形或倒卵形至倒卵状长圆形，长6.5～15cm，宽2.5～5cm，薄革质。聚伞状圆锥花序，花淡绿黄、淡黄至白色。果球形，直径0.9～1.2cm。花期5～6月，果期8～10月。

（2）生态习性

喜温暖湿润气候，适应性强。

（3）园林用途及经济用途

园林用途：长梗润楠树形为伞形，小枝叶浓密，树体整齐，是亚热带城市较好的绿化树种。

经济用途：其木材结构细，纹理直，材质优良，为室内装修、建筑、家具等用材。枝、叶可提取芳香油，种子富含油脂，油供工业用。

（4）长梗润楠在云南的开发利用

长梗润楠在云南昆明、武定等少数地区有绿化应用，尚未得到充分利用，有待进一步开发。

6. 滇润楠

滇润楠又名云南楠木，为樟科润楠属乔木。滇润楠产于云南中部、西部至西北部，生于山地的常绿阔叶林中，海拔1650～2000m，四川西南部也有。

（1）形态特征

乔木，高达30m。叶互生，倒卵形或倒卵状椭圆形，长7～9cm，宽3.5～4cm，革质。圆锥花序由1～3个聚伞花序组成，花淡绿、黄绿或黄至白色。果卵球形，长达1.4cm，宽1cm，熟时黑蓝色，具白粉。花期4～5月，果期6～10月。

（2）生态习性

喜肥沃湿润的低山阴坡土壤；萌芽力强、耐修剪、生长快、适应性强、抗污染能力强。

（3）园林用途及经济用途

园林用途：滇润楠寿命长、冠大荫浓、树形优美、新叶红艳，是优良的园林绿化树种。

经济用途：滇润楠叶和果可提芳香油。树皮粉可作各种熏香和蚊香的调和剂。木材供建筑、家具用材。

（4）滇润楠在云南的开发利用

目前，滇润楠已列入昆明市城市园林绿化规划中采用的乡土树种之一，被选为昆明市市民“最喜欢的10种园林绿化树种”之一。

7. 楠木

楠木别名桢楠，为樟科楠属植物。

（1）形态特征

大乔木，高达30m，树干通直。叶革质，椭圆形，长7～11cm，宽2.5～4cm，上面光亮无毛或沿中脉下半部有柔毛，下面密被短柔毛，脉上被长柔毛。聚伞状圆锥花序十分开展，长7.5～12cm。果椭圆形，长1.1～1.4cm，直径6～7mm。花期4～5月，果期9～10月。

（2）生态习性

耐阴树种，适生于气候温暖、湿润、土壤肥沃的地方，特别是在土层深厚疏松、排水良好、中性或微酸性的壤质土壤上生长尤佳，系深根性树种，根部有较强的萌生力。

（3）园林用途及经济用途

园林用途：楠木树干通直，枝叶茂密，春华秋实，四季常绿，是优良的绿化树种。

经济用途：楠木木材有香气，纹理直而结构细密，不易变形和开裂，为建筑、高级家具等优良用材。

（4）楠木在云南的开发利用

楠木是珍贵的用材树种，为国家重点保护的三级临危树种，分布于滇南、滇西南海拔900～1500m的湿润亚热带常绿阔叶林中。目前，云南园林绿化应用较少。

8. 香叶树

香叶树为樟科山胡椒属植物。

（1）形态特征

常绿灌木或小乔木，高3～14m。树皮淡褐色。叶互生，通常披针形、卵形或椭圆形，长4～9cm，宽1.5～3cm，薄革质至厚革质。伞形花序单生或2个生于叶腋；雄花黄色，雌花黄色或黄白色。果卵球形，长约1cm，宽7～8mm，成熟时红色。花期3～4月，果期9～10月。

（2）生态习性

耐干旱瘠薄土壤，在湿润肥沃土壤条件下生长较好，适应于微酸性、中性和石灰性土壤。

（3）园林用途及经济用途

园林用途：香叶树树干通直，树冠浓密，耐阴、耐修剪，可作高3～5m的绿篱墙或路中央的隔离带，是较好的景观绿化树种。

经济用途：香叶树种子富含脂肪，油脂为白色固体，为制肥皂、润滑油、油墨的优质原料，医药工业上可作栓剂基质，为可可豆酯的代用品，也可以少量食用，油粕可作肥料。果皮可提芳香油，供调制香料、香精用。枝、叶作薰香原料，又用于治跌打、疮痈和外伤出血。叶或果可治牛马癣疥疮癞。

（4）香叶树在云南的开发利用

香叶树是云南野生油料植物的优势树种之一，以腾冲县种植最多，在德宏的梁河、芒市、瑞丽等地有少量种植，其传统的经营利用历史悠久，但经营极为粗放。云南省林业科学院曾就野生香叶树育种及其栽培技术进行过研究。

（八）金缕梅科木本花卉资源

1. 枫香树

枫香为金缕梅科枫香属植物。枫香树分布于滇东南的富宁、广南、麻栗坡一带，海拔220～1660m的次生疏林中。

（1）形态特征

高大落叶乔木，高达40m。树皮幼时平滑灰色，老则转暗褐，粗糙而厚。叶轮廓三角形至心形，掌状3裂，掌状脉3～5条，边缘有具腺锯齿。花序顶生，雄花短穗状花序聚成总状花序；雌花聚成1～2个头状花序。头状果序圆球形，木质；蒴果，种子多数，多角形，细小，褐色。

（2）生态习性

阳性树种，喜光，喜温暖、湿润气候及深厚湿润土壤。深根性，主根粗长，耐干旱瘠薄、耐火烧，生长迅速，萌蘖性强。

（3）园林用途及经济用途

园林用途：枫香树叶秋季鲜红美观，是我国著名的红叶树种，适宜作园林景观树种。其与常绿树混交，形成红绿相映的景观，格外引人注目。常作为风景林树种、厂矿区绿化树种、公园及庭园绿化树种、道路绿化及色叶专类园树种。

经济用途：枫香树木材供建筑和制家具。树脂可供药用，有活血止痛、止血生肌之效。叶可提取枫油，亦可饲养枫蚕（天蚕）；药用有抗菌消炎之效。果入药，功能通经活络、消肿镇痛。根亦有同样功效。树皮及叶可作栲胶原料。

（4）枫香树在云南的开发利用

枫香树是云南省重要的乡土树种，也是亚热带地区优良速生落叶阔叶树种，其适应性广、生长迅速，属典型的“荒山先锋”树种，是维护地力效果明显、生态效益好的树种之一，目前，作为彩叶树种在园林中应用较为广泛。

2. 马蹄荷

马蹄荷为金缕梅科马蹄荷属植物。

（1）形态特征

乔木，高20～33m。树皮黑褐色。叶革质，阔卵圆形，长10～17cm，宽9～13cm，掌状脉5～7条。头状花序单生，或数枚聚成总状花序；两性花序径约1.5cm，雌花花序径2.5～6mm，有花8～12朵。头状果序，蒴果。种子6枚，基部1～2枚能育，先端有翅，其余不育，不规则棱柱状，无翅。花期10月至次年3月，果期4～10月。

（2）生态习性

浅根性树种，无明显主根，侧根发达，须根密布呈网状，生长迅速，萌芽力强。

（3）园林用途及经济用途

园林用途：马蹄荷树冠美观，树干笔直，叶形特别，叶色翠绿，具有很高的经济价值，是园林绿化的优良树种，可应用于庭院和道路两旁绿化。

经济用途：马蹄荷木材白而软，易于施工，但易蛀坏，可用作板材，制门窗。

（4）马蹄荷在云南的开发利用

马蹄荷自然分布于云南东南部、南部、中部、西南部至西北部海拔1000～2600m的山地常绿林或混交林中，目前，作为乡土树种开始应用于云南城市绿化建设，但利用范围尚有限。

（九）蔷薇科本花卉资源

1. 枇杷

枇杷为蔷薇科枇杷属植物。

（1）形态特征

常绿乔木，高4～6m。小枝粗壮，黄褐色。叶片革质，披针形、倒披针形、倒卵形或椭圆状长圆形，长10～30cm，宽3～9cm。圆锥花序顶生，长10～19cm，具多花；花直径12～20mm；花瓣白色，长圆形或卵形，长5～9mm，宽4～6mm。果实球形或长圆形，直径2～5cm，褐色，光亮，种皮纸质。花期10～12月，果期5～6月。

（2）生态习性

喜光，稍耐阴，喜温暖气候，稍耐寒，不耐严寒。喜肥水湿润、排水良好的土壤。

（3）园林用途及经济用途

枇杷树形美观，果实色艳美丽，是有名的观赏树木和观果树种。

枇杷果味甘酸，供生食、蜜饯和酿酒用。叶晒干去毛，可供药用，有化痰止咳、和胃降气之效。木材红棕色，可作木梳、手杖、农具柄等用。

（4）枇杷在云南的开发利用

枇杷在云南应用广泛，在云南各地的公园绿地内常见作为观赏树种，而在富宁、蒙自、弥勒、富民、陇川等地种植有较大面积的枇杷果园。

2. 野山楂

野山楂为蔷薇科山楂属植物。

（1）形态特征

落叶灌木，高达15m。分枝密，通常具细刺。叶片宽倒卵形至倒卵状长圆形，长2～6cm，宽1～4.5cm。伞房花序，直径2～2.5cm，具花5～7朵；花直径约1.5cm；花瓣近圆形或倒卵形，长6～7mm，白色，基部有短爪；雄蕊20；花药红色。果实近球形或扁球形，直径1～1.2cm，红色或黄色。花期5～6月，果期9～11月。

（2）生态习性

喜光，稍耐阴。耐干旱、瘠薄土壤。

（3）园林用途及经济用途

园林用途：野山楂树冠整齐，花繁叶茂，果实鲜红可爱，是难得的观花、观果或秋季色叶的园林绿化树种，可作草坪孤植树、树篱、丛植，或作景观行道树。

经济用途：野山楂果实多肉，可供生食、酿酒或制果酱，入药有健胃、消积化滞之效。嫩叶可以代茶。茎叶煮汁可洗漆疮。

（4）野山楂在云南的开发利用

野山楂在云南分布很广，通海、腾冲、普洱等地都有。在昆明公园有种植。和顺等地还用野山楂酿酒，俗称“胭脂红”。

3. 西南花楸

西南花楸为蔷薇科花楸属植物。

（1）形态特征

灌木或小乔木，高3～8m。小枝粗壮，圆柱形，暗灰褐色或暗红褐色。奇数羽状复叶连叶柄共长

10～15cm，小叶片7～9对，长圆形至长圆披针形，长2.5～5cm，宽1～1.5cm。复伞房花序具密集的花朵，花瓣宽卵形或椭圆卵形，长3～4mm，宽2.5～3.5mm，先端圆钝，白色。果实卵形，直径6～8mm，粉红色至深红色。花期6月，果期9月。

（2）生态习性

喜阳，耐旱、耐湿、耐阴、耐瘠薄、耐寒，适应性较强。对土壤肥力要求不严，喜湿润酸性或微酸性土壤。

（3）园林用途及经济用途

园林用途：西南花楸树形优美多姿，春观叶，夏观花，秋冬观果，具有很高的园林观赏价值，常用作园景树、城市行道树、庭院点缀、公园树种搭配。

经济用途：西南花楸木材可供作器物。种子含脂肪和苦杏仁素，供制肥皂及医药工业用。枝皮含单宁，在鞣皮工业中可以利用。

（4）西南花楸在云南的开发利用

西南花楸主要分布于云南德钦、贡山、香格里拉、丽江、漾濞、禄劝等地，目前资源大多处于野生状态，有待加大开发力度。

4. 花红

花红为蔷薇科苹果属植物，别名林檎、沙果。

（1）形态特征

小乔木，高4～6m。小枝粗壮，圆柱形，老枝暗紫褐色。叶片卵形或椭圆形，长5～11cm，宽4～5.5cm，边缘有细锐锯齿。伞房花序，具花4～7朵，集生在小枝顶端；花直径3～4cm；花瓣倒卵形或长圆倒卵形，长8～13mm，宽4～7mm，基部有短爪，淡粉色。果实卵形或近球形，直径4～5cm，黄色或红色。花期4～5月，果期8～9月。

（2）生态特征

喜光，耐寒，耐干旱。

（3）园林用途及经济用途

园林用途：花红适宜孤植或群植于公园、庭院中。

经济用途：花红果实多数不耐储藏运输，供鲜食用，并可加工制果干、果丹皮及酿果酒之用。

（4）花红在云南的开发利用

花红在昆明、丽江、双柏有自然分布。丽江素有晒花红果干的传统，当地几乎家家户户都有种植。

5. 球花石楠

球花石楠为蔷薇科石楠属植物。

（1）形态特征

常绿灌木或小乔木，高6～10m。叶片革质，长圆形、披针形、倒披针形或长圆披针形，长6～18cm，宽2.5～6cm。花直径约4mm，芳香。果实卵形，长5～7mm，直径2.5～3mm，红色。花期5月，果期9月。

（2）生态习性

喜光，稍耐阴；喜温暖，但不耐高温；耐寒，能耐短期的-15℃低温。喜排水良好的肥沃土壤，也耐干旱和瘠薄。能生长在石缝中，不耐水湿。生长较慢，适应能力强，对污染具有一定的抗性和净化作用，对二氧化硫、氯气有较强的抗性。

（3）园林用途

球花石楠树冠圆形，枝繁叶茂，初春嫩叶鲜红，春末白花点点，秋冬红果累累，是优美的观赏树种，可作园林、街道及厂矿绿化树种。

（4）球花石楠在云南的开发利用

球花石楠在云南昆明、新平、寻甸、武定、禄劝等地都有分布，也是云南重要的乡土树种之一，近年来，在云南各地推广种植。云南省林业科学院对球花石楠的育种技术进行了研究，有效推动了球花石楠产业开发。

6. 西府海棠

西府海棠为蔷薇科苹果属植物，别名海红、小果海棠。

（1）形态特征

小乔木，高达2.5～5m。树枝直立性强，小枝细弱，圆柱形。叶片长椭圆形或椭圆形，长5～10cm，宽2.5～5cm。伞形总状花序，有花4～7朵，集生于小枝顶端；花直径约4cm；花瓣近圆形或长椭圆形，长约1.5cm，基部有短爪，粉红色。果实近球形，直径1～1.5cm，红色。花期4～5月，果期8～9月。

（2）生态习性

喜阳光，耐寒性强。耐干旱，忌渍水，在干燥地带生长良好。

（3）园林用途及经济用途

园林用途：西府海棠在海棠花类中树态俏立，似亭亭少女，其花红、叶绿、果美，孤植、列植、丛植均极美观，最适宜种植于水滨或小庭一隅。

经济用途：西府海棠果味酸甜，可供鲜食及加工用。

（4）西府海棠在云南的开发利用

西府海棠在云南昆明海埂公园、圆通山、翠湖公园等有栽培利用。

7. 垂丝海棠

垂丝海棠为蔷薇科苹果属植物。

（1）形态特征

乔木，高达5m。叶片卵形或椭圆形至长椭卵形，长3.5～8cm，宽2.5～4.5cm。伞房花序，具花4～6朵，花梗细弱，长2～4cm，下垂，紫色；花直径3～3.5cm，花瓣倒卵形，长约1.5cm，基部有短爪，粉红色。果实梨形或倒卵形，直径6～8mm，略带紫色。花期3～4月，果期9～10月。

（2）生态习性

喜阳光，较耐旱，不甚耐寒，喜温暖湿润的气候，易栽于背风向阳处。对土壤的适应性较强，但忌水涝，以深厚、肥沃而排水良好的土壤中生长较好。

（3）园林用途

垂丝海棠可作为园林、道路、小区等的绿化树种，宜植于小径两旁，或孤植、丛植于草坪上。

（4）垂丝海棠在云南的开发利用

垂丝海棠在云南昆明圆通山、云南大学、云南农业大学、云南师范大学、翠湖公园等地方都有种植，极具观赏性。

8. 棠梨刺

棠梨刺为蔷薇科梨属植物，别名川梨。

（1）形态特征

乔木，高达12m。常具枝刺，小枝圆柱形，二年生枝条紫褐色或暗褐色。叶片卵形至长卵形，长4～7cm，宽2～5cm。伞形总状花序，具花7～13朵，直径4～5cm；花直径2～2.5cm。果实近球形，直径1～1.5cm，褐色，有斑点。花期3～4月，果期8～9月。

（2）生态习性

喜光，对土壤要求不严，适应性强。

（3）园林用途及经济用途

园林用途：棠梨刺叶片常绿，花开时白花满树，极具观赏效果，可作为公园绿化树种；小枝萌发能力较强，枝杈较多，需要及时进行修剪以调整树势。对盐类逆境条件适应性较强，可作为重盐碱地区行道树栽植。

经济用途：棠梨刺木材斜纹理，结构甚细，均匀，易加工，可作为雕刻和工艺品用材。果实及枝叶入药，消食止泻。果实营养价值高，可制作果汁、果酒等有机产品。

（4）棠梨刺在云南的开发利用

目前，棠梨刺在云南的应用多作为人工栽培梨的砧木种植。其资源仍多处于野生分布状态，在云南各地均有广泛分布。花作为野菜食用，备受人喜爱。

9. 云南樱花

云南樱花为蔷薇科樱属植物，别名苦樱桃。

（1）形态特征

乔木，高4～10m。树皮灰褐色或紫褐色，小枝紫褐色。叶片披针形至卵状披针形，长3.5～7cm，宽1～2cm，边有尖锐单锯齿或重锯齿。花单生或有2朵，花叶同开，花直径约1cm；花瓣白色，倒卵状椭圆形，先端圆钝。核果成熟时紫红色，卵圆形，纵径约1cm，横径约6～7mm。花期5～6月，果期7～9月。

（2）生态习性

喜光，喜温暖湿润的气候。喜排水良好的酸性土，忌积水。

（3）园林用途

云南樱花对城市环境有较好的适应性，可孤植、丛植于庭院、草坪边、水边或用作行道树，亦可片植形成樱花专类园。

（4）云南樱花在云南的开发利用

云南樱花是云南最具特色的乡土树种之一，其花大，色艳，花期长，是早春重要的观花树种。在宜良，昆明丹霞路、红塔西路、虹山中路、盘江西路等地都有种植。近年来，随着乡土树种在城市绿化中的广泛应用，云南樱花市场需求量剧增。

10. 日本樱花

日本樱花为蔷薇科樱属植物，别名东京樱花、樱花。

（1）形态特征

乔木，高4～16m。树皮灰色，小枝淡紫褐色。叶片椭圆卵形或倒卵形，长5～12cm，宽2.5～7cm，边有尖锐重锯齿。花序伞形总状，总梗极短，有花3～4朵，先叶开放；花直径3～3.5cm；花瓣白色或粉红色，椭圆卵形。核果近球形，直径0.7～1cm，黑色。花期4月，果期5月。

（2）生态习性

喜光，喜湿润而不积水的环境，适于种植在透水、透气性好的沙质壤土中，有一定的耐盐碱力。对空气质量要求相对较高。

（3）园林用途

日本樱花可孤植、丛植于庭院、草坪边、水边或用作行道树，亦可片植形成樱花专类园。

（4）日本樱花在云南的开发利用

日本樱花在云南应用较为广泛，其踪影在云南各地都可以见到，常作为行道树或公园樱花专类园应用。

11. 西南樱桃

西南樱桃为蔷薇科樱属植物。分布于四川、云南海拔约2300m的山谷林。

（1）形态特征

乔木或灌木，高约4m。小枝灰色或灰褐色。叶片倒卵椭圆形或椭圆形，长3.5～5cm，宽2～3.5cm。花序近伞形，有花3～5朵，先叶开放；花瓣白色，卵形，先端下凹。核果卵球形或椭球形，纵径长7～8mm，横径长5～6mm。花期3月，果期5月。

（2）生态习性

喜光，喜温暖湿润的气候。喜排水良好的酸性土，忌积水。

（3）园林用途

西南樱花可广泛用于庭院、公园、单位或风景的绿化，孤植、丛植或片植都很适宜。

（4）西南樱桃在云南的开发利用

西南樱花是云南较有特色的乡土树种，但其开发应用还有待加强。

（十）豆科木本花卉资源

1. 香花槐

香花槐为豆科刺槐属植物。

（1）形态特征

乔木，株高10～15m。树干褐至灰褐色。叶互生，7～19片组片羽状复叶，小叶椭圆形至卵长圆形，长3～6cm。花序腋生，花粉红色或紫红色，味芳香，密生成总状花序，作下垂状，长7～8cm。每年5月、7月2次开花。

（2）生态习性

喜温暖湿润的气候和阳光充足、通风良好的环境。以湿润、排水良好、土层厚而疏松的中性土为宜，偏酸和偏碱土亦能适应。

（3）园林用途

香花槐具有较强的抗污染功能，对二氧化硫、氯气、氮氧化物、光化学烟雾的抗性都较强，对保护生活环境、净化城市空气有卓著功效，是城市园林及道路绿化的优良香花树种。

（4）香花槐在云南的开发利用

香花槐在丽江宁蒗、昆明、玉溪、瑞丽等地都有种植。

2. 刺槐

刺槐为豆科刺槐属植物。原产北美，1877年引入中国，因其适应性强、生长快、繁殖易、用途广而受到欢迎，如今早已遍及华北、西北、东北南部的广大地区。

（1）形态特征

落叶乔木，高10～25m。树皮灰褐色至黑褐色，小枝灰褐色。羽状复叶长10～25cm；小叶2～12对，常对生，椭圆形、长椭圆形或卵形，长2～5cm，宽1.5～2.2cm。总状花序腋生，长10～20cm，下垂，花多数，芳香；花冠白色。荚果褐色，或具红褐色斑纹，线状长圆形，长5～12cm，宽1～1.3cm。种子褐色至黑褐色，长5～6mm，宽约3mm。花期4～6月，果期8～9月。

（2）生态习性

喜光，喜温暖湿润气候。对土壤要求不严，适应性强。

（3）园林用途及经济用途

园林用途：刺槐树冠浓密，树形优美，花洁白而芳香，对有毒烟尘有很大的阻挡、过滤和吸收作用，是城市、乡村等用作绿化的优良树种。

经济用途：刺槐木材坚硬，可供矿柱、枕木、车辆、农业用材。叶含粗蛋白，是许多家畜的好饲料。花是优良的蜜源植物，刺槐花蜜色白而透明，深受消费者欢迎。嫩叶花可食。种子榨油可作肥皂及油漆之用。

（4）刺槐在云南的开发利用

刺槐全身都是宝，在云南各地均有栽培。

3. 洋紫荆

洋紫荆为豆科羊蹄甲属植物，别名羊蹄甲、红紫荆。

（1）形态特征

落叶乔木。树皮暗褐色，枝广展。叶近革质，广卵形至近圆形，长5～9cm，宽7～11cm。总状花序侧生或顶生，少花；花大，花瓣倒卵形或倒披针形，长4～5cm，具瓣柄，紫红色或淡红色，杂以黄绿色及暗紫色的斑纹。荚果带状，扁平，长15～25cm，宽1.5～2cm，具长柄及喙。种子10～15颗，近圆形，扁平，直径约1cm。花期全年，3月最盛。

（2）生态习性

阳性植物，喜温暖湿润气候。耐旱瘠，对土壤要求不苛。抗氟化氢能力强。萌芽力强，生长迅速。

（3）园林用途及经济用途

园林用途：洋紫荆枝条扩展而弯垂，枝叶婆娑，叶大而奇异，花朵绚丽，常作为行道树、庭荫树和观赏树种植。

经济用途：洋紫荆木材坚硬，可作农具。树皮含单宁，可入药。根皮用水煎服可治消化不良。花芽、嫩叶和幼果可食用。

（4）洋紫荆在云南的开发利用

洋紫荆花先于新叶开放，满树繁花似锦，红绿交映，呈现一派春意盎然、生机勃勃的繁荣美景，在云南昆明、普洱、孟连、玉溪等地作为行道树及庭园丛植观赏。

4. 云南紫荆

云南紫荆为豆科紫荆属植物，别名湖北紫荆。

（1）形态特征

乔木，高6～16m。树皮和小枝灰黑色。叶较大，厚纸质或近革质，心脏形或三角状圆形，长5～12cm，宽4.5～11.5cm。总状花序短，总轴长0.5～1cm，有花数至十余朵；花淡紫红色或粉红色，先于叶或与叶同时开放，稍大，长1.3～1.5cm。荚果狭长圆形，紫红色，长9～14cm，宽1.2～1.5cm。种子1～8颗，近圆形。花期3～4月，果期9～11月。

（2）生态习性

喜温暖湿润气候，适应性强。耐瘠薄，对土壤要求不严，但以疏松肥沃的壤土、沙壤土生长迅速，萌生力强。

（3）园林用途

云南紫荆为美丽的春季观花优良乡土树种，常作为行道树及庭院丛植观赏。

（4）云南紫荆在云南的开发利用

云南紫荆主要分布范围在海拔600～1900m的山坡疏林或密林中，作为绿化树种被广泛应用于云南各州市。

5. 黄槐决明

黄槐决明为豆科决明属植物。

（1）形态特征

灌木或小乔木，高5～7m。树皮颇光滑，灰褐色。叶长10～15cm，小叶7～9对，长椭圆形或卵形，长2～5cm，宽1～1.5cm。总状花序生于枝条上部的叶腋内；花瓣鲜黄至深黄色，卵形至倒卵形，长1.5～2cm。荚果扁平，带状，开裂，长7～10cm，宽8～12mm。种子10～12颗，有光泽。花果期几乎全年。

（2）生态习性

喜高温高湿、阳光充足及通风良好的环境。对土质要求不严，以深厚疏松的中性土壤中生长最宜。抗旱性较好，但耐寒力稍差，不宜低温生长。

（3）园林用途

黄槐决明是公园、街道、庭院及高速公路等绿化的优良树种。

（4）黄槐决明在云南的开发利用

黄槐决明在云南的开远、蒙自、河口、西双版纳等地有栽培，在村边、路旁或公园中较为常见。

6. 凤凰木

凤凰木为豆科凤凰木属植物，别名凤凰花、红花楹。原产马达加斯加，现广植于热带东南亚各国。

（1）形态特征

高大落叶乔木，高达20m。叶为二回偶数羽状复叶，长20～60cm，羽片对生，15～20对；小叶25对，长圆形，长4～8mm，宽3～4mm。伞房状总状花序，花大而美丽，直径7～10cm，鲜红至橙红色。荚果带形，扁平，长30～60cm，宽3.5～5cm，成熟时黑褐色。种子20～40颗，横长圆形，长约15mm，宽约7mm。花期6～7月，果期8～10月。

（2）生态习性

喜高温湿润、阳光充足的环境，属阳生植物。根分布深广，耐旱、耐瘠、耐热、耐风、耐盐，对大气污染有较强抵抗力。

（3）园林用途及经济用途

园林用途：凤凰木树形高大壮硕、枝叶茂密飘逸、艳丽之花宛如红云，堪称南国最佳园林风景树。常单植、列植或群植于园林、学校、工厂、机关、绿化地带、停车场及庭院等地。

经济用途：凤凰木树脂能溶于水，用于工艺。木材轻软，富有弹性和特殊木纹，可作小型家具和工艺原料。种子有毒。

（4）凤凰木在云南的开发利用

凤凰木在云南海拔1500m以下河谷坝区常见栽培，在河口、开远、元江、西双版纳、德宏、普洱等地常栽培于公园或作行道树。

7. 山合欢

山合欢是豆科合欢属植物，别名山槐。云南海拔2500m以下的地区均有分布。

（1）形态特征

落叶小乔木或灌木，高3～8m。二回羽状复叶，羽片2～4对，小叶5～14对，长圆形或长圆状卵形。头状花序2～7枚生于叶腋，或于枝顶，排成圆锥花序；花初白色，后变黄。荚果带状，长7～17cm，宽1.5～3cm，深棕色。种子4～12颗，倒卵形。花期5～6月，果期8～10月。

（2）生态习性

喜光，对土壤要求不严，极耐干旱瘠薄，抗逆性较强，属深根性树种。

（3）园林用途及经济用途

园林用途：山合欢的花美丽，常作为风景树种植于园林、道路两旁。

经济用途：山合欢材质可供家具、农具、枕木、车辆、薪炭用。树皮含单宁，可入药。

（4）山合欢在云南的开发利用

山合欢是干热地区绿化造林的好树种，在昆明、元谋、鹤庆、华坪、新平、元江、曲靖等地均有种植。

8. 银荆

银荆为豆科金合欢属植物。

（1）形态特征

常绿乔木，高15m。二回羽状复叶，银灰色至淡绿色，羽片10～20，小叶26～46对。头状花序直径6～7mm，复排成腋生的总状花序或顶生的圆锥花序；花淡黄或橙黄色。荚果长圆形，长3～8cm，宽7～12mm，红棕色或黑色。花期4月，果期7～8月。

（2）生态习性

喜阳光，喜温暖湿润气候。对土壤要求不严，喜深厚、肥沃的土壤，也能耐干旱、贫瘠，但不耐渍水。

（3）园林用途及经济用途

园林用途：树干通直，树冠开展，外形美观，是很好的庭院、四旁绿化树种。

经济用途：木材坚硬，纹理细致，可用作矿柱、车船、农具、家具和房屋建筑等，也是造纸、人造纤维的好原料。树皮是世界上理想的栲胶原料。

（4）银荆在云南的开发利用

银荆作为行道树和公园绿化树在开远、弥勒、新平、禄丰、丘北、楚雄、华坪、普洱、西双版纳、双柏、昆明、澄江等地都有应用。

9. 黑荆

黑荆为豆科金合欢属植物。原产澳大利亚，20世纪60年代引种至我国，现已成为我国广东、广西、云南、四川等省非常优良的造林、绿化树种。

（1）形态特征

常绿乔木，高9～15m。二回羽状复叶，羽片8～20对，长2～7cm；小叶30～40对，线形。头状花序圆球形，直径6～7mm。花淡黄或白色。荚果长圆形，扁压，长5～10cm，宽4～5mm。种子卵圆形，黑色，有光泽。花期6月，果期8月。

（2）生态习性

喜阳光，又较耐阴，喜温暖湿润气候，又稍耐寒，能耐-5℃以上的低温。对土壤要求不严，喜深厚、肥沃的土壤，也能耐干旱、贫瘠，但不耐渍水。

（3）园林用途及经济用途

园林用途：黑荆树干通直，树冠开展，外形美观，花淡黄色，色调独具一格，是很好的庭院、四旁绿化树种。

经济用途：黑荆木材坚硬，纹理细致，变形甚小，可作为矿柱、车船、农具、家具和房屋建筑等；也是造纸、人造纤维的好原料。树皮是世界上理想的栲胶原料。

（4）黑荆在云南的开发利用

黑荆作为行道树和公园绿化树在开远、弥勒、新平、禄丰、丘北、楚雄、华坪、普洱、西双版纳、双柏、昆明、澄江等地都有应用。

10. 铁刀木

铁刀木别名黑心树，为豆科决明属植物。铁刀木在我国广东、广西、福建均有分布，但数云南西双版纳为多。

（1）形态特征

乔木，高约10m。树皮灰色。叶长20～30cm，小叶对生，6～10对，革质，长圆形或长圆状椭圆形。总状花序生于枝条顶端的叶腋，并排成伞房花序状；花瓣黄色，长12～14mm。荚果扁平，熟时带紫褐色。种子10～20颗。花期10～11月，果期12月至翌年1月。

（2）生态习性

喜光而稍耐半阴，耐旱瘠，忌积水，在土层深厚肥沃和排水良好的壤土和冲积土上生长迅速。抗风，萌芽力强，耐修剪。

（3）园林用途及经济用途

园林用途：铁刀木树干通直，树冠扩展，枝叶茂密，花金黄灿烂，美观夺目，开花期长，常作行道树、风景树和防护林树种植。

经济用途：铁刀木是红木中的鸡翅木之一，因其心材的纹理酷似鸡翅而得名，是制作、家具、乐器及工艺品的上等木材。

（4）铁刀木在云南的开发利用

铁刀木因其生长迅速，萌芽力强，枝干易燃，火力旺，在云南大量栽培作薪炭林，以景洪的薪炭林栽培历史尤为悠久。景洪曼厅公园内的铁刀木树林是当地的一道美景。除此以外，在云南盈江、景谷、勐海、勐腊等地也有大量栽培。近年来，铁刀木作为红木用材的栽植面积日渐增长，但仍需要加大宣传力度。

11. 刺桐

刺桐又叫海桐，为豆科刺桐属植物。刺桐原产亚洲的热带及亚热带地区，我国台湾、海南、广东等地均有。

（1）形态特征

大乔木，高可达20m。树皮灰褐色。羽状复叶具3小叶；小叶膜质，宽卵形或菱状卵形，长宽15～30cm。总状花序顶生，长10～16cm，上有密集、成对着生的花；花冠红色，长6～7mm，旗瓣椭圆形，长5～6cm，宽约2.5cm；翼瓣与龙骨瓣近等长；龙骨瓣2片离生。荚果黑色，肥厚，种子间略缢缩，长15～30cm，宽2～3cm。种子1～8颗，肾形，长约1.5cm，宽约1cm，暗红色。花期3月，果期8月。

（2）生态习性

喜高温高湿，喜阳光也较耐荫蔽。对土壤要求不严，沙壤土、壤土或黏重土均可种植。

（3）园林用途及经济用途

园林用途：刺桐花大美丽，适合单植于草地或建筑物旁，可供公园、绿地及风景区美化，又是公路及市街的优良行道树。

经济用途：刺桐树皮或根皮入药，称海桐皮，祛风湿，舒筋通络，治风湿麻木、腰腿筋骨疼痛、跌打损伤，对横纹肌有松弛作用，对中枢神经有镇静作用。但有积蓄作用，毒性主要表现为心肌及心脏传导系统的抑制。

（4）刺桐在云南的开发利用

刺桐树身高大挺拔，枝叶茂盛，花色鲜红，花形如辣椒，花序颀长，观赏较佳，在云南昆明、西双版纳、普洱等地有较多应用。

12. 鸡冠刺桐

鸡冠刺桐为豆科刺桐属植物。原产巴西，我国云南、台湾等地有栽培，供庭园观赏用。

（1）形态特征

落叶灌木或小乔木。茎和叶柄稍具皮刺。羽状复叶具3小叶，小叶长卵形或披针状长椭圆形，长7～10cm，宽3～4.5cm。花与叶同出，总状花序顶生；花深红色，长3～5cm。荚果长约15cm，褐色。种子大，亮褐色。

（2）生态习性

喜光，喜高温湿润气候，适应性强，生性强健。对土壤要求不严，在排水良好的肥沃壤土和砂壤土中生长最佳。易移植，萌发力强，生长快。

（3）园林用途

鸡冠刺桐树形优美圆满，树干苍劲古朴，花朵繁茂，花形独特，花期长，花色艳丽无比，具有较高的观赏价值，是公园、广场、庭院、道路绿化的优良景观树种。

（4）鸡冠刺桐在云南的开发利用

鸡冠刺桐在云南昆明、西双版纳、玉溪等地用作行道树、园林绿地观赏树栽植，观赏效果较好，应加大开发力度。

（十一）大戟科木本花卉资源

1. 重阳木

重阳木为大戟科重阳木属植物，是中国特有的珍贵优质用材和著名园林观赏树种。云南栽培的重阳木有两种，分别是秋枫和重阳木。

（1）形态特征

重阳木：落叶乔木，树高可达15m。树皮灰褐色，老时呈鳞片状开裂而粗糙。小叶卵形至椭圆状卵形，长5～11cm，先端突尖或突渐尖，基部圆形或近心形，缘有细钝齿，两面光滑无毛。花小，绿色，成总状花序。浆果球形或略扁，黄褐色，径5～7mm，熟时红褐色。花期4～5月，果9～11月成熟。

秋枫：别名常绿重阳木、茄冬（台湾）、水蚬、高粱木（广西）。常绿或半常绿大乔木，树高可达40m，胸径可达2～3m。树干圆满通直。树皮褐红色。小叶卵形、椭圆形或倒卵状长椭圆形，长7～15cm，宽4～9cm，先端短尾尖，基部宽楔形，叶缘锯齿每厘米2～3个，无毛；顶生小叶柄长3～4cm，侧生小叶柄长0.8～1.4cm；托叶长约8mm，早落。雄花序长8～13cm，萼片膜质，退化雌蕊小；雌花萼片边缘白色，膜质，子房无毛。花期4～5月，果期8～10月。

（2）生态习性

重阳木是暖温带速生树种，喜光，稍耐阴，喜温暖湿润气候，耐寒性较差。对土壤要求不严，在湿润、肥沃土壤中生长最好。根系发达，抗风力强，生长较快。

（3）园林用途及经济用途

园林用途：重阳木树形优美，生长速度快，4～5月开花，淡绿色，林荫好，叶秋季变红色，是姿态优美的城市绿化树种，适宜作庭荫树及行道树，也可作堤岸绿化树种。在草坪、湖畔、溪边丛植点缀也很合适，可以营造壮丽的秋景。

经济用途：重阳木是优良的木材和药材，需要进一步加强其综合价值的开发利用。

（4）重阳木在云南的开发利用

重阳木在云南省主要产于临沧、景洪、金平、个旧等地海拔50～1500m的疏林或密林中，常栽培作行道树和庭园观赏树。重阳木木材坚硬，是良好的建筑用材，但在云南省推广力度不够，种苗主要来自安徽、南京、江浙一带。

2. 乌桕

乌桕为大戟科乌桕属落叶乔木。

（1）形态特征

高达15m，树冠圆球形。树皮暗灰色，纵裂浅。小枝纤细。单叶互生，纸质，菱状广卵形，先端尾状，基部广楔形，全缘，两面光滑均无毛，叶柄细长，顶端有2个腺点。6～7月开花，穗状花序顶生，花小，黄绿色。蒴果三棱状球形，10～11月成熟，熟时黑色，3裂，种皮脱落。种子黑色，外被白蜡，固定于中轴上，经冬不落。

（2）生态习性

喜光、喜温暖气候及深厚肥沃而水分充分的土壤，对土壤适应性较广，但干燥和贫瘠的土地不宜栽种。较耐寒，并有一定的耐旱、耐水湿及抗风的能力。多生于田边、溪畔，能耐间歇性水淹。

（3）园林用途及经济用途

园林用途：乌桕树冠整齐，叶形秀丽，春秋季叶色红艳夺目，集观形、观色叶、观果于一体，具有极高的观赏价值。可孤植、丛植于草坪和湖畔、池边，在园林绿化中可栽作护堤树、庭荫树及行道树，也可栽植于广场、公园、庭院中，能产生良好的造景效果。

经济用途：乌桕除作观赏树木外，种子外被白色的蜡质层（假种皮）称皮油，溶解后可制肥皂、蜡烛。种仁含油50%，称梓油、桕油，为重要的工业用油。

（4）乌桕在云南的开发利用

乌桕在云南主要产绥江、巧家、镇雄、永善、彝良、华坪、泸水、福贡、广南、石屏、蒙自、元阳、盈江、临沧、云县、元谋、武定、鹤庆、洱源、昆明、禄劝、通海、易门、新平、元江、普洱等地。主要用作行道树，也常见于公园、学校的绿地，如昆明的翠湖公园、黑龙潭、昆明植物园、云南大学、金殿公园。乌桕在我国已有1000年以上的栽培和利用历史，我国林业工作者早在20世纪60年代就开始了乌桕的良种选育工作，并取得了一定的成果。云南开展的研究较晚，需要进一步加强其综合价值的开发利用和品种的选育工作。

（十二）槭树科木本花卉资源

1．五角枫

五角枫又名色木槭、五角槭，为槭树科槭属落叶乔木。

（1）形态特征

树高达15～20m。树皮粗糙，常纵裂，灰色，稀深灰色或灰褐色。小枝淡黄色。叶常5裂，有时3裂及7裂的叶生于同一树上，长4～9cm，基部常为心形；裂片卵形，先端锐尖或尾状锐尖，全缘，裂片间的凹缺常锐尖，深达叶片的中段，上面深绿色，下面淡绿色，两面无毛或仅背面脉腋有簇毛，网状脉两面明显隆起。花黄绿色，顶生伞房花序。果翅展开呈钝角，嫩时紫绿色，成熟时淡黄色，长约为果核的2倍。花期5月，果期9月。

（2）生态习性

弱阳性，弱度喜光，稍耐阴，喜温凉湿润气候。对土壤要求不严，在中性、酸性及石灰性土上均能生长，但以土层深厚、肥沃及湿润之地生长最好，黄黏土上生长较差。生长速度中等，深根性，抗风力强。

（3）园林用途及经济用途

园林用途：五角枫的树形优美，叶、果秀丽，秋叶变亮黄色或红色，适宜作为庭荫树、行道树及风景林树种，与其他秋色叶树种或常绿树种配植，彼此衬托掩映，可增加秋景色彩之美。

经济用途：五角枫木材坚韧细致，可供建筑、车辆、乐器和胶合板等制造之用。树皮纤维良好，可作人造棉及造纸的原料。叶含鞣质，种子榨油，可供工业方面的用途，也可作食用。

（4）五角枫在云南的开发利用

五角枫是我国槭树科植物中分布最广的一种，多生于海拔800～1500m的山坡或山谷疏林中，在云南的丽江地区可分布在海拔高达2600～3000m的高地上。五角枫作为彩叶树种被广泛应用于公园中，如昆明植物园、金殿公园。

2. 金沙槭

金沙槭又名川滇三角枫、川滇三角槭、金江槭，为槭树科槭属常绿乔木。

（1）形态特征

高5～10m。树皮褐色或深褐色，粗糙。小枝细瘦，无毛；当年生枝紫色或紫绿色；多年生枝灰绿色或褐色。冬芽椭圆形；鳞片淡褐色，边缘被纤毛。叶厚革质，基部阔楔形，稀圆形，外貌近于长圆卵形、倒卵形或圆形，长7～11cm，宽4～6cm，全缘或3裂；中裂片三角形，先端钝尖或短渐尖；侧裂片短渐尖或钝尖；叶片上面深绿色，无毛，平滑，有光泽；下面淡绿色，密被白粉。花瓣5，白色，线状披针形或线状倒披针形，花盘无毛。翅果嫩时黄绿色或绿褐色，翅长圆形，张开成钝角，稀成水平。花期3月，果期8月。

（2）生态习性

阳性树种，稍耐阴，耐寒，较耐水湿。喜温暖、湿润环境及中性至酸性土壤。萌芽力强，耐修剪。根系发达，根蘖性强。

（3）园林用途及经济用途

园林用途：金沙槭常绿，枝叶浓密，夏季浓荫覆地，叶形特殊，有较高的观赏价值，宜孤植、丛植作庭荫树，也可作行道树及护岸树。在湖岸、溪边、谷地、草坪配植，或点缀于亭廊、山石间都很合适。

经济用途：木材坚实，可供器具、家具及细木工用。

（4）金沙槭在云南的开发利用

金沙槭在云南分布广泛，多产金沙江流域的四川西南部，云南西北部金沙江流域和禄劝、嵩明、巧家等地海拔1500～2500m的常绿阔叶林、山坡疏林中，是云南优良的乡土树种。但目前云南对其开发利用不够，仅在公园或小区绿地中作为彩叶植物栽植，未进行大面积推广种植。

3. 三角枫

三角枫又名三角槭，为槭树科槭属落叶乔木。

（1）形态特征

高5～10m。树皮暗灰色，片状剥落。叶倒卵状三角形、三角形或椭圆形，长6～10cm，宽3～5cm，通常3裂，裂片三角形，顶端短渐尖，全缘或略有浅齿，表面深绿色，无毛，背面有白粉，初有细柔毛，后变无毛。伞房花序顶生，有柔毛；花黄绿色，发叶后开花；子房密生柔毛。翅果棕黄色，两翅呈镰刀状，中部最宽，基部缩窄两翅开展成锐角，小坚果突起，有脉纹。花期4～5月，果熟期8～9月。

（2）生态习性

暖温带树种，稍耐阴，有一定的耐寒性，喜温暖湿润气候。适生于偏酸或中性土壤，在微碱性土中也可生长，较耐水湿。在适生地生长快，萌芽力强，耐修剪，寿命长。适宜种植于土壤潮湿、光照充足，通风良好的环境。

（3）园林用途及经济用途

园林用途：三角枫枝叶浓密，夏季浓荫覆地，入秋叶色变成暗红，秀色可餐，宜孤植、丛植作庭荫树，也可作行道树及护岸树。在湖岸、溪边、谷地、草坪配植，或点缀于亭廊、山石间都很合适。老桩制成盆景，主干扭曲隆起，颇为奇特。此外，还可栽培作绿篱，年久后枝条劈刺连接密合，也别具风味。

经济用途：木材坚实，可供器具、家具及细木工用。

（4）三角枫在云南的开发利用

云南对三角枫的开发利用较早，大量种植于公园或条件较好的绿地，昆明市主要栽培作行道树。在云南楚雄、曲靖、玉溪、大理、丽江等地均有苗圃生产。三角枫生长速度较慢，大苗价格较高。

4. 鸡爪槭

鸡爪槭又名鸡爪枫、青枫，为槭树科槭属落叶小乔木或乔木。

（1）形态特征

树皮深灰色，树冠伞形。当年生枝紫色或淡紫绿色，多年生枝淡灰紫色或深紫色。叶纸质，对生，掌状7～9裂，基部心脏形；裂片长圆卵形或披针形，先端锐尖或长锐尖，边缘具紧贴的尖锐锯齿；嫩叶密生柔毛，老叶平滑无毛。花杂性，由紫红小花组成伞房花序。翅果，果体两面突起，上有明显脉纹，果翅张开成钝角，向上弯曲，熟前紫色，熟时棕黄色。花期5～6月，果期10月。

（2）生态习性

喜温暖气候，适生于半阴环境。在土壤湿润肥沃、排水良好的环境下生长快，酸性土、中性土中适生，抗盐碱能力差。不耐水涝，喜光，但忌强烈阳光，在高大树木庇荫下长势良好。

（3）园林用途

鸡爪槭叶形美观，入秋后转为鲜红色，色艳如花，灿烂如霞，加之品种多，为优良的观叶树种，可植于溪边、池畔、路隅、墙垣之旁。若以常绿树作前景，丛植于草坪中，或在山石小品中配植，补以粉墙，红艳多姿。盆栽作桩景，也很别致。

（4）鸡爪槭在云南的开发利用

云南较早开展鸡爪槭的引种栽培，大量种植于公园或条件较好的绿地中。常见栽培的有紫红鸡爪槭，又名红枫、红鸡爪槭；金叶鸡爪槭，又名黄枫；细叶鸡爪槭，又名羽毛枫；红细叶鸡爪槭，又名红羽毛枫；紫细叶鸡爪槭，又名紫羽毛枫。

5. 元宝枫

元宝枫为槭树科槭属落叶乔木。

（1）形态特征

高8～10m。树皮纵裂，干皮灰黄色。单叶对生。花黄绿色，多成顶生伞房花序。翅果为扁平，果两翅展开略成直角。花期5月，果期9月。

（2）生态习性

耐阴，喜温凉湿润气候，耐寒性强。对二氧化硫、氟化氢的抗性较强，吸附粉尘的能力亦较强。

（3）园林用途

元宝枫叶形美观，入秋后转为黄色或红色，为优良的观叶树种，常用作园林绿化树种。

（4）元宝枫在云南的开发利用

元宝枫在云南主要用于园林绿化观赏。

6. 青榨槭

青榨槭为槭树科槭属落叶乔木。

（1）形态特征

树高7～15m。枝干绿色平滑，有白色条纹。叶卵状椭圆形，长6～14cm，基部圆形或近心形，先端长尾状。果翅展开成钝角或近于平角。

（2）生态习性

耐半阴，喜生于湿润溪谷。

（3）园林用途及经济用途

园林用途：青榨槭生长迅速，树冠整齐，叶形美观，主要用于园林绿化。

经济用途：青榨槭树皮纤维较长，又含丹宁，可作工业原料。

（4）青榨槭在云南的开发利用

青榨槭在云南主要用于园林绿化。

（十三）山茶科木本花卉资源

1. 云南山茶

云南山茶为山茶科山茶属灌木至小乔木。

（1）形态特征

树高达15m。嫩枝无毛。叶阔椭圆形，先端尖锐或急短尖，基部楔形或圆形。花顶生，红色，直径10cm，无柄；苞片及萼片10～11片，组成长2.5cm的杯状苞被，最下1～2片半圆形，短小，其余圆形，背面多黄白色绢毛；花瓣红色，6～7片，最外1片近似萼片，倒卵圆形，背有黄绢毛，其余各片倒卵圆形，先端圆或微凹入；雄蕊长约3.5cm，外轮花丝基部1.5～2cm连接成花丝管，游离花丝无毛；子房有黄白色长毛，花柱长3～3.5cm，无毛或基部有白色。蒴果扁球形，3裂。花期12月至翌年2～4月，果熟期9～10月。

（2）生态习性

喜温暖湿润气候，不耐涝，适应性较差，适宜在夏季不炎热、冬季不严寒的温凉地区栽培。抗寒性较差，喜半阴环境及酸性土壤，生长缓慢但寿命极长。

（3）园林用途及经济用途

园林用途：云南山茶花期长，花形硕大而美，花色以红色为主调，花色绚丽。有条件的地方若成片栽植，当花期繁花满枝头时，灿若彩霞，景色异常美丽，为世界著名观赏花木，与山茶齐名。

经济用途：云南山茶种子含油量高达31%以上，可食用，也可入药，有滋补身体、治疗虚弱的功效。

（4）云南山茶在云南的开发利用

云南山茶广布云南，主要产盈江、瑞丽、龙陵、腾冲、保山、永平、永德、临沧、凤庆、大理、漾濞、祥云、剑川、鹤庆、丽江、大姚、楚雄、武定、昆明、易门、双柏、峨山、元江等地海拔1500～2500m的阔叶林或混交林中。云南山茶在云南栽培历史悠久，目前一些寺庙还保留有元、明等朝代的古树。在云南最为著名的山茶有安宁关庄清泰庵的“九心十八瓣”茶花，晋城盘龙寺药师殿的“松子鳞”和“狮子头”，丽江玉峰寺的“万朵茶”，腾冲的“红花”油茶，以及普洱镇沅有2700多年历史的古茶树王。

山茶花是中国十大名花，云南山茶因树姿优美、花朵大而艳、花期长、富含深厚文化底蕴而备受大众喜爱，列云南八大名花之首，明代就有“云南山茶甲天下”的说法。现今云南山茶的品种已达数百个，其中较为著名的品种有“童子面”“早桃红”“狮子头”“恨天高”“松子鳞”“牡丹茶”“大玛瑙”“大理茶”“紫袍”“菊瓣”等，被广泛用作盆花及庭园植物。许多公园中还设置了茶花专类园，如昆明植物园的茶花园、金殿公园的茶花园、丰泽植物园的茶花园。

2. 厚皮香

厚皮香又名水红树、红果树，为山茶科厚皮香属常绿乔木。

（1）形态特征

高达15m。枝条灰绿色，无毛。叶倒卵形至长圆形，顶端钝圆或短尖，基部楔形，全缘，叶表面中脉显著下陷。花淡黄色，稍下垂，径约2cm，有香味。果实为浆果，圆球形，萼片宿存。花期7～8月，果期10月。

（2）生态习性

喜温暖湿润气候，较耐寒，能忍受-10℃低温，在常绿阔叶树下生长旺盛。喜光，也较耐阴。喜酸性土，也能适应中性土和微碱性土。

（3）园林用途及经济用途

园林用途：厚皮香树冠浑圆，四季常青，枝叶层次感强，嫩叶红润、绿叶光亮，花香果红，加之适应性强，是优良的四季可观的园林树种。可种植在林下、林缘等处，为基础栽植材料，同时，其抗有害气体性强，是厂矿区优良的绿化树种。

经济用途：厚皮香的树皮可提取栲胶，是优良的植物鞣剂。

（4）厚皮香在云南的开发利用

厚皮香在云南主要分布在镇雄、西双版纳、马关等地海拔1750～2300m的林中。早在1989年，云南省林业科学院就对厚皮香栲胶进行了深入研究，并发布了云南厚皮香栲胶的地方标准，但到目前为止，厚皮香仍然没有得到有力的开发和推广应用。

（十四）棕榈科木本花卉资源

棕榈科为单子叶，乔木或灌木，茎不分枝，常绿，是典型的热带植物，有很高的观赏与装饰价值，尤以幼期为好。棕榈科植物目前世界已知的有200多属近3000种，我国棕榈科植物有18属100余种。云南原产棕榈科植物有棕榈属3种、石山棕属1种、棕竹属3种、蒲葵属2种、轴榈属1种、刺葵属2种、钩叶藤属3种、蛇皮果属1种、省藤属35种、桄榔属1种、鱼尾葵属4种、瓦里棕属6种、山槟榔属5种、椰子属1种，共14属68种。主要分布于滇南和滇中的热带、亚热带植被中，少数种分布于滇西、滇西北地带。

1．棕榈

棕榈为棕榈科棕榈属常绿乔木。

（1）形态特征

树干圆柱形，高达10m，干茎达24cm。叶簇竖干顶，形如扇，近圆形，茎50～70cm，掌状裂深达中下部；叶柄长40～100cm。花期4～5月，果熟期10～11月。

（2）生态习性

棕榈性喜温暖湿润的气候，极耐寒，较耐阴，长大后极耐旱，不能抵受太大的日夜温差。适生于排水良好、湿润肥沃的中性、石灰性或微酸性土壤，耐轻盐碱，也耐一定的干旱与水湿，抗大气污染能力强。

（3）园林用途及经济用途

园林用途：棕榈树形优美，也是庭园绿化的优良树种，以单植、列植或群植形式，广泛应用于道路、公园、庭院、厂区及盆景绿化；还可栽种于盆中，作盆景观赏。棕榈对烟尘、二氧化硫、氟化氢等多种有害气体具较强的抗性，并具有吸收能力，适于空气污染区大面积种植。

经济用途：棕榈树干纹理致密，外坚内柔，耐潮防腐，是优良的建材。叶鞘纤维可制扫帚、毛刷、蓑衣、枕垫、床垫、水塔过滤网等。棕皮可制绳索。棕叶可用作防雨棚盖。花、果、棕根及叶基棕板可加工入药，主治金疮、疥癣、带崩、便血、痢疾等多种疾病。种子蜡皮则可提取工业使用的高熔点蜡。种仁含有丰富的淀粉和蛋白质，经磨粉后可作牲畜饲料。未开花的花苞还可作蔬菜食用。

（4）棕榈在云南的开发利用

云南省红河县棕榈资源丰富，种植历史悠久，是我国著名的“棕榈之乡”。截至2012年，全县棕榈种植面积达27万亩，红河县棕榈种植面积、棕片及棕丝产量均居全省乃至全国第一位。红河县哈尼族、彝族的历史文化、生产和生活习俗都与棕榈有着密切联系，采剥棕片、加工棕丝是哈尼族、彝族的传统产业和重要经济来源。

2. 董棕

董棕为棕榈科鱼尾葵属常绿乔木。

（1）形态特征

树高10～30m，径粗30～70cm，树干具明显的环状叶痕。大型二回羽状复叶聚生于茎顶。大型穗状花序长达3m，下垂。树干中下部常膨大如瓶状。一般果熟在5月和10月。国家二级保护渐危种。

（2）生态习性

分布于云南东南部海拔700～1500m山地林中，在勐腊、盈江、贡山、沧源等地有分布。云南局部地区既能生于土层较厚的地方，也可扎根于岩石缝中，幼苗在林下生长，需要一定荫蔽。20～30年后才能开花结果，结果后即枯死。

（3）园林用途及经济用途

园林用途：董棕植株十分高大，树形美观，叶片排列十分整齐，适合于公园、绿地中孤植使用，显得伟岸霸气。董棕是棕榈植物中最具特色的，膨大的茎干似一巨大的花瓶，造型相当优美，尤其是向四周开展、平伸的羽状叶，观赏价值极高。

经济用途：董棕木质坚硬，可作水槽与水车。髓心含淀粉，可代西谷米。叶鞘纤维坚韧，可制棕绳。幼树茎尖可作蔬菜，根可入药。

（4）董棕在云南的开发利用

董棕是云南常见的园林观赏树种，在昆明各大公园均有栽植，如金殿、大观公园、昆明动物园等。

3. 鱼尾葵

鱼尾葵为棕榈科鱼尾葵属多年生常绿乔木。

（1）形态特征

树高可达20m，单干直立，有环状叶痕。二回羽状复叶，叶大而粗壮，先端下垂，羽片厚而硬，形似鱼尾。

（2）生态习性

鱼尾葵喜温暖，湿润。较耐寒，能耐受短期-4℃低温霜冻。根系浅，不耐干旱，茎干忌曝晒。要求排水良好、疏松肥沃的土壤。

（3）园林用途及其他用途

园林用途：鱼尾葵树姿优美，有不规则的齿状缺刻，酷似鱼尾，是优良的室内大型盆栽树种，适合于布置客厅、会场、餐厅等处，羽叶可剪作切花配叶。

经济用途：鱼尾葵茎含大量淀粉，可作槟榔粉的代用品。边材坚硬，可作手杖和筷子等工艺品。

（4）鱼尾葵在云南的开发利用

云南西双版纳等温暖地区的园林绿地中多有栽培。

4. 酒瓶椰子

酒瓶椰子又名酒瓶棕，为棕榈科酒瓶椰属常绿乔木。

（1）形态特征

酒瓶椰子树干短，基部最大如酒瓶状肥大，株高1～3m以上，最大茎粗38～60cm。树干褐色有显著环状纹。叶羽状复叶，全裂，小叶披针形。至少种植20年以上方可开花，自抽穗至开花约1.5年。浆果熟呈金黄色。种子椭圆形，长约1～1.5cm。

（2）生态习性

酒瓶椰子性喜高温、湿润、阳光充足的环境。怕寒冷，耐盐碱，生长慢，冬季需在10℃以上越冬。

（3）园林用途

酒瓶椰子株形奇特，其形似酒瓶，非常美观，是一种珍贵的观赏棕榈植物。既可盆栽用于装饰宾馆的厅堂和大型商场，也可孤植于草坪或庭院之中，观赏效果极佳。此外，酒瓶椰子与华棕、皇后葵等植物一样，还是少数能直接栽种于海边的棕榈植物。

（4）酒瓶椰子在云南的开发利用

多用于云南南部地区的景观绿地中。

5. *蒲葵*

蒲葵为棕榈科蒲葵属常绿乔木。原产于华南，在广东、广西、福建、台湾栽培普遍，内陆地区以湖南南部、广西北部、云南中部为其分布北界，在云南南部村寨常见栽培。

（1）形态特征

植株单干型，高达20m，树冠紧实，近圆球形，冠幅可达8m。叶扇形。核果椭圆形，状如橄榄，熟时亮紫黑色，外略被白粉。花期3～4月，果期为10～12月。

（2）生态习性

蒲葵喜温暖湿润的气候条件，不耐旱，能耐短期水涝，忌烈日曝晒。在肥沃、湿润、有机质丰富的土壤中生长良好。

（3）园林用途及其他用途

园林用途：蒲葵是美丽的观赏树种，常列植置景。

经济用途：蒲葵种子，性味平、淡，具有败毒抗癌、消淤止血之功效。民间常用其治疗白血病、鼻咽癌、绒毛膜癌、食道癌等。其嫩叶编制葵扇；老叶制蓑衣等，叶裂片的肋脉可制牙签。葵叶可加工蓑衣、船篷、盖房顶的遮盖物和制成精美的蒲葵扇以及高级工艺品，如葵席、花篮、画扇、织扇等，远销日本、欧美和南洋等地。

（4）蒲葵在云南的开发利用

蒲葵是云南常见的景观树种，昆明以南地区的城市绿地中多有种植。但由于其耐寒性较差，昆明城市绿地中的蒲葵数量较少。

6. *海枣*

海枣为棕榈科刺葵属常绿乔木。

（1）形态特征

株高可达10～15m，粗20～30cm，胸径40cm。叶簇生于干顶，长可达5m，裂片条状披针形。肉穗花序从叶间抽出，多分枝。海枣是世界上著名的高级风景树，树形高大、壮观、优美，叶片翠绿有光泽。5～7月开花，果期8～9月。

（2）生态习性

海枣属阳生植物，喜光，耐半阴。生性喜高温多湿，耐酷热，也能耐寒，极为抗风。耐盐碱，耐贫瘠，在肥沃的土壤中生长迅速。

（3）园林用途及经济用途

园林用途：海枣常植于公园、庭园的风景树，可盆栽作室内布置，也可室外露地栽植。

经济用途：海枣果实有极高的营养价值，它含有对人体有用的多种维生素和天然糖分。海枣的枝条可以制作椅子、睡床以及装运水果、蔬菜、鸡鸭、鱼虾的筐子。叶子可以用来编席子、捆扫帚、制托盘等，还可以作燃料。树干用来建造农舍、桥梁。枣核可以作饲料。劣等海枣则用来作肥料或饲料。

（4）海枣在云南的开发利用

海枣是干热地区重要果树作物之一，在云南元谋露地栽培可结实。其在云南主要作为公园、庭园的风景树栽培。

7. 华盛顿棕榈

华盛顿棕榈别名老人葵，为棕榈科丝葵属大型常绿乔木。

（1）形态特征

植株单杆型，树干粗直，近基部略膨大，少有多杆。掌状叶，叶簇生于顶，斜上或水平伸展，下方的下垂，灰绿色，掌状中裂，圆形或扇形折叠，裂片单杆；其老叶枯萎下垂，形成叶裙。叶间花序，两性花，花小，白色。核果呈椭圆形至圆形，熟时黑色。花期6～8月。

（2）生态习性

抗寒性强，可耐-12℃低温，也具耐热性。对土壤要求不严，以排水良好、有机壤土为佳，pH 6～6.5为宜。

（3）园林用途

园林用途：华盛顿棕榈是美丽的风景树，叶裂片间具有白色纤维丝，似老翁的白发，因此又名“老人葵”。宜栽植于庭园观赏，也可作行道树。

（4）华盛顿棕榈在云南的开发利用

华盛顿棕榈是云南著名的景观树种，由于其耐寒性较强，在昆明城市绿地中栽植较多。宜良、开远等地的苗圃中有大量苗木。

8. 假槟榔

假槟榔为棕榈科假槟榔属常绿乔木。

（1）形态特征

株高达10～25m。茎圆柱状、基部略膨大。叶羽状全裂，生于茎顶，羽片呈2列排列。种子卵球形，长约8mm，直径约7mm。果实小，圆形，鲜红色。

（2）生态习性

假槟榔喜高温，耐寒能力稍强，能耐5～6℃的长期低温及极端0℃左右低温，幼苗及嫩叶忌霜冻，老叶可耐轻霜。华南北部较暖年份，可在华南北部的北风向阳处生长。抗风力强，能耐10～12级强台风袭击。

（3）园林用途及经济用途

园林用途：假槟榔大树多露地种植作行道树或植于建筑物旁、水滨、庭院、草坪四周等处，单株、小丛或成行种植均宜，但树龄过大时移植不易恢复。大树叶片可剪下作花篮围圈；幼龄期叶片，可剪作切花配叶。

经济用途：假槟榔叶鞘纤维煅炭有止血功效，用于外伤出血。

（4）假槟榔在云南的开发利用

假槟榔在云南南部地区的园林绿地中多有栽培，是美丽的景观树种。

9. 散尾葵

散尾葵为棕榈科散尾葵属丛生常绿灌木或小乔木。

（1）形态特征

其茎干光滑，黄绿色。叶面滑细长，单叶，羽状全裂，长40～150cm。果近圆形。种子1～3枚，卵形至椭圆形。花期3～4月。

（2）生态习性

喜温暖、潮湿、半阴环境。耐寒性不强，气温20℃以下叶子发黄，越冬最低温度需在10℃以上，5℃左右就会冻死。

（3）园林用途及经济用途

园林用途：散尾葵是小型的棕榈植物，耐阴性强。散尾葵与滴水观音一样，具有蒸发水气的功能。在热带地区的庭院中，多作观赏树栽种于草地、树阴、宅旁；北方地区主要用于盆栽，是布置客厅、餐厅、会议室、书房、卧室或阳台的高档盆栽观叶植物。

经济用途：散尾葵有药用价值，可收敛止血。全年均可采收，除去叶子，晒干。

（4）散尾葵在云南的开发利用

散尾葵是著名的室内盆栽观叶植物，昆明斗南等花卉市场销量很大，但盆苗多来自广东等地。云南开远、元江等地苗圃中有生产。

10. 槟榔

槟榔为棕榈科槟榔属常绿乔木。

（1）形态特征

株高10多m，最高可达30m，茎直立，有明显的环状叶痕。叶簇生于茎顶，长1.3～2m，羽片多数。种子有果肉后熟特性。花果期3～4月。

（2）生态习性

喜高温湿润气候，耐肥。不耐寒，16℃就有落叶现象，5℃就受冻害，最适宜生长温度为25～28℃。年降雨量1500～2200mm地区适宜生长。幼苗期郁闭度50%～60%为宜，成年树应全光照。以土层深厚、有机质丰富的沙质壤土栽培为宜。主要分布于云南的元江、西双版纳和德宏等地。

（3）园林用途及经济用途

园林用途：槟榔可用作园林景观树种。

经济用途：槟榔含有20多种微量元素，其中11种为人体必需的微量元素。槟榔经济价值高，每公顷可种植1500～2000株。中国槟榔品种产量高，单株产量可达30kg左右，经济价值高。中国海南、台湾、湖南等地群众自古就有消费槟榔的习惯，是主要的咀嚼食品。槟榔也是重要的中药材。

（4）槟榔在云南的开发利用

槟榔在云南主要作为园林绿化树种，多种植于西双版纳等热区的绿地内。

（十五）杜英科木本花卉资源

1. 杜英

杜英为杜英科杜英属常绿乔木。

（1）形态特征

常绿乔木。杜英最高可达25m，胸径可达1m。嫩枝被微毛，老枝红褐色。花序腋生，花黄白色。果椭圆形，如橄榄状，长2～3cm。花期6～7月，果期翌年10～11月。

（2）生态习性

喜温暖湿润气候。适生于深厚、肥沃、酸性土壤，忌水涝。

（3）园林用途及经济用途

园林用途：杜英是庭院观赏和四旁绿化的优良品种。秋冬至早春部分树叶转为绯红色，红绿相间，鲜艳悦目，加之生长迅速，易繁殖、移栽，长江中下游以南地区多作为行道树、园景树广为栽种。

经济用途：杜英材质可作一般器具。种子油可作为润滑剂。树皮也可作染料。

（4）杜英在云南的开发利用

杜英在云南多作为景观绿化树种，昆明等地有栽培。

2. 山杜英

山杜英为杜英科杜英属常绿乔木。

（1）形态特征

树高10～20m。叶薄革质，倒卵状长圆形或椭圆形，先端短渐尖，基部楔形；边缘具钝齿；绿叶中常存少量鲜红色老叶。总状花序生于叶腋，花白色。花期6～8月，果9～11月成熟。

（2）生态习性

稍耐阴，喜温暖湿润气候。耐寒性不强，须排水良好。因对二氧化硫抗性强，可选作工矿区绿化和防护林带树种。云南澜沧、屏边、文山、河口等地，海拔600～1500m的常绿阔叶林有分布。

（3）园林用途

山杜英移植成活率高，适应性强，生长较快，独具的浓绿树冠中常年带红叶，形成彩叶树的特性颇受欢迎，可作园林景观应用。山杜英在土壤贫瘠的火烧迹地能正常生长，表现出其较强的乡土适应性，可作为生物防火林和水土保持树种。

（4）山杜英在云南的开发利用

山杜英是云南地区常用的绿化树种，昆明城市绿地中常见栽培。

3. 滇藏杜英

滇藏杜英为杜英科杜英属多年生常绿乔木。

（1）形态特征

树高5～15m。树皮褐色。嫩枝有灰褐色柔毛，老枝有灰白色皮孔。叶薄革质，长圆形或椭圆形。总状花序多条生于无叶的去年枝上，长10～15cm，被褐色毛；花柄长3～5mm，被毛；花瓣与萼片同长，倒三角状卵形。花期10～11月。

（2）生态习性

生长于海拔1300～3000m的常绿林里。

（3）经济用途

野生植物，目前无驯化人工栽培种，不作园林应用。民间习惯将其洗净敲裂，再以食盐、辣椒面、花椒面、姜丝等佐料腌制后食用。

（4）滇藏杜英在云南的开发利用

滇藏杜英是新近发现的一种具有云南地方少数民族风味的野生果品植物资源。

4. 大叶杜英

大叶杜英为杜英科杜英属多年生常绿乔木。

（1）形态特征

高15m。嫩枝粗大，被锈褐色茸毛。叶革质或纸质，椭圆形；叶柄长6～12cm，圆柱形。总状花序生于当年枝的叶腋内，长8～12cm，被褐色茸毛。核果纺锤形，表面有浅沟。花期4月。

（2）生态习性

大叶杜英喜温暖至高温湿润气候，生长于海拔130～1020m的森林中，分布于越南北部、中国云南东南部等区域。

（3）园林用途

可作为园林风景树和行道树。

（4）大叶杜英云南的开发利用

大叶杜英在云南东南部地区少数苗圃中有栽培。

5. 多花杜英

多花杜英为杜英科杜英属常绿乔木。

（1）形态特征

高15m。嫩枝稍纤细，秃净无毛；顶芽有灰白色柔毛。叶薄革质，椭圆形；叶柄长2～4.5cm，无毛。花未见。核果纺锤形，干后黑色，表面平滑，有2条腹缝沟。种子1颗，长1.6cm。果期8～9月。

（2）生态习性

多花杜英产于云南南部的西双版纳，生长于海拔700m的森林中，喜温暖湿润气候。

（3）园林用途

多花杜英可作为园林景观树种。

（4）多花杜英在云南的开发利用

目前，尚未见云南有对多花杜英开发利用的报道。

6. 屏边杜英

屏边杜英为杜英科杜英属常绿乔木。

（1）形态特征

其嫩枝有短绢毛。叶革质，基部楔形，上面深绿色，稍发亮，下面浅绿色，初时有绢毛，不久变秃净，边缘有细钝齿；叶柄长2～3cm，稍纤弱。花序腋生，长2～4cm，有花3～7朵；苞片细小，早落；花柄长5mm，花柱比雄蕊短。花期4月。

（2）生态习性

产于云南南部屏边海拔1400m以下地区。稍耐阴，喜温暖湿润气候，耐寒性不强。

（3）园林用途

屏边杜英可作为园林景观树种。

（4）屏边杜英在云南的开发利用

目前，尚未见云南有对屏边杜英开发利用的报道。

（十六）山茱萸科木本花卉资源

1. 灯台树

灯台树为山茱萸科灯台树属落叶乔木。

（1）形态特征

高达15m。树皮暗灰色。枝条紫红色。叶互生，广卵形或广椭圆形。花两性，白色；萼齿三角形。花期5月，果期8～9月。

（2）生态习性

喜温暖气候及半阴环境，适应性强，耐寒、耐热、生长快。宜在肥沃、湿润及疏松、排水良好的土壤上生长。定植或移栽宜于早春萌动前或秋季落叶后进行。

（3）园林用途及经济用途

园林用途：灯台树是优良的园林绿化彩叶树种及我国南方著名的秋色树种。落叶层厚，具有改良土壤涵养水源的功能。灯台树核果球形，初为紫红色，成熟后变为蓝黑色，是园林、公园、庭院、风景区等绿化、置景的佳选，也是优良的集观树、观花、观叶为一体的彩叶树种，被称为园林绿化中彩叶树种的珍品。

经济用途：灯台树木材细致均匀，纹理直而坚硬，易干燥，车旋性能好，可供建筑、家具、玩具、雕刻、农具及制胶合板等用。果肉及种子含油量高，可供食、药用并作轻工业及化工原料。树皮可提炼栲胶。叶作饲料及肥料。花是蜜源。果熟后酸甜，不仅人能食，也是鸟类喜爱的食料。

（4）灯台树在云南的开发利用

在云南主要适宜在草地孤植、丛植，或于夏季湿润山谷或山坡、湖（池）畔与其他树木混植营造风景林，亦可在园林中栽培作庭荫树或公路、街道两旁栽培作行道树，更适于森林公园和自然风景区作秋色叶树种片植营造风景林。如昆明的黑龙潭公园、金殿公园、植物园等地都有栽培。灯台树在云南也常用作台地茶园的间作遮阴树种。

2. 头状四照花

头状四照花又名鸡嗉子，为山茱萸科四照花属常绿乔木。

（1）形态特征

其高达15m，树冠广圆形。叶革质，对生，长椭圆形或长圆披针形。花期5～6月，果期9～10月。

（2）生态习性

喜光，稍耐阴。喜温凉湿润气候及排水良好的沙质土壤。产自于云南各地，生长于海拔1000～3700m的森林中。

（3）园林用途

因其树冠宽阔，枝繁叶茂，初夏白花满枝，入秋果实累累，为庭园美丽的观花观果树种。适宜孤植、丛植于草坪、林缘作庭荫树，是观赏价值很高的树种。

（4）头状四照花在云南的开发利用

头状四照花在云南主要用于园林绿化，宜良等地的苗圃中有一定的苗木保有量。

（十七）紫葳科木本花卉资源

1. 滇楸

滇楸为紫葳科梓属落叶乔木。

（1）形态特征

树高可达20m，主干端直。树皮有纵裂。枝杈少分歧。

（2）生态习性

滇楸是喜光树种，喜温暖湿润的气候。适生于年平均气温10～15℃、年降水量700～1200mm的气候。对土、肥、水条件的要求较严格，适宜在土层深厚肥沃、疏松湿润而又排水良好的中性土、微酸性土和钙质土壤上生长。主要生长在黄河流域，南方地区也可见。主产云南省中部和西北部海拔1400～2400m的地区。

（3）园林用途及经济用途

园林用途：滇秋是极好的园林绿化树种。

经济用途：滇秋是速生珍贵用材树种，也可作为高级家具、室内装饰材、造船、车辆、乐器、木模等用材。

（4）滇楸资源在云南的开发利用

滇楸在云南腾冲、龙陵、保山、大理、剑川、大姚、曲靖、玉溪、昆明等地区均有栽培，通常种植于村寨附近，为绿化和材用树种。

2. 蓝花楹

蓝花楹为紫葳科蓝花楹属落叶乔木。

（1）形态特征

树冠高大，高12～15m，最高可达20m。二回羽状复叶对生，叶大。圆锥花序顶生或腋生，花钟形，长25～35cm，淡紫色。花期春末夏初。

（2）生态习性

喜温暖气候，宜种植于阳光充足的地方。对土壤条件要求不严，在一般中性和微酸性的土壤中都能生长良好。

（3）园林用途及经济用途

园林用途：蓝花楹是一种美丽的观赏树木。南方多种植于庭园，或作行道树；北方多作温室盆栽。它的叶形似蕨类，十分美观，盆栽既可观花又可观叶。每年夏、秋两季各开1次花，盛花期满树紫蓝色花朵，十分雅丽清秀，特别是在热带，开蓝花的乔木种类较罕见，所以蓝花楹实为一种难得的珍奇木本花卉。

经济用途：蓝花楹木质较软，是制作木雕工艺品的好材料。

（4）蓝花楹资源在的开发利用

蓝花楹在云南多作行道树栽培，昆明城市绿地常见栽培。宜良等地的苗圃内苗木保有量很大。

（十八）其他科木本花卉资源

1. 银杏

银杏又名白果树、公孙树，为银杏科银杏属落叶大乔木。全球仅有1种遗存，为中国特产树种，被称为“活化石”。至今云南尚未发现野生分布的银杏林，云南银杏是从我国其他省区引种栽培的，引种历史长达数百年至上千年，现在全省各地几乎都有分布，垂直分布海拔500~2700m，是云南城乡重要的园林绿化树种和药、食用树种。

（1）形态特征

落叶大乔木，树干端直，高可达40m，树冠广圆形。大枝近轮生，雌株的大枝较开展。叶扇形，有二叉状叶脉，顶端常2裂。球花单性，雌雄异株，生于短枝顶部叶腋。种子椭圆形或近球形。种子9~10月成熟。

（2）生态习性

阳性树种，不耐积水，耐寒、耐旱。喜湿润而排水良好的沙质土壤，对土壤酸碱度要求不严。在云南大部分地区均生长良好。

（3）园林用途和经济用途

园林用途：银杏树干通直，高大雄伟，叶形秀美，春叶嫩绿，秋叶鲜黄，为世界著名的秋色叶树种，适宜作庭荫树、行道树或独赏树。银杏寿命极长，生命力强，易于嫁接繁殖和整形修剪，用银杏老桩制作的盆景造型独特、苍劲潇洒、妙趣横生，给人以峻峭雄奇、华贵典雅之感，是中国盆景中的一绝。

经济用途：银杏核仁熟品香糯微甘，略有苦味，食之口味清新，润喉养肺，人们长期作食疗品，在国际上享有盛名，为传统的外贸商品。据分析，白果中的碳水化合物、粗纤维、钙、维生素C、维生素B_2的含量与板栗、莲子相近，而且蛋白质、脂肪、磷、铁、胡萝卜素、维生素B_1及尼克酸的含量略有超过。银杏果可炒食、煮食、配菜、糕点、饮料，做白果酒、白果啤酒等。

银杏种子含有银杏酸、氢化白果酸、氢化白果亚酸、银杏醇、白果酸、五碳多糖、脂固醇等成分。银杏叶的主要药效成分是黄酮类化合物和萜内脂，此外还含有酚类、酸类、聚异戊烯醇、甾类、叶蜡、糖类、矿质元素。银杏的种子和叶片均作药用，分别称为“白果”和“银杏叶”，为化痰止咳平喘药。白果有润肺定喘、止带浊、缩小便的功效，用于痰多喘咳、带下白浊、遗尿、尿频等症。近年来各地临床试验证明，经常食用白果，可使肌肤丰润，平皱纹，面部微红，温肺益气，具有美容养颜的功效。银杏叶有敛肺、平喘、活血化瘀、止痛的功效，用于肺虚咳喘、冠心病、心绞痛、高脂血症等。银杏果虽有很高的营养价值和药用价值，但是过量食用会导致中毒。

此外，银杏材质紧密细致，易加工，是制作家具的优良木材。

（4）银杏在云南的开发利用

云南银杏在各名胜寺院处栽培较多，有数百年至上千年的大树。腾冲界头白果树村有明代洪武年间栽培的古树，树高30m，胸径712m，至今仍结果不衰。昆明西山也有500年的大树，枝繁叶茂，蔚为壮观。经过多年城乡绿化建设发展，如今以昆明为中心，昭通、曲靖、丽江、楚雄、玉溪、文山、红河、普洱、临沧等城镇绿地均有银杏栽植。

2. 南洋杉

南洋杉为南洋杉科南洋杉属常绿乔木。原产大洋洲及南美洲等地，中国广州、海南、厦门、西双版纳等地较早引种栽培，是优良的公园树种。

（1）形态特征

常绿乔木，高达60m，幼树树冠呈整齐的尖塔形，老树树冠呈平顶状。主枝轮生，平展，侧枝平展或稍下垂。叶互生，卵形或三角钻形，质软。雌雄异株，球果卵形。种子两侧有翅。

（2）生态习性

性喜暖热湿润气候，不耐干燥和寒冷。喜肥沃壤土，生长迅速，再生能力强。

（3）园林用途

南洋杉树形高大，树姿优美，与雪松、日本金松、金钱松、巨杉合称世界五大公园树。南洋杉最适宜独植作园景树或纪念树，但宜栽植于无风的地点，以免树冠偏斜。南洋杉又是珍贵的室内盆栽装饰树种。

（4）南洋杉在云南的开发利用

南洋杉性喜暖热湿润气候，不耐干燥寒冷，故云南除景洪、瑞丽等热区外，其他地区多种植于立地条件较好的公园、单位绿地中，如昆明世博园、云南农业大学校园、玉溪聂耳公园等，总之因适应性等原因未大面积推广种植。南洋杉盆栽在昆明盆花市场上占有一席之地，产品多来自广东、福建等地的花圃。

3. 罗汉松

罗汉松为罗汉松科罗汉松属常绿乔木。中国黄河以南地区均有栽培。云南以滇南、滇东南和滇西南等地区为主要分布区，昆明等城市有园林栽培。

（1）形态特征

常绿乔木，高达20m，胸径达0.6m；树冠广卵形或卵状圆柱形。叶螺旋状互生，条状披针形，正面深绿色，背面带白粉，灰绿色。种子卵圆形，顶端圆，熟时紫黑色，被白粉，着生于红色的肉质种托上。

（2）生态习性

较耐阴，耐低温。喜排水良好而湿润的沙质壤土。对多种有毒气体抗性较强。

（3）园林用途及经济用途

园林用途：罗汉松冠形优美，绿色的种子下有比其大10倍的红色种托，好似许多披着红色袈裟正在打坐参禅的罗汉，故得名。满树上紫红点点，颇富奇趣。宜孤植于庭院内，或对植、散植于厅堂之前。罗汉松耐修剪，是桩景、盆景的极好材料。

经济用途：罗汉松属植物的木材材质细致均匀，纹理直，有光泽，硬度适中，干后不裂，易加工，耐腐力强，供作乐器、文具、雕刻、家具、建筑等用。

（4）罗汉松在云南的开发利用

滇南、滇东南、滇西南等气候较热地区有罗汉松的野生分布。昆明许多公园绿地、单位附属绿地中有栽培，是著名的庭院花木。罗汉松盆景枝干古雅，姿态优美，很受大众欢迎，但市场上的罗汉松盆景产品多来自广西、湖南等地。近年来，云南省通海等地的罗汉松盆景产业发展势头也较快，但制作技艺方面与外省尚有差距。

4. 云南红豆杉

云南红豆杉为红豆杉科红豆杉属常绿乔木，是我国4种红豆杉之一。主要分布在滇西的保山、腾冲，滇西北的大理、香格里拉、丽江、维西一带，常生于海拔2000～3500m的亚热带山地。为国家Ⅰ级重点保护野生植物。

（1）形态特征

常绿乔木，高达20m，胸径达1m。小枝不规则互生。叶条形，质地较薄，边缘外曲，螺旋状排列，基部扭转成2列。雄球花淡黄褐色。种子呈扁圆柱状卵形，两侧微具钝脊，种脐椭圆形，假种皮杯状，肉质，红色。

（2）生态习性

性喜温凉湿润气候，耐低温，耐荫蔽，不耐干旱贫瘠。

（3）园林用途及经济用途

园林用途：云南红豆杉枝叶优美，假种皮呈红色，秋季红果满枝，极具观赏性，可孤植或群植于庭园、公园等绿地内。云南红豆杉姿态美观、优雅，也多作为盆栽观赏。

经济用途：云南红豆杉树皮含紫杉醇、三尖杉酯碱等成分，是治疗多种癌症的有效药物。云南红豆杉又是传统中药材，其种子入药，种子含淀粉和糖、假种皮可食用。其材质优良，可用于建筑、家具、器具等。

（4）云南红豆杉在云南的开发利用

20世纪90年代初到21世纪初，由于紫杉醇高昂售价的吸引，丽江金沙江流域的大量野生红豆杉被剥皮、断枝，并因此死亡。之后经过政府有关部门的集中打击和专项治理，这一现象已有效遏制。如今，滇西、滇西北、滇西南等地人工种植云南红豆杉已初具规模，可取代对野生资源的依赖。如文山州丘北县到2012年已发展人工云南红豆杉种植基地12.8万亩，成为云南省最大的云南红豆杉种植县，现已向全州推广种植。云南省林业科学院和中国林业科学研究院资源昆虫研究所等科研单位对云南红豆杉的高效繁育开展了系统研究，研究成果达到国际先进水平，对产业的发展起到很大的促进作用。

5. 滇朴

滇朴为榆科朴属落叶乔木。为云南乡土树种，适宜全国大部分地区种植，并且生长迅速，极具观赏价值，是深受云南人民喜爱的绿化树种。

（1）形态特征

落叶乔木，高达25m。叶厚纸质或近革质，卵状椭圆形，长4～11cm，宽3～6cm，基部通常偏斜，先端微急渐长尖或近尾尖，边缘具明显或不明显的锯齿。果常单生叶腋，近球形，直径约8mm，熟时蓝黑色。花期2～3月，果期9～10月。

（2）生态习性

阳性树种，稍耐阴，耐水湿，有一定抗旱性。喜肥沃、湿润而深厚的中性土壤，在石灰岩的缝隙中亦能生长良好。深根性，抗风力强。有一定的抗污染能力。

（3）园林用途及经济用途

园林用途：滇朴树冠开阔，树形美观，入秋叶色金黄，颇为壮观，为极佳的庭院观赏树种。宜孤植、列植或丛植。

经济用途：滇朴材质细腻，经久耐用，也是重要的用材树种。

（4）滇朴在云南的开发利用

滇朴树形优美，生长迅速，文化内涵深厚，在滇中、滇东北、滇西北等地作为乡土园林绿化树种大量种植，当地苗圃中亦有大量的苗木保有量，中小规格居多。但市场上对大中规格的苗木需求量最大，导致城市近郊山林中胸径20cm以上的滇朴被采挖殆尽，对山体植被造成极大破坏，建议有关职能部门加大对野生大树的保护力度。

6. 悬铃木

悬铃木为悬铃木科悬铃木属植物，别名法国梧桐、三球悬铃木。

（1）形态特征

落叶大乔木，高达30m。树皮薄片状脱落。叶大，阔卵形，长8～16cm，宽9～18cm。雄性球状花序无柄，雌性球状花序常有柄，花瓣倒披针形。果枝长10～15cm，有圆球形头状果序3～5个；头状果序直径2～2.5cm；小坚果之间有黄色绒毛，突出头状果序外。

（2）生态习性

耐寒、耐热、耐干旱瘠薄、耐水湿、耐酸碱性强。萌芽性强，生长迅速，寿命长。

（3）园林用途

悬铃木树体雄伟，冠大荫浓，繁殖容易，是城市不可多得的绿化树种，适宜作行道树和庭荫树。

（4）悬铃木在云南的开发利用

悬铃木在云南种植的历史较为悠久，在昆明师范大学、云南大学等大学校园中较为常见，在昆明街道上作为行道树栽植应用广泛。

7. 苦楝

苦楝别名楝树，为楝科楝属植物。

（1）形态特征

落叶乔木，高达10m。叶为2～3回奇数羽状复叶，长20～40cm；小叶对生，卵形、椭圆形至披针形。圆锥花序约与叶等长。花芳香，花瓣淡紫色，长约1cm。核果球形至椭圆形，长1～2cm，宽8～15mm。种子椭圆形。花期4～5月，果期10～12月。

（2）生态习性

强阳性树种，喜光，不耐阴，喜温暖气候，不耐寒冷。对土壤要求不严，在酸性土、钙质土及含盐量0.3%以下的盐碱地上均能生长。耐水湿、耐烟尘、抗潮风。

（3）园林用途及经济用途

园林用途：苦楝树形潇洒，枝叶秀丽，花淡雅芳香，又耐烟尘、抗污染并能杀菌，对二氧化硫等抗性强，具有吸尘和杀菌的功能，常作为庭荫树、行道树、疗养林种植。

经济用途：木材纹理粗而美，质轻软，是制作家具、建筑、农具、舟车、乐器等良好用材。叶、根、茎皮、果入药，止痒、消炎。花可提芳香油。叶、树皮、花、种子可作农药，驱虫、杀虫。

（4）苦楝在云南的开发利用

苦楝作为花叶俱美的绿化树种，在云南全省范围内皆有应用。民间也有药用的习惯。

8. 清香木

清香木别名香叶树、清香树，为漆树科黄连木属常绿灌木或小乔木。

（1）形态特征

树高可达15m。树皮灰色。小枝具棕色皮孔，幼枝被灰黄色微柔毛。偶数羽状复叶互生，有小叶4～9对，革质，长圆形或倒卵状长圆形。花小，紫红色，花被片5～8，长圆形或长圆状披针形，膜质，半透明，先端渐尖或呈流苏状。核果球形，长约5mm，径约6mm，成熟时红色，先端细尖。花期3～4月，果期9～10月。

（2）生态习性

阳性树，主要生于海拔580～2700m的石灰岩山坡、峡谷疏林、灌丛中，石灰岩干热河谷尤多。萌发力强，生长缓慢，寿命长。幼苗的抗寒力不强，在寒冷地区需加以保护。对土壤要求不严，微酸性、中性和微碱性的沙土、黏土地均能适应，以肥沃、湿润、排水良好的石灰岩山地最好。清香木广布于云南全省，四川西南部、贵州西南部、西藏东南部也有分布。

（3）园林用途及经济用途

园林用途：清香木嫩叶呈红色，光亮，叶形精致，树形优美，萌发力强，耐修剪，生长缓慢，易整形，寿命长。既可用于家庭盆栽，也可用于园林造景，根据需要丛栽造景，利用其萌发力强的特性，经过修剪培育为塔形、球形等园林景观。或也可作为绿篱栽培，用于分隔空间，作为草坪围护或作为装饰性纹线与其他低矮彩叶植物交互组图造景。

经济用途：清香木全株具浓烈胡椒香味，叶可提芳香油，民间常用叶碾粉制“香”。叶及树皮供药用，有消炎解毒、收敛止泻之效。

（4）清香木在云南的开发利用

清香木在云南分布极广，但近年来对大型植株的需求量增加，野外的大树资源被挖掘，致使野外资源破坏严重。人工培育的小苗被当作绿篱植物广泛栽培，同时还可用作盆景。此外，清香木萌发力强，生长缓慢，耐干旱瘠薄，根系发达，抗性较强，在干旱瘠薄的丘陵沙质土地区和喀斯特溶岩地貌都能生长，故清香木还可作为石漠化地区绿化造林的先锋树种，如在云南的昆阳地区就将清香木用于磷矿山损毁林地生态植被恢复，表现出较强的适应性。

9. 脉瓣卫矛

脉瓣卫矛又名染用卫矛、金丝杜仲、红灯笼，为卫矛科卫矛属常绿乔木。

（1）形态特征

高5～8m。小枝紫黑色，近圆形。叶厚革质，长椭圆形与窄倒卵形，先端急尖或渐尖，基部阔楔形，边缘有极浅疏齿，中脉明显，侧脉细弱，小脉结成下凹细网。聚伞花序腋生，1～5花，集生小枝顶端；花萼长圆形；花瓣白绿色带紫色脉纹；花盘极肥厚。蒴果倒锥状或近球状，直径约1.5cm，5棱。假种皮橘黄色，厚而多皱纹，冠状覆盖种子的1/2。

（2）生态习性

阳性树种，喜光、耐旱、耐寒、耐高温，稍耐阴，适应力强。对土壤要求不严，但在深厚肥沃湿润的微酸性土壤中生长较好。对城市污染物具有较强的抗性和净化能力。

（3）园林用途及经济用途

园林用途：脉瓣卫矛树干通直、枝叶茂盛、树形优美，初夏时黄绿色的小花满枝，至秋季果实成熟时，红色果实挂满枝头，形如红灯笼，挂果期长，在绿叶的衬托下，十分美丽，独具特色，具有很高的观赏价值，是优良的园林观赏植物和绿化造林树种。

经济用途：除观赏外，脉瓣卫矛还有药用和其他经济价值。树皮可以代杜仲用，有祛风湿、散淤消肿、止痛、强筋骨的功效。种子含油40%以上，可供制肥皂及润滑油。

（4）脉瓣卫矛在云南的开发利用

脉瓣卫矛在云南省主要分布于德钦、贡山、香格里拉、维西、丽江、易门、禄丰、会泽等地海拔高度2500～3800m的冷凉地区，在云南丽江、会泽等地的高寒山区居民的房前屋后作为风景树种植，已有悠久的历史，是一种优良的本土植物。丽江、香格里拉等地还将脉瓣卫矛作为行道树，景观效果极佳。因其分布海拔较高，可考虑将其作为高海拔地区的绿化树种进行大量推广。目前对云南脉瓣卫矛资源的开发利用才刚开始，有待对其综合利用进行深入研究，如将其用作绿篱、盆栽和制作盆景等。

10. 复羽叶栾树

复羽叶栾树别名灯笼树、摇钱树，为无患子科栾树属落叶乔木。

（1）形态特征

高10～20m。树皮暗灰色，呈片状剥落。小枝有明显的白色皮孔。树冠伞形。叶互生，二回羽状复叶，长45～70cm；小叶9～17片，互生，很少对生，纸质或近革质，斜卵形，边缘有内弯的小锯齿。花小，金黄色，大型圆锥花序，长35～70cm，分枝广展，与花梗同被短柔毛。蒴果椭圆形或近球形，具3棱，淡紫红色，老熟时褐色，顶端钝或圆。种子近球形。花期7～9月，果期8～10月。

（2）生态习性

喜光，阳性，稍耐阴，耐寒，耐干旱。对土壤要求不严，喜生于石灰质土壤，耐盐渍和短期水涝。

（3）园林用途及经济用途

园林用途：春季嫩叶多呈红色，夏叶羽状浓绿色，秋叶鲜黄色，花黄满树，国庆节前后其蒴果的膜质果皮膨大如小灯笼，鲜红色，成串挂在枝顶，如同花朵，观花、观果期长，有较强的抗烟尘能力，是城市绿化理想的观赏树种。

经济用途：木材较脆，易加工，可制作板料、器具等。叶可提取栲胶。根入药，有消肿、止痛、活血、驱蛔之功，亦治风热咳嗽。花则能清肝明目、清热止咳，又可作为黄色染料。

（4）复羽叶栾树在云南的开发利用

复羽叶栾树产云南东北部至西部宾川，东南部蒙自、文山、西畴等地海拔400～2500m的山地疏林或丘陵地区，在云南省各地被广泛栽培作庭荫树、行道树和园林造景树种。此外，复羽叶栾树生长迅速，也被用作防护林、水土保持林及荒山绿化树种。但目前对其综合开发利用不够，需加大对其基础研究的投入，为综合开发利用奠定基础。

11. 木芙蓉

木芙蓉为锦葵科木槿属落叶小灌木或小乔木。

（1）形态特征

高2～5m。小枝、叶柄、花梗和萼均密被星状毛与直毛相混的细绵毛。叶卵圆状心形，直径10～15cm，常5～7裂，裂片三角形，先端渐尖，边缘具钝圆锯齿，两面被星状毛。花大，花径约8cm，单生于枝端叶腋间。蒴果扁球形，被淡黄色刚毛及绵毛。种子肾形，背被长柔毛。花期8～10月，果期10～11月。

（2）生态习性

喜温暖湿润和阳光充足的环境，稍耐半阴，有一定的耐寒性。对土壤要求不严，但在肥沃、湿润、排水良好的沙质土壤中生长最好。

（3）园林用途及经济用途

园林用途：木芙蓉晚秋开花，花期长，开花旺盛，品种多，其花色、花型随品种不同有丰富变化，是一种很好的观花树种。可孤植、丛植于墙边、路旁、厅前等处，也可植于庭院、坡地、路边、林缘及建筑前，或栽作花篱，都很合适。木芙蓉性喜湿润，特别宜于配植水滨。

经济用途：木芙蓉的茎皮含纤维素且纤维洁白柔韧，可供纺织、造纸等用。花、叶、根可入药，有清肺、凉血、散热和解毒之功。

（4）木芙蓉在云南的开发利用

木芙蓉在云南主要栽培于昆明、玉溪、楚雄、大理、丽江、保山、临沧、普洱、文山等地，常见品种有白芙蓉、粉芙蓉、红芙蓉、黄芙蓉。虽然云南开展了木芙蓉的优良品种引进工作，并在省内许多城市作为优秀的城市园林绿化树种在各个城市推广种植，但开展的基础性研究工作较少，与其他省相比尚有较大差距。

12. 云南梧桐

云南梧桐为梧桐科梧桐属落叶乔木。

（1）形态特征

高达15～18m，树干直。树皮青带灰黑色，略粗糙。小枝粗壮，被短柔毛。叶掌状3裂，长17～30cm，宽19～40cm，顶端急尖或渐尖，基部心形，上面几无毛，下面密被黄褐色短茸毛，后来逐渐脱落，基生脉5～7条，叶柄粗壮，长15～45cm，初被短柔毛，后无毛。圆锥花序顶生或腋生，花紫红色；萼5深裂几至基部，萼片条形或矩圆状条形，长约12mm，被毛；雄花的雌雄蕊柄长管状，花药集生在雌雄蕊柄顶端成头状；雌花的子房具长柄，子房5室，外被茸毛，胚珠多数，有不发育的雄蕊。蓇葖果膜质，长约7cm，宽4.5cm，几无毛。种子圆球形，直径约8mm，黄褐色，表面有皱纹，着生在心皮边缘的近基部。花期6～7月，果期9～10月。

（2）生态习性

暖温带阳性树种，不耐阴，生长迅速，适应性强。喜湿润肥沃的沙质土，喜钙，但酸性土和中性土也能适应。

（3）园林用途及经济用途

园林用途：云南梧桐树冠伞状、枝叶茂盛、叶大形美，寿命较长，对多种有毒气体有较强抗性，是优良的行道树和园林风景树。可孤植于庭前、屋后，也可丛植在路边、草地及坡地，在湖畔、街道作行道树也适宜。

经济用途：木材轻软、色白，为制箱匣、乐器的良材。种子可榨油。树皮可做绳索。

（4）梧桐在云南的开发利用

云南梧桐在云南地区产于昆明、大理、镇康、凤庆等地海拔1600～3000m的山地或坡地、村边、路边，耐旱、耐土壤贫瘠，可作为我国干热河谷绿化造林的先锋树种，有巨大的开发利用潜力。然而，云南梧桐开花期正值雨季，花极易脱落，很少结果，即便结果，种子落地后常被松鼠等小动物啮食，因此天然更新较差。近年来，其自然分布地植被破坏大，云南梧桐的野生大植株已难找到，目前仅在少数寺庙内有个别植株保存下来，已被列为国家二级保护植物。建议加强基础和综合应用研究，大力推广种植，为其可持续性开发利用提供保障。

13. 蓝果树

蓝果树又名紫树，为蓝果树科紫树属落叶乔木。

（1）形态特征

高达20余m。树皮淡褐色或深灰色，粗糙，常裂成薄片脱落。小枝无毛，皮孔显著。叶纸质或薄革质，互生，椭圆形或长椭圆形，稀卵形或近披针形，上面无毛，下面有稀疏柔毛，叶柄淡紫绿色。花雌雄异株，花序伞形或短总状，雄花着生于叶已脱落的老枝上，雄花序梗长于叶柄，有花6～10，雌花生于具叶的幼枝上，基部有小苞片，雌花序梗短于叶柄，花瓣鳞片状，花盘垫状，肉质。核果矩圆状、椭圆形或长倒卵圆形，稀长卵圆形，微扁，幼时紫绿色，成熟时深蓝色，后变深褐色。种子外壳坚硬，骨质，稍扁，有5～7条纵沟纹。花期4月下旬，果期9月。

（2）生态习性

喜光的阳性树种，喜温暖湿润气候。耐干旱、瘠薄，在深厚肥沃的酸性土壤上生长快。长势旺盛，耐寒性强。

（3）园林用途及经济用途

园林用途：蓝果树干形挺直，树冠宽阔，叶茂荫浓，春季有紫红色嫩叶，秋日叶转绯红，分外艳丽，适于作庭荫树和行道树。在园林中可与常绿阔叶树混植，作为上层骨干树种，构成林丛，也适宜草地孤植、丛植或群植，营造风景林。

经济用途：蓝果树木材淡黄色，中心部分呈紫褐色，纹理斜或交错，结构细匀，材质硬重，可作枕木、建筑、箱盒、胶合板及纸浆用材。此外，蓝果树具有较高的药用价值，其树皮中提取的蓝果碱有抗癌作用。

（4）蓝果树在云南的开发利用

蓝果树在云南地区主要产威信、河口、文山、麻栗坡等地海拔1480～1900m的山谷或溪边潮湿混交林中。作为优秀的彩叶树种，蓝果树尚未得到广泛的应用及推广，目前市场上常见的主要为多花蓝果树，云南省偶见少数苗圃有种苗出售。

14. 泡桐

泡桐为泡桐科泡桐属落叶乔木。

（1）形态特征

其树干通直。叶大柄长，对生，心状卵圆形至心状长卵形，全缘，稀有浅裂。圆锥状聚伞花序，花冠唇形，白色或淡紫色，内有紫色斑点，有香气。

（2）生态习性

强阳性速生树种，对气候的适应范围很广，喜温暖气候，耐寒力较强。宜于疏松、深厚、排水良好的壤土或沙砾土中生长。萌芽、萌蘖力均强。泡桐生长非常迅速，十几年树龄的泡桐要比同龄杨树直径大一倍，但生长时间长，树干会出现中空。

（3）园林用途

园林用途：泡桐主干端直，冠大荫浓，不论孤植、群植均甚相宜，其树姿优美，花先叶开放，色彩绚丽，春天繁花似锦，夏日绿树成荫，被广泛作为庭荫树、行道树应用于城市绿化。泡桐叶大被毛，能吸附尘烟、抗有毒气体和净化空气，适于工矿绿化。在北方平原实行农作物与泡桐间作，可达到粮丰林茂。

（4）泡桐在云南的开发利用

泡桐在云南主要用于庭荫树、行道树和城市绿化。

15. 桂花

桂花为木犀科木犀属常绿灌木至小乔木。

（1）形态特征

高1.2～15m。分枝强，分枝点低。树皮粗糙，灰褐色或灰白色。单叶对生，革质，叶面有光泽或稍具光泽，叶表呈绿色或深绿色。密伞形花序，花形小而有浓香，花色因品种而异；每花序有小花3～9朵，每朵花花瓣4片。花期9～10月，果期次年3～4月。

（2）生态习性

喜温暖环境。宜在土层深厚、排水良好、肥沃和富含腐殖质的偏酸性沙质土壤中生长。

（3）园林用途及经济用途

园林用途：桂花终年常绿，枝繁叶茂，秋季开花，芳香四溢，在园林中应用普遍，常作园景树，有孤植、对植，也有成丛成林栽种。在我国古典园林中，桂花常与建筑物、山、石相配，以丛生灌木型的植株植于亭、台、楼、阁附近。旧式庭园常用对植，古称“双桂当庭”或“双桂留芳”。在住宅四旁或窗前栽植桂花树，有“金风送香”的效果。在校园中栽植，取“蟾宫折桂”之意。桂花对有害气体二氧化硫、氟化氢有一定的抗性，也是工矿区的一种绿化的好花木。

经济用途：桂花花朵可提取芳香油，制桂花浸膏，可用于食品、化妆品，可制糕点、糖果，并可酿酒。桂花味辛，可入药。以花、果实及根入药。秋季采花，春季采果，四季采根，分别晒干。花：辛，温，散寒破结，化痰止咳，用于牙痛，咳喘痰多，经闭腹痛。果：辛、甘，温。暖胃，平肝，散寒，用于虚寒胃痛。根：甘、微涩，平，祛风湿，散寒，用于风湿筋骨疼痛、腰痛、肾虚牙痛。

（4）桂花在云南的开发利用

桂花原产我国西南地区，云南栽培历史悠久。据调查，该地区树龄在百年以上的桂花就有20余株。目前主要品种有四季桂、银桂、金桂、丹桂。桂花目前在云南主要用于园林绿化。

16. 珙桐

珙桐为珙桐科珙桐属落叶大乔木。

（1）形态特征

高可达20m。树皮呈不规则薄片脱落。单叶互生，在短枝上簇生，叶纸质，宽卵形或近心形，先端渐尖，基部心形，边缘粗锯齿。花序下有2片白色总苞，纸质，白色的大苞片似鸽子的翅膀，暗红色的头状花序如鸽子的头部，绿黄色的柱头像鸽子的嘴喙，当花盛时，似满树白鸽展翅欲飞，并有象征和平的含意。花期4～5月，果熟期10月。

（2）生态习性

喜中性或微酸性腐殖质深厚的土壤，不耐瘠薄，不耐干旱。在干燥多风、日光直射之处生长不良。云南东北部巧家、绥江、永善、大关、彝良、威信、镇雄、昭阳等地均有分布。

（3）园林用途及经济用途

园林用途：珙桐为世界著名的珍贵观赏树，常栽种于池畔、溪旁及疗养所、宾馆、展览馆附近。珙桐是第四纪冰川南移时幸存的“遗老”，作为中国特有的树种，有“植物活化石”“绿色大熊猫”之称，是国家一级濒危保护野生植物。

经济用途：其材质沉重，是建筑的上等用材，可制作家具和作雕刻材料。

（4）珙桐在云南的开发利用

珙桐因其珍稀性，在云南尚未广泛应用。

17. 杨梅

杨梅为杨梅科杨梅属常绿乔木。

（1）形态特征

高可达15m以上，胸径达60cm。树皮灰色。核果球状，外表面具乳头状凸起，径1～1.5cm，栽培品种可达3cm左右，外果皮肉质，多汁液及树脂，成熟时深红色或紫红色；核常为阔椭圆形或圆卵形，略成压扁状，长1～1.5cm，宽1～1.2cm，内果皮极硬，木质。4月开花，6～7月果实成熟。目前主要分布在东南沿海的浙江、江苏、福建、广东以及云南、贵州等地，尤以气候温暖湿润的地方居多。

（2）生态习性

杨梅树喜阴凉气候，喜微酸性的山地土壤，其根系与放线菌共生形成根瘤，吸收利用天然氮素，耐旱耐瘠，是一种非常适合山地退耕还林、保持生态的理想树种。

（3）园林用途及经济用途

杨梅姿态雅致，四季青绿，是适合城市绿化的特色树种。杨梅能达到景观美化效果，还可形成生态植物群落，发挥一定的保健功能，提高环境的质量，同时还可以收获美味的果实，取得一定的经济效益。杨梅还是良好的绿化与防火树种。杨梅适应性强、成活率高、冠幅大，成林后不但有很高的防护效果和观赏价值，还有一定的经济效益，解决了管护过程中的经费问题，具有广阔的应用前景。

（4）杨梅在云南的开发利用

杨梅有较好的经济效益，在云南省种植较广。云南省现有杨梅种植面积约8000hm^2，杨梅栽培主产地为红河州的石屏县和昆明市的富民县，现有栽培品种为“东魁”“荸荠”等种，其中“东魁”占了80%左右。

参考文献

[1] 王莲英, 秦魁杰, 吴涤新, 等. 花卉学[M]. 北京: 中国林业出版社, 1988.
[2] 鲁涤非, 义鸣放, 包满珠. 花卉学[M]. 北京: 中国农业出版社, 1997.
[3] 中国科学院昆明植物研究所. 云南植物志[M]. 北京: 科学出版社, 2005.
[4] 叶剑秋. 花卉品种栽培指南——鸡冠花[J]. 园林, 2001(5): 12.
[5] 叶剑秋. 花卉品种栽培指南——金鱼草[J]. 园林, 2001(2): 12.
[6] 叶剑秋. 花卉品种栽培指南——千日红[J]. 园林, 2001(10): 12.
[7] 朱玉宝, 王涛. 金鱼草人工栽培技术[J]. 中国林副特产, 2012(2): 61–62.
[8] 杜寿辉, 徐涛, 何素瑞, 等. 昆明地区波斯菊二型连萼瘦果形态变异研究[J]. 安徽农业科学, 2011, 39(19): 11438–11440.
[9] 张继冲, 续九如, 李福荣, 等. 万寿菊的研究进展[J]. 西南园艺, 2005, 33(5): 17–20.

[10] 李恒. 日本鲜切花香豌豆病虫害防治技术[J]. 现代园艺, 2012(5): 48–49.
[11] 刘燕. 园林花卉学[M]. 北京: 中国林业出版社, 2009.
[12] 郝芹, 刘海燕, 刘如芳, 等. 观赏草坪中吊竹梅与婆婆纳的搭配[J]. 山东林业科技, 2006, 164(3): 61.
[13] 罗顺元, 王任翔. 肾蕨配子体发育的研究[J]. 热带亚热带植物学报, 2006, 14(6): 517–521.
[14] 陈爱葵, 庄梅燕, 黄明华. 天南星科花叶万年青属两种植物的核型[J]. 云南植物研究, 2007, 29(4): 441–443.
[15] 张云萍. 元江芦荟的“喜”与“忧”[J]. 现代园艺, 2013(7): 205.
[16] 王琳. 清清野菜香[M]. 广州: 广州出版社, 2000: 459–460.
[17] 李玉萍. 仙人掌及其开发利用[J]. 热带农业科学, 2001, 6(94): 58–62.
[18] 杨春梅, 曹桦, 许风, 等. 满天星育种和栽培技术研究进展[J]. 安徽农学通报, 2012, 18(21): 112–113.
[19] 单芹丽, 吴丽芳. 非洲菊和满天星新品种选育及生产技术[M]. 昆明: 云南科技出版社, 2018, 66–68.
[20] 包满珠. 花卉学[M]. 北京: 中国农业出版社, 2003: 342–349.
[21] 钱明. 竹芋科植物资源的开发利用[J]. 植物杂志, 1988: 26–27.
[22] 金波. 室内观叶植物[M]. 北京: 中国农业出版社, 1999.
[23] 黄小均, 罗国容, 韩周林, 等. 水培条件下广东万年青形态与光合特性研究[J]. 现代园艺, 2008(3): 48–51.
[24] 孙曦, 张莹莹, 刘克锋. 一串红花卉品种市场综合分析研究[J]. 北方园艺, 2015(17): 175–178.
[25] 李凤兰, 刘荣梅, 胡国富, 等. 一串红(*Salvia splendens* Ker–Gawl)的研究进展［J］. 东北农业大学学报, 2008, 39(8): 131–135.
[26] 刘晓青, 李华勇, 苏家乐, 等. 17个红色系一串红品种在南京地区的栽培表现［J］. 江苏农业科学, 2012, 40(12): 199–200.
[27] 张育英. 野生嘉兰驯化成功[J]. 植物杂志, 1983(6): 12.
[28] 关文灵, 李枝林, 余朝秀, 等. 云南野生兰花资源的多样性及其引种驯化[J]. 西南农业学报, 2006(4).
[29] 罗毅波, 贾建生, 王春玲. 中国兰科植物保育的现状和展望[J]. 生物多样性, 2003, 11(1): 70–77.
[30] 李洁. 云南野生兜兰的引种栽培[J]. 中国野生植物资源, 2002, 21(2).
[31] 潘丽晶, 曹友培, 肖杨, 等. 观赏石斛育种技术研究综述[J]. 广东农业科学, 2009(9): 71–73.
[32] 吴丽芳, 张素芳, 杨春梅, 等. 滇独蒜兰的组织培养研究[J]. 云南农业大学学报, 2005(5).
[33] 吴振兴, 王慧中, 施农农, 等. 兰属Cymbidium植物ISSR遗传多样性分析[J]. 遗传, 2008, 30(5): 627–632.
[34] 王伟, 黄为昌, 金荷仙, 等. 观赏石斛兰研究进展[J]. 安徽农业科学, 2009, 37(2): 589–591.
[35] 杨琪. 浅议云南兰科植物种质资源保存和种源基地建设[J]. 林业调查规划, 2002(增).
[36] 张燕, 李思锋, 黎斌. 独蒜兰属植物研究现状[J]. 北方园艺, 2010(10): 232–234.
[37] 张雪. 洋兰之王——卡特兰[J]. 中国花卉盆景, 2008(4).
[38] 曾宋君, 胡松华. 石斛兰[M]. 广州: 广东科技出版社, 2004.
[39] 徐文晖, 梁倩. 云南产锦带花挥发油化学成分分析[J]. 中国药房, 2012(27).
[40] 李怡鹏, 祝泽刚, 吴梅, 等. 茶梅在园林绿化中的应用探析[J]. 园艺与种苗, 2014(12): 21–23.
[41] 陈少萍. 龙船花栽培管理[J]. 中国花卉园艺, 2012.
[42] 王祥初. 吊钟花——香港春节利市花[J]. 园林, 1998(4).
[43] 张春英, 黄军华, 孙强. 多彩木槿花[J]. 园林, 2018(6).
[44] 王继华, 关文灵, 李世峰. 云南木本观赏植物资源(第一册)[M]. 北京: 科学出版社, 2016.
[45] 王继华, 关文灵, 李世峰. 云南木本观赏植物资源(第二册)[M]. 北京: 科学出版社, 2016.
[46] 杨红明, 马骏. 昆明景观植物鉴赏[M]. 北京: 中国林业出版社, 2008.
[47] 陈有民. 园林树木学[M]. 北京: 中国林业出版社, 1990.
[48] 袁艳青, 魏开云. 云南省乡土园林植物区划探析[J]. 南方农业(园林花卉版), 2011, 5(4): 59–63.

[49] 吴亮. 昆明城市化进程中气候变化与道路绿化研究[D]. 昆明: 西南林学院, 2009.
[50] 宋杰, 李树发, 陆琳, 等. 2013—2014年冬春昆明主要园林植物冻害调查分析[J]. 西南林业大学学报, 2015, 35(3): 102–106.
[51] 罗群, 孟广涛. 昆明树木园观赏植物资源及园林应用评价[J]. 福建林业科技, 2011, 38(3): 131–135.
[52] 黄国兵, 唐岱, 宋钰红. 大理市绿地系统树种规划研究[J]. 西南林学院学报, 2006(2): 56–58.
[53] 朱智, 刘宏茂. 景洪城市园林绿化植物种类及其应用研究[J]. 福建林业科技, 2006(1): 139–143.
[54] 石卓功, 刘惠民. 云南省发展银杏产业的思考[J]. 云南农业科技, 2002(2): 13–16.
[55] 蔡能, 杨玉勇. 绣球花品种介绍[J]. 中国花卉园艺, 2009(22): 20–22.
[56] 焦隽, 梁丽君, 马辉, 等. 绣球种质资源引进与栽培技术[J]. 现代农业科技, 2016(11): 203–204.
[57] 杨贺. 绣球栽培技术要点[J]. 辽宁农业科学, 2013(4): 91–92.
[58] 陆继亮. 切花绣球有望成为云南又一优势产品[J]. 中国花卉园艺, 2011(14): 12.
[59] 陆继亮. 绣球切花前景广阔[J]. 花木盆景(花卉园艺), 2011(8): 55.
[60] 陆继亮. 云南再添两花卉行业标准[N]. 中国花卉报, 2009–11–26.
[61] 李艳香. 19个绣球属种质资源的SRAP分析[D]. 长沙: 湖南农业大学, 2009.
[62] 彭尽晖. 湖南省绣球属(Hydrangea)植物资源及耐铝特性研究[D]. 长沙: 湖南农业大学, 2010.
[63] 苏颖. 追踪明星绣球“无尽夏”[N]. 中国花卉报, 2017–06–22.
[64] 卫兆芬. 中国植物志[M]. 北京: 科学出版社, 1995: 203–258.
[65] 朱霁琪. 绣球属4个种植物铝吸收特性的研究[D]. 长沙: 湖南农业大学, 2009.

第四章　云南花卉种质资源的利用与保护

云南省位于低纬度高海拔地区，属亚热带南部和热带北缘气候，境内山峦起伏、河川纵横，平均海拔2000m，相对平缓的地面仅占10%左右。由于山高谷深，海拔高低悬殊，气候垂直变化异常明显，植物种类繁多，高等植物有16000余种（包括变种、变型），约占中国植物种类的50%。云南境内的野生观赏植物资源尤为丰富，经统计，野生的草本花卉2524种、灌木1298种、乔木899种、藤本309种（陈文允等，2006）。最著名的则是杜鹃、山茶、报春、龙胆、木兰、百合、兰花和绿绒蒿等八大名花。除了丰富度高，云南还是山茶科、木兰科、兰科、杜鹃花科、百合科、报春花科等的许多植物的起源中心和遗传多样性中心。云南丰富独特的野生花卉资源吸引着全世界的关注，具极高的园艺观赏价值和研究价值。

花卉已成为云南的特色优势产业，发展潜力巨大。然而，云南要达到建设花卉大省和花卉强省的目标，必须走云南特色的发展之路，处理好引进与自主研发的关系。花卉植物种质资源是花卉开发创新的基础。云南丰富的花卉资源为开展自主创新的新品种选育提供了物质基础（唐开学，2008）。为进一步提升花卉的特色和优势，促进园艺植物栽培的现代化，保证花卉产业的持续发展，必须更好地发掘、搜集、整理、保存和利用这些种质资源（陈俊愉，1980）。

第一节　云南花卉种质资源种类与分布

一、云南花卉种质资源分布概况

（一）云南花卉种质资源在植物学科和属层面的分布

由于特殊的地质历史、地形地势和气候条件，云南拥有丰富的植物多样性和植物区系组成成分。部分云南野生花卉在植物学科和属层面分布极为丰富。分布在云南种类最多的10个科分别为：兰科、杜鹃花科、蝶形花科、菊科、毛茛科、报春花科、蔷薇科、龙胆科、玄参科和百合科。其中，兰科观赏植物超过500种，杜鹃花科300余种，蝶形花科、菊科近250种，毛茛科、报春花科、蔷薇科近200种，龙胆科、玄参科、百合科也超过了100种。在属水平上，拥有野生花卉种类最多的5个属分别为：杜鹃属、报春花属、龙胆属、马先蒿属和凤仙花属。其中，具观赏价值的杜鹃属植物超过200种，报春属、龙胆属和马先蒿属均有近100种植物具观赏价值，凤仙花属则有观赏植物近60种。

（二）云南花卉种质资源的地理和气候分布

云南花卉种质资源主要分布在滇西北的丽江、香格里拉、贡山、德钦、维西、大理、鹤庆、洱源、福贡；滇东南的屏边、西畴、麻栗坡、文山、金平、河口；滇南的景洪、勐腊、勐海，以及景东和思茅。

滇西北因具有古老的地质历史、复杂多样的地理环境和受不同植物区系的影响，拥有十分丰富的生物多样性和特有属种，是著名的天然大花园。世界著名的花卉如杜鹃属、报春属、龙胆属、马先蒿属、凤毛菊属等属的植物种类丰富。云南八大名花除山茶属和木兰属外，其余6大类均在滇西北广为分布。菊科、蔷薇科、毛茛科、杜鹃花科、报春花科、兰科、龙胆科等植物也在这里得到了充分的发展。由于这里大部分地区海拔较高、昼夜温差大、紫外线强，大多数野生花卉植株较矮小，但大部分种类都具有大而艳丽的花朵，花形奇特，花色诱人。

滇东南处于我国西南山地向华南的过渡区，地理位置非常特殊。由于没有受到第四纪冰川的影响，该区气候温暖湿润，成为许多种子植物的避难所和保存地，是我国三大生物多样性特有地区之一——滇东南—桂西北区的重要组成部分。植物区系属热带区系，地理成分联系广泛，是东亚植物区系的原始中心和特有中心。研究人员初步确定滇东南共有种子植物约225科、1697属和7560种。其中，花卉资源有77科150属2500多种。最有名的是木兰科的木兰属和木莲属、棕榈科的鱼尾葵属和桫椤属、兰科的石斛属和兜兰属、樟科的润楠属、茶科的金花茶、野牡丹科的金锦香属和野牡丹属、秋海棠科的秋海棠属、凤仙花科的凤仙花属等（刘军，2006；靳珂珂，2005）。

滇南西双版纳州和普洱市南部是我国野生植物资源最丰富的地区之一，具有较高观赏价值的植物众多。这里的植物为了适应热带雨林或季雨林的群落特征进化出很多协调环境的机制，产生了许多奇花异卉。如桑科的榕属植物，木棉科的木棉，多种地生或附生的兰花和蕨类植物，姜科的姜黄属、舞花姜属、姜花属，箭根薯科的蒟蒻薯属，茜草科的玉叶金花属等（李延辉，1996；许再富等，1988；刘爱华等，2003）。

滇中昆明、玉溪等地的野生花卉种类相对较少，无大科大属的观赏种类，但山茶属、杜鹃属、报春花属和蔷薇属等都具有较高的观赏价值。

二、云南花卉种质资源的分类

花卉有多种分类系统。除了根据植物学分类系统、原产地（地理分布）、生态习性进行分类，还可按照园林用途、经济用途以及栽培方式等进行（陈俊愉等，2002）。为尽量避免交叉重复，本书主要根据观赏性状，结合用途，提出一些具有潜在应用前景的特殊种类。

（一）观花类花卉

观花类花卉应有具观赏价值的花或花序，这种观赏价值可以是漂亮的色彩、奇异的形态，或具备色彩或形态上的自然变异，也可以具备怡人的香味。这类花卉无论是单株或群植都很醒目或引人注意。

1. 花色

据统计，云南的野生花卉花色为白色的有1321种、黄色的有959种、红色的有924种、紫色的有563种、蓝色的有408种、紫黑色的有13种。

（1）白色花

如金毛铁线莲、云南山梅花、维西溲疏、峨眉蔷薇、金樱子、大花香水月季、川滇蔷薇、长尖叶蔷薇、复伞房蔷薇、丽江山荆子、樱草杜鹃、大白花杜鹃、毛香火绒草、滇西北点地梅、无斑滇百合、大理百合、百合、墨江百合、宝兴百合、大百合、花韭、山玉兰、西康木兰、云南含笑、白背绣球、无毛川滇绣线菊、头状四照花、四照花、蝴蝶荚蒾，等。

（2）黄色花

如山岭麻黄、云南金莲花、黄牡丹、水黄、花葶驴蹄草、黄心夜合、假鹰爪、全缘叶绿绒蒿、轮叶绿绒蒿、粗梗黄堇、刺红珠、川滇小檗、金露梅、齿叶虎耳草、棣棠花、银毛委陵菜、丛生荽叶委陵菜、狭叶委陵菜、马蹄黄、云雾雀儿豆、尼泊尔黄花木、金花茶、金丝桃、金丝梅、瑞香狼毒、黑毛四照花、黄花杜鹃、羊踯躅、糙毛杜鹃、美丽弯果杜鹃、黄杯杜鹃、锡金报春、铁锈叶矮探春、巴塘报春、鳞茎报春、橘红灯台报春、管状长花马先蒿、假多色马先蒿、云南黄素馨、离舌橐吾、异叶千里光、黄苞南星、川贝母、嘉兰、野百合、川百合、尖被百合、忽地笑，等。

（3）红色花

如大花绣球藤、红花绿绒蒿、桃儿七、长瓣高河菜、滇藏木兰、大叶蔷薇、钝叶蔷薇、细梗蔷薇、铁杆蔷薇、中甸刺玫、缫丝花、粉花绣线菊、中华绣线梅、柳兰、西南红山茶、黄牛木、红毛野海棠、异药花、野牡丹、假朝天罐、红花张口杜鹃、凸脉杜鹃、红棕杜鹃、怒江杜鹃、雪龙美被杜鹃、粘毛杜鹃、蜡叶杜鹃、血红杜鹃、灌丛杜鹃、绵毛杜鹃、似血杜鹃、臭牡丹、大花刺参、美花报春、滇藏掌叶报春、紫花雪山报春、丽花报春、美花报春、海仙报春、刺叶点地梅、景天点地梅、退毛马先蒿、管花马先蒿、毛盔马先蒿、大花鸡肉参、密生波罗花、滇蜀豹子花、宽瓣豹子花、多星韭、石蒜，等。

（4）紫红色花

如红萼银莲花、乌头、云岭乌头、直距耧斗菜、金毛铁线莲、大瓣铁线莲、裂瓣翠雀花、康定翠雀花、美丽芍药、拟秀丽绿绒蒿、丽江绿绒蒿、囊距紫堇、紫花紫堇、四川木莲、岩白菜、柔毛绣球、四数龙胆、大花龙胆、锡金龙胆、宿根肋柱花、钟状独花报春、毛独花报春、垂花穗状报春、雅江报春、短叶紫花报春、大叶醉鱼草、桔梗、紫花鹿药、带叶兜兰，等。

（5）蓝色花

如中甸翠雀花、疏叶乌头、展毛短柄乌头、美丽绿绒蒿、总状绿绒蒿、半荷包紫堇、拟鳞叶紫堇、三裂紫堇、小花尖瓣紫堇、华丽龙胆、露萼龙胆、密叶龙胆、喜湿龙胆、阿墩子龙胆、蓝玉簪龙胆、倒提壶、管钟党参、裂叶蓝钟花、金纹鸢尾、锐果鸢尾，等。

（6）紫黑色花

如青城细辛、德钦乌头、察瓦龙翠雀花、光茎短距翠雀花、变黑女娄菜、常春油麻藤、紫花黄华、羽裂雪兔子、鸟巢状雪莲、毡毛雪莲、水母雪兔子、槲叶雪兔子、星状雪兔子、钟花垂头菊、茄参、老虎须、美丽紫堇、紫红花滇百合、紫花百合、梭沙韭、大花杓兰、西藏杓兰，等。

2. 花形

许多花卉因对环境和传粉昆虫等的适应而进化出了具有奇特形态的花或花序，如珙桐、老虎须、翠雀属、乌头属、紫堇属、凤仙花属、玉叶金花属、大黄属、雪莲属、马先蒿属、鸢尾属、苦苣苔科、姜科、天南星科和兰科的野生花卉。

3. 花香

许多花卉都具有怡人香味，花香是重要的观赏性状之一。具花香的花卉如木兰属、木莲属、含笑属、国兰属、石斛属、百合属、蔷薇属、桃金娘科、姜科等的多种花卉。显著的是香水月季、丛林素馨、香花白杜鹃、中缅木莲、合果木、厚壁秋海棠、阔叶蒲桃、圆瓣姜花、毛姜花、禾叶贝母兰、束花石斛、秋花独蒜兰、黄玉兰、滇丁香，等。

（二）观叶类花卉

观叶类花卉因具有明亮光泽的叶质、艳丽多变的叶色、特殊的形态或功能的叶等而以其叶为主要观赏部位。如蕨类、樟科、木兰科或山茶科等许多种在园林上广泛应用的植物主要是因其常绿光亮的叶子而具有观赏价值。以叶为观赏部位的野生花卉又可分为两类：一是叶色随季节而变化的，主要是槭属、枫属、大戟属、石楠属、小檗属等属的植物。另一类是叶形奇特或叶片功能特殊的植物，主要原生于热带或亚热带的森林中，具有特殊叶片形态的野生观赏植物，如豆科的羊蹄甲属，以及天南星科、秋海棠科、兰科、棕榈科、五加科等的多种花卉。具特殊功能叶片的野生观赏植物，如景天科、龙舌兰科、仙人掌科等的许多植物，为适应干旱的环境而形成的变态叶；桑科的细叶榕、菩提树等的叶片蜡质光滑且有较长的叶尾，则是为了适应雨林潮湿多雨的环境；最有趣的是具有感应功能的含羞草和跳舞草的叶。

（三）观果类花卉

观果类花卉通常具有色彩鲜艳、果期持久，或形态奇特的果实。云南的观果花卉常见的有：红豆杉属、八角属、紫金牛属、火棘属、栒子属、山楂属、荚蒾属、蔷薇属、蒲桃属、苹婆属、榕属、四照花属、猫尾木属等多种植物。

（四）观植株形态类花卉

云南的许多植物的整体形态特征或奇特或高雅，具有较强的观赏性。如棕榈科鱼尾葵属、棕竹属、蒲葵属、刺葵属、山槟榔属和椰子属，露兜树科露兜树属，苏铁科苏铁属，桫椤属、雪松属、银杏属、罗汉松属等，以及一些匍匐生长的可造型的植物如栒子属、结香属等（刘敏，2011）。

第二节　云南花卉种质资源的驯化栽培与开发利用

花卉种质资源是具备相应遗传物质，表现特定遗传性状的植物资源，是现有栽培花卉的野生类型或近缘种，又是花卉育种重要的种质资源和原始材料（陈俊愉，1996）。没有资源就不能进行品种创新，也不会有花卉产业的发展。世界各国都非常重视花卉种质资源的研究，尤其是商业育种中的关键资源（张石宝等，2005）。云南拥有许多丰富独特的野生花卉资源。其中，很多种类为世界园林植物的发展作出了重要的历史贡献。目前云南的野生花卉资源已基本清楚（武全安等，1999；方震东，1993）。但由于生长地域局限性很大，这些野生花卉的本土化和规模化开发利用却非常困难，而那些经济价值较高的珍稀种类，由于长期滥采滥挖已面临灭绝。为了更好地保护野生花卉资源，同时提高野生花卉资源的商品利用率，以充分发挥云南的花卉资源及气候优势，必须有计划科学地开展野生花卉的人工驯化栽培。

一、云南已成功驯化并在园林园艺上得到应用的花卉种质资源

目前在云南已成功驯化并在园林园艺上应用较多的花卉种类主要是一些常绿且有一定开发应用历史的种类，如山茶、杜鹃、木兰、润楠、桂花、梅花、雪松、银杏等。这一类花卉资源，由于文化及民俗等的影响，有悠久的应用历史，驯化相对容易，目前已在产业上大量应用。如山茶、杜鹃和桂花主要应用在高档盆花和庭园美化上；雪松、银杏和润楠等在街道绿化上应用越来越普遍。这些种类早期的种源多来源于野外直接采挖，对野生资源造成较大的破坏，后期的生产和应用主要集中在滇中及其以南地区。一些热带的野生观赏花卉如桑科、棕榈科等在滇南部的庭园和街道绿化上应用也较广泛，但因其对气候的要求而难以达到规模化生产和应用。

二、具有开发应用前景并已开始在园林园艺上应用的花卉种质资源

随着社会的发展特别是城市建设和园林绿化的需要，一些适应性广、繁殖容易、抗性和耐受性强的野生花卉种类开始在园林园艺上得到应用。如地石榴、鞍叶羊蹄甲等开始应用于高速公路两侧及其他一些管理相对粗放的地方，作为绿化和水土保持的观赏植物。滇丁香、地涌金莲、火棘、栒子等则开始在一些公园或庭园中用于造景或制作盆景，此类植物的应用需要人工修剪和维护。还有一些草本植物，因可利用种子快速大量繁殖而开始作为地被或小盆花，用于公共场所的短期绿化美化展示，如田埂报春及多种秋海棠。

三、云南花卉种质资源驯化栽培和开发利用中存在的问题及解决方案

与云南丰富的花卉资源及其对世界园林植物所作出的历史贡献相比，云南花卉种质资源在花卉产业中的开发利用是远远不够的。其主要原因和解决方案如下：

（一）产业化的关键技术问题没有解决

大多数花卉种质资源的地域性很强，有特殊的生态需求，如高山花卉虽然色彩艳丽、花形奇特，但很多种类由于自然更新能力差，难以获得产业化应用需要的种苗；到中低海拔地区后由于春化作用所需的低温和光照等条件难以达到而不会开花或色彩发生变化；一些种类还有共生的菌根等，由于生产或园林应用中难以获得类似的根系环境而生长受阻。对来自热带的花卉种质资源而言，在生产或园林应用中则常因冬季低温寒害限制了在其他地方的推广应用。因此，需要对花卉种质资源的开发利用制定相应的区域性规划，避免研发上的盲目，应该有针对性地对重点花卉种类进行产业化关键技术研究，对那些适应性广、市场认可度高，但种苗繁殖困难的种类重点开展种苗标准化快繁技术研究；对那些观赏性强但适应性弱的，重点开展栽培技术和采后运输等方面的标准化生产技术研究。

（二）市场的认可度较低

由于多方面的原因，目前花卉产业的消费市场包括普通消费大众和园林绿化部门，但还是对成熟度高的大宗常规花卉及园林植物的接受度更高。因此，排除花卉种质资源自身存在的不足，结合不同花卉的特点和市场的需求进行花卉种质资源的培养、生产和相应的市场开拓就显得非常重要。如对那些对环境条件要求高、适应性弱的种类如各种兰花、天南星、雪兔子、角蒿等，可以将其开发为新颖奇特的盆花，在其适生的自然或人工环境进行前期培育后直接到消费市场进行推广；对那些适应性广、易于繁殖的则可大规模生产用于园林美化和街道绿化；对那些观赏性强、适应性差且繁殖困难的，可结合国家公园和生态旅游等建设进行推广应用，一方面有利于促进公众的了解，另一方面有利于对其合理保护和利用，发挥其应用的生态和经济价值。

（三）缺乏自主知识产权的新品种

云南花卉资源为世界花卉产业的发展作出了很多重大贡献。如山茶、杜鹃、龙胆、铁线莲、绿绒蒿、蔷薇等，欧美国家和地区利用来自云南的野生资源，经过长期的培育获得了成千上万的品种。新品种选育是对花卉种质资源的野性进行改造从而更有利于人工驯化栽培和生产应用的前提，也是花卉产业发展的关键。经过近30年的发展，云南的花卉新品种选育取得了较大的进展，在杜鹃、报春、山茶、乌头、木兰、秋海棠、角蒿、多种兰花等花卉上都选育出了拥有自主知识产权的新品种。但这些新品种因自身质量或其他多种原因，同样面临着市场认可的问题。同时，从数量来说，相对云南的花卉种质资源总量以及国际上同类花卉的品种数，目前云南培育的拥有自主知识产权的花卉品种数量还太少。因此，云南还应加强对各大类特色花卉的新品种选育。除了利用种质资源通过自然和人工的突变体筛选、种质资源间种内和远缘杂交等进行新品种选育，对花卉种质资源最主要和最有效的育种方向是应用已有的栽培品种对其进行创新，去掉其存在的缺点，或者用其抗性等对现有品种的弱点进行改良，从而获得所期望的花卉新品种。杜鹃、山茶、秋海棠以及蔷薇等的新品种选育都可采用这种方式，从而快速达到利用野生资源培育自主知识产权新品种的目标。

（四）对花卉种质资源的应用基础研究还不够深入系统

长期以来，人们对花卉种质资源的研究主要还是集中于资源调查和编目等方面，除了少数特殊种类，大多数花卉资源与开发应用密切相关的遗传背景、性状鉴定、繁殖特性等方面的系统研究较缺乏。清楚的遗传背景和繁殖特性是成功杂交育种的前提，了解种质资源间的基于表型、细胞和分子的亲缘关系，才能有针对性地进行配组杂交。对远缘杂交往往需要采取特殊的措施才能促进结实。只有掌握了其繁殖生物学特征才能采取正确的授粉方法，从而提高杂交结实性。性状鉴定是对花卉种质资源直接应用或间接应用于对栽培品种进行遗传改良的基础。适应性评价是对花卉种质资源进行直接应用的前提，抗性和耐性等评价是对其进行性状遗传研究和相应基因发掘的前提，从而利用具优异性状的种质或其蕴含的基因对现有品种进行改良。

第三节　云南花卉种质资源的保护

云南花卉种质资源除了种类丰富外，还有一个重要特征是许多种类的分布地域狭窄，仅为特定区域所特有。长期以来，许多种类由于具有特殊的观赏性或其他价值受到人类的过度采挖而数量急剧减少，或者由于气候变化或人为影响其生境受到严重破坏，已处于极度濒危的状态。对其采取正确的保护措施，进行保护性开发利用已迫在眉睫。

一、云南特有的珍稀花卉种质资源

云南特有部分珍稀花卉种质资源见表3-4-1。

表3-4-1　云南特有珍稀花卉种质资源

科	中文名	拉丁名	红皮书（傅立国，1991）	红色名录（国家林业局，农业部，1999）	受威胁目录（覃海宁等，2017）	分布
观音座莲科	原始观音莲座蕨	*Archangiopteris henryi* Ching et Gies.	2级濒危	Ⅱ级		金平、屏边
	二回原始观音座蕨	*Archangiopteris bipinnata* Ching		Ⅱ级		马关
天星蕨科	天星蕨	*Christensenia assamica*（Griff.）Ching		Ⅱ级		金平
桫椤科	中华桫椤	*Alsophila costularis* Baker		Ⅱ级		滇南
鹿角蕨科	鹿角蕨	*Platycerium wallichii* Hook.	2级稀有	Ⅱ级	极危	盈江
苏铁科	篦齿苏铁	*Cycas pectinata* Griff.	3级渐危	Ⅰ级	易危	红河、普洱、西双版纳
	云南苏铁	*Cycas siamensis* Mig.	3级渐危			滇南
红豆杉科	云南榧树	*Torreya yunnanensis* W.C.Cheng & L.K.Fu	3级渐危	Ⅱ级	濒危	丽江、维西、香格里拉、贡山、兰坪

续表3-4-1

科	中文名	拉丁名	红皮书（傅立国，1991）	红色名录（国家林业局，农业部，1999）	受威胁目录（覃海宁等，2017）	分布
槭树科	云南金钱槭	*Dipteronia dyeriana* Henry	2级稀有	Ⅱ级	濒危	文山、蒙自
桦木科	金平桦	*Betula jinpingensis* P.C.Li		Ⅱ级		金平
花蔺科	拟花蔺	*Butomopsis latifolia*（D.Don）Kunth	2级稀有	Ⅰ级	易危	
龙脑香科	毛叶坡垒	*Hopea mollissima* C.Y.Wu	2级稀有	Ⅰ级		屏边、绿春、河口、金平、江城
	版纳青梅	*Vatica xishuangbannaensis* G.D.Tao et J.H.Zhang	2级稀有			勐腊
杜鹃花科	似血杜鹃	*Rhododendron haematodes* Franch.	3级渐危		易危	大理
	和蔼杜鹃	*Rhododendron jucundum* Balf.f. et W.W.Smith	3级渐危			大理
	大树杜鹃	*Rhododendron protistum* var. gigateum (Tagg) Chamb. ex Cullen et Chamb.	2级濒危		极危	腾冲
	硫磺杜鹃	*Rhododendron sulphureum* Franch.	3级渐危		易危	大理、贡山
千屈菜科	云南紫薇	*Lagerstroemia intermedia* Koehne	3级渐危		易危	普洱、西双版纳、澜沧、沧源、耿马
木兰科	馨香玉兰	*Magnolia odoratissima* Law et R.Z.Zhou		Ⅱ级		广南、西畴
	大叶木兰	Lirianthe henryi（Dunn）N.H.Xia et C.Y.Wu	3级濒危	Ⅱ级	濒危	滇南
	毛果木莲	*Manglietia hebecarpa* C.Y.Wu et Law		Ⅱ级	濒危	滇东南
	华盖木	*Pachylarnax sinicum*（Y.W.Law）N.H.Xia et C.Y.Wu	2级稀有	Ⅰ级	极危	西畴
	合果木	*Michelia baillonii*（Pierre）Finet & Gagnepain	3级渐危	Ⅱ级	易危	滇西南

续表3-4-1

科	中文名	拉丁名	红皮书（傅立国，1991）	红色名录（国家林业局，农业部，1999）	受威胁目录（覃海宁等，2017）	分布
防己科	藤枣	*Eleutharrhena macrocarpa*（Diels）Forman	2级濒危	Ⅰ级	极危	景洪
棕榈科	董棕	*Caryota urens* L.	2级渐危	Ⅱ级	易危	永胜、宾川、巍山、大姚
毛茛科	皱叶乌头	*Aconitum nagarum* Stapf var. *heterotrichum* Fletcher et Lauener	3级濒危			贡山、洱源、腾冲、保山
	粉背人字果	*Dichocarpum hypoglaucum* W.T.Wang et Hsiao		Ⅱ级	濒危	西畴
蔷薇科	香水月季	*Rosa odorata*（Andr.）Sweet	3级稀有			文山、西畴、麻栗坡、昆明、大理、丽江
	中甸刺玫	*Rosa praeluscens* Byhouwer			极危	香格里拉
	丽江蔷薇	*Rosa lichiangensis* Yü et Ku			极危	丽江
	粉蕾木香	*Rosa pseudobanksiae* Yü et Ku			极危	弥渡
梧桐科	云南梧桐	*Firmiana major*（W.W.Smith）Hand.-Mazz.	2级稀有		濒危	滇中、滇中南、滇西
山茶科	云南山茶花	*Camellia reticulate* Lindl.	2级渐危		易危	滇西山地、滇中高原
榆科	油朴	*Celtis wighetii* Planch.	3级渐危			麻栗坡、西双版纳、耿马、沧源
马鞭草科	云南石梓	*Gmelina arborea* Roxb.	2级稀有		易危	西双版纳、普洱、临沧、德宏
姜科	茴香砂仁	*Etlingera yunnanensis*（T.L.Wu & S.J.Chen）R.M.Sm.		Ⅱ级	易危	景洪、勐腊
	宽丝豆蔻	*Paramomum petaloideum* S.Q.Tong		Ⅱ级		勐腊、勐海
	长果姜	*Siliquamomum tonkinense* Baill.		Ⅱ级	濒危	屏边、河口、马关、勐海
兰科	大苞鞘石斛	*Dendrobium wardianum* Warner.		Ⅰ级	易危	金平、勐腊、镇康、腾冲、盈江

续表3-4-1

科	中文名	拉丁名	红皮书（傅立国，1991）	红色名录（国家林业局，农业部，1999）	受威胁目录（覃海宁等，2017）	分布
兰科	短棒石斛	*Dendrobium capillipes* Rchb.			濒危	滇南
	鼓槌石斛	*Dendrobium chrysotoxum* Lindl.			易危	滇南至滇西南
	棒节石斛	*Dendrobium findlayanum* Par. et Rchb.			濒危	滇南
	杯鞘石斛	*Dendrobium gratiosissimum* Rchb. f.			易危	滇南
	尖刀唇石斛	*Dendrobium heterocarpum* Lindl.			易危	滇南
	杓唇石斛	*Dendrobium moschatum*（Buch.-Ham.）Sw.			濒危	滇南至滇西
	肿节石斛	*Dendrobium pendulum* Roxb.			濒危	滇南
	报春石斛	*Dendrobium primulinum* Lindl.			易危	滇南
	具槽石斛	*Dendrobium sulcatum* Lindl.			濒危	滇南
	球花石斛	*Dendrobium thyrsiflorum* Rchb.				滇南至滇西北
	翅梗石斛	*Dendrobium trigonopus* Rchb.f.				滇南
	杏黄兜兰	*Paphiopedilum armeniacum* S.C.Chen et F.Y.Liu			极危	滇西
	麻栗坡兜兰	*Paphiopedilum malipoense* S.C.Chen et Z.H.Tsi			极危	麻栗坡
	白花凤蝶兰	*Papilionanthe biswasiana*（Ghose et Mukerjee）Garay			濒危	滇南
	紫毛兜兰	*Paphiopedilum villosum*（Lindl.）Stein.			易危	滇西北至滇东南
	彩云兜兰	*Paphiopedilum wardii* Summerh.				滇西
	大花鹤顶兰	*Phaius magniflorus* Z.H.Tsi S.C.Chen				滇南
	华西蝴蝶兰	*Phalaenopsis wilsonii* Rolfe			易危	滇东南

续表3-4-1

科	中文名	拉丁名	红皮书（傅立国，1991）	红色名录（国家林业局，农业部，1999）	受威胁目录（覃海宁等，2017）	分布
兰科	滇南蝴蝶兰	*Phalaenopsis mannii* Rchb.f.			濒危	滇南
	黄花独蒜兰	*Pleione forrestii* Schltr.			濒危	滇西北
	疣鞘独蒜兰	*Pleione praecox*（J.E.Smith）D.Don			易危	滇西北至滇东南
	云南独蒜兰	*Pleione yunnanensis*（Rolfe）Rolfe			易危	滇西北至滇东南
	云南火焰兰	*Renanthera imschootiana* Rolfe			极危	滇南
	钻喙兰	*Rhynchostylis retusa*（L.）Bl.			濒危	滇南
	白柱万带兰	*Vanda brunnea* Rchb.f.			易危	滇东南至滇西南
	白花拟万带兰	*Vandopsis undulate*（Lindl.）J.J.Smith				滇西南

二、云南花卉种质资源的保护措施

花卉种质资源是栽培花卉的原始基因库。现代良种培育过程使基因单一化，在追求某种性状的同时导致其他基因的稀释或丢失。因此，花卉种质资源的保护十分重要，应采取相应的措施进行保护。

（1）制定相应的政策法规和保护条例。

（2）在以前调查编目的基础上，开展特有珍稀花卉种质资源的补充调查评估，弄清种类、分布地、濒危状况及威胁因素等，完善花卉种质资源生物多样性数据库，开展动态监测，并制定优先保护策略。

（3）对重要及濒危的花卉种质资源进行就地保护的保护区和国家公园等建设，保护其生境的完整性，杜绝人为采挖等破坏性利用。

（4）开展花卉种质资源的遗传多样性和亲缘关系研究，弄清其遗传背景；加强种质资源的重要性状鉴定、遗传规律研究及相关基因的发掘；利用传统和现代生物技术进行新品种选育，培育具有推广应用前景的自主知识产权新品种；开展栽培和生产的关键技术研究，针对不同的用途进行瓶颈技术的突破，并通过生产示范进行推广应用，实现资源的可持续利用和保护性利用。

参考文献

[1] 陈文允, 普春霞, 周浙昆. 云南野生花卉数据库的建立及应用[J]. 西部林业科学, 2006, 35(1): 104–108.
[2] 虞泓. 云南野生花卉拾零[J]. 科技导报, 1999(4): 50–52.

[3] 唐开学. 关于云南花卉产业发展战略的思考[J]. 西南农业学报, 2008, 18(1): 92–98.
[4] 陈俊愉. 关于我国花卉种质资源问题[J]. 园艺学报, 1980, 7(3): 57–61.
[5] 刘军. 文山县泰昌珍稀濒危植物园建设的意义及其可行性[J]. 林业调查规划, 2006, 31(6): 96–100.
[6] 靳珂珂. 生物多样性经济价值评估研究进展[J]. 林业调查规划, 2005, 30(4): 84–89.
[7] 李延辉. 西双版纳高等植物名录[M]. 昆明: 云南民族出版社, 1996.
[8] 许再富, 陶国达. 西双版纳热带野生花卉[M]. 北京: 农业出版社, 1988.
[9] 刘爱华, 许再富. 西双版纳热带野生花卉资源在园林中的应用[J]. 西南农业大学学报(自然科学版), 2003, 25(4): 303–305.
[10] 刘敏, 魏开云, 宋鼎. 云南棕榈科观赏植物野生资源利用研究[J]. 黑龙江农业科学, 2011(2): 79–81.
[11] 陈俊愉. 花卉学[M]. 北京: 中国林业出版社, 2002.
[12] 陈俊愉. 中国农业百科全书・观赏园艺卷[M]. 北京: 农业出版社, 1996: 78–477.
[13] 张石宝, 胡虹, 王华, 等. 云南的高山花卉种质资源及开发利用[J]. 中国野生植物资源, 2005, 24(3): 19–22.
[14] 武全安. 中国云南野生花卉[M]. 北京: 中国林业出版社, 1999: 1–187.
[15] 方震东. 中国云南横断山野生花卉[M]. 昆明: 云南人民出版社, 1993: 1–209.
[16] 傅立国. 中国植物红皮书(第一册)[M]. 北京: 科学出版社, 1991.
[17] 国家林业局, 农业部. 国家重点保护名录(第一批). 北京, 1999.
[18] 覃海宁, 杨永, 董仕勇, 等. 中国高等植物受威胁物种名录[J]. 生物多样性, 2017, 25(7): 696–744.